최신 개정 KS규격에 따른

mechapia
NO.1 Mechapia Technical knowledge portal

기계금속재료편람

메카피아 노수황 편저

현장실무 활용서

[최신 개정 KS규격에 따른]

기계금속재료편람

현장실무활용서

인　　쇄 | 2019년 1월 4일
발　　행 | 2019년 1월 11일

저　　자 | 메카피아 노수황
발 행 인 | 최영민
발 행 처 | 피앤피북
주　　소 | 경기도 파주시 신촌2로 24
전　　화 | 031-8071-0088
팩　　스 | 031-942-8688
전자우편 | pnpbook@naver.com
출판등록 | 2015년 3월 27일
등록번호 | 제406-2015-31호

정가 : 35,000원

ISBN 979-11-87244-36-3 93550

이 도서의 국립중앙도서관 출판예정도서목록(CIP)은 서지정보유통지원시스템 홈페이지(http://seoji.nl.go.kr)와 국가자료공동목록시스템(http://www.nl.go.kr/kolisnet)에서 이용하실 수 있습니다. (CIP2018036699)

머리말

금속재료는 여러 제조산업 분야에서 기초가 되는 필수 원자재로서 첨단 산업기술의 비약적인 발전을 위해서도 지속적으로 금속재료 분야의 연구와 발전이 필수적이라고 할 수 있다.

금속재료공학의 발달과 더불어, 우주항공, 자동차, 정밀기계공업 및 IT 산업, 중공업, 건설 산업 분야에서의 안전과 경제적인 이익을 도모할 수 있다. 또한 최근에는 기존의 금속소재의 성능을 극대화하는 기술과 함께 신소재의 개발에도 많은 연구와 노력을 기울이고 있으며, 금속재료 분야의 전문가 발굴과 우수한 기술을 가진 전문 인력이 우리에겐 필요하다.

하지만 우리나라는 짧은 기간 동안 급격한 산업발전을 이루고도 아직 첨단 신소재, 특수금속 등의 분야에서는 선진국가에 비해 기술력이 부족하고, 특히 철강산업 분야는 중국 등 신흥국가들의 추격을 받고 있는 실정이다.

한국산업표준(KS)은 산업표준화법에 따라 제정되는 대한민국 국가표준으로서, 산업 제품 및 산업 활동 관련 서비스의 품질과 생산효율 및 기술을 향상하는데 기여하고 있다.

KS 규격의 국제 표준화 작업에 따라 본서에서는 철강 및 비철금속 분야의 구 규격들을 신기호와 더불어 참조할 수 있도록 편집하였으며, 될 수 있는 한 국제표준규격으로 개정된 것이나 가급적 최신의 개정 규격에 따라 구성하였다. 그리고 철강 및 비철금속재료와 더불어 배관설계에 필요한 강관의 규격도 수록하고 있으며, 아직까지 제조산업 현장에서 많이 쓰이는 JIS의 철강 및 비철금속의 기호체계 및 분류와 더불어 철강재료의 신구 대조표, 철강 및 열처리 용어 해설 등도 첨부하여 금속재료를 이해하고 활용하는데 도움이 될 수 있도록 하였다.

한편, 산업 현장에서 업무를 수행하다보면 겪게 되는 여러 혼동 중의 하나로 KS규격과 외국 규격과의 비교에 대한 애로 사항을 종종 볼 수 있는데 본서에서 그 부분 또한 기술하고 있으므로 참조하기 바란다.

아무쪼록 첨단산업 기술시대에 글로벌 경쟁을 하고 있는 공학도와 현장 실무 기술자들에게 도움이 될 수 있기를 바라며, 끝으로 본서의 출간에 있어 많은 도움을 주신 관계자 여러분께 감사의 말씀을 드린다.

2019년 1월

저 자 드림

Contents

차 례

CHAPTER 05

금속재료기호 일람표

CHAPTER 06

철강 데이터

CHAPTER 07

비철 데이터

CHAPTER 11

배관용 강관

CHAPTER 12

구조용 강관

CHAPTER 16

JIS 비철참고자료

CHAPTER 17

JIS와 관련 외국규격과의 비교표

CHAPTER 18

SAE (AISI) 철강 성분표

Contents

CHAPTER 19

철강재료기호 신구 대조표

CHAPTER 20

기계구조용탄소강, 합금강, 스프링강 및 공구강의 재료 특성

CHAPTER 21

표면처리와 도금

CHAPTER 01

기계재료의 개요

1-1 기계재료의 개요

재 료	개 요
선철(pig iron) 철광석에서 직접 제조되는 철의 일종으로서 일명 무쇠라고도 한다. 선철은 자철석(Fe_3O_4), 적철석(Fe_2O_3), 갈철석($2Fe_2O_3 \cdot 3H_2O$) 등의 철광석에 목탄, 코크스 등을 첨가하고 용제로서 석회석을 배합하여 고로, 용광로에서 제철을 할 때 생기는 것이다.	탄소함유량 3.4~4.5%이고, 연해서 단조할 수 없으며, 주철물 또는 강의 원료로서 쓰이는데, 선철에는 아래의 2종류가 있다. ① **백선철(white pig iron)** 규소의 함유량이 0.8% 이하인 것은 그 파면이 백색이고, 함유탄소의 총량이 시멘타이트(Fe_3C) 모양으로 되어 있으며 결정은 치밀하고 경도가 현저하게 높다. ② **회선철(gray pig iron)** 가장 일반적인 주철로 규소의 함유량이 1.0~3.5%인 것은 그 파면이 회색이고, 함유탄소의 대부분이 흑연으로 되어 존재하고 있으며 결정은 비교적 조대하고 연질이다.
연철(wrought iron) 선철 속의 불순물을 산화제거하고 반용융상태인 것에 단련을 가한 것이다.	연철은 0~0.3% 이하의 탄소를 포함하는데 보통 0.1% 이하의 탄소와 1~2%의 슬래그를 포함한다.
순철(pure iron) 불순물을 전혀 함유하지 않은 순도 100%인 철	탄소나 기타의 불순물 원소가 극히 적은 철로서 0.02% C(은값과 비슷), 순철의 용융점(응고점)은 1539℃, 자기변태점(퀴리포인트) A_2는 768℃.
주철(cast iron) C2.0%~6.67%이나 일반적으로 C4.3% 부근(공정점)을 많이 사용한다. 용광로에서 얻은 선철과 강 스크랩, 주철 스크랩 등을 용선로(큐폴라)에 넣고 코크스를 사용해서 용해한 것으로 인장강도는 강에 비해 작고, 취성이 크며 고온에서도 소성변형되지 않는 단점이 있으나 주조성이 양호하여 복잡한 형상도 쉽게 주조할 수 있으며 가격도 저렴하여 널리 사용되고 있다. **넓은 의미의 주철의 분류** **회주철** : 회주철, 합금주철, 고급주철, 구상흑연주철 **백주철** : 백심가단주철, 흑심가단주철, 펄라이트주철 **반주철**(얼룩주철) **탄소량에 의한 분류** **회주철** : 파면이 회색을 띄고 있으며 유리탄소(흑연)이 많고 화합탄소(Fe_3C)가 적다. 네즈미주철 **백주철** : 파면이 백색을 띄고 있으며 화합탄소(Fe_3C)가 많고 유리탄소(흑연)가 적다. **얼룩주철**(반주철) **성질면에서 주철의 분류** **회주철** : 유동성(복잡한 형상 주물 적합)은 양호하나 조직이 불균일(편상흑연)하고 취성이 있다. **고급주철** : 강도와 인성을 부여하기 위해 합금원소를 소량 첨가하거나 열처리시킨 주철 **합금주철** : 특수한 성질을 부여하기 위해 합금원소를 다량 첨가한 주철(내산주철, 비자성주철)	일반적으로 주철이라 함은 회주철을 말하며 주조하기 쉽고 절삭성이 좋아 각종 구조재로서 공작기계의 베드(bed), 피스톤, 내연기관의 실린더, 주철관 및 각종 가정용품 등에 널리 사용된다. 흑연이 많을 경우 그 파면은 회색을 띠고 각종 철강 중에서 가장 많은 불순물을 함유하며, 성분은 탄소 2.5~3.6%, 규소 0.5~3.0%, 망간 0.~1.2%, 인 0.1~1.6%, 유황 0.05~0.10%로서 탄소의 일부분은 철과 화합하여 탄화철로 존재, 나머지는 철에서 분리하여 편상의 흑연으로 존재한다. 탄화철은 질이 단단하고 흑연은 연하며 흑연을 많이 함유하는 주철은 인장강도가 낮은데, 그 결정편이 조대할수록 강도가 감소한다. **레데뷰라이트** 주철에 있어서 오스테나이트와 시멘타이트의 공정(共晶)조직. 일반적으로 상온에서는 불안정하고 Fe_3C는 흑연과 금속으로 분해한다. **조직학적인 주철의 분류** 아공정 주철 : 2.0~4.3% C 공정 주철 : 4.3% C 과공정 주철 : 4.3~6.67% C **주철 중의 5대 원소의 영향** ① **C** : 3% 이하에서는 초정의 오스테나이트가 많고 3% 이상에서는 편상흑연을 가진 공정 cell(인선조직) ② **Si** : 가장 강력한 흑연화 원소로 Si의 첨가는 C의 첨가와 동등한 효과(0.7~5%) ③ **Mn** : 백선화 원소 즉 흑연화를 방지하며 탈황작용을 한다. 강도, 경도 증가 ④ **P** : 유동성을 좋게 하며 0.3%까지는 인장강도를 증가시키지만 그 이상에서는 인장강도, 항장력, 충격치 저하. 유동성 때문에 1%까지 허용 ⑤ **S** : 유동성, 주조성을 불량하게 한다.(백선화 원소) **흑연 현상에 따른 주철의 분류** ① **회주철(보통주철)** : 편상흑연을 갖는 것. 인장강도 12~20kg/mm² ② **구상흑연주철** : 흑연의 형상이 구상으로 인장강도 50~65kg/mm², 신장률(연율) 10~20% ③ **가단주철** : 괴상흑연을 갖는다(구상~편상의 중간 정도) ④ **백주철** : 흑연의 형상이 없다.

재 료	개 요
탄소강(carbon steel) 현재 사용되는 철의 대부분은 탄소강이며, 일반적으로 강이란 철과 탄소로 구성된 합금으로서 탄소함유량 1.7% 이하인 것을 말한다. 표준상태에 있어 탄소강은 페라이트와 시멘타이트와의 혼합체로 볼 수 있는데, 물리적 성질은 양자의 성질을 반반씩 지니고 있으며, 기계적 성질 또한 반반씩 지니고 있으며, 기계적 성질은 거의 탄소함유량과 비례한다. 인장강도, 경도 등은 탄소함유량과 함께 증가하고 신장률은 반대로 감소한다. 탄소강은 연강, 기계구조용탄소강, 탄소공구강, 스프링강 등으로 분류한다. 탄소강에서 탄소의 증가에 따라서 0.8%C까지는 페라이트 감소, 펄라이트 증가, 연율 감소, 강도, 경도 증가. 0.8~2.0%C까지는 펄라이트 감소, 시멘타이트 증가, 연율 및 강도 감소, 경도는 직선적으로 증가. 탄소강의 5대원소는 C, Mn, Si, P, S로 연강은 0.1~0.3%C, 반경강은 0.3~0.5%C, 경강은 0.5~0.8%C	**고용체(sold solution)** α, β, δ 인 3종의 고용체가 있는데, α 철은 0.03~0.04%, γ 철은 1.7%, δ 철은 0.07%의 탄소를 용해한다. **시멘타이트(cementite)** 강 속에서 생성되는 금속간 화합물인 탄화철(Fe_3C)을 말하고, 탄소 6.67%를 함유하는 백색 조직이며 조직 중에서 가장 경한 조직으로 강자성체이며 취약하다. 연성은 거의 없으나 자성이 있어 담금질함으로서 경화하지 않는다. 인장강도 3.5kg/mm^2 이하, 신장률 0%, 브리넬경도 600. **오스테나이트(austenite)** γ 철에 탄소를 고용한 γ 고용체의 조직, 결정구조 면심입방격자. 탄소강을 가열해서 A3점 또는 Acm 점 이상에서 급냉하면 상온에서도 볼 수 있다. 마르텐사이트보다 경도는 낮지만 인성이 크다. **페라이트(ferrite)** 탄소를 거의 고용하지 않는 α 철로서 순철과 같이 극히 연하고 전성이 크며, 강자성 담금질함으로써 경화되지 않는다. 인장강도 35kg/mm^2, 신장률 40%, 브리넬 경도 HB80. **펄라이트(pearlite)** 공석강의 결정 조직명으로 페라이트와 시멘타이트가 층상으로 혼합되어 있는 조직. 현미경 관찰 시 층상의 조직이 진주 조개 표면의 모습을 닮고 있는 것에서 이름이 붙여졌다. α 고용체에 시멘타이트를 함유한 것으로 페라이트보다 강하고, 또한 단단하고 연성이 적으며 자성을 가지고 있어 담금질함으로써 현저하게 경화된다. 인장강도 88~90kg/mm^2, 신장률 10%, 브리넬경도 HB200. **마르텐사이트(martensite)** 탄소를 과포화하게 고용한 α철을 말하며, 열처리 조직 중에서 가장 경하고 강하다. **트루스타이트(troostite)** α와 미세한 시멘타이트(Fe_3C)의 혼합으로서 일명 Fine Pearlite라 하며 마르텐사이트보다 경도는 낮으나 인성이 있다. **솔바이트(sorbite)** 펄라이트, 트루스타이트와 동일한 상태이나 시멘타이트의 응집 정도가 전자의 중간으로서 성질 또한 중간이다. **탄소강의 적용** ① 가공성을 요구하는 경우(얇은 판) : C〈0.05~0.3% ② 가공성과 동시에 강인성을 요구하는 경우 : C=0.3~0.45% ③ 강인성과 동시에 내마모성을 요구하는 경우 : C=0.45~0.65% ④ 내마모성과 동시에 경도를 요구하는 경우 : C=0.65~1.2% **조직학적인 강의 분류** 아공석강 : 0.025~0.8% C 공석강 : 0.8% C 과공석강 : 0.8~2.0% C

재 료	개 요
단강 (forged steel)	종류와 용도에 따라 연강, 경강, 특수강 등으로 단조되며, 일반적으로 강괴나 강편을 고온으로 가열한 후 프레스, 해머 등을 이용하여 두들기거나 가압하는 기계적 방법으로 원하는 모양을 만드는 조작을 단조라 하고 이러한 방법으로 제작된 강을 단강 또는 단조강이라고 한다.
강주물(steel casting) 형상이 복잡하여 단조로서 제작하기 곤란한 경우	보통 주강품을 강주물이라고 한다. 전로, 평로, 전기로, 도가니 등에서 제조된 주강을 주형에 넣어 만든 것으로서, 보통 탄소량은 0.2~0.5%, 규소 0.2~0.4%, 유황 0.06% 이하, 망간 0.4~1.0%, 인 0.05% 이하로서 830~925℃에서 풀림하고, 주조시 내력을 제거함으로써 조직의 조정을 하는 것이 보통이다.
고급주철 (high grade cast iron)	일반 주철보다 기계적 성질이 우수한 주철을 말하며, 보통 주물용 선철에 20~50%의 강스크랩을 혼입하여 용철로에서 용해하고, 용해온도를 보통보다 조금 높게 하여 주형에 주입한 후 냉각속도를 적당히 가감함으로써 내마모성을 갖는다.
선철주물 (pig ironl casting)	보통 탄소 2.8~3.5%, 규소 1.2~3.5%, 망간 0.2~1.5%, 유황 0.05~0.2%, 인 0.2~1.0%이다. 주물의 형상이 작고 두께가 얇을수록 인장강도 및 경도는 높아진다. **세미스틸**(semi steel, 반강) 일종의 선주물로서 탄소 및 규소가 적은 단단한 주물이며 점성은 빈약하고 충격에 약하다. 기계적 성질이 좋아 기어, 실린더, 피스톤 등에 사용된다. 탄소 2.8~3.2%, 규소 1.0~1.5%, 인장강도 20~35kg/mm^2, 브리넬경도 180~350.
가단주철 (malleable cast iron) 단조할 수 있는 주철이 아니고 연성을 부여한 주철	보통 주물에 비해 약 2배의 인장강도와 다소의 연성을 갖는다. 그 방법에 따라 다음 2종이 된다. **백심가단 주철**(white heart malleable cast iron) 백주철을 산화철(선반작업의 chip)로 뒤집어 씌워 900~1000℃, 80~100시간 가열하면 외부는 산화철과의 탈탄작용에 의해 주물표피 1~2mm를 탈탄시켜서 점성이 있는 철로 한 것. 인장강도 36kg/mm^2 **흑심가단 주철**(black heart malleable cast iron) 저탄소 저규소의 백주철을 풀림 열처리에 의한 흑연화작용에 의해 백선주물의 시멘타이트(Fe_3C)를 유리모양의 탄소(3Fe+C)로 한 것. 인장강도 35kg/mm^2 **펄라이트 가단 주철**(pearlite malleable cast iron) 흑심가단주철의 제2단 흑연화를 실시하지 않고 중간에서 꺼내면 펄라이트와 흑연이 존재하는 펄라이트 가단주철이 된다. 강도는 커지나 연율은 떨어진다.
내산주철 (acid－proof cast iron)	조직이 치밀한 것을 요구하기 때문에 보통 주철 속의 규소량을 늘려서 약 Si 13~14%로 하면 내산성이 증가하며, 16%에 이르면 거의 침식이 안되지만 물러진다. 기계절삭이 곤란하므로 연삭가공만 허용하며, 세계적 명칭은 듀리론, 코로시론
칠드주철 (chilled cast iron)	용융주철을 금형에 주입하면 금형과 접촉하는 부분은 급냉되어 백색의 크고 마모에 견디는 Fe3C로 되며 내부는 서냉되어 인성이 있는 회주철로 만든다. 이때 Fe_3C가 나오는 층을 칠드층이라 하며 이렇게 얻은 주철을 칠드주철이라 한다. 주요 용도는 롤러, 압연기
내알칼리주물	내알칼리성이 되기 위해서는 규소가 소량인 것이 필요하다. 또 망간이 다량 존재할 때는 화성용액을 갈색으로 만들기 때문에 0.3~0.4%로 한정하고, 인은 알칼리에 녹기 쉽기 때문에 0.2% 정도로 한다.
내열주물	보통 인의 함유량이 0.5% 이하인 조직이 치밀한 것으로, 연소가스의 토오가를 막기 위해 보통의 선주물에 망간 1.5~2.0%, 크롬 1.0~1.5%를 첨가하면 고온에서 산화하지만 산화의 성장을 막을 수 있으므로 질이 조잡하게 되지 않는다.
고력가단주철 (high strength malleable iron)	흑심가단주철은 만드는 백선주물의 화학성분 중 Mn을 0.8~1.2%까지 높여 특수한 열처리를 한 것으로, 바탕을 구상 펄라이트 조직으로 한 것. 인장강도 60~70kg/mm^2, 신장률 6~9%(표점거리 50mm), 브리넬경도 190~200.
백주철 (white cast iron)	Si량이 적고 냉각속도가 빠를 때 발생하기 쉬우며 경도가 크고 내마모성이 양호하여 각종 압연기의 롤러(roller) 등에 사용되며 그 파면이 희며 탄소가 거의 시멘타이트(Fe_3C)로 되어 있어 굳고 취약하다.

1-1 기계재료의 개요 (계속)

재 료	개 요
니켈강 (nickel steel)	5% 이하의 니켈을 함유한 것이 많고 보통 니켈의 함유량 1.5%, 3%, 5%의 3종류로서 그 중 탄소량 0.2% 이하인 것은 침탄강으로 사용되고 0.2~0.5%인 것은 열처리를 하여 사용된다. 인장강도 및 경도가 높고 인성이 보통 탄소강의 수배에 이르며 내식성이 있다. 니켈 20% 이상을 함유한 것은 연성이 있으며 큰 충격에 견딘다. 니켈 25~35%인 것은 내식성으로 비자성을 지닌다.
크롬강 (chrome steel)	경화가 용이하고 크롬은 복탄화물을 만들어 강의 경도를 증가시키고, 내식성 및 내열성이 우수하며, 자경성(self-hardening steel)이 있어 공기 중에서 담금질해도 쉽게 마르텐사이트가 되지만 그 밖의 기계적 성질은 니켈강에 비해 열악하다.
니켈크롬강 (nickel-chrome steel)	강인강이라고 하며 Ni은 페라이트 강도를 증가시키고, Cr은 탄화물을 강화시키는데 둘 다 조직을 치밀하게 한다. 탄소의 함유량을 적게 하고 침탄된 것은 내마모성 또는 인성을 필요로 하는 곳에 적합하다. 탄소함유량은 0.3% 내외, 니켈 1.3~4.4%, 크롬 0.6~1.3%
망간강 (manganese steel)	① **듀콜강**(ducole steel, pearlite Mn강, 저망간강) C 0.425%, Mn 1.5%로서 신장률 및 충격값이 크다. ② **하드휠드강**(hardfield steel, austenite Mn강, 고망간강) C 0.9~1.3%, Mn 10~14%로서 오스테나이트조직의 상태로 사용된다. 1000~1100℃에서 유냉 또는 수냉한 완전 오스테나이트강은 HB 200~400에서 내마모성, 내충격성이 함께 증대하며 또한 비자성을 갖는다. 인장강도는 60~100kg/mm^2, 신장률 12~40%이다.
텅스텐강 (tungsten steel)	보통 탄소 0.5~1.5%, 크롬 0.5~3.0%, 텅스텐 0.5~1.0%로서 담금질과 뜨임을 하면 강도가 높아지고 내마모성이며 고온도에 견딘다.
몰리브덴강 (molybdenum steel)	몰리브덴은 탈탄작용을 하며 고온가공시 산화물을 박리하여 표면을 곱게 하고 단전을 쉽게 한다. 고온, 고압에 사용하는 재료로서 특히 중요시되고 있다.
규소강 (silicon steel)	규소를 0.5~4.2% 함유시키고 탄소 그 외의 불순물을 가능한 적게 하면 자기감응도가 크고 더욱이 잔류자기가 적은 것이 얻어진다. 또 탄소 0.4~0.6%에 규소 1~2%를 첨가한 것은 탄성한도가 높다.
크롬바나듐강 (chrome-vanadium steel)	바나듐 0.3% 이하를 함유하는 것으로, 결정이 미세하여 충분히 담금질 및 뜨임이 잘 된 것은 우수한 성질을 지닌다. 정밀 소형 스프링용의 표준성분은 탄소 0.45~0.55%, 크롬 1.0~1.5%, 바나듐 0.1~0.25%, 인장강도 75~170kg/mm^2, 항복점 64~130kg/mm^2
스테인리스강 (stainless steel) 불수강(不銹鋼) : 녹슬지 않는 강	**13% 크롬스테인리스강** 탄소 0.5%이하, 크롬 11~15%, 망간 0.3~0.5%인 성분의 스테인리스강을 총칭하여 13% 크롬스테인리스강이라고 하며 산화되지 않는 특성을 지닌다. **18-8 스테인리스강** 탄소 0.1~0.3%, 크롬 12~18%, 니켈 7~12%정도의 오스테나이트조직의 강으로서, 전자와 비교하여 녹슬지 않는 성질은 한층 우수한데, 특히 고온도에 있어서도 산화되지 않는 특성 때문에 널리 쓰이고 있다.
자석강(magnet steel) 영구자석용으로 사용되는 강	혼다박사의 KS자석강은 특히 유명한데, 그 성분은 탄소 0.7~1.0%, 망간 0.6% 이하, 크롬 1.5~5.0%, 텅스텐 5~9%, 코발트 30~40%로서 특히 항자기력이 크다.
인바(invar) in(不) var(變) : 온도에 대해 불변	Ni 36%, Cr 12%, 나머지 부분 Fe의 성분으로 고온에서 탄성계수가 불변이다. 시계 스프링, 밸런스 스프링 등에 사용. 불변강의 종류 : 엘인바, 인바, 플래티나이트
공구강(tool steel) 공구강의 구비 조건 ① 고온 경도가 커야 한다. ② 내마모성과 점성이 커야 한다. ③ 열처리가 용이해야 한다. ④ 값이 싸야 하고 가공이 쉬워야 한다.	탄소공구강, 크롬공구강, 텅스텐공구강, 텅스텐크롬공구강, 고속도공구강 등으로 분류된다. 특히 Co를 함유한 고속도강은 우수한 성질을 지니고 그 Co(코발트)양은 보통 공구강에서 0.1%, 고급 고속도강에서 5%, 초고급 공구강에서 10% 이상이다.

1-1 기계재료의 개요 (계속)

재 료	개 요
구리(copper) 용융온도 : 1083℃, 비중 : 8.96 전기동 : 전기분해해서 얻은 동으로 순도는 높으나 취성이 있다. 정현동 : 전기동을 용융정제하여 얻은 동 탈산동 : O를 P로 탈산시킨 동(P_2O_5) 무산소동(OFHC) : 진공 중에서 용해주조하거나 목탄탈산장치로 산소 제거	구리는 비자성체이며 전기전도율은 은(Ag) 다음으로 우수하며, 변태점을 가지지 않으나 다른 원소와 고용체를 만드므로 합금으로 하여 그 성질을 개선할 수 있다. 연전성이 풍부하고 가공도가 높은 것은 인장강도 40kg/mm², 신장률 4%, 브리넬경도 110 정도나 되며, 풀림하면 인장강도 25kg/mm², 신장률 50%, 브리넬경도 50 정도가 된다.
황동(brass) 황동(놋쇠)은 가공재 특히 관, 봉 등에 잔류응력으로 인해 균열을 일으키는 경우가 있다. 이 현상은 잔류응력에 한하지 않고 외부에서의 인장하중에 의해서도 발생하는 응력부식균열이다. 일반적으로 60~70% Cu의 황동에서 인장하중이 비례한계를 넘을 때 파괴되기 쉽다. 자연균열을 일으키기 쉬운 분위기는 암모니아 또는 그 유도체가 있을 때 산소, 탄산가스, 습기는 이것을 촉진시킨다.	**황동주물** 보통 사용되는 것은 구리 60%, 아연 40%이고, 그 밖에 소량의 철, 주석, 망간 등을 첨가한다. 아연을 다량 함유하기 때문에 유동성이 좋고 정밀한 주물, 미술장식품 등에 쓰인다. 인장강도 17~20kg/mm². **주석황동** 황동에 소량의 주석(2% 이하)을 배합하면 경도와 인장강도가 증가하는데 특히 내해수성이 좋다. 애드미럴티 황동, 네이벌 황동 **철황동** 6 : 4황동에 1~2.5%의 철을 첨가하면 조직이 미세화되며 거의 신장률에 영향을 주지 않고 인장강도를 증가시킨다. 대기해수 등에 대한 내식성도 증대한다. **7 : 3 황동** 아연 25~35%인 것으로 상온가공에 적합하다. **6 : 4 황동** 아연 35~45% 인 것으로 상온가공에 적합하고 시판되고 있는 대부분의 판, 봉은 여기에 속한다.
청동(bronze) 넓은 의미에서 황동 이외의 구리합금을 보통 청동이라고 하는데 좁은 의미에서는 Cu-Sn합금을 말하며 특히 주석청동(tin bronze)이라 한다. 청동은 황동보다 내식성이 좋고 내마모성도 좋다. 청동은 구리와 주석의 합금으로 주석의 양에 따라 주석 5% 이하인 것　구리적색 10~12%인 것　황금색 15%인 것　황 색 30%인 것　백 색 넓은 의미에서 놋쇠 이외의 구리합금을 일반적으로 청동이라고 부르고 있다.	① **청동주물** 보통 주석 8~12%를 함유하며, 주석 10%, 아연 2%, 구리 88%인 것을 일반적으로 포금(gun metal)이라 한다. 애드미럴티 포금. 내마모성이면서 내식성을 가지고 고압에도 잘 견딘다. ② **인청동(phospher bronze)** 청동에 인을 첨가한 것으로 내마모성을 지니고 있으며 인이 과잉이면 무르게 되고 주조가 곤란해진다. ③ **망간청동** 황동에 망간 그 밖의 것을 첨가한 복잡한 합금으로서 강도가 높고 내식성을 갖는다. 망간을 탈산제 이상으로 증가시키면 고온에서 특히 강도를 잃지 않는다. 구리 82~84%, 주석 8%, 아연 5%, 납 3%, 망간 0.5~2.0%인 것은 인장강도 15~20kg/mm², 신장률 8~20%, 구리 94~97%, 망간 2~6%인 것은 인장강도 22~27kg/mm², 신장률 33~45이다. ④ **망가니즈. 브론즈** 보통 망가니즈. 브론즈라고 하면 구리 58.6%, 아연 38.4%, 철 1.6%, 망간 0.02%로서, 인장강도 48~58kg/mm²에서 단조가 가능하다. ⑤ **알루미늄청동(aluminium bronze)** 구리에 알루미늄을 첨가한 것으로 보통 알루미늄 2~10%를 함유하고 11% 이상이 되면 급격히 물러진다. ⑥ **니켈청동(nickel bronze)** 구리합금에 니켈 10% 이상을 첨가하면 백색이 되고 내식성이 크다. ⑦ **모넬메탈(monel metal)** 니켈 67%, 구리 28%, 망간, 규소 등 5%의 니켈청동의 일종으로 고온에서도 강도, 경도가 저하하지 않는다. 내식성 및 내열성이 좋고 기계적 성질도 우수하다. ⑧ **실진청동(silzin bronze)** 구리를 주성분으로 하고 아연 10~15%, 규소 4~5%를 함유한 철, 납 등 불순물의 혼입을 꺼린다. 표면에 방식막이 생겨서 내식성, 특히 내해수성이 우수하다.

1-1 기계재료의 개요 (계속)

재 료	개 요
	⑨ 납청동(lead bronze) 30% 이하의 납에 10% 이하의 주석을 함유하는 구리합금. 주로 베어링합금으로서 5~30%를 첨가한 것이 쓰이고, 경도가 낮으면서 마찰을 감소시키는데 효과가 있다. ⑩ 규소청동(silicon bronze) 극히 소량인 규소는 구리에 잔류해도 그 전도도를 해치지 않으므로 인 대신에 탈산제 및 강력한 전선으로 쓰이며, 또 2~3% 첨가한 것은 광산수, 유기산, 무기산에 특히 강하다.
백합금 주석, 아연, 납 및 안티몬 등을 함유한 합금으로서 주로 베어링합금, 다이캐스트용 합금으로 쓰인다.	**주석대 백합금** 주석을 주성분으로 하는 것으로 구리 3~10%, 안티몬 3~15%인 합금이다. 보통 베어링용으로서는 주석 85%, 안티몬 10%, 구리 5%의 합금으로서, 경도가 비교적 높고 큰 하중에 견디며 충격하중에도 견딘다. **납대백합금** 납을 주성분으로 하고 주석 5~20%, 안티몬 10~20%의 합금이며, 베어링합금으로는 마찰저항이 적으나 주석대인 것에 비해 경도가 적고 인성과 점성도 비교적 작기 때문에 충격이나 진동이 있는 부분에는 적합하지 않다. 보통 사용되는 것의 성분은 납 80%, 주석 5%, 안티몬 15% 및 납 75%, 주석 10%, 안티몬 15%이다. **아연대백합금** 아연을 주성분으로 한 것으로 처음 아연에 주석을 첨가하고 여기에 경도를 크게 하기 위해 안티몬, 구리, 납 등을 적당히 첨가하는데 너무 많은 양이 되면 물러진다. 이 합금은 단단하고 저항력이 크므로 하중이 많이 걸리는데 쓰인다는 특징이 있다.

1-2 여러 가지 공업용 재료의 개요

재 료	개 요
활자합금 (type metal)	응고시 및 상온까지 냉각할 때 수축률이 작은 것이 필요한데, 안티몬은 응고시 보통 금속과 반대로 팽창되기 때문에 활자합금으로 쓰인다. 보통 사용되는 것의 성분은 납 74%, 안티몬 21%, 주석 5%, 융해점 311~240℃ 및 납 80%, 안티몬 17%, 주석 3%이다.
가용합금 (fusible alloy)	비스무트를 주성분으로 하고 용해점이 극히 낮은 합금으로서 비스무트 50~60%에 카드뮴, 주석 등으로 이루어지며, 용융점 60~150℃정도.
납땜합금 연납 – 땜납은 용융점이 낮고 작업이 쉽지만 그다지 강하지 않다. 경납 – 황동납, 은납, 구리납, 양은납, 금납, 용융점이 높아서 작업이 곤란하지만 경도 및 인장강도가 크다.	**땜 납** 주석 40~50%, 납 60~50%인 것이 가장 널리 쓰이고 있다. 용융점 182℃. **황 동 납** 아연함량 34~67%의 황동으로 용융점 750~900℃. **구 리 납** 구리를 써서 철 및 구리에 텅스텐합금을 접합하면 매우 강하다. 산화되지 않도록 물 속에서 1150℃ 정도로 가열한다. **은 납** 보통 은 40℃ 이상인 것이 널리 쓰인다. 접합 부분의 전연성 등 기계적 성질이 양호하다. 용융점 700~750℃. **양 은 납** 구리 35~45%, 아연 57~37%, 니켈 8~20%의 합금으로 용융점 850~1000℃. **금 납** 금 20~75%, 은 40~6% 그 밖에 구리, 아연, 카드뮴의 합금으로 용융점 700~800℃.

재 료	개 요
알루미늄합금 알루미늄은 가벼우면서 강도를 지니고 있으며 열도전성이 우수하다. 알루미늄에 구리·마그네슘 등의 금속을 첨가한 합금으로 알루미늄의 성질을 개량하여 우수한 특성을 갖는다.	**듀랄루민(duralumin)** 2017합금에 해당하며, 알루미늄, 구리 및 소량의 마그네슘 및 망간을 첨가한 것으로 비중 2.8, 강도가 크고 부식에 대한 저항력이 크다. 인장강도는 30~45kg/mm^2, 신장률 10~33%. **마그날륨(magnalium)** 알루미늄, 구리, 소량의 마그네슘 및 망간을 첨가한 것으로, 비중 2.8, 강도가 크고 부식에 대한 저항력이 크다. 인장강도는 30~45kg/mm^2, 신장률 10~33%. **Y 합금(Y metal)** 구리 3.5~4.5%, 니켈 1.8~2.3%, 마그네슘 1.2~1.8%, 알루미늄 92% 내외로서, 소량의 철, 몰리브덴, 텅스텐, 크롬, 와나딘을 함유할 때는 연해진다. 주조한 그 상태로는 인장강도 17.2kg/mm^2, 신장률 18% 정도이나 480℃에서 수중담금질을 하고 수일간 시효경화하면 인장공도 39kg/mm^2, 신장률 24%가 된다. **실루민(silumin)** 알루미늄과 규소의 합금으로 규소의 함유량은 최대 15%까지이며 보통 5~10% 정도이다. 염산에 대해서는 약하나 그 밖의 산에 대해서는 알루미늄합금 중 다른 것에 비해 뛰어난 내식성을 갖는다. **알루미늄아연합금(aluminium-zinc alloy)** 일반적으로 쓰이고 있는 것은 아연 20% 정도까지이고 주조용으로 쓰이는 것은 10% 정도까지이다. 여기에 소량의 구리를 첨가한 아연 10%, 구리 2%인 것은 사형으로 주조하여 인장강도 12~16kg/mm^2, 신장률 15% 정도이나, 부식에 대해서는 약하고 온도의 상승과 더불어 급격히 강도가 저하하는 결점이 있다. **알루미늄구리합금(aluminium-copper alloy)** 구리 6%를 함유한 합금은 소금물에 대한 부식성이 크다. 구리가 함유되어 인장강도는 높아지지만 신장률은 현저하게 감소된다. **알루미늄마그네슘규소합금** 구리를 함유하지 않는 고력합금으로서 비중이 작고 내식성이 풍부하며, 전기전도도가 비교적 양호하므로 송전선에 자주 쓰인다.
마그네슘합금 (magnesium alloy) 공업용 실용합금 중에서 가장 가벼운 것으로 비중 1.8~1.83, 합금원소로서는 비중이 작은 알루미늄이 주로서 내식성을 주기 위해 망간이 첨가된다. 3% 이하의 아연이 강도를 높이기 위해 첨가되는 경우도 있다. 독일에서는 일렉트론, 미국에서는 다우메탈이라고 부르고 있다.	**주조용 마그네슘합금(magnesium alloy)** 주조용 마그네슘합금의 기계적 성질은 대부분 보통의 알루미늄합금에 필적하는 정도이며 비중도 그 2/3 정도이다. 인장강도 10~25kg/mm^2, 브리넬경도 40~85. **단조용 마그네슘합금(magnesium alloy)** 가공성이 작고 특히 알루미늄의 %가 큰 것일수록 현저하다. 압연용으로서는 알루미늄 7%이하이고 이것이 10~12%가 되면 압출성형에 따라야 한다. 인장강도 19~38kg/mm^2, 신장률 5~20%, 브리넬경도 35~90. 또 주조용, 단조용 모두 바닷물에 대한 내식성이 현저하게 떨어지기 때문에 화학처리에 의해 방식피막을 만들거나 표면에 도금 또는 도장을 하여 쓰여지고 있다.
시멘트 (cement) 일반적으로 시멘트라 불리우는 것은 포틀랜드 시멘트이다. 시멘트는 주요 건설자재로서 콘크리트 또는 시멘트를 주원료로 하는 2차 제품용으로 사용한다. 기와, 슬레이트, 기포 콘크리트, 관, 전봇대 등 일상 주변에서 흔히 볼 수 있다. 시멘트는 보통 규산 20~24%, 반토 5~7%, 산화철 2~4%, 석회 63~66%, 석고 3% 이하로 이루어지고, 강산에 침식되지만 알칼리에 대해서는 상당히 견고하다.	**고급 시멘트(high strength cement)** 보통 포틀랜드 시멘트보다 석회분과 규산분이 약간 많고 빨리 굳는 성질이 있으며, 강도가 2~3배 강하고 단시간에 높아지는 것으로 그 압축강도는 7일에 650kg/cm^2, 28일에 750kg/cm^2 정도 **보통 시멘트(blended cement)** 넓은 의미로는 무기질 접합제의 총칭이고 좁은 의미로는 포틀랜드 시멘트를 말하며 압축강도는 7일에 220kg/cm^2 이상, 28일에 300kg/cm^2 이상이다. **혼합 시멘트(blended cement)** 포틀랜드 시멘트의 클링커에 포졸란이나 급냉된 고로 슬래그 등을 조합하고, 소괴에 고로를 가한 것으로 염류를 함유하는 물에 대해 내구성이 있다. 종류로는 고로 시멘트, 실리카 시멘트, 플라이애시 시멘트가 있다. 압축강도는 7일에 430kg/cm^2, 28일에 600kg/cm^2 정도. **반토 시멘트** 반토 30~40%를 함유한 것으로 단기강도가 매우 크다. 압축강도는 640kg/cm^2 정도

1-2 여러 가지 공업용 재료의 개요 (계속)

재 료	개 요
	내산 시멘트(acid proof cement) 내산성을 가진 시멘트 재료를 말하며 다규산질의 분말과 규산알칼리용액으로 구성되며 공장의 산 처리 시설, 폐액처리 시설, 중유 연소나 폐가스의 굴뚝 등에 사용되고 있다. **마그네시아 시멘트(magnesia cement)** 마그네시아가 주성분인 백색 또는 담황색의 시멘트로 고토 20~30%를 함유하고 단시간에 응결되지만 고온도에는 견디지 못한다.
모르타르 (mortar)	시멘트와 모래를 물로 반죽한 것으로 고착재의 종류에 따라 석회 모르타르, 아스팔트 모르타르, 수지 모르타르, 질석 모르타르, 펄라이트 모르타르 등으로 구분되며 벽돌쌓기, 마루벽, 천정 등의 마감에 쓰이며, 그 혼합비율은 시멘트와 모래의 용적비로서 1:2, 1:3인 것이 널리 쓰인다.
콘크리트 (concrete) 시멘트가 물과 반응하여 굳어지는 수화반응을 이용하여 골재를 시멘트풀로 둘러써서 다진 것이다. 시멘트에 모래와 자갈을 섞은 다음 물을 첨가하여 반죽한 것으로서 시멘트의 양, 비비는 방법, 다지는 방법에 따라 현저하게 강도가 다르다.	**1 : 2 : 3 배합인 경우** 건축물 기초 기둥 및 특히 강도를 요하는 경우에 쓰이며, 압축강도는 28일에 210kg/cm^2, 3개월에 238kg/cm^2, 인장강도는 20~24kg/cm^2 **1 : 2 : 4 배합인 경우** 철근콘크리트 기둥, 보, 바닥, 대형기계의 기초 등에 쓰이며, 압축강도는 28일에 150kg/cm^2, 3개월에 200kg/cm^2, 인장강도는 14~21kg/cm^2 **1 : 3 : 6 배합인 경우** 대형기초공사 등 큰 강도를 요하지 않는 곳에 쓰이며, 압축강도는 28일에 140kg/cm^2, 3개월에 170kg/cm^2, 인장강도는 10~14kg/cm^2
도자기 일명 도기, 자기라고도 한다.	충격 및 급변함으로써 쉽게 파괴되지만 플루오르화수소 이외의 모든 산에 대해 큰 저항력을 갖는다. 고력도기에서는 인장강도 800kg/cm^2, 정도까지, 경질자기에서는 500kg/cm^2 정도까지인 것이 제조 가능하다. 규산알루미늄을 주성분으로 하는 것은 가장 우수한 내산, 내식성을 지녀서 내산도기라고 부르는데, 이것도 플루오르화수소에는 침식이 된다.
유리 (glass) 파손되기 쉽지만 투명하기 때문에 이용범위가 넓다. 물에 서서히 부식되고 알칼리에는 더욱 약하며 규사, 탄산석회 등의 원료를 용융된 상태에서 냉각하여 얻은 투명하며 단단하고 잘 깨진다.	**소다유리** 규사, 석회석, 소다회, 망초를 원료로 하며, 일반적인 유리는 여기에 속하고 공기 속의 습기에 의해 서서히 침식된다. **칼리유리** 규사, 석회석, 탄산칼리를 원료로 하며, 화학저항이 세고 투명도가 양호하다. **납유리(lead glass)** 규사, 산화납(PbO), 탄산칼리, 소다회, 석회석을 원료로 하며 비중과 굴절률이 크고 광학용품 등에 쓰인다. **내열유리(heat resistant glass)** 보통 알칼리를 줄이고 알루미나를 첨가하거나 알칼리를 극히 적게하고 규산을 늘린다. 또 붕산, 산화아연, 알루미나를 첨가한다. 700℃ 정도까지 연화되지 않으며 온도의 급변에도 견딘다.
벽돌	**크롬벽돌** 크롬철석을 1~2mm로 분쇄하고 석회 또는 생점토를 가하여 성형 소성한 것으로 내화도 SK 31~42. **카보런덤벽돌** 탄화규소를 주체로 하고 여기에 점토, 석회 그 밖에 점결제를 첨가하여 성형 소성한 것으로 내화도 SK 27~42. 열의 전도가 크다. **탄소벽돌** 흑연벽돌과 함께 탄소 또는 코크스를 2mm 내외로 분쇄하여 성형 소성한 것으로 내화도는 특히 높아 SK 42 또는 그 이상이다. **염기성내화벽돌** **고토벽돌** 염기성내화물로서는 유일한 것으로 마그네사이트를 1500~1600℃로 소성하고, 이것을 분쇄 소량의 물을 혼합하여 성형 소성한 것으로 내화도 SK 35~42.

재 료	개 요
목재	일반적으로 목재는 고온에 견디지 못하고 또한 산알칼리 및 염류에 침식되나 약산중성염 및 약알칼리에는 견딘다. 기계적 강도는 매우 강하고 가공수리가 용이하며 염가인 것이 특징이다. 인장강도는 대체적으로 400~1200kg/cm², 압축강도는 400~650kg/cm² 정도이다.
섬유질재료	면, 양모 등의 섬유질은 직물로 되고 면은 산에 약하고 알칼리에 강하다. 또 양모 등 동물질섬유는 산에 강하나 알칼리에 약하다.
천연고무 생고무는 비중 약 0.9, 온도 15~20℃에서는 큰 탄성을 갖지만, 130~140℃에서 산화하고 220℃에서 녹는다. 가황하면 100℃ 이하에서는 대체적으로 변화하지 않는다. 가황계수가 큰 것일수록 내열성이 크다.	**연질고무** 가황고무 15 이하에서는 유연하고 탄성이 크다. 상당의 내산, 내알칼리성을 갖지만 질산에 대해서는 침식된다. 동식물성유에 대해서는 상당히 견디지만 광물성유에는 견디지 못한다. **경질고무** 철 그 밖에 금속과 잘 밀착하고 강도는 있으나 마모에 약하여 온도의 변화에 따라 균열이 생기는 경우가 있다. 가황계수 25 이상인 것은 각질모양으로 보통 에보나이트라고 부른다.
합성고무	**천연합성고무** 화학구조 폴리이소프렌, 천연고무와 거의 같은 성질을 가지며 안정적이다. **스티렌고무** 부타디엔, 스티렌공중합체로서 천연고무보다 내마모성, 내노화성이 좋다. **부타디엔고무** 화학구조 폴리부타디엔, 천연고무보다 탄성이 좋고 내마모성도 좋다. **클로로프렌고무** 화학구조, 폴리클로로프렌, 내후성, 내열성, 내약품성 등의 성질을 골고루 갖추고 있다.
석재(stone) 내산, 내알칼리, 내열, 내마모성이 이용된다. 화학공업용으로는 조직이 균일한 화성암이 널리 쓰인다. 산성암(규산 70~75% 이상), 중성암(규산 55~60%)에는 내산성이 강한 것이 있으며, 염기성암(규산 40~50%)인 것에는 중성 및 염기에 대해 내구력이 큰 것이 얻어진다.	**화강암(granite)** 산성암으로 규산 70~75%, 반토 12~15% 및 소량의 산화제2철, 석회 등으로 이루어지고 팽창수축이 거의 없으며 500℃ 정도에서 균열이 생기거나 또는 붕괴한다. **안산암(andesite)** 화산암 분류의 하나로 중성화산암으로 규산 54~67%, 반토 12~20% 산화제2철 1~10% 및 소량의 석회, 고토로 이루어지고 1000℃에 가열해도 변색할 뿐 균열이 생기는 것은 극히 드물다. **현무암(basalt)** 화강암과 함께 가장 다량으로 산출되는 화성암이며, 염기성암으로 규산 40~50%, 석질이 특히 강고하다.
보통 벽돌	점토를 주성분으로 하여 소성시켜 분쇄한 샤모트 즉 소분에 소량의 생점토를 첨가하여 성형 소성한 것으로, 샤모트가 양질인 것은 내화도 SK 32~33이다.
내화벽돌 화학적 성질에 따라 산성내화벽돌, 중성내화벽돌, 염기성 내화벽돌로 구별하나, 산성피열물에는 산성벽돌을, 염기성 피열물에는 염기성벽돌을 필요로 하며 줄눈의 성분도 대체적으로 이와 비슷한 것을 사용하는 것이 필요하다. 내화도는 저급인 경우 SK 26~29 보통인 경우 SK 30~33 고급인 경우 SK 34~42 압축강도는 상온에서 240~800kg/cm² 1000℃에서 185~600kg/cm² 1500℃에서 20~100kg/cm²	**산성내화벽돌** **샤모트벽돌** 점토를 소성하여 분쇄한 샤모트 즉 소분에 소량의 생점토를 첨가하여 성형 소성한 것으로, 샤모트가 양질인 것은 내화도 SK 32~33이다. **납석벽돌** 납석점토를 원료로 한 것으로 소성온도는 샤모트보다 낮으며 내화도는 SK 32~34. **규석벽돌** 규석을 한번 800~900℃로 가열하고 분쇄하여 석회수를 첨가 분쇄 성형하여 소성한 것으로, 가열에 의한 수축이 적다. 내화도 SK 33~36. **반규석벽돌** 점토와 규석을 적당히 혼합하고 샤모트의 가열에 의한 수축성과 규석의 팽창성을 이용한 것으로 팽창수축이 적은 것이다. **중성내화벽돌** **반토벽돌(보크사이트벽돌)** 일반적으로 반토가 많아지면 내화도는 증가하지만 기계적 강도는 약해진다. 내화도는 SK 36~39.

재 료	개 요
	코르할트벽돌 무라이트를 주체로 한 것으로 전기로에서 2000℃ 이상 용융성형한다. 60%의 무라이트와 30%의 커런덤, 10%의 규산질로 이루어지는 치밀한 것으로, 코르할트흑이라고 하는 것은 내화도 SK-38. 이것을 분쇄 성형 소성한 것으로 코르할트백이라고 하는 것은 내화도 SK 36~37.
수지	**폴리에틸렌 (polyethylene)** 에틸렌의 중합으로 생기는 사슬 모양의 고분자 화합물로 물보다 가볍다. 유연, 내약품성, 전기절연성이 우수하지만 내열성은 매우 나쁘다. **플루오르수지 (fluororesin)** 불소수지라고도 하며 플루오린을 함유한 플라스틱으로 저온 및 고온인 범위에서 전기절연성, 내약품성, 강도가 특히 크다. **아세트산 섬유소 (acetate cellulose)** 투명, 가소성, 가공성이 좋고 난연성 셀룰로이드로 쓰인다. **폴리프로필렌 (polypropylene)** 프로필렌을 중합하여 얻는 열가소성 수지로 폴리에틸렌보다 내열성이 좋다. 폴리프로필렌은 폴리에틸렌, PVC, 폴리스타이렌과 함께 4대 범용수지의 하나로서 용도는 포장용 필름, 테이프, 섬유, 의류, 완구, 공업용 부품, 컨테이너 등이다. **아세탈수지 (acetal resin)** 엔지니어링 수지로서 강인하고 내구력이 크다. 내열성, 내약품성이 나일론과 비슷하다. 기계부품, 전기통신부품 등에 사용하고 있다. **폴리카보네이트 (polycarbonate)** 내충격성이 폴리아세탈 다음으로 큰 특징이 있어 전기 부품으로 널리 사용되며, 강인하고 열, 빛에 안정적이며 전기적 성질도 좋고 산에 강하지만 알칼리에는 약하다. 안전 헬멧, 스포츠 용품 등에 사용하고 있다. **열경화성수지** **페놀수지 (phenolic resin)** 베이클라이트(bakelite)로 알려진 열경화성 수지로 강도, 전기적 성질, 내산성, 내열성, 내수성이 좋다. 주로 절연판이나 접착제 등으로 사용한다. **유리아수지 (urea resin)** 무색, 착색 자유, 페놀수지의 성질과 비슷하지만 내수성이 조금 나쁘다. **멜라민수지 (melamine resin)** 멜라민과 포름알데히드의 반응으로 얻어지는 열경화성 수지로 유리아수지와 아주 흡사하지만 경화가 좋고 내수성도 좋다. 금속용 도료로도 사용된다. **알키드수지 (alkyd resin)** 내열성이 있고 내구성도 뛰어나서 절연이나 도장용의 니스에 사용되며, 접착성, 내후성도 좋다. **폴리에스테르수지 (polyester resin)** 전기절연성, 내열, 내약품성이 좋으며 식품용 물통, 쟁반 등에 사용한다. 유리섬유를 넣은 강화 폴리에스테르는 강도가 있고 가벼우며 내식성이 우수하므로 욕조, 의자, 테이블 등에 사용된다. **실리콘수지 (silicone resin)** -260~-80℃에서 안정하게 사용할 수 있으며 전기절연성, 발수성이 좋다. **에폭시수지 (epoxy resin)** 내열성, 전기 절연성, 금속에의 접착성이 좋고, 내약품성도 좋다. **크실렌수지 (xylene resin)** 전기절연성, 내수성이 좋고 페놀수지보다 우수하다.
파이버(fiber)	원료로서 무명, 마, 목섬유 등을 겹쳐서 압착시켜 만든 것으로서 전기의 절연 재료, 소형 기어 등에 사용한다. 염화아연과 같은 교화욕에 담궈서 표면을 교화시켜 겹쳐서 강압하고, 이어서 세척 건조시켜서 제조한다. 인장강도 5.5~11kg/mm^2, 압축강도 18~42kg/mm^{2}으로 적색인 것은 산화철, 흑색인 것은 흑연을 첨가한다. 착색하지 않는 것은 회색을 띤다.

CHAPTER 02

기계재료의 기호

2-1 재료 기호 표기의 예

재료를 나타내는 기호는 영문자와 숫자로 구성되며 주로 3부분으로 표시한다. 아래에 재료기호 별 구성 의미를 나타냈다.

• 일반구조용 압연강재의 경우

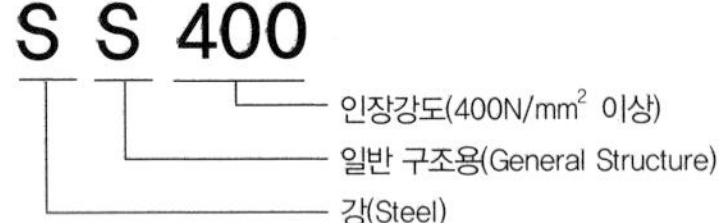

• 기계구조용 탄소강재의 경우

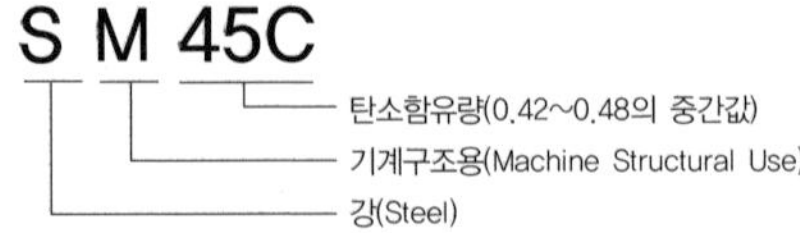

• 회주철의 경우

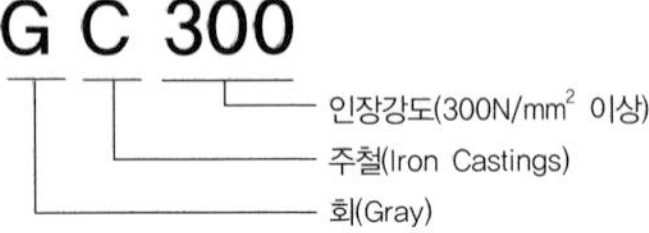

• 크롬몰리브덴 강재의 경우

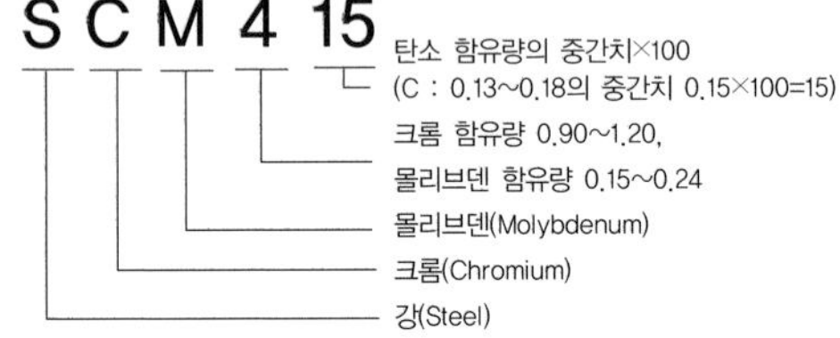

2-2 재료 기호의 구성 및 의미

❶ 첫 번째 부분의 기호 : 재질

재질을 나타내는 기호로 재질의 영문 표기 머리문자나 원소기호를 사용하여 나타낸다.

▶ 제 1위 기호의 재료명

기 호	재 질 명	영 문 명	기 호	재 질 명	영 문 명
Al	알루미늄	aluminum	F	철	Ferrum
AlBr	알루미늄청동	aluminum bronze	GC	회주철	Gray casting
Br	청동	bronze	MS	연강	Mild steel
Bs	황동	brass	NiCu	니켈구리합금	Nickel copper alloy
Cu	구리	copper	PB	인청동	Phosphor bronze
Cr	크롬	chrome	S	강	steel
HBs	고강도 황동	high strength brass	SM	기계구조용강	Machine structure steel
HMn	고망간	high magnanese	WM	화이트메탈	White Metal

❷ 두 번째 부분의 기호 : 제품명 또는 규격명

제품명이나 규격명을 나타내는 기호로서 봉, 판, 주조품, 단조품, 관, 선재 등의 제품을 형상별 종류나 용도를 표시하며 영어 또는 로마 글자의 머리글자를 사용하여 나타낸다.

▶ 제 2위 기호의 재품명 또는 규격명

기 호	제품명 또는 규격명	기 호	제품명 또는 규격명
B	봉 (Bar)	MC	가단 주철품
BC	청동 주물	NC	니켈크롬강
BsC	황동 주물	NCM	니켈크롬 몰리브덴강
C	주조품 (Casting)	P	판 (Plate)
CD	구상흑연주철 (Spheroidal graphite iron castings)	FS	일반 구조용강 (Steels for general structure)
CP	냉간압연 연강판	PW	피아노선 (Piano wire)
Cr	크롬강 (Chromium)	S	일반 구조용 압연재 (Rolled steels for general structure)
CS	냉간압연강대	SW	강선 (Steel wire)
DC	다이캐스팅 (Die casting)	T	관 (Tube)
F	단조품 (Foring)	TB	고탄소크롬 베어링강
G	고압가스 용기	TC	탄소공구강
HP	열간압연 연강판 (Hot－rolled mild steel plates)	TKM	기계구조용 탄소강관 (Carbon steel tubes for machine structural purposes)
HR	열간압연 (Hot－rolled)	THG	고압가스 용기용 이음매 없는 강관
HS	열간압연강대 (Hot－rolled mild steel strip)	W	선 (Wire)
K	공구강 (Tool steels)	WR	선재 (Wire rod)
KH	고속도 공구강 (High speed tool steel)	WS	용접구조용 압연강

❸ 세 번째 부분의 기호

재료의 종류를 나타내는 기호로 재료의 최저인장강도, 재료의 종별 번호, 탄소함유량을 나타내는 숫자로 표시한다.

▶ 제 3위 기호의 의미

기 호	기호의 의미	보 기	기 호	기호의 의미	보 기
1	1종	SCPH 1	11 A	11종 A	STKM 11 A
2	2종	SCPH 2	12 B	12종 B	STKM 11 B
A	A종	SWO 50A	400	최저인장강도	SS 400
B	B종	SWO 50B	C	탄소함유량	SM 25C

❹ 네 번째 부분의 기호

필요에 따라서 재료 기호의 끝 부분에는 열처리 기호나 제조법, 표면마무리 기호, 조질도 기호 등을 첨가하여 표시할 수도 있다.

▶ 제 4위 기호의 의미

구 분	기 호	기호의 의미	구 분	기 호	기호의 의미
조질도 기호	A	어닐링한 상태	열처리 기호	N	노멀라이징
	H	경질		Q	퀜칭 템퍼링
	1/2H	1/2 경질		SR	시험편에만 노멀라이징
	S	표준 조질		TN	시험편에 용접 후 열처리
표면마무리 기호	D	무광택 마무리	기타	CF	원심력 주강관
	B	광택 마무리		K	킬드강

CHAPTER 03

열처리를 한 철 계통의 부품 – 표시와 지시

[KS B ISO 15787:2008]

■ 적용범위

이 표준은 기술 도면에서 열처리된 철계 부품의 최종 상태를 표시하고 지시하는 방법을 규정한다.

■ 용어와 정의(ISO 4885에 따름)

기 호	약 어	영 문
CHD	표면(침탄)경화 깊이	Case Hardening Depth
CD	침탄 깊이	Carburization Depth
CLT	복합 층 두께	Compound Layer Thickness
FHD	융해 경도 깊이	Fusion Hardness Depth
NHD	질화 경도 깊이	Nitriding Hardness Depth
SHD	표면 경화 깊이	Surface Hardness Depth
FTS	융해 처리 명세	Fusion Treatment Specification
HTO	열처리 순서	Heat Treatment Order
HTS	열처리 명세	Heat Treatment Specification

■ 도면에서의 지시

❶ 일반사항

열처리 조건에 관한 도면에서의 지시는 조립체나 열처리 후의 직접적인 상태뿐 아니라 최종 상태에 관련될 수 있다. 이 차이는 열처리 부품이 종종 후에 기계 가공(예를 들면 연삭)되는 것처럼 함축적으로 관찰되어야 한다.
따라서 특히 침탄 경화, 표면 경화, 표면 융해 경화 및 질화 부품에서 경화 깊이가 감소되고 질화 침탄 경화 부품의 복합 층 두께가 감소하는 것과 같다. 그러므로 기계 가공 여유는 열처리 동안 적절하게 고려되어야 한다.
후 가공 전의 상태에 관한 관련 정보를 주어 열처리 후의 상태에 대한 별도의 도면이 준비되지 않으면 관련 도면에 각각의 정보 조건을 알려주는 그림 설명으로 적당한 지시를 사용하여야 한다.

❷ 재료 데이터(Material data)

열처리 방법에 관계없이 일반적으로 열처리 가공품에 대해 사용되는 재료의 확인을 도면에 넣어야 한다.(재료 명칭, 재료 명세서에 대한 기준 등)

❸ 열처리 조건(Heat－treatment condition)

열처리 후의 상태는 예를 들면 "담금질(Quench hardened)", "담금질 및 뜨임" 또는 "질화"와 같은 요구 조건을 지시하는 단어로 규정한다.
한 가지 이상의 열처리가 요구되는 경우 예를 들면 "담금질 및 뜨임"과 같이 그 실행 순서를 단어로서 확인하여야 한다.

❹ 표면 경도(Surface hardness)

표면 경도는 ISO 6507－1에 따른 비커스경도, ISO 6506－1에 따른 브리넬(Brinell) 경도 또는 KS M ISO 6508－1에 따른 로크웰(Rockwell) 경도로 나타내어야 한다.

❺ 심부 경도(core hardness)

심부 경도는 도면의 필요한 곳과 시험될 부분에 주어진 명세에 지시되어야 한다. 심부 경도는 ISO 6507-1에 따른 비커스 경도, ISO 6506-1에 따른 브리넬 경도, KS M ISO 6508-1에 따른 로크웰 경도(방법 B,C)로 주어져야 한다.

❻ 경도(hardness value)

모든 경도는 공차를 가지고 있어야 한다. 공차는 기능이 허용하는 한 클수록 바람직하다.

■ 열처리 지시의 실제 적용 예

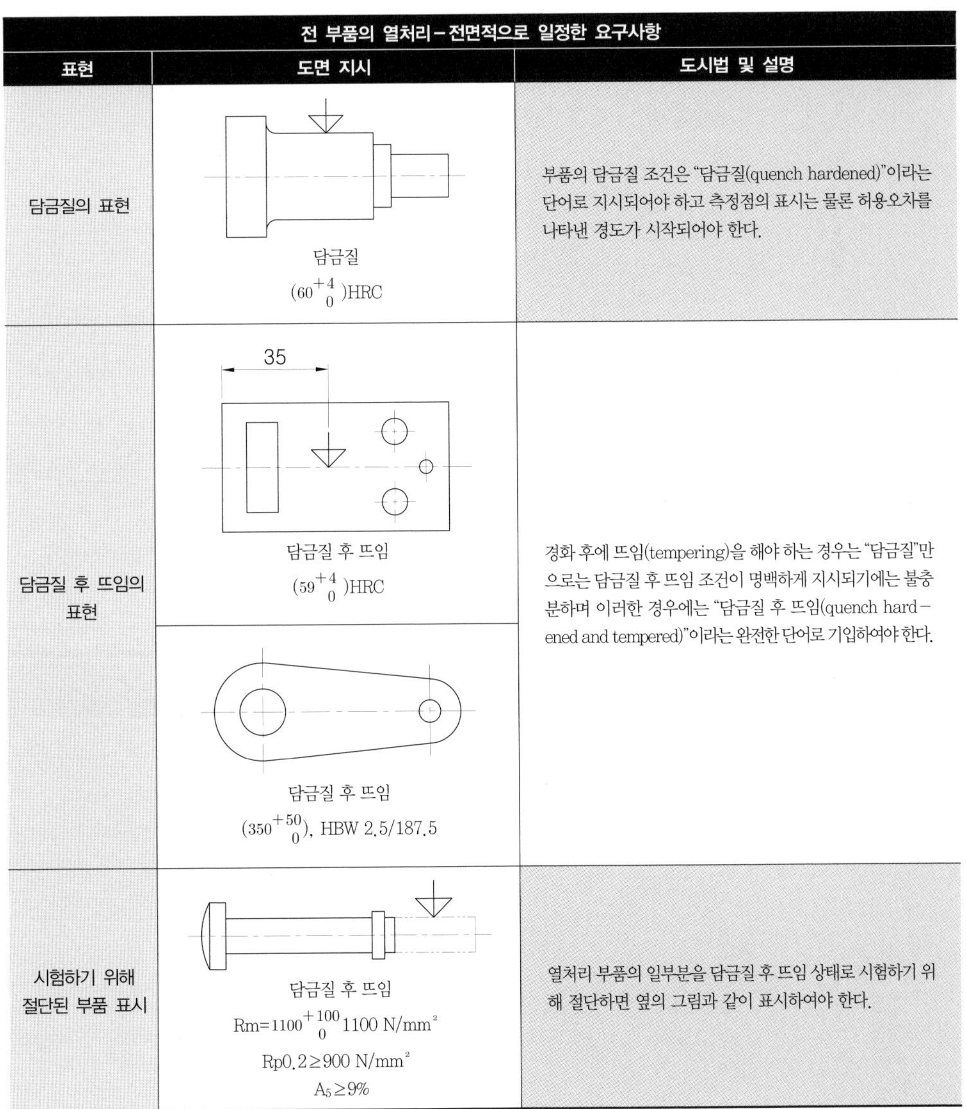

전 부품의 열처리-전면적으로 일정한 요구사항		
표현	도면 지시	도시법 및 설명
담금질의 표현	담금질 (60^{+4}_{0})HRC	부품의 담금질 조건은 "담금질(quench hardened)"이라는 단어로 지시되어야 하고 측정점의 표시는 물론 허용오차를 나타낸 경도가 시작되어야 한다.
담금질 후 뜨임의 표현	35 담금질 후 뜨임 (59^{+4}_{0})HRC 담금질 후 뜨임 (350^{+50}_{0}), HBW 2.5/187.5	경화 후에 뜨임(tempering)을 해야 하는 경우는 "담금질"만으로는 담금질 후 뜨임 조건이 명백하게 지시되기에는 불충분하며 이러한 경우에는 "담금질 후 뜨임(quench hard-ened and tempered)"이라는 완전한 단어로 기입하여야 한다.
시험하기 위해 절단된 부품 표시	담금질 후 뜨임 Rm=1100^{+100}_{0}1100 N/mm² Rp0.2≥900 N/mm² A_5≥9%	열처리 부품의 일부분을 담금질 후 뜨임 상태로 시험하기 위해 절단하면 옆의 그림과 같이 표시하여야 한다.

전 부품의 열처리－경도값이 변화하는 구역		
표현	도면 지시	도시법 및 설명
오스템퍼링의 표현	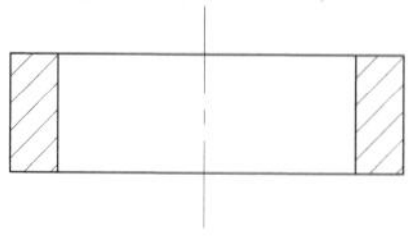 HTO에 따른 오스템퍼링 (59^{+2}_{0})HRC	옆의 그림과 같은 부품이 오스템퍼링될 것이다. 지시는 "오스템퍼링(austempered)"으로 읽어야 한다.
경도값이 변화하는 열처리 표현	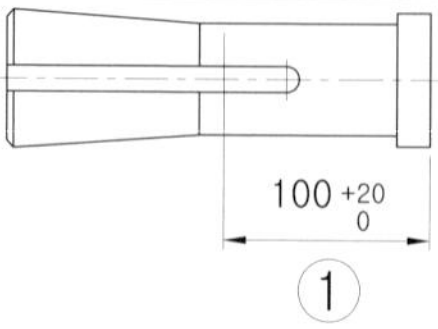 100^{+20}_{0} ① HTO에 따른 담금질 후 뜨임 (58^{+4}_{0})HRC ① (40^{+5}_{0})HRC	어떤 부품이 각각의 구역에서 경도값이 서로 다르게 되고 열처리가 열처리 순서(HTO : heat－treatment order)에 따라 이루어져야 한다면 서로 다른 경도의 구역은 표시를 하여야 하고, 또 필요하면 치수기입도 하여야 한다. 덧붙여서 기준을 HTO에 따라 만들어야 한다.
국부 열처리의 표시	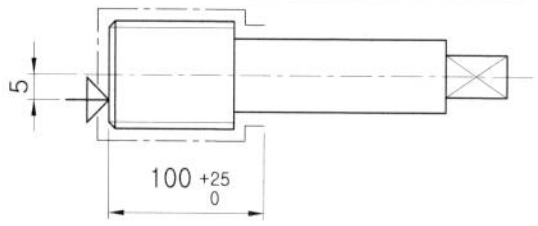 5 100^{+25}_{0} ―·―· 부 담금질 후 전 부품 뜨임 (63^{+3}_{0})HRC	열처리 구역은 KS A ISO 128－24에 따라서 굵은 일점쇄선으로 하고 치수 데이터를 나타내어야 한다.
요구된 구역보다 더 크게 경화할 때의 표현	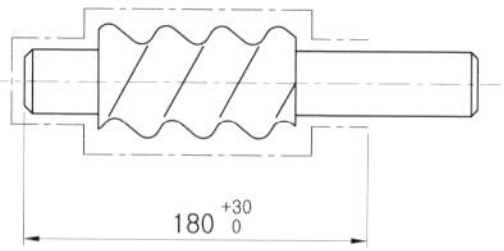 180^{+30}_{0} ―·―· 부 담금질 후 전 부품 뜨임 (61^{+3}_{0})HRC	가공물을 열처리할 때 공정상 이유로 요구된 구역보다 더 큰 구역을 경화하는 것이 보다 간편할 수도 있다. 이런 경우 부가적으로 담금질 구역을 KS A ISO 128－24에 따라서 굵은 일점쇄선으로 하고 열처리 구역 위치를 나타내는 치수 데이터를 함께 표시해야 한다.

실제 적용 예－표면 경화(Surface Hardened)		
표현	도면 지시	도시법 및 설명
표면 경화 적용 예	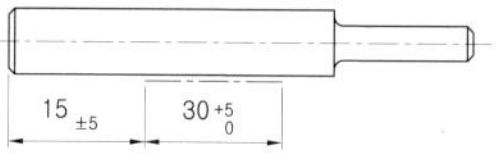 $15_{\pm5}$　30^{+5}_{0} ―·―· 부 표면경화 (620^{+160}_{0})HV30 SHD 500=$0.8^{+0.8}_{0}$	가장 간단한 예로 KS A ISO 128－24에 따라서 굵은 일점쇄선으로 표면 경화 구역을 표시하고 표면경화(surface hardened)라는 단어로 표시되어야 한다. 표면 경화 구역과 표면 비경화 구역 간의 천이 영역은 원칙적으로 표면 경화 구역 길이에 대한 공칭 치수의 밖에 놓는다. 천이 영역 너비는 경화 깊이, 표면 경화 방법, 가공물의 재료와 모양에 의존한다.
요구된 구역보다 더 넓은 구역을 표면 경화할 때의 표시	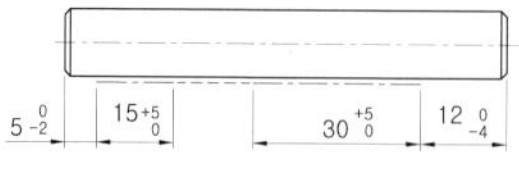 5^{0}_{-2}　15^{+5}_{0}　30^{+5}_{0}　12^{0}_{-4} ―·―· 부 표면경화 후 전 부품 뜨임 (525^{+100}_{0}) HV10 SHD 425=$0.4^{+0.4}_{0}$	어떤 부품이 표면 경화될 때 공정상 이유로 요구된 구역보다 더 넓은 구역을 경화하는 것이 더 편리할 수도 있다. 이렇게 되면 부가적 경화 구역을 KS A ISO 128－24에 따라서 굵은 일점 쇄선으로 표면 경화 구역의 위치를 표시하고 치수 데이터와 함께 표시해야 한다.

실제 적용 예 – 표면 경화(Surface Hardened) (계속)		
표현	도면 지시	도시법 및 설명
가장자리는 표면 경화하지 않을 때 표시	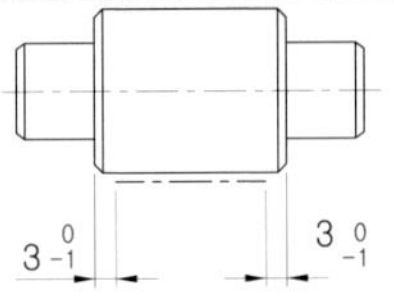 $3^{\ 0}_{-1}$ $3^{\ 0}_{-1}$ —·—· 부 표면경화 $(620^{+160}_{\ \ 0})$ HV50 SHD 500=$0.8^{+0.8}_{\ \ 0}$	부품의 표면 경화에 대해 경화 표면층을 가장자리까지 넓힐 필요가 없다면(가장자리에서 스폴링(spalling)의 위험을 감소하는 데 상당한 값을 가지고 있는 가장자리)적절히 치수 기입을 하는 등의 방법으로 기술하여야 한다.
가장자리까지 표면 경화할 때의 표시	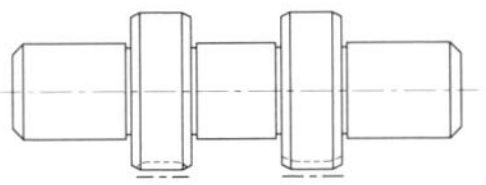 —·—· 부 표면경화 후 부품 뜨임 $(61^{+4}_{\ 0})$ HRC SHD 600=$61^{+4}_{\ 0}$	표면 경화층을 가장자리까지 넓히는 곳에서 구역의 형상은 KS A ISO 128– 24에 따라서 가는 일점쇄선으로 가공물 외곽선 안에 지시하여야 한다. 경화 표면층이 가장자리까지 넓혀지는 곳은 가장자리(경화 구역의 끝단)에 직접적으로 인접한 낮은 SHD값이 허용되며 이것은 또한 가는 일점쇄선으로 나타내야 한다.(좌측 캠 참조) [비고] 두 경우에 가장자리는 균열의 위험을 감소시키기 위해 모따기를 한다.
기어 이 전체 경화	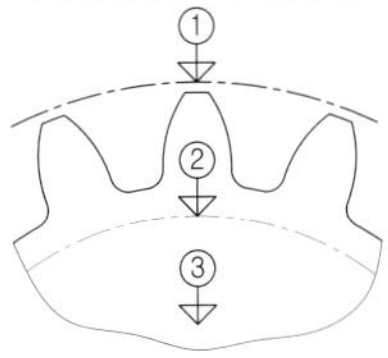 ① ② ③ —·—· 부 표면경화 후 전 부품 뜨임 ① $(61^{+4}_{\ 0})$ HRC ② $(61^{+4}_{\ 0})$ HRC ③ ≤30 HRC	기어의 주위에서 KS A ISO 128–24에 따라서 굵은 일점쇄선과 가는 일점쇄선으로 기어 이가 경화되는 구역에서 표시되어야 한다. [비고] 공정의 특성에 따라 서로 다른 경도값이 이 높이에 대해 발생할 것이다. 경화깊이를 나타내기 위한 측정점의 지시는 불필요하다.
이의 면 경화	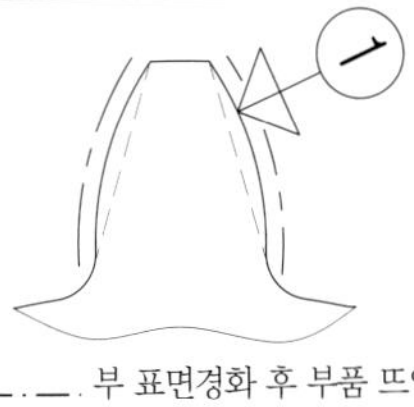 1 —·—· 부 표면경화 후 부품 뜨임 $(61^{+4}_{\ 0})$ HRC SHD 475=$1^{+1}_{\ 0}$	KS A ISO 128–24에 따라서 굵은 일점쇄선이 치면 외곽선 밖에 표면 경화 구역을 표시하는 데 사용되어야 한다. KS A ISO 128–24에 따라서 가는 일점쇄선은 경화 위치와 윤곽을 돋보이게 하기 위하여 사용되어야 한다. 경화층의 요구 윤곽 때문에 표면 경화 깊이에 대한 측정점이 정의되어야 한다.
이뿌리면 경화	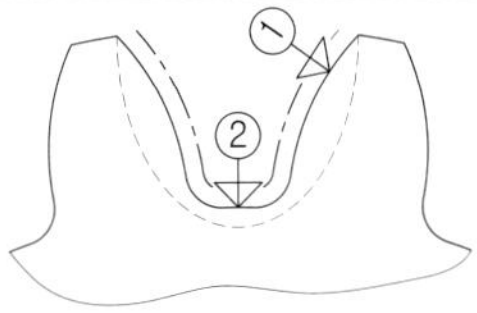 1 ② —·—· 부 표면경화 후 전 부품 뜨임 $(52^{+6}_{\ 0})$ HRC ① SHD 425 = $1.3^{+1.3}_{\ \ 0}$ ② SHD 425 = $1^{+1}_{\ 0}$	KS A ISO 128–24에 따라서 굵은 일점쇄선을 표면경화 구역을 표시하기 위해 이면의 가장자리 밖에 사용하여야 하며 가는 일점쇄선을 경화 위치와 윤곽을 표시하기 위해 사용하여야 한다. 경화 표면층의 형상 때문에 경화 깊이에 대한 측정점이 정의되어야 한다.

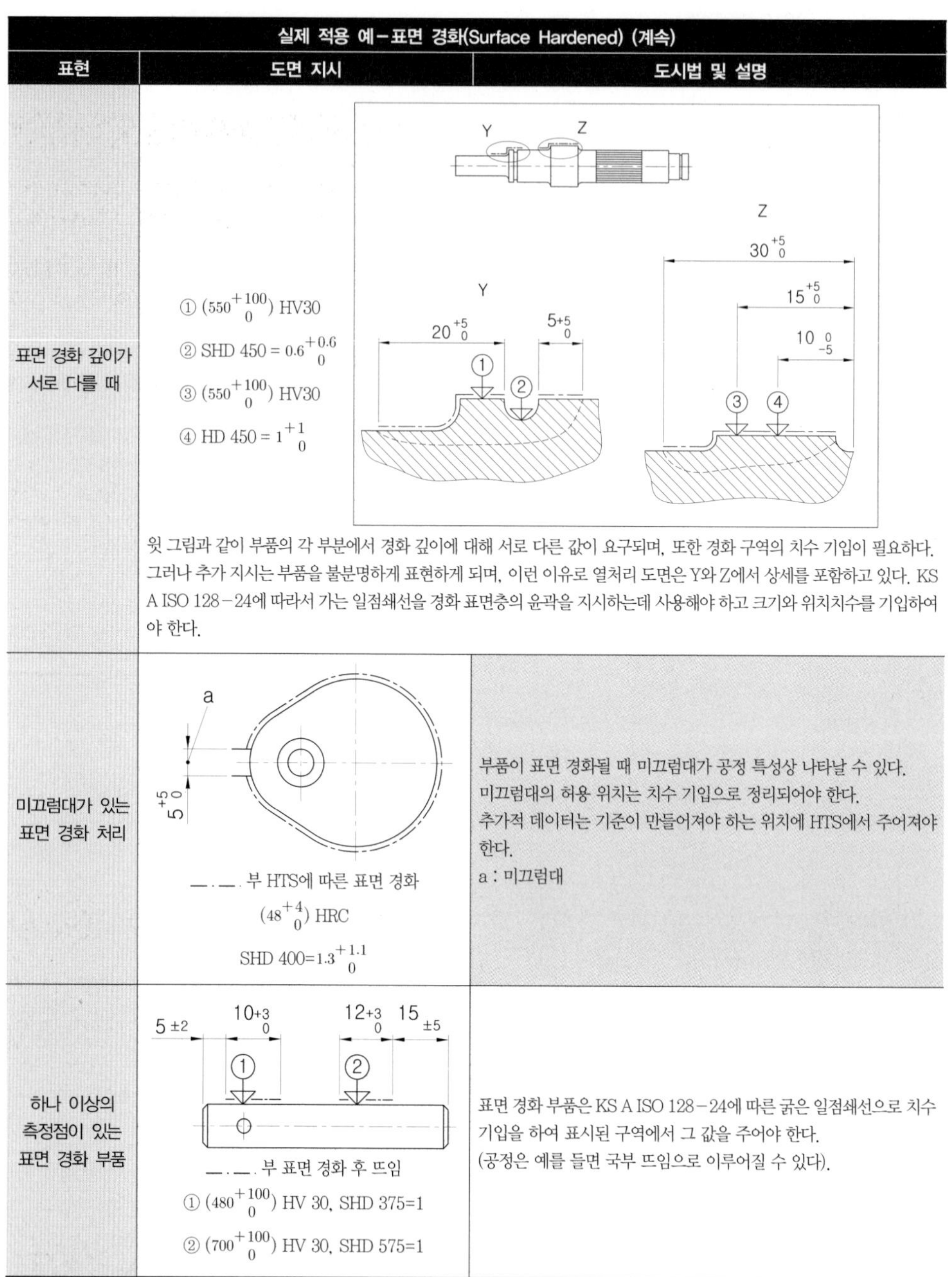

실제 적용 예-표면 경화(Surface Hardened) (계속)		
표현	도면 지시	도시법 및 설명
표면 경화 깊이가 서로 다를 때	① (550^{+100}_{0}) HV30 ② SHD 450 = $0.6^{+0.6}_{0}$ ③ (550^{+100}_{0}) HV30 ④ HD 450 = 1^{+1}_{0} (Y, Z; Y: 20^{+5}_{0}, 5^{+5}_{0}; Z: 30^{+5}_{0}, 15^{+5}_{0}, 10^{0}_{-5})	윗 그림과 같이 부품의 각 부분에서 경화 깊이에 대해 서로 다른 값이 요구되며, 또한 경화 구역의 치수 기입이 필요하다. 그러나 추가 지시는 부품을 불분명하게 표현하게 되며, 이런 이유로 열처리 도면은 Y와 Z에서 상세를 포함하고 있다. KS A ISO 128-24에 따라서 가는 일점쇄선을 경화 표면층의 윤곽을 지시하는데 사용해야 하고 크기와 위치치수를 기입하여야 한다.
미끄럼대가 있는 표면 경화 처리	a 5^{+5}_{0} —·—· 부 HTS에 따른 표면 경화 (48^{+4}_{0}) HRC SHD 400=$1.3^{+1.1}_{0}$	부품이 표면 경화될 때 미끄럼대가 공정 특성상 나타날 수 있다. 미끄럼대의 허용 위치는 치수 기입으로 정리되어야 한다. 추가적 데이터는 기준이 만들어져야 하는 위치에 HTS에서 주어져야 한다. a : 미끄럼대
하나 이상의 측정점이 있는 표면 경화 부품	5 ±2, 10^{+3}_{0}, 12^{+3}_{0}, 15 ±5 —·—· 부 표면 경화 후 뜨임 ① (480^{+100}_{0}) HV 30, SHD 375=1 ② (700^{+100}_{0}) HV 30, SHD 575=1	표면 경화 부품은 KS A ISO 128-24에 따른 굵은 일점쇄선으로 치수 기입을 하여 표시된 구역에서 그 값을 주어야 한다. (공정은 예를 들면 국부 뜨임으로 이루어질 수 있다).

비고 KS A ISO 128-24 : 기계제도에 사용하는 선

실제 적용 ①예－표면 융해 경화(Surface Fusion Hardened)		
표현	**도면 지시**	**도시법 및 설명**
표면 융해경화 표식	20 ±5, 60^{+5}_{0} — · — 부 표면 융해 경화 (620^{+160}_{0}), HV 30 FHD 500=$0.6^{+0.6}_{0}$	가장 간단한 예로 KS A ISO 128－24에 따른 굵은 일점쇄선으로 표면 경화 부분을 표시하고 표면 경화 및 융해 경화 깊이와 함께 "표면 융해 경화"라는 단어를 표시해야 한다.
표면 융해 깊이가 변화할 때	20^{0}_{-5}, 45^{0}_{-5}, 12^{0}_{-5}, ①, ② — · — 부 표면 융해 경화 (650^{+100}_{0}), HV 10, FHD=$1^{+0.5}_{0}$ (650^{+100}_{0}), HV 10, FHD=$0.8^{+0.4}_{0}$	표면 융해 경화 부분 내에서 융해 깊이 변화와 정의된 측정점의 치수 기입에 대한 예를 보여준다.
미끄럼대가 있는 표면 융해 경화 처리	a, 10^{+10}_{0} — · — 부 HTS에 따른 표면 융해 경화 (58^{+3}_{0}) HRC FHD 525=$0.8^{+0.8}_{0}$	공정의 특성 때문에 미끄럼대가 가공물의 표면 융해 처리시 일어날 수 있다. 미끄럼대의 허용 위치는 치수 기입으로 정의되어야 한다. 추가적 정보는 기준이 정해지는 융해 처리 명세(Fusion Treatment Specification : FTS)에 주어져야 한다.

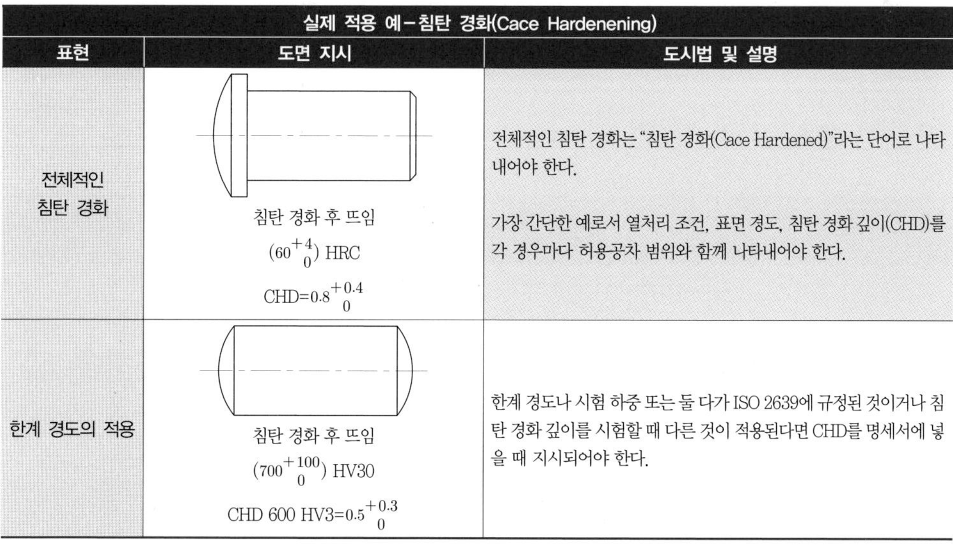

실제 적용 예－침탄 경화(Cace Hardenening)		
표현	**도면 지시**	**도시법 및 설명**
전체적인 침탄 경화	침탄 경화 후 뜨임 (60^{+4}_{0}) HRC CHD=$0.8^{+0.4}_{0}$	전체적인 침탄 경화는 "침탄 경화(Cace Hardened)"라는 단어로 나타내어야 한다. 가장 간단한 예로서 열처리 조건, 표면 경도, 침탄 경화 깊이(CHD)를 각 경우마다 허용공차 범위와 함께 나타내어야 한다.
한계 경도의 적용	침탄 경화 후 뜨임 (700^{+100}_{0}) HV30 CHD 600 HV3=$0.5^{+0.3}_{0}$	한계 경도나 시험 하중 또는 둘 다가 ISO 2639에 규정된 것이거나 침탄 경화 깊이를 시험할 때 다른 것이 적용된다면 CHD를 명세서에 넣을 때 지시되어야 한다.

실제 적용 예-침탄 경화(Cace Hardenening) (계속)		
표현	**도면 지시**	**도시법 및 설명**
열처리 순서(HTO)에 따른 침탄 경화	HTO에 따른 침탄 경화 후 뜨임 (700^{+100}_{0}) HV30 CHD 600 HV3=$0.5^{+0.3}_{0}$	특정 규정을 열처리 동안 지킨다면(예를 들면 시간/온도 곡선의 데이터에 관해서) 이 조항은 열처리 순서(HTO)나 열처리 명세로부터 얻을 수 있어야 한다. 기준은 도면에서 그 문서에 만들어야 한다.
표면 경도값이 서로 다를 때	① ② 20^{+5}_{0} 표면 경화 후 뜨임 ① CHD=$0.3^{+0.2}_{0}$ ② (700^{+100}_{0}) HV10 ≤550 HV10	표면 경도값이나 침탄 경화 깊이 또는 둘 다에 대한 값이 부분별로 서로 다른 부분을 가진 전체 침탄 경화 부품은 옆 그림과 같이 표시하여야 한다. 좌측 그림과 같은 부품은 측정점으로 인식된 부분에서 경도값을 주어야 한다. 경도값이 550HV10 이하로 주어진 곳에 대한 구역은 가능하면 뜨임도 하여야 한다.
표면 경화 깊이가 서로 다를 때	① ② ③ 표면 경화 후 뜨임 ①+③ (60^{+4}_{0}) HRC CHD=$0.8^{+0.4}_{0}$ ② (700^{+100}_{0}) HV10 CHD=$0.5^{+0.3}_{0}$	그림과 같은 기어는 전체적으로 침탄이 된다. 측정점 부분에서는 표면 경도와 유효 침탄 깊이에 대해 규정된 각각의 값이 존재하여야 한다.

실제 적용 예-국부 침탄 경화(Cace Hardenening)		
표현	**도면 지시**	**도시법 및 설명**
침탄도 경화도 되지 않는 부분	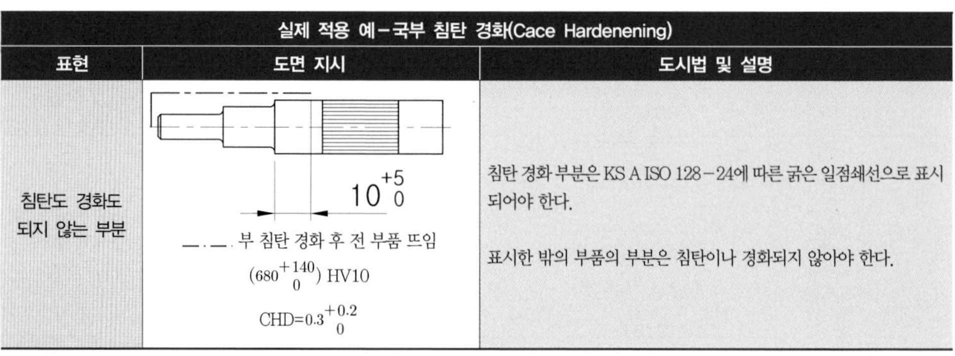 10^{+5}_{0} —·—· 부 침탄 경화 후 전 부품 뜨임 (680^{+140}_{0}) HV10 CHD=$0.3^{+0.2}_{0}$	침탄 경화 부분은 KS A ISO 128-24에 따른 굵은 일점쇄선으로 표시되어야 한다. 표시한 밖의 부품의 부분은 침탄이나 경화되지 않아야 한다.

실제 적용 예－국부 침탄 경화(Cace Hardenening) (계속)		
표현	도면 지시	도시법 및 설명
국부 침탄 경화(완전히 경화되는 부품)	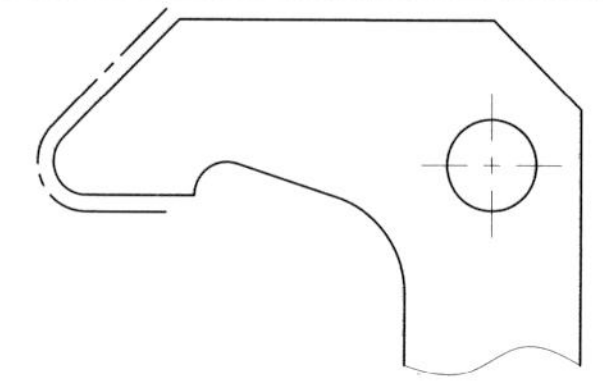 —·—·부 침탄 경화 후 뜨임, 전체 부분 침탄 허용 (60^{+4}_{0}) HRC $CHD=0.8^{+0.4}_{0}$	침탄 경화 부분은 KS A ISO 128－24에 따른 굵은 일점쇄선으로 표시되어야 한다. 이 부분의 밖에서는 침탄은 허용되고 "전 부품의 침탄 허용(carburization of entire part permissible)"이라는 단어로 나타내야 한다. [비고] 이런 형태의 국부 침탄 경화는 일점쇄선으로 표시한 부분에서 침탄 후 표면 경화로 이루어진다.
일부분은 경화되지만 침탄은 하지 않는 국부 침탄 경화	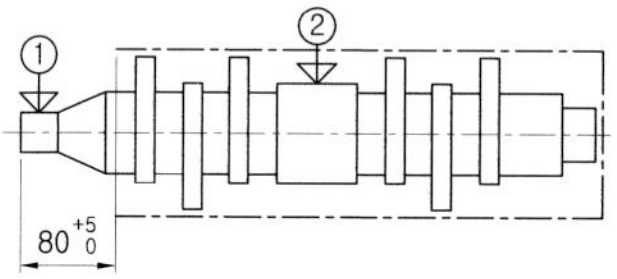 ① ② 80^{+5}_{0} 부분 침탄 경화 및 전 부품 경화 후 뜨임 ① (25^{+15}_{0}) HRC ② (58^{+4}_{0}) HRC $CHD=1.2^{+0.5}_{0}$	표현이 분명하지 않은 곳에서는 열처리 도면에 침탄경화 조건을 특정짓는 값을 지시하는 것이 적절하다. 침탄 경화 부분은 KS A ISO 128－24에 따라서 굵은 일점쇄선으로 표시되어야 한다. 침탄이 되지 않으나 경화되는 부분은 선 밖에 놓인다. 따라서 요구사항은 "전부품 경화"라는 단어가 추가된다. [비고] 이런 형태의 국부 침탄 경화는 침탄에 대한 일점쇄선으로 표시되지 않는 부분을 적절한 방법으로 보호함으로써 이루어진다.
침탄이 되어도 괜찮은 부분을 가진 국부 침탄 경화	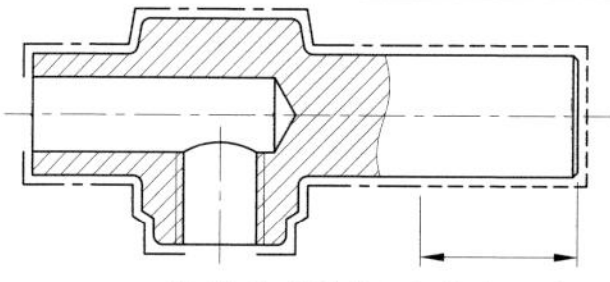 —·—·부 침탄 경화 후 전 부품 뜨임 57^{+6}_{0} HRC $CHD=1.2^{+0.5}_{0}$	침탄 경화가 되는 부분은 KS A ISO 128－24에 따른 굵은 일점쇄선으로 표시되어야 한다. 침탄 경화가 허용되는 부분은 파선으로 표시하며 그것은 공정상 이유로 더 편리하다. 부품의 비표시 부분(그림의 구멍)은 침탄되거나 경화되지 않아야 한다.
전체 침탄	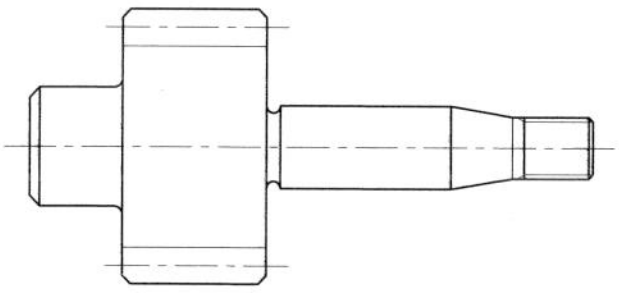 침탄 경화 $CD_{0.35}=1.2^{+0.5}_{0}$	전체적인 침탄은 "침탄"이라는 단어로 나타내야 한다. 가장 간단한 경우에 "침탄"이라는 단어로서 허용오차 범위의 침탄을 지시함으로써 침탄 조건의 표시가 이루어져야 한다.
국부 침탄	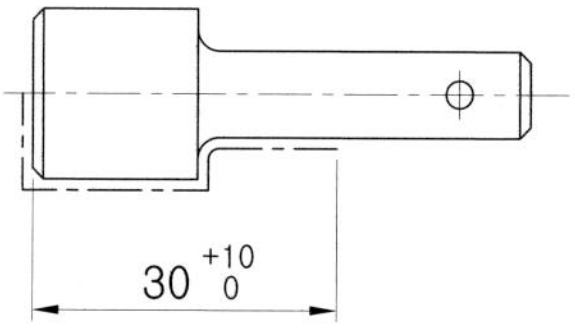 30^{+10}_{0} —·—·부 침탄 경화 $CD_{0.35}=0.8^{+0.4}_{0}$	침탄 부분과 비침탄 부분 사이의 천이 영역은 원칙적으로 침탄 부분의 길이에 대한 공칭 치수 밖에 놓인다. 천이 너비는 가공물의 침탄 깊이, 침탄법, 재료와 모양 및 국부 침탄이 이루어지는 방법에 의존한다.

실제 적용 예-질화와 질화 침탄(Nitriding and nitrocarburizing)		
표현	도면 지시	도시법 및 설명
전체적인 질화	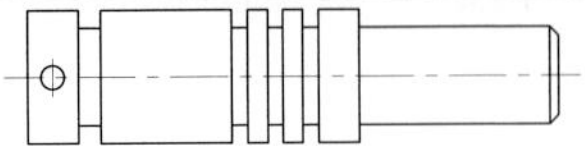 플라스마 질화 ≥950 HV10 $NHD=0.3^{+0.1}_{0}$	가장 간단한 예로서 질화 조건은 "질화(nitrided)"라는 단어로 표시되고 허용 오차 범위를 나타낸 질화 경도를 지시함으로써 나타내야 한다. 질화가 가스나 플라스마로 이루어진다면 그림과 같이 ISO 4885에 따른 보족을 붙인다.
질화 경도 깊이 시험	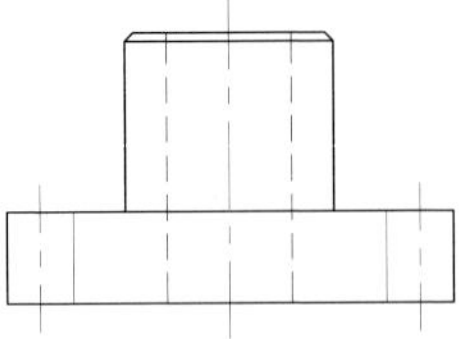 질화 ≥800 HV3 $NHD\ HV\ 0.3=0.1^{+0.05}_{0}$	질화 경도 깊이를 시험할 때에는 규정된 규칙과 다른 방법으로 한다. 예를 들면 HV0.5보다 다른 시험 하중이 사용되고 이것은 그림의 예와 같이 NHD를 명세서에 넣을 때 지시되어야 한다.
전체적인 질화침탄	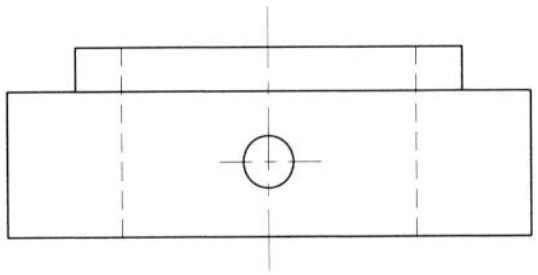 질화 침탄 $CLT=(12^{+6}_{0})\mu m$	간단한 예로서 질화 침탄 조건은 "질화 침탄(nitrocarburized)"이라는 단어와 ㎛로 나타낸 한계 오차 범위를 가진 복합층 두께(CLT)를 지시함으로써 나타낸다.
질화 침탄에 대한 부가적인 정보	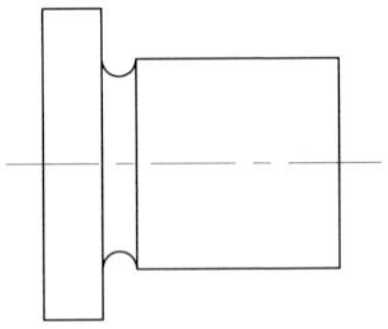 HTO에 따른 염욕 질화 침탄 $CLT=(10^{+5}_{0})\mu m$	질화 침탄이 특정 매체에서 이루어진다면 공정의 지시를 표시하는 단어는 적절히 보족되어야 한다.(ISOP 4885 참조) 필요하면 기준을 부가적 정보로 만든다.
국부 질화	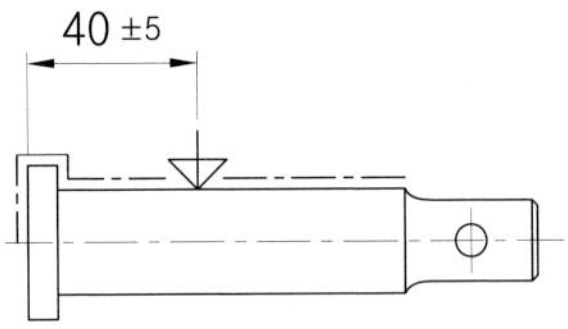 40 ±5 —·—· 부 질화 ≥900 HV10 $NHD=0.4^{+0.2}_{0}$	질화 부분과 비질화 부분의 사이의 천이 영역은 원칙적으로 질화 부분의 길이에 대한 공칭 치수 밖에 놓는다. 천이 너비는 질화 깊이와 질화법, 가공물의 재료와 형상 및 국부 질화가 이루어지는 방식에 의존한다.
국부 질화 침탄	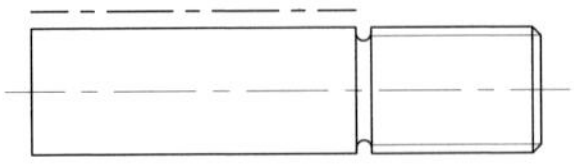 —·—· 부 질화 침탄 $CLT=(15^{+8}_{0})\mu m$	질화 침탄 부분과 비질화 침탄 부분의 사이의 천이 영역은 원칙적으로 질화 침탄 부분의 길이에 대한 공칭 치수 밖에 놓는다. 천이 너비는 복합층의 두께, 질화 침탄법, 가공물의 재료와 형상 및 국부 질화 침탄이 이루어진 방식에 의존한다.

■ 풀림(annealing)

풀림 조건은 "풀림(annealing)"이라는 단어로 지시하고 풀림 방법을 다음과 같이 좀 더 상세히 규정하는 추가적 지시를 한다.

① 응력 제거(stress relieved)
② 부드러운 풀림(soft annealed)
③ 구형화(spheroidized)
④ 재결정화(recristallized)
⑤ 불림(normalized)

덧붙여 경도 데이터나 구조 조건에 대한 더 상세한 데이터는 필요한 대로 주어진다.

■ 최소 경화 깊이 및 최소 표면 경도(HV)에 따른 경도 데이터를 규정하기 위한 시험방법의 선택

최소경화깊이 SHD, CHD, NHD, FHD mm	최소 표면 경도 HV						
	200 이상 300 이하	300 초과 400 이하	400 초과 500 이하	500 초과 600 이하	600 초과 700 이하	700 초과 800 이하	800 초과
0.05	–	–	–	HV0.5	HV0.5	HV0.5	HV0.5
0.07	–	HV0.5	HV0.5	HV0.5	HV0.5	HV1	HV1
0.08	HV0.5	HV0.5	HV0.5	HV0.5	HV1	HV1	HV1
0.09	HV0.5	HV0.5	HV0.5	HV1	HV1	HV1	HV1
0.1	HV0.5	HV1	HV1	HV1	HV1	HV1	HV3
0.15	HV1	HV1	HV3	HV3	HV3	HV3	HV5
0.2	HV1	HV3	HV5	HV5	HV5	HV5	HV5
0.25	HV3	HV5	HV5	HV5	HV10	HV10	HV10
0.3	HV3	HV5	HV10	HV10	HV10	HV10	HV10
0.4	HV5	HV10	HV10	HV10	HV10	HV30	HV30
0.45	HV5	HV10	HV10	HV10	HV30	HV30	HV30
0.5	HV10	HV10	HV10	HV30	HV30	HV30	HV30
0.55	HV10	HV10	HV30	HV30	HV30	HV50	HV50
0.6	HV10	HV10	HV30	HV30	HV50	HV50	HV50
0.65	HV10	HV30	HV30	HV50	HV50	HV50	HV50
0.7	HV10	HV30	HV50	HV50	HV50	HV50	HV50
0.75	HV30	HV30	HV50	HV50	HV50	HV100	HV100
0.8	HV30	HV30	HV50	HV50	HV100	HV100	HV100
0.9	HV30	HV30	HV50	HV100	HV100	HV100	HV100
1	HV30	HV50	HV100	HV100	HV100	HV100	HV100
1.5[a]	HV30	HV50	HV100	HV100	HV100	HV100	HV100
2[a]	HV30	HV50	HV100	HV100	HV100	HV100	HV100
2.5[a]	HV30	HV50	HV100	HV100	HV100	HV100	HV100

[a] : 융해 경화 처리에 적용

비고

이 표는 다만 각각의 가장 높은 허용 시험 하중을 포함한다. 물론 이 지시 대신에 보다 낮은 시험 하중도 사용될 수 있다.
(예를 들면 HV 30 대신 HV 10)고합금강(예를 들면 질화강)으로 만든 가공물의 질화나 질화 침탄에 대하여는 표면층에서 경도 기울기가 높기 때문에 이 표의 값보다 더 낮은 시험 하중을 사용하는 것이 적절하다.

보기

SHD : 표면 경화 시험편의 요구 표면 경도는 (650^{+100}_{0})HV이고 경화 깊이는 SHD $=0.6^{+0.6}_{0}$이다.

따라서 최소 경화 깊이는 0.6mm이고 최소 표면경도는 650HV이다.

이 값에 대하여 표는 표면경도가 최대 HV50으로 시험되어야 한다는 것을 나타낸다.

도면 지시 예 : $(650^{+100}_{0}$, HV50, SHD525 $= 0.6^{+0.6}_{0})$

■ 최소 경화 깊이와 최소 표면 경도(HR 15N, HR 30N 또는 HR 45N)에 따른 경도 데이터를 규정하기 위한 시험방법의 선택

최소경화 깊이 SHD, CHD mm	최소 표면 경도 HRN										
	82~85 HR15N	85초과 88이하 HR15N	88CHRHK HR15N	60~68 HR30N	68초과 73이하 HR30N	73초과 78이하 HR30N	78초과 HR30N	44~54 HR30N	54초과 61이하 HR45N	61초과 67이하 HR45N	67초과 HR45N
0.1	–	–	HR15N	–	–	–	–	–	–	–	–
0.15	–	HR15N	HR15N	–	–	–	–	–	–	–	–
0.2	HR15N	HR15N	HR15N	–	–	–	HR30N	–	–	–	–
0.25	HR15N	HR15N	HR15N	–	–	HR30N	HR30N	–	–	–	–
0.35	HR15N	HR15N	HR15N	–	HR30N	HR30N	HR30N	–	–	–	HR45N
0.4	HR15N	HR15N	HR15N	HR30N	HR30N	HR30N	HR30N	–	–	HR45N	HR45N
0.5	HR15N	HR15N	HR15N	HR30N	HR30N	HR30N	HR30N	–	HR45N	HR45N	HR45N
≥0.55	HR15N	HR15N	HR15N	HR30N	HR30N	HR30N	HR30N	HR45N	HR45N	HR45N	HR45N

보기

SHD : 표면 경화 가공물의 표면경도는 HR...N(로크웰 경도)으로 재야 한다. 요구 경화 깊이는 SHD$=0.4^{+0.4}_{0}$이다. 최소 경화 깊이는 따라서 0.4mm이다. 이 표는 표면 경도를 HR 15N, HR 30N 또는 HR45N으로 시험해도 된다는 것을 나타낸다. HR45N으로 시험된다면 61 HR 45N을 넘는 최소 표면 경도는 명세서에 기입되어도 된다.

도면 지시 : 표면경화 (62^{+6}_{0}) HR45N, SHD500 $= 0.4^{+0.4}_{0})$

■ 최소 경화 깊이와 HRA 또는 HRC의 최소 표면 경도에 따른 경도 데이터를 규정하기 위한 시험방법의 선택

최소경화깊이 SHD, CHD mm	최소 표면경도 HRA 또는 HRC							
	70~75 HRA	75초과 78이하 HRA	78초과 81이하 HRA	81초과 HRA	40초과 49이하 HRC	49초과 55이하 HRC	55초과 60이하 HRC	60초과 HRC
0.4	–	–	–	HRA	–	–	–	–
0.45	–	–	HRA	HRA	–	–	–	–
0.5	–	HRA	HRA	HRA	–	–	–	–
0.6	HRA	HRA	HRA	HRA	–	–	–	–
0.8	HRA	HRA	HRA	HRA	–	–	–	HRC
0.9	HRA	HRA	HRA	HRA	–	–	HRC	HRC
1	HRA	HRA	HRA	HRA	–	HRC	HRC	HRC
1.2	HRA	HRA	HRA	HRA	HRC	HRC	HRC	HRC

보기

SHD : 표면 경화 가공물의 요구 표면 경도는 (55^{+5}_{0})HRC이고 경화 깊이는 SHD500$=0.8^{+0.8}_{0}$이다.

따라서 최소 경화 깊이는 0.8mm이고 최소 표면경도는 55HRC이다. 이 표는 HRC를 가진 표면 경도의 시험은 허용되지 않음을 보여준다. 이러한 경우에 따른 시험방법, 예를 들면 HRA나 HV가 대체 방법으로 사용된다.

도면 지시 : 표면경화, (79^{+2}_{0}) HRA, SHD500 $= 0.8^{+0.8}_{0})$

■ 최소 표면 경도 HV, HRC, HRA, HRN과 한계 경도(최소 표면경도의 80%에 해당)와의 관계

한계 경도 HV	최소 표면 경도 HV, HRC, HRA, HRN					
	HV	HRC	HRA	HR15N	HR30N	HR45N
200[a]	240~265	20~25	–	–	–	–
225[a]	270~295	26~29	–	–	–	–
250	300~330	30~33	65~67	76, 76	51~53	32~35
275	335~355	34~36	68	77, 78	54, 55	36~38
300	360~385	37~39	69, 70	79	56~58	39~41
325	390~420	40~42	71	80, 81	59~62	42~46
350	425~455	43~45	72, 73	82, 83	63, 64	47~49
375	460~480	46, 47	74	84	65, 66	50~52
400	485~515	48~50	75	85	67~68	53, 54
425	520~545	51, 52	76	86	69, 70	55~57
450	550~575	53	77	87	71	58, 59
475	580~605	54, 55	78	88	72, 73	60, 61
500	610~635	56, 57	79	89	74	62, 63
525	640~665	58	80	–	75, 76	64, 65
550	670~705	59, 60	81	90	77	66, 67
575	710~730	61	82	–	78	68
600	735~765	62	–	91	79	69
625	770~795	63	83	–	80	70
650	800~835	64, 65	–	92	81	71, 72
675	840~865	66	84	–	82	73
700[a]	870~895	66.5	–	–	–	–
725[a]	900~955	67	–	–	–	–
750[a]	930~955	68	–	–	–	–
775[a]	960~985	–	–	–	–	–
800[a]	990~1,020	–	–	–	–	–
825[a]	1,025~1,060	–	–	–	–	–

비고

이 표는 경도값의 비교표로서 사용하지 않아야 한다.

[a] : 표면 융해 경화 처리에만 적용한다.

SHD값과 한계오차범위			
표면 경화 깊이 SHD mm	상한 한계 오차 mm		
	고주파 경화	화염 경화	레이저 및 전자 빔 경화
0.1	0.1	–	0.1
0.2	0.2	–	0.1
0.4	0.4	–	0.2
0.6	0.6	–	0.3
0.8	0.8	–	0.4
1	1	–	0.5
1.3	1.1	–	0.6
1.6	1.3	2	0.8
2	1.6	2	1
2.5	1.8	2	1
3	2	2	1
4	2.5	2.5	–
5	3	3	–

CHD값과 한계오차범위	
침탄 경화 깊이 CHD mm	상한 한계 오차값 mm
0.05	0.03
0.07	0.05
0.1	0.1
0.3	0.2
0.5	0.3
0.8	0.4
1.2	0.5
1.6	0.6
2	0.8
2.5	1
3	1.2
–	–
–	–

FHD값과 한계오차범위		
융해 경도 깊이 FHD mm	상한 한계 오차 mm	
	레이저 및 전자 빔 표면 융해 경화처리	표면 아크 융해 경화 처리
0.1	0.1	–
0.2	0.1	–
0.4	0.2	0.4
0.6	0.3	0.6
0.8	0.4	0.8
1	0.5	1
1.3	0.6	1.1
1.6	0.8	1.3
2	1	1.6
2.5	1	–
–	–	–

NHD값과 한계오차범위	
질화 경도 깊이 NHD mm	상한 한계 오차값 mm
0.05	0.02
0.1	0.05
0.15	0.05
0.2	0.1
0.25	0.1
0.3	0.1
0.35	0.15
0.4	0.2
0.5	0.25
0.6	0.3
0.75	0.3

$CD_{0.35}$ 값과 한계오차범위	
침탄 깊이 $CD_{0.35}$ mm	상한 한계 오차값 mm
0.1	0.1
0.3	0.2
0.5	0.3
0.8	0.4
1.2	0.5
1.6	0.6
2	0.8
2.5	1
3	1.2

복합층 두께 CLT값과 한계오차범위	
복합층 두께 CLT μm	상한 한계 오차값 μm
5	3
8	4
10	5
12	6
15	8
20	10
24	12
–	–
–	–

CHAPTER 04

표면거칠기의 종류 및 개요

4-1 표면거칠기의 종류 [KS B 0161]

구 분	기 호	설 명
산술평균거칠기	Ra	거칠기 곡선으로부터 그 평균 선의 방향에 기준 길이만큼 뽑아내어, 그 표본 부분의 평균 선 방향에 X축을, 세로 배율 방향에 Y축을 잡고, 거칠기 곡선을 y=f(x)로 나타내었을 때 식에 따라 구해지는 값을 마이크로미터(㎛)로 나타낸 것을 말한다.
최대높이	Ry	거칠기 곡선에서 그 평균 선의 방향에 기준 길이만큼 뽑아내어 이 표본 부분의 평균선에서 산봉우리 선과 골바닥선의 세로배율의 방향으로 측정하여 이 값을 마이크로미터(㎛)로 나타낸 것을 말한다.
10점 평균 거칠기	Rz	거칠기 곡선에서 그 평균 선의 방향에 기준 길이만큼 뽑아내어 이 표본 부분의 평균선에서 세로 배율의 방향으로 측정한 가장 높은 산봉우리부터 5번째 산봉우리까지의 표고(Yp)의 절대값의 평균값과 가장 낮은 골바닥에서 5번째까지의 골바닥의 표고(Yp)의 절대값의 평균값과의 합을 구하여, 이 값을 마이크로미터(㎛)로 나타낸 것을 말한다.

4-2 표면거칠기 파라미터

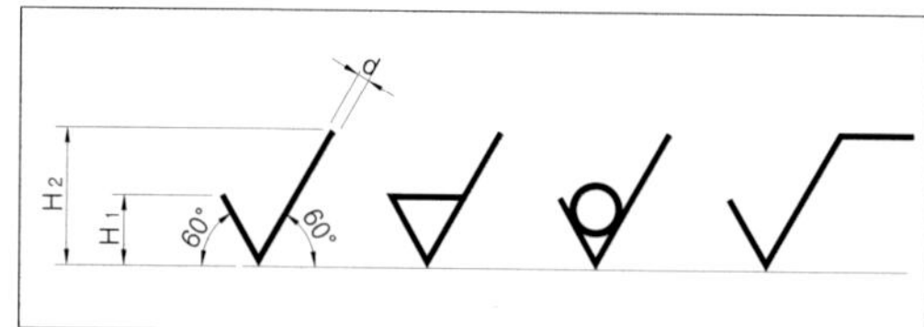

면의 지시 기호의 치수 비율

① 면의 지시 기호의 치수 비율

숫자 및 문자의 높이 (h)	3.5	5	7	10	14	20
문자를 그리는 선의 굵기 (d)	ISO 3098/I에 따른다(A형 문자는 h/14, B형 문자는 h/10)					
기호의 짧은 다리의 높이 (H_1)	5	7	10	14	20	28
기호의 긴 다리의 높이 (H_2)	10	14	20	28	40	56

② 표면거칠기 기호 표시법

현장 실무 도면을 직접 접해보면 실제로 다듬질기호(삼각기호)를 적용한 도면 사례들을 많이 볼 수가 있을 것이다. 다듬질기호 표기법과 표면거칠기 기호의 표기에 혼동이 있을 수도 있는데 아래와 같이 표면거칠기 기호를 사용하고 가공면의 거칠기에 따라서 반복하여 기입하는 경우에는 알파벳의 소문자(w x y z) 부호와 함께 사용한다.

= , w = 12.5 , x = 3.2 , y = 0.8 , z = 0.2

표면거칠기 기호 표시법

③ 표면거칠기 기호의 의미

아래[그림:(a)]는 제거가공을 허락하지 않는 부분에 표시하는 기호로 주물, 단조 등의 공정을 거쳐 제작된 제품에 별도의 2차 기계가공을 하면 안 되는 표면에 해당되는 기호이다. [그림:(c)]는 별도로 기계절삭 가공을 필요로 하는 표면에 표시하는 기호이다. 즉, 선반, 밀링, 드릴, 리밍, 보링, 연삭 가공 등 공작기계에 의한 일반적인 가공부에 적용한다. 또한(w, x, y, z)과 같이 알파벳 소문자와 함께 사용하는 기호들은 표면의 거칠기 상태(정밀도)에 따라 문자기호로 표시한 것이다.

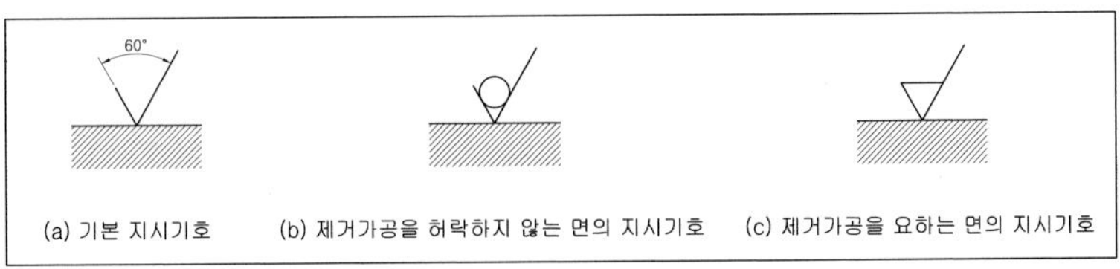

표면거칠기 기호의 의미

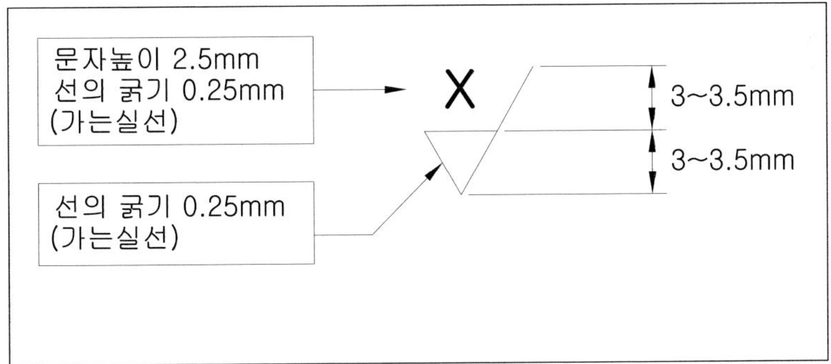

부품도에 기입하는 경우

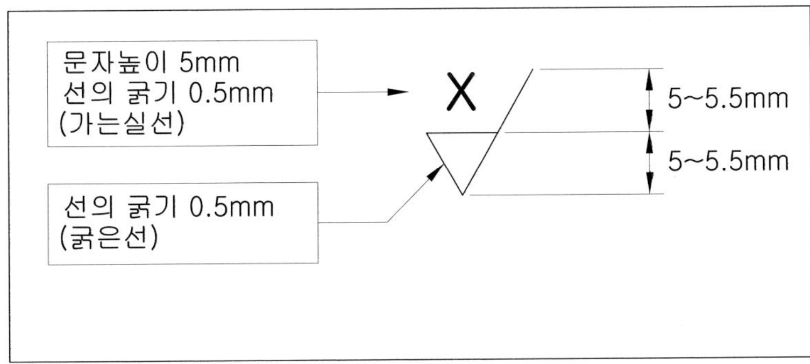

품번 우측에 기입하는 경우

④ 표면거칠기 기호의 변화[JIS]

변천	그 이전	92년 개정 구 JIS	개정 JIS
기호	▽▽▽ ▽	1.6/ 25/	Ra 1.6 Ra 25
설명	삼각기호를 이용하고 삼각기호가 많을수록 표면은 매끄럽게 되는 것을 나타내었다.	Ra로 표시하는 경우 표면의 지시기호의 위쪽(기호가 윗방향인 경우는 아래측)에 그 수치를 기입하였다.	도시기호의 긴쪽의 사선에 수치를 기입하여 표면거칠기 파라메터를 그 아래에 기입한다. 기호와 수치의 사이에는 반각의 더블스페이스를 남긴다.

4-3 표면거칠와 다듬질기호에 의한 기입법

실제 산업현장에서는 표면거칠기 기호 대신에 삼각기호로 표기하는 다듬질기호를 사용하는 사례나 도면을 흔히 접할 수 있다. 아래에 표시한 다듬질기호는 참고적으로 보기 바라며 단독적으로 사용하는 것은 좋지만 그 경우에는 삼각기호의 수와 표면거칠기의 수열에 따른 관계는 표에 표시한 것을 참조한다. 그 외의 값을 지정하는 경우에는 기호 위에 그 값을 별도로 기입하도록 주의를 필요로 한다.

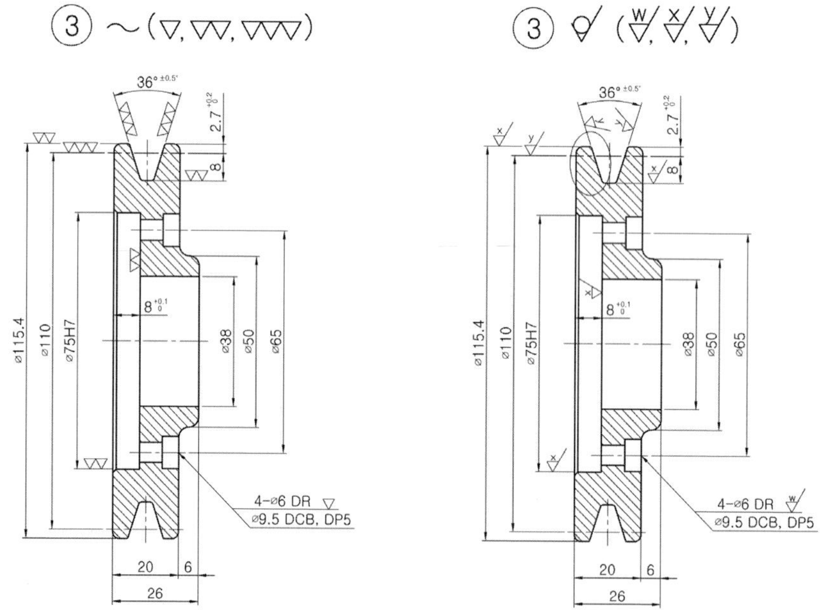

다듬질 기호 및 표면거칠기 기호에 의한 기입예

4-4 표면거칠와 다듬질기호(삼각기호)의 관계

표면거칠기와 다듬질기호(삼각기호)의 관계를 아래 표에 나타내었다.

■ 표면거칠기와 다듬질기호(삼각기호)의 관계

구분	산술평균거칠기 Ra	최대높이 Rz	10점평균거칠기 Rz	다듬질기호 (참고)
구분값	0.025	0.1	0.1	▽▽▽▽
	0.05	0.2	0.2	
	0.1	0.3	0.4	
	0.2	0.8	0.8	
	0.4	1.6	1.6	
	0.8	3.2	3.2	▽▽▽
	1.6	6.3	6.3	
	3.2	12.5	12.5	▽▽
	6.3	25	25	
	12.5	50	50	▽
	25	100	100	
	특별히 규정하지 않는다.			～

4-5 산술평균거칠기(Ra)의 거칠기 값과 적용 예

일반적으로 사용이 되고 있는 산술평균거칠기(Ra)의 적용예를 아래에 나타내었다. 거칠기의 값에 따라서 최종 완성 다듬질 면의 정밀도가 달라지며 거칠기(Ra)값이 적을수록 정밀한 다듬질 면을 얻을 수 있다.

■ 산술평균거칠기(Ra)의 적용예

거칠기의 값	적용 예
Ra 0.025 Ra 0.05	• 초정밀 다듬질 면 • 제조원가의 상승 • 특수정밀기기, 고정밀면, 게이지류 이외에는 사용하지 않는다.
Ra 0.1	• 극히 정밀한 다듬질 면 • 제조원가의 상승 • 연료펌프의 플런저나 실린더 등에 사용한다.
Ra 0.2	• 정밀 다듬질 면 • 수압실린더 내면이나 정밀게이지 • 고속회전 축이나 고속회전용 베어링 • 메카니컬 실 부위 등에 사용한다.
Ra 0.4	• 부품의 기능상 매끄러움(미려함)을 중요시하는 면 • 저속회전 축 또는 저속회전용 베어링, 중하중이 걸리는 면, 정밀기어 등
Ra 0.8	집중하중을 받는 면, 가벼운 하중에서 연속적으로 운동하지 않는 베어링면, 클램핑 핀이나 정밀나사 등

거칠기의 값	적용 예 (계속)
Ra 1.6	• 기계가공에 의한 양호한 다듬질 면 • 베어링 끼워맞춤 구멍, 접촉면, 수압실린더 등
Ra 3.2	• 중급 다듬질 정도의 기계 다듬질 면 • 고속에서 적당한 이송량을 준 공구에 의한 선삭, 연삭 등 • 정밀한 기준면, 조립면, 베어링 끼워맞춤 구멍 등
Ra 6.3	• 가장 경제적인 기계다듬질 면 • 급속이송 선삭, 밀링, 쉐이퍼, 드릴가공 등 • 일반적인 기준면이나 조립면의 다듬질에 사용
Ra 12.5	• 별로 중요하지 않은 다듬질 면 • 기타 부품과 접촉하거나 닿지 않는 면
Ra 25	• 별도 기계가공이나 제거가공을 하지 않는 거친면 • 주물 등의 흑피, 표면

4-6 표면거칠기 표기법 및 가공방법

표면거칠기와 다듬질 기호에 따른 가공 정밀도와 일반적인 가공방법 및 적용부위에 따른 사항을 정리하였다. 조립도면을 면밀하게 분석하여 어떠한 기계가공을 해야 할지 판단하여 표면거칠기 기호를 적용할 수 있도록 기본적인 가공법에 대해서도 지식을 쌓아 두어야 한다.

■ 표면거칠기 기호의 표기 및 가공방법

명 칭 (다듬질정도)	다듬질 기호 (구 기호)	표면거칠기 기호 (신 기호)	가공방법 및 적용부위
매끄러운 생지	～	∀ (○)	① 기계 가공 및 버 제거 가공을 하지 않은 부분 ② 주조(주물), 압연, 단조품 등의 표면부 ③ 철판 절곡물 등
거친 다듬질	▽	w/▽	① 밀링, 선반, 드릴 등의 공작기계 가공으로 가공 흔적이 남을 정도의 거친 면 ② 끼워맞춤을 하지 않는 일반적인 가공면 ③ 볼트머리, 너트, 와셔 등의 좌면
보통 다듬질 (중 다듬질)	▽▽	x/▽	① 상대 부품과 끼워맞춤만 하고, 상대적 마찰운동을 하지 않고 고정되는 부분 ② 보통공차(일반공차)로 가공한 면 ③ 커버와 몸체의 끼워맞춤 고정부, 평행키홈, 반달키홈 등 ④ 줄가공, 선반, 밀링, 연마 등의 가공으로 가공 흔적이 남지 않을 정도의 가공면
상다듬질 – 절삭 다듬질 면	▽▽▽	y/▽	① 끼워맞춤되어 회전운동이나 직선왕복 운동을 하는 부분 ② 베어링과 축의 끼워맞춤 부분 ③ 오링, 오일실, 패킹이 접촉하는 부분 ④ 끼워맞춤 공차를 지정한 부분 ⑤ 위치결정용 핀 홀, 기준면 등
상다듬질 – 담금질, 경질크롬도금, 연마 다듬질 면			① 끼워맞춤되어 고속 회전운동이나 직선왕복 운동을 하는 부분 ② 선반, 밀링, 연마, 래핑 등의 가공으로 가공 흔적이 전혀 남지 않는 미려하고 아주 정밀한 가공면 ③ 신뢰성이 필요한 슬라이딩하는 부분, 정밀지그의 위치결정면 ④ 열처리 및 연마되어 내마모성을 필요로 하는 미끄럼 마찰면
정밀 다듬질	▽▽▽▽	z/▽	① 그라인딩(연삭), 래핑, 호닝, 버핑 등에 의한 가공으로 광택이 나는 극히 초정밀 가공면 ② 고급 다듬질로서 일반적인 기계 부품 등에는 사용안함 ③ 자동차 실린더 내면, 게이지류, 정밀스핀들 등

4-7 표면거칠기 기호 비교 분석

▽ = ▽	,	Ry200	, Rz200	, N12
w▽ = 12.5▽	,	Ry50	, Rz50	, N10
x▽ = 3.2▽	,	Ry12.5	, Rz12.5	, N8
y▽ = 0.8▽	,	Ry3.2	, Rz3.2	, N6
z▽ = 0.2▽	,	Ry0.8	, Rz0.8	, N4

표면거칠기 기호 비교표

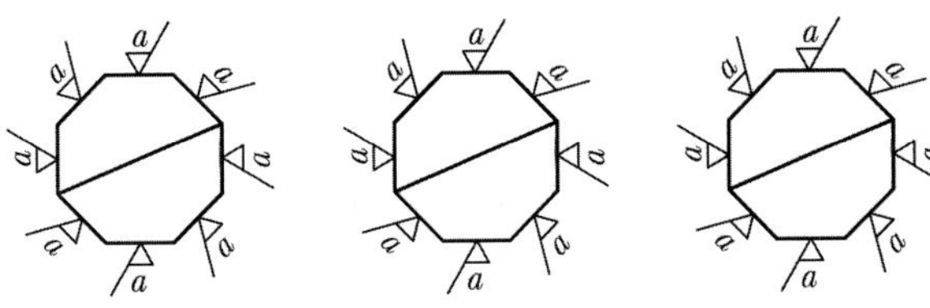

표면거칠기 및 문자 표시 방향

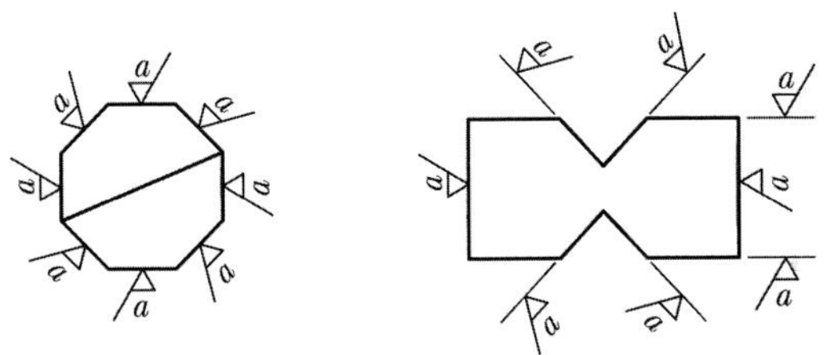

Ra만을 지시하는 경우의 기호와 방향

4-8 비교 표면거칠기 표준편 KS B 0507 : 1975 (2011 확인)

■ 최대 높이의 구분치에 따른 비교 표준의 범위

거칠기 구분치		0.1S	0.2S	0.4S	0.8S	1.6S	3.2S	6.3S	12.5S	25S	50S	100S	200S
표면거칠기의 범위 (μmRmax)	최소치	0.08	0.17	0.33	0.66	1.3	2.7	5.2	10	21	42	83	166
	최대치	0.11	0.22	0.45	0.90	1.8	3.6	7.1	14	28	56	112	224
거칠기 번호 (표준편 번호)		SN1	SN2	SN3	SN4	SN5	SN6	SN7	SN8	SN9	SN10	SN11	SN12

■ 중심선 평균거칠기의 구분치에 따른 비교 표준의 범위

거칠기 구분치		0.025a	0.05a	0.1a	0.2a	0.4a	0.8a	1.6a	3.2a	6.3a	12.5a	25a	50a
표면거칠기의 범위 (μmRa)	최소치	0.02	0.04	0.08	0.17	0.33	0.66	1.3	2.7	5.2	10	21	42
	최대치	0.03	0.06	0.11	0.22	0.45	0.90	1.8	3.6	7.1	14	28	56
거칠기 번호 (표준편 번호)		N1	N2	N3	N4	N5	N6	N7	N8	N9	N10	N11	N12

4-9 표면의 결 도시 방법 KS B 0617 : 1999 (2004 확인)

■ 줄무늬 방향의 기호

기 호	의 미	설명 그림
=	가공에 의한 컷의 줄무늬 방향이 기호를 기입한 그림의 투영면에 평행 보기 세이핑 면	컷의 줄무늬 방향
⊥	가공에 의한 컷의 줄무늬 방향이 기호를 기입한 그림의 투영면에 직각 보기 세이핑 면(수평으로 본 상태) 선삭, 원통 연삭면	컷의 줄무늬 방향
X	가공에 의한 컷의 줄무늬 방향이 기호를 기입한 그림의 투영면에 비스듬하게 2방향으로 교차 보기 호닝 다듬질면	컷의 줄무늬 방향
M	가공에 의한 컷의 줄무늬가 여러 방향으로 교차 또는 무방향 보기 래핑 다듬질면, 슈퍼 피니싱면, 가로 이송을 건 정면 밀링 또는 엔드밀 절삭면	M
C	가공에 의한 컷의 줄무늬가 기호를 기입한 면의 중심에 대하여 거의 동심원 모양 보기 끝면 절삭면	C
R	가공에 의한 컷의 줄무늬가 기호를 기입한 면의 중심에 대하여 거의 방사 모양	R

CHAPTER 05

금속재료기호 일람표

5-1 기계 구조용 탄소강 및 합금강

KS 규격	명 칭	분류 및 종별		기 호	인장강도 N/mm²		주요 용도 및 특징
D 3723	특수용도 합금강 볼트용 봉강	1종	1호	SNB 21－1	세부 규격 참조		원자로, 그 밖의 특수 용도에 사용하는 볼트, 스터드 볼트, 와셔, 너트 등을 만드는 압연 또는 단조한 합금강 봉강
			2호	SNB 21－2			
			3호	SNB 21－3			
			4호	SNB 21－4			
			5호	SNB 21－5			
		2종	1호	SNB 22－1			
			2호	SNB 22－2			
			3호	SNB 22－3			
			4호	SNB 22－4			
			5호	SNB 22－5			
		3종	1호	SNB 23－1			
			2호	SNB 23－2			
			3호	SNB 23－3			
			4호	SNB 23－4			
			5호	SNB 23－5			
		4종	1호	SNB 24－1			
			2호	SNB 24－2			
			3호	SNB 24－3			
			4호	SNB 24－4			
			5호	SNB 24－5			
D 3752	기계 구조용 탄소 강재	1종		SM 10C	314 이상	N	열간 압연, 열간 단조 등 열간가공에 의해 제조한 것으로, 보통 다시 단조, 절삭 등의 가공 및 열처리를 하여 사용되는 기계 구조용 탄소 강재 ● 열처리 구분 N : 노멀라이징 H : 퀜칭, 템퍼링 A : 어닐링
		2종		SM 12C	373 이상	N	
		3종		SM 15C			
		4종		SM 17C	402 이상	N	
		5종		SM 20C			
		6종		SM 22C	441 이상	N	
		7종		SM 25C			
		8종		SM 28C	471 이상	N	
		9종		SM 30C	539 이상	H	
		10종		SM 33C	510 이상	N	
		11종		SM 35C	569 이상	H	
		12종		SM 38C	539 이상	N	
		13종		SM 40C	608 이상	H	
		14종		SM 43C	569 이상	N	
		15종		SM 45C	686 이상	H	
		16종		SM 48C	608 이상	N	
		17종		SM 50C	735 이상	H	
		18종		SM 53C	647 이상	N	
		19종		SM 55C			
		20종		SM 58C	785 이상	H	

5-1 기계 구조용 탄소강 및 합금강 (계속)

KS 규격	명 칭	분류 및 종별	기 호	인장강도 N/mm²		주요 용도 및 특징	
D 3752	기계 구조용 탄소 강재	21종	SM 9CK	392 이상	H	침탄용	
		22종	SM 15CK	490 이상	H		
		23종	SM 20CK	539 이상	H		
D 3754	경화능 보증 구조용 강재 (H강)	망간 강재	SMn 420 H	–		구 기호	SMn 21 H
			SMn 433 H	–			SMn 1 H
			SMn 438 H	–			SMn 2 H
			SMn 443 H	–			SMn 3 H
		망간 크롬 강재	SMnC 420 H	–			SMnC 21 H
			SMnC 433 H	–			SMnC 3 H
		크롬 강재	SCr 415 H	–			SCr 21 H
			SCr 420 H	–			SCr 22 H
			SCr 430 H	–			SCr 2 H
			SCr 435 H	–			SCr 3H
			SCr 440 H	–			SCr 4H
		크롬 몰리브덴 강재	SCM 415 H	–			SCM 21 H
			SCM 418 H	–			–
			SCM 420 H	–			SCM 22 H
			SCM 435 H	–			SCM 3 H
			SCM 440 H	–			SCM 4 H
			SCM 445 H	–			SCM 5 H
			SCM 822 H	–			SCM 24 H
		니켈 크롬 강재	SNC 415 H	–			SNC 21 H
			SNC 631 H	–			SNC 2 H
			SNC 815 H	–			SNC 22 H
		니켈 크롬 몰리브덴 강재	SNCM 220 H	–			SNCM 21 H
			SNCM 420 H	–			SNCM 23 H
D 3755	고온용 합금강 볼트재	1종	SNB 5	690 이상		압력용기, 밸브, 플랜지 및 이음쇠에 사용	
		2종	SNB 7	690 ~ 860 이상			
		3종	SNB 16	690 ~ 860 이상			
D 3756	알루미늄 크롬 몰리브덴 강재	1종	S Al Cr Mo 1	–		표면 질화용, 기계 구조용	
D 3867	기계 구조용 합금강 강재	망가니즈강 D 3724	SMn 420	–		표면 담금질용	
			SMn 433	–		–	
			SMn 438	–		–	
			SMn 443	–		–	
		망가니즈크롬강 D 3724	SMnC 420	–		표면 담금질용	
			SMnC 443	–		–	
		크롬강	SCr 415	–		표면 담금질용	
			SCr 420	–			
			SCr 430	–		–	

5-1 기계 구조용 탄소강 및 합금강 (계속)

KS 규격	명 칭	분류 및 종별	기 호	인장강도 N/mm²	주요 용도 및 특징
D 3867	기계 구조용 합금강 강재	D 3707	SCr 435	–	–
			SCr 440	–	–
			SCr 445	–	–
		크롬몰리브데넘강 D 3711	SCM 415	–	표면 담금질용
			SCM 418	–	
			SCM 420	–	
			SCM 421	–	
			SCM 425	–	–
			SCM 430	–	–
			SCM 432	–	–
			SCM 435	–	–
			SCM 440	–	–
			SCM 445	–	
			SCM 822	–	표면 담금질용
		니켈크롬강 D 3708	SNC 236	–	–
			SNC 415	–	표면 담금질용
			SNC 631	–	–
			SNC 815	–	표면 담금질용
			SNC 836	–	–
		니켈크롬몰리브데넘강 D 3709	SNCM 220	–	표면 담금질용
			SNCM 240	–	–
			SNCM 415	–	표면 담금질용
			SNCM 420	–	
			SNCM 431	–	–
			SNCM 439	–	–
			SNCM 447	–	–
			SNCM 616	–	표면 담금질용
			SNCM 625	–	–
			SNCM 630	–	–
			SNCM 815	–	표면 담금질용

5-2 특수용도강

5-2-1. 공구강. 중공강. 베어링강

KS 규격	명 칭	분류 및 종별	기 호	인장강도 N/mm²	주요 용도 및 특징
D 3522	고속도 공구강 강재	텅스텐계	SKH 2	HRC 63 이상	일반 절삭용 기타 각종 공구
			SKH 3	HRC 64 이상	고속 중절삭용 기타 각종 공구
			SKH 4		난삭재 절삭용 기타 각종 공구
			SKH 10		고난삭재 절삭용 기타 각종 공구
		분말야금 제조 몰리브덴계	SKH 40	HRC 65 이상	경도, 인성, 내마모성을 필요로 하는 일반절삭용, 기타 각종 공구
		몰리브덴계	SKH 50	HRC 63 이상	연성을 필요로 하는 일반 절삭용, 기타 각종 공구
			SKH 51	HRC 64 이상	
			SKH 52		비교적 인성을 필요로 하는 고경도재 절삭용, 기타 각종 공구
			SKH 53		
			SKH 54		고난삭재 절삭용 기타 각종 공구
			SKH 55		비교적 인성을 필요로 하는 고속 중절삭용 기타 각종 공구
			SKH 56		
			SKH 57		고난삭재 절삭용 기타 각종 공구
			SKH 58		인성을 필요로 하는 일반 절삭용, 기타 각종 공구
			SKH 59	HRC 66 이상	비교적 인성을 필요로 하는 고속 중절삭용 기타 각종 공구
D 3523	중공강 강재	3종	SKC 3	HB 229~302	로드용
		11종	SKC 11	HB 285~375	로드 또는 인서트 비트 등
		24종	SKC 24	HB 269~352	
		31종	SKC 31	–	
D 3751	탄소 공구강 강재	1종	STC 140 (STC 1)	HRC 63 이상	칼줄, 벌줄
		2종	STC 120 (STC 2)	HRC 62 이상	드릴, 철공용 줄, 소형 펀치, 면도날, 태엽, 쇠톱
		3종	STC 105 (STC 3)	HRC 61 이상	나사 가공 다이스, 쇠톱, 프레스 형틀, 게이지, 태엽, 끌, 치공구
		4종	STC 95 (STC 4)	HRC 61 이상	태엽, 목공용 드릴, 도끼, 끌, ,셔츠 바늘, 면도칼, 목공용 띠톱, 펜촉, 프레스 형틀, 게이지
		5종	STC 90	HRC 60 이상	프레스 형틀, 태엽, 게이지, 침
		6종	STC 85 (STC 5)	HRC 59 이상	각인, 프레스 형틀, 태엽, 띠톱, 치공구, 원형톱, 펜촉, 등사판 줄, 게이지 등
		7종	STC 80	HRC 58 이상	각인, 프레스 형틀, 태엽
		8종	STC 75 (STC 6)	HRC 57 이상	각인, 스냅, 원형톱, 태엽, 프레스 형틀, 등사판 줄 등
		9종	STC 70	HRC 57 이상	각인, 스냅, 프레스 형틀, 태엽
		10종	STC 65 (STC 7)	HRC 56 이상	각인, 스냅, 프레스 형틀, 나이프 등
		11종	STC 60	HRC 55 이상	각인, 스냅, 프레스 형틀

5-2-1. 공구강, 중공강, 베어링강(계속)

KS 규격	명 칭	분류 및 종별	기 호	인장강도 N/mm^2	주요 용도 및 특징
D 3753	합금 공구강 강재	1종	STS 11	HRC 62 이상	주로 절삭 공구강용 HRC 경도는 시험편의 퀜칭, 템퍼링 경도
		2종	STS 2	HRC 61 이상	
		3종	STS 21	HRC 61 이상	
		4종	STS 5	HRC 45 이상	
		5종	STS 51	HRC 45 이상	
		6종	STS 7	HRC 62 이상	
		7종	STS 81	HRC 63 이상	
		8종	STS 8	HRC 63 이상	
		1종	STS 4	HRC 56 이상	주로 내충격 공구강용 HRC 경도는 시험편의 퀜칭, 템퍼링 경도
		2종	STS 41	HRC 53 이상	
		3종	STS 43	HRC 63 이상	
		4종	STS 44	HRC 60 이상	
		1종	STS 3	HRC 60 이상	주로 냉간 금형용 HRC 경도는 시험편의 퀜칭, 템퍼링 경도
		2종	STS 31	HRC 61 이상	
		3종	STS 93	HRC 63 이상	
		4종	STS 94	HRC 61 이상	
		5종	STS 95	HRC 59 이상	
		6종	STD 1	HRC 62 이상	
		7종	STD 2	HRC 62 이상	
		8종	STD 10	HRC 61 이상	
		9종	STD 11	HRC 58 이상	
		10종	STD 12	HRC 60 이상	
		1종	STD 4	HRC 42 이상	주로 열간 금형용 HRC 경도는 시험편의 퀜칭, 템퍼링 경도
		2종	STD 5	HRC 48 이상	
		3종	STD 6	HRC 48 이상	
		4종	STD 61	HRC 50 이상	
		5종	STD 62	HRC 48 이상	
		6종	STD 7	HRC 46 이상	
		7종	STD 8	HRC 48 이상	
		8종	STF 3	HRC 42 이상	
		9종	STF 4	HRC 42 이상	
		10종	STF 6	HRC 52 이상	
D 3525	고탄소 크롬 베어링 강재	1종	STB 1	–	주로 구름베어링에 사용 (열간 압연 원형강 표준지름은 15~130mm)
		2종	STB 2	–	
		3종	STB 3	–	
		4종	STB 4	–	
		5종	STB 5	–	

5-2-2. 스프링강, 쾌삭강, 클래드강

KS 규격	명 칭	분류 및 종별	기 호	인장강도 N/mm²	주요 용도 및 특징
D 3597	스프링용 냉간 압연 강대	1종	S50C-CSP	경도 HV 180 이하	[조질 구분 및 기호] A : 어닐링을 한 것 R : 냉간압연한 그대로의 것 H : 퀜칭, 템퍼링을 한 것 B : 오스템퍼링을 한 것
		2종	S55C-CSP	경도 HV 180 이하	
		3종	S60C-CSP	경도 HV 190 이하	
		4종	S65C-CSP	경도 HV 190 이하	
		5종	S70C-CSP	경도 HV 190 이하	
		6종	SK85-CSP (SK5-CSP)	경도 HV 190 이하	
		7종	SK95-CSP (SK4-CSP)	경도 HV 200 이하	
		8종	SUP10-CSP	경도 HV 190 이하	
D 3701	스프링 강재	1종	SPS 6	실리콘 망가니즈 강재	주로 겹판 스프링, 코일 스프링 및 비틀림 막대 스프링용에 사용한다
		2종	SPS 7		
		3종	SPS 9	망가니즈 크롬 강재	
		4종	SPS 9A		
		5종	SPS 10	크롬 바나듐 강재	주로 코일 스프링 및 비틀림 막대 스프링용에 사용한다.
		6종	SPS 11A	망가니즈 크롬 보론 강재	주로 대형 겹판 스프링, 코일 스프링 및 비틀림 막대 스프링에 사용한다.
		7종	SPS 12	실리콘 크롬 강재	주로 코일 스프링에 사용한다.
		8종	SPS 13	크롬 몰리브데넘 강재	주로 대형 겹판 스프링, 코일 스프링에 사용한다.
D 3567	황 및 황 복합 쾌삭 강재	1종	SUM 11		특히 피절삭성을 향상시키기 위하여 탄소강에 황을 첨가하여 제조한 쾌삭강 강재 및 인 또는 납을 황에 복합하여 첨가한 강재도 포함
		2종	SUM 12		
		3종	SUM 21		
		4종	SUM 22		
		5종	SUM 22 L		
		6종	SUM 23		
		7종	SUM 23 L		
		8종	SUM 24 L		
		9종	SUM 25		
		10종	SUM 31		
		11종	SUM 31 L		
		12종	SUM 32		
		13종	SUM 41		
		14종	SUM 42		
		15종	SUM 43		
	쾌삭용 스테인리스	1종	STS XM1	오스테나이트계	
		2종	STS 303		
		3종	STS XM5		
		4종	STS 303Se		
		5종	STS XM2		
		6종	STS 416	마르텐사이트계	
		7종	STS XM6		
		8종	STS 416Se		

5-2-2. 스프링강, 쾌삭강, 클래드강(계속)

KS 규격	명 칭	분류 및 종별	기 호	인장강도 N/mm²	주요 용도 및 특징
D 7202	강선 및 선재	9종	STS XM34	페라이트계	
		10종	STS 18235		
		11종	STS 41603		
		12종	STS 430F		
		13종	STS 430F Se		
D 3603	구리 및 구리합금 클래드강	1종	R1	압연 클래드강	압력용기, 저장조 및 수처리 장치 등에 사용하는 구리 및 구리합금을 접합재로 한 클래드강 1종 : 접합재를 포함하여 강도 부재로 설계한 것, 구조물을 제작할 때 가혹한 가공을 하는 경우 등을 대상으로 한 것 2종 : 1종 이외의 클래드강에 대하여 적용하는 것, 보기를 들면 접합재를 부식 여유(corrosion allowance)를 두어 사용한 것, 라이닝 대신으로 사용한 것
		2종	R2		
		1종	BR1	폭착 압연 클래드강	
		2종	BR2		
		1종	DR1	확산 압연 클래드강	
		2종	DR2		
		1종	WR1	덧살붙임 압연 클래드강	
		2종	WR2		
		1종	ER1	주입 압연 클래드강	
		2종	ER2		
		1종	B1	폭착 클래드강	
		2종	B2		
		1종	D1	확산 클래드강	
		2종	D2		
		1종	W1	덧살붙임 클래드강	
		2종	W2		
D 3604	티타늄 클래드강	1종	R1	압연 클래드강	압력용기, 보일러, 원자로, 저장조 등에 사용하는 접합재를 티타늄으로 한 클래드강 1종 : 접합재를 포함하여 강도 부재로 설계한 것 및 특별한 용도의 것, 특별한 용도란 구조물을 제작할 때 가혹한 가공을 하는 경우 등을 대상으로 한 것 2종 : 1종 이외의 클래드강에 대하여 적용하는 것, 예를 들면 접합재를 부식 여유(corrosion allowance)로 설계한 것 또는 라이닝 대신에 사용하는 것 등
		2종	R2		
		1종	BR1	폭착 압연 클래드강	
		2종	BR2		
		1종	B1	폭착 클래드강	
		2종	B2		
D 3605	니켈 및 니켈합금 클래드강	1종	R1	압연 클래드강	압력용기, 원자로, 저장조 등에 사용하는 니켈 및 니켈합금을 접합재로 한 클래드강 1종 : 접합재를 포함하여 강도 부재로 설계한 것 및 특별한 용도의 것, 특별한 용도의 보기로는 고온 등에서 사용하는 경우, 구조물을 제작할 때 가혹한 가공을 하는 경우 등을 대상으로 한 것 2종 : 1종 이외의 클래드강에 대하여 적용하는 것, 보기를 들면 접합재를 부식 여유(corrosion allowance)로 하여 사용한 것 또는 라이닝 대신에 사용하는 것 등
		2종	R2		
		1종	BR1	폭착 압연 클래드강	
		2종	BR2		
		1종	DR1	확산 압연 클래드강	
		2종	DR2		
		1종	WR1	덧살붙임 압연 클래드강	
		2종	WR2		
		1종	ER1	주입 압연 클래드강	
		2종	ER2		
		1종	B1	폭착 클래드강	
		2종	B2		

5-2-2. 스프링강, 쾌삭강, 클래드강(계속)

KS 규격	명 칭	분류 및 종별	기 호	인장강도 N/mm²	주요 용도 및 특징
D 3605	니켈 및 니켈합금 클래드강	1종	D1	확산 클래드강	
		2종	D2		
		1종	W1	덧살붙임 클래드강	
		2종	W2		
D 3605	스테인리스 클래드강	1종	R1	압연 클래드강	압력용기, 보일러, 원자로 및 저장탱크 등에 사용하는 접합재를 스테인리스로 만든 전체 두께 8mm 이상의 클래드강 1종 : 접합재를 보강재로서 설계한 것 및 특별한 용도의 것, 특별한 용도로서는 고온 등에서 사용할 경우 또는 구조물을 제작할 때에 엄밀한 가공을 실시하는 경우 등을 대상으로 한 것 2종 : 1종 이외의 클래드강에 대하여 적용하는 것으로 예를 들면 접합재를 부식 여유(corrosion allowance)로서 설계한 것 또는 라이닝 대신에 사용하는 것 등
		2종	R2		
		1종	BR1	폭착 압연 클래드강	
		2종	BR2		
		1종	DR1	확산 압연 클래드강	
		2종	DR2		
		1종	WR1	덧살붙임 압연 클래드강	
		2종	WR2		
		1종	ER1	주입 압연 클래드강	
		2종	ER2		
		1종	B1	폭착 클래드강	
		2종	B2		
		1종	D1	확산 클래드강	
		2종	D2		
		1종	W1	덧살붙임 클래드강	
		2종	W2		

5-3 주단조품

5-3-1. 단강품

KS 규격	명 칭	분류 및 종별	기 호	인장강도 N/mm²	주요 용도 및 특징
D 3710	탄소강 단강품	1종	SF 340 A (SF 34)	340~440	일반용으로 사용하는 탄소강 단강품 [열처리 기호 의미] A : 어닐링, 노멀라이징 또는 노멀라이징 템퍼링 B : 퀜칭 템퍼링
		2종	SF 390 A (SF 40)	390~490	
		3종	SF 440 A (SF 45)	440~540	
		4종	SF 490 A (SF 50)	490~590	
		5종	SF 540 A (SF 55)	540~640	
		6종	SF 590 A (SF 60)	590~690	
		7종	SF 540 B (SF 55)	540~690	
		8종	SF 590 B (SF 60)	590~740	
		9종	SF 640 B (SF 65)	640~780	

5-3-1. 단강품 (계속)

KS 규격	명 칭	분류 및 종별		기 호	인장강도 N/mm²	주요 용도 및 특징
D 4114	크롬 몰리브덴 단강품	축상 단강품	1종	SFCM 590 S	590~740	봉, 축, 크랭크, 피니언, 기어, 플랜지, 링, 휠, 디스크 등 일반용으로 사용하는 축상, 원통상, 링상 및 디스크상으로 성형한 크롬몰리브덴 단강품 [링상 단강품의 기호 보기] SFCM 590 R [디스크상 단강품의 기호 보기] SFCM 590 D
			2종	SFCM 640 S	640~780	
			3종	SFCM 690 S	690~830	
			4종	SFCM 740 S	740~880	
			5종	SFCM 780 S	780~930	
			6종	SFCM 830 S	830~980	
			7종	SFCM 880 S	880~1030	
			8종	SFCM 930 S	930~1080	
			9종	SFCM 980 S	980~1130	
D 4115	압력 용기용 스테인리스 단강품	오스테나이트계		STS F 304	세부 규격 참조	주로 부식용 및 고온용 압력 용기 및 그 부품에 사용되는 스테인리스 단강품, 다만 오스테나이트계 스테인리스 단강품에 대해서는 저온용 압력 용기 및 그 부품에도 적용 가능
				STS F 304 H		
				STS F 304 L		
				STS F 304 N		
				STS F 304 LN		
				STS F 310		
				STS F 316		
				STS F 316 H		
				STS F 316 L		
				STS F 316 N		
				STS F 316 LN		
				STS F 317		
				STS F 317 L		
				STS F 321		
				STS F 321 H		
				STS F 347		
				STS F 347 H		
				STS F 350		
		마르텐사이트계		STS F 410-A	480 이상	
				STS F 410-B	590 이상	
				STS F 410-C	760 이상	
				STS F 410-D	900 이상	
				STS F 6B	760~930	
				STS F 6NM	790 이상	
		석출 경화계		STS F 630	세부 규격 참조	
D 4116	탄소강 단강품용 강편	1종		SFB 1	-	탄소강 단강품의 제조에 사용
		2종		SFB 2	-	
		3종		SFB 3	-	
		4종		SFB 4	-	
		5종		SFB 5	-	
		6종		SFB 6	-	
		7종		SFB 7	-	

5-3-1. 단강품(계속)

KS 규격	명 칭	분류 및 종별		기 호	인장강도 N/mm^2	주요 용도 및 특징
D 4117	니켈-크롬 몰리브덴강 단강품	축상단강품	1종	SFNCM 690 S	690~830	봉, 축, 크랭크, 피니언, 기어, 플랜지, 링, 휠, 디스크 등 일반용으로 사용하는 축상, 환상 및 원판상으로 성형한 니켈 크롬 몰리브덴 단강품 [환상 단강품의 기호 보기] SFNCM 690 R [원판상 단강품의 기호 보기] SFNCM 690 D
			2종	SFNCM 740 S	740~880	
			3종	SFNCM 780 S	780~930	
			4종	SFNCM 830 S	830~980	
			5종	SFNCM 880 S	880~1030	
			6종	SFNCM 930 S	930~1080	
			7종	SFNCM 980 S	980~1130	
			8종	SFNCM 1030 S	1030~1180	
			9종	SFNCM 1080 S	1080~1230	
D 4122	압력 용기용 탄소강 단강품	1종		SFVC 1	410~560	주로 중온 내지 상온에서 사용하는 압력 용기 및 그 부품에 사용하는 용접성을 고려한 탄소강 단강품
		2종		SFVC 2A	490~640	
		3종		SFVC 2B		
D 4123	압력 용기용 합금강 단강품	고온용		SFVA F1	480~660	주로 고온에서 사용하는 압력 용기 및 그 부품에 사용하는 용접성을 고려한 조질형(퀜칭, 템퍼링)합금강 단강품
				SFVA F2		
				SFVA F12		
				SFVA F11A		
				SFVA F11B	520~690	
				SFVA F22A	410~590	
				SFVA F22B	520~690	
				SFVA F21A	410~590	
				SFVA F21B	520~590	
				SFVA F5A	410~590	
				SFVA F5B	480~660	
				SFVA F5C	550~730	
				SFVA F5D	620~780	
				SFVA F9	590~760	
		조질형		SFVQ 1A	550~730	
				SFVQ 1B	620~790	
				SFVQ 2A	550~730	
				SFVQ 2B	620~790	
				SFVQ 3		
D 4125	저온 압력 용기용 단강품	1종		SFL 1	440~590	주로 저온에서 사용하는 압력 용기 및 그 부품에 사용하는 용접성을 고려한 탄소강 및 합금강 단강품
		2종		SFL 2	490~640	
		3종		SFL 3		
D 4129	고온 압력 용기용 고강도 크롬몰리브덴강 단강품	1종		SFVCM F22B	580~760	주로 고온에서 사용하는 압력 용기용 고강도 크롬몰리브덴강 단강품
		2종		SFVCM F22V	580~760	
		3종		SFVCM F3V	580~760	
D 4320	철탑 플랜지용 고장력강 단강품	1종		SFT 590	440 이상	주로 송전 철탑용 플랜지에 쓰이는 고장력강 단강품

5-3-2. 주강품

<table>
<tr><th>KS 규격</th><th>명 칭</th><th>분류 및 종별</th><th>기 호</th><th>인장강도
N/mm²</th><th colspan="2">주요 용도 및 특징</th></tr>
<tr><td rowspan="4">D 4101</td><td rowspan="4">탄소강 주강품</td><td>1종</td><td>SC 360</td><td>360 이상</td><td colspan="2">일반 구조용, 전동기 부품용</td></tr>
<tr><td>2종</td><td>SC 410</td><td>410 이상</td><td colspan="2" rowspan="3">일반 구조용
[원심력 주강관의 경우 표시 예]
SC 410-CF</td></tr>
<tr><td>3종</td><td>SC 450</td><td>450 이상</td></tr>
<tr><td>4종</td><td>SC 480</td><td>480 이상</td></tr>
<tr><td rowspan="17">D 4102</td><td rowspan="17">구조용 고장력 탄소강 및 저합금강 주강품</td><td>구조용</td><td>SCC 3</td><td rowspan="17">세부 규격 참조</td><td colspan="2" rowspan="17">구조용 고장력 탄소강 및 저합금강 주강품
[원심력 주강관의 경우 표시 예]
SCC 3-CF</td></tr>
<tr><td>구조용, 내마모용</td><td>SCC5</td></tr>
<tr><td rowspan="3">구조용</td><td>SCMn 1</td></tr>
<tr><td>SCMn 2</td></tr>
<tr><td>SCMn 3</td></tr>
<tr><td>구조용, 내마모용</td><td>SCMn 5</td></tr>
<tr><td>구조용
(주로 앵커 체인용)</td><td>SCSiMn 2</td></tr>
<tr><td rowspan="2">구조용</td><td>SCMnCr 2</td></tr>
<tr><td>SCMnCr 3</td></tr>
<tr><td>구조용, 내마모용</td><td>SCMnCr 4</td></tr>
<tr><td rowspan="6">구조용, 강인재용</td><td>SCMnM 3</td></tr>
<tr><td>SCCrM 1</td></tr>
<tr><td>SCCrM 3</td></tr>
<tr><td>SCMnCrM 2</td></tr>
<tr><td>SCMnCrM 3</td></tr>
<tr><td>SCNCrM 2</td></tr>
<tr><td rowspan="21"></td><td rowspan="21">스테인리스강 주강품</td><td>CA 15</td><td>SSC 1</td><td rowspan="21">세부 규격 참조</td><td rowspan="21">대응 ISO</td><td>–</td></tr>
<tr><td>CA 15</td><td>SSC 1X</td><td>GX 12 Cr 12</td></tr>
<tr><td>CA 40</td><td>SSC 2</td><td>–</td></tr>
<tr><td>CA 40</td><td>SSC 2A</td><td>–</td></tr>
<tr><td>CA 15M</td><td>SSC 3</td><td>–</td></tr>
<tr><td>CA 15M</td><td>SSC 3X</td><td>GX 8 CrNiMo 12 1</td></tr>
<tr><td>–</td><td>SSC 4</td><td>–</td></tr>
<tr><td>–</td><td>SSC 5</td><td>–</td></tr>
<tr><td>CA 6NM</td><td>SSC 6</td><td>–</td></tr>
<tr><td>CA 6NM</td><td>SSC 6X</td><td>GX 4 CrNi 12 4 (QT1) (QT2)</td></tr>
<tr><td>–</td><td>SSC 10</td><td>–</td></tr>
<tr><td>–</td><td>SSC 11</td><td>–</td></tr>
<tr><td>CF 20</td><td>SSC 12</td><td>–</td></tr>
<tr><td>–</td><td>SSC 13</td><td>–</td></tr>
<tr><td>CF 8</td><td>SSC 13A</td><td>–</td></tr>
<tr><td>–</td><td>SSC 13X</td><td>GX 5 CrNi 19 9</td></tr>
<tr><td>–</td><td>SSC 14</td><td>–</td></tr>
<tr><td>CF 8M</td><td>SSC 14A</td><td>–</td></tr>
<tr><td>–</td><td>SSC 14X</td><td>GX 5 CrNiMo 19 11 2</td></tr>
<tr><td>–</td><td>SSC 14Nb</td><td>GX 6 CrNiMoNb 19 11 2</td></tr>
<tr><td>–</td><td>SSC 15</td><td>–</td></tr>
</table>

5-3-2. 주강품 (계속)

KS 규격	명 칭	분류 및 종별	기 호	인장강도 N/mm²	주요 용도 및 특징	
	스테인리스강 주강품	–	SSC 16			–
		CF 3M	SSC 16A			–
		CF 3M	SSC 16AX			GX 2 CrNiMo 19 11 2
		CF 3MN	SSC 16AXN			GX 2 CrNiMoN 19 11 2
		CH 10, CH 20	SSC 17			–
		CK 20	SSC 18			–
		–	SSC 19			–
		CF 3	SSC 19A			–
		–	SSC 20			–
		CF 8C	SSC 21			–
		CF 8C	SSC 21X			GX 6 CrNiNb 19 10
		–	SSC 22			–
		CN 7M	SSC 23			–
		CB 7 Cu–1	SSC 24			–
		–	SSC 31			GX 4 CrNiMo 16 5 1
		A890M 1B	SSC 32			GX 2 CrNiCuMoN 26 5 3 3
		–	SSC 33			GX 2 CrNiMoN 26 5 3
		CG 8M	SSC 34			GX 5 CrNiMo 19 11 3
		CK–35MN	SSC 35			–
		–	SSC 40			–
D 4104	고망간강 주강품	1종	SCMnH 1	–	일반용(보통품)	
		2종	SCMnH 2	740 이상	일반용(고급품, 비자성품)	
		3종	SCMnH 3		주로 레일 크로싱용	
		4종	SCMnH 11		고내력, 고마모용(해머, 조 플레이트 등)	
		5종	SCMnH 21		주로 무한궤도용	
D 4105	내열강 주강품	1종	HRSC 1	490 이상	유사 강종 [참고]	–
		2종	HRSC 2	340 이상		ASTM HC, ACI HC
		3종	HRSC 3	490 이상		–
		4종	HRSC 11	590 이상		ASTM HD, ACI HD
		5종	HRSC 12	490 이상		ASTM HF, ACI HF
		6종	HRSC 13	490 이상		ASTM HH, ACI HH
		7종	HRSC 13 A	490 이상		ASTM HH Type II
		8종	HRSC 15	440 이상		ASTM HT, ACI HT
		9종	HRSC 16	440 이상		ASTM HT30
		10종	HRSC 17	540 이상		ASTM HE, ACI HE
		11종	HRSC 18	490 이상		ASTM HI, ACI HI
		12종	HRSC 19	390 이상		ASTM HN, ACI HN
		13종	HRSC 20	390 이상		ASTM HU, ACI HU
		14종	HRSC 21	440 이상		ASTM HK30, ACI HK30
		15종	HRSC 22	440 이상		ASTM HK40, ACI HK40
		16종	HRSC 23	450 이상		ASTM HL, ACI HL
		17종	HRSC 24	440 이상		ASTM HP, ACI HP

5-3-2. 주강품(계속)

KS 규격	명 칭	분류 및 종별	기 호	인장강도 N/mm²	주요 용도 및 특징
D 4106	용접 구조용 주강품	1종	SCW 410 (SCW 42)	410 이상	압연강재, 주강품 또는 다른 주강품의 용접 구조에 사용하는 것으로 특히 용접성이 우수한 주강품
		2종	SCW 450	450 이상	
		3종	SCW 480 (SCW 49)	480 이상	
		4종	SCW 550 (SCW 56)	550 이상	
		5종	SCW 620 (SCW 63)	620 이상	
D 4107	고온 고압용 주강품	탄소강	SCPH 1	410 이상	고온에서 사용하는 밸브, 플랜지, 케이싱 및 기타 고압 부품용 주강품
			SCPH 2	480 이상	
		0.5% 몰리브덴강	SCPH 11	450 이상	
		1% 크롬-0.5% 몰리브덴강	SCPH 21	480 이상	
		1% 크롬-1% 몰리브덴강	SCPH 22	550 이상	
		1% 크롬-1% 몰리브덴강-0.2% 바나듐강	SCPH 23		
		2.5% 크롬-1% 몰리브덴강	SCPH 32	480 이상	
		5% 크롬-0.5% 몰리브덴강	SCPH 61	620 이상	
D 4108	용접 구조용 원심력 주강관	1종	SCW 410-CF	410 이상	압연강재, 단강품 또는 다른 주강품과의 용접 구조에 사용하는 특히 용접성이 우수한 관 두께 8mm 이상 150mm 이하의 용접 구조용 원심력 주강관
		2종	SCW 480-CF	480 이상	
		3종	SCW 490-CF	490 이상	
		4종	SCW 520-CF	520 이상	
		5종	SCW 570-CF	570 이상	
D 4111	저온 고압용 주강품	탄소강(보통품)	SCPL 1	450 이상	저온에서 사용되는 밸브, 플랜지, 실린더, 그 밖의 고압 부품용
		0.5% 몰리브덴강	SCPL 11		
		2.5% 니켈강	SCPL 21	480 이상	
		3.5% 니켈강	SCPL 31		
D 4112	고온 고압용 원심력 주강관	탄소강	SCPH 1-CF	410 이상	주로 고온에서 사용하는 원심력 주강관
			SCPH 2-CF	480 이상	
		0.5% 몰리브덴강	SCPH 11-CF	380 이상	
		1% 크롬-0.5% 몰리브덴강	SCPH 21-CF	410 이상	
		2.5% 크롬-1% 몰리브덴강	SCPH 32-CF		
D 4118	도로 교량용 주강품	1종	SCHB 1	491 이상	도로 교량용 부품으로 사용하는 주강품
		2종	SCHB 2	628 이상	
		3종	SCHB 3	834 이상	

5-3-2. 주강품(계속)

KS 규격	명 칭	분류 및 종별	기 호	인장강도 N/mm²	주요 용도 및 특징
D ISO 13521	오스테나이트계 망가니즈 주강품	강 등급	GX120MnMo7-1	-	
			GX110MnMo7-13-1	-	
			GX100Mn13	-	때때로 비자성체에 이용된다.
			GX120Mn13	-	때때로 비자성체에 이용된다.
			GX129MnCr13-2	-	
			GX129MnNi13-3	-	
			GX120Mn17	-	때때로 비자성체에 이용된다.
			GX90MnMo14	-	
			GX120MnCr17-2	-	

5-3-3. 주철품

KS 규격	명 칭	분류 및 종별		기 호	인장강도 N/mm²	주요 용도 및 특징
D 4301	회 주철품	1종		GC 100	100 이상	편상 흑연을 함유한 주철품 (주철품의 두께에 따라 인장강도 다름)
		2종		GC 150	150 이상	
		3종		GC 200	200 이상	
		4종		GC 250	250 이상	
		5종		GC 300	300 이상	
		6종		GC 350	350 이상	
D 4302	구상 흑연 주철품	별도 주입 공시재	1종	GCD 350-22	350 이상	구상(球狀) 흑연 주철품 기호 L : 저온 충격값이 규정된 것
			2종	GCD 350-22L		
			3종	GCD 400-18	400 이상	
			4종	GCD 400-18L		
			5종	GCD 400-15		
			6종	GCD 450-10	450 이상	
			7종	GCD 500-7	500 이상	
			8종	GCD 600-3	600 이상	
			9종	GCD 700-2	700 이상	
			10종	GCD 800-2	800 이상	
		본체 부착 공시재	1종	GCD 400-18A	세부 규격 참조	
			2종	GCD 400-18AL		
			3종	GCD 400-15A		
			4종	GCD 500-7A		
			5종	GCD 600-3A		
D 4318	오스템퍼 구상 흑연 주철품	1종		GCAD 900-4	900 이상	오스템퍼 처리한 구상 흑연 주철품
		2종		GCAD 900-8		
		3종		GCAD 1000-5	1000 이상	
		4종		GCAD 1200-2	1200 이상	
		5종		GCAD 1400-1	1400 이상	

5-3-3. 주철품 (계속)

KS 규격	명 칭	분류 및 종별	기 호	인장강도 N/mm^2	주요 용도 및 특징
D 4319	오스테나이트 주철품	구상 흑연계	GCDA-NiMn 13 17	390 이상	비자성 주물 보기 : 터빈 발동기용 압력 커버, 차단기 상자, 절연 플랜지, 터미널, 덕트
			GCDA-NiCr 20 2	370 이상	펌프, 밸브, 컴프레서, 부싱, 터보차저 하우징, 이그조스트 매니폴드, 캐빙 머신용 로터리 테이블, 엔진용 터빈 하우징, 밸브용 요크슬리브, 비자성 주물
			GCDA-NiCrNb 20 2		GCDA-NiCr 20 2와 동등
			GCDA-NiCr 20 3	390 이상	펌프, 펌프용 케이싱, 밸브, 컴프레서, 부싱, 터보 차저 하우징, 이그조스트 매니폴드
			GCDA-NiSiCr 20 5 2	370 이상	펌프 부품, 밸브, 높은 기계적 응력을 받는 공업로용 주물
			GCDA-Ni 22		펌프, 밸브, 컴프레서, 부싱, 터보 차저 하우징, 이그조스트 매니폴드, 비자성 주물
			GCDA-NiMn 23 4	440 이상	-196℃까지 사용되는 경우의 냉동기 기류 주물
			GCDA-NiCr 30 1	370 이상	펌프, 보일러 필터 부품, 이그조스트 매니폴드, 밸브, 터보 차저 하우징
			GCDA-NiCr 30 3		펌프, 보일러, 밸브, 필터 부품, 이그조스트 매니폴드, 터보 차저 하우징
			GCDA-NiSiCr 30 5 2	380 이상	펌프 부품, 이그조스트 매니폴드, 터보 차저 하우징, 공업로용 주물
			GCDA-NiSiCr 30 5 5	390 이상	펌프 부품, 밸브, 공업로용 주물 중 높은 기계적 응력을 받는 부품
			GCDA-Ni 35	370 이상	온도에 따른 치수변화를 기피하는 부품 적용 (예 : 공작기계, 이과학기기, 유리용 금형)
			GCDA-NiCr 35 3		가스 터빈 하우징 부품, 유리용 금형, 엔진용 터보 차저 하우징
			GCDA-NiSiCr 35 5 2		가스 터빈 하우징 부품, 이그조스트 매니폴드, 터보 차저 하우징
D 4321	철(합금)계 저열팽창 주조품	주강계	SCLE 1	370 이상	50~100℃ 사이의 평균 선팽창계수 7.0×10^{-6}/℃ 이하인 철합금 저열팽창 주조품
			SCLE 2		
			SCLE 3		
			SCLE 4		
		회 주철계	GCLE 1	120 이상	
			GCLE 2		
			GCLE 3		
			GCLE 4		
		구상 흑연 주철계	GCDLE 1	370 이상	
			GCDLE 2		
			GCDLE 3		
			GCDLE 4		
D 4321	저온용 두꺼운 페라이트 구상 흑연 주철품	1종	GCD 300LT	300 이상	-40℃ 이상의 온도에서 사용되는 주물 두께 550mm 이하의 페라이트 기지의 두꺼운 구상 흑연 주철품
D 4323	하수도용 덕타일 주철관	직관 두께에 따른 구분	1종관	-	가정의 생활폐수 및 산업폐수, 지표수, 우수 등을 운송하는 배수 및 하수 배관용으로 압력 또는 무압력 상태에서 사용하는 덕타일 주철관
			2종관	-	
			3종관	-	

5-3-3. 주철품(계속)

KS 규격	명 칭	분류 및 종별	기 호	인장강도 N/mm²	주요 용도 및 특징
D ISO 5922	가단 주철품	백심가단 주철	GCMW 35-04	세부 규격 참조	가단 주철품 열처리한 철-탄소합금으로서 주조 상태에서 흑연을 함유하지 않은 백선 조직을 가지는 주철품. 즉, 탄소 성분은 전부 시멘타이트(Fe3C)로 결합된 형태로 존재한다. [종류의 기호] GCMW : 백심 가단 주철 GCMB : 흑심 가단 주철 GCMP : 펄라이트 가단 주철
			GCMW 38-12		
			GCMW 40-05		
			GCMW 45-07		
		A	GCMB 30-06	300 이상	
			GCMB 35-10	350 이상	
			GCMB 45-06	450 이상	
			GCMB 55-04	550 이상	
			GCMB 65-02	650 이상	
			GCMB 70-02	700 이상	
		B	GCMB 32-12	320 이상	
			GCMP 50-05	500 이상	
			GCMB 60-03	600 이상	
			GCMB 80-01	800 이상	

5-3-4. 신동품

KS 규격	명 칭	분류 및 종별	기 호	인장강도 N/mm²	주요 용도 및 특징
D 5101	구리 및 구리합금 봉	무산소동 C1020	C 1020 BE	-	전기 및 열 전도성 우수 용접성, 내식성, 내후성 양호
			C 1020 BD	-	
			C 1020 BF	-	
		타프피치동 C1100	C 1100 BE	-	전기 및 열 전도성 우수 전연성, 내식성, 내후성 양호
			C 1100 BD	-	
			C 1100 BF	-	
		인탈산동 C1201	C 1201 BE	-	전연성, 용접성, 내식성, 내후성 및 열 전도성 양호
			C 1201 BD	-	
		인탈산동 C1220	C 1220 BE	-	
			C 1220 BD	-	
		황동 C2620	C 2600 BE	-	냉간 단조성, 전조성 양호 기계 및 전기 부품
			C 2600 BD	-	
		황동 C2700	C 2700 BE	-	
			C 2700 BD	-	
		황동 C2745	C 2745 BE	-	열간 가공성 양호 기계 및 전기 부품
			C 2745 BD	-	
		황동 C2800	C 2800 BE	-	
			C 2800 BD	-	
		내식 황동 C3533	C 3533 BE	-	수도꼭지, 밸브 등
			C 3533 BD	-	

5-3-4. 신동품 (계속)

KS 규격	명 칭	분류 및 종별	기 호	인장강도 N/mm^2	주요 용도 및 특징
D 5101	구리 및 구리합금 봉	쾌삭 황동 C3601	C 3601 BD	–	절삭성 우수, 전연성 양호 볼트, 너트, 작은 나사, 스핀들, 기어, 밸브, 라이터, 시계, 카메라 부품 등
		쾌삭 황동 C3602	C 3602 BE	–	
			C 3602 BD	–	
			C 3602 BF	–	
		쾌삭황동 C3604	C 3604 BE	–	
			C 3604 BD	–	
			C 3604 BF	–	
		쾌삭 황동 C3605	C 3605 BE	–	
			C 3605 BD	–	
		단조 황동 C3712	C 3712 BE	–	열간 단조성 양호, 정밀 단조 적합 기계 부품 등
			C 3712 BD	–	
			C 3712 BF	–	
		단조 황동 C3771	C 3771 BE	–	열간 단조성 및 피절삭성 양호 밸브 및 기계 부품 등
			C 3771 BD	–	
			C 3771 BF	–	
		네이벌 황동 C4622	C 4622 BE	–	내식성 및 내해수성 양호 선박용 부품, 샤프트 등
			C 4622 BD	–	
			C 4622 BF	–	
		네이벌 황동 C4641	C 4641 BE	–	
			C 4641 BD	–	
			C 4641 BF	–	
		내식 황동 C4860	C 4860 BE	–	수도꼭지, 밸브, 선박용 부품 등
			C 4860 BD	–	
		무연 황동 C4926	C 4926 BE	–	내식성 우수, 환경 소재(납 없음) 전기전자, 자동차 부품 및 정밀 가공용
			C 4926 BD	–	
		무연 내식 황동 C4934	C 4934 BE	–	내식성 우수, 환경 소재(납 없음) 수도꼭지, 밸브 등
			C 4934 BD	–	
		알루미늄 청동 C6161	C 6161 BE	–	강도 높고, 내마모성, 내식성 양호 차량 기계용, 화학 공업용, 선박용 피니언 기어, 샤프트, 부시 등
			C 6161 BD	–	
		알루미늄 청동 C6191	C 6191 BE	–	
			C 6191 BD	–	
		알루미늄 청동 C6241	C 6241 BE	–	
			C 6241 BD	–	
		고강도 황동 C6782	C 6782 BE	–	강도 높고 열간 단조성, 내식성 양호 선박용 프로펠러 축, 펌프 축 등
			C 6782 BD	–	
			C 6782 BF	–	
		고강도 황동 C6783	C 6783 BE	–	
			C 6783 BD	–	

5-3-4. 신동품 (계속)

KS 규격	명 칭	분류 및 종별		기 호	인장강도 N/mm^2	주요 용도 및 특징
D 5102	베릴륨 동, 인청동 및 양백의 봉 및 선	베릴륨 동	봉	C 1720 B	–	항공기 엔진 부품, 프로펠러, 볼트, 캠, 기어, 베어링, 점용접용 전극 등
			선	C 1720 W	–	코일 스프링, 스파이럴 스프링, 브러쉬 등
		인청동	봉	C 5111 B	–	내피로성, 내식성, 내마모성 양호 봉 : 기어, 캠, 이음쇠, 축, 베어링, 작은 나사, 볼트, 너트, 섭동 부품, 커넥터, 트롤리선용 행어 등 선: 코일 스프링, 스파이럴 스프링, 스냅 버튼, 전기 바인드용 선, 철망, 헤더재, 와셔 등
			선	C 5111 W	–	
			봉	C 5102 B	–	
			선	C 5102 W	–	
			봉	C 5191 B	–	
			선	C 5191 W	–	
			봉	C 5212 B	–	
			선	C 5212 W	–	
		쾌삭 인청동	봉	C 5341 B	–	절삭성 양호 작은 나사, 부싱, 베어링, 볼트, 너트, 볼펜 부품 등
			선	C 5441 B	–	
		양백	선	C 7451 W	–	광택 미려, 내피로성, 내식성 양호 봉 : 작은 나사, 볼트, 너트, 전기기기 부품, 악기, 의료기기, 시계부품 등 선 : 특수 스프링 재료 적합
			봉	C 7521 B	–	
			선	C 7521 W	–	
			봉	C 7541 B	–	
			선	C 7541 W	–	
			봉	C 7701 B	–	
			선	C 7701 W	–	
		쾌삭 양백	봉	C 7941 B	–	절삭성 양호 작은 나사, 베어링, 볼펜 부품, 안경 부품 등
D 5103	구리 및 구리합금 선	무산소동	선	C 1020 W	세부 규격 참조	전기. 열전도성. 전연성 우수 용접성. 내식성. 내환경성 양호
		타프피치동		C 1100 W		전기. 열전도성 우수 전연성. 내식성. 내환경성 양호 (전기용, 화학공업용, 작은 나사, 못, 철망 등)
		인탈산동		C 1201 W		전연성. 용접성. 내식성. 내환경성 양호
				C 1220 W		
		단동		C 2100 W		색과 광택이 아름답고, 전연성. 내식성 양호(장식품, 장신구, 패스너, 철망 등)
				C 2200 W		
				C 2300 W		
				C 2400 W		
		황동		C 2600 W		전연성. 냉간 단조성. 전조성 양호 리벳, 작은 나사, 핀, 코바늘, 스프링, 철망 등
				C 2700 W		
				C 2720 W		
				C 2800 W		용접봉, 리벳 등
		니플용 황동		C 3501 W		피삭성, 냉간 단조성 양호 자동차의 니플 등
		쾌삭황동		C 3601 W		피삭성 우수 볼트, 너트, 작은 나사, 전자 부품, 카메라 부품 등
				C 3602 W		
				C 3603 W		
				C 3604 W		

5-3-4. 신동품(계속)

KS 규격	명 칭	분류 및 종별		기 호	인장강도 N/mm²	주요 용도 및 특징
D 5401	전자 부품용 무산소 동의 판, 띠, 이음매 없는 관, 봉 및 선	판	–	C 1011 P	세부 규격 참조	전신가공한 전자 부품용 무산소 동의 판, 띠, 이음매 없는 관, 봉, 선
		띠	–	C 1011 R		
		관	보통급	C 1011 T		
			특수급	C 1011 TS		
		봉	압출	C 1011 BE		
			인발	C 1011 BD		
		선	–	C 1011 W		
D 5506	인청동 및 양백의 판 및 띠	판	인청동	C 5111 P	세부 규격 참조	전연성, 내피로성, 내식성 양호 전자, 전기 기기용 스프링, 스위치, 리드 프레임, 커넥터, 다이어프램, 베로, 퓨즈 클립, 섭동편, 볼베어링, 부시, 타악기 등
		띠		C 5111 R		
		판		C 5102 P		
		띠		C 5102 R		
		판		C 5191 P		
		띠		C 5191 R		
		판		C 5212 P		
		띠	양백	C 5212 R		광택이 아름답고, 전연성, 내피로성, 내식성 양호 수정 발진자 케이스, 트랜지스터캡, 볼륨용 섭동편, 시계 문자판, 장식품, 양식기, 의료기기, 건축용, 관악기 등
		판		C 7351 P		
		띠		C 7351 R		
		판		C 7451 P		
		띠		C 7451 R		
		판		C 7521 P		
		띠		C 7521 R		
		판		C 7541 P		
		띠		C 7541 R		
D 5530	구리 버스 바	C 1020		C 1020 BB	Cu 99.96% 이상	전기 전도성 우수 각종 도체, 스위치, 바 등
		C 1100		C 1100 BB	Cu 99.90% 이상	
D 5545	구리 및 구리 합금 용접관	용접관	보통급	C 1220 TW	인탈산동	압광성, 굽힘성, 수축성, 용접성, 내식성, 열전도성 양호 열교환기용, 화학 공업용, 급수.급탕용, 가스관용 등
			특수급	C 1220 TWS		
			보통급	C 2600 TW	황동	압광성, 굽힘성, 수축성, 도금성 양호 열교환기, 커튼레일, 위생관, 모든 기기 부품용, 안테나용 등
			특수급	C 2600 TWS		
			보통급	C 2680 TW		
			특수급	C 2680 TWS		
			보통급	C 4430 TW	어드미럴티 황동	내식성 양호 가스관용, 열교환기용 등
			특수급	C 4430 TWS		
			보통급	C 4450 TW	인 첨가 어드미럴티 황동	내식성 양호 가스관용 등
			특수급	C 4450 TWS		
			보통급	C 7060 TW	백동	내식성, 특히 내해수성 양호 비교적 고온 사용 적합 악기용, 건재용, 장식용, 열교환기용 등
			특수급	C 7060 TWS		
			보통급	C 7150 TW		
			특수급	C 7150 TWS		

5-3-5. 알루미늄 및 알루미늄합금의 전신재

KS 규격	명 칭	분류 및 종별		기 호	인장강도 N/mm^2	주요 용도 및 특징
D 6706	고순도 알루미늄 박	1N99	O	A1N99H-O	-	전해 커패시터용 리드선용
			H18	A1N99H-H18	-	
		1N90	O	A1N90H-O	-	
			H18	A1N90H-H18	-	
D 7028	알루미늄 및 알루미늄합금 용접봉과 와이어	BY : 봉 WY : 와이어		A1070-BY	54	알루미늄 및 알루미늄 합금의 수동 티그 용접 또는 산소 아세틸렌 가스에 사용하는 용접봉 인장강도는 용접 이음의 인장강도임
				A1070-WY		
				A1100-BY	74	
				A1100-WY		
				A1200-BY		
				A1200-WY		
				A2319-BY	245	
				A2319-WY		
				A4043-BY	167	
				A4043-WY		
				A4047-BY		
				A4047-WY		
				A5554-BY	216	
				A5554-WY		
				A5564-BY	206	
				A5564-WY		
				A5356-BY	265	
				A5356-WY		
				A5556-BY	275	
				A5556-WY		
				A5183-BY		
				A5183-WY		

5-3-6. 마그네슘합금 및 납 및 납합금의 전신재

KS 규격	명 칭	분류 및 종별	기 호	인장강도 N/mm²	주요 용도 및 특징
D 5573	이음매 없는 마그네슘 합금 관	1종B	MT1B	세부 규격 참조	ISO-MgA13Zn1(A)
		1종C	MT1C		ISO-MgA13Zn1(B)
		2종	MT2		ISO-MgA16Zn1
		5종	MT5		ISO-MgZn3Zr
		6종	MT6		ISO-MgZn6Zr
		8종	MT8		ISO-MgMn2
		9종	MT9		ISO-MgZnMn1
D 6710	마그네슘 합금 판, 대 및 코일판	1종B	MP1B	세부 규격 참조	ISO-MgA13Zn1(A)
		1종C	MP1C		ISO-MgA13Zn1(B)
		7종	MP7		-
		9종	MP9		ISO-MgMn2Mn1
D 6723	마그네슘 합금 압출 형재	1종B	MS1B	세부 규격 참조	ISO-MgA13Zn1(A)
		1종C	MS1C		ISO-MgA13Zn1(B)
		2종	MS2		ISO-MgA16Zn1
		3종	MS3		ISO-MgA18Zn
		5종	MS5		ISO-MgZn3Zr
		6종	MS6		ISO-MgZn6Zr
		8종	MS8		ISO-MgMn2
		9종	MS9		ISO-MgMn2Mn1
		10종	MS10		ISO-MgMn7Cul
		11종	MS11		ISO-MgY5RE4Zr
		12종	MS12		ISO-MgY4RE3Zr
D 6724	마그네슘 합금 봉	1B종	MB1B	세부 규격 참조	ISO-MgA13Zn1(A)
		1C종	MB1C		ISO-MgA13Zn1(B)
		2종	MB2		ISO-MgA16Zn1
		3종	MB3		ISO-MgA18Zn
		5종	MB5		ISO-MgZn3Zr
		6종	MB6		ISO-MgZn6Zr
		8종	MB8		ISO-MgMn2
		9종	MB9		ISO-MgZn2Mn1
		10종	MB10		ISO-MgZn7Cul
		11종	MB11		ISO-MgY5RE4Zr
		12종	MB12		ISO-MgY4RE3Zr
D 6702	납 및 납합금 판	납판	PbP-1	-	두께 1.0mm 이상 6.0mm 이하의 순납판으로 가공성이 풍부하고 내식성이 우수하며 건축, 화학, 원자력 공업용 등 광범위의 사용에 적합하고, 인장강도 10.5N/mm², 연신율 60% 정도이다.
		얇은 납판	PbP-2	-	두께 0.3mm 이상 1.0mm 미만의 순납판으로 유연성이 우수하고 주로 건축용(지붕, 벽)에 적합하며, 인장강도 10.5 N/mm², 연신율 60% 정도이다.
		텔루르 납판	PPbP	-	텔루르를 미량 첨가한 입자분산강화 합금 납판으로 내크리프성이 우수하고 고온(100~150℃)에서의 사용이 가능하고, 화학공업용에 적합하며, 인장강도 20.5N/mm², 연신율 50% 정도이다.

5-3-6. 마그네슘합금 및 납 및 납합금의 전신재(계속)

KS 규격	명 칭	분류 및 종별	기 호	인장강도 N/mm^2	주요 용도 및 특징
D 6702	납 및 납합금 판	경납판 4종	HPbP4	–	안티몬을 4% 첨가한 합금 납판으로 상온에서 120℃의 사용영역에서는 납합금으로서 고강도 · 고경도를 나타내며, 화학공업용 장치류 및 일반용의 경도를 필요로 하는 분야에 대한 적용이 가능하며, 인장강도 25.5N/mm², 연신율 50% 정도이다.
		경납판 6종	HPbP6	–	안티몬을 6% 첨가한 합금 납판으로 상온에서 120℃의 사용영역에서는 납합금으로서 고강도 · 고경도를 나타내며, 화학공업용 장치류 및 일반용의 경도를 필요로 하는 분야에 대한 적용이 가능하며, 인장강도 28.5N/mm², 연신율 50% 정도이다.
	일반 공업용 납 및 납합금 관	공업용 납관 1종	PbT-1	–	납이 99.9%이상인 납관으로 살두께가 두껍고, 화학 공업용에 적합하고 인장 강도 10.5N/mm², 연신율 60% 정도이다.
		공업용 납관 2종	PbT-2	–	납이 99.60%이상인 납관으로 내식성이 좋고, 가공성이 우수하고 살두께가 얇고 일반 배수용에 적합하며 인장 강도 11.7N/mm², 연신율 55% 정도이다.
		텔루르 납관	TPbT	–	텔루르를 미량 첨가한 입자 분산 강화 합금 납관으로 살두께는 공업용 납관 1종과 같은 납관. 내크리프성이 우수하고 고온(100~150℃)에서의 사용이 가능하고, 화학공업용에 적합하며, 인장강도 20.5N/mm², 연신율 50% 정도이다.
		경연관 4종	HPbT4	–	안티몬을 4% 첨가한 합금 납관으로 상온에서 120℃의 사용영역에서는 납합금으로서 고강도 · 고경도를 나타내며, 화학공업용 장치류 및 일반용의 경도를 필요로 하는 분야로의 적용이 가능하고, 인장강도 25.5N/mm², 연신율 50% 정도이다.
		경연관 6종	HPbT6	–	안티몬을 6% 첨가한 합금 납관으로 상온에서 120℃의 사용영역에서는 납합금으로서 고강도 · 고경도를 나타내며, 화학공업용 장치류 및 일반용의 경도를 필요로 하는 분야로의 적용이 가능하고, 인장강도 28.5N/mm², 연신율 50% 정도이다.

5-3-7. 니켈 및 니켈합금의 전신재

KS 규격	명 칭	분류 및 종별	기 호	인장강도 N/mm^2	주요 용도 및 특징
D 5539	이음매 없는 니켈 동합금 관	NW4400	NiCu30	세부 규격 참조	내식성, 내산성 양호 강도 높고 고온 사용 적합 급수 가열기, 화학 공업용 등
		NW4402	NiCu30.LC		
D 5546	니켈 및 니켈합금 판 및 조	탄소 니켈 관	NNCP	세부 규격 참조	수산화나트륨 제조 장치, 전기 전자 부품 등
		저탄소 니켈 관	NLCP		
		니켈-동합금 판	NCuP		해수 담수화 장치, 제염 장치, 원유 증류탑 등
		니켈-동합금 조	NCuR		
		니켈-동-알루미늄-티탄합금 판	NCuATP		해수 담수화 장치, 제염 장치, 원유 증류탑 등에서 고강도를 필요로 하는 기기재 등
		니켈-몰리브덴합금 1종 관	NM1P		염산 제조 장치, 요소 제조 장치, 에틸렌글리콜 이나 크로로프렌 단량체 제조 장치 등
		니켈-몰리브덴합금 2종 관	NM2P		
		니켈-몰리브덴-크롬합금 판	NMCrP		산 세척 장치, 공해 방지 장치, 석유화학 산업 장치, 합성 섬유 산업 장치 등
		니켈-크롬-철-몰리브덴-동합금 1종 판	NCrFMCu1P		인산 제조 장치, 플루오르산 제조 장치, 공해 방지 장치 등
		니켈-크롬-철-몰리브덴-동합금 2종 판	NCrFMCu2P		
		니켈-크롬-몰리브덴-철합금 판	NCrMFP		공업용로, 가스터빈 등
D 5603	듀멧선	선1종 1	DW1-1	640 이상	전자관, 전구, 방전 램프 등의 관구류
		선1종 2	DW1-2		
		선2종	DW2		다이오드, 서미스터 등의 반도체 장비류
D 6023	니켈 및 니켈합금 주물	니켈 주물	NC	345 이상	수산화나트륨, 탄산나트륨 및 염화암모늄을 취급하는 제조장치의 밸브 · 펌프 등
		니켈-구리합금 주물	NCuC	450 이상	해수 및 염수, 중성염, 알칼리염 및 플루오르산을 취급하는 화학 제조 장치의 밸브 · 펌프 등
		니켈-몰리브덴합금 주물	NMC	525 이상	염소, 황산 인산, 아세트산 및 염화수소가스를 취급하는 제조 장치의 밸브 · 펌프 등
		니켈-몰리브덴-크롬합금 주물	NMCrC	495 이상	산화성산, 플루오르산, 포름산 무수아세트산, 해수 및 염수를 취급하는 제조 장치의 밸브 등
		니켈-크롬-철합금 주물	NCrFC	485 이상	질산, 지방산, 암모늄수 및 염화성 약품을 취급하는 화학 및 식품 제조 장치의 밸브 등
D 6719	이음매 없는 니켈 및 니켈합금 관	상탄소 니켈관	NNCT	세부 규격 참조	수산화나트륨 제조 장치, 식품, 약품 제조 장치, 전기, 전자 부품 등
		저탄소 니켈관	NLCT		
		니켈-동합금 관	NCuT		급수 가열기, 해수 담수화 장치, 제염 장치, 원유 증류탑 등
		니켈-몰리브덴-크롬합금 관	NMCrT		산세척 장치, 공해방지 장치, 석유화학, 합성 섬유산업 장치 등
		니켈-크롬-몰리브덴-철합금 관	NCrMFT		공업용 노, 가스 터빈 등

5-3-8. 티탄 및 티탄합금 기타의 전신재

KS 규격	명 칭	분류 및 종별	기 호	인장강도 N/mm^2	주요 용도 및 특징
D 3579	스프링용 오일 템퍼선	스프링용 탄소강 오일 템퍼선 A종	SWO-A	세부 규격 참조	주로 정하중을 받는 스프링용
		스프링용 탄소강 오일 템퍼선 B종	SWO-B		주로 동하중을 받는 스프링용
		스프링용 실리콘 크롬강 오일 템퍼선	SWOSC-B		
		스프링용 실리콘 망간강 오일 템퍼선 A종	SWOSM-A		
		스프링용 실리콘 망간강 오일 템퍼선 B종	SWOSM-B		
		스프링용 실리콘 망간강 오일 템퍼선 C종	SWOSM-C		
D 3580	밸브 스프링용 오일 템퍼선	밸브 스프링용 탄소강 오일 템퍼선	SWO-V	세부 규격 참조	내연 기관의 밸브 스프링 또는 이에 준하는 스프링
		밸브 스프링용 크롬바나듐강 오일 템퍼선	SWOCV-V		
		밸브 스프링용 실리콘크롬강 오일 템퍼선	SWOSC-V		
D 3585	스테인리스강 위생관	1종	STS304TBS	520 이상	낙농, 식품 공업 등에 사용
		2종	STS304LTBS	480 이상	
		3종	STS316TBS	520 이상	
		4종	STS316LTBS	480 이상	
D 3591	스프링용 실리콘 망간강 오일 템퍼선	스프링용 실리콘 망간강 오일 템퍼선 A종	SWOSM-A	세부 규격 참조	일반 스프링용
		스프링용 실리콘 망간강 오일 템퍼선 B종	SWOSM-B		일반 스프링용 및 자동차 현가 코일 스프링
		스프링용 실리콘 망간강 오일 템퍼선 C종	SWOSM-C		주로 자동차 현가 코일 스프링
D 3624	냉간 압조용 붕소강-선재	1종	SWRCHB 223	-	냉간 압조용 붕소강선의 제조에 사용
		2종	SWRCHB 237	-	
		3종	SWRCHB 320	-	
		4종	SWRCHB 323	-	
		5종	SWRCHB 331	-	
		6종	SWRCHB 334	-	
		7종	SWRCHB 420	-	
		8종	SWRCHB 526	-	
		9종	SWRCHB 620	-	
		10종	SWRCHB 623	-	
		11종	SWRCHB 726	-	
		12종	SWRCHB 734	-	
D 3624	티탄 팔라듐합금 선	11종	TW 270 Pd	270~410	내식성, 특히 틈새 내식성 양호 화학장치, 석유정제 장치, 펄프제지 공업장치 등
		12종	TW 340 Pd	340~510	
		13종	TW 480 Pd	480~620	
D 5577	탄탈럼 전신재	판	TaP	세부 규격 참조	탄탈럼으로 된 판, 띠, 박, 봉 및 선
		띠	TaR		

5-3-8. 티탄 및 티탄합금 기타의 전신재(계속)

<table>
<tr><th>KS 규격</th><th>명 칭</th><th colspan="2">분류 및 종별</th><th>기 호</th><th>인장강도 N/mm²</th><th>주요 용도 및 특징</th></tr>
<tr><td rowspan="3">D 5577</td><td rowspan="3">탄탈럼 전신재</td><td colspan="2">박</td><td>TaH</td><td rowspan="3">세부 규격 참조</td><td rowspan="3">탄탈럼으로 된 판, 띠, 박, 봉 및 선</td></tr>
<tr><td colspan="2">봉</td><td>TaB</td></tr>
<tr><td colspan="2">선</td><td>TaW</td></tr>
<tr><td rowspan="5">D 6026</td><td rowspan="5">티타늄 및 티타늄합금 주물</td><td colspan="2">2종</td><td>TC340</td><td>340 이상</td><td rowspan="2">내식성, 특히 내해수성 양호
화학 장치, 석유 정제 장치, 펄프 제지 공업 장치 등</td></tr>
<tr><td colspan="2">3종</td><td>TC480</td><td>480 이상</td></tr>
<tr><td colspan="2">12종</td><td>TC340Pd</td><td>340 이상</td><td rowspan="2">내식성, 특히 내틈새 부식성 양호
화학 장치, 석유 정제 장치, 펄프 제지 공업 장치 등</td></tr>
<tr><td colspan="2">13종</td><td>TC480Pd</td><td>480 이상</td></tr>
<tr><td colspan="2">60종</td><td>TAC6400</td><td>895 이상</td><td>고강도로 내식성 양호
화학 공업, 기계 공업, 수송 기기 등의 구조재. 예를 들면 고압 반응조 장치, 고압 수송 장치, 레저용품 등</td></tr>
<tr><td rowspan="12">D 6726</td><td rowspan="12">배관용 티탄 팔라듐합금 관</td><td rowspan="4">1종</td><td rowspan="2">이음매 없는 관</td><td>TTP 28 Pd E</td><td rowspan="4">275~412</td><td rowspan="12">내식성, 특히 틈새 내식성 양호
화학장치, 석유정제장치, 펄프제지 공업장치 등</td></tr>
<tr><td>TTP 28 Pd D</td></tr>
<tr><td rowspan="2">용접관</td><td>TTP 28 Pd W</td></tr>
<tr><td>TTP 28 Pd WD</td></tr>
<tr><td rowspan="4">2종</td><td rowspan="2">이음매 없는 관</td><td>TTP 35 Pd E</td><td rowspan="4">343~510</td></tr>
<tr><td>TTP 35 Pd D</td></tr>
<tr><td rowspan="2">용접관</td><td>TTP 35 Pd W</td></tr>
<tr><td>TTP 35 Pd WD</td></tr>
<tr><td rowspan="4">3종</td><td rowspan="2">이음매 없는 관</td><td>TTP 49 Pd E</td><td rowspan="4">481~618</td></tr>
<tr><td>TTP 49 Pd D</td></tr>
<tr><td rowspan="2">용접관</td><td>TTP 49 Pd W</td></tr>
<tr><td>TTP 49 Pd WD</td></tr>
<tr><td rowspan="12">D 7203</td><td rowspan="12">냉간 압조용 붕소강-선</td><td colspan="2">1종</td><td>SWCHB 223</td><td>610 이하</td><td rowspan="12">볼트, 너트, 리벳, 작은 나사, 태핑 나사 등의 나사류 및 각종 부품(인장도는 DA 공정에 의한 선의 기계적 성질)</td></tr>
<tr><td colspan="2">2종</td><td>SWCHB 237</td><td>670 이하</td></tr>
<tr><td colspan="2">3종</td><td>SWCHB 320</td><td>600 이하</td></tr>
<tr><td colspan="2">4종</td><td>SWCHB 323</td><td>610 이하</td></tr>
<tr><td colspan="2">5종</td><td>SWCHB 331</td><td>630 이하</td></tr>
<tr><td colspan="2">6종</td><td>SWCHB 334</td><td>650 이하</td></tr>
<tr><td colspan="2">7종</td><td>SWCHB 420</td><td>600 이하</td></tr>
<tr><td colspan="2">8종</td><td>SWCHB 526</td><td>650 이하</td></tr>
<tr><td colspan="2">9종</td><td>SWCHB 620</td><td>630 이하</td></tr>
<tr><td colspan="2">10종</td><td>SWCHB 623</td><td>640 이하</td></tr>
<tr><td colspan="2">11종</td><td>SWCHB 726</td><td>650 이하</td></tr>
<tr><td colspan="2">12종</td><td>SWCHB 734</td><td>680 이하</td></tr>
</table>

5-3-9. 주물

KS 규격	명 칭	분류 및 종별	기 호	인장강도 N/mm^2	주요 용도 및 특징
D 6003	화이트 메탈	1종	WM1	세부 규격 참조	각종 베어링 활동부 또는 패킹 등에 사용(주괴)
		2종	WM2		
		2종B	WM2B		
		3종	WM3		
		4종	WM4		
		5종	WM5		
		6종	WM6		
		7종	WM7		
		8종	WM8		
		9종	WM9		
		10종	WM10		
		11종	WM11(L13910)		
		12종	WM2(SnSb8Cu4)		
		13종	WM13(SnSb12CuPb)		
		14종	WM14(PbSb15Sn10)		
D 6005	아연 합금 다이캐스팅	1종	ZDC1	325	자동차 브레이크 피스톤, 시트 밸브 감김쇠, 캔버스 플라이어
		2종	ZDC2	285	자동차 라디에이터 그릴, 몰, 카뷰레터, VTR 드럼 베이스, 테이프 헤드, CP 커넥터
D 6006	다이캐스팅용 알루미늄 합금	1종	ALDC 1	–	내식성, 주조성은 좋다. 항복 강도는 어느 정도 낮다.
		3종	ALDC 3	–	충격값과 항복 강도가 좋고 내식성도 1종과 거의 동등하지만, 주조성은 좋지 않다.
		5종	ALDC 5	–	내식성이 가장 양호하고 연신율, 충격값이 높지만 주조성은 좋지 않다
		6종	ALDC 6	–	내식성은 5종 다음으로 좋고, 주조성은 5종보다 약간 좋다.
		10종	ALDC 10	–	기계적 성질, 피삭성 및 주조성이 좋다.
		10종 Z	ALDC 10 Z	–	10종보다 주조 갈라짐성과 내식성은 약간 좋지 않다.
		12종	ALDC 12	–	기계적 성질, 피삭성, 주조성이 좋다.
		12종 Z	ALDC 12 Z	–	12종보다 주조 갈라짐성 및 내식성이 떨어진다.
		14종	ALDC 14	–	내마모성, 유동성은 우수하고 항복 강도는 높으나, 연신율이 떨어진다.
		Si9종	Al Si9	–	내식성이 좋고, 연신율, 충격치도 어느 정도 좋지만, 항복 강도가 어느 정도 낮고 유동성이 좋지 않다.
		Si12Fe종	Al Si12(Fe)	–	내식성, 주조성이 좋고, 항복 강도가 어느 정도 낮다.
		Si10MgFe종	Al Si10Mg(Fe)	–	충격치와 항복 강도가 높고, 내식성도 1종과 거의 동등하며, 주조성은 1종보다 약간 좋지 않다.
		Si8Cu3종	Al Si8Cu3	–	10종보다 주조 갈라짐 및 내식성이 나쁘다.
		Si9Cu3Fe종	Al Si9Cu3(Fe)	–	
		Si9Cu3FeZn종	Al Si9Cu3(Fe)(Zn)	–	
		Si11Cu2Fe종	Al Si11Cu2(Fe)	–	기계적 성질, 피삭성, 주조성이 좋다.
		Si11Cu3Fe종	Al Si11Cu3(Fe)	–	
		Si11Cu1Fe종	Al Si12Cu1(Fe)	–	12종보다 연신율이 어느 정도 높지만, 항복 강도는 다소 낮다.
		Si117Cu4Mg종	Al Si17Cu4Mg	–	내마모성, 유동성이 좋고, 항복 강도가 높지만, 연신율은 낮다.
		Mg9종	Al Mg9	–	5종과 같이 내식성이 좋지만, 주조성이 나쁘고, 응력부식 균열 및 경시변화에 주의가 필요하다.

5-3-9. 주물 (계속)

KS 규격	명 칭	분류 및 종별	기 호	인장강도 N/mm²	주요 용도 및 특징
D 6008	알루미늄 합금 주물	주물 1종A	AC1A	세부 규격 참조	가선용 부품, 자전거 부품, 항공기용 유압 부품, 전송품 등
		주물 1종B	AC1B		가선용 부품, 중전기 부품, 자전거 부품, 항공기 부품 등
		주물 2종A	AC2A		매니폴드, 디프캐리어, 펌프 보디, 실린더 헤드, 자동차용 하체 부품 등
		주물 2종B	AC2B		실린더 헤드, 밸브 보디, 크랭크 케이스, 클러치 하우징 등
		주물 3종A	AC3A		케이스류, 커버류, 하우징류의 얇은 것, 복잡한 모양의 것, 장막벽 등
		주물 4종A	AC4A		매니폴드, 브레이크 드럼, 미션 케이스, 크랭크 케이스, 기어 박스, 선박용 · 차량용 엔진 부품 등
		주물 4종B	AC4B		크랭크 케이스, 실린더 매니폴드, 항공기용 전장품 등
		주물 4종C	AC4C		유압 부품, 미션 케이스, 플라이 휠 하우징, 항공기 부품, 소형용 엔진 부품, 전장품 등
		주물 4종CH	AC4CH		자동차용 바퀴, 가선용 쇠붙이, 항공기용 엔진 부품, 전장품 등
		주물 4종D	AC4D		수냉 실린더 헤드, 크랭크 케이스, 실린더 블록, 연료 펌프보디, 블로어 하우징, 항공기용 유압 부품 및 전장품 등
		주물 5종A	AC5A		공냉 실린더 헤드 디젤 기관용 피스톤, 항공기용 엔진 부품 등
		주물 7종A	AC7A		가선용 쇠붙이, 선박용 부품, 조각 소재 건축용 쇠붙이, 사무기기, 의자, 항공기용 전장품 등
		주물 8종A	AC8A		자동차 · 디젤 기관용 피스톤, 선방용 피스톤, 도르래, 베어링 등
		주물 8종B	AC8B		자동차용 피스톤, 도르래, 베어링 등
		주물 8종C	AC8C		자동차용 피스톤, 도르래, 베어링 등
		주물 9종A	AC9A		피스톤(공냉 2 사이클용)등
		주물 9종B	AC9B		피스톤(디젤 기관용, 수냉 2사이클용), 공냉 실린더 등
D 6016	마그네슘 합금 주물	1종	MgC1	세부 규격 참조	일반용 주물, 3륜차용 하부 휨, 텔레비전 카메라용 부품 등
		2종	MgC2		일반용 주물, 크랭크 케이스, 트랜스미션, 기어박스, 텔레비전 카메라용 부품, 레이더용 부품, 공구용 지그 등
		3종	MgC3		일반용 주물, 엔진용 부품, 인쇄용 섀들 등
		5종	MgC5		일반용 주물, 엔진용 부품 등
		6종	MgC6		고력 주물, 경기용 차륜 산소통 브래킷 등
		7종	MgC7		고력 주물, 인렛 하우징 등
		8종	MgC8		내열용 주물, 엔진용 부품 기어 케이스, 컴프레서 케이스 등
D 6018	경연 주물	8종	HPbC 8	49 이상	주로 화학 공업에 사용
		10종	HPbC 10	50 이상	
D 6024	구리 주물	1종	CAC101 (CuC1)	175 이상	송풍구, 대송풍구, 냉각판, 열풍 밸브, 전극 홀더, 일반 기계 부품 등
		2종	CAC102 (CuC2)	155 이상	송풍구, 전기용 터미널,분기 슬리브, 콘택트, 도체, 일반 전기 부품 등
		3종	CAC103 (CuC3)	135 이상	전로용 랜스 노즐, 전기용 터미널, 분기 슬리브, 통전 서포트, 도체, 일반전기 부품 등
	황동 주물	1종	CAC201 (YBsC1)	145 이상	플랜지류, 전기 부품, 장식용품 등
		2종	CAC202 (YBsC2)	195 이상	전기 부품, 제기 부품,일반 기계 부품 등
		3종	CAC203 (YBsC3)	245 이상	급배수 쇠붙이, 전기 부품, 건축용 쇠붙이, 일반기계 부품, 일용품, 잡화품 등
		4종	CAC204 (C85200)	241 이상	일반 기계 부품, 일용품, 잡화품 등

5-3-9. 주물(계속)

KS 규격	명 칭	분류 및 종별	기 호	인장강도 N/mm^2	주요 용도 및 특징
D 6024	고력 황동 주물	1종	CAC301 (HBsC1)	430 이상	선박용 프로펠러, 프로펠러 보닛, 베어링, 밸브 시트, 밸브봉, 베어링 유지기, 레버 암, 기어, 선박용 의장품 등
		2종	CAC302 (HBsC2)	490 이상	선박용 프로펠러, 베어링, 베어링 유지기, 슬리퍼, 엔드 플레이트, 밸브시트, 밸브봉, 특수 실린더, 일반 기계 부품 등
		3종	CAC303 (HBsC3)	635 이상	저속 고하중의 미끄럼 부품, 대형 밸브. 스템, 부시, 웜 기어, 슬리퍼, 캠, 수압 실린더 부품 등
		4종	CAC304 (HBsC4)	735 이상	저속 고하중의 미끄럼 부품, 교량용 지지판, 베어링, 부시, 너트, 웜 기어, 내마모판 등
	청동 주물	1종	CAC401 (BC1)	165 이상	베어링, 명판, 일반 기계 부품 등
		2종	CAC402 (BC2)	245 이상	베어링, 슬리브, 부시, 펌프 몸체, 임펠러, 밸브, 기어, 선박용 둥근 창, 전동 기기 부품 등
		3종	CAC403 (BC3)	245 이상	베어링, 슬리브, 부싱, 펌프, 몸체 임펠러, 밸브, 기어, 성박용 둥근 창, 전동 기기 부품, 일반 기계 부품 등
		6종	CAC406 (BC6)	195 이상	밸브, 펌프 몸체, 임펠러, 급수 밸브, 베어링, 슬리브, 부싱, 일반 기계 부품, 경관 주물, 미술 주물 등
		7종	CAC407 (BC7)	215 이상	베어링, 소형 펌프 부품,밸브, 연료 펌프, 일반 기계 부품 등
		8종 (함연 단동)	CAC408 (C83800)	207 이상	저압 밸브, 파이프 연결구, 일반 기계 부품 등
		9종	CAC409 (C92300)	248 이상	포금용, 베어링 등
	인청동 주물	2종A	CAC502A (PBC2)	195 이상	기어, 웜 기어, 베어링, 부싱, 슬리브, 임펠러, 일반 기계 부품 등
		2종B	CAC502B (PBC2B)	295 이상	
		3종A	CAC503A	195 이상	미끄럼 부품, 유압 실린더, 슬리브, 기어, 제지용 각종 롤러 등
		3종B	CAC503B (PBC3B)	265 이상	미끄럼 부품, 유압 실린더, 슬리브, 기어, 제지용 각종 롤러 등
	납청동 주물	2종	CAC602 (LBC2)	195 이상	중고속 · 고하중용 베어링, 실린더, 밸브 등
		3종	CAC603 (LBC3)	175 이상	중고속 · 고하중용 베어링, 대형 엔진용 베어링
		4종	CAC604 (LBC4)	165 이상	중고속 · 중하중용 베어링, 차량용 베어링, 화이트 메탈의 뒤판 등
		5종	CAC605 (LBC5)	145 이상	중고속 · 저하중용 베어링, 엔진용 베어링 등
		6종	CAC606 (LBC6)	165 이상	경하중 고속용 부싱, 베어링, 철도용 차량, 파쇄기, 콘베어링 등
		7종	CAC607 (C94300)	207 이상	일반 베어링, 병기용 부싱 및 연결구, 중하중용 정밀 베어링, 조립식 베어링 등
		8종	CAC608 (C93200)	193 이상	경하중 고속용 베어링, 일반 기계 부품 등
	알루미늄 청동	1종	CAC701 (AlBC1)	440 이상	내산 펌프, 베어링, 부싱, 기어, 밸브 시트, 플런저, 제지용 롤러 등
		2종	CAC702 (AlBC2)	490 이상	선박용 소형 프로펠러, 베어링, 기어, 부싱, 밸브시트, 임펠러, 볼트 너트, 안전 공구, 스테인리스강용 베어링 등
		3종	CAC703 (AlBC3)	590 이상	선박용 프로펠러, 임펠러, 밸브, 기어, 펌프 부품, 화학 공업용 기기 부품, 스테인리스강용 베어링, 식품 가공용 기계 부품 등

5-3-9. 주물 (계속)

KS 규격	명 칭	분류 및 종별	기 호	인장강도 N/mm²	주요 용도 및 특징
D 6024	알루미늄 청동	4종	CAC704 (AlBC4)	590 이상	선박용 프로펠러, 슬리브, 기어, 화학용 기기 부품 등
		5종	CAC705 (C95500)	620 이상	중하중을 받는 총포 슬라이드 및 지지부, 기어, 부싱, 베어링, 프로펠러 날개 및 허브, 라이너 베어링 플레이트용 등
		–	CAC705HT (C95500)	760 이상	
		6종	CAC706 (C95300)	450 이상	중하중을 받는 총포 슬라이드 및 지지부, 기어, 부싱, 베어링, 프로펠러 날개 및 허브, 라이너 베어링 플레이트용 등
		–	CAC706HT (C95300)	550 이상	
	실리콘 청동	1종	CAC801 (SzBC1)	345 이상	선박용 의장품, 베어링, 기어 등
		2종	CAC802 (SzBC2)	440 이상	선박용 의장품, 베어링, 기어, 보트용 프로펠러 등
		3종	CAC803 (SzBS3)	390 이상	선박용 의장품, 베어링, 기어 등
		4종	CAC804 (C87610)	310 이상	선박용 의장품, 베어링, 기어 등
		5종	CAC805	300 이상	급수장치 기구류(수도미터, 밸브류, 이음류, 수전 밸브 등)
	니켈 주석 청동 주물	1종	CAC901 (C94700)	310 이상	팽창부 연결품, 관 이음쇠, 기어볼트, 너트, 펌프 피스톤, 부싱, 베어링 등
		–	CAC901HT (C94700)	517 이상	
		2종	CAC902 (C94800)	276 이상	팽창부 연결품, 관 이음쇠, 기어볼트, 너트, 펌프 피스톤, 부싱, 베어링 등
	베릴륨 동 주물	3종	CAC903 (C82000)	311 이상	스위치 및 스위치 기어, 단로기, 전도 장치 등
		–	CAC903HT (C82000)	621 이상	
		4종	CAC904 (C82500)	518 이상	부싱, 캠, 베어링, 기어, 안전 공구 등
		–	CAC904HT (C82500)	1035 이상	
		5종	CAC905 (C82600)	552 이상	높은 경도와 최대의 강도가 요구되는 부품 등
		–	CAC905HT (C82600)	1139 이상	
		6종	CAC906	1139 이상	높은 인장 강도 및 내력과 함께 최대의 경도가 요구되는 부품 등
		–	CAC906HT (C82800)		

5-4 구조용 철강

5-4-1. 구조용 봉강, 형강, 강판, 강대

KS 규격	명 칭	분류 및 종별		기 호	인장강도 N/mm^2	주요 용도 및 특징
D 3503	일반 구조용 압연 강재	1종		SS 330	330~430	강판, 강대, 평강 및 봉강
		2종		SS 400	400~510	강판, 강대, 평강, 형강 및 봉강
		3종		SS 490	490~610	
		4종		SS 540	540 이상	두께 40mm 이하의 강판, 강대, 형강, 평강 및 지름, 변 또는 맞변거리 40mm 이하의 봉강
		5종		SS 590	590 이상	
D 3504	철근 콘크리트용 봉강 (이형봉강)	1종		SD 300	440 이상	일반용
		2종		SD 350	490 이상	
		3종		SD 400	560 이상	
		4종		SD 500	620 이상	
		5종		SD 600	710 이상	
		6종		SD 700	800 이상	
		7종		SD 400W	560 이상	용접용
		8종		SD 500W	620 이상	
D 3505	PC 강봉	A종	2호	SBPR 785/1 030	1030 이상	원형 봉강
		B종	1호	SBPR 930/1 080	1080 이상	
			2호	SBPR 930/1 180	1180 이상	
		C종	1호	SBPR 1 080/1 230	1230 이상	
		B종	1호	SBPD 930/1 080	1080 이상	이형 봉강
		C종	1호	SBPD 1 080/1 230	1230 이상	
		D종	1호	SBPD 1 275/1 420	1420 이상	
D 3511	재생 강재	평강:F	1종	SRB 330	330~400	재생 강재의 봉강, 평강 및 등변 ㄱ형강
		형강:A	2종	SRB 380	380~520	
		봉강:B	3종	SRB 480	480~620	
D 3515	용접 구조용 압연 강재	1종	A	SM 400A	400~510	강판, 강대, 형강 및 평강 200mm 이하
		2종	B	SM 400B		
		3종	C	SM 400C		강판, 강대, 형강 및 평강 100mm 이하
		4종	A	SM 490A	490~610	강판, 강대, 형강 및 평강 200mm 이하
		5종	B	SM 490B		
		6종	C	SM 490C		강판, 강대, 형강 및 평강 100mm 이하
		7종	YA	SM 490YA		
		8종	YB	SM 490YB		
		9종	B	SM 520B	520~640	
		10종	C	SM 520C		
		11종	–	SM 570	570~720	
D 3518	법랑용 탈탄 강판 및 강대	–		SPE	–	법랑칠을 하는 탈탄 강판 및 강대
D 3526	마봉강용 일반 강재	A종		SGD A	290~390	기계적 성질 보증
		B종		SGD B	400~510	

5-4-1. 구조용 봉강, 형강, 강판, 강대(계속)

<table>
<tr><th>KS 규격</th><th>명 칭</th><th colspan="3">분류 및 종별</th><th>기 호</th><th>인장강도 N/mm²</th><th>주요 용도 및 특징</th></tr>
<tr><td rowspan="4">D 3526</td><td rowspan="4">마봉강용 일반 강재</td><td colspan="3">1종</td><td>SGD 1</td><td>–</td><td rowspan="4">화학성분 보증
킬드강 지정시 각 기호의 뒤에 K를 붙임</td></tr>
<tr><td colspan="3">2종</td><td>SGD 2</td><td>–</td></tr>
<tr><td colspan="3">3종</td><td>SGD 3</td><td>–</td></tr>
<tr><td colspan="3">4종</td><td>SGD 4</td><td>–</td></tr>
<tr><td rowspan="5">D 3527</td><td rowspan="5">철근 콘크리트용 재생 봉강</td><td colspan="3">1종</td><td>SBCR 240</td><td>380~590</td><td rowspan="2">재생 원형 봉강</td></tr>
<tr><td colspan="3">2종</td><td>SBCR 300</td><td>440~620</td></tr>
<tr><td colspan="3">3종</td><td>SDCR 240</td><td>380~590</td><td rowspan="3">재생 이형 봉강</td></tr>
<tr><td colspan="3">4종</td><td>SDCR 300</td><td>440~620</td></tr>
<tr><td colspan="3">5종</td><td>SDCR 350</td><td>490~690</td></tr>
<tr><td rowspan="14">D 3529</td><td rowspan="14">용접 구조용 내후성 열간 압연 강재</td><td rowspan="6">1종</td><td rowspan="2">A</td><td>W</td><td>SMA 400AW</td><td rowspan="6">400~540</td><td rowspan="4">내후성을 갖는 강판, 강대, 형강 및 평강 200 이하</td></tr>
<tr><td>P</td><td>SMA 400AP</td></tr>
<tr><td rowspan="2">B</td><td>W</td><td>SMA 400BW</td></tr>
<tr><td>P</td><td>SMA 400BP</td></tr>
<tr><td rowspan="2">C</td><td>W</td><td>SMA 400CW</td><td rowspan="2">내후성을 갖는 강판, 강대, 형강 100 이하</td></tr>
<tr><td>P</td><td>SMA 400CP</td></tr>
<tr><td rowspan="6">2종</td><td rowspan="2">A</td><td>W</td><td>SMA 490AW</td><td rowspan="6">490~610</td><td rowspan="4">내후성이 우수한 강판, 강대, 형강 및 평강 200 이하</td></tr>
<tr><td>B</td><td>SMA 490AP</td></tr>
<tr><td rowspan="2">B</td><td>W</td><td>SMA 490BW</td></tr>
<tr><td>P</td><td>SMA 490BP</td></tr>
<tr><td rowspan="2">C</td><td>W</td><td>SMA 490CW</td><td rowspan="4">내후성이 우수한 강판, 강대, 형강 100 이하</td></tr>
<tr><td>P</td><td>SMA 490CP</td></tr>
<tr><td colspan="2" rowspan="2">3종</td><td>W</td><td>SMA 570W</td><td rowspan="2">570~720</td></tr>
<tr><td>P</td><td>SMA 570P</td></tr>
<tr><td>D 3530</td><td>일반 구조용 경량 형강</td><td colspan="3">경 ㄷ 형강
경 Z 형강
경 ㄱ 형강
리프 ㄷ 형강
리프 Z 형강
모자 형강</td><td>SSC 400</td><td>400~540</td><td>건축 및 기타 구조물에 사용하는 냉간 성형 경량 형강</td></tr>
<tr><td rowspan="2">D 3542</td><td rowspan="2">고 내후성 압연 강재</td><td colspan="3">1종</td><td>SPA–H</td><td>355 이상</td><td rowspan="2">내후성이 우수한 강재
(내후성 : 대기 중에서 부식에 견디는 성질)</td></tr>
<tr><td colspan="3">2종</td><td>SPA–C</td><td>315 이상</td></tr>
<tr><td rowspan="3">D 3546</td><td rowspan="3">체인용 원형강</td><td colspan="3" rowspan="3">1, 2종 삭제
기호 규정</td><td>SBC 300</td><td>300 이상</td><td rowspan="3">체인에 사용하는 열간압연 원형강</td></tr>
<tr><td>SBC 490</td><td>490 이상</td></tr>
<tr><td>SBC 690</td><td>690 이상</td></tr>
<tr><td rowspan="2">D 3557</td><td rowspan="2">리벳용 원형강</td><td colspan="3">1종</td><td>SV 330</td><td>330~400</td><td rowspan="2">리벳의 제조에 사용하는 열간 압연 원형강</td></tr>
<tr><td colspan="3">2종</td><td>SV 400</td><td>400~490</td></tr>
<tr><td rowspan="2">D 3558</td><td rowspan="2">일반 구조용 용접 경량 H형강</td><td colspan="3">1종</td><td>SWH 400</td><td rowspan="2">400~540</td><td>종래 단위 SWH 41</td></tr>
<tr><td colspan="3">2종</td><td>SWH 400 L</td><td>종래 단위 SWH 41 L</td></tr>
<tr><td rowspan="2">D 3561</td><td rowspan="2">마봉강 (탄소강, 합금강)</td><td colspan="3">SGDA</td><td>SGD 290–D</td><td>340~740</td><td rowspan="2">원형(연삭, 인발, 절삭), 6각강, 각강, 평형강</td></tr>
<tr><td colspan="3">SGDB</td><td>SGD 400–D</td><td>450~850</td></tr>
<tr><td rowspan="2">D 3593</td><td rowspan="2">조립용 형강</td><td colspan="3">1종(강)</td><td>SSA</td><td rowspan="2">370 이상</td><td>Steel slotted angle</td></tr>
<tr><td colspan="3">2종(알)</td><td>ASA</td><td>Aluminium slotted angle</td></tr>
<tr><td rowspan="3">D 3611</td><td rowspan="3">용접 구조용 고항복점 강판</td><td colspan="3">1종</td><td>SHY 685</td><td rowspan="3">780~930
760~910</td><td rowspan="3">적용 두께 6이상 100이하
압력용기, 고압설비, 기타 구조물에 사용하는 강판</td></tr>
<tr><td colspan="3">2종</td><td>SHY 685 N</td></tr>
<tr><td colspan="3">3종</td><td>SHY 685 NS</td></tr>
</table>

5-4-1. 구조용 봉강, 형강, 강판, 강대(계속)

KS 규격	명 칭	분류 및 종별		기 호	인장강도 N/mm^2	주요 용도 및 특징
D 3688	고성능 철근 콘크리트용 봉강	1종		SD 400S	항복강도의 1.25배 이상	항복강도 : 400~520
		2종		SD 500S		항복강도 : 500~650
D 3781	철탑용 고장력강 강재	1종 강판		SH 590 P	590~740	적용 두께 : 6mm 이상 25mm 이하
		2종 ㄱ 형강		SH 590 S	590 이상	적용 두께 : 35mm 이하
D 3854	건축 구조용 표면처리 경량 형강	립 ㄷ 형강		ZSS 400	400 이상	건축 및 기타 구조물의 부재
		경 E 형강				
D 3857	건축 구조용 압연 봉강	1종		SNR 400A	400 이상 510 이하	봉강에는 원형강, 각강, 코일 봉강을 포함
		2종		SNR 400B		
		3종		SNR 490B	490 이상 610 이하	
D 3861	건축 구조용 압연 강재	1종		SN 400A	400 이상 510 이하	강판, 강대, 형강, 평강 6mm이상 100mm 이하
		2종		SN 400B		
		3종		SN 400C		강판, 강대, 형강, 평강 16mm이상 100mm 이하
		4종		SN 490B	490 이상 610 이하	강판, 강대, 형강, 평강 6mm이상 100mm 이하
		5종		SN 490C		강판, 강대, 형강, 평강 16mm이상 100mm 이하
D 3864	내진 건축 구조용 냉간 성형 각형 강관	1종		SPAR 295	–	주로 내진 건축 구조물의 기둥재
		2종		SPAR 360	–	
		3종		SPAP 235	–	
		4종		SPAP 325	–	
D 3865	건축 구조용 내화 강재	1종		FR 400B	400~510	6mm 이상 100mm 이하 강판
		2종		FR 400C		
		3종		FR 490B	490~610	
		4종		FR 490C		
D 5994	건축 구조용 고성능 압연 강재	1종		HSA 800	800~950	100 mm 이하
D ISO 4995	구조용 열간 압연 강판	–	B	HR 235	330 이상	볼트, 리벳, 용접 구조물 등
			D			
		–	B	HR 275	370 이상	
			D			
		–	B	HR 335	450 이상	
			D			
D ISO 4996	구조용 고항복 응력 열간 압연 강판	등급 : HS355		C	최소 430	열간 압연 강판 가열된 철강을 지속형 또는 역전형 광폭 압연기 사이로 압연하여 필요한 강판 두께를 얻은 제품, 열간 압연 작용으로 인해 표면이 산화물이나 스케일로 덮힌 제품
				D		
		등급 : HS390		C	최소 460	
				D		
		등급 : HS420		C	최소 490	
				D		
		등급 : HS460		C	최소 530	
				D		
		등급 : HS490		C	최소 570	
				D		

5-4-1. 구조용 봉강, 형강, 강판, 강대 (계속)

KS 규격	명 칭	분류 및 종별	기 호	인장강도 N/mm²	주요 용도 및 특징
D ISO 4997	구조용 냉간 압연 강판	등급 : B	CR 220	300 이상	냉간 압연 강판 강종(CR220, CR250, CR320) 스케일을 제거한 열간 압연 강판을 요구 두께까지 냉간가공하고 입자 구조를 재결정시키기 위한 어닐링 처리를 하여 얻은 제품
		등급 : D			
		등급 : B	CR 250	330 이상	
		등급 : D			
		등급 : B	CR 320	400 이상	
		등급 : D			
		미적용	미적용	–	
D ISO 4999	일반용, 드로잉용 및 구조용 연속 용융 턴(납합금) 도금 냉간 압연 탄소 강판	등급 : B	TCR 220	300 이상	연속 용융 턴(납합금)도금 공정으로 도금한 일반용 및 드로잉용 냉간압연 탄소 강판에 적용
		등급 : D			
		등급 : B	TCR 250	330 이상	
		등급 : D			
		등급 : B	TCR 320	400 이상	
		등급 : D			
		–	TCH 550	–	
		–			

5-4-2. 압력 용기용 강판 및 강대

KS 규격	명 칭	분류 및 종별	기 호	인장강도 N/mm²	주요 용도 및 특징
D 3521	압력 용기용 강판	1종	SPPV 235	400~510	압력용기 및 고압설비 등 (고온 및 저온 사용 제외) 용접성이 좋은 열간 압연 강판
		2종	SPPV 315	490~610	
		3종	SPPV 355	520~640	
		4종	SPPV 410	550~670	
		5종	SPPV 450	570~700	
		6종	SPPV 490	610~740	
D 3533	고압 가스 용기용 강판 및 강대	1종	SG 255	400 이상	LP 가스, 아세틸렌, 프레온 가스 등 고압 가스 충전용 500L 이하의 용접 용기
		2종	SG 295	440 이상	
		3종	SG 325	490 이상	
		4종	SG 365	540 이상	
D 3538	보일러 및 압력용기용 망가니즈 몰리브데넘강 및 망가니즈 몰리브데넘 니켈강 강판	1종	SBV1A	520~660	보일러 및 압력용기 (저온 사용 제외)
		2종	SBV1B	550~690	
		3종	SBV2		
		4종	SBV3		
D 3539	압력용기용 조질형 망가니즈 몰리브데넘강 및 망가니즈 몰리브데넘 니켈강 강판	1종	SQV1A	550~690	원자로 및 기타 압력용기
		2종	SQV1B	620~790	
		3종	SQV2A	550~690	
		4종	SQV2B	620~790	
		5종	SQV3A	550~690	
		6종	SQV3B	620~790	
D 3540	중.상온 압력 용기용 탄소 강판	1종	SGV 410	410~490	종래 기호 : SGV 42
		2종	SGV 450	450~540	종래 기호 : SGV 46
		3종	SGV 480	480~590	종래 기호 : SGV 49

5-4-2. 압력 용기용 강판 및 강대(계속)

KS 규격	명 칭	분류 및 종별	기 호	인장강도 N/mm²	주요 용도 및 특징
D 3541	저온 압력 용기용 탄소강 강판	AI 처리 세립 킬드강	SLAI 235 A	400~510	종래 기호 : SLAI 24 A
			SLAI 235 B		종래 기호 : SLAI 24 B
			SLAI 325 A	440~560	종래 기호 : SLAI 33 A
			SLAI 325 B		종래 기호 : SLAI 33 B
			SLAI 360	490~610	종래 기호 : SLAI 37
D 3543	보일러 및 압력 용기용 크롬 몰리브데넘강 강판	1종	SCMV 1	380~550	보일러 및 압력용기 강도구분 1 : 인장강도가 낮은 것 강도구분 2 : 인장강도가 높은 것
		2종	SCMV 2		
		3종	SCMV 3	410~590	
		4종	SCMV 4		
		5종	SCMV 5		
		6종	SCMV 6		
D 3560	보일러 및 압력 용기용 탄소강 및 몰리브데넘강 강판	1종	SB 410	410~550	보일러 및 압력용기 (상온 및 저온 사용 제외)
		2종	SB 450	450~590	
		3종	SB 480	480~620	
		4종	SB 450 M	450~590	
		5종	SB 480 M	480~620	
D 3586	저온 압력용 니켈 강판	1종	SL2N255	450~590	저온 사용 압력 용기 및 설비에 사용하는 열간 압연 니켈 강판
		2종	SL3N255		
		3종	SL3N275	480~620	
		4종	SL3N440	540~690	
		5종	SL5N590	690~830	
		6종	SL9N520		
		7종	SL9N590		
D 3610	중. 상온 압력 용기용 고강도 강판	종래기호 SEV 25	SEV 245	370 이상	보일러 및 압력 용기에 사용하는 강판 (인장강도는 강판 두께 50mm 이하)
		종래기호 SEV 30	SEV 295	420 이상	
		종래기호 SEV 35	SEV 345	430 이상	
D 3630	고온 압력 용기용 고강도 크롬-몰리브덴 강판	1종	SCMQ42	580~760	고온 사용 압력 용기용
		2종	SCMQ4V		
		3종	SCMQ5V		
D 3853	압력 용기용 강판	1종	SPV 315	490~610	압력 용기 및 고압 설비 (고온 및 저온 사용 제외)
		2종	SPV 355	520~640	
		3종	SPV 410	550~670	
		4종	SPV 450	570~700	
		5종	SPV 490	610~740	
D ISO 4978	용접 가스 실린더용 압연 강판	–	–	–	여러 국가에서 용접 가스 실린더로 사용되고 있는 비시효강
D ISO 4991	압력 용기용 주조강	강 형태 및 호칭	C23-45A		합금화 처리되지 않은 강
			C23-45AH		
			C23-45B		
			C23-45BH		

5-4-2. 압력 용기용 강판 및 강대(계속)

KS 규격	명 칭	분류 및 종별	기 호	인장강도 N/mm²	주요 용도 및 특징
D ISO 4991	압력 용기용 주조강	강 형태 및 호칭	C23-45BL		합금화 처리되지 않은 강
			C26-52		
			C26-52H		
			C26-52L		
		강 형태 및 호칭	C28H		페라이트 및 마르텐사이트 합금강
			C31L		
			C32H		
			C33H		
			C34AH		
			C34BH		
			C34BL		
			C35BH		
			C37H		
			C38H		
			C39CH		
			C39CNiH		
			C39NiH		
			C39NiL		
			C40H		
			C43L		
			C43C1L		
			C43E2aL		
			C43E2bL		
		강 형태 및 호칭	C46		오스테나이트 강
			C47		
			C47H		
			C47L		
			C50		
			C60		
			C60H		
			C60Nb		
			C61		
			C61LC		

5-4-3. 일반 가공용 강판 및 강대

KS 6규격	명 칭	분류 및 종별	기 호	인장강도 N/mm²	주요 용도 및 특징
D 3501	열간 압연 연강판 및 강대	1종	SPHC	270 이상	일반용 및 드로잉용
		2종	SPHD		
		3종	SPHE		
D 3506	용융 아연 도금 강판 및 강대	열연 원판	SGHC	–	일반용
			SGH 340	340 이상	구조용
			SGH 400	400 이상	
			SGH 440	440 이상	
			SGH 490	490 이상	
			SGH 540	540 이상	
		냉연 원판	SGCC	–	일반용
			SGCH	–	일반 경질용
			SGCD1	270 이상	가공용 1종
			SGCD2		가공용 2종
			SGCD3		가공용 3종
			SGC 340	340 이상	구조용
			SGC 400	400 이상	
			SGC 440	440 이상	
			SGC 490	490 이상	
			SGC 570	540 이상	
D 3512	냉간 압연 강판 및 강대	1종	SPCC	–	일반용
		2종	SPCD	270 이상	드로잉용
		3종	SPCE		딥드로잉용
		4종	SPCF		비시효성 딥드로잉
		5종	SPCG		비시효성 초(超) 딥드로잉
D 3516	냉간 압연 전기 주석 도금 강판 및 원판	원판	SPB	–	주석 도금 원판 주석 도금 강판 제조를 위한 냉간 압연 저탄소 연강 코일
		강판	ET	–	전기 주석 도금 강판 연속적인 전기 조업으로 주석을 양면에 도금한 저탄소 연강판 또는 코일
D 3519	자동차 구조용 열간 압연 강판 및 강대	1종	SAPH 310	310 이상	자동차 프레임, 바퀴 등에 사용하는 프레스 가공성을 갖는 구조용 열간 압연 강판 및 강대
		2종	SAPH 370	370 이상	
		3종	SAPH 400	400 이상	
		4종	SAPH 440	440 이상	
D 3520	도장 용융 아연 도금 강판 및 강대	판 및 코일의 종류 8종	CGCC	–	일반용
			CGCH	–	일반 경질용
			CGCD	–	조임용
			CGC 340	–	구조용
			CGC 400	–	
			CGC 440	–	
			CGC 490	–	
			CGC 570	–	

5-4-3. 일반 가공용 강판 및 강대(계속)

KS 6규격	명 칭	분류 및 종별	기 호	인장강도 N/mm²	주요 용도 및 특징	
D 3528	전기 아연 도금 강판 및 강대 (열연 원판을 사용한 경우)	1종	SEHC	270 이상	일반용	SPHC
		2종	SEHD	270 이상	드로잉용	SPHD
		3종	SEHE	270 이상	디프드로잉용	SPHE
		4종	SEFH 490	490 이상	가공용	SPFH 490
		5종	SEFH 540	540 이상		SPFH 540
		6종	SEFH 590	590 이상		SPFH 590
		7종	SEFH 540Y	540 이상	고가공용	SPFH 540Y
		8종	SEFH 590Y	590 이상		SPFH 590Y
		9종	SE330	330~430	일반 구조용	SS 330
		10종	SE400	400~510		SS 400
		11종	SE490	490~610		SS 490
		12종	SE540	540 이상		SS 540
		13종	SEPH 310	310 이상	구조용	SAPH 310
		14종	SEPH 370	370 이상		SAPH 370
		15종	SEPH 400	400 이상		SAPH 400
		16종	SEPH 440	400 이상		SAPH 440
D 3528	전기 아연 도금 강판 및 강대 (냉연 원판을 사용한 경우)	1종	SECC	(270) 이상	일반용	SPCC
		2종	SECD	270 이상	드로잉용	SPCD
		3종	SECE	270 이상	디프드로잉용	SPCE
		4종	SEFC 340	340 이상	드로잉 가공용	SPFC 340
		5종	SEFC 370	370 이상		SPFC 370
		6종	SEFC 390	390 이상	가공용	SPFC 390
		7종	SEFC 440	440 이상		SPFC 440
		8종	SEFC 490	490 이상		SPFC 490
		9종	SEFC 540	540 이상		SPFC 540
		10종	SEFC 590	590 이상		SPFC 590
		11종	SEFC 490Y	490 이상	저항복비형	SPFC 490Y
		12종	SEFC 540Y	540 이상		SPFC 540Y
		13종	SEFC 590Y	590 이상		SPFC 590Y
		14종	SEFC 780Y	780 이상		SPFC 780Y
		15종	SEFC 980	980 이상		SPFC 980Y
		16종	SEFC 340H	340 이상	열처리 경화형	SPFC 340H
D 3544	용융 알루미늄 도금 강판 및 강대	1종	SA1C	–	내열용(일반용)	
		2종	SA1D	–	내열용(드로잉용)	
		3종	SA1E	–	내열용(딥드로잉용)	
		4종	SA2C	–	내후용(일반용)	
D 3551	특수 마대강 (냉연특수강대)	탄소강	S 30 CM	–	리테이너	
			S 35 CM	–	사무기 부품, 프리 쿠션 플레이트	
			S 45 CM	–	클러치, 체인 부품, 리테이너, 와셔	
			S 50 CM	–	카메라 등 구조 부품, 체인 부품, 스프링, 클러치 부품, 와셔, 안전 버클	
			S 55 CM	–	스프링, 안전화, 깡통따개, 톰슨 날, 카메라 등 구조 부품	

5-4-3. 일반 가공용 강판 및 강대(계속)

KS 6규격	명 칭	분류 및 종별	기 호	인장강도 N/mm^2	주요 용도 및 특징
D 3551	특수 마대강 (냉연특수강대)	탄소강	S 60 CM	–	체인 부품, 목공용 안내톱, 안전화, 스프링, 사무기 부품, 와셔
			S 65 CM	–	안전화, 클러치 부품, 스프링, 와셔
			S 70 CM	–	와셔, 목공용 안내톱, 사무기 부품, 스프링
			S 75 CM	–	클러치 부품, 와셔, 스프링
		탄소공구강	SK 2 M	–	면도칼, 칼날, 쇠톱, 셔터, 태엽
			SK 3 M	–	쇠톱, 칼날, 스프링
			SK 4 M	–	펜촉, 태엽, 게이지, 스프링, 칼날, 메리야스용 바늘
			SK 5 M	–	태엽, 스프링, 칼날, 메리야스용 바늘, 게이지, 클러치 부품, 목공용 및 제재용 띠톱, 둥근 톱, 사무기 부품
			SK 6 M	–	스프링, 칼날, 클러치 부품, 와셔, 구두밑창, 혼
			SK 7 M	–	스프링, 칼날, 혼, 목공용 안내톱, 와셔, 구두밑창, 클러치 부품
		합금공구강	SKS 2 M	–	메탈 밴드 톱, 쇠톱, 칼날
			SKS 5 M	–	칼날, 둥근톱, 목공용 및 제재용 띠톱
			SKS 51 M	–	칼날, 목공용 둥근톱, 목공용 및 제재용 띠톱
			SKS 7 M	–	메탈 밴드 톱, 쇠톱, 칼날
			SKS 95 M	–	클러치 부품, 스프링, 칼날
		크롬강	SCr 420 M	–	체인 부품
			SCr 435 M	–	체인 부품, 사무기 부품
			SCr 440 M	–	체인 부품, 사무기 부품
		니켈크롬강	SNC 415 M	–	사무기 부품
			SNC 631 M	–	사무기 부품
			SNC 836 M	–	사무기 부품
		니켈 크롬 몰리브덴강	SNCM 220 M	–	체인 부품
			SNCM 415 M	–	안전 버클, 체인 부품
		크롬 몰리브덴 강	SCM 415 M	–	체인 부품, 톱슨 날
			SCM 430 M	–	체인 부품, 사무기 부품
			SCM 435 M	–	체인 부품, 사무기 부품
			SCM 440 M	–	체인 부품, 사무기 부품
		스프링강	SUP 6 M	–	스프링
			SUP 9 M	–	스프링
			SUP 10 M	–	스프링
		망간강	SMn 438 M	–	체인 부품
			SMn 443 M	–	체인 부품
D 3555	강관용 열간 압연 탄소 강대	1종	HRS 1	270 이상	용접 강관
		2종	HRS 2	340 이상	
		3종	HRS 3	410 이상	
		4종	HRS 4	490 이상	
D 3616	자동차 가공성 열간 압연 고장력 강판 및 강대	1종	SPFH 490	490 이상	종래단위 : SPFH 50
		2종	SPFH 540	540 이상	종래단위 : SPFH 55
		3종	SPFH 590	590 이상	종래단위 : SPFH 60
		4종	SPFH 540 Y	540 이상	종래단위 : SPFH 55 Y
		5종	SPFH 590 Y	590 이상	종래단위 : SPFH 60 Y

5-4-3. 일반 가공용 강판 및 강대(계속)

KS 6규격	명 칭	분류 및 종별	기 호	인장강도 N/mm^2	주요 용도 및 특징
D 3617	자동차용 냉간 압연 고장력 강판 및 강대	1종	SPFC 340	343 이상	드로잉용
		2종	SPFC 370	373 이상	
		3종	SPFC 390	392 이상	가공용
		4종	SPFC 440	441 이상	
		5종	SPFC 490	490 이상	
		6종	SPFC 540	539 이상	
		7종	SPFC 590	588 이상	
		8종	SPFC 490 Y	490 이상	저항복 비형
		9종	SPFC 540 Y	539 이상	
		10종	SPFC 590 Y	588 이상	
		11종	SPFC 780 Y	785 이상	
		12종	SPFC 980 Y	981 이상	
		13종	SPFC 340 H	343 이상	베이커 경화형
D 3770	용융 55% 알루미늄 아연 합금 도금 강판 및 강대	열연 원판	SGLHC	270 이상	일반용
			SGLH400	400 이상	구조용
			SGLH440	440 이상	
			SGLH490	490 이상	
			SGLH540	540 이상	
		냉연 원판	SGLCC	270 이상	일반용
			SGLCD		조임용
			SGLCDD		심조임용 1종
			SGLC400	400 이상	구조용
			SGLC440	440 이상	
			SGLC490	490 이상	
			SGLC570	570 이상	
D 3771	용융 아연-5% 알루미늄 합금 도금 강판 및 강대	열연 원판	SZAHC	270 이상	일반용
			SZAH340	340 이상	구조용
			SZAH400	400 이상	
			SZAH440	440 이상	
			SZAH490	490 이상	
			SZAH540	540 이상	
		냉연 원판	SZACC	270 이상	일반용
			SZACH	–	일반 경질용
			SZACD1	270 이상	조임용 1종
			SZACD2		조임용 2종
			SZACD3		조임용 3종
			SZAC340	340 이상	구조용
			SZAC400	400 이상	
			SZAC440	440 이상	
			SZAC490	490 이상	
			SZAC570	540 이상	

5-4-3. 일반 가공용 강판 및 강대(계속)

KS 6규격	명 칭	분류 및 종별	기 호	인장강도 N/mm²	주요 용도 및 특징
D 3772	도장 용융 아연-5% 알루미늄 합금 도금 강판 및 강대	1종	CZACC	–	일반용
		2종	CZACH	–	일반 경질용
		3종	CZACD	–	조임용
		4종	CZAC340	–	구조용
		5종	CZAC400	–	
		6종	CZAC440	–	
		7종	CZAC490	–	
		8종	CZAC570	–	
D 3862	도장 용융 알루미늄-55% 아연 합금 도금 강판 및 강대	1종	CGLCC	–	일반용
		2종	CGLCD	–	가공용
		3종	CGLC400	–	구조용
		4종	CGLC440	–	
		5종	CGLC490	–	
		6종	CGLC570	–	
D ISO 5954	경도에 따른 냉간 가공 탄소 강판	강종	CRH-50	–	로크웰 B 50~70
			CRH-60	–	로크웰 B 60~75
			CRH-70	–	로크웰 B 70~85
			CRH-	–	HRB 90 이하 로크웰 B 범위
D ISO 9364	연속 용융 알루미늄/아연 도금 강판	도금 강종	AZ 090	–	코일 형태나 일정 길이로 절단된 형태로 생산하기 위한 연속 알루미늄/아연 라인에서 용융 도금한 강판 코일에 의해 얻어지는 제품
			AZ 100	–	
			AZ 150	–	
			AZ 165	–	
			AZ 185	–	
			AZ 200	–	

5-4-4. 철도용 및 차축

<table>
<tr><th>KS 규격</th><th>명 칭</th><th>분류 및 종별</th><th>기 호</th><th>인장강도 N/mm²</th><th colspan="2">주요 용도 및 특징</th></tr>
<tr><td rowspan="7">R 9101</td><td rowspan="7">경량 레일</td><td>6kg 레일</td><td>6</td><td rowspan="6">569 이상</td><td colspan="2" rowspan="7">탄소강의 경량 레일</td></tr>
<tr><td>9kg 레일</td><td>9</td></tr>
<tr><td>10kg 레일</td><td>10</td></tr>
<tr><td>12kg 레일</td><td>12</td></tr>
<tr><td>15kg 레일</td><td>15</td></tr>
<tr><td>20kg 레일</td><td>20</td></tr>
<tr><td>22kg 레일</td><td>22</td><td>637 이상</td></tr>
<tr><td rowspan="7">R 9106</td><td rowspan="7">보통 레일</td><td>30kg 레일</td><td>30A</td><td rowspan="2">690 이상</td><td colspan="2" rowspan="7">선로에 사용하는 보통 레일</td></tr>
<tr><td>37kg 레일</td><td>37A</td></tr>
<tr><td>40kgN 레일</td><td>40N</td><td>710 이상</td></tr>
<tr><td>50kg 레일</td><td>50PS</td><td rowspan="4">800 이상</td></tr>
<tr><td>50kgN 레일</td><td>50N</td></tr>
<tr><td>60kg 레일</td><td>60</td></tr>
<tr><td>60kgN 레일</td><td>KR60</td></tr>
<tr><td rowspan="5">R 9110</td><td rowspan="5">열처리 레일</td><td>40kgN 열처리 레일</td><td>40N-HH340</td><td>1080 이상</td><td rowspan="5">대응 보통 레일</td><td>40kgN 레일</td></tr>
<tr><td rowspan="2">50kgN 열처리 레일</td><td>50-HH340</td><td>1080 이상</td><td rowspan="2">50kg 레일</td></tr>
<tr><td>50-HH370</td><td>1130 이상</td></tr>
<tr><td rowspan="2">60kgN 열처리 레일</td><td>60-HH340</td><td>1080 이상</td><td rowspan="2">60kg 레일</td></tr>
<tr><td>60-HH370</td><td>1130 이상</td></tr>
<tr><td rowspan="2">R 9220</td><td rowspan="2">철도 차량용 차축</td><td>-</td><td>RSA1</td><td>590 이상</td><td colspan="2" rowspan="2">동축 및 종축(객화차 롤러 베어링축, 디젤 동차축, 디젤 기관차축 및 전기 동차축)</td></tr>
<tr><td>-</td><td>RSA2</td><td>640 이상</td></tr>
</table>

5-4-5. 구조용 강관

KS 규격	명 칭	분류 및 종별		기 호	인장강도 N/mm²	주요 용도 및 특징
D 3517	기계 구조용 탄소 강관	11종	A	STKM 11A	290 이상	기계, 자동차, 자전거, 가구, 기구, 기타 기계 부품에 사용하는 탄소 강관
		12종	A	STKM 12A	340 이상	
			B	STKM 12B	390 이상	
			C	STKM 12C	470 이상	
		13종	A	STKM 13A	370 이상	
			B	STKM 13B	440 이상	
			C	STKM 13C	510 이상	
		14종	A	STKM 14A	410 이상	
			B	STKM 14B	500 이상	
			C	STKM 14C	550 이상	
		15종	A	STKM 15A	470 이상	
			C	STKM 15C	580 이상	
		16종	A	STKM 16A	510 이상	
			C	STKM 16C	620 이상	
		17종	A	STKM 17A	550 이상	
			C	STKM 17C	650 이상	
		18종	A	STKM 18A	440 이상	
			B	STKM 18B	490 이상	
			C	STKM 18C	510 이상	
		19종	A	STKM 19A	490 이상	
			C	STKM 19C	550 이상	
		20종	A	STKM 20A	540 이상	
D 3536	기계 구조용 스테인리스 강관	오스테나이트계		STS 304 TKA	520 이상	기계, 자동차, 자전거, 가구, 기구, 기타 기계 부품 및 구조물에 사용하는 스테인리스 강관
				STS 316 TKA		
				STS 321 TKA		
				STS 347 TKA		
				STS 350 TKA	330 이상	
				STS 304 TKC	520 이상	
				STS 316 TKC		
		페라이트계		STS 430 TKA	410 이상	
				STS 430 TKC		
				STS 439 TKC		
		마르텐사이트계		STS 410 TKA		
				STS 420 J1 TKA	470 이상	
				STS 420 J2 TKA	540 이상	
				STS 410 TKC	410 이상	
D 3566	일반 구조용 탄소 강관	1종		STK 290	290 이상	토목, 건축, 철탑, 발판, 지주, 지면 미끄럼 방지 말뚝 및 기타 구조물
		2종		STK 400	400 이상	
		3종		STK 490	490 이상	
		4종		STK 500	500 이상	
		5종		STK 540	540 이상	
		6종		STK 590	590 이상	

5-4-5. 구조용 강관(계속)

KS 규격	명 칭	분류 및 종별		기 호	인장강도 N/mm²	주요 용도 및 특징
D 3568	일반 구조용 각형 강관	1종		SPSR 400	400 이상	토목, 건축 및 기타 구조물
		2종		SPSR 490	490 이상	
		3종		SPSR 540	540 이상	
		4종		SPSR 590	590 이상	
D 3574	기계 구조용 합금강 강관	크롬강		SCr 420 TK	–	기계, 자동차, 기타 기계 부품
		크롬 몰리브덴강		SCM 415 TK	–	
				SCM 418 TK	–	
				SCM 420 TK	–	
				SCM 430 TK	–	
				SCM 435 TK	–	
				SCM 440 TK	–	
D 3590	파형 강관 및 파형 섹션	원형	1형	SCP 1R	–	섹션의 연결 방식은 축 방향 플랜지 방식, 원둘레 방향 랩 방식
			1S형	SCP 1RS	–	스파이럴형 강관을 커플링 밴드 방식으로 연결
			2형	SCP 2R	–	섹션의 연결 방식은 축 방향, 원둘레 방향 모두 랩 방식
			3S형	SCP 3RS	–	스파이럴형 강관을 커플링 밴드 방식으로 연결
		에롱게이션형	2형	SCP 2E	–	섹션의 연결 방식은 축 방향, 원둘레 방향 모두 랩 방식
		강관 아치형	2형	SCP 2P	–	
		아치형	2형	SCP 2A	–	
D 3598	자동차 구조용 전기 저항 용접 탄소강 강관	G종		STAM 30 GA	294 이상	자동차 구조용 일반 부품에 적용하는 관
				STAM 30 GB	294 이상	
				STAM 35 G	343 이상	
				STAM 40 G	392 이상	
				STAM 45 G	441 이상	
				STAM 48 G	471 이상	
				STAM 51 G	500 이상	
		H종		STAM 45 H	441 이상	자동차 구조용 가운데 특히 항복 강도를 중시한 부품에 사용하는 관
				STAM 48 H	471 이상	
				STAM 51 H	500 이상	
				STAM 55 H	539 이상	
D 3618	실린더 튜브용 탄소 강관	1종		STC 370	370 이상	내면 절삭 또는 호닝 가공을 하여 피스톤형 유압 실린더 및 공기압 실린더의 실린더 튜브 제조
		2종		STC 440	440 이상	
		3종		STC 510 A	510 이상	
		4종		STC 510 B		
		5종		STC 540	540 이상	
		6종		STC 590 A	590 이상	
		7종		STC 590 B		

5-4-5. 구조용 강관(계속)

KS 규격	명 칭	분류 및 종별	기 호	인장강도 N/mm²	주요 용도 및 특징
D 3632	건축 구조용 탄소 강관	1종	STKN400W	400 이상 540 이하	주로 건축 구조물에 사용
		2종	STKN400B		
		3종	STKN490B	490 이상 640 이하	
D 3780	철탑용 고장력강 강관	1종	STKT 540	540 이상	종래 기호 : STKT 55
		2종	STKT 590	590~740	종래 기호 : STKT 60
D 3867	기계 구조용 합금강 강재	망간강	SMn 420	–	주로 표면 담금질용
			SMn 433	–	
			SMn 438	–	
			SMn 443	–	
		망간 크롬강	SMnC 420	–	주로 표면 담금질용
			SMnC 443	–	
		크롬강	SCr 415	–	주로 표면 담금질용
			SCr 420	–	
			SCr 430	–	
			SCr 435	–	
			SCr 440	–	
			SCr 445	–	
		크롬 몰리브덴강	SCM 415	–	주로 표면 담금질용
			SCM 418	–	
			SCM 420	–	
			SCM 421	–	
			SCM 425	–	
			SCM 430	–	
			SCM 432	–	
			SCM 435	–	
			SCM 440	–	
			SCM 445	–	
			SCM 822	–	주로 표면 담금질용
		니켈 크롬강	SNC 236	–	
			SNC 415	–	주로 표면 담금질용
			SNC 631	–	
			SNC 815	–	주로 표면 담금질용
			SNC 836	–	
		니켈 크롬 몰리브덴강	SNCM 220	–	주로 표면 담금질용
			SNCM 240	–	
			SNCM 415	–	주로 표면 담금질용
			SNCM 420	–	
			SNCM 431	–	
			SNCM 439	–	
			SNCM 447	–	
			SNCM 616	–	주로 표면 담금질용
			SNCM 625	–	
			SNCM 630	–	
			SNCM 815	–	주로 표면 담금질용

5-4-6. 배관용 강관

KS 규격	명 칭	분류 및 종별	기 호	인장강도 N/mm²	주요 용도 및 특징
D 3507	배관용 탄소 강관	흑관	SPP	–	흑관 : 아연 도금을 하지 않은 관
		백관			백관 : 흑관에 아연 도금을 한 관
D 3562	압력 배관용 탄소 강관	1종	SPPS 380	380 이상	350℃ 이하에서 사용하는 압력 배관용
		2종	SPPS 420	420 이상	
D 3564	고압 배관용 탄소 강관	1종	SPPH 380	380 이상	350℃ 정도 이하에서 사용 압력이 높은 배관용
		2종	SPPH 420	420 이상	
		3종	SPPH 490	490 이상	
D 3565	상수도용 도복장 강관	1종	STWW 290	294 이상	상수도용
		2종	STWW 370	373 이상	
		3종	STWW 400	402 이상	
D 3659	저온 배관용 탄소 강관	1종	SPLT 390	390 이상	빙점 이하의 특히 낮은 온도에서 사용하는 배관용
		2종	SPLT 460	460 이상	
		3종	SPLT 700	700 이상	
D 3570	고온 배관용 탄소 강관	1종	SPHT 380	380 이상	주로 350℃를 초과하는 온도에서 사용하는 배관용
		2종	SPHT 420	420 이상	
		3종	SPHT 490	490 이상	
D 3573	배관용 합금강 강관	몰리브덴강 강관	SPA 12	390 이상	주로 고온도에서 사용하는 배관용
		크롬 몰리브덴강 강관	SPA 20	420 이상	
			SPA 22		
			SPA 23		
			SPA 24		
			SPA 25		
			SPA 26		
D 3576	배관용 스테인리스 강관	오스테나이트계	STS 304 TP	520 이상	
			STS 304 HTP		
			STS 304 LTP	480 이상	
			STS 309 TP	520 이상	
			STS 309 STP		
			STS 310 TP		
			STS 310 STP		
			STS 316 TP		
			STS 316 HTP		
			STS 316 LTP	480 이상	
			STS 316 TiTP	520 이상	
			STS 317 TP		
			STS 317 LTP	480 이상	
			STS 836 LTP	520 이상	
			STS 890 LTP	490 이상	
			STS 321 TP	520 이상	
			STS 321 HTP		
			STS 347 TP		
			STS 347 HTP		
			STS 350 TP	674 이상	

KS 규격	명 칭	분류 및 종별	기 호	인장강도 N/mm²	주요 용도 및 특징
D 3576	배관용 스테인리스 강관	오스테나이트, 페라이트계	STS 329 J1 TP	590 이상	
			STS 329 J3 LTP	620 이상	
			STS 329 J4 LTP		
			STS 329 LDTP		
		페라이트계	STS 405 TP	410 이상	
			STS 409 LTP	360 이상	
			STS 430 TP	390 이상	
			STS 430 LXTP	410 이상	
			STS 430 J1 LTP		
			STS 436 LTP		
			STS 444 TP		
D 3583	배관용 아크 용접 탄소강 강관	−	SPW 400	400 이상	사용 압력이 비교적 낮은 증기, 물, 가스, 공기 등의 배관용
D 3588	배관용 용접 대구경 스테인리스 강관	1종	STS 304 TPY	520 이상	내식용, 저온용, 고온용 등의 배관 오스테나이트계
		2종	STS 304 LTPY	480 이상	
		3종	STS 309 STPY	520 이상	
		4종	STS 310 STPY	520 이상	
		5종	STS 316 TPY	520 이상	
		6종	STS 316 LTPY	480 이상	
		7종	STS 317 TPY	520 이상	
		8종	STS 317 LTPY	480 이상	
		9종	STS 321 TPY	520 이상	
		10종	STS 347 TPY	520 이상	
		11종	STS 350 TPY	674 이상	
		12종	STS 329 J1TPY	590 이상	내식용, 저온용, 고온용 등의 배관 오스테나이트 · 페라이트계
D 3589	압출식 폴리에틸렌 피복 강관	1종	P1H	−	곧은 관
		2종	P1F	−	이형관
		3종	P2S	−	곧은 관
		4종	3LC	−	
D 3595	일반 배관용 스테인리스 강관	1종	STS 304 TPD	520 이상	통상의 급수, 급탕, 배수, 냉온수 등의 배관용
		2종	STS 316 TPD		수질, 환경 등에서 STS 304보다 높은 내식성이 요구되는 경우
D 3607	분말 용착식 폴리에틸렌 피복 강관	1호	PF_1	−	폴리에틸렌 피복 강관
		2호	PF_2	−	
		1호	PF_3	−	폴리에틸렌 피복관 이음쇠
		2호	PF_4	−	
D 3760	비닐하우스용 도금 강관	일반 농업용	SPVH	270 이상	아연도강관
			SPVH−AZ	400 이상	55% 알루미늄−아연합금 도금 강관
		구조용	SPVHS	275 이상	아연도강관
			SPVHS−AZ	400 이상	55% 알루미늄−아연합금 도금 강관
R 2028	자동차 배관용 금속관	2중권 강관	TDW	30 이상	자동차용 브레이크, 연료 및 윤활 계통에 사용하는 배관용 금속관
		1중권 강관	TSW		
		기계 구조용 탄소강관	STKM11A		
		이음매 없는 구리 및 구리 합금	C1201T	21 이상	

5-4-7. 열 전달용 강관

KS 규격	명 칭	분류 및 종별	기 호	인장강도 N/mm^2	주요 용도 및 특징
D 3563	보일러 및 열 교환기용 탄소 강관	1종	STBH 340	340 이상	보일러 수관, 연관, 과열기관, 공기 예열관 등
		2종	STBH 410	410 이상	
		3종	STBH 510	510 이상	
D 3571	저온 열교환기용 강관	탄소강 강관	STLT 390	390 이상	열 교환기관, 콘덴서관 등
		니켈 강관	STLT 460	460 이상	
			STLT 700	700 이상	
D 3572	보일러, 열 교환기용 합금강 강관	몰리브덴강 강관	STHA 12	390 이상	보일러 수관, 연관, 과열관, 공기 예열관, 열 교환기관, 콘덴서관, 촉매관 등
			STHA 13	420 이상	
		크롬 몰리브덴강 강관	STHA 20		
			STHA 22		
			STHA 23		
			STHA 24		
			STHA 25		
			STHA 26		
D 3577	보일러, 열 교환기용 스테인리스 강관	오스테나이트계 강관	STS 304 TB	520 이상	열의 교환용으로 사용되는 스테인리스 강관 보일러의 과열기관, 화학, 공업, 석유 공업의 열 교환기관, 콘덴서관, 촉매관 등
			STS 304 HTB		
			STS 304 LTB	481 이상	
			STS 309 TB	520 이상	
			STS 309 STB		
			STS 310 TB		
			STS 310 STB		
			STS 316 TB		
			STS 316 HTB		
			STS 316 LTB	481 이상	
			STS 317 TB	520 이상	
			STS 317 LTB	481 이상	
			STS 321 TB	520 이상	
			STS 321 HTB		
			STS 347 TB		
			STS 347 HTB		
			STS XM 15 J1 TB		
			STS 350 TB	674 이상	
		오스테나이트, 페라이트계 강관	STS 329 J1 TB	588 이상	
			STS 329 J2 LTB	618 이상	
			STS 329 LD TB	620 이상	
		페라이트계 강관	STS 405 TB	412 이상	
			STS 409 TB		
			STS 410 TB		
			STS 410 TiTB		
			STS 430 TB		
			STS 444 TB		
			STS XM 8 TB		
			STS XM 27 TB		

5-4-7. 열 전달용 강관(계속)

KS 규격	명 칭	분류 및 종별		기 호	인장강도 N/mm^2	주요 용도 및 특징
D 3587	가열로용 강관	탄소강 강관		STF 410	410 이상	주로 석유정제 공업, 석유화학 공업 등의 가열로에서 프로세스 유체 가열을 위해 사용
		몰리브덴강 강관		STFA 12	380 이상	
		크롬-몰리브덴강 강관		STFA 22	410 이상	
				STFA 23		
				STFA 24		
				STFA 25		
				STFA 26		
		오스테나이트계 스테인리스강 강관		STS 304 TF	520 이상	
				STS 304 HTF		
				STS 309 TF		
				STS 310 TF		
				STS 316 TF		
				STS 316 HTF		
				STS 321 TF		
				STS 321 HTF		
				STS 347 TF		
				STS 347 HTF		
		니켈-크롬-철 합금관		NCF 800 TF	520 이상	
					450 이상	
				NCF 800 HTF	450 이상	
D 3759	배관용 및 열 교환기용 티타늄, 팔라듐 합금관	1종	열간 압출	TTP 28 Pd E	280~420	TTP : 배관용 TTH : 열 교환기용 일반 배관 및 열 교환기에 사용
			냉간 인발	TTP 28 Pd D (TTH 28 Pd D)		
			용접한 대로	TTP 28 Pd W (TTH 28 Pd W)		
			냉간 인발	TTP 28 Pd WD (TTH 28 Pd WD)		
		2종	열간 압출	TTP 35 Pd E	350~520	
			냉간 인발	TTP 35 Pd D (TTH 35 Pd D)		
			용접한 대로	TTP 35 Pd W (TTH 35 Pd W)		
			냉간 인발	TTP 35 Pd WD (TTH 35 Pd WD)		
		3종	열간 압출	TTP 49 Pd E	490~620	
			냉간 인발	TTP 49 Pd D (TTH 49 Pd D)		
			용접한 대로	TTP 49 Pd W (TTH 49 Pd W)		
			냉간 인발	TTP 49 Pd WD (TTH 49 Pd WD)		

5-4-8. 특수 용도 강관 및 합금관

KS 규격	명 칭	분류 및 종별	기 호	인장강도 N/mm^2	주요 용도 및 특징
C 8401	강제 전선관	후강 전선관	G16	–	안쪽 반지름: 관 바깥지름의 4배
			G22	–	안쪽 반지름: 관 바깥지름의 4배
			G28	–	안쪽 반지름: 관 바깥지름의 5배
		박강 전선관	C19, C25	–	안쪽 반지름: 관 바깥지름의 4배
		나사없는 전선관	E19, E25	–	안쪽 반지름: 관 바깥지름의 4배
D 3575	고압 가스 용기용 이음매 없는 강관	망간강 강관	STHG 11	–	
			STHG 12	–	
		크롬몰리브덴강 강관	STHG 21	–	
			STHG 22	–	
		니켈크롬몰리브덴강 강관	STHG 31	–	
D 3757	열 교환기용 이음매 없는 니켈-크롬-철 합금 관	1종	NCF 600 TB	550 이상	화학 공업, 석유 공업의 열 교환기 관, 콘덴서 관, 원자력용의 증기 발생기 관 등
		2종	NCF 625 TB	820 이상 690 이상	
		3종	NCF 690 TB	590 이상	
		4종	NCF 800 TB	520 이상	
		5종	NCF 800 HTB	450 이상	
		6종	NCF 825 TB	580 이상	
D 3758	배관용 이음매 없는 니켈-크롬-철 합금 관	1종	NCF 600 TP	549 이상	
		2종	NCF 625 TP	820 이상 690 이상	
		3종	NCF 690 TP	590 이상	
		4종	NCF 800 TP	451 이상 520 이상	
		5종	NCF 800 HTP	451 이상	
		6종	NCF 825 TP	520 이상 579 이상	
E 3114	시추용 이음매 없는 강관	1종	STM-C 540	540 이상	
		2종	STM-C 640	640 이상	
		3종	STM-R 590	590 이상	
		4종	STM-R 690	690 이상	
		5종	STM-R 780	780 이상	
		6종	STM-R 830	830 이상	

5-4-9. 선재. 선재 2차 제품

KS 규격	명 칭	분류 및 종별	기 호	인장강도 N/mm²	주요 용도 및 특징
D 3509	피아노 선재	1종	SWRS 62A	–	피아노 선, 오일템퍼선, PC강선, PC강연선, 와이어 로프 등
		2종	SWRS 62B	–	
		3종	SWRS 67A	–	
		4종	SWRS 67B	–	
		5종	SWRS 72A	–	
		6종	SWRS 72B	–	
		7종	SWRS 75A	–	
		8종	SWRS 75B	–	
		9종	SWRS 77A	–	
		10종	SWRS 77B	–	
		11종	SWRS 80A	–	
		12종	SWRS 80B	–	
		13종	SWRS 82A	–	
		14종	SWRS 82B	–	
		15종	SWRS 87A	–	
		16종	SWRS 87B	–	
		17종	SWRS 92A	–	
		18종	SWRS 92B	–	
D 3510	경강선	경강선 A종	SW-A	–	적용 선 지름 : 0.08mm 이상 10.0mm 이하
		경강선 B종	SW-B	–	주로 정하중을 받는 스프링용
		경강선 C종	SW-C	–	적용 선 지름 : 0.08mm 이상 13.0mm 이하
D 3550	피복 아크 용접봉 심선	피복 아크 용접봉 심선 1종	SWW 11	–	주로 연강의 아크 용접에 사용
		피복 아크 용접봉 심선 2종	SWW 21	–	
D 3552	철선	보통 철선 / 원형	SWM-B	–	일반용, 철망용
		원형	SWM-F	–	후 도금용, 용접용
		못용 철선 / 원형	SWM-N	–	못용
		어닐링 철선 / 원형	SWM-A	–	일반용, 철망용
		용접 철망용 철선 / 원형	SWM-P	–	용접 철망용, 콘크리트 보강용
		용접 철망용 철선 / 이형	SWM-R	–	
		용접 철망용 철선 / 이형	SWM-I	–	
D 3553	일반용 철못	호칭 방법	N 19	–	머리부 지름 D (참고값) 3.6
			N 22	–	3.6
			N 25	–	4.0
			N 32	–	4.5
			N 38	–	5.1
			N 45	–	5.8
			N 50	–	6.6
			N 60	–	6.7
			N 65	–	7.3

5-4-9. 선재. 선재 2차 제품(계속)

<table>
<tr><th>KS 규격</th><th>명 칭</th><th>분류 및 종별</th><th>기 호</th><th>인장강도 N/mm²</th><th colspan="2">주요 용도 및 특징</th></tr>
<tr><td rowspan="9">D 3553</td><td rowspan="9">일반용 철못</td><td rowspan="9">호칭 방법</td><td>N 75</td><td>–</td><td rowspan="9">머리부 지름 D
(참고값)</td><td>7.9</td></tr>
<tr><td>N 80</td><td>–</td><td>7.9</td></tr>
<tr><td>N 90</td><td>–</td><td>8.8</td></tr>
<tr><td>N 100</td><td>–</td><td>9.8</td></tr>
<tr><td>N 115</td><td>–</td><td>9.8</td></tr>
<tr><td>N 125</td><td>–</td><td>10.3</td></tr>
<tr><td>N 140</td><td>–</td><td>11.4</td></tr>
<tr><td>N 150</td><td>–</td><td>11.5</td></tr>
<tr><td>N 45S</td><td>–</td><td>7.3</td></tr>
<tr><td rowspan="8">D 3554</td><td rowspan="8">연강 선재</td><td>1종</td><td>SWRM 6</td><td>–</td><td colspan="2" rowspan="8">철선, 아연 도금 철선 등</td></tr>
<tr><td>2종</td><td>SWRM 8</td><td>–</td></tr>
<tr><td>3종</td><td>SWRM 10</td><td>–</td></tr>
<tr><td>4종</td><td>SWRM 12</td><td>–</td></tr>
<tr><td>5종</td><td>SWRM 15</td><td>–</td></tr>
<tr><td>6종</td><td>SWRM 17</td><td>–</td></tr>
<tr><td>7종</td><td>SWRM 20</td><td>–</td></tr>
<tr><td>8종</td><td>SWRM 22</td><td>–</td></tr>
<tr><td rowspan="3">D 3556</td><td rowspan="3">피아노 선</td><td>1종</td><td>PW-1</td><td>–</td><td colspan="2">주로 동하중을 받는 스프링용</td></tr>
<tr><td>2종</td><td>PW-2</td><td>–</td><td colspan="2"></td></tr>
<tr><td>3종</td><td>PW-3</td><td>–</td><td colspan="2">밸브 스프링 또는 이에 준하는 스프링용</td></tr>
<tr><td rowspan="21">D 3559</td><td rowspan="21">경강 선재</td><td>1종</td><td>HSWR 27</td><td>–</td><td colspan="2" rowspan="21">경강선, 오일 템퍼선, PC 경강선, 아연도 강연선,
와이어 로프 등</td></tr>
<tr><td>2종</td><td>HSWR 32</td><td>–</td></tr>
<tr><td>3종</td><td>HSWR 37</td><td>–</td></tr>
<tr><td>4종</td><td>HSWR 42A</td><td>–</td></tr>
<tr><td>5종</td><td>HSWR 42B</td><td>–</td></tr>
<tr><td>6종</td><td>HSWR 47A</td><td>–</td></tr>
<tr><td>7종</td><td>HSWR 47B</td><td>–</td></tr>
<tr><td>8종</td><td>HSWR 52A</td><td>–</td></tr>
<tr><td>9종</td><td>HSWR 52B</td><td>–</td></tr>
<tr><td>10종</td><td>HSWR 57A</td><td>–</td></tr>
<tr><td>11종</td><td>HSWR 57B</td><td>–</td></tr>
<tr><td>12종</td><td>HSWR 62A</td><td>–</td></tr>
<tr><td>13종</td><td>HSWR 62B</td><td>–</td></tr>
<tr><td>14종</td><td>HSWR 67A</td><td>–</td></tr>
<tr><td>15종</td><td>HSWR 67B</td><td>–</td></tr>
<tr><td>16종</td><td>HSWR 72A</td><td>–</td></tr>
<tr><td>17종</td><td>HSWR 72B</td><td>–</td></tr>
<tr><td>18종</td><td>HSWR 77A</td><td>–</td></tr>
<tr><td>19종</td><td>HSWR 77B</td><td>–</td></tr>
<tr><td>20종</td><td>HSWR 82A</td><td>–</td></tr>
<tr><td>21종</td><td>HSWR 82B</td><td>–</td></tr>
<tr><td rowspan="3">D 3579</td><td rowspan="3">스프링용
오일
템퍼선</td><td>1종</td><td>SWO-A</td><td>–</td><td colspan="2">스프링용 탄소강 오일 템퍼선 A종</td></tr>
<tr><td>2종</td><td>SWO-B</td><td>–</td><td colspan="2">스프링용 탄소강 오일 템퍼선 B종</td></tr>
<tr><td>3종</td><td>SWOSC-B</td><td>–</td><td colspan="2">스프링용 실리콘 크롬강 오닐 템퍼선</td></tr>
</table>

5-4-9. 선재. 선재 2차 제품 (계속)

KS 규격	명 칭	분류 및 종별	기 호	인장강도 N/mm²	주요 용도 및 특징
D 3579	스프링용 오일 템퍼선	4종	SWOSM-A	-	스프링용 실리콘 망간강 오일 템퍼선 A종
		5종	SWOSM-B	-	스프링용 실리콘 망간강 오일 템퍼선 B종
		6종	SWOSM-C	-	스프링용 실리콘 망간강 오일 템퍼선 C종
D 3580	밸브 스프링용 오일 템퍼선	1종	SWO-V	-	밸브 스프링용 탄소강 오일 템퍼선
		2종	SWOCV-V	-	밸브 스프링용 크롬바나듐강 오일 템퍼선
		3종	SWOSC-V	-	밸브 스프링용 실리콘크롬강 오일 템퍼선
D 3592	냉간 압조용 탄소강 : 선재	림드강	SWRCH6R	-	냉간 압조용 탄소 강선
			SWRCH8R	-	
			SWRCH10R	-	
			SWRCH12R	-	
			SWRCH15R	-	
			SWRCH17R	-	
		알루미늄킬드강	SWRCH6A	-	
			SWRCH8A	-	
			SWRCH10A	-	
			SWRCH12A	-	
			SWRCH15A	-	
			SWRCH16A	-	
			SWRCH18A	-	
			SWRCH19A	-	
			SWRCH20A	-	
			SWRCH22A	-	
			SWRCH25A	-	
		킬드강	SWRCH10K	-	
			SWRCH12K	-	
			SWRCH15K	-	
			SWRCH16K	-	
			SWRCH17K	-	
			SWRCH18K	-	
			SWRCH20K	-	
			SWRCH22K	-	
			SWRCH24K	-	
			SWRCH25K	-	
			SWRCH27K	-	
			SWRCH30K	-	
			SWRCH33K	-	
			SWRCH35K	-	
			SWRCH38K	-	
			SWRCH40K	-	
			SWRCH41K	-	
			SWRCH43K	-	
			SWRCH45K	-	
			SWRCH48K	-	
			SWRCH50K	-	

5-4-9. 선재. 선재 2차 제품(계속)

KS 규격	명 칭	분류 및 종별		기 호	인장강도 N/mm^2	주요 용도 및 특징	
D 3596	착색 도장 아연 도금 철선(S)	2종		SWMCGS-2	250~590	적용 선지름	1.80 이상 6.00 이하
		3종		SWMCGS-3			
		4종		SWMCGS-4			
		5종		SWMCGS-5			
		6종		SWMCGS-6	290~590		2.60 이상 6.00 이하
		7종		SWMCGS-7			
	착색 도장 아연 도금 철선(H)	2종		SWMCGH-2	선경별 규격 참조		1.80 이상 6.00 이하
		3종		SWMCGH-3			
		4종		SWMCGH-4			
D 3624	냉간 압조용 붕소강	1종		SWRCHB 223	-	주로 냉간 압조용 붕소강선의 제조에 사용되는 붕소강 선재	
		2종		SWRCHB 237	-		
		3종		SWRCHB 320	-		
		4종		SWRCHB 323	-		
		5종		SWRCHB 331	-		
		6종		SWRCHB 334	-		
		7종		SWRCHB 420	-		
		8종		SWRCHB 526	-		
		9종		SWRCHB 620	-		
		10종		SWRCHB 623	-		
		11종		SWRCHB 726	-		
		12종		SWRCHB 734	-		
D 7001	가시 철선	1종		BWGS-1	290~590	적용 선지름	1.60 이상 2.90 이하
		2종		BWGS-2	290~590		
		3종		BWGS-3	290~590		
		4종		BWGS-4	290~590		
		5종		BWGS-5	290~590		
		6종		BWGS-6	290~590		2.60 이상 2.90 이하
		7종		BWGS-7	290~590		
D 7002	PC 강선	원형선	A종	SWPC1AN SWPC1AL	-	PC 강선 : KS D 3509 및 그와 동등 이상의 선재로부터 패턴팅한 후 냉간 가공하고 마지막 공정에서 잔류 변형을 제거하기 위하여 블루잉한 선	
			B종	SWPC1BN SWPC1BL	-		
		이형선		SWPD1N SWPD1L	-		
	PC 강연선	2연선		SWPC2N SWPC2L	-	PC 강연선 : KS D 3509 및 그와 동등 이상의 선재로부터 패턴팅한 후 냉간 가공한 강선을 꼬아 합친 후 마지막 공정에서 잔류 변형을 제거하기 위하여 블루잉한 강연선	
		이형 3연선		SWPD3N SWPD3L	-		
		7연선	A종	SWPC7AN SWPC7AL	-		
			B종	SWPC7BN SWPC7BL	-		
			C종	SWPC7CL	-		
			D종	SWPC7DL	-		
		19연선		SWPC19N SWPC19L			

5-4-9. 선재. 선재 2차 제품 (계속)

KS 규격	명 칭	분류 및 종별	기 호	인장강도 N/mm²	주요 용도 및 특징
D 7009	PC 경강선	1종	SWCR	–	원형선
		2종	SWCD	–	이형선
D 7011	아연 도금 철선 (S)	1종	SWMGS-1	–	0.10mm 이상 8.00mm 이하
		2종	SWMGS-2	–	
		3종	SWMGS-3	–	0.90mm 이상 8.00mm 이하
		4종	SWMGS-4	–	
		5종	SWMGS-5	–	1.60mm 이상 8.00mm 이하
		6종	SWMGS-6	–	2.60mm 이상 6.00mm 이하
		7종	SWMGS-7	–	
	아연 도금 철선 (H)	1종	SWMGH-1	–	0.10mm 이상 6.00mm 이하
		2종	SWMGH-2	–	
		3종	SWMGH-3	–	0.90mm 이상 8.00mm 이하
		4종	SWMGH-4	–	
D 7015	크림프 철망	1종	CR-GS2	–	아연 도금 철선재 크림프 철망 및 스테인리스 크림프 철망 [보기] CR-S304W1 CR-S316W2
		2종	CR-GS3	–	
		3종	CR-GS4	–	
		4종	CR-GS6	–	
		5종	CR-GS7	–	
		6종	CR-GH2	–	
		7종	CR-GH3	–	
		8종	CR-GH4	–	
		9종	CR-S(종류의 기호)W1	–	
		10종	CR-S(종류의 기호)W2	–	
D 7016	직조 철망	평직 철망	PW-A	–	KS D 3552에 규정하는 어닐링 철선을 사용한 것
			PW-G	–	KS D 3552에 규정하는 아연도금 철선 1종을 사용한 것
			PW-S	–	KS D 3703에 규정하는 스테인리스 강선을 사용한 것
		능직 철망	TW-A	–	KS D 3552에 규정하는 어닐링 철선을 사용한 것
			TW-G	–	KS D 3552에 규정하는 아연도금 철선 1종을 사용한 것
			TW-S	–	KS D 3703에 규정하는 스테인리스 강선을 사용한 것
		첩직 철망	DW-A	–	KS D 3552에 규정하는 어닐링 철선을 사용한 것
			DW-S	–	KS D 3703에 규정하는 스테인리스 강선을 사용한 것
KS D 7063	아연 도금 강선 (F)	1종	SWGF-1	–	적용 선지름 0.80mm 이상 6.00mm 이하
		2종	SWGF-2	–	
		3종	SWGF-3	–	
		4종	SWGF-4	–	
		5종	SWGF-5	–	
		6종	SWGF-6	–	
	아연 도금 강선 (D)	1종	SWGD-1	–	적용 선지름 0.29mm 이상 6.00mm 이하
		2종	SWGD-2	–	
		3종	SWGD-3	–	

5-5 비철금속재료

5-5-1. 신동품

KS 규격	명 칭	분류 및 종별	기 호	인장강도 N/mm²	주요 용도 및 특징
D 5101	구리 및 구리합금 봉	무산소동 C1020	C 1020 BE	–	전기 및 열 전도성 우수 용접성, 내식성, 내후성 양호
			C 1020 BD	–	
			C 1020 BF	–	
		타프피치동 C1100	C 1100 BE	–	전기 및 열 전도성 우수 전연성, 내식성, 내후성 양호
			C 1100 BD	–	
			C 1100 BF	–	
		인탈산동 C1201	C 1201 BE	–	전연성, 용접성, 내식성, 내후성 및 열 전도성 양호
			C 1201 BD	–	
		인탈산동 C1220	C 1220 BE	–	
			C 1220 BD	–	
		황동 C2620	C 2600 BE	–	냉간 단조성, 전조성 양호 기계 및 전기 부품
			C 2600 BD	–	
		황동 C2700	C 2700 BE	–	
			C 2700 BD	–	
		황동 C2745	C 2745 BE	–	열간 가공성 양호 기계 및 전기 부품
			C 2745 BD	–	
		황동 C2800	C 2800 BE	–	
			C 2800 BD	–	
		내식 황동 C3533	C 3533 BE	–	수도꼭지, 밸브 등
			C 3533 BD	–	
		쾌삭 황동 C3601	C 3601 BD	–	절삭성 우수, 전연성 양호 볼트, 너트, 작은 나사, 스핀들, 기어, 밸브, 라이터, 시계, 카메라 부품 등
		쾌삭 황동 C3602	C 3602 BE	–	
			C 3602 BD	–	
			C 3602 BF	–	
		쾌삭황동 C3604	C 3604 BE	–	
			C 3604 BD	–	
			C 3604 BF	–	
		쾌삭 황동 C3605	C 3605 BE	–	
			C 3605 BD	–	
		단조 황동 C3712	C 3712 BE	–	열간 단조성 양호, 정밀 단조 적합 기계 부품 등
			C 3712 BD	–	
			C 3712 BF	–	
		단조 황동 C3771	C 3771 BE	–	열간 단조성 및 피절삭성 양호 밸브 및 기계 부품 등
			C 3771 BD	–	
			C 3771 BF	–	
		네이벌 황동 C4622	C 4622 BE	–	내식성 및 내해수성 양호 선박용 부품, 샤프트 등
			C 4622 BD	–	
			C 4622 BF	–	
		네이벌 황동 C4641	C 4641 BE	–	
			C 4641 BD	–	
			C 4641 BF	–	

5-5-1. 신동품 (계속)

KS 규격	명 칭	분류 및 종별		기 호	인장강도 N/mm²	주요 용도 및 특징
		내식 황동 C4860		C 4860 BE	–	수도꼭지, 밸브, 선박용 부품 등
				C 4860 BD	–	
		무연 황동 C4926		C 4926 BE	–	내식성 우수, 환경 소재(납 없음) 전기전자, 자동차 부품 및 정밀 가공용
				C 4926 BD	–	
		무연 내식 황동 C4934		C 4934 BE	–	내식성 우수, 환경 소재(납 없음) 수도꼭지, 밸브 등
				C 4934 BD	–	
		알루미늄 청동 C6161		C 6161 BE	–	강도 높고, 내마모성, 내식성 양호 차량 기계용, 화학 공업용, 선박용 피니언 기어, 샤프트, 부시 등
				C 6161 BD	–	
		알루미늄 청동 C6191		C 6191 BE	–	
				C 6191 BD	–	
		알루미늄 청동 C6241		C 6241 BE	–	
				C 6241 BD	–	
		고강도 황동 C6782		C 6782 BE	–	강도 높고 열간 단조성, 내식성 양호 선박용 프로펠러 축, 펌프 축 등
				C 6782 BD	–	
				C 6782 BF	–	
		고강도 황동 C6783		C 6783 BE	–	
				C 6783 BD	–	
D 5102	베릴륨 동, 인청동 및 양백의 봉 및 선	베릴륨 동	봉	C 1720 B	–	항공기 엔진 부품, 프로펠러, 볼트, 캠, 기어, 베어링, 점용접용 전극 등
			선	C 1720 W	–	코일 스프링, 스파이럴 스프링, 브러쉬 등
		인청동	봉	C 5111 B	–	내피로성, 내식성, 내마모성 양호 봉 : 기어, 캠, 이음쇠, 축, 베어링, 작은 나사, 볼트, 너트, 섭동 부품, 커넥터, 트롤리선용 행어 등 선: 코일 스프링, 스파이럴 스프링, 스냅 버튼, 전기 바인드용 선, 철망, 헤더재, 와셔 등
			선	C 5111 W	–	
			봉	C 5102 B	–	
			선	C 5102 W	–	
			봉	C 5191 B	–	
			선	C 5191 W	–	
			봉	C 5212 B	–	
			선	C 5212 W	–	
		쾌삭 인청동	봉	C 5341 B	–	절삭성 양호 작은 나사, 부싱, 베어링, 볼트, 너트, 볼펜 부품 등
			선	C 5441 B	–	
		양백	선	C 7451 W	–	광택 미려, 내피로성, 내식성 양호 봉 : 작은 나사, 볼트, 너트, 전기기기 부품, 악기, 의료기기, 시계부품 등 선 : 특수 스프링 재료 적합
			봉	C 7521 B	–	
			선	C 7521 W	–	
			봉	C 7541 B	–	
			선	C 7541 W	–	
			봉	C 7701 B	–	
			선	C 7701 W	–	
		쾌삭 양백	봉	C 7941 B	–	절삭성 양호 작은 나사, 베어링, 볼펜 부품, 안경 부품 등
D 5103	구리 및 구리합금 선	무산소동	선	C 1020 W	세부 규격 참조	전기. 열전도성. 전연성 우수 용접성. 내식성. 내환경성 양호
		타프피치동		C 1100 W		전기. 열전도성 우수 전연성. 내식성. 내환경성 양호 (전기용, 화학공업용, 작은 나사, 못, 철망 등)

5-5-1. 신동품 (계속)

KS 규격	명 칭	분류 및 종별		기 호	인장강도 N/mm²	주요 용도 및 특징
D 5103	구리 및 구리합금 선	인탈산동	선	C 1201 W	세부 규격 참조	전연성. 용접성. 내식성. 내환경성 양호
				C 1220 W		
		단동		C 2100 W		색과 광택이 아름답고, 전연성. 내식성 양호(장식품, 장신구, 패스너, 철망 등)
				C 2200 W		
				C 2300 W		
				C 2400 W		
		황동		C 2600 W		전연성. 냉간 단조성. 전조성 양호 리벳, 작은 나사, 핀, 코바늘, 스프링, 철망 등
				C 2700 W		
				C 2720 W		
				C 2800 W		용접봉, 리벳 등
		니플용 황동		C 3501 W		피삭성, 냉간 단조성 양호 자동차의 니플 등
		쾌삭황동		C 3601 W		피삭성 우수 볼트, 너트, 작은 나사, 전자 부품, 카메라 부품 등
				C 3602 W		
				C 3603 W		
				C 3604 W		
D 5401	전자 부품용 무산소 동의 판, 띠, 이음매 없는 관, 봉 및 선	판	−	C 1011 P	세부 규격 참조	전신가공한 전자 부품용 무산소 동의 판, 띠, 이음매 없는 관, 봉, 선
		띠	−	C 1011 R		
		관	보통급	C 1011 T		
			특수급	C 1011 TS		
		봉	압출	C 1011 BE		
			인발	C 1011 BD		
		선	−	C 1011 W		
D 5506	인청동 및 양백의 판 및 띠	판	인청동	C 5111 P	세부 규격 참조	전연성. 내피로성. 내식성 양호 전자, 전기 기기용 스프링, 스위치, 리드 프레임, 커넥터, 다이어프램, 베로, 퓨즈 클립, 섭동편, 볼베어링, 부시, 타악기 등
		띠		C 5111 R		
		판		C 5102 P		
		띠		C 5102 R		
		판		C 5191 P		
		띠		C 5191 R		
		판		C 5212 P		
		띠		C 5212 R		광택이 아름답고, 전연성. 내피로성. 내식성 양호 수정 발진자 케이스, 트랜지스터캡, 볼륨용 섭동편, 시계 문자판, 장식품, 양식기, 의료기기, 건축용, 관악기 등
		판	양백	C 7351 P		
		띠		C 7351 R		
		판		C 7451 P		
		띠		C 7451 R		
		판		C 7521 P		
		띠		C 7521 R		
		판		C 7541 P		
		띠		C 7541 R		
D 5530	구리 버스 바	C 1020		C 1020 BB	Cu 99.96% 이상	전기 전도성 우수 각종 도체, 스위치, 바 등
		C 1100		C 1100 BB	Cu 99.90% 이상	

5-5-1. 신동품 (계속)

KS 규격	명 칭	분류 및 종별		기 호	인장강도 N/mm^2	주요 용도 및 특징
D 5545	구리 및 구리 합금 용접관	용접관	보통급	C 1220 TW	인탈산동	압광성, 굽힘성, 수축성, 용접성, 내식성, 열전도성 양호 열교환기용, 화학 공업용, 급수.급탕용, 가스관용 등
			특수급	C 1220 TWS		
			보통급	C 2600 TW	황동	압광성, 굽힘성, 수축성, 도금성 양호 열교환기, 커튼레일, 위생관, 모든 기기 부품용, 안테나용 등
			특수급	C 2600 TWS		
			보통급	C 2680 TW		
			특수급	C 2680 TWS		
			보통급	C 4430 TW	어드미럴티 황동	내식성 양호 가스관용, 열교환기용 등
			특수급	C 4430 TWS		
			보통급	C 4450 TW	인 첨가 어드미럴티 황동	내식성 양호 가스관용 등
			특수급	C 4450 TWS		
			보통급	C 7060 TW	백동	내식성, 특히 내해수성 양호 비교적 고온 사용 적합 악기용, 건재용, 장식용, 열교환기용 등
			특수급	C 7060 TWS		
			보통급	C 7150 TW		
			특수급	C 7150 TWS		

5-5-2. 알루미늄 및 알루미늄합금의 전신재

KS 규격	명 칭	분류 및 종별		기 호	인장강도 N/mm^2	주요 용도 및 특징
D 6705	알루미늄 및 알루미늄합금 박	1085	O	A1085H-O	95 이하	전기 통신용, 전해 커패시터용, 냉난방용
			H18	A1085H-H18	120 이상	
		1070	O	A1070H-O	95 이하	
			H18	A1070H-H18	120 이상	
		1050	O	A1050H-O	100 이하	
			H18	A1050H-H18	125 이상	
		1N30	O	A130H-O	100 이하	장식용, 전기 통신용, 건재용, 포장용, 냉난방용
			H18	A130H-H18	135 이상	
		1100	O	A1100H-O	110 이하	
			H18	A1100H-H18	155 이상	
		3003	O	A3003H-O	130 이하	용기용, 냉난방용
			H18	A3003H-H18	185 이상	
		3004	O	A3004H-O	200 이하	
			H18	A3004H-H18	265 이상	
		8021	O	A8021H-O	120 이하	장식용, 전기 통신용, 건재용, 포장용, 냉난방용
			H18	A8021H-H18	150 이상	
		8079	O	A8079H-O	110 이하	
			H18	A8079H-H18	150 이상	
D 6706	고순도 알루미늄 박	1N99	O	A1N99H-O	–	전해 커패시터용 리드선용
			H18	A1N99H-H18	–	
		1N90	O	A1N90H-O	–	
			H18	A1N90H-H18	–	

5-5-2. 알루미늄 및 알루미늄합금의 전신재(계속)

KS 규격	명 칭	분류 및 종별	기 호	인장강도 N/mm²	주요 용도 및 특징
D 7028	알루미늄 및 알루미늄합금 용접봉과 와이어	BY : 봉 WY : 와이어	A1070-BY	54	알루미늄 및 알루미늄 합금의 수동 티그 용접 또는 산소 아세틸렌 가스에 사용하는 용접봉 인장강도는 용접 이음의 인장강도임
			A1070-WY		
			A1100-BY	74	
			A1100-WY		
			A1200-BY		
			A1200-WY		
			A2319-BY	245	
			A2319-WY		
			A4043-BY	167	
			A4043-WY		
			A4047-BY		
			A4047-WY		
			A5554-BY	216	
			A5554-WY		
			A5564-BY	206	
			A5564-WY		
			A5356-BY	265	
			A5356-WY		
			A5556-BY	275	
			A5556-WY		
			A5183-BY		
			A5183-WY		

5-5-3. 마그네슘합금 전신재

KS 규격	명 칭	분류 및 종별	기 호	인장강도 N/mm²	주요 용도 및 특징
D 5573	이음매 없는 마그네슘 합금 관	1종B	MT1B	세부 규격 참조	ISO-MgA13Zn1(A)
		1종C	MT1C		ISO-MgA13Zn1(B)
		2종	MT2		ISO-MgA16Zn1
		5종	MT5		ISO-MgZn3Zr
		6종	MT6		ISO-MgZn6Zr
		8종	MT8		ISO-MgMn2
		9종	MT9		ISO-MgZnMn1
D 6710	마그네슘 합금 판, 대 및 코일판	1종B	MP1B	세부 규격 참조	ISO-MgA13Zn1(A)
		1종C	MP1C		ISO-MgA13Zn1(B)
		7종	MP7		-
		9종	MP9		ISO-MgMn2Mn1
D 6723	마그네슘 합금 압출 형재	1종B	MS1B	세부 규격 참조	ISO-MgA13Zn1(A)
		1종C	MS1C		ISO-MgA13Zn1(B)
		2종	MS2		ISO-MgA16Zn1
		3종	MS3		ISO-MgA18Zn
		5종	MS5		ISO-MgZn3Zr
		6종	MS6		ISO-MgZn6Zr
		8종	MS8		ISO-MgMn2
		9종	MS9		ISO-MgMn2Mn1
		10종	MS10		ISO-MgMn7Cul
		11종	MS11		ISO-MgY5RE4Zr
		12종	MS12		ISO-MgY4RE3Zr
D 6724	마그네슘 합금 봉	1B종	MB1B	세부 규격 참조	ISO-MgA13Zn1(A)
		1C종	MB1C		ISO-MgA13Zn1(B)
		2종	MB2		ISO-MgA16Zn1
		3종	MB3		ISO-MgA18Zn
		5종	MB5		ISO-MgZn3Zr
		6종	MB6		ISO-MgZn6Zr
		8종	MB8		ISO-MgMn2
		9종	MB9		ISO-MgZn2Mn1
		10종	MB10		ISO-MgZn7Cul
		11종	MB11		ISO-MgY5RE4Zr
		12종	MB12		ISO-MgY4RE3Zr

5-5-4. 납 및 납합금 전신재

KS 규격	명 칭	분류 및 종별	기 호	인장강도 N/mm²	주요 용도 및 특징
D 5512	납 및 납합금 판	납판	PbP-1	-	두께 1.0mm 이상 6.0mm 이하의 순납판으로 가공성이 풍부하고 내식성이 우수하며 건축, 화학, 원자력 공업용 등 광범위의 사용에 적합하고, 인장강도 10.5N/mm², 연신율 60% 정도이다.
		얇은 납판	PbP-2	-	두께 0.3mm 이상 1.0mm 미만의 순납판으로 유연성이 우수하고 주로 건축용(지붕, 벽)에 적합하며, 인장강도 10.5N/mm², 연신율 60% 정도이다.
		텔루르 납판	PPbP	-	텔루르를 미량 첨가한 입자분산강화 합금 납판으로 내크리프성이 우수하고 고온(100~150℃)에서의 사용이 가능하고, 화학공업용에 적합하며, 인장강도 20.5N/mm², 연신율 50% 정도이다.
		경납판 4종	HPbP4	-	안티몬을 4% 첨가한 합금 납판으로 상온에서 120℃의 사용영역에서는 납합금으로서 고강도 · 고경도를 나타내며, 화학공업용 장치류 및 일반용의 경도를 필요로 하는 분야에 대한 적용이 가능하며, 인장강도 25.5N/mm², 연신율 50% 정도이다.
		경납판 6종	HPbP6	-	안티몬을 6% 첨가한 합금 납판으로 상온에서 120℃의 사용영역에서는 납합금으로서 고강도 · 고경도를 나타내며, 화학공업용 장치류 및 일반용의 경도를 필요로 하는 분야에 대한 적용이 가능하며, 인장강도 28.5N/mm², 연신율 50% 정도이다.
D 6702	일반 공업용 납 및 납합금 관	공업용 납관 1종	PbT-1	-	납이 99.9%이상인 납관으로 살두께가 두껍고, 화학 공업용에 적합하고 인장 강도 10.5N/mm², 연신율 60% 정도이다.
		공업용 납관 2종	PbT-2	-	납이 99.60%이상인 납관으로 내식성이 좋고, 가공성이 우수하고 살두께가 얇고 일반 배수용에 적합하며 인장 강도 11.7 N/mm², 연신율 55% 정도이다.
		텔루르 납관	TPbT	-	텔루르를 미량 첨가한 입자 분산 강화 합금 납관으로 살두께는 공업용 납관 1종과 같은 납관. 내크리프성이 우수하고 고온(100~150℃)에서의 사용이 가능하고, 화학공업용에 적합하며, 인장강도 20.5N/mm², 연신율 50% 정도이다.
		경연관 4종	HPbT4	-	안티몬을 4% 첨가한 합금 납관으로 상온에서 120℃의 사용영역에서는 납합금으로서 고강도 · 고경도를 나타내며, 화학공업용 장치류 및 일반용의 경도를 필요로 하는 분야로의 적용이 가능하고, 인장강도 25.5N/mm², 연신율 50% 정도이다.
		경연관 6종	HPbT6	-	안티몬을 6% 첨가한 합금 납관으로 상온에서 120℃의 사용영역에서는 납합금으로서 고강도 · 고경도를 나타내며, 화학공업용 장치류 및 일반용의 경도를 필요로 하는 분야로의 적용이 가능하고, 인장강도 28.5N/mm², 연신율 50% 정도이다.

5-5-5. 니켈 및 니켈합금의 전신재

KS 규격	명 칭	분류 및 종별	기 호	인장강도 N/mm^2	주요 용도 및 특징
D 5539	이음매 없는 니켈 동합금 관	NW4400	NiCu30	세부 규격 참조	내식성, 내산성 양호 강도 높고 고온 사용 적합 급수 가열기, 화학 공업용 등
		NW4402	NiCu30.LC		
D 5546	니켈 및 니켈합금 판 및 조	탄소 니켈 관	NNCP	세부 규격 참조	수산화나트륨 제조 장치, 전기 전자 부품 등
		저탄소 니켈 관	NLCP		
		니켈-동합금 판	NCuP		해수 담수화 장치, 제염 장치, 원유 증류탑 등
		니켈-동합금 조	NCuR		
		니켈-동-알루미늄-티탄합금 판	NCuATP		해수 담수화 장치, 제염 장치, 원유 증류탑 등에서 고강도를 필요로 하는 기기재 등
		니켈-몰리브덴합금 1종 관	NM1P		염산 제조 장치, 요소 제조 장치, 에틸렌글리콜 이나 크로로프렌 단량체 제조 장치 등
		니켈-몰리브덴합금 2종 관	NM2P		
		니켈-몰리브덴-크롬합금 판	NMCrP		산 세척 장치, 공해 방지 장치, 석유화학 산업 장치, 합성 섬유 산업 장치 등
		니켈-크롬-철-몰리브덴-동합금 1종 판	NCrFMCu1P		인산 제조 장치, 플루오르산 제조 장치, 공해 방지 장치 등
		니켈-크롬-철-몰리브덴-동합금 2종 판	NCrFMCu2P		
		니켈-크롬-몰리브덴-철합금 판	NCrMFP		공업용로, 가스터빈 등
D 5603	듀멧선	선1종 1	DW1-1	640 이상	전자관, 전구, 방전 램프 등의 관구류
		선1종 2	DW1-2		
		선2종	DW2		다이오드, 서미스터 등의 반도체 장비류
D 6023	니켈 및 니켈합금 주물	니켈 주물	NC	345 이상	수산화나트륨, 탄산나트륨 및 염화암모늄을 취급하는 제조장치의 밸브 · 펌프 등
		니켈-구리합금 주물	NCuC	450 이상	해수 및 염수, 중성염, 알칼리염 및 플루오르산을 취급하는 화학 제조 장치의 밸브 · 펌프 등
		니켈-몰리브덴합금 주물	NMC	525 이상	염소, 황산 인산, 아세트산 및 염화수소가스를 취급하는 제조 장치의 밸브 · 펌프 등
		니켈-몰리브덴-크롬합금 주물	NMCrC	495 이상	산화성산, 플루오르산, 포름산 무수아세트산, 해수 및 염수를 취급하는 제조 장치의 밸브 등
		니켈-크롬-철합금 주물	NCrFC	485 이상	질산, 지방산, 암모늄수 및 염화성 약품을 취급하는 화학 및 식품 제조 장치의 밸브 등
D 6719	이음매 없는 니켈 및 니켈합금 관	상탄소 니켈관	NNCT	세부 규격 참조	수산화나트륨 제조 장치, 식품, 약품 제조 장치, 전기, 전자 부품 등
		저탄소 니켈관	NLCT		
		니켈-동합금 관	NCuT		급수 가열기, 해수 담수화 장치, 제염 장치, 원유 증류탑 등
		니켈-몰리브덴-크롬합금 관	NMCrT		산세척 장치, 공해방지 장치, 석유화학, 합성 섬유산업 장치 등
		니켈-크롬-몰리브덴-철합금 관	NCrMFT		공업용 노, 가스 터빈 등

5-5-6. 티타늄 및 티타늄합금 전신재

<table>
<tr><th>KS 규격</th><th>명 칭</th><th colspan="2">분류 및 종별</th><th>기 호</th><th>인장강도 N/mm²</th><th>주요 용도 및 특징</th></tr>
<tr><td rowspan="3">D 3851</td><td rowspan="3">티탄 팔라듐합금 선</td><td colspan="2">11종</td><td>TW 270 Pd</td><td>270~410</td><td rowspan="3">내식성, 특히 틈새 내식성 양호
화학장치, 석유정제 장치, 펄프제지 공업장치 등</td></tr>
<tr><td colspan="2">12종</td><td>TW 340 Pd</td><td>340~510</td></tr>
<tr><td colspan="2">13종</td><td>TW 480 Pd</td><td>480~620</td></tr>
<tr><td rowspan="5">D 6026</td><td rowspan="5">티타늄 및 티타늄합금 주물</td><td colspan="2">2종</td><td>TC340</td><td>340 이상</td><td rowspan="2">내식성, 특히 내해수성 양호
화학 장치, 석유 정제 장치, 펄프 제지 공업 장치 등</td></tr>
<tr><td colspan="2">3종</td><td>TC480</td><td>480 이상</td></tr>
<tr><td colspan="2">12종</td><td>TC340Pd</td><td>340 이상</td><td rowspan="2">내식성, 특히 내틈새 부식성 양호
화학 장치, 석유 정제 장치, 펄프 제지 공업 장치 등</td></tr>
<tr><td colspan="2">13종</td><td>TC480Pd</td><td>480 이상</td></tr>
<tr><td colspan="2">60종</td><td>TAC6400</td><td>895 이상</td><td>고강도로 내식성 양호
화학 공업, 기계 공업, 수송 기기 등의 구조재. 예를 들면 고압 반응조 장치, 고압 수송 장치, 레저용품 등</td></tr>
<tr><td rowspan="12">D 6726</td><td rowspan="12">배관용 티탄 팔라듐합금 관</td><td rowspan="4">1종</td><td rowspan="2">이음매 없는 관</td><td>TTP 28 Pd E</td><td rowspan="4">275~412</td><td rowspan="12">내식성, 특히 틈새 내식성 양호
화학장치, 석유정제장치, 펄프제지 공업장치 등</td></tr>
<tr><td>TTP 28 Pd D</td></tr>
<tr><td rowspan="2">용접관</td><td>TTP 28 Pd W</td></tr>
<tr><td>TTP 28 Pd WD</td></tr>
<tr><td rowspan="4">2종</td><td rowspan="2">이음매 없는 관</td><td>TTP 35 Pd E</td><td rowspan="4">343~510</td></tr>
<tr><td>TTP 35 Pd D</td></tr>
<tr><td rowspan="2">용접관</td><td>TTP 35 Pd W</td></tr>
<tr><td>TTP 35 Pd WD</td></tr>
<tr><td rowspan="4">3종</td><td rowspan="2">이음매 없는 관</td><td>TTP 49 Pd E</td><td rowspan="4">481~618</td></tr>
<tr><td>TTP 49 Pd D</td></tr>
<tr><td rowspan="2">용접관</td><td>TTP 49 Pd W</td></tr>
<tr><td>TTP 49 Pd WD</td></tr>
<tr><td rowspan="12">D 7203</td><td rowspan="12">냉간 압조용 붕소강-선</td><td colspan="2">1종</td><td>SWCHB 223</td><td>610 이하</td><td rowspan="12">볼트, 너트, 리벳, 작은 나사, 태핑 나사 등의 나사류 및 각종 부품(인장도는 DA 공정에 의한 선의 기계적 성질)</td></tr>
<tr><td colspan="2">2종</td><td>SWCHB 237</td><td>670 이하</td></tr>
<tr><td colspan="2">3종</td><td>SWCHB 320</td><td>600 이하</td></tr>
<tr><td colspan="2">4종</td><td>SWCHB 323</td><td>610 이하</td></tr>
<tr><td colspan="2">5종</td><td>SWCHB 331</td><td>630 이하</td></tr>
<tr><td colspan="2">6종</td><td>SWCHB 334</td><td>650 이하</td></tr>
<tr><td colspan="2">7종</td><td>SWCHB 420</td><td>600 이하</td></tr>
<tr><td colspan="2">8종</td><td>SWCHB 526</td><td>650 이하</td></tr>
<tr><td colspan="2">9종</td><td>SWCHB 620</td><td>630 이하</td></tr>
<tr><td colspan="2">10종</td><td>SWCHB 623</td><td>640 이하</td></tr>
<tr><td colspan="2">11종</td><td>SWCHB 726</td><td>650 이하</td></tr>
<tr><td colspan="2">12종</td><td>SWCHB 734</td><td>680 이하</td></tr>
</table>

5-5-7. 기타 전신재

KS 규격	명 칭	분류 및 종별	기 호	인장강도 N/mm²	주요 용도 및 특징
D 3579	스프링용 오일 템퍼선	스프링용 탄소강 오일 템퍼선 A종	SWO-A	세부 규격 참조	주로 정하중을 받는 스프링용
		스프링용 탄소강 오일 템퍼선 B종	SWO-B		주로 동하중을 받는 스프링용
		스프링용 실리콘 크롬강 오일 템퍼선	SWOSC-B		
		스프링용 실리콘 망간강 오일 템퍼선 A종	SWOSM-A		
		스프링용 실리콘 망간강 오일 템퍼선 B종	SWOSM-B		
		스프링용 실리콘 망간강 오일 템퍼선 C종	SWOSM-C		
D 3580	밸브 스프링용 오일 템퍼선	밸브 스프링용 탄소강 오일 템퍼선	SWO-V	세부 규격 참조	내연 기관의 밸브 스프링 또는 이에 준하는 스프링
		밸브 스프링용 크롬바나듐강 오일 템퍼선	SWOCV-V		
		밸브 스프링용 실리콘크롬강 오일 템퍼선	SWOSC-V		
D 3585	스테인리스강 위생관	1종	STS304TBS	520 이상	낙농, 식품 공업 등에 사용
		2종	STS304LTBS	480 이상	
		3종	STS316TBS	520 이상	
		4종	STS316LTBS	480 이상	
D 3591	스프링용 실리콘 망간강 오일 템퍼선	스프링용 실리콘 망간강 오일 템퍼선 A종	SWOSM-A	세부 규격 참조	일반 스프링용
		스프링용 실리콘 망간강 오일 템퍼선 B종	SWOSM-B		일반 스프링용 및 자동차 현가 코일 스프링
		스프링용 실리콘 망간강 오일 템퍼선 C종	SWOSM-C		주로 자동차 현가 코일 스프링
D 3624	냉간 압조용 붕소강-선재	1종	SWRCHB 223	-	냉간 압조용 붕소강선의 제조에 사용
		2종	SWRCHB 237	-	
		3종	SWRCHB 320	-	
		4종	SWRCHB 323	-	
		5종	SWRCHB 331	-	
		6종	SWRCHB 334	-	
		7종	SWRCHB 420	-	
		8종	SWRCHB 526	-	
		9종	SWRCHB 620	-	
		10종	SWRCHB 623	-	
		11종	SWRCHB 726	-	
		12종	SWRCHB 734	-	
D 3624	티탄 팔라듐합금 선	11종	TW 270 Pd	270~410	내식성, 특히 틈새 내식성 양호 화학장치, 석유정제 장치, 펄프제지 공업장치 등
		12종	TW 340 Pd	340~510	
		13종	TW 480 Pd	480~620	
D 5577	탄탈럼 전신재	판	TaP	세부 규격 참조	탄탈럼으로 된 판, 띠, 박, 봉 및 선
		띠	TaR		
		박	TaH		
		봉	TaB		
		선	TaW		

5-5-7. 기타 전신재(계속)

KS 규격	명 칭	분류 및 종별		기 호	인장강도 N/mm²	주요 용도 및 특징
D 6026	티타늄 및 티타늄합금 주물	2종		TC340	340 이상	내식성, 특히 내해수성 양호 화학 장치, 석유 정제 장치, 펄프 제지 공업 장치 등
		3종		TC480	480 이상	
		12종		TC340Pd	340 이상	내식성, 특히 내틈새 부식성 양호 화학 장치, 석유 정제 장치, 펄프 제지 공업 장치 등
		13종		TC480Pd	480 이상	
		60종		TAC6400	895 이상	고강도로 내식성 양호 화학 공업, 기계 공업, 수송 기기 등의 구조재. 예를 들면 고압 반응조 장치, 고압 수송 장치, 레저용품 등
D 6726	배관용 티탄 팔라듐합금 관	1종	이음매 없는 관	TTP 28 Pd E	275~412	내식성, 특히 틈새 내식성 양호 화학장치, 석유정제장치, 펄프제지 공업 장치 등
				TTP 28 Pd D		
			용접관	TTP 28 Pd W		
				TTP 28 Pd WD		
		2종	이음매 없는 관	TTP 35 Pd E	343~510	
				TTP 35 Pd D		
			용접관	TTP 35 Pd W		
				TTP 35 Pd WD		
		3종	이음매 없는 관	TTP 49 Pd E	481~618	
				TTP 49 Pd D		
			용접관	TTP 49 Pd W		
				TTP 49 Pd WD		
D 6728	지르코늄 합금 관	Sn-Fe-Cr-Ni계 지르코늄 합금 관		ZrTN 802 D	413 이상	핵연료 피복관으로 사용하는 이음매 없는 지르코늄 합금 관
		Sn-Fe-Cr계 지르코늄 합금 관		ZrTN 804 D	413 이상	
D 7203	냉간 압조용 붕소강-선	1종		SWCHB 223	610 이하	볼트, 너트, 리벳, 작은 나사, 태핑 나사 등의 나사류 및 각종 부품(인장도는 DA 공정에 의한 선의 기계적 성질)
		2종		SWCHB 237	670 이하	
		3종		SWCHB 320	600 이하	
		4종		SWCHB 323	610 이하	
		5종		SWCHB 331	630 이하	
		6종		SWCHB 334	650 이하	
		7종		SWCHB 420	600 이하	
		8종		SWCHB 526	650 이하	
		9종		SWCHB 620	630 이하	
		10종		SWCHB 623	640 이하	
		11종		SWCHB 726	650 이하	
		12종		SWCHB 734	680 이하	

5-5-8. 주물

<table>
<tr><th>KS 규격</th><th>명 칭</th><th>분류 및 종별</th><th>기 호</th><th>인장강도 N/mm²</th><th>주요 용도 및 특징</th></tr>
<tr><td rowspan="16">D 6003</td><td rowspan="16">화이트 메탈</td><td>1종</td><td>WM 1</td><td rowspan="16">세부 규격 참조</td><td rowspan="16">각종 베어링 활동부 또는 패킹 등에 사용(주괴)</td></tr>
<tr><td>2종</td><td>WM 2</td></tr>
<tr><td>2종B</td><td>WM 2B</td></tr>
<tr><td>3종</td><td>WM 3</td></tr>
<tr><td>4종</td><td>WM 4</td></tr>
<tr><td>5종</td><td>WM 5</td></tr>
<tr><td>6종</td><td>WM 6</td></tr>
<tr><td>7종</td><td>WM 7</td></tr>
<tr><td>8종</td><td>WM 8</td></tr>
<tr><td>9종</td><td>WM 9</td></tr>
<tr><td>10종</td><td>WM 10</td></tr>
<tr><td>11종</td><td>WM 11(L13910)</td></tr>
<tr><td>12종</td><td>WM 2(SnSb8Cu4)</td></tr>
<tr><td>13종</td><td>WM 13(SnSb12CuPb)</td></tr>
<tr><td>14종</td><td>WM 14(PbSb15Sn10)</td></tr>
<tr style="display:none"></tr>
<tr><td rowspan="2">D 6005</td><td rowspan="2">아연 합금 다이캐스팅</td><td>1종</td><td>ZDC 1</td><td>325</td><td>자동차 브레이크 피스톤, 시트 벨브 감김쇠, 캔버스 플라이어</td></tr>
<tr><td>2종</td><td>ZDC2</td><td>285</td><td>자동차 라디에이터 그릴, 몰, 카뷰레터, VTR 드럼 베이스, 테이프 헤드, CP 커넥터</td></tr>
<tr><td rowspan="20">D 6006</td><td rowspan="20">다이캐스팅용 알루미늄 합금</td><td>1종</td><td>ALDC 1</td><td>–</td><td>내식성, 주조성은 좋다. 항복 강도는 어느 정도 낮다.</td></tr>
<tr><td>3종</td><td>ALDC 3</td><td>–</td><td>충격값과 항복 강도가 좋고 내식성도 1종과 거의 동등하지만, 주조성은 좋지않다.</td></tr>
<tr><td>5종</td><td>ALDC 5</td><td>–</td><td>내식성이 가장 양호하고 연신율, 충격값이 높지만 주조성은 좋지 않다</td></tr>
<tr><td>6종</td><td>ALDC 6</td><td>–</td><td>내식성은 5종 다음으로 좋고, 주조성은 5종보다 약간 좋다.</td></tr>
<tr><td>10종</td><td>ALDC 10</td><td>–</td><td>기계적 성질, 피삭성 및 주조성이 좋다.</td></tr>
<tr><td>10종 Z</td><td>ALDC 10 Z</td><td>–</td><td>10종보다 주조 갈라짐성과 내식성은 약간 좋지 않다.</td></tr>
<tr><td>12종</td><td>ALDC 12</td><td>–</td><td>기계적 성질, 피삭성, 주조성이 좋다.</td></tr>
<tr><td>12종 Z</td><td>ALDC 12 Z</td><td>–</td><td>12종보다 주조 갈라짐성 및 내식성이 떨어진다.</td></tr>
<tr><td>14종</td><td>ALDC 14</td><td>–</td><td>내마모성, 유동성은 우수하고 항복 강도는 높으나, 연신율이 떨어진다.</td></tr>
<tr><td>Si9종</td><td>Al Si9</td><td>–</td><td>내식성이 좋고, 연신율, 충격치도 어느 정도 좋지만, 항복 강도가 어느 정도 낮고 유동성이 좋지 않다.</td></tr>
<tr><td>Si12Fe종</td><td>Al Si12(Fe)</td><td>–</td><td>내식성, 주조성이 좋고, 항복 강도가 어느 정도 낮다.</td></tr>
<tr><td>Si10MgFe종</td><td>Al Si10Mg(Fe)</td><td>–</td><td>충격치와 항복 강도가 높고, 내식성도 1종과 거의 동등하며, 주조성은 1종보다 약간 좋지 않다.</td></tr>
<tr><td>Si8Cu3종</td><td>Al Si8Cu3</td><td>–</td><td rowspan="3">10종보다 주조 갈라짐 및 내식성이 나쁘다.</td></tr>
<tr><td>Si9Cu3Fe종</td><td>Al Si9Cu3(Fe)</td><td>–</td></tr>
<tr><td>Si9Cu3FeZn종</td><td>Al Si9Cu3(Fe)(Zn)</td><td>–</td></tr>
<tr><td>Si11Cu2Fe종</td><td>Al Si11Cu2(Fe)</td><td>–</td><td rowspan="2">기계적 성질, 피삭성, 주조성이 좋다.</td></tr>
<tr><td>Si11Cu3Fe종</td><td>Al Si11Cu3(Fe)</td><td>–</td></tr>
<tr><td>Si11Cu1Fe종</td><td>Al Si12Cu1(Fe)</td><td>–</td><td>12종보다 연신율이 어느 정도 높지만, 항복 강도는 다소 낮다.</td></tr>
</table>

5-5-8. 주물 (계속)

KS 규격	명 칭	분류 및 종별	기 호	인장강도 N/mm^2	주요 용도 및 특징
D 6006	다이캐스팅용 알루미늄 합금	Si117Cu4Mg종	Al Si17Cu4Mg	–	내마모성, 유동성이 좋고, 항복 강도가 높지만, 연신율은 낮다.
		Mg9종	Al Mg9	–	5종과 같이 내식성이 좋지만, 주조성이 나쁘고, 응력부식 균열 및 경시변화에 주의가 필요하다.
D 6008	알루미늄 합금 주물	주물 1종A	AC1A	세부 규격 참조	가선용 부품, 자전거 부품, 항공기용 유압 부품, 전송품 등
		주물 1종B	AC1B		가선용 부품, 중전기 부품, 자전거 부품, 항공기 부품 등
		주물 2종A	AC2A		매니폴드, 디프캐리어, 펌프 보디, 실린더 헤드, 자동차용 하체 부품 등
		주물 2종B	AC2B		실린더 헤드, 밸브 보디, 크랭크 케이스, 클러치 하우징 등
		주물 3종A	AC3A		케이스류, 커버류, 하우징류의 얇은 것, 복잡한 모양의 것, 장막벽 등
		주물 4종A	AC4A		매니폴드, 브레이크 드럼, 미션 케이스, 크랭크 케이스, 기어 박스, 선박용 · 차량용 엔진 부품 등
		주물 4종B	AC4B		크랭크 케이스, 실린더 매니폴드, 항공기용 전장품 등
		주물 4종C	AC4C		유압 부품, 미션 케이스, 플라이 휠 하우징, 항공기 부품, 소형용 엔진 부품, 전장품 등
		주물 4종CH	AC4CH		자동차용 바퀴, 가선용 쇠붙이, 항공기용 엔진 부품, 전장품 등
		주물 4종D	AC4D		수냉 실린더 헤드, 크랭크 케이스, 실린더 블록, 연료 펌프 보디, 블로어 하우징, 항공기용 유압 부품 및 전장품 등
		주물 5종A	AC5A		공냉 실린더 헤드 디젤 기관용 피스톤, 항공기용 엔진 부품 등
		주물 7종A	AC7A		가선용 쇠붙이, 선박용 부품, 조각 소재 건축용 쇠붙이, 사무기기, 의자, 항공기용 전장품 등
		주물 8종A	AC8A		자동차 · 디젤 기관용 피스톤, 선방용 피스톤, 도르래, 베어링 등
		주물 8종B	AC8B		자동차용 피스톤, 도르래, 베어링 등
		주물 8종C	AC8C		자동차용 피스톤, 도르래, 베어링 등
		주물 9종A	AC9A		피스톤(공냉 2 사이클용)등
		주물 9종B	AC9B		피스톤(디젤 기관용, 수냉 2사이클용), 공냉 실린더 등
D 6016	마그네슘합금 주물	1종	MgC1	세부 규격 참조	일반용 주물, 3륜차용 하부 휨, 텔레비전 카메라용 부품 등
		2종	MgC2		일반용 주물, 크랭크 케이스, 트랜스미션, 기어박스, 텔레비전 카메라용 부품, 레이더용 부품, 공구용 지그 등
		3종	MgC3		일반용 주물, 엔진용 부품, 인쇄용 새들 등
		5종	MgC5		일반용 주물, 엔진용 부품 등
		6종	MgC6		고력 주물, 경기용 차륜 산소통 브래킷 등
		7종	MgC7		고력 주물, 인렛 하우징 등
		8종	MgC8		내열용 주물, 엔진용 부품 기어 케이스, 컴프레서 케이스 등
D 6018	경연 주물	8종	HPbC 8	49 이상	주로 화학 공업에 사용
		10종	HPbC 10	50 이상	

5-5-8. 주물(계속)

KS 규격	명 칭	분류 및 종별	기 호	인장강도 N/mm^2	주요 용도 및 특징
D 6023	니켈 및 니켈합금 주물	니켈 주물	NC-F	345 이상	수산화나트륨, 탄산나트륨 및 염화암모늄을 취급하는 제조 장치의 밸브, 펌프 등
		니켈-구리합금 주물	NCuC-F	450 이상	해수 및 염수, 중성염, 알칼리염 및 플루오르산을 취급하는 제조 장치의 밸브, 펌프 등
		니켈-몰리브덴 합금 주물	NMC-S	525 이상	염소, 황산 인산, 아세트산 및 염화수소 가스를 취급하는 제조 장치의 밸브, 펌프 등
		니켈-몰리브덴-크롬합금 주물	NMCrC-S	495 이상	산화성산, 플루오르산, 포름산 및 무수아세트산, 해수 및 염수를 취급하는 제조 장치의 밸브 등
		니켈-크롬-철 합금 주물	NCrFC-F	485 이상	질산, 지방산, 암모늄수 및 염화성 약품을 취급하는 제조 장치의 밸브 등
D 6024	구리 주물	1종	CAC101 (CuC1)	175 이상	송풍구, 대송풍구, 냉각판, 열풍 밸브, 전극 홀더, 일반 기계 부품 등
		2종	CAC102 (CuC2)	155 이상	송풍구, 전기용 터미널,분기 슬리브, 콘택트, 도체, 일반 전기 부품 등
		3종	CAC103 (CuC3)	135 이상	전로용 랜스 노즐, 전기용 터미널, 분기 슬리브,통전 서포트, 도체, 일반전기 부품 등
	황동 주물	1종	CAC201 (YBsC1)	145 이상	플랜지류, 전기 부품, 장식용품 등
		2종	CAC202 (YBsC2)	195 이상	전기 부품, 제기 부품, 일반 기계 부품 등
		3종	CAC203 (YBsC3)	245 이상	급배수 쇠붙이, 전기 부품, 건축용 쇠붙이, 일반기계 부품, 일용품, 잡화품 등
		4종	CAC204 (C85200)	241 이상	일반 기계 부품, 일용품, 잡화품 등
	고력 황동 주물	1종	CAC301 (HBsC1)	430 이상	선박용 프로펠러, 프로펠러 보닛, 베어링, 밸브 시트, 밸브봉, 베어링 유지기, 레버 암, 기어, 선박용 의장품 등
		2종	CAC302 (HBsC2)	490 이상	선박용 프로펠러, 베어링, 베어링 유지기, 슬리퍼, 엔드 플레이트, 밸브 시트, 밸브봉, 특수 실린더, 일반 기계 부품 등
		3종	CAC303 (HBsC3)	635 이상	저속 고하중의 미끄럼 부품, 대형 밸브. 스템, 부시, 웜 기어, 슬리퍼,캠, 수압 실린더 부품 등
		4종	CAC304 (HBsC4)	735 이상	저속 고하중의 미끄럼 부품, 교량용 지지판, 베어링, 부시, 너트, 웜 기어, 내마모판 등
	청동 주물	1종	CAC401 (BC1)	165 이상	베어링, 명판, 일반 기계 부품 등
		2종	CAC402 (BC2)	245 이상	베어링, 슬리브, 부시, 펌프 몸체, 임펠러, 밸브, 기어, 선박용 둥근 창, 전동 기기 부품 등
		3종	CAC403 (BC3)	245 이상	베어링, 슬리브, 부싱, 펌프, 몸체 임펠러, 밸브, 기어, 성박용 둥근 창, 전동 기기 부품, 일반 기계 부품 등
		6종	CAC406 (BC6)	195 이상	밸브, 펌프 몸체, 임펠러, 급수 밸브, 베어링, 슬리브, 부싱, 일반 기계 부품, 경관 주물, 미술 주물 등
		7종	CAC407 (BC7)	215 이상	베어링, 소형 펌프 부품,밸브, 연료 펌프, 일반 기계 부품 등
		8종 (함연 단동)	CAC408 (C83800)	207 이상	저압 밸브, 파이프 연결구, 일반 기계 부품 등
		9종	CAC409 (C92300)	248 이상	포금용, 베어링 등

5-5-8. 주물 (계속)

KS 규격	명 칭	분류 및 종별	기 호	인장강도 N/mm^2	주요 용도 및 특징
D 6024	인청동 주물	2종A	CAC502A (PBC2)	195 이상	기어, 웜 기어, 베어링, 부싱, 슬리브, 임펠러, 일반 기계 부품 등
		2종B	CAC502B (PBC2B)	295 이상	
		3종A	CAC503A	195 이상	미끄럼 부품, 유압 실린더, 슬리브, 기어, 제지용 각종 롤러 등
		3종B	CAC503B (PBC3B)	265 이상	미끄럼 부품, 유압 실린더, 슬리브, 기어, 제지용 각종 롤러 등
	납청동 주물	2종	CAC602 (LBC2)	195 이상	중고속 · 고하중용 베어링, 실린더, 밸브 등
		3종	CAC603 (LBC3)	175 이상	중고속 · 고하중용 베어링, 대형 엔진용 베어링
		4종	CAC604 (LBC4)	165 이상	중고속 · 중하중용 베어링, 차량용 베어링, 화이트 메탈의 뒤판 등
		5종	CAC605 (LBC5)	145 이상	중고속 · 저하중용 베어링, 엔진용 베어링 등
		6종	CAC606 (LBC6)	165 이상	경하중 고속용 부싱, 베어링, 철도용 차량, 파쇄기, 콘베어링 등
		7종	CAC607 (C94300)	207 이상	일반 베어링, 병기용 부싱 및 연결구, 중하중용 정밀 베어링, 조립식 베어링 등
		8종	CAC608 (C93200)	193 이상	경하중 고속용 베어링, 일반 기계 부품 등
	알루미늄 청동	1종	CAC701 (AlBC1)	440 이상	내산 펌프, 베어링, 부싱, 기어, 밸브 시트, 플런저, 제지용 롤러 등
		2종	CAC702 (AlBC2)	490 이상	선박용 소형 프로펠러, 베어링, 기어, 부싱, 밸브시트, 임펠러, 볼트 너트, 안전 공구, 스테인리스강용 베어링 등
		3종	CAC703 (AlBC3)	590 이상	선박용 프로펠러, 임펠러, 밸브, 기어, 펌프 부품, 화학 공업용 기기 부품, 스테인리스강용 베어링, 식품 가공용 기계 부품 등
		4종	CAC704 (AlBC4)	590 이상	선박용 프로펠러, 슬리브, 기어, 화학용 기기 부품 등
		5종	CAC705 (C95500)	620 이상	중하중을 받는 총포 슬라이드 및 지지부, 기어,부싱, 베어링, 프로펠러 날개 및 허브, 라이너 베어링 플레이트용 등
		–	CAC705HT (C95500)	760 이상	
		6종	CAC706 (C95300)	450 이상	중하중을 받는 총포 슬라이드 및 지지부, 기어, 부싱, 베어링, 프로펠러 날개 및 허브, 라이너 베어링 플레이트용 등
		–	CAC706HT (C95300)	550 이상	
	실리콘 청동	1종	CAC801 (SzBC1)	345 이상	선박용 의장품, 베어링, 기어 등
		2종	CAC802 (SzBC2)	440 이상	선박용 의장품, 베어링, 기어, 보트용 프로펠러 등
		3종	CAC803 (SzBS3)	390 이상	선박용 의장품, 베어링, 기어 등
		4종	CAC804 (C87610)	310 이상	선박용 의장품, 베어링, 기어 등
		5종	CAC805	300 이상	급수장치 기구류(수도미터, 밸브류, 이음류, 수전 밸브 등)

5-5-8. 주물 (계속)

KS 규격	명 칭	분류 및 종별	기 호	인장강도 N/mm^2	주요 용도 및 특징
D 6024	니켈 주석 청동 주물	1종	CAC901 (C94700)	310 이상	팽창부 연결품, 관 이음쇠, 기어볼트, 너트, 펌프 피스톤, 부싱, 베어링 등
		–	CAC901HT (C94700)	517 이상	
		2종	CAC902 (C94800)	276 이상	팽창부 연결품, 관 이음쇠, 기어볼트, 너트, 펌프 피스톤, 부싱, 베어링 등
	베릴륨 동 주물	3종	CAC903 (C82000)	311 이상	스위치 및 스위치 기어, 단로기, 전도 장치 등
		–	CAC903HT (C82000)	621 이상	
	베릴륨 청동 주물	4종	CAC904 (C82500)	518 이상	부싱, 캠, 베어링, 기어, 안전 공구 등
		–	CAC904HT (C82500)	1035 이상	
		5종	CAC905 (C82600)	552 이상	높은 경도와 최대의 강도가 요구되는 부품 등
		–	CAC905HT (C82600)	1139 이상	
		6종	CAC906	1139 이상	높은 인장 강도 및 내력과 함께 최대의 경도가 요구되는 부품 등
		–	CAC906HT (C82800)		
D 6025	구리합금 연속주조 주물	고력황동 연주 주물 1종	CAC301C	470 이상	베어링, 밸브 시트, 밸브 가이드, 베어링 유지기, 레버, 암, 기어, 선박,용 의장품 등
		고력황동 연주 주물 2종	CAC302C	530 이상	베어링, 베어링 유지기, 슬리퍼, 엔드플레이트, 밸브 시트, 밸브 가이드, 특수 실린더, 일반 기계 부품 등
		고력황동 연주 주물 3종	CAC303C	655 이상	저속, 고하중의 미끄럼 부품, 밸브, 스템, 부싱, 웜, 기어, 슬리퍼, 캠, 수압 실린더 부품 등
		고력황동 연주 주물 4종	CAC304C	755 이상	저속, 고하중의 미끄럼 부품, 교량용 베어링, 베어링, 부싱, 너트, 웜, 기어, 내마모관 등
		청동 연주 주물 1종	CAC401C	195 이상	수도꼭지 부품, 베어링, 명판, 일반기계 부품 등
		청동 연주 주물 2종	CAC402C	275 이상	베어링, 슬리브, 부싱, 기어, 선박용 원형창, 전동기기 부품 등
		청동 연주 주물 3종	CAC403C	275 이상	베어링, 슬리브, 부싱, 밸브, 기어, 전동기기 부품, 일반기계 부품 등
		청동 연주 주물 6종	CAC406C	245 이상	베어링, 슬리브, 부싱, 밸브, 시트링, 너트, 캣 너트, 헤더, 수도꼭지 부품, 일반기계 부품 등
		청동 연주 주물 7종	CAC407C	255 이상	베어링, 소형 펌프 부품, 일반기계 부품 등
		청동 연주 주물 8종 (함연단동)	CAC408C	207 이상	저압밸브, 파이프 연결구, 일반기계 부품 등
		청동 연주 주물 9종	CAC409C	276 이상	포금용, 베어링 등

5-5-8. 주물 (계속)

KS 규격	명 칭	분류 및 종별	기 호	인장강도 N/mm²	주요 용도 및 특징
D 6025	구리합금 연속주조 주물	인청동 연주 주물 2종	CAC502C	295 이상	기어, 웜 기어, 베어링, 부싱, 슬리브, 일반기계 부품 등
		인청동 연주 주물 3종	CAC503C	295 이상	미끄럼 부품, 유압 실린더, 슬리브, 기어, 라이너, 제지용 각종 롤 등
		연청동 연주 주물 3종	CAC603C	225 이상	중고속, 고하중용 베어링, 엔진용 베어링 등
		연청동 연주 주물 4종	CAC604C	220 이상	중고속, 중하중용 베어링, 차량용 베어링, 화이트메탈의 뒤판 등
		연청동 연주 주물 5종	CAC605C	175 이상	중고속, 저하중용 베어링, 엔진용 베어링 등
		연청동 연주 주물 6종	CAC606C	145 이상	경하중 고속용 부싱, 베어링, 철도용 차량, 파쇄기, 콘베어링 등
		연청동 연주 주물 7종	CAC607C	241 이상	일반 베어링, 병기용 부싱 및 연결구, 중하중용 정밀 베어링, 조립식 베어링 등
		연청동 연주 주물 8종	CAC608C	207 이상	경하중 고속용 베어링, 일반기계 부품 등
		알루미늄청동 연주 주물 1종	CAC701C	490 이상	베어링, 부싱, 기어, 밸브 시트, 플런저, 제지용 롤 등
		알루미늄청동 연주 주물 2종	CAC702C	540 이상	베어링, 기어, 부싱, 밸브 시트, 날개 바퀴, 볼트, 너트, 안전 공구 등
		알루미늄청동 연주 주물 3종	CAC703C	610 이상	베어링, 부싱, 펌프 부품, 선박용 볼트, 너트, 화학 공업용 기기 부품 등
		니켈주석 청동 연주 주물 1종	CAC901C	310 이상	팽창부 연결품, 관 이음쇠, 기어 볼트, 너트, 펌프 피스톤, 부싱, 베어링 등
		니켈주석 청동 연주 주물 2종	CAC902C	276 이상	팽창부 연결품, 관 이음쇠, 기어 볼트, 너트, 펌프 피스톤, 부싱, 베어링 등
D 6026	티타늄 및 티타늄합금 주물	2종	TC 340	340 이상	내식성, 특히 내해수성이 좋다. 화학 장치, 석유 정제 장치, 펄프 제지 공업 장치 등
		3종	TC 480	480 이상	
		12종	TC 340 Pd	340 이상	내식성, 특히 내틈새 부식성이 좋다. 화학 장치, 석유 정제 장치, 펄프 제지 공업 장치 등
		13종	TC 480 Pd	480 이상	
		60종	TAC 6400	895 이상	화학 공업, 기계 공업, 수송 기기 등의 구조재. 예를 들면 고압 반응조 장치, 고압 수송 장치, 레저용품 등

CHAPTER 06

철강 데이터

6-1 기계 구조용 탄소강 및 합금강

1. 특수 용도 합금강 볼트용 봉강 KS D 3723(폐지)

■ 종류, 기호 및 적용 지름

종류		기호	적용 지름	참고
1종	1호	SNB 21-1	지름 100 mm 이하	ASTM A 540-B 21 크롬 몰리브덴 바나듐강
	2호	SNB 21-2	지름 100 mm 이하	
	3호	SNB 21-3	지름 150 mm 이하	
	4호	SNB 21-4	지름 150 mm 이하	
	5호	SNB 21-5	지름 200 mm 이하	
2종	1호	SNB 22-1	지름 38 mm 이하	AISI 4142 H ASTM A 540-B 22 크롬 몰리브덴강
	2호	SNB 22-2	지름 75 mm 이하	
	3호	SNB 22-3	지름 100 mm 이하	
	4호	SNB 22-4	지름 100 mm 이하	
	5호	SNB 22-5	지름 100 mm 이하	
3종	1호	SNB 23-1	지름 200 mm 이하	AISI E-4340 H ASTM A 540-B 23 니켈 크롬 몰리브덴강
	2호	SNB 23-2	지름 240 mm 이하	
	3호	SNB 23-3	지름 240 mm 이하	
	4호	SNB 23-4	지름 240 mm 이하	
	5호	SNB 23-5	지름 240 mm 이하	
4종	1호	SNB 24-1	지름 200 mm 이하	AISI 4340 ASTM A 540-B 24 니켈 크롬 몰리브덴강
	2호	SNB 24-2	지름 240 mm 이하	
	3호	SNB 24-3	지름 240 mm 이하	
	4호	SNB 24-4	지름 240 mm 이하	
	5호	SNB 24-5	지름 240 mm 이하	

■ 화학성분

종류	기호	화학 성분 %								
		C	Si	Mn	P	S	Ni	Cr	Mo	V
1종 1~5호	SNB21-1~5	0.36 ~0.44	0.20 ~0.35	0.45 ~0.70	0.025 이하	0.025 이하	-	0.80 ~1.15	0.50 ~0.65	0.25 ~0.35
2종 1~5호	SNB22-1~5	0.39 ~0.46	0.20 ~0.35	0.65 ~1.10	0.025 이하	0.025 이하	-	0.75 ~1.20	0.15 ~0.25	-
3종 1~5호	SNB23-1~5	0.37 ~0.44	0.20 ~0.35	0.60 ~0.95	0.025 이하	0.025 이하	1.55 ~2.00	0.65 ~0.95	0.20 ~0.30	-
4종 1~5호	SNB24-1~5	0.37 ~0.44	0.20 ~0.35	0.70 ~0.90	0.025 이하	0.025 이하	1.65 ~2.00	0.70 ~0.95	0.30 ~0.40	-

■ 기계적 성질

기호	지름 mm	항복 강도 N/mm^2	인장 강도 N/mm^2	연신율 %	단면 수축율 %	경도 HB
SNB21-1	100 이하	1030 이상	1140 이상	10 이상	35 이상	321~429
SNB21-2	100 이하	960 이상	1070 이상	11 이상	40 이상	311~401
SNB21-3	75 이하 75 초과 150 이하	890 이상	1000 이상	12 이상	40 이상	293~352 302~375
SNB21-4	75 이하 75 초과 150 이하	825 이상	930 이상	13 이상	45 이상	269~331 277~352
SNB21-5	50 이하 50 초과 150 이하 150 초과 200 이하	715 이상 685 이상 685 이상	820 이상 790 이상 790 이상	15이상	50 이상	241~285 248~302 255~311
SNB22-1	38 이하	1030 이상	1140 이상	10 이상	35 이상	321~401
SNB22-2	75 이하	960 이상	1070 이상	11 이상	40 이상	311~401
SNB22-3	50 이하 50 초과 100 이하	890 이상	1000 이상	12 이상	40 이상	293~363 302~375
SNB22-4	25 이하 25 초과 100 이하	825 이상	930 이상	13 이상	45 이상	269~341 277~363
SNB22-5	50 이하 50 초과 100 이하	715 이상 685 이상	820 이상 790 이상	15 이상	50 이상	248~293 255~302
SNB23-1	75 이하 75 초과 150 이하 150 초과 200 이하	1030 이상	1140 이상	10 이상	35 이상	321~415 331~429 341~444
SNB23-2	75 이하 75 초과 150 이하 150 초과 240 이하	960 이상	1070 이상	11 이상	40 이상	311~388 311~401 321~415
SNB23-3	75 이하 75 초과 150 이하 150 초과 240 이하	890 이상	1000 이상	12 이상	40 이상	293~363 302~375 311~388
SNB23-4	75 이하 75 초과 150 이하 150 초과 240 이하	825 이상	930 이상	13 이상	45 이상	269~341 277~352 285~363
SNB23-5	150 이하 150 초과 200 이하 200 초과 240 이하	715 이상 685 이상 685 이상	820 이상 790 이상 790 이상	15 이상	50 이상	248~311 255~321 262~321
SNB24-1	150 이하 150 초과 200 이하	1030 이상	1140 이상	10 이상	35 이상	321~415 331~429
SNB24-2	175 이하 175 초과 240 이하	960 이상	1070 이상	11 이상	40 이상	311~401 321~415
SNB24-3	75 이하 75 초과 200 이하 200 초과 240 이하	890 이상	1000 이상	12 이상	40 이상	293~363 302~388 311~388
SNB24-4	75 이하 75 초과 150 이하 150 초과 200 이하 200 초과 240 이하	825 이상	930 이상	13 이상	45 이상	269~341 277~352 285~363 293~363
SNB24-5	150 이하 150 초과 200 이하 200 초과 240 이하	715 이상 685 이상 685 이상	820 이상 790 이상 790 이상	15 이상	50 이상	248~311 255~321 262~321

2. 기계 구조용 탄소 강재 KS D 3752 : 2007

■ 화학성분

단위 : %

기호	화학 성분 (%)				
	C	Si	Mn	P	S
SM 10C	0.08~0.13	0.15~0.35	0.30~0.60	0.030 이하	0.035 이하
SM 12C	0.10~0.15	0.15~0.35	0.30~0.60	0.030 이하	0.035 이하
SM 15C	0.13~0.18	0.15~0.35	0.30~0.60	0.030 이하	0.035 이하
SM 17C	0.15~0.20	0.15~0.35	0.30~0.60	0.030 이하	0.035 이하
SM 20C	0.18~0.23	0.15~0.35	0.30~0.60	0.030 이하	0.035 이하
SM 22C	0.20~0.25	0.15~0.35	0.30~0.60	0.030 이하	0.035 이하
SM 25C	0.22~0.28	0.15~0.35	0.30~0.60	0.030 이하	0.035 이하
SM 28C	0.25~0.31	0.15~0.35	0.60~0.90	0.030 이하	0.035 이하
SM 30C	0.27~0.33	0.15~0.35	0.60~0.90	0.030 이하	0.035 이하
SM 33C	0.30~0.36	0.15~0.35	0.60~0.90	0.030 이하	0.035 이하
SM 35C	0.32~0.38	0.15~0.35	0.60~0.90	0.030 이하	0.035 이하
SM 38C	0.35~0.41	0.15~0.35	0.60~0.90	0.030 이하	0.035 이하
SM 40C	0.37~0.43	0.15~0.35	0.60~0.90	0.030 이하	0.035 이하
SM 43C	0.40~0.46	0.15~0.35	0.60~0.90	0.030 이하	0.035 이하
SM 45C	0.42~0.48	0.15~0.35	0.60~0.90	0.030 이하	0.035 이하
SM 48C	0.45~0.51	0.15~0.35	0.60~0.90	0.030 이하	0.035 이하
SM 50C	0.47~0.53	0.15~0.35	0.60~0.90	0.030 이하	0.035 이하
SM 53C	0.50~0.56	0.15~0.35	0.60~0.90	0.030 이하	0.035 이하
SM 55C	0.52~0.58	0.15~0.35	0.60~0.90	0.030 이하	0.035 이하
SM 58C	0.55~0.61	0.15~0.35	0.60~0.90	0.030 이하	0.035 이하
SM 9CK	0.07~0.12	0.10~0.35	0.30~0.60	0.025 이하	0.025 이하
SM 15CK	0.13~0.18	0.15~0.35	0.30~0.60	0.025 이하	0.025 이하
SM 20CK	0.18~0.23	0.15~0.35	0.30~0.60	0.025 이하	0.025 이하

비고 SM9CK, SM15CK 및 SM20CK의 3종류는 침탄용으로 사용한다.

3. 경화능 보증 구조용 강재(H강) KS D 3754(폐지)

■ 종류 및 기호

종류의 기호	참 고	적 요
	구 기 호	
SMn 420 H	SMn 21 H	망간 강재
SMn 433 H	SMn 1 H	
SMn 438 H	SMn 2 H	
SMn 433 H	SMn 3 H	
SMnC 420 H	SMnC 21 H	망간 크롬 강재
SMnC 433 H	SMnC 3 H	
SCr 415 H	SCr 21 H	크롬 강재
SCr 420 H	SCr 22 H	
SCr 430 H	SCr 2 H	
SCr 435 H	SCr 3 H	
SCr 440 H	SCr 4 H	

종류의 기호	참 고	적 요
	구 기 호	
SCM 415 H	SCM 21 H	크롬 몰리브덴 강재
SCM 418 H	–	
SCM 420 H	SCM 22 H	
SCM 435 H	SCM 3 H	
SCM 440 H	SCM 4 H	
SCM 445 H	SCM 5 H	
SCM 822 H	SCM 24 H	
SNC 415 H	SNC 21 H	니켈 크롬 강재
SNC 631 H	SNC 2 H	
SNC 815 H	SNC 22 H	
SNCM 220 H	SNCM 21 H	니켈 크롬 몰리브덴 강재
SNCM 420 H	SNCM 23 H	

■ 화학 성분

종류의 기호	참 고	화학 성분 %							
	구 기 호	C	Si	Mn	P	S	Ni	Cr	Mo
SMn 420 H	SMn 21 H	0.16~0.23	0.15~0.35	1.15~1.55	0.030 이하	0.030 이하	–	–	–
SMn 433 H	SMn 1 H	0.29~0.36	0.15~0.35	1.15~1.55	0.030 이하	0.030 이하	–	–	–
SMn 438 H	SMn 2 H	0.34~0.41	0.15~0.35	1.30~1.70	0.030 이하	0.030 이하	–	–	–
SMn 443 H	SMn 3 H	0.39~0.46	0.15~0.35	1.30~1.70	0.030 이하	0.030 이하	–	–	–
SMnC 420 H	SMnC 21 H	0.16~0.23	0.15~0.35	1.15~1.55	0.030 이하	0.030 이하	–	0.35~0.70	–
SMnC 443 H	SMnC 3 H	0.39~0.46	0.15~0.35	1.30~1.70	0.030 이하	0.030 이하	–	0.35~0.70	–
SCr 415 H	SCr 21 H	0.12~0.18	0.15~0.35	0.55~0.90	0.030 이하	0.030 이하	–	0.85~1.25	–
SCr 420 H	SCr 22 H	0.17~0.23	0.15~0.35	0.55~0.90	0.030 이하	0.030 이하	–	0.85~1.25	–
SCr 430 H	SCr 2 H	0.27~0.34	0.15~0.35	0.55~0.90	0.030 이하	0.030 이하	–	0.85~1.25	–
SCr 435 H	SCr 3 H	0.32~0.39	0.15~0.35	0.55~0.90	0.030 이하	0.030 이하	–	0.85~1.25	–
SCr 440 H	SCr 4 H	0.37~0.44	0.15~0.35	0.55~0.90	0.030 이하	0.030 이하	–	0.85~1.25	–
SCM 415 H	SCM 21 H	0.12~0.18	0.15~0.35	0.55~0.90	0.030 이하	0.030 이하	–	0.85~1.25	0.15~0.35
SCM 418 H	–	0.15~0.21	0.15~0.35	0.55~0.90	0.030 이하	0.030 이하	–	0.85~1.25	0.15~0.35
SCM 420 H	SCM 22 H	0.17~0.23	0.15~0.35	0.55~0.90	0.030 이하	0.030 이하	–	0.85~1.25	0.15~0.35
SCM 435 H	SCM 3 H	0.32~0.39	0.15~0.35	0.55~0.90	0.030 이하	0.030 이하	–	0.85~1.25	0.15~0.35
SCM 440 H	SCM 4 H	0.37~0.44	0.15~0.35	0.55~0.90	0.030 이하	0.030 이하	–	0.85~1.25	0.15~0.35
SCM 445 H	SCM 5 H	0.42~0.49	0.15~0.35	0.55~0.90	0.030 이하	0.030 이하	–	0.85~1.25	0.15~0.35
SCM 822 H	SCM 24 H	0.19~0.25	0.15~0.35	0.55~0.90	0.030 이하	0.030 이하	–	0.85~1.25	0.35~0.45
SNC 415 H	SNC 21 H	0.11~018	0.15~0.35	0.30~0.70	0.030 이하	0.030 이하	1.95~2.50	0.20~0.55	–
SNC 631 H	SNC 2 H	0.26~0.35	0.15~0.35	0.30~0.70	0.030 이하	0.030 이하	2.45~3.00	0.55~1.05	–
SNC 815 H	SNC 22 H	0.11~0.18	0.15~0.35	0.30~0.70	0.030 이하	0.030 이하	2.95~3.50	0.65~1.05	–
SNCM 220 H	SNCM 21 H	0.17~0.23	0.15~0.35	0.60~0.95	0.030 이하	0.030 이하	0.35~0.75	0.35~0.65	0.15~0.30
SNCM 420 H	SNCM 23 H	0.17~0.23	0.15~0.35	0.40~0.70	0.030 이하	0.030 이하	1.55~2.00	0.35~0.65	0.15~0.30

4. 고온용 합금강 볼트재 KS D 3755(폐지)

■ 종류와 기호 및 적용 지름

종류	기호	적용 지름	참고
1종	SNB 5	지름 100 mm 이하	AISI 501 ASTM A 193-B5 5% 크롬 강
2종	SNB 7	지름 120 mm 이하	AISI 4140, 4142, 4145 ASTM A 193-B7 크롬 몰리브데넘 강
3종	SNB 16	지름 180 mm 이하	ASTM A 193-B16 크롬몰리브데넘바나듐 강

■ 템퍼링 온도

종류	기호	템퍼링 온도 (℃)
1종	SNB 5	595 이상
2종	SNB 7	595 이상
3종	SNB 16	650 이상

■ 화학성분

단위 : %

종류	기호	C	Si	Mn	P	S	Cr	Mo	V
1종	SNB 5	0.10 이상	1.00 이하	1.00 이하	0.040 이하	0.030 이하	4.00~6.00	0.40~0.65	–
2종	SNB 7	0.38~0.48	0.20~0.35	0.75~1.00	0.040 이하	0.040 이하	0.80~1.10	0.15~0.25	–
3종	SNB 16	0.36~0.44	0.20~0.35	0.45~0.70	0.040 이하	0.040 이하	0.80~1.15	0.50~0.65	0.25~0.35

■ 기계적 성질

종류	기호	지름 mm	항복 강도 N/mm^2	인장 강도 N/mm^2	연신율 %	단면 수축율 %
1종	SNB 5	100 이하	550 이상	690 이상	16 이상	50 이상
2종	SNB 7	63 이하	725 이상	860 이상	16 이상	50 이상
		63 초과 100 이하	655 이상	800 이상	16 이상	50 이상
		100 초과 120 이하	520 이상	690 이상	18 이상	50 이상
3종	SNB 16	63 이하	725 이상	860 이상	18 이상	50 이상
		63 초과 100 이하	655 이상	760 이상	17 이상	50 이상
		100 초과 120 이하	590 이상	690 이상	16 이상	50 이상

5. 알루미늄 크롬 몰리브덴 강재 KS D 3756 : 2005

■ 종류 및 기호

종류의 기호	적 요
S Al Cr Mo 1	표면 질화용에 사용한다.

■ 화학 성분

종류의 기호	화학 성분 %							
	C	Si	Mn	P	S	Cr	Mo	Al
S Al Cr Mo 1	0.40~0.50	0.15~0.50	0.60 이하	0.030 이하	0.030 이하	1.30~1.70	0.15~0.30	0.70~1.20

6. 기계구조용 합금강 강재 KS D 3867 : 2015

■ 종류와 기호

종류의 기호	분류	종류의 기호	분류	종류의 기호	분류	종류의 기호	분류
SMn 420	망가니즈강	SCr 445	크롬강	SCM 440	크롬 몰리브데넘강	SNCM 420	니켈크롬 몰리브데넘강
SMn 433				SCM 445		SNCM 431	
SMn 438		SCM 415	크롬 몰리브데넘강	SCM 822		SNCM 439	
SMn 443		SCM 418		SNC 236	니켈 크롬강	SNCM 447	
SMnC 420	망가니즈 크롬강	SCM 420		SNC 415		SNCM 616	
SMnC 443		SCM 421		SNC 631		SNCM 625	
SCr 415	크롬강	SCM 425		SNC 815		SNCM 630	
SCr 420		SCM 430		SNC 836		SNCM 815	
SCr 430		SCM 432		SNCM 220	니켈 몰리브데넘강		
SCr 435		SCM 435		SNCM 240			
SCr 440				SNCM 415			

비고

SMn 420, SMnC 420, SCr 415, SCr 420 SCM 415, SCM 418, SCM 420, SCM 421, SCM 822, SNC 415, SNC 815, SNCM 220, SNCM 415, SNCM 420, SNCM 616 및 SNCM 815는 주로 표면 담금질용으로 사용한다.

■ 화학성분

단위 : %

종류의 기호	C	Si	Mn	P	S	Ni	Cr	Mo
SMn 420	0.17~0.23	0.15~0.35	1.20~0.50	0.030 이하	0.030 이하	0.25 이하	0.35 이하	–
SMn 433	0.30~0.36	0.15~0.35	1.20~0.50	0.030 이하	0.030 이하	0.25 이하	0.35 이하	–
SMn 438	0.35~0.41	0.15~0.35	1.35~1.65	0.030 이하	0.030 이하	0.25 이하	0.35 이하	–
SMn 433	0.40~0.46	0.15~0.35	1.35~1.65	0.030 이하	0.030 이하	0.25 이하	0.35 이하	–
SMnC 420	0.17~0.23	0.15~0.35	1.20~1.50	0.030 이하	0.030 이하	0.25 이하	0.35~0.70	–
SMnC 443	0.40~0.46	0.15~0.35	1.35~1.65	0.030 이하	0.030 이하	0.25 이하	0.35~0.70	–
SCr 415	0.13~0.18	0.15~0.35	0.60~0.90	0.030 이하	0.030 이하	0.25 이하	0.90~1.20	–
SCr 420	0.18~0.23	0.15~0.35	0.60~0.90	0.030 이하	0.030 이하	0.25 이하	0.90~1.20	–
SCr 430	0.28~0.33	0.15~0.35	0.60~0.90	0.030 이하	0.030 이하	0.25 이하	0.90~1.20	–
SCr 435	0.33~0.38	0.15~0.35	0.60~0.90	0.030 이하	0.030 이하	0.25 이하	0.90~1.20	–
SCr 440	0.38~0.43	0.15~0.35	0.60~0.90	0.030 이하	0.030 이하	0.25 이하	0.90~1.20	–
SCr 445	0.43~0.48	0.15~0.35	0.60~0.90	0.030 이하	0.030 이하	0.25 이하	0.90~1.20	–
SCM 415	0.13~0.18	0.15~0.35	0.60~0.90	0.030 이하	0.030 이하	0.25 이하	0.90~1.20	0.15~0.25
SCM 418	0.16~0.21	0.15~0.35	0.60~0.90	0.030 이하	0.030 이하	0.25 이하	0.90~1.20	0.15~0.25
SCM 420	0.18~0.23	0.15~0.35	0.60~0.90	0.030 이하	0.030 이하	0.25 이하	0.90~1.20	0.15~0.25
SCM 421	0.17~0.23	0.15~0.35	0.70~1.00	0.030 이하	0.030 이하	0.25 이하	0.90~1.20	0.15~0.25
SCM 425	0.23~0.28	0.15~0.35	0.60~0.90	0.030 이하	0.030 이하	0.25 이하	0.90~1.20	0.15~0.30
SCM 430	0.28~0.33	0.15~0.35	0.60~0.90	0.030 이하	0.030 이하	0.25 이하	0.90~1.20	0.15~0.30
SCM 432	0.27~0.37	0.15~0.35	0.30~0.60	0.030 이하	0.030 이하	0.25 이하	1.00~1.50	0.15~0.30
SCM 435	0.33~0.38	0.15~0.35	0.60~0.90	0.030 이하	0.030 이하	0.25 이하	0.90~1.20	0.15~0.30
SCM 440	0.38~0.43	0.15~0.35	0.60~0.90	0.030 이하	0.030 이하	0.25 이하	0.90~1.20	0.15~0.30
SCM 445	0.43~0.48	0.15~0.35	0.60~0.90	0.030 이하	0.030 이하	0.25 이하	0.90~1.20	0.15~0.30
SCM 822	0.20~0.25	0.15~0.35	0.60~0.90	0.030 이하	0.030 이하	0.25 이하	0.90~1.20	0.35~0.45
SNC 236	0.32~0.40	0.15~0.35	0.50~0.80	0.030 이하	0.030 이하	1.00~1.50	0.50~0.90	–
SNC 415	0.12~0.18	0.15~0.35	0.35~0.65	0.030 이하	0.030 이하	2.00~2.50	0.20~0.50	–
SNC 631	0.27~0.35	0.15~0.35	0.35~0.65	0.030 이하	0.030 이하	2.50~3.00	0.60~1.00	–
SNC 815	0.12~0.18	0.15~0.35	0.35~0.65	0.030 이하	0.030 이하	3.00~3.50	0.60~1.00	–
SNC 836	0.32~0.40	0.15~0.35	0.35~0.65	0.030 이하	0.030 이하	3.00~3.50	0.60~1.00	–
SNCM 220	0.17~0.23	0.15~0.35	0.60~0.90	0.030 이하	0.030 이하	0.40~0.70	0.40~0.60	0.15~0.25
SNCM 240	0.38~0.43	0.15~0.35	0.70~1.00	0.030 이하	0.030 이하	0.40~0.70	0.40~0.60	0.15~0.30
SNCM 415	0.12~0.18	0.15~0.35	0.40~0.70	0.030 이하	0.030 이하	1.60~2.00	0.40~0.60	0.15~0.30
SNCM 420	0.17~0.23	0.15~0.35	0.40~0.70	0.030 이하	0.030 이하	1.60~2.00	0.40~0.60	0.15~0.30
SNCM 431	0.27~0.35	0.15~0.35	0.60~0.90	0.030 이하	0.030 이하	1.60~2.00	0.60~1.00	0.15~0.30
SNCM 439	0.36~0.43	0.15~0.35	0.60~0.90	0.030 이하	0.030 이하	1.60~2.00	0.60~1.00	0.15~0.30
SNCM 447	0.44~0.50	0.15~0.35	0.60~0.90	0.030 이하	0.030 이하	1.60~2.00	0.60~1.00	0.15~0.30
SNCM 616	0.13~0.20	0.15~0.35	0.80~1.20	0.030 이하	0.030 이하	2.80~3.20	1.40~1.80	0.40~0.60
SNCM 625	0.20~0.30	0.15~0.35	0.35~0.60	0.030 이하	0.030 이하	3.00~3.50	1.00~1.50	0.15~0.30
SNCM 630	0.25~0.35	0.15~0.35	0.35~0.60	0.030 이하	0.030 이하	2.50~3.50	2.50~3.50	0.30~0.70
SNCM 815	0.12~0.18	0.15~0.35	0.30~0.60	0.030 이하	0.030 이하	4.00~4.50	0.70~1.00	0.15~0.30

6-2 특수 용도강 – 스테인리스강, 내열강, 초합금

1. 내식 내열 초합금 봉 KS D 3531 : 2007

■ 종류의 기호

종류의 기호
NCF 600
NCF 601
NCF 625
NCF 690
NCF 718
NCF 750
NCF 751
NCF 800
NCF 800H
NCF 825
NCF 80A

비고 봉임을 기호로 표시할 필요가 있는 경우에는 종류의 기호 뒤에 –B를 부기한다.
[보기] NCF 600–B

■ 화학성분

단위 : %

종류의 기호	C	Si	Mn	P	S	Ni	Cr	Fe	Mo	Cu	Al	Ti	Nb+Ta	B
NCF 600	0.15 이하	0.50 이하	1.00 이하	0.030 이하	0.015 이하	72.00 이상	14.00~17.00	6.00~10.00	–	0.50 이하	–	–	–	–
NCF 601	0.10 이하	0.50 이하	1.00 이하	0.030 이하	0.015 이하	58.00~63.00	21.00~25.00	나머지	–	1.00 이하	1.00~1.70	–	–	–
NCF 625	0.10 이하	0.50 이하	0.50 이하	0.015 이하	0.015 이하	58.00 이상	20.00~23.00	5.00 이하	8.00~10.00	–	0.40 이하	0.40 이하	3.15~4.15	–
NCF 690	0.05 이하	0.50 이하	0.50 이하	0.030 이하	0.015 이하	58.00 이상	27.00~31.00	7.00~11.00	–	0.50 이하	–	–	–	–
NCF 718	0.08 이하	0.35 이하	0.35 이하	0.015 이하	0.015 이하	50.00~55.00	17.00~21.00	나머지	2.80~3.30	0.30 이하	0.20~0.80	0.65~1.15	4.75~5.50	0.006 이하
NCF 750	0.08 이하	0.50 이하	1.00 이하	0.030 이하	0.015 이하	70.00 이상	14.00~17.00	5.00~9.00	–	0.50 이하	0.40~1.00	2.25~2.75	0.70~1.20	–
NCF 751	0.10 이하	0.50 이하	1.00 이하	0.030 이하	0.015 이하	70.00 이상	14.00~17.00	5.00~9.00	–	0.50 이하	0.90~1.50	2.00~2.60	0.70~1.20	–
NCF 800	0.10 이하	1.00 이하	1.50 이하	0.030 이하	0.015 이하	30.00~35.00	19.00~23.00	나머지	–	0.75 이하	0.15~0.60	0.15~0.60	–	–
NCF 800H	0.05~0.10	1.00 이하	1.50 이하	0.030 이하	0.015 이하	30.00~35.00	19.00~23.00	나머지	–	0.75 이하	0.15~0.60	0.15~0.60	–	–
NCF 825	0.05 이하	0.50 이하	1.00 이하	0.030 이하	0.015 이하	38.00~46.00	19.50~23.50	나머지	2.50~3.50	1.50~3.50	0.20 이하	0.60~1.20	–	–
NCF 80A	0.04~0.10	1.00 이하	1.00 이하	0.030 이하	0.015 이하	나머지	18.00~21.00	1.50 이하	–	0.20 이하	1.00~1.80	1.80~2.70	–	–

■ 기계적 성질

종류의 기호	열처리	기호	항복 강도 N/mm²	인장 강도 N/mm²	연신율 %	경도	적용치수 mm
						HBW	지름, 변, 맞변거리 또는 두께
NCF 600	어닐링	A	245 이상	550 이상	30 이상	179 이하	–
NCF 601	어닐링	A	195 이상	550 이상	30 이상	–	–
NCF 625	어닐링	A	415 이상	830 이상	30 이상	–	100 이하
			345 이상	760 이상	30 이상	–	100 초과 250 이하
	고용화 열처리	S	275 이상	690 이상	30 이상	–	–
NCF 690	어닐링	A	240 이상	590 이상	30 이상	–	100 이하
NCF 718	고용화 열처리 후 시효 처리	H	1035 이상	1280 이상	12 이상	331 이상	100 이하
NCF 750	고용화 열처리	S1, S2	–	–	–	320 이하	100 이하
	고용화 열처리 후 시효 처리	H1	615 이상	960 이상	8 이상	262 이상	100 이하
	고용화 열처리 후 시효 처리	H2	795 이상	1170 이상	18 이상	302~363	60 이하
			795 이상	1170 이상	15 이상	302~363	60 초과 100 이하
NCF 751	고용화 열처리	S	–	–	–	375 이하	100 이하
	고용화 열처리 후 시효 처리	H	615 이상	960 이상	8 이상	–	100 이하
NCF 800	어닐링	A	205 이상	520 이상	30 이상	179 이하	–
NCF 800H	고용화 열처리	S	175 이상	450 이상	30 이상	167 이하	–
NCF 825	어닐링	A	235 이상	580 이상	30 이상	–	–
NCF 80A	고용화 열처리	S	–	–	–	269 이하	100 이하
	고용화 열처리 후 시효 처리	H	600 이상	1000 이상	20 이상	–	100 이하

2. 내식 내열 초합금 판 KS D 3532 : 2002

■ 종류의 기호

종류의 기호
NCF 600
NCF 601
NCF 625
NCF 690
NCF 718
NCF 750
NCF 751
NCF 800
NCF 800H
NCF 825
NCF 80A

비고 판임을 기호로 표시할 필요가 있는 경우에는 종류의 기호 뒤에 –P를 부기한다.

[보기] NCF 600–P

■ 화학성분

단위 : %

종류의 기호	C	Si	Mn	P	S	Ni	Cr	Fe	Mo	Cu	Al	Ti	Nb+Ta	B
NCF 600	0.15 이하	0.50 이하	1.00 이하	0.030 이하	0.015 이하	72.00 이상	14.00~ 17.00	6.00~ 10.00	–	0.50 이하	–	–	–	–
NCF 601	0.10 이하	0.50 이하	1.00 이하	0.030 이하	0.015 이하	58.00~ 63.00	21.00~ 25.00	나머지	–	1.00 이하	1.00~ 1.70	–	–	–
NCF 625	0.10 이하	0.50 이하	0.50 이하	0.015 이하	0.015 이하	58.00 이상	20.00~ 23.00	5.00 이하	8.00~ 10.00	–	0.40 이하	0.40 이하	3.15~ 4.15	–
NCF 690	0.05 이하	0.50 이하	0.50 이하	0.030 이하	0.015 이하	58.00 이상	27.00~ 31.00	7.00~ 11.00	–	0.50 이하	–	–	–	–
NCF 718	0.08 이하	0.35 이하	0.35 이하	0.015 이하	0.015 이하	50.00~ 55.00	17.00~ 21.00	나머지	2.80~ 3.30	0.30 이하	0.20~ 0.80	0.65~ 1.15	4.75~ 5.50	0.006 이하
NCF 750	0.08 이하	0.50 이하	1.00 이하	0.030 이하	0.015 이하	70.00 이상	14.00~ 17.00	5.00~ 9.00	–	0.50 이하	0.40~ 1.00	2.25~ 2.75	0.70~ 1.20	–
NCF 751	0.10 이하	0.50 이하	1.00 이하	0.030 이하	0.015 이하	70.00 이상	14.00~ 17.00	5.00~ 9.00	–	0.50 이하	0.90~ 1.50	2.00~ 2.60	0.70~ 1.20	–
NCF 800	0.10 이하	1.00 이하	1.50 이하	0.030 이하	0.015 이하	30.00~ 35.00	19.00~ 23.00	나머지	–	0.75 이하	0.15~ 0.60	0.15~ 0.60	–	–
NCF 800H	0.05~ 0.10	1.00 이하	1.50 이하	0.030 이하	0.015 이하	30.00~ 35.00	19.00~ 23.00	나머지	–	0.75 이하	0.15~ 0.60	0.15~ 0.60	–	–
NCF 825	0.05 이하	0.50 이하	1.00 이하	0.030 이하	0.015 이하	38.00~ 46.00	19.50~ 23.50	나머지	2.50~ 3.50	1.50~ 3.50	0.20 이하	0.60~ 1.20	–	–
NCF 80A	0.04~ 0.10	1.00 이하	1.00 이하	0.030 이하	0.015 이하	나머지	18.00~ 21.00	1.50 이하	–	0.20 이하	1.00~ 1.80	1.80~ 2.70	–	–

■ 표면 다듬질

표면 다듬질의 기호	적 용
No.1	열간 압연 후 열처리, 산 세척 또는 이것에 준하는 처리를 한 것
No.2D	열간 압연 후 열처리, 산 세척 또는 이것에 준하는 처리를 한 것. 또 무광택 롤러에 의해 마지막으로 가볍게 냉간 압연한 것도 이것에 포함시킨다.

■ 열처리 기호

항 목	기 호
고용화 열처리	S, S1, S2
어닐링	A
고용화 열처리 후 시효처리	H, H1, H2

■ 기계적 성질

종류의 기호	열처리	기호	0.2 % 항복 강도 N/mm²	인장 강도 N/mm²	연신율 %	경도			적용 두께 mm
						HBS 또는 HBW	HRB 또는 HRC	HV	
NCF 600	어닐링	A	245 이상	550 이상	30 이상	179 이하	HRB 89 이하	182 이하	–
NCF 601	어닐링	A	195 이상	550 이상	30 이상	–	–	–	–
NCF 625	어닐링	A	415 이상	830 이상	30 이상	–	–	–	0.5 초과 3.0 이하
			380 이상	760 이상	30 이상	–	–	–	3.0 초과 70 이하
	고용화 열처리	S	275 이상	690 이상	30 이상	–	–	–	0.5 초과 70 이하
NCF 690	어닐링	A	240 이상	590 이상	30 이상	–	–	–	0.5 초과
NCF 718	고용화 열처리 후 시효 처리	H	1035 이상	1240 이상	12 이상	–	–	–	25 이하
			1035 이상	1240 이상	10 이상	–	–	–	25 초과 60 이하
NCF 750	고용화 열처리	S1	–	890 이하	40 이상	321 이하	HRC 35 이하	335 이하	0.6 초과 6 이하
		S2		930 이하	35 이상	321 이하	HRC 35 이하	335 이하	
	고용화 열처리 후 시효 처리	H1	615 이상	960 이상	8 이상	262 이상	HRC 26 이상	270 이상	
	고용화 열처리 후 시효 처리	H2	795 이상	1170 이상	18 이상	302~363	HRC 32~40	313~382	
NCF 751	고용화 열처리	S	–	–	–	375 이하	HRC 41 이하	395 이하	100 이하
	고용화 열처리 후 시효 처리	H	615 이상	960 이상	8 이상	–	–	–	100 이하
NCF 800	어닐링	A	205 이상	520 이상	30 이상	179 이하	HRB 89 이하	182 이하	–
NCF 800H	고용화 열처리	S	175 이상	450 이상	30 이상	167 이하	HRB 86 이하	171 이하	–
NCF 825	어닐링	A	235 이상	580 이상	30 이상	207 이하	HRB 96 이하	214 이하	0.5 초과
NCF 80A	고용화 열처리	S	–	–	–	241 이하	HRB 100 이하	250 이하	–
	고용화 열처리 후 시효 처리	H	–	1030 이상	15 이상	269 이상	HRC 27 이상	285 이상	0.3 이상 0.5 미만
			635 이상	1030 이상	25 이상				0.5 이상 3.0 미만
			615 이상	1000 이상	20 이상				3.0 이상 9.5 이하

3. 스프링용 스테인리스 강대 KS D 3534 : 2015(2017 확인)

■ 종류의 기호 및 분류

종류의 기호	분 류
STS 301-CSP	오스테나이트계
STS 304-CSP	오스테나이트계
STS 420 J2-CSP	마르텐사이트계
STS 631-CSP	석출 경화계

4. 스프링용 스테인리스 강선 KS D 3535 : 2002(2017 확인)

■ 종류의 기호, 조질 및 분류

종류의 기호	조 질		분 류
	구 분	기 호	
STS 302	A종	-WPA	오스테나이트계
	B종	-WPB	
STS 304	A종	-WPA	
	B종	-WPB, -WPBS(1)	
	D종	-WPDS(1)	
STS 304 N1	A종	-WPA	
	B종	-WPB	
STS 631 J1	A종	-WPA	석출 경화계
	C종	-WPC	

주 (1) 기호 끝의 S는 진직성이 필요한 선을 표시한다.

비고 진직성이 필요한 선의 종류 및 조질은 STS 304의 B종 및 D종으로 한다.

■ 인장 강도

선지름 (mm)	인장 강도 N/mm²			
	A종	B종	C종	D종
	STS 302－WPA STS 304－WPA STS 304 N1－WPA STS 316－WPA	STS 302－WPB STS 304－WPB STS 304 N1－WPBS STS 316－WPB	STS 631 J1－	STS 304－WPDS
0.080	1650~1900	2150~2400	－	－
0.090				
0.10 0.12 0.14 0.16 0.18 0.20			1950~2200	
0.23 0.26	1600~1850	2050~2300	1930~2180	1700~2000
0.29 0.32 0.35 0.40				
0.45 0.50 0.55 0.60		1950~2200	1850~2100	1650~1950
0.65 0.70	1530~1780	1850~2100	1800~2050	1550~1850
0.80 0.90				1500~1800
1.00				1500~1750
1.20	1450~1700	1750~2000	1700~1950	1470~1720
1.40				1420~1670
1.60	1400~1650	1650~1900	1600~1850	1370~1620
1.80 2.00				－
2.30 2.60	1320~1570	1550~1800	1500~1750	
2.90 3.20 3.50 4.00	1230~1480	1450~1700	1400~1650	
4.50 5.00 5.50 6.00	1100~1350	1350~1600	1300~1550	
6.50 7.00 8.00	1000~1250	1270~1520	－	
9.00	－	1130~1380		
10.0		980~1230		
12.0		880~1130		

5. 도장 스테인리스 강판 KS D 3615 : 1987(2012 확인)

■ 종류의 기호, 도장구분 및 원판

종류의 기호	도장 구분	원 판
STS C 304	한쪽면	STS 304
STS CD 304	양쪽면	
STS C 430	한쪽면	STS 430
STS CD 430	양쪽면	

주) 도장구분의 한쪽면이란, 도장면을 한쪽으로 하고 반대쪽에 보호막을 한 것을 말한다.

■ 무게의 계산 방법

계산 순서		계산 방법	결과의 자리수
기본 무게 kg/mm · m^2	STS C304, STS CD304	7.93 (두께 1mm · 면적 $1m^2$)	–
	STS C430, STS CD430	7.70 (두께 1mm · 면적 $1m^2$)	–
단위 무게 kg/m^2		기본무게(kg/mm · m^2)×두께 (mm)	유효숫자 4자리로 끝맺음
판	판 면적 m^2	나비(mm)×길이 (mm)×10^{-6}	유효숫자 4자리로 끝맺음
	1장의 무게 kg	단위무게 (kg/m^2)×판의 면적 (m^2)	유효숫자 3자리로 끝맺음
	1묶음의 무게 kg	1장의 무게(kg)×동일 치수의 1묶음내의 장수	kg의 정수치로 끝맺음
	총 무게 kg	각 묶음 무게(kg)의 총칭	kg의 정수치
코일	코일의 단위 무게 kg/m	단위무게 (kg/m^2)×나비(mm)×10^{-3}	유효숫자 3자리로 끝맺음
	1코일의 무게 kg	코일의 단위무게 (kg/m)×길이(m)	kg의 정수치로 끝맺음
	총 무게 kg	각 코일의 무게(kg)의 총합	kg의 정수치

6. 냉간 가공 스테인리스 강봉 KS D 3692 : 2018

■ 종류의 기호 및 분류

종류의 기호	분 류	종류의 기호	분 류
STS 302 STS 303 STS 303 Se STS 303 Cu STS 304 STS 304 L STS 304 J3 STS 305 STS 305 J1 STS 309 S STS 310 S STS 316 STS 316 L STS 316 F STS 321	오스테나이트계	STS 347 STS 350	오스테나이트계
		STS 329 J1	오스테나이트 · 페라이트계
		STS 430 STS 430 F	페라이트계
		STS 403 STS 410 STS 410 F2 STS 416 STS 420 J1 STS 420 J2 STS 420 F STS 420 F2 STS 440 C	마르텐사이트계

비고 봉이라는 것을 기호로 나타낼 필요가 있는 경우에는 종류의 기호 끝에 –CB를 부가한다.
[보기] STS 304–CB

■ 허용차의 등급의 기호

허용차의 등급	기 호
8급	h8
9급	h9
10급	h10
11급	h11
12급	h12
13급	h13
14급	h14
15급	h15
16급	h16
17급	h17
18급	h18

■ 허용차의 등급 적용

모양 및 가공 방법	원 형			각	육각	평
	드로잉	연삭	절삭			
허용차의 등급	9급	8급	11급	12급	12급	12급
	10급	9급	12급	13급	13급	13급
	11급	10급	13급			14급
						15급
						16급
						17급
						18급

■ 제조 방법을 나타내는 기호

제조 방법	기 호
냉간 압연	R
냉간 드로잉	D
연삭	G
절삭	T
어닐링	A
고용화 열처리	S
산세척	P
쇼트 가공	B

7. 열간 압연 스테인리스강 등변 ㄱ 형강 KS D 3694 : 2009

■ 종류의 기호 및 분류

종류의 기호	분 류
STS 302A	오스테나이트계
STS 304	
STS 304 L	
STS 316	
STS 316 L	
STS 321	
STS 347	
STS 430	페라이트계

비고 ㄱ 형강이라는 것을 기호로 표시할 필요가 있을 때에는 종류의 기호 끝에 -HA를 붙인다.
[보기] STS 575 304-HA

■ 스테인리스강의 열처리(ㄱ형강의 열처리 온도)

단위 : ℃

오스테나이트계의 열처리			
종류의 기호	고용화 열처리	종류의 기호	고용화 열처리
STS 302	1010~1150 급냉	STS 316 L	1010~1150 급냉
STS 304	1010~1150 급냉	STS 321	920~1150 급냉
STS 304 L	1010~1150 급냉	STS 347	980~1150 급냉
STS 316	1010~1150 급냉	–	–

단위 : ℃

페라이트트계의 열처리	
종류의 기호	고용화 열처리
STS 430	780~850 공냉 또는 서냉

8. 용접용 스테인리스강 선재 KS D 3696 : 1996(2016 확인)

■ 종류의 기호 및 분류

종류의 기호	분류	종류의 기호	분류
STSY 308 STSY 308 L STSY 309 STSY 309 L STSY 309 Mo STSY 310 STSY 310 S STSY 312 STSY 16-8-2 STSY 316 STSY 316 L	오스테나이트계	STSY 316 J1 L STSY 317 STSY 317 L STSY 321 STSY 347 STSY 347 L	오스테나이트계
		STSY 430	페라이트계
		STSY 410	마르텐사이트계

■ 오스테나이트계의 화학 성분

단위 : %

종류의 기호	C	Si	Mn	P	S	Ni	Cr	Mo	기타
STSY 308	0.08 이하	0.65 이하	1.00~2.50	0.030 이하	0.030 이하	9.00~11.00	19.50~22.00	–	–
STSY 308 L	0.030 이하	0.65 이하	1.00~2.50	0.030 이하	0.030 이하	9.00~11.00	19.50~22.00	–	–
STSY 309	0.12 이하	0.65 이하	1.00~2.50	0.030 이하	0.030 이하	12.00~14.00	23.00~25.00	–	–
STSY 309 L	0.030 이하	0.65 이하	1.00~2.50	0.030 이하	0.030 이하	12.00~14.00	23.00~25.00	–	–
STSY 309 Mo	0.12 이하	0.65 이하	1.00~2.50	0.030 이하	0.030 이하	12.00~14.00	23.00~25.00	2.00~3.00	–
STSY 310	0.15 이하	0.65 이하	1.00~2.50	0.030 이하	0.030 이하	20.00~22.50	25.00~28.00	–	–
STSY 310 S	0.08 이하	0.65 이하	1.00~2.50	0.030 이하	0.030 이하	20.00~22.50	25.00~28.00	–	–
STSY 312	0.15 이하	0.65 이하	1.00~2.50	0.030 이하	0.030 이하	8.00~10.50	28.00~32.00	–	–
STSY 16-8-2	0.10 이하	0.65 이하	1.00~2.50	0.030 이하	0.030 이하	7.50~9.50	14.50~16.50	1.00~2.00	–
STSY 316	0.08 이하	0.65 이하	1.00~2.50	0.030 이하	0.030 이하	11.00~14.00	18.00~20.00	2.00~3.00	–
STSY 316 L	0.030 이하	0.65 이하	1.00~2.50	0.030 이하	0.030 이하	11.00~14.00	18.00~20.00	2.00~3.00	–
STSY 316 J1 L	0.030 이하	0.65 이하	1.00~2.50	0.030 이하	0.030 이하	11.00~14.00	18.00~20.00	2.00~3.00	Cu 1.00~2.50
STSY 317	0.08 이하	0.65 이하	1.00~2.50	0.030 이하	0.030 이하	13.00~15.00	18.50~20.50	3.00~4.00	–
STSY 317 L	0.030 이하	0.65 이하	1.00~2.50	0.030 이하	0.030 이하	13.00~15.00	18.50~20.50	3.00~4.00	–
STSY 321	0.08 이하	0.65 이하	1.00~2.50	0.030 이하	0.030 이하	9.00~10.50	18.50~20.50	–	Ti 9×C%~1.00
STSY 347	0.08 이하	0.65 이하	1.00~2.50	0.030 이하	0.030 이하	9.00~11.00	19.00~21.50	–	Nb 10×C%~1.00
STSY 347 L	0.030 이하	0.65 이하	1.00~2.50	0.030 이하	0.030 이하	9.00~11.00	19.00~21.50	–	Nb 10×C%~1.00

■ 페라이트계의 화학 성분

단위 : %

종류의 기호	C	Si	Mn	P	S	Ni	Cr
STSY 430	0.10 이하	0.50 이하	0.60 이하	0.030 이하	0.030 이하	0.60 이하	15.50~17.00

■ 마르텐사이트계의 화학 성분

단위 : %

종류의 기호	C	Si	Mn	P	S	Ni	Cr	Mo
STSY 410	0.12 이하	0.50 이하	0.60 이하	0.030 이하	0.030 이하	0.60 이하	11.50~13.50	0.75 이하

■ 지름의 허용차 및 편지름차

단위 : mm

허용차	편지름차
±0.4	0.6 이하

[주] 편지름차는 동일 단면의 지름 최대값과 최소값의 차로 나타낸다.

9. 냉간 압연 스테인리스 강판 및 강대 KS D 3698 : 2015

■ 종류의 기호 및 분류

종류의 기호	분류	종류의 기호	분류	종류의 기호	분류
STS 201		STS 316 J1 L		STS 430 LX	
STS 202		STS 317		STS 430 J1 L	
STS 301		STS 317 L		STS 434	
STS 301L		STS 317 LN		STS 436 L	
STS 301 J1		STS 317 J1		STS 436 J1 L	
STS 302		STS 317 J2		STS 439	페라이트계
STS 302 B		STS 317 J3 L		STS 444	
STS 304		STS 836 L	오스테나이트계	STS 445 NF	
STS 304L		STS 890 L		STS 446 M	
STS 304 N1		STS 321		STS 447 J1	
STS 304 N2		STS 347		STS XM 27	
STS 304 LN	오스테나이트계	STS XM 7		STS 403	
STS 304 J1		STS XM 15 J1		STS 410	
STS 304 J2		STS 350		STS 410 S	
STS 305		STS 329 J1		STS 420 J1	마르텐사이트계
STS 309 S		STS 329 J3 L	오스테나이트계· 페라이트계	STS 420 J2	
STS 310 S		STS 329 J4 L		STS 429 J1	
STS 316		STS 329 LD		STS 440 A	
STS 316 L		STS 405		STS 630	
STS 316 N		STS 410 L		STS 631	
STS 316 LN		STS 429	페라이트계	–	석출 경화계
STS 316 Ti		STS 430		–	
STS 316 J1		–		–	

비고

1. 강판이라는 것을 기호로 표시할 필요가 있을 경우에는 종류의 기호 끝에 –CP를 부기한다.
   보기 : STS 304–CP
2. 강대라는 것을 기호로 표시할 필요가 있을 경우에는 종류의 기호 끝에 –CS를 부기한다.
   보기 : STS 430–CS

■ 오스테나이트계의 화학 성분

단위 : %

종류의 기호	C	Si	Mn	P	S	Ni	Cr	Mo	Cu	N	기타
STS201	0.15 이하	1.00 이하	5.50~7.50	0.045 이하	0.030 이하	3.50~5.50	16.00~18.00	–	–	0.25 이하	–
STS202	0.15 이하	1.00 이하	7.50~10.00	0.045 이하	0.030 이하	4.00~6.00	17.00~19.00	–	–	0.25 이하	–
STS301	0.15 이하	1.00 이하	2.00 이하	0.045 이하	0.030 이하	6.00~8.00	16.00~18.00	–	–	–	–
STS301L	0.030 이하	1.00 이하	2.00 이하	0.045 이하	0.030 이하	6.00~8.00	16.00~18.00	–	–	0.25 이하	–
STS301J1	0.08~0.12	1.00 이하	2.00 이하	0.045 이하	0.030 이하	7.00~9.00	16.00~18.00	–	–	–	–
STS302	0.15 이하	1.00 이하	2.00 이하	0.045 이하	0.030 이하	8.00~10.00	17.00~19.00	–	–	–	–
STS302B	0.15 이하	2.00~3.00	2.00 이하	0.045 이하	0.030 이하	8.00~10.00	17.00~19.00	–	–	–	–
STS304	0.08 이하	1.00 이하	2.00 이하	0.045 이하	0.030 이하	8.00~10.50	18.00~20.00	–	–	–	–
STS304L	0.030 이하	1.00 이하	2.00 이하	0.045 이하	0.030 이하	9.00~13.00	18.00~20.00	–	–	–	–
STS304N1	0.08 이하	1.00 이하	2.50 이하	0.045 이하	0.030 이하	7.00~10.50	18.00~20.00	–	–	0.10~0.25	–
STS304N2	0.08 이하	1.00 이하	2.50 이하	0.045 이하	0.030 이하	7.50~10.50	18.00~20.00	–	–	0.15~0.30	Nb 0.15 이하
STS304LN	0.030 이하	1.00 이하	2.00 이하	0.045 이하	0.030 이하	8.50~11.50	17.00~19.00	–	–	0.12~0.22	–
STS304J1	0.08 이하	1.70 이하	3.00 이하	0.045 이하	0.030 이하	6.00~9.00	15.00~18.00	–	1.00~3.00	–	–
STS304J2	0.08 이하	1.70 이하	3.00~5.00	0.045 이하	0.030 이하	6.00~9.00	15.00~18.00	–	1.00~3.00	–	–
STS305	0.12 이하	1.00 이하	2.00 이하	0.045 이하	0.030 이하	10.50~13.00	17.00~19.00	–	–	–	–
STS309S	0.08 이하	1.00 이하	2.00 이하	0.045 이하	0.030 이하	12.00~15.00	22.00~24.00	–	–	–	–
STS310S	0.08 이하	1.50 이하	2.00 이하	0.045 이하	0.030 이하	19.50~22.00	24.00~26.00	–	–	–	–
STS316	0.08 이하	1.00 이하	2.00 이하	0.045 이하	0.030 이하	10.00~14.00	16.00~18.00	2.00~3.00	–	–	–
STS316L	0.030 이하	1.00 이하	2.00 이하	0.045 이하	0.030 이하	12.00~15.00	16.00~18.00	2.00~3.00	–	–	–
STS316N	0.08 이하	1.00 이하	2.00 이하	0.045 이하	0.030 이하	10.50~14.00	16.00~18.00	2.00~3.00	–	0.10~0.22	–
STS316LN	0.030 이하	1.00 이하	2.00 이하	0.045 이하	0.030 이하	10.00~14.50	16.50~18.50	2.00~3.00	–	0.12~0.22	–
STS316Ti	0.08 이하	1.00 이하	2.00 이하	0.045 이하	0.030 이하	10.00~14.00	16.00~18.00	2.00~3.00	–	–	Ti5×C% 이상
STS316J1	0.08 이하	1.00 이하	2.00 이하	0.045 이하	0.030 이하	10.00~14.00	17.00~19.00	1.20~2.75	1.00~2.50	–	–
STS316J1L	0.030 이하	1.00 이하	2.00 이하	0.045 이하	0.030 이하	12.00~16.00	17.00~19.00	1.20~2.75	1.00~2.50	–	–
STS317	0.08 이하	1.00 이하	2.00 이하	0.045 이하	0.030 이하	11.00~15.00	18.00~20.00	3.00~4.00	–	–	–
STS317L	0.030 이하	1.00 이하	2.00 이하	0.045 이하	0.030 이하	11.00~15.00	18.00~20.00	3.00~4.00	–	–	–
STS317LN	0.030 이하	1.00 이하	2.00 이하	0.045 이하	0.030 이하	11.00~15.00	18.00~20.00	3.00~4.00	–	0.10~0.22	–
STS317J1	0.040 이하	1.00 이하	2.50 이하	0.045 이하	0.030 이하	15.00~17.00	16.00~19.00	4.00~6.00	–	–	–
STS317J2	0.06 이하	1.50 이하	2.00 이하	0.045 이하	0.030 이하	12.00~16.00	23.00~26.00	0.50~1.20	–	0.25~0.40	–
STS317J3L	0.030 이하	1.00 이하	2.00 이하	0.045 이하	0.030 이하	11.00~13.00	20.50~22.50	2.00~3.00		0.18~0.30	–
STS836L	0.030 이하	1.00 이하	2.00 이하	0.045 이하	0.030 이하	24.00~26.00	19.00~24.00	5.00~7.00	–	0.25 이하	–
STS890L	0.020 이하	1.00 이하	2.00 이하	0.045 이하	0.030 이하	23.00~28.00	19.00~23.00	4.00~5.00	1.00~2.00	–	–
STS321	0.08 이하	1.00 이하	2.00 이하	0.045 이하	0.030 이하	9.00~13.00	17.00~19.00	–	–	–	Ti5×C% 이상
STS347	0.08 이하	1.00 이하	2.00 이하	0.045 이하	0.030 이하	9.00~13.00	17.00~19.00	–	–	–	Nb10×C% 이상
STSXM7	0.08 이하	1.00 이하	2.00 이하	0.045 이하	0.030 이하	8.50~10.50	17.00~19.00	–	3.00~4.00	–	–
STSXM15J1	0.08 이하	3.00~5.00	2.00 이하	0.045 이하	0.030 이하	11.50~15.00	15.00~20.00	–	–	–	–
STS350	0.03 이하	1.00 이하	1.50 이하	0.035 이하	0.020 이하	20.00~23.00	22.00~24.00	6.00~6.80	0.40 이하	0.21~0.32	–

■ 오스테나이트 · 페라이트계의 화학 성분

단위 : %

종류의 기호	C	Si	Mn	P	S	Ni	Cr	Mo	N
STS329J1	0.08 이하	1.00 이하	1.50 이하	0.040 이하	0.030 이하	3.00~6.00	23.00~28.00	1.00~3.00	–
STS329J3L	0.030 이하	1.00 이하	2.00 이하	0.040 이하	0.030 이하	4.50~6.50	21.00~24.00	2.50~3.50	0.08~0.02
STS329J4L	0.030 이하	1.00 이하	1.50 이하	0.040 이하	0.030 이하	5.50~7.50	24.00~26.00	2.50~3.50	0.08~0.30
STS329LD	0.030 이하	1.00 이하	2.00~4.00	0.040 이하	0.030 이하	2.00~4.00	19.00~22.00	1.00~2.00	0.14~0.20

■ 페라이트계의 화학 성분

단위 : %

종류의 기호	C	Si	Mn	P	S	Cr	Mo	N	기타
STS405	0.08 이하	1.00 이하	1.00 이하	0.040 이하	0.030 이하	11.50~14.50	–	–	Al 0.10~0.30
STS410L	0.030 이하	1.00 이하	1.00 이하	0.040 이하	0.030 이하	11.00~13.50	–	–	–
STS429	0.12 이하	1.00 이하	1.00 이하	0.040 이하	0.030 이하	14.00~16.00	–	–	–
STS430	0.12 이하	0.75 이하	1.00 이하	0.040 이하	0.030 이하	16.00~18.00	–	–	–
STS430LX	0.030 이하	0.75 이하	1.00 이하	0.040 이하	0.030 이하	16.00~19.00	–	–	Ti 또는 Nb 0.10~1.00
STS430J1L	0.025 이하	1.00 이하	1.00 이하	0.040 이하	0.030 이하	16.00~20.00	–	0.025 이하	Ti, Nb, Zr 또는 그들의 조합 8×(C%+N%)~0.80 Cu 0.030~0.80
STS434	0.12 이하	1.00 이하	1.00 이하	0.040 이하	0.030 이하	16.00~18.00	0.75~1.25	–	–
STS436L	0.025 이하	1.00 이하	1.00 이하	0.040 이하	0.030 이하	16.00~19.00	0.75~1.50	0.025 이하	Ti, Nb, Zr 또는 그들의 조합 8×(C%+N%)~0.80
STS436J1L	0.025 이하	1.00 이하	1.00 이하	0.040 이하	0.030 이하	17.00~20.00	0.40~0.80	0.025 이하	Ti, Nb, Zr 또는 그들의 조합 8×(C%+N%)~0.80
STS439	0.025 이하	1.00 이하	1.00 이하	0.040 이하	0.030 이하	17.00~20.00	–	0.025 이하	Ti, Nb 또는 그들의 조합 8×(C%+N%)~0.80
STS444	0.025 이하	1.00 이하	1.00 이하	0.040 이하	0.030 이하	17.00~20.00	1.75~2.50	0.025 이하	Ti, Nb, Zr 또는 그들의 조합 8×(C%+N%)~0.80
STS445NF	0.015 이하	1.00 이하	1.00 이하	0.040 이하	0.030 이하	20.00~23.00	–	0.015 이하	Ti, Nb 또는 그들의 조합 8×(C%+N%)~0.80
STS446M	0.015 이하	0.40 이하	0.40 이하	0.040 이하	0.020 이하	25.0~28.5	1.5~2.5	0.018 이하	(C+N) 0.03% 이하 8×(C%+N%)~0.80 8 이상
STS447J1	0.010 이하	0.40 이하	0.40 이하	0.030 이하	0.020 이하	28.50~32.00	1.50~2.50	0.015 이하	–
STSXM27	0.010 이하	0.40 이하	0.40 이하	0.030 이하	0.020 이하	25.00~27.50	0.75~1.50	0.015 이하	–

■ STS301 및 STS301L의 조질 압연 상태의 기계적 성질

종류의 기호	조질의 기호	항복 강도 N/mm^2	인장 강도 N/mm^2	연신율 (%)		
				두께 0.4mm 미만	두께 0.4mm 이상 0.8mm 미만	두께 0.8mm 이상
STS301	$\frac{1}{4}$H	510 이상	860 이상	25 이상	25 이상	25 이상
	$\frac{1}{2}$H	755 이상	1030 이상	9 이상	10 이상	10 이상
	$\frac{3}{4}$H	930 이상	1210 이상	3 이상	5 이상	7 이상
	H	960 이상	1270 이상	3 이상	4 이상	5 이상
STS301L	$\frac{1}{4}$H	345 이상	690 이상	40 이상		
	$\frac{1}{2}$H	410 이상	760 이상	35 이상		
	$\frac{3}{4}$H	480 이상	820 이상	25 이상		
	H	685 이상	930 이상	20 이상		

■ 고용화 열처리 상태의 기계적 성질(오스테나이트 · 페라이트계)

종류의 기호	항복 강도 N/mm^2	인장 강도 N/mm^2	연신율 %	경도		
				HB	HRC	HV
STS329J1	390 이상	590 이상	18 이상	277 이하	29 이하	292 이하
STS329J3L	450 이상	620 이상	18 이상	302 이하	32 이하	320 이하
STS329J4L	450 이상	620 이상	18 이상	302 이하	32 이하	320 이하
STS329LD	450 이상	620 이상	25 이상	293 이하	31 이하	310 이하

■ 어닐링 상태의 기계적 성질(페라이트계)

종류의 기호	항복 강도 N/mm^2	인장 강도 N/mm^2	연신율 %	경도			굽힘성	
				HB	HRB	HV	굽힘 각도	안쪽 반지름
STS405	175 이상	410 이상	20 이상	183 이하	88 이하	200 이하	180°	두께 8mm 미만 두께의 0.5배 두께 8mm 미만 두께의 1.0배
STS410L	195 이상	360 이상	22 이상	183 이하	88 이하	200 이하	180°	두께의 1.0배
STS429	205 이상	450 이상	22 이상	183 이하	88 이하	200 이하	180°	두께의 1.0배
STS430	205 이상	450 이상	22 이상	183 이하	88 이하	200 이하	180°	두께의 1.0배
STS430LX	175 이상	360 이상	22 이상	183 이하	88 이하	200 이하	180°	두께의 1.0배
STS430J1L	205 이상	390 이상	22 이상	192 이하	90 이하	200 이하	180°	두께의 1.0배
STS434	205 이상	450 이상	22 이상	183 이하	88 이하	200 이하	180°	두께의 1.0배
STS436L	245 이상	410 이상	20 이상	217 이하	96 이하	230 이하	180°	두께의 1.0배
STS436J1L	245 이상	410 이상	20 이상	192 이하	90 이하	200 이하	180°	두께의 1.0배
STS439	175 이상	360 이상	22 이상	183 이하	88 이하	200 이하	180°	두께의 1.0배
STS444	245 이상	410 이상	20 이상	217 이하	96 이하	230 이하	180°	두께의 1.0배
STS445NF	245 이상	410 이상	20 이상	192 이하	90 이하	200 이하	180°	두께의 1.0배
STS447J1	295 이상	450 이상	22 이상	207 이하	95 이하	220 이하	180°	두께의 1.0배
STSXM27	245 이상	410 이상	22 이상	192 이하	90 이하	200 이하	180°	두께의 1.0배
STS446M	270 이상	430 이상	20 이상	–	–	210 이하	180°	두께의 1.0배

■ 어닐링 상태의 기계적 성질(마르텐사이트계)

종류의 기호	항복 강도 N/mm^2	인장 강도 N/mm^2	연신율 %	경도			굽힘성	
				HB	HRB	HV	굽힘 각도	안쪽 반지름
STS403	205 이상	440 이상	20 이상	201 이하	93 이하	210 이하	180°	두께의 1.0배
STS410	205 이상	440 이상	20 이상	201 이하	93 이하	210 이하	180°	두께의 1.0배
STS410S	205 이상	410 이상	20 이상	183 이하	88 이하	200 이하	180°	두께의 1.0배
STS420J1	225 이상	520 이상	18 이상	223 이하	97 이하	234 이하	–	–
STS420J2	225 이상	540 이상	18 이상	235 이하	99 이하	247 이하	–	–
STS429J1	225 이상	520 이상	18 이상	241 이하	100 이하	253 이하	–	–
STS440A	245 이상	590 이상	15 이상	255 이하	HRC 25 이하	269 이하	–	–

■ 퀜칭 템퍼링 상태의 경도(마르텐사이트계)

종류의 기호	HRC
STS 420J2	40 이상
STS 440A	

■ 석출 경화계의 기계적 성질

종류의 기호	열처리 기호	항복 강도 N/mm²	인장 강도 N/mm²	연신율 (%)		경도			
						HB	HRC	HRB	HV
STS630	S	–	–	–		363 이하	38 이하	–	–
	H900	1175 이상	1310 이상	두께 5.0mm 이하	5 이상	375 이상	40 이상	–	–
				두께 5.0mm 초과 15.0mm 이하	8 이상				
	H1025	1000 이상	1070 이상	두께 5.0mm 이하	5 이상	331 이상	35 이상	–	–
				두께 5.0mm 초과 15.0mm 이하	8 이상				
	H1075	860 이상	1000 이상	두께 5.0mm 이하	5 이상	302 이상	31 이상	–	–
				두께 5.0mm 초과 15.0mm 이하	9 이상				
	H1150	725 이상	930 이상	두께 5.0mm 이하	8 이상	277 이상	28 이상	–	–
				두께 5.0mm 초과 15.0mm 이하	10 이상				
STS631	S	380 이하	1030 이하	20 이상		192 이하	–	192 이하	200 이하
	TH1050	960 이상	1140 이상	두께 3.0mm 이하	3 이상	–	35 이상	–	45 이상
				두께 3.0mm 초과	5 이상				
	RH950	1030 이상	1230 이상	두께 3.0mm 이하	–	–	40 이상	–	392 이상
				두께 3.0mm 초과	4 이상				

■ 표면 다듬질

표면 다듬질의 기호	적 용
No.2D	냉간 압연 후 열처리, 산 세척 또는 여기에 준한 처리를 하여 다듬질한 것. 또한 무광택 롤에 의하여 마지막으로 가볍게 냉간 압연한 것도 포함한다.
No.2B	냉간 압연 후 열처리, 산 세척 또는 여기에 준한 처리를 한 후, 적당한 광택을 얻을 정도로 냉간 압연하여 다듬질한 것
No. 3	KS L 6001에 따라 100~120번까지 연마하여 다듬질한 것
No. 4	KS L 6001에 따라 150~180번까지 연마하여 다듬질한 것
# 240	KS L 6001에 따라 240번까지 연마하여 다듬질한 것
# 320	KS L 6001에 따라 320번까지 연마하여 다듬질한 것
# 400	KS L 6001에 따라 400번까지 연마하여 다듬질한 것
BA	냉간 압연 후 광택 열처리를 한 것
HL	적당한 입도의 연마재로 연속된 연마 무늬가 생기도록 연마하여 다듬질한 것

10. 스테인리스 강선재 KS D 3702 : 2018

■ 종류의 기호 및 분류

종류의 기호	분류	종류의 기호	분류
STS 201	오스테나이트계	STS 430	페라이트계
STS 302		STS 430F	
STS 303		STS 434	
STS 303Se		STS 403	마르텐사이트계
STS 303Cu		STS 410	
STS 304		STS 410F2	
STS 304L		STS 416	
STS 304N1		STS 420J1	
STS 304J3		STS 420J2	
STS 305		STS 420F	
STS 305J1		STS 420F2	
STS 309S		STS 431	
STS 310S		STS 440C	
STS 316		STS 631J1	석출경화계
STS 316L			
STS 316F			
STS 317			
STS 317L			
STS 321			
STS 347			
STS 384			
STS XM7			

비고

선재인 것을 기호로 나타낼 필요가 있을 경우에는 종류의 기호 끝에 -WR을 붙인다.

보기 : STS 304-WR

■ 오스테나이트계의 화학성분

단위 : %

종류의 기호	C	Si	Mn	P	S	Ni	Cr	Mo	기타
STS 201	0.15 이하	1.00 이하	5.50~7.50	0.060 이하	0.030 이하	3.50~5.50	16.00~18.00	–	N 0.25 이하
STS 302	0.15 이하	1.00 이하	2.00 이하	0.045 이하	0.030 이하	8.00~10.00	17.00~19.00	–	–
STS 303	0.15 이하	1.00 이하	2.00 이하	0.20 이하	0.15 이하	8.00~10.00	17.00~19.00	a)	–
STS 303Se	0.15 이하	1.00 이하	2.00 이하	0.20 이하	0.060 이하	8.00~10.00	17.00~19.00	–	Se 0.15 이상
STS 303Cu	0.15 이하	1.00 이하	3.00 이하	0.20 이하	0.15 이상	8.00~10.00	17.00~19.00	–	Cu 4.50~3.50
STS 304	0.08 이하	1.00 이하	2.00 이하	0.045 이하	0.030 이하	8.00~10.50	18.00~20.00	–	–
STS 304L	0.030 이하	1.00 이하	2.00 이하	0.045 이하	0.030 이하	9.00~13.00	18.00~20.00	–	–
STS 304N1	0.08 이하	1.00 이하	2.50 이하	0.045 이하	0.030 이하	7.00~10.50	18.00~20.00	–	N 0.10~0.25
STS 304J3	0.08 이하	1.00 이하	2.00 이하	0.045 이하	0.030 이하	8.00~10.50	17.00~19.00	–	Cu 1.00~3.00
STS 305	0.12 이하	1.00 이하	2.00 이하	0.045 이하	0.030 이하	10.50~13.00	17.00~19.00	–	–
STS 305J1	0.08 이하	1.00 이하	2.00 이하	0.045 이하	0.030 이하	11.00~13.50	16.50~19.00	–	–
STS 309S	0.08 이하	1.00 이하	2.00 이하	0.045 이하	0.030 이하	12.00~15.00	22.00~24.00	–	–
STS 310S	0.08 이하	1.50 이하	2.00 이하	0.045 이하	0.030 이하	19.00~22.00	24.00~26.00	–	–
STS 316	0.08 이하	1.00 이하	2.00 이하	0.045 이하	0.030 이하	10.00~14.00	16.00~18.00	2.00~3.00	–
STS 316L	0.030 이하	1.00 이하	2.00 이하	0.045 이하	0.030 이하	12.00~15.00	16.00~18.00	2.00~3.00	–
STS 316F	0.08 이하	1.00 이하	2.00 이하	0.045 이하	0.10 이상	10.00~14.00	16.00~18.00	2.00~3.00	–
STS 317	0.08 이하	1.00 이하	2.00 이하	0.045 이하	0.030 이하	11.00~15.00	18.00~20.00	3.00~4.00	–
STS 317L	0.030 이하	1.00 이하	2.00 이하	0.045 이하	0.030 이하	11.00~15.00	18.00~20.00	3.00~4.00	–
STS 321	0.08 이하	1.00 이하	2.00 이하	0.045 이하	0.030 이하	9.00~13.00	17.00~19.00	–	Ti5×C% 이상
STS 347	0.08 이하	1.00 이하	2.00 이하	0.045 이하	0.030 이하	9.00~13.00	17.00~19.00	–	Nb10×C% 이상
STS 384	0.08 이하	1.00 이하	2.00 이하	0.045 이하	0.030 이하	17.00~19.00	15.00~17.00	–	–
STS XM7	0.08 이하	1.00 이하	2.00 이하	0.045 이하	0.030 이하	8.50~10.50	17.00~19.00	–	Cu 3.00~4.00

a) Mo은 0.60% 이하를 첨가할 수 있다.

■ 페라이트계의 화학성분

단위 : %

종류의 기호	C	Si	Mn	P	S	Cr	Mo
STS 430	0.12 이하	0.75 이하	1.00 이하	0.040 이하	0.030 이하	16.00~18.00	–
STS 430F	0.12 이하	1.00 이하	1.25 이하	0.060 이하	0.15 이상	16.00~18.00	a)
STS 434	0.12 이하	1.00 이하	1.00 이하	0.040 이하	0.030 이하	16.00~18.00	0.75~1.25

a) Mo은 0.60% 이하를 첨가할 수 있다.

■ 마르텐자이트계의 화학성분

단위 : %

종류의 기호	C	Si	Mn	P	S	Ni	Cr	Mo	Pb
STS 403	0.15 이하	0.50 이하	1.00 이하	0.040 이하	0.030 이하	a)	1.50~13.00	–	–
STS 410	0.15 이하	1.00 이하	1.00 이하	0.040 이하	0.030 이하	a)	11.50~13.50	–	–
STS 410F2	0.15 이하	1.00 이하	1.00 이하	0.040 이하	0.030 이하	a)	11.50~13.50	–	0.05~0.30
STS 416	0.15 이하	1.00 이하	1.25 이하	0.060 이하	0.15 이상	a)	12.00~14.00	b)	–
STS 420J1	0.16~0.25	1.00 이하	1.00 이하	0.040 이하	0.030 이하	a)	12.00~14.00	–	–
STS 420J2	0.26~0.40	1.00 이하	1.00 이하	0.040 이하	0.030 이하	a)	12.00~14.00	–	–
STS 420F	0.26~0.40	1.00 이하	1.25 이하	0.060 이하	0.15 이상	a)	12.00~14.00	–	–
STS 420F2	0.26~0.40	1.00 이하	1.00 이하	0.040 이하	0.030 이하	a)	12.00~14.00	–	0.05~0.30
STS 431	0.20 이하	1.00 이하	1.00 이하	0.040 이하	0.030 이하	1.25~2.50	15.00~17.00	–	–
STS 440C	0.95~1.20	1.00 이하	1.00 이하	0.040 이하	0.030 이하	a)	16.00~18.00	c)	–

a) Ni은 0.60% 이하를 함유하여도 지장이 없다.

■ 석출경화계의 화학성분

단위 : %

종류의 기호	C	Si	Mn	P	S	Ni	Cr	Al
STS 631J1	0.09 이하	1.00 이하	1.00 이하	0.040 이하	0.030 이하	7.00~8.50	16.00~18.00	0.75~1.50

■ 선재의 표준지름

단위 : mm

5.5, 6.0 7.0, 8.0, 9.0, 9.5, 10, 11, 12, 13, 14, 15, 16, 17, 18, 19, 20

11. 스테인리스 강선 KS D 3703 : 2007(2017 확인)

■ 종류의 기호, 조질 및 분류

종류의 기호	조질		분류
	구분	기호	
STS 201	연질 1호	−W1	오스테나이트계
	연질 2호	−W2	
	$\frac{1}{2}$ 경질	$-W\frac{1}{2}H$	
STS303	연질 1호	−W1	
	연질 2호	−W2	
STS303Se	연질 1호	−W1	
	연질 2호	−W2	
STS 303Cu	연질 1호	−W1	
	연질 2호	−W2	
STS 304	연질 1호	−W1	
	연질 2호	−W2	
	$\frac{1}{2}$ 경질	$-W\frac{1}{2}H$	
STS 304L	연질 1호	−W1	
	연질 2호	−W2	
STS 304N1	연질 1호	−W1	
	연질 2호	−W2	
	$\frac{1}{2}$ 경질	$-W\frac{1}{2}H$	
STS 304J3	연질 1호	−W1	
	연질 2호	−W2	
STS 305	연질 1호	−W1	
	연질 2호	−W2	
STS 305J1	연질 1호	−W1	
	연질 2호	−W2	
STS 309S	연질 1호	−W1	
	연질 2호	−W2	
STS 310S	연질 1호	−W1	
	연질 2호	−W2	
STS 316	연질 1호	−W1	
	연질 2호	−W2	
	$\frac{1}{2}$ 경질	$-W\frac{1}{2}H$	
STS 316L	연질 1호	−W1	오스테나이트계
	연질 2호	−W2	
STS 316F	연질 1호	−W1	
	연질 2호	−W2	
STS 317	연질 1호	−W1	
	연질 2호	−W2	
STS 317L	연질 1호	−W1	
	연질 2호	−W2	
STS 321	연질 1호	−W1	
	연질 2호	−W2	
STS 347	연질 1호	−W1	
	연질 2호	−W2	
STS XM7	연질 1호	−W1	
	연질 2호	−W2	
STS XM15J1	연질 1호	−W1	
	연질 2호	−W2	
STH330	연질 1호	−W1	
	연질 2호	−W2	
STS 405	연질 2호	−W2	페라이트계
STS 430	연질 2호	−W2	
STS 430F	연질 2호	−W2	
STH 446	연질 2호	−W2	
STS 403	연질 2호	−W2	마르텐자이트계
STS 410	연질 2호	−W2	
STS 410F2	연질 2호	−W2	
STS 416	연질 2호	−W2	
STS 420J1	연질 2호	−W2	
STS 420J2	연질 2호	−W2	
STS 420F	연질 2호	−W2	
STS 420F2	연질 2호	−W2	
STS 440C	연질 2호	−W2	

12. 열간 압연 스테인리스 강판 및 강대 KS D 3705 : 2017

■ 종류의 기호 및 분류

종류의 기호	분류	종류의 기호	분류	종류의 기호	분류
STS301	오스테나이트계	STS316Ti	오스테나이트계	STS410L	페라이트계
STS301L		STS316J1		STS429	
STS301J1		STS316J1L		STS430	
STS302		STS317		STS430LX	
STS302B		STS317L		STS430J1L	
STS303		STS317LN		STS434	
STS304		STS317J1		STS436L	
STS304L		STS317J2		STS436J1L	
STS304N1		STS317J3L		STS444	
STS304N2		STS836L		STS445NF	
STS304LN		STS890L		STS447J1	
STS304J1		STS321		STSXM27	
STS304J2		STS347		STS403	마르텐사이트계
STS305		STSXM7		STS410	
STS309S		STSXM15J1		STS410S	
STS310S		STS350		STS420J1	
STS316		STS329J1	오스테나이트계 · 페라이트계	STS420J2	
STS316L		STS329J3L		STS429J1	
STS316N		STS329J4L		STS440A	
STS316LN		STS405	페라이트계	STS630	석출 경화계
				STS631	

비고

1. 강판이라는 것을 기호로 표시할 필요가 있을 경우에는 종류의 기호 끝부분에 -HP를 부기한다.
   보기 : STS 304-HP
2. 강대라는 것을 기호로 표시할 필요가 있을 경우에는 종류의 기호 끝부분에 -HS를 부기한다.
   보기 : STS 304-HS

■ 오스테나이트계의 화학 성분

종류의 기호	C	Si	Mn	P	S	Ni	Cr	Mo	Cu	N	기타
STS301	0.15 이하	1.00 이하	2.00 이하	0.045 이하	0.030 이하	6.00~8.00	16.00~18.00	–	–	–	–
STS301L	0.030 이하	1.00 이하	2.00 이하	0.045 이하	0.030 이하	6.00~8.00	16.00~18.00	–	–	0.20 이하	–
STS301J1	0.08~0.12	1.00 이하	2.00 이하	0.045 이하	0.030 이하	7.00~9.00	16.00~18.00	–	–	–	–
STS302	0.15 이하	1.00 이하	2.00 이하	0.045 이하	0.030 이하	8.00~10.00	17.00~19.00	–	–	–	–
STS302B	0.15 이하	2.00~3.00	2.00 이하	0.045 이하	0.030 이하	8.00~10.00	17.00~19.00	–	–	–	–
STS303	0.15 이하	1.00 이하	2.00 이하	0.20 이하	0.15 이하	8.00~10.00	17.00~19.00	a)	–	–	–
STS304	0.08 이하	1.00 이하	2.00 이하	0.045 이하	0.030 이하	8.00~10.00	18.00~20.00	–	–	–	–
STS304L	0.030 이하	1.00 이하	2.00 이하	0.045 이하	0.030 이하	9.00~13.00	18.00~20.00	–	–	–	–
STS304N1	0.08 이하	1.00 이하	2.50 이하	0.045 이하	0.030 이하	7.00~10.50	18.00~20.00	–	–	0.10~0.25	–
STS304N2	0.08 이하	1.00 이하	2.50 이하	0.045 이하	0.030 이하	7.50~10.50	18.00~20.00	–	–	0.15~0.30	Nb 0.15 이하
STS304LN	0.030 이하	1.00 이하	2.00 이하	0.045 이하	0.030 이하	8.50~11.50	17.00~19.00	–	–	0.12~0.22	–
STS304J1	0.08 이하	1.70 이하	3.00 이하	0.045 이하	0.030 이하	6.00~9.00	15.00~18.00	–	1.00~3.00	–	–
STS304J2	0.08 이하	1.70 이하	3.00~5.00	0.045 이하	0.030 이하	6.00~9.00	15.00~18.00	–	1.00~3.00	–	–
STS305	0.12 이하	1.00 이하	2.00 이하	0.045 이하	0.030 이하	10.50~13.00	17.00~19.00	–	–	–	–
STS309S	0.08 이하	1.00 이하	2.00 이하	0.045 이하	0.030 이하	19.00~22.00	22.00~24.00	–	–	–	–
STS310S	0.08 이하	1.50 이하	2.00 이하	0.045 이하	0.030 이하	10.0014.00	24.00~26.00	–	–	–	–
STS316	0.08 이하	1.00 이하	2.00 이하	0.045 이하	0.030 이하	12.0015.00	16.00~18.00	2.00~3.00	–	–	–
STS316L	0.030 이하	1.00 이하	2.00 이하	0.045 이하	0.030 이하	10.0014.00	16.00~18.00	2.00~3.00	–	–	–
STS316N	0.08 이하	1.00 이하	2.00 이하	0.045 이하	0.030 이하	10.5014.50	16.00~18.00	2.00~3.00	–	0.10~0.22	–
STS316LN	0.030 이하	1.00 이하	2.00 이하	0.045 이하	0.030 이하	10.00~14.00	16.50~18.50	2.00~3.00	–	0.12~0.22	–
STS316Ti	0.08 이하	1.00 이하	2.00 이하	0.045 이하	0.030 이하	10.00~14.00	16.00~18.00	2.00~3.00	–	–	Ti5×C% 이상
STS316J1	0.08 이하	1.00 이하	2.00 이하	0.045 이하	0.030 이하	12.00~16.00	17.00~19.00	1.20~2.75	1.00~2.50	–	–
STS316J1L	0.030 이하	1.00 이하	2.00 이하	0.045 이하	0.030 이하	11.00~15.00	17.00~19.00	1.20~2.75	1.00~2.50	–	–
STS317	0.08 이하	1.00 이하	2.00 이하	0.045 이하	0.030 이하	11.00~15.00	18.00~20.00	3.00~4.00	–	–	–
STS317L	0.030 이하	1.00 이하	2.00 이하	0.045 이하	0.030 이하	11.00~15.00	18.00~20.00	3.00~4.00	–	–	–
STS317LN	0.030 이하	1.00 이하	2.00 이하	0.045 이하	0.030 이하	15.00~17.00	18.00~20.00	3.00~4.00	–	0.10~0.22	–
STS317J1	0.040 이하	1.00 이하	2.50 이하	0.045 이하	0.030 이하	12.00~16.00	16.00~19.00	4.00~6.00	–	–	–
STS317J2	0.06 이하	1.50 이하	2.00 이하	0.045 이하	0.030 이하	11.00~13.00	23.00~26.00	0.50~1.20	–	0.25~0.40	–
STS317J3L	0.030 이하	1.00 이하	2.00 이하	0.045 이하	0.030 이하	24.00~26.00	20.50~22.50	2.00~3.00	–	0.18~0.30	–
STS836L	0.030 이하	1.00 이하	2.00 이하	0.045 이하	0.030 이하	23.00~28.00	19.00~24.00	5.00~7.00	–	0.25 이하	–
STS890L	0.020 이하	1.00 이하	2.00 이하	0.045 이하	0.030 이하	9.00~13.00	19.00~23.00	4.00~5.00	1.00~2.00	–	–
STS321	0.08 이하	1.00 이하	2.00 이하	0.045 이하	0.030 이하	9.00~13.00	17.00~19.00	–	–	–	Ti5×C% 이상
STS347	0.08 이하	1.00 이하	2.00 이하	0.045 이하	0.030 이하	8.50~10.50	17.00~19.00	–	–	–	Nb10×C% 이상
STSXM7	0.08 이하	1.00 이하	2.00 이하	0.045 이하	0.030 이하	11.50~15.00	17.00~19.00	–	3.00~4.00	–	–
STSXM15J1	0.08 이하	3.00~5.00	2.00 이하	0.045 이하	0.030 이하	20.00~23.00	15.00~20.00	–	–	–	–
STS350	0.03 이하	1.00 이하	1.50 이하	0.035 이하	0.020 이하	20.00~23.00	22.00~24.00	6.00~6.80	0.40 이하	0.21~0.32	–

■ 오스테나이트 · 페라이트계의 화학 성분

단위 : %

종류의 기호	C	Si	Mn	P	S	Ni	Cr	Mo	N
STS329J1	0.08 이하	1.00 이하	1.50 이하	0.040 이하	0.030 이하	3.00~6.00	23.00~28.00	1.00~3.00	–
STS329J3L	0.030 이하	1.00 이하	2.00 이하	0.040 이하	0.030 이하	4.50~6.50	21.00~24.00	2.50~3.50	0.08~0.20
STS329J4L	0.030 이하	1.00 이하	1.50 이하	0.040 이하	0.030 이하	5.50~7.50	24.00~26.00	2.50~3.50	0.08~0.30

■ 페라이트계의 화학 성분

단위 : %

종류의 기호	C	Si	Mn	P	S	Cr	Mo	N	기타
STS405	0.08 이하	1.00 이하	1.00 이하	0.040 이하	0.030 이하	11.50~14.50	–	–	Al 0.10~0.30
STS410L	0.030 이하	1.00 이하	1.00 이하	0.040 이하	0.030 이하	11.00~13.50	–	–	–
STS429	0.12 이하	1.00 이하	1.00 이하	0.040 이하	0.030 이하	14.00~16.00	–	–	–
STS430	0.12 이하	0.75 이하	1.00 이하	0.040 이하	0.030 이하	16.00~18.00	–	–	–
STS430LX	0.030 이하	0.75 이하	1.00 이하	0.040 이하	0.030 이하	16.00~19.00	–	–	Ti 또는 Nb 0.10~1.00
STS430J1L	0.025 이하	1.00 이하	1.00 이하	0.040 이하	0.030 이하	16.00~20.00	–	0.025 이하	Ti, Nb, Zr 또는 그들의 조합 8×(C%+N%)~0.80 Cu 0.30~0.80
STS434	0.12 이하	1.00 이하	1.00 이하	0.040 이하	0.030 이하	16.00~18.00	0.75~1.25	–	–
STS436L	0.025 이하	1.00 이하	1.00 이하	0.040 이하	0.030 이하	16.00~19.00	0.75~1.50	0.025 이하	Ti, Nb, Zr 또는 그들의 조합 8×(C%+N%)~0.80
STS436J1L	0.025 이하	1.00 이하	1.00 이하	0.040 이하	0.030 이하	17.00~20.00	0.40~0.80	0.025 이하	Ti, Nb, Zr 또는 그들의 조합 8×(C%+N%)~0.80
STS444	0.025 이하	1.00 이하	1.00 이하	0.040 이하	0.030 이하	17.00~20.00	1.75~2.50	0.025 이하	Ti, Nb, Zr 또는 그들의 조합 8×(C%+N%)~0.80
STS445NF	0.015 이하	1.00 이하	1.00 이하	0.040 이하	0.030 이하	20.00~23.00	–	0.015 이하	Ti, Nb 또는 그들의 조합 8×(C%+N%)~0.80
STS447J1	0.010 이하	0.40 이하	0.40 이하	0.030 이하	0.020 이하	28.50~32.00	1.50~2.50	0.015 이하	–
STSXM27	0.010 이하	0.40 이하	0.40 이하	0.030 이하	0.020 이하	25.00~27.50	0.75~1.50	0.015 이하	–

■ 마르텐사이트계의 화학 성분

단위 : %

종류의 기호	C	Si	Mn	P	S	Cr
STS403	0.15 이하	0.50 이하	1.00 이하	0.040 이하	0.030 이하	11.50~13.50
STS410	0.15 이하	1.00 이하	1.00 이하	0.040 이하	0.030 이하	11.50~13.50
STS410S	0.08 이하	1.00 이하	1.00 이하	0.040 이하	0.030 이하	11.50~13.50
STS420J1	0.16~0.25	1.00 이하	1.00 이하	0.040 이하	0.030 이하	12.00~14.00
STS420J2	0.26~0.40	1.00 이하	1.00 이하	0.040 이하	0.030 이하	12.00~14.00
STS429J1	0.25~0.40	1.00 이하	1.00 이하	0.040 이하	0.030 이하	15.00~17.00
STS440A	0.60~0.75	1.00 이하	1.00 이하	0.040 이하	0.030 이하	16.00~18.00

■ 석출 경화계의 화학 성분

단위 : %

종류의 기호	C	Si	Mn	P	S	Ni	Cr	Cu	기타
STS630	0.07 이하	1.00 이하	1.00 이하	0.040 이하	0.030 이하	3.00~5.00	15.00~17.50	3.00~5.00	Nb 0.15~0.45
STS631	0.09 이하	1.00 이하	1.00 이하	0.040 이하	0.030 이하	6.50~7.75	16.00~18.00	–	Al 0.75~1.50

■ 고용화 열처리 상태의 기계적 성질(오스테나이트계)

종류의 기호	항복 강도 N/mm^2	인장 강도 N/mm^2	연신율 %	경도		
				HB	HRB	HV
STS301	205 이상	520 이상	40 이상	207 이하	95 이하	218 이하
STS301L	215 이상	550 이상	45 이상	207 이하	95 이하	218 이하
STS301J1	205 이상	570 이상	45 이상	187 이하	90 이하	200 이하
STS302	205 이상	520 이상	40 이상	187 이하	90 이하	200 이하
STS302B	205 이상	520 이상	40 이상	207 이하	95 이하	218 이하
STS303	205 이상	520 이상	40 이상	187 이하	90 이하	200 이하
STS304	205 이상	520 이상	40 이상	187 이하	90 이하	200 이하
STS304L	175 이상	480 이상	40 이상	187 이하	90 이하	200 이하
STS304N1	275 이상	550 이상	35 이상	217 이하	95 이하	220 이하
STS304N2	345 이상	690 이상	35 이상	248 이하	100 이하	260 이하
STS304LN	245 이상	550 이상	40 이상	217 이하	95 이하	220 이하
STS304J1	155 이상	450 이상	40 이상	187 이하	90 이하	200 이하
STS304J2	155 이상	450 이상	40 이상	187 이하	90 이하	200 이하
STS305	175 이상	480 이상	40 이상	187 이하	90 이하	200 이하
STS309S	205 이상	520 이상	40 이상	187 이하	90 이하	200 이하
STS310S	205 이상	520 이상	40 이상	187 이하	90 이하	200 이하
STS316	205 이상	520 이상	40 이상	187 이하	90 이하	200 이하
STS316L	175 이상	480 이상	40 이상	187 이하	90 이하	200 이하
STS316N	275 이상	550 이상	35 이상	217 이하	95 이하	220 이하
STS316LN	245 이상	550 이상	40 이상	217 이하	95 이하	220 이하
STS316Ti	205 이상	520 이상	40 이상	187 이하	90 이하	200 이하
STS316J1	205 이상	520 이상	40 이상	187 이하	90 이하	200 이하
STS316J1L	175 이상	480 이상	40 이상	187 이하	90 이하	200 이하
STS317	205 이상	520 이상	40 이상	187 이하	90 이하	200 이하
STS317L	175 이상	480 이상	40 이상	187 이하	90 이하	200 이하
STS317LN	245 이상	550 이상	40 이상	217 이하	95 이하	220 이하
STS317J1	175 이상	480 이상	40 이상	187 이하	90 이하	200 이하
STS317J2	345 이상	690 이상	40 이상	250 이하	100 이하	260 이하
STS317J3L	275 이상	640 이상	40 이상	217 이하	96 이하	230 이하
STS836L	205 이상	520 이상	35 이상	217 이하	96 이하	230 이하
STS890L	215 이상	490 이상	35 이상	187 이하	90 이하	200 이하
STS321	205 이상	520 이상	40 이상	187 이하	90 이하	200 이하
STS347	205 이상	520 이상	40 이상	187 이하	90 이하	200 이하
STSXM7	155 이상	450 이상	40 이상	187 이하	90 이하	200 이하
STSXM15J1	205 이상	520 이상	40 이상	207 이하	95 이하	218 이하
STS350	330 이상	674 이상	40 이상	250 이하	100 이하	260 이하

13. 스테인리스 강봉 KS D 3706 : 2008

■ 종류의 기호 및 분류

종류의 기호	분류	종류의 기호	분류
STS 201	오스테나이트계	STS 347	오스테나이트계
STS 202		STS XM7	
STS 301		STS XM15J1	
STS 302		STS 350	
STS 303		STS 329J1	오스테나이트 · 페라이트계
STS 303Se		STS 329J3L	
STS 303Cu		STS 329J4L	
STS 304		STS 405	페라이트계
STS 304L		STS 410L	
STS 304N1		STS 430	
STS 304N2		STS 430F	
STS 304LN		STS 434	
STS 304J3		STS 447J1	
STS 305		STS XM27	
STS 309S		STS 403	마르텐사이트계
STS 310S		STS 410	
STS 316		STS 410J1	
STS 316L		STS 410F2	
STS 316N		STS 416	
STS 316LN		STS 420J1	
STS 316Ti		STS 420J2	
STS 316J1		STS 420F	
STS 316J1L		STS 530F2	
STS 316F		STS 431	
STS 317		STS 440A	
STS 317L		STS 440B	
STS 317LN		STS 440C	
STS 317J1		STS 440F	
STS 836L		STS 630	석출 경화계
STS 890L		STS 631	
STS 321		–	

비고

봉이라는 것을 기호로 표시할 필요가 있을 경우에는 종류의 기호 끝부분에 -B를 부기한다.

보기 : STS 304-B

■ 오스테나이트계의 화학 성분

종류의 기호	C	Si	Mn	P	S	Ni	Cr	Mo	Cu	N	기타
STS 201	0.15 이하	1.00 이하	5.50~7.50	0.060 이하	0.030 이하	3.50~5.50	16.00~18.00	–	–	0.25 이하	–
STS 202	0.15 이하	1.00 이하	7.50~10.00	0.060 이하	0.030 이하	4.00~6.00	17.00~19.00	–	–	0.25 이하	–
STS 301	0.15 이하	1.00 이하	2.00 이하	0.045 이하	0.030 이하	6.00~8.00	16.00~18.00	–	–	–	–
STS 302	0.15 이하	1.00 이하	2.00 이하	0.045 이하	0.030 이하	8.00~10.00	17.00~19.00	–	–	–	–
STS 303	0.15 이하	1.00 이하	2.00 이하	0.20 이하	0.15 이상	8.00~10.00	17.00~19.00	a)	–	–	–
STS 303Se	0.15 이하	1.00 이하	2.00 이하	0.20 이하	0.060 이하	8.00~10.00	17.00~19.00	–	–	–	Se 0.15 이상
STS 303Cu	0.15 이하	1.00 이하	3.00 이하	0.20 이하	0.15 이상	8.00~10.00	17.00~19.00	a)	1.50~3.50	–	–
STS 304	0.08 이하	1.00 이하	2.00 이하	0.045 이하	0.030 이하	8.00~10.00	18.00~20.00	–	–	–	–
STS 304L	0.030 이하	1.00 이하	2.00 이하	0.045 이하	0.030 이하	9.00~13.00	18.00~20.00	–	–	–	–
STS 304N1	0.08 이하	1.00 이하	2.50 이하	0.045 이하	0.030 이하	7.00~10.50	18.00~20.00	–	–	0.10~0.25	–
STS 304N2	0.08 이하	1.00 이하	2.50 이하	0.045 이하	0.030 이하	7.50~10.50	18.00~20.00	–	–	0.15~0.30	Nb 0.15 이하
STS 304LN	0.030 이하	1.00 이하	2.00 이하	0.045 이하	0.030 이하	8.50~11.50	17.00~19.00	–	–	0.12~0.22	–
STS 304J3	0.08 이하	1.00 이하	2.00 이하	0.045 이하	0.030 이하	8.00~10.50	17.00~19.00	–	1.00~3.00	–	–
STS 305	0.12 이하	1.00 이하	2.00 이하	0.045 이하	0.030 이하	10.50~13.00	17.00~19.00	–	–	–	–
STS 309S	0.08 이하	1.00 이하	2.00 이하	0.045 이하	0.030 이하	12.00~15.00	22.00~24.00	–	–	–	–
STS 310S	0.08 이하	1.00 이하	2.00 이하	0.045 이하	0.030 이하	19.00~22.00	24.00~26.00	–	–	–	–
STS 316	0.08 이하	1.00 이하	2.00 이하	0.045 이하	0.030 이하	10.00~14.00	16.00~18.00	2.00~3.00	–	–	–
STS 316L	0.030 이하	1.00 이하	2.00 이하	0.045 이하	0.030 이하	12.00~15.00	16.00~18.00	2.00~3.00	–	–	–
STS 316N	0.08 이하	1.00 이하	2.00 이하	0.045 이하	0.030 이하	10.00~14.00	16.00~18.00	2.00~3.00	–	0.10~0.22	–
STS 316LN	0.030 이하	1.00 이하	2.00 이하	0.045 이하	0.030 이하	10.50~14.50	16.50~18.50	2.00~3.00	–	0.12~0.22	–
STS 316Ti	0.08 이하	1.00 이하	2.00 이하	0.045 이하	0.030 이하	10.00~14.00	16.00~18.00	2.00~3.00	–	–	Ti5×C% 이상
STS 316J1	0.08 이하	1.00 이하	2.00 이하	0.045 이하	0.030 이하	10.00~14.00	17.00~19.00	1.20~2.75	1.00~2.50	–	–
STS 316J1L	0.030 이하	1.00 이하	2.00 이하	0.045 이하	0.030 이하	12.00~16.00	17.00~19.00	1.20~2.75	1.00~2.50	–	–
STS 316F	0.08 이하	1.00 이하	2.00 이하	0.045 이하	0.10 이상	10.00~14.00	16.00~18.00	2.00~3.00	–	–	–
STS 317	0.08 이하	1.00 이하	2.00 이하	0.045 이하	0.030 이하	11.00~15.00	18.00~20.00	3.00~4.00	–	–	–
STS 317L	0.030 이하	1.00 이하	2.00 이하	0.045 이하	0.030 이하	11.00~15.00	18.00~20.00	3.00~4.00	–	–	–
STS 317LN	0.030 이하	1.00 이하	2.00 이하	0.045 이하	0.030 이하	11.00~15.00	18.00~20.00	3.00~4.00	–	0.10~0.22	–
STS 317J1	0.040 이하	1.00 이하	2.50 이하	0.045 이하	0.030 이하	15.00~17.00	16.00~19.00	4.00~6.00	–	–	–
STS 836L	0.030 이하	1.00 이하	2.00 이하	0.045 이하	0.030 이하	24.00~26.00	19.00~24.00	5.00~7.00	–	0.25 이하	–
STS 890L	0.020 이하	1.00 이하	2.00 이하	0.045 이하	0.030 이하	23.00~28.00	19.00~23.00	4.00~5.00	1.00~2.00	–	–
STS 321	0.08 이하	1.00 이하	2.00 이하	0.045 이하	0.030 이하	9.00~13.00	17.00~19.00	–	–	–	Ti5×C% 이상
STS 347	0.08 이하	1.00 이하	2.00 이하	0.045 이하	0.030 이하	9.00~13.00	17.00~19.00	–	–	–	Nb10×C% 이상
STS XM7	0.08 이하	1.00 이하	2.00 이하	0.045 이하	0.030 이하	8.50~10.50	17.00~19.00	–	3.00~4.00	–	–
STS XM15J1	0.08 이하	3.00~5.00	2.00 이하	0.045 이하	0.030 이하	11.50~15.00	15.00~20.00	–	–	–	–
STS 350	0.03 이하	1.00 이하	1.50 이하	0.035 이하	0.020 이하	20.00~23.00	22.00~24.00	6.00~6.80	0.40 이하	0.21~0.32	–

a) Mo은 0.60% 이하를 첨가할 수 있다.

■ 오스테나이트 · 페라이트계의 화학 성분

단위 : %

종류의 기호	C	Si	Mn	P	S	Ni	Cr	Mo	N
STS 329J1	0.08 이하	1.00 이하	1.50 이하	0.040 이하	0.030 이하	3.00~6.00	23.00~28.00	1.00~3.00	–
STS 329J3L	0.030 이하	1.00 이하	2.00 이하	0.040 이하	0.030 이하	4.50~6.50	21.00~24.00	2.50~3.50	0.08~0.20
STS 329J4L	0.030 이하	1.00 이하	1.50 이하	0.040 이하	0.030 이하	5.50~7.50	24.00~26.00	2.50~3.50	0.08~0.30

■ 페라이트계의 화학 성분

단위 : %

종류의 기호	C	Si	Mn	P	S	Cr	Mo	N	Al
STS 405	0.08 이하	1.00 이하	1.00 이하	0.040 이하	0.030 이하	11.50~14.50	–	–	0.10~0.30
STS 410L	0.030 이하	1.00 이하	1.00 이하	0.040 이하	0.030 이하	11.00~13.50	–	–	–
STS 430	0.12 이하	0.75 이하	1.00 이하	0.040 이하	0.030 이하	16.00~18.00	–	–	–
STS 430F	0.12 이하	1.00 이하	1.25 이하	0.060 이하	0.15 이상	16.00~18.00	a)	–	–
STS 434	0.12 이하	1.00 이하	1.00 이하	0.040 이하	0.030 이하	16.00~18.00	0.75~1.25	–	–
STS 447J1	0.010 이하	0.40 이하	0.40 이하	0.030 이하	0.020 이하	28.50~32.00	1.50~2.50	0.015 이하	–
STS XM27	0.010 이하	0.40 이하	0.40 이하	0.030 이하	0.020 이하	25.00~27.50	0.75 · 1.50	0.015 이하	–

a) Mo은 0.60% 이하를 첨가할 수 있다.

■ 마르텐사이트계의 화학 성분

단위 : %

종류의 기호	C	Si	Mn	P	S	Ni	Cr	Mo	Pb
STS 403	0.15 이하	0.50 이하	1.00 이하	0.040 이하	0.030 이하	b)	11.60~13.50	–	–
STS 410	0.15 이하	1.00 이하	1.00 이하	0.040 이하	0.030 이하	b)	11.50~13.50	–	–
STS 410J1	0.08~0.18	0.60 이하	1.00 이하	0.040 이하	0.030 이하	b)	11.50~14.00	0.30~0.60	–
STS 410F2	0.15 이하	1.00 이하	1.00 이하	0.040 이하	0.030 이하	b)	11.50~13.50	–	0.05~0.30
STS 416	0.15 이하	1.00 이하	0.25 이하	0.060 이하	0.15 이상	b)	12.00~14.00	a)	–
STS 420J1	0.16~0.25	1.00 이하	1.00 이하	0.040 이하	0.030 이하	b)	12.00~14.00	–	–
STS 420J2	0.26~0.40	1.00 이하	1.00 이하	0.040 이하	0.030 이하	b)	12.00~14.00	–	–
STS 420F	0.26~0.40	1.00 이하	1.25 이하	0.060 이하	0.15 이상	b)	12.00~14.00	a)	–
STS 420F2	0.26~0.40	1.00 이하	1.00 이하	0.040 이하	0.030 이하	b)	12.00~14.00	–	0.05~0.30
STS 431	0.20 이하	1.00 이하	1.00 이하	0.040 이하	0.030 이하	1.25~2.50	15.00~17.00	–	–
STS 440A	0.60~0.75	1.00 이하	1.00 이하	0.040 이하	0.030 이하	b)	16.00~18.00	c)	–
STS 440B	0.75~0.95	1.00 이하	1.00 이하	0.040 이하	0.030 이하	b)	16.00~18.00	c)	–
STS 440C	0.95~1.20	1.00 이하	1.00 이하	0.040 이하	0.030 이하	b)	16.00~18.00	c)	–
STS 440F	0.95~1.20	1.00 이하	1.25 이하	0.060 이하	0.15 이상	b)	16.00~18.00	c)	–

a) Mo은 0.60% 이하를 함유하여도 좋다.
b) Ni은 0.60% 이하를 함유하여도 좋다.
c) Mo은 0.75% 이하를 함유하여도 좋다.

■ 석출 경화계의 화학 성분

단위 : %

종류의 기호	C	Si	Mn	P	S	Ni	Cr	Cu	기타
STS 630	0.07 이하	1.00 이하	1.00 이하	0.040 이하	0.030 이하	3.00~5.00	15.00~17.50	3.00~5.00	Nb 0.15~0.45
STS 631	0.09 이하	1.00 이하	1.00 이하	0.040 이하	0.030 이하	6.50~7.75	16.00~18.00	–	Al 0.75~1.50

■ 오스테나이트계의 기계적 성질

종류의 기호	항복 강도 N/mm^2	인장 강도 N/mm^2	연신율 %	단면 수축률 %	경도		
					HBW	HRBS 또는 HRBW	HV
STS 201	275 이상	520 이상	40 이상	45 이상	241 이하	100 이하	253 이하
STS 202	275 이상	520 이상	40 이상	45 이상	207 이하	95 이하	218 이하
STS 301	205 이상	520 이상	40 이상	60 이상	207 이하	95 이하	218 이하
STS 302	205 이상	520 이상	40 이상	60 이상	187 이하	90 이하	200 이하
STS 303	205 이상	520 이상	40 이상	50 이상	187 이하	90 이하	200 이하
STS 303Se	205 이상	520 이상	40 이상	50 이상	187 이하	90 이하	200 이하
STS 303Cu	205 이상	520 이상	40 이상	50 이상	187 이하	90 이하	200 이하
STS 304	205 이상	520 이상	40 이상	60 이상	187 이하	90 이하	200 이하
STS 304L	175 이상	480 이상	40 이상	60 이상	187 이하	90 이하	200 이하
STS 304N1	275 이상	550 이상	35 이상	50 이상	217 이하	95 이하	220 이하
STS 304N2	345 이상	690 이상	35 이상	50 이상	250 이하	100 이하	260 이하
STS 304LN	245 이상	550 이상	40 이상	50 이상	217 이하	95 이하	220 이하
STS 304J3	175 이상	480 이상	40 이상	60 이상	187 이하	90 이하	200 이하
STS 305	175 이상	480 이상	40 이상	60 이상	187 이하	90 이하	200 이하
STS 309S	205 이상	520 이상	40 이상	60 이상	187 이하	90 이하	200 이하
STS 310S	205 이상	520 이상	40 이상	50 이상	187 이하	90 이하	200 이하
STS 316	205 이상	520 이상	40 이상	60 이상	187 이하	90 이하	200 이하
STS 316L	175 이상	480 이상	40 이상	60 이상	187 이하	90 이하	200 이하
STS 316N	275 이상	550 이상	35 이상	50 이상	217 이하	95 이하	220 이하
STS 316LN	245 이상	550 이상	40 이상	50 이상	217 이하	95 이하	220 이하
STS 316Ti	205 이상	520 이상	40 이상	50 이상	187 이하	90 이하	200 이하
STS 316J1	205 이상	520 이상	40 이상	60 이상	187 이하	90 이하	200 이하
STS 316J1L	175 이상	480 이상	40 이상	60 이상	187 이하	90 이하	200 이하
STS 316F	205 이상	520 이상	40 이상	50 이상	187 이하	90 이하	200 이하
STS 317	205 이상	520 이상	40 이상	60 이상	187 이하	90 이하	200 이하
STS 317L	175 이상	480 이상	40 이상	60 이상	187 이하	90 이하	200 이하
STS 317LN	245 이상	550 이상	40 이상	50 이상	217 이하	95 이하	220 이하
STS 317J1	175 이상	480 이상	40 이상	45 이상	187 이하	90 이하	200 이하
STS 836L	205 이상	520 이상	35 이상	40 이상	217 이하	96 이하	230 이하
STS 890L	215 이상	490 이상	35 이상	40 이상	187 이하	90 이하	200 이하
STS 321	205 이상	520 이상	40 이상	50 이상	187 이하	90 이하	200 이하
STS 347	205 이상	520 이상	40 이상	50 이상	187 이하	90 이하	200 이하
STS XM7	175 이상	480 이상	40 이상	60 이상	187 이하	90 이하	200 이하
STS XM15J1	205 이상	520 이상	40 이상	60 이상	207 이하	95 이하	218 이하
STS 350	330 이상	674 이상	40 이상	–	205 이하	100 이하	260 이하

■ 오스테나이트 · 페라이트계의 기계적 성질

종류의 기호	항복 강도 N/mm^2	인장 강도 N/mm^2	연신율 %	단면 수축률 %	경 도		
					HBW	HRC	HV
STS 329J1	390 이상	590 이상	18 이상	40 이상	277 이하	29 이하	292 이하
STS 329J3L	450 이상	620 이상	18 이상	40 이상	302 이하	32 이하	320 이하
STS 329J4L	450 이상	620 이상	18 이상	40 이상	302 이하	32 이하	320 이하

■ 페라이트계의 기계적 성질

종류의 기호	항복 강도 N/mm^2	인장 강도 N/mm^2	연신율 %	단면 수축률 %	경도 HBW
STS 405	175 이상	410 이상	20 이상	60 이상	183 이하
STS 410	195 이상	360 이상	22 이상	60 이상	183 이하
STS 430	205 이상	450 이상	22 이상	50 이상	183 이하
STS 430F	205 이상	450 이상	22 이상	50 이상	183 이하
STS 434	205 이상	450 이상	22 이상	60 이상	183 이하
STS 447J1	295 이상	450 이상	20 이상	45 이상	228 이하
STS XM27	245 이상	410 이상	20 이상	45 이상	219 이하

■ 마르텐사이트계의 퀜칭 · 템퍼링 상태의 기계적 성질

종류의 기호	항복 강도 N/mm^2	인장 강도 N/mm^2	연신율 %	단면 수축률 %	샤르피 충격값 J/m2	경도	
						HBW	HRC
STS 403	390 이상	590 이상	25 이상	55 이상	147 이상	170 이상	–
STS 410	345 이상	540 이상	25 이상	55 이상	98 이상	159 이상	–
STS 410J1	490 이상	690 이상	20 이상	60 이상	98 이상	192 이상	–
STS 410F2	345 이상	540 이상	18 이상	50 이상	98 이상	159 이상	–
STS 416	345 이상	540 이상	17 이상	45 이상	69 이상	159 이상	–
STS 420J1	440 이상	640 이상	20 이상	50 이상	78 이상	192 이상	–
STS 420J2	540 이상	740 이상	12 이상	40 이상	29 이상	217 이상	–
STS 420F	540 이상	740 이상	8 이상	35 이상	29 이상	217 이상	–
STS 420F2	540 이상	740 이상	5 이상	35 이상	29 이상	217 이상	–
STS 431	590 이상	780 이상	15 이상	40 이상	39 이상	229 이상	–
STS 440A	–	–	–	–	–	–	54 이상
STS 440B	–	–	–	–	–	–	56 이상
STS 440C	–	–	–	–	–	–	58 이상
STS 440F	–	–	–	–	–	–	58 이상

■ 마르텐사이트계의 어닐링 상태의 경도

종류의 기호	경도 HB	종류의 기호	경도 HB
STS 403	200 이하	STS 420F	235 이하
STS 410	200 이하	STS 420F2	235 이하
STS 410J1	200 이하	STS 431	302 이하
STS 410F2	200 이하	STS 440A	255 이하
STS 416	200 이하	STS 440B	255 이하
STS 420J1	223 이하	STS 440C	269 이하
STS 420J2	235 이하	STS 440F	269 이하

■ 석출 경화계의 기계적 성질

종류의 기호	열처리 기호	항복 강도 N/mm^2	인장 강도 N/mm^2	연신율 %	단면 수축률 %	경도	
						HBW	HRC
STS 630	S	–	–	–	–	363 이하	38 이하
	H900	1175 이상	1310 이상	10 이상	40 이상	375 이상	40 이상
	H1025	1000 이상	1070 이상	12 이상	45 이상	331 이상	35 이상
	H1075	860 이상	1000 이상	13 이상	45 이상	302 이상	31 이상
	H1150	725 이상	930 이상	16 이상	50 이상	277 이상	28 이상
STS 631	S	380 이하	1030 이하	20 이상	–	229 이하	–
	RH950	1030 이상	1230 이상	4 이상	10 이상	388 이상	–
	TH1050	960 이상	1140 이상	5 이상	25 이상	363 이상	–

14. 내열 강봉 KS D 3731 : 2002(2017 확인)

■ 종류의 기호 및 분류

종류의 기호	분류	종류의 기호	분류
STR 31 STR 35 STR 36 STR 37 STR 38 STR 309 STR 310 STR 330 STR 660 STR 661	오스테나이트계	STS 304 STS 309 S STS 310 S STS 316 STS 316 Ti STS 317 STS 321 STS 347 STS XM 15 J1	오스테나이트계
STR 446	페라이트계	STS 405 STS 410 L STS 430	페라이트계
STR 1 STR 3 STR 4 STR 11 STR 600 STR 610	마르텐사이트계	STS 403 STS 410 STS 410 J1 STS 431	마르텐사이트계
		STS 630 STS 631	석출경화계

비고 1. STS 기호인 것은 KS D 3706 및 KS D 3702에 따른다.
2. 봉인 것을 기호로 표시하는 경우에는 종류의 기호 끝에 −B(열간 가공 봉강) 또는 −CB(냉간 가공 봉강)를 붙인다.
보기 STR 309−B

15. 내열 강판 KS D 3732 : 2002(2017 확인)

■ 종류의 기호 및 분류

종류의 기호	분류	종류의 기호	분류
STR 309 STR 310 STR 330 STR 660 STR 661	오스테나이트계	STS 316 STS 316 Ti STS 317 STS 321 STS 347 STS XM 15 J1	오스테나이트계
STR 21 STR 409 STR 409 L STR 446	페라이트계	STS 405 STS 410 L STS 430 STS 430 J1 L STS 436 J1 L	페라이트계
STS 302 B STS 304 STS 309 S STS 310 S	오스테나이트계	STS 403 STS 410	마르텐사이트계
		STS 630 STS 631	석출경화계

비고 1. STS 기호인 것은 KS D 3705 및 KS D 3698에 따른다.
2. 판이라는 것을 기호로 표시하는 경우에는 종류의 기호 끝에 -HP(열간 압연 강판) 또는 -CP(냉간 압연 강판)를 붙인다.
보기 STR 309-HP, STR 309-CP
3. 대라는 것을 기호로 표시하는 경우에는 종류의 기호 끝에 -HS(열간 압연 강대) 또는 -CS(냉간 압연 강대)를 붙인다.
보기 STR 409-HS, STR 409-CS

■ 오스테나이트계의 열처리

종류의 기호	열처리 ℃	
	고용화 열처리	시효 처리
STR 309	1030~1150 급냉	-
STR 310	1030~1180 급냉	-
STR 330	1030~1180 급냉	-
STR 660	965~995 급냉	700~760×16h 공냉 또는 서냉
STR 661	1130~1200 급냉	780~830×4h 공냉 또는 서냉

■ 페라이트계의 열처리

종류의 기호	어 닐 링 ℃
STR 21	780~950 급냉 또는 서냉
STR 409	780~950 급냉 또는 서냉
STR 409L	780~950 급냉 또는 서냉
STR 445	780~880 급냉

■ 열처리 기호

열처리 방법	기 호
고용화 열처리	S
고용화 열처리 후 시효처리	H

6-3 특수 용도강 – 스프링강, 쾌삭강, 클래드강

1. 스프링용 냉간 압연 강대 KS D 3597 : 2009(2014 확인)

■ 종류의 기호

종류의 기호	종래의 기호(참고)
S50C – CSP	–
S55C – CSP	–
S60C – CSP	–
S65C – CSP	–
S70C – CSP	–
SK85 – CSP	SK5 – CSP
SK95 – CSP	SK4 – CSP
SUP10 – CSP	–

■ 조질 구분 및 기호

조질 구분	조질 기호
어닐링을 한 것	A
냉간 압연한 그대로의 것	R
퀜칭 · 템퍼링을 한 것	H
오스템퍼링을 한 것	B

■ 화학 성분

종류의 기호	화학 성분 (%)									
	C	Si	Mn	P	S	Cu	Ni	Cr	Ni+Cr	V
S50C – CSP	0.47~ 0.53	0.15~ 0.35	0.60~ 0.90	0.030 이하	0.035 이하	0.30 이하	0.20 이하	0.20 이하	0.35 이하	–
S55C – CSP	0.52~ 0.58	0.15~ 0.35	0.60~ 0.90	0.030 이하	0.035 이하	0.30 이하	0.20 이하	0.20 이하	0.35 이하	–
S60C – CSP	0.55~ 0.65	0.15~ 0.30	0.60~ 0.90	0.030 이하	0.035 이하	0.30 이하	0.20 이하	0.20 이하	–	–
S65C – CSP	0.60~ 0.70	0.15~ 0.30	0.60~ 0.90	0.030 이하	0.035 이하	0.30 이하	0.20 이하	0.20 이하	–	–
S70C – CSP	0.65~ 0.75	0.15~ 0.30	0.60~ 0.90	0.030 이하	0.035 이하	0.30 이하	0.20 이하	0.20 이하	–	–
SK85 – CSP	0.80~ 0.90	0.35 이하	0.50 이하	0.030 이하	0.030 이하	0.30 이하	0.25 이하	0.20 이하	–	–
SK95 – CSP	0.90~ 1.00	0.35 이하	0.50 이하	0.030 이하	0.030 이하	0.30 이하	0.25 이하	0.20 이하	–	–
SUP10 – CSP	0.47~ 0.55	0.15~ 0.35	0.65~ 0.95	0.035 이하	0.035 이하	0.30 이하	–	0.80~ 1.10	–	0.15~ 0.25

■ 조질 기호 A의 강대의 경도

강대의 기호	경도 HV
S50C-CSP	180 이하
S55C-CSP	180 이하
S60C-CSP	190 이하
S65C-CSP	190 이하
S70C-CSP	190 이하
SK85-CSP	190 이하
SK95-CSP	200 이하
SUP10-CSP	190 이하

■ 경도(중심값)의 지정 가능한 범위

종류의 기호	R(HV)	H(HV)	B(HV)
S50C-CSP	230~270	-	360~440
S55C-CSP	230~270	350~450	360~440
S60C-CSP	230~270	350~500	360~440
S65C-CSP	230~270	-	-
S70C-CSP	230~270	350~550	-
SK85-CSP	230~270	350~600	-
SK95-CSP	230~270	400~600	-
SUP10-CSP	230~270	-	-

2. 스프링 강재 KS D 3701 : 2007(2017 확인)

■ 종류 및 기호

종류의 기호	적요	
SPS 6	실리콘 망가니즈 강재	주로 겹판 스프링, 코일 스프링 및 비틀림 막대 스프링에 사용한다.
SPS 7		
SPS 9	망가니즈 크롬 강재	
SPS 9A		
SPS 10	크롬 바나듐 강재	주로 코일 스프링 및 비틀림 막대 스프링용에 사용한다.
SPS 11A	망가니즈 크롬 보론 강재	주로 대형 겹판 스프링, 코일 스프링 및 비틀림 막대 스프링에 사용한다.
SPS 12	실리콘 크롬 강재	주로 코일 스프링에 사용한다.
SPS 13	크롬 몰리브데넘 강재	주로 대형 겹판 스프링, 코일 스프링에 사용한다.

■ 화학성분

종류의 기호	화학성분 %								
	C	Si	Mn	P	S	Cr	Mo	V	B
SPS6	0.56~0.64	1.50~1.80	0.70~1.00	0.030 이하	0.030 이하	–	–	–	–
SPS7	0.56~0.64	1.80~2.20	0.70~1.00			–	–	–	–
SPS9	0.52~0.60	0.15~0.35	0.65~0.95			0.65~0.95	–	–	–
SPS9A	0.56~0.64	0.15~0.35	0.70~1.00			0.70~1.00			
SPS10	0.47~0.55	0.15~0.35	0.65~0.95			0.80~1.10	–	0.15~0.25	–
SPS11A	0.56~0.64	0.15~0.35	0.70~1.00			0.70~1.00	–	–	0.005 이상
SPS12	0.51~0.59	1.20~1.60	0.60~0.90			0.60~0.90	–	–	–
SPS13	0.56~0.64	0.15~0.35	0.70~1.00			0.70~0.90	0.25~0.35	–	–

3. 황 및 황 복합 쾌삭 강재 KS D 3567 : 2002(2017 확인)

■ 종류의 기호 및 화학성분

종류의 기호	화학 성분 %				
	C	Mn	P	S	Pb
SUM 11	0.08~0.13	0.30~0.60	0.040 이하	0.08~0.13	–
SUM 12	0.08~0.13	0.60~0.90	0.040 이하	0.08~0.13	–
SUM 21	0.13 이하	0.70~1.00	0.07~0.12	0.16~0.23	–
SUM 22	0.13 이하	0.70~1.00	0.07~0.12	0.24~0.33	–
SUM 22 L	0.13 이하	0.70~1.00	0.07~0.12	0.24~0.33	0.10~0.35
SUM 23	0.09 이하	0.75~1.05	0.04~0.09	0.26~0.35	–
SUM 23 L	0.09 이하	0.75~1.05	0.04~0.09	0.26~0.35	0.10~0.35
SUM 24 L	0.15 이하	0.85~1.15	0.04~0.09	0.26~0.35	0.10~0.35
SUM 25	0.15 이하	0.90~1.40	0.07~0.12	0.30~0.40	–
SUM 31	0.14~0.20	1.00~1.30	0.040 이하	0.08~0.13	–
SUM 31 L	0.14~0.20	1.00~1.30	0.040 이하	0.08~0.13	0.10~0.35
SUM 32	0.12~0.20	0.60~1.10	0.040 이하	0.10~0.20	–
SUM 41	0.32~0.39	1.35~1.65	0.040 이하	0.08~0.13	–
SUM 42	0.37~0.45	1.35~1.65	0.040 이하	0.08~0.13	–
SUM 43	0.40~0.48	1.35~1.65	0.040 이하	0.24~0.33	–

4. 쾌삭용 스테인리스 강선 및 선재 KS D 7202 : 2004(2014 확인)

■ 종류의 기호, 조질 및 분류

종 류	UNS. 표시 기호 체계/구기호		조건 A (어닐링)	조건 B (냉간 가공)	조건 T (반경질)	조건 H (경질)
오스테나이트계						
STS XM1	S 20300	XM－1	A	B	－	－
STS 303	S 30300	303	A	B	－	－
STS XM5	S 30310	XM－5	A	B	－	－
STS 303 Se	S 30323	303 Se	A	B	－	－
STS XM2	S 30345	XM－2	A	B	－	－
마르텐사이트계						
STS 416	S 41600	416	A	－	T	H
STS XM6	S 41610	XM－6	A	－	T	H
STS 416 Se	S 41623	416 Se	A	－	T	H
페라이트계						
STS XM34	S 18200	XM－34	A	－	－	－
STS 18235	S 18235	…	A	B	－	－
STS 41603	S 41603	…	A	－	－	－
STS 430 F	S 43020	430 F	A	－	－	－
STS 430 F Se	S 43023	430 F Se	A	－	－	－

■ 화학성분

종 류	구기호	화학적 조성 %							
		C 이하	Mn	P	S	Si 이하	Cr	Ni	기타
오스테나이트계									
STS XM1	XM－1	0.08	5.0~6.5	0.04	0.18~0.35	1.00	16.0~18.0	5.0~6.5	Cu 1.75~2.25
STS 303	303	0.15	2.00	0.20	0.15 이상	1.00	17.0~19.0	8.0~10.0	－
STS XM5	XM－5	0.15	2.5~4.5	0.20	0.25 이상	1.00	17.0~19.0	7.0~10.0	－
STS 303 Se	303 Se	0.15	2.00	0.20	0.06	1.00	17.0~19.0	8.0~10.0	Se 0.15 이상
STS XM2	XM－2	0.15	2.00	0.05	0.11~0.16	1.00	17.0~19.0	8.0~10.0	Mo 0.40~0.60 Al 0.60~1.00
마르텐사이트계									
STS 416	416	0.15	1.25	0.06	0.15 이상	1.00	12.0~14.0	－	－
STS XM6	XM－6	0.15	1.50~2.50	0.06	0.15 이상	1.00	12.0~14.0	－	－
STS 416 Se	416 Se	0.15	1.25	0.06	0.06	1.00	12.0~14.0	－	Se 0.15 이상
페라이트계									
STS XM34	XM－34	0.08	2.50	0.04	0.15 이상	1.00	17.5~19.5	－	Mo 1.50~2.50
STS 18235	…	0.025	0.50	0.030	0.15~0.35	1.00	17.5~18.5	1.00	Mo 2.00~2.50 Ti 0.30~1.00 N 0.025 이하 C+N 0.035 이하
STS 41603	…	0.08	1.25	0.06	0.15 이상	1.00	12.0~14.0	－	－
STS 430 F	430 F	0.12	1.25	0.06	0.15 이상	1.00	16.0~18.0	－	－
STS 430 F Se	430 F Se	0.12	1.25	0.06	0.06	1.00	16.0~18.0	－	Se 0.15 이상

5. 구리 및 구리합금 클래드강 KS D 3603 : 2014

■ 종류 및 기호

종 류			기 호	용도 보기
압연 클래드강	압연 클래드강	1종	R1	1종 : 접합재를 포함하여 강도 부재로 설계한 것, 구조물을 제작할 때 가혹한 가공을 하는 경우 등을 대상으로 한 것 2종 : 1종 이외의 클래드강에 대하여 적용하는 것, 보기를 들면, 접합재를 부식 여유(corrosion allowance)를 두어 사용한 것, 라이닝 대신으로 사용한 것
		2종	R2	
	폭착 압연 클래드강	1종	BR1	
		2종	BR2	
	확산 압연 클래드강	1종	DR1	
		2종	DR2	
	덧살붙임 압연 클래드강	1종	WR1	
		2종	WR2	
	주입 압연 클래드강	1종	ER1	
		2종	ER2	
폭착 클래드강		1종	B1	
		2종	B2	
확산 클래드강		1종	D1	
		2종	D2	
덧살붙임 클래드강		1종	W1	
		2종	W2	

6. 티타늄 클래드강 KS D 3604 : 2014

■ 종류 및 기호

종 류			기 호	용도 보기
압연 클래드강	압연 클래드강	1종	R1	1종 : 접합재를 포함하여 강도 부재로 설계한 것 및 특별한 용도의 것, 특별한 용도란 구조물을 제작할 때 가혹한 가공을 하는 경우 등을 대상으로 한 것 2종 : 1종 이외의 클래드강에 대하여 적용하는 것, 보기를 들면, 접합재를 부식 여유(corrosion allowance)로 설계한 것 또는 라이닝 대신에 사용하는 것 등
		2종	R2	
	폭착 압연 클래드강	1종	BR1	
		2종	BR2	
폭착 클래드강		1종	B1	
		2종	B2	

7. 니켈 및 니켈합금 클래드강 KS D 3605 : 2014

■ 종류 및 기호

종 류			기 호	용도 보기
압연 클래드강	압연 클래드강	1종	R1	1종 : 접합재를 포함하여 강도 부재로 설계한 것 및 특별한 용도의 것. 특별한 용도의 보기로는 고온 등에서 사용하는 경우, 구조물을 제작할 때 가혹한 가공을 하는 경우 등을 대상으로 한 것. 2종 : 1종 이외의 클래드강에 대하여 적용하는 것. 보기를 들면, 접합재를 부식 여유(corrosion allowance)를 두어 사용한 것. 라이닝 대신으로 사용한 것.
		2종	R2	
	폭착 압연 클래드강	1종	BR1	
		2종	BR2	
	확산 압연 클래드강	1종	DR1	
		2종	DR2	
	덧살붙임 압연 클래드강	1종	WR1	
		2종	WR2	
	주입 압연 클래드강	1종	ER1	
		2종	ER2	
폭착 클래드강		1종	B1	
		2종	B2	
확산 클래드강		1종	D1	
		2종	D2	
덧살붙임 클래드강		1종	W1	
		2종	W2	

8. 스테인리스 클래드강 KS D 3693 : 2014

■ 종류 및 기호

종 류			기 호	용도 보기
압연 클래드강	압연 클래드강	1종	R1	1종 : 접합재를 보강재로서 설계한 것 및 특별한 용도의 것. 특별한 용도로서는 고온 등에서 사용하는 경우 또는 구조물을 제작할 때 엄밀한 가공을 실시하는 경우 등을 대상으로 한 것 2종 : 1종 이외의 클래드강에 대하여 적용하는 것으로 예를 들면, 접합재를 부식 여유(corrosion allowance)로서 설계한 것 또는 라이닝 대신에 사용하는 것 등
		2종	R2	
	폭착 압연 클래드강	1종	BR1	
		2종	BR2	
	확산 압연 클래드강	1종	DR1	
		2종	DR2	
	덧살붙임 압연 클래드강	1종	WR1	
		2종	WR2	
	주입 압연 클래드강	1종	ER1	
		2종	ER2	
폭착 클래드강		1종	B1	
		2종	B2	
확산 클래드강		1종	D1	
		2종	D2	
덧살붙임 클래드강		1종	W1	
		2종	W2	

6-4 단강품

1. 탄소강 단강품 KS D 3710 : 2001(2016 확인)

■ 종류의 기호

종류의 기호		열처리의 종류
SI 단위	종래 단위(참고)	
SF340A	SF34	어닐링, 노멀라이징 또는 노멀라이징 템퍼링
SF390A	SF40	
SF440A	SF45	
SF490A	SF50	
SF540A	SF55	
SF590A	SF60	
SF540B	SF55	퀜칭 템퍼링
SF590B	SF60	
SF640B	SF65	

■ 화학성분

단위 : %

C	Si	Mn	P	S
0.60 이하	0.15~0.50	0.30~1.20	0.030 이하	0.035 이하

2. 크롬 몰리브덴강 단강품 KS D 4114 : 1990(2010 확인)

■ 종류의 기호

종류의 기호					
축상 단강품		링상 단강품		디스크상 단강품	
SI 단위	(참고) 종래단위	SI 단위	(참고) 종래단위	SI 단위	(참고) 종래단위
SFCM 590 S	SFCM 60 S	SFCM 590 R	SFCM 60 R	SFCM 590 D	SFCM 60 D
SFCM 640 S	SFCM 65 S	SFCM 640 R	SFCM 65 R	SFCM 640 D	SFCM 65 D
SFCM 690 S	SFCM 70 S	SFCM 690 R	SFCM 70 R	SFCM 690 D	SFCM 70 D
SFCM 740 S	SFCM 75 S	SFCM 740 R	SFCM 75 R	SFCM 740 D	SFCM 75 D
SFCM 780 S	SFCM 80 S	SFCM 780 R	SFCM 80 R	SFCM 780 D	SFCM 80 D
SFCM 830 S	SFCM 85 S	SFCM 830 R	SFCM 85 R	SFCM 830 D	SFCM 85 D
SFCM 880 S	SFCM 90 S	SFCM 880 R	SFCM 90 R	SFCM 880 D	SFCM 90 D
SFCM 930 S	SFCM 95 S	SFCM 930 R	SFCM 95 R	SFCM 930 D	SFCM 95 D
SFCM 980 S	SFCM 100 S	SFCM 980 R	SFCM 100 R	SFCM 980 D	SFCM 100 D

■ 화학성분

단위 : %

C	Si	Mn	P	S	Cr	Mo
0.48 이하	0.15~0.35	0.30~0.85	0.030 이하	0.030 이하	0.90~1.50	0.15~0.30

■ 기계적 성질(축상 단강품)

종류의 기호	열처리시 시험부의 지름 또는 두께 mm	항복점 또는 내구력 N/mm² {kgf/mm²}	인장강도[1] N/mm² {kgf/mm²}	연신율		단면 수축률		샤르피 충격치		경도[2]	
				축방향 %	절선 방향 %	축방향 %	절선 방향 %	축방향 J/cm² {kgf · m/cm²}	절선방향 J/cm² {kgf · m/cm²}	HB	HS
				14A 호 시험편				3호 시험편			
SFCM 590 S	200미만	360{37}이상	590~740 {60~75}	20이상	–	54이상	–	88{9.0}이상	–	170이상	26이상
	200이상 400미만	360{37}이상		19이상	14이상	51이상	33이상	78{8.0}이상	54{5.5}이상		
	400이상 700미만	360{37}이상		18이상	13이상	48이상	31이상	69{7.0}이상	44{4.5}이상		
SFCM 640 S	200미만	410{42}이상	640~780 {65~80}	18이상	–	51이상	–	78{8.0}이상	–	187이상	28이상
	200이상 400미만	410{42}이상		17이상	13이상	48이상	31이상	69{7.0}이상	49{5.0}이상		
	400이상 700미만	410{42}이상		16이상	12이상	45이상	29이상	59{6.0}이상	39{4.0}이상		
SFCM 690 S	200미만	460{47}이상	690~830 {70~85}	17이상	–	48이상	–	69{7.0}이상	–	201이상	31이상
	200이상 400미만	450{46}이상		16이상	12이상	45이상	29이상	64{6.5}이상	44{4.5}이상		
	400이상 700미만	450{46}이상		15이상	11이상	43이상	27이상	54{5.5}이상	34{3.5}이상		
SFCM 740 S	200미만	510{52}이상	740~880 {75~90}	16이상	–	45이상	–	64{6.5}이상	–	217이상	33이상
	200이상 400미만	500{51}이상		15이상	11이상	43이상	28이상	54{5.5}이상	39{4.0}이상		
	400이상 700미만	490{50}이상		14이상	10이상	40이상	26이상	49{5.0}이상	29{3.0}이상		
SFCM 780 S	200미만	560{57}이상	780~930 {80~95}	15이상	–	43이상	–	54{5.5}이상	–	229이상	34이상
	200이상 400미만	550{56}이상		14이상	10이상	40이상	27이상	49{5.0}이상	34{3.5}이상		
	400이상 700미만	540{55}이상		13이상	9이상	38이상	25이상	44{4.5}이상	29{3.0}이상		
SFCM 830 S	200미만	610{62}이상	830~980 {85~100}	14이상	–	41이상	–	49{5.0}이상	–	241이상	36이상
	200이상 400미만	590{60}이상		13이상	9이상	38이상	25이상	44{4.5}이상	29{3.0}이상		
	400이상 700미만	580{59}이상		12이상	8이상	35이상	23이상	39{4.0}이상	25{2.5}이상		
SFCM 880 S	200미만	655{67}이상	880~1030 {90~105}	13이상	–	39이상	–	49{5.0}이상	–	255이상	38이상
	200이상 400미만	635{65}이상		12이상	9이상	36이상	24이상	44{4.5}이상	29{3.0}이상		
	400이상 700미만	625{64}이상		11이상	8이상	33이상	22이상	39{4.0}이상	25{2.5}이상		
SFCM 930 S	200미만	705{72}이상	930~1080 {95~110}	12이상	–	37이상	–	44{4.5}이상	–	269이상	40이상
	200이상 400미만	685{70}이상		11이상	8이상	34이상	22이상	39{4.0}이상	29{3.0}이상		
SFCM 980 S	200미만	755{77}이상	980~1130 {100~115}	11이상	–	36이상	–	44{4.5}이상	–	285이상	42이상

주 [1] 1개의 단강품의 인장강도 편차는 100N/mm²{10kgf/mm²} 이하로 한다.
[2] 동일 로트의 단강품의 경도 편차는 HB 50 또는 HS8 이하로 하고,
1개의 단강품의 경도 편차는 HB30 또는 HS5 이하로 한다.

■ 기계적 성질(링상 단강품)

종류의 기호	열처리시 시험부의 두께 mm	항복점 또는 내구력 N/mm² {kgf/mm²}	인장강도[(1)] N/mm² {kgf/mm²}	연신율 절선방향 % 14A 호 시험편	단면 수축률 절선방향 %	샤르피 충격치 절선방향 J/cm² {kgf · m/cm²} 3호 시험편	경도[(2)] HB	경도[(2)] HS
SFCM 590 R	50미만	360{37}이상	590~740 {60~75}	19이상	50이상	83{8.5}이상	170이상	26이상
	50이상 100미만	360{37}이상		18이상	47이상	74{7.5}이상		
	100이상 200미만	360{37}이상		18이상	46이상	74{7.5}이상		
	200이상 300미만	360{37}이상		17이상	45이상	64{6.5}이상		
SFCM 640 R	50미만	410{42}이상	640~780 {65~80}	18이상	48이상	74{7.5}이상	187이상	28이상
	50이상 100미만	410{42}이상		18이상	45이상	64{6.5}이상		
	100이상 200미만	410{42}이상		17이상	44이상	64{6.5}이상		
	200이상 300미만	410{42}이상		16이상	42이상	59{6.0}이상		
SFCM 690 R	50미만	460{47}이상	690~830 {70~85}	17이상	45이상	64{6.5}이상	201이상	31이상
	50이상 100미만	460{47}이상		16이상	43이상	59{6.0}이상		
	100이상 200미만	460{47}이상		16이상	42이상	59{6.0}이상		
	200이상 300미만	460{47}이상		15이상	40이상	54{5.5}이상		
SFCM 740 R	50미만	530{54}이상	740~880 {75~90}	16이상	42이상	59{6.0}이상	217이상	33이상
	50이상 100미만	520{53}이상		15이상	41이상	54{5.5}이상		
	100이상 200미만	510{52}이상		14이상	40이상	54{5.5}이상		
	200이상 300미만	500{51}이상		13이상	38이상	49{5.0}이상		
SFCM 780 R	50미만	590{60}이상	780~930 {80~95}	15이상	40이상	54{5.5}이상	229이상	34이상
	50이상 100미만	570{58}이상		14이상	38이상	44{4.5}이상		
	100이상 200미만	560{57}이상		13이상	37이상	44{4.5}이상		
	200이상 300미만	550{56}이상		12이상	36이상	39{4.0}이상		
SFCM 830 R	50미만	655{67}이상	830~980 {85~100}	14이상	37이상	49{5.0}이상	241이상	36이상
	50이상 100미만	625{64}이상		13이상	36이상	44{4.5}이상		
	100이상 200미만	610{62}이상		12이상	35이상	44{4.5}이상		
	200이상 300미만	590{60}이상		11이상	33이상	39{4.0}이상		
SFCM 880 R	50미만	705{72}이상	880~1030 {90~105}	13이상	35이상	44{4.5}이상	255이상	38이상
	50이상 100미만	675{69}이상		13이상	34이상	39{4.0}이상		
	100이상 200미만	655{67}이상		12이상	33이상	39{4.0}이상		
	200이상 300미만	635{65}이상		11이상	31이상	34{3.5}이상		
SFCM 930 R	50미만	755{77}이상	930~1080 {95~110}	13이상	33이상	44{4.5}이상	269이상	40이상
	50이상 100미만	725{74}이상		12이상	32이상	39{4.0}이상		
	100이상 200미만	705{72}이상		11이상	31이상	39{4.0}이상		
	200이상 300미만	685{70}이상		10이상	30이상	34{3.5}이상		
SFCM 980 R	50미만	805{82}이상	980~1130 {100~115}	12이상	32이상	39{4.0}이상	285이상	42이상
	50이상 100미만	775{79}이상		11이상	31이상	39{4.0}이상		
	100이상 200미만	775{77}이상		10이상	30이상	39{4.0}이상		

■ 기계적 성질(디스크상 단강품)

종류의 기호	열처리시 시험부의 두께 mm	항복점 또는 내구력 N/mm² {kgf/mm²}	인장강도[(1)] N/mm² {kgf/mm²}	연신율 절선방향 % 14A 호 시험편	단면 수축률 절선방향 %	샤르피 충격치 절선방향 J/cm² {kgf · m/cm²} 3호 시험편	경도 HB	경도 HS
SFCM 590 D	100미만	360{37}이상	590~740 {60~75}	18이상	46이상	69{7.0}이상	170이상	26이상
	100이상 200미만	360{37}이상		17이상	44이상	64{6.5}이상		
	200이상 300미만	360{37}이상		16이상	43이상	59{6.0}이상		
	300이상 400미만	360{37}이상		15이상	42이상	59{6.0}이상		
	400이상 600미만	360{37}이상		14이상	41이상	54{5.50}이상		
SFCM 640 D	100미만	410{42}이상	640~780 {65~80}	17이상	44이상	59{6.0}이상	187이상	28이상
	100이상 200미만	410{42}이상		16이상	42이상	59{6.0}이상		
	200이상 300미만	410{42}이상		15이상	41이상	54{5.5}이상		
	300이상 400미만	410{42}이상		14이상	40이상	49{5.0}이상		
	400이상 600미만	410{42}이상		13이상	39이상	49{5.0}이상		
SFCM 690 D	100미만	460{47}이상	690~830 {70~85}	16이상	41이상	54{5.5}이상	201이상	31이상
	100이상 200미만	460{47}이상		15이상	40이상	49{5.0}이상		
	200이상 300미만	460{47}이상		14이상	39이상	49{5.0}이상		
	300이상 400미만	450{46}이상		13이상	38이상	44{4.5}이상		
	400이상 600미만	450{46}이상		12이상	37이상	44{4.5}이상		
SFCM 740 D	100미만	520{53}이상	740~880 {75~90}	15이상	39이상	49{5.0}이상	217이상	33이상
	100이상 200미만	510{52}이상		14이상	38이상	44{4.5}이상		
	200이상 300미만	500{51}이상		13이상	37이상	44{4.5}이상		
	300이상 400미만	500{51}이상		12이상	36이상	39{4.0}이상		
	400이상 600미만	490{50}이상		11이상	35이상	39{4.0}이상		
SFCM 780 D	100미만	570{58}이상	780~930 {80~95}	14이상	37이상	44{4.5}이상	229이상	34이상
	100이상 200미만	560{57}이상		13이상	35이상	39{4.0}이상		
	200이상 300미만	550{56}이상		12이상	34이상	39{4.0}이상		
	300이상 400미만	550{56}이상		11이상	33이상	34{3.5}이상		
	400이상 600미만	540{55}이상		10이상	32이상	34{3.5}이상		
SFCM 830 D	100미만	625{64}이상	830~980 {85~100}	13이상	35이상	39{4.0}이상	241이상	36이상
	100이상 200미만	610{62}이상		12이상	33이상	39{4.0}이상		
	200이상 300미만	590{60}이상		11이상	32이상	34{3.5}이상		
	300이상 400미만	590{60}이상		10이상	31이상	34{3.5}이상		
	400이상 600미만	580{59}이상		9이상	30이상	34{3.5}이상		
SFCM 880 D	100미만	675{69}이상	880~1030 {90~105}	12이상	33이상	39{4.0}이상	255이상	38이상
	100이상 200미만	655{67}이상		11이상	31이상	34{3.5}이상		
	200이상 300미만	635{65}이상		10이상	30이상	34{3.5}이상		
SFCM 930 D	100미만	725{74}이상	930~1080 {95~110}	11이상	31이상	39{4.0}이상	269이상	40이상
	100이상 200미만	705{72}이상		10이상	30이상	34{3.5}이상		
	200이상 300미만	685{70}이상		9이상	29이상	34{3.5}이상		
SFCM 980 D	100미만	775{79}이상	980~1130 {100~115}	10이상	30이상	34{3.5}이상	285이상	42이상
	100이상 200미만	755{77}이상		9이상	29이상	34{3.5}이상		

3. 압력 용기용 스테인리스강 단강품 KS D 4115 : 2001(2010확인)

■ 종류의 기호 및 분류

종류의 기호	분류	종류의 기호	분류	종류의 기호	분류
STS F 304	오스테나이트계	STS F 316L	오스테나이트계	STS F 347H	오스테나이트계
STS F 304H		STS F 316N		STS F 350	
STS F 304L		STS F 316LN		STS F 410-A	마르텐사이트계
STS F 304N		STS F 317		STS F 410-B	
STS F 304LN		STS F 317L		STS F 410-C	
STS F 310		STS F 321		STS F 410-D	
STS F 316		STS F 321H		STS F 6B	
STS F 316H		STS F 347		STS F 6NM	
				STS F 630	석출 경화계

■ 마르텐사이트계 스테인리스강 단강품의 화학 성분

단위 : %

종류의 기호	C	Si	Mn	P	S	Ni	Cr	Mo	Cu
STS F 410-A STS F 410-B STS F 410-C STS F 410-D	0.15이하	1.00이하	1.00이하	0.040이하	0.030이하	0.50이하	11.50~13.50	-	-
STS F 6B	0.15이하	1.00이하	1.00이하	0.020이하	0.020이하	1.00~2.00	11.50~13.50	0.40~0.60	0.50이하
STS F 6NM	0.05이하	0.60이하	0.50~1.00	0.030이하	0.030이하	3.50~5.50	11.50~14.00	0.50~1.00	-

■ 석출 경화계 스테인리스강 단강품의 화학 성분

단위 : %

종류의 기호	C	Si	Mn	P	S	Ni	Cr	Cu	Nb
STS F 630	0.07이하	1.00이하	1.00이하	0.040이하	0.030이하	3.00~5.00	15.00~17.50	3.00~5.00	0.15~0.45

■ 오스테나이트계 스테인리스강 단강품의 화학 성분

단위 : %

종류의 기호	C	Si	Mn	P	S	Ni	Cr	Mo	N	기타
STS F 304	0.08 이하	1.00 이하	2.00 이하	0.040 이하	0.030 이하	8.00~11.00	18.00~20.00	–	–	–
STS F 304H	0.04~0.10	1.00 이하	2.00 이하	0.040 이하	0.030 이하	8.00~12.00	18.00~20.00	–	–	–
STS F 304L	0.030 이하	1.00 이하	2.00 이하	0.040 이하	0.030 이하	9.00~13.00	18.00~20.00	–	–	–
STS F 304N	0.08 이하	0.75 이하	2.00 이하	0.040 이하	0.030 이하	8.00~11.00	18.00~20.00	–	0.10~0.16	–
STS F 304LN	0.030 이하	1.00 이하	2.00 이하	0.040 이하	0.030 이하	8.00~11.00	18.00~20.00	–	0.10~0.16	–
STS F 310	0.15 이하	1.00 이하	2.00 이하	0.040 이하	0.030 이하	19.00~22.00	24.00~26.00	–	–	–
STS F 316	0.08 이하	1.00 이하	2.00 이하	0.040 이하	0.030 이하	10.00~14.00	16.00~18.00	2.00~3.00	–	–
STS F 316H	0.04~0.10	1.00 이하	2.00 이하	0.040 이하	0.030 이하	10.00~14.00	16.00~18.00	2.00~3.00	–	–
STS F 316L	0.030 이하	1.00 이하	2.00 이하	0.040 이하	0.030 이하	12.00~15.00	16.00~18.00	2.00~3.00	–	–
STS F 316N	0.08 이하	0.75 이하	2.00 이하	0.040 이하	0.030 이하	11.00~14.00	16.00~18.00	2.00~3.00	0.10~0.16	–
STS F 316LN	0.030 이하	1.00 이하	2.00 이하	0.040 이하	0.030 이하	10.00~14.00	16.00~18.00	2.00~3.00	0.10~0.16	–
STS F 317	0.08 이하	1.00 이하	2.00 이하	0.040 이하	0.030 이하	11.00~15.00	18.00~20.00	3.00~4.00	–	–
STS F 317L	0.030 이하	1.00 이하	2.00 이하	0.040 이하	0.030 이하	11.00~15.00	18.00~20.00	3.00~4.00	–	–
STS F 321	0.08 이하	1.00 이하	2.00 이하	0.040 이하	0.030 이하	9.00~12.00	17.00이상	–	–	Ti 5xC% ~0.60
STS F 321H	0.04~0.10	1.00 이하	2.00 이하	0.040 이하	0.030 이하	9.00~12.00	17.00이상	–	–	Ti 4xC% ~0.60
STS F 347	0.08 이하	1.00 이하	2.00 이하	0.040 이하	0.030 이하	9.00~13.00	17.00~20.00	–	–	Nb 10xC% ~1.00
STS F 347H	0.04~0.10	1.00 이하	2.00 이하	0.040 이하	0.030 이하	9.00~13.00	17.00~20.00	–	–	Nb 8xC% ~1.00
STS F 350	0.03 이하	1.00 이하	1.50 이하	0.035 이하	0.02 이하	20.00~23.00	22.00~24.00	6.0~6.8	0.21~0.32	Cu 0.4 이하

■ 오스테나이트계 스테인리스강 단강품의 기계적 성질

종류의 기호	열처리시의 지름 또는 두께 mm	내구력 N/mm²	인장강도 N/mm²	연신율 % 14A호 시험편	수축률 %	경도 HB
STS F 304	130 미만	205 이상	520 이상	43 이상	50 이상	187 이하
	130 이상 200 이하	205 이상	480 이상	29 이상	45 이상	187 이하
STS F 304H	130 미만	205 이상	520 이상	43 이상	50 이상	187 이하
	130 이상 200 이하	205 이상	480 이상	29 이상	45 이상	187 이하
STS F 304L	130 미만	175 이상	480 이상	29 이상	50 이상	187 이하
	130 이상 200 이하	175 이상	450 이상	29 이상	45 이상	187 이하
STS F 304N	130 미만	240 이상	550 이상	29 이상	50 이상	217 이하
	130 이상 200 이하	240 이상	550 이상	24 이상	45 이상	217 이하
STS F 304LN	130 미만	205 이상	520 이상	29 이상	50 이상	187 이하
	130 이상 200 이하	205 이상	480 이상	29 이상	45 이상	187 이하
STS F 310	130 미만	205 이상	520 이상	34 이상	50 이상	187 이하
	130 이상 200 이하	205 이상	480 이상	29 이상	40 이상	187 이하
STS F 316	130 미만	205 이상	520 이상	43 이상	50 이상	187 이하
	130 이상 200 이하	205 이상	480 이상	29 이상	50 이상	187 이하
STS F 316H	130 미만	205 이상	520 이상	43 이상	50 이상	187 이하
	130 이상 200 이하	205 이상	480 이상	29 이상	50 이상	187 이하
STS F 316L	130 미만	175 이상	480 이상	29 이상	50 이상	187 이하
	130 이상 200 이하	175 이상	450 이상	29 이상	45 이상	187 이하
STS F 316N	130 미만	240 이상	550 이상	29 이상	50 이상	217 이하
	130 이상 200 이하	240 이상	550 이상	24 이상	45 이상	217 이하
STS F 316LN	130 미만	205 이상	520 이상	29 이상	50 이상	187 이하
	130 이상 200 이하	205 이상	480 이상	29 이상	45 이상	187 이하
STS F 317	130 미만	205 이상	520 이상	29 이상	50 이상	187 이하
	130 이상 200 이하	205 이상	480 이상	29 이상	50 이상	187 이하
STS F 317L	130 미만	175 이상	480 이상	29 이상	50 이상	187 이하
	130 이상 200 이하	175 이상	450 이상	29 이상	50 이상	187 이하
STS F 321	130 미만	205 이상	520 이상	43 이상	50 이상	187 이하
	130 이상 200 이하	205 이상	480 이상	29 이상	45 이상	187 이하
STS F 321H	130 미만	205 이상	520 이상	43 이상	50 이상	187 이하
	130 이상 200 이하	205 이상	480 이상	29 이상	45 이상	187 이하
STS F 347	130 미만	205 이상	520 이상	43 이상	50 이상	187 이하
	130 이상 200 이하	205 이상	480 이상	29 이상	45 이상	187 이하
STS F 347H	130 미만	205 이상	520 이상	43 이상	50 이상	187 이하
	130 이상 200 이하	205 이상	480 이상	29 이상	45 이상	187 이하
STS F 350	130 미만	330 이상	675 이상	40 이상	–	–
	130 이상 200 이하	–	–	–	–	–

■ 마르텐사이트 스테인리스강 단강품의 기계적 성질

종류의 기호	내구력 N/mm²	인장강도 N/mm²	연신율 %	수축률 %	경도 HBS 또는 HBW
			14A호 시험편		
STS F 410-A	275 이상	480 이상	16 이상	35 이상	143~187
STS F 410-B	380 이상	590 이상	16 이상	35 이상	167~229
STS F 410-C	585 이상	760 이상	14 이상	35 이상	217~302
STS F 410-D	760 이상	900 이상	11 이상	35 이상	262~321
STS F 6B	620 이상	760~930	15 이상	45 이상	217~285
STS F 6NM	620 이상	790 이상	14 이상	45 이상	295 이하

■ 석출 경화계 스테인리스강 단강품의 기계적 성질

종류의 기호	열처리 기호	내구력	인장강도	연신율 %	수축률 %	경도 HBS 또는 HBW	샤르피 흡수 에너지 J
				14A호 시험편			
STS F 630	H1075	860 이상	1000 이상	12 이상	45 이상	311 이상	27 이상
	H1100	795 이상	970 이상	13 이상	45 이상	302 이상	34 이상
	H1150	725 이상	930 이상	15 이상	50 이상	277 이상	41 이상

4. 탄소강 단강품용 강편 KS D 4116 : 1990(2015 확인)

■ 종류 및 기호와 화학 성분

종류의 기호	화학 성분 (%)				
	C	Si	Mn	P	S
SFB 1	0.05~0.20	0.15~0.50	0.30~0.90	0.030 이하	0.035 이하
SFB 2	0.10~0.25	0.15~0.50	0.30~1.20	0.030 이하	0.035 이하
SFB 3	0.15~0.30	0.15~0.50	0.40~1.20	0.030 이하	0.035 이하
SFB 4	0.20~0.38	0.15~0.50	0.40~1.20	0.030 이하	0.035 이하
SFB 5	0.28~0.45	0.15~0.50	0.50~1.20	0.030 이하	0.035 이하
SFB 6	0.35~0.50	0.15~0.50	0.50~1.20	0.030 이하	0.035 이하
SFB 7	0.40~0.60	0.15~0.50	0.50~1.20	0.030 이하	0.035 이하

5. 니켈-크롬 몰리브덴강 단강품 KS D 4117 : 1991(2016 확인)

■ 종류 및 기호

종류의 기호					
축상 단강품		환상 단강품		원판상 단강품	
SI 단위	(참고) 종래 단위	SI 단위	(참고) 종래 단위	SI 단위	(참고) 종래 단위
SFNCM 690 S	SFNCM 70 S	SFNCM 690 R	SFNCM 70 R	SFNCM 690 D	SFNCM 70 D
SFNCM 740 S	SFNCM 75 S	SFNCM 740 R	SFNCM 75 R	SFNCM 740 D	SFNCM 75 D
SFNCM 780 S	SFNCM 80 S	SFNCM 780 R	SFNCM 80 R	SFNCM 780 D	SFNCM 80 D
SFNCM 830 S	SFNCM 85 S	SFNCM 830 R	SFNCM 85 R	SFNCM 830 D	SFNCM 85 D
SFNCM 880 S	SFNCM 90 S	SFNCM 880 R	SFNCM 90 R	SFNCM 880 D	SFNCM 90 D
SFNCM 930 S	SFNCM 95 S	SFNCM 930 R	SFNCM 95 R	SFNCM 930 D	SFNCM 95 D
SFNCM 980 S	SFNCM 100 S	SFNCM 980 R	SFNCM 100 R	SFNCM 980 D	SFNCM 100 D
SFNCM 1030 S	SFNCM 105 S	SFNCM 1030 R	SFNCM 105 R	SFNCM 1030 D	SFNCM 105 D
SFNCM 1080 S	SFNCM 110 S	SFNCM 1080 R	SFNCM 110 R	SFNCM 1080 D	SFNCM 110 D

■ 화학 성분

단위 : %

C	Si	Mn	P	S	Ni	Cr	Mo
0.50 이하	0.15~0.35	0.35~1.00	0.030 이하	0.030 이하	0.40~3.50	0.40~3.50	0.15~0.70

■ 기계적 성질(축상 단강품)

종류의 기호	열처리시 공시부의 지름 또는 두께 mm	항복점 또는 내구력 N/mm^2 {kgf/mm^2}	인장강도 N/mm^2 {kgf/mm^2}	신장률 축방향 %	신장률 절선방향 %	단면 수축률 축방향 %	단면 수축률 절선방향 %	샤르피충격치 축방향 J/cm^2 {kgf · m/cm^2}	샤르피충격치 절선방향	경도 HB	경도 HS
				14A호 시험편				3 호 시험편			
SFNCM 690 S	200 미만	490이상 {50}이상	690~830 {70~85}	18이상	−	51 이상	−	83이상 {8.5}	−	201 이상	31 이상
	200 이상 400 미만	490이상 {50}이상		17이상	13 이상	48 이상	31 이상	78이상 {8.0}이상	49이상 {5.0}이상		
	400 이상 700 미만	490이상 {50}이상		16이상	12 이상	46 이상	29 이상	74이상 {7.5}이상	44이상 {4.5}이상		
	700 이상 1000 미만	490이상 {50}이상		15이상	11 이상	43 이상	27 이상	64이상 {6.5}이상	44이상 {4.5}이상		
SFNCM 740 S	200 미만	540이상 {55}이상	740~880 {75~90}	17이상	−	48 이상	−	78이상 {8.0}이상	−	217 이상	33 이상
	200 이상 400 미만	530이상 {54}이상		16이상	12 이상	46 이상	30 이상	74이상 {7.5}이상	49이상 {5.0}이상		
	400 이상 700 미만	530이상 {54}이상		15이상	11 이상	43 이상	28 이상	69이상 {7.0}이상	44이상 {4.5}이상		
	700 이상 1000 미만	520이상 {53}이상		14이상	10 이상	40 이상	26 이상	59이상 {6.0}이상	39이상 {4.0}이상		
SFNCM 780 S	200 미만	590이상 {60}이상	780~930 {80~95}	16이상	−	46 이상	−	74이상 {7.5}이상	−	229 이상	34 이상

■ 기계적 성질(축상 단강품) (계속)

종류의 기호	열처리시 공시부의 지름 또는 두께 mm	항복점 또는 내구력 N/mm² {kgf/mm²}	인장강도 N/mm² {kgf/mm²}	신장률 축방향 % (14A호 시험편)	신장률 절선방향 % (14A호 시험편)	단면 수축률 축방향 %	단면 수축률 절선방향 %	샤르피충격치 축방향 J/cm² {kgf · m/cm²} (3호 시험편)	샤르피충격치 절선방향 (3호 시험편)	경도 HB	경도 HS
SFNCM 780 S	200 이상 400 미만	580이상 {59}이상	780~930 {80~95}	15이상	11 이상	43 이상	29 이상	69이상 {7.0}이상	44이상 {4.5}이상	229 이상	34 이상
	400 이상 700 미만	570이상 {58}이상		14이상 13이상	10 이상	40 이상	27 이상	64이상 {6.5}이상	39이상 {4.0}이상		
	700 이상 1000 미만	560이상 {57}이상		15이상	9 이상	36 이상	25 이상	54이상 {5.5}이상	34이상 {3.5}이상		
SFNCM 830 S	200 미만	635이상 {65}이상	830~980 {85~100}	14이상	–	44 이상	–	69이상 {7.0}이상	–	241 이상	36 이상
	200 이상 400 미만	615이상 {63}이상		13이상	10 이상	41 이상	27 이상	64이상 {6.5}이상	44이상 {4.5}이상		
	400 이상 700 미만	610이상 {62}이상		12이상	9 이상	38 이상	25 이상	59이상 {6.0}이상	39이상 {4.0}이상		
	700 이상 1000 미만	600이상 {61}이상		11이상	8 이상	34 이상	23 이상	49이상 {5.0}이상	34이상 {3.5}이상		
SFNCM 880 S	200 미만	685이상 {68}이상	880~1030 {90~105}	13이상	–	42 이상	–	69이상 {7.0}이상	–	255 이상	38 이상
	200 이상 400 미만	665이상 {68}이상		12이상	10 이상	39 이상	26 이상	{64}이상 {6.5}이상	39이상 {4.0}이상		
	400 이상 700 미만	655이상 {67}이상		11이상	9 이상	36 이상	24 이상	{59}이상 {6.0}이상	34이상 {3.5}이상		
	700 이상 1000 미만	635이상 {65}이상		10이상	7 이상	33 이상	22 이상	{49}이상 {5.0}이상	29이상 {3.0}이상		
SFNCM 930 S	200 미만	735이상 {75}이상	930~1080 {95~110}	13이상	–	40 이상	–	{64}이상 {6.5}이상	–	269 이상	40 이상
	200 이상 400 미만	715이상 {73}이상		12이상	9 이상	37 이상	25 이상	{59}이상 {6.0}이상	34이상 {3.5}이상		
	400 이상 700 미만	705이상 {72}이상		11이상	8 이상	35 이상	24 이상	{54}이상 {5.5}이상	34이상 {3.5}이상		
	700 이상 1000 미만	685이상 {70}이상		10이상	7 이상	32 이상	22 이상	{44}이상 {4.5}이상	29이상 {3.0}이상		
SFNCM 980 S	200 미만	785이상 {80}이상	980~1130 {100~115}	13이상	–	39 이상	–	64이상 {6.5}이상	–	285 이상	42 이상
	200 이상 400 미만	765이상 {78}이상		12이상	8 이상	36 이상	24 이상	59이상 {6.0}이상	34이상 {3.5}이상		
	400 이상 700 미만	755이상 {77}이상		11이상	7 이상	34 이상	23 이상	54이상 {5.5}이상	34이상 {3.5}이상		
SFNCM 1030 S	200 미만	835이상 {85}이상	1030~1180 {105~120}	11이상	–	38 이상	–	59이상 {6.0}이상	–	302 이상	45 이상
	200 이상 400 미만	815이상 {83}이상		11이상	7 이상	35 이상	23 이상	54이상 {5.5}이상	34이상 {3.5}이상		
SFNCM 1080 S	20 미만	885이상 {90}이상	1080~1230 {110~125}	11이상	–	37 이상	–	59이상 {6.0}이상	–	311 이상	46 이상
	200 이상 400 미만	860이상 {88}이상		11이상	7 이상	35 이상	23 이상	54이상 {5.5}이상	34이상 {3.5}이상		

■ 기계적 성질(환상 단강품)

종류의 기호	열처리시 공시부의 두께 mm	항복점 또는 내구력 N/mm² {kgf/mm²}	인장강도 N/mm² {kgf/mm²}	신장률	단면 수축률	샤르피충격치	경 도	
				절선방향 %	절선방향 %	절선방향 J/cm² {kgf · m/cm²}	HB	HS
				14 A 호 시험편		3호 시험편		
SFNCM 690 R	100 미만	490이상 {50}이상	690~830 {70~85}	18 이상	45 이상	74이상 {7.5}이상	201 이상	31 이상
	100 이상 200 미만	490이상 {50}이상		17 이상	44 이상	69이상 {7.0}이상		
	200 이상 300 미만	490이상 {50}이상		16 이상	42 이상	64이상 {6.5}이상		
	300 이상 400 미만	490이상 {50}이상		15 이상	41 이상	59이상 {6.0}이상		
SFNCM 740 R	100 미만	550이상 {56}이상	740~880 {75~90}	17 이상	43 이상	69이상 {7.0}이상	217 이상	33 이상
	100 이상 200 미만	540이상 {55}이상		16 이상	42 이상	{64}이상 {6.5}이상		
	200 이상 300 미만	530이상 {54}이상		15 이상	40 이상	59이상 {6.0}이상		
	300 이상 400 미만	530이상 {54}이상		14 이상	39 이상	49이상 {5.0}이상		
SFNCM 780 R	100 미만	600이상 {61}이상	780~930 {80~95}	16 이상	40 이상	{59}이상 {6.0}이상	229 이상	34 이상
	100 이상 200 미만	590이상 {60}이상		15 이상	39 이상	54이상 {5.5}이상		
	200 이상 300 미만	580이상 {59}이상		14 이상	38 이상	54이상 {5.5}이상		
	300 이상 400 미만	570이상 {58}이상		13 이상	37 이상	{49}이상 {5.0}이상		
SFNCM 830 R	100 미만	655이상 {67}이상	830~980 {85~100}	15 이상	38 이상	59이상 {6.0}이상	241 이상	36 이상
	100 이상 200 미만	635이상 {65}이상		14 이상	37 이상	54이상 {5.5}이상		
	200 이상 300 미만	615이상 {63}이상		13 이상	35 이상	54이상 {5.5}이상		
	300 이상 400 미만	610이상 {62}이상		12 이상	34 이상	{44}이상 {4.5}이상		
SFNCM 880 R	100 미만	705이상 {72}이상	880~1030 {90~105}	14 이상	36 이상	{54}이상 {5.5}이상	225 이상	38 이상
	100 이상 200 미만	685이상 {70}이상		13 이상	35 이상	54이상 {5.5}이상		
	200 이상 300 미만	665이상 {68}이상		12 이상	33 이상	{44}이상 {4.5}이상		
	300 이상 400 미만	665이상 {67}이상		11 이상	32 이상	{54}이상 {5.5}이상		
SFNCM 930 R	100 미만	775이상 {77}이상	930~1080 {95~110}	13 이상	34 이상	54이상 {5.5}이상	269 이상	40 이상
	100 이상 200 미만	735이상 {75}이상		12 이상	33 이상	49이상 {5.0}이상		

■ 기계적 성질(환상 단강품) (계속)

종류의 기호	열처리시 공시부의 두께 mm	항복점 또는 내구력 N/mm² {kgf/mm²}	인장강도 N/mm² {kgf/mm²}	신장률	단면 수축률	샤르피충격치	경 도	
				절선방향 %	절선방향 %	절선방향 J/cm² {kgf · m/cm²}	HB	HS
				14 A 호 시험편		3호 시험편		
	200 이상 300 미만	715이상 {73}이상		11 이상	32 이상	{44}이상 {4.5}이상		
	300 이상 400 미만	705이상 {72}이상		10 이상	31 이상	54이상 {5.5}이상		
SFNCM 980 R	100 미만	805이상 {82}이상	980~1130 {100~115}	12 이상	33 이상	{49}이상 {5.0}이상	285 이상	42 이상
	100 이상 200 미만	785이상 {80}이상		11 이상	32 이상	49이상 {5.0}이상		
	200 이상 300 미만	765이상 {78}이상		10 이상	32 이상	54이상 {5.5}이상		
SFNCM 1030 R	100 미만	885이상 {87}이상	1030~1180 {105~120}	11 이상	32 이상	49이상 {5.0}이상	302 이상	45 이상
	100 이상 200 미만	835이상 {85}이상		11 이상	31 이상	49이상 {5.0}이상		
SFNCM 1080 R	100 미만	900이상 {92}이상	1080~1230 {110~125}	10 이상	32 이상	49이상 {5.0}이상	311 이상	46 이상
	100 이상 200 미만	880이상 {90}이상		10 이상	31 이상	49이상 {5.0}이상		

■ 기계적 성질(원판상 단강품)

종류의 기호	열처리시 공시부 축방향의 길이 mm	항복점 또는 내구력 N/mm² {kgf/mm²}	인장강도[(1)] N/mm² {kgf/mm²}	신장률	단면 수축률	샤르피 충격치	경 도[(1)]	
				절선방향 %	절선방향 %	절선방향 J/cm² {kgf · m/cm²}	HB	HS
				14 A 호 시험편		3호 시험편		
SFNCM 690 D	200 미만	490이상 {50}이상	690~830 {70~85}	16 이상	42 이상	64이상 {6.5}이상	201 이상	31 이상
	200 이상 300 미만	490이상 {50}이상		15 이상	41 이상	59이상 {6.0}이상		
	300 이상 400 미만	480이상 {49}이상		14 이상	40 이상	54이상 {5.5}이상		
	400 이상 600 미만	480이상 {49}이상		13 이상	39 이상	54이상 {5.5}이상		
SFNCM 740 D	200 미만	540이상 {55}이상	740~880 {75~90}	15 이상	40 이상	64이상 {6.5}이상	217 이상	33 이상
	200 이상 300 미만	530이상 {54}이상		14 이상	39 이상	54이상 {5.5}이상		
	300 이상 400 미만	530이상 {54}이상		13 이상	38 이상	{49}이상 {5.0}이상		
	400 이상 600 미만	520이상 {53}이상		12 이상	37 이상	49이상 {5.0}이상		

■ 기계적 성질(원판상 단강품) (계속)

종류의 기호	열처리시 공시부 축방향의 길이 mm	항복점 또는 내구력 N/mm² {kgf/mm²}	인장강도[1] N/mm² {kgf/mm²}	신장률 절선방향 % 14 A 호 시험편	단면 수축률 절선방향 %	샤르피 충격치 절선방향 J/cm² {kgf · m/cm²} 3호 시험편	경도[1] HB	경도[1] HS
SFNCM 780 D	200 미만	590이상 {60}이상	780~930 {80~95}	14 이상	37 이상	59이상 {6.0}이상	229 이상	34 이상
	200 이상 300 미만	580이상 {59}이상		13 이상	36 이상	54이상 {5.5}이상		
	300 이상 400 미만	580이상 {59}이상		12 이상	35 이상	49이상 {5.0}이상		
	400 이상 600 미만	570이상 {58}이상		11 이상	34 이상	49이상 {5.5}이상		
SFNCM 830 D	200 미만	635이상 {65}이상	830~980 {85~100}	13 이상	35 이상	{54}이상 {5.5}이상	241 이상	36 이상
	200 이상 300 미만	615이상 {63}이상		12 이상	34 이상	49이상 {5.0}이상		
	300 이상 400 미만	615이상 {63}이상		11 이상	33 이상	44이상 {4.5}이상		
	400 이상 600 미만	610이상 {62}이상		10 이상	32 이상	44이상 {4.5}이상		
SFNCM 880 D	200 미만	685이상 {70}이상	880~1030 {90~105}	12 이상	33 이상	49이상 {5.0}이상	225 이상	38 이상
	200 이상 300 미만	665이상 {68}이상		11 이상	32 이상	44이상 {4.5}이상		
	300 이상 400 미만	668이상 {68}이상		10 이상	31 이상	44이상 {4.5}이상		
	400 이상 600 미만	645이상 {66}이상		9 이상	30 이상	{44}이상 {4.5}이상		
SFNCM 930 D	200 미만	735이상 {75}이상	930~1080 {95~110}	11 이상	32 이상	49이상 {5.0}이상	269 이상	40 이상
	200 이상 300 미만	715이상 {73}이상		10 이상	31 이상	44이상 {4.5}이상		
	300 이상 400 미만	705이상 {72}이상		9 이상	30 이상	44이상 {4.5}이상		
	400 이상 600 미만	685이상 {70}이상		8 이상	29 이상	39이상 {4.0}이상		
SFNCM 980 D	200 미만	785이상 {80}이상	960~1080 {100~115}	10 이상	31 이상	44이상 {4.5}이상	285 이상	42 이상
	200 이상 300 미만	765이상 {78}이상		9 이상	30 이상	44이상 {4.5}이상		
	300 이상 400 미만	745이상 {76}이상		8 이상	29 이상	39이상 {4.0}이상		
SFNCM 1030 D	200 미만	835이상 {85}이상	1030~1180 {105~120}	10 이상	30 이상	44이상 {4.5}이상	302 이상	45 이상
	200 이상 300 미만	815이상 {83}이상		9 이상	30 이상	39이상 {4.0}이상		
SFNCM 1080 D	200 미만	880이상 {90}이상	1080~1230 {110~125}	9 이상	30 이상	44이상 {4.5}이상	311 이상	46 이상
	200 이상 300 미만	880이상 {90}이상		9 이상	30 이상	39이상 {4.0}이상		

주 (1) 1개의 단강품의 인장강도의 편차는 100N/mm²{10kgf/mm²} 이하로 한다.

(2) 동일 로트의 단강품 경도의 편차는 HB50 또는 HS8 이하로 하며, 1개의 단강품 경도의 편차는 HB30 또는 HS5 이하로 한다.

6. 압력 용기용 탄소강 단강품 KS D 4122 : 1993(2010확인)

■ 종류의 기호 및 화학 성분

단위 : %

종류의 기호	C	Si	Mn	P	S
SFVC 1	0.30 이하	0.35 이하	0.40~1.35	0.030 이하	0.030 이하
SFVC 2A	0.35 이하	0.35 이하	0.40~1.10	0.030 이하	0.030 이하
SFVC 2B	0.30 이하	0.35 이하	0.70~1.35	0.030 이하	0.030 이하

■ 기계적 성질

종류의 기호	항복점 또는 내력 N/mm^2 {kgf/mm^2}	인장 강도 N/mm^2 {kgf/mm^2}	연신율 %	단면수축률 %	충격시험 온도℃	샤르피 흡수 에너지 J{kgf · m}	
						3개의 평균	별개의 값
			14A호시험관			4호 시험편	
SFVC 1	205 이상 {21}이상	410~560 {42~57}	21 이상	38 이상	–	–	–
SFVC 2A	245 이상 {25}이상	490~640 {50~65}	18 이상	33 이상	–	–	–
SFVC 2B	245 이상 {25}이상	490~640 {50~65}	18 이상	38 이상	0	27 이상 {2.8 이상}	21 이상 {2.1 이상}

7. 압력 용기용 합금강 단강품 KS D 4123 : 2008(2013 확인)

■ 종류의 기호

고온용	조질형
SFVA F 1	SFVQ 1A
SFVA F 2	SFVQ 1B
SFVA F 12	SFVQ 2A
SFVA F 11A	SFVQ 2B
SFVA F 11B	SFVQ 3
SFVA F 22A	–
SFVA F 22B	
SFVA F 21A	
SFVA F 21B	
SFVA F 5A	
SFVA F 5B	
SFVA F 5C	
SFVA F 5D	
SFVA F 9	

■ 화학 성분(고온용)

단위 : %

종류의 기호	C	Si	Mn	P	S	Cr	Mo
SFVA F 1	0.30 이하	0.35 이하	0.60~0.90	0.030 이하	0.030 이하	–	0.45~0.65
SFVA F 2	0.20 이하	0.60 이하	0.30~0.80	0.030 이하	0.030 이하	0.50~0.80	0.45~0.65
SFVA F 12	0.20 이하	0.60 이하	0.30~0.80	0.030 이하	0.030 이하	0.80~1.25	0.45~0.65
SFVA F 11A SFVA F 11B	0.20 이하	0.50~1.00	0.30~0.80	0.030 이하	0.030 이하	1.00~1.50	0.45~0.65
SFVA F 22A SFVA F 22B	0.15 이하	0.50 이하	0.30~0.60	0.030 이하	0.030 이하	2.00~2.50	0.90~1.10
SFVA F 21A SFVA F 21B	0.15 이하	0.50 이하	0.30~0.60	0.030 이하	0.030 이하	2.65~3.35	0.80~1.00
SFVA F 5A SFVA F 5B	0.15 이하	0.50 이하	0.30~0.60	0.030 이하	0.030 이하	4.00~6.00	0.45~0.65
SFVA F 5C SFVA F 5D	0.25 이하	0.50 이하	0.30~0.60	0.030 이하	0.030 이하	4.00~6.00	0.45~0.65
SFVA F 9	0.15 이하	0.50~1.00	0.30~0.60	0.030 이하	0.030 이하	8.00~10.0	0.90~1.10

■ 화학 성분(조질형)

단위 : %

종류의 기호	C	Si	Mn	P	S	Ni	Cr	Mo	V
SFVQ 1A SFVQ 1B	0.25 이하	0.40 이하	1.20~1.50	0.030 이하	0.030 이하	0.40~1.00	0.25 이하	0.45~0.60	0.05 이하
SFVQ 2A SFVQ 2B	0.27 이하	0.40 이하	0.50~1.00	0.030 이하	0.030 이하	0.50~1.00	0.25~0.45	0.55~0.70	0.05 이하
SFVQ 3	0.23 이하	0.40 이하	0.20~0.40	0.030 이하	0.030 이하	2.75~3.90	1.50~2.00	0.40~0.60	0.03 이하

■ 템퍼링 온도

종류의 기호	템퍼링 온도(고온용) ℃	종류의 기호	템퍼링 온도(조질형) ℃
SFVA F 1	590 이상	SFVQ 1A	650 이상
SFVA F 2	590 이상	SFVQ 1B	620 이상
SFVA F 12	590 이상	SFVQ 2A	650 이상
SFVA F 11A	620 이상	SFVQ 2B	620 이상
SFVA F 11B	620 이상	SFVQ 3	610 이상
SFVA F 22A	675 이상		
SFVA F 22B	590 이상		
SFVA F 21A	675 이상		
SFVA F 21B	590 이상		
SFVA F 5A	675 이상		
SFVA F 5B	675 이상		
SFVA F 5C	590 이상		
SFVA F 5D	675 이상		
SFVA F 9	675 이상		

비고 SFVQ 1A 및 SFVQ 2B의 용접 후 열처리(PWHT) 온도가 620℃ 이하인 경우는 템퍼링 온도를 635℃로 할 수 있다.

■ 기계적 성질

종류의 기호	항복점 또는 항복 강도 N/mm²	인장 강도 N/mm²	연신율 %	단면수축률 %	충격 시험온도℃	샤르피 흡수 에너지 J	
			14A호 시험편			3개의 평균	별개의 값
						U노치 시험편	
SFVA F 1	275 이상	480~660	18 이상	35 이상	–	–	–
SFVA F 2	275 이상	480~660	18 이상	35 이상			
SFVA F 12	275 이상	480~660	18 이상	35 이상			
SFVA F 11A	275 이상	480~660	18 이상	35 이상			
SFVA F 11B	315 이상	520~690	18 이상	35 이상			
SFVA F 22A	205 이상	410~590	18 이상	40 이상			
SFVA F 22B	315 이상	520~690	18 이상	35 이상			
SFVA F 21A	205 이상	410~590	18 이상	40 이상			
SFVA F 21B	315 이상	520~590	18 이상	35 이상			
SFVA F 5A	245 이상	410~590	18 이상	40 이상			
SFVA F 5B	275 이상	480~660	18 이상	35 이상			
SFVA F 5C	345 이상	550~730	18 이상	35 이상			
SFVA F 5D	450 이상	620~780	18 이상	35 이상			
SFVA F 9	380 이상	590~760	18 이상	40 이상			
SFVQ 1A	345 이상	550~730	16 이상	38 이상	0	40 이상	34 이상
SFVQ 1B	450 이상	620~790	14 이상	35 이상	20	47 이상	40 이상
SFVQ 2A	345 이상	550~730	16 이상	38 이상	0	40 이상	34 이상
SFVQ 2B	450 이상	620~790	14 이상	35 이상	20	47 이상	40 이상
SFVQ 3	490 이상	620~790	18 이상	48 이상	−30	47 이상	40 이상

8. 저온 압력 용기용 단강품 KS D 4125 : 2007(2017 확인)

■ 종류의 기호 및 화학 성분

단위 : %

종류의 기호	C	Si	Mn	P	S	Ni
SFL 1	0.30 이하	0.35 이하	1.35 이하	0.030 이하	0.030 이하	–
SFL 2	0.30 이하	0.35 이하	1.35 이하	0.030 이하	0.030 이하	–
SFL 3	0.20 이하	0.35 이하	0.90 이하	0.030 이하	0.030 이하	3.25~3.75

비고 SFL2는 C 0.25% 이하인 경우 Mn 1.50% 이하를 함유할 수가 있다.

■ 기계적 성질

종류의 기호	항복점 또는 항복 강도 N/mm²	인장강도 N/mm²	연신율 %	단면수축률 %	충격 시험온도 ℃	샤르피 흡수 에너지 J	
			14A호 시험편			3개의 평균	별개의 값
						V노치 시험편	
SFL 1	225 이상	440~590	22 이상	38 이상	−30	21 이상	14 이상
SFL 2	245 이상	490~640	19 이상	30 이상	−45	27 이상	21 이상
SFL 3	255 이상	490~640	19 이상	35 이상	−101	27 이상	21 이상

9. 고온 압력 용기용 고강도 크롬몰리브덴강 단강품 KS D 4129 : 1995(2010 확인)

■ 종류의 기호 및 화학 성분

단위 : %

종류의 기호	C	Si	Mn	P	S	Cr	Mo	V
SFVCM F22B	0.17 이하	0.50 이하	0.30~0.60	0.015 이하	0.015 이하	2.00~2.50	0.90~1.10	0.03 이하
SFVCM F22V	0.17 이하	0.10 이하	0.30~0.60	0.015 이하	0.010 이하	2.00~2.50	0.90~1.10	0.25~0.35
SFVCM F3V	0.17 이하	0.10 이하	0.30~0.60	0.015 이하	0.010 이하	2.75~3.25	0.90~1.10	0.20~0.30

■ 템퍼링 온도

종류의 기호	템퍼링 온도 ℃
SFVCM F22B	620 이상
SFVCM F22V	675 이상
SFVCM F3V	675 이상

10. 철탑 플랜지용 고장력강 단강품 KS D 4320 : 1990(2010 확인)

■ 종류의 기호 및 화학 성분

단위 : %

종류의 기호	플랜지부 두께 (제품) mm	C	Si	Mn	P	S
SFT 590	125 이하	0.18 이하	0.35 이하	1.50 이하	0.030 이하	0.030 이하
	125 초과	0.20 이하	0.35 이하	1.50 이하	0.030 이하	0.030 이하

■ 기계적 성질

종류와 기호	항복점 또는 내구력 kgf/mm^2 $\{N/mm^2\}$	인장강도 kgf/mm^2 $\{N/mm^2\}$	연신율 (%)	충격 시험 온도	샤르피 흡수 에너지 kgf · m {J}
			14A호 시험편	℃	4호 시험편
SFT 590	45 {440} 이상	60~75 {590~740} 이상	17 이상	−5	4.8 {47} 이상

■ 탄소 당량

$$\text{탄소 당량}(\%) = C + \frac{Mn}{6} + \frac{Si}{24} + \frac{Ni}{40} + \frac{Cr}{5} + \frac{Mo}{4} + \frac{V}{14}$$

종류와 기호	플랜지부 두께 (제품) mm	탄소당량 %
SFT 590	125 이하	0.50 이하
	125 초과	0.55 이하

6-5 주강품

1. 탄소강 주강품 KS D 4101(폐지)

■ 종류의 기호

종류의 기호	적 용	비 고
SC 360	일반 구조용 전동기 부품용	원심력 주강관에는 위 표의 기호의 끝에 이것을 표시하는 기호-CF를 붙인다. 보 기 : SC 410-CF
SC 410	일반 구조용	
SC 450	일반 구조용	
SC 480	일반 구조용	

■ 화학 성분

단위 : %

종류의 기호	C	P	S
SC 360	0.20 이하	0.040 이하	0.040 이하
SC 410	0.30 이하	0.040 이하	0.040 이하
SC 450	0.35 이하	0.040 이하	0.040 이하
SC 480	0.40 이하	0.040 이하	0.040 이하

■ 기계적 성질

종류의 기호	항복점 또는 내구력 N/mm^2	인장 강도 N/mm^2	연 신 율 %	단면 수축률 %
SC 360	175 이상	360 이상	23 이상	35 이상
SC 410	205 이상	410 이상	21 이상	35 이상
SC 450	225 이상	450 이상	19 이상	30 이상
SC 480	245 이상	480 이상	17 이상	25 이상

2. 구조용 고장력 탄소강 및 저합금강 주강품 KS D 4102(폐지)

■ 종류의 기호

종류의 기호	적 용	종류의 기호	적 용
SCC 3	구조용	SCMnCr 3	구조용
SCC 5	구조용 내마모용	SCMnCr 4	구조용, 내마모용
SCMn 1	구조용	SCMnM 3	구조용, 강인재용
SCMn 2	구조용	SCCrM 1	구조용, 강인재용
SCMn 3	구조용	SCCrM 3	구조용, 강인재용
SCMn 5	구조용, 내마모용	SCMnCrM 2	구조용, 강인재용
SCSiMn 2	구조용(주로 앵커 체인용)	SCMnCrM 3	구조용, 강인재용
SCMnCr 2	구조용	SCNCrM 2	구조용, 강인재용

비고 원심력 주강관에는 위 표의 기호 끝에 이것을 표시하는 기호-CF를 붙인다.
보 기 SCC 3-CF

■ 화학 성분

단위 : %

종류의 기호	C	Si	Mn	P	S	Ni	Cr	Mo
SCC 3	0.30~0.40	0.30~0.60	0.50~0.80	0.040 이하	0.040 이하	–	–	–
SCC 5	0.40~0.50	0.30~0.60	0.50~0.80	0.040 이하	0.040 이하	–	–	–
SCMn 1	0.20~0.30	0.30~0.60	1.00~1.60	0.040 이하	0.040 이하	–	–	–
SCMn 2	0.25~0.35	0.30~0.60	1.00~1.60	0.040 이하	0.040 이하	–	–	–
SCMn 3	0.30~0.40	0.30~0.60	1.00~1.60	0.040 이하	0.040 이하	–	–	–
SCMn 5	0.40~0.50	0.30~0.60	1.00~1.60	0.040 이하	0.040 이하	–	–	–
SCSiMn 2	0.25~0.35	0.30~0.60	0.90~1.20	0.040 이하	0.040 이하	–	–	–
SCMnCr 2	0.25~0.35	0.30~0.60	1.20~1.60	0.040 이하	0.040 이하	–	0.40~0.80	–
SCMnCr 3	0.30~0.40	0.30~0.60	1.20~1.60	0.040 이하	0.040 이하	–	0.40~0.80	–
SCMnCr 4	0.35~0.45	0.30~0.60	1.20~1.60	0.040 이하	0.040 이하	–	0.40~0.80	–
SCMnM 3	0.30~0.40	0.30~0.60	1.20~1.60	0.040 이하	0.040 이하	–	0.20 이하	0.15~0.35
SCCrM 1	0.20~0.30	0.30~0.60	0.50~0.80	0.040 이하	0.040 이하	–	0.80~1.20	0.15~0.35
SCCrM 3	0.30~0.40	0.30~0.60	0.50~0.80	0.040 이하	0.040 이하	–	0.80~1.20	0.15~0.35
SCMnCrM 2	0.25~0.35	0.30~0.60	1.20~1.60	0.040 이하	0.040 이하	–	0.30~0.70	0.15~0.35
SCMnCrM 3	0.30~0.40	0.30~0.60	1.20~1.60	0.040 이하	0.040 이하	–	0.30~0.70	0.15~0.35
SCNCrM 2	0.25~0.35	0.30~0.60	0.90~1.50	0.040 이하	0.040 이하	1.60~2.00	0.30~0.90	0.15~0.35

■ 기계적 성질

종류의 기호	열 처 리		항복점 또는 내구력 N/mm²	인장강도 N/mm²	연 신 율 %	단면 수축률 %	경 도 HB
	노멀라이징 템퍼링의 경우	퀜칭 템퍼링의 경우					
SCC 3A	○	–	265 이상	520 이상	13 이상	20 이상	143 이상
SCC 3B	–	○	370 이상	620 이상	13 이상	20 이상	183 이상
SCC 5A	○	–	295 이상	620 이상	9 이상	15 이상	163 이상
SCC 5B	–	○	440 이상	690 이상	9 이상	15 이상	201 이상
SCMn 1A	○	–	275 이상	540 이상	17 이상	35 이상	143 이상
SCMn 1B	–	○	390 이상	590 이상	17 이상	35 이상	170 이상
SCMn 2A	○	–	345 이상	590 이상	16 이상	35 이상	163 이상
SCMn 2B	–	○	440 이상	640 이상	16 이상	35 이상	183 이상
SCMn 3A	○	–	370 이상	640 이상	13 이상	30 이상	170 이상
SCMn 3B	–	○	490 이상	690 이상	13 이상	30 이상	197 이상
SCMn 5A	○	–	390 이상	690 이상	9 이상	20 이상	183 이상
SCMn 5B	–	○	540 이상	740 이상	9 이상	20 이상	212 이상
SCSiMn 2A	○	–	295 이상	590 이상	13 이상	35 이상	163 이상
SCSiMn 2B	–	○	440 이상	640 이상	17 이상	35 이상	183 이상
SCMnCr 2A	○	–	370 이상	640 이상	13 이상	30 이상	170 이상
SCMnCr 2B	–	○	440 이상	690 이상	17 이상	35 이상	183 이상
SCMnCr 3A	○	–	390 이상	690 이상	9 이상	25 이상	183 이상
SCMnCr 3B	–	○	490 이상	740 이상	13 이상	30 이상	207 이상
SCMnCr 4A	○	–	410 이상	690 이상	9 이상	20 이상	201 이상
SCMnCr 4B	–	○	540 이상	740 이상	13 이상	25 이상	223 이상
SCMnM 3A	○	–	390 이상	590 이상	13 이상	30 이상	183 이상
SCMnM 3B	–	○	490 이상	740 이상	13 이상	30 이상	212 이상
SCCrM 1A	○	–	390 이상	590 이상	13 이상	30 이상	170 이상
SCCrM 1B	–	○	490 이상	690 이상	13 이상	30 이상	201 이상
SCCrM 3A	○	–	440 이상	690 이상	9 이상	25 이상	201 이상
SCCrM 3B	–	○	540 이상	740 이상	9 이상	25 이상	217 이상
SCMnCrM 2A	○	–	440 이상	690 이상	13 이상	30 이상	201 이상
SCMnCrM 2B	–	○	540 이상	740 이상	13 이상	30 이상	212 이상
SCMnCrM 3A	○	–	540 이상	740 이상	9 이상	25 이상	212 이상
SCMnCrM 3B	–	○	635 이상	830 이상	9 이상	25 이상	223 이상
SCNCrM 2A	○	–	590 이상	780 이상	9 이상	20 이상	223 이상
SCNCrM 2B	–	○	685 이상	880 이상	9 이상	20 이상	269 이상

[주]

1. 기호 끝의 A는 노멀라이징 후 템퍼링을, B는 퀜칭 후 템퍼링을 표시한다.
2. 노멀라이징 온도 850~950℃, 템퍼링 온도 550~650℃
3. 퀜칭 온도 850~950℃, 템퍼링 온도 550~650℃

비고

○ 표시는 해당하는 열처리를 나타낸다.

3. 스테인리스강 주강품 KS D 4103(폐지)

■ 종류의 기호

종류의 기호	대응 ISO 강종	유사 강종(참고)
		ASTM
SSC 1	–	CA 15
SSC 1X	GX 12 Cr 12	CA 15
SSC 2	–	CA 40
SSC 2A	–	CA 40
SSC 3	–	CA 15M
SSC 3X	GX 8 CrNiMo 12 1	CA 15M
SSC 4	–	–
SSC 5	–	–
SSC 6	–	CA 6NM
SSC 6X	GX 4 CrNi 12 4(QT1)(QT2)	CA 6NM
SSC 10	–	–
SSC 11	–	–
SSC 12	–	CF 20
SSC 13	–	–
SSC 13A	–	CF 8
SSC 13X		–
SSC 14	–	–
SSC 14A	–	CF 8M
SSC 14X	GX 5 CrNi 19 9	–
SSC 14XNb	GX 6 CrNiMoNb 19 11 2	–
SSC 15	–	–
SSC 16	–	–
SSC 16A	–	CF 3M
SSC 16AX	GX 2 CrNiMo 19 11 2	CF 3M
SSC AXN	GX 2 CrNiMoN 19 11 2	CF 3MN
SSC 17	–	CH 10, CH20
SSC 18	–	CK 20
SSC 19	–	–
SSC 19A	–	CF3
SSC 20	–	–
SSC 21	–	CF 8C
SSC 21X	GX 6 CrNiNb 19 10	CF 8C
SSC 22	–	–
SSC 23	–	CN 7M
SSC 24	–	CB 7Cu–1
SSC 31	GX 4 CrNiMo 16 5 1	–
SSC 32	GX 2 CrNiCuMoN 26 5 3 3	A890M 1B
SSC 33	GX 2 CrNiMoN 26 5 3	–
SSC 34	GX 5 CrNiMo 19 11 3	CG8M
SSC 35	–	CK–35MN
SSC 40	–	–

비고

원심력 주강관에는 위 표의 기호의 끝에 이것을 표시하는 기호 –CF를 붙인다.

보기 SSC 1–CF

■ 화학 성분

단위 : %

종류의 기호	C	Si	Mn	P	S	Ni	Cr	Mo	Cu	기타
SSC 1	0.15 이하	1.50 이하	1.00 이하	0.040 이하	0.040 이하	a)	11.50 ~14.00	d	–	–
SSC 1X	0.15 이하	0.80 이하	0.80 이하	0.035 이하	0.025 이하	a	11.50 ~13.50	d	–	–
SSC 2	0.16 ~0.24	1.50 이하	1.00 이하	0.040 이하	0.040 이하	a	11.50 ~14.00	d	–	–
SSC 2A	0.25 ~0.40	1.50 이하	1.00 이하	0.040 이하	0.040 이하	a	11.50 ~14.00	d	–	–
SSC 3	0.15 이하	1.00 이하	1.00 이하	0.040 이하	0.040 이하	0.50 ~1.50	11.50 ~14.00	0.15 ~1.00	–	–
SSC 3X	0.10 이하	0.80 이하	0.80 이하	0.035 이하	0.025 이하	0.80 ~1.80	11.50 ~13.00	0.20 ~0.50	–	–
SSC 4	0.15 이하	1.50 이하	1.00 이하	0.040 이하	0.040 이하	1.50 ~2.50	11.50 ~14.00	–	–	–
SSC 5	0.06 이하	1.00 이하	1.00 이하	0.040 이하	0.040 이하	3.50 ~4.50	11.50 ~14.00	–	–	–
SSC 6	0.06 이하	1.00 이하	1.00 이하	0.040 이하	0.030 이하	3.50 ~4.50	11.50 ~14.00	0.40 ~1.00	–	–
SSC 6X	0.06 이하	1.00 이하	1.50 이하	0.035 이하	0.025 이하	3.50 ~5.00	11.50 ~13.00	1.00 이하	–	–
SSC 10	0.03 이하	1.50 이하	1.50 이하	0.040 이하	0.030 이하	4.50 ~8.50	21.00 ~26.00	2.50 ~4.00	–	N0.08~0.30 b
SSC 11	0.08 이하	1.50 이하	1.00 이하	0.040 이하	0.030 이하	4.00 ~7.00	23.00 ~27.00	1.50 ~2.50	–	b
SSC 12	0.20 이하	2.00 이하	2.00 이하	0.040 이하	0.040 이하	8.00 ~11.00	18.00 ~21.00	–	–	–
SSC 13	0.08 이하	2.00 이하	2.00 이하	0.040 이하	0.040 이하	8.00 ~11.00	18.00C ~21.00	–	–	–
SSC 13A	0.08 이하	2.00 이하	1.50 이하	0.040 이하	0.040 이하	8.00 ~11.00	18.00C ~21.00	–	–	–
SSC 13X	0.07 이하	1.50 이하	1.50 이하	0.040 이하	0.030 이하	8.00 ~11.00	18.00 ~21.00	–	–	–
SSC 14	0.08 이하	2.00 이하	2.00 이하	0.040 이하	0.040 이하	10.00 ~14.00	17.00C ~20.00	2.00~3 .00	–	–
SSC 14A	0.08 이하	1.50 이하	1.50 이하	0.040 이하	0.040 이하	9.00 ~12.00	18.00C ~21.00	2.00~3 .00	–	–
SSC 14X	0.07 이하	1.50 이하	1.50 이하	0.040 이하	0.030 이하	9.00 ~12.00	17.00 ~20.00	2.00~2 .50	–	–
SSC 14XNb	0.08 이하	1.50 이하	1.50 이하	0.040 이하	0.030 이하	9.00 ~12.00	17.00 ~20.00	2.00~2 .50	–	Nb 8×C 이상 1.00 이하
SSC 15	0.08 이하	20.0 이하	2.00 이하	0.040 이하	0.040 이하	10.00 ~14.00	17.00 ~20.00	1.75~2 .75	1.00~2. 50	–
SSC 16	0.03 이하	1.50 이하	2.00 이하	0.040 이하	0.040 이하	12.00 ~16.00	17.00 ~20.00	2.00 ~3.00	–	–
SSC 16A	0.03 이하	1.50 이하	1.50 이하	0.040 이하	0.040 이하	9.00 ~13.00	17.00 ~21.00	2.00 ~3.00	–	–
SSC 16AX	0.03 이하	1.50 이하	1.50 이하	0.040 이하	0.030 이하	9.00 ~12.00	17.00 ~21.00	2.00 ~2.50	–	–
SSC AXN	0.03 이하	1.50 이하	1.50 이하	0.040 이하	0.030 이하	9.00 ~12.00	17.00 ~21.00	2.00 ~2.50	-	N 0.10~0.20

■ 화학 성분(계속)

단위 : %

종류의 기호	C	Si	Mn	P	S	Ni	Cr	Mo	Cu	기타
SSC 17	0.20 이하	2.00 이하	2.00 이하	0.040 이하	0.040 이하	12.00 ~15.00	22.00 ~26.00	–	–	–
SSC 18	0.20 이하	2.00 이하	2.00 이하	0.040 이하	0.040 이하	19.00 ~22.00	23.00 ~27.00	–	–	–
SSC 19	0.03 이하	2.00 이하	2.00 이하	0.040 이하	0.040 이하	8.00 ~12.00	17.00 ~21.00	–	–	–
SSC 19A	0.03 이하	2.00 이하	1.50 이하	0.040 이하	0.040 이하	8.00 ~12.00	17.00 ~21.00	–	–	–
SSC 20	0.03 이하	2.00 이하	2.00 이하	0.040 이하	0.040 이하	12.00~ 16.00	17.00 ~20.00	1.75 ~2.75	1.00 ~2.50	–
SSC 21	0.08 이하	2.00 이하	2.00 이하	0.040 이하	0.040 이하	9.00~ 12.00	18.00 ~21.00	–	–	Nb 10×C% 이상 1.35 이하
SSC 21X	0.08 이하	1.5 이하	1.50 이하	0.040 이하	0.030 이하	8.00 ~12.00	18.00 ~21.00	–	–	Nb 8×C 이상 1.00 이하
SSC 22	0.08 이하	2.00 이하	2.00 이하	0.040 이하	0.040 이하	10.00 ~14.00	17.00 ~20.00	2.00 ~3.00	–	Nb 10×C% 이상 1.35 이하
SSC 23	0.07 이하	2.00 이하	2.00 이하	0.040 이하	0.040 이하	27.50 ~30.00	19.00 ~22.00	2.00 ~3.00	3.00~ 4.00	–
SSC 24	0.07 이하	1.00 이하	1.00 이하	0.040 이하	0.040 이하	3.00~ 5.00	15.50 ~17.50	–	2.50~ 4.00	Nb 0.15~0.45
SSC 31	0.06 이하	0.80 이하	0.80 이하	0.035 이하	0.025 이하	4.00 ~6.00	15.00 ~17.00	0.70 ~1.50	–	–
SSC 32	0.03 이하	1.00 이하	1.50 이하	0.035 이하	0.025 이하	4.50 ~6.50	25.00 ~27.00	2.50 ~3.50	2.50~ 3.50	N0.12~0.25
SSC 33	0.03 이하	1.00 이하	1.50 이하	0.035 이하	0.025 이하	4.50~ 6.50	25.00 ~27.00	2.50 ~3.50	–	N0.12~0.25
SSC 34	0.07 이하	1.50 이하	1.50 이하	0.040 이하	0.030 이하	9.00 ~12.00	17.00 ~20.00	3.00 ~3.50	–	–
SSC 35	0.035 이하	1.00 이하	2.00 이하	0.035 이하	0.020 이하	20.00~ 22.00	22.00 ~24.00	6.00 ~6.80	0.40 이하	N0.21~0.32
SSC 40	0.03 이하	1.00 이하	1.50~ 3.00	0.035 이하	0.020 이하	6.00 ~8.00	26.00 ~28.00	2.00 ~3.50	3.00 이하	N 0.30~0.40 W 3.00~1.00 REM 0.0005~0.6[e] Bd 0.0001~0.6 B0.1 이하

비고

[a] Ni은 0.01% 이하 첨가할 수 있다.

[b] 필요에 따라 표기 이외의 합금 원소를 첨가하여도 좋다.

[c] SSC13, SSC13A, SSC14 및 SSC14A에 있어서 저온으로 사용할 경우, Cr의 상한을 23.00%로 하여도 좋다.

[d] SSC1, SSC1X, SSC2 및 SSC2A는 Mo 0.50% 이하를 함유하여도 좋다.

[e] REM(Rare Earth Metals) : Ce 또는 Ld 또는 Nd 또는 Pr 중 1개 이상으로 첨가한다.

■ 기계적 성질 및 열처리

종류의 기호	열처리 조건 (℃)				항복 강도 N/mm²	인장 강도 N/mm²	연신율 %	단면 수축률 %	경도 HB	샤르피 흡수 에너지 J
	기호	퀜칭	템퍼링	고용화 열처리						
SSC 1	T1	950 이상 유랭 또는 공냉	680~740 공냉 또는 서냉	–	345 이상	540 이상	18 이상	40 이상	163~229	–
	T2	950 이상 유랭 또는 공냉	590~700 공냉 또는 서냉	–	450 이상	620 이상	16 이상	30 이상	179~241	–
SSC 1X	–	950~1050 유랭	650~750 공냉	–	450 이상	620 이상	14 이상	– 이상	–	20 이상
SSC 2	T	950 이상 유랭 또는 공냉	680~740 공냉 또는 서냉	–	390 이상	590 이상	16 이상	35 이상	170~235	–
SSC 2A	T	950 이상 유랭 또는 공냉	600 이상 공냉 또는 서냉	–	485 이상	690 이상	15 이상	25 이상	269 이하	–
SSC 3	T	900 이상 유랭 또는 공냉	650~740 공냉 또는 서냉	–	440 이상	590 이상	16 이상	40 이상	170~235	–
SSC 3X	–	1000~ 1050 공냉	620~720 공냉 또는 서냉	–	440 이상	590 이상	15 이상	–	–	27 이상
SSC 4	T	900 이상 유랭 또는 공냉	650~740 공냉 또는 서냉	–	490 이상	640 이상	13 이상	40 이상	192~255	–
SSC 5	T	900 이상 유랭 또는 공냉	600~700 공냉 또는 서냉	–	540 이상	740 이상	13 이상	40 이상	217~277	–
SSC 6	T	950 이상 공냉	570~620 공냉 또는 서냉	–	550 이상	750 이상	15 이상	35 이상	285 이하	–
SSC 6X	QT1	1000~1100 공냉	570~620 공냉 또는 서냉	–	550 이상	750 이상	15 이상	–	–	45 이상
	QT2	1000~1100 공냉	500~530 공냉 또는 서냉	–	830 이상	900 이상	12 이상	–	–	35 이상
SSC 10	S	–	–	1050~1150 급냉	390 이상	620 이상	15 이상	–	302 이하	–
SSC 11	S	–	–	1030~1150 급냉	345 이상	590 이상	13 이상	–	241 이하	–
SSC 12	S	–	–	1030~1150 급냉	205 이상	480 이상	28 이상	–	183 이하	–
SSC 13	S	–	–	1030~1150 급냉	185 이상	440 이상	30 이상	–	183 이하	–
SSC 13A	S	–	–	1030~1150 급냉	205 이상	480 이상	33 이상	–	183 이하	–
SSC 13X	–	–	–	1050이상 급냉	180 이상	440 이상	30 이상	–	–	60 이상

■ 기계적 성질 및 열처리(계속)

종류의 기호	열처리 조건 ℃				항복 강도[(2)] N/mm^2	인장 강도 N/mm^2	연신율 %	단면 수축률 %	경도 HB	샤르피 흡수 에너지 J
	기호	퀜칭	템퍼링	고용화 열처리						
SSC 14	S	–	–	1030~1150 급냉	185 이상	440 이상	28 이상	–	183 이하	–
SSC 14A	S	–	–	1030~1150 급냉	205 이상	480 이상	33 이상	–	183 이하	–
SSC 14X	–	–	–	1080이상 급냉	180 이상	440 이상	30 이상	–	–	60 이상
SSC 14XNb	–	–	–	1080이상 급냉	180 이상	440 이상	25 이상	–	–	40 이상
SSC 15	S	–	–	1030~1150 급냉	185 이상	440 이상	28 이상	–	183 이하	–
SSC 16	S	–	–	1030~1150 급냉	175 이상	390 이상	33 이상	–	183 이하	–
SSC 16A	S	–	–	1030~1150 급냉	205 이상	480 이상	33 이상	–	183 이하	–
SSC 16AX	–	–	–	1080이상 급냉	180 이상	440 이상	30 이상	–	–	80 이상
SSC 16AX	–	–	–	1080이상 급냉	230 이상	510 이상	30 이상	–	–	80 이상(10)
SSC 17	S	–	–	1050~1160 급냉	205 이상	480 이상	28 이상	–	183 이하	–
SSC 18	S	–	–	1070~1180 급냉	195 이상	450 이상	28 이상	–	183 이하	–
SSC 19	S	–	–	1030~1150 급냉	185 이상	390 이상	33 이상	–	183 이하	–
SSC 19A	S	–	–	1030~1150 급냉	205 이상	480 이상	33 이상	–	183 이하	–
SSC 20	S	–	–	1030~1150 급냉	175 이상	390 이상	33 이상	–	183 이하	–
SSC 21	S	–	–	1030~1150 급냉	205 이상	480 이상	28 이상	–	183 이하	–
SSC 21X	–	–	–	1050이상 급냉	180 이상	440 이상	25 이상	–	–	40 이상
SSC 22	S	–	–	1030~1150 급냉	250 이상	440 이상	28 이상	–	183 이하	–
SSC 23	S	–	–	1070~1180 급냉	165 이상	390 이상	30 이상	–	183 이하	–
SSC 31	–	1020~1070 공냉	580~630 공냉 또는 서냉	–	540 이상	760 이상	15 이상	–	–	60 이상
SSC 32	–	–	–	1120이상 급냉	450 이상	650 이상	18 이상	–	–	50 이상

■ 기계적 성질 및 열처리 (계속)

종류의 기호	열처리 조건 ℃				항복 강도 N/mm^2	인장 강도 N/mm^2	연신율 %	단면 수축률 %	경도 HB	샤르피 흡수 에너지 J
	기호	퀜칭	템퍼링	고용화 열처리						
SSC 33	–	–	–	1120이상 급냉	450 이상	650 이상	18 이상	–	–	50 이상
SSC 34	–	–	–	1120이상 급냉	180 이상	440 이상	30 이상	–	–	60 이상
SSC 35	S	–	–	1150~1200 급냉	280 이상	570 이상	35 이상	–	250 이하	–
SSC 40	S	–	–		520 이상	700 이상	20 이상	–	330 이하	–

■ SSC24의 기계적 성질 및 열처리

종류의 기호	열처리 조건			항복 강도 N/mm^2	인장 강도 N/mm^2	연신율 %	경도 HB
	기호	고용화 열처리 (℃)	시효 처리 (℃)				
SSC 24	H 900	1020~1080 급냉	475~525×90분 공냉	1030 이상	1240 이상	6 이상	375 이상
	H 1025	1020~1080 급냉	535~585×4시간 공냉	885 이상	980 이상	9 이상	311 이상
	H 1075	1020~1080 급냉	565~615×4시간 공냉	785 이상	960 이상	9 이상	277 이상
	H 1150	1020~1080 급냉	605~655×4시간 공냉	665 이상	850 이상	10 이상	269 이상

4. 고망강간 주강품 KS D 4104(폐지)

■ 종류의 기호

종류의 기호	적 용
SCMnH 1	일반용(보통품)
SCMnH 2	일반용(고급품, 비자성품)
SCMnH 3	주로 레일 크로싱용
SCMnH 11	고내력 고내마모용(해머, 조 플레이트 등)
SCMnH 21	주로 무한궤도용

■ 화학 성분

단위 : %

종류의 기호	C	Si	Mn	P	S	Cr	V
SCMnH 1	0.90~1.30	–	11.00~14.00	0.100 이하	0.050 이하	–	–
SCMnH 2	0.90~1.20	0.80 이하	11.00~14.00	0.070 이하	0.040 이하	–	–
SCMnH 3	0.90~1.20	0.30~0.80	11.00~14.00	0.050 이하	0.035 이하	–	–
SCMnH 11	0.90~1.30	0.80 이하	11.00~14.00	0.070 이하	0.040 이하	1.50~2.50	–
SCMnH 21	1.00~1.35	0.80 이하	11.00~14.00	0.070 이하	0.040 이하	2.00~3.00	0.40~0.70

■ 기계적 성질

종류의 기호	물강인화 처리 온도 ℃	내구력 N/mm^2	인장강도 N/mm^2	연신율 (%)
SCMnH 1	약 1000	–	–	–
SCMnH 2	약 1000	–	740 이상	35 이상
SCMnH 3	약 1050	–	740 이상	35 이상
SCMnH 11	약 1050	390 이상	740 이상	20 이상
SCMnH 21	약 1050	440 이상	740 이상	10 이상

5. 내열강 주강품 KS D 4105(폐지)

■ 종류의 기호

종류의 기호	유사강종 (참고)	비 고
HRSC 1	–	원심력 주강관에는 위표의 기호 끝에 이것을 표시하는 기호 –CF를 붙인다. 보기 : HRSC 1–CF
HRSC 2	ASTM HC, ACI HC	
HRSC 3	–	
HRSC 11	ASTM HD, ACI HD	
HRSC 12	ASTM HF, ACI HF	
HRSC 13	ASTM HH, ACI HH	
HRSC 13 A	ASTM HH Type II	
HRSC 15	ASTM HT, ACI HT	
HRSC 16	ASTM HT 30	
HRSC 17	ASTM HE, ACI HE	
HRSC 18	ASTM HI, ACI HI	
HRSC 19	ASTM HN, ACI HN	
HRSC 20	ASTM HU, ACI HU	
HRSC 21	ASTM HK30, ACI HK 30	
HRSC 22	ASTM HK40, ACI HK 40	
HRSC 23	ASTM HL, ACI HL	
HRSC 24	ASTM HP, ACI HP	

■ 화학 성분

단위 : %

종류의 기호	C	Si	Mn	P	S	Ni	Cr
HRSC 1	0.20~0.40	1.50~3.00	1.00 이하	0.040 이하	0.040 이하	1.00 이하	12.00~15.00
HRSC 2	0.40 이하	2.00 이하	1.00 이하	0.040 이하	0.040 이하	1.00 이하	25.00~28.00
HRSC 3	0.40 이하	2.00 이하	1.00 이하	0.040 이하	0.040 이하	1.00 이하	12.00~15.00
HRSC 11	0.40 이하	2.00 이하	1.00 이하	0.040 이하	0.040 이하	4.00~6.00	24.00~28.00
HRSC 12	0.20~0.40	2.00 이하	2.00 이하	0.040 이하	0.040 이하	8.00~12.00	18.00~23.00
HRSC 13	0.20~0.50	2.00 이하	2.00 이하	0.040 이하	0.040 이하	11.00~14.00	24.00~28.00
HRSC 13 A	0.25~0.50	1.75 이하	2.50 이하	0.040 이하	0.040 이하	12.00~14.00	23.00~26.00
HRSC 15	0.35~0.70	2.50 이하	2.00 이하	0.040 이하	0.040 이하	33.00~37.00	15.00~19.00
HRSC 16	0.20~0.35	2.50 이하	2.00 이하	0.040 이하	0.040 이하	33.00~37.00	13.00~17.00
HRSC 17	0.20~0.50	2.00 이하	2.00 이하	0.040 이하	0.040 이하	8.00~11.00	26.00~30.00
HRSC 18	0.20~0.50	2.00 이하	2.00 이하	0.040 이하	0.040 이하	14.00~18.00	26.00~30.00
HRSC 19	0.20~0.50	2.00 이하	2.00 이하	0.040 이하	0.040 이하	23.00~27.00	19.00~23.00
HRSC 20	0.35~0.75	2.50 이하	2.00 이하	0.040 이하	0.040 이하	37.00~41.00	17.00~21.00
HRSC 21	0.25~0.35	1.75 이하	1.50 이하	0.040 이하	0.040 이하	19.00~22.00	23.00~27.00
HRSC 22	0.35~0.45	1.75 이하	1.50 이하	0.040 이하	0.040 이하	19.00~22.00	23.00~27.00
HRSC 23	0.20~0.60	2.00 이하	2.00 이하	0.040 이하	0.040 이하	18.00~22.00	28.00~32.00
HRSC 24	0.35~0.75	2.00 이하	2.00 이하	0.040 이하	0.040 이하	38.00~37.00	24.00~28.00

■ 기계적 성질 및 열처리

종류의 기호	열처리 조건 ℃	내 구 력 N/mm²	인장강도 N/mm²	연신율 %
	어 닐 링			
HRSC 1	800~900 서냉	–	490 이상	–
HRSC 2	800~900 서냉	–	340 이상	–
HRSC 3	800~900 서냉	–	490 이상	–
HRSC 11	–	–	590 이상	–
HRSC 12	–	235 이상	490 이상	23 이상
HRSC 13	–	235 이상	490 이상	8 이상
HRSC 13 A	–	235 이상	490 이상	8 이상
HRSC 15	–	–	440 이상	4 이상
HRSC 16	–	195 이상	440 이상	13 이상
HRSC 17	–	275 이상	540 이상	5 이상
HRSC 18	–	235 이상	490 이상	8 이상
HRSC 19	–	–	390 이상	5 이상
HRSC 20	–	–	390 이상	4 이상
HRSC 21	–	235 이상	440 이상	8 이상
HRSC 22	–	235 이상	440 이상	8 이상
HRSC 23	–	245 이상	450 이상	8 이상
HRSC 24	–	235 이상	440 이상	5 이상

6. 용접 구조용 주강품 KS D 4106(폐지)

■ 종류 및 기호

종류 및 기호	구 기호 (참고)
SCW 410	SCW 42
SCW 450	–
SCW 480	SCW 49
SCW 550	SCW 56
SCW 620	SCW 63

탄소 당량(%) = $C+\frac{Mn}{6}+\frac{Si}{24}+\frac{Ni}{40}+\frac{Cr}{5}+\frac{Mo}{4}+\frac{V}{14}$

■ 화학 성분 및 탄소당량

단위 : %

종류 및 기호	C	Si	Mn	P	S	Ni	Cr	Mo	V	탄소당량
SCW 410	0.22 이하	0.80 이하	1.50 이하	0.040 이하	0.040 이하	–	–	–	–	0.40 이하
SCW 450	0.22 이하	0.80 이하	1.50 이하	0.040 이하	0.040 이하	–	–	–	–	0.43 이하
SCW 480	0.22 이하	0.80 이하	1.50 이하	0.040 이하	0.040 이하	0.50 이하	0.50 이하	–	–	0.45 이하
SCW 550	0.22 이하	0.80 이하	1.50 이하	0.040 이하	0.040 이하	2.50 이하	0.50 이하	0.30 이하	0.20 이하	0.48 이하
SCW 620	0.22 이하	0.80 이하	1.50 이하	0.040 이하	0.040 이하	2.50 이하	0.50 이하	0.30 이하	0.20 이하	0.50 이하

■ 기계적 성질

종류 및 기호	항복점 또는 항복 강도 N/mm²	인장 강도 N/mm²	연신율 %	샤르피 흡수에너지	
				충격 시험 온도 ℃	V노치 시험편 3개의 평균치
SCW 410	235 이상	410 이상	21 이상	0	27 이상
SCW 450	255 이상	450 이상	20 이상	0	27 이상
SCW 480	275 이상	480 이상	20 이상	0	27 이상
SCW 550	355 이상	550 이상	18 이상	0	27 이상
SCW 620	430 이상	620 이상	17 이상	0	27 이상

7. 고온 고압용 주강품 KS D 4107 : 2007

■ 종류의 기호

종류의 기호	강종
SCPH 1	탄소강
SCPH 2	탄소강
SCPH 11	0.5% 몰리브데넘강
SCPH 21	1% 크롬–0.5% 몰리브데넘강
SCPH 22	1% 크롬–1% 몰리브데넘강
SCPH 23	1% 크롬–1% 몰리브데넘–0.2% 바나듐강
SCPH 32	2.5% 크롬–1% 몰리브데넘강
SCPH 61	5% 크롬–0.5% 몰리브데넘강

■ 화학 성분

단위 : %

종류의 기호	C	Si	Mn	P	S	Cr	Mo	V
SCPH 1	0.25 이하	0.60 이하	0.70 이하	0.040 이하	0.040 이하	–	–	–
SCPH 2	0.30 이하	0.60 이하	1.00 이하	0.040 이하	0.040 이하	–	–	–
SCPH 11	0.25 이하	0.60 이하	0.50~0.80	0.040 이하	0.040 이하	–	0.45~0.65	–
SCPH 21	0.20 이하	0.60 이하	0.50~0.80	0.040 이하	0.040 이하	1.00~1.50	0.45~0.65	–
SCPH 22	0.25 이하	0.60 이하	0.50~0.80	0.040 이하	0.040 이하	1.00~1.50	0.90~1.20	–
SCPH 23	0.20 이하	0.60 이하	0.50~0.80	0.040 이하	0.040 이하	1.00~1.50	0.90~1.20	0.15~0.20
SCPH 32	0.20 이하	0.60 이하	0.50~0.80	0.040 이하	0.040 이하	2.00~2.75	0.90~1.20	–
SCPH 61	0.20 이하	0.75 이하	0.50~0.80	0.040 이하	0.040 이하	4.00~6.50	0.45~0.65	–

■ 불순물의 화학 성분

단위 : %

종류의 기호	Cu	Mi	Cr	Mo	W	합계량
SCPH 1	0.50 이하	0.50 이하	0.25 이하	0.25 이하	–	1.00 이하
SCPH 2	0.50 이하	0.50 이하	0.25 이하	0.25 이하	–	1.00 이하
SCPH 11	0.50 이하	0.50 이하	0.35 이하	–	0.10 이하	1.00 이하
SCPH 21	0.50 이하	0.50 이하	–	–	0.10 이하	1.00 이하
SCPH 22	0.50 이하	0.50 이하	–	–	0.10 이하	1.00 이하
SCPH 23	0.50 이하	0.50 이하	–	–	0.10 이하	1.00 이하
SCPH 32	0.50 이하	0.50 이하	–	–	0.10 이하	1.00 이하
SCPH 61	0.50 이하	0.50 이하	–	–	0.10 이하	1.00 이하

■ 기계적 성질

종류의 기호	항복점 또는 항복 강도 N/mm^2	인장 강도 N/mm^2	연신율 (%)	단면 수축률
SCPH 1	205 이상	410 이상	21 이상	35 이상
SCPH 2	245 이상	480 이상	19 이상	35 이상
SCPH 11	245 이상	450 이상	22 이상	35 이상
SCPH 21	275 이상	480 이상	17 이상	35 이상
SCPH 22	345 이상	550 이상	16 이상	35 이상
SCPH 23	345 이상	550 이상	13 이상	35 이상
SCPH 32	275 이상	480 이상	17 이상	35 이상
SCPH 61	410 이상	620 이상	17 이상	35 이상

8. 용접 구조용 원심력 주강관 KS D 4108(폐지)

■ 탄소 당량(%) = $C+\frac{Mn}{6}+\frac{Si}{24}+\frac{Ni}{40}+\frac{Cr}{5}+\frac{Mo}{4}+\frac{V}{14}$

■ 종류의 기호 및 화학 성분

단위 : %

종류의 기호	C	Si	Mn	P	S	Ni	Cr	Mo	V	탄소당량
SCW 410-CF	0.22이하	0.80 이하	1.50이하	0.040이하	0.040이하	–	–	–	–	0.40이하
SCW 480-CF	0.22이하	0.80 이하	1.50이하	0.040이하	0.040이하	–	–	–	–	0.43이하
SCW 490-CF	0.20이하	0.80 이하	1.50이하	0.040이하	0.040이하	–	–	–	–	0.44이하
SCW 520-CF	0.20이하	0.80 이하	1.50이하	0.040이하	0.040이하	0.50이하	0.50이하	–	–	0.45이하
SCW 570-CF	0.20이하	1.00 이하	1.50이하	0.040이하	0.040이하	2.50이하	0.50이하	0.50이하	0.20이하	0.48이하

■ 기계적 성질

종류의 기호	항복점 또는 내력 N/mm^2 {kgf/mm^2}	인장 강도 N/mm^2 {kgf/mm^2}	연신율 %	샤르피 흡수 에너지 J			
				충격 시험온도 ℃	4호 시험편	4호 시험편 (나비 7.5mm)	4호 시험편 (나비 5.5mm)
					3개의 평균치	3개의 평균치	3개의 평균치
SCW 410-CF	235 {24} 이상	410 {42} 이상	21 이상	0	27 이상	24 이상	20 이상
SCW 480-CF	275 {28} 이상	480 {49} 이상	20 이상	0	27 이상	24 이상	20 이상
SCW 490-CF	315 {32} 이상	490 {50} 이상	20 이상	0	27 이상	24 이상	20 이상
SCW 520-CF	355 {36} 이상	520 {53} 이상	18 이상	0	27 이상	24 이상	20 이상
SCW 570-CF	430 {44} 이상	570 {58} 이상	17 이상	0	27 이상	24 이상	20 이상

9. 저온 고압용 주강품 KS D 4111(폐지)

■ 종류의 기호

종류의 기호	구 분	비 고
SCPL 1	탄소강(보통품)	원심력 주강관에는 위 표의 기호의 끝에 이것을 표시하는 기호 -CF를 표시한다. 보기 SCPL 1-CF
SCPL 11	0.5% 몰리브덴강	
SCPL 21	2.5% 니켈강	
SCPL 31	3.5% 니켈강	

■ 화학 성분

단위 : %

종류의 기호	C	Si	Mn	P	S	Ni	Mo
SCPL 1	0.30 이하	0.60 이하	1.00 이하	0.040 이하	0.040 이하	–	–
SCPL 11	0.25 이하	0.60 이하	0.50~0.80	0.040 이하	0.040 이하	–	0.45~0.65
SCPL 21	0.25 이하	0.60 이하	0.50~0.80	0.040 이하	0.040 이하	2.00~3.00	–
SCPL 31	0.15 이하	0.60 이하	0.50~0.80	0.040 이하	0.040 이하	3.00~4.00	–

■ 불순물의 화학 성분

단위 : %

종류의 기호	Cu	Ni	Cr	합 계 량
SCPL 1	0.50 이하	0.50 이하	0.25 이하	1.00 이하
SCPL 11	0.50 이하	–	0.35 이하	–
SCPL 21	0.50 이하	–	0.35 이하	–
SCPL 31	0.50 이하	–	0.35 이하	–

■ 기계적 성질

종류의 기호	항복점 또는 내구력 N/mm^2	인장강도 N/mm^2	연신율 %	단면 수축률 %	샤르피 흡수 에너지 J						
					충격 시험 온도 ℃	4호 시험편		4호 시험편 (나비 7.5mm)		4호 시험편 (나비 5mm)	
						3개의 평균치	개별의 값	3개의 평균치	개별이 값	3개의 평균치	개별의 값
SCPL 1	245 이상	450 이상	21 이상	35 이상	– 45	18 이상	14 이상	15 이상	12 이상	12 이상	8 이상
SCPL 11	245 이상	450 이상	21 이상	35 이상	– 60	18 이상	14 이상	15 이상	12 이상	12 이상	9 이상
SCPL 21	275 이상	480 이상	21 이상	35 이상	– 75	21 이상	17 이상	18 이상	14 이상	14 이상	11 이상
SCPL 31	275 이상	480 이상	21 이상	35 이상	–100	21 이상	17 이상	18 이상	14 이상	14 이상	11 이상

10. 고온 고압용 원심력 주강관 KS D 4112(폐지)

■ 종류의 기호

종류의 기호	비 고
SCPH 1–CF	탄소강
SCPH 2–CF	탄소강
SCPH 11–CF	0.5% 몰리브덴강
SCPH 21–CF	1% 크롬 0.5% 몰리브덴강
SCPH 32–CF	2% 크롬 1% 몰리브덴강

■ 화학 성분

단위 : %

종류의 기호	C	Si	Mn	P	S	Cr	Mo
SCPH 1–CF	0.22 이하	0.60 이하	1.10 이하	0.040 이하	0.040 이하	–	–
SCPH 2–CF	0.30 이하	0.60 이하	1.10 이하	0.040 이하	0.040 이하	–	–
SCPH 11–CF	0.20 이하	0.60 이하	0.30~0.60	0.035 이하	0.035 이하	–	0.45~0.65
SCPH 21–CF	0.15 이하	0.60 이하	0.30~0.60	0.030 이하	0.030 이하	1.00~1.50	0.45~0.65
SCPH 32–CF	0.15 이하	0.60 이하	0.30~0.60	0.030 이하	0.030 이하	1.90~2.60	0.90~1.20

■ 불순물의 화학 성분

단위 : %

종류의 기호	Cu	Ni	Cr	Mo	W	합계량
SCPH 1–CF	0.50 이하	0.50 이하	0.25 이하	0.25 이하	–	1.00 이하
SCPH 2–CF	0.50 이하	0.50 이하	0.25 이하	0.25 이하	–	1.00 이하
SCPH 11–CF	0.50 이하	0.50 이하	0.35 이하	–	0.10 이하	1.00 이하
SCPH 21–CF	0.50 이하	0.50 이하	–	–	0.10 이하	1.00 이하
SCPH 32–CF	0.50 이하	0.50 이하	–	–	0.10 이하	1.00 이하

■ 기계적 성질

종류의 기호	항복점 또는 내구력 N/mm^2	인장 강도 N/mm^2	연신율 (%)
SCPH 1-CF	245 이상	410 이상	21 이상
SCPH 2-CF	275 이상	480 이상	19 이상
SCPH 11-CF	205 이상	380 이상	19 이상
SCPH 21-CF	205 이상	410 이상	19 이상
SCPH 32-CF	205 이상	410 이상	19 이상

11. 도로 교량용 주강품 KS D 4118(폐지)

■ 종류의 기호

종 류	기 호	열처리
1종	SCHB 1	노멀라이징 또는 노멀라이징과 템퍼링 또는 퀜칭과 템퍼링
2종	SCHB 2	노멀라이징 또는 노멀라이징과 템퍼링 또는 퀜칭과 템퍼링
3종	SCHB 3	퀜칭과 템퍼링

■ 최저 예열 온도

구 분	두 께 mm	최저 예열 온도 (℃)
1종	25.4 이하	10
2종	25.4 이상	79
	전부	121
3종	전부	149

■ 화학 성분

구 분	화학 성분 %				
	C	Si	Mn	P	S
1종	0.35 이하	0.80 이하	0.90 이하	0.05 이하	0.05 이하
2종	0.35 이하	−	−	0.05 이하	0.05 이하
3종	0.35 이하	−	−	0.05 이하	0.05 이하

■ 기계적 성질

구 분	인장 강도 kgf/mm^2(MPa)	항복점 kgf/mm^2(MPa)	연신율 (%) (50.8 mm 에서의 표적 거리)	단면 수축율 (%)	샤르피 V 노치 충격 21℃ kg · m	비 고
1종	50 이상 (491 이상)	26 이상 (255 이상)	22 이상	30 이상	3.5 이상	용접이 가능한 탄소강
2종	64 이상 (628 이상)	43 이상 (422 이상)	20 이상	40 이상	3.5 이상	주의깊게 조절한 조건하에서 용접이 가능한 저합금 주강
3종	85 이상 (834 이상)	67 이상 (657 이상)	14 이상	30 이상	4.149 이상	주의깊게 조절한 조건하에서 용접이 가능한 합금 주강

■ 저온에서의 충격치

샤르피 V 노치 충격	1 종	2 종	3 종
− 17.8℃ kg · m	2.1 이상	2.1 이상	3.5 이상
− 46℃ kg · m	−	2.1 이상	2.1 이상

12. 일반용 내부식성 주강품 KS D ISO 11972(폐지)

■ 화학적 조성

강 등급	화학적 조성 %(m/m)								
	C	Si	Mn	P	S	Cr	Mo	Ni	기타
GX 12 Cr 12	0.15	0.8	0.8	0.035	0.025	11.5 13.5	0.5	1.0	−
GX 8 CrNiMo 12 1	0.10	0.8	0.8	0.035	0.025	11.5 13.5	0.2 0.5	0.8 1.8	−
GX 4 CrNi 12 4 (QT1) GX 4 CrNi 12 4 (QT2)	0.06	1.0	1.5	0.035	0.025	11.5 13.5	1.0	3.5 5.0	−
GX 4 CrNiMo 16 5 1	0.06	0.8	0.8	0.035	0.025	15.0 17.0	−	4.0 6.0	−
GX 2 CrNi 18 10	0.03	1.5	1.5	0.040	0.030	17.0 19.0	−	9.0 12.0	−
GX 2 CrNiN 18 10	0.03	1.5	1.5	0.040	0.030	17.0 19.0	−	9.0 12.0	0.10%N~0.20%N
GX 5 CrNi 19 9	0.07	1.5	1.5	0.040	0.030	18.0 21.0	−	8.0 11.0	−
GX 6 CrNiNb 19 10	0.08	1.5	1.5	0.040	0.030	18.0 21.0	−	9.0 12.0	8×%C≤Nb≤1.00
GX 2 CrNiMo 19 11 2	0.03	1.5	1.5	0.040	0.030	17.0 20.0	2.0 2.5	9.0 12.0	−
GX 2 CrNiMoN 19 11 2	0.03	1.5	1.5	0.040	0.030	17.0 20.0	2.0 2.5	9.0 12.0	0.10%N~0.20%N
GX 5 CrNiMo 19 11 2	0.07	1.5	1.5	0.040	0.030	17.0 20.0	2.0 2.5	9.0 12.0	−
GX6 CrNiMoNb 19 11 2	0.08	1.5	1.5	0.040	0.030	17.0 20.0	2.0 2.5	9.0 12.0	8×%C≤Nb≤1.00
GX 2 CrNiMo 19 11 3	0.03	1.5	1.5	0.040	0.030	17.0 20.0	3.0 3.5	9.0 12.0	−
GX 2 CrNiMoN 19 11 3	0.03	1.5	1.5	0.040	0.030	17.0 20.0	3.0 3.5	9.0 12.0	0.10%N~0.20%N
GX5 CrNiMo 19 11 3	0.07	1.5	1.5	0.040	0.030	17.0 20.0	3.0 3.5	9.0 12.0	−
GX 2 CrNiCuMoN 26 5 3 3	0.03	1.0	1.5	0.035	0.025	25.0 27.0	2.5 3.5	4.5 6.5	2.5%Cu~3.5%Cu 0.12%N~0.25%N
GX 2 CrNiMoN 26 5 3	0.03	1.0	1.5	0.035	0.025	25.0 27.0	2.5 3.5	4.5 6.5	0.12%N~0.25%N

비고 표에서 단일값은 최대 한계값을 나타낸다.

13. 오스테나이트계 망가니즈 주강품 KS D ISO 13521(폐지)

■ 화학적 조성

강 등급	화학적 조성 %(m/m)							
	C	Si	Mn	P 최 대	S 최 대	Cr	Mo	Ni
GX 120 MnMo7-1	1.05 1.35	0.3 0.9	6 8	0.060	0.045	–	0.9 1.2	–
GX 110 MnMo13-1	0.75 1.35	0.3 0.9	11 14	0.060	0.045	–	0.9 1.2	–
GX 100 Mn 13[(1)]	0.90 1.05	0.3 0.9	11 14	0.060	0.045	–	–	–
GX 120 Mn 13[(1)]	1.05 1.35	0.3 0.9	11 14	0.060	0.045	–	–	–
GX 120 MnCr13-2	1.05 1.35	0.3 0.9	11 14	0.060	0.045	1.5 2.5	–	–
GX 120 MnNi13-3	1.05 1.35	0.3 0.9	11 14	0.060	0.045	–	–	3 4
GX 120 Mn17[(1)]	1.05 1.35	0.3 0.9	16 19	0.060	0.045	–	–	–
GX 90 MnMo14	0.70 1.00	0.3 0.6	13 15	0.070	0.045	–	1.0 1.8	–
GX 120 MnCr17-2	1.05 1.35	0.3 0.9	16 19	0.060	0.045	1.5 2.5	–	–

주 [(1)] 이 등급들은 때때로 비자성체에 이용된다.

열처리

등급 GX90MnMo14 주물 두께가 45mm 미만이고, 탄소 함량이 0.8% 미만의 경우에는 열처리 없이 공급될 수 있다.
두께가 45mm 이상이고 탄소 함량이 0.8% 이상의 GX90MnMo14 및 모든 다른 등급품은 1040℃ 이상 온도에서 용체화 처리하고 수냉시켜야 한다.

6-6 주철품

1. 회 주철품 KS D 4301(폐지)

■ 종류의 기호

종류의 기호	JIS 기호
GC100	FC100
GC150	FC150
GC200	FC200
GC250	FC250
GC300	FC300
GC350	FC350

■ 별도 주입한 공시재의 기계적 성질

종류 및 기호	인장 강도 N/mm^2	경도 (HB)
GC100	100 이상	201 이하
GC150	150 이상	212 이하
GC200	200 이상	223 이하
GC250	250 이상	241 이하
GC300	300 이상	262 이하
GC350	350 이상	277 이하

■ 본체 붙임 공시재의 기계적 성질

종류 및 기호	주철품의 두께 (mm)	인장 강도 N/mm^2
GC100	–	–
GC150	20 이상 40 미만	120 이상
	40 이상 80 미만	110 이상
	80 이상 150 미만	100 이상
	150 이상 300 미만	90 이상
GC200	20 이상 40 미만	170 이상
	40 이상 80 미만	150 이상
	80 이상 150 미만	140 이상
	150 이상 300 미만	130 이상
GC250	20 이상 40 미만	210 이상
	40 이상 80 미만	190 이상
	80 이상 150 미만	170 이상
	150 이상 300 미만	160 이상
GC300	20 이상 40 미만	250 이상
	40 이상 80 미만	220 이상
	80 이상 150 미만	210 이상
	150 이상 300 미만	190 이상
GC350	20 이상 40 미만	290 이상
	40 이상 80 미만	260 이상
	80 이상 150 미만	230 이상
	150 이상 300 미만	210 이상

■ 실제 강도용 공시재의 기계적 성질

종류 및 기호	주철품의 두께 (mm)	인장 강도 N/mm^2
GC100	2.5 이상 10 미만	120 이상
	10 이상 20 미만	90 이상
GC150	2.5 이상 10 미만	155 이상
	10 이상 20 미만	130 이상
	20 이상 40 미만	110 이상
	40 이상 80 미만	95 이상
	80 이상 150 미만	80 이상
GC200	2.5 이상 10 미만	205 이상
	10 이상 20 미만	180 이상
	20 이상 40 미만	155 이상
	40 이상 80 미만	130 이상
	80 이상 150 미만	115 이상
GC250	4.0 이상 10 미만	250 이상
	10 이상 20 미만	225 이상
	20 이상 40 미만	195 이상
	40 이상 80 미만	170 이상
	80 이상 150 미만	155 이상
GC300	10 이상 20 미만	270 이상
	20 이상 40 미만	240 이상
	40 이상 80 미만	210 이상
	80 이상 150 미만	195 이상
GC350	10 이상 20 미만	315 이상
	20 이상 40 미만	280 이상
	40 이상 80 미만	250 이상
	80 이상 150 미만	225 이상

2. 구상 흑연 주철품 KS D 4302(폐지)

■ 종류의 기호

별도 주입 공시재에 의한 경우	본체 부착 공시재에 의한 경우	비 고
GCD 350－22	GCD 400－18A	종류의 기호에 붙인 문자 L은 저온 충격값이 규정된 것임을 나타낸다. 종류의 기호에 붙인 문자 A는 본체 부착 공시재에 의한 것임을 나타낸다.
GCD 350－22L	GCD 400－18L	
GCD 400－18	GCD 400－15A	
GCD 400－18L	GCD 500－7A	
GCD 400－15	GCD 600－3A	
GCD 450－10	－	
GCD 500－7	－	
GCD 600－3	－	
GCD 700－2	－	
GCD 800－2	－	

■ 화학 성분

단위 : %

종류의 기호	C	Si	Mn	P	S	Mg
GCD 350-22	2.5 이상	2.7 이하	0.4 이하	0.08 이하	0.02 이하	0.09 이하
GCD 350-22L						
GCD 400-18						
GCD 400-18L						
GCD 400-18A						
GCD 400-18AL						
GCD 400-15		-	-	-		
GCD 400-15A						
GCD 450-10						
GCD 500-7						
GCD 500-7A						
GCD 600-3						
GCD 600-3A						
GCD 700-2						
GCD 800-2						

■ 별도 주입 공시재의 기계적 성질

종류의 기호	인장 강도 N/mm^2	항복 강도 N/mm^2	연신율 %	샤르피 흡수 에너지			(참 고)	
				시험 온도 ℃	3개의 평균값 J	개개의 값 J	경 도 HB	기지 조직
GCD 350-22	350 이상	220 이상	22 이상	23±5	17 이상	14 이상	150 이하	페라이트
GCD 350-22L				-40±2	12 이상	9 이상		
GCD 400-18	400 이상	250 이상	18 이상	23±5	14 이상	11 이상	130~180	
GCD 400-18L				-20±2	12 이상	9 이상		
GCD 400-15			15 이상	-	-	-		
GCD 450-10	450 이상	280 이상	10 이상				140~210	
GCD 500-7	500 이상	320 이상	7 이상				150~230	페라이트+펄라이트
GCD 600-3	600 이상	370 이상	3 이상				170~270	펄라이트+페라이트
GCD 700-2	700 이상	420 이상	2 이상				180~300	펄라이트
GCD 800-2	800 이상	480 이상					200~330	펄라이트 또는 템퍼링 조직

■ 기계적 성질

종류의 기호	주철품의 주요 살두께 mm	인장 강도 N/mm^2	항복 강도 N/mm^2	연신율 %	샤르피 흡수 에너지 시험 온도 ℃	샤르피 흡수 에너지 3개의 평균값 J	샤르피 흡수 에너지 개개의 값 J	(참 고) 경 도 HB	(참 고) 기지 조직
GCD 400-18A	30 초과 60 이하	390 이상	250 이상	15 이상	23±5	14 이상	11 이상	120~180	페라이트
	60 초과 200 이하	370 이상	240 이상	12 이상		12 이상	9 이상		
GCD 400-18AL	30 초과 60 이하	390 이상	250 이상	15 이상	-20±2				
	60 초과 200 이하	370 이상	240 이상	12 이상		10 이상	7 이상		
GCD-400-15A	30 초과 60 이하	390 이상	250 이상	15 이상	-	-	-		
	60 초과 200 이하	370 이상	240 이상	12 이상					
GCD 500-7A	30 초과 60 이하	450 이상	300 이상	7 이상				130~230	
	60 초과 200 이하	420 이상	290 이상	5 이상					
GCD 600-3A	30 초과 60 이하	600 이상	360 이상	2 이상				160~270	펄라이트+페라이트
	60 초과 200 이하	550 이상	340 이상	1 이상					

3. 오스템퍼 구상 흑연 주철품 KS D 4318(폐지)

■ 종류의 기호

종류의 기호
GCAD 900-4
GCAD 900-8
GCAD 1000-5
GCAD 1200-2
GCAD 1400-1

■ 별도 주입한 공시재의 기계적 성질

기 호	인장 강도 N/mm^2	항복 강도 N/mm^2	연신율 (%)	경도 HB
GCAD 900-4	900 이상	600 이상	4	-
GCAD 900-8	900 이상	600 이상	8 이상	-
GCAD 1000-5	1000 이상	700 이상	5 이상	-
GCAD 1200-2	1200 이상	900 이상	2 이상	341 이상
GCAD 1400-1	1400 이상	1100 이상	1 이상	401 이상

비고

오스템퍼처리 : 표준이 되는 처리 방법은 열처리 전의 주철품을 오스테나이트화 온도 구역에서 가열 유지한 후, 베이나이트 변태 온도 구역으로 유지되어 있는 염욕로, 유조 또는 유동상로 등으로 이동시켜 연속적으로 베이나이트 변태 온도 구역에 일정 시간 유지하고, 시온까지 적당한 방법으로 냉각하는 처리

4. 오스테나이트 주철품 KS D 4319(폐지)

■ 종류 및 기호의 분류

종류 및 기호	분 류
GCA-NiMn 13 7	편상 흑연계
GCA-NiCuCr 15 6 2	
GCA-NiCuCr 15 6 3	
GCA-NiCr 20 2	
GCA-NiCr 20 3	
GCA-NiSiCr 20 5 3	
GCA-NiCr 30 3	
GCA-NiSiCr 30 5 5	
GCA-Ni 35	
GCDA-NiMn 13 17	구상 흑연계
GCDA-NiCr 20 2	
GCDA-NiCrNb 20 2	
GCDA-NiCr 20 3	
GCDA-NiSiCr 20 5 2	
GCDA-Ni 22	
GCDA-NiMn 23 4	
GCDA-NiCr 30 1	
GCDA-NiCr 30 3	
GCDA-NiSiCr 30 5 2	
GCDA-NiSiCr 30 5 5	
GCDA-Ni 35	
GCDA-NiCr 35 3	
GCDA-NiSiCr 35 5 2	

- 오스테나이트 주철은 고합금 재료로서 금속 조직은 합금원소를 사용하기 때문에 상온에서 오스테나이트상을 갖고, 탄소 성분은 주로 편상 또는 구상 흑연으로 존재한다. 탄화물도 종종 보이는데 특히 고 Cr계에서 현저하다.
- ISO 2892 : 1973 Austenitic cast iron

■ 편상 흑연계의 화학 성분

종류 및 기호	화학 성분 (%)					
	C	Si	Mn	Ni	Cr	Cu
GCA-NiMn 13 7	3.0 이하	1.5~3.0	6.0~7.0	12.0~14.0	0.2 이하	0.5 이하
GCA-NiCuCr 15 6 2	3.0 이하	1.0~2.8	0.5~1.5	13.5~17.5	1.0~2.5	5.5~7.5
GCA-NiCuCr 15 6 3	3.0 이하	1.0~2.8	0.5~1.5	13.5~17.5	2.5~3.5	5.5~7.5
GCA-NiCr 20 2	3.0 이하	1.0~2.8	0.5~1.5	18.0~22.0	1.0~2.5	0.5 이하
GCA-NiCr 20 3	3.0 이하	1.0~2.8	0.5~1.5	18.0~22.0	2.5~3.5	0.5 이하
GCA-NiSiCr 20 5 3	2.5 이하	4.5~5.5	0.5~1.5	18.0~22.0	1.5~4.5	0.5 이하
GCA-NiCr 30 3	2.5 이하	1.0~2.0	0.5~1.5	28.0~32.0	2.5~3.5	0.5 이하
GCA-NiSiCr 30 5 5	2.5 이하	5.0~6.0	0.5~1.5	29.0~32.0	4.5~5.5	0.5 이하
GCA-Ni 35	2.4 이하	1.0~2.0	0.5~1.5	34.0~36.0	0.2 이하	0.5 이하

■ 구상 흑연계의 화학 성분

종류 및 기호	화학 성분 (%)					
	C	Si	Mn	Ni	Cr	Cu
GCDA-NiMn 13 17	3.0 이하	2.0~3.0	6.0~7.0	12.0~14.0	0.2 이하	0.5 이하
GCDA-NiCr 20 2	3.0 이하	1.5~3.0	0.5~1.5	18.0~22.0	1.0~2.5	0.5 이하
GCDA-NiCrNb 20 2	3.0 이하	1.5~2.4	0.5~1.5	18.0~22.0	1.0~2.5	–
GCDA-NiCr 20 3	3.0 이하	1.5~3.0	0.5~1.5	18.0~22.0	2.5~3.5	0.5 이하
GCDA-NiSiCr 20 5 2	3.0 이하	4.5~5.5	0.5~1.5	18.0~22.0	1.0~2.5	0.5 이하
GCDA-Ni 22	3.0 이하	1.0~3.0	1.5~2.5	21.0~24.0	0.5 이하	0.5 이하
GCDA-NiMn 23 4	2.6 이하	1.5~2.5	4.0~4.5	22.0~24.0	0.2 이하	0.5 이하
GCDA-NiCr 30 1	2.6 이하	1.5~3.0	0.5~1.5	28.0~32.0	1.0~1.5	0.5 이하
GCDA-NiCr 30 3	2.6 이하	1.5~3.0	0.5~1.5	28.0~32.0	2.5~3.5	0.5 이하
GCDA-NiSiCr 30 5 2	2.6 이하	4.0~6.0	0.5~1.5	29.0~32.0	1.5~2.5	–
GCDA-NiSiCr 30 5 5	2.6 이하	5.0~6.0	0.5~1.5	28.0~32.0	4.5~5.5	0.5 이하
GCDA-Ni 35	2.4 이하	1.5~3.5	0.5~1.5	34.0~36.0	0.2 이하	0.5 이하
GCDA-NiCr 35 3	2.4 이하	1.5~3.0	0.5~1.5	34.0~36.0	2.0~3.0	0.5 이하
GCDA-NiSiCr 35 5 2	2.0 이하	4.0~6.0	0.5~1.5	34.0~36.0	1.5~2.5	–

■ 편상 흑연계의 화학 성분

종류 및 기호	인장 강도 N/mm^2	종류 및 기호	인장 강도 N/mm^2
GCA-NiMn 13 7	140 이상	GCA-NiSiCr 20 5 3	190 이상
GCA-NiCuCr 15 6 2	170 이상	GCA-NiCr 30 3	190 이상
GCA-NiCuCr 15 6 3	190 이상	GCA-NiSiCr 30 5 5	170 이상
GCA-NiCr 20 2	170 이상	GCA-Ni 35	120 이상
GCA-NiCr 20 3	190 이상		

- 구상 흑연계의 오스테나이트 주철의 기계적 성질은 편상 흑연계보다 우수하다. 또한, 우수한 내열성이나 내식성도 가지며, 동일한 기본 성분을 갖는 편상 흑연계의 것과는 다른 물리적 성질을 갖고 있다.

■ 구상 흑연계의 기계적 성질

종류 및 기호	인장강도 N/mm^2	0.2% 항복 강도 N/mm^2	연 신 율 (%)	샤르피 충격 흡수 에너지 J 3개 충격 시험의 평균값	
				V 노치	U 노치
GCDA-NiMn 13 17	390 이상	210 이상	15 이상	16 이상	–
GCDA-NiCr 20 2	370 이상	210 이상	7 이상	13 이상	16 이상
GCDA-NiCrNb 20 2	370 이상	210 이상	7 이상	13 이상	–
GCDA-NiCr 20 3	390 이상	210 이상	7 이상	–	–
GCDA-NiSiCr 20 5 2	370 이상	210 이상	10 이상	–	–
GCDA-Ni 22	370 이상	170 이상	20 이상	20 이상	24 이상
GCDA-NiMn 23 4	440 이상	210 이상	25 이상	24 이상	28 이상
GCDA-NiCr 30 1	370 이상	210 이상	13 이상	–	–
GCDA-NiCr 30 3	370 이상	210 이상	7 이상	–	–
GCDA-NiSiCr 30 5 2	380 이상	210 이상	10 이상	–	–
GCDA-NiSiCr 30 5 5	390 이상	240 이상	–	–	–
GCDA-Ni 35	370 이상	210 이상	20 이상	–	–
GCDA-NiCr 35 3	370 이상	210 이상	7 이상	–	–
GCDA-NiSiCr 35 5 2	370 이상	200 이상	10 이상	–	–

5. 가단 주철품 KS D ISO 5922(폐지)

■ 백심 가단 주철품의 기계적 성질

종류의 기호	시험편의 지름 (mm)	인장 강도 N/mm² 이상	0.2% 항복 강도 N/mm² 이상	연신율 %	경도 (HBW)
GCMW 35-04	9	340	-	5	280 이하
	12	350	-	4	
	15	360	-	3	
GCMW 38-12	9	320	170	15	200 이하
	12	380	200	12	
	15	400	210	8	
GCMW 40-05	9	360	200	8	220 이하
	12	400	220	5	
	15	420	230	4	
GCMW 45-07	9	400	230	10	220 이하
	12	450	260	7	
	15	480	280	4	

• 가단 주철품

열처리한 철-탄소합금으로서, 주조 상태에서 흑연을 함유하지 않은 백선 조직을 가지는 주철품. 즉, 탄소 성분은 전부 시멘타이트(Fe_3C)로 결합된 형태로 존재한다.

■ 흑심 가단 주철품 및 펄라이트 가단 주철품의 기계적 성질

종류의 기호		시험편의 지름 (mm)	인장 강도 N/mm² 이상	0.2% 항복 강도 N/mm² 이상	연신율 %	경도 (HBW)
A	B					
GCMB 30-06	-	12 또는 15	300	-	6	150 이하
-	GCMB 30-12	12 또는 15	320	190	12	150 이하
GCMB 35-10	-	12 또는 15	350	200	10	150 이하
GCMP 45-06	-	12 또는 15	450	270	6	150~200
-	GCMP 50-05	12 또는 15	500	300	5	160~220
GCMP 55-04	-	12 또는 15	550	340	4	180~230
-	GCMP 60-03	12 또는 15	600	390	3	200~250
GCMP 65-02	-	12 또는 15	650	430	2	210~260
GCMP 70-02	-	12 또는 15	700	530	2	240~290
-	GCMP 80-01	12 또는 15	800	600	1	270~310

• 흑심 및 펄라이트 가단 주철품

흑심 가단 주철품의 현미경 조직은 본질적으로 페라이트 기지를 가진다. 펄라이트 가단 주철품의 현미경 조직은 정해진 종류에 따르지만, 펄라이트 또는 그 외 오스테나이트의 변태 생성물의 기지를 갖는다. 흑연은 템퍼탄소 노듈러의 형태로 존재한다.

• 가단 주철품의 종류 및 기호

GCMW : 백심 가단 주철

GCMB : 흑심 가단 주철

GCMP : 펄라이트 가단 주철

6-7 구조용 봉강, 형강, 강판, 강대

1. 일반 구조용 압연 강재 KS D 3503 : 2016

■ 종류의 기호

종류의 기호	적용
SS235(SS330)	강판, 강대, 평강 및 봉강
SS275(SS400)	강판, 강대, 형강, 평강 및 봉강
SS315(SS490)	
SS410(SS540)	두께 40mm 이하의 강판, 강대, 형강, 평강 및 지름, 변 또는 맞변거리 40mm 이하의 봉강
SS450(SS590)	
SS550	두께 40mm 이하의 강판, 강대, 평강

비고 봉강에는 코일 봉강을 포함한다.

■ 화학 성분

단위 : %

종류의 기호	C	Si	Mn	P	S
SS235(SS330)	0.25 이하	0.45 이하	1.40 이하	0.050 이하	0.050 이하
SS275(SS400)					
SS315(SS490)	0.28 이하	0.50 이하	1.50 이하		
SS410(SS540)	0.30 이하	0.55 이하	1.60 이하	0.040 이하	0.040 이하
SS450(SS590)					
SS550					

■ 신 · 구기호

신 기호	구 기호	신 기호	구 기호
SS 330	SS 34	SS 490	SS 50
SS 400	SS 41	SS 540	SS 55

■ 기계적 성질

종류의 기호	항복점 또는 항복 강도 N/mm^2 강재의 두께 mm				인장 강도 N/mm^2	강재의 두께 mm	인장 시험편	연신율 %	굽힘성	
	16 이하	16초과 40 이하	40초과 100 이하	100초과 하는 것					굽힘 각도	안쪽 반지름
SS235 (SS330)	235 이상	225 이상	205 이상	195 이상	330 ~ 450	강판, 강대, 평강의 두께 5이하	5호	26 이상	180°	두께의 0.5배
						강판, 강대, 평강의 두께 5초과 16이하	1A호	21 이상		
						강판, 평강의 두께 16초과 40이하	1A호	26 이상		
						강판, 강대, 평강의 두께 40초과하는 것	4호	28 이상		
						봉강의 지름, 변 또는 맞변거리 25 이하	2호	25 이상	180°	지름, 변 또는 맞변거리의 2.0배
						봉강의 지름, 변 또는 맞변거리 25 초과하는 것	14A호	28 이상		

■ 기계적 성질(계속)

종류의 기호	항복점 또는 항복 강도 N/mm² 강재의 강재의 두께 mm				인장 강도 N/mm²	강재의 두께 mm	인장 시험편	연신율 %	굽힘성	
	16 이하	16초과 40 이하	40초과 100 이하	100초과 하는것					굽힘 각도	안쪽 반지름
SS275 (SS400)	275 이상	265 이상	245 이상	235 이상	410 ~ 550	강판, 강대, 형강의 두께 5이하	5호	21 이상	180°	두께의 1.5배
						강판, 강대, 형강의 두께 5초과 16이하	1A호	17 이상		
						강판, 강대, 평강, 형강의 두께 16초과 40이하	1A호	21 이상		
						강판, 평강, 형강의 두께 40초과하는 것	4호	23 이상		
						봉강의 지름, 변 또는 맞변거리 25 이하	2호	20 이상	180°	지름, 변 또는 맞변거리의 1.5배
						봉강의 지름, 변 또는 맞변거리 25 초과하는 것	14A호	22 이상		
SS315 (SS490)	315 이상	305 이상	295 이상	275 이상	490 ~ 630	강판, 강대, 평강, 형강의 두께 5이하	5호	19 이상	180°	두께의 2.0배
						강판, 강대, 평강, 형강의 두께 5초과 16이하	1A호	15 이상		
						강판, 강대, 평강, 형강의 두께 16 초과 40이하	1A호	19 이상		
						강판, 평강, 형강의 두께 40초과하는 것	4호	21 이상		
						봉강의 지름, 변 또는 맞변거리 25 이하	2호	18 이상	180°	지름, 변 또는 맞변거리의 2.0배
						봉강의 지름, 변 또는 맞변거리 25 초과하는 것	14A호	20 이상		
SS410 (SS540)	410 이상	400 이상	–	–	540 이상	강판, 강대, 평강, 형강의 두께 5이하	5호	16 이상	180°	두께의 2.0배
						강판, 강대, 형강의 두께 5초과 16이하	1A호	13 이상		
						강판, 강대, 평강, 형강의 두께 16 초과 40이하	1A호	17 이상		
						봉강의 지름, 변 또는 맞변거리 25 이하	2호	13 이상	180°	지름, 변 또는 맞변거리의 2.0배
						봉강의 지름, 변 또는 맞변거리 25 초과하는 것	14A호	16 이상		
SS450 (SS590)	450 이상	440 이상	–	–	590 이상	강판, 강대, 평강, 형강의 두께 5이하	5호	14 이상	180°	두께의 2.0배
						강판, 강대, 평강, 형강의 두께 5초과 16이하	1A호	11 이상		
						강판, 강대, 평강, 형강의 두께 16 초과 40이하	1A호	15 이상		
						봉강의 지름, 변 또는 맞변거리 25 이하	2호	10 이상	180°	지름, 변 또는 맞변거리의 2.0배
						봉강의 지름, 변 또는 맞변거리 25 초과 40 이하	14A호	12 이상		

2. 철근 콘크리트용 봉강 KS D 3504 : 2016

■ 종류 및 기호

종 류	기 호	용 도
이형 봉강	SD 300	일반용
	SD 350	
	SD 400	
	SD 500	
	SD 600	
	SD 700	
	SD 400 W	용접용
	SD 500 W	
	SD 400 S	특수내진용
	SD 500 S	
	SD 600 S	

■ 화학 성분

종류의 기호	화학 성분 %						
	C	Si	Mn	P	S	N	Ceq
SD 300	–	–	–	0.050 이하	0.050 이하	–	–
SD 400	–	–	–	0.040 이하	0.045 이하	–	–
SD 500	–	–	–	0.040 이하	0.040 이하	–	–
SD 600	–	–	–	0.040 이하	0.040 이하	–	–
SD 700	–	–	–	0.040 이하	0.040 이하	–	0.63 이하
SD 400W SD 500W	0.22 이하	0.60 이하	1.60 이하	0.040 이하	0.040 이하	0.012 이하	0.50 이하

■ 기계적 성질

종류의 기호	항복점 또는 항복 강도 N/mm^2	인장 강도 N/mm^2	인장 시험편	연신율 %	굽힘성		
					굽힘 각도	안쪽 반지름	
SD 300	300~420	항복강도의 1.15배 이상	2호에 준한 것	16 이상	180°	D 16 이하	공칭 지름의 1.5배
			3호에 준한 것	18 이상		D 16 초과	공칭 지름의 2배
SD 400	400~520		2호에 준한 것	16 이상	180°		공칭 지름의 2.5배
			3호에 준한 것	18 이상			
SD 500	500~650	항복강도의 1.08배 이상	2호에 준한 것	12 이상	90°	D 25 이하	공칭 지름의 2.5배
			3호에 준한 것	14 이상		D 25 초과	공칭 지름의 3배
SD 600	600~780		2호에 준한 것	10 이상	90°	D 25 이하	공칭 지름의 2.5배
			3호에 준한 것	10 이상		D 25 초과	공칭 지름의 3배
SD 700	700~910		2호에 준한 것	10 이상	90°	D 25 이하	공칭 지름의 2.5배
			3호에 준한 것	10 이상		D 25 초과	공칭 지름의 3배
SD 400W	400~520	항복강도의 1.15배 이상	2호에 준한 것	16 이상	180°		공칭 지름의 2.5배
			3호에 준한 것	18 이상			
SD 500W	500~650		2호에 준한 것	12 이상	90°	D 25 이하	공칭 지름의 2.5배
			3호에 준한 것	14 이상		D 25 초과	공칭 지름의 3배

3. PC 강봉 KS D 3505 : 2002(2017 확인)

■ 종류 및 기호

종류			기호
원형 봉강	A종	2호	SBPR 785/1 030
	B종	1호	SBPR 930/1 080
		2호	SBPR 930/1 180
	C종	1호	SBPR 1 080/1 230
이형 봉강	B종	1호	SBPD 930/1 080
	C종	1호	SBPD 1 080/1 230
	D종	1호	SBPD 1 275/1 420

■ 화학 성분

단위 : %

P	S	Cu
0.030 이하	0.035 이하	0.30 이하

■ 강봉의 호칭명

종 류	호 칭 명
원형 봉강	9.2mm 11mm 13mm (15mm) 17mm (19mm) (21mm) 23mm 26mm (29mm) 32mm 36mm 40mm
이형 봉강	7.4mm 9.2mm 11mm 13mm

비고 (　)를 붙인 호칭명의 강봉은 사용하지 않는 것이 바람직하다.

■ 기계적 성질

기 호	0.2% 항복 강도 N/mm^2	인장 강도 N/mm^2	연신율 (%)	릴랙세이션 값 (%)
SBPR 785/1 030	785 이상	1030 이상	5 이상	4.0 이하
SBPR 930/1 080	930 이상	1080 이상	5 이상	4.0 이하
SBPR 930/1 180	930 이상	1180 이상	5 이상	4.0 이하
SBPR 1 080/1 230	1080 이상	1230 이상	5 이상	4.0 이하
SBPD 930/1 080	930 이상	1080 이상	5 이상	1.5 이하
SBPD 1 080/1 230	1080 이상	1230 이상	5 이상	1.5 이하
SBPD 1 275/1 420	1275 이상	1420 이상	5 이상	1.5 이하

4. 재생 강재 KS D 3511(폐지)

■ 종류의 기호 및 제조 방법을 나타내는 기호

종류의 기호		종류의 기호 표시
기 호	제조방법을 나타내는 기호	
SRB 330 SRB 380 SRB 480	평강 : F 형강 : A 봉강 : B	평강, 등변 ㄱ형강 및 봉강을 표시할 때의 기호는 종류의 기호 다음에 F(평강), A(등변ㄱ형강) 또는 B(봉강)의 부호를 붙인다. [보기] 재생 강재 봉강 SRB 380 : SRB 380B

■ 기계적 성질

구분	종류의 기호	인장 강도 N/mm^2	항복점 N/mm^2	인장 시험편	연신율 (%)	굽힘성	
						굽힘 각도	안쪽 반지름
평강 등변 ㄱ형강	SRB 330	330~400	–	1A호	두께 9 mm 미만 21 이상 두께 9 mm 이상 25 이상	180°	밀착
	SRB 380	380~520	235 이상	1A호	두께 9 mm 미만 17 이상 두께 9 mm 이상 20 이상	180°	두께의 1.5배
	SRB 480	480~620	295 이상	1A호	두께 9 mm 미만 15 이상 두께 9 mm 이상 18 이상	180°	두께의 2.0배
봉강	SRB 330	330~400	–	2호 14A호	15 이상 27 이상	180°	밀착
	SRB 380	380~520	235 이상	2호 14A호	20 이상 22 이상	180°	지름, 변 또는 맞변거리의 1.5배
	SRB 480	480~620	295 이상	2호 14A호	16 이상 18 이상	180°	지름, 변 또는 맞변거리의 2배

■ 무게 허용차

구 분		인장 강도 N/mm^2	연신율 (%)
평강 등변 ㄱ 형강 봉강	단면적 $250mm^2$ 미만	200kg 미만인 경우 ± 10% 200kg 이상인 경우 ± 7%	같은 치수인 것을 1조로 계량한다.
	단면적 $250mm^2$ 이상	1t 미만인 경우 ± 6% 1t 이상인 경우 ± 5%	

5. 용접 구조용 압연 강재 KS D 3515 : 2016

■ 종류의 기호

종류의 기호	적용 두께 (mm)
SM275A(SM400A)	강판, 강대, 형강 및 평강 200 이하
SM275B(SM400B)	
SM275C(SM400C)	
SM275D	
SM355A(SM490A)	강판, 강대, 형강 및 평강 200 이하
SM355B(SM490B)	
SM355C(SM490C)	
SM355D	
SM420A	강판, 강대, 형강 및 평강 200 이하
SM420B(SM520B)	
SM420C(SM520C)	
SM420D	
SM460B(SM570)	강판, 강대, 및 형강 100 이하
SM460C	

■ 화학 성분

단위 : %

종류의 기호	C		Si	Mn	P
	50mm 이하	50mm 초과			
SM275A(SM400A)	0.23 이하	0.23 이하	–	2.5×C 이상	0.035 이하
SM275B(SM400B)	0.20 이하	0.22 이하	0.35 이하	0.50~1.40	0.030 이하
SM275C(SM400C)	0.18 이하	0.20 이하		1.40 이하	0.035 이하
SM275D					0.020 이하
SM355A(SM490A)	0.20 이하	0.22 이하	0.55 이하	1.60 이하	0.035 이하
SM355B(SM490B)	0.18 이하	0.20 이하			0.030 이하
SM355C(SM490C)					0.025 이하
SM355D					0.020 이하
SM420A	0.20 이하	0.22 이하	0.55 이하	1.60 이하	0.035 이하
SM420B(SM520B)					0.030 이하
SM420C(SM520C)	0.18 이하	0.20 이하			0.025 이하
SM420D					0.020 이하
SM460B(SM570)	0.18 이하	0.20 이하	0.55 이하	1.70 이하	0.030 이하
SM460C					0.025 이하

6. 마봉강용 일반 강재 KS D 3526 : 2007(2017 확인)

■ 종류의 기호

종류의 기호	적 용	비 고
SGD A	기계적 성질 보증	SGD 1, SGD 2, SGD 3 및 SGD 4에 대하여 킬드강을 지정할 경우는 각각 기호의 뒤에 K를 붙인다.
SGD B		
SGD 1	화학성분 보증	
SGD 2		
SGD 3		
SGD 4		

■ 화학성분 및 기계적 성질

종류의 기호	화학성분 %				항복점 N/mm^2 강재의 지름, 변, 맞변거리, 두께 mm			인장강도 N/mm^2	연신율		
	C	Mn	P	S	16 이하	16 초과 40 이하	40 초과		강재의 지름, 변, 맞변거리, 두께 mm	시험편	%
SGD A	–	–	0.045 이하	0.045 이하	–	–	–	290~390	25 이하	2호	26 이상
									25 초과	14A호	29 이상
SGD B	–	–	0.045 이하	0.045 이하	245 이상	235 이상	215 이상	400~510	25 이하	2호	20 이상
									25 초과	14A호	22 이상
SGD 1	0.10 이하	0.30~0.60	0.045 이하	0.045 이하	$1N/mm^2 = 1MPa$						
SGD 2	0.10~0.15	0.30~0.60	0.045 이하	0.045 이하							
SGD 3	0.15~0.20	0.30~0.60	0.045 이하	0.045 이하							
SGD 4	0.20~0.25	0.30~0.60	0.045 이하	0.045 이하							

7. 용접 구조용 내후성 열간 압연 강재 KS D 3529 : 2016

■ 종류 및 기호

종류			기호	적용 두께 mm
SMA275	A	W	SMA275AW(SMA400AW)	내후성을 갖는 강판, 강대, 형강 및 평강 200 이하
		P	SMA275AP(SMA400AP)	
	B	W	SMA275BW(SMA400BW)	
		P	SMA275BP(SMA400BP)	
	C	W	SMA275CW(SMA400CW)	내후성을 갖는 강판, 강대 및 형강 100 이하
		P	SMA275CP(SMA400CP)	
SMA355	A	W	SMA355AW(SMA490AW)	내후성이 우수한 강판, 강대, 형강 및 평강 200 이하
		P	SMA355AP(SMA490AP)	
	B	W	SMA355BW(SMA490BW)	
		P	SMA355BP(SMA490BP)	
	C	W	SMA355CW(SMA490CW)	내후성이 우수한 강판, 강대 및 형강 100 이하
		P	SMA355CP(SMA490CP)	
SMA460		W	SMA460W(SMA570W)	내후성이 우수한 강판, 강대 및 형강 100 이하
		P	SMA460P(SMA570P)	

비고 W는 보통 압연한 그대로 또는 녹 안정화 처리를 하여 사용하고, P는 보통 도장하여 사용한다.

■ 화학 성분

종류의 기호		화학 성분 (%)							
		C	Si	Mn	P	S	Cu	Cr	Ni
SMA275 (SMA400) A, B, C	W	0.18 이하	0.15~0.65	1.25 이하	0.035 이하	0.035 이하	0.30~0.50	0.45~0.75	0.05~0.30
	P	0.18 이하	0.55 이하	1.25 이하	0.035 이하	0.035 이하	0.20~0.35	0.30~0.55	–
SMA355 (SMA490) A, B, C	W	0.18 이하	0.15~0.65	1.40 이하	0.035 이하	0.035 이하	0.30~0.50	0.45~0.75	0.05~0.30
	P	0.18 이하	0.55 이하	1.40 이하	0.035 이하	0.035 이하	0.20~0.35	0.30~0.55	–
SMA460 (SMA570)	W	0.18 이하	0.15~0.65	1.40 이하	0.035 이하	0.035 이하	0.30~0.50	0.45~0.75	0.05~0.30
	P	0.18 이하	0.55 이하	1.40 이하	0.035 이하	0.035 이하	0.20~0.35	0.30~0.55	–

비고 1. 필요에 따라 위 표에 언급한 것 이외의 합금원소를 첨가할 수 있다.
2. 각 종류 모두 내후성에 유효한 원소인 Mo, Nb, Ti, V, Zr 등을 첨가하여도 좋다. 다만, 이들 원소의 총계는 0.15%를 넘지 않는 것으로 한다.

■ 항복점 또는 항복 강도, 인장 강도 및 연신율

종류의 기호	항복점 또는 항복 강도 N/mm² 강재의 두께 mm					인장강도 N/mm²	연신율 강재 및 시험편의 적용		
	16 이하	16 초과 40 이하	40 초과 75 이하	75 초과 100 이하	100 초과 160 이하		두께 mm	시험편	%
SMA275AW (SMA400AW) SMA275AP (SMA400AP) SMA275BW (SMA400BW) SMA275BP (SMA400BP)	275 이상	265 이상	255 이상	245 이상	235 이상	410~550	5 이하	5호	22 이상
							5 초과 16 이하	1A호	17 이상
SMA275CW (SMA400CW) SMA275CP (SMA400CP)	275 이상	265 이상	255 이상	245 이상	–		16 초과 40 이하	1A호	21 이상
							40 초과	4호	23 이상
SMA355AW (SMA490AW) SMA355AP (SMA490AP) SMA355BW (SMA490BW) SMA355BP (SMA490BP)	355 이상	345 이상	335 이상	325 이상	305 이상	490~630	5 이하	5호	19 이상
							16 이하	1A호	15 이상
SMA355CW (SMA490CW) SMA355CP (SMA490CP)	355 이상	345 이상	335 이상	325 이상	–		16 초과	1A호	19 이상
							40 초과	4호	21 이상
SMA460W (SMA570W) SMA460P (SMA570P)	460 이상	450 이상	430 이상	420 이상	–	570~720	16 이하	5호	19 이상
							16 초과	5호	26 이상
							20 초과	4호	20 이상

비고 열가공제어압연(TMC)의 경우 두께에 따른 항복점 또는 항복 강도의 저감이 없이 기준값(16mm 이하의 항복 강도)을 적용한다.

8. 일반 구조용 경량 형강 KS D 3530 : 2016(2017 확인)

■ 종류의 기호 및 단면 모양에 따른 명칭과 그 기호

종류의 기호	단면 모양에 따른 명칭	단면 모양 기호
SSC 275 (SSC 400)	경 ㄷ형강	
	경 Z형강	
	경 ㄱ형강	
	리프 ㄷ형강	
	리프 Z형강	
	모자 형강	

■ 화학 성분

단위 : %

종류의 기호	C	P	S
SSC 275(SSC 400)	0.25 이하	0.050 이하	0.050 이하

■ 기계적 성질

종류의 기호	항복점 N/mm^2	인장 강도 N/mm^2	연신		
			두께 (mm)	시험편	%
SSC 275 (SSC 400)	275 이상	410~550	5 이하	5호	21 이상
			5 초과	1A호	17 이상

■ 경 ㄷ형강

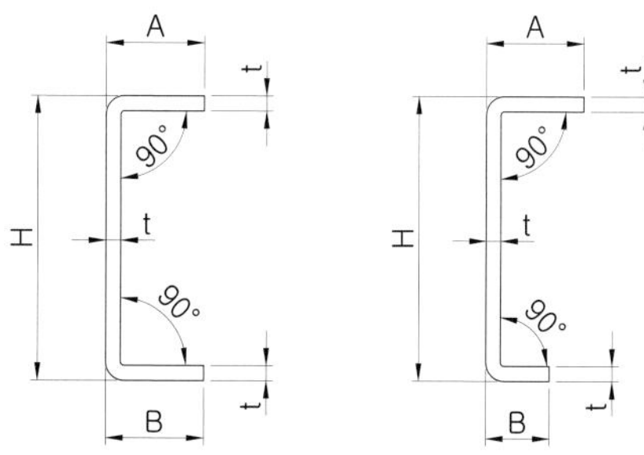

호칭명	치수 (mm)		단면적 cm^2	단위질량 kg/m
	H×A×B	t		
1618	450×75×75	6.0	34.82	27.3
1617		4.5	26.33	20.7

호칭명	치수 (mm)		단면적	단위질량
	H×A×B	t	cm²	kg/m
1578	400×75×75	6.0	31.82	25.0
1577		4.5	24.08	18.9
1537	350×50×50	4.5	19.58	15.4
1536		4.0	17.47	13.7
1497	300×50×50	4.5	17.33	13.6
1496		4.0	15.47	12.1
1458	250×75×75	6.0	22.82	17.9
1427	250×50×50	4.5	15.08	11.8
1426		4.0	13.47	10.6
1388	250×75×75	6.0	19.82	15.6
1357	200×50×50	4.5	12.83	10.1
1356		4.0	11.47	9.00
1355		3.2	9.263	7.27
1318	150×75×75	6.0	16.82	13.2
1317		4.5	12.83	10.1
1316		4.0	11.47	9.00
1287	150×50×50	4.5	10.58	8.31
1285		3.2	7.663	6.02
1283		2.3	5.576	4.38
1245	120×40×40	3.2	6.063	4.76
1205	100×50×50	3.2	6.063	4.76
1203		2.3	4.426	3.47
1175	100×40×40	3.2	5.423	4.26
1173		2.3	3.966	3.11
1133	80×40×40	2.3	3.506	2.75
1093	60×30×30	2.3	2.586	2.03
1091		1.6	1.836	1.44
1055	40×40×40	3.2	3.503	2.75
1053		2.3	2.586	2.03
1041	38×15×15	1.6	1.004	0.788
1011	19×12×12	1.6	0.6039	0.474
1878	150×75×30	6.0	14.12	11.1
1833	100×50×15	2.3	3.621	28.4
1795	750×40×15	3.2	3.823	3.00
1793		2.3	2.816	2.21
1753	50×25×10	2.3	1.781	1.40
1715	40×40×15	3.2	2.703	2.12

■ 경 Z형강

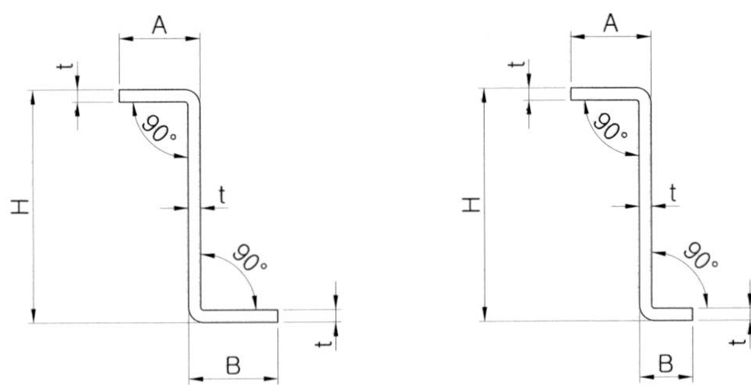

호칭명	치수 (mm)		단면적 cm^2	단위질량 kg/m
	H×A×B	t		
2155	100×50×50	3.2	6.063	4.76
2153		2.3	4.426	3.47
2115	75×30×30	3.2	3.983	3.13
2073	60×30×30	2.3	2.586	2.03
2033	40×20×20	2.3	1.666	1.31
2753	75×40×30	2.3	3.161	2.48
2723	75×30×20	2.3	2.701	2.12

■ 경 ㄱ형강

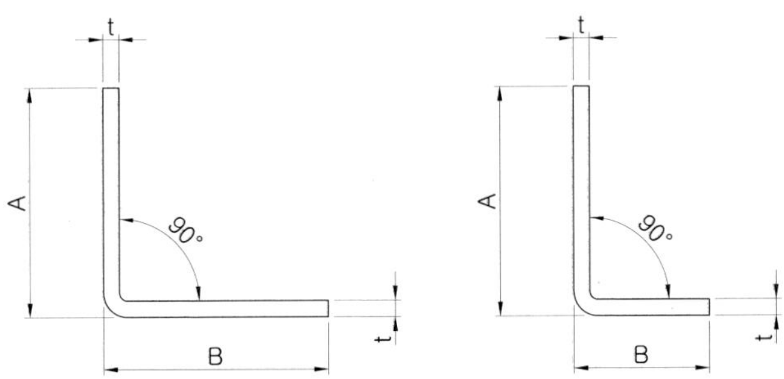

호칭명	치수 (mm)		단면적 cm^2	단위질량 kg/m
	H×A×B	t		
3155	60×60	3.2	3.672	2.88
3115	50×50	3.2	3.032	2.38
3113		2.3	2.213	1.74
3075	40×40	3.2	2.392	1.88
3035	30×30	3.2	1.752	1.38
3725	75×75	3.2	3.192	2.51

■ 리프 ㄷ형강

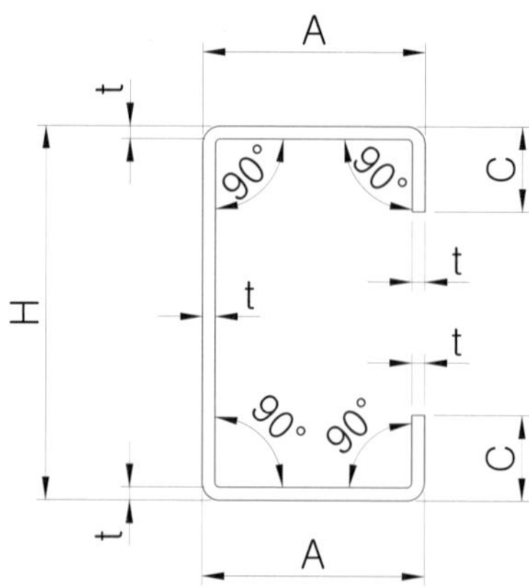

호칭명	치수 (mm)		단면적	단위질량
	H×A×B	t	cm^2	kg/m
4607	250×75×25	4.5	18.92	14.9
4567	200×75×25	4.5	16.67	131
4566		4.0	14.95	11.7
4565		3.2	12.13	9.52
4537	200×75×20	4.5	16.22	12.7
4536		4.0	14.55	11.4
4535		3.2	11.81	9.27
4497	150×75×25	4.5	14.42	11.3
4496		4.0	12.95	10.2
4495		3.2	10.53	8.27
4467	150×75×20	4.5	13.97	11.0
4466		4.0	12.55	9.85
4465		3.2	10.21	8.01
4436	150×65×20	4.0	11.75	9.22
4435		3.2	9.567	7.51
4433		2.3	7.012	5.50
4407	150×50×20	4.5	11.72	9.20
4405		3.2	8.607	6.76
4403		2.3	6.322	4.96
4367	125×50×20	4.5	10.59	8.32
4366		4.0	9.548	7.50
4365		3.2	7.807	6.13
4363		2.3	5.747	4.51
4327	120×60×25	4.5	11.72	9.20
4295	120×60×20	3.2	8.287	6.51
4293		2.3	6.092	4.78
4255	120×40×20	3.2	7.007	5.50

■ 리프 ㄷ형강(계속)

호칭명	치수 (mm)		단면적 cm^2	단위질량 kg/m
	H×A×B	t		
4227	100×50×20	4.5	9.469	7.43
4226		4.0	8.548	6.71
4225		3.2	7.007	5.50
4224		2.8	6.205	4.87
4223		2.3	5.172	4.06
4222		2.0	4.537	3.56
4221		1.6	3.672	2.88
4185	90×45×20	3.2	6.367	5.00
4183		2.3	4.712	3.70
4181		1.6	3.352	2.63
4143	75×45×15	2.3	4.137	3.25
4142		2.0	3.637	2.86
4141		1.6	2.952	2.32
4113	75×35×15	2.3	3.677	2.89
4071	70×40×25	1.6	3.032	2.38
4033	60×30×20	2.3	2.872	2.25
4032		2.0	2.537	1.99
4031		1.6	2.072	1.63

■ 리프 Z형강

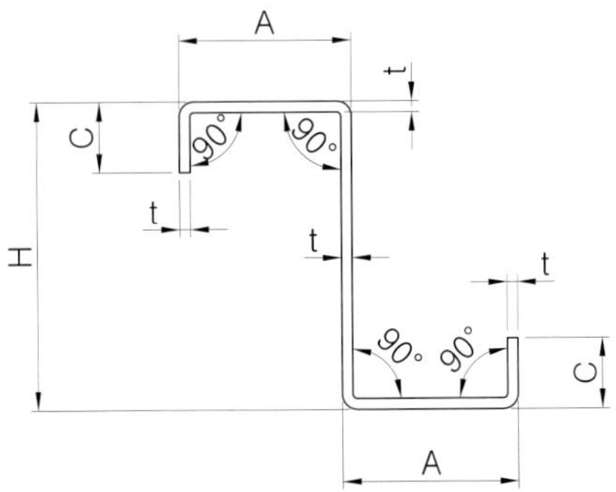

호칭명	치수 (mm)		단면적 cm^2	단위질량 kg/m
	H×A×B	t		
5035	100×50×20	3.2	7.007	5.50
5033		2.3	5.172	4.06

■ 모자 형강

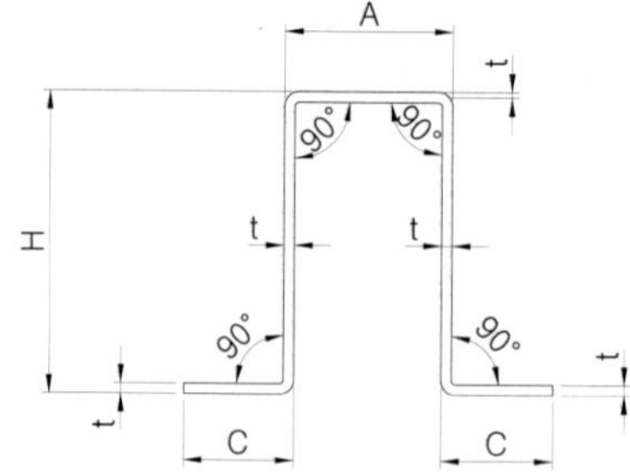

호칭명	치수 (mm)		단면적	단위질량
	H×A×B	t	cm²	kg/m
6163	60×30×25	2.3	4.358	3.42
6161		1.6	3.083	2.42
6133	60×30×25	2.3	4.128	3.24
6131		1.6	2.923	2.29
6105	50×40×30	3.2	5.932	4.66
6073	50×40×20	2.3	3.898	3.06
6033	40×20×20	2.3	2.978	2.34
6031		1.6	2.123	1.67

■ 표준 길이

단위 : m

6.0	7.0	8.0	9.0	10.0	11.0	12.0

■ 모양 및 치수의 허용차

구분		허용차
높이	150mm 미만	±1.5mm
	150mm 이상 300mm 미만	±2.0mm
	300mm 이상	±3.0mm
변 A 또는 B		±1.5mm
리프 C		±2.0mm
인접한 평판 부분을 구성하는 각도		±1.5°
길이	7m 이하	±40mm 0
	7m 초과	길이 1m 또는 그 끝수를 늘릴 때마다 위의 플러스 쪽 허용차에 5mm를 더한다.
굽음		전체 길이의 0.2% 이하
평판 부분의 두께 t	1.6mm	±0.22mm
	2.0mm, 2.3mm	±0.25mm
	2.8mm	±0.28mm
	3.2mm	±0.30mm
	4.0mm, 4.5mm	±0.45mm
	6.0mm	±0.60mm

■ 무게의 계산 방법

계산순서	계산방법	결과의 끝맺음
기본무게 kg/(cm^2 · m)	0.785(단면적 1cm^3, 길이 1m의 무게)	
단면적 cm^2	다음 식에 따라 구하고 계산값에 $\frac{1}{100}$을 곱한다. 경 e형강 $t(H+A+B-3.287t)$ 경 Z형강 $t(H+A+B-3.287t)$ 경 ㄱ형강 $t(A+B-1.644t)$ 리프 ㄷ형강 $t(H+2A+2C-6.574t)$ 리프 Z형강 $t(H+2A+2C-6.574t)$ 모자 형강 $t(2H+A+2C-4.575t)$	유효 숫자 4자리의 수치로 끝맺음한다.
단위무게 kg/m	기본무게(kg/(cm^2 · m)×단면적(cm^2))	유효숫자 3자리의 수치로 끝맺음한다.
1개의 무게 kg	단위무게(kg/m)×길이(m)	유효숫자 3자리의 수치로 끝맺음한다.
총무게 kg	1개의 무게(kg)×동일치수의 총개수	kg의 정수값으로 끝맺음 한다.

■ 무게의 허용차

1조의 계산무게	허용차 (%)	적요
600kg 미만	±10	동일 단면 모양, 동일 치수의 것을 1조로 한다.
600kg 이상 2t 미만	±7.5	
2t 이상	±5	

■ 경 ㄷ 형강

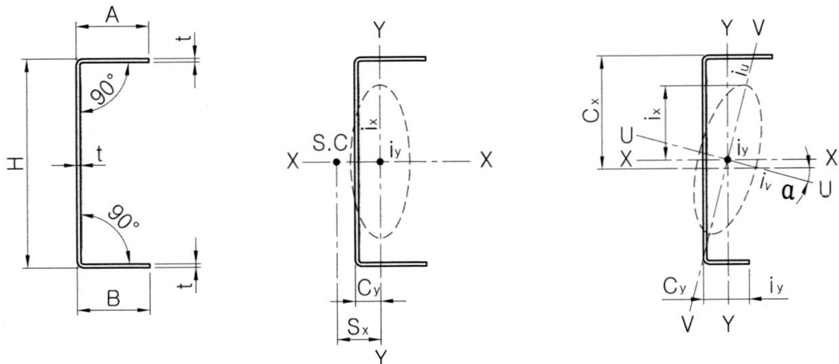

호칭명	치수 mm		중심위치 cm		단면 2차 모멘트 cm^4		단면 2차 반지름 cm		단면계수 cm^3		전단 중심 cm	
	H×A×B	t	C_x	C_y	I_x	I_y	i_x	i_y	Z_x	Z_y	S_x	S_y
1618	450×75×75	6.0	0	1.19	8400	122	15.5	1.87	374	19.4	2.7	0
1617		4.5	0	1.13	6430	94.3	15.6	1.89	286	14.8	2.7	0
1578	400×75×75	6.0	0	1.28	6230	120	14.0	1.94	312	19.2	2.9	0
1577		4.5	0	1.21	4780	92.2	14.1	1.96	239	14.7	2.9	0
1537	350×50×50	4.5	0	0.75	2750	27.5	11.9	1.19	157	6.48	1.6	0
1536		4.0	0	0.73	2470	24.8	11.9	1.19	141	5.81	1.6	0
1497	300×50×50	4.5	0	0.82	1850	26.8	10.3	1.24	123	6.41	1.8	0
1496		4.0	0	0.80	1660	24.1	10.4	1.25	111	5.74	1.8	0
1458	250×75×75	6.0	0	1.66	1940	107	9.23	2.17	155	18.4	3.7	0
1427	250×50×50	4.5	0	0.91	1160	25.9	8.78	1.31	93.0	6.31	2.0	0
1426		4.0	0	0.88	1050	23.3	8.81	1.32	83.7	5.66	2.0	0
1388	200×75×75	6.0	0	0.87	1130	101	7.56	2.25	113	17.9	4.1	0
1357	200×50×50	4.5	0	1.03	666	24.6	7.20	1.38	66.6	6.19	2.2	0
1356		4.0	0	1.00	600	22.2	7.23	1.39	60.0	5.55	2.2	0
1355		3.2	0	0.97	490	18.2	7.28	1.40	49.0	4.51	2.3	0
1318	150×75×75	6.0	0	2.15	573	91.9	5.84	2.34	76.4	17.2	4.6	0
1317		4.5	0	2.08	448	71.4	5.91	2.36	59.8	13.2	4.6	0
1316		4.0	0	2.06	404	64.2	5.93	2.36	53.9	11.8	4.6	0
1287	150×50×50	4.5	0	1.20	329	22.8	5.58	1.47	43.9	5.99	2.6	0
1285		3.2	0	1.14	244	16.9	5.64	1.48	32.5	4.37	2.6	0
1283		2.3	0	1.10	181	12.5	5.69	1.50	24.1	3.20	2.6	0
1245	120×40×40	3.2	0	0.94	122	8.43	4.48	1.18	20.3	2.75	2.1	0
1205	100×50×50	3.2	0	1.40	93.6	14.9	3.93	1.57	18.7	4.15	3.1	0
1203		2.3	0	1.36	69.9	11.1	3.97	1.58	14.0	3.04	3.1	0
1175	100×40×40	3.2	0	1.03	78.6	7.99	3.81	1.21	15.7	2.69	2.2	0
1173		2.3	0	0.99	58.9	5.96	3.85	1.23	11.8	1.98	2.2	0
1133	80×40×40	2.3	0	1.11	34.9	5.56	3.16	1.26	8.73	1.92	2.4	0
1093	60×30×30	2.3	0	0.86	14.2	2.27	2.34	0.94	4.72	1.06	1.8	0
1091		1.6	0	0.82	10.3	1.64	2.37	0.95	3.45	0.75	1.8	0
1055	40×40×40	3.2	0	1.51	9.21	5.72	1.62	1.28	4.60	2.30	3.0	0
1053		2.3	0	1.46	7.13	3.54	1.66	1.17	3.57	1.39	3.0	0
1041	38×15×15	1.6	0	0.40	2.04	0.20	1.42	0.45	1.07	0.18	0.8	0
1011	19×12×12	1.6	0	0.41	0.32	0.08	0.72	0.37	0.33	0.11	0.8	0
1878	150×75×30	6.0	6.33	1.56	4.06	56.4	5.36	2.00	46.9	9.49	2.2	4.5
1833	100×50×15	2.3	3.91	0.94	46.4	4.96	3.58	1.17	7.62	1.22	1.2	3.0
1795	75×40×15	3.2	3.91	0.80	21.0	3.93	2.34	1.01	4.68	1.23	1.2	2.1
1793		2.3	3.01	0.81	208	3.12	2.72	1.05	4.63	0.98	1.2	2.1
1753	50×25×10	2.3	1.97	0.54	5.59	0.79	1.77	0.67	1.84	0.40	0.7	1.5
1715	40×40×15	3.2	1.46	1.14	5.71	3.68	1.45	1.17	2.24	1.29	1.4	1.2

■ 경 Z 형강

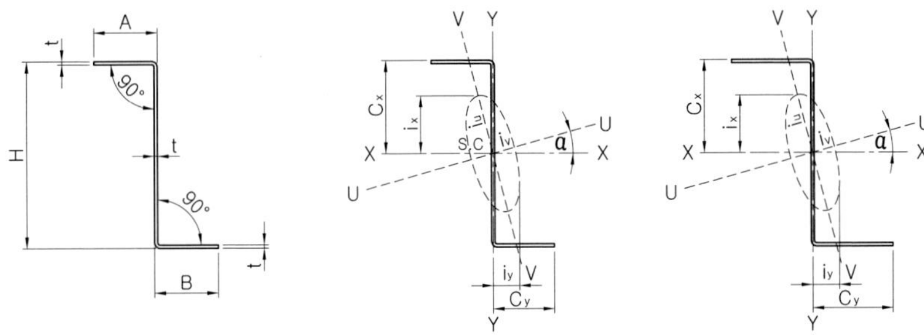

호칭명	치수 mm		중심위치 cm		단면 2차 모멘트 cm^4				단면 2차 반지름 cm				tan α	단면계수 cm^3		전단 중심 cm	
	H×A×B	t	C_x	C_y	I_x	I_y	I_u	I_v	i_x	i_y	i_u	i_v		Z_x	Z_y	S_x	S_y
2155	100×50×50	3.2	5.00	4.84	93.6	24.2	109	8.70	3.93	2.00	4.24	1.20	0.427	18.7	5.00	0	0
2153		2.3	5.00	4.88	69.9	17.9	81.2	6.53	3.97	2.01	4.28	1.21	0.423	14.0	3.66	0	0
2115	75×30×30	3.2	3.75	2.84	31.6	4.91	34.5	2.00	2.82	1.11	2.94	0.71	0.313	8.42	1.73	0	0
2073	60×30×30	2.3	3.00	2.88	14.2	3.69	16.5	1.31	2.34	1.19	2.53	0.71	0.430	4.72	1.28	0	0
2033	40×20×20	2.3	2.00	1.88	3.86	1.03	4.54	0.35	1.52	0.79	1.65	0.46	0.443	1.93	0.55	0	0
2753	75×40×30	2.3	3.49	3.13	26.8	6.15	30.6	2.39	2.91	1.40	3.11	0.865	0.394	6.68	1.69	0.05	1.38
2723	75×30×20	2.3	3.44	2.09	20.7	2.25	21.9	1.08	2.77	0.913	2.85	0.631	0.245	5.10	0.839	0.03	1.86

■ 경 ㄱ 형강

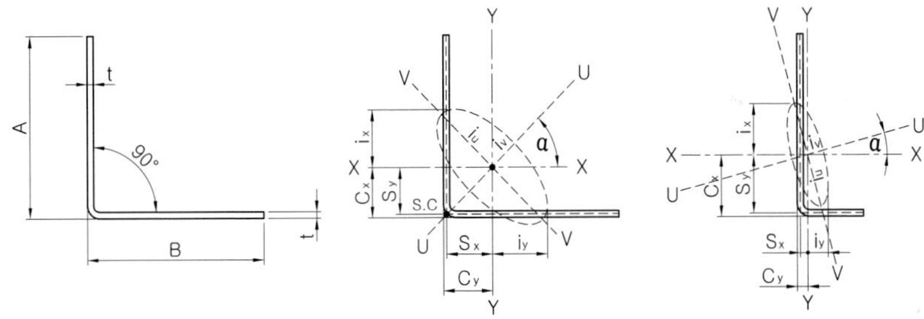

호칭명	치수 mm		중심위치 cm		단면 2차 모멘트 cm^4				단면 2차 반지름 cm				tan α	단면계수 cm^3		전단 중심 cm	
	H×A×B	t	C_x	C_y	I_x	I_y	I_u	I_v	i_x	i_y	i_u	i_v		Z_x	Z_y	S_x	S_y
3155	60×30	3.2	1.65	1.65	13.1	13.1	21.3	5.03	1.89	1.89	2.41	1.17	1.00	3.02	3.02	1.49	1.49
3115	50×50	3.2	1.40	1.40	7.47	7.47	12.1	2.83	1.57	1.57	2.00	0.97	1.00	2.07	2.07	1.24	1.24
3113		2.3	1.36	1.36	5.54	5.54	8.94	2.13	1.58	1.58	2.01	0.98	1.00	1.52	1.52	1.24	1.24
3075	40×40	3.2	1.15	1.15	3.72	3.72	6.04	1.39	1.25	1.25	1.59	0.76	1.00	1.30	1.30	0.99	0.99
3035	30×30	3.2	0.90	0.90	1.50	1.50	2.45	0.54	0.92	0.92	1.18	0.56	1.00	0.71	0.71	0.74	0.74
3725	75×30	3.2	2.86	0.57	18.9	1.94	19.6	1.47	2.43	0.78	2.48	0.62	0.198	4.07	0.80	0.41	2.70
3075	40×40	3.2	1.15	1.15	3.72	3.72	6.04	1.39	1.25	1.25	1.59	0.76	1.00	1.30	1.30	0.99	0.99
3035	30×30	3.2	0.90	0.90	1.50	1.50	2.45	0.54	0.92	0.92	1.18	0.56	1.00	0.71	0.71	0.74	0.74
3725	75×30	3.2	2.86	0.57	18.9	1.94	19.6	1.47	2.43	0.78	2.48	0.62	0.198	4.07	0.80	0.41	2.70

■ 리프 ㄷ형강

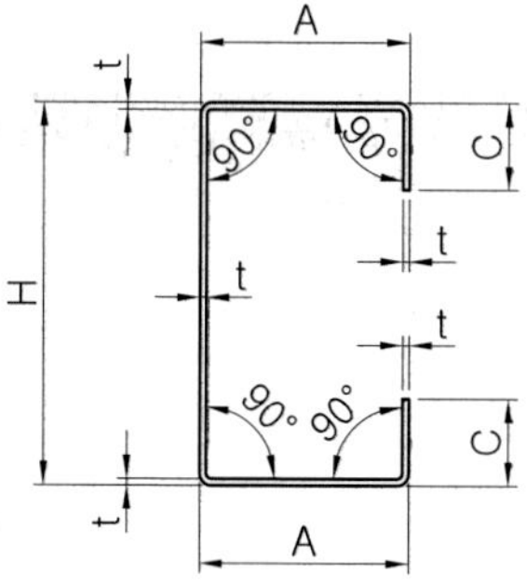

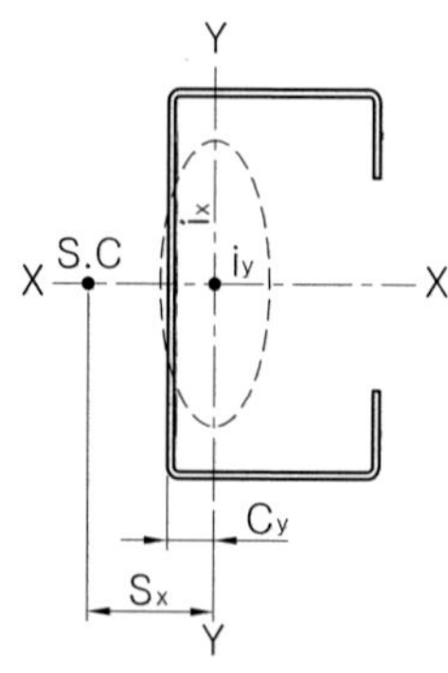

호칭명	치수 mm		중심위치 cm		단면 2차 모멘트 cm^4		단면 2차 반지름 cm		단면계수 cm^3		전단 중심 cm	
	$H \times A \times B$	t	C_x	C_y	I_x	I_y	i_x	i_y	Z_x	Z_y	S_x	S_y
4607	250×75×25	4.5	0	2.07	1690	129	9.44	2.62	135	23.8	5.1	0
4567	200×75×25	4.5	0	2.32	990	121	7.61	2.69	99.0	23.3	5.6	0
4566		4.0	0	2.32	895	110	7.74	2.72	89.5	21.3	5.7	0
4565		3.2	0	2.33	736	92.3	7.70	2.76	73.6	17.8	5.7	0
4537	200×75×20	4.5	0	2.19	963	109	7.71	2.60	96.3	20.6	5.3	0
4536		4.0	0	2.19	871	100	7.74	2.62	87.1	18.9	5.3	0
4535		3.2	0	2.19	716	84.1	7.79	2.67	71.6	15.8	5.4	0
4497	150×75×25	4.5	0	2.65	501	109	5.90	2.75	66.9	22.5	6.3	0
4496		4.0	0	2.65	455	99.8	5.93	2.78	60.6	20.6	6.3	0
4495		3.2	0	2.66	375	83.6	5.97	2.82	50.0	17.3	6.4	0
4467	150×75×20	4.5	0	2.50	489	99.2	5.92	2.66	65.2	19.8	6.0	0
4466		4.0	0	2.51	445	91.0	5.95	2.69	59.3	18.2	5.8	0
4465		3.2	0	2.51	366	76.4	5.99	2.74	48.9	15.3	5.1	0
4436	150×65×20	4.0	0	2.11	401	63.7	5.84	2.33	53.5	14.5	5.0	0
4436		3.2	0	2.11	332	53.8	5.89	2.37	44.3	12.2	5.1	0
4433		2.3	0	2.12	248	41.1	5.94	2.42	33.0	9.37	5.2	0
4407	150×50×20	4.5	0	1.54	368	35.7	5.60	1.75	49.0	10.5	3.7	0
4405		3.2	0	1.54	280	28.3	5.71	1.81	37.4	8.19	3.8	0
4403		2.3	0	1.55	210	21.9	5.77	1.86	28.0	6.33	3.8	0
4367	125×50×20	4.5	0	1.68	238	33.5	4.74	1.78	38.0	10.0	4.0	0
4366		4.0	0	1.68	217	33.1	4.77	1.81	34.7	9.38	4.0	0
4365		3.2	0	1.68	181	26.6	4.82	1.85	29.0	8.02	4.0	0
4363		2.3	0	1.69	137	20.6	4.88	1.89	21.9	6.22	4.1	0
4327	120×60×25	4.5	0	2.25	252	58.0	4.63	2.22	41.9	15.5	5.3	0
4295	120×60×20	3.2	0	2.12	186	40.9	4.74	2.22	31.0	10.5	4.9	0
4293		2.3	0	2.13	140	31.3	4.79	2.27	23.3	8.10	5.1	0
4255	120×40×20	3.2	0	1.32	144	15.3	4.53	1.48	24.0	5.71	3.4	0

호칭명	치수 mm		중심위치 cm		단면 2차 모멘트 cm^4		단면 2차 반지름 cm		단면계수 cm^3		전단 중심 cm	
	H×A×B	t	C_x	C_y	I_x	I_y	i_x	i_y	Z_x	Z_y	S_x	S_y
4227	100×50×20	4.5	0	1.86	139	30.9	3.82	1.81	27.7	9.82	4.3	0
4226		4.0	0	1.86	127	28.7	3.85	1.83	25.4	9.13	4.3	0
4225		3.2	0	1.86	107	24.5	3.90	1.87	21.3	7.81	4.4	0
4224		2.8	0	1.88	99.8	23.2	3.96	1.91	20.0	7.44	4.3	0
4223		2.3	0	1.86	80.7	19.0	3.95	1.92	16.1	6.06	4.4	0
4222		2.0	0	1.86	71.4	16.9	3.97	1.93	14.3	5.40	4.4	0
4221		1.6	0	1.87	58.4	14.0	3.99	1.95	11.7	4.47	4.5	0
4185	90×45×20	3.2	0	1.72	76.9	18.3	3.48	1.69	17.1	6.57	4.1	0
4183		2.3	0	1.73	58.6	14.2	3.53	1.74	13.0	5.14	4.1	0
4181		1.6	0	1.73	42.6	10.5	3.56	1.77	9.46	5.80	4.2	0
4143	75×45×15	2.3	0	1.72	37.1	11.8	3.00	1.69	9.90	4.24	4.0	0
4142		2.0	0	1.72	33.0	10.5	3.01	1.70	8.79	3.76	4.0	0
4141		1.6	0	1.72	27.11	8.71	3.03	1.72	7.24	3.13	4.1	0
4113	75×35×15	2.3	0	1.29	31.0	6.58	2.91	1.34	8.28	2.98	3.1	0
4071	70×40×25	1.6	0	1.80	22.0	8.00	2.69	1.62	6.29	3.64	4.4	0
4033	60×30×10	2.3	0	1.06	15.6	3.32	2.33	1.07	5.20	1.71	2.5	0
4032		2.0	0	1.06	14.0	3.01	2.35	1.09	4.65	1.55	2.5	0
4031		1.6	0	1.06	11.6	2.56	2.37	1.11	3.88	1.32	2.5	0

■ 리프 Z형강

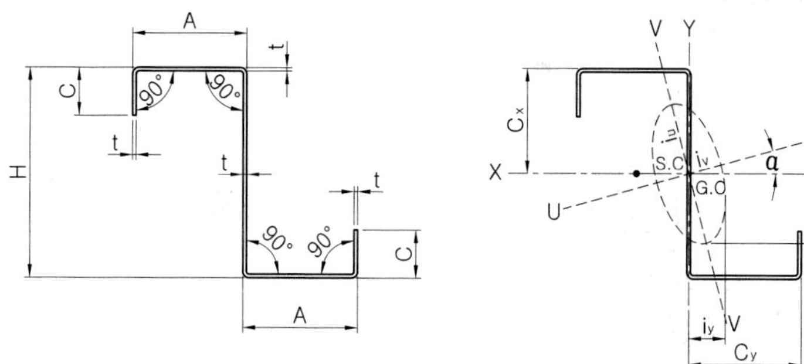

호칭명	치수 mm		중심위치 cm		단면 2차 모멘트 cm^4				단면 2차 반지름 cm				tan α	단면계수 cm^3		전단 중심 cm	
	H×A×B	t	C_x	C_y	I_x	I_y	I_u	I_v	i_x	i_y	i_u	i_v		Z_x	Z_y	S_x	S_y
5035	100×50×20	3.2	5.00	4.84	107	44.8	137	14.7	3.90	2.53	4.41	1.45	0.572	21.3	9.25	0	0
5033		2.3	5.00	4.88	80.7	34.8	104	11.4	3.95	2.59	4.49	1.48	0.581	16.1	7.13	0	0

■ 모자 형강

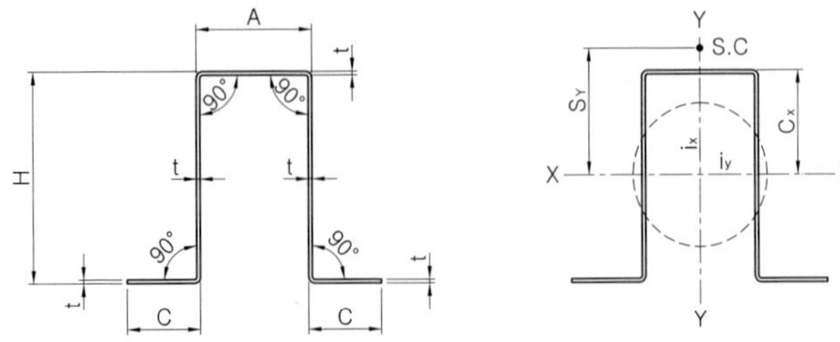

호칭명	치수 mm		중심위치 cm		단면 2차 모멘트 cm^4		단면 2차 반지름 cm		단면계수 cm^3		전단 중심 cm	
	H×A×B	t	C_x	C_y	I_x	I_y	i_x	i_y	Z_x	Z_y	S_x	S_y
6163	60×30×25	2.3	3.37	0	20.9	14.7	2.19	1.83	6.20	3.66	0	4.1
6161		1.6	3.35	0	15.3	10.5	2.23	1.84	4.56	2.62	0	4.2
6133	60×30×20	2.3	3.23	0	19.4	11.4	2.17	1.66	5.88	3.26	0	4.5
6131		1.6	3.21	0	14.2	8.21	2.20	1.68	4.41	2.35	0	4.6
6105	50×40×30	3.2	2.83	0	20.9	35.9	1.88	2.46	7.36	7.19	0	3.6
6073	50×0×20	2.3	2.56	0	13.8	17.1	1.88	2.10	5.39	4.28	0	3.5
6033	40×20×20	2.3	2.36	0	6.08	5.40	1.43	1.35	2.58	1.80	0	2.8
6031		1.6	2.34	0	4.56	3.87	1.47	1.35	1.95	1.29	0	2.9

9. 고 내후성 압연 강재 KS D 3542 : 2016

■ 종류의 기호

종류의 기호	적용 두께 mm
SPA-H	16 이하의 열간 압연 강판, 강대 및 형강
SPA-C	0.6 이상 2.3 이하의 냉간 압연 강판 및 강대

■ 화학 성분

종류의 기호	화학 성분 (%)							
	C	Si	Mn	P	S	Cu	Cr	Ni
SPA-H SPA-C	0.12 이하	0.25~0.75	0.60 이하	0.070~0.150	0.035 이하	0.25~0.55	0.30~1.25	0.65 이하

■ 기계적 성질

종류의 기호	강재의 치수	인장 시험				굽힘성		
		항복점 또는 항복 강도 N/mm^2	인장 강도 N/mm^2	연신율		굽힘 각도	안쪽 반지름	시험편
				인장 시험편	%			
SPA-H	두께 6.0 mm 이하의 강판 및 강대	355 이상	490 이상	5호	22	180°	두께의 0.5배	압연 방향
	형강, 두께 6.0 mm를 초과하는 강판 및 강대	355 이상	490 이상	1A호	15	180°	두께의 1.5배	
SPA-C	-	315 이상	450 이상	5호	26	180°	두께의 0.5배	

10. 체인용 원형강 KS D 3546 : 2014

■ 종류의 기호 및 화학성분

종류의 기호	화학성분 %				
	C	Si	Mn	P	S
SBC 300	0.13 이하	0.04 이하	0.50 이하	0.040 이하	0.040 이하
SBC 490	0.25 이하	0.15~0.40	1.00~1.50	0.040 이하	0.040 이하
SBC 690	0.36 이하	0.15~0.55	1.00~1.90	0.040 이하	0.040 이하

■ 기계적 성질

종류의 기호	인장강도 N/mm²	인장 시험편	연신율 %	단면 수축률 %	굽힘성			시험재의 상태
					굽힘각도	안쪽 반지름	시험편	
SBC 300	300 이상	14A호	30 이상	–	180°	지름의 0.5배	KS B 0804의 5.	압연한 그대로
		2호	25 이상	–				
SBC 490	490 이상	14A호	22 이상	–	180°	지름의 1.5배	KS B 0804 의 5.	압연한 그대로 또는 어닐링
		2호	18 이상	–				
SBC 690	690 이상	14A호	17 이상	40 이상	–	–	–	퀜칭 템퍼링 등의 열처리
		2호	12 이상					

11. 리벳용 원형강 KS D 3557 : 2007(2017 확인)

■ 종류의 기호 및 화학 성분

종류의 기호	화학 성분 (%)	
	P	S
SV330	0.040 이하	0.040 이하
SV400	0.040 이하	0.040 이하

■ 기계적 성질

종류의 기호	인장 강도 N/mm²	인장 시험편	연신율 %	굽힘성		
				굽힘각도	안쪽 반지름	시험편
SV330	330~400	2호	27 이상	180°	밀착	KS B 0804의 5.
		14A호	32 이상			
SV400	400~490	2호	25 이상	180°	밀착	KS B 0804의 5.
		14A호	28 이상			

12. 일반 구조용 용접 경량 H형강 KS D 3558 : 2016

■ 종류 및 기호

종류	단면 모양에 따른 분류		
	명칭	기호	
		SI 단위	종래 단위(참고)
경량 H형강	경량 H형강	SWH400	SWH400
		SWH355	SWH490
		SWH420	SWH520
		SWH460	SWH570
	경량 립 H형강	SWH275L	SWH400L
		SWH355L	SWH490L
		SWH420L	SWH520L
		SWH460L	SWH570L

■ 화학 성분

단위 : %

종류의 기호(종래 기호)	C	Si	Mn	P	S
SWH275(SWH 400) SWH275L(SWH 400L)	0.25 이하	–	2.5×C 이상	0.050 이하	0.050 이하
SWH355(SWH 490) SWH355L(SWH 490L)	0.20 이하	0.55 이하	1.60 이하	0.035 이하	0.035 이하
SWH420(SWH 520) SWH420L(SWH 520L)	0.20 이하	0.55 이하	1.60 이하	0.035 이하	0.035 이하
SWH460(SWH 570) SWH460L(SWH 570L)	0.18 이하	0.55 이하	1.60 이하	0.035 이하	0.035 이하

■ 기계적 성질

기호	인장 강도 N/mm^2	항복점 또는 항복강도 N/mm^2	연신율		
			강대의 두께 (mm)	시험편	%
SWH275(SWH 400) SWH275L(SWH 400L)	410~550	275 이상	5 이하	5호	21 이상
			5를 초과하는 것	1A호	17 이상
SWH355(SWH 490) SWH355L(SWH 490L)	490~630	355 이상	5 이하	5호	22 이상
			5 초과 16 이하	1A호	17 이상
SWH420(SWH 520) SWH420L(SWH 520L)	520~700	420 이상	5 이하	5호	19 이상
			5 초과 16 이하	1A호	15 이상
SWH460(SWH 570) SWH460L(SWH 570L)	570~720	460 이상	16 이하	5호	19 이상

■ 경량 H형강의 모양 및 치수의 허용차

구분		허용차	적요
높이(H)		±1.5mm	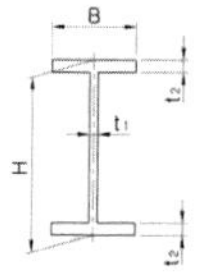
나비(B)		±1.5mm	
평판 부분의 두께(t_1, t_2)	2.3mm	±0.25mm	
	3.2mm	±0.30mm	
	4.5mm	±0.45mm	
	6.0mm, 9.0mm, 12.0mm	±0.60mm	
길이		+ 규정하지 않음 0	
굽음	높이 300mm 이하	길이의 0.20% 이하	
	높이 300mm 초과	길이의 0.10% 이하	
직각도(T)	높이 300mm 이하	나비(B)의 1.0% 이하 다만, 허용차의 최소치 1.5mm	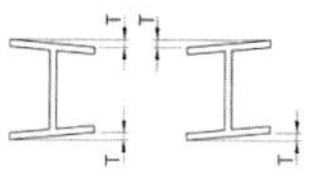
	높이 300mm 초과	나비(B)의 1.2% 이하	
중심의 치우침(S)		±2.0mm	$S=\frac{b_1-b_2}{2}$ 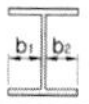
절단면의 직각도(e)		높이(H) 또는 나비(B)의 1.6% 이하 다만, 허용차의 최소치 3.0mm	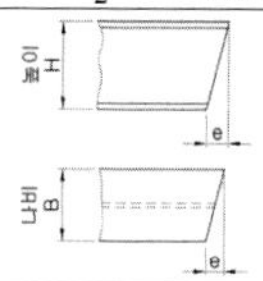
높이(H)		±1.5mm	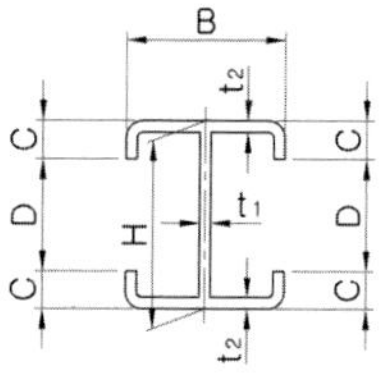
나비(B)		±1.5mm	
립 길이(C)		±1.5mm	
평판 부분의 두께(t_1, t_2)	2.3mm	±0.25mm	
	2.6mm	±0.28mm	
	3.2mm	±0.30mm	
	4.0mm	±0.45mm	
	4.5mm	±0.45mm	
	6.0mm, 9.0mm, 12.0mm	±0.60mm	
길이		+ 규정하지 않음 0	
립 굽힘 각도		±1.5°	
굽음	높이가 300mm 이하	길이의 0.20% 이하	
	높이가 300mm를 초과하는 것.	길이의 0.10% 이하	
직각도(T)	높이가 300mm 이하	나비(B)의 1.0% 이하 다만, 허용차의 최소치 1.5mm	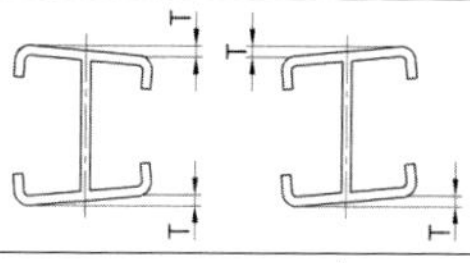
	높이가 300mm를 초과하는 것.	나비(B)의 1.2% 이하	
중심의 치우침(S)		±2.0mm	$S=\frac{b_1-b_2}{2}$ 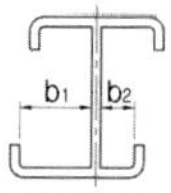

■ 경량 립 H형강의 모양 및 치수의 허용차

구분	허용차	적요
절단면의 직각도(e)	높이(H) 또는 나비(B)의 1.6% 이하 다만, 허용차의 최소치 3.0MM	높이 H 나비 B

■ 단면적, 무게의 계산 방법

계산 순서	계산 방법	결과의 자릿수
기본 무게 kg/cm^2 · m	0.785(단면적 1cm^2, 길이 1m의 무게)	–
단면적 cm^2	다음 식에 의하여 구하고 계산값에 $\frac{1}{100}$을 곱한다. 경량 H형강 $t_1(H-2t_2)+2Bt_2$ 경량 립 H형강 $t_1(H-2t_2)+(2B+4C-6.574\,t_2)t_2$	유효숫자 4자리 수치로 끝맺음한다.
단위 무게 kg/m	기본 무게(kg/cm^2 · m)×단면적(cm^2)	유효숫자 3자리의 수치로 끝맺음한다.
1개의 무게 kg	단위무게(kg/m)×길이(m)	유효숫자 3자리의 수치로 끝맺음한다.
총무게 kg	1개의 무게(kg)×동일 치수의 총 개수	kg의 정수치로 끝맺음한다.

■ 경량 H형강의 표준 단면치수와 그 단면적, 단위무게

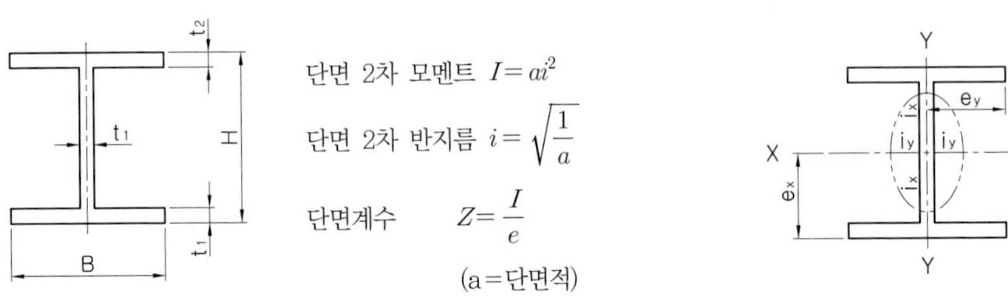

높이 mm	너비 mm	두께 mm		단면적 cm^2	단위 무게 kg/m	참고					
						단면 2차 모멘트 cm^4		단면 2차 반지름 cm		단면계수 cm^3	
		웨브	플랜지			I_x	I_y	i_x	i_y	Z_x	Z_y
100	60	2.3	4.5	7.493	5.88	138	16.2	4.29	1.47	27.5	5.40
		3.2	4.5	8.312	6.52	143	16.2	4.15	1.50	28.7	5.41
100	100	2.3	4.5	11.09	8.71	220	75.0	4.45	2.60	44.0	15.0
		3.2	4.5	11.91	9.35	225	75.0	4.35	2.51	45.1	15.0
125	60	2.3	4.5	8.068	6.33	226	16.2	5.29	1.42	36.0	5.40
		3.2	4.5	9.112	7.15	238	16.2	5.11	1.33	38.0	5.41
125	100	2.3	4.5	11.67	9.16	357	75.0	5.53	2.54	57.1	15.0
		3.2	4.5	12.71	9.98	368	75.0	5.38	2.43	59.0	15.0

높이 mm	너비 mm	두께 mm		단면적 cm^2	단위 무게 kg/m	참고					
						단면 2차 모멘트 cm^4		단면 2차 반지름 cm		단면계수 cm^3	
		웨브	플랜지			I_x	I_y	i_x	i_y	Z_x	Z_y
125	125	2.3	4.5	13.92	10.9	438	146	5.61	3.24	70.2	23.4
		3.2	4.5	14.96	11.7	450	147	5.50	3.13	72.0	23.4
150	75	2.3	4.5	9.993	7.84	411	31.6	6.41	1.78	54.8	8.44
		3.2	4.5	11.26	8.84	432	31.7	6.19	1.68	57.6	8.45
		3.2	6.0	13.42	10.5	537	42.2	6.33	1.77	71.6	11.3
150	100	2.3	4.5	12.24	9.61	530	75.0	6.58	2.48	70.7	15.0
		3.2	4.5	13.51	10.6	551	75.0	6.39	2.36	73.5	15.0
		3.2	6.0	16.42	12.9	693	100	6.50	2.47	92.3	20.0
150	150	2.3	4.5	16.74	13.1	768	253	6.77	3.89	102	33.7
		3.2	4.5	18.01	14.1	789	253	6.62	3.75	105	33.8
		3.2	6.0	22.42	17.6	1000	338	6.69	3.88	134	45.0
175	90	2.3	4.5	11.92	9.36	676	54.7	7.53	2.14	77.3	12.2
		3.2	4.5	13.41	1.5	711	54.7	7.28	2.02	81.2	12.2
200	100	2.3	4.5	13.39	10.5	994	75.0	8.61	2.37	99.4	15.0
		3.2	4.5	15.11	11.9	1050	75.1	8.32	2.23	15	15.0
		3.2	6.0	18.02	14.1	1310	100	8.52	2.36	131	20.0
		4.5	6.0	20.46	16.1	1380	100	8.21	2.21	138	20.0
200	125	3.2	6.0	21.02	16.5	1590	195	8.70	3.05	159	31.3
200	150	2.3	4.5	17.89	14.05	1420	253	8.92	3.76	142	33.7
		3.2	4.5	19.61	15.4	1480	253	8.68	3.59	148	33.8
		3.2	6.0	24.02	18.9	1870	338	8.83	3.75	187	45.0
		4.5	6.0	26.46	20.8	1940	338	8.57	3.57	194	45.0
250	125	3.2	4.5	18.96	14.9	2070	147	10.4	2.78	166	23.5
		4.5	6.0	25.71	20.2	2740	195	10.3	2.76	219	31.3
		4.5	9.0	32.94	25.9	3740	293	10.7	2.98	299	46.9
250	150	3.2	4.5	21.21	16.7	2410	253	10.7	3.45	193	33.8
		4.5	6.0	28.71	22.5	3190	338	10.5	3.43	255	45.0
		4.5	9.0	37.44	29.4	4390	506	10.8	3.68	351	67.5
300	150	3.2	4.5	22.81	17.9	3600	253	12.6	3.33	240	33.8
		4.5	6.0	30.96	24.3	4790	338	12.4	3.30	319	45.0
		4.5	9.0	39.69	31.2	6560	506	12.9	3.57	437	67.5
350	175	4.5	6.0	36.21	28.4	7660	536	14.6	3.85	438	61.3
		4.5	9.0	46.44	36.5	10500	804	15.1	4.16	602	91.9
400	200	4.5	6.0	41.46	32.5	11500	800	16.7	4.39	575	80.0
		4.5	9.0	53.19	41.8	15900	1200	17.3	4.75	793	120
		6.0	9.0	58.92	46.3	16500	1200	16.8	4.51	827	120
		6.0	12.0	70.56	55.4	20700	1600	17.1	4.76	1040	160
450	200	4.5	9.0	55.44	43.5	20500	1200	19.2	4.65	912	120
		6.0	12.0	73.56	57.7	26900	1600	19.1	4.66	1200	160
450	250	6.0	12.0	85.56	67.2	32600	3130	19.5	6.04	1450	250

■ 경량 립 H형강 표준 단면치수와 그 단면적, 단위무게

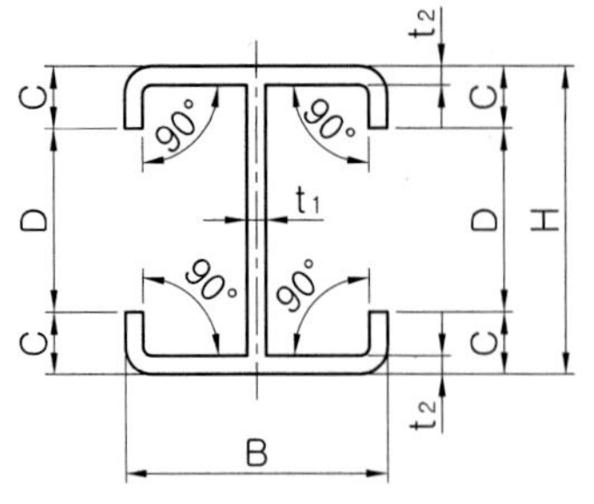

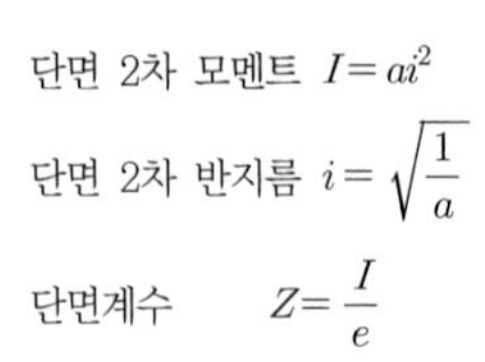

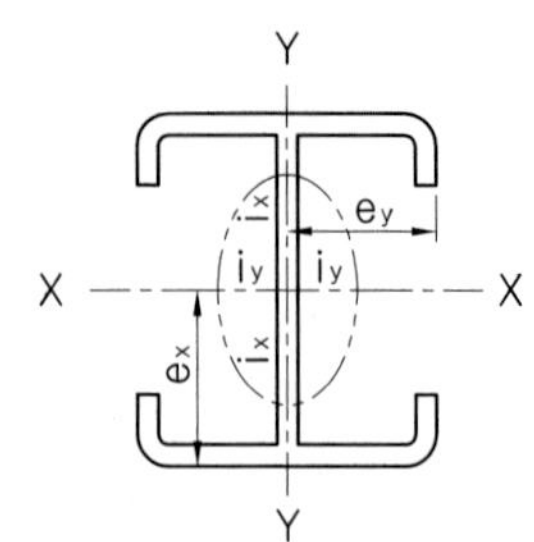

높이 mm	너비 mm	립 길이 mm	두께 mm		단면적 cm^2	단위 무게 kg/m	참고					
							단몇 2차 모멘트 cm^4		단면 2차 반지름 cm		단면계수 cm^3	
			웨브	플랜지			I_x	I_y	i_x	i_y	Z_x	Z_y
60	60	10	2.3	2.3	4.606	3.62	30.4	14.1	2.57	1.75	10.1	4.72
75	90	15	2.3	2.3	6.794	5.35	71.2	50.4	3.24	2.70	19.0	11.2
			2.3	3.2	8.585	6.74	92.8	67.4	3.29	2.80	24.7	15.0
			2.3	4.0	10.09	7.92	111	81.2	3.32	2.84	29.6	18.0
			3.2	3.2	9.202	7.22	95.3	67.4	3.22	2.76	25.4	15.0
90	90	22.5	2.3	2.3	7.825	6.14	112	63.7	3.78	2.85	24.9	14.2
			2.3	3.2	9.890	7.76	146	85.4	3.84	2.94	32.4	19.0
			2.3	4.0	11.63	9.13	174	103	3.87	2.98	38.7	22.9
			3.2	3.2	10.64	8.35	150	85.5	3.76	2.84	33.4	19.0
100	100	20	2.3	2.3	8.286	6.50	151	77.2	3.84	3.05	30.3	15.4
			2.3	3.2	10.44	8.20	198	104	3.87	3.16	39.6	20.8
			2.3	4.0	12.26	9.62	237	126	3.76	3.21	47.4	25.2
			3.2	3.2	11.28	8.90	204	103	4.27	2.99	40.8	20.7
150	100	20	2.3	3.2	11.59	9.10	489	104	4.35	3.00	65.2	20.8
			2.3	4.0	13.41	10.5	583	126	4.40	3.07	77.7	25.2
			3.2	3.2	12.88	10.1	511	104	4.24	2.84	68.1	20.8
200	200	40	4.5	6.0	39.69	31.2	2910	1480	6.50	6.10	291	148
250	250	45	4.5	6.0	49.14	38.6	5770	2810	6.59	7.57	461	225
300	300	50	4.5	6.0	58.59	46.0	10100	4780	6.30	9.03	671	318
		60	6.0	9.0	87.19	68.4	14600	7480	8.56	9.26	972	499
450	300	50	4.5	6.0	65.34	51.3	24500	4780	10.8	8.55	1090	318
		60	6.0	9.0	96.19	75.5	36000	7480	13.1	8.82	1600	499

13. 마봉강 KS D 3561 : 2014

■ 종류 및 기호

분류	재료(기호)	가공 방법 (기호)	열처리방법 (기호)	치수의 허용차 (기호)	(참고) 종류c(기호)
탄소강 마봉강	다음의 규격에 규정한 강재 및 그 기호를 사용한다. KS D 3526 마봉강용 일반 강재 KS D 3752 기계구조용탄소 강재 KS D 3567 황 및 황복합 쾌삭강 강재	냉간인발(D) 연삭(G) 절삭(T)	노멀라이징(N) 퀜칭템퍼링(Q) 어닐링(A) 구상화어닐링(AS)	모양 및 가공 방법별 공차등급 참조	SGD3-D9 SGD400-T12 SGD290-D9 SM45C-DQG7 SM35C-DAS10 SNC836-AT12 등
합금강 마봉강	다음의 규격에 규정한 강재 및 그 기호를 사용한다. KS D 3754 정화능 보증구조용 강재(H강) KS D 3867 기계구조용 합금강 강재 KS D 3756 알루미늄크롬몰리브데넘강 강재				

■ 종류의 기호 표시 보기

보기 ① SGD3-D9
마봉강용 일반 강재 SGD3을 사용하여 화학성분을 보증하며, 허용차 공차등급 IT9로 냉간 인발 가공한 것

② SGD400-T12
마봉강용 일반 강재 SGD B를 사용하여 허용차 공차등급 IT12로 절삭 가공하여 기계적 성질을 보증하는 것

③ SGD290-D9
마봉강용 일반 강재 SGDA를 사용하여 기계적 성질을 보증하며, 허용차 공차등급 IT9로 냉간 인발 가공한 것

④ SM45C-DQG7
기계구조용 탄소강재 SM45C를 사용하여 냉간 인발 가공을 하고, 퀜칭, 템퍼링을 실시한 후 허용차 공차등급 IT7로 연삭 가공한 것

⑤ SM35C-DAS10
기계구조용 탄소강재 SM35C를 사용하여 냉간 인발하며, 그 후 구상화 어닐링을 하여 허용차 공차등급 IT10으로 한 것

⑥ SNC836-AT12
니켈 크롬강 강재 SNC836을 사용하여 어닐링을 실시한 후, 허용차 공차등급 IT12로 절삭 가공한 것

■ 탄소강 마봉강의 기계적 성질(원형강, 6각강)

기호	지름 또는 맞변거리 mm	인장 강도 N/mm^2	경도(참고값)	
			HRB(HRC)	HB
SGD 290-D	원형 5 이상 20 이하	380~740	58~99(21)	-
	6각 5.5 이상 80 이하			
	원형 20 초과 100 이하	340~640	50~97(-)	90~504
SGD 400-D	원형 5 이상 20 이하	500~850	74~103(28)	-
	6각 5.5 이상 80 이하			
	원형 20 초과 100 이하	450~760	69~100(22)	121~240

■ 치수 허용차

단위 : mm

지름, 맞변거리, 두께 및 나비	축 h에 대한 공차 등급							
	IT6	IT7	IT8	IT9	IT10	IT11	IT12	IT13
3 이하	0 −0.006	0 −0.010	0 −0.014	0 −0.025	0 −0.040	0 −0.060	0 −0.10	0 −0.14
3 초과 6 이하	0 −0.008	0 −0.012	0 −0.018	0 −0.030	0 −0.048	0 −0.075	0 −0.12	0 −0.18
6 초과 10 이하	−	0 −0.015	0 −0.022	0 −0.036	0 −0.058	0 −0.090	0 −0.15	0 −0.22
10 초과 18 이하	−	0 −0.018	0 −0.027	0 −0.043	0 −0.070	0 −0.11	0 −0.18	0 −0.27
18 초과 30 이하	−	0 −0.021	0 −0.033	0 −0.052	0 −0.084	0 −0.13	0 −0.21	0 −0.33
30 초과 50 이하	−	0 −0.025	0 −0.039	0 −0.062	0 −0.100	0 −0.16	0 −0.25	0 −0.39
50 초과 80 이하	−	0 −0.030	0 −0.046	0 −0.074	0 −0.12	0 −0.19	0 −0.30	0 −0.46
80 초과 120 이하	−	0 −0.035	0 −0.054	0 −0.087	0 −0.14	0 −0.22	0 −0.35	0 −0.54
120 초과 180 이하	−	−	−	−	−	−	0 −0.40	0 −0.63

■ 표준 치수(원형강, 6각강, 각강)

단위 : mm

모 양	지름 · 맞변거리
원형	5 6 7 8 9 10 11 12 13 14 15 16 17 18 19 20 22 23 24 25 26 28 30 32 35 36 38 40 42 45 58 50 55 60 65 70 75 80 85 90 95 100
6각강	5.5 6 7 8 9 10 11 13 14 17 19 21 22 24 26 27 30 32 36 41 46 50 55 60 65 70 75 80
각강	5 6 7 8 9 10 12 14 16 17 19 20 22 25 28 30 32 35 38 40 50 55 60 65 70 75 80

■ 표준 치수(원형강, 6각강, 각강)

단위 : mm

두 께	나 비
3	9 12 16 19 22 25 32 38 50
4	9 12 16 19 22 25 32 38 50
4.5	9 12 16 19 22 25 32 38 50
5	9 12 16 19 22 25 32 38 50
6	9 12 16 19 22 25 32 38 50 65 75 100
9	12 16 19 22 25 32 38 50 65 75 100 125
12	19 22 25 32 38 50 65 75 100 125
16	22 25 32 38 50 65 75 100 125
19	25 32 38 50 65 75 100 125
22	32 38 50 65 75 100 125
25	38 50 65 75 100 125

■ 모양 및 가공 방법별 공차등급

모양 및 가공 방법	원형강			각강	6각강	평형강
	연삭	인발	절삭			
적용한 공차 등급	IT6, IT7, IT8, IT9	IT8, IT9, IT10	IT11, IT12, IT13	IT10, IT11	IT11, IT12	IT12, IT13

14. 조립용 형강 KS D 3593 : 2014

■ 종류 및 기호

종 류	기 호	비고
1종(강)	SSA	S.S.A : Steel slotted angle
2종(알)	ASA	A.S.A : Aluminium slotted angle

■ 강의 화학 성분

단위 : %

C	Si	Mn	P	S
0.20 이하	–	0.80 이하	0.050 이하	0.050 이하

■ 알루미늄의 화학 성분

단위 : %

Al	Cu	Mg	Si	Fe	Mn	Zn	Cr	Mn+Cr	Ti와 기타 미세화 원소
나머지	0.10	1.7~2.4	0.5	0.5	0.5	0.2	0.25	0.5	0.2

■ 강의 기계적 성질

인장 강도 N/mm^2	항복점 N/mm^2	0.2% 항복 강도 N/mm^2	연신율 %
370 이상	230 이상	240 이상	–

■ 알루미늄의 기계적 성질

상태	두께 mm	항복 강도 N/mm^2	인장 강도 N/mm^2		연신율 %				
					50 mm 재료에서 두께의 효과가				
			최저	최고	0.5 mm	0.8 mm	1.3 mm	2.6 mm	3.0 mm
M 1/2H	3.0~25.0	–	–	–	–	–	–	–	–
O 1/2H	0.2~6.0	60	100~200		18	18	18	20	20
H_2 1/2H	0.2~0.6	130	200~240		4	5	6	8	8
H_6 1/2H	0.2~12.5	175	225~275		3	4	5	5	5

비고 M : 제조한 그대로
O : 어닐링한 것
H_2, H_6 : 가공 경화시킨 것

15. 용접 구조용 고항복점 강판 KS D 3611 : 2016

■ 종류의 기호

종류의 기호	적용 두께 mm
SHY 685	6 이상 100mm 이하의 강판
SHY 685 N	
SHY 685 NS	

■ 화학 성분 및 탄소 당량

종류의 기호	화학 성분 %											탄소 당량 %		
	C	Si	Mn	P	S	Cu	Ni	Cr	Mo	V	B	두께 50 mm 이하	두께 50 mm 초과 75 mm 이하	두께 75 mm 이하 100 mm 이하
SHY 685	0.18 이하	0.55 이하	1.50 이하	0.030 이하	0.025 이하	0.50 이하	–	1.20 이하	0.60 이하	0.10 이하	0.005 이하	0.60 이하	0.63 이하	0.63 이하
SHY 685 N	0.18 이하	0.55 이하	1.50 이하	0.030 이하	0.025 이하	0.50 이하	0.30/1.50	0.80 이하	0.60 이하	0.10 이하	0.005 이하	0.60 이하	0.63 이하	0.63 이하
SHY 685 NS	0.14 이하	0.55 이하	1.50 이하	0.015 이하	0.015 이하	0.50 이하	0.30/1.50	0.80 이하	0.60 이하	0.05 이하	0.005 이하	0.53 이하	0.57 이하	–

■ 기계적 성질

종류의 기호	항복 강도 N/mm²		인장 강도 N/mm²		연신율			굽힘 시험		
	두께 50 mm 이하	두께 50 mm 초과 100 mm 이하	두께 50 mm 이하	두께 50 mm 초과 100 mm 이하	두께 mm	시험편	%	굽힘 각도	안쪽 반지름	시험편
SHY 685	685 이상	665 이상	780~930	760~910	6 이상 16 이하	5호	16 이상	180°	두께 32mm 이하는 두께의 1.5배, 두께 32mm 초과는 두께의 2.0배	KS B 0804의 5. 압연 방향에 직각
SHY 685 N					16 초과	5호	24 이상			
SHY 685 NS					20 초과	4호	16 이상			

16. 고성능 철근 콘크리트용 봉강 KS D 3688(폐지)

■ 종류 및 기호와 용도

종 류	기 호	용 도
이형 봉강	SD 400S	내진용
	SD 500S	

■ 화학 성분

종류의 기호	화학 성분 (%)						
	C	Si	Mn	P	S	Cu	Ceq
SD 400S	0.29 이하	0.30 이하	1.50 이하	0.040 이하	0.040 이하	0.20 이하	0.55 이하
SD 500S	0.32 이하	0.30 이하	1.80 이하	0.040 이하	0.040 이하	0.20 이하	0.60 이하

■ 기계적 성질

종류의 기호	항복점 또는 항복 강도 N/mm^2	인장 강도 N/mm^2	인장 시험편	연신율 %	굽힘성	
					굽힘 각도	안쪽 반지름
SD 400S	400~520	항복 강도의 1.25배 이상	2호에 준한 것 3호에 준한 것	16 이상 18 이상	180°	D25 이하, 공칭 지름의 2.5배 D25 초과, 공칭 지름의 3배
SD 500S	500~650		2호에 준한 것 3호에 준한 것	12 이상 14 이상		

17. 철탑용 고장력강 강재 KS D 3781 : 2016

■ 종류의 기호 및 적용 두께

종류의 기호	강재의 모양	적용 두께
SH 450 P(SH 590 P)	강판	6 mm 이상 25 mm 이하
SH 450 S(SH 590 S)	ㄱ 형강	35 mm 이하

■ 화학 성분

단위 : %

종류의 기호	C	Si	Mn	P	S	B	Nb+V
SH 450 P (SH 590 P)	0.12 이하	0.40 이하	2.00 이하	0.030 이하	0.030 이하	0.0002 이하	0.15 이하
SH 450 S (SH 590 S)	0.18 이하	0.40 이하	1.80 이하	0.035 이하	0.030 이하	−	0.15 이하

■ 탄소 당량

종류의 기호	탄소 당량 %
SH 450 P (SH 590 P)	0.40 이하
SH 450 S (SH 590 S)	0.45 이하

C_{eq} : 탄소 당량(%)

$$C_{eq} = C + \frac{Mn}{6} + \frac{Si}{24} + \frac{Ni}{40} + \frac{Cr}{5} + \frac{Mo}{4} + \frac{V}{14}$$

■ 항복점 또는 항복 강도, 인장 강도 및 연신율

종류의 기호	항복점 또는 항복 강도 N/mm^2	인장 강도 N/mm^2	연신율		
			강재의 두께 (mm)	시험편	연신율 %
SH 450 P (SH 590 P)	450 이상	590~740	6 이상 16 이하	5호	19 이상
			16을 초과하는 것	5호	26 이상
SH 450 S (SH 590 S)	450 이상	590 이상	16 이하	1A호	13 이상
			16을 초과하는 것	1A호	17 이상

18. 건축 구조용 표면 처리 경량 형강 KS D 3854 : 1997(2007 확인)

■ 종류 및 기호

종 류	종류의 기호	단면 모양의 명칭	단면 모양의 기호
건축 구조용 표면 처리 경량 형강	ZSS 400	립 ㄷ 형강	
		경 ㄷ 형강	

■ 화학 성분

종류의 기호	화학 성분 %		
	C	P	S
ZSS 400	0.25 이하	0.050 이하	0.050 이하

■ 기계적 성질

종류의 기호	항복점 N/mm^2	인장 강도 N/mm^2	연신율	
			시험편	%
ZSS 400	295 이상	400 이상	5호	18 이상

19. 건축 구조용 압연 봉강 KS D 3857 : 2016

■ 종류의 기호

종류의 기호(종래기호)	적용 지름 또는 변 mm
SNR 275A(SNR 400A)	6 이상 100 이하
SNR 275B(SNR 400B)	
SNR 355B(SNR 490B)	

■ 화학 성분

단위 : %

종류의 기호 (종래기호)	지름 및 변	C	Si	Mn	P	S
SNR 275A (SNR 400A)	6 mm 이상 100 mm 이하	0.24 이상	–	2.5×C 이상	0.040 이하	0.040 이하
SNR 275B (SNR 400B)	6 mm 이상 50 mm 이하	0.20 이상	0.35 이하	0.60~1.40	0.030 이하	0.030 이하
	50 mm 초과 100 mm 이하	0.22 이상				
SNR 355B (SNR 490B)	6 mm 이상 50 mm 이하	0.18 이상	0.55 이하	1.60 이하	0.030 이하	0.030 이하
	50 mm 초과 100 mm 이하	0.20 이상				

■ 항복점 또는 항복 강도, 인장 강도, 항복비 및 연신율

종류의 기호 (종래기호)	항복점 또는 항복 강도 N/mm^2			인장 강도 N/mm^2	항복비 (%)		연신율 %	
							2호 시험편	14A호 시험편
	지름 또는 변 mm				지름 또는 변 mm		지름 또는 변 mm	
	6 이상 12 미만	12 이상 40 이하	40 초과 100 이하		6 이상 12 미만	12 이상 100 이하	6 이상 25 이하	25 초과 100 이하
SNR 275A (SNR 400A)	235 이상	235 이상	215 이상	400 이상 510 이하	–	–	20 이상	22 이상
SNR 275B (SNR 400B)	235 이상	235 이상 355 이하	215 이상 335 이하		–	80 이하	21 이상	22 이상
SNR 355B (SNR 490B)	325 이상	325 이상 445 이하	295 이상 415 이하	490 이상 610 이하	–	80 이하	20 이상	21 이상

20. 건축 구조용 압연 강재 KS D 3861 : 2016

■ 종류의 기호

종류의 기호(종래기호)	적용 두께 mm
SNR 275A(SNR 400A)	강판, 강대 및 평강 6 이상 100 이하
SNR 275B(SNR 400B)	
SNR 275C(SN 400C)	
SNR 355B(SN 490B)	강판, 강대 및 평강 6 이상 100 이하
SNR 355C(SN 490C)	
SN 460B	강판 및 강대 6 이상 100 이하
SN 460C	

■ 화학 성분

단위 : %

종류의 기호	두께	C	Si	Mn	P	S
SNR 275A (SNR 400A)	두께 6mm 이상 100 mm 이하	0.24 이하	–	2.5×C 이상	0.030 이하	0.030 이하
SNR 275B (SNR 400B)	두께 6mm 이상 50 mm 이하	0.20 이하	0.35 이하	0.60~1.40	0.030 이하	0.015 이하
	두께 50mm 초과 100 mm 이하	0.22 이하				
SNR 275C (SN 400C)	두께 16mm 이상 50 mm 이하	0.20 이하	0.35 이하	0.60~1.40	0.020 이하	0.008 이하
	두께 50mm 초과 100 mm 이하	0.22 이하				
SNR 355B (SN 490B)	두께 6mm 이상 50 mm 이하	0.18 이하	0.55 이하	1.60 이하	0.030 이하	0.015 이하
	두께 50mm 초과 100 mm 이하	0.20 이하				
SNR 355C (SN 490C)	두께 16mm 이상 50 mm 이하	0.18 이하	0.55 이하	1.60 이하	0.020 이하	0.008 이하
	두께 50mm 초과 100 mm 이하	0.20 이하				

■ 탄소 당량

종류의 기호 (종래기호)	탄소 당량 %	
	두께 40mm 이하	두께 40mm 초과 두께 100mm 이하
SNR 275B(SNR 400B)	0.38 이하	0.38 이하
SNR 275C(SN 400C)		
SNR 355B(SN 490B)	0.44 이하	0.46 이하
SNR 355C(SN 490C)		
SN 460B	0.46 이하	0.48 이하
SN 460C		

21. 내진 건축 구조용 냉간 성형 각형 강관 KS D 3864 : 2016

■ 종류 및 기호

종 류	종류의 기호(종래기호)	비고
냉간 롤 성형 각형 강관	SNRT 295E(SPAR 295)	전기 저항 용접(ERW)
	SNRT 360E(SPAR 360)	
냉간 프레스 성형 각형 강관	SNRT 275A(SPAP 235)	아크 용접(SAW)
	SNRT 355A(SPAP 325)	

■ 화학 성분

종류의 기호 (종래기호)	화학 성분 %					
	C	Si	Mn	P	S	N
SNRT 295E(SPAR 295)	0.20 이하	0.35 이하	1.40 이하	0.030 이하	0.015 이하	0.006 이하
SNRT 360E(SPAR 360)	0.18 이하	0.55 이하	1.60 이하	0.030 이하	0.015 이하	0.006 이하
SNRT 275A(SPAP 235)	0.20 이하	0.35 이하	0.60~1.40	0.030 이하	0.015 이하	0.006 이하
SNRT 355A(SPAP 325)	0.18 이하	0.55 이하	1.60 이하	0.030 이하	0.015 이하	0.006 이하

■ 기계적 성질

종류의 기호	두께 mm	항복점 또는 항복 강도 N/mm^2	인장 강도 N/mm^2	항복비 %	연신율 %		
					두께 mm	시험편	
SNRT 295E (SPAR 295)	6 이상 12 미만	최소 295	최소 410 최대 530	–	16 이하	5호	23 이상
	12 이상 22 이하	최소 295 최대 445	최소 410 최대 530	90 이하	16 초과 22 이하	5호	27 이상
SNRT 360E (SPAR 360)	6 이상 12 미만	최소 360	최소 490 최대 610	–	16 이하	5호	23 이상
	12 이상 22 이하	최소 360 최대 510	최소 490 최대 610	90 이하	16 초과 22 이하	5호	27 이상
SNRT 275A (SPAP 235)	6 이상 12 미만	최소 275	최소 410 최대 530	–	16 이하	1A호	18 이상
	12 이상 40 이하	최소 275 최대 395	최소 410 최대 530	80 이하	16 초과 40 이하	1A호	22 이상
SNRT 355A (SPAP 325)	6 이상 12 미만	최소 355	최소 490 최대 610	–	16 이하	1A호	17 이상
	12 이상 40 이하	최소 355 최대 475	최소 490 최대 610	80 이하	16 초과 40 이하	1A호	21 이상

22. 건축 구조용 내화 강재 KS D 3865 : 2016

■ 종류 및 기호

종류의 기호(종래기호)	적용 두께 mm
FR 275 B(FR 400 B)	6 이상 100 이하의 강판
FR 275 C(FR 400 C)	
FR 355 B(FR 490 B)	
FR 355 C(FR 490 C)	

■ 화학 성분

종류의 기호 (종래기호)	두께	화학 성분 (%)						
		C	Si	Mn	P	S	Cr	Mo
FR 275 B(FR 400 B)	50mm 이하	0.20 이하	0.35 이하	0.60~1.40	0.030 이하	0.015 이하	0.70 이하	0.30~0.70
	50mm 초과 100mm 이하	0.22 이하						
FR 275 C(FR 400 C)	100mm 이하	0.18 이하	0.35 이하	0.60~1.40	0.020 이하	0.008 이하	0.70 이하	0.30~0.70
FR 355 B(FR 490 B)	50mm 이하	0.18 이하	0.55 이하	1.60 이하	0.030 이하	0.015 이하	0.70 이하	0.30~0.90
	50mm 초과 100mm 이하	0.20 이하						
FR 355 C(FR 490 C)	100mm 이하	0.18 이하	0.55 이하	1.60 이하	0.020 이하	0.008 이하	0.70 이하	0.30~0.90

■ 항복점, 항복 강도, 인장 강도 및 연신율

종류의 기호 (종래기호)	항복점 또는 항복 강도 N/mm^2 강재의 두께 mm			인장 강도 N/mm^2	강재의 두께 mm	인장 시험편	연신율 %
	16 이하	16 초과 40 이하	40 초과				
FR 275 B(FR 400 B) FR 275 C(FR 400 C)	275 이상	265 이상	245 이상	410~520	16 이하	1A호	18
					16 초과 40 이하	1A호	22
					40 초과	4호	24
FR 355 B(FR 490 B) FR 355 C(FR 490 C)	355 이상	345 이상	325 이상	490~610	16 이하	1A호	17
					16 초과 40 이하	1A호	21
					40 초과	4호	23

23. 건축 구조용 고성능 압연 강재 KS D 5994 : 2016

■ 종류의 기호

종류의 기호(종래기호)	적용 두께	용도
HSA 650(HSA 800)	100 mm 이하	건축 구조용

■ 화학 성분

종류의 기호 (종래기호)	화학 성분 (%)				
	C	Si	Mn	P	S
HSA 650(HSA 800)	0.20 이하	0.55 이하	3.00 이하	0.015 이하	0.006 이하

■ 항복점 또는 항복 강도, 항복비, 인장 강도 및 연신율

종류의 기호 (종래기호)	항복점 또는 항복 강도 N/mm²	인장 강도 N/mm²	항복비 %	연신율		
				적용 두께 (mm)	시험편	연신율 %
HSA 650 (HSA 800)	650~770	800~950	85 이하	16 이하	5호	15 이상
				16 초과 20 이하	5호	22 이상
				20 초과	4호	16 이상

24. 구조용 열간 압연 강판 KS D ISO 4995 : 2004

■ 화학 성분(용강 분석)

단위 : 무게 %

강 종	등급	탈산 방법	C	Mn	Si	P	S
HR 235	B	E 또는 NE	0.18 이하	1.20 이하	–	0.035 이하	0.035 이하
	D	CS	0.17 이하	1.20 이하	–	0.035 이하	0.035 이하
HR 275	B	E 또는 NE	0.21 이하	1.20 이하	–	0.035 이하	0.035 이하
	D	CS	0.20 이하	1.20 이하	–	0.035 이하	0.035 이하
HR 355	B	NE	0.21 이하	1.60 이하	0.55 이하	0.035 이하	0.035 이하
	D	CS	0.20 이하			0.035 이하	0.035 이하

[주]

B 등급 : 용접 구조물이나 구조물에 사용하며 일반 하중 조건임

D 등급 : 용접 구조물이나 하중 조건에 민감한 구조물이나 일반 구조물에 사용하며 취성 파괴에 대한 내성이 큰 곳에 사용

E=림드강, NE=비림드강, CS=알루미늄 킬드강

25. 구조용 고항복 응력 열간 압연 강판 KS D ISO 4996(폐지)

■ 화학 조성(열 분석)

단위 : %

등급	종류	산화 방법	C 최대	Mn 최대	Si 최대	P 최대	S 최대
HS 355	C	NE	0.20	1.60	0.50	0.040	0.040
	D	CS	0.20	1.60	0.50	0.035	0.035
HS 390	C	NE	0.20	1.60	0.50	0.040	0.040
	D	CS	0.20	1.60	0.50	0.035	0.035
HS 420	C	NE	0.20	1.70	0.50	0.040	0.040
	D	CS	0.20	1.70	0.50	0.035	0.035
HS 460	C	NE	0.20	1.70	0.50	0.040	0.040
	D	CS	0.20	1.70	0.50	0.035	0.035
HS 490	C	NE	0.20	1.70	0.50	0.040	0.040
	D	CS	0.20	1.70	0.50	0.035	0.035

[주] NE=비림드, CS=알루미늄 킬드

26. 구조용 냉간 압연 강판 KS D ISO 4997(폐지)

■ 화학 성분(용강 분석)

단위 : %

강 종	등 급	탈산 방법	C	Mn	P	S
CR 220	B	E 또는 NE	0.15 이하	–	0.035 이하	0.035 이하
	D	CS	0.15 이하	–	0.035 이하	0.035 이하
CR 250	B	E 또는 NE	0.20 이하	–	0.035 이하	0.035 이하
	D	CS	0.20 이하	–	0.035 이하	0.035 이하
CR 320	B	E 또는 NE	0.20 이하	1.50 이하	0.035 이하	0.035 이하
	D	CS	0.20 이하	1.50 이하	0.035 이하	0.035 이하
CH 550	미적용	미적용	0.20 이하	1.50 이하	0.035 이하	0.035 이하

27. 일반용, 드로잉용 및 구조용 연속 용융 턴(납합금) 도금 냉간 압연 탄소 강판 KS D ISO 4999 : 2004(2014 확인)

■ 일반용 및 드로잉용 화학 성분(용강 분석)

품 질		화학 성분 (%)				
호 칭	이 름	C	Mn	P	S	Ti
TO 01	일반용	0.15 이하	0.60 이하	0.035 이하	0.04 이하	–
TO 02	드로잉	0.10 이하	0.50 이하	0.025 이하	0.035 이하	–
TO 03	디프 드로잉	0.10 이하	0.45 이하	0.03 이하	0.03 이하	–
TO 04	드로잉 알루미늄 킬드	0.10 이하	0.50 이하	0.025 이하	0.035 이하	–
TO 05	안정화시킨 엑스트라 디프 드로잉	0.02 이하	0.25 이하	0.02 이하	0.02 이하	0.30 이하

■ 구조용 강종의 화학 성분(용강 분석)

강종	등급	탈산 방법	화학 성분 (%)			
			C	Mn	P	S
TCR 220	B	E 또는 NE	0.15 이하	n.a.	0.035 이하	0.035 이하
	D	CS	0.15 이하	n.a.	0.035 이하	0.035 이하
TCR 250	B	E 또는 NE	0.20 이하	n.a.	0.035 이하	0.035 이하
	D	CS	0.20 이하	n.a.	0.035 이하	0.035 이하
TCR 320	B	E 또는 NE	0.20 이하	1.50 이하	0.035 이하	0.035 이하
	D	CS	0.20 이하	1.50 이하	0.035 이하	0.035 이하
TCH 550	n.a.	n.a.	0.20 이하	1.50 이하	0.035 이하	0.035 이하

비고 E=림, NE=림 아님, CS=알루미늄 킬드

6-8 압력 용기용 강판

1. 압력 용기용 강판 KS D 3521 : 2018

■ 종류 및 기호

종류의 기호	적용 두께 mm
SPPV 235	6이상 200이하
SPPV 315	6이상 150이하
SPPV 355	
SPPV 410	
SPPV 450	
SPPV 490	

■ 강판의 열처리

종류의 기호	열처리
SPPV 235	압연한 그대로 한다. 다만 필요에 따라 노멀라이징하여도 좋다.
SPPV 315 SPPV 355	압연한 그대로 한다. 다만 필요에 따라 노멀라이징하여도 좋다. 다만 주문자 · 제조자 사이의 협정에 따라 열가공 제어 또는 퀜칭 템퍼링을 하여도 좋다.
SPPV 410	열가공 제어를 한다. 다만, 열가공 제어에 따라 제조한 최대 두께는 100mm로 한다. 또한 주문자 · 제조자 사이의 협정에 따라 노멀라이징 또는 퀜칭 템퍼링을 하여도 좋다.
SPPV 450 SPPV 490	퀜칭 템퍼링을 하는 것으로 한다. 다만 주문자와 제조자와의 협의에 따라 노멀라이징을 하여도 좋다.

■ 화학 성분

종류의 기호	화학 성분 (%)				
	C	Si	Mn	P	S
SPPV 235	두께 100mm 이하는 0.18 이하, 두께 100mm를 초과하는 것은 0.20 이하	0.35 이하	1.40 이하	0.030 이하	0.030 이하
SPPV 315	0.18 이하	0.55 이하	1.60 이하	0.030 이하	0.030 이하
SPPV 355	0.20 이하	0.55 이하	1.60 이하	0.030 이하	0.030 이하
SPPV 410	0.18 이하	0.75 이하	1.60 이하	0.030 이하	0.030 이하
SPPV 450	0.18 이하	0.75 이하	1.60 이하	0.030 이하	0.030 이하
SPPV 490	0.18 이하	0.75 이하	1.60 이하	0.030 이하	0.030 이하

■ 탄소 당량

단위 : %

기호	두께 mm				
	50 이하	50 초과 75 이하	75 초과 100 이하	100 초과 125 이하	125 초과 150 이하
SPPV 450	0.44 이하	0.46 이하	0.49 이하	0.52 이하	0.54 이하
SPPV 490	0.45 이하	0.47 이하	0.50 이하	0.53 이하	0.55 이하

■ 용접 균열 감수성

단위 : %

종류의 기호	50 이하	50 초과 150 이하
SPPV 450	0.28 이하	0.30 이하
SPPV 490	0.28 이하	0.30 이하

■ 기계적 성질

<table>
<tr><th rowspan="4">종류의 기호</th><th colspan="7">인장 시험</th><th colspan="3">굽힘 시험</th></tr>
<tr><th colspan="3">항복점 또는 항복 강도 N/mm²</th><th rowspan="3">인장 강도 N/mm²</th><th colspan="3">연신율</th><th rowspan="3">굽힘 각도</th><th rowspan="3">안쪽 반지름</th><th rowspan="3">시험편</th></tr>
<tr><th colspan="3">강판의 두께 mm</th><th rowspan="2">강판의 두께 mm</th><th rowspan="2">시험편</th><th rowspan="2">%</th></tr>
<tr><th>6 이상 50이하</th><th>50초과 100이하</th><th>100초과 200이하</th></tr>
<tr><td>SPPV 235</td><td>235이상</td><td>215 이상</td><td>195 이상</td><td>400~510</td><td>16이하
16초과 40이하
40을 초과하는 것</td><td>1A호
1A호
4호</td><td>17이상
21이상
24이상</td><td rowspan="6">180°</td><td>두께의 50mm이하 두께의 1.0배, 두께 50mm 초과 두께의 1.5배</td><td rowspan="6">KS B 0804의 5. 참조</td></tr>
<tr><td>SPPV 315</td><td>315이상</td><td>295 이상</td><td>275 이상</td><td>490~610</td><td>16이하
16초과 40이하
40을 초과하는 것</td><td>1A호
1A호
4호</td><td>16이상
20이상
23이상</td><td>두께의 1.5배</td></tr>
<tr><td>SPPV 355</td><td>355 이상</td><td>335 이상</td><td>315 이상</td><td>520~640</td><td>16이하
16초과 40이하
40을 초과하는 것</td><td>1A호
1A호
4호</td><td>14이상
18이상
21이상</td><td>두께의 1.5배</td></tr>
<tr><td>SPPV 410</td><td>410 이상</td><td>390 이상</td><td>370 이상</td><td>550~670</td><td>16이하
16초과 40이하
40을 초과하는 것</td><td>1A호
1A호
4호</td><td>12이상
16이상
18이상</td><td>두께의 1.5배</td></tr>
<tr><td>SPPV 450</td><td>450 이상</td><td>430 이상</td><td>410 이상</td><td>570~700</td><td>16이하
16초과 20이하
20을 초과하는 것</td><td>5호
5호
4호</td><td>19이상
26이상
20이상</td><td>두께의 1.5배</td></tr>
<tr><td>SPPV 490</td><td>490 이상</td><td>470 이상</td><td>450 이상</td><td>610~740</td><td>16이하
16초과 20이하
20을 초과하는 것</td><td>5호
5호
4호</td><td>18이상
25이상
19이상</td><td>두께의 1.5배</td></tr>
</table>

2. 고압가스 용기용 강판 및 강대 KS D 3533 : 2018

■ 종류 및 기호

종류의 기호	적용 두께 mm	구기호(참고)
SG 255	2.3 이상 6.0 이하	SG 26
SG 295	2.3 이상 6.0 이하	SG 30
SG 325	2.3 이상 6.0 이하	SG 33
SG 365	2.3 이상 6.0 이하	SG 37

■ 화학 성분

단위 : %

종류의 기호	C	Si	Mn	P	S
SG 255	0.20 이하	–	0.30 이상	0.030 이하	0.030 이하
SG 295	0.20 이하	0.35 이하	1.00 이하	0.030 이하	0.030 이하
SG 325	0.20 이하	0.55 이하	1.50 이하	0.025 이하	0.025 이하
SG 365	0.20 이하	0.55 이하	1.50 이하	0.025 이하	0.025 이하

■ 기계적 성질

종류의 기호	항복점 또는 항복 강도 N/mm^2	인장 강도 N/mm^2	연신율 %	인장 시험편	굽힘성		
					굽힘 각도	굽힘 반지름	시험편
SG 255	255 이상	410 이상	28 이상	KS B 0801의 5호 압연 방향	180°	두께의 1.0배	KS B 0804의 5. 압연 방향
SG 295	295 이상	440 이상	26 이상		180°	두께의 1.5배	
SG 325	325 이상	490 이상	22 이상		180°	두께의 1.5배	
SG 365	365 이상	540 이상	20 이상		180°	두께의 1.5배	

■ SG 255 및 SG 295의 두께 허용차

단위 : mm

두께	나비			
	600 이상 1200 미만	1200 이상 1500 미만	1500 이상 1800 미만	1800 이상 2000 미만
2.30 이상 2.50 미만	±0.18	±0.22	±0.23	±0.25
2.50 이상 3.15 미만	±0.20	±0.24	±0.26	±0.29
3.15 이상 4.00 미만	±0.23	±0.26	±0.28	±0.30
4.00 이상 5.00 미만	±0.26	±0.29	±0.31	±0.32
5.00 이상 6.00 미만	±0.29	±0.31	±0.32	±0.34
6.00 이상	±0.32	±0.33	±0.34	±0.38

■ SG 325 및 SG 365의 두께 허용차

단위 : mm

두께	나비			
	600 이상 1200 미만	1200 이상 1500 미만	1500 이상 1800 미만	1800 이상 2000 미만
2.30 이상 2.50 미만	±0.17	±0.19	±0.21	±0.25
2.50 이상 3.15 미만	±0.19	±0.21	±0.24	±0.26
3.15 이상 4.00 미만	±0.21	±0.23	±0.26	±0.27
4.00 이상 5.00 미만	±0.24	±0.26	±0.28	±0.29
5.00 이상 6.00 미만	±0.26	±0.28	±0.29	±0.31
6.00 이상	±0.29	±0.30	±0.31	±0.35

3. 보일러 및 압력용기용 망가니즈 몰리브데넘강 및 망가니즈 몰리브데넘 니켈강 강판 KS D 3538 : 2007

■ 종류의 기호

종류의 기호	적용 두께 mm
SBV1A	6 이상 150 이하
SBV1B	6 이상 150 이하
SBV2	6 이상 150 이하
SBV3	6 이상 150 이하

■ 화학성분

단위 : %

종류의 기호	두 께	C	Si	M	P	S	Ni	Mo
SBV1A	두께 25mm 이하 두께 25mm 초과 50mm 이하 두께 50mm 초과 150mm 이하	0.20 이하 0.23 이하 0.25 이하	0.15~0.40	0.95~1.30	0.030 이하	0.030 이하	–	0.45~0.60
SBV1B	두께 25mm 이하 두께 25mm 초과 50mm 이하 두께 50mm 초과 150mm 이하	0.20 이하 0.23 이하 0.25 이하	0.15~0.40	1.15~1.50	0.030 이하	0.030 이하	–	0.45~0.60
SBV2	두께 25mm 이하 두께 25mm 초과 50mm 이하 두께 50mm 초과 150mm 이하	0.20 이하 0.23 이하 0.25 이하	0.15~0.40	1.15~1.50	0.030 이하	0.030 이하	0.40~0.70	0.45~0.60
SBV3	두께 25mm 이하 두께 25mm 초과 50mm 이하 두께 50mm 초과 150mm 이하	0.20 이하 0.23 이하 0.25 이하	0.15~0.40	1.15~1.50	0.030 이하	0.030 이하	0.70~1.00	0.45~0.60

■ 기계적 성질

종류의 기호	항복점 N/mm^2	인장 강도 N/mm^2	연신율 %	인장 시험편	굽힘성		
					굽힘 각도	안쪽 반지름	
SBV1A	315 이상	520~660	15 이상	1A호	180°	두께 25mm 이하	두께의 1.0배
			19 이상	10호		두께 25mm 초과 50mm 이하	두께의 1.25배
						두께 50mm 초과 150mm 이하	두께의 1.5배
SBV1B	345 이상	550~690	15 이상	1A호	180°	두께 25mm 이하	두께의 1.25배
			18 이상	10호		두께 25mm 초과 50mm 이하	두께의 1.5배
						두께 50mm 초과 150mm 이하	두께의 1.75배
SBV2	345 이상	550~690	17 이상	1A호	180°	두께 25mm 이하	두께의 1.25배
			20 이상	10호		두께 25mm 초과 50mm 이하	두께의 1.5배
						두께 50mm 초과 150mm 이하	두께의 1.75배
SBV3	345 이상	550~690	17 이상	1A호	180°	두께 25mm 이하	두께의 1.25배
			20 이상	10호		두께 25mm 초과 50mm 이하	두께의 1.5배
						두께 50mm 초과 150mm 이하	두께의 1.75배

■ 두께의 허용차

단위 : mm

두께	나비					
	1600 미만	1600 이상 2000 미만	2000 이상 2500 미만	2500 이상 3150 미만	3150 이상 4000 미만	4000 이상 5000 미만
6.00 이상 6.30 미만	+0.75	+0.95	+0.95	+1.25	+1.25	–
6.30 이상 10.0 미만	+0.85	+1.05	+1.05	+1.35	+1.35	+1.55
10.0 이상 16.0 미만	+0.85	+1.05	+1.05	+1.35	+1.35	+1.75
16.0 이상 25.0 미만	+1.05	+1.25	+1.25	+1.65	+1.65	+1.95
25.0 이상 40.0 미만	+1.15	+1.35	+1.35	+1.75	+1.75	+2.15
40.0 이상 63.0 미만	+1.35	+1.65	+1.65	+1.95	+1.95	+2.35
63.0 이상 100 미만	+1.55	+1.95	+1.95	+2.35	+2.35	+2.75
100 이상 150 이하	+2.35	+2.75	+2.75	+3.15	+3.15	+3.55

■ 무게의 산출에 사용하는 가산값

단위 : mm

두께	나비					
	1600 미만	1600 이상 2000 미만	2000 이상 2500 미만	2500 이상 3150 미만	3150 이상 4000 미만	4000 이상 5000 미만
6.00 이상 6.30 미만	0.25	0.35	0.35	0.50	0.50	-
6.30 이상 10.0 미만	0.30	0.40	0.40	0.55	0.55	0.65
10.0 이상 16.0 미만	0.30	0.40	0.40	0.55	0.55	0.75
16.0 이상 25.0 미만	0.40	0.50	0.50	0.70	0.70	0.85
25.0 이상 40.0 미만	0.45	0.55	0.55	0.75	0.75	0.95
40.0 이상 63.0 미만	0.55	0.70	0.70	0.85	0.85	1.05
63.0 이상 100 미만	0.65	0.85	0.85	1.05	1.05	1.25
100 이상 150 이하	1.05	1.25	1.25	1.45	1.45	1.65

4. 압력용기용 조질형 망가니즈 몰리브데넘강 및 망가니즈 몰리브데넘 니켈강 강판 KS D 3539 : 2007

■ 종류의 기호 및 화학 성분

종류의 기호	화학 성분 (%)						
	C	Si	Mn	P	S	Ni	Mo
SQV1A	0.25 이하	0.15~0.40	1.15~1.50	0.030 이하	0.030 이하	-	0.45~0.60
SQV1B	0.25 이하	0.15~0.40	1.15~1.50	0.030 이하	0.030 이하	-	0.45~0.60
SQV2A	0.25 이하	0.15~0.40	1.15~1.50	0.030 이하	0.030 이하	0.40~0.70	0.45~0.60
SQV2B	0.25 이하	0.15~0.40	1.15~1.50	0.030 이하	0.030 이하	0.40~0.70	0.45~0.60
SQV3A	0.25 이하	0.15~0.40	1.15~1.50	0.030 이하	0.030 이하	0.70~1.00	0.45~0.60
SQV3B	0.25 이하	0.15~0.40	1.15~1.50	0.030 이하	0.030 이하	0.70~1.00	0.45~0.60

■ 기계적 성질

종류의 기호	항복 강도 N/mm^2	인장 강도 N/mm^2	연신율 %	인장 시험편	굽힘성	
					굽힘 강도	안쪽 반지름
SQV1A	345 이상	550~690	18 이상	1A호 또는 10호	180°	두께의 1.75배
SQV1B	480 이상	620~790	16 이상			
SQV2A	345 이상	550~690	18 이상			
SQV2B	480 이상	620~790	16 이상			
SQV3A	345 이상	550~690	18 이상			
SQV3B	480 이상	620~790	16 이상			

5. 중 · 상온 압력 용기용 탄소 강판 KS D 3540 : 2018

■ 종류 및 기호

종류의 기호		적용 두께 mm
현재 기호	종래 기호(참고)	
SGV 235	SGV 410	6 이상 200 이하
SGV 295	SGV 450	
SGV 355	SGV 480	

■ 화학성분

종류의 기호	화학 성분 (%)					
	두 께	C	Si	Mn	P	S
SGV 235	두께 12.5mm 이하 두께 12.5mm 초과 50mm 이하 두께 50mm 초과 100mm 이하 두께 100mm 초과 200mm 이하	0.21 이하 0.23 이하 0.25 이하 0.27 이하	0.15~0.40	0.85~1.20	0.030 이하	0.030 이하
SGV 295	두께 12.5mm 이하 두께 12.5mm 초과 50mm 이하 두께 50mm 초과 100mm 이하 두께 100mm 초과 200mm 이하	0.24 이하 0.26 이하 0.28 이하 0.29 이하	0.15~0.40	0.85~1.20	0.030 이하	0.030 이하
SGV 355	두께 12.5mm 이하 두께 12.5mm 초과 50mm 이하 두께 50mm 초과 100mm 이하 두께 100mm 초과 200mm 이하	0.27 이하 0.28 이하 0.30 이하 0.31 이하	0.15~0.40	0.85~1.20	0.030 이하	0.030 이하

■ 기계적 성질

종류의 기호	인장 시험				굽힘시험	
	항복점 N/mm^2	인장 강도 N/mm^2	연신율 (%)	시험편	굽힘 각도	안쪽 반지름
SGV 235	235 이상	410~490	21 이상	1A호	180°	두께 25mm 이하 두께의 0.5배 두께 25mm 초과 50mm 이하 두께의 0.75배 두께 50mm 초과 100mm 이하 두께의 1.0배 두께 100mm 초과 200mm 이하 두께의 1.25배
			25이상	10호		
SGV 295	295 이상	450~540	19이상	1A호	180°	두께 25mm 이하 두께의 0.75배 두께 25mm 초과 50mm 이하 두께의 1.0배 두께 50mm 초과 100mm 이하 두께의 1.0배 두께 100mm 초과 200mm 이하 두께의 1.25배
			23이상	10호		
SGV 355	355 이상	480~590	17 이상	1A호	180°	두께 25mm 이하 두께의 1.0배 두께 25mm 초과 50mm 이하 두께의 1.0배 두께 50mm 초과 100mm 이하 두께의 1.25배 두께 100mm 초과 200mm 이하 두께의 1.5배
			21 이상	10호		

■ 두께의 허용차

단위 : mm

두 께	나 비					
	1600 미만	1600 이상 2000 미만	2000 이상 2500 미만	2500 이상 3150 미만	3150 이상 4000 미만	4000 이상 5000 미만
6.00 이상 6.30 미만	+0.75	+0.95	+0.95	+1.25	+1.25	–
6.30 이상 10.0 미만	+0.85	+1.05	+1.05	+1.35	+1.35	+1.55
10.0 이상 16.0 미만	+0.85	+1.05	+1.05	+1.35	+1.35	+1.75
16.0 이상 25.0 미만	+1.05	+1.25	+1.25	+1.65	+1.65	+1.95
25.0 이상 40.0 미만	+1.15	+1.35	+1.35	+1.75	+1.75	+2.15
40.0 이상 63.0 미만	+1.35	+1.65	+1.65	+1.95	+1.95	+2.35
63.0 이상 100 미만	+1.55	+1.95	+1.95	+2.35	+2.35	+2.75
100 이상 160 미만	+2.35	+2.75	+2.75	+3.15	+3.15	+3.55
160 이상	+2.95	+3.35	+3.35	+3.55	+3.55	+3.95

■ 강판의 무게 산출에 사용하는 가산값

단위 : mm

두 께	나 비					
	1600 미만	1600 이상 2000 미만	2000 이상 2500 미만	2500 이상 3150 미만	3150 이상 4000 미만	4000 이상 5000 미만
6.00 이상 6.30 미만	0.25	0.35	0.35	0.50	0.50	–
6.30 이상 10.0 미만	0.30	0.40	0.40	0.55	0.55	–
10.0 이상 16.0 미만	0.30	0.40	0.40	0.55	0.55	0.75
16.0 이상 25.0 미만	0.40	0.50	0.50	0.70	0.70	0.85
25.0 이상 40.0 미만	0.45	0.55	0.55	0.75	0.75	0.95
40.0 이상 63.0 미만	0.55	0.70	0.70	0.85	0.85	1.05
63.0 이상 100 미만	0.65	0.85	0.85	1.05	1.05	1.25
100 이상 160 미만	1.05	1.25	1.25	1.45	1.45	1.65
160 이상	1.35	1.55	1.55	1.65	1.65	1.85

6. 저온 압력 용기용 탄소강 강판 KS D 3541 : 2018

■ 종류 및 기호

종류의 기호	종래 기호	적 용		
SLAI 255A	SLAI 235 A	두께 6mm 이상 50mm 이하	AI 처리 세립 킬드강	최저 사용 온도 −30℃
SLAI 255B	SLAI 235 B	두께 6mm 이상 50mm 이하		최저 사용 온도 −45℃
SLAI 325A	SLAI 325 A	두께 6mm 이상 32mm 이하		최저 사용 온도 −45℃
SLAI 325B	SLAI 325 B	두께 6mm 이상 32mm 이하		최저 사용 온도 −60℃
SLAI 360	SLAI 360	두께 6mm 이상 32mm 이하		최저 사용 온도 −60℃

■ 열처리

종류의 기호	종래 기호	열처리
SLAI 255A	SLAI 235 A	노멀라이징
SLAI 255B	SLAI 235 B	노멀라이징
SLAI 325A	SLAI 325 A	노멀라이징
SLAI 325B	SLAI 325 B	퀜칭 템퍼링
SLAI 360	SLAI 360	퀜칭 템퍼링

■ 화학성분

종류의 기호	종래 기호	화학 성분 (%)				
		C	Si	Mn	P	S
SLAI 255	SLAI 235	0.15 이하	0.15~0.30	0.70~1.50	0.035 이하	0.035 이하
SLAI 325	SLAI 325	0.16 이하	0.15~0.55	0.80~1.60	0.035 이하	0.035 이하
SLAI 360	SLAI 360	0.18 이하	0.15~0.55	0.80~1.60	0.035 이하	0.035 이하

■ 기계적 성질

종류의 기호	인장 시험					굽힘시험		
	항복점 또는 항복 강도 N/mm²	인장 강도 N/mm²	연신율			굽힘 각도	내측 반지름	시험편
			강판의 두께 mm	시험편	%			
SLAI 255	두께 40mm 이하는 235 이상 두께 40mm를 넘는 것 215 이상	400~510	6 이상 16 이하 16을 넘는 것 40을 넘는 것	1A호 1A호 4호	18 이상 22 이상 24 이상	180°	두께의 1.0배	압연 방향에 직각
SLAI 325	325 이상	440~560	6 이상 16 이하 16을 넘는 것 40을 넘는 것	5호 5호 4호	22 이상 30 이상 22 이상	180°	두께의 1.5배	압연 방향에 직각
SLAI 360	360 이상	490~610	6 이상 16 이하 16을 넘는 것 40을 넘는 것	5호 5호 4호	20 이상 28 이상 20 이상	180°	두께의 1.5배	압연 방향에 직각

■ 샤르피 흡수 에너지

종류의 기호	시험 온도 ℃					흡수 에너지 J	시험편
	두께 mm	6 이상 8.5 미만	8.5 이상 11 미만	11 이상 20 이하	20을 넘는 것		
	시험편의 두께×mm	10×5	10×7.5	10×10	10×10		
SLAI 255 A	–	−5	−5	−5	−10	최고 흡수 에너지 값의 1/2 이상	4호 압연 방향
SLAI 255 B		−30	−20	−15	−30		
SLAI 325 A		−40	−30	−25	−35		
SLAI 325 B		−60	−50	−45	−55		
SLAI 360		−60	−50	−45	−55		

■ 두께의 허용차

단위 : mm

두 께	나 비					
	1600 미만	1600 이상 2000 미만	2000 이상 2500 미만	2500 이상 3150 미만	3150 이상 4000 미만	4000 이상 5000 미만
6.00 이상 10.0 미만	+0.95	+1.05	+1.25	+1.45	+1.65	+1.85
10.0 이상 16.0 미만	+0.95	+1.15	+1.35	+1.55	+1.75	+1.95
16.0 이상 25.0 미만	+1.15	+1.35	+1.55	+1.75	+2.15	+2.35
25.0 이상 40.0 미만	+1.35	+1.55	+1.75	+1.95	+2.35	+2.55
40.0 이상 50.0 미만	+1.55	+1.75	+2.15	+2.35	+2.55	+2.75

■ 강판의 무게 산출에 사용하는 가산치

단위 : mm

두 께	나 비					
	1600 미만	1600 이상 2000 미만	2000 이상 2500 미만	2500 이상 3150 미만	3150 이상 4000 미만	4000 이상 5000 미만
6.00 이상 10.0 미만	0.35	0.40	0.50	0.60	0.70	0.80
10.0 이상 16.0 미만	0.35	0.45	0.55	0.65	0.75	0.85
16.0 이상 25.0 미만	0.45	0.55	0.65	0.75	0.95	1.05
25.0 이상 40.0 미만	0.55	0.65	0.75	0.85	1.05	1.15
40.0 이상 50.0 미만	0.65	0.75	0.95	1.05	1.15	1.25

7. 보일러 및 압력 용기용 크롬 몰리브데넘강 강판 KS D 3543 : 2009

■ 종류 및 강도 구분의 기호

종류의 기호	강도 구분	적용 두께 mm
SCMV 1	1 2	6 이상 200 이하
SCMV 2	1 2	
SCMV 3	1 2	
SCMV 4	1 2	6 이상 300 이하
SCMV 5	1 2	
SCMV 6	1 2	

■ 화학성분 (레이들 분석값)

종류의 기호	화학 성분 %						
	C	Si	Mn	P	S	Cr	Mo
SCMV 1	0.21 이하	0.40 이하	0.55~0.80	0.030 이하	0.030 이하	0.50~0.80	0.45~0.60
SCMV 2	0.17 이하	0.40 이하	0.40~0.65	0.030 이하	0.030 이하	0.80~1.15	0.45~0.60
SCMV 3	0.17 이하	0.50~0.80	0.40~0.65	0.030 이하	0.030 이하	1.00~1.50	0.45~0.65
SCMV 4	0.17 이하	0.50 이하	0.30~0.60	0.030 이하	0.030 이하	2.00~2.50	0.90~1.10
SCMV 5	0.17 이하	0.50 이하	0.30~0.60	0.030 이하	0.030 이하	2.75~3.25	0.90~1.10
SCMV 6	0.15 이하	0.50 이하	0.30~0.60	0.030 이하	0.030 이하	4.00~6.00	0.45~0.65

■ 화학성분 (제품 분석값)

<table>
<tr><th rowspan="2">종류의 기호</th><th colspan="7">화학 성분 %</th></tr>
<tr><th>C</th><th>Si</th><th>Mn</th><th>P</th><th>S</th><th>Cr</th><th>Mo</th></tr>
<tr><td>SCMV 1</td><td>0.21 이하</td><td>0.45 이하</td><td>0.51~0.84</td><td>0.030 이하</td><td>0.030 이하</td><td>0.46~0.85</td><td>0.40~0.65</td></tr>
<tr><td>SCMV 2</td><td>0.17 이하</td><td>0.45 이하</td><td>0.36~0.69</td><td>0.030 이하</td><td>0.030 이하</td><td>0.74~1.21</td><td>0.40~0.65</td></tr>
<tr><td>SCMV 3</td><td>0.17 이하</td><td>0.44~0.86</td><td>0.36~0.69</td><td>0.030 이하</td><td>0.030 이하</td><td>0.94~1.56</td><td>0.40~0.70</td></tr>
<tr><td>SCMV 4</td><td>0.17 이하</td><td>0.50 이하</td><td>0.27~0.63</td><td>0.030 이하</td><td>0.030 이하</td><td>1.88~2.62</td><td>0.85~1.15</td></tr>
<tr><td>SCMV 5</td><td>0.17 이하</td><td>0.50 이하</td><td>0.27~0.63</td><td>0.030 이하</td><td>0.030 이하</td><td>2.63~3.37</td><td>0.85~1.15</td></tr>
<tr><td>SCMV 6</td><td>0.15 이하</td><td>0.55 이하</td><td>0.27~0.63</td><td>0.030 이하</td><td>0.030 이하</td><td>3.90~6.10</td><td>0.40~0.70</td></tr>
</table>

■ 강도 구분 1의 기계적 성질

<table>
<tr><th rowspan="2">종류의 기호</th><th rowspan="2">항복점 또는 항복 강도 N/mm²</th><th rowspan="2">인장 강도 N/mm²</th><th rowspan="2">연신율 %</th><th rowspan="2">단면 수축률 %</th><th rowspan="2">시험편</th><th colspan="2">굽힘성</th></tr>
<tr><th>굽힘 각도</th><th>안쪽 반지름</th></tr>
<tr><td rowspan="2">SCMV 1</td><td rowspan="2">225 이상</td><td rowspan="2">380~550</td><td>18 이상</td><td>-</td><td>1A호</td><td rowspan="6">180°</td><td rowspan="6">두께 25mm 이하 두께의 0.75배
두께 25mm 초과 100mm 이하 두께의 1.0배
두께 100mm를 초과하는 것.
두께의 1.25배</td></tr>
<tr><td>22 이상</td><td>-</td><td>10호</td></tr>
<tr><td rowspan="2">SCMV 2</td><td rowspan="2">225 이상</td><td rowspan="2">380~550</td><td>19 이상</td><td>-</td><td>1A호</td></tr>
<tr><td>22 이상</td><td>-</td><td>10호</td></tr>
<tr><td rowspan="2">SCMV 3</td><td rowspan="2">235 이상</td><td rowspan="2">410~590</td><td>18 이상</td><td>-</td><td>1A호</td></tr>
<tr><td>22 이상</td><td>-</td><td>10호</td></tr>
<tr><td>SCMV 4</td><td>205 이상</td><td>410~590</td><td>18 이상</td><td>45 이상</td><td>10호</td><td rowspan="2">180°</td><td rowspan="3">두께 25mm 이하 두께의 1.0배
두께 25mm 초과 50mm 이하 두께의 1.25배
두께 50mm를 초과 100mm 이하 두께의 1.5배
두께 100mm를 초과하는 것.
두께의 1.75배</td></tr>
<tr><td>SCMV 5</td><td>205 이상</td><td>410~590</td><td>18 이상</td><td>45 이상</td><td>10호</td></tr>
<tr><td>SCMV 6</td><td>205 이상</td><td>410~590</td><td>18 이상</td><td>45 이상</td><td>10호</td><td>180°</td></tr>
</table>

■ 강도 구분 2의 기계적 성질

<table>
<tr><th rowspan="2">종류의 기호</th><th rowspan="2">항복점 또는 항복 강도 N/mm²</th><th rowspan="2">인장 강도 N/mm²</th><th rowspan="2">연신율 %</th><th rowspan="2">단면 수축률 %</th><th rowspan="2">시험편</th><th colspan="2">굽힘성</th></tr>
<tr><th>굽힘 각도</th><th>안쪽 반지름</th></tr>
<tr><td rowspan="2">SCMV 1</td><td rowspan="2">315 이상</td><td rowspan="2">480~620</td><td>18 이상</td><td>-</td><td>1A호</td><td rowspan="6">180°</td><td rowspan="6">두께 25mm 이하 두께의 0.75배
두께 25mm 초과 100mm 이하 두께의 1.0배
두께 100mm를 초과하는 것.
두께의 1.25배</td></tr>
<tr><td>22 이상</td><td>-</td><td>10호</td></tr>
<tr><td rowspan="2">SCMV 2</td><td rowspan="2">275 이상</td><td rowspan="2">450~590</td><td>18 이상</td><td>-</td><td>1A호</td></tr>
<tr><td>22 이상</td><td>-</td><td>10호</td></tr>
<tr><td rowspan="2">SCMV 3</td><td rowspan="2">315 이상</td><td rowspan="2">520~690</td><td>18 이상</td><td>-</td><td>1A호</td></tr>
<tr><td>22 이상</td><td>-</td><td>10호</td></tr>
<tr><td>SCMV 4</td><td>315 이상</td><td>520~690</td><td>18 이상</td><td>45 이상</td><td>10호</td><td rowspan="2">180°</td><td rowspan="3">두께 25mm 이하 두께의 1.0배
두께 25mm 초과 50mm 이하 두께의 1.25배
두께 50mm를 초과 100mm 이하 두께의 1.5배
두께 100mm를 초과하는 것.
두께의 1.75배</td></tr>
<tr><td>SCMV 5</td><td>315 이상</td><td>520~690</td><td>18 이상</td><td>45 이상</td><td>10호</td></tr>
<tr><td>SCMV 6</td><td>315 이상</td><td>520~690</td><td>18 이상</td><td>45 이상</td><td>10호</td><td>180°</td></tr>
</table>

■ 두께의 허용차

단위 : mm

두께	나비					
	1600 미만	1600 이상 2000 미만	2000 이상 2500 미만	2500 이상 3150 미만	3150 이상 4000 미만	4000 이상 5000 미만
6.00 이상 6.30 미만	+0.75	+0.95	+0.95	+1.25	+1.25	–
6.30 이상 10.0 미만	+0.85	+1.05	+1.05	+1.35	+1.35	+1.55
10.0 이상 16.0 미만	+0.85	+1.05	+1.05	+1.35	+1.35	+1.75
16.0 이상 25.0 미만	+1.05	+1.25	+1.25	+1.65	+1.65	+1.95
25.0 이상 40.0 미만	+1.15	+1.35	+1.35	+1.75	+1.75	+2.15
40.0 이상 63.0 미만	+1.35	+1.65	+1.65	+1.95	+1.95	+2.35
63.0 이상 100 미만	+1.55	+1.95	+1.95	+2.35	+2.35	+2.75
100 이상 160 미만	+2.35	+2.75	+2.75	+3.15	+3.15	+3.55
160 이상 200 미만	+2.95	+3.35	+3.35	+3.55	+3.55	+3.95
200 이상 250 미만	+3.35	+3.55	+3.55	+3.75	+3.75	+4.15
250 이상 300 미만	+3.75	+3.95	+3.95	+4.15	+4.15	+4.75
300 이상	+3.95	+4.35	+4.35	+4.55	+4.55	+5.35

■ 무게의 산출에 사용하는 가산값

단위 : mm

두께	나비					
	1600 미만	1600 이상 2000 미만	2000 이상 2500 미만	2500 이상 3150 미만	3150 이상 4000 미만	4000 이상 5000 미만
6.00 이상 6.30 미만	0.25	0.35	0.35	0.50	0.50	–
6.30 이상 10.0 미만	0.30	0.40	0.40	0.55	0.55	0.65
10.0 이상 16.0 미만	0.30	0.40	0.40	0.55	0.55	0.75
16.0 이상 25.0 미만	0.40	0.50	0.50	0.70	0.70	0.85
25.0 이상 40.0 미만	0.45	0.55	0.55	0.75	0.75	0.95
40.0 이상 63.0 미만	0.55	0.70	0.70	0.85	0.85	1.05
63.0 이상 100 미만	0.65	0.85	0.85	1.05	1.05	1.25
100 이상 160 미만	1.05	1.25	1.25	1.45	1.45	1.65
160 이상 200 미만	1.35	1.55	1.55	1.65	1.65	1.85
200 이상 250 미만	1.55	1.65	1.65	1.75	1.75	1.95
250 이상 300 미만	1.75	1.85	1.85	1.95	1.95	2.25
300 이상	1.85	2.05	2.05	2.15	2.15	2.55

8. 보일러 및 압력 용기용 탄소강 및 몰리브데넘강 강판 KS D 3560 : 2007

■ 종류의 기호

종류의 기호(종래기호)	적용 두께 mm
SB 235(SB 410)	6 이상 200 이하
SB 295(SB 450)	6 이상 200 이하
SB 315(SB 480)	6 이상 200 이하
SB 295 M(SB 450 M)	6 이상 150 이하
SB 315 M(SB 480 M)	6 이상 150 이하

■ 화학 성분

기호	두께	화학 성분 %					
		C	Si	Mn	P	S	Mo
SB 235	25mm 이하	0.24 이하	0.15~0.40	0.90 이하	0.030 이하	0.030 이하	–
	25mm 초과 50mm 이하	0.27 이하					
	50mm 초과 200mm 이하	0.30 이하					
SB 295	25mm 이하	0.28 이하	0.15~0.40	0.90 이하	0.030 이하	0.030 이하	–
	25mm 초과 50mm 이하	0.31 이하					
	50mm 초과 200mm 이하	0.33 이하					
SB 315	25mm 이하	0.31 이하	0.15~0.40	1.20 이하	0.025 이하	0.025 이하	–
	25mm 초과 50mm 이하	0.33 이하					
	50mm 초과 200mm 이하	0.35 이하					
SB 295 M	25mm 이하	0.18 이하	0.15~0.40	0.90 이하	0.020 이하	0.020 이하	0.45~0.60
	25mm 초과 50mm 이하	0.21 이하					
	50mm 초과 100mm 이하	0.23 이하					
	100mm 초과 150mm 이하	0.25 이하					
SB 315 M	25mm 이하	0.20 이하	0.15~0.40	0.90 이하	0.020 이하	0.020 이하	0.45~0.60
	25mm 초과 50mm 이하	0.23 이하					
	50mm 초과 100mm 이하	0.25 이하					
	100mm 초과 150mm 이하	0.27 이하					

9. 저온 압력 용기용 니켈 강판 KS D 3586 : 2007

■ 종류의 기호 및 적용 두께와 최저 사용 가능 온도

종류의 기호	적용 두께 mm	최저 사용 가능 온도 ℃
SL2N255	6 이상 50 이하	−70
SL3N255		−101
SL3N275		−101
SL3N440		−110
SL5N590		−130
SL9N520		−196
SL9N590	6 이상 100 이하	−196

■ 열처리

종류의 기호	열처리	
SL2N255	노멀라이징. 다만, 필요에 따라 노멀라이징 후 템퍼링을 하여도 좋다. 또는 주문자와 제조자 사이의 협의에 따라 제조자는 열가공 제어 또는 적절한 열처리를 하여도 좋다.	
SL3N255		
SL3N275		
SL3N440	퀜칭 템퍼링	다만, 필요에 따라 중간 열처리를 하여도 좋다.
SL5N590	퀜칭 템퍼링	
SL9N520	2회 노멀라이징 후 템퍼링	
SL9N590	퀜칭 템퍼링	

■ 화학성분

단위 : %

종류의 기호	C	Si	Mn	P	S	Ni
SL2N255	0.17 이하	0.30 이하	0.70 이하	0.025 이하	0.025 이하	2.10~2.50
SL3N255	0.15 이하	0.30 이하	0.70 이하	0.025 이하	0.025 이하	3.25~3.75
SL3N275	0.17 이하	0.30 이하	0.70 이하	0.025 이하	0.025 이하	3.25~3.75
SL3N440	0.15 이하	0.30 이하	0.70 이하	0.025 이하	0.025 이하	3.25~3.75
SL5N590	0.13 이하	0.30 이하	1.50 이하	0.025 이하	0.025 이하	4.75~6.00
SL9N520	0.12 이하	0.30 이하	0.90 이하	0.025 이하	0.025 이하	8.50~9.50
SL9N590	0.12 이하	0.30 이하	0.90 이하	0.025 이하	0.025 이하	8.50~9.50

■ 열처리의 기호

① 강판에 노멀라이징을 하는 경우 : N
② 강판에 노멀라이징 후 템퍼링을 하는 경우 : NT
③ 강판에 열 가공 제어를 하는 경우 : TMC
④ 강판에 2회 노멀라이징 후 템퍼링을 하는 경우 : NNT
⑤ 강판에 퀜칭 템퍼링을 하는 경우 : Q
⑥ 시험편에만 노멀라이징을 하는 경우 : TQ
⑦ 시험편에만 노멀라이징 후 템퍼링을 하는 경우 : TNT
⑧ 시험편에만 2회 노멀라이징 후 템퍼링을 하는 경우 : T2NT
⑨ 시험편에만 용접 후 열처리에 상당하는 열처리를 하는 경우 : SR

■ 항복점 또는 항복강도, 인장강도, 연신율 및 굽힘성

종류의 기호	항복점 또는 항복강도 N/mm²	인장강도 N/mm²	연신율			굽힘성		
			두께 mm	시험편	%	굽힘각도	안쪽 반지름	시험편
SL2N255	255 이상	450~590	6 이상 16 이하	5호	24 이상	180°	두께 25mm 이하 : 두께의 0.5배 두께 25mm 초과하는 것 : 두께의 1.0배	KS B 0804의 5. (시험편)
			16을 초과하는 것	5호	29 이상			
			20을 초과하는 것	4호	24 이상			
SL3N255	255 이상	450~590	6 이상 16 이하	5호	24 이상	180°	두께 25mm 이하 : 두께의 0.5배 두께 25mm 초과하는 것 : 두께의 1.0배	
			16을 초과하는 것	5호	29 이상			
			20을 초과하는 것	4호	24 이상			
SL3N275	275 이상	480~620	6 이상 16 이하	5호	22 이상	180°	두께 25mm 이하 : 두께의 0.5배 두께 25mm 초과하는 것 : 두께의 1.0배	
			16을 초과하는 것	5호	26 이상			
			20을 초과하는 것	4호	22 이상			
SL3N440	440 이상	540~690	6 이상 16 이하	5호	21 이상	180°	두께 25mm 이하 : 두께의 1.0배 두께 25mm 초과하는 것 : 두께의 1.5배	
			16을 초과하는 것	5호	25 이상			
			20을 초과하는 것	4호	21 이상			
SL5N590	590 이상	690~830	6 이상 16 이하	5호	21 이상	180°	두께 19mm 이하 : 두께의 1.0배 두께 19mm 초과하는 것 : 두께의 1.5배	
			16을 초과하는 것	5호	25 이상			
			20을 초과하는 것	4호	21 이상			
SL9N520	520 이상	690~830	6 이상 16 이하	5호	21 이상	180°	두께 19mm 이하 : 두께의 1.0배 두께 19mm 초과하는 것 : 두께의 1.5배	
			16을 초과하는 것	5호	25 이상			
			20을 초과하는 것	4호	21 이상			
SL9N590	590 이상	690~830	6 이상 16 이하	5호	21 이상	180°	두께 19mm 이하 : 두께의 1.0배 두께 19mm 초과하는 것 : 두께의 1.5배	
			16을 초과하는 것	5호	25 이상			
			20을 초과하는 것	4호	21 이상			

■ 샤르피 흡수 에너지

단위 : J

종류의 기호	시험온도 ℃	샤르피 흡수 에너지						시험편
		3개의 시험편의 평균값			개개의 시험편의 값			
		두께 mm			두께 mm			
		6 이상 8.5 미만	8.5 이상 11 미만	11 이상	6 이상 8.5 미만	8.5 이상 11 미만	11 이상	
		시험편의 두께 × 나비 (mm)						
		10×5	10×7.5	10×10	10×5	10×7.5	10×10	
SL2N255	−70	11 이상	17 이상	21 이상	10 이상	14 이상	17 이상	V노치 압연방향
SL3N255	−101	11 이상	17 이상	21 이상	10 이상	14 이상	17 이상	
SL3N275	−101	11 이상	17 이상	21 이상	10 이상	14 이상	17 이상	
SL3N440	−110	14 이상	22 이상	27 이상	11 이상	17 이상	21 이상	
SL5N590	−130	21 이상	29 이상	41 이상	18 이상	25 이상	34 이상	
SL9N520	−196	18 이상	25 이상	34 이상	14 이상	22 이상	27 이상	
SL9N590	−196	21 이상	29 이상	41 이상	18 이상	25 이상	34 이상	

■ 두께의 허용차

단위 : mm

두께	나비					
	1600 미만	1600 이상 2000 미만	2000 이상 2500 미만	2500 이상 3150 미만	3150 이상 4000 미만	4000 이상 5000 미만
6.00 이상 6.30 미만	+0.75	+0.95	+0.95	+1.25	+1.25	–
6.30 이상 10.0 미만	+0.85	+1.05	+1.05	+1.35	+1.35	+1.55
10.0 이상 16.0 미만	+0.85	+1.05	+1.05	+1.35	+1.35	+1.75
16.0 이상 25.0 미만	+1.05	+1.25	+1.25	+1.65	+1.65	+1.95
25.0 이상 40.0 미만	+1.15	+1.35	+1.35	+1.75	+1.75	+2.15
40.0 이상 63.0 미만	+1.35	+1.65	+1.65	+1.95	+1.95	+2.35
63.0 이상 100 미만	+1.55	+1.95	+1.95	+2.35	+2.35	+2.75

10. 고온 압력 용기용 고강도 크롬-몰리브덴 강판 KS D 3630 : 1995(2005 확인)

■ 종류의 기호

종류의 기호	적용 두께 mm
SCMQ4E	6 이상 300 이하
SCMQ4V	
SCMQ5V	

■ 화학 성분(레이들 분석치)

단위 : %

종류의 기호	C	Si	Mn	P	S	Cr	Mo	V
SCMQ4E	0.17 이하	0.50 이하	0.30~0.60	0.015 이하	0.015 이하	2.00~2.50	0.90~1.10	0.03 이하
SCMQ4V		0.10 이하			0.010 이하			0.25~0.35
SCMQ5V						2.75~3.25		0.20~0.30

■ 화학 성분(제품 분석치)

단위 : %

종류의 기호	C	Si	Mn	P	S	Cr	Mo	V
SCMQ4E	0.17 이하	0.55 이하	0.27~0.63	0.015 이하	0.015 이하	1.88~2.62	0.85~1.15	0.04 이하
SCMQ4V		0.13 이하						0.23~0.37
SCMQ5V						2.63~3.37		0.18~0.33

11. 압력 용기용 강판(제1부 : 두꺼운 판재) KS D 3853 : 1997(2017 확인)

■ 종류의 기호

종류의 기호	적용 두께 mm
SPV 315	100 초과 150 이하
SPV 355	75 초과 150 이하
SPV 410	75 초과 150 이하
SPV 450	75 초과 150 이하
SPV 490	75 초과 150 이하

■ 화학 성분

종류의 기호	화학 성분 (%)				
	C	Si	Mn	P	S
SPV 315	0.18 이하	0.15~0.55	1.50 이하	0.030 이하	0.030 이하
SPV 355	0.20 이하	0.15~0.55	1.60 이하	0.030 이하	0.030 이하
SPV 410	0.18 이하	0.15~0.75	1.60 이하	0.030 이하	0.030 이하
SPV 450	0.18 이하	0.15~0.75	1.60 이하	0.030 이하	0.030 이하
SPV 490	0.18 이하	0.15~0.75	1.60 이하	0.030 이하	0.030 이하

12. 용접 가스 실린더용 압연 강판 KS D ISO 4978(폐지)

■ 화학 성분(주조, 분석), 참고 열처리 및 기계적 특성

강	화학 성분 %(m/m)						참고 열처리			기계적 특성			A, 판재 두께	
	C 최대	Si 최대	Mn 최대	P 최대	S 최대	Almet 최소	기호	오스테나이징 온도	냉각	Re 최소	Rm 최소	Rm 최대	3 mm 최소	3~6 mm 최소
								℃		N/mm²	N/mm²		%	%
1	0.12	0.15	0.25	0.035	0.035	0.015	N	920~960	A	205	340	440	24	32
2	0.16	0.15	0.25	0.035	0.035	0.015	N	920~960	A	235	360	460	22	30
3	0.19	0.20	0.40	0.035	0.035	0.015	N	890~930	A	265	410	510	20	28
4	0.20	0.45	0.70	0.035	0.035	0.015	N	880~920	A	345	490	610	17	24

주 N : 노멀라이징
A : 공냉(오스테나이트에서의 시간은 판재 두께 mm 당 약 2분임)
Re : 항복 강도
Rm : 인장 강도
A : 파단후 연신율(%)

6-9 일반가공용 강판 및 강대

1. 열간 압연 연강판 및 강대 KS D 3501 : 2008

■ 종류의 기호

종류의 기호	적용 두께 mm	최저 사용 가능 온도 ℃
SPHC	1.2 이상 14 이하	일반용
SPHD	1.2 이상 14 이하	드로잉용
SPHE	1.2 이상 6 이하	디프 드로잉용

■ 화학성분

단위 : %

종류의 기호	C	Mn	P	S
SPHC	0.15 이하	0.60 이하	0.050 이하	0.050 이하
SPHD	0.10 이하	0.50 이하	0.040 이하	0.040 이하
SPHE	0.10 이하	0.50 이하	0.030 이하	0.035 이하

■ 기계적 성질

종류의 기호	인장 강도 N/mm2	연신율 %						인장 시험편	굽힘성			
		두께 1.2mm 이상 1.6mm 미만	두께 1.6mm 이상 2.0mm 미만	두께 2.0mm 이상 2.5mm 미만	두께 2.5mm 이상 3.2mm 미만	두께 3.2mm 이상 4.0mm 미만	두께 4.0mm 이상		굽힘 각도	안쪽 반지름 두께 3.2mm 미만	안쪽 반지름 두께 3.2mm 이상	굽힘 시험편
SPHC	270 이상	27이상	29이상	29이상	29이상	31이상	31이상	5호 시험편 압연 방향	180°	밀착	두께의 0.5배	KS B 0804의 5. 에 따름. 다만 시험편은 압연 방향으로 채취
SPHD	270 이상	30이상	32이상	33이상	35이상	37이상	39이상		–	–	–	
SPHE	270 이상	31이상	33이상	35이상	37이상	39이상	41이상		–	–	–	

■ 두께의 허용차

단위 : mm

두께	나비 1200 미만	나비 1200 이상~1500 미만	나비 1500 이상~1800 미만	나비 1800 이상~2300 이하
1.60 미만	±0.14	±0.15	±0.16	–
1.60 이상 2.00 미만	±0.16	±0.17	±0.18	±0.21
2.00 이상 2.50 미만	±0.17	±0.19	±0.21	±0.25
2.50 이상 3.15 미만	±0.19	±0.21	±0.24	±0.26
3.15 이상 4.00 미만	±0.21	±0.23	±0.26	±0.27
4.00 이상 5.00 미만	±0.24	±0.26	±0.28	±0.29
5.00 이상 6.00 미만	±0.26	±0.28	±0.29	±0.31
6.00 이상 8.00 미만	±0.29	±0.30	±0.31	±0.35
8.00 이상 10.0 미만	±0.32	±0.33	±0.34	±0.40
10.0 이상 12.5 미만	±0.35	±0.36	±0.37	±0.45
12.5 이상 14.0 이하	±0.38	±0.39	±0.40	±0.50

2. 용융 아연 도금 강판 및 강대 KS D 3506 : 2016

■ 종류 및 기호(열연 원판을 사용한 경우)

종류의 기호(종래기호)	적용 표시 두께(1)	적 용
SGHC	1.2 이상 6.0 이하	일반용
SGH 245Y(SGH 340)		구조용
SGH 295Y(SGH 400)		
SGH 335Y(SGH 440)		
SGH 365Y(SGH 490)		
SGH 400Y(SGH 540)		

■ 종류 및 기호(냉연 원판을 사용한 경우)

종류의 기호	적용 표시 두께	적 용
SGCC	0.25 이상 3.2 이하	일반용
SGCH	0.11 이상 1.0 이하	일반 경질용
SGCD1	0.40 이상 2.3 이하	가공용 1종
SGCD2		가공용 2종
SGCD3	0.60 이상 2.3 이하	가공용 3종
SGH 245Y(SGH 340)	0.25 이상 3.2 이하	구조용
SGH 295Y(SGH 400)		
SGH 335Y(SGH 440)		
SGH 365Y(SGH 490)		
SGH 400Y(SGH 540)	0.25 이상 2.0 이하	

■ 도금의 표면 다듬질의 종류 및 기호

도금의 표면 다듬질의 종류	기호	비고
레귤러 스팽글	R	아연 결정이 일반적인 응고 과정에서 생성되어 스팽글을 가진 것
미니마이즈드 스팽글	Z	스팽글을 아주 미세화한 것

3. 냉간 압연 강판 및 강대 KS D 3512 : 2007

■ 종류 및 기호(열연 원판을 사용한 경우)

종류의 기호	적요
SPCC	일반용
SPCD	드로잉용
SPCE	딥드로잉용
SPCF	비시효성 딥드로잉
SPCG	비시효성 초(超) 딥드로잉

■ 조질 구분

조질 구분	조질 기호
어닐링 상태	A
표준 조질	S
1/8 경질	8
1/4 경질	4
1/2 경질	2
경질	1

■ 표면 마무리 구분

표면 마무리 구분	표면 마무리 기호	적요
무광택 마무리 (dull finishing)	D	물리적 또는 화학적으로 표면을 거칠게 한 롤 광택을 없앤 것
광택 마무리 (bright finishing)	B	매끈하게 마무리한 롤로 매끄럽게 마무리한 것

■ 화학성분

단위 : %

종류의 기호	C	Mn	P	S
SPCC	0.15 이하	0.60 이하	0.050 이하	0.050 이하
SPCD	0.12 이하	0.50 이하	0.040 이하	0.040 이하
SPCE	0.10 이하	0.45 이하	0.030 이하	0.030 이하
SPCF	0.08 이하	0.45 이하	0.030 이하	0.030 이하
SPCG	0.02 이하	0.25 이하	0.020 이하	0.020 이하

■ 종류 및 기호(냉연 원판을 사용한 경우)

종류의 기호	적용 표시 두께	적용
SGCC	0.25 이상 3.2 이하	일반용
SGCH	0.11 이상 1.0 이하	일반 경질용
SGCD1	0.40 이상 2.3 이하	가공용 1종
SGCD2		가공용 2종
SGCD3	0.60 이상 2.3 이하	가공용 3종
SGC 340	0.25 이상 3.2 이하	구조용
SGC 400		
SGC 440		
SGC 490		
SGC 570	0.25 이상 2.0 이하	

■ 도금의 표면 다듬질의 종류 및 기호

도금의 표면 다듬질의 종류	기호	비고
레귤러 스팽글	R	아연 결정이 일반적인 응고 과정에서 생성되어 스팽글을 가진 것
미니마이즈드 스팽글	Z	스팽글을 아주 미세화한 것

4. 냉간 압연 전기 주석 도금 강판 및 원판 KS D 3516 : 2007

■ 원판 및 강판의 기호

종류	기호
원판	SPB
강판	ET

■ 주석 부착량

구분(기호)	부착량 표시 기호	호칭 부착량 (g/m^2)
동일 두께 도금(E)	1.0/1.0	1.0/1.0
	1.5/1.5	1.5/1.5
	2.0/2.0	2.0/2.0
	2.8/2.8	2.8/2.8
	5.6/5.6	5.6/5.6
	8.4/8.4	8.4/8.4
	11.2/11.2	11.2/11.2
차등 두께 도금(D)	1.5/1.0	1.5/1.0
	2.0/1.0	2.0/1.0
	2.0/1.5	2.0/1.5
	2.8/1.0	2.8/1.0
	2.8/1.5	2.8/1.5
	2.8/2.0	2.8/2.0
	5.6/1.0	5.6/1.0
	5.6/1.5	5.6/1.5
	5.6/2.0	5.6/2.0
	5.6/2.8	5.6/2.8
	8.4/1.0	8.4/1.0
	8.4/1.5	8.4/1.5
	8.4/2.0	8.4/2.0
	8.4/2.8	8.4/2.8
	8.4/5.6	8.4/5.6
	11.2/1.0	11.2/1.0
	11.2/1.5	11.2/1.5
	11.2/2.0	11.2/2.0
	11.2/2.8	11.2/2.8
	11.2/5.6	11.2/5.6
	11.2/8.4	11.2/8.4

■ 주석 부착량 허용차

단위 : g/m²

주석 부착량(M)	호칭 부착량으로부터 샘플 평균에 대한 허용차
1.0≤M<1.5	−0.25
1.5≤M<2.8	−0.30
2.8≤M<4.1	−0.35
4.1≤M<7.6	−0.50
7.6≤M<10.1	−0.65
10.1≤M	−0.90

5. 자동차 구조용 열간 압연 강판 및 강대 KS D 3519 : 2008

■ 종류의 기호

종류의 기호	적용 두께
SAPH 310	1.6mm 이상 14mm 이하
SAPH 370	
SAPH 400	
SAPH 440	

■ 화학 성분

<table>
<tr><th rowspan="2">종류의 기호</th><th colspan="2">화학 성분 %</th></tr>
<tr><th>P</th><th>S</th></tr>
<tr><td>SAPH 310</td><td rowspan="4">0.040 이하</td><td rowspan="4">0.040 이하</td></tr>
<tr><td>SAPH 370</td></tr>
<tr><td>SAPH 400</td></tr>
<tr><td>SAPH 440</td></tr>
</table>

■ 기계적 성질

<table>
<tr><th rowspan="4">종류의 기호</th><th colspan="11">인장 시험</th><th colspan="4">굴곡 시험</th></tr>
<tr><th rowspan="3">인장 강도 N/mm²</th><th colspan="3" rowspan="2">항복점 N/mm2</th><th colspan="7">연신율 %(압연 방향)</th><th rowspan="3">굽힘 각도</th><th colspan="2" rowspan="2">안쪽 반지름</th><th rowspan="3">시험편</th></tr>
<tr><th colspan="7">5호 시험편</th></tr>
<tr><th>두께 6mm 미만</th><th>두께 6mm 이상 8mm 미만</th><th>두께 8mm 이상 14mm 미만</th><th>두께 1.6mm 이상 2.0mm 미만</th><th>두께 2.0mm 이상 2.5mm 미만</th><th>두께 2.5mm 이상 3.15mm 미만</th><th>두께 3.15mm 이상 4.0mm 미만</th><th>두께 4.0mm 이상 6.3mm 미만</th><th>두께 6.3mm 이상 14mm 이하</th><th>두께 2.0mm 미만</th><th>두께 2.0mm 이상</th></tr>
<tr><td>SAPH 310</td><td>310 이상</td><td>(185) 이상</td><td>(185) 이상</td><td>(185) 이상</td><td>33 이상</td><td>34 이상</td><td>36 이상</td><td>38 이상</td><td>40 이상</td><td>41 이상</td><td>180°</td><td>밀착</td><td>두께의 1.0배</td><td rowspan="4">압연 방향에 직각 방향</td></tr>
<tr><td>SAPH 370</td><td>370 이상</td><td>225 이상</td><td>225 이상</td><td>215 이상</td><td>32 이상</td><td>33 이상</td><td>35 이상</td><td>36 이상</td><td>37 이상</td><td>38 이상</td><td>180°</td><td>두께의 0.5배</td><td>두께의 1.0배</td></tr>
<tr><td>SAPH 400</td><td>400 이상</td><td>255 이상</td><td>235 이상</td><td>235 이상</td><td>31 이상</td><td>32 이상</td><td>34 이상</td><td>35 이상</td><td>36 이상</td><td>37 이상</td><td>180°</td><td>두께의 1.0배</td><td>두께의 1.0배</td></tr>
<tr><td>SAPH 440</td><td>440 이상</td><td>305 이상</td><td>295 이상</td><td>275 이상</td><td>29 이상</td><td>30 이상</td><td>32 이상</td><td>33 이상</td><td>34 이상</td><td>35 이상</td><td>180°</td><td>두께의 1.0배</td><td>두께의 1.5배</td></tr>
</table>

■ 두께의 허용차

단위 : mm

두께	나비			
	1250 미만	1250 이상 1600 미만	1600 이상 2000 미만	2000 이상 2300 미만
1.60 이상 2.00 미만	±0.16	±0.17	±0.18	–
2.00 이상 2.50 미만	±0.17	±0.19	±0.21	–
2.50 이상 3.15 미만	±0.19	±0.21	±0.24	–
3.15 이상 4.00 미만	±0.20	±0.22	±0.26	–
4.00 이상 5.00 미만	±0.25	±0.27	±0.32	±0.37
5.00 이상 6.30 미만	±0.30	±0.32	±0.37	±0.42
6.30 이상 8.00 미만	±0.40	±0.40	±0.45	±0.50
8.00 이상 10.0 미만	±0.45	±0.45	±0.50	±0.55
10.0 이상 12.0 미만	±0.50	±0.50	±0.55	±0.60
12.0 이상 14.0 이하	±0.55	±0.55	±0.60	±0.65

6. 도장 용융 아연 도금 강판 및 강대 KS D 3520 : 2016

■ 종류 및 기호

단위 : mm

종류의 기호	적용하는 표시 두께	적용	도장 원판의 종류의 기호
CGCC	0.25 이상 2.30 이하	일반용	SGCC
CGCH	0.11 이상 1.00 이하	일반경질용	SGCH
CGCD	0.40 이상 2.30 이하	조임용	SGCD1, SGCD2, SGCD3
CGC245Y(CGC340)	0.25 이상 1.60 이하	구조용	SGC245Y(CGC340)
CGC295Y(CGC400)	0.25 이상 1.60 이하		SGC295Y(CGC400)
CGC335Y(CGC440)	0.25 이상 1.60 이하		SGC335Y(CGC440)
CGC365Y(CGC490)	0.25 이상 1.60 이하		SGC365Y(CGC490)
CGC560Y(CGC570)	0.25 이상 1.60 이하		SGC560Y(CGC570)

■ 표면 보호처리의 종류 및 기호

표면 보호 처리의 종류 및 기호	기호
보호 필름	P
왁스	T

참고 종류를 나타내는 기호의 보기

- 일반용 2류 도장 용융 아연 도금 강판, 한 면 보증 CGCC-20
- 일반용을 사용한 지붕용 2류 도장 용융 아연 도금 강판, 양면 보증 CGCCR-22
- 구조용 3류 도장 아연 도금 강판(뒷면 2류), 양면 보증 CGCC400-32
- 일반용을 사용한 지붕용 2류 도장 용융 아연도금 강판제 골판, 한면 보증 CGCCR-20W2

■ 물리적 성질

항목	일반 경질용 (CGCH) 구조용 (CGC570)	일반용, 조임용 (CGCC, CGCD) 구조용(CGC340, CGC400, CGC440, CGC490)	물리적 성질	시험방법의 항목 번호
굽힘 밀착성	−	○	시험편의 나비의 양끝에서 각각 7mm 이상 떨어진 곳의 바깥쪽 표면의 도막이 원판에서 벗겨지지 않아야 한다.	13.2.2
도막 경도	○	○	도막에 긁힌 자국이 생기지 않아야 한다.	13.2.3
내충격성	−	○	도막이 원판에서 벗겨지지 않아야 한다.	13.2.4
밀착성	○	−	도막이 원판에서 벗겨지거나 도막이 찢어지거나 주름이 되는 이상한 부풀어 오름이 생겨서는 안 된다.	13.2.5

■ 표준 나비 및 표준 길이

단위 : mm

표준 나비	판의 표준 길이
762	1829 2134 2438 2743 3048 3353 3658
914	1829 2134 2438 2743 3048 3353 3658
1000	2000
1219	2438 3048 3658

■ 제품 두께의 허용차(도막의 내구성의 종류 기호가 '10', '11', '20' 및 '21'인 경우에 적용한다)

단위 : %

표시 두께	나비		
	630 미만	630 이상 1000 미만	1000 이상 1250 이하
0.25 미만	+0.08 −0.03	+0.08 −0.03	+0.08 −0.03
0.25 이상 0.40 미만	+0.09 −0.04	+0.09 −0.04	+0.09 −0.04
0.40 이상 0.60 미만	+0.10 −0.05	+0.10 −0.05	+0.10 −0.05
0.60 이상 0.80 미만	+0.11 −0.06	+0.11 −0.06	+0.11 −0.06
0.80 이상 1.00 미만	+0.11 −0.06	+0.11 −0.06	+0.12 −0.07
1.00 이상 1.25 미만	+0.12 −0.07	+0.12 −0.07	+0.13 −0.08
1.25 이상 1.60 미만	+0.13 −0.08	+0.14 −0.09	+0.15 −0.10
1.60 이상 2.00 미만	+0.15 −0.10	+0.16 −0.11	+0.17 −0.12
2.00 이상 2.30 미만	+0.17 −0.12	+0.18 −0.13	+0.19 −0.14

■ 제품 두께의 허용차(도막의 내구성의 종류 기호가 '10', '11', '20' 및 '21' 이외의 경우에 적용한다)

단위 : mm

표시 두께	나비		
	630 미만	630 이상~1000 미만	1000 이상~1250 이하
0.25 미만	+0.10 −0.02	+0.10 −0.02	+0.10 −0.02
0.25 이상 0.40 미만	+0.11 −0.03	+0.11 −0.03	+0.11 −0.03
0.40 이상 0.60 미만	+0.12 −0.04	+0.12 −0.04	+0.12 −0.04
0.60 이상 0.80 미만	+0.13 −0.05	+0.13 −0.05	+0.13 −0.05
0.80 이상 1.00 미만	+0.13 −0.05	+0.13 −0.05	+0.14 −0.06
1.00 이상 1.25 미만	+0.14 −0.06	+0.14 −0.06	+0.15 −0.07
1.25 이상 1.60 미만	+0.15 −0.07	+0.16 −0.08	+0.17 −0.09
1.60 이상 2.00 미만	+0.17 −0.09	+0.18 −0.10	+0.19 −0.11
2.00 이상 2.30 미만	+0.19 −0.11	+0.20 −0.12	+0.21 −0.13

■ 상당 도금 두께

두께 : mm

도금의 부착량 표시기호	Z06	Z08	Z10	Z12	Z18	Z20	Z22	Z25	Z27	Z35	Z37	Z45	Z60
상당 도금 두께	0.013	0.017	0.021	0.026	0.034	0.040	0.043	0.049	0.054	0.064	0.067	0.080	0.102

도금의 부착량 표시기호	F04	F06	F08	F10	F12	F18
상당 도금 두께	0.008	0.013	0.017	0.021	0.026	0.034

■ 나비 및 길이의 허용차

단위 : mm

구 분	허용차
나비	+7 0
길이	+15 0

■ 표준 표시 두께

단위 : mm

0.25	0.27	0.30	0.35	0.40	0.50	0.60	0.80	0.90	1.0	1.2	1.4	1.6	1.8.	2.0	2.3

■ 적용 범위

이 규격은 KS D 3506에 규정된 냉간 압연 원판을 사용한 용융 아연 도금 강판 및 강대에 내구성이 있는 합성수지 도료를 양면 또는 한 면에 균일하게 도장, 열처리한 도장 용융 아연 도금 강판 및 강대에 대하여 규정한다. 이 경우, 판은 평판 외에 KS D 3053에 규정된 모양 및 치수의 골판을 포함한다.

7. 전기 아연 도금 강판 및 강대 KS D 3528 : 2014

■ 종류 및 기호(열연 원판을 사용한 경우)

종류의 기호	표시 두께 mm	적 용	
		주된 용도	대응하는 KS 원판의 종류 기호
SEHC	1.6 이상 4.5 이하	일반용	SPHC
SEHD		드로잉용	SPHD
SEHE	1.6 이상 4.5 이하	디프드로잉용	SPHE
SEFH490	1.6 이상 4.5 이하	가공용	SPFH490
SEFH540			SPFH540
SEFH590			SPFH590
SEFH540Y	2.0 이상 4.0 이하	고가공용	SPFH540Y
SEFH590Y			SPFH590Y
SE330	1.6 이상 4.5 이하	일반 구조용	SS330
SE400			SS400
SE490			SS490
SE540			SS540
SEPH310	1.6 이상 4.5 이하	구조용	SAPH310
SEPH370			SAPH370
SEPH400			SAPH400
SEPH440			SAPH440

■ 종류 및 기호(냉연 원판을 사용한 경우)

종류의 기호	표시 두께 mm	적용	
		주된 용도	대응하는 KS 원판의 종류 기호
SECC	0.4 이상 3.2 이하	일반용	SPCC
SECD	0.4 이상 3.2 이하	드로잉용	SPCD
SECE	0.4 이상 3.2 이하	디프드로잉용	SPCE
SEFC340	0.6 이상 2.3 이하	드로잉 가공용	SPFC340
SEFC370			SPFC370
SEFC390	0.6 이상 2.3 이하	가공용	SPFC390
SEFC440			SPFC440
SEFC490			SPFC490
SEFC540			SPFC540
SEFC590			SPFC590
SEFC490Y	0.6 이상 1.6 이하	저항복비형	SPFC490Y
SEFC540Y			SPFC540Y
SEFC590Y			SPFC590Y
SEFC780Y	0.8 이상 1.4 이하		SPFC780Y
SEFC980Y			SPFC980Y
SEFC340H	0.6 이상 1.6 이하	열처리 경화형	SPFC340H

■ 조질 구분

조질 구분	조질 기호
어닐링한 그대로	A
표준 조질	S
$\frac{1}{8}$ 경질	8
$\frac{1}{4}$ 경질	4
$\frac{1}{2}$ 경질	2
경질	1

■ 아연의 최소 부착량

아연의 한 면 부착량 표시 기호	아연의 최소 부착량(한 면) g/m^2		(참고) 아연 표준 부착량(한 면) g/m^2
	동일 두께 도금인 경우	차등 두께 도금인 경우	
ES	–	–	–
EB	2.5	–	3
E8	8.5	8	10
E16	17	16	20
E24	25.5	24	30
E32	34	32	40
E40	42.5	40	50

■ 화성 처리의 종류 및 기호

화성 처리의 종류	기호
무처리	M
크롬산 처리	C
인산염 처리	P

8. 용융 알루미늄 도금 강판 및 강대 KS D 3544 : 2002(2017 확인)

■ 종류 및 기호

종류의 기호	적 용	
	주요 용도	알루미늄 부착량 기호
SAIC	내열용(일반용)	40, 60, 80, 100
SAID	내열용(드로잉용)	
SAIE	내열용(디프 드로잉용)	
SA2C	내후용(일반용)	200

■ 알루미늄 최소 부착량

알루미늄 부착량 기호	40	60	80	100	200
최소 부착량(양면 3점법) g/m^2	40	60	80	100	200

■ 연신율 및 굽힘

종류의 기호	연신율 %			굽 힘	
	두께 mm				
	0.40 이상 0.60 미만	0.60 이상 1.00 미만	1.00 이상	굽힘 각도	굽힘의 안쪽 간격
SAIC	–	–	–	180°	표시 두께의 판 4매
SAID	30 이상	32 이상	34 이상	180°	표시 두께의 판 1매
SAIE	34 이상	36 이상	38 이상	180°	표시 두께의 판 1매
SA2C	–	–	–	180°	표시 두께의 판 4매

■ 표준 두께

단위 : mm

0.40	0.50	0.60	0.70	0.80	0.90	1.0	1.2	1.4	1.6	2.0	2.3

■ 표준 나비 및 표준 길이

단위 : mm

표준 나비	표준 길이
914	1829 2438 3658
1000	2000
1219	2438 3658

■ 두께의 허용차

단위 : mm

종류의 기호	알루미늄 부착량 기호	두 께	나 비	
			1000 미만	1000 이상 1250 미만
SAIC	40	0.40 이상 0.60 미만	±0.07	±0.07
SAID	60	0.60 이상 1.0 미만	±0.10	±0.11
SAIE	80	1.0 이상 1.6 미만	±0.13	±0.14
	100	1.6 이상 2.3 미만	±0.17	±0.18
		2.3 이상	±0.21	±0.22
SA2C	200	0.40 이상 0.60 미만	±0.09	±0.09
		0.60 이상 1.0 미만	±0.12	±0.13
		1.0 이상 1.6 미만	±0.15	±0.16
		1.6 이상 2.3 미만	±0.19	±0.20
		2.3 이상	±0.23	±0.24

■ 나비 및 길이의 허용차

단위 : mm

구 분	허 용 차
나 비	+10 0
길 이	+15 0

■ 무게의 계산 방법

계산 순서		계산 방법	결과의 자리수
원판의 기본 무게 kg/mm · m^2		7.85(두께 1mm, 면적 $1m^2$)	
원판의 단위 무게 kg/m^2		원판의 기본 무게(kg/mm · m^2)×[표시 두께(mm)−무게의 계산에 사용하는 도금 두께(mm)]	유효 숫자 4자리로 끝맺음한다.
판	판의 단위 무게 kg/m^2	원판의 단위 무게(kg/m^2)+무게의 계산에 사용하는 알루미늄 부착량(g/m^2)×10^{-3}	유효 숫자 4자리로 끝맺음하다.
	판의 면적 m^2	나비(mm)×길이(mm)×10^{-6}	유효 숫자 4자리로 끝맺음한다.
	1매의 무게 kg	판의 단위 무게(kg/m^2)×판의 면적(m^2)	유효 숫자 3자리로 끝맺음한다.
	1묶음의 무게 kg	1매의 무게(kg)×동일 치수의 1묶음 내의 매수	kg의 정수로 끝맺음한다.
	총 무게 kg	각 묶음의 무게(kg)의 합계	kg의 정수
코 일	코일의 단위 무게 kg/m	판의 단위 무게(kg/m^2)×나비(mm)×10^{-3}	유효 숫자 3자리로 끝맺음한다.
	1코일의 무게 kg	코일의 단위 무게(kg/m)×길이(m)	kg의 정수로 끝맺음한다.
	총 무게 kg	각 코일의 무게(kg)의 합계	kg의 정수

■ 무게의 계산에 사용하는 도금 두께

단위 : mm

알루미늄 부착량 기호	40	60	80	100	200
무게의 계산에 사용하는 도금 두께	0.022	0.033	0.044	0.056	0.111

■ 무게의 계산에 사용하는 알루미늄 부착량

단위 : g/m^2

알루미늄 부착량 기호	40	60	80	100	200
무게의 계산에 사용하는 알루미늄 부착량	60	90	120	150	300

9. 강관용 열간 압연 탄소 강대 KS D 3555 : 2018

■ 종류의 기호

종류의 기호	적용 두께
HRS	1.2mm 이상 13mm 이하
HRS200	
HRS250	1.6mm 이상 13mm 이하
HRS315	
HRS355	40mm 이하

■ 화학성분

종류의 기호	화학 성분 (%)				
	C	Si	Mn	P	S
HRS	0.10 이하	0.35 이하	0.50 이하	0.040 이하	0.040 이하
HRS200	0.18 이하	0.35 이하	0.60 이하	0.035 이하	0.035 이하
HRS250	0.25 이하	0.35 이하	0.30~0.90	0.035 이하	0.035 이하
HRS315	0.30 이하	0.35 이하	0.30~1.00	0.035 이하	0.035 이하
HRS355	0.24 이하	0.40 이하	1.50 이하	0.040 이하	0.040 이하

■ 기계적 성질

종류의 기호	인장 시험						굽힘 시험			
	인장 강도 N/mm^2 {kgf/mm^2}	연신율 %				시험편	굽힘 각도	안쪽 반지름		시험편
		두께 1.2mm 이상 1.6mm 미만	두께 1.6mm 이상 3.0mm 미만	두께 3.0mm 이상 6.0mm 미만	두께 6.0mm 이상 13mm 미만			두께 3.0mm 이하	두께 3.0mm 초과 13mm 이하	
HRS	270 이상 {28} 이상	30 이상	32 이상	35 이상	37 이상	5호 압연 방향	180°	밀착	두께의 0.5배	3호 압연 방향
HRS200	340 이상 {35} 이상	25 이상	27 이상	30 이상	32 이상		180°	두께의 1.0배	두께의 1.5배	
HRS250	410 이상 {42} 이상	20 이상	22 이상	25 이상	27 이상		180°	두께의 1.5배	두께의 2.0배	
HRS315	490 이상 {50} 이상	15 이상	18 이상	20 이상	22 이상		180°	두께의 1.5배	두께의 2.0배	

■ 두께의 허용차

단위 : mm

두께	나비						
	630 미만	630 이상 800 미만	800 이상 1000 미만	1000 이상 1250 미만	1250이상 1600미만	1600이상 2000미만	2000이상 2300이하
1.25 미만	± 0.14	± 0.14	± 0.14	± 0.15	± 0.16	–	–
1.25 이상 1.60 미만	± 0.15	± 0.15	± 0.15	± 0.16	± 0.17	–	–
1.60 이상 2.00 미만	± 0.16	± 0.17	± 0.18	± 0.19	± 0.20	± 0.21	–
2.00 이상 2.50 미만	± 0.18	± 0.20	± 0.21	± 0.22	± 0.23	± 0.25	–
2.50 이상 3.15 미만	± 0.20	± 0.23	± 0.24	± 0.25	± 0.27	± 0.30	± 0.35
3.15 이상 4.00 미만	± 0.23	± 0.26	± 0.27	± 0.28	± 0.31	± 0.35	± 0.40
4.00 이상 5.00 미만	± 0.27	± 0.29	± 0.30	± 0.32	± 0.35	± 0.40	± 0.45
5.00 이상 6.00 미만	± 0.32	± 0.32	± 0.33	± 0.36	± 0.40	± 0.45	± 0.50
6.00 이상 8.00 미만	± 0.45	± 0.45	± 0.45	± 0.45	± 0.50	± 0.55	± 0.60
8.00 이상 13.0 미만	± 0.55	± 0.55	± 0.55	± 0.55	± 0.60	± 0.65	± 0.70

10. 자동차용 가공성 열간 압연 고장력 강판 및 강대 KS D 3616(폐지)

■ 종류의 기호

종류의 기호		적용 두께 mm	비 고
SI 단위	종래 단위(참고)		
SPFH 490	SPFH 50	1.6 이상 6.0 이하	가공용
SPFH 540	SPFH 55		
SPFH 590	SPFH 60		
SPFH 540Y	SPFH 55Y	2.0 이상 4.0 이하	고가공용
SPFH 590Y	SPFH 60Y		

■ 기계적 성질

종류의 기호	인장강도 N/mm^2	항복점 또는 항복강도 N/mm^2	연신율 (%) 두께 mm 1.0 이상 2.0 미만	2.0 이상 2.5 미만	2.5 이상 3.25 미만	3.25 이상 6.0 이하	시험편	굽힘성 굽힘 각도	안쪽 반지름 두께 mm 1.6 이상 3.25 미만	3.25 이상 6.0 이하	시험편
SPFH 490	490 이상	325 이상	22 이상	23 이상	24 이상	25 이상	5호 압연 방향에 직각	180°	두께의 0.5배	두께의 1.0배	압연 방향에 직각
SPFH 540	540 이상	355 이상	21 이상	22 이상	23 이상	24 이상			두께의 1.0배	두께의 1.5배	
SPFH 590	590 이상	420 이상	19 이상	20 이상	21 이상	22 이상			두께의 1.5배	두께의 1.5배	
SPFH 540Y	540 이상	295 이상	–	24 이상	25 이상	26 이상			두께의 1.0배	두께의 1.5배	
SPFH 590Y	590 이상	325 이상	–	22 이상	23 이상	24 이상			두께의 1.5배	두께의 1.5배	

■ 표준 두께

단위 : mm

표준 두께								
	1.6	1.8	2.0	2.3	2.5	2.6	2.8	2.9
	3.2	3.6	4.0	4.5	5.0	5.6	6.0	

■ 두께의 허용차

단위 : mm

두께 \ 나비	1200 미만	1200 이상 1500 미만	1500 이상 1800 미만	1800 이상 2160 미만
1.60 이상 2.00 미만	±0.16	±0.19	±0.20(1)	–
2.00 이상 2.50 미만	±0.18	±0.22	±0.23(1)	–
2.50 이상 3.15 미만	±0.20	±0.24	±0.26(1)	–
3.15 이상 4.00 미만	±0.23	±0.26	±0.28	±0.30
4.00 이상 5.00 미만	±0.26	±0.29	±0.31	±0.32
5.00 이상 6.00 미만	±0.29	±0.31	±0.32	±0.34
6.00	±0.32	±0.33	±0.34	±0.38

[주] (1) 나비 1600mm 미만에 대하여 적용한다.

■ 나비의 허용차

단위 : mm

나비	두께	허용차			
		밀 에지		컷 에지	
		압연한 그대로의 강판(귀붙이 강판)	강대 및 강대로부터의 절판	+	−
400 이상 630 미만	3.15 미만	+ 규정하지 않음. 0	+20 0	10	0
	3.15 이상 6.00 미만			10	
	6.00			10	
630 이상 1000 미만	3.15 미만	+ 규정하지 않음 0	+25 0	10	0
	3.15 이상 6.00 미만			10	
	6.00			10	
1000 이상 1250 미만	3.15 미만	+ 규정하지 않음 0	+30 0	10	0
	3.15 이상 6.00 미만			10	
	6.00			15	
1250 이상 1600 미만	3.15 미만	+ 규정하지 않음 0	+35 0	10	0
	3.15 이상 6.00 미만			10	
	6.00			15	
1600 이상	3.15 미만	+ 규정하지 않음 0	+40 0	10	0
	3.15 이상 6.00 미만			10	
	6.00			1.2%	

■ 강판 길이의 허용차

단위 : mm

길이 구분	허용차
6300 미만	+25 0
6300 이상	+0.5% 0

■ 강판 평탄도의 최대값

단위 : mm

종류의 기호		두 께	나 비 1250미만	나 비 1250 이상 1600 미만	나 비 1600 이상 2000 미만	나 비 2000 이상
가 공 용	SPFH 490	1.6 이상 4.0 미만	16	18	20	−
	SPFH 540	4.0 이상 6.0 이하	14	16	18	22
	SPFH 590	1.6 이상 4.0 미만	20	22	24	−
		4.0 이상 6.0 이하	18	20	22	26
고가공용	SPFH 540Y	2.0 이상 4.0 이하	22	−	−	−
	SPFH 590Y					

11. 자동차용 냉간 압연 고장력 강판 및 강대 KS D 3617(폐지)

■ 종류의 기호

종류의 기호	적용 두께(mm)	비 고
SPFC 340	0.6 이상 2.3 이하	드로잉용
SPFC 370		
SPFC 390	0.6 이상 2.3 이하	가공용
SPFC 440		
SPFC 490		
SPFC 540		
SPFC 590		
SPFC 490Y	0.6 이상 1.6 이하	저항복 비형
SPFC 540Y		
SPFC 590Y		
SPFC 780Y	0.8 이상 1.4 이하	
SPFC 980Y		
SPFC 340H	0.6 이상 1.6 이하	베이커 경화형

■ 기계적 성질

종류의 기호	인장 강도 N/mm^2	항복 강도 또는 항복점 N/mm^2	연 신 율 % 두 께 mm 0.6 이상 1.0 미만	연 신 율 % 두 께 mm 1.0 이상 2.3 이하	베이커 경화량 N/mm^2	시험편	굽힘성 굽힘각도	굽힘성 굽힘의 안쪽 반지름	굽힘성 시험편
SPFC 340	343 이상	177 이상	34 이상	35 이상	–	KS 5호 압연 방향으로 직각	180°	밀 착	압연 방향으로 직각
SPFC 370	373 이상	206 이상	32 이상	33 이상	–			밀 착	
SPFC 390	392 이상	235 이상	30 이상	31 이상	–			밀 착	
SPFC 440	441 이상	265 이상	26 이상	27 이상	–			밀 착	
SPFC 490	490 이상	294 이상	23 이상	24 이상	–			밀 착	
SPFC 540	539 이상	324 이상	20 이상	21 이상	–			두께의 0.5배	
SPFC 590	588 이상	353 이상	17 이상	18 이상	–			두께의 1.0배	
SPFC 490Y	490 이상	226 이상	24 이상	25 이상	–			밀 착	
SPFC 540Y	539 이상	245 이상	21 이상	22 이상	–			두께의 0.5배	
SPFC 590Y	588 이상	265 이상	18 이상	19 이상	–			두께의 1.0배	
SPFC 780Y	785 이상	363 이상	13 이상	14 이상	–			두께의 3.0배	
SPFC 980Y	981 이상	490 이상	6 이상	7 이상	–			두께의 4.0배	
SPFC 340H	343 이상	186 이상	34 이상	35 이상	29 이상			밀 착	

■ 표준 두께

단위 : mm

표준 두께							
	0.6	(0.65)	0.7	(0.75)	0.8	0.9	1.0
	1.2	1.4	1.6	1.8	2.0	2.3	

■ 두께의 허용차

단위 : mm

인장 강도에 따른 적용 구분	두께 \ 나비	630 미만	630 이상 1000 미만	1000 이상 1250 미만	1250 이상 1600 미만	1600 이상
인장 강도의 규격하한이 785 N/mm² 미만의 것	0.60 이상 0.80 미만	±0.06	±0.06	±0.06	±0.07	±0.08
	0.80 이상 1.00 미만	±0.07	±0.07	±0.08	±0.09	±0.10
	1.00 이상 1.25 미만	±0.08	±0.08	±0.09	±0.10	±0.12
	1.25 이상 1.60 미만	±0.09	±0.10	±0.11	±0.12	±0.14
	1.60 이상 2.00 미만	±0.10	±0.11	±0.12	±0.14	±0.16
	2.00 이상 2.30 이하	±0.12	±0.13	±0.14	±0.16	±0.18
인장 강도의 규격하한이 785 N/mm² 이상의 것	0.80 이상 1.00 미만	±0.09			±0.10	–
	1.00 이상 1.25 미만	±0.10			±0.12	–
	1.25 이상 1.40 이하	±0.12			±0.15	–

■ 나비의 허용차

단위 : mm

나 비	허 용 차
1250 미만	+7 0
1250 이상	+10 0

■ 강판의 길이의 허용차

단위 : mm

길 이	허 용 차
2000 미만	+10 0
2000 이상 4000 미만	+15 0
4000 이상 6000 이하	+20 0

■ 강판 평탄도의 최대값

단위 : mm

변형의종류	휨 · 물결			바깥쪽 늘어남			안쪽 늘어남		
나비 \ 등 급	1	2	3	1	2	3	1	2	3
1000 미만	12	16	18	8	11	12	6	8	9
1000 이상 1250 미만	15	19	21	10	12	13	8	10	11
1250 이상 1600 미만	15	19	21	12	14	15	9	11	12
1600 이상	20	–	–	14	–	–	10	–	–

■ 가로휨의 최대값

단위 : mm

인장 강도에 따른 적용 구분	강판, 강대의 구별 / 나 비	강 판		강 대
		길이 2000 미만	길이 2000 이상	
인장 강도의 규격 하한이 785 N/mm^2 미만	630 미만	4	임의의 길이 2000에 대해서 4	
	630 이상	2	임의의 길이 2000에 대해서 2	
인장 강도의 규격 하한이 785 N/mm^2 이상	630 미만	4	임의의 길이 2000에 대해서 4	
	630 이상	3	임의의 길이 2000에 대해서 3	

■ 무게의 계산 방법

계산 순서	계산 방법	결과의 자리수
기본 무게 kg/mm · m^2	7.85(두께 1mm 면적 1m^{2}의 무게)	-
단위 무게 kg/m^2	기본 무게(kg/mm · m^2)×두께(mm)	유효 숫자 4자리로 끝맺음
판의 면적 m^2	나비(m)×길이(m)	유효 숫자 4자리로 끝맺음
1매의 무게 kg	단위 무게(kg/m^2)×면적(m^2)	유효 숫자 3자리로 끝맺음
1묶음의 무게 kg	1매의 무게(kg)×같은 치수의 한 묶음의 매수	kg의 정수값으로 끝맺음
총무게 kg	각 묶음 무게의 합계	kg의 정수값

12. 용융 55% 알루미늄 아연합금 도금 강판 및 강대 KS D 3770 : 2007

■ 종류 및 기호(열연 원판을 사용한 경우)

단위 : mm

종류의 기호	적용하는 표시 두께	적용
SGLHC	1.6 이상 2.3 이하	일반용
SGLH400	1.6 이상 2.3 이하	구조용
SGLH440		
SGLH490		
SGLH540		

■ 종류 및 기호(냉연 원판을 사용한 경우)

단위 : mm

종류의 기호	적용하는 표시 두께	적용
SGLCC	0.25 이상 2.3 이하	일반용
SGLCD	0.40 이상 1.6 이하	조임용
SGLCDD	0.40 이상 1.6 이하	심조임용 1종
SGLC400	0.25 이상 2.3 이하	구조용
SGLC440	0.25 이상 2.3 이하	구조용
SGLC490	0.25 이상 2.3 이하	구조용
SGLC570	0.25 이상 2.0 이하	구조용

■ 화학 성분(열연 원판을 사용한 경우)

단위 : %

종류의 기호	C	Mn	P	S
SGLHC	0.15 이하	0.80 이하	0.05 이하	0.05 이하
SGLH400	0.25 이하	1.70 이하	0.20 이하	0.05 이하
SGLH440	0.25 이하	2.00 이하	0.20 이하	0.05 이하
SGLH490	0.30 이하	2.00 이하	0.20 이하	0.05 이하
SGLH540	0.30 이하	2.50 이하	0.20 이하	0.05 이하

■ 화학성분(냉연 원판을 사용한 경우)

단위 : %

종류의 기호	C	Mn	P	S
SGLCC	0.15 이하	0.80 이하	0.05 이하	0.05 이하
SGLCD	0.10 이하	0.45 이하	0.03 이하	0.03 이하
SGLCDD	0.08 이하	0.45 이하	0.03 이하	0.03 이하
SGLC400	0.25 이하	1.70 이하	0.20 이하	0.05 이하
SGLC440	0.25 이하	2.00 이하	0.20 이하	0.05 이하
SGLC490	0.30 이하	2.00 이하	0.20 이하	0.05 이하
SGLC570	0.30 이하	2.00 이하	0.20 이하	0.05 이하

■ 양면 같은 두께 도금의 양면 최소 부착량(양면의 합계)

단위 : g/m^2(양면)

도금의 부착량 표시 기호	3점 평균 최소 부착량	1점 최소 부착량
(AZ70)	(70)	(60)
AZ90	90	76
AZ120	120	102
AZ150	150	130
AZ170	170	145
(AZ185)	185	160
(AZ200)	(200)	(170)

■ 화성 처리의 종류 및 기호

화성 처리의 종류	기호
크롬산 처리	C
무처리	M

■ 도유의 종류 및 기호

도유의 종류	기호
도유	○
무도유	×

■ 적용하는 기계적 성질

종류의 기호	굽힘성	항복점 또는 항복강도, 인장강도 및 연신율
SGLHC	○	–
SGLH400	○	○
SGLH440	–	○
SGLH490	○	○
SGLH540	–	○
SGLCC	○	–
SGLCD	○	○
SGLCDD	○	○
SGLC400	○	○
SGLC440	○	○
SGLC490	○	○
SGLC570	–	○

13. 용융 아연 5% 알루미늄 합금 도금 강판 및 강대 KS D 3771(폐지)

■ 종류 및 기호(열연 원판을 사용한 경우)

종류의 기호	적용하는 표시 두께 mm	적용
SZAHC	1.6 이상 2.3 이하	일반용
SZAH 340		구조용
SZAH 400		
SZAH 440		
SZAH 490		
SZAH 540		

■ 종류 및 기호(냉연 원판을 사용한 경우)

종류의 기호	적용하는 표시 두께 mm	적용
SZACC	0.25 이상 2.3 이하	일반용
SZACH	0.25 이상 1.0 이하	일반경질용
SZACD 1	0.40 이상 2.3 이하	조임용 1종
SZACD 2		조임용 2종
SZACD 3	0.60 이상 2.3 이하	조임용 3종
SZAC 340	0.25 이상 2.3 이하	구조용
SZAC 400		
SZAC 440		
SZAC 490		
SZAC 570	0.25 이상 2.0 이하	

■ 화학 성분(열연 원판을 사용한 경우)

종류의 기호	화학 성분 %			
	C	Mn	P	S
SZAHC	0.15 이하	0.80 이하	0.05 이하	0.05 이하
SZAH 340	0.25 이하	1.70 이하	0.20 이하	0.05 이하
SZAH 400	0.25 이하	1.70 이하	0.20 이하	0.05 이하
SZAH 440	0.25 이하	2.00 이하	0.20 이하	0.05 이하
SZAH 490	0.30 이하	2.00 이하	0.20 이하	0.05 이하
SZAH 540	0.30 이하	2.50 이하	0.20 이하	0.05 이하

■ 화학 성분(냉연 원판을 사용한 경우)

종류의 기호	화학 성분 %			
	C	Mn	P	S
SZACC	0.15 이하	0.80 이하	0.05 이하	0.05 이하
SZACH	0.18 이하	1.20 이하	0.08 이하	0.05 이하
SZACD 1	0.12 이하	0.60 이하	0.04 이하	0.04 이하
SZACD 2	0.10 이하	0.45 이하	0.03 이하	0.03 이하
SZACD 3	0.08 이하	0.45 이하	0.03 이하	0.03 이하
SZAC 340	0.25 이하	1.70 이하	0.20 이하	0.05 이하
SZAC 400	0.25 이하	1.70 이하	0.20 이하	0.05 이하
SZAC 440	0.25 이하	2.00 이하	0.20 이하	0.05 이하
SZAC 490	0.30 이하	2.00 이하	0.20 이하	0.05 이하
SZAC 570	0.30 이하	2.00 이하	0.20 이하	0.05 이하

14. 도장 용융 55% 알루미늄 - 아연 합금 도금 강판 및 강대 KS D 3862 : 2018

■ 종류 및 기호

종류의 기호	적용하는 표시 두께 mm	적용	도장 원판의 종류 기호
CGLCC	0.25 이상 2.3 이하	일반용	SGLCC
CGLCD	0.40 이상 1.6 이하	가공용	SGLCD, SGLCDD
CGLC 400	0.25 이상 1.6 이하	구조용	SGLC 400
CGLC 440	0.25 이상 1.6 이하		SGLC 440
CGLC 490	0.25 이상 1.6 이하		SGLC 490
CGLC 570	0.25 이상 1.6 이하		SGLC 570

■ 표면 보호처리의 종류 및 기호

표면 보호처리의 종류	기호
보호 필름	P
왁스	T

15. 경도에 따른 냉간 가공 탄소 강판 KS D ISO 5954(폐지)

■ 종류 및 기호

강 종	화학 성분 %			
	C	Mn	P	S
CRH-50	0.15 이하	0.60 이하	0.15 이하	0.05 이하
CRH-60	0.25 이하	0.60 이하	0.15 이하	0.05 이하
CRH-70	0.25 이하	0.60 이하	0.15 이하	0.05 이하
CRH-	0.25 이하	0.60 이하	0.15 이하	0.05 이하

■ 경도 범위

강 종	경 도 범 위	
	HRB	HR30T
CRH-50	50/70	50/6.25
CRH-60	60/75	56.5/67
CRH-70	70/85	62.5/75
CRH-	제조자와 구매자 합의에 따른다.	

[주] HRB : 1mm 이상 두께
HR30T : 1mm 미만 두께

■ 용어의 정의

- 냉간 압연 탄소강판 : 스케일을 제거한 열간압연 강판을 요구 두께까지 냉간가공하고 입자 구조를 재결정시키기 위한 어닐링 처리를 하여 얻은 제품. 제품은 일반적으로 스킨 패스한 상태로 공급한다.
- 스킨 패스 : 제품을 약간 냉간 압연한 상태로 다음 중 하나 이상의 목적을 달성하기 위하여 한다.
  ① 외관의 코일 파손, 연신 변형 및 주름의 최소화
  ② 모양 조절
  ③ 요구된 표면 마무리

6-10 철도용 레일

1. 경량 레일 KS R 9101 : 2002(2017 확인)

■ 종류 및 기호

종 류	기 호	비 고
		단위 질량 kg/m
6kg 레일	6	5.98
9kg 레일	9	8.94
10kg 레일	10	10.1
12kg 레일	12	12.2
15kg 레일	15	15.2
20kg 레일	20	19.8
22kg 레일	22	22.3

비고 10kg 레일은 될 수 있는 한 사용하지 않는다.

■ 화학성분

종 류	화학 성분 %				
	C	Si	Mn	P	S
6kg, 9kg, 10kg, 12kg, 15kg, 및 20kg 레일	0.40~0.60	0.40 이하	0.50~0.90	0.045 이하	0.050 이하
22kg 레일	0.45~0.65				

■ 기계적 성질

종 류	인장 강도 N/mm^2	연 신 율 %
6kg, 9kg, 10kg, 12kg, 15kg, 및 20kg 레일	569 이상	12 이상
22kg 레일	637 이상	10 이상

■ 표준 길이

단위 : m

종 류	표준 길이	비 고
		짧은 길이
6kg 레일	5.5	5
9kg 레일		4.5
10kg 레일		
12kg 레일	10.0	9
15kg 레일		8
20kg 레일		7
22kg 레일		6

■ 치수 허용차

단위 : mm

항 목 \ 종 류		6kg, 9kg, 10kg, 12kg, 15kg, 및 20kg 레일	22kg 레일
길이	5.5m 이하	±12	–
	6.0~10.0m	±18	±7.0
높 이		±1.5	+1.0 −0.5
머리부의 나비		±1.0	+1.0 −0.5
복부의 나비		–	+1.0 −0.5
밑부분의 나비		±2.0	±2.0
이음매 구멍의 지름		±1.0	±0.5
이음매 구멍의 위치		±1.0	±0.8

2. 보통 레일 KS R 9106 : 2006

■ 레일의 종류

레일의 종류	기호	적요	
		계산 무게 (kg/m)	이음매 구멍
30kg 레일	30A	30.1	있다
			없다
37kg 레일	37A	37.2	있다
			없다
40kgN 레일	40N	40.9	있다
			없다
50kg 레일	50PS	50.4	있다
			없다
50kgN 레일	50N	50.4	있다
			없다
60kg 레일	60	60.8	있다
			없다
60kg KR 레일	KR60	60.7	있다
			없다

비고 40kgN 레일 및 50kgN 레일을 총칭하여 'N레일'로 부른다.

■ 화학 성분

레일의 종류	화학 성분 (%)				
	C	Si	Mn	P	S
30kg 레일	0.50~0.70	0.10~0.35	0.60~0.95	0.045 이하	0.050 이하
37kg 레일	0.55~0.70				
50kgN 레일	0.60~0.75				
40kgN 레일	0.63~0.75				
50kgN 레일	0.63~0.75	0.15~0.30	0.70~1.10	0.030 이하	0.025 이하
60kg 레일					
60kg KR 레일					

■ 기계적 성질

레일의 종류	인장강도 N/mm^2	연신율 %	브리넬 경도
30kg 레일	690 이상	9 이상	–
37kg 레일			
50kg 레일	710 이상	8 이상	HB 235 이상
40kgN 레일	800 이상	10 이상	
50kgN 레일			
60kg 레일			
60kg KR 레일			

■ 표준 길이

레일의 종류	표준 길이
30kg 레일	10
37kg 레일	25
50kg 레일	
40kgN 레일	
50kgN 레일	25, 50
60kg 레일	
60kg KR 레일	

■ 용어 정의

- 연속 주조 : 레이들을 주입하면서 연속적으로 응고시켜서 장대한 주조 강편을 제조하는 것
- 연연속 주조 : 2 이상의 레이들을 끊어짐없이 계속해서 주입하는 연속 주조
- 스트랜드 : 연속 주조에서 주형, 주편 지지롤, 냉각대 드로잉롤 및 절단 장치의 총칭

■ 레일의 치수 허용차 및 기하 공차

단위 : mm

항목		레일의 종류			
		30kg 레일	37kg 레일 50kg 레일	40 kgN 레일 50 kgN 레일	60 kg 레일 60kgKR 레일
길이	12.5m 이하의 레일	±7.0		–	–
	12.5m 초과 25m 미만의 레일	–	±10.0	–	–
	25m의 레일	–	±10.0	+10.0 – 5.0	+10.0 – 3.0
	50m의 레일	–		+25.0 0.0	+25.0 0.0
높이		+1.0 −0.5			
머리부의 너비		+1.0 −0.5			+0.8 −0.5
복부의 너비		+1.0 −0.5			
밑바닥부의 전체 너비 및 밑바닥부의 각 다리의 너비		±1.0			±0.8
밑바닥부에 대한 수직 중심축의 머리 꼭지부의 흔들림		1.0			0.5
직각 절단차		1.0			0.5
이음매 구멍의 지름		±0.5			
이음매 구멍의 위치		±0.8		±0.5	
표준 이음 덮개판을 대었을 경우의 레일의 간격	바깥 방향[1]	2.0		1.5	
	안 방향[1]	1.0		0.5	
레일의 굽음 (10m당)	윗방향[2] 좌우	15.0	10.0		
	아랫방향[2]	–	10.0		
레일 끝부분의 굽음 (1.5m당)	좌우	1.0			0.5
	윗방향[2]	1.2		1.0	0.7
	아랫방향[2]	0.8		0.3	0.0
레일의 비틀림		–		2.0	1.0
상도 R19 곡면 내의 형판의 떨어짐		–			0.3
레일 밑바닥부의 평면도		–			0.4

[주] [1] 바깥 방향이란, 정규 위치에서 바깥쪽으로 눌려서 나오는 상태를 말하고 안 방향이란, 안쪽으로 들어가는 상태를 말한다.
[2] 윗방향이란, 레일 머리부가 오목하게 굽어 있는 상태를 말하고, 아랫방향이란, 레일 머리부가 볼록하게 굽어 있는 상태를 말한다.

■ 표면 흠의 허용 기준

종류	부위	허용기준
선형 흠	머리부	$D < 0.4$mm
	바닥면	
	기타	$D < 0.6$mm
떨어짐 흠 압착 흠	머리부	$D < 0.4$mm 다만, $0.4 \leqq D < 0.6$mm일 때는 $S < 150$mm^{2}이면 가능
	기타	$D < 0.4$mm 다만, $0.4 \leqq D < 0.6$mm일 때는 $S < 200$mm^{2}이면 가능
접힘 흠 긁힘 흠	머리부	$D < 0.4$mm
	바닥면	
	기타	$D < 0.6$mm
캘리버 흠	머리부	$H < 0.4$mm
	바닥면	
	상 · 하 머리부	$H < 0.6$mm

비고 기호 D는 깊이, S는 표면적, H는 맞물림 높이를 말한다.

3. 열처리 레일 KS R 9110 : 2002(2017 확인)

■ 종류 및 기호

종 류		기호	참 고
레일 종류에 따른 구분	경화층의 경도에 따른 구분		대응되는 보통 레일 KS R 9106
40kgN 열처리 레일	HH340	40N－HH340	40kgN 레일
50kg 열처리 레일	HH340	50－HH340	50kg 레일
	HH370	50－HH370	
50kgN 열처리 레일	HH340	50N－HH340	50kgN 레일
	HH370	50N－HH370	
60kg 열처리 레일	HH340	60－HH340	60kg 레일
	HH370	60－HH370	

■ 화학 성분

단위 : %

종류	화학 성분						
	C	Si	Mn	P	S	Cr	V
HH340	0.72~0.82	0.10~0.55	0.70~1.10	0.030 이하	0.020 이하	0.20 이하	*0.03 이하
HH370	0.72~0.82	0.10~0.65	0.80~1.20	0.030 이하	0.020 이하	0.25 이하	*0.03 이하

비고 *는 필요에 따라 첨가한다.

■ 기계적 성질

종 류	인장 강도 N/mm^2	연 신 율 %
HH340	1080 이상	8 이상
HH370	1130 이상	8 이상

■ 머리 부분 표면 경도

종 류	쇼어 경도 HSC
HH340	47~53
HH370	49~56

■ 단면 경화층의 경도

종 류	비커스 경도 HV	
	게이지 코너 A점	머리부의 중심선 B점
HH340	311 이상	311 이상
HH370	331 이상	331 이상

■ 치수 허용차 및 기하 공차

항 목			레일의 종류		
			50kg	40kgN 50kgN	60kg
길 이			+10.0mm −7.0mm		+10.0mm −5.0mm
직각 절단차			1.5mm		
전길이 굽음			전 길이당 5mm 이하		
부분 굽음	중앙부의 굽음		2.0m 당 1.0mm 이하		
	끝부분의 굽음 (1.5m당 우측값 이하)	좌 우	1.0mm		0.5mm
		윗 방 향	1.0mm		0.7mm
		아랫방향	0.3mm		0.0mm
레일의 비틀림			–	2mm 이하	1mm 이하

■ 표면 흠의 허용 기준

종 류	부 위	허용 기준
선모양 흠	머리부 밑면	$D < 0.4$mm
	기 타	$D < 0.6$mm
스캐브 흠 압착흠	머리부	$D < 0.4$mm 다만, $0.4 \leq D < 0.6$mm일 때는 $S < 150$mm^{2}이면 가능
	기 타	$D < 0.4$mm 다만, $0.4 \leq D < 0.6$mm일 때는 $S < 200$mm^{2}이면 가능
접은 자국 흠 긁힌흠	머리부 밑면	$D < 0.4$mm
	기타	$D < 0.6$mm
캘리버 흠	머리부 밑면	$H < 0.4$mm
	상 · 하 목부	$H < 0.6$mm

비고 기호 D는 깊이, S는 표면적, H는 물림 높이를 말한다.

4. 철도 차량용 차축 KS R 9220 : 2009

■ 종류의 기호

종류의 기호	용 도
RSA 1	동축 및 종축(객화차 롤러 베어링 축, 디젤 동차축, 디젤 기관차축 및 전기 동차축)
RSA 2	

■ 차축의 열처리

종류의 기호	열처리
RSA 1	노멀라이징 또는 노멀라이징-템퍼링
RSA 2	퀜칭-템퍼링

■ 차축의 화학 성분

성 분	C %	Si %	Mn %	P %	S %	H ppm	O ppm
함유량	0.35~0.48	0.15~0.40	0.40~0.85	0.035 이하	0.040 이하	2.5 이하	40 이하

■ 차축의 기계적 성질

종류의 기호	항복점 N/mm^2	인장 강도 N/mm^2	연신율 %	단면 수축률 %	굽힘 시험		충격 시험
					굽힘 각도	안쪽 반지름 mm	샤르피 흡수 에너지 J
RSA 1	300 이상	590 이상	20 이상	30 이상	180°	22	31 이상
RSA 2	350 이상	640 이상	23 이상	45 이상	180°	16	39 이상

CHAPTER 07

비철 데이터

7-1 신동품

1. 구리 및 구리합금 봉 KS D 5101 : 2015

■ 종류 및 기호

6종류		기호	참고	
합금 번호	제조 방법		명칭	특색 및 용도 보기
C 1020	압출	C 1020 BE	무산소동	전기 · 열의 전도성, 전연성이 우수하고, 용접성 · 내식성 · 내후성이 좋다. 환원성 분위기 속에서 고온으로 가열하여도 수소 취화를 일으킬 염려가 없다. 전기용, 화학 공업용 등
	인발	C 1020 BD		
	단조	C 1020 BF		
C 1100	압출	C 1100 BE	타프피치동	전기 · 열의 전도성이 우수하고, 전연성 · 내식성 · 내후성이 좋다. 전기 부품, 화학 공업용 등
	인발	C 1100 BD		
	단조	C 1100 BF		
C 1201	압출	C 1201 BE	인탈산동	전연성 · 용접성 · 내식성 · 내후성 및 열의 전도성이 좋다. C 1220은 환원성 분위기 속에서 고온으로 가열하여도 수소 취화를 일으킬 염려가 없다. C1201은 C 1220보다 전기의 전도성이 좋다. 용접용, 화학 공업용 등
	인발	C 1201 BD		
C 1220	압출	C 1220 BE		
	인발	C 1220 BD		
C 2600	압출	C 2600 BE	황동	냉간 단조성 · 전조성이 좋다. 기계 부품, 전기 부품 등
	인발	C 2600 BD		
C 2700	압출	C 2700 BE		
	인발	C 2700 BD		
C 2745	압출	C 2745 BE		열간 가공성이 좋다. 기계 부품, 전기 부품 등
	인발	C 2745 BD		
C 2800	압출	C 2800 BE		
	인발	C 2800 BD		
C 3533	압출	C 3533 BE	내식 황동	네이벌 황동보다 내식성이 우수하다. 수도꼭지, 밸브 등
	인발	C 3533 BD		
C 3601	인발	C 3601 BD	쾌삭 황동	절삭성이 우수하다. C 3601, C 3602는 전연성도 좋다. 볼트, 너트, 작은 나사, 스핀들, 기어, 밸브, 라이터 · 시계 · 카메라 부품 등
C 3602	압출	C 3602 BE		
	인발	C 3602 BD		
	단조	C 3602 BF		
C 3603	인발	C 3603 BD		
C 3604	압출	C 3604 BE		
	인발	C 3604 BD		
	단조	C 3604 BF		
C 3605	압출	C 3605 BE		
	인발	C 3605 BD		
C 3712	압출	C 3712 BE	단조 황동	열간 단조성이 좋고, 정밀 단조에 적합하다. 기계 부품 등
	인발	C 3712 BD		
	단조	C 3712 BF		
C 3771	압출	C 3771 BE		열간 단조성과 피절삭성이 좋다. 밸브, 기계 부품 등
	인발	C 3771 BD		
	단조	C 3771 BF		

종류		기호	참고	
합금 번호	제조 방법		명칭	특색 및 용도 보기
C 4622	압출	C 4622 BE	네이벌 황동	내식성, 특히 내해수성이 좋다. 선박용 부품, 샤프트 등
	인발	C 4622 BD		
	단조	C 4622 BF		
C 4641	압출	C 4641 BE		
	인발	C 4641 BD		
	단조	C 4641 BF		
C 4860	압출	C 4860 BE	내식 황동	네이벌 황동보다 내식성이 우수한 환경 소재이다. 수도꼭지, 밸브, 선박용 부품 등
	인발	C 4860 BD		
C 4926	압출	C 4926 BE	무연 황동	납이 없는 쾌삭 황동으로 환경 소재이다. 전기전자 부품, 자동차 부품, 정밀가공용
	인발	C 4926 BD		
C 4934	압출	C 4934 BE	무연내식 황동	납이 없고, 내식성이 우수한 쾌삭 황동으로 환경 소재이다. 수도꼭지, 밸브 등
	인발	C 4934 BD		
C 6161	압출	C 6161 BE	알루미늄 청동	강도가 높고, 내마모성, 내식성이 좋다. 차량 기계용, 화학 공업용, 선박용의 기어 피니언 · 샤프트 · 부시 등
	인발	C 6161 BD		
C 6191	압출	C 6191 BE		
	인발	C 6191 BD		
C 6241	압출	C 6241 BE		
	인발	C 6241 BD		
C 6782	압출	C 6782 BE	고강도 황동	강도가 높고, 열간 단조성, 내식성이 좋다. 선박용 프로펠러 축, 펌프 축 등
	인발	C 6782 BD		
	단조	C 6782 BF		
C 6783	압출	C 6783 BE		
	인발	C 6783 BD		

비고 1. 봉이란 전체의 길이에 걸쳐 균일한 단면을 가지며 곧은 상태로 공급되는 전신 제품을 말한다.
2. 정육각형의 봉은 R 붙임 정육각형의 봉을 포함한다.

■ 봉의 화학 성분

합금 번호	화학 성분(질량 %)														
	Cu	Pb	Fe	Sn	Zn	Al	Mn	Ni	P	Bi	As	Si	Cd	Cu+Al +Fe+ Mn+Ni	Fe+Sn
C 1020	99.96 이상	–	–	–	–	–	–	–	–	–	–	–	–	–	–
C 1100	99.90 이상	–	–	–	–	–	–	–	–	–	–	–	–	–	–
C 1201	99.90 이상	–	–	–	–	–	–	–	0.004 이상 0.015 미만	–	–	–	–	–	–
C 1220	99.90 이상	–	–	–	–	–	–	–	0.015~ 0.040	–	–	–	–	–	–
C 2600	68.5~ 71.5	0.05 이하	0.05 이하	–	나머지	–	–	–	–	–	–	–	–	–	–
C 2700	63.0~ 67.0	0.05 이하	0.05 이하	–	나머지	–	–	–	–	–	–	–	–	–	–
C 2745	60.0~ 65.0	0.25 이하	0.35 이하	–	나머지	–	–	–	–	–	–	–	–	–	–

합금 번호	화학 성분(질량 %)														
	Cu	Pb	Fe	Sn	Zn	Al	Mn	Ni	P	Bi	As	Si	Cd	Cu+Al +Fe+ Mn+Ni	Fe+ Sn
C 2800	59.0~ 63.0	0.10 이하	0.07 이하	–	나머지	–	–	–	–	–	–	–	–	–	–
C 3533	59.5~ 64.0	1.5~ 3.5	–	–	나머지	–	–	–	–	–	0.02~ 0.25	–	–	–	–
C 3601	59.0~ 63.0	1.8~ 3.7	0.30 이하	–	나머지	–	–	–	–	–	–	–	–	–	0.50 이하
C 3602	57.0~ 61.0	1.8~ 3.7	0.50 이하	–	나머지	–	–	–	–	–	–	–	–	–	1.0 이하
C 3603	57.0~ 61.0	1.8~ 3.7	0.35 이하	–	나머지	–	–	–	–	–	–	–	–	–	0.6 이하
C 3604	57.0~ 61.0	1.8~ 3.7	0.50 이하	–	나머지	–	–	–	–	–	–	–	–	–	1.0 이하
C 3605	56.0~ 60.0	3.5~ 4.5	0.50 이하	–	나머지	–	–	–	–	–	–	–	–	–	1.0 이하
C 3712	58.0~ 62.0	0.25~ 1.2	–	–	나머지	–	–	–	–	–	–	–	–	–	0.8 이하
C 3771	57.0~ 61.0	1.0~ 2.5	–	–	나머지	–	–	–	–	–	–	–	–	–	1.0 이하
C 4622	61.0~ 64.0	0.30 이하	0.20 이하	0.7~ 1.5	나머지	–	–	–	–	–	–	–	–	–	–
C 4641	59.0~ 62.0	0.50 이하	0.20 이하	0.50~ 1.0	나머지	–	–	–	–	–	–	–	–	–	–
C 4860	59.0~ 62.0	1.0~ 2.5	–	0.30~ 1.5	나머지	–	–	–	–	–	0.02~ 0.25	–	–	–	–
C 4926	58.0~ 63.0	0.09 이하	0.50 이하	0.50 이하	나머지	–	–	–	0.05~ 0.15	0.5~ 1.8	–	0.10	0.001	–	–
C 4934	60.0~ 63.0	0.09 이하	–	0.50~ 1.5	나머지	–	–	–	0.05~ 0.15	0.5~ 2.0	–	0.10	0.001	–	–
C 6161	83.0~ 90.0	0.02 이하	2.0~ 4.0	–	–	7.0~ 10.0	0.50~ 2.0	0.50~ 2.0	–	–	–	–	–	99.5 이상	–
C 6191	81.0~ 88.0	–	3.0~ 5.0	–	–	8.5~ 11.0	0.50~ 2.0	0.50~ 2.0	–	–	–	–	–	99.5 이상	–
C 6241	80.0~ 87.0	–	3.0~ 5.0	–	–	9.0~ 12.0	0.50~ 2.0	0.50~ 2.0	–	–	–	–	–	99.5 이상	–
C 6782	56.0~ 60.5	0.50 이하	0.10~ 1.0	–	나머지	0.20~ 2.0	0.50~ 2.5	–	–	–	–	–	–	–	–
C 6783	55.0~ 59.0	0.50 이하	0.20~ 1.5	–	나머지	0.20~ 2.0	1.0~ 3.0	–	–	–	–	–	–	–	–

■ 봉의 기계적 성질(플레어 너트용은 제외)

합금 번호	질별	기호	지름, 변 또는 맞변거리 mm	인장 시험		경도 시험	
				인장 강도 N/mm^2	연신율 %	비커스 HV	브리넬 HBW (10/3 000)
C 1020 C 1100 C 1201 C 1220	F	C 1020 BE−F	6 이상	195 이상	25 이상	−	−
		C 1100 BE−F					
		C 1201 BE−F					
		C 1220 BE−F					
		C 1020 BF−F	100 이상				
		C 1100 BF−F					
C 1020 C 1100 C 1201 C 1220	O	C 1020 BD−O	6 이상 110 이하	195 이상	30 이상	−	−
		C 1100 BD−O					
		C 1201 BD−O					
		C 1220 BD−O					
	1/2 H	C 1020 BD−1/2 H	6 이상 25 이하	245 이상	15 이상	−	−
		C 1100 BD−1/2 H	25 초과 50 이하	225 이상	20 이상	−	−
		C 1201 BD−1/2 H	50 초과 75 이하	215 이상	25 이상	−	−
		C 1220 BD−1/2 H	75 초과 110 이하	205 이상	30 이상	−	−
	H	C 1020 BD−H	6 이상 25 이하	275 이상	−	−	−
		C 1100 BD−H	25 초과 50 이하	245 이상	−	−	−
		C 1201 BD−H	50 초과 75 이하	225 이상	−	−	−
		C 1220 BD−H	75 초과 110 이하	215 이상	−	−	−
C 2600	F	C 2600 BE−F	6 이상	275 이상	35 이상	−	−
	O	C 2600 BD−O	6 이상 75 이하	275 이상	45 이상	−	−
	1/2H	C 2600 BD−1/2H	6 이상 50 이하	355 이상	20 이상	−	−
	H	C 2600 BD−H	6 이상 20 이하	410 이상	−	−	−
C 2700	F	C 2700 BE−F	6 이상	295 이상	30 이상	−	−
	O	C 2700 BD−O	6 이상 75 이하	295 이상	40 이상	−	−
	1/2H	C 2700 BD−1/2H	6 이상 50 이하	355 이상	20 이상	−	−
	H	C 2700 BD−H	6 이상 20 이하	410 이상	−	−	−
C 2745	F	C 2745 BE−F	6 이상	295 이상	30 이상	−	−
	O	C 2745 BD−O	6 이상 75 이하	295 이상	40 이상	−	−
	1/2H	C 2745 BD−1/2H	6 이상 50 이하	355 이상	20 이상	−	−
	H	C 2745 BD−H	6 이상 20 이하	410 이상	−	−	−
C 2800	F	C 2800 BE−F	6 이상	315 이상	25 이상	−	−
	O	C 2800 BD−O	6 이상 75 이하	315 이상	35 이상	−	−
	1/2H	C 2800 BD−1/2H	6 이상 50 이하	375 이상	15 이상	−	−
	H	C 2800 BD−H	6 이상 20 이하	450 이상	−	−	−
C 3533	F	C 3533 BE−F	6 이상 50 이하	315 이상	15 이상	−	−
		C 3533 BD−F	6 이상 110 이하				
C 3601	O	C 3601 BD−O	1 이상 6 미만	295 이상	15 이상	−	−
			6 이상 75 이하	295 이상	25 이상	−	−
	1/2H	C 3601 BD−1/2H	1 이상 50 이하	345 이상	−	95 이상	−
	H	C 3601 BD−H	1 이상 20 이하	450 이상	−	130 이상	−

합금 번호	질별	기호	지름, 변 또는 맞변거리 mm	인장 시험		경도 시험	
				인장 강도 N/mm²	연신율 %	비커스 HV	브리넬 HBW (10/3 000)
C 3602	F	C 3602 BE−F	6 이상 75 이하	315 이상	−	75 이상	−
		C 3602 BD−F	1 이상 110 이하				
		C 3602 BF−F	100 이상				
C 3603	O	C 3603 BD−O	1 이상 6 미만	315 이상	15 이상	−	−
			6 이상 75 이하	315 이상	20 이상	−	−
	1/2H	C 3603 BD−1/2H	1 이상 50 이하	365 이상	−	100 이상	−
	H	C 3603 BD−H	1 이상 20 이하	450 이상	−	130 이상	−
C 3604	F	C 3604 BE−F	6 이상 75 이하	355 이상	−	80 이상	−
		C 3604 BD−F	1 이상 110 이하				
		C 3604 BF−F	100 이상				
C 3605	F	C 3605 BE−F	6 이상 75 이하	355 이상	−	80 이상	−
		C 3605 BD−F	1 이상 110 이하				
C 3712 C 3771	F	C 3712 BE−F	6 이상	315 이상	15 이상	−	−
		C 3712 BD−F					
		C 3771 BE−F					
		C 3771 BD−F					
		C 3712 BF−F	100 이상				
		C 3771 BF−F					
C 4622	F	C 4622 BE−F	6 이상 50 이하	345 이상	20 이상	−	−
		C 4622 BD−F	6 이상 110 이하	365 이상	20 이상	−	−
		C 4622 BF−F	100 이상	345 이상	20 이상	−	−
C 4641	F	C 4641 BE−F	6 이상 50 이하	345 이상	20 이상	−	−
		C 4641 BD−F	6 이상 110 이하	375 이상	20 이상	−	−
		C 4641 BF−F	100 이상	345 이상	20 이상	−	−
C 4860	F	C 4860 BE−F	6 이상 50 이하	315 이상	15 이상	−	−
		C 4860 BD−F	6 이상 110 이하	335 이상	15 이상	−	−
C 4926	F	C 4926 BE−F	6 이상 50 이하	335 이상	−	80 이상	−
		C 4926 BD−F	1 이상 110 이하				
C 4934	F	C 4934 BE−F	6 이상 50 이하	335 이상	−	80 이상	−
		C 4934 BD−F	1 이상 110 이하				
C 6161	F	C 6161 BE−F	6 이상 50 이하	590 이상	25 이상	−	130 이상
		C 6161 BD−F					
		C 6161 BF−F					
C 6191	F	C 6191 BE−F	6 이상 50 이하	685 이상	15 이상	−	170 이상
		C 6191 BD−F					
		C 6191 BF−F					
C 6241	F	C 6241 BE−F	6 이상 50 이하	685 이상	10 이상	−	210 이상
		C 6241 BD−F					
		C 6241 BF−F					
C 6782	F	C 6782 BE−F	6 이상 50 이하	460 이상	20 이상	−	−
		C 6782 BD−F	6 이상 110 이하	490 이상	15 이상	−	−
		C 6782 BF−F	100 이상	460 이상	20 이상	−	−
C 6783	F	C 6783 BE−F	6 이상 50 이하	510 이상	15 이상	−	−
	F	C 6783 BD−F	6 이상 50 이하	540 이상	12 이상	−	−

■ 플레어 너트용 인발봉의 기계적 성질

합금 번호	질별	기호	맞변거리 mm	인장 시험		경도 시험	
				인장 강도 N/mm^2	연신율 %	비커스 HV	브리넬 HBW (10/3 000)
C 3604	SR	C 3604 BDN	17, 22, 24, 26, 27, 29, 36	355 이상	15 이상	70 이상 120 이하	–
C 3771	SR	C 3771 BDN	17, 22, 24, 26, 27, 29, 36	315 이상	15 이상	70 이상 120 이하	–

2. 베릴륨동, 인청동 및 양백의 봉 및 선 KS D 5102 : 2009

■ 종류 및 기호

종류		기호	참고	
합금 번호	모양		명칭	특색 및 용도 보기
C 1720	봉	C 1720 B	베릴륨동	내식성이 좋고 시효경화 처리 전은 전연성이 풍부하며 시효경화 처리 후는 내피로성, 도전성이 증가한다. 시효경화 처리는 성형가공 후에 한다. 봉은 항공기 엔진 부품, 프로펠러, 볼트, 캠, 기어, 베어링, 점용접용 전극 등 선은 코일 스프링, 스파이럴 스프링, 브러시 등
	선	C 1720 W		
C 5111	봉	C 5111 B	인청동	내피로성 · 내식성 · 내마모성이 좋다. 봉은 기어, 캠, 이음쇠, 축, 베어링, 작은 나사, 볼트, 너트, 섭동 부품, 커넥터, 트롤리선용 행어 등 선은 코일 스프링, 스파이럴 스프링, 스냅 버튼, 전기 바인드용 선, 헤더재, 와셔 등
	선	C 5111 W		
C 5102	봉	C 5102 B		
	선	C 5102 W		
C 5191	봉	C 5191 B		
	선	C 5191 W		
C 5212	봉	C 5212 B		
	선	C 5212 W		
C 5341	봉	C 5341 B	쾌삭 인청동	절삭성이 좋다. 작은 나사, 부싱, 베어링, 볼트, 너트, 볼펜 부품 등
C 5441	봉	C 5441 B		
C 7451	선	C 7451 W	양백	광택이 아름답고, 내피로성 · 내식성이 좋다. 봉은 작은 나사, 볼트, 너트, 전기 기기 부품, 악기, 의료기기, 시계 부품 등 선은 특수 스프링 재료에 적당하다. 직선 스프링 · 코일 스프링으로서 계전기, 계측기, 의료 기기, 장식품, 안경 부품, 연질재는 헤더재 등
C 7521	봉	C 7521 B		
	선	C 7521 W		
C 7541	봉	C 7541 B		
	선	C 7541 B		
C 7701	봉	C 7701 B		
	선	C 7701 W		
C 7941	봉	C 7941 B	쾌삭 양백	절삭성이 좋다. 작은 나사, 베어링, 볼펜 부품, 안경 부품 등

■ 봉 및 선의 화학 성분

합금 번호	화학 성분(질량 %)												
	Cu	Pb	Fe	Sn	Zn	Be	Mn	Ni	Ni+Co	Ni+Co+Fe	P	Cu+Sn+P	Cu+Be+Ni+Co+Fe
C 1720	–	–	–	–	–	1.8~2.00	–	–	0.20 이상	0.6 이하	–	–	99.5 이상
C 5111	–	0.02 이하	0.10 이하	3.5~4.5	0.20 이하	–	–	–	–	–	0.03~0.35	99.5 이상	–
C 5102	–	0.02 이하	0.10 이하	4.5~5.5	0.20 이하	–	–	–	–	–	0.03~0.35	99.5 이상	–
C 5191	–	0.02 이하	0.10 이하	5.5~7.0	0.20 이하	–	–	–	–	–	0.03~0.35	99.5 이상	–
C 5212	–	0.02 이하	0.10 이하	7.0~9.0	0.20 이하	–	–	–	–	–	0.03~0.35	99.5 이상	–
C 5341	–	0.8~1.5	–	3.5~5.8	–	–	–	–	–	–	0.03~0.35	99.5(1) 이상	–
C 5441	–	3.5~4.5	–	3.0~4.5	1.5~4.5	–	–	–	–	–	0.01~0.50	99.5(2) 이상	–
C 7451	63.0~67.0	0.03 이하	0.25 이하	–	나머지	–	0.50 이하	8.5~11.0	–	–	–	–	–
C 7521	62.0~66.0	0.03 이하	0.25 이하	–	나머지	–	0.50 이하	16.5~19.5	–	–	–	–	–
C 7541	60.0~64.0	0.03 이하	0.25 이하	–	나머지	–	0.50 이하	12.5~15.5	–	–	–	–	–
C 7701	54.0~58.0	0.03 이하	0.25 이하	–	나머지	–	0.50 이하	16.5~19.5	–	–	–	–	–
C 7941	60.0~64.0	0.8~1.8	0.25 이하	–	나머지	–	0.50 이하	16.5~19.5	–	–	–	–	–

■ 봉 및 선의 기계적 성질 및 그 밖의 특성 항목

합금 번호	봉				선			
	지름 또는 맞변 거리 mm	인장 강도	연신율	경도	지름 또는 맞변 거리 mm	인장 강도	연신율	감김성
C 1720	25이하	○	–	△	0.4 이상	○	–	–
C 5111	50 이하	○	○	△	0.4 이상	○	–	△
	50 초과 100 이하	–	–	○				
C 5102	50 이하	○	○	△	0.4 이상	○	–	△
	50 초과 100 이하	–	–	○				
C 5191	50 이하	○	○	△	0.4 이상	○	–	△
C 5212	50 초과 100 이하	–	–	○				
C 5341	50 이하	○	○	△	–	–	–	–
C 5441	50 초과 100 이하	△	△	○				
C 7451	–	–	–	–	0.4 이상	○		
C 7521	50 이하	○	–	△	0.4 이상	○	–	–
C 7541								
C 7701								
C 7941	50 이하	○	–	△	–	–	–	–

■ 봉의 기계적 성질

합금 번호	질별	기호	지름 또는 맞변 거리 mm	인장 시험		경도 시험		
				인장 강도 N/mm^2	연신율 %	비커스 경도 HV	로크웰경도	
							HRB	HRC
C 1720	O	C 1720 B-O	3.0 이상 6 이하	410~590	–	90~190	–	–
			6 초과 25 이하	410~590	–	90~190	45~85	–
	H	C 1720 B-H	3.0 이상 6 이하	645~900	–	180~300	–	–
			6 초과 25 이하	590~900	–	175~330	88~103	–
C 5111	H	C 511 B-H	3.0 이상 6 이하	490 이상	–	140 이상	–	–
			6 초과 13 이하	450 이상	10 이상	125 이상	–	–
			13 초과 25 이하	410 이상	13 이상	115 이상	–	–
			25 초과 50 이하	380 이상	15 이상	105 이상	–	–
			50 초과 100 이하	–		–	60~80	–
C 5102	H	C 5102 B-H	3.0 이상 6 이하	540 이상	–	150 이상	–	–
			6 초과 13 이하	500 이상	10 이상	135 이상	–	–
			13 초과 25 이하	460 이상	13 이상	125 이상	–	–
			25 초과 50 이하	430 이상	15 이상	115 이상	–	–
			50초과 100 이하	–	–	–	65~85	–
C 5191	$\frac{1}{2}$H	C 5191 B-$\frac{1}{2}$H	3.0 이상 6 이하	540 이상	–	150 이상	–	–
			6 초과 13 이하	500 이상	13 이상	135 이상	–	–
			13 초과 25 이하	460 이상	15 이상	125 이상	–	–
			25 초과 50 이하	430 이상	18 이상	120 이상	–	–
			50초과 100 이하	–	–	–	70~85	–
	H	C 5191 B-H	3.0 이상 6 이하	635 이상	–	180 이상	–	–
			6 초과 13 이하	590 이상	10 이상	165 이상	–	–
			13 초과 25 이하	540 이상	13 이상	150 이상	–	–
			25 초과 50 이하	490 이상	15 이상	140 이상	–	–
			50초과 100 이하	–	–	–	75~90	–
C 5212	$\frac{1}{2}$H	C 5212 B-$\frac{1}{2}$H	3.0 이상 6 이하	540 이상	–	155 이상	–	–
			6 초과 13 이하	490 이상	13 이상	140 이상	–	–
			13 초과 25 이하	440 이상	15 이상	130 이상	–	–
			25 초과 50 이하	420 이상	18 이상	125 이상	–	–
			50초과 100 이하	–	–	–	72~87	–
	H	C 5212 B-H	3.0 이상 6 이하	735 이상	–	–	–	–
			6 초과 13 이하	685 이상	10 이상	195 이상	–	–
			13 초과 25 이하	635 이상	13 이상	180 이상	–	–
			25 초과 50 이하	560 이상	15 이상	170 이상	–	–
			50초과 100 이하	–	–	–	80~95	–
C 5341	H	C 5341 B-H C 5441 B-H	0.5 이상 3 이하	470 이상	–	125 이상	–	–
			3.0 이상 6 이하	440 이상	–	125 이상	–	–
			6 초과 13 이하	410 이상	10 이상	115 이상	–	–
C 5441			13 초과 25 이하	375 이상	12 이상	110 이상	–	–
			25 초과 50 이하	345 이상	15 이상	100 이상	–	–
			50초과 100 이하	320 이상	15 이상	–	60~90	–

합금 번호	질별	기호	지름 또는 맞변 거리 mm	인장 시험		경도 시험		
				인장 강도 N/mm^2	연신율 %	비커스 경도 HV	로크웰경도	
							HRB	HRC
C 7521	$\frac{1}{2}$H	C 7521 B-$\frac{1}{2}$H	3.0 이상 6 이하	490~635	–	145 이상	–	–
			6 초과 13 이하	440~590	–	130 이상	–	–
	H	C 7521 B-H	3.0 이상 6 이하	550~685	–	145 이상	–	–
			6 초과 13 이하	480~620	–	125 이상	–	–
			13 초과 25 이하	440~580	–	115 이상	–	–
			25 초과 50 이하	410~550	–	110 이상	–	–
C 7541	$\frac{1}{2}$H	C 7541 B-$\frac{1}{2}$H	3.0 이상 6 이하	440~590	–	135 이상	–	–
			6 초과 13 이하	390~540	–	120 이상	–	–
	H	C 7541 B-H	3.0 이상 6 이하	570~705	–	150 이상	–	–
			6 초과 13 이하	520~645	–	135 이상	–	–
			13 초과 25 이하	450~590	–	115 이상	–	–
			25 초과 50 이하	390~540	–	100 이상	–	–
C 7701	$\frac{1}{2}$H	C 7701 B-$\frac{1}{2}$H	3.0 이상 6 이하	520~665	–	150 이상	–	–
			6 초과 13 이하	470~620	–	130 이상	–	–
	H	C 7701 B-H	3.0 이상 6 이하	620~755	–	160 이상	–	–
			6 초과 13 이하	550~685	–	140 이상	–	–
			13 초과 25 이하	510~645	–	140 이상	–	–
			25 초과 50 이하	480~620	–	130 이상	–	–
C 7941	H	C 7941 B-H	3.0 이상 6 이하	550~685	–	150 이상	–	–
			6 초과 13 이하	480~620	–	130 이상	–	–
			13 초과 20 이하	460~600	–	120 이상	–	–
			20 초과 25 이하	440~580	–	120 이상	–	–
			25 초과 50 이하	410~550	–	110 이상	–	–

■ 합금번호 C 1720 봉의 시효 경화 처리 후의 기계적 성질

합금 번호	질별	기호	지름 또는 맞변 거리 mm	인장 시험		경도 시험		
				인장 강도 N/mm^2	연신율 %	비커스 경도 HV	로크웰경도	
							HRB	HRC
C 1720	O	–	3.0 이상 6 이하	1 100~1 370	–	300~400	–	–
			6 초과 13 이하	1 100~1 370	–	300~400	–	34~40
	H	–	3.0 이상 6 이하	1 270~1 520	–	340~440	–	–
			6 초과 13 이하	1 210~1 470	–	330~430	–	37~45

■ 선의 기계적 성질

합금 번호	질별	기호	지름 또는 맞변 거리 mm	인장 시험	
				인장 강도 N/mm^2	연신율 %
C 1720	O	C 1720 W-O	0.40 이상	390~540	–
	1/4 H	C 1720 W-1/4 H	0.40 이상 5.0 이하	620~805	–
	3/4 H	C 1720 W-3/4 H	0.40 이상 5.0 이하	835~1 070	–
C 5111	O	C 5111 W-O	0.40 이상	295~410	–
	H	C 5111 W-H	0.40 이상 5.0 이하	490 이상	–
C 5102	O	C 5102 W-O	0.40 이상	305~420	–
	H	C 5102 W-H	0.40 이상 5.0 이하	635 이상	–
	SH	C 5102 W-SH	0.40 이상 5.0 이하	862 이상	–
C 5191	O	C 5191 W-O	0.40 이상	315~460	–
	1/8 H	C 5191 W-1/8 H	0.40 이상 5.0 이하	435~585	
	1/8 H	C 5191 W-1/8 H	0.40 이상 5.0 이하	535~685	–
	1/2 H	C 5191 W-1/2 H	0.40 이상 5.0 이하	635~785	–
	3/4 H	C 5191 W-3/4 H	0.40 이상 5.0 이하	735~885	–
	H	C 5191 W-H	0.40 이상 5.0 이하	835 이상	–
C 5212	O	C 5212 W-O	0.40 이상	345~490	–
	1/2 H	C 5212 W-1/2 H	0.40 이상 5.0 이하	685~835	–
	H	C 5212 W- H	0.40 이상 5.0 이하	930 이상	–
C 7451	O	C 7451 W-O	0.40 이상	345~490	–
	1/4 H	C 7451 W-1/4 H	0.40 이상 5.0 이하	400~550	–
	1/2 H	C 7451 W-1/2 H	0.40 이상 5.0 이하	490~635	–
	H	C 7451 W-H	0.40 이상 5.0 이하	635 이상	–
C 7521	O	C 7521 W-O	0.40 이상	375~520	–
	1/4 H	C 7521 W-1/4 H	0.40 이상 5.0 이하	450~600	–
	1/2 H	C 7521 W-1/2 H	0.40 이상 5.0 이하	520~685	–
	H	C 7521 W-H	0.40 이상 5.0 이하	664 이상	–
C 7541	O	C 7541 W-O	0.40 이상	365~510	–
	1/2 H	C 7541 W-1/2 H	0.40 이상 5.0 이하	510~665	–
	H	C 7541 W-H	0.40 이상 5.0 이하	635 이상	–
C 7701	O	C 7701 W-O	0.40 이상	440~635	–
	1/4 H	C 7701 W-1/4 H	0.40 이상 5.0 이하	500~650	–
	1/2 H	C 7701 W-1/2 H	0.40 이상 5.0 이하	635~785	–
	H	C 7701 W-H	0.40 이상 5.0 이하	765 이상	–

■ 합금 번호 C 1720 선의 시효 경화 처리 후의 기계적 성질

합금 번호	질별	기호	인장 시험	
			지름 또는 맞변 거리 mm	인장 강도 N/mm^2
C 1720	O	–	0.40 이상	1 100~1 320
	1/4 H	–	0.40 이상 5 이하	1 210~1 420
	3/4 H	–	0.40 이상 5 이하	1 300~1 590

비고 1N/mm^2=1 MPa

3. 구리 및 구리합금 선 KS D 5103 : 2009

■ 종류 및 기호

종류		기호	참고	
합금 번호	모양		명칭	특색 및 용도 보기
C 1020	선	C 1020 W	무산소동	전기 · 열전도성 · 전연성이 우수하고, 용접성 · 내식성 · 내환경성이 좋다. 환원성 분위기에서 고온으로 가열하여도 수소취화를 일으킬 염려가 없다(전기 제품, 화학 공업용 등).
C 1100	선	C 1100 W	타프피치동	전기 · 열전도성이 우수하고, 전연성 · 내식성 · 내환경성이 좋다(전기용, 화학 공업용, 작은 나사, 못, 철망 등).
C 1201	선	C 1201 W	인탈산동	전연성 · 용접성 · 내식성 · 내환경성이 좋다. C 1220은 환원성 분위기에서 고온으로 가열하여도 수소취화를 일으킬 염려가 없다. C 1201은 C 1220보다 전기 전도성은 좋다(작은 나사, 못, 철망 등).
C 1220	선	C 1220 W		
C 2100	선	C 2100 W	단동	색과 광택이 아름답고, 전연성 · 내식성이 좋다. 장식품, 장신구, 패스너, 철망 등
C 2200	선	C 2200 W		
C 2300	선	C 2300 W		
C 2400	선	C 2400 W		
C 2600	선	C 2600 W	황동	전연성 · 냉간 단조성 · 전조성이 좋다 리벳, 작은 나사, 핀, 코바늘, 스프링, 철망 등
C 2700	선	C 2700 W		
C 2720	선	C 2720 W		
C 2800	선	C 2800 W		합금번호 C 2600, C2700, C2720에 비해 강도가 높고 전연성도 있다. 용접봉, 리벳 등
C 3501	선	C 3501 W	니플용 황동	피삭성 · 냉간 단조성이 좋다. 자동차의 니플 등
C 3601	선	C 3601 W	쾌삭 황동	피삭성이 우수하다. 합금 번호 C 3601, C 3602는 전연성도 있다. 볼트, 너트, 작은 나사, 전자 부품, 카메라 부품 등
C 3602	선	C 3602 W		
C 3603	선	C 3603 W		
C 3604	선	C 3604 W		

■ 지름, 변 또는 맞변거리의 허용차

단위 : mm

지름, 변 또는 맞변거리	허용차	
	원형	정사각형 · 정육각형 · 직사각형
0.5 이하	±0.01	-
0.5 초과 1 이하	±0.01	±0.03
1 초과 3 이하	±0.02	±0.04
3 초과 6 이하	±0.03	±0.06
6 초과 10 이하	±0.05	±0.08
10 초과 20 이하	±0.07	±0.12

[주] 허용차를 (+) 또는 (−)만으로 지정하는 경우는 이 표의 수치의 2배로 한다.

■ 화학 성분

합금번호	화학 성분(질량 %)					
	Cu	Pb	Fe	Zn	P	Fe+Sn
C 1020	99.96 이상	–	–	–	–	–
C 1100	99.90 이상	–	–	–	–	–
C 1201	99.90 이상	–	–	–	0.004 이상 0.015 미만	–
C 1220	99.90 이상	–	–	–	0.015~0.040	–
C 2100	94.0~96.0	0.03 이하	0.05 이하	나머지	–	–
C 2200	89.0~91.0	0.05 이하	0.05 이하	나머지	–	–
C 2300	84.0~86.9	0.05 이하	0.05 이하	나머지	–	–
C 2400	78.5~81.5	0.05 이하	0.05 이하	나머지	–	–
C 2600	68.5~71.5	0.05 이하	0.05 이하	나머지	–	–
C 2700	63.0~67.0	0.05 이하	0.05 이하	나머지	–	–
C 2720	62.0~64.0	0.07 이하	0.07 이하	나머지	–	–
C 2800	59.0~63.0	0.10 이하	0.07 이하	나머지	–	–
C 3501	60.0~64.0	0.7~1.7	0.20 이하	나머지	–	0.40 이하
C 3601	59.0~63.0	1.8~3.7	0.30 이하	나머지	–	0.50 이하
C 3602	59.0~63.0	1.8~3.7	0.50 이하	나머지	–	1.0 이하
C 3603	57.0~61.0	1.8~3.7	0.35 이하	나머지	–	0.6 이하
C 3604	57.0~61.0	1.8~3.7	0.50 이하	나머지	–	1.0 이하

■ 기계적 성질

합금 번호	질별	기호	인장 시험		
			지름, 변 또는 맞변거리 mm	인장강도 N/mm^2	연신율 %
C 1020 C 1100 C 1201 C 1220	O	C 1020 W-O	0.5 이상 2 이하	195 이상	15 이상
		C 1100 W-O	2를 넘는 것.	195 이상	25 이상
		C 1201 W-O			
		C 1220 W-O			
	$\frac{1}{2}$H	C 1020 W-$\frac{1}{2}$H	0.5 이상 12 이하	255~365	–
		C 1100 W-$\frac{1}{2}$H	12 초과 20 이하	245~365	
		C 1201 W-$\frac{1}{2}$H			
		C 1220 W-$\frac{1}{2}$H			
	H	C 1020 W-H	0.5 이상 10 이하	345 이상	–
		C 1100 W-H	10 초과 20 이하	275 이상	
		C 1201 W-H			
		C 1220 W-H			
C 2100	O	C 2100 W-O	0.5 이상	205 이상	20 이상
	$\frac{1}{2}$H	C 2100 W-$\frac{1}{2}$H	0.5 이상 12 이하	325~430	–
	H	C 2100 W-H	0.5 이상 10 이하	410 이상	–
C 2200	O	C 2200-O	0.5 이상	225 이상	20 이상
	$\frac{1}{2}$H	C 2200-$\frac{1}{2}$H	0.5 이상 12 이하	345~490	–
	H	C 2200-H	0.5 이상 10 이하	470 이상	–

합금 번호	질별	기호	인장 시험		
			지름, 변 또는 맞변거리 mm	인장강도 N/mm²	연신율 %
C 2300	O	C 2300-O	0.5 이상	245 이상	20 이상
	$\frac{1}{2}$H	C 2300-$\frac{1}{2}$H	0.5 이상 12 이하	375~490	–
	H	C 2300-H	0.5 이상 10 이하	470 이상	–
C 2400	O	C 2400-O	0.5 이상	255 이상	20 이상
	$\frac{1}{2}$H	C 2400-$\frac{1}{2}$H	0.5 이상 12 이하	375~610	–
	H	C 2400-H	0.5 이상 10 이하	590 이상	–
C 2600	O	C 2600 W-O	0.5 이상	275 이상	20 이상
	$\frac{1}{8}$H	C 2600 W-$\frac{1}{8}$H	0.5 이상 12 이하	345~440	10 이상
	$\frac{1}{4}$H	C 2600 W-$\frac{1}{4}$H	0.5 이상 12 이하	390~510	5 이상
	$\frac{1}{2}$H	C 2600 W-$\frac{1}{2}$H	0.5 이상 12 이하	490~610	–
	$\frac{3}{4}$H	C 2600 W-$\frac{3}{4}$H	0.5 이상 10 이하	590~705	–
	H	C 2600 W-H	0.5 이상 10 이하	685~805	–
	EH	C 2600 W-EH	0.5 이상 10 이하	785 이상	–
C 2700	O	C 2700 W-O	0.5 이상	295 이상	20 이상
	$\frac{1}{8}$H	C 2700 W-$\frac{1}{8}$H	0.5 이상 12 이하	345~440	10 이상
	$\frac{1}{4}$H	C 2700 W-$\frac{1}{4}$H	0.5 이상 12 이하	390~510	5 이상
	$\frac{1}{2}$H	C 2700 W-$\frac{1}{2}$H	0.5 이상 12 이하	490~610	–
	$\frac{3}{4}$H	C 2700 W-$\frac{3}{4}$H	0.5 이상 10 이하	590~705	–
	H	C 2700 W-H	0.5 이상 10 이하	685~805	–
	EH	C 2700 W-EH	0.5 이상 10 이하	785 이상	–
C 2720	O	C 2720 W-O	0.5 이상	295이상	20 이상
	$\frac{1}{8}$H	C 2720 W-$\frac{1}{8}$H	0.5 이상 12 이하	345~440	10 이상
	$\frac{1}{4}$H	C 2720 W-$\frac{1}{4}$H	0.5 이상 12 이하	390~510	5 이상
	$\frac{1}{2}$H	C 2720 W-$\frac{1}{2}$H	0.5 이상 12 이하	490~610	–
	$\frac{3}{4}$H	C 2720 W-$\frac{3}{4}$H	0.5 이상 10 이하	590~705	–
	H	C 2720 W-H	0.5 이상 10 이하	685~805	–
	EH	C 2720 W-EH	0.5 이상 10 이하	785 이상	–
C 2800	O	C 2800 W-O	0.5 이상	315 이상	20 이상
	$\frac{1}{4}$H	C 2800 W-$\frac{1}{4}$H	0.5 이상 12 이하	345~460	5 이상
	$\frac{1}{2}$H	C 2800 W-$\frac{1}{2}$H	0.5 이상 12 이하	440~590	–
	$\frac{3}{4}$H	C 2800 W-$\frac{3}{4}$H	0.5 이상 10 이하	540~705	–
	H	C 2800 W-H	0.5 이상 10 이하	685 이상	–
C 3501	O	C 3501 W-O	0.5 이상	295 이상	20 이상
	$\frac{1}{2}$H	C 3501 W-$\frac{1}{2}$H	0.5 이상 15 이하	345~440	10 이상
	H	C 3501 W-H	0.5 이상 10 이하	420 이상	–
C 3601	O	C 3601 W-O	1 이상	295 이상	15 이상
	$\frac{1}{2}$H	C 3601 W-$\frac{1}{2}$H	1 이상 10 이하	345 이상	–
	H	C 3601 W-H	1 이상 10 이하	450 이상	–
C 3602	F	C 3602 W-F	1 이상	315 이상	–
C 3603	O	C 3603 W-O	1 이상	315 이상	15 이상
	$\frac{1}{2}$H	C 3603 W-$\frac{1}{2}$H	1 이상 10 이하	365 이상	–
	H	C 3603 W-H	1 이상 10 이하	450 이상	–
C 3604	F	C 3604 W-F	1 이상	335 이상	–

4. 구리 및 구리합금 판 및 띠 KS D 5201 : 2009

■ 종류, 등급 및 기호

종류		등급	기호	참고	
합금 번호	모양			명칭	특색 및 용도 보기
C 1020	판	보통급	C 1020 P	무산소동	도전성, 열전도성, 전연성 · 드로잉 가공성이 우수하고, 용접성 · 내식성 · 내후성이 좋다. 환원성 분위기 중에서 고온으로 가열하여도 수소 취화가 일어나지 않는다. 전기용, 화학공업용 등
		특수급	C 1020 PS		
	띠	보통급	C 1020 R		
		특수급	C 1020 RS		
C 1100	판	보통급	C 1100 P	타프피치동	도전성, 열전도성이 우수하고 전연성 · 드로잉 가공성 · 내식성 · 내후성이 좋다. 전기용, 증류솥, 건축용, 화학공업용, 개스킷, 기물 등
		특수급	C 1100 PS		
	띠	보통급	C 1100 R		
		특수급	C 1100 RS		
	인쇄용판	보통급	C 1100 PP	인쇄용 동	특히, 표면이 매끄럽다. 그라비어(Gravure) 판용
C 1201	판	보통급	C 1201 P	인탈산 동	전연성 · 드로잉 가공성 · 용접성 · 내식성 · 내후성 · 열의 전도성이 좋다. 합금번호 C 1220은 환원성 분위기 중에서 고온으로 가열하여도 수소 취화가 일어나지 않는다. 합금번호 C 1201은C 1220 및 C 1221보다 도전성이 좋다. 목욕솥, 탕비기, 개스킷, 건축용, 화학공업용 등
		특수급	C 1201 PS		
	띠	보통급	C 1201 R		
		특수급	C 1201 RS		
C 1220	판	보통급	C 1220 P		
		특수급	C 1220 PS		
	띠	보통급	C 1220 R		
		특수급	C 1220 RS		
C 1221	판	보통급	C 1221 P		
		특수급	C 1221 PS		
	띠	보통급	C 1221 R		
		특수급	C 1221 RS		
	인쇄용판	보통급	C 1221 PP	인쇄용 동	특히, 표면이 매끄럽다. 그라비어 판용
C 1401	인쇄용판	보통급	C 1401 PP		특히, 표면이 매끄럽고 내열성이 있다. 사진용 요철판용
C 1441	판	특수급	C 1441 PS	주석함유 동	도전성, 열전도성, 내열성, 전연성이 우수하다. 반도체용 리드프레임, 배선기기, 그 외에 전기전자 부품, 탕비기 등
	띠	특수급	C 1441 RS		
C 1510	판	특수급	C 1510 PS	지르코늄 함유 동	도전성, 열전도성, 내열성, 전연성이 우수하다. 반도체용 리드프레임 등
	띠	특수급	C 1510 RS		
C 1921	판	특수급	C 1921 PS	철함유 동	도전성, 열전도성, 강도, 내열성이 우수하고, 가공성이 좋다. 반도체용 리드프레임, 단자 커넥터 등의 전자부품 등
	띠	특수급	C 1921 RS		
C 1940	판	특수급	C 1940 PS		
	띠	특수급	C 1940 RS		
C 2051	띠	보통급	C 2051 R	뇌관용 동	특히, 표면이 매끄럽다. 뇌관용
C 2100	판	보통급	C 2100 P	단동	색과 광택이 미려하고, 전연성 · 드로잉 가공성 · 내후성이 좋다. 건축용, 장신구, 화장품 케이스 등
	띠	보통급	C 2100 R		
		특수급	C 2100 RS		
C 2200	판	보통급	C 2200 P		
	띠	보통급	C 2200 R		
		특수급	C 2200 RS		

종류		등급	기호	참고	
합금 번호	모양			명칭	특색 및 용도 보기
C 2300	판	보통급	C 2300 P	단동	색과 광택이 미려하고, 전연성 · 드로잉 가공성 · 내후성이 좋다. 건축용, 장신구, 화장품 케이스 등
	띠	보통급	C 2300 R		
		특수급	C 2300 RS		
C 2400	판	보통급	C 2400 P		
	띠	보통급	C 2400 R		
		특수급	C 2400 RS		
C 2600	판	보통급	C 2600 P	황동	전연성 · 드로잉 가공성이 우수하고, 도금성이 좋다. 단자 커넥터 등
	띠	보통급	C 2600 R		
		특수급	C 2600 RS		
C 2680	판	보통급	C 2680 P		전연성 · 드로잉 가공성 · 도금성이 좋다. 스냅버튼, 카메라, 보온병 등의 딥드로잉용, 단자 커넥터, 방열기, 배선 기구 등
	띠	보통급	C 2680 R		
		특수급	C 2680 RS		
C 2720	판	보통급	C 2720 P		전연성 · 드로잉 가공성이 좋다. 드로잉용 등
	띠	보통급	C 2720 R		
		특수급	C 2720 RS		
C 2801	판	보통급	C 2801 P		강도가 높고 전연성이 있다. 프레스한 상태 또는 구부려 사용하는 배선기구 부품, 명판, 기계판 등
	띠	보통급	C 2801 R		
		특수급	C 2801 RS		
C 3560	판	보통급	C 3560 P	쾌삭 황동	특히 피삭성이 우수하고 프레스성도 좋다. 시계 부품, 기어 등
	띠	보통급	C 3560 R		
C 3561	판	보통급	C 3561 P		
	띠	보통급	C 3561 R		
C 3710	판	보통급	C 3710 P		특히 프레스성이 우수하고 피삭성도 좋다. 시계 부품, 기어 등
	띠	보통급	C 3710 R		
C 3713	판	보통급	C 3713 P		
	띠	보통급	C 3713 R		
C 4250	판	보통급	C 4250 P	주석 함유 황동	내응력 균열성, 내부식 균열성, 내마모성, 스프링성이 좋다. 스위치, 계전기, 커넥터, 각종 스프링 부품 등
	띠	보통급	C 4250 R		
		특수급	C 4250 RS		
C 4430	판	보통급	C 4430 P	애드미럴티 황동	내식성, 특히 내해수성이 좋다. 두꺼운 것은 열교환기용 관판, 얇은 것은 열교환기, 가스 배관용 용접관 등
	띠	보통급	C 4430 R		
C 4621	판	보통급	C 4621 P	네이벌 황동	내식성, 특히 내해수성이 좋다. 두꺼운 것은 열교환기용 관판, 얇은 것은 선박 해수 취입구용 등(C 4621은 로이드선급용, NK선급용, C 4640은 AB선급용)
C 4640	판	보통급	C 4640 P		
C 6140	판	보통급	C 6140 P	알루미늄 청동	강도가 높고 내식성, 특히 내해수성, 내마모성이 좋다. 기계 부품, 화학공업용, 선박용 등
C 6161	판	보통급	C 6161 P		
C 6280	판	보통급	C 6280 P		
C 6301	판	보통급	C 6301 P		
C 6711	판	보통급	C 6711 P	악기 리드용 황동	프레스성, 내피로성이 좋다. 하모니카, 오르간, 아코디언의 리드 등
C 6712	판	보통급	C 6712 P		
C 7060	판	보통급	C 7060 P	백동	내식성, 특히 내해수성이 좋고, 비교적 고온에서 사용하기에 적합하다. 열교환기용, 관판, 용접판 등
C 7150	판	보통급	C 7150 P		

■ 판의 표준 치수

단위 : mm

두 께	너비×길이		두 께	너비×길이	
	365×1200	1000×1200		365×1200	1000×1200
0.10	○	–	1.2	◎○	○
0.15	○	–	1.5	◎○	○
0.20	○	–	2.0	◎○	○
0.30	○	–	2.5	◎○	○
0.35	○	–	3.0	◎○	○
0.40	◎○	–	3.5	◎○	○
0.45	◎○	–	4	◎○	○
0.50	◎○	○	5	◎○	○
0.60	◎○	○	6	◎○	○
0.70	◎○	○	7	◎○	○
0.80	◎○	○	8	◎○	○
1.0	◎○	○	10	○	○

[주] ○는 합금번호 C1020 · C1100 · C1201 · C1220 · C1221 · C2100 · C2200 · C2300 · C2400 · C2600 · C2680 · C2720 · C2801의 판을 표시하고, ◎는 C3560 · C3710 · C3713의 판을 표시한다.

■ 띠 코일의 표준 안지름

단위 : mm

두 께	코일의 표준 안지름						
	150	200	250	300	400	450	500
0.3 이하		○	○	○	○	○	○
0.30 초과 0.80 이하	○	○	○	○	○	○	○
0.80 초과 1.5 이하	–	–	–	○	○	○	○
1.5 초과 3 이하	–	–	–	–	○	○	○

■ 화학 성분

합금 번호	화학 성분(질량 %)									
	Cu	Pb	Fe	Sn	Zn	Al	Mn	Ni	P	기타
C 1020	99.96 이상	–	–	–	–	–	–	–	–	–
C 1100	99.90 이상	–	–	–	–	–	–	–	–	–
C 1201	99.90 이상	–	–	–	–	–	–	–	0.004 이상 0.015 미만	–
C 1220	99.90 이상	–	–	–	–	–	–	–	0.015~ 0.040	–
C 1221	99.75 이상	–	–	–	–	–	–	–	0.004~ 0.040	–
C 1401	99.30 이상	–	–	–	–	–	–	0.10~ 0.20	–	–
C 1441	나머지	0.03 이하	0.02 이하	0.10~ 0.20	0.10 이하	–	–	–	0.001~ 0.020	–
C 1510	나머지	–	–	–	–	–	–	–	–	Zr0.05~ 0.15

합금 번호	화학 성분(질량 %)									
	Cu	Pb	Fe	Sn	Zn	Al	Mn	Ni	P	기타
C 1921	나머지	–	0.05~0.15	–	–	–	–	–	0.015~0.050	–
C 1940	나머지	0.03 이하	2.1~2.6	–	0.05~0.20	–	–	–	0.015~0.150	기타 불순물 0.2 이하
C 2051	98.0~99.0	0.05 이하	0.05 이하	–	나머지	–	–	–	–	–
C 2100	94.0~96.0	0.05 이하	0.03 이하	–	나머지	–	–	–	–	–
C 2200	89.0~91.0	0.05 이하	0.05 이하	–	나머지	–	–	–	–	–
C 2300	84.0~86.0	0.05 이하	0.05 이하	–	나머지	–	–	–	–	–
C 2400	78.5~81.5	0.05 이하	0.05 이하	–	나머지	–	–	–	–	–
C 2600	68.5~71.5	0.05 이하	0.05 이하	–	나머지	–	–	–	–	
C 2680	64.0~68.0	0.05 이하	0.05 이하	–	나머지	–	–	–	–	–
C 2720	62.0~64.0	0.07 이하	0.07 이하	–	나머지	–	–	–	–	–
C 2801	59.0~62.0	0.10 이하	0.07 이하	–	나머지	–	–	–	–	–
C 3560	61.0~64.0	2.0~3.0	0.10 이하	–	나머지	–	–	–	–	–
C 3561	57.0~61.0	2.0~3.0	0.10 이하	–	나머지	–	–	–	–	–
C 3710	58.0~62.0	0.6~1.2	0.10 이하	–	나머지	–	–	–	–	–
C 3713	58.0~62.0	1.0~2.0	0.10 이하	–	나머지	–	–	–	–	–
C 4250	87.0~90.0	0.05 이하	0.05 이하	1.5~3.0	나머지	–	–	–	0.35 이하	–
C 4430	70.0~73.0	0.05 이하	0.05 이하	0.9~1.2	나머지	–	–	–	–	As 0.02~0.06
C 4621	61.0~64.0	0.20 이하	0.10 이하	0.7~1.5	나머지	–	–	–	–	–
C 4640	59.0~62.0	0.20 이하	0.10 이하	0.50~1.0	나머지	–	–	–	–	–
C 6140	88.0~92.5	0.01 이하	1.5~3.5	–	0.20 이하	6.0~8.0	1.0 이하	–	0.015 이하	Cu+Pb+Fe+Zn+Mn+Al+P 99.5 이상
C 6161	83.0~90.0	0.02 이하	2.0~4.0	–	–	7.0~10.0	0.50~2.0	0.50~2.0	–	Cu+Al+Fe+Ni+Mn 99.5 이상
C 6280	78.0~85.0	0.02 이하	1.5~3.5	–	–	8.0~11.0	0.50~2.0	4.0~7.0	–	Cu+Al+Fe+Ni+mn 99.5 이상
C 6301	77.0~84.0	0.02 이하	3.5~6.0	–	–	8.5~10.5	0.50~2.0	4.0~6.0	–	Cu+Al+Fe+Ni+mn 99.5 이상
C 6711	61.0~65.0	0.10~1.0	–	0.7~1.5	나머지	–	0.05~1.0	–	–	Fe+Al+Si 1.0 이하
C 6712	58.0~62.0	0.10~1.0	–	–	나머지	–	0.05~1.0	–	–	Fe+Al+Si 1.0 이하

합금 번호	화학 성분(질량 %)									
	Cu	Pb	Fe	Sn	Zn	Al	Mn	Ni	P	기타
C 7060	–	0.02 이하	1.0~ 1.8	–	0.50 이하	–	0.20~ 1.0	9.0~ 11.0	–	Cu+Ni+Fe +Mn 99.5 이상
C 7150	–	0.02 이하	0.40~ 1.0	–	0.50 이하	–	0.20~ 1.0	29.0~ 33.0	–	Cu+Ni+Fe +Mn 99.5 이상

■ 기계적 성질 및 그 밖의 특성 항목

합금 번호	기계적 성질 및 그 밖의 특성을 표시하는 항목								
	인장 강도	항복 강도(1)	연신율	굽힘성	경도	결정 입도(2)	도전율 · 부피 저항률	수소 취하	딥드로잉
C 1020	○	–	○	△	□	△	△	○	–
C 1100(3)	○	(*)	○	△	□	–	△	–	–
C 1201	○	–	○	△	□	△	–	△	–
C 1220	○	(*)	○	△	□	△	–	–	–
C 1221(3)	○	–	○	△	□	△	–	△	–
C 1401	–	–	–	–	○	–	–	–	–
C 1441	○	–	○	△	□	–	△	–	–
C 1501	○	–	○	–	□	–	△	–	–
C 1921	○	–	○	△	□	–	△	–	–
C 1940	○	–	○	–	□	–	△	–	–
C 2051	○	–	○	–	–	–	–	–	–
C 2100	○	–	○	△	–	△	–	–	–
C 2200	○	(*)	○	△	–	△	–	–	–
C 2300	○	–	○	△	–	△	–	–	–
C 2400	○	(*)	○	△	–	△	–	–	–
C 2600	○	–	○	△	□	△	△	–	–
C 2680	C	–	–	△	□	△	△	–	–
C 2720	○	–	○	△	□	–	–	–	–
C 2801	○	–	○	△	□	–	△	–	–
C 3560	○	–	○	–	–	–	–	–	–
C 3561	○	–	○	–	–	–	–	–	–
C 3710	○	–	○	–	–	–	–	–	–
C 3713	○	–	○	–	–	–	–	–	–
C 4250	○	–	○	△	□	–	–	–	–
C 4430	○	–	○	–	–	–	–	–	–
C 4621	○	–	○	–	–	–	–	–	–
C 4640	○	(*)	○	–	–	–	–	–	–
C 6140	○	(*)	○	–	–	–	–	–	–
C 6161	○	–	○	△	–	–	–	–	–
C 6280	○	–	○	–	–	–	–	–	–
C 6301	○	–	○	–	–	–	–	–	–
C 6711	–	–	–	–	○	–	–	–	–
C 6712	–	–	–	–	○	–	–	–	–
C 7060	○	(*)	○	–	–	–	–	–	–
C 7150	○	(*)	○	–	–	–	–	–	–

■ 판 및 띠의 기계적 성질

합금 번호	질별	기호	인장 시험			굽힘 시험(1)			경도 시험	
			두께 mm	인장 강도 N/mm²	연신율 %	두께 mm	굽힘 각도	안쪽 반지름	두께 mm	비커스 경도(2) HV
C 1020	O	C 1020 P-O C 1020 PS-O	0.10 이상 0.15 미만	195 이상	20 이상	2.0 이하	180°	밀착	–	–
			0.15 이상 0.30 미만		30 이상					
			0.3 이상 30 이하		35 이상					
		C 1020 R-O C 1020 RS-O	0.10 이상 0.15 미만		20 이상					
			0.15 이상 0.30 미만		30 이상					
			0.3 이상 3 이하		35 이상					
	$\frac{1}{4}$ H	C 1020 P-$\frac{1}{4}$ H C 1020 PS-$\frac{1}{4}$ H	0.10 이상 0.15 미만	215 이상 285 이하	15 이상	2.0 이하	180°	두께의 0.5배	0.30 이상	55~100(3),(4)
			0.15 이상 0.30 미만		20 이상					
			0.3 이상 30 이하	215 이상 275 이하	25 이상					
	$\frac{1}{4}$ H	C 1020 R-$\frac{1}{4}$ H C 1020 RS-$\frac{1}{4}$ H	0.10 이상 0.15 미만	215 이상 285 이하	15 이상	2.0 이하	180°	두께의 0.5배	0.30 이상	55~100(3),(4)
			0.15 이상 0.30 미만		20 이상					
			0.3 이상 30 이하	215 이상 275 이하	25 이상					
	$\frac{1}{2}$ H	C 1020 P-$\frac{1}{2}$ H C 1020 PS-$\frac{1}{2}$ H	0.10 이상 0.15 미만	235 이상 315 이하	–	2.0 이하	180°	두께의 1배	0.20 이상	75~120(3),(4)
			0.15 이상 0.30 미만		10 이상					
			0.3 이상 20 이하	245 이상 315 이하	15 이상					
		C 1020 R-$\frac{1}{2}$ H C 1020 RS-$\frac{1}{2}$ H	0.10 이상 0.15 미만	235 이상 315 이하	–					
			0.15 이상 0.30 미만		10 이상					
			0.3 이상 3 이하	245 이상 315 이하	15 이상					
	H	C 1020 P-H C 1020 PS-H	0.10 이상 0.15 미만	275 이상	–	2.0 이하	180°	두께의 1.5배	0.20 이상	80 이상(3),(4)
			0.15 이상 0.30 미만							
			0.3 이상 10 이하							
		C 1020 R-H C 1020 RS-H	0.10 이상 0.15 미만							
			0.15 이상 0.30 미만							
			0.3 이상 3 이하							

합금 번호	질별	기호	인장 시험			굽힘 시험(1)			경도 시험	
			두께 mm	인장 강도 N/mm^2	연신율 %	두께 mm	굽힘 각도	안쪽 반지름	두께 mm	비커스 경도(2) HV
C 1100	O	C 1100 P−O C 1100 PS−O	0.10 이상 0.15 미만	195 이상	20 이상	2.0 이하	180°	밀착	−	−
			0.15 이상 0.50 미만		30 이상					
			0.3 이상 3 이하		35 이상					
		C 1100 R−O C 1100 RS−O	0.10 이상 0.15 미만		20 이상					
			0.15 이상 0.50 미만		30 이상					
			0.3 이상 3 이하		35 이상					
	$\frac{1}{4}$ H	C 1100 P−$\frac{1}{4}$ H C 1100 PS−$\frac{1}{4}$ H	0.10 이상 0.15 미만	215 이상 285 이하	15 이상	2.0 이하	180°	두께의 0.5배	0.30 이상	55~ 100(3),(4)
			0.15 이상 0.50 미만		20 이상					
			0.5 이상 30 이하	215 이상 275 이하	25 이상					
	$\frac{1}{4}$ H	C 1100 R−$\frac{1}{4}$ H C 1100 RS−$\frac{1}{4}$ H	0.10 이상 0.15 미만	215 이상 285 이하	15 이상	2.0 이하	180°	두께의 0.5배	0.30 이상	55~ 100(3),(4)
			0.15 이상 0.50 미만		20 이상					
			0.5 이상 3 이하	215 이상 275 이하	25 이상					
	$\frac{1}{2}$ H	C 1100 P−$\frac{1}{2}$ H C 1100 PS−$\frac{1}{2}$ H	0.10 이상 0.15 미만	235 이상 315 이하	−	2.0 이하	180°	두께의 1배	0.20 이상	75~ 120(3),(4)
			0.15 이상 0.50 미만		10 이상					
			0.5 이상 20 이하	245 이상 315 이하	15 이상					
		C 1100 R−$\frac{1}{2}$ H C 1100 RS−$\frac{1}{2}$ H	0.10 이상 0.15 미만	235 이상 315 이하	−					
			0.15 이상 0.50 미만		10 이상					
			0.5 이상 3 이하	245 이상 315 이하	15 이상					
	H	C 1100 P−H C 1100 PS−H	0.10 이상 0.15 미만	275 이상	−	2.0 이하	180°	두께의 1.5배	0.20 이상	80 이상(3),(4)
			0.15 이상 0.50 미만							
			0.5 이상 10 이하							
		C 1100 R−H C 1100 RS−H	0.10 이상 0.15 미만							
			0.15 이상 0.50 미만							
			0.5 이상 3 이하							
		C 1100 PP −H	−	−		−	−	−	0.50 이상	90 이상(3)

합금 번호	질별	기호	인장 시험 두께 mm	인장 시험 인장 강도 N/mm²	인장 시험 연신율 %	굽힘 시험(1) 두께 mm	굽힘 시험(1) 굽힘 각도	굽힘 시험(1) 안쪽 반지름	경도 시험 두께 mm	경도 시험 비커스 경도(2) HV
C 1100	$\frac{1}{4}$ H	C 1100 R-$\frac{1}{4}$ H C 1100 RS-$\frac{1}{4}$ H	0.10 이상 0.15 미만	215 이상 285 이하	15 이상	2.0 이하	180°	두께의 0.5배	0.30 이상	55~ 100(3),(4)
			0.15 이상 0.50 미만		20 이상					
			0.5 이상 3 이하	215 이상 275 이하	25 이상					
	$\frac{1}{2}$ H	C 1100 P-$\frac{1}{2}$ H C 1100 PS-$\frac{1}{2}$ H	0.10 이상 0.15 미만	235 이상 315 이하	–	2.0 이하	180°	두께의 1배	0.20 이상	75~ 120(3),(4)
			0.15 이상 0.50 미만		10 이상					
			0.5 이상 20 이하	245 이상 315 이하	15 이상					
		C 1100 R-$\frac{1}{2}$ H C 1100 RS-$\frac{1}{2}$ H	0.10 이상 0.15 미만	235 이상 315 이하	–					
			0.15 이상 0.50 미만		10 이상					
			0.5 이상 3 이하	245 이상 315 이하	15 이상					
	H	C 1100 P-H C 1100 PS-H	0.10 이상 0.15 미만	275 이상	–	2.0 이하	180°	두께의 1.5배	0.20 이상	80 이상(3),(4)
			0.15 이상 0.50 미만							
			0.5 이상 10 이하							
		C 1100 R-H C 1100 RS-H	0.10 이상 0.15 미만							
			0.15 이상 0.50 미만							
			0.5 이상 3 이하							
		C 1100 PP -H	–	–		–	–	–	0.50 이상	90 이상(3)
C 1201 C 1220 C 1221	O	C 1201 P-O C 1201 PS-O	0.10 이상 0.15 미만	195 이상	20 이상	2.0 이하	180°	밀착	–	–
		C 1220 P-O C 1220 PS-O	0.15 이상 0.30 미만		30 이상					
		C 1221 P-O C 1221 PS-O	0.3 이상 30 이하		35 이상					
		C 1201 R-O C 1201 RS-O	0.10 이상 0.15 미만		20 이상					
		C 1220 R-O C 1220 RS-O	0.15 이상 0.30 미만		30 이상					
		C 1221 R-O C 1221 RS-O	0.3 이상 3 이하		35 이상					

합금 번호	질별	기호	인장 시험			굽힘 시험(1)			경도 시험	
			두께 mm	인장 강도 N/mm^2	연신율 %	두께 mm	굽힘 각도	안쪽 반지름	두께 mm	비커스 경도(2) HV
C 1201 C 1220 C 1221	$\frac{1}{4}$ H	C 1201 P-$\frac{1}{4}$ H C 1201 PS-$\frac{1}{4}$ H	0.10 이상 0.15 미만	215 이상 285 이하	15 이상	2.0 이하	180°	두께의 0.5배	0.30 이상	55~ 100(3),(4)
		C 1220 P-$\frac{1}{4}$ H C 1220 PS-$\frac{1}{4}$ H	0.15 이상 0.30 미만		20 이상					
		C 1221 P-$\frac{1}{4}$ H C 1221 PS-$\frac{1}{4}$ H	0.3 이상 30 이하	215 이상 275 이하	25 이상					
		C 1201 R-$\frac{1}{4}$ H C 1201 RS-$\frac{1}{4}$ H	0.10 이상 0.15 미만	215 이상 285 이하	15 이상					
		C 1220 R-$\frac{1}{4}$ H C 1220 RS-$\frac{1}{4}$ H	0.15 이상 0.30 미만		20 이상					
		C 1221 R-$\frac{1}{4}$ H C 1221 RS-$\frac{1}{4}$ H	0.3 이상 30 이하	215 이상 275 이하	25 이상					
	$\frac{1}{2}$ H	C 1201 P-$\frac{1}{2}$ H C 1201 PS-$\frac{1}{2}$ H	0.10 이상 0.15 미만	235 이상 315 이하	–	2.0 이하	180°	두께의 1배	0.20 이상	75~ 120(3),(4)
		C 1220 P-$\frac{1}{2}$ H C 1220 PS-$\frac{1}{2}$ H	0.15 이상 0.30 미만		10 이상					
		C 1221 P-$\frac{1}{2}$ H C 1221 PS-$\frac{1}{2}$ H	0.3 이상 10 이하	245 이상 315 이하	15 이상					
		C 1201 R-$\frac{1}{2}$ H C 1201 RS-$\frac{1}{2}$ H	0.10 이상 0.15 미만	235 이상 315 이하	–	2.0 이하	180°	두께의 1배	0.20 이상	75~ 120(3),(4)
		C 1220 R-$\frac{1}{2}$ H C 1220 RS-$\frac{1}{2}$ H	0.15 이상 0.30 미만		10 이상					
		C 1221 P-$\frac{1}{2}$ H C 1221 PS-$\frac{1}{2}$ H	0.3 이상 3 이하	245 이상 315 이하	15 이상					
	H	C 1201 P-H C 1201 PS-H	0.10 이상 0.15 미만	275 이상	–	2.0 이하	180°	두께의 1.5배	0.20 이상	80 이상(3),(4)
		C 1220 P-H C 1220 PS-H	0.15 이상 0.30 미만							
		C 1221 P-H C 1221 PS-H	0.3 이상 10 이하							
		C 1201 R-H C 1201 RS-H	0.10 이상 0.15 미만							
		C 1220 R-H C 1220 RS-H	0.15 이상 0.30 미만							
		C 1221 R-H C 1221 RS-H	0.3 이상 3 이하							
		C 1221 PP -H	–	–	–	–	–	–	0.50 이상	90 이상
C 1401	H	C 1401 PP-H	–	–	–	–	–	–	0.50 이상	90 이상
C 1441	O	C 1441 PS-O	0.10 이상 0.15 미만	195 이상	20 이상	2.0 이하	180°	밀착	–	–
			0.15 이상 3 이하		30 이상					
		C 1441 RS-O	0.10 이상 0.15 미만	195 이상	20 이상	2.0 이하	180°	밀착	–	–
			0.15 이상 3 미만		30 이상					

합금 번호	질별	기호	인장 시험			굽힘 시험(1)			경도 시험	
			두께 mm	인장 강도 N/mm²	연신율 %	두께 mm	굽힘 각도	안쪽 반지름	두께 mm	비커스 경도(2) HV
C 1441	$\frac{1}{4}$ H	C 1441 PS-$\frac{1}{4}$ H	0.10 이상 0.15 이하	215 이상 305 이하	15 이상	2.0 이하	180°	두께의 0.5배	0.30 이상	4.5 이상 105 이하(3),(4)
			0.15 이상 3 미만		20 이상					
		C 1441 RS-$\frac{1}{4}$ H	0.10 이상 0.15 미만		15 이상					
			0.15 이상 3 이하		20 이상					
	$\frac{1}{2}$ H	C 1441 PS-$\frac{1}{2}$ H C 1441 RS-$\frac{1}{2}$ H	0.10 이상 3 이하	245 이상 345 이하	10 이상	2.0 이하	180°	두께의 1배	0.20 이상	60 이상 120 이하(3),(4)
	H	C 1441 PS-H	0.10 이상 0.15 미만	275 이상 400 이하	–	2.0 이하	180°	두께의 1.5배	0.10 이상	90 이상 125 이하(3),(4)
			0.15 이상 3 이하		2 이상					
		C 1441 RS-H	0.10 이상 0.15 미만		–					
			0.15 이상 3 이하		2 이상					
	EH	C 1441 PS-EH C 1441 RS-EH	0.10 이상 3 이하	345 이상 440 이하	–	2.0 이하	W	두께의 1배	0.10 이상	100 이상 135 이하(3),(4)
	SH	C 1441 PS-SH C 1441 RS-SH	0.10 이상 3 이하	380 이상	–	2.0 이하	W	두께의 1.5배	0.10 이상	115 이상(3),(4)
C 1510	$\frac{1}{4}$ H	C 1510 PS-$\frac{1}{4}$ H C 1510 RS-$\frac{1}{4}$ H	0.10 이상 3 이하	275 이상 310 이하	13 이상	–	–	–	0.20 이상	70 이상 100 이하(3),(4)
	$\frac{1}{2}$ H	C 1510 PS-$\frac{1}{2}$ H C 1510 RS-$\frac{1}{2}$ H	0.10 이상 3 이하	295 이상 355 이하	6 이상	–	–	–	0.20 이상	80 이상 110 이하(3),(4)
	$\frac{3}{4}$ H	C 1510 PS-$\frac{3}{4}$ H C 1510 RS-$\frac{3}{4}$ H	0.10 이상 3 이하	325 이상 385 이하	3 이상	–	–	–	0.10 이상	100 이상 125 이하(3),(4)
	H	C 1510 PS-H C 1510 RS-H	0.10 이상 3 이하	365 이상 430 이하	2 이상	–	–	–	0.10 이상	100 이상 135 이하(3),(4)
	EH	C 1510 PS-EH C 1510 RS-EH	0.10 이상 3 이하	400 이상 450 이하	2 이상	–	–	–	0.10 이상	120 이상 140 이하(3),(4)
	SH	C 1510 PS-SH C 1510 RS-SH	0.10 이상 3이하	400 이상	2 이상	–	–	–	0.10 이상	125 이상(3),(4)

합금 번호	질별	기호	인장 시험			굽힘 시험(1)			경도 시험	
			두께 mm	인장 강도 N/mm^2	연신율 %	두께 mm	굽힘 각도	안쪽 반지름	두께 mm	비커스 경도(2) HV
C 1921	O	C 1921 PS－O C 1921 RS－O	0.10 이상 3 이하	255 이상 345 이하	30 이상	1.6 이하	180°	밀착	0.20 이상	100 이하(3),(4)
	$\frac{1}{4}$ H	C 1921 PS－$\frac{1}{4}$ H C 1921 RS－$\frac{1}{4}$ H	0.10 이상 3 이하	275 이상 375 이하	15 이상	1.6 이하	180° 또는 W	두께의 0.5배	0.10 이상	90 이상 120 이하(3),(4)
	$\frac{1}{2}$ H	C 1921 PS－$\frac{1}{2}$ H C 1921 RS－$\frac{1}{2}$ H	0.10 이상 3 이하	295 이상 430 이하	4 이상	1.6 이하		두께의 1배	0.10 이상	100 이상 130 이하(3),(4)
	H	C 1921 PS－H C 1921 RS－H	0.10 이상 3 이하	335 이상 470 이하	4 이상	1.6 이하		두께의 1.5배	0.10 이상	110 이상 150 이하(3),(4)
C 1940	O3	C 1940 PS－O3 C 1940 RS－O3	0.10 이상 3이하	275 이상 345 이하	30 이상	－	－	－	0.20 이상	70 이상 95 이하(3),(4)
	O2	C 1940 PS－O2 C 1940 RS－O2	0.10 이상 3 이하	310 이상 380 이하	25 이상	－	－	－	0.20 이상	80 이상 105 이하(3),(4)
	O1	C 1940 PS－O1 C 1940 RS－O1	0.10 이상 3 이하	345 이상 415 이하	15 이상	－	－	－	0.10 이상	100 이상 125 이하(3),(4)
	$\frac{1}{2}$ H	C 1940 PS－$\frac{1}{2}$ H C 1940 RS－$\frac{1}{2}$ H	0.10 이상 3 이하	365 이상 435 이하	5 이상	－	－	－	0.10 이상	115 이상 137 이하(3),(4)
	H	C 1940 PS－H C 1940 RS－H	0.10 이상 3 이하	415 이상 485 이하	2 이상	－	－	－	0.10 이상	125 이상 145 이하(3),(4)
	EH	C 1940 PS－EH C 1940 RS－EH	0.10 이상 3 이하	460 이상 505 이하	－	－	－	－	0.10 이상	135 이상 150 이하(3),(4)
	SH	C 1940 PS－SH C 1940 RS－SH	0.10 이상 3 이하	480 이상 525 이하	－	－	－	－	0.10 이상	140 이상 155 이하(3),(4)
	ESH	C 1940 PS－ESH C 1940 RS－ESH	0.10 이상 3 이하	505 이상 590 이하	－	－	－	－	0.10 이상	145 이상 170 이하(3),(4)
	SSH	C 1940 PS－SSH C 1940 RS－SSH	0.10 이상 3 이하	550 이상	－	－	－	－	0.10 이상	140 이상(3),(4)
C 2051	O	C 2051 R－O	0.20 이상 0.35 이하	215 이상 255 이하	38 이상	－	－	－	－	－
			0.35 초과 0.60 이하		43 이상					

합금 번호	질별	기호	인장 시험			굽힘 시험(1)			경도 시험	
			두께 mm	인장 강도 N/mm²	연신율 %	두께 mm	굽힘 각도	안쪽 반지름	두께 mm	비커스 경도(2) HV
C 2100	O	C 2100 P－O	0.3 이상 30 이하	205 이상	33 이상	2.0 이하	180°	밀착	－	－
		C 2100 R－O C 2100 RS－O	0.3 이상 3 이하							
	¼ H	C 2100 P－¼ H	0.3 이상 30 이하	225~305	23 이상	2.0 이하	180°	두께의 0.5배	－	－
		C 2100 R－¼ H C 2100 RS－¼ H	0.3 이상 3 이하							
	½ H	C 2100 P－½ H	0.3 이상 30 이하	265~345	18 이상	2.0 이하	180°	두께의 1배	－	－
		C 2100 R－½ H C 2100 RS－½ H	0.3 이상 3 이하							
	H	C 2100 P－H	0.3 이상 30 이하	305 이상	－	2.0 이하	180°	두께의 1.5배	－	－
		C 2100 R－H C 2100 RS－H	0.3 이상 3 이하							
C 2200	O	C 2200 P－O	0.3 이상 30 이하	225 이상	35 이상	2.0 이하	180°	밀착	－	－
		C 2200 R－O C 2200 RS－O	0.3 이상 3 이하							
	¼ H	C 2200 P－¼ H	0.3 이상 30 이하	225~335	25 이상	2.0 이하	180°	두께의 0.5배	－	－
		C 2200 R－¼ H C 2200 RS－¼ H	0.3 이상 3 이하							
	½ H	C 2200 P－½ H	0.3 이상 20 이하	285~365	20 이상	2.0 이하	180°	두께의 1배	－	－
		C 2200 R－½ H C 2200 RS－½ H	0.3 이상 3 이하							
	H	C 2200 P－H	0.3 이상 10 이하	550 이상	－	－	－	－	0.10 이상	140 이상(3),(4)
		C 2200 R－H C 2200 RS－H	0.3 이상 3 이하							
C 2300	O	C 2300 P－O	0.3 이상 30 이하	245 이상	40 이상	2.0 이하	180°	밀착	－	－
		C 2300 R－O C 2300 RS－O	0.3 이상 3 이하							
	¼ H	C 2300 P－¼ H	0.3 이상 30 이하	275~355	28 이상	2.0 이하	180°	두께의 0.5배	－	－
		C 2300 R－¼ H C 2300 RS－¼ H	0.3 이상 3 이하							
	½ H	C 2300 P－½ H	0.3 이상 20 이하	305~380	23 이상	2.0 이하	180°	두께의 1배	－	－
		C 2300 R－½ H C 2300 RS－½ H	0.3 이상 3 이하							
	H	C 2300 P－H	0.3 이상 10 이하	355 이상	－	2.0 이하	180°	두께의 1.5배	－	－
		C 2300 R－H C 2300 RS－H	0.3 이상 3 이하							

합금 번호	질별	기호	인장 시험			굽힘 시험(1)			경도 시험	
			두께 mm	인장 강도 N/mm²	연신율 %	두께 mm	굽힘 각도	안쪽 반지름	두께 mm	비커스 경도(2) HV
C 2400	O	C 2400 P-O	0.3 이상 30 이하	255 이상	44 이상	2.0 이하	180°	밀착	–	–
		C 2400 R-O C 2400 RS-O	0.3 이상 3 이하							
	¼ H	C 2400 P-¼ H	0.3 이상 30 이하	295~375	30 이상	2.0 이하	180°	두께의 0.5배	–	–
		C 2400 R-¼ H C 2400 RS-¼ H	0.3 이상 3 이하							
	½ H	C 2400 P-½ H	0.3 이상 20 이하	325~400	25 이상	2.0 이하	180°	두께의 1배	–	–
		C 2400 R-½ H C 2400 RS-½ H	0.3 이상 3 이하							
	H	C 2400 P-H	0.3 이상 10 이하	375 이상	–	2.0 이하	180°	두께의 1.5배	–	–
		C 2400 R-H C 2400 RS-H	0.3 이상 3 이하							
C 2600	O	C 2600 P-O	0.10 이상 0.30 미만	275 이상	35 이상	2.0 이하	180°	밀착	–	–
			0.3 이상 30 이하	275 이상	40 이상					
		C 2600 R-O C 2600 RS-O	0.10 이상 0.30 미만	275 이상	35 이상					
			0.30 이상 3 이하	275 이상	40 이상					
	¼ H	C 2600 P-¼ H	0.10 이상 0.30 미만	325~420	30 이상	2.0 이하	180°	두께의 0.5배	0.20 이상	75~125(3),(4)
			0.3 이상 30 이하	325~410	35 이상					
		C 2600 R-¼ H C 2600 RS-¼ H	0.10 이상 0.30 미만	325~420	30 이상					
			0.3 이상 3 이하	325~410	35 이상					
	½ H	C 2600 P-½ H	0.10 이상 0.30 미만	355 이상 450 이하	23 이상	2.0 이하	180° 또는 W	두께의 1배	0.20 이상	85~145(3),(4)
			0.10 이상 20 이하	355 이상 440 이하	28 이상					
		C 2600 R-½ H C 2600 RS-½ H	0.3 이상 30 이하	355 이상 450 이하	23 이상					
			0.3 이상 3 이하	355 이상 440 이하	28 이상					
	¾ H	C 2600 P-¾ H	0.10 이상 0.30 미만	375 이상 490 이하	10 이상	2.0 이하	180° 또는 W	두께의 1.5배	0.20 이상	95~160(3),(4)
			0.3 이상 20 이하		20 이상					
		C 2600 R-¾ H C 2600 RS-¾ H	0.3 이상 0.30 미만		10 이상					
			0.3 이상 3 이하		20 이상					

합금 번호	질별	기호	인장 시험			굽힘 시험(1)			경도 시험	
			두께 mm	인장 강도 N/mm^2	연신율 %	두께 mm	굽힘 각도	안쪽 반지름	두께 mm	비커스 경도(2) HV
C 2600	H	C 2600 P-O	0.10 이상 10 이하	410~540	-	2.0 이하	180° 또는 W	두께의 1.5배	0.20 이상	105~175(3),(4)
		C 2600 R-O C 2600 RS-O	0.10 이상 3 이하							
	EH	C 2600 P-EH	0.10 이상 10 이하	520~620	-	-	-	-	0.10 이상	145~195(3),(4)
		C 2600 R-EH C 2600 RS-EH	0.10 이상 3 이하							
	SH	C 2600 P-SH	0.10 이상 10 이하	570 이상 670 이하	-	-	-	-	0.10 이상	165~215(3),(4)
		C 2600 R-SH C 2600 RS-SH	0.10 이상 3 이하							
	ESH	C 2600 P-ESH	0.10 이상 10 이하	620 이상	-	-	-	-	0.10 이상	180 이상(3),(4)
		C 2600 R-ESH C 2600 RS-ESH	0.10 이상 3 이하							
C 2680	O	C 2680 P-O	0.10 이상 0.30 미만	275 이상	35 이상	2.0 이하	180°	밀착	-	-
			0.3 이상 30 이하		40 이상					
		C 2680 R-O C 2680 RS-O	0.10 이상 0.3 미만		35 이상					
			0.3 이상 3 이하		40 이상					
	$\frac{1}{4}$ H	C 2680 P-$\frac{1}{4}$ H	0.10 이상 0.3 미만	325 이상 420 이하	30 이상	2.0 이하	180°	두께의 0.5배	0.20 이상	75~125(3),(4)
			0.3 이상 30 이하	325 이상 410 이하	35 이상					
		C 2680 R-$\frac{1}{4}$ H C 2680 RS-$\frac{1}{4}$ H	0.10 이상 0.3 미만	325 이상 420 이하	30 이상					
			0.3 이상 3 이하	325 이상 410 이하	35 이상					
C 2680	$\frac{1}{2}$ H	C 2680 P-$\frac{1}{2}$ H	0.10 이상 0.30 미만	355~450	23 이상	2.0 이하	180° 또는 W	두께의 1배	0.20 이상	85~145(3),(4)
			0.3 이상 20 이하	355~450	28 이상					
		C 2680 R-$\frac{1}{2}$ H C 2680 RS-$\frac{1}{2}$ H	0.10 이상 0.3 미만	355~450	23 이상					
			0.3 이상 3 이하	355~450	28 이상					
	$\frac{3}{4}$ H	C 2680 P-$\frac{3}{4}$ H	0.10 이상 0.30 미만	375 이상 490 이하	10 이상	2.0 이하	180° 또는 W	두께의 1.5배	0.20 이상	95~165(3),(4)
			0.3 이상 20 이하		20 이상					
		C 2680 R-$\frac{3}{4}$ H C 2680 RS-$\frac{3}{4}$ H	0.10 이상 0.3 미만		10 이상					
			0.3 이상 3 이하		20 이상					

합금 번호	질별	기호	인장 시험			굽힘 시험(1)			경도 시험	
			두께 mm	인장 강도 N/mm^2	연신율 %	두께 mm	굽힘 각도	안쪽 반지름	두께 mm	비커스 경도(2) HV
C 2680	H	C 2680 P－H	0.10 이상 10 이하	410~540	–	2.0 이하	180° 또는 W	두께의 1.5배	0.20 이상	105~175(3),(4)
		C 2680 R－H C 2680 RS－H	0.10이상 3 이하							
	EH	C 2680 P－EH	0.10 이상 10 이하	520 이상 620 이하	–	–	–	–	0.1 이상	145~195(3),(4)
		C 2680 R－EH C 2680 RS－EH	0.10 이상 3 이하							
	SH	C 2680 P－SH	0.10 이상 10 이하	570 이상 670 이하	–	–	–	–	0.10 이상	165 이상 215 이하(3),(4)
		C 2680 R－SH C 2680 RS－SH	0.10 이상 3 이하							
	ESH	C 2680 P－ESH	0.10 이상 10 이하	620 이상	–	–	–	–	0.10 이상	180 이상(3),(4)
		C 2680 R－ESH C 2680 RS－ESH	0.10 이상 3 이하							
C 2720	O	C 2720 P－O	0.3 이상 1 이하	275 이상	40 이상	2.0 이하	180°	밀착	–	–
			1 초과 30 이하		50 이상					
		C 2720 R－O C 2720 RS－O	0.3 이상 1 이하	275 이상	40 이상	2.0 이하	180°	밀착	–	–
			1 초과 3 이하	275 이상	50 이상					
	$\frac{1}{4}$ H	C 2720 P－$\frac{1}{4}$ H	0.3 이하 30 이하	325~420	35 이상	2.0 이하	180°	두께의 0.5배	0.30 이상	75~125(3)
		C 2720 R－$\frac{1}{4}$ H C 2720 RS－$\frac{1}{4}$ H	0.3 이상 3 이하							
	$\frac{1}{2}$ H	C 2720 R－$\frac{1}{2}$ H C 2720 RS－$\frac{1}{2}$ H	0.3 이상 20 이하	355~440	28 이상	2.0 이하	180°	두께의 1배	0.30 이상	85~145(3)
			0.3 이상 3 이하							
C 2720	H	C 2720 P－H	0.3 이상 10 이하	410 이상	–	2.0 이하	180°	두께의 1.5배	0.30 이상	105 이상(3)
		C 2720 R－H C 2720 RS－H	0.3 이상 3 이하							
C 2801	O	C 2801 P－O	0.3 이상 1 이하	325 이상	35 이상	2.0 이하	180°	두께의 1배	–	–
			1 초과 30 이하		40 이상					
		C 2801 R－O C 2801 RS－O	0.3 이상 1 이하		35 이상				–	–
			1 초과 3 이하		40 이상					
	$\frac{1}{4}$ H	C 2801 P－$\frac{1}{4}$ H	0.3 이상 30 이하	355~440	25 이상	2.0 이하	180°	두께의 1.5배	0.30 이상	85~145(3)
		C 2801 R－$\frac{1}{4}$ H C 2801 RS－$\frac{1}{4}$ H	0.3이상 3 이하							

합금 번호	질별	기호	인장 시험			굽힘 시험(1)			경도 시험	
			두께 mm	인장 강도 N/mm^2	연신율 %	두께 mm	굽힘 각도	안쪽 반지름	두께 mm	비커스 경도(2) HV
C 2801	$\frac{1}{2}$ H	C 2801 P−$\frac{1}{2}$ H	0.3 이상 20 이하	410~490	15 이상	2.0 이하	180°	두께의 1.5배	0.30 이상	105~160(3)
		C 2801 R−$\frac{1}{2}$ H C 2801 RS−$\frac{1}{2}$ H	0.3 이상 3 이하							
	H	C 2801 P−H	0.3 이상 10 이하	470 이상	−	2.0 이하	90°	두께의 1배	0.30 이상	130 이상(3)
		C 2801 R−H C 2801 RS−H	0.3 이상 3 이하							
C 3560	$\frac{1}{4}$ H	C 3560 P−$\frac{1}{4}$ H	0.3 이상 10 이하	345~430	18 이상	−	−	−	−	−
		C 3560 R−$\frac{1}{4}$ H	0.3 이상 2 이하							
	$\frac{1}{2}$ H	C 3560 P−$\frac{1}{2}$ H	0.3 이상 10 이하	375~460	10 이상	−	−	−	−	−
		C 3560 R−$\frac{1}{2}$ H	0.3 이상 2 이하							
	H	C 3560 P−H	0.3 이상 10 이하	420 이상	−	−	−	−	−	−
		C 3560 R−H	0.3 이상 2 이하							
C 3561	$\frac{1}{4}$ H	C 3561 P−$\frac{1}{4}$ H	0.3 이하 10 이하	375~460	15 이상	−	−	−	−	−
		C 3561 R−$\frac{1}{4}$ H	0.3 이상 2 이하							
	$\frac{1}{2}$ H	C 3561 P−$\frac{1}{2}$ H	0.3 이상 10 이하	420~510	8 이상	−	−	−	−	−
		C 3561 R−$\frac{1}{2}$ H	0.3 이상 3 이하							
	H	C 3561 P−H	0.3 이상 10 이하	470 이상	−	−	−	−	−	−
		C 3561 R−H	0.3 이상 2 이하							
C 3710	$\frac{1}{4}$ H	C 3710 P−$\frac{1}{4}$ H	0.3 이상 10 이하	375~460	20 이상	−	−	−	−	−
		C 3710 R−$\frac{1}{4}$ H	0.3 이상 2 이하							
	$\frac{1}{2}$ H	C 3710 P−$\frac{1}{2}$ H	0.3 이상 10 이하	420~510	18 이상	−	−	−	−	−
		C 3710 R−$\frac{1}{2}$ H	0.3 이상 2 이하							
	H	C 3710 P−H	0.3 이상 10 이하	470 이상	−	−	−	−	−	−
		C 3710 R−H	0.3 이상 2 이하							
C 3713	$\frac{1}{4}$ H	C 3713 P−$\frac{1}{4}$ H	0.3 이상 10 이하	375~460	18 이상	−	−	−	−	−
		C 3713 R−$\frac{1}{4}$ H	0.3 이상 2 이하							

합금 번호	질별	기호	인장 시험			굽힘 시험(1)			경도 시험	
			두께 mm	인장 강도 N/mm²	연신율 %	두께 mm	굽힘 각도	안쪽 반지름	두께 mm	비커스 경도(2) HV
C 3713	$\frac{1}{2}$ H	C 3713 P-$\frac{1}{2}$ H	0.3 이상 10 이하	420~510	10 이상	–	–	–	–	–
		C 3713 R-$\frac{1}{2}$ H	0.3 이상 2 이하							
	H	C 3713 P-H	0.3 이상 10 이하	470 이상	–	–	–	–	–	–
		C 3713 R-H	0.3 이상 2 이하							
C 4250	O	C 4250 P-O	0.3 이상 30 이하	295 이상	35 이상	1.6 이하	180°	두께의 1배	–	–
		C 4250 R-O C 4250 RS-O	0.3 이상 3 이하							
	$\frac{1}{4}$ H	C 4250 P-$\frac{1}{4}$ H	0.3 10 이하	335~420	25 이상	1.6 이하	180°	두께의 1.5배	0.30 이상	80~ 140(3)
		C 4250 R-$\frac{1}{4}$ H C 4250 RS-$\frac{1}{4}$ H	0.3 이상 2 이하							
	$\frac{1}{2}$ H	C 4250 P-$\frac{1}{2}$ H	0.3 이상 20 이하	390~480	15 이상	1.6 이하	180°	두께의 2배	0.30 이상	110~ 170(3)
		C 4250 R-$\frac{1}{2}$ H C 4250 RS-$\frac{1}{2}$ H	0.3 이상 3 이하							
	$\frac{3}{4}$ H	C 4250 P-$\frac{3}{4}$ H	0.3 이상 20 이하	420~510	5 이상	1.6 이하	180°	두께의 2.5배	0.30 이상	140~ 180(3)
		C 4250 R-$\frac{3}{4}$ H C 4250 RS-$\frac{3}{4}$ H	0.3 이상 3 이하							
	H	C 4250 P-H	0.3 이상 10 이하	480~570	–	1.6 이하	180°	두께의 3배	0.30 이상	140~ 200(3)
		C 4250 R-H C 4250 RS-H	0.3 이상 3 이하							
	EH	C 4250 P-EH	0.3 이상 10 이하	520 이상	–	–	–	–	0.30 이상	150 이상(3)
		C 4250 R-EH C 4250 RS-EH	0.3 이상 3 이하							
C 4430	F	C 4430 P-F	0.3 이상 30 이하	315 이상	35 이상	–	–	–	–	–
	O	C 4430 R-O	0.3 이상 3 이하							
C 4621	F	C 4621 P-F	0.8 이상 20 이하	375 이상	20 이상				–	–
			20 초과 40 이하	345 이상						
			40 초과 125 이하	315 이상						
C 4640	F	C 4640 P-F	0.8 이상 20 이하	375 이상	25 이상	–	–	–	–	–
			20 초과 40 이하	345 이상						
			40 초과 125 이하	315 이상						

합금 번호	질별	기호	인장 시험			굽힘 시험(1)			경도 시험	
			두께 mm	인장 강도 N/mm²	연신율 %	두께 mm	굽힘 각도	안쪽 반지름	두께 mm	비커스 경도(2) HV
C 6140	F	C 6140 P-F	4 이상 50 이하	480 이상	35 이상	–	–	–	–	–
			50 초과 125 이하	450 이상						
	O	C 6140 P-O	4 이상 50 이하	480 이상	35 이상	–	–	–	–	–
			50 초과 125 이하	450 이상						
	H	C 6140 P-H	4 이상 12 이하	550 이상	25 이상	–	–	–	–	–
			12 초과 25 이하	480 이상	30 이상					
C 6161	F	C 6161 P-F	0.8 이상 50 이하	490 이상	30 이상	–	–	–	–	–
			50 초과 125 이하	450 이상	35 이상					
	O	C 6161 P-O	0.8 이상 50 이하	490 이상	35 이상	2.0 이하	180°	두께의 1배	–	–
			50 초과 125 이하	450 이상	35 이상	–	–	–		
	$\frac{1}{2}$ H	C 6161 P-$\frac{1}{2}$ H	0.8 이상 50 이하	635 이상	25 이상	2.0 이하	180°	두께의 2배	–	–
			50 초과 125 이하	590 이상	20 이상	–	–	–	–	–
	H	C 6161 P-H	0.8 이상 50 이하	685 이상	10 이상	2.0 이하	180°	두께의 3배	–	–
C 6280	F	C 6280 P-F	0.8 이상 50 이하	620 이상	10 이상	–	–	–	–	–
			50 초과 90 이하	590 이상						
			90 초과 125 이하	550 이상						
C 6301	F	C 6301 P-F	0.8 이상 50 이하	635 이상	15 이상	–	–	–	–	–
			50 초과 125 이하	590 이상	12 이상					
C 6711	H	C 6711 P-H	–	–	–	–	–	–	0.25 이상 1.5 이하	190 이상
C 6712	H	C 6712 P-H	–	–	–	–	–	–	0.25 이상 1.5 이하	160 이상
C 7060	F	C 7060 P-F	0.5 이상 50 이하	275 이상	30 이상	–	–	–	–	–
C 7150	F	C 7150 P-F	0.5 이상 50 이하	345 이상	35 이상	–	–	–	–	–

5. 스프링용 베릴륨동, 티타늄동, 인청동 및 양백의 판 및 띠 KS D 5202 : 2009

■ 종류 및 기호

종류			참고	
합금 번호	모양	기호	명칭	특징 및 용도 보기
C 1700	판	C 1700 P	스프링용 베릴륨동	내식성이 좋고, 시효 경화 처리 전은 전연성이 좋고, 시효 경화 처리 후는 내피로성, 전도성이 증가한다. 압연 가공재를 제외하고, 시효 경화 처리는 성형 가공 후에 한다. 고성능 스프링, 계전기용 스프링, 전기 기기용 스프링, 마이크로 스위치, 다이어프램, 시계용 기어, 퓨즈 클립, 커넥터, 소켓 등
	띠	C 1700 R		
C 1720	판	C 1720 P		
	띠	C 1720 R		
C 1751	판	C 1751 P	스프링용 베릴륨동	내식성이 좋고, 시효 경화 처리 후는 내피로성, 전도성이 증가한다. 특히 전도성은 순동의 절반 이상의 전도율을 가진다. 스위치, 릴레이, 전극 등
	띠	C 1751 R		
C 1990	판	C 1990 P	스프링용 티타늄동	시효 경화형 구리 합금의 압연 가공재로 전연성, 내식성, 내마모성, 내피로성이 좋고 특히 응력 완화 특성, 내열성이 우수한 고성능 스프링재이다. 전자, 통신, 정보, 전기, 계측기 등의 스위치, 커넥터, 릴레이 등
	띠	C 1990 R		
C 5210	판	C 5210 P	스프링용 인청동	전연성, 내피로성, 내식성이 좋다. 특히 저온 어닐링이 되어 있으므로 고성능 스프링재에 적합하다. 질별 SH는 거의 굽힘 가공을 하지 않는 판스프링에 사용된다. 전자, 통신, 정보, 전기, 계측 기기용의 스위치, 커넥터, 릴레이 등
	띠	C 5210 R		
C 7701	판	C 7701 P	스프링용 양백	광택이 아름답고 전연성, 내피로성, 내식성이 좋다. 특히 저온 어닐링이 되어 있으므로 고성능 스프링재에 적합하다. 질별 SH는 거의 굽힘 가공을 하지 않는 판스프링에 사용된다. 전자, 통신, 정보, 전기, 계측 기기용의 스위치, 커넥터, 릴레이 등
	띠	C 7701 R		

■ 화학 성분

합금번호	화학 성분(질량 %)															
	Cu	Pb	Fe	Sn	Zn	Be	Mn	Ni	Ni+Co	Ni+Co+Fe	P	Ti	Cu+Sn+Ni	Cu+Be+Ni	Cu+Be+Ni+Co+Fe	Cu+Ti
C 1700	–	–	–	–	–	1.60~1.79	–	–	0.20 이상	0.6 이하	–	–	–	–	99.5 이상	–
C 1720	–	–	–	–	–	1.80~2.00	–	–	0.20 이상	0.6 이하	–	–	–	–	99.5 이상	–
C 1751	–	–	–	–	–	0.2~0.6	–	1.4~2.2	–	–	–	–	–	99.5 이상	–	–
C 1990	–	–	–	–	–	–	–	–	–	–	–	2.9~3.5	–	–	–	99.5 이상
C 5210	–	0.02 이하	0.10 이하	7.0~9.0	0.20 이하	–	–	–	–	–	0.03~0.35	–	99.7 이상	–	–	–
C 7701	54.0~58.0	0.03 이하	0.25 이하	–	나머지	–	0~0.50	16.5~19.5	–	–	–	–	–	–	–	–

6. 이음매 없는 구리 및 구리합금 관 KS D 5301 : 2009

■ 종류, 등급 및 기호

종류		등급	기호	참고	
합금번호	모양			명칭	특색 및 용도 보기
C 1020	관	보통급	C 1020 T	무산소동	전기 · 열전도성, 전연성 · 드로잉성이 우수하고, 용접성 · 내식성 · 내후성이 좋다. 고온의 환원성 분위기에서 가열하여도 수소 취화를 일으키지 않는다. 열교환기용, 전기용, 화학 공업용, 급수 · 급탕용 등
		특수급	C 1020 TS		
C 1100	관	보통급	C 1100 T	타프피치동	전기 · 열전도성이 우수하고, 드로잉성 · 내식성 · 내후성이 좋다. 전기 부품 등
		특수급	C 1100 TS		
C 1201	관	보통급	C 1201 T	인탈산동	압광성 · 굽힘성 · 드로잉성 · 용접성 · 내식성 · 열전도성이 좋다. C 1220은 고온의 환원성 분위기에서 가열하여도 수소 취화를 일으키지 않는다. 수도용 및 급탕용에 사용 가능 C 1201은 C 1220보다 전기 전도성이 좋다. 열교환기용, 화학 공업용, 급수 · 급탕용, 가스관 등
		특수급	C 1201 TS		
C 1220	관	보통급	C 1220 T		
		특수급	C 1220 TS		
C 2200	관	보통급	C 2200 T	단동	색깔과 광택이 아름답고, 압광성 · 굽힘성 · 드로잉성 · 내식성이 좋다. 화장품 케이스, 급배수관, 이음쇠 등
		특수급	C 2200 TS		
C 2300	관	보통급	C 2300 T		
		특수급	C 2300 TS		
C 2600	관	보통급	C 2600 T	황동	압광성 · 굽힘성 · 드로잉성 · 도금성이 좋다. 열교환기, 커튼봉, 위생관, 모든 기기 부품, 안테나 로드 등 C 2800은 강도가 높다. 정당용, 선박용 모든 기기 부품 등
		특수급	C 2600 TS		
C 2700	관	보통급	C 2700 T		
		특수급	C 2700 TS		
C 2800	관	보통급	C 2800 T		
		특수급	C 2800 TS		
C 4430	관	보통급	C 4430 T	복수기용 황동	내식성이 좋고, 특히 C 6870 · C 6871 · C 6872는 내해수성이 좋다. 화력 · 원자력 발전용 복수기, 선박용 복수기, 급수 가열기, 증류기, 유냉각기, 조수장치 등의 열교환기용
		특수급	C 4430 TS		
C 6870	관	보통급	C 6870 T		
		특수급	C 6870 TS		
C 6871	관	보통급	C 6871 T		
		특수급	C 6871 TS		
C 6872	관	보통급	C 6872 T		
		특수급	C 6872 TS		
C 7060	관	보통급	C 7060 T	복수기용 백동	내식성, 특히 내해수성이 좋고, 비교적 고온의 사용에 적합하며 선박용 복수기, 급수 가열기, 화학 공업용, 조수 장치용 등
		특수급	C 7060 TS		
C 7100	관	보통급	C 7100 T		
		특수급	C 7100 TS		
C 7150	관	보통급	C 7150 T		
		특수급	C 7150 TS		
C 7164	관	보통급	C 7164 T		
		특수급	C 7164 TS		

■ 관의 화학 성분

합금 번호	화학 성분 (질량%)											
	Cu	Pb	Fe	Sn	Zn	Al	As	Mn	Ni	P	Si	Cu+Fe+Mn+Ni
C 1020	99.96 이상	–	–	–	–	–	–	–	–	–	–	–
C 1100	99.90 이상	–	–	–	–	–	–	–	–	–	–	–
C 1201	99.90 이상	–	–	–	–	–	–	–	–	0.004 이상 0.015 미만	–	–
C 1220	99.90 이상	–	–	–	–	–	–	–	–	0.015~0.040	–	–
C 2200	89.0~91.0	0.05 이하	0.05 이하	–	나머지	–	–	–	–	–	–	–
C 2300	84.0~86.0	0.05 이하	0.05 이하	–	나머지	–	–	–	–	–	–	–
C 2600	68.5~71.5	0.05 이하	0.05 이하	–	나머지	–	–	–	–	–	–	–
C 2700	63.0~67.0	0.05 이하	0.05 이하	–	나머지	–	–	–	–	–	–	–
C 2800	59.0~63.0	0.10 이하	0.07 이하	–	나머지	–	–	–	–	–	–	–
C 4430	70.0~73.0	0.05 이하	0.05 이하	0.9~1.2	나머지	–	0.02~0.06	–	–	–	–	–
C 6870	76.0~79.0	0.05 이하	0.05 이하	–	나머지	1.8~2.5	0.02~0.06	–	–	–	–	–
C 6871	76.0~79.0	0.05 이하	0.05 이하	–	나머지	1.8~2.5	0.02~0.06	–	–	–	0.20~0.50	–
C 6872	76.0~79.0	0.05 이하	0.05 이하	–	나머지	1.8~2.5	0.02~0.06	–	0.20~1.0	–	–	–
C 7060	–	0.05 이하	1.0~1.8	–	0.05 이하	–	–	0.20~1.0	9.0~11.0	–	–	99.5 이상
C 7100	–	0.05 이하	0.50~1.0	–	0.05 이하	–	–	0.20~1.0	19.0~23.0	–	–	99.5 이상
C 7150	–	0.05 이하	0.40~1.0	–	0.05 이하	–	–	0.20~1.0	29.0~33.0	–	–	99.5 이상
C 7164	–	0.05 이하	1.7~2.3	–	0.05 이하	–	–	1.5~2.5	29.0~32.0	–	–	99.5 이상

■ 관의 기계적 성질 및 물리적 성질의 시험항목(압력 용기용은 제외)

합금 번호	질별	기호	바깥지름 mm	기계적 성질 및 물리적 성질을 표시하는 시험항목										
				인장 강도	연신 율	경도	결정 입도	압광	편평	비파괴 검사(1)	도전율	수소 취화(2)	경시 균열	용출 성능(3)
C 1020	O	C 1020 T−O	50 이하	○	○	△	△	○	−	△	△	○	−	−
		C 1020 TS−O	50 초과 100 이하	○	○	△	△	○	−	−	△	○	−	−
	OL	C 1020 T−OL	50 이하	○	○	△	△	○	−	△	△	○	−	−
		C 1020 TS−OL	50 초과 100 이하	○	○	△	△	○	−	−	△	○	−	−
	½ H	C 1020 T−½ H	50 이하	○	−	△	−	−	−	△	△	○	−	−
		C 1020 TS−½ H	50 초과 100 이하	○	−	△	−	−	−	−	△	○	−	−
C 1020	H	C 1020 T−H C 1020 TS−H	50 이하	○	−	△	−	−	−	△	△	○	−	−
			50 초과 100 이하	○	−	△	−	−	−	−	△	○	−	−
C 1100	O	C 1100 T−O C 1100 TS−O	50 이하	○	○	△	−	○	−	△	△	−	−	−
			50 초과 100 이하	○	○	△	−	○	−	−	△	−	−	−
			100 초과	○	○	△	−	−	○	−	△	−	−	−
	½ H	C 1100 T−½ H C 1100 TS−½ H	50 이하	○	−	△	−	−	−	△	△	−	−	−
			50 초과 100 이하	○	−	△	−	−	−	−	△	−	−	−
	H	C 1100 T−H C 1100 TS−H	50 이하	○	−	△	−	−	−		△	−	−	−
			50 초과 100 이하	○	−	△	−	−	−	−	△	−	−	−
C 1201 C 1220	O	C 1201 T−O	50 이하	○	○	△	△	○	−	△(1)	−	△(2)	−	△(3)
		C 1201 TS−O C 1220 T−O	50 초과 100 이하	○	○	△	△	○	−	△(1)	−	△(2)	−	△(3)
		C 1220 TS−O	100 초과	○	○	△	△	−	○	△(1)	−	△(2)	−	△(3)
	OL	C 1201 T−OL	50 이하	○	○	△	△	○	−	△(1)	−	△(2)	−	△(3)
		C 1201 TS−OL C 1220 T−O	50 초과 100 이하	○	○	△	△	○	−	△(1)	−	△(2)	−	△(3)
		C 1220 T−OL	100 초과	○	○	△	△	−	○	△(1)	−	△(2)	−	△(3)
	½ H	C 1201 T−½ H	50 이하	○	−	△	−	−	−	△(1)	−	△(2)	−	△(3)
		C 1201 TS−½ H C 1220 T−½ H	50 초과 100 이하	○	−	△	−	−	−	△(1)	−	△(2)	−	△(3)
		C 1220 TS−½ H	100 초과	○	−	△	−	−	−	△(1)	−	△(2)	−	△(3)
	H	C 1201 T−H	50 이하	○	−	△	−	−	−	△(1)	−	△(2)	−	△(3)
		C 1201 TS−H C 1220 T−H	50 초과 100 이하	○	−	△	−	−	−	△(1)	−	△(2)	−	△(3)
		C 1220 TS−H	100 초과	○	−	△	−	−	−	△(1)	−	△(2)	−	△(3)
C 2200 C 2300	O	C 2200 T−O	50 이하	○	○	△	△	○	−	△		−	−	−
		C 2200 TS−O C 2300 T−O	50 초과 100 이하	○	○	△	△	○	−	−	−	−	−	−
		C 2300 TS−O	100 초과	○	○	△	△	−	○	−	−	−	−	−

합금 번호	질별	기호	바깥지름 mm	기계적 성질 및 물리적 성질을 표시하는 시험항목										
				인장 강도	연신율	경도	결정 입도	압광	편평	비파괴 검사(1)	도전율	수소 취화(2)	경시 균열	용출 성능(3)
C 2200 C 2300	OL	C 2200 T－OL	50 이하	○	○	△	△	○	－	△	－	－	－	－
		C 2200 TS－OL	50 초과 100 이하	○	○	△	△	○	－	－	－	－	－	－
		C 2300 T－OL												
		C 2300 TS－OL	100 초과	○	○	△	△	－	○	－	－	－	－	－
	$\frac{1}{2}$ H	C 2200 T－$\frac{1}{2}$ H	50 이하	○	○	△	－	－	－	△	－	－	－	－
		C 2200 TS－$\frac{1}{2}$ H												
		C 2300 T－$\frac{1}{2}$ H	50 초과	○	○	△	－	－	－	－	－	－	－	－
		C 2300 TS－$\frac{1}{2}$ H												
	H	C 2200 T－H	50 이하	○	－	△	－	－	－	△	－	－	－	－
		C 2200 TS－H												
		C 2300 T－H	50 초과	○	－	△	－	－	－	－	－	－	－	－
		C 2300 TS－H												
C 2600 C 2700	O	C 2600 T－O	50 이하	○	○	△	△	○	－	△	－	－	□	－
		C 2600 TS－O	50 초과 100 이하	○	○	△	△	○	－	－	－	－	□	－
		C 2700 T－O												
		C 2700 TS－O	100 초과	○	○	△	△	－	○	－	－	－	□	－
	OL	C 2600 T－OL	50 이하	○	○	△	△	○	－	△	－	－	□	－
		C 2600 TS－OL	50 초과 100 이하	○	○	△	△	○	－	－	－	－	□	－
		C 2700 T－OL												
		C 2700 TS－OL	100 초과	○	○	△	△	－	○	－	－	－	□	－
C 2600 C 2700	$\frac{1}{2}$ H	C 2600 T－$\frac{1}{2}$ H	50 이하	○	○	△	－	－	－	△	－	－	□	－
		C 2600 TS－$\frac{1}{2}$ H												
		C 2700 T－$\frac{1}{2}$ H	50 초과	○	○	△	－	－	－	－	－	－	□	－
		C 2700 TS－$\frac{1}{2}$ H												
	H	C 2600 T－H	50 이하	○	－	△	－	－	－	△	－	－	□	－
		C 2600 TS－H												
		C 2700 T－H	50 초과	○	－	△	－	－	－	－	－	－	□	－
		C 2700 TS－H												
C 2800	O	C 2800 T－O C 2800 TS－O	50 이하	○	○	－	－	○	－	△	－	－	□	－
			50 초과 100 이하	○	○	－	－	○	－	－	－	－	□	－
			100 초과	○	○	－	－	－	○	－	－	－	□	－
	OL	C 2800 T－OL C 2800 TS－OL	50 이하	○	○	△	－	○	－	△	－		□	－
			50 초과 100 이하	○	○	△	－	○	－	－	－	－	□	－
			100 초과	○	○	△	－	－	○	－	－	－	□	－
	$\frac{1}{2}$ H	C 2800 T－$\frac{1}{2}$ H	50 이하	○	○	△	－	－	－	△	－	－	□	－
		C 2800 TS－$\frac{1}{2}$ H	50 초과	○	○	△	－	－	－	－	－	－	□	－
	H	C 2800 T－H	50 이하	○	－	－	－	－	－	△	－	－	□	－
		C 2800 TS－H	50 초과	○	－	－	－	－	－	－	－	－	□	－

합금 번호	질별	기호	바깥지름 mm	기계적 성질 및 물리적 성질을 표시하는 시험항목										
				인장 강도	연신율	경도	결정 입도	압광	편평	비파괴 검사(1)	도전율	수소 취화(2)	경시 균열	용출 성능(3)
C 2600 C 2700	½ H	C 2600 T−½ H	50 이하	○	○	△	−	−	−	△	−	−	□	−
		C 2600 TS−½ H												
		C 2700 T−½ H	50 초과	○	○	△	−	−	−	−	−	−	□	−
		C 2700 TS−½ H												
	H	C 2600 T−H	50 이하	○	−	△	−	−	−	△	−	−	□	−
		C 2600 TS−H												
		C 2700 T−H	50 초과	○	−	△	−	−	−	−	−	−	□	−
		C 2700 TS−H												
C 2800	O	C 2800 T−O C 2800 TS−O	50 이하	○	○	−	−	○	−	△	−	−	□	−
			50 초과 100 이하	○	○	−	−	○	−	−	−	−	□	−
			100 초과	○	○	−	−	−	○	−	−	−	□	−
	OL	C 2800 T−OL C 2800 TS−OL	50 이하	○	○	△	−	○	−	△	−		□	−
			50 초과 100 이하	○	○	△	−	○	−	−	−	−	□	−
			100 초과	○	○	△	−	−	○	−	−	−	□	−
	½ H	C 2800 T−½ H	50 이하	○	○	△	−	−	−	△	−	−	□	−
		C 2800 TS−½ H	50 초과	○	○	△	−	−	−	−	−	−	□	−
	H	C 2800 T−H	50 이하	○	−	−	−	−	−	△	−	−	□	−
		C 2800 TS−H	50 초과	○	−	−	−	−	−	−	−	−	□	−
C 4430 C 6870 C 6871 C 6872	O	C 4430 T−O	50 이하	○	○	−	△	○	○	○	−	−	□	−
		C 4430 TS−O												
		C 6870 T−O	50 초과 100 이하	○	○	−	△	○	○	−	−	−	□	−
		C 6870 TS−O												
		C 6871 T−O												
		C 6871 TS−O	100 초과	○	○	−	△	−	○	−	−	−	□	−
		C 6872 T−O												
		C 6872 TS−O												
C 7060 C 7100 C 7150 C 7164	O	C 7060 T−O	50 이하	○	○	−	△	○	○	○	−	−	−	−
		C 7060 TS−O												
		C 7100 T−O	50 초과 100 이하	○	○	−	△	○	○	−	−	−	−	−
		C 7100 TS−O												
		C 7150 T−O												
		C 7150 TS−O	100 초과	○	○	−	△	−	○	−	−	−	−	−
		C 7164 T−O												
		C 7164 TS−O												

■ 압력 용기용 구리합금 관의 기계적 성질 및 물리적 성질의 시험항목

합금 번호	질별	기호	바깥지름 mm	기계적 성질 및 물리적 성질을 표시하는 시험항목							
				인장 강도	내력(1)	연신율	결정 입도	압광	편평	비파괴 검사	경시 균열
C 2800	O	C 2800 T-O C 2800 TS-O	50 이하	○	○	○	–	○	–	○	□
			50 초과 100 이하	○	○	○	–	○	–	–	□
			100 초과	○	○	○	–	–	○	–	□
C 4430	O	C 4430 T-O C 4430 TS-O	50 이하	○	○	○	△	○	○	○	□
			50 초과 100 이하	○	○	○	△	○	○	–	□
			100 초과	○	○	○	△	–	○	–	□
C 7060	O	C 7060 T-O C 7060 TS-O	50 이하	○	○	○	△	○	○	○	–
			50 초과 100 이하	○	○	○	△	○	○	–	–
			100 초과	○	○	○	△	–	○	–	–
C 7150	O	C 7150 T-O C 7150 TS-O	50 이하	○	○	○	△	○	○	○	–
			50 초과 100 이하	○	○	○	△	○	○	–	–
			100 초과	○	○	○	△	–	○	–	–

7. 전자 부품용 무산소 동의 판, 띠, 이음매 없는 관, 봉 및 선 KS D 5401 : 2009

■ 판, 띠, 관, 봉, 및 선의 종류 및 기호

종류			기 호
합금 번호	형 상	등급 또는 제법	
C 1011	판	–	C 1011 P
	띠	–	C 1011 R
	관	보통급	C 1011 T
	관	특수급	C 1011 TS
	봉	압출	C 1011 BE
	봉	인발	C 1011 BD
	선	–	C 1011 W

■ 판, 띠, 관, 봉, 및 선의 화학 성분

합금 번호	화학 성분(질량 %)										
	Cu	Pb	Zn	Bi	Cd	Hg	O	P	S	Se	Te
C 1011	99.99 이상	0.001 이하	0.0001 이하	0.001 이하	0.0001 이하	0.0001 이하	0.001 이하	0.0003 이하	0.0018 이하	0.001 이하	0.001 이하

8. 인청동 및 양백의 판 및 띠 KS D 5506 : 2009

■ 종류 및 기호

종류		기 호	참 고	
합금 번호	형 상		명 칭	특색 및 용도 보기
C 5111	판	C 5111 P	인청동	전연성, 내피로성, 내식성이 우수하다. 합금 번호 C 5191, C 5212는 스프링 재료에 적합하다. 단, 특별히 고성능의 탄력성을 요구하는 경우에는 스프링용 인청동을 사용하는 것이 좋다. 전자, 전기 기기용 스프링, 스위치, 리드 프레임, 커넥터, 다이어프램, 베로, 퓨즈 클립, 섭동편, 볼베어링, 부시, 타악기 등
	띠	C 5111 R		
C 5102	판	C 5102 P		
	띠	C 5102 R		
C 5191	판	C 5191 P		
	띠	C 5191 R		
C 5212	판	C 5212 P		
	띠	C 5212 R		
C 7351	판	C 7351 P	양백	광택이 아름답고 전연성, 내피로성, 내식성이 좋다. 합금 번호 C 7351, C 7521은 수축성이 풍부하다. 수정 발진자 케이스, 트랜지스터 캡, 볼륨용 섭동편, 시계 문자판, 장식품, 양식기, 의료 기기, 건축용, 관악기 등
	띠	C 7351 R		
C 7451	판	C 7451 P		
	띠	C 7451 R		
C 7521	판	C 7521 P		
	띠	C 7521 R		
C 7541	판	C 7541 P		
	띠	C 7541 R		

■ 화학 성분

합금 번호	화학 성분 (질량 %)								
	Cu	Pb	Fe	Sn	Zn	Mn	Ni	P	Cu+Sn+P
C 5111	–	0.02 이하	0.10 이하	3.5~4.5	0.20 이하	–	–	0.03~0.35	99.5 이상
C 5102	–	0.02 이하	0.10 이하	4.5~5.5	0.20 이하	–	–	0.03~0.35	99.5 이상
C 5191	–	0.02 이하	0.10 이하	5.5~7.0	0.20 이하	–	–	0.03~0.35	99.5 이상
C 5212	–	0.02 이하	0.10 이하	7.0~9.0	0.20 이하	–	–	0.03~0.35	99.5 이상
C 7351	70.0~75.0	0.03 이하	0.25 이하	–	나머지	0~0.50	16.5~19.5	–	–
C 7451	63.0~67.0	0.03 이하	0.25 이하	–	나머지	0~0.50	8.5~11.0	–	–
C 7521	62.0~66.0	0.03 이하	0.25 이하	–	나머지	0~0.50	16.5~19.5	–	–
C 7541	60.0~64.0	0.03 이하	0.25 이하	–	나머지	0~0.50	12.5~15.5	–	–

9. 구리 버스바 KS D 5530 : 2009

■ 종류 및 기호와 화학 성분

종류	기 호	참고	화학 성분
합금 번호		특색 및 용도 보기	Cu(질량 %)
C 1020	C 1020 BB	전기의 전도성이 우수하다. 각종 도체, 스위치 바 등	99.96 이상
C 1100	C 1100 BB		99.90 이상

■ 기계적 성질

합금 번호	질별	기호	인장 시험			굽힘 시험		
			두께 mm	인장 강도 N/mm^2	연신율 %	두께 mm	굽힘 각도	안쪽 반지름
C 1020 C 1100	O	C 1020 BB－O C 1100 BB－O	2.0 이상 30 이하	195 이상	35 이상	2.0 이상 15 이하	180°	두께의 0.5배
	1/4H	C 1020 BB－1/4H C 1100 BB－1/4H	2.0 이상 30 이하	215~275	25 이상	2.0 이상 15 이하	180°	두께의 1.0배
	1/2H	C 1020 BB－1/2H C 1100 BB－1/2H	2.0 이상 20 이하	245~315	15 이상	2.0 이상 15 이하	90°	두께의 1.5배
	H	C 1020 BB－H C 1100 BB－H	2.0 이상 10 이하	275 이상	－	－	－	－

10. 구리 및 구리 합금 용접관 KS D 5545 : 2009

■ 종류, 등급 및 기호

종류		등급	기호	참고	
합금 번호	모양			명칭	용도 보기
C 1220	용접관	보통급	C 1220 TW	인탈산동	압광성, 굽힘성, 수축성, 용접성, 내식성, 열전도성이 좋다. 환원성 분위기 속에서 고온으로 가열하여도 수소 취하를 일으킬 염려가 없다. 열교환기용, 화학 공업용, 급수, 급탕용, 가스관용 등
		특수급	C 1220 TWS		
C 2600	용접관	보통급	C 2600 TW	황동	압광성, 굽힘성, 수축성, 도금성이 좋다. 열교환기, 커튼레일, 위생관, 모든 기기 부품용, 안테나용 등
		특수급	C 2600 TWS		
C 2680	용접관	보통급	C 2680 TW		
		특수급	C 2680 TWS		
C 4430	용접관	보통급	C 4430 TW	어드미럴티 황동	내식성이 좋다. 가스관용, 열교환기용 등
		특수급	C 4430 TWS		
C 4450	용접관	보통급	C 4450 TW	인이 첨가된 어드미럴티 황동	내식성이 좋다. 가스관용 등
		특수급	C 4450 TWS		
C 7060	용접관	보통급	C 7060 TW	백동	내식성, 특히 내해수성이 좋고 비교적 고온의 사용에 적합하다. 악기용, 건재용, 장식용, 열교환기용 등
		특수급	C 7060 TWS		
C 7150	용접관	보통급	C 7150 TW		
		특수급	C 7150 TWS		

■ 화학 성분

합금 번호	화학 성분 (질량 %)								
	Cu	Pb	Fe	Sn	Zn	Mn	Ni	P	기타
C 1220	99.90 이상	–	–	–	–	–	–	0.015~0.040	–
C 2600	68.5~71.5	0.05 이하	0.05 이하	–	나머지	–	–	–	–
C 2680	64.0~68.0	0.07 이하	0.05 이하	–	나머지	–	–	–	–
C 4430	70.0~73.0	0.05 이하	0.05 이하	0.9~1.2	나머지	–	–	–	As 0.02~0.06
C 4450	70.0~73.0	0.05 이하	0.05 이하	0.8~1.2	나머지	–	–	0.002~0.10	–
C 7060	–	0.05 이하	1.0~1.8	–	0.50 이하	0.20~1.0	9.0~11.0	–	Cu+Ni+Fe+Mn 99.5 이상
C 7150	–	0.05 이하	1.0~1.40	–	0.50 이하	0.20~1.0	29.0~33.0	–	Cu+Ni+Fe+Mn 99.5 이상

■ 기계적 성질

합금 번호	질별	기호	인장 시험기계적 성질 및 물리적 성질을 표시하는 시험항목				
			바깥지름 mm	두께 mm	인장강도 N/mm^2	연신율 %	비커스 경도 HV
C 1220	O	C 1220 TW–O C 1220 TWS–O	4 이상 76.2 이하	0.3 이상 3.0 이하	205 이상	40 이상	55 이하
	OL	C 1220 TW–OL C 1220 TWS–OL			205 이상	40 이상	65 이하
	$\frac{1}{2}$H	C 1220 TW–$\frac{1}{2}$H C 1220 TWS–$\frac{1}{2}$H			245~325	–	70~110
	H	C 1220 TW–H C 1220 TWS–H			315 이상	–	100 이상
C 2260	O	C 2260 TW–O C 2260 TWS–O	4 이상 76.2 이하	0.3 이상 3.0 이하	275 이상	45 이상	80 이하
	OL	C 2260 TW–OL C 2260 TWS–OL			275 이상	45 이상	110 이하
	$\frac{1}{2}$H	C 2260 TW–$\frac{1}{2}$H C 2260 TWS–$\frac{1}{2}$H			375 이상	20 이상	110 이상
	H	C 2260 TW–H C 2260 TWS–H			450 이상	–	150 이상
C 2680	O	C 2680 TW–O C 2680 TWS–O	4 이상 76.2 이하	0.3 이상 3.0 이하	295 이상	40 이상	80 이하
	OL	C 2680 TW–OL C 2680 TWS–OL			295 이상	40 이상	110 이하
	$\frac{1}{2}$H	C 2680 TW–$\frac{1}{2}$H C 2680 TWS–$\frac{1}{2}$H			375 이상	20 이상	110 이하
	H	C 2680 TW–H C 2680 TWS–H			450 이상	–	150 이상
C 4430	O	C 4430 TW–O C 4430 TWS–O	4 이상 76.2 이하	0.3 이상 3.0 이하	315 이상	30 이상	–
C 4450	O	C 4450 TW–O C 4450 TWS–O	4 이상 76.2 이하	0.3 이상 3.0 이하	275 이상	50 이상	–
C 7060	O	C 7060 TW–O C 7060 TWS–O	4 이상 76.2 이하	0.3 이상 3.0 이하	275 이상	30 이상	–
C 7150	O	C 7150 TW–O C 7150 TWS–O	4 이상 50 이하	0.3 이상 3.0 이하	365 이상	30 이상	–

7-2 알루미늄 및 알루미늄합금의 전신재

1. 알루미늄 및 알루미늄 합금의 판 및 조 KS D 6701 : 2018

■ 종류, 등급 및 기호

종 류 합금번호	등 급	기 호	참고 특성 및 용도 보기
1085	–	A1085P	순알루미늄이므로 강도는 낮지만 성형성, 용접성, 내식성이 좋다. 반사판, 조명, 기구, 장식품, 화학 공업용 탱크, 도전재 등
1080	–	A1080P	
1070	–	A1070P	
1050	–	A1050P	
1100	–	A1100P	강도는 비교적 낮지만, 성형성, 용접성, 내식성이 좋다. 일반 기물, 건축 용재, 전기 기구, 각종 용기, 인쇄판 등
1200	–	A1200P	
1N00	–	A1N00P	1100보다 약간 강도가 높고, 성형성도 우수하다. 일용품 등
1N30	–	A1N30P	전연성, 내식성이 좋다. 알루미늄 박지 등
2014	–	A2014P	강도가 높은 열처리 합금이다. 접합판은 표면에 6003을 접합하여 내식성을 개선한 것이다. 항공기 용재, 각종 구조재 등
	–	A2014PC	
2017	–	A2017P	열철 합금으로 강도가 높고, 절삭 가공성도 좋다. 항공기 용재, 각종 구조재 등
2219	–	A2219P	강도가 높고, 내열성, 용접성도 좋다. 항공 우주 기기 등
2024	–	A2024P	2017보다 강도가 높고, 절삭 가공성도 좋다. 접합판은 표면에 1230을 접합하여 내식성을 개선한 것이다. 항공기 용재, 각종 구조재 등
	–	A2024PC	
3003	–	A3003P	1100보다 약간 강도가 높고, 성형성, 용접성, 내식성이 좋다. 일반용 기물, 건축 용재, 선박 용재, 핀재, 각종 용기 등
3203	–	A3203P	
3004	–	A3004P	3003보다 강도가 높고, 성형성이 우수하며 내식성도 좋다. 음료 캔, 지붕판, 도어 패널재, 컬러 알루미늄, 전구 베이스 등
3104	–	A3104P	
3005	–	A3005P	3003보다 강도가 높고, 내식성도 좋다. 건축 용재, 컬러 알루미늄 등
3105	–	A3105P	3003보다 약간 강도가 높고, 성형성, 내식성이 좋다. 건축 용재, 컬러 알루미늄, 캡 등
5005	–	A5005P	3003과 같은 정도의 강도가 있고, 내식성, 용접성, 가공성이 좋다. 건축 내외장재, 차량 내장재 등
5052	–	A5052P	중간 정도의 강도를 가진 대표적인 합금으로, 내식성, 성형성, 용접성이 좋다. 선박 · 차량 · 건축 용재, 음료 캔 등
5652	–	A5652P	5052의 불순물 원소를 규제하여 과산화수소의 분해를 억제한 합금으로서, 기타 특성은 5052와 같은 정도이다. 과산화수소 용기 등
5154	–	A5154P	5052와 5083의 중간 정도의 강도를 가진 합금으로서, 내식성, 성형성, 용접성이 좋다. 선박 · 차량 용재, 압력 용기 등
5254	–	A5254P	5154의 불순물 원소를 규제하여 과산화수소의 분해를 억제한 합금으로서, 기타 특성은 5154와 같은 정도이다. 과산화수소 용기 등
5454	–	A5454P	5052보다 강도가 높고, 내식성, 성형성, 용접성이 좋다. 자동차용 휠 등
5082	–	A5082P	5083과 거의 같은 정도의 강도가 있고, 성형성, 내식성이 좋다. 음료 캔 등
5182	–	A5182P	
5083	–	A5083P	비열처리 합금 중에 최고의 강도이고, 내식성, 용접성이 좋다. 선박 · 차량 용재, 저온용 탱크, 압력 용기 등
	–	A5083PS	
5086	–	A5086P	5154보다 강도가 높고 내식성이 우수한 용접 구조용 합금이다. 선박 용재, 압력 용기, 자기 디스크 등

종 류	등 급	기 호	참고
합금번호			특성 및 용도 보기
5N01	–	A5N01P	3003과 거의 같은 정도의 강도이고 화학 또는 전해 연마 등의 광휘 처리 후의 양극 산화 처리로 높은 광휘성이 얻어진다. 성형성, 내식성도 좋다. 장식품, 부엌 용품, 명판 등
6061	–	A6061P	내식성이 양호하고, 주로 볼트 · 리벳 접합의 구조 용재로서 사용된다. 선박 · 차량 · 육상 구조물 등
7075	–	A7075P	알루미늄 합금 중 최고의 강도를 갖는 합금의 한 가지지만, 접합판은 표면에 7072를 접합하여 내식성을 개선한 것이다. 항공기 용재, 스키 등
	–	A7075PC	
7N01	–	A7N01P	강도가 높고, 내식성도 양호한 용접 구조물 합금이다. 차량, 기타 육상 구조물 등
8021	–	A8021P	1N30보다 강도가 높고 전연성, 내식성이 좋다. 알루미늄 박지 등, 장식용, 전기 통신용, 포장용 등
8079	–	A8079P	

2. 알루미늄 및 알루미늄 합금 박 KS D 6705 : 2002(2017 확인)

■ 종류 및 기호

종 류		기 호	용도 보기 (참고)
합금 번호	질별		
1085	O	A1085H－O	전기 통신용, 전기 커패시터용, 냉난방용
	H18	A1085H－H18	
1070	O	A1070H－O	
	H18	A1070H－H18	
1050	O	A1050H－O	
	H18	A1050H－H18	
1N30	O	A1N30H－O	장식용, 전기 통신용, 건재용, 포장용, 냉난방용
	H18	A1N30H－H18	
1100	O	A1100H－O	
	H18	A1100H－H18	
3003	O	A3003H－O	용기용, 냉난방용
	H18	A3003H－H18	
3004	O	A3004H－O	
	H18	A3004H－H18	
8021	O	A8021H－O	장식용, 전기 통신용, 건재용, 포장용, 냉난방용
	H18	A8021H－H18	
8079	O	A8079H－O	
	H18	A8079H－H18	

■ 화학 성분

종 류 (합금 번호)	화학 성분 %									
	Si	Fe	Cu	Mn	Mg	Zn	Ti	기 타		Al
								각각	합계	
1085	0.10이하	0.12이하	0.03이하	0.02이하	0.02이하	0.03이하	0.02이하	0.01이하	–	99.85이상
1070	0.20이하	0.25이하	0.04이하	0.03이하	0.03이하	0.04이하	0.03이하	0.03이하	–	99.70이상
1050	0.25이하	0.40이하	0.05이하	0.05이하	0.05이하	0.05이하	0.03	0.03이하	–	99.50이상
1N30	Si+Fe 0.7 이하		0.10이하	0.05이하	0.05이하	0.05이하	–	0.03이하	–	99.30이상
1100	Si+Fe 1.0 이하		0.05~0.20	0.05이하	–	0.10이하	–	0.05이하	0.15이하	99.00이상
3003	0.6이하	0.7이하	0.05~0.20	1.0~1.5	–	0.10이하	–	0.05이하	0.15이하	나머지부
3004	0.30이하	0.7이하	0.25이하	1.0~1.5	0.8~1.3	0.25이하	–	0.05이하	0.15이하	나머지부
8021	0.15이하	1.2~1.7	0.05이하	–	–	–	–	0.05이하	0.15이하	나머지부
8079	0.05~0.30	0.7~1.3	0.05이하	–	–	0.10이하	–	0.05이하	0.15이하	나머지부

3. 고순도 알루미늄 박 KS D 6706 : 2018

■ 종류 및 기호

종 류		기호	참 고
합금 번호	질별		용도 보기
1N99	O	A1N99H−O	전해 커패시터용 리드선용
	H18	A1N99H−H18	
1N90	O	A1N90H−O	
	H18	A1N90H−H18	

■ 화학 성분

합금 번호	화학 성분 (%)			
	Si	Fe	Cu	Al
1N 99	0.006이하	0.004이하	0.008이하	99.99이상
1N 90	0.050이하	0.030이하	0.050이하	99.90이상

■ 박의 표준 치수

단위 : mm

두 께	0.04 0.05 0.06 0.07 0.08 0.09 0.1 0.15 0.2
나 비	125 250 500 1020

■ 권심 안지름의 표준 치수

단위 : mm

권심 안지름
40, 75

■ 두께의 허용차

단위 : mm

두 께 mm	허용차 %
0.2 이하	±8

■ 나비의 허용차

단위 : mm

나비	허용차
1000 미만	±0.5
1000 이상	±1

4. 알루미늄 및 알루미늄 합금 용접관 KS D 6713 : 2010

■ 종류 및 기호

종 류		기호	
합금 번호	제조방법에 따른 구분	등 급	
		보 통 급	특 수 급
1050	용접관	A 1050 TW	A 1050 TWS
1100		A 1100 TW	A 1100 TWS
1200		A 1200 TW	A 1200 TWS
3003		A 3003 TW	A 3003 TWS
3203		A 3203 TW	A 3203 TWS
BA11		BA 11 TW	BA 11 TWS
BA12		BA 12 TW	BA 12 TWS
5052		A 5052 TW	A 5052 TWS
5154		A 5154 TW	A 5154 TWS
1070	아크 용접관	A 1070 TWA	
1050		A 1050 TWA	
1100		A 1100 TWA	
1200		A 1200 TWA	
3003		A 3003 TWA	
3203		A 3203 TWA	
5052		A 5052 TWA	
5154		A 5154 TWA	
5083		A 5083 TWA	

■ 용접관의 기계적 성질

기호	질별	인장 시험			
		두 께 mm	인장 강도 N/mm2	항 복 점 N/mm2	연 신 율 %
	0	0.3 이상 0.5 이하	60 이상 100 이하	–	15 이상
		0.5 초과 0.8 이하		–	20 이상
		0.8 초과 1.3 이하		20 이상	25 이상
		1.3 초과 3 이하		20 이상	30 이상
	H 14 H 24	0.3 이상 0.5 이하	95 이상 125 이하	–	2 이상
		0.5 초과 0.8 이하		–	3 이상
		0.8 초과 1.3 이하		70 이상	4 이상
		1.3 초과 3 이하		70 이상	5 이상
	H18	0.3 이상 0.5 이하	125 이상	–	1 이상
		0.5 초과 0.8 이하		–	2 이상

기호	질별	인장 시험			
		두 께 mm	인장 강도 N/mm^2	항 복 점 N/mm^2	연 신 율 %
A 1050 TW A 1050 TWS	H18	0.8 초과 1.3 이하	125 이상	–	3 이상
		1.3 초과 3 이하		–	4 이상
A 1100 TW A 1200 TW A 1100 TWS A 1200 TWS	0	0.3 이상 0.5 이하	75 이상 110 이하	–	15 이상
		0.5 초과 0.8 이하		–	20 이상
		0.8 초과 1.3 이하		25이상	25 이상
		1.3 초과 3 이하		25이상	30 이상
	H 14 H 24	0.3 이상 0.5 이하	120 이상 145 이하	–	2 이상
		0.5 초과 0.8 이하		–	3 이상
		0.8 초과 1.3 이하		95이상	4 이상
		1.3 초과 3 이하		95이상	5 이상
	H18	0.3 이상 0.5 이하	155 이상	–	1 이상
		0.5 초과 0.8 이하		–	2 이상
		0.8 초과 1.3 이하		–	3 이상
		1.3 초과 3 이하		–	4 이상
A 3003 TW A 3203 TW A 3003 TWS A 3203 TWS	0	0.3 이상 0.8 이하	95 이상 125 이하	–	20 이상
		0.8 초과 1.3 이하		35 이상	23 이상
		1.3 초과 3 이하		35 이상	25 이상
	H 14 H 24	0.3 이상 0.5 이하	135 이상 175 이하	–	2 이상
		0.5 초과 0.8 이하		–	3 이상
		0.8 초과 1.3 이하		120 이상	4 이상
		1.3 초과 3 이하		120 이상	5 이상
	H18	0.3 이상 0.5 이하	185 이상	–	1 이상
		0.5 초과 0.8 이하		–	2 이상
		0.8 초과 1.3 이하		–	3 이상
		1.3 초과 3 이하		–	4 이상
BA 11 TW BA 12 TW BA 11 TWS BA 12 TWS	0	0.3 이상 0.8 이하	135 이상	–	18 이상
		0.8 초과 1.3 이하		–	20 이상
		1.3 초과 3 이하		–	23 이상
	H14	0.3 이상 0.8 이하	135 이상 175 이하	–	2 이상
		0.8 초과 1.3 이하		–	3 이상
		1.3 초과 3 이하		–	5 이상
A 5052 TW A 5052 TWS	0	0.3 이상 0.5 이하	175 이상 215 이하	–	15 이상
		0.5 초과 0.8 이하		–	16 이상
		0.8 초과 1.3 이하		65 이상	18 이상
		1.3 초과 3 이하		65 이상	19 이상
	H 14 H 24	0.3 이상 0.5 이하	235 이상 285 이하	–	3 이상
		0.5 초과 0.8 이하		–	3 이상
		0.8 초과 1.3 이하		175 이상	4 이상
		1.3 초과 3 이하		175 이상	6 이상
	H14	0.3 이상 0.8 이하	275 이상	–	3 이상
		0.8 초과 1.3 이하		225 이상	4 이상
		1.3 초과 3 이하		225 이상	4 이상
A 5154 TW A 5154 TWS	0	0.3 이상 0.8 이하		–	12 이상

기호	질별	인장 시험			
		두 께 mm	인장 강도 N/mm²	항 복 점 N/mm²	연 신 율 %
A 5154 TW A 5154 TWS	0	0.8 초과 1.3 이하	205 이상 285 이하	75 이상	14 이상
		1.3 초과 3 이하		75 이상	16 이상
	H 14 H 24	0.3 이상 0.8 이하	275 이상 315 이하	–	4 이상
		0.8 초과 1.3 이하		205 이상	4 이상
		1.3 초과 3 이하		205 이상	6 이상
	H14	0.3 이상 0.8 이하	315 이상	245 이상	3 이상
		0.8 초과 1.3 이하		245 이상	4 이상
		1.3 초과 3 이하		245 이상	4 이상

■ 용접관의 표준치수

단위 : mm

바깥지름	두 께										
	0.5	0.6	0.7	0.8	1	1.2	1.4	1.6	1.8	2	2.5
6	○	○	○	○	—	—	—	—	—	—	—
8	○	○	○	○	○	○	—	—	—	—	—
9.52	○	○	○	○	○	○	—	—	—	—	—
10	○	○	○	○	○	○	○	○	—	—	—
12	○	○	○	○	○	○	○	○	—	—	—
12.7	○	○	○	○	○	○	○	○	—	—	—
14	—	○	○	○	○	○	○	○	—	—	—
15.88	—	○	○	○	○	○	○	○	○	○	—
16	—	○	○	○	○	○	○	○	○	○	—
19.05	—	○	○	○	○	○	○	○	○	○	—
20	—	○	○	○	○	○	○	○	○	○	—
22.22	—	—	○	○	○	○	○	○	○	○	—
25	—	—	○	○	○	○	○	○	○	○	○
25.4	—	—	○	○	○	○	○	○	○	○	○
30	—	—	○	○	○	○	○	○	○	○	○
31.75	—	—	○	○	○	○	○	○	○	○	○
35	—	—	—	—	○	○	○	○	○	○	○
38.1	—	—	—	—	○	○	○	○	○	○	○
40	—	—	—	—	○	○	○	○	○	○	○
45	—	—	—	—	○	○	○	○	○	○	○
50	—	—	—	—	○	○	○	○	○	○	○
50.8	—	—	—	—	○	○	○	○	○	○	○
60	—	—	—	—	—	—	○	○	○	○	○
70	—	—	—	—	—	—	○	○	○	○	○
76.2	—	—	—	—	—	—	○	○	○	○	○
80	—	—	—	—	—	—	○	○	○	○	○
90	—	—	—	—	—	—	○	○	○	○	○
101.6	—	—	—	—	—	—	○	○	○	○	○

5. 알루미늄 및 알루미늄 합금 압출 형재 KS D 6759 : 2017

■ 종류, 등급 및 기호

등급 종류 합금 번호	기 호		참 고
	보 통 급	특 수 급	특성 및 용도 보기
1100	A 1100 S	A 1100 SS	강도는 비교적 낮으나 압출 가공성, 용접성, 내식성이 양호하다. 전기 기기 부품, 열교환기용재 등
1200	A 1200 S	A 1200 SS	
2014	A 2014 S	A 2014 SS	열처리합금으로 강도는 높다. 항공기용재, 스포츠용품 등
2017	A 2017 S	A 2017 SS	
2024	A 2024 S	A 2024 SS	
3003	A 3003 S	A 3003 SS	1100보다 약간 강도가 높고, 압출 가공성, 내식성이 양호하다. 열교환기용재, 일반 기계 부품 등
3203	A 3203 S	A 3203 SS	
5052	A 5052 S	A 5052 SS	중정도의 강도를 가진 합금으로 내식성, 용접성이 양호하다. 차량용재, 선박용재 등
5454	A 5454 S	A 5454 SS	5052보다 강도가 높고, 내식성, 용접성이 양호하다. 용접 구조용재 등
5083	A 5083 S	A 5083 SS	비열처리형 중에서 가장 강도가 높고, 내식성, 용접성이 양호하다. 선박용재 등
5086	A 5086 S	A 5086 SS	내식성이 양호한 용접 구조용 합금이다. 선박용재 등
6061	A 6061 S	A 6061 SS	열처리형 합금으로 내식성도 양호하다. 토목용재, 스포츠용품 등
6N01	A 6N01 S	A 6N01 SS	6061보다 강도는 약간 낮으나 복잡한 단면 모양의 두께가 얇은 대형 중공 형재가 얻어지고 내식성, 용접성도 양호하다. 차량용재 등
6063	A 6063 S	A 6063 SS	대표적인 압출용 합금. 6061보다 강도는 낮으나 압출성이 우수하고, 복잡한 단면 모양의 형재가 얻어지고 내식성, 표면 처리성도 양호하다. 새시 등의 건축용재, 토목용재, 가구, 가전제품 등
6066	A 6066 S	A 6066 SS	열처리형 합금으로 내식성이 양호하다.
7003	A 7003 S	A 7003 SS	7N01보다 강도는 약간 낮으나, 압출성이 양호하고 두께가 얇은 대형 형재가 얻어진다. 기타 특성은 7N01과 거의 동일하다. 차량용재, 용접 구조용재 등
7N01	A 7N01 S	A 7N01 SS	강도가 높고 더욱이 용접부의 강도가 상온 방치에 의해 모재 강도와 가까운 곳까지 회복된다. 내식성도 양호하다. 차량, 기타 육상 구조물, 용접 구조용재 등
7075	A 7075 S	A 7075 SS	알루미늄합금 중 가장 강도가 높은 합금의 하나이다. 항공기용재 등
7178	A 7178 S	A 7178 SS	고강도 알루미늄합금으로 구조용 재료 등에 활용된다.

■ 화학 성분

합금 번호	화학 성분 %											
	Si	Fe	Cu	Mn	Mg	Cr	Zn	Zr, Zr+Ti, V	Ti	기타		Al
										각각	합계	
1100	Si+Fe 0.95 이하		0.05 ~0.20	0.05 이하	–	–	0.10 이하	–	–	0.05 이하	0.15 이하	99.00 이상
1200	Si+Fe 1.0 이하		0.05 이하	0.05 이하	–	–	0.10 이하	–	0.05 이하	0.05 이하	0.15 이하	99.00 이상
2014	0.50 ~1.2	0.7 이하	3.9 ~5.0	0.40 ~1.2	0.20 ~0.8	0.10 이하	0.25 이하	Zr+Ti 0.20 이하	0.15 이하	0.05 이하	0.15 이하	나머지
2017	0.20 ~0.8	0.7 이하	3.5 ~4.5	0.40 ~1.0	0.40 ~0.8	0.10 이하	0.25 이하	Zr+Ti 0.20 이하	0.15 이하	0.05 이하	0.15 이하	나머지

합금 번호	화학 성분 %											
	Si	Fe	Cu	Mn	Mg	Cr	Zn	Zr, Zr+Ti, V	Ti	기타		Al
										각각	합계	
2024	0.50 이하	0.50 이하	3.8 ~4.9	0.30 ~0.9	1.2 ~1.8	0.10 이하	0.25 이하	Zr+Ti 0.20 이하	0.15 이하	0.05 이하	0.15 이하	나머지
3003	0.6 이하	0.7 이하	0.05~ 0.20	1.0~ 1.5	–	–	0.10 이하	–	–	0.05 이하	0.15 이하	나머지
3203	0.6 이하	0.7 이하	0.05 이하	1.0~ 1.5	–	–	0.10 이하	–	–	0.05 이하	0.15 이하	나머지
5052	0.25 이하	0.40 이하	0.10 이하	0.10 이하	2.2 ~2.8	0.15~ 0.35	0.10 이하	–	–	0.05 이하	0.15 이하	나머지
5454	0.25 이하	0.40 이하	0.10 이하	0.50~ 1.0	2.4 ~3.0	0.05~ 0.20	0.25 이하	–	0.20 이하	0.05 이하	0.15 이하	나머지
5083	0.40 이하	0.40 이하	0.10 이하	0.40~ 1.0	4.0 ~4.9	0.05~ 0.25	0.25 이하	–	0.15 이하	0.05 이하	0.15 이하	나머지
5086	0.40 이하	0.50 이하	0.10 이하	0.20~ 0.7	3.5 ~4.5	0.05~ 0.25	0.25 이하	–	0.15 이하	0.05 이하	0.15 이하	나머지
6061	0.40 ~0.8	0.7 이하	0.15~ 0.40	0.15 이하	0.8 ~1.2	0.04~ 0.35	0.25 이하	–	0.15 이하	0.05 이하	0.15 이하	나머지
6N01	0.40 ~0.9	0.35 이하	0.35 이하	0.50 이하	0.40 ~0.8	0.30 이하	0.25 이하	–	0.10 이하	0.05 이하	0.15 이하	나머지
6063	0.20 ~0.6	0.35 이하	0.10 이하	0.10 이하	0.45 ~0.9	0.10 이하	0.10 이하	–	0.10 이하	0.05 이하	0.15 이하	나머지
6066	0.9~ 1.8	0.50 이하	0.7~ 1.2	0.6~ 1.1	0.8~ 1.4	0.40	0.25 이하	–	0.20 이하	0.05 이하	0.15 이하	나머지
7003	0.30 이하	0.35 이하	0.20 이하	0.30 이하	0.50 ~1.0	0.20 이하	5.0~ 6.5	Zr 0.05~0.25	0.20 이하	0.05 이하	0.15 이하	나머지
7N01	0.30 이하	0.35 이하	0.20 이하	0.20~ 0.7	1.0~ 2.0	0.30 이하	4.0~ 5.0	V 0.10 이하, Zr0.25이하	0.20 이하	0.05 이하	0.15 이하	나머지
7075	0.40 이하	0.50 이하	1.2~ 2.0	0.30 이하	2.1~ 2.9	0.18~ 0.28	5.1~ 6.1	Zr+Ti 0.25 이하	0.20 이하	0.05 이하	0.15 이하	나머지
7178	0.40 이하	0.50 이하	1.6~ 2.4	0.30 이하	2.4~ 3.1	0.18~ 0.28	6.3~ 7.3	–	0.20 이하	0.05 이하	0.15 이하	나머지

■ 압출 형재의 기계적 성질(인장강도, 항복강도, 연신율)

기 호	질 별	인장 시험				연신율 %
		시험 위치의 두께 mm	단면적 cm^2	인장 강도 N/mm^2	항복 강도 N/mm^2	
A 1100 S A 1200 S	H112	–	–	74 이상	20 이상	–
A 2014 S	O	–	–	245 이하	127 이하	12 이상
	T4	–	–	343 이상	245 이상	12 이상
	T42	–	–	343 이상	206 이상	12 이상
	T6	12 이하	–	412 이상	363 이상	7 이상
		12초과 19 이하	–	441 이상	402 이상	7 이상
		19를 초과하는 것	160 이하	471 이상	412 이상	7 이상
			160 초과 200 이하	471 이상	402 이상	6 이상
			200 초과 250 이하	451 이상	382 이상	6 이상
			250 초과 300 이하	431 이상	363 이상	6 이상

기 호	질 별	인장 시험				연신율 %
		시험 위치의 두께 mm	단면적 cm^2	인장 강도 N/mm^2	항복 강도 N/mm^2	
A 2014 S	T62	19 이하	–	412 이상	363 이상	7 이상
		19를 초과하는 것	160 이하	412 이상	363 이상	7 이상
			160 초과 200 이하	412 이상	363 이상	6 이상
A 2017 S	O	–	–	245 이하	127 이하	16 이상
	T4 T42	–	700 이하	343 이상	216 이상	12 이상
			700 초과 1000 이하	333 이상	196 이상	12 이상
A 2024 S	O	–	–	245 이하	127 이하	12 이상
	T4	6 이하	–	392 이상	294 이상	12 이상
		6 초과 19 이하	–	412 이상	304 이상	12 이상
		19 초과 38 이하	–	451 이상	314 이상	10 이상
		38을 초과하는 것	160 이하	481 이상	363 이상	10 이상
			160 초과 200 이하	471 이상	333 이상	8 이상
			200 초과 300 이하	461 이상	314 이상	8 이상
	T42	19 이하	–	392 이상	265 이상	12 이상
		19 초과 38 이하	–	392 이상	265 이상	10 이상
		38을 초과하는 것	160 이하	392 이상	265 이상	10 이상
			160 초과 200 이하	392 이상	265 이상	8 이상
A 3003 S A 3203 S	H112	–	–	94 이상	34 이상	–
A 5052 S	H112	–	–	177 이상	69 이상	–
	O	–	–	177 이상 245 이하	69 이상	20 이상
A 5454 S	H112	130 이하	200 이하	216 이상	84 이상	12 이상
	O	130 이하	200 이하	216 이상 284 이하	84 이상	14 이상
A 5083 S	H112	130 이하	200 이하	275 이상	108 이상	12 이상
	O	38 이하	200 이하	275 이상 353 이하	118 이상	14 이상
		38 초과 130 이하	200 이하	275 이상 353 이하	108 이상	14 이상
A 5086 S	H111	130 이하	200 이하	248 이상	114 이상	12 이상
	H112	130 이하	200 이하	240 이상	93 이상	12 이상
	O	130 이하	200 이하	240 이상 314 이하	93 이상	14 이상
A 6061 S	O	–	–	147 이하	108 이하	16 이상
	T4	–	–	177 이상	108 이상	16 이상
	T42	–	–	177 이상	83 이상	16 이상
	T6	6 이하	–	265 이상	245 이상	8 이상
	T62	6을 초과하는 것	–	265 이상	245 이상	10 이상
A 6N01 S	T5	6 이하	–	245 이상	206 이상	8 이상
		6 초과 12 이하	–	226 이상	177 이상	8 이상
	T6	6 이하	–	265 이상	235 이상	8 이상

기 호	질 별	인장 시험				연신율 %
		시험 위치의 두께 mm	단면적 cm^2	인장 강도 N/mm^2	항복 강도 N/mm^2	
A 6066 S	O	–	–	200 이하	124 이하	16 이상
	T4 T4510 T4511	–	–	276 이상	172 이상	14 이상
	T42	–	–	276 이상	165 이상	14 이상
	T6 T6510 T6511	–	–	345 이상	310 이상	8 이상
	T62	–	–	345 이상	289 이상	8 이상
A 7003 S	T5	12 이하	–	284 이상	245 이상	10 이상
		12 초과 25 이차	–	275 이상	235 이상	10 이상
A 7N01 S	O	–	200 이하	245 이상	147 이하	12 이상
	T4	–	200 이하	314 이상	196 이상	11 이상
	T5	–	200 이하	324 이상	245 이상	10 이상
	T6	–	200 이하	333 이상	275 이상	10 이상
A 7075 S	O	–	–	275 이하	167 이하	10 이상
	T6 T62	6 이하	–	539 이상	481 이상	7 이상
		6 초과 75 이하	–	559 이상	500 이상	7 이상
		75 초과 110 이하	130 이하	559 이상	490 이상	7 이상
			130 초과 200 이하	539 이상	481 이상	6 이상
		110 초과 130 이하	200 이하	539 이상	471 이상	6 이상
A 7178 S	O	–	200 이하	118 이하	59 이하	10 이상
	T6 T6510 T6511	1.6 이하	130 이하	565 이상	524 이상	5 이상
		1.6 초과 6 이하	130 이하	579 이상	524 이상	5 이상
		6 초과 38 이하	160 이하	599 이상	537 이상	5 이상
		38 초과 63 이하	160 이하	593 이상	531 이상	5 이상
			160 초과 200 이하	579 이상	517 이상	5 이상
		63 초과 75 이하	200 이하	565 이상	489 이상	5 이상
	T62	1.6 이하	130 이하	544 이상	503 이상	5 이상
		1.6 초과 6 이하	130 이하	565 이상	510 이상	5 이상
		6 초과 38 이하	160 이하	593 이상	531 이상	5 이상
		38 초과 63 이하	160 이하	593 이상	531 이상	5 이상
			160 초과 200 이하	579 이상	517 이상	5 이상
		63 초과 75 이하	200 이하	565 이상	489 이상	5 이상

■ 합금 기호 6063의 기계적 성질(인장강도, 항복강도, 연신율, 경도)

기 호	질 별	경도 시험		인장 시험			
		시험 위치의 두께 mm	HV(5)	시험 위치의 두께 mm	인장 강도 N/mm^2	항복 강도 N/mm^2	연신율 %
A6063S	T1	–	–	12 이하	118 이상	59 이상	12 이상
				12 초과 25 이하	108 이상	54 이상	12 이상
	T5	0.8 이상	58 이상	12 이하	157 이상	108 이상	8 이상
				12 초과 25 이하	147 이상	108 이상	8 이상
	T6	–	–	3 이하	206 이상	177 이상	8 이상
				3 초과 25 이하	206 이상	177 이상	10 이상
	O	–	–	–	131 이하	–	18 이상
	T4	–	–	12 이하	131 이상	69 이상	14 이상
				12 초과 25 이하	124 이상	62 이상	14 이상
	T52	–	–	25 이하	152 이상	110 이상	8 이상

6. 이음매 없는 알루미늄 및 알루미늄합금 관 KS D 6761 : 2012

종류 및 등급		기호		참 고
합금 번호	제조 방법에 따른 구분	보통급	특수급	특성 및 용도
1070	압출관	A 1070 TE	A 1070 TES	용접성, 내식성이 좋다. 화학 장치용 재료, 사무용 기기 등
	인발관	A 1070 TD	A 1070 TDS	
1050	압출관	A 1050 TE	A 1050 TES	
	인발관	A 1050 TD	A 1050 TDS	
1100	압출관	A 1100 TE	A 1100 TES	강도는 비교적 낮지만 용접성, 내식성이 좋다. 화학 장치용 재료, 가구, 전기 기기 부품 등
	인발관	A 1100 TD	A 1100 TDS	
1200	압출관	A 1200 TE	A 1200 TES	
	인발관	A 1200 TD	A 1200 TDS	
2014	압출관	A 2014 TE	A 2014 TES	열처리 합금으로 강도가 높다. 스스톡, 이륜차 부품, 항공기 부품 등
	인발관	A 2017 TE	A 2017 TES	열처리 합금으로 강도가 높고 절삭 가공성도 좋다. 일반 기계 부품, 단조용 소재 등
2017	압출관	A 2017 TD	A 2017 TDS	
2024	인발관	A 2024 TE	A 2024 TES	2017보다 강도가 높고 절삭 가공성이 좋다. 항공기 부품, 스포츠 용품 등
	압출관	A 2024 TD	A 2024 TDS	
3003	인발관	A 3003 TE	A 3003 TES	1100보다 약간 강도가 높고 내식성이 좋다. 화학 장치용 재료, 복사기 드럼 등
	압출관	A 3003 TD	A 3003 TDS	
3203	인발관	A 3203 TE	A 3203 TES	
	압출관	A 3203 TD	A 3203 TDS	
5052	인발관	A 5052 TE	A 5052 TES	중 정도의 강도를 갖는 합금으로 내식성, 용접성이 좋다. 선박용 마스트, 광학용 기기, 그 밖의 일반 기기용 재료 등
	압출관	A 5052 TD	A 5052 TDS	
5154	인발관	A 5154 TE	A 5154 TES	5052와 5083의 중간 정도의 강도를 가진 합금으로 내식성, 용접성이 좋다. 화학 장치용 재료 등
	압출관	A 5154 TD	A 5154 TDS	
5454	인발관	A 5454 TE	A 5454 TES	5052보다 강도가 높고 내식성, 용접성이 좋다. 자동차용 휠 등
5056	압출관	A 5056 TE	A 5056 TES	내식성, 절삭 가공성, 양극 산화 처리성이 좋다. 광학용 부품 등
	인발관	A 5056 TD	A 5056 TDS	

종류 및 등급		기호		참 고
합금 번호	제조 방법에 따른 구분	보통급	특수급	특성 및 용도
5083	압출관	A 5083 TE	A 5083 TES	비열처리 합금 중에서 최고의 강도가 있고 내식성, 용접성이 좋다. 선박용 마스트, 토목용 재료 등
	인발관	A 5083 TD	A 5083 TDS	
6061	압출관	A 6061 TE	A 6061 TES	열처리형 내식성 합금이다. 보빈, 토목용 재료, 스포츠, 레저 용품 등
	인발관	A 6061 TD	A 6061 TDS	
6063	압출관	A 6063 TE	A 6063 TES	6061보다 강도는 낮으나, 내식성, 표면 처리성이 좋다. 건축용 재료, 토목용 재료, 전기기기 부품 등
	인발관	A 6063 TD	A 6063 TDS	
6066	압출관	A 6066 TE	A 6066 TES	열처리형 합금으로 내식성이 양호하다.
7003	압출관	A 7003 TE	A 7003 TES	7N01보다 강도는 약간 낮지만 압출성이 좋다. 토목용 재료, 용접 구조용 재료 등
7N01	압출관	A 7N01 TE	A 7N01 TES	강도가 높고, 내식성도 좋은 용접 구조용 합금이다. 용접 구조용 재료 등
7075	압출관	A 7075 TE	A 7075 TES	알루미늄 합금 중에서 최고의 강도를 갖는 합금의 하나이다. 항공기 부품 등
	인발관	A 7075 TD	A 7075 TDS	
7178	압출관	A 7178 TE	A 7178 TES	고강도 알루미늄합금으로 구조용 재료 등에 활용된다.

7. 알루미늄 및 알루미늄 합금의 판 및 관의 도체 KS D 6762(폐지)

■ 종류 및 기호

종 류		등 급	가장자리의 모 양	기 호
합금 번호	제조방법에 따른 구분			
1060	압연판 도체	–	모난 가장자리	A 1060 PB
	압출판 도체	보통급	모난 가장자리	A 1060 SB
			둥근 가장자리	A 1060 SBC
		특수급	모난 가장자리	A 1060 SBS
			둥근 가장자리	A 1060 SBSC
6101	압연판 도체	–	모난 가장자리	A 6101 PB
	압출판 도체	보통급	모난 가장자리	A 6101 SB
			둥근 가장자리	A 6101 SBC
		특수급	모난 가장자리	A 6101 SBS
			둥근 가장자리	A 6101 SBSC
	관 도체	보통급	–	A 6101 TB
		특수급	–	A 6101 TBS
6061	관 도체	보통급	–	A 6061 TB
		특수급	–	A 6061 TBS
6063	관 도체	보통급	–	A 6063 TB
		특수급	–	A 6063 TBS

■ 화학 성분

합금번호	화학성분 %									기타		Al
	Si	Fe	Cu	Mn	Mg	Cr	Zn	Ti	B	개별	합계	
1060	0.25 이하	0.35 이하	0.05 이하	0.03 이하	0.03 이하	–	0.05 이하	0.03 이하	–	0.03 이하	–	99.60 이상
6101	0.30~0.7	0.50 이하	0.10 이하	0.03 이하	0.35~0.8	0.03 이하	0.10 이하	–	0.06 이하	0.03 이하	0.10 이하	나머지
6061	0.40~0.8	0.7 이하	0.15~0.40	0.15 이하	0.8~1.2	0.04~0.35	0.25 이하	0.15 이하	–	0.05 이하	0.15 이하	나머지
6063	0.20~0.6	0.35 이하	0.10 이하	0.10 이하	0.45~0.9	0.10 이하	0.10 이하	0.10 이하	–	0.05 이하	0.15 이하	나머지

■ 기계적 성질

기 호	질별	인장 시험				굽힘 시험	
		두께 mm	인장강도 N/mm² {kgf/mm²}	내구력 N/mm² {kgf/mm²}	연신률 %	두께 mm	안쪽반지름
A 1060 PB	H14 H12	0.8 이상 1.3 이하	85{8.5} 이상	65{6.5} 이상	4 이상	0.8 이상 12 이하	두께의 1배
		1.3 초과 2.9 이하	85{8.5} 이상	65{6.5} 이상	5 이상		
		2.9 초과 12 이하	85{8.5} 이상	65{6.5} 이상	6 이상		
A 1060 PB	H112	4이상 6.5이하	75{7.5} 이상	35{3.5} 이상	10 이상	6 이상 16 이하	두께의 1배
		6.5초과 13이하	70{7.0} 이상	35{3.5} 이상	10 이상		
		13초과 25이하	60{6.0} 이상	25{2.5} 이상	16 이상		
		25초과 50이하	55{5.5} 이상	20{2.0} 이상	22 이상		
A 1060 SB A 1060 SBC A 1060 SBS A 1060 SBSC	H112	3이상 30이하	60{6.0} 이상	30{3.0} 이상	25 이상	3 이상 16 이하	두께의 1배
A 6010 PB A 6101 SB A 6101 SBC A 6101 SBS A 6101 SBSC	T6	3이상 7이하	195{19.5}이상	165{16.5}이상	10 이상	3 이상 9 이하 9 초과 16 이하	두께의 2배 두께의 2.5배
		7초과 17이하	195{19.5}이상	165{16.5}이상	12 이상		
		17초과 30이하	175{17.5}이상	145{14.5}이상	14 이상		
A 6101 SB A 6101 SBC A 6101 SBS A 6101 SBSC	T7	3이상 7이하	135{13.5}이상	110{11.0}이상	10 이상	3 이상 13 이하 13 초과 17 이하	두께의 1배 두께의 2배
A 6101 TB A 6101 TBS	T6	3이상 12이하	195{19.5}이상	165{16.5}이상	10 이상	–	–
		12초과 16이하	175{17.5}이상	145{14.5}이상	14 이상		
A 6061 TB A 6061 TBS	T6	3이상 6이하	265{26.5}이상	245{24.5}이상	8 이상		
		6초과 16이하	265{26.5}이상	245{24.5}이상	10 이상		
A 6063 TB A 6063 TBS	T6	3이상 16이하	205{20.5}이상	175{17.5}이상	8 이상		

■ 도전율

기 호	질 별	도 전 율 (%)
A 1060 PB	H14 H24	61.0 이상
	H112	
A 1060 SB	H112	
A 1060 SBC		
A 1060 SBS		
A 1060 SBSC		
A 6101 PB	T6	55.0 이상
A 6101 SB		
A 6101 SBC		
A 6101 SBS		
A 6101 SBSC		
A 6101 SB	T7	57.0 이상
A 6101 SBC		
A 6101 SBS		
A 6101 SBSC		
A 6101 TB	T6	55.0 이상
A 6101 TBS		
A 6061 TB	T6	39.0 이상
A 6061 TBS		
A 6063 TB	T6	51.0 이상
A 6063 TBS		

8. 알루미늄 및 알루미늄 합금 봉 및 선 KS D 6763 : 2018

■ 종류, 등급 및 기호

종류		기호 등급		참고
합금번호	모양	보통급	특수급	특성 및 용도 보기
1070	압출봉	A 1070 BE	A 1070 BES	강도는 낮지만 열전도도 및 전기 전도도는 높고 용접성 및 내식성이 좋다. 장식품, 도체, 용접선 등
	인발봉	A 1070 BD	A 1070 BDS	
	인발설	A 1070 W	A 1070 WS	
1060	업출봉	A 1060 BE	A 1060 BES	강도는 낮지만 열전도도 및 전기 전도도는 높다. 도체 용재로 도전을 보증. 버스-바 등
1050	압출봉	A 1050 BE	A 1050 BES	강도는 낮지만 열전도도 및 전기 전도도는 높고 용접성 및 내식성이 좋다. 장식품, 용접선 등
	인발봉	A 1050 BD	A 1050 BDS	
	인발설	A 1050 W	A 1050 WS	
1050A	압출봉	A 1050 ABE	A 1050 ABES	
	인발봉	A 1050 ABD	A 1050 ABDS	

종류		기호		참고
		등급		
합금번호	모양	보통급	특수급	특성 및 용도 보기
1100	압출봉	A 1100 BE	A 1100 BES	강도는 비교적 낮으나 용접성, 내식성이 양호하다. 건축용재, 전기기구, 열교환기 부품 등
	인발봉	A 1100 BD	A 1100 BDS	
	인발설	A 1100 W	A 1100 WS	
1200	압출봉	A 1200 BE	A 1200 BES	
	인발봉	A 1200 BD	A 1200 BDS	
	인발설	A 1200 W	A 1200 WS	
2011	인발봉	A 2011 BD	A 2011 BDS	2017과 동일한 강도로 절삭 가공성이 뛰어나지만 내식성이 떨어진다. 볼륨축, 광학부품, 나사류 등
	인발선	A 2011 W	A 2011 WS	
2014	압출봉	A 2014 BE	A 2014 BES	강도가 높고 열간 가공성도 비교적 좋아 단조품에도 적용된다. 볼트재, 항공기 부품, 유압 부품 등
	인발봉	A 2014 BD	A 2014 BDS	
2014A	압출봉	A 2014 ABE	A 2014 ABES	2014보다 약간 강도가 낮은 합금 리벳 용재 등
	인발봉	A 2014 ABD	A 2014 ABDS	
2017	압출봉	A 2017 BE	A 2017 BES	상온 시효에 따라 높은 강도를 얻을 수 있다. 내식성, 용접성은 나쁘지만 강도가 높고 절삭 가공성도 양호하다. 기계 부품, 리벳 용재, 항공기 용재, 자동차용 부재 등
	인발봉	A 2017 BD	A 2017 BDS	
	인발선	A 2017 W	A 2017 S	
2017A	압출봉	A 2017 ABE	A 2017 ABES	2017보다 강도가 높은 합금 리벳 용재 등
	인발봉	A 2017 ABD	A 2017 ABDS	
2117	인발선	A 2117 W	A 2117 WS	용체화 처리 후 코킹하는 리벳용재로 상온 시효속도를 느리게 한 합금이다. 리벳 용재 등
2024	압출봉	A 2024 BE	A 2024 BES	2017보다 상온 시효성을 향상시킨 합금으로 강도가 높고 절삭 가공성이 양호하다. 스핀들, 항공기 용재, 볼트재, 리벳 용재 등
	인발봉	A 2024 BD	A 2024 BDS	
	인발선	A 2024 W	A 2024 WS	
2030	압출봉	A 2030 BE	A 2030 BES	절삭 가공성이 뛰어난 쾌삭 합금으로 강도도 높다. 기계부품 등
	인발봉	A 2030 BD	A 2030 BDS	
2219	인발봉	A 2219 BD	A 2219 BDS	2024보다 약간 강도가 낮지만 저온 및 고온에서의 강도가 높고 내열성 및 용접성도 양호하다. 고온용 구조재 등
3003	압출봉	A 3003 BE	A 3003 BES	1100보다 약간 강도가 높고, 용접성, 내식성이 양호하다. 열교환기 부품, 일반기계 부품 등
	인발봉	A 3003 BD	A 3003 BDS	
	인발선	A 3003 W	A 3003 WS	
3103	인발봉	A 3103 BD	A 3103 BDS	1100보다 약간 강도가 높고, 용접성, 내식성이 양호하다.
5041 (5N02)	인발봉	A5041 BD (A 5N02 BD)	A5041 BDS (A 5N02 BDS)	리벳용 합금으로 내식성이 양호하다. 리벳 용재 등
	인발선	A5041 W (A 5N02 W)	A5041 WS (A 5N02 WS)	
5050	인발봉	A 5050 BD	A 5050 BDS	5052보다 강도가 낮은 합금 건축용재, 냉동기재 등
5052	압출봉	A 5052 BE	A 5052 BES	중간 정도의 강도가 있고, 내식성, 용접성이 양호하다. 선박, 차량, 건축용재 등
	인발봉	A 5052 BD	A 5052 BDS	
	인발선	A 5052 W	A 5052 WS	
5154	인발봉	A 5154 BD	A 5154 BDS	5052와 5083의 중간 정도 강도를 갖는 합금으로 내식성 및 용접성이 양호하다. 산박용재 등

종류		기호		참고
		등급		
합금번호	모양	보통급	특수급	특성 및 용도 보기
5454	압출봉	A 5454 BE	A 5454 BES	5052보다 강도가 높은 합금. 자동차 부품 등
5754	인발봉	A 5754 BD	A 5754 BDS	
5056	압출봉	A 5056 BE	A 5056 BES	강도, 연성이 뛰어나며 내식성, 절삭 가공성 및 양극 산화 처리성이 양호하다. 광학기기, 통신기기 부품, 파스너 등
	인발봉	A 5056 BD	A 5056 BDS	
	인발선	A 5056 W	A 5056 WS	
5083	압출봉	A 5083 BE	A 5083 BES	비열처리 합금 중에서 가장 강도가 크고, 내식성 및 용접성이 양호하다. 일반 기계 부품 등
	인발봉	A 5083 BD	A 5083 BDS	
	인발설	A 5083 W	A 5083 WS	
6101	압출봉	A 6101 BE	A 6101 BES	고강도 도체용재로 도전율 보증, 버스-바 등
6005C (6N01)	압출봉	A 6005 CBE (A 6N01 BE)	A 6005 CBES (A 6N01 BES)	6061과 6063의 중간 강도를 가진 합금으로 압출 가공성, 담금질성도 뛰어나다. 내식성도 양호하며 용접도 가능, 구조용재 등
6005A	압출봉	A 6005 ABE	A 6005 ABES	
6060	압출봉	A 6060 BE	A 6060 BES	6063보다 강도는 약간 낮지만 내식성 및 표면처리성이 양호하다. 건축용재, 가구, 가전제품 등
6061	압출봉	A 6061 BE	A 6061 BES	열처리형의 내식성 합금. 시효에 따라 상당히 높은 항복강도값을 얻을 수 있지만 용접성이 떨어진다. 리벳용재, 볼트재, 자동차용 부품 등
	인발봉	A 6061 BD	A 6061 BDS	
	인발선	A 6061 W	A 6061 WS	
6063	압출봉	A 6063 BE	A 6063 BES	대표적인 압출 합금. 6061보다 강도는 낮지만 압출성이 뛰어나며 내식성 및 표면처리성이 양호하다. 건축용재, 토목용재, 가구, 가전제품, 차량용재 등
6082	압출봉	A 6082 BE	A 6082 BES	6061보다 약간 강도가 높은 합금. 내식성이 양호하다. 구조용재 등
	인발봉	A 6082 BD	A 6082 BDS	
6181	인발봉	A 6181 BD	A 6181 BDS	6061보다 약간 강도가 높은 합금. 내식성이 양호하다.
6262	인발봉	A 6062 BD	A 6062 BDS	내식성 쾌삭합금. 카메라 경동 및 기화기 부품 등
7003	압출봉	A 7003 BE	A 7003 BES	용접 구조용 합금. 7204보다 강도는 약간 낮지만 압출성이 양호하다. 용접 구조용 재료 등
7020	압출봉	A 7020 BE	A 7020 BES	7204보다 약간 강도가 높은 합금. 자전거 프레임, 일반 기계용 부품 등
	인발봉	A 7020 BD	A 7020 BDS	
7204 (7N01)	압출봉	A 7204 BE (A 7N01 BE)	A 7204 BES (A 7N01 BES)	용접구조용 합금. 강도는 높고 용접부 강도가 상온 방치에서 모재 강도에 가까운 부분까지 회복한다. 내식성도 양호. 일반기계용 부품 등
7050	압출봉	A 7050 BE	A 7050 BES	7075의 담금질성을 개선한 합금. 내응력 부식 균열성이 뛰어나다. 항공기용 부품 등
7075	압출봉	A 7075 BE	A 7075 BES	알루미늄합금 중 높은 강도를 갖는 합금의 하나이다. 항공기용 부품 등
	인발봉	A 7075 BD	A 7075 BDS	
7049A	압출봉	A 7049 ABE	A 7049 ABES	7075보다 강도가 높은 합금
	인발봉	A 7049 ABD	A 7049 ABDS	

[주] ( ) 안은 구 합금번호를 나타낸다. 합금번호는 구 합금번호 이외의 것을 우선 사용하는 것이 바람직하다. 구 합금번호는 다음 개정에서 삭제한다.

■ 화학 성분

합금 번호	화학 성분 (질량분율 %)											
	Si	Fe	Cu	Mn	Mg	Cr	Zn	Bi, Pb, Zr, Zr+Ti, V	Ti	기타 각각	기타 합계	Al
1070	0.20 이하	0.25 이하	0.04 이하	0.03 이하	0.03 이하	–	0.04 이하	V : 0.05 이하	0.03 이하	0.03 이하	–	99.70 이상
1060	0.25 이하	0.35 이하	0.05 이하	0.03 이하	0.03 이하	–	0.05 이하	V : 0.05 이하	0.03 이하	0.03 이하	–	99.60 이상
1050	0.25 이하	0.40 이하	0.05 이하	0.05 이하	0.05 이하	–	0.05 이하	V : 0.05 이하	0.03 이하	0.03 이하	–	99.50 이상
1050 A	0.25 이하	0.40 이하	0.05 이하	0.05 이하	0.05 이하	–	0.07 이하	–	0.05 이하	0.03 이하		99.50 이상
1100	Si+Fe 0.95 이하		0.05~0.20	0.05 이하	–	–	0.10 이하	–	–	0.05 이하	0.15 이하	99.00 이상
1200	Si+Fe 1.0 이하		0.05 이하	0.05 이하	–	–	0.10 이하	–	0.05 이하	0.05 이하	0.15 이하	99.00 이상
2011	0.40 이하	0.7 이하	5.0~6.0	–	–	–	0.30 이하	Bi 0.20~0.6 Pb 0.20~0.6	–	0.05 이하	0.15 이하	나머지
2014	0.50~1.2	0.7 이하	3.9~5.0	0.40~1.2	0.20~0.8	0.10 이하	0.25 이하	Zr+Ti 0.20 이하	0.15 이하	0.05 이하	0.15 이하	나머지
2014 A	0.50~0.9	0.50 이하	3.9~5.0	0.40~1.2	0.20~0.8	0.10 이하	0.25 이하	Zr+Ti 0.20 이하 Ni 0.10 이하	0.15 이하	0.05 이하	0.15 이하	나머지
2017	0.20~0.8	0.7 이하	3.5~4.5	0.40~1.0	0.40~0.8	0.10 이하	0.25 이하		0.15 이하	0.05 이하	0.15 이하	나머지
2017 A	0.20~0.8	0.7 이하	3.5~4.5	0.40~1.0	0.40~0.8	0.10 이하	0.25 이하	Zr+Ti 0.25 이하	–	0.05 이하	0.15 이하	나머지
2117	0.8 이하	0.7 이하	2.2~3.0	0.20 이하	0.20~0.50	0.10 이하	0.25 이하	–	–	0.05 이하	0.15 이하	나머지
2024	0.50 이하	0.50 이하	3.8~4.9	0.30~0.9	1.2~1.8	0.10 이하	0.25 이하	Zr+Ti 0.20 이하	0.15 이하	0.05 이하	0.15 이하	나머지
2030	0.8 이하	0.7 이하	3.3~4.5	0.20~1.0	0.50~1.3	0.10 이하	0.50 이하	Pb : 0.8~1.5 Bi : 0.20 이하	0.20 이하	0.10 이하	0.30 이하	나머지
2219	0.20 이하	0.30 이하	5.8~6.8	0.20~0.40	0.02 이하	–	0.10 이하	V : 0.05~0.15 Zr : 0.10~0.25	0.02~0.10	0.05 이하	0.15 이하	나머지
3003	0.6 이하	0.7 이하	0.05~0.20	1.0~1.5	–	–	0.10 이하	–	–	0.05 이하	0.15 이하	나머지
3103	0.50 이하	0.7 이하	0.10 이하	0.9~1.5	0.30 이하	0.10 이하	0.20 이하	Zr+Ti : 0.10 이하	–	0.05 이하	0.15 이하	나머지
5041 (5N02)	0.40 이하	0.40 이하	0.10 이하	0.30~1.0	3.0~4.0	0.50 이하	0.10 이하	–	0.20 이하	0.05 이하	0.15 이하	나머지
5050	0.40 이하	0.7 이하	0.20 이하	0.10 이하	1.1~1.8	0.10 이하	0.25 이하	–	–	0.05 이하	0.15 이하	나머지
5052	0.25 이하	0.40 이하	0.10 이하	0.10 이하	2.2~2.8	0.15~0.35	0.10 이하	–	–	0.05 이하	0.15 이하	나머지
5454	0.25 이하	0.40 이하	0.10 이하	0.50~1.0	2.4~3.0	0.05~0.20	0.25 이하	–	0.20 이하	0.05 이하	0.15 이하	나머지

합금 번호	화학 성분 (질량분율 %)											
	Si	Fe	Cu	Mn	Mg	Cr	Zn	Bi, Pb, Zr, Zr+Ti, V	Ti	기타		Al
										각각	합계	
5754	0.40 이하	0.40 이하	0.10 이하	0.50 이하	2.6~3.6	0.30 ㅇ하	0.20 이하	Mn+Cr : 0.10~0.6	0.15 이하	0.05 이하	0.15 이하	나머지
5154	0.25 이하	0.40 이하	0.10 이하	0.10 이하	2.2~2.8	0.15~0.35	0.10 이하	–	0.20 이하	0.05 이하	0.15 이하	나머지
5086	0.40 이하	0.50 이하	0.10 이하	0.20~0.7	3.5~4.5	0.05~0.25	0.25 이하	–	0.15 이하	0.05 이하	0.15 이하	나머지
5056	0.30 이하	0.40 이하	0.10 이하	0.05~0.20	4.5~5.6	0.05~0.20	0.10 이하	–	–	0.05 이하	0.15 이하	나머지
5083	0.40 이하	0.40 이하	0.10 이하	0.40~1.0	4.0~4.9	0.05~0.25	0.25 이하	–	0.15 이하	0.05 이하	0.15 이하	나머지
6101	0.30~0.7	0.50 이하	0.10 이하	0.03 이하	0.35~0.8	0.03 이하	0.10 이하	B : 0.06 이하	–	0.03 이하	0.10 이하	나머지
6005 C (6N01)	0.40~0.9	0.35 이하	0.35 이하	0.50 이하	0.40~0.8	0.30 이하	0.25 이하	Mn+Cr : 0.50 이하	0.10 이하	0.05 이하	0.15 이하	나머지
6005A	0.50~0.9	0.35 이하	0.30 이하	0.50 이하	0.40~0.7	0.30 이하	0.20 이하	Mn+Cr : 0.12~0.50	0.10 이하	0.05 이하	0.15 이하	나머지
6060	0.30~0.6	0.10~0.30	0.10 이하	0.10 이하	0.35~0.6	0.05 이하	0.15 이하	–	0.10 이하	0.05 이하	0.15 이하	나머지
6061	0.40~0.8	0.7 이하	0.15~0.40	0.15 이하	0.8~1.2	0.04~0.35	0.25 이하	–	0.15 이하	0.05 이하	0.15 이하	나머지
6262	0.40~0.8	0.7 이하	0.15~0.40	0.15 이하	0.8~1.2	0.04~0.35	0.25 이하	Bi : 0.40~0.7 Pb : 0.40~0.7	0.15 이하	0.05 이하	0.15 이하	나머지
6063	0.20~0.6	0.35 이하	0.10 이하	0.10 이하	0.45~0.9	0.10 이하	0.10 이하	–	0.10 이하	0.05 이하	0.15 이하	나머지
6082	0.7~1.3	0.50 이하	0.10 이하	0.40~1.0	0.6~1.2	0.25 이하	0.20 이하	–	0.20 이하	0.05 이하	0.15 이하	나머지
6181	0.8~1.2	0.45 이하	0.10 이하	0.15 이하	0.6~1.0	0.10 이하	0.20 이하	–	0.10 이하	0.05 이하	0.15 이하	나머지
7020	0.35 이하	0.40 이하	0.20 이하	0.05~0.50	1.0~1.4	0.15~0.35	4.0~5.0	Zr : 0.08~0.20 Zr+Ti : 0.08~0.25	–	0.05 이하	0.15 이하	나머지
7204 (7N01)	0.30 이하	0.35 이하	0.20 이하	0.20~0.7	1.0~2.0	0.30 이하	4.0~5.0	V : 0.10 이하, Zr : 0.25 이하	0.20 이하	0.05 이하	0.15 이하	나머지
7003	0.30 이하	0.35 이하	0.20 이하	0.30 이하	0.50~1.0	0.20 이하	5.0~6.5	Zr : 0.05~0.25	0.20 이하	0.05 이하	0.15 이하	나머지
7050	0.12 이하	0.15 이하	2.0~2.6	0.10 이하	1.9~2.6	0.04 이하	5.7~6.7	Zr : 0.08~0.15	0.06 이하	0.05 이하	0.15 이하	나머지
7075	0.40 이하	0.50 이하	1.2~2.0	0.30 이하	2.1~2.9	0.18~0.28	5.1~6.1		0.20 이하	0.05 이하	0.15 이하	나머지
7049A	0.40 이하	0.50 이하	1.2~1.9	0.50 이하	2.1~3.1	0.05~0.25	7.2~8.4	Zr+Ti 0.25 이하	–	0.05 이하	0.15 이하	나머지

9. 알루미늄 및 알루미늄 합금 단조품 KS D 6770(폐지)

■ 종류 및 기호

종 류		기 호	참 고
합금번호	제조방법에 따른 구분		특성 및 용도 보기
1100	형(틀) 단조품	A 1100 FD	내식성, 열간 · 냉간 가공성이 좋다. 전산기용 메모리 드럼 등.
1200	형(틀) 단조품	A 1200 FD	
2014	형(틀) 단조품	A 2014 FD	강도가 높고, 단조성, 연성이 뛰어나다. 항공기용 부품, 차량, 자동차용 부품, 일반 구조부품 등.
	자유 단조품	A 2014 FH	
2017	형(틀) 단조품	A 2017 FD	강도가 높다. 항공기용 부품, 잠수용 수중 고압용기, 자전거용 허브재 등.
2018	형(틀) 단조품	A 2018 FD	단조성이 뛰어나고, 고온온도가 높으므로 내열성이 요구되는 단조품에 사용된다. 실린더 헤드, 피스톤, VTR실린더 등.
2218	형(틀) 단조품	A 2218 FD	
2219	형(틀) 단조품	A 2219 FD	고온강도, 내 크리프성이 뛰어나고 용접성이 좋다. 로켓 등의 항공기용 부품 등.
	자유 단조품	A 2219 FH	
2025	형(틀) 단조품	A 2025 FD	단조성이 좋고 강도가 높다. 프로펠러, 자기드럼 등.
	자유 단조품	A 2025 FH	
2618	형(틀) 단조품	A 2618 FD	고온강도가 뛰어나다. 피스톤, 고무성형용 금형, 일반 내열용도 부품 등.
	자유 단조품	A 2618 FH	
2N01	형(틀) 단조품	A 2N01 FD	내열성이 있고, 강도도 높다. 유압부품 등.
	자유 단조품	A 2N01 FH	
4032	형(틀) 단조품	A 4032 FD	중온(약 200℃)에서 강도가 높고, 열팽창 계수가 작고, 내마모성이 뛰어나다. 피스톤 등.
5052	자유 단조품	A 5052 FH	중강도 합금으로 내식성, 가공성이 좋다. 항공기용 부품 등.
5056	형(틀) 단조품	A 5056 FD	내식성, 절삭 가공성, 양극산화 처리성이 좋다. 광학기기 · 통신기기 부품, 지퍼 등.
5083	형(틀) 단조품	A 5083 FD	내식성, 용접성 및 저온에서 기계적 성질이 우수하다. LNG용 플랜지 등.
	자유 단조품	A 5083 FH	
6151	형(틀) 단조품	A 6151 FD	6061보다 강도가 약간 높고, 연성, 인성, 내식성도 좋고, 복잡한 모양의 단조품에 적당하다. 과급기의 팬, 자동차 휠 등.
	자유 단조품	A 6151 FH	
6061	형(틀) 단조품	A 6061 FD	연성, 인성, 내식성이 좋다. 이화학용 로터, 자동차용 휠, 리시버 탱크 등.
	자유 단조품	A 6061 FH	
7050	형(틀) 단조품	A 7050 FD	단조합금 중 최고의 강도를 가진다. 항공기용 부품, 선박용 부품, 자동차용 부품 등.
	자유 단조품	A 7050 FH	
7N01	형(틀) 단조품	A 7N01 FD	강도가 높고, 내식성도 좋은 용접구조용 합금이다. 항공기용 부품 등.
	자유 단조품	A 7N01 FH	

10. 알루미늄 및 알루미늄합금 용접봉과 와이어 KS D 7028(폐지)

■ 봉 및 와이어의 종류

봉	와이어
A1070-BY	A1070-WY
A1100-BY	A1100-WY
A1200-BY	A1200-WY
A2319-BY	A2319-WY
A4043-BY	A4043-WY
A4047-BY	A4047-WY
A5554-BY	A5554-WY
A5654-BY	A5654-WY
A5356-BY	A5356-WY
A5556-BY	A5556-WY
A5183-BY	A5183-WY

■ 화학 성분

종류	화학 성분 %											
	Si	Fe	Cu	Mn	Mg	Cr	Zn	V, Zr	Ti	기타		Al
										개개	합계	
A1070-BY A1070-WY	0.20 이하	0.25 이하	0.04 이하	0.03 이하	0.03 이하	-	0.04 이하	-	0.03 이하	0.03 이하	-	99.70 이상
A1100-BY A1100-WY	Si+Fe 1.0 이하		0.05~0.20	0.05 이하	-	-	0.10 이하	-	-	0.05 이하	0.15 이하	99.00 이상
A1200-BY A1200-WY	Si+Fe 1.0 이하		0.05 이하	0.05 이하	-	-	0.10 이하	-	0.05 이하	0.05 이하	0.15 이하	99.00 이상
A2319-BY A2319-WY	0.20 이하	0.30 이하	5.8~6.8	0.02~0.04	0.02 이하	-	0.10 이하	V 0.05~0.15 Zr 0.10~0.25	0.10~0.20	0.05 이하	0.15 이하	나머지
A4043-BY A4043-WY	4.5~6.0	0.80 이하	0.30 이하	0.05 이하	0.05 이하	-	0.10 이하	-	0.20 이하	0.05 이하	0.15 이하	나머지
A4047-BY A4047-WY	11.0~13.0	0.80 이하	0.30 이하	0.15 이하	0.10 이하	-	0.20 이하	-	-	0.05 이하	0.15 이하	나머지
A5554-BY A5554-WY	0.25 이하	0.40 이하	0.10 이하	0.05 이하	2.4~3.0	0.05~0.20	0.25 이하	-	0.05~0.20	0.05 이하	0.15 이하	나머지
A5654-BY A5654-WY	Si+Fe 0.45 이하		0.05 이하	0.10 이하	3.1~3.9	0.15~0.35	0.20 이하	-	0.05~0.15	0.05 이하	0.15 이하	나머지
A5356-BY A5356-WY	0.25 이하	0.40 이하	0.10 이하	0.10 이하	4.5~5.5	0.05~0.20	0.10 이하	-	0.06~0.20	0.05 이하	0.15 이하	나머지
A5556-BY A5556-WY	0.25 이하	0.40 이하	0.10 이하	0.10 이하	0.50~1.0	0.05~0.20	0.25 이하	-	0.05~0.20	0.05 이하	0.15 이하	나머지
A5183-BY A5183-WY	0.40 이하	0.40 이하	0.10 이하	0.10 이하	0.50~1.0	0.05~0.25	0.25 이하	-	0.15 이하	0.05 이하	0.15 이하	나머지

11. 주조 알루미늄 합금 명칭의 비교 KS D ISO 17615 부속서 B

■ ISO, AA, EN, JIS 명칭

ISO 합금 명칭	AA 합금 명칭	EN 합금 명칭	JIS 합금 명칭
Al Cu4Ti	–	EN AC–21100	AL–Cu4Ti
Al Cu4MgTi	204.0	EN AC–21000	AC1B
Al Cu5MgAg	A201.0	–	–
Al Si9	–	EN AC–44400	–
Al Si11	–	EN AC–44000	–
Al Si12(a)	–	EN AC–44200	–
Al Si12(b)	B413.0	EN AC–44100	AC3A, Al–Si12
Al Si12(Fe)	A413.0	EN AC–44300	ADC1
Al Si2MgTi	–	EN AC–41000	–
Al Si7Mg		EN AC–42000	AC4C
Al Si7Mg0.3	–	EN AC–42100	AC4CH
Al Si7Mg0.6	357.0	EN AC–42200	–
Al Si9Mg	–	EN AC–43300	–
Al Si10Mg	–	EN AC–43100	AC4A, Al–Si10Mg
Al Si10Mg(Fe)	–	EN AC–43400	ADC3
Al Si10Mg(Cu)	–	EN AC–43200	–
Al Si5Cu1Mg	355.0	EN AC–45300	AC4D
Al Si5Cu3	–	EN AC–45400	Al–Si5Cu3
Al Si5Cu3Mg		EN AC–45100	–
Al Si5Cu3Mn	–	EN AC–45200	AC2A, AC2B
Al Si6Cu4	–	EN AC–45000	Al–Si6Cu4
Al Si7Cu2	–	EN AC–46600	–
Al Si7Cu3Mg	320.0	EN AC–46300	–
Al Si8Cu3	–	EN AC–46200	AC4B
Al Si9Cu1Mg	–	EN AC–46400	–
Al Si9Cu3(Fe)	–	EN AC–46000	ADC10
Al Si9Cu3(Fe)(Zn)	–	EN AC–46500	ADC10Z
Al Si11Cu2(Fe)	–	EN AC–46100	ADC12Z
Al Si11Cu3(Fe)	–	–	ADC12
Al Si12(Cu)	–	EN AC–47000	Al–Si12Cu
Al Si12Cu1(Fe)	–	EN AC–47100	–
Al Si12CuMgNi	–	EN AC–48000	AC8A
Al Si17Cu4Mg	B390.0	–	ADC14
Al Mg3	–	EN AC–51000	ADC6, Al–Mg3
Al Mg5	–	EN AC–51300	ADC5, AC7A, Al–Mg6
Al Mg5(Si)	–	EN AC–51400	Al–Mg5Si1
Al Mg9	–	EN AC–51200	Al–Mg10
Al Zn5Mg	712.0	EN AC–71000	Al–Zn5Mg
Al Zn10Si8Mg	–	–	–

12. 알루미늄 마그네슘 및 그 합금-질별 기호 KS D 0004 : 2014

■ 기본기호, 정의 및 의미

기본 기호	정 의	의 미
F	제조한 그대로의 것	가공 경화 또는 열처리에 대하여 특별한 조정을 하지 않는 제조 공정에서 얻어진 그대로의 것
O	어닐링한 것	전신재에 대해서는 가장 부드러운 상태를 얻도록 어닐링한 것 주물에 대해서는 연신의 증가 또는 치수 안정화를 위하여 어닐링한 것
H	가공 경화한 것	적절하게 부드럽게 하기 위한 추가 열처리의 유무에 관계없이 가공 경화에 의해 강도를 증가한 것
W	용체화 처리한 것	용체화 열처리 후 상온에서 자연 시효하는 합금에만 적용하는 불안정한 질별
T	열처리에 의해 F · O · H 이외의 안정한 질별로 한 것	안정한 질별로 하기 위하여 추가 가공 경화의 유무에 관계없이 열처리한 것

■ HX의 세분 기호 및 그 의미

기 호	의 미
H1	가공 경화만 한 것 소정의 기계적 성질을 얻기 위하여 추가 열처리를 하지 않고 가공 경화만 한 것
H2	가공 경화 후 적절하게 연화 열처리한 것 소정의 값 이상으로 가공 경화한 후에 적절한 열처리에 의해 소정의 강도까지 저하한 것. 상온에서 시효 연화하는 합금에 대해서는 이 질별은 H3 질별과 거의 동등한 강도를 가진 것. 그 밖의 합금에 대해서는 이 질별은 H1 질별과 거의 동등한 강도를 갖지만 연신은 어느 정도 높은 값을 나타내는 것
H3	가공 경화 후 안정화 처리한 것 가공 경화한 제품을 저온 가열에 의해 안정화 처리한 것. 또한 그 결과, 강도는 어느 정도 저하하고 연신은 증가하는 것 이 안정화 처리는 상온에서 서서히 시효 연화하는 마그네슘을 포함하는 알루미늄 합금에만 적용한다.
H4	가공 경화 후 도장한 것 가공 경화한 제품이 도장의 가열에 의해 부분 어닐링된 것

■ HXY의 세분 기호 및 그 의미

기 호	의 미	참 고
HX1	인장 강도가 O와 HX2의 중간인 것	1/8 경질
HX2 (HXB)	인장강도가 O와 HX4의 중간인 것	1/4 경질
HX3	인장 강도가 HX2와 HX4의 중간인 것	3/8 경질
HX4 (HXD)	인장 강도가 O와 HX8의 중간인 것	1/2 경질
HX5	인장 강도가 HX4와 HX6의 중간인 것	5/8 경질
HX6 (HXF)	인장 강도가 HX4와 HX8의 중간인 것	3/4 경질
HX7	인장 강도가 HX6와 HX8의 중간인 것	7/8 경질
HX8 (HXH)	일반적인 가공에서 얻어지는 최대 인장 강도의 것. 인장 강도의 최소 규격값은 원칙적으로 그 합금의 어닐링 질별의 인장 강도의 최소 규격값을 기준으로 다음 표에 따라 결정된다.	경 질
HX9 (HXJ)	인장 강도의 최소 규격값이 HX8보다 10 N/mm^2	특경질

■ HX8의 인장 강도의 최소 규격값을 결정하는 기준

단위 : N/mm^2

어닐링 질별의 인장 강도의 최소 규격값	HX8의 인장 강도의 최소 규격값 결정을 위한 추가 보정값
40 이하	55
45 이상 60 이하	65
65 이상 80 이하	75
85 이상 100 이하	85
105 이상 120 이하	90
125 이상 160 이하	95
165 이상 200 이하	100
205 이상 240 이하	105
245 이상 280 이하	110
285 이상 320 이하	115
325 이상	120

■ TX의 세분 기호 및 그 의미

기 호	의 미
T1 (TA)	고온 가공에서 냉각 후 자연 시효시킨 것 압출재와 같이 고온의 제조 공정에서 냉각 후 적극적으로 냉간 가공을 하지 않고 충분히 안정된 상태까지 자연 시효시킨 것. 따라서 교정하여도 그 냉간 가공의 효과가 작은 것
T2 (TC)	고온 가공에서 냉각 후 냉간 가공을 하고, 다시 자연 시효시킨 것 압출재와 같이 고온의 제조 공정에서 냉각 후 강도를 증가시키기 위하여 냉간 가공을 하고, 다시 충분히 안정된 상태까지 자연 시효시킨 것
T3 (TD)	용체화 처리 후 냉간 가공을 하고, 다시 자연 시효시킨 것 용체화 처리 후 강도를 증가시키기 위하여 냉간 가공을 하고, 다시 충분히 안정된 상태까지 자연 시효시킨 것
T4 (TB)	용체화 처리 후 자연 시효시킨 것 용체화 처리후 냉간 가공을 하지 않고 충분히 안정된 상태까지 자연 시효시킨 것. 따라서 교정 하여도 그 냉간 가공의 효과가 작은 것
T5 (TE)	고온 가공에서 냉각 후 인공 시효 경화 처리한 것 주물 또는 압출재와 같이 고온의 제조 공정에서 냉각 후 적극적으로 냉간 가공을 하지 않고 인공 시효 경화 처리한 것. 따라서 교정을 하여도 그 냉간 가공의 효과가 작은 것
T6 (TF)	용체화 처리 후 인공 시효 경화 처리한 것 용체화 처리 후 적극적으로 냉간 가공을 하지 않고 인공 시효 경화 처리한 것. 따라서 교정하여도 그 냉간 가공의 효과가 작은 것
T7 (TM)	용체화 처리 후 안정화 처리한 것 용체화 처리 후 특별한 성질로 조정하기 위하여 최대 강도를 얻는 인공 시효 경화 처리 조건을 넘어서 과 시효 처리한 것
T8 (TH)	용체화 처리 후 냉간 가공을 하고, 다시 인공 시효 경화 처리한 것 용체화 처리 후 강도를 증가시키기 위하여 냉간 가공을 하고, 강도를 증가시키기 위하여 다시 냉간 가공한 것
T9 (TL)	용체화 처리 후 인공 시효 경화 처리를 하고, 다시 냉간 가공한 것 용체화 처리 후 인공 시효 경화 처리를 하고, 강도를 증가시키기 위하여 다시 냉간 가공한 것
T10 (TG)	고온 가공에서 냉각 후 냉간 가공을 하고, 다시 인공 시효 경화 처리한 것 압출재와 같이 고온의 제조 공정에서 냉각 후 강도를 증가시키기 위하여 냉간 가공을 하고, 다시 인공 시효 경화 처리한 것

■ TXY의 구체적인 보기와 그 의미

기 호	의 미
T31 (TD1)	T3의 단면 감소율을 거의 1%로 한 것 용체화 처리 후 강도를 증가시키기 위하여 단면 감소율을 거의 1%의 냉간 가공을 하고, 다시 자연 시효시킨 것
T351 (TD51)	용체화 처리 후 냉간 가공을 하고, 잔류 응력을 제거하고 다시 자연 시효시킨 것 용체화 처리 후 강도를 증가시키기 위하여 냉간 가공을 하고, TX51의 영구 변형을 주는 인장 가공에 의해 잔류 응력을 제거한 후, 다시 자연 시효시킨 것
T3510 (TD510)	용체화 처리 후 냉간 가공을 하고, 잔류 응력을 제거하고 다시 자연 시효시킨 것 용체화 처리 후 강도를 증가시키기 위하여 냉간 가공을 하고, TX510의 영구 변형을 주는 인장 가공에 의해 잔류 응력을 제거한 후, 다시 자연 시효시킨 것
T3511 (TD511)	용체화 처리 후 냉간 가공을 하고, 잔류 응력을 제거하고 다시 자연 시효시킨 것 용체화 처리 후 강도를 증가시키기 위하여 냉간 가공을 하고, TX511의 영구 변형을 주는 인장 가공에 의해 잔류 응력을 제거한 후, 다시 자연 시효시킨 것
T352 (TD52)	용체화 처리 후 냉간 가공을 하고, 잔류 응력을 제거하고 다시 자연 시효시킨 것 용체화 처리 후 강도를 증가시키기 위하여 냉간 가공을 하고, TX52의 영구 변형을 주는 인장 가공에 의해 잔류 응력을 제거한 후, 다시 자연 시효시킨 것
T354 (YD54)	용체화 처리 후 냉간 가공을 하고, 잔류 응력을 제거하고 다시 자연 시효시킨 것 용체화 처리 후 강도를 증가시키기 위하여 냉간 가공을 하고 TX54의 영구 변형을 주는 인장 및 압축의 복합 교정에 의해 영구 변형을 주고 잔류 응력을 제거한 후, 다시 자연 시효시킨 것 최종 틀에 의한 냉간 재가공을 한 형단조품에 적용한다.
T36 (TD6) T361 (TD61)	T3의 단면 감소율을 거의 6%로 한 것 용체화 처리 후 강도를 증가시키기 위하여 단면 감소율을 거의 6%의 냉간 가공을 하고, 다시 자연 시효시킨 것
T37 (TD7)	T3의 단면 감소율을 거의 7%로 한 것 용체화 처리 후 강도를 증가시키기 위하여 단면 감소율을 거의 7%의 냉간 가공을 하고, 다시 자연 시효시킨 것
T39 (TD9)	T3의 냉간 가공을 규정된 기계적 성질이 얻어질 때까지 실시한 것 용체화 처리 후 자연 시효 전이나 후에 규정된 기계적 성질이 얻어질 때까지 냉간 가공을 한 것
T39 (TD9)	T4의 처리를 사용자가 실시한 것 사용자가 용체화 처리 후 충분한 안정 상태까지 자연 시효시킨 것
T42 (TB2)	용체화 처리 후 잔류 응력을 제거하고, 다시 자연 시효시킨 것 용체화 처리 후 TX51의 영구 변형을 주는 인장 가공에 의해 잔류 응력을 제거하고, 다시 자연 시효시킨 것
T451 (TB51)	용체화 처리 후 잔류 응력을 제거하고, 다시 자연 시효시킨 것 용체화 처리 후 TX510의 영구 변형을 주는 인장 가공에 의해 잔류 응력을 제거하고, 다시 자연 시효시킨 것
T4510 (TB510)	용체화 처리 후 잔류 응력을 제거하고, 다시 자연 시효시킨 것 용체화 처리 후 TX511의 영구 변형을 주는 인장 가공에 의해 잔류 응력을 제거하고, 다시 자연 시효시킨 것. 다만 이 인장 가공 후 약간이 가공은 허용된다.
T4511 (TB511)	용체화 처리 후 잔류 응력을 제거하고, 다시 자연 시효시킨 것 용체화 처리 후 TX511의 영구 변형을 주는 인장 가공에 의해 잔류 응력을 제거하고, 다시 자연 시효시킨 것. 다만 이 인장 가공 후 약간의 가공은 허용된다.
T452 (TB52)	용체화 처리 후 잔류 응력을 제거하고, 다시 자연 시효시킨 것 용체화 처리 후 TX52의 영구 변형을 주는 압축 가공에 의해 잔류 응력을 제거하고, 다시 자연 시효시킨 것
T454 (TB54)	용체화 처리 후 잔류 응력을 제거하고, 다시 자연 시효시킨 것 용체화 처리 후 TX54의 영구 변형을 주는 인장과 압축 가공에 의해 잔류 응력을 제거하고, 다시 자연 시효시킨 것
T51 (TE1)	고온 가공에서 냉각 후 인공 시효 경화 처리한 것 고온 가공에서 냉각 후 성형성을 향상시키기 위하여 인공 시효 경화 처리 조건을 조정한 것
T56 (TF1)	고온 가공에서 냉각 후 인공 시효 경화 처리한 것 고온 가공에서 냉각 후 T5 처리에 의한 것보다 높은 강도를 얻기 위하여 6000계 합금의 인공 시효 경화 처리 조건을 조정한 것
T61 (TF1)	전신재의 경우, 온수 퀜칭에 의한 용체화 처리 후 인공 시효 경화 처리한 것 퀜칭에 의한 변형의 발생을 방지하기 위하여 온수에 퀜칭하고, 음으로 인공 시효 경화 처리한 것 주물의 경우, 용체화 처리 후 인공 시효 경화 처리한 것 T6 처리에 의한 것보다 높은 강도를 얻기 위하여 인공 시효 경화 처리 조건을 조정한 것
T6151 (TF151)	용체화 처리 후 잔류 응력을 제거하고, 다시 인공 시효 경화 처리한 것 용체화 처리 후 TX51의 영구 변형을 주는 인장 가공에 의해 잔류 응력을 제거하고, 다시 성형성을 향상시키기 위하여 인공 시효 경화 처리 조건을 조정한 것

기 호	의 미
T62 (TF2)	T6의 처리를 사용자가 한 것 사용자가 용체화 처리 후 인공 시효 경화 처리한 것
T64 (TF4)	용체화 처리 후 인공 시효 경화 처리한 것 용체화 처리 후 성형성을 향상시키기 위하여 인공 시효 경화 처리 조건을 T6과 T61의 중간으로 조정한 것
T651 (TF51)	용체화 처리 후 잔류 응력을 제거하고, 다시 인공 시효 경화 처리한 것 용체화 처리 후 TX51의 영구 변형을 주는 인장 가공에 의해 잔류 응력을 제거하고, 다시 인공 시효 경화 처리한 것
T-6510 (TF510)	용체화 처리 후 잔류 응력을 제거하고, 다시 인공 시효 경화 처리한 것 용체화 처리 후 TX510의 영구 변형을 주는 인장 가공에 의해 잔류 응력을 제거하고, 다시 인공 시효 경화 처리한 것
T6511 (TF511)	용체화 처리 후 잔류 응력을 제거하고, 다시 인공 시효 경화 처리한 것 용체화 처리 후 TX511의 영구 변형을 주는 인장 가공에 의해 잔류 응력을 제거하고, 다시 인공 시효 경화 처리한 것. 다만 이 인장 가공 후 약간의 가공은 허용된다.
T652 (TF52)	용체화 처리 후 잔류 응력을 제거하고, 다시 인공 시효 경화 처리한 것 용체화 처리 후 TX52의 영구 변형을 주는 압축 가공에 의해 잔류 응력을 제거하고, 다시 인공 시효 경화 처리한 것
T654 (TF54)	용체화 처리 후 잔류 응력을 제거하고, 다시 인공 시효 경화 처리한 것 용체화 처리 후 TX54의 영구 변형을 주는 인장과 압축의 복합 교정에 의해 잔류 응력을 제거하고, 다시 인공 시효 경화 처리한 것
T66 (TF6)	용체화 처리 후 인공 시효 경화 처리한 것 T6 처리에 의한 것보다 높은 강도를 얻기 위하여 6000계 합금의 인공 시효 경화 처리 조건을 조정한 것
T73 (TM3)	용체화 처리 후 인공 시효 경화 처리한 것 용체화 처리 후 내응력 부식 균열성을 최대로 하기 위하여 과시효 처리한 것
T732 (TM32)	T73의 처리를 사용자가 한 것 사용자가 용체화 처리 후 내응력 부식 균열성을 최대로 하기 위하여 과시효 처리한 것
T7351 (TM351)	용체화 처리 후 잔류 응력을 제거하고, 다시 과시효 처리한 것 용체화 처리 후 TX51의 영구 변형을 주는 인장 가공에 의해 잔류 응력을 제거하고, 다시 T73의 조건에서 과시효 처리한 것
T73510 (TM3510)	용체화 처리 후 잔류 응력을 제거하고, 다시 과시효 처리한 것 용체화 처리 후 TX510의 영구 변형을 주는 인장 가공에 의해 잔류 응력을 제거하고, 다시 T73의 조건에서 과시효 처리한 것
T73511 (TM3511)	용체화 처리 후 잔류 응력을 제거하고, 다시 과시효 처리한 것 용체화 처리 후 TX511의 영구 변형을 주는 인장 가공에 의해 잔류 응력을 제거하고, 다시 T73의 조건에서 과시효 처리한 것. 다만 이 인장 가공 후 약간의 가공은 허용된다.
T7352 (TM352)	용체화 처리 후 잔류 응력을 제거하고, 다시 과시효 처리한 것 용체화 처리 후 TX52의 영구 변형을 주는 압축 가공에 의해 잔류 응력을 제거하고, 다시 T73의 조건에서 과시효 처리한 것
T7354 (TM354)	용체화 처리 후 잔류 응력을 제거하고, 다시 과시효 처리한 것 용체화 처리 후 TX54의 영구 변형을 주는 인장과 압축의 복합 교정에 의해 잔류 응력을 제거하고, 다시 T73의 조건에서 과시효 처리한 것
T74 (TM4)	용체화 처리 후 과시효 처리한 것 용체화 처리 후 내응력 부식 균열성을 조정하기 위하여 T73과 T76의 중간의 과시효 처리한 것
T7451 (TM451)	용체화 처리 후 잔류 응력을 제거하고, 다시 과시효 처리한 것 용체화 처리 후 TX51의 영구 변형을 주는 인장 가공에 의해 잔류 응력을 제거하고, 다시 T74의 조건에서 과시효 처리한 것
T74510 (TM4510)	용체화 처리 후 잔류 응력을 제거하고, 다시 과시효 처리한 것 용체화 처리 후 TX510의 영구 변형을 주는 인장 가공에 의해 잔류 응력을 제거하고, 다시 T74의 조건에서 과시효 처리한 것
T74511 (TM4511)	용체화 처리 후 잔류 응력을 제거하고, 다시 과시효 처리한 것 용체화 처리 후 TX511의 영구 변형을 주는 인장 가공에 의해 잔류 응력을 제거하고, 다시 T74의 조건에서 과시효 처리한 것. 다만 이 인장 가공 후 약간의 가공은 허용된다.
T7452 (TM452)	용체화 처리 후 잔류 응력을 제거하고, 다시 과시효 처리한 것 용체화 처리 후 TX52의 영구 변형을 주는 압축 가공에 의해 잔류 응력을 제거하고, 다시 T74의 조건에서 과시효 처리한 것
T7454 (TM454)	용체화 처리 후 잔류 응력을 제거하고, 다시 과시효 처리한 것 용체화 처리 후 TX54의 영구 변형을 주는 인장과 압축의 복합 교정에 의해 잔류 응력을 제거하고, 다시 T74의 조건에서 과시효 처리한 것

기 호	의 미
T76 (TM6)	용체화 처리 후 과시효 처리한 것 용체화 처리 후 내박리 부식성을 좋게 하기 위하여 과시효 처리한 것
T761 (TM61)	용체화 처리 후 과시효 처리한 것 용체화 처리 후 내박리 부식성을 좋게 하기 위하여 과시효 처리한 것. 7475 합금의 박판 및 조에 적용한다.
T762 (TM62)	T76의 처리를 사용자가 한 것 사용자가 용체화 처리 후 내박리 부식성을 좋게 하기 위하여 과시효 처리한 것
T7651 (TM6510)	용체화 처리 후 잔류 응력을 제거하고, 다시 과시효 처리한 것 용체화 처리 후 TX51의 영구 변형을 주는 인장 가공에 의해 잔류 응력을 제거하고, 다시 T76의 조건에서 과시효 처리한 것
T76510 (TM6510)	용체화 처리 후 잔류 응력을 제거하고, 다시 과시효 처리한 것 용체화 처리 후 TX510의 영구 변형을 주는 인장 가공에 의해 잔류 응력을 제거하고, 다시 T76의 조건에서 과시효 처리한 것
T76511 (TM6511)	용체화 처리 후 잔류 응력을 제거하고, 다시 과시효 처리한 것 용체화 처리 후 TX511의 영구 변형을 주는 인장 가공에 의해 잔류 응력을 제거하고, 다시 T76의 조건에서 과시효 처리한 것
T7652 (TM652)	용체화 처리 후 잔류 응력을 제거하고, 다시 과시효 처리한 것 용체화 처리 후 TX52의 영구 변형을 주는 인장 가공에 의해 잔류 응력을 제거하고, 다시 T76의 조건에서 과시효 처리한 것
T7654 (TM654)	용체화 처리 후 잔류 응력을 제거하고, 다시 과시효 처리한 것 용체화 처리 후 TX54의 영구 변형을 주는 인장과 압축의 복합 교정에 의해 잔류 응력을 제거하고, 다시 T76의 조건에서 과시효 처리한 것
T79 (TM9)	용체화 처리 후 과시효 처리한 것 용체화 처리 후 아주 약간 과시효 처리한 것
T79510 (TM9510)	용체화 처리 후 잔류 응력을 제거하고, 다시 과시효 처리한 것 용체화 처리 후 TX510의 영구 변형을 주는 인장 가공에 의해 잔류 응력을 제거하고, 다시 T79의 조건에서 과시효 처리한 것
T79511 (TM9511)	용체화 처리 후 잔류 응력을 제거하고, 다시 과시효 처리한 것 용체화 처리 후 TX511의 영구 변형을 주는 인장 가공에 의해 잔류 응력을 제거하고, 다시 T79의 조건에서 과시효 처리한 것. 다만 이 인장 가공 후 약간의 가공은 허용된다.
T81 (TH1)	T8의 단면 감소율을 거의 1%로 한 것. 용체화 처리 후 강도를 증가시키기 위하여 단면 감소율을 거의 1%의 냉간 가공을 하고, 다시 인공 시효 경화 처리한 것.
T82 (TH2)	T8의 처리를 사용자가 하고 단면 감소율을 거의 2%로 한 것 사용자가 용체화 처리 후 2%의 영구 변형을 주는 인장 가공을 하고, 다시 인공 시효 경화 처리한 것
T83 (TH3)	T8의 단면 감소율을 거의 3%로 한 것 용체화 처리 후 강도를 증가시키기 위하여 단면 감소율을 거의 3%의 냉간 가공을 하고, 다시 인공 시효 경화 처리한 것
T832 (TH32)	T8의 냉간 가공 조건을 조정한 것 용체화 처리 후 강도를 증가시키기 위하여 냉간 가공 조건을 조정하고, 다시 인공 시효 경화 처리한 것
T841 (TH41)	T8의 인공 시효 경화 처리 조건을 조정한 것 용체화 처리 후 강도를 증가시키기 위하여 냉간 가공을 하고, 다시 인공 시효 경화 처리한 것
T84151 (TH4151)	용체화 처리 후 잔류 응력을 제거하고, 다시 인공 시효 경화 처리 조건을 조정한 것 용체화 처리 후 TX51의 영구 변형을 주는 인장 가공에 의해 잔류 응력을 제거하고, 다시 인공 시효 경화 처리한 것
T851 (TH51)	용체화 처리 후 냉간 가공을 하고, 잔류 응력을 제거하고, 다시 인공 시효 경화 처리한 것 용체화 처리 후 TX51의 영구 변형을 주는 인장 가공에 의해 잔류 응력을 제거하고, 다시 인공 시효 경화 처리한 것
T8510 (TH510)	용체화 처리 후 냉간 가공을 하고, 잔류 응력을 제거하고 다시 인공 시효 경화 처리한 것 용체화 처리 후 강도를 증가시키기 위하여 냉간 가공을 하고, TX510의 영구 변형을 주는 인장 가공에 의해 잔류 응력을 제거하고, 다시 인공 시효 경화 처리한 것
T8511 (TH511)	용체화 처리후 냉간 가공을 하고, 잔류 응력을 제거하고 다시 인공 시효 경화 처리한 것 용체화 처리 후 강도를 증가시키기 위하여 냉간 가공을 하고, TX511의 영구 변형을 주는 인장 가공에 의해 잔류 응력을 제거하고, 다시 인공 시효 경화 처리한 것. 다만 이 인장 가공 후 약간의 가공은 허용된다.
T852 (TH52)	용체화 처리 후 냉간 가공을 하고, 잔류 응력을 제거하고 다시 인공 시효 경화 처리한 것 용체화 처리 후 강도를 증가시키기 위하여 냉간 가공을 하고, TX52의 영구 변형을 주는 압축 가공에 의해 잔류 응력을 제거하고, 다시 인공 시효 경화 처리한 것

기 호	의 미
T854 (TH54)	용체화 처리 후 냉간 가공을 하고 잔류 응력을 제거하고 다시 인공 시효 경화 처리한 것 용체화 처리 후 강도를 증가시키기 위하여 냉간 가공을 하고, TX54의 영구 변형을 주는 인장 및 압축의 복합 교정에 의해 잔류 응력을 제거하고, 다시 인공 시효 경화 처리한 것
T86 (TH6)	T36을 인공 시효 경화 처리한 것 용체화 처리 후 강도를 증가시키기 위하여 단면 감소율을 거의 6%의 냉간 가공을 하고, 다시 인공 시효 경화 처리한 것
T861 (TH61)	
T87 (TH7)	T37을 인공 시효 경화 처리한 것 용체화 처리 후 강도를 증가시키기 위하여 단면 감소율을 거의 7%의 냉간 가공을 하고, 다시 인공 시효 경화 처리한 것
T89 (TH9)	T39를 인공 시효 경화 처리한 것 용체화 처리 후 규정된 기계적 성질이 얻어질 때까지 냉간 가공을 하고, 다시 인공 시효 경화 처리한 것

7-3 마그네슘합금 전신재

1. 이음매 없는 마그네슘 합금 관 KS D5573 : 2016

■ 종류 및 기호

종류	기호	대응 ISO 기호	상당 합금(참고)			
			ASTM	BS	DIN	NF
1종B	MT1B	ISO－MgAl3Zn1(A)	AZ31B	MAG110	3.5312	G－A3Z1
1종C	MT1C	ISO－MgAl3Zn1(B)	－	－	－	－
2종	MT2	ISO－MgAl6Zn1	AZ61A	MAG121	3.5612	G－A6Z1
5종	MT5	ISO－MgZn3Zr	－	MAG151	－	－
6종	MT6	ISO－MgZn6Zr	ZK60A	－	－	－
8종	MT8	ISO－MgMn2	－	－	－	－
9종	MT9	ISO－MgZn2Mn1	－	MAG131	－	－

■ 화학 성분

종류	기호	화학 성분 단위 : %(질량분율)											
		Mg	Al	Zn	Mn	Zr	Fe	Si	Cu	Ni	Ca	기타	기타 합계
1종B	MT1B	나머지	2.4~3.6	0.50~1.5	0.15~1.0	－	0.005 이하	0.10 이하	0.05 이하	0.005 이하	0.04 이하	0.05이하	0.30이하
1종C	MT1C	나머지	2.4~3.6	0.50~1.5	0.05~0.4	－	0.05 이하	0.10 이하	0.05 이하	0.005 이하	－	0.05이하	0.30이하
2종	MT2	나머지	5.5~6.5	0.50~1.5	0.15~0.40	－	0.005 이하	0.10 이하	0.05 이하	0.005 이하	－	0.05이하	0.30이하
5종	MT5	나머지	－	2.5~4.0	－	0.45~0.8	－	－	－	－	－	0.05이하	0.30이하
6종	MT6	나머지	－	4.8~6.2	－	0.45~0.8	－	－	－	－	－	0.05이하	0.30이하
8종	MT8	나머지	－	－	1.2~2.0	－	－	0.10 이하	0.05 이하	0.01 이하	－	0.05이하	0.30이하
9종	MT9	나머지	0.1 이하	1.75~2.3	0.6~1.3	－	0.06 이하	0.10 이하	0.1 이하	0.005 이하	－	0.05이하	0.30이하

■ 기계적 성질

종류	질별	대응 ISO 질별	기호 및 질별	두께 mm	인장 시험		
					인장 강도 N/mm^2	항복 강도 N/mm^2	연신율 %
1종B	F	F	MT1B-F	1 이상 10 이하	220 이상	140 이상	10 이상
1종C			MT1C-F				
2종	F	F	MT2-F	1이상 10 이하	260 이상	150 이상	10 이상
5종	T5	T5	MT5-T5	전 단면 치수	275 이상	255 이상	4 이상
6종	F	F	MT6-F	전 단면 치수	275 이상	195 이상	5 이상
	T5	T5	MT6-T5	전 단면 치수	315 이상	260 이상	4 이상
8종	F	F	MT8-F	2 이하	225 이상	165 이상	2 이상
				2 초과	200 이상	145 이상	15 이상
9종	F	F	MT9-F	10 이하	230 이상	150 이상	8 이상
				10 초과 75 이하	245 이상	160 이상	10 이상

■ 관의 바깥지름의 허용차

단위 : mm

지름	허용차 규정 바깥지름에 대한 차이	
	평균 바깥지름	규정 바깥지름
10 이상 30 미만	±0.25	±0.50
30 이상 50 미만	±0.35	±0.60
50 이상 80 미만	±0.45	±0.80
80 이상 120 미만	±0.65	±1.20

■ 관 두께의 허용차

지름	허용차 규정 두께에 대한 차이 %	
	평균 두께	규정 두께
1 이상 2 미만	±10	±13
2 이상 3 미만	±8	±11
3 이상	±7	±10

2. 마그네슘 합금 판, 대 및 코일판 KS D 6710 : 2016

■ 종류 및 기호

종류	기호	대응 ISO 기호	상당 합금(참고)				적용 용도 (참고)
			ASTM	BS	DIN	NF	
1종B	MP1B	ISO−MgAl3Zn1(A)	AZ31B	MAG110	3.5312	G−A3Z1	성형용, 전극판 등
1종C	MP1C	ISO−MgAl3Zn1(B)	−	−	−	−	에칭판, 인쇄판 등
7종	MP7	−	−	−	−	−	성형용, 에칭판, 인쇄판 등
9종	MP9	ISO−MgMn2Mn1	−	MAG131	−	−	성형용 등

■ 화학 성분

종류	기호	화학 성분 단위 : %(질량분율)										
		Mg	Al	Zn	Mn	Fe	Si	Cu	Ni	Ca	기타	기타 합계(1)
1종B	MP1B	나머지	2.4~3.6	0.50~1.5	0.15~1.0	0.005이하	0.10이하	0.05이하	0.005이하	0.04이하	0.05이하	0.30이하
1종C	MP1C	나머지	2.4~3.6	0.50~1.5	0.05~0.4	0.05이하	0.10이하	0.05이하	0.005이하	−	0.05이하	0.30이하
7종	MP7	나머지	1.5~2.4	0.50~1.5	0.05~0.6	0.010이하	0.10이하	0.10이하	0.005이하	−	0.05이하	0.30이하
9종	MP9	나머지	0.1이하	1.75~2.3	0.6~1.3	0.06이하	0.10이하	0.10이하	0.005이하	−	0.05이하	0.30이하

■ 기계적 성질

종류	질별기호	대응 ISO 질별	기호 및 질별기호	두께 mm	인장 시험		
					인장 강도 N/mm²	항복 강도 N/mm²	연신율 %
1종B 1종C	O	O	MP1B−O	0.5 이상 6 이하	220 이상	105 이상	11 이상
			MP1C−O	6 초과 25 이하	210 이상	105 이상	9 이상
	F	−	MP1B−F	−	−	−	−
			MP1C−F				
	H12	H×2	MP1B−H12	0.5 이상 6 이하	250 이상	160 이상	5 이상
	H22		−H22	6 초과 25 이하	220 이상	120 이상	8 이상
			MP1C−H12				
			−H22				
	H14	H×4	MP1B−H14	0.5 이상 6 이하	260 이상	200 이상	4 이상
	H24		−H24	6 초과 25 이하	250 이상	160 이상	6 이상
			MP1C−H14				
			−H24				
7종	O	−	MP7−O	0.5 이상 6 이하	190 이상	90 이상	13 이상
	F	−	MP7−F	−	−	−	−
9종	O	O	MP9−O	6 이상 25 이하	220 이상	120 이상	8 이상
	H14 H24	H×4	MP9−H14 −M24	6 이상 25 이하	250 이상	165 이상	5 이상

■ 두께, 나비 및 길이의 허용차

두께 mm	허용차 mm		
	두께	나비	길이
0.5 이상 0.75 이하	±0.05	±3	±8
0.75 초과 1.0 이하	±0.06	±3	±8
1.0 초과 2.5 이하	±0.08	±3	±8
2.5 초과 3.5 이하	±0.11	±5	±8
3.5 초과 4.5 이하	±0.15	±5	±8
4.5 초과 5.0 이하	±0.18	±5	±8
5.0 초과 6.0 이하	±0.23	±5	±8

■ 대의 나비 허용차

단위 : mm

두께	허용차			
	나비			
	150 이하	150 초과 300 이하	300 초과 600 이하	600 초과 1200 이하
0.4 초과 3.1 이하	±0.5	±0.8	±1.0	±1.5
3.1 초과 4.5 이하	±0.8	±1.0	±1.5	±2.0

■ 대의 변형량 최대치

두께 mm	허용차(길이 2000mm당)			
	나비 mm			
	15 초과 25 이하	25 초과 50 이하	50 초과 100 이하	100 초과 300 이하
0.4 초과 1.6 이하	20	15	10	7
1.6 초과 3.1 이하	–	–	10	7

3. 마그네슘합금 압출 형재 KS D 6723 : 2006

■ 종류 및 기호

종류	기호	대응 ISO 기호	상당 합금(참고)			
			ASTM	BS	DIN	NF
1종B	MS1B	ISO-MgAl3Zn1(A)	AZ31B	MAG110	3.5312	G-A3Z1
1종C	MS1C	ISO-MgAl3Zn1(B)	-	-	-	-
2종	MS2	ISO-MgAl6Zn1	AZ61A	MAG121	3.5612	G-A6Z1
3종	MS3	ISO-MgAl8Zn	AZ80A	-	3.5812	-
5종	MS5	ISO-MgZn3Zr	-	MAG151	-	-
6종	MS6	ISO-MgZn6Zr	AK60A	-	-	-
8종	MS8	ISO-MgMn2	-	-	-	-
9종	MS9	ISO-MgMn2Mn1	-	MAG131	-	-
10종	MS10	ISO-MgMn7Cul	ZC71A	-	-	-
11종	MS11	ISO-MgY5RE4Zr	WE54A	-	-	-
12종	MS12	ISO-MgY4RE3Zr	WE43A	-	-	-

■ 화학 성분

종류	기호	화학 성분 %(질량분율)														
		Mg	Al	Zn	Mn	RE	Zr	Y	Li	Fe	Si	Cu	Ni	Ca	기타	기타 합계
1종B	MS1B	나머지	2.4~3.6	0.50~1.5	0.15~1.0	-	-	-	-	0.005 이하	0.10 이하	0.05 이하	0.005 이하	0.04 이하	0.05 이하	0.30 이하
1종C	MS1C	나머지	2.4~3.6	0.5~1.5	0.05~0.4	-	-	-	-	0.05 이하	0.10 이하	0.05 이하	0.005 이하	-	0.05 이하	0.30 이하
2종	MS2	나머지	5.5~6.5	0.5~1.5	0.15~0.40	-	-	-	-	0.005 이하	0.10 이하	0.05 이하	0.005 이하	-	0.05 이하	0.30 이하
3종	MS3	나머지	7.8~9.2	0.20~0.8	0.12~0.40	-	-	-	-	0.005 이하	0.10 이하	0.05 이하	0.005 이하	-	0.05 이하	0.30 이하
5종	MS5	나머지	-	2.5~4.0	-	-	0.45~0.8	-	-	-	-	-	-	-	0.05 이하	0.30 이하
6종	MS6	나머지	-	4.8~6.2	-	-	0.45~0.8	-	-	-	-	-	-	-	0.05 이하	0.30 이하
8종	MS8	나머지	-	-	1.2~2.0	-	-	-	-	-	0.10 이하	0.05 이하	0.001 이하	-	0.05 이하	0.30 이하
9종	MS9	나머지	0.1 이하	1.75~2.3	0.6~1.3	-	-	-	-	0.06 이하	0.10 이하	0.1 이하	0.005 이하	-	0.05 이하	0.30 이하
10종	MS10	나머지	0.2 이하	6.0~7.0	0.5~1.0	-	-	-	-	0.05 이하	0.10 이하	1.0~1.5	0.001 이하	-	0.05 이하	0.30 이하
11종	MS11	나머지	-	0.20 이하	0.03 이하	1.5~4.0	0.4~1.0	4.75~5.5	0.2 이하	0.010 이하	0.01 이하	0.02 이하	0.005 이하	-	0.01 이하	0.30 이하
12종	MS12	나머지	-	0.20 이하	0.03 이하	2.4~4.4	0.4~1.0	3.7~4.3	0.2 이하	0.010 이하	0.01 이하	0.02 이하	0.005 이하	-	0.01 이하	0.30 이하

■ 형재의 기계적 성질

종류	질별	대응 ISO 질별	기호 및 질별기호	두께 mm	인장 시험		
					인장 강도 N/mm^2	항복 강도 N/mm^2	연신율 %
1종B	F	F	MS1B-F	1 이상 10 이하	220 이상	140 이상	10 이상
1종C			MS1C-F	10 초과 65 이하	240 이상	150 이상	10 이상
2종	F	F	MS2-F	1 이상 10 이하	260 이상	160 이상	6 이상
				10 초과 40 이하	270 이상	180 이상	10 이상
				40 초과 65 이하	260 이상	160 이상	10 이상
3종	F	F	MS3-F	40 이하	295 이상	195 이상	10 이상
				40 초과 60 이하	295 이상	195 이상	8 이상
				60 초과 130 이하	290 이상	185 이상	8 이상
	T5	T5	MS3-T5	6 이하	325 이상	205 이상	4 이상
				6 초과 60 이하	330 이상	230 이상	4 이상
				60 초과 130 이하	310 이상	205 이상	2 이상
5종	F	F	MS5-F	10 이하	280 이상	200 이상	8 이상
				10초과 100 이하	300 이상	255 이상	8 이상
	T5	T5	MS5-T5	단면의 모든 치수	275 이상	255 이상	4 이상
6종	F	F	MS6-F	50 이하	300 이상	210 이상	5 이상
	T5	T5	MS6-T5	50 이하	310 이상	230 이상	5 이상
8종	F	F	MS8-F	10 이하	230 이상	120 이상	3 이상
				10 초과 50 이하	230 이상	120 이상	3 이상
				50 초과 100 이하	200 이상	120 이상	3 이상
9종	F	F	MS9-F	10 이하	230 이상	150 이상	8 이상
				10 초과 75 이하	245 이상	160 이상	10 이상
10종	F	F	MS10-F	10 초과 130 이하	250 이상	160 이상	7 이상
	T6	T6	MS10-T6	10 초과 130 이하	325 이상	300 이상	3 이상
11종	T5	T5	MS11-T5	10 이상 50 이하	250 이상	170 이상	8 이상
				50 초과 100 이하	250 이상	160 이상	6 이상
	T6	T6	MS11-T6	10 이상 50 이하	250 이상	160 이상	8 이상
				50 초과 100 이하	250 이상	160 이상	6 이상
12종	T5	T5	MS12-T5	10 이상 50 이하	230 이상	140 이상	5 이상
				50 초과 100 이하	220 이상	130 이상	5 이상
	T6	T6	MS12-T6	10 이상 50 이하	220 이상	130 이상	8 이상
				50 초과 100 이하	220 이상	130 이상	6 이상

■ 중공 형재의 기계적 성질

종류	질별	대응 ISO 질별	기호 및 질별	두께 mm	인장 시험		
					인장강도 N/mm^2	항복강도 N/mm^2	연신율 %
1종B 1종C	F	F	MS1B−F MS1C−F	1 이상 10 이하	220 이상	140 이상	10 이상
2종	F	F	MS2−F	1 이상 10 이하	260 이상	150 이상	10 이상
3종	F	F	MS3−F	10 이하	295 이상	195 이상	7 이상
5종	T5	T5	MS5−T5	단면의 모든 치수	275 이상	225 이상	4 이상
6종	F	F	MS6−F	단면의 모든 치수	275 이상	195 이상	5 이상
	T5	T5	MS6−T5	단면의 모든 치수	315 이상	260 이상	4 이상
8종	F	F	MS8−F	2 이하	225 이상	165 이상	2 이상
				2 초과	200 이상	145 이상	1.5 이상
9종	F	F	MS9−F	10 이하	230 이상	150 이상	8 이상
				10 초과 75 이하	245 이상	160 이상	10 이상

■ 웨이브 높이 및 플랜지 나비의 허용차

단위 : %

치수	허용차
3미만	± 0.35
3이상 6미만	± 0.45
6이상 10미만	± 0.6
10이상 25미만	± 0.8
25이상 50미만	± 1.0
50이상 100미만	± 1.5
100이상 150미만	± 2.0
150이상	± 2.5

■ 각도의 허용차

단위 : 도

치수	허용차
5미만	± 2.5
5이상 19미만	± 2.0
19이상	± 1.5

■ 두께의 허용차

단위 : mm

두께	허용차
5미만	± 0.35
5이상 6미만	± 0.45
6이상 10미만	± 0.6
10이상	± 0.7

4. 마그네슘합금 봉 KS D 6724 : 2006

■ 종류 및 기호

종류	기호	대응 ISO 기호	상당 합금			
			ASTM	BS	DIN	NF
1종B	MB1B	ISO−MgAl3Zn1(A)	AZ31B	MAG110	3.5312	G−A3Z1
1종C	MB1C	ISO−MgAl3Zn1(B)	−	−	−	−
2종	MB2	ISO−MgAl6Zn1	AZ61A	MAG121	3.5612	G−A6Z1
3종	MB3	ISO−MgAl8Zn	AZ80A	−	3.5812	−
5종	MB5	ISO−MgZn3Zr	−	MAG151	−	−
6종	MB6	ISO−MgZn6Zr	ZK60A	−	−	−
8종	MB8	ISO−MgMn2	−	−	−	−
9종	MB9	ISO−MgZn2Mn1	−	MAG131	−	−
10종	MB10	ISO−MgZn7Cul	ZC71A	−	−	−
11종	MB11	ISO−MgY5RE4Zr	WE54A	−	−	−
12종	MB12	ISO−MgY4RE3Zr	WE43A	−	−	−

■ 화학 성분

종류	기호	화학 성분 %(질량분율)														
		Mg	Al	Zn	Mn	RE	Zr	Y	Li	Fe	Si	Cu	Ni	Ca	기타	기타 합계
1B종	MB1B	나머지	2.4~3.6	0.50~1.5	0.15~1.0	−	−	−	−	0.005 이하	0.10 이하	0.05 이하	0.005 이하	0.04 이하	0.05 이하	0.30 이하
1C종	MB1C	나머지	2.4~3.6	0.5~1.5	0.05~0.4	−	−	−	−	0.05 이하	0.10 이하	0.05 이하	0.005 이하	−	0.05 이하	0.30 이하
2종	MB2	나머지	5.5~6.5	0.5~1.5	0.15~0.40	−	−	−	−	0.005 이하	0.10 이하	0.05 이하	0.005 이하	−	0.05 이하	0.30 이하
3종	MB3	나머지	7.8~9.2	0.20~0.8	0.12~0.40	−	−	−	−	0.005 이하	0.10 이하	0.05 이하	0.005 이하	−	0.05 이하	0.30 이하
5종	MB5	나머지	−	2.5~4.0	−	−	0.45~0.8	−	−	−	−	−	−	−	0.05 이하	0.30 이하
6종	MB6	나머지	−	4.8~6.2	−	−	0.45~0.8	−	−	−	−	−	−	−	0.05 이하	0.30 이하
8종	MB8	나머지	−	−	1.2~2.0	−	−	−	−	−	0.10 이하	0.05 이하	0.001 이하	−	0.05 이하	0.30 이하
9종	MB9	나머지	0.1 이하	1.75~2.3	0.6~1.3	−	−	−	−	0.06 이하	0.10 이하	0.1 이하	0.005 이하	−	0.05 이하	0.30 이하
10종	MB10	나머지	0.2 이하	6.0~7.0	0.5~1.0	−	−	−	−	0.05 이하	0.10 이하	1.0~1.5	0.01 이하	−	0.05 이하	0.30 이하
11종	MB11	나머지	−	0.20 이하	0.03 이하	1.5~4.0	0.4~1.0	4.75~5.5	0.2 이하	0.010 이하	0.01 이하	0.02 이하	0.005 이하	−	0.01 이하	0.30 이하
12종	MB12	나머지	−	0.20 이하	0.03 이하	2.4~4.4	0.4~1.0	3.7~4.3	0.2 이하	0.010 이하	0.01 이하	0.02 이하	0.005 이하	−	0.01 이하	0.30 이하

■ 기계적 성질

종류	질별	대응 ISO 질별	기호 및 질별	지름 mm	인장 시험		
					인장 강도 N/mm²	항복 강도 N/mm²	연신율 %
1B종	F	F	MB1B-F	1 이상 10 이하	220 이상	140 이상	10 이상
1C종			MB1C-F	10 초과 65 이하	240 이상	150 이상	10 이상
2종	F	F	MB2-F	1 이상 10 이하	260 이상	160 이상	6 이상
				10 초과 40 이하	270 이상	180 이상	10 이상
				40 초과 65 이하	260 이상	160 이상	10 이상
3종	F	F	MB3-F	40 이하	295 이상	195 이상	10 이상
				40 초과 60 이하	295 이상	195 이상	8 이상
				60 초과 130 이하	290 이상	185 이상	8 이상
	T5	T5	MB3-T5	6 이하	325 이상	205 이상	4 이상
				6 초과 60 이하	330 이상	230 이상	4 이상
				60 초과 130 이하	310 이상	205 이상	2 이상
5종	F	F	MB5-F	10 이하	280 이상	200 이상	8 이상
				10초과 100 이하	300 이상	225 이상	8 이상
	T5	T5	MB5-T5	전단면 치수	275 이상	255 이상	4 이상
6종	F	F	MB6-F	50 이하	300 이상	210 이상	5 이상
	T5	T5	MB6-T5	50 이하	310 이상	230 이상	5 이상
8종	F	F	MB8-F	10 이하	230 이상	120 이상	3 이상
				10 초과 50 이하	230 이상	120 이상	3 이상
				50 초과 100 이하	200 이상	120 이상	3 이상
9종	F	F	MB9-F	10 이하	230 이상	150 이상	8 이상
				10 초과 75 이하	245 이상	160 이상	10 이상
10종	F	F	MB10-F	10 이상 130 이하	250 이상	160 이상	7 이상
	T6	T6	MB10-T6	10 이상 130 이하	325 이상	300 이상	3 이상
11종	T5	T5	MB11-T5	10 이상 50 이하	250 이상	170 이상	8 이상
				50 초과 100 이하	250 이상	160 이상	6 이상
	T6	T6	MB11-T6	10 이상 50 이하	250 이상	160 이상	8 이상
				50 초과 100 이하	250 이상	160 이상	6 이상
12종	T5	T5	MB12-T5	10 이상 50 이하	230 이상	140 이상	5 이상
				50 초과 100 이하	220 이상	130 이상	5 이상
	T6	T6	MB12-T6	10 이상 50 이하	220 이상	130 이상	8 이상
				50 초과 100 이하	220 이상	130 이상	6 이상

7-4 납 및 납합금의 전신재

1. 납 및 경납판 KS D 5512 : 2010

■ 판의 종류 및 기호

종류	기호	참고
		특색 및 용도
납판	PbP-1	두께 1.0mm 이상 6.0mm 이하의 순납판으로 가공성이 풍부하고 내식성이 우수하며 건축, 화학, 원자력 공업용 등 광범위의 사용에 적합하고, 인장강도 10.5N/mm², 연신율 60% 정도이다.
얇은 납판	PbP-2	두께 0.3mm 이상 1.0mm 미만의 순납판으로 유연성이 우수하고 주로 건축용(지붕, 벽)에 적합하며, 인장강도 10.5N/mm², 연신율 60% 정도이다.
텔루르 납판	TPbP	텔루르를 미량 첨가한 입자분산강화 합금 납판으로 내크리프성이 우수하고 고온(100~150℃)에서의 사용이 가능하고, 화학공업용에 적합하며, 인장강도 20.5N/mm², 연신율 50% 정도이다.
경납판 4종	HPbP4	안티몬을 4% 첨가한 합금 납판으로 상온에서 120℃의 사용영역에서는 납합금으로서 고강도 · 고경도를 나타내며, 화학공업용 장치류 및 일반용의 경도를 필요로 하는 분야에 대한 적용이 가능하며, 인장강도 25.5N/mm², 연신율 50% 정도이다.
경납판 6종	HPbP6	안티몬을 6% 첨가한 합금 납판으로 상온에서 120℃의 사용영역에서는 납합금으로서 고강도 · 고경도를 나타내며, 화학공업용 장치류 및 일반용의 경도를 필요로 하는 분야에 대한 적용이 가능하며, 인장강도 28.5N/mm², 연신율 50% 정도이다.

■ 납판의 화학성분

종류	기호	화학 성분 (% 질량분율)								
		Pb	Sb	Sn	Cu	Ag	As	Zn	Fe	Bi
납판	PbP	99.9 이상	합계 0.10 이하							

■ 경납판 4종 및 6종의 화학성분

종류	기호	화학 성분 %		
		Pb	Sb	Sb, Sn, Cu, Ag, A,s, Zn, Fe, Bi
경납판 4종	HPbP4	95.1 이상	3.50~4.50	합계 0.40 이하
경납판 6종	HPbP6	93.1 이상	5.50~6.50	

2. DM 납판 KS D 5592 : 1995

■ 종류 및 기호

종류	기호	특색 및 용도
DM 납판	PbP-DM	두께 0.3mm 이상, 2.0mm 이하의 순수한 납판이고 유연성이 우수하며 주로 건축 및 설비의 방음과 진동방지에 적용된다. 기계적 성질은 두께 0.3mm인 경우, 인장강도 10.5N/mm², 연신율 20% 정도로 되어 있다.

■ DM 납판의 화학 성분

단위 : %

Pb	Ag	Cu	As	Sb+Sn	Zn	Fe	Bi
99.95 이상	0.002 이하	0.005 이하	0.005 이하	0.010 이하	0.002 이하	0.005 이하	0.050 이하

3. 일반 공업용 납 및 납합금 관 KS D 6702 : 2016

■ 관의 종류 및 기호

종류	기호	참고
		특색 및 용도
공업용 납관 1종	PbT-1	납이 99.9%이상인 납관으로 살두께가 두껍고, 화학 공업용에 적합하고 인장 강도 10.5N/mm^2, 연신율 60% 정도이다.
공업용 납관 2종	PbT-2	납이 99.60%이상인 납관으로 내식성이 좋고, 가공성이 우수하고 살두께가 얇고 일반 배수용에 적합하며 인장 강도 11.7N/mm^2, 연신율 55% 정도이다.
텔루륨 납관	TPbT	텔루륨을 미량 첨가한 입자 분산 강화 합금 납관으로 살두께는 공업용 납관 1종과 같은 납관. 내크리프성이 우수하고 고온(100~150℃)에서의 사용이 가능하고, 화학공업용에 적합하며, 인장강도 20.5N/mm^2, 연신율 50% 정도이다.
경연관 4종	HPbT4	안티몬을 4% 첨가한 합금 납관으로 상온에서 120℃의 사용영역에서는 납합금으로서 고강도 · 고경도를 나타내며, 화학공업용 장치류 및 일반용의 경도를 필요로 하는 분야의 적용이 가능하고, 인장강도 25.5N/mm^2, 연신율 50% 정도이다.
경연관 6종	HPbT6	안티몬을 6% 첨가한 합금 납관으로 상온에서 120℃의 사용영역에서는 납합금으로서 고강도 · 고경도를 나타내며, 화학공업용 장치류 및 일반용의 경도를 필요로 하는 분야의 적용이 가능하고, 인장강도 28.5N/mm^2, 연신율 50% 정도이다.

■ 공업용 납관 1종, 2종 및 텔루륨 납관의 화학성분

종류	기호	화학 성분 (% 질량분율)									
		Pb	Te	Sb	Sn	Cu	Ag	As	Zn	Fe	Bi
공업용 납관 1종	PbT-1	나머지	0.0005 이하	합계 0.10 이하							
공업용 납관 2종	PbT-2			합계 0.40 이하							
텔루륨 납관	TPbT		0.015~0.025	합계 0.02 이하							

■ 경연관 4종 및 6종의 화학성분

종류	기호	화학 성분 (% 질량분율)		
		Pb	Sb	Sn, Cu, 그 밖의 불순물
경연관 4종	HPbT4	나머지	3.50~4.50	합계 0.40 이하
경연관 6종	HPbT6		5.50~6.50	

7-5 니켈 및 니켈합금 전신재

1. 이음매 없는 니켈 동합금 관 KS D 5539 : 2002(2017 확인)

■ 관의 종류 및 기호

<table>
<tr><th colspan="2">종류 및 기호</th><th colspan="3">참 고</th></tr>
<tr><th rowspan="2">합금 번호</th><th rowspan="2">합금 기호</th><th colspan="2">종류 및 기호</th><th rowspan="2">용도 보기</th></tr>
<tr><th>종 류</th><th>기 호</th></tr>
<tr><td>NW4400</td><td>NiCu30</td><td>니켈 동합금 관</td><td>NCuP</td><td rowspan="2">내식성, 내산성이 좋다.
강도가 높고 고온의 사용에 적합하다.
급수 가열기, 화학 공업용 등</td></tr>
<tr><td>NW4402</td><td>NiCu30 · LC</td><td></td><td></td></tr>
</table>

■ 화학성분

<table>
<tr><th colspan="2">종류 및 기호</th><th colspan="7">화학 성분 %</th><th rowspan="2">밀도
g/m³</th></tr>
<tr><th>합금 번호</th><th>합금 기호</th><th>C</th><th>Cu</th><th>Fe</th><th>Mn</th><th>Ni</th><th>S</th><th>Si</th></tr>
<tr><td>NW4400</td><td>NiCu30</td><td>0.30</td><td>28.0
34.0</td><td>2.5</td><td>2.0</td><td>63.0</td><td>0.025</td><td>0.5</td><td>8.8</td></tr>
<tr><td>NW4402</td><td>NiCu30 · LC</td><td>0.04</td><td>28.0
34.0</td><td>2.5</td><td>2.0</td><td>63.0</td><td>0.025</td><td>0.5</td><td>8.8</td></tr>
</table>

■ 기계적 성질

<table>
<tr><th colspan="2">종류 및 기호</th><th rowspan="2">질 별</th><th rowspan="2">바깥지름
mm</th><th rowspan="2">인장강도
N/mm²</th><th rowspan="2">항복강도
N/mm²</th><th rowspan="2">연신율
%</th><th rowspan="2">허용 응력
(Rf)
N/mm²</th></tr>
<tr><th>합금 번호</th><th>합금 기호</th></tr>
<tr><td rowspan="4">NW4400</td><td rowspan="4">NiCu30</td><td rowspan="2">냉간 가공 후 소둔</td><td>125 이하</td><td>480 이상</td><td>190 이상</td><td>35 이상</td><td>120</td></tr>
<tr><td>125 초과</td><td>480 이상</td><td>170 이상</td><td>35 이상</td><td>113</td></tr>
<tr><td>냉간 가공 후 응력 제거 소둔</td><td>전 부</td><td>590 이상</td><td>380 이상</td><td>15 이상</td><td>148</td></tr>
<tr><td>열간 가공 후 소둔</td><td>전 부</td><td>450 이상</td><td>155 이상</td><td>30 이상</td><td>103</td></tr>
<tr><td>NW4402</td><td>NiCu30 · LC</td><td>냉간 가공 후 소둔</td><td>전 부</td><td>430 이상</td><td>160 이상</td><td>35 이상</td><td>107</td></tr>
</table>

2. 니켈 및 니켈합금 판 및 조 KS D 5546 : 2002(2017 확인)

■ 종류 및 기호

종류 및 기호		참고		
합금 번호	합금 기호	종류 및 기호		사용예
		종류	기호	
NW2200	Ni99.0	탄소 니켈 판	NNCP	수산화나트륨 제조 장치, 전기 전자 부품 등
NW2201	Ni99.0 LC	저탄소 니켈 판	NLCP	
NW4400	NiCu30	니켈-동합금 판 니켈-동합금 조	NCuP NCuR	해수 담수화 장치, 제염 장치, 원유 증류탑 등
NW4402	NiCu30 LC	-	-	
NW5500	NiCu30A13Ti	니켈-동-알루미늄-티탄합금 판	NCuATP	해수 담수화 장치, 제염 장치, 원유 증류탑 등에서 고강도를 필요로 하는 기기재 등
NW0001	NiMo30Fe5	니켈-몰리브덴합금 1종 판	NM1P	염산 제조 장치, 요소 제조 장치, 에틸렌글리콜 이나 크로로프렌 단량체 제조 장치 등
NW0665	NiMo28	니켈-몰리브덴합금 2종 판	NM2P	
NW0276	NiMo16Cr15Fe6W4	니켈-몰리브덴- 크롬합금 판	NMCrP	산 세척 장치, 공해 방지 장치, 석유화학 산업 장치, 합성 섬유 산업 장치 등
NW6455	NiCr16Mo16Ti	-	-	
NW6022	NiCr21Mo13Fe4W3	-	-	
NW6007	NiCr22Fe20Mo6Cu2Nb	니켈-크롬-철-몰리브덴-동합금 1종 판	NCrFMCu1P	인산 제조 장치, 플루오르산 제조 장치, 공해 방지 장치 등
NW6985	NiCr22Fe20Mo7Cu2	니켈-크롬-철-몰리브덴-동합금 2종 판	NCrFMCu2P	
NW6002	NiCr21Fe18Mo9	니켈-크롬-몰리브덴-철합금 판	NCrMFP	공업용로, 가스터빈 등

3. 니켈 및 니켈합금의 선과 인발 소재 KS D 5587(폐지)

■ 종류 및 기호

종류 및 기호		참 고		
합금 번호	합금 기호	종래의 종류 및 기호 (KS D 5587 : 992)		용도의 예
		종 류	기호	
NW 2200	Ni99.0	-	-	수산화나트륨 제조 장치, 식품 제조 장치, 약품 제조 장치, 전자, 전기 부품 등
NW 2201	Ni99.0-LC	-	-	해수 담수화 장치, 제염 장치, 원유 증류탑 등
NW 4400	NiCu30	니켈-구리 합금선	NCuW	해수 담수화 장치, 제염 장치, 원유 증류탑 등에서 강도를 필요로 하는 볼트, 스프링 등
NW 5500	NiCu30Al3Ti	니켈-구리-알루미늄-티탄 합금 선	NCuATW	
NW 0001	NiMo30Fe5	-	-	염산 제조 장치, 요소 제조 장치, 에틸렌글리콜이나 클로로프렌모노머 제조 장치 등
NW 0665	NiMo28	-	-	
NW 0276	NiMo16Cr15Fe6W4	-	-	산 세척 장치, 공해 방지 장치, 석유 화학, 합성 섬유 산업 장치 등
NW 6455	NiCr16Mo16Ti	-	-	
NW 6022	NiCr21Mo13Fe4W3	-	-	
NW 6007	NiCr22Fe20Mo6Cu2Nb	-	-	인산 제조 장치, 플루오르화수소산 제조 장치, 공해 방지 장치
NW 6985	NiCr22Fe20Mo7Cu2	-	-	
NW 6002	NiCr2Fe18Mo9	-	-	공업용 노, 가스 터빈

4. 듀멧선 KS D 5603(폐지)

■ 종류 및 기호

종류	기호	참고 용도의 예
선1종 1	DW1－1	전자관, 전구, 방전램프 등의 관구류
선1종 2	DW1－2	
선2종	DW2	다이오드, 서미스터 등의 반도체 장비류

■ 심재의 화학 성분

종류	기호	심재의 화학 성분 %(m/m)						
		Ni	C	Mn	Si	S	P	Fe
선1종 1	DW1－1	41.0~43.0	0.10 이하	0.75~1.25	0.30 이하	0.02 이하	0.02 이하	나머지
선1종 2	DW1－2							
선2종	DW2	46.0~48.0	0.10 이하	0.20~1.25	0.30 이하	0.02 이하	0.02 이하	나머지

■ 구리 함유율

종류	기호	구리 함유율 %(m/m)	참고 평균 선팽창 계수(x10^{-7}/℃)	
			축방향	반지름 방향
선1종 1	DW1－1	20~25	55~65	79~86
선1종 2	DW1－2	23~28	55~65	83~89
선2종	DW2	13~20	80~95	90~97

■ 기계적 성질

종류	질별	기호	인장강도 N/mm^2	연신율 %
선1종 1	O1	DW1－1－O1	640 이상	15 이상
	O2	DW1－1－O2		20 이상
선1종 2	O1	DW1－2－O1		15 이상
	O2	DW1－2－O2		20 이상
선2종	O1	DW2－O1		15 이상
	O2	DW2－O2		20 이상

■ 선지름의 허용차

단위 : mm

선지름	허용차
0.40 이하	±0.010
0.40 초과 0.60 이하	±0.020
0.60 초과	±0.025

■ 다듬질

명칭	기호	내용
보레이트 다듬질	P	아산화구리층과 붕사층을 형성한다.
옥시다이즈 다듬질	Q	아산화구리층만을 형성한다.

7-6 티타늄 및 티타늄합금 전신재

1. 티탄 팔라듐 합금 선 KS D 3851 : 1993(2013 확인)

■ 종류 및 기호

종류	기호	참고
		특색 및 용도보기
11종	TW 270 Pd	내식성, 특히 틈새 내식성이 좋다. 화학장치, 석유정제 장치, 펄프제지 공업장치 등.
12종	TW 340 Pd	
13종	TW 480 Pd	

■ 화학 성분

종류	화학성분 %					
	H	O	N	Fe	Pd	Ti
11종	0.015 이하	0.15 이하	0.05 이하	0.20 이하	0.12~0.25	나머지
12종	0.015 이하	0.20 이하	0.05 이하	0.25 이하	0.12~0.25	나머지
13종	0.015 이하	0.30 이하	0.07 이하	0.30 이하	0.12~0.25	나머지

■ 기계적 성질

종류	지름 mm	인장 시험	
		인장강도 N/mm^2	연신율 %
11종	1 이상 8 미만	270~410	15 이상
12종		340~510	13 이상
13종		480~620	11 이상

■ 지름의 허용차

단위 : mm

지름	허용차
1 이상 2 미만	±0.04
2 이상 3 미만	±0.06
3 이상 5 미만	±0.08
5 이상 8 미만	±0.10

2. 티타늄 및 티타늄합금-이음매 없는 관 KS D 5574 : 2010

■ 종류, 마무리 방법, 열처리 및 기호

종류	다듬질 방법	기호	특색 및 용도 보기(참고)
1종	열간 압연	TTP 270 H	공업용 순수 티타늄 내식성이 우수하고, 특히 내해수성이 좋다. 화학 장치, 석유 정제 장치, 펄프 제지 공업 장치 등에 사용한다.
	냉간 압연	TTP 270 C	
2종	열간 압연	TTP 340 H	
	냉간 압연	TTP 340 C	
3종	열간 압연	TTP 480 H	
	냉간 압연	TTP 480 C	
4종	열간 압연	TTP 550 H	
	냉간 압연	TTP 550 C	
11종	열간 압연	TTP 270 Pd H	내식 티타늄 합금 내식성이 우수하고, 특히 내마모 부식성이 좋다. 화학 장치, 석유 정제 장치, 펄프 제지 공업 장치 등에 사용한다.
	냉간 압연	TTP 270 Pd C	
12종	열간 압연	TTP 340 Pd H	
	냉간 압연	TTP 340 Pd C	
13종	열간 압연	TTP 480 Pd H	
	냉간 압연	TTP 480 Pd C	
14종	열간 압연	TTP 345 NPRC H	
	냉간 압연	TTP 345 NPRC C	
15종	열간 압연	TTP 450 NPRC H	
	냉간 압연	TTP 450 NPRC C	
16종	열간 압연	TTP 343 Ta H	
	냉간 압연	TTP 343 Ta C	
17종	열간 압연	TTP 240 Pd H	
	냉간 압연	TTP 240 Pd C	
18종	열간 압연	TTP 345 Pd H	
	냉간 압연	TTP 345 Pd C	
19종	열간 압연	TTP 345 PCo H	
	냉간 압연	TTP 345 PCo C	
20종	열간 압연	TTP 450 PCo H	
	냉간 압연	TTP 450 PCo C	
21종	열간 압연	TTP 275 RN H	
	냉간 압연	TTP 275 RN C	
22종	열간 압연	TTP 410 RN H	
	냉간 압연	TTP 410 RN C	
23종	열간 압연	TTP 483 RN H	
	냉간 압연	TTP 483 RN C	
50종	열간 압연	TATP 1500 H	α합금(Ti-1.5Al) 내식성이 우수하고, 특히 내해수성이 좋다. 내수소 흡수성 및 내열성이 좋다. 이륜차, 머플러 등에 사용한다.
	냉간 압연	TATP 1500 C	
61종	열간 압연	TAT 3250 L	α-β합금(Ti-3Al-2.5V) 티타늄 합금 중에서는 가공성이 좋아 자전거 부품, 내압 배관 등에 사용한다.
		TAT 3250 F	
	냉간 압연	TAT 3250 CL	
		TAT 3250 CF	

3. 열 교환기용 티타늄 및 티타늄 합금 관 KS D 5575 : 2009

■ 종류, 제조 방법, 마무리 방법 및 기호

종류	제조 방법	마무리 방법	기호	참고
				특징 및 용도 예
1종	이음매 없는 관	냉간 가공	TTH 270 C	내식성, 특히 내해수성이 좋다. 화학 장치, 석유 정제 장치, 펄프 제지 공업 장치, 발전설비, 해수 담수화 장치 등
	용접관	용접한 그대로	TTH 270 W	
		냉간 가공	TTH 270 WC	
2종	이음매 없는 관	냉간 가공	TTH 340 C	
	용접관	용접한 그대로	TTH 340 W	
		냉간 가공	TTH 340 WC	
3종	이음매 없는 관	냉간 가공	TTH 480 C	
	용접관	용접한 그대로	TTH 480 W	
		냉간 가공	TTH 480 WC	
11종	이음매 없는 관	냉간 가공	TTH 270 Pd C	
	용접관	용접한 그대로	TTH 270 Pd W	
		냉간 가공	TTH 270 Pd WC	
12종	이음매 없는 관	냉간 가공	TTH 340 Pd C	내식성, 특히 틈새 부식성이 좋다. 화학 장치, 석유 정제 장치, 펄프 제지 공업 장치, 발전 설비 해수 담수화 장치 등.
	용접관	용접한 그대로	TTH 340 Pd W	
		냉간 가공	TTH 340 Pd WC	
13종	이음매 없는 관	냉간 가공	TTH 480 Pd C	
	용접관	용접한 그대로	TTH 480 Pd W	
		냉간 가공	TTH 480 Pd WC	
14종	이음매 없는 관	냉간 가공	TTH 345 NPRC C	
	용접관	용접한 그대로	TTH 345 NPRC W	
		냉간 가공	TTH 345 NPRC WC	
15종	이음매 없는 관	냉간 가공	TTH 450 NPRC C	
	용접관	용접한 그대로	TTH 450 NPRC W	
		냉간 가공	TTH 450 NPRC WC	
16종	이음매 없는 관	냉간 가공	TTH 343 Ta C	
	용접관	용접한 그대로	TTH 343 Ta W	
		냉간 가공	TTH 343 Ta WC	
17종	이음매 없는 관	냉간 가공	TTH 240 Pd C	
	용접관	용접한 그대로	TTH 240 Pd W	
		냉간 가공	TTH 240 Pd WC	
18종	이음매 없는 관	냉간 가공	TTH 345 Pd C	
	용접관	용접한 그대로	TTH 345 Pd W	
		냉간 가공	TTH 345 Pd WC	
19종	이음매 없는 관	냉간 가공	TTH 345 PCo C	
	용접관	용접한 그대로	TTH 345 PCo W	
		냉간 가공	TTH 345 PCo WC	
20종	이음매 없는 관	냉간 가공	TTH 450 PCo C	
	용접관	용접한 그대로	TTH 450 PCo W	
		냉간 가공	TTH 450 PCo WC	

종류	제조 방법	마무리 방법	기호	참고
				특징 및 용도 예
21종	이음매 없는 관	냉간 가공	TTH 275 RN C	내식성, 특히 틈새 부식성이 좋다. 화학 장치, 석유 정제 장치, 펄프 제지 공업 장치, 발전 설비 해수 담수화 장치 등.
	용접관	용접한 그대로	TTH 275 RN W	
		냉간 가공	TTH 275 RN WC	
22종	이음매 없는 관	냉간 가공	TTH 410 RN C	
	용접관	용접한 그대로	TTH 410 RN W	
		냉간 가공	TTH 410 RN WC	
23종	이음매 없는 관	냉간 가공	TTH 483 RN C	
	용접관	용접한 그대로	TTH 483 RN W	
		냉간 가공	TTH 483 RN WC	
50종	이음매 없는 관	냉간 가공	TATH 1500 Al C	내식성, 특히 내해수성이 좋다. 내수소흡수성, 내열성이 좋다.
	용접관	용접한 그대로	TATH 1500 Al W	
		냉간 가공	TATH 1500 Al WC	

4. 티타늄 및 티타늄 합금 - 선 KS D 5576 : 2009

■ 종류 및 기호

종류	기호	참고
		특징 및 용도 보기
1종	TW 270	공업용 순 티타늄 내식성, 특히 내해수성이 좋다. 화학 장치, 석유 정제 장치, 펄프 제지 공업 장치 등
2종	TW 340	
3종	TW 480	
11종	TW 270 Pd	내식 티타늄합금 내식성, 특히 내틈새부식성이 좋다. 화학 장치, 석유 정제 장치, 펄프 제지 공업 장치 등
12종	TW 340 Pd	
13종	TW 480 Pd	
14종	TW 345 NPRC	
15종	TW 450 NPRC	
16종	TW 343 Ta	
17종	TW 240 Pd	
18종	TW 345 Pd	
19종	TW 345 PCo	
20V	TW 450 PCo	
21종	TW 275 RN	
22종	TW 410 RN	
23종	TW 483 RN	
50종	TAW 1500	α합금(Ti－1.5Al) 내식성, 특히 내해수성이 우수하다. 내수소 흡수성 및 내열성이 좋다. 이륜차의 머플러 등
61종	TAW 3250	$\alpha-\beta$합금(Ti－3Al－2.5V) 중강도로 내식성, 열간 가공성이 우수하고, 절삭성이 좋다. 자동차 부품, 의료 재료, 레저 용품, 안경 프레임용 등
61F종	TAW 3250F	$\alpha-\beta$합금(절삭성이 좋은 Ti－3Al－2.5V) 중강도로 내식성, 열간 가공성이 우수하고, 절삭성이 좋다. 자동차 부품, 의료 재료, 레저 용품 등
80종	TAW 4220	β합금(Ti－4Al－22V) 고강도로 내식성이 우수하고 냉간 가공성이 좋다. 자동차 부품, 레저 용품 등

5. 티타늄 및 티타늄 합금 – 단조품 KS D 5591(폐지)

■ 종류 및 기호

종류	기호	참고
		특징 및 용도 보기
1종	TF 270	공업용 순수 티타늄 내식성, 특히 내해수성이 좋다. 화학 장치, 석유 정제 장치, 펄프 제지 공업 장치 등
2종	TF 340	
3종	TF 480	
4종	TF 550	
11종	TF 270 Pd	내식 티타늄 합금 내식성, 특히 내틈새부식성이 좋다. 화학 장치, 석유 정제 장치, 펄프 제지 공업 장치 등
12종	TF 340 Pd	
13종	TF 480 Pd	
14종	TF 345 NPRC	
15종	TF 450 NPRC	
16종	TF 343 Ta	
17종	TF 240 Pd	
18종	TF 345 Pd	
19종	TF 345 PCo	
20종	TF 450 PCo	
21종	TF 275 RN	
22종	TF 410 RN	
23종	TF 483 RN	
50종	TAF 1500	α합금(Ti−1.5Al) 내식성이 우수하고 특히 내해수성이 우수하다. 내수소 흡수성 및 내열성이 좋다. 예를 들면, 이륜차 머플러 등
60종	TAF 6400	α−β합금(Ti−6Al−4V) 고강도로 내식성이 좋다. 화학 공업, 기계 공업, 수송 기기 등의 구조재. 예를 들면, 대형 증기 터빈 날개, 선박용 스크루, 자동차용 부품, 의료 재료 등
60E종	TAF 6400E	α−β합금(Ti−6Al−4V ELI) 고강도로 내식성이 우수하고 극저온까지 인성을 유지한다. 저온, 극저온에서도 사용할 수 있는 구조재. 예를 들면, 유인 심해 조사선의 내압 용기, 의료 재료 등
61종	TAF 3250	α−β합금(Ti−3Al−2.5V) 중강도로 내식성, 용접성, 성형성이 좋다. 냉간 가공이 우수하다. 예를 들면, 의료 재료, 레저용품 등
61F종	TAF 3250F	α−β합금(절삭성이 좋다. Ti−3Al−2.5V) 중강도로 내식성, 절삭 가공성이 좋다. 자동차 부품, 레저 용품 등 예를 들면, 자동차 엔진, 콘로드, 너트 등
80종	TAF 8000	β합금(Ti−4Al−22V) 고강도로 내식성이 우수하고 냉간 가공성이 좋다. 자동차 부품, 레저 용품 등 예를 들면, 자동차 엔진용 리테너, 스프링, 볼트, 너트, 골프 클럽의 헤드 등

6. 티타늄 및 티타늄 합금 – 봉 KS D 5604 : 2009

■ 종류, 가공 방법 및 기호

종류	기호	참고 특징 및 용도 보기
1종	TB 270 H	공업용 티타늄 내식성, 특히 내해수성이 좋다. 화학 장치, 석유 정제 장치, 펄프 제지 공업 장치 등
	TB 270 C	
2종	TB 340 H	
	TB 340 C	
3종	TB 480 H	
	TB 480 C	
4종	TB 550 H	
	TB 550 C	
11종	TB 270 Pd H	내식 티타늄 내식성, 특히 내틈새부식성이 좋다. 화학 장치, 석유 정제 장치, 펄프 제지 공업 장치 등
	TB 270 Pd C	
12종	TB 340 Pd H	
	TB 340 Pd C	
13종	TB 480 Pd H	
	TB 480 Pd C	
14종	TB 345 NPRC H	
	TB 345 NPRC C	
15종	TB 450 NPRC H	
	TB 450 NPRC C	
16종	TB 343 Ta H	
	TB 343 Ta C	
17종	TB 240 Pd H	
	TB 240 Pd C	
18종	TB 345 Pd H	
	TB 345 Pd C	
19종	TB 345 PCo H	
	TB 345 PCo C	
20종	TB 450 PCo H	
	TB 450 PCo C	
21종	TB 275 RN H	
	TB 275 RN C	
22종	TB 410 RN H	
	TB 410 RN C	
23종	TB 483 RN H	
	TB 483 RN C	
50종	TAB 1500 H	α합금(Ti－1.5Al) 내식성이 우수하고 특히 내해수성이 우수하다. 내수소 흡수성 및 내열성이 좋다. 이륜차 머플러 등
	TAB 1500 C	
60종	TAB 6400 H	$\alpha-\beta$합금(Ti－6Al－4V) 고강도로 내식성이 좋다. 화학 공업, 기계 공업, 수송기기 등의 구조재. 대형 증기 터빈 날개, 선박용 스크루, 자동차용 부품, 의료 재료 등

종류	기호		참고
			특징 및 용도 보기
60E종	열간	TAB 6400E H	$\alpha-\beta$합금[Ti－6Al－4V ELI(1)] 고강도로 내식성이 우수하고 극저온까지 인성을 유지한다. 저온, 극저온에서도 사용할 수 있는 구조재, 유인 심해 조사선의 내압 용기, 의료 재료 등
	압연		
61종	열간	TAB 3250 H	$\alpha-\beta$합금(Ti－3Al－2.5V) 중강도로 내식성, 용접성, 성형성이 좋다. 냉간 가공이 우수하다. 의료 재료, 레저용품 등
	압연		
61F종	열간	TAB 3250F H	$\alpha-\beta$합금(절삭성이 좋은 Ti－3Al－2.5V) 중강도로 내식성, 열간가공성이 좋고 저삭성이 우수하다. 자동차 엔진용 콘로드, 시프트 노브, 너트 등
	압연		
80종	열간	TAB 8000 H	β합금(Ti－4Al－22V) 고강도로 내식성이 우수하고 상온에서 프레스 가공성이 좋다. 자동차 엔진용 리테너, 볼트, 골프 클럽의 헤드 등
	압연		

7. 티타늄 합금 관 KS D 5605(폐지)

■ 종류, 제조 방법, 다듬질 방법, 열처리 및 기호

종 류	제조 방법	다듬질 방법	열 처리	기 호	특색 및 용도 보기(참고)
61종	이음매없는 관	열간 가공	저온 어닐링(1)	TAT 3250 L	티타늄 합금 관 중에서는 가공성이 좋다. 자동차, 내압 배관 등
			완전 어닐링(2)	TAT 3250 F	
		냉간 가공	저온 어닐링(1)	TAT 3250 CL	
			완전 어닐링(2)	TAT 3250 CF	
	용접관	용접 그대로	없음	TAT 3250 W	
			저온 어닐링(1)	TAT 3250 WL	
			완전 어닐링(2)	TAT 3250 WF	
		냉간 가공	저온 어닐링(1)	TAT 3250 WCL	
			완전 어닐링(2)	TAT 3250 WCF	

[주] (1) 저온 어닐링이란 강도를 확보하기 위하여 또는 잔류 응력 제거를 위하여 완전 어닐링의 경우보다 낮은 온도에서 실시하는 열처리를 말한다.
(2) 완전 어닐링이란 결정 조직을 조절하고 연화시키기 위하여 실시하는 열처리를 말한다.

■ 화학 성분

종류	화학 성분(%)									
	Al	V	Fe	O	C	N	H	Ti	기타	
									개개	합계
61종	2.50~3.50	2.50~3.00	0.25 이하	0.15 이하	0.10 이하	0.02 이하	0.015 이하	나머지	0.10 이하	0.40 이하

■ 기계적 성질

종류	바깥지름 mm	두께 mm	다듬질 방법 및 열처리	인장 시험		
				인장 강도 N/mm^2	항복 강도 N/mm^2	연신율 %
61종	3 이상 60 이하	0.5 이상 10 이하	냉간 가공 또한 저온 어닐링	860 이상	725 이상	10 이상
			상기 이외의 가공, 열처리	620 이상	485 이상	15 이상

8. 티타늄 및 티타늄 합금의 판 및 띠 KS D 6000 : 2009

■ 종류, 가공 방법 및 기호

종류	가공 방법	기호		참고
		판	띠	특징 및 용도 예
1종	열간 가공	TP 270 H	TR 270 H	공업용 순수 티타늄 내식성, 특히 내해수성이 좋다. 화학 장치, 석유 정제 장치, 펄프제지 공업 장치 등
	냉간 가공	TP 270 C	TR 270 C	
2종	열간 가공	TP 340 H	TR 340 H	
	냉간 가공	TP 340 C	TR 340 C	
3종	열간 가공	TP 480 H	TR 480 H	
	냉간 가공	TP 480 C	TR 480 C	
4종	열간 가공	TP 550 H	TR 550 H	
	냉간 가공	TP 550 C	TR 550 C	
11종	열간 가공	TP 270 Pd H	TR 270 Pd H	내식티타늄합금 내식성, 특히 틈새 부식성이 좋다. 화학 장치, 석유 정제 장치, 펄프 제지 공업 장치 등
	냉간 가공	TP 270 Pd C	TR 270 Pd C	
12종	열간 가공	TP 340 Pd H	TR 340 Pd H	
	냉간 가공	TP 340 Pd C	TR 340 Pd C	
13종	열간 가공	TP 480 Pd H	TR 480 Pd H	
	냉간 가공	TP 480 Pd C	TR 480 Pd C	
14종	열간 가공	TP 345 NPRC H	TR 345 NPRC H	
	냉간 가공	TP 345 NPRC C	TR 345 NPRC C	
15종	열간 가공	TP 450 NPRC H	TR 450 NPRC H	
	냉간 가공	TP 450 NPRC C	TR 450 NPRC C	
16종	열간 가공	TP 343 Ta H	TR 343 Ta H	
	냉간 가공	TP 343 Ta C	TR 343 Ta C	
17종	열간 가공	TP 240 Pd H	TR 240 Pd H	
	냉간 가공	TP 240 Pd C	TR 240 Pd C	
18종	열간 가공	TP 345 Pd H	TR 345 Pd H	
	냉간 가공	TP 345 Pd C	TR 345 Pd C	
19종	열간 가공	TP 345 PCo H	TR 345 PCo H	
	냉간 가공	TP 345 PCo C	TR 345 PCo C	
20종	열간 가공	TP 450 PCo H	TR 450 PCo H	
	냉간 가공	TP 450 PCo C	TR 450 PCo C	
21종	열간 가공	TP 275 RN H	TR 275 RN H	
	냉간 가공	TP 275 RN C	TR 275 RN C	
22종	열간 가공	TP 410 RN H	TR 410 RN H	
	냉간 가공	TP 410 RN C	TR 410 RN C	
23종	열간 가공	TP 483 RN H	TR 483 RN H	
	냉간 가공	TP 483 RN C	TR 483 RN C	
50종	열간 가공	TAP 1500 H	TAR 1500 H	α 합금(Ti−1.5Al) 내식성이 우수하고 특히 내해수성이 우수하다. 내수소흡수성 및 내열성이 좋다. 예를 들면, 이륜차 머플러 등에 사용한다.
	냉간 가공	TAP 1500 C	TAR 1500 C	
60종	열간 가공	TAP 6400 H	−	$\alpha-\beta$ 합금(Ti−6Al−4V) 고강도로 내식성이 좋다. 화학 공업, 기계 공업, 수송 기기 등의 구조재. 예를 들면, 고압 반응조재, 고압 수송 파이프재, 레저용품, 의료 재료 등

종류	가공 방법	기호		참고
		판	띠	특징 및 용도 예
60E종	열간 가공	TAP 6400E H	–	α－β합금[Ti－6Al－4V ELI(1)] 고강도로 내식성이 우수하고, 극 저온까지 인성을 유지한다. 저온, 극저온에서도 사용할 수 있는 구조재. 예를 들면, 유인 심해 조사선의 내압 용기, 의료 재료 등
61종	열간 가공	TAP 3250 H	TAR 3250 H	α－β합금(Ti－3Al－2.5V) 중강도로 내식성, 용접성, 성형성이 좋다. 냉간 가공성이 우수하다. 예를 들면, 박, 의료 재료, 레저용품 등
	냉간 가공	TAP 3250 C	TAR 3250 C	
61F종	열간 가공	TAP 3250F H	–	α－β합금(절삭성이 좋다. Ti－3Al－2.5V) 중강도로 내식성, 열간 가공성이 좋다. 절삭성이 우수하다. 예를 들면, 자동차용 엔진 콘로드, 시프트노브, 너트 등
80종	열간 가공	TAP 4220 H	TAR 4220 H	β합금(Ti－4Al－22V) 고강도로 내식성이 우수하고, 냉간 가공성이 좋다. 예를 들면, 자동차 엔진용 리테너, 골프 클럽의 헤드 등
	냉간 가공	TAP 4220 C	TAR 4220 C	

[주] (1) ELI는 Extra Low Interstitial Elements(산소, 질소, 수소 및 철의 함유량을 특별히 낮게 억제한다)의 약자이다.

7-7 기타 전신재

1. 스프링용 오일 템퍼선 KS D 3579 : 1996

■ 종류, 기호 및 적용 선 지름

종류	기호	적용 선 지름	적요
스프링용 탄소강 오일 템퍼선 A종	SWO－A	2.00mm 이상 12.0mm 이하	주로 정하중을 받는 스프링용
스프링용 탄소강 오일 템퍼선 B종	SWO－B		주로 동하중을 받는 스프링용
스프링용 실리콘 크롬강 오일 템퍼선	SWOSC－B	1.00mm 이상 15.0mm 이하	
스프링용 실리콘 망간강 오일 템퍼선 A종	SWOSM－A	4.00mm 이상 14.0mm 이하	
스프링용 실리콘 망간강 오일 템퍼선 B종	SWOSM－B		
스프링용 실리콘 망간강 오일 템퍼선 C종	SWOSM－C	4.00mm 이상 12.0mm 이하	

■ 화학 성분

단위 : %

기호	C	Si	Mn	P	S	Cr	Cu
SWO－A	0.53~0.88	0.10~0.35	0.30~1.20	0.040 이하	0.040 이하	–	–
SWO－B	0.53~0.88	0.10~0.35	0.30~1.20	0.030 이하	0.030 이하	–	–
SWOSC－B	0.51~0.59	1.20~1.60	0.50~0.90	0.035 이하	0.035 이하	0.55~0.90	–
SWOSM	0.56~0.64	1.50~1.80	0.70~1.00	0.035 이하	0.035 이하	–	0.30 이하

■ 인장 강도

단위 : N/mm²

표준 선지름 mm	SWO－A	SWO－B	SWOSC－B	SWOSM－A	SWOSM－B	SWOSM－C
1.00	－	－	1960~2110	－	－	－
1.20	－	－	1960~2110	－	－	－
1.40	－	－	1960~2110	－	－	－
1.60	－	－	1960~2110	－	－	－
1.80	－	－	1960~2110	－	－	－
2.00	1570~1720	1720~1860	1910~2060	－	－	－
2.30	1570~1720	1720~1860	1910~2060	－	－	－
2.60	1570~1720	1720~1860	1910~2060	－	－	－
2.90	1520~1670	1670~1810	1910~2060	－	－	－
3.00	1470~1620	1620~1770	1860~2010	－	－	－
3.20	1470~1620	1620~1770	1860~2010	－	－	－
3.50	1470~1620	1620~1770	1860~2010	－	－	－
4.00	1420~1570	1570~1720	1810~1960	1470~1620	1570~1720	1670~1810
4.50	1370~1520	1520~1670	1810~1960	1470~1620	1570~1720	1670~1810
5.00	1370~1520	1520~1670	1760~1910	1470~1620	1570~1720	1670~1810
5.50	1320~1470	1470~1620	1760~1910	1470~1620	1570~1720	1670~1810
5.60	1320~1470	1470~1620	1710~1860	1470~1620	1570~1720	1670~1810
6.00	1320~1470	1470~1620	1710~1860	1470~1620	1570~1720	1670~1810
6.50	1320~1470	1470~1620	1710~1860	1470~1620	1570~1720	1670~1810
7.00	1230~1370	1370~1520	1660~1810	1420~1570	1520~1670	1620~1770
7.50	1230~1370	1370~1520	1660~1810	1420~1570	1520~1670	1620~1770
8.00	1230~1370	1370~1520	1660~1810	1420~1570	1520~1670	1620~1770
8.50	1230~1370	1370~1520	1660~1810	1420~1570	1520~1670	1620~1770
9.00	1230~1370	1370~1520	1660~1810	1420~1570	1520~1670	1620~1770
9.50	1180~1320	1320~1470	1660~1810	1370~1520	1470~1620	1570~1720
10.0	1180~1320	1320~1470	1660~1810	1370~1520	1470~1620	1570~1720
10.5	1180~1320	1320~1470	1660~1810	1370~1520	1470~1620	1570~1720
11.0	1180~1320	1320~1470	1660~1810	1370~1520	1470~1620	1570~1720
11.5	1180~1320	1320~1470	1660~1810	1370~1520	1470~1620	1570~1720
12.0	1180~1320	1320~1470	1610~1760	1370~1520	1470~1620	1570~1720
13.0	－	－	1610~1760	1370~1520	1470~1620	－
14.0	－	－	1610~1760	1370~1520	1470~1620	－
15.0	－	－	1610~1760	－	－	－

2. 밸브 스프링용 오일 템퍼선 KS D 3580 : 1996(2016 확인)

■ 종류, 기호 및 적용 선 지름

종류	기호	적용 선 지름
밸브 스프링용 탄소강 오일 템퍼선	SWO－V	2.00mm 이상 6.00mm 이하
밸프 스프링용 크롬바나듐강 오일 템퍼선	SWOCV－V	2.00mm 이상 10.0mm 이하
밸브 스프링용 실리콘크롬강 오일 템퍼선	SWOSC－V	0.50mm 이상 8.00mm 이하

■ 화학 성분

단위 : %

기호	C	Si	Mn	P	S	Cr	Cu	V
SWO－V	0.60~0.75	0.12~0.32	0.60~0.90	0.025 이하	0.025 이하	－	0.20 이하	－
SWOCV－V	0.45~0.55	0.15~0.35	0.65~0.95	0.025 이하	0.025 이하	0.80~1.10	0.20 이하	0.15~0.25
SWOSC－V	0.51~0.59	1.20~1.60	0.50~0.80	0.025 이하	0.025 이하	0.50~0.80	0.20 이하	－

■ 인장 강도

단위 : N/mm^2

표준 선지름[(1)] mm	SWO－V	SWOCV－V	SWOSC－V
0.50	－	－	2010~2160
0.60	－	－	2010~2160
0.70	－	－	2010~2160
0.80	－	－	2010~2160
0.90	－	－	2010~2160
1.00	－	－	2010~2160
1.20	－	－	2010~2160
1.40	－	－	1960~2110
1.60	－	－	1960~2110
1.80	－	－	1960~2110
2.00	1620~1770	1570~1720	1910~2060
2.30	1620~1770	1570~1720	1910~2060
2.60	1620~1770	1570~1720	1910~2060
2.90	1620~1770	1570~1720	1910~2060
3.00	1570~1720	1570~1720	1860~2010
3.20	1570~1720	1570~1720	1860~2010
3.50	1570~1720	1570~1720	1860~2010
4.00	1570~1720	1520~1670	1810~1960
4.50	1520~1670	1520~1670	1810~1960
5.00	1520~1670	1470~1620	1760~1910
5.50	1470~1620	1470~1620	1760~1910
5.60	1470~1620	1470~1620	1710~1860
6.00	1470~1620	1470~1620	1710~1860
6.50	－	1420~1570	1710~1860
7.00	－	1420~1570	1660~1810
7.50	－	1370~1520	1660~1810
8.00	－	1370~1520	1660~1810
8.50	－	1370~1520	－
9.00	－	1370~1520	－
9.50	－	1370~1520	－
10.0	－	1370~1520	－

3. 스프링용 실리콘 망간강 오일 템퍼선 KS D 3591 : 2002(2017 확인)

■ 종류, 기호 및 적용 선 지름

종류	기호	적용 선 지름	비고
스프링용 실리콘 망간강 오일 템퍼선 A종	SWOSM-A	4.00mm 이상 14.0mm 이하	일반 스프링용
스프링용 실리콘 망간강 오일 템퍼선 B종	SWOSM-B		일반 스프링용 및 자동차 현가 코일 스프링
스프링용 실리콘 망간강 오일 템퍼선 C종	SWOSM-C	4.00mm 이상 12.0mm 이하	주로 자동차용 현가 코일 스프링

■ 인장 강도

표준 선지름 mm	인장강도 N/mm²		
	SWOSM-A	SWOSM-B	SWOSM-C
4.00	1470~1620	1570~1720	1670~1810
4.50	1470~1620	1570~1720	1670~1810
5.00	1470~1620	1570~1720	1670~1810
5.50	1470~1620	1570~1720	1670~1810
6.00	1470~1620	1570~1720	1670~1810
6.50	1470~1620	1570~1720	1670~1810
7.00	1420~1570	1520~1670	1620~1770
7.50	1420~1570	1520~1670	1620~1770
8.00	1420~1570	1520~1670	1620~1770
8.50	1420~1570	1520~1670	1620~1770
9.00	1420~1570	1520~1670	1620~1770
9.50	1370~1520	1470~1620	1570~1720
10.0	1370~1520	1470~1620	1570~1720
10.5	1370~1520	1470~1620	1570~1720
11.0	1370~1520	1470~1620	1570~1720
11.5	1370~1520	1470~1620	1570~1720
12.0	1370~1520	1470~1620	1570~1720
13.0	1370~1520	1470~1620	-
14.0	1370~1520	1470~1620	-

■ 선지름의 허용차 및 편지름차

단위 : mm

선지름	허용차	편지름차
4.00 이상 6.00 이하	±0.05	0.05 이하
6.00 초과 12.00 이하	±0.06	0.06 이하
12.00 초과 14.00 이하	±0.08	0.08 이하

7-8 분말 야금

1. 분말 야금 용어 KS D 0056 : 2002(2017 확인)

■ 분말

번호	용어	의미	대응 영어(참고)
1001	분말	1mm 이하 크기의 분리된 입자 집합체	powder
1002	입자	통상의 분리 조작으로 더 이상 세분할 수 없는 분말의 기본 단위	particle
1003	응집	복수 입자가 서로 붙어 있는 상태	agglomerate
1004	슬러리	액체 내 유동성의 점성을 갖는 분말의 분산	slurry
1005	케이크	성형하지 않은 분말들의 집합체	cake
1006	피드스톡	사출 성형 또는 분말 압출에 원료로 사용하는 가소성 분말	feedstock

■ 분말 종류

번호	용어	의미	대응 영어(참고)
1101	분무 분말	금속 및 합금 용액을 액적 형태로 분리한 후 각각을 입자로 고화하여 생산한 분말	atomized powder
1102	카보닐 분말	금속 카보닐의 열분해로 제조한 분말	carbonyl powder
1103	분쇄 분말	고상 금속의 기계적 분리에 의하여 제조한 분말	comminuted powder
1104	전해 분말	전해 석출하여 제조한 분말	electrolytic powder
1105	석출 분말	용액에서 화학적 석출하여 제조한 분말	precipitated powder
1106	환원 분말	액상 온도 이하에서 금속 화합물의 화학적 환원에 의하여 제조한 분말	reduced powder
1107	해면상 분말	자체의 높은 기공도를 갖는 금속 해면상의 분쇄로 제조한 다공성 환원 분말	sponge powder
1108	합금 분말	최소 2개의 성분들이 부분적으로 또는 완전히 상호간에 합금화된 금속 분말	alloyed powder
1109	완전 합금화 분말	각 분말 입자가 그 분말 전체와 동일한 화학 성분으로 되어 있는 합금 분말	completely alloyed powder
1110	프리 얼로이 분말	통상적으로 액체 분무법에 의하여 제조된 완전 합금 분말	pre-alloyed powder
1111	부분 합금화 분말	완전 합금 상태의 입자로 되어 있지 않은 합금 분말	partially alloyed powder
1112	확산 합금화 분말	열공정법으로 제조한 부분 합금화 분말	diffusion-alloyed powder
1113	기계적 합금화 분말	일반적으로 지지상에 대하여 용해도가 없는 제2상을 변형성이 있는 기지 금속 입자에 첨가하여 기계적 방법으로 제조한 복합 분말	mechanically alloyed powder
1114	모합금 분말	비합금 상태에서는 첨가가 어려운 1개 이상의 성분을 비교적 다량으로 함유하고 있는 합금 분말[비고] 요구되는 최종 조성을 갖는 합금 분말을 제조하기 위하여 모합금 분말을 다른 분말들과 혼합한다.	master alloy powder
1115	복합 분말	2개 이상의 다른 성분을 갖는 각 입자로 이루어진 분말	composite powder
1116	피복 분말	다른 조성의 표면층을 갖는 입자로 이루어진 분말	coated powder
1117	탈수소화 분말	금속 수소화물의 수소 제거에 의해 제조한 분말	dehydrided powder
1118	급냉 응고 분말	용융 금속을 높은 냉각 속도로 응고하여 직 · 간접적으로 제조한 분말. 입자들은 개질 또는 준안정상 미세 구조를 갖는다.	rapidly solidified powder
1119	찹 분말	판재, 리본, 선, 파이버 형태의 재료로부터 절단하여 제조한 분말	chopped powder
1120	초음파 기체 분무 분말	기체 제트에 초음파 진동을 적용한 상태에서 분무법으로 제조한 분말	ultrasonically gas-atomized powder
1121	혼합 분말(동종)	동일 공칭 조성을 갖는 분말들을 혼합하여 제조한 분말	blended powder
1122	혼합 분말(이종)	조성이 다른 성분 분말들을 혼합하여 제조한 분말	mixed powder
1123	프리믹스 분말	직접 성형이 가능한 혼합체를 위하여 다른 첨가제들을 미리 혼합하여 제조한 분말	press-ready mix(pre-mix)

■ 분말 첨가제

번호	용어	의미	대응 영어(참고)
1201	결합제	분말의 분리나 가루화를 억제하고, 또한 분말에 소성을 주어 성형체 강도를 증가시키기 위하여 사용하는 물질. 소결 전후에 이 물질은 제거된다.	binder
1202	도프제	소결 중 또는 소결 제품을 사용할 때 재결정이나 입자 성장을 억제하기 위하여 금속 분말에 미량 첨가하는 물질 [비고] 이 용어는 텅스텐의 분말 야금 공정에 특별히 사용	dopant
1203	윤활제	분말 입자 또는 성형 다이 표면과 성형체 사이의 마찰을 감소시키기 위하여 사용하는 물질	lubricant
1204	소성제	분말의 성형성 개선을 위하여 결합제로 사용하는 열가소성 재료	plasticizer

■ 분말 전처리

번호	용어	의미	대응 영어(참고)
1301	동종 혼합	동일 공칭 조성을 갖는 분말들의 완전 혼합	blending
1302	이종 혼합	2개 이상의 다른 재료로 이루어진 분말들의 완전 혼합	mixing
1303	밀링	분말의 기계적 처리에 대한 일반적 용어이며 다음의 결과를 수반 a) 입자 크기 및 형태 제어(분쇄, 응집 등) b) 정확한 혼합 c) 일성분 입자에 다른 성분을 피복	milling
1304	조립	성형 유동성 개선을 위하여 미세 입자들을 조대 분말로 응집화	granulation
1305	용사 건조	슬러리 액적으로부터 액체의 급속한 증발에 의한 분말화 과정	spray drying
1306	초음파 기체 분무	기체 제트에 초음파 진동을 적용한 상태에서의 분무 고정	ultrasonic gas－atomizing
1307	칠블록 냉각	고체 기면에 용융 금속을 박막 형태로 냉각하여 급냉 응고된 분말을 제조하는 공정	chill－block cooling
1308	반응 밀링	금속 분말, 첨가제 및 분위기 사이의 반응이 발생하는 기계적 합금화 공정	reaction milling
1309	기계적 합금화	고에너지 마찰기 또는 볼 밀링에 의한 고상 상태의 합금화 공정	mechanical alloying

2. 기계 구조 부품용 소결 재료 KS D 7046 : 1990

■ 종류 및 기호

종류		기호	참고		
			합금계	특징	용도 보기
SMF1종	1호 2호 3호	SMF 1010 SMF 1015 SMF 1020	순철계	작고 높은 정밀도 부품에 적당하다. 자화철심으로서 사용 가능.	스페이서, 폴 피스
SMF2종	1호 2호 3호	SMF 2015 SMF 2025 SMF 2030	철－구리계	일반구조용 부품에 적당하다. 침탄 퀜칭해서 내마모성을 향상.	래칫, 키, 캠
SMF3종	1호 2호 3호 4호	SMF 3010 SMF 3020 SMF 3030 SMF 3035	철－탄소계	일반구조용 부품에 적당하다. 퀜칭 템퍼링에 의하여 강도 향상.	스러스트 플레이트, 피니언, 충격흡수 피스톤
SMF4종	1호 2호 3호 4호	SMF 4020 SMF 4030 SMF 4040 SMF 4050	철－탄소－구리계	일반구조용 부품에 적당하다. 내마모성 있음. 퀜칭 템퍼링에 의하여 강도 향상.	기어, 오일 펌프로터, 볼 시트
SMF5종	1호 2호	SMF 5030 SMF 5040	철－탄소－구리－니켈계	고강도 구조 부품에 적당하다. 퀜칭 템퍼링처리 가능	기어, 싱크로나이저 허브, 스프로킷

종류		기호	참고		
			합금계	특징	용도 보기
SMF6종	1호	SMF 6040	철－탄소(구리용침)계	고강도, 내마모성, 열전도성이 뛰어나다. 기밀성 있음. 퀜칭 템퍼링처리 가능	밸브 플레이트, 펌프, 기어
	2호	SMF 6055			
	3호	SMF 6065			
SMF7종	1호	SMF 7020	철－니켈계	인성 있음. 침탄 퀜칭에 의하여 내마모성 향상	래칫폴, 캠, 솔레노이드 폴, 미캐니컬실
	2호	SMF 7025			
SMF8종	1호	SMF 8035	철－탄소－니켈계	퀜칭 템퍼링에 의하여 고강도 구조부품에 적당하다. 인성 있음	기어, 롤러, 스프로킷
	2호	SMF 8040			
SMS1종	1호	SMS 1025	오스테나이트계 스테인리스강	특히 내식성 및 내열성 있음. 약자성 있음	너트, 미캐니컬 실, 밸브, 콕, 노즐
	2호	SMS 1035			
SMS2종	1호	SMS 2025	마르텐사이트계 스테인리스강	내식성 및 내열성 있음	
	2호	SMS 2035			
SMK1종	1호	SMK 1010	청동계	연하고 융합이 쉽다. 내식성 있음	링암 웜휠
	2호	SMK 1015			

7-9 주물

1. 화이트 메탈 KS D 6003 : 2002(2017 확인)

종류	기호	화학 성분 %													적용
		Sn	Sb	Cu	Pb	Zn	As	불순물							
								Pb	Fe	Zn	Al	Bi	As	Cu	
1종	WM1	나머지	5.0~7.0	3.0~5.0	–	–	–	0.50 이하	0.08 이하	0.01 이하	0.01 이하	0.08 이하	0.10 이하	–	고속 고하중용
2종	WM2	나머지	8.0~10.0	5.0~6.0	–	–	–	0.50 이하	0.08 이하	0.01 이하	0.01 이하	0.08 이하	0.10 이하	–	
2종B	WM2B	나머지	7.5~9.5	7.5~8.5	–	–	–	0.50 이하	0.08 이하	0.01 이하	0.01 이하	0.08 이하	0.10 이하	–	
3종	WM3	나머지	11.0~12.0	4.0~5.0	3.0 이하	–	–	–	0.10 이하	0.01 이하	0.01 이하	0.08 이하	0.10 이하	–	고속 중하중용
4종	WM4	나머지	11.0~13.0	3.0~5.0	13.0~15.0	–	–	–	0.10 이하	0.01 이하	0.01 이하	0.08 이하	0.10 이하	–	중속 중하중용
5종	WM5	나머지	–	2.0~3.0	–	28.0~29.0	–	–	0.10 이하	–	0.05 이하	–	–	–	
6종	WM6	44.0~46.0	11.0~13.0	1.0~3.0	나머지	–	–	–	0.10 이하	0.05 이하	0.01 이하	–	0.20 이하	–	고속 중하중용
7종	WM7	11.0~13.0	13.0~15.0	1.0 이하	나머지	–	–	–	0.10 이하	0.05 이하	0.01 이하	–	0.20 이하	–	중속 중하중용
8종	WM8	6.0~8.0	16.0~18.0	1.0 이하	나머지	–	–	–	0.10 이하	0.05 이하	0.01 이하	–	0.20 이하	–	
9종	WM9	5.0~7.0	9.0~11.0	–	나머지	–	–	–	0.10 이하	0.05 이하	0.01 이하	–	0.20 이하	0.30 이하	중속 소하중용
10종	WM10	0.8~1.2	14.0~15.5	0.1~0.5	나머지	–	0.75~1.25	–	0.10 이하	0.05 이하	0.01 이하	–	–	–	
11종	WM11 (L13910)	나머지	4.0~5.0	4.0~5.0	–	–	–	0.35 이하	0.08 이하	0.005 이하	0.005 이하	0.08 이하	0.10 이하	–	항공기 엔진용

종류	기호	화학 성분 %													적용
		Sn	Sb	Cu	Pb	Zn	As	불순물							
								Pb	Fe	Zn	Al	Bi	As	Cu	
12종	WM12 (SnSb8Cu4)	나머지	7.0~ 8.0	3.0~ 4.0	–	–	–	0.35 이하	0.10 이하	0.01 이하	0.01 이하	0.08 이하	0.10 이하	–	고속 중하중용 (자동차 엔진용)
13종	WM13 (SnSb12Cu6Pb)	나머지	11.0~ 13.0	5.0~ 7.0	1.0~ 3.0	–	–	–	0.10 이하	0.01 이하	0.01 이하	0.08 이하	0.10 이하	–	고저속 중하중용
14종	WM14 (PbSb15Sn10)	9.0~ 11.0	14.0~ 16.0	–	나머지	–	–	–	0.10 이하	0.01 이하	0.01 이하	0.10 이하	0.60 이하	0.70 이하	중속 중하중용

2. 아연합금 다이캐스팅 KS D 6005 : 2016

■ 종류 및 기호

종류	기호	참고			
		합금계	유사 합금	합금의 특색	사용 부품 보기
아연 합금 다이캐스팅 1종	ZDC 1	Zn−Al−Cu 계	ASTM AC 41 A	기계적 성질 및 내식성이 우수하다.	자동차 브레이크 피스톤, 시트 벨트 감김쇠, 캔버스 플라이어
아연 합금 다이캐스팅 2종	ZDC 2	Zn−Al 계	ASTM AG 40 A	주조성 및 도금성이 우수하다.	자동차 라디에이터 그릴몰, 카뷰레터, VTR 드럼 베이스, 테이프 헤드, CP 카넥터

■ 화학 성분

종류	기호	화학 성분(질량분율 %)							
		Al	Cu	Mg	Fe	Zn	불순물		
							Pb	Cd	Sn
1종	ZDC 1	3.5~4.3	0.75~1.25	0.020~0.06	0.10 이하	나머지	0.005 이하	0.004 이하	0.003 이하
2종	ZDC 2	3.5~4.3	0.25 이하	0.020~0.06	0.10 이하	나머지	0.005 이하	0.004 이하	0.003 이하

3. 다이캐스팅용 알루미늄합금　KS D 6006 : 2009

■ 종류 및 기호

종류	기호	참고	
		합금계	합금의 특색
다이캐스팅용 알루미늄합금 1종	ALDC 1	Al－Si계	내식성, 주조성은 좋다. 항복 강도는 어느 정도 낮다.
다이캐스팅용 알루미늄합금 3종	ALDC 3	Al－Si－Mg계	충격값과 항복 강도가 좋고 내식성도 1종과 거의 동등하지만, 주조성은 좋지 않다.
다이캐스팅용 알루미늄합금 5종	ALDC 5	Al－Mg계	내식성이 가장 양호하고 연신율, 충격값이 높지만 주조성은 좋지 않다
다이캐스팅용 알루미늄합금 6종	ALDC 6	Al－Mg－Mn계	내식성은 5종 다음으로 좋고, 주조성은 5종보다 약간 좋다.
다이캐스팅용 알루미늄합금 10종	ALDC 10	Al－Si－Cu계	기계적 성질, 피삭성 및 주조성이 좋다.
다이캐스팅용 알루미늄합금 10종 Z	ALDC 10 Z	Al－Si－Cu계	10종보다 주조 갈라짐성과 내식성은 약간 좋지 않다.
다이캐스팅용 알루미늄합금 12종	ALDC 12	Al－Si－Cu계	기계적 성질, 피삭성, 주조성이 좋다.
다이캐스팅용 알루미늄합금 12종 Z	ALDC 12 Z	Al－Si－Cu계	12종보다 주조 갈라짐성 및 내식성이 떨어진다.
다이캐스팅용 알루미늄합금 14종	ALDC 14	Al－Si－Cu－Mg계	내마모성, 유동성은 우수하고 항복 강도는 높으나, 연신율이 떨어진다.
다이캐스팅용 알루미늄합금 Si9종	Al Si9	Al－Si계	내식성이 좋고, 연신율, 충격치도 어느 정도 좋지만, 항복 강도가 어느 정도 낮고 유동성이 좋지 않다.
다이캐스팅용 알루미늄합금 Si12Fe종	Al Si12(Fe)	Al－Si계	내식성, 주조성이 좋고, 항복 강도가 어느 정도 낮다.
다이캐스팅용 알루미늄합금 Si10MgFe종	Al Si10Mg(Fe)	Al－Si－Mg계	충격치와 항복 강도가 높고, 내식성도 1종과 거의 동등하며, 주조성은 1종보다 약간 좋지 않다.
다이캐스팅용 알루미늄합금 Si8Cu3종	Al Si8Cu3	Al－Si－Cu계	10종보다 주조 갈라짐 및 내식성이 나쁘다.
다이캐스팅용 알루미늄합금 Si9Cu3Fe종	Al Si9Cu3(Fe)	Al－Si－Cu계	10종보다 주조 갈라짐 및 내식성이 나쁘다.
다이캐스팅용 알루미늄합금 Si9Cu3FeZn종	Al Si9Cu3(Fe)(Zn)	Al－Si－Cu계	10종보다 주조 갈라짐 및 내식성이 나쁘다.
다이캐스팅용 알루미늄합금 Si11Cu2Fe종	Al Si11Cu2(Fe)	Al－Si－Cu계	기계적 성질, 피삭성, 주조성이 좋다.
다이캐스팅용 알루미늄합금 Si11Cu3Fe종	Al Si11Cu3(Fe)	Al－Si－Cu계	기계적 성질, 피삭성, 주조성이 좋다.
다이캐스팅용 알루미늄합금 Si12Cu1Fe	Al Si12Cu1(Fe)	Al－Si－Cu계	12종보다 연신율이 어느 정도 높지만, 항복 강도는 다소 낮다.
다이캐스팅용 알루미늄합금 Si17Cu4Mg종	Al Si17Cu4Mg	Al－Si－Cu－Mg계	내마모성, 유동성이 좋고, 항복 강도가 높지만, 연신율은 낮다.
다이캐스팅용 알루미늄합금 Mg9종	Al Mg9	Al－Mg계	5종과 같이 내식성이 좋지만, 주조성이 나쁘고, 응력부식균열 및 경시변화에 주의가 필요하다.

■ 화학 성분

KS		화학 성분 (질량%)											
종류	기호	Cu	Si	Mg	Zn	Fe	Mn	Cr	Ni	Sn	Pb	Ti	Al
1종	ALDC 1	1.0 이하	11.0~13.0	0.3 이하	0.5 이하	1.3 이하	0.3 이하	–	0.5 이하	0.1 이하	0.20 이하	0.30 이하	나머지
3종	ALDC 3	0.6 이하	9.0~11.0	0.4~0.6	0.5 이하	1.3 이하	0.3 이하	–	0.5 이하	0.1 이하	0.15 이하	0.30 이하	나머지
5종	ALDC 5	0.2 이하	0.3 이하	4.0~8.5	0.1이하	1.8 이하	0.3 이하	–	0.1 이하	0.1 이하	0.10 이하	0.30 이하	나머지
6종	ALDC 6	0.1 이하	1.0 이하	2.5~4.0	0.4 이하	0.8 이하	0.4~0.6	–	0.1 이하	0.1 이하	0.10 이하	0.30 이하	나머지
10종	ALDC 10	2.0~4.0	7.5~9.5	0.3 이하	1.0 이하	1.3 이하	0.5 이하	–	0.5 이하	0.2 이하	0.2 이하	0.30 이하	나머지
10종Z	ALDC 10 Z	2.0~4.0	7.5~9.5	0.3 이하	3.0 이하	1.3 이하	0.5 이하	–	0.5 이하	0.2 이하	0.2 이하	0.30 이하	나머지
12종	ALDC 12	1.5~3.5	9.6~12.0	0.3 이하	1.0 이하	1.3 이하	0.5 이하	–	0.5 이하	0.2 이하	0.2 이하	0.30 이하	나머지
12종Z	ALDC 12 Z	1.5~3.5	9.6~12.0	0.3 이하	3.0 이하	1.3 이하	0.5 이하	–	0.5 이하	0.2 이하	0.2 이하	0.30 이하	나머지
14종	ALDC 14	4.0~5.0	16.0~18.0	0.45~0.65	1.5 이하	1.3 이하	0.5 이하	–	0.3 이하	0.3 이하	0.2 이하	0.30 이하	나머지
	Al Si9	0.10 이하	8.0~11.0	0.10 이하	0.15 이하	0.65 이하	0.50 이하	–	0.05 이하	0.05 이하	0.05 이하	0.15 이하	나머지
	AL Si12(Fe)	0.10 이하	10.5~13.5	–	0.15 이하	1.0 이하	0.55 이하	–	–	–	–	0.15 이하	나머지
	Al Si10Mg (Fe)	0.10 이하	9.0~11.0	0.20~0.50	0.15 이하	1.0 이하	0.55 이하	–	0.15 이하	0.05 이하	0.15 이하	0.20 이하	나머지
	Al Si8Cu3	2.0~3.5	7.5~9.5	0.05~0.55	1.2 이하	0.8 이하	0.15~0.65	–	0.35 이하	0.15 이하	0.25 이하	0.25 이하	나머지
	Al Si9Cu3 (Fe)	2.0~4.0	8.0~11.0	0.05~0.55	1.2 이하	1.3 이하	0.20~0.55	0.15 이하	0.5 이하	0.25 이하	0.35 이하	0.25 이하	나머지
	Al Si9Cu3 (Fe)(Zn)	2.0~4.0	8.0~11.0	0.05~0.55	3.0 이하	1.3이하	0.55 이하	0.15 이하	0.55 이하	0.25 이하	0.35 이하	0.25 이하	나머지
	Al Si11Cu2 (Fe)	1.5~2.5	10.0~12.0	0.30 이하	1.7 이하	1.1 이하	0.55 이하	0.15 이하	0.45 이하	0.25 이하	0.25 이하	0.25 이하	나머지
	Al Si11Cu3 (Fe)	1.5~3.5	9.6~12.0	0.35 이하	1.7 이하	1.3 이하	0.60 이하	–	0.45 이하	0.25 이하	0.25 이하	0.25 이하	나머지
	Al Si12Cu1 (Fe)	0.7~1.2	10.5~13.5	0.35 이하	0.55 이하	1.3 이하	0.55 이하	0.10 이하	0.30 이하	0.10 이하	0.20 이하	0.20 이하	나머지
	Al Si17Cu4Mg	4.0~5.0	16.0~18.0	0.45~0.65	1.5 이하	1.3 이하	0.50 이하	–	0.3 이하	0.3 이하	–	–	나머지
	Al Mg9	0.10 이하	2.5 이하	8.0~10.5	0.25 이하	1.0 이하	0.55 이하	–	0.10 이하	0.10 이하	0.10 이하	0.20 이하	나머지

4. 알루미늄 합금 주물 KS D 6008 : 2002

■ 종류 및 기호

종 류	기 호	합금계	주형의 구분	참고		
				상당 합금명	합금의 특색	용도 보기
주물 1종A	AC1A	Al-Cu계	금형, 사형	ASTM : 295.0	기계적 성질이 우수하고, 절삭성도 좋으나, 주조성이 좋지 않다.	가선용 부품, 자전거 부품, 항공기용 유압 부품, 전송품 등
주물 1종B	AC1B	Al-Cu-Mg계	금형, 사형	ISO : AlCu4MgTi NF:AU5GT	기계적 성질이 우수하고, 절삭성이 좋으나, 주조성이 좋지 않으므로 주물의 모양에 따라 용해, 주조방안에 주의를 요한다.	가선용 부품, 중전기 부품, 자전거 부품, 항공기 부품 등
주물 2종A	AC2A	Al-Cu-Si계	금형, 사형		주조성이 좋고, 인장 강도는 높으나 연신율이 적다. 일반용으로 널리 사용되고 있다.	매니폴드, 디프캐리어, 펌프 보디, 실린더 헤드, 자동차용 하체 부품 등
주물 2종B	AC2B	Al-Cu-Si계	금형, 사형		주조성이 좋고, 일반용으로 널리 사용되고 있다.	실린더 헤드, 밸브 보디, 크랭크 케이스, 클러치 하우징 등
주물 3종A	AC3A	Al-Si계	금형, 사형		유동성이 우수하고 내식성도 좋으나 내력이 낮다.	케이스류, 커버류, 하우징류의 얇은 것, 복잡한 모양의 것, 장막벽 등
주물 4종A	AC4A	Al-Si-Mg계	금형, 사형		주조성이 좋고 인성이 우수하며 강도가 요구되는 대형 주물에 사용된다.	매니폴드, 브레이크 드럼, 미션 케이스, 크랭크 케이스, 기어 박스, 선박용 · 차량용 엔진 부품 등
주물 4종B	AC4B	Al-Si-Cu계	금형, 사형	ASTM : 333.0	주조성이 좋고, 인장 강도는 높으나 연신율은 적다. 일반용으로 널리 사용된다.	크랭크 케이스, 실린더 헤드, 매니폴드, 항공기용 전장품 등
주물 4종C	AC4C	Al-Si-Mg계	금형, 사형	ISO : AlSi7Mg(Fe)	주조성이 우수하고, 내압성, 내식성도 좋다.	유압 부품, 미션 케이스, 플라이휠 하우징, 항공기 부품, 소형용 엔진 부품, 전장품 등
주물 4종CH	AC4CH	Al-Si-Mg계	금형, 사형	ISO : AlSi7Mg ASTM : A356.0	주조성이 우수하고, 기계적 성질도 우수하다. 고급 주물에 사용된다.	자동차용 바퀴, 가선용 쇠붙이, 항공기용 엔진 부품, 전장품 등
주물 4종D	AC4D	Al-Si-Cu-Mg계	금형, 사형	ISO : AlSi5Cu1Mg ASTM : 355.0	주조성이 우수하고, 기계적 성질도 좋다. 내압성이 요구되는 것에 사용된다.	수냉 실린더 헤드, 크랭크 케이스, 실린더 블록, 연료 펌프보디, 블로어 하우징, 항공기용 유압 부품 및 전장품 등
주물 5종A	AC5A	Al-Cu-NI-Mg계	금형, 사형	ISO : AlCu4Ni2Mg2 ASTM : 242.0	고온에서 인장 강도가 높다. 주조성은 좋지 않다.	공냉 실린더 헤드 디젤 기관용 피스톤, 항공기용 엔진 부품 등
주물 7종A	AC7A	Al-Mg계	금형, 사형	ASTM : 514.0	내식성이 우수하고 인성과 양극 산화성이 좋다. 주조성은 좋지 않다	가선용 쇠붙이, 선박용 부품, 조각 소재 건축용 쇠붙이, 사무기기, 의자, 항공기용 전장품 등
주물 8종A	AC8A	Al-Si-Cu-Ni-Mg계	금형		내열성이 우수하고 내마모성도 좋으며 열팽창계수가 작다. 인장 강도도 높다.	자동차 · 디젤 기관용 피스톤, 선방용 피스톤, 도르래, 베어링 등
주물 8종B	AC8B	Al-Si-Cu-Ni-Mg계	금형		내열성이 우수하고 내마모성도 좋으며 열팽창 계수가 작다. 안장 강도도 높다.	자동차용 피스톤, 도르래, 베어링 등
주물 8종C	AC8C	Al-Si-Cu-Mg계	금형	ASTM : 332.0	내열성이 우수하고 내마모성도 좋으며 열팽창 계수가 작다. 안장 강도도 높다	자동차용 피스톤, 도르래, 베어링 등
주물 9종A	AC9A	Al-Si-Cu-Ni-Mg계	금형		내열성이 우수하고 열팽창 계수가 작다. 내마모성은 좋으나 주조성이나 절삭성은 좋지 않다.	피스톤(공냉 2 사이클용)등

종 류	기 호	합금계	주형의 구분	참고		
				상당 합금명	합금의 특색	용도 보기
주물 9종B	AC9B	A1-Si-Cu-Ni-Mg계	금형		내열성이 우수하고 열팽창 계수가 작다. 내마모성은 좋으나 주조성이나 절삭성은 좋지 않다.	피스톤(디젤 기관용, 수냉 2사이클용), 공냉 실린더 등

■ 화학 성분

기 호	화학성분											
	Cu	Si	Mg	Zn	Fe	Mn	Ni	Ti	Pb	Sn	Cr	Al
AC1A	4.0~5.0	1.2이하	0.20이하	0.30이하	0.50이하	0.30이하	0.05이하	0.25이하	0.05이하	0.05이하	0.05이하	나머지
AC1B	4.2~5.0	0.20이하	0.15~0.35	0.10이하	0.35이하	0.10이하	0.05이하	0.05~0.30	0.05이하	0.05이하	0.05이하	나머지
AC2A	3.0~4.5	4.0~6.0	0.25이하	0.55이하	0.8이하	0.55이하	0.30이하	0.20이하	0.15이하	0.05이하	0.15이하	나머지
AC2B	2.0~4.0	5.0~7.0	0.50이하	1.0이하	1.0이하	0.50이하	0.35이하	0.20이하	0.20이하	0.10이하	0.20이하	나머지
AC3A	0.25이하	10.0~13.0	0.15이하	0.30이하	0.8이하	0.35이하	0.10이하	0.20이하	0.10이하	0.10이하	0.15이하	나머지
AC4A	0.25이하	8.0~10.0	0.30~0.6	0.25이하	0.55이하	0.30~0.6	0.10이하	0.20이하	0.10이하	0.05이하	0.15이하	나머지
AC4B	2.0~4.0	7.0~10.0	0.50이하	1.0이하	0.10이하	0.50이하	0.35이하	0.20이하	0.20이하	0.10이하	0.20이하	나머지
AC4C	0.25이하	6.5~7.5	0.20~0.45	0.35이하	0.550이하	0.35이하	0.10이하	0.20이하	0.10이하	0.05이하	0.10이하	나머지
AC4CH	0.20이하	6.5~7.5	0.25~0.45	0.10이하	0.20이하	0.10이하	0.05이하	0.20이하	0.05이하	0.05이하	0.05이하	나머지
AC4D	1.0~1.5	4.5~5.5	0.40~0.6	0.30이하	0.6이하	0.50이하	0.20이하	0.20이하	0.10이하	0.05이하	0.15이하	나머지
AC5A	3.5~4.5	0.6이하	1.2~1.8	0.15이하	0.8이하	0.35이하	1.7~2.3	0.20이하	0.05이하	0.05이하	0.15이하	나머지
AC7A	0.10이하	0.20이하	3.5~5.5	0.15이하	0.30이하	0.6이하	0.05이하	0.20이하	0.05이하	0.05이하	0.15이하	나머지
AC8A	0.8~1.3	11.0~13.0	0.7~1.3	0.15이하	0.8이하	0.15이하	0.8~1.5	0.20이하	0.50이하	0.50이하	0.10이하	나머지
AC8B	2.0~4.0	8.5~10.5	0.50~1.5	0.50이하	1.0이하	0.50이하	0.10~1.0	0.20이하	0.10이하	0.10이하	0.10이하	나머지
AC8C	2.0~4.0	8.5~10.5	0.50~1.5	0.50이하	1.0이하	0.50이하	0.50이하	0.20이하	0.10이하	0.10이하	0.10이하	나머지
AC9A	0.50~1.5	22~24	0.50~1.5	0.20이하	0.8이하	0.50이하	0.50~1.5	0.20이하	0.10이하	0.10이하	0.10이하	나머지
AC9B	0.50~1.5	18~20	0.50~1.5	0.20이하	0.8이하	0.50이하	0.50~1.5	0.20이하	0.10이하	0.10이하	0.10이하	나머지

■ 금형 시험편의 기계적 성질

종 류	질 별	기 호	인장 시험			참 고					
						열처리					
			인장강도 N/mm²	연신율 %	브리넬 경도 HB (10/500)	어닐링		용체화 처리		시효경화 처리	
						온도℃	시간h	온도℃	시간h	온도℃	시간h
주물 1종 A	주조한 그대로	AC1A-F	150 이상	5 이상	약 55	–	–	–	–	–	–
	용체화 처리	AC1A-T4	230 이상	5 이상	약 70	–	–	약 515	약 10	–	–
	용체화 처리 후 시효경화 처리	AC1A-T6	250 이상	2 이상	약 85	–	–	약 515	약 10	약 160	약 6
주물 1종 B	주조한 그대로	AC1B-F	170 이상	2 이상	약 60	–	–	–	–	–	–
	용체화 처리	AC1B-T4	290 이상	5 이상	약 80	–	–	약 515	약 10	–	–
	용체화 처리 후 시효경화 처리	AC1B-T6	300 이상	3 이상	약 90	–	–	약 515	약 10	약 160	약 4
주물 2종 A	주조한 그대로	AC2A-F	180 이상	2 이상	약 75	–	–	–	–	–	–
	용체화 처리 후 시효경화 처리	AC2A-T6	270 이상	1 이상	약 90	–	–	약 510	약 8	약 160	약 9
주물 2종 B	주조한 그대로	AC2B-F	150 이상	1 이상	약 70	–	–	–	–	–	–
	용체화 처리 후 시효경화 처리	AC2B-T6	240 이상	1 이상	약 90	–	–	약 500	약 10	약 160	약 5

종 류	질 별	기 호	인장 시험			참 고					
			인장강도 N/mm²	연신율 %	브리넬 경도 HB(10/500)	열처리					
						어닐링		용체화 처리		시효경화 처리	
						온도℃	시간h	온도℃	시간h	온도℃	시간h
주물 3종 A	주조한 그대로	AC3A－F	170 이상	5 이상	약 50	－	－	－	－	－	－
주물 4종 A	주조한 그대로	AC4A－F	170 이상	3 이상	약 60	－	－	－	－	－	－
	용체화 처리 후 시효경화 처리	AC4A－T6	240 이상	2 이상	약 90	－	－	약 525	약 10	약 160	약 9
주물 4종 B	주조한 그대로	AC4B－F	170 이상	－	약 80	－	－	－	－	－	－
	용체화 처리 후 시효경화 처리	AC4B－T6	240 이상	－	약 100	－	－	약 500	약 10	약 160	약 7
주물 4종 C	주조한 그대로	AC4C－F	150 이상	3 이상	약 55	－	－	－	－	－	－
	시효경화 처리	AC4C－T5	170 이상	3 이상	약 65	－	－	－	－	약 225	약 5
	용체화 처리 후 시효경화 처리	AC4C－T6	220 이상	3 이상	약 85	－	－	약 525	약 8	약 160	약 6
	용체화 처리 후 시효경화 처리	AC4C－T61	240 이상	1 이상	약 90	－	－	약 525	약 8	약 170	약 7
주물 4종 CH	주조한 그대로	AC4CH－F	160 이상	3 이상	약 55	－	－	－	－	－	－
	시효경화 처리	AC4CH－T5	180 이상	3 이상	약 65	－	－	－	－	약 225	약 5
	용체화 처리 후 시효경화 처리	AC4CH－T6	240 이상	5 이상	약 85	－	－	약 535	약 8	약155	약 6
	용체화 처리 후 시효경화 처리	AC4CH－T61	260 이상	3 이상	약 90	－	－	약 535	약 8	약 170	약 7
주물 4종 D	주조한 그대로	AC4D－F	170 이상	2 이상	약 70	－	－	－	－	－	－
	시효경화 처리	AC4D－T5	190 이상	이상	약 75	－	－	－	－	약 225	약 5
	용체화 처리 후 시효경화 처리	AC4D－T6	270 이상	1 이상	약 90	－	－	약 525	약 10	약 160	약 10
주물 5종 A	어닐링	AC5A－O	180 이상	－	약 65	약 350	약 2	－	－	－	－
	용체화 처리 후 시효경화 처리	AC5A－T6	290 이상	－	약 110	－	－	약 520	약 7	약 200	약 5
주물 7종 A	주조한 그대로	AC7A－F	210 이상	12 이상	약 60	－	－	－	－	－	－
주물 8종 A	주조한 그대로	AC8A－F	170 이상	－	약 85	－	－	－	－	－	－
	시효경화 처리	AC8A－T5	190 이상	－	약 90	－	－	－	－	약 200	약 4
	용체화 처리 후 시효경화 처리	AC8A－T6	270 이상	－	약 110	－	－	약 510	약 4	약 170	약 10
주물 8종 B	주조한 그대로	AC8B－F	170 이상	－	약 85	－	－	－	－	－	－
	시효경화 처리	AC8B－T5	180 이상	－	약 90	－	－	－	－	약 200	약 4
	용체화 처리 후 시효경화 처리	AC8B－T6	270 이상	－	약 110	－	－	약 510	약 4	약 170	약 10
주물 8종 C	주조한 그대로	AC8C－F	170 이상	－	약 85	－	－	－	－	－	－
	시효경화 처리	AC8－T5	180 이상	－	약 90	－	－	－	－	약 200	약 4
	용체화 처리 후 시효경화 처리	AC8C－T6	270 이상	－	약 110	－	－	약 510	약 4	약 170	약 10
주물 9종 A	주조한 그대로	AC9A－T5	150 이상	－	약 90	－	－	－	－	약 250	약 4
	시효경화 처리	AC9A－T6	190 이상	－	약 125	－	－	약 500	약 4	약 200	약 4
	용체화 처리 후 시효경화 처리	AC9A－T7	170 이상	－	약 95	－	－	약 500	약 4	약 250	약 4
주물 9종 B	주조한 그대로	AC9B－T5	170 이상	－	약 85	－	－	－	－	약 250	약 4
	시효경화 처리	AC9B－T6	270 이상	－	약 120	－	－	약 500	약 4	약 200	약 4
	용체화 처리 후 시효경화 처리	AC9B－T7	200 이상	－	약 90	－	－	약 500	약 4	약 250	약 4

■ 사형 시험편의 기계적 성질

종 류	질 별	기 호	인장 시험			참 고					
						열처리					
			인장강도 N/mm²	연신율 %	브리넬 경도 HB(10/500)	어닐링		용체화 처리		시효경화 처리	
						온도 ℃	시간 h	온도 ℃	시간 h	온도 ℃	시간 h
주물 1종 A	주조한 그대로	AC1A−F	130 이상	−	약 50	−	−	−	−	−	−
	시효 경화 처리	AC1A−T4	180 이상	3 이상	약 70	−	−	약 515	약 10	−	−
	용체화 처리 후 시효 경화 처리	AC1A−T6	210 이상	2 이상	약 80	−	−	약 515	약 10	약 160	약 6
주물 1종 B	주조한 그대로	AC1B−F	150 이상	1 이상	약 75	−	−	−	−	−	−
	시효 경화 처리	AC1B−T4	250 이상	4 이상	약 85	−	−	약 515	약 10	−	−
	용체화 처리 후 시효 경화 처리	AC1B−T6	270	3 이상	약 90	−	−	약 515	약 10	약 160	약 4
주물 2종 A	주조한 그대로	AC2A−F	이상150 이상	−	약 70	−	−	−	−	−	−
	용체화 처리 후 시효 경화 처리	AC2A−T6	230 이상	−	약 90	−	−	약 510	약 8	약 160	약 10
주물 2종 B	주조한 그대로	AC2B−F	130 이상	−	약 60	−	−	−	−	−	−
	용체화 처리 후 시효 경화 처리	AC2B−T6	190 이상	−	약 80	−	−	약 500	약 10	약 160	약 5
주물 3종 A	주조한 그대로	AC3A−F	140 이상	2 이상	약 45	−	−	−	−	−	−
주물 4종 A	주조한 그대로	AC4A−F	130 이상	−	약 45	−	−	−	−	−	−
	용체화 처리 후 시효 경화 처리	AC4A−T6	220 이상	−	약 80	−	−	약 525	약 10	약 160	약 9
주물 4종 B	주조한 그대로	AC4B−F	140 이상	−	약 80	−	−	−	−	−	−
	용체화 처리 후 시효 경화 처리	AC4B−T6	210 이상	−	약 100	−	−	약 500	약 10	약 160	약 7
주물 4종 C	주조한 그대로	AC4C−F	130 이상	−	약 50	−	−	−	−	−	−
	시효 경화 처리	AC4C−T5	140 이상	−	약 60	−	−	−	−	약 225	약 5
	용체화 처리 후 시효 경화 처리	AC4C−T6	200 이상	2 이상	약 75	−	−	약 525	약 8	약 160	약 6
	용체화 처리 후 시효 경화 처리	AC4C−T61	220 이상	1 이상	약 80	−	−	약 525	약 8	약 170	약 7
주물 4종 CH	주조한 그대로	AC4CH−F	140 이상	2 이상	약 50	−	−	−	−	−	−
	시효 경화 처리	AC4CH−T5	150 이상	2 이상	약 60	−	−	−	−	약 225	약 5
	용체화 처리 후 시효 경화 처리	AC4CH−T6	220 이상	3 이상	약 75	−	−	약 535	약 8	약 155	약 6
	용체화 처리 후 시효 경화 처리	AC4CH−T61	240 이상	1 이상	약 80	−	−	약 535	약 8	약 170	약 7
주물 4종 D	주조한 그대로	AC4D−F	130 이상	−	약 60	−	−	−	−	−	−
	시효 경화 처리	AC4D−T5	170 이상	−	약 65	−	−	−	−	약 225	약 5
	용체화 처리 후 시효 경화 처리	AC4D−T6	230 이상	1 이상	약 80	−	−	약 525	약 10	약 160	약 10
주물 5종 A	어닐링	AC5A−O	130 이상	−	약 65	약 350	약 2	−	−	−	−
	용체화 처리 후 시효 경화 처리	AC5A−T6	210 이상	−	약 90	−	−	약 520	약 7	약 200	약 5
주물 7종 A	주조한 그대로	AC7A−F	140 이상	6 이상	약 50	−	−	−	−	−	−

5. 마그네슘 합금 주물 KS D 6016 : 2015

■ 종류 및 기호

종 류	기 호	주형 구분	참 고		
			합금의 특색	용도 보기	유사 합금명
마그네슘합금 주물 1종	MgC1	사형 금형	강도와 인성이 있으나, 주조성은 약간 떨어진다. 비교적 단순한 모양의 주물에 적합하다.	일반용 주물, 3륜차용 하부 휩, 텔레비전 카메라용 부품, 쌍안경몸체, 직기용 부품 등	AZ63A
마그네슘합금 주물 2종	MgC2	사형 금형	인성이 있고 주조성이 좋으며, 내압 주물에 적합하다.	일반용 주물, 크랭크 케이스, 트랜스미션, 기어박스, 텔레비전 카메라용 부품, 레이더용 부품, 공구용 지그 등	AZ91C
마그네슘합금 주물 3종	MgC3	사형 금형	강도는 있으나 인성이 약간 떨어진다. 주조성은 좋다.	일반용 주물, 엔진용 부품, 인쇄용 새들 등	AZ92A
마그네슘합금 주물 5종	MgC5	금형	강도 및 인성이 있으며, 내압 주물에 적합하다.	일반용 주물, 엔진용 부품 등	AM100A
마그네슘합금 주물 6종	MgC6	사형	강도와 인성이 요구되는 경우에 사용한다. T5 처리시 인성이 좋아진다.	고력 주물, 경기용 차륜 산소통 브래킷 등	ZK51A
마그네슘합금 주물 7종	MgC7	사형	강도와 인성이 요구되는 경우에 사용한다. T5 및 T6 처리시 인성이 증가한다.	고력 주물, 인렛 하우징 등	ZK61A
마그네슘합금 주물 8종	MgC8	사형	주조성, 용접성 및 내압성이 있다. 상온 강도는 낮지만 고온에서의 강도의 저하는 적다.	내열용 주물, 엔진용 부품 기어 케이스, 컴프레서 케이스 등	EZ33A

■ 화학 성분

종 류	기 호	화학 성분 (%)								
		Al	ZN	Mn	RE[1]	Zr	Si	Cu	Ni	Mg
마그네슘합금 주물 1종	MgC1	5.3~6.7	2.5~3.5	0.15~0.6	–	–	0.30 이하	0.10 이하	0.01 이하	나머지
마그네슘합금 주물 2종	MgC2	8.1~9.3	0.40~1.0	0.13~0.5	–	–	0.30 이하	0.10 이하	0.01 이하	나머지
마그네슘합금 주물 3종	MgC3	8.3~9.7	1.6~2.4	0.10~0.5	–	–	0.30 이하	0.10 이하	0.01 이하	나머지
마그네슘합금 주물 5종	MgC5	9.3~10.7	0.30 이하	0.10~0.5	–	–	0.30	0.10 이하	0.01 이하	나머지
마그네슘합금 주물 6종	MgC6	–	3.6~5.5	–	–	–	–	0.10 이하	0.01 이하	나머지
마그네슘합금 주물 7종	MgC7	–	5.5~6.5	–	–	–	–	0.10 이하	0.01 이하	나머지
마그네슘합금 주물 8종	MgC8	–	2.0~3.1	–	2.5~4.0	–	–	0.10 이하	0.01 이하	나머지

[주] [1] 희토류 원소를 뜻한다.

■ 기계적 성질

종 류	질 별	기 호	인장 시험			참 고			
			인장강도 N/mm^2	항복강도 N/mm^2	연신율 %	용체화 처리		인공시효	
						온도 ℃	시간 h	온도 ℃	인공 시효
마그네슘합금 주물 1종	주조한 그대로	MgC1-F	177 이상	69 이상	4 이상	–	–	–	–
	용체화 처리	MgC1-T4	235 이상	69 이상	7 이상	380~390	10~14	–	–
	인공 시효	MgC1-T5	177 이상	78 이상	2 이상		–	260	4
								230	5
	용체화 처리 후 인공 시효	MgC1-T6	235 이상	108 이상	3 이상	380~390	10~14	220	5
								230	5
마그네슘합금 주물 2종	주조한 그대로	MgC2-F	157 이상	69 이상	–	–	–	–	–
	용체화 처리	MgC2-T4	235 이상	69 이상	7 이상	410~420	16~24	–	–
	인공 시효	MgC-T5	157 이상	78 이상	2 이상	–	–	170	16
								215	4
	용체화 처리 후 인공 시효	MgC2-T6	235 이상	108 이상	3 이상	410~420	16~24	170	16
								215	4
마그네슘합금 주물 3종	주조한 그대로	MgC3-F	157 이상	69 이상	–	–	–	–	–
	용체화 처리	MgC3-T4	235 이상	69 이상	6 이상	405~410	16~24	–	–
	인공 시효	MgC3-T5	157 이상	78 이상	–	–	–	230	5
	용체화 처리 후 인공 시효	MgC3-T6	235 이상	127 이상	–	405~410	16~24	260	4
마그네슘합금 주물 5종	주조한 그대로	MgC5-F	137 이상	69 이상	–	–	–	220	5
	용체화 처리	MgC5-T4	235 이상	69 이상	6 이상	420~425	16~24	–	–
	용체화 처리 후 인공 시효	MgC5-T6	235 이상	108 이상	2 이상	420~4258	16~24	–	–
								230	5
마그네슘합금 주물 6종	인공 시효	MgC6-T5	235 이상	137 이상	5 이상	–	–	205	24
								220	8
마그네슘합금 주물 7종	인공 시효	MgC7-T5	265 이상	177 이상	5 이상	–	–	175	12
	용체화 처리 후 인공시효	MgC7-T6	265 이상	177 이상	5 이상	495~500	2	130	48
						480~485	10		
마그네슘합금 주물 8종	인공 시효	MgC8-T5	137 이상	98 이상	2 이상	–	–	215	5

6. 마그네슘합금 다이캐스팅 KS D 6017 : 2009

■ 종류 및 기호

종류	기호	참고			
		ISO 상당 합금	ASTM 상당 합금	합금의 특색	사용 부품 보기
마그네슘합금 다이캐스팅 1종B	MDC1B	MaAl9Zn1(B)	AZ91B	내식성은 1종 D보다 약간 떨어진다. 강도 및 주조성은 우수하나 연신율은 다소 떨어진다.	전동공구 케이스, 비디오, 카메라, 노트북 케이스, 휴대폰의 EMI실드 및 케이스류, 자동차 부품류
마그네슘합금 다이캐스팅 1종D	MDC1D	MaAl9Zn1(A)	AZ91D	내식성이 우수하다. 그 외는 1종B와 동등	
마그네슘합금 다이캐스팅 2종B	MDC2B	MaAl6Mn	AM60B	강도와 주조성은 1종에 비해 다소 떨어지나 연신율과 인성이 우수하다.	자동차 부품(에어백 하우징 등), 레저 및 스포츠 용품
마그네슘합금 다이캐스팅 3종B	MDC3B	MaAl4Si	AS41B	고온 강도가 좋다. 주조성이 약간 떨어진다.	자동차 내열용 부품
마그네슘합금 다이캐스팅 4종	MDC4	MaAl5Mn	AM50A	강도와 주조성은 1종에 비해 다소 떨어지나 연신율과 인성이 우수하다.	자동차 부품(시트 프레임, 스티어링 컬럼부품, 스티어링 휠코어 등), 레저 및 스포츠 용품
마그네슘합금 다이캐스팅 5종	MDC5	MaAl2Mn	AM20A	강도와 주조성은 떨어지나 연신율과 인성이 우수하다.	자동차 부품
마그네슘합금 다이캐스팅 6종	MDC6	MaAl2Si	AS21A	고온 강도가 좋다. 주조성이 떨어진다.	자동차 내열용 부품

■ 화학 성분

종류	기호	화학 성분 (질량%)								
		Al	Zn	Mn	Si	Cu	Ni	Fe	기타 각 불순물	Mg
1종B	MDC1B	8.3~9.7	0.35~1.0	0.13~0.50	0.50 이하	0.35 이하	0.03 이하	0.03 이하	0.05 이하	나머지
1종D	MDC1D	8.3~9.7	0.35~1.0	0.15~0.50	0.10 이하	0.030 이하	0.002 이하	0.005 이하	0.01 이하	나머지
2종B	MDC2B	5.5~6.5	0.30 이하	0.24~0.6	0.10 이하	0.010 이하	0.002 이하	0.005 이하	0.01 이하	나머지
3종B	MDC3B	3.5~5.0	0.20 이하	0.35~0.7	0.50~1.5	0.02 이하	0.002 이하	0.003 5 이하	0.01 이하	나머지
4종	MDC4	4.4~5.3	0.30 이하	0.26~0.6	0.10 이하	0.010 이하	0.002 이하	0.004 이하	0.01 이하	나머지
5종	MDC5	1.6~2.5	0.20 이하	0.33~0.70	0.08 이하	0.008 이하	0.001 이하	0.004 이하	0.01 이하	나머지
6종	MDC6	1.8~2.5	0.20 이하	0.18~0.70	0.7~1.2	0.008 이하	0.001 이하	0.004 이하	0.01 이하	나머지

■ 마그네슘합금 다이캐스팅의 기계적 성질

기호	기호 및 질별 기호	인장 시험			브리넬 경도
		인장 강도 MPa	항복 강도 MPa	연신율 %	HBW
MDC1D	MDC1D-F	200~260	140~170	1~9	65~85
MDC2B	MDC2B-F	190~250	120~150	4~18	55~70
MDC3B	MDC3B-F	200~250	120~150	3~12	55~80
MDC4	MDC4-F	180~230	110~130	5~20	50~65
MDC5	MDC5-F	150~220	80~100	8~25	40~55
MDC6	MDC6-F	179~230	110~130	4~14	50~70

7. 경연 주물 KS D 6018 : 1992(2017 확인)

■ 종류 및 기호

종 류	기 호
8 종	HPbC 8
10 종	HPbC 10

■ 화학 성분 및 기계적 성질

종류	화학 성분 %					인장 시험		경도 시험 HB (10/100)
	Pb	Sb	Cu	Sn	Bi 및 기타 불순물	인장강도 N/mm² (kgf/mm²)	연신율 %	
8 종	나머지	7.5~8.5	0.20 이하	0.50 이하	0.10 이하	49{5} 이상	20 이상	14.0 이상
10 종	나머지	9.5~10.5	0.20 이하	0.50 이하	0.10 이하	50{5.1} 이상	19 이상	14.5 이상

8. 니켈 및 니켈합금 주물 KS D 6023 : 2002(2007 확인)

■ 종류 및 기호

종류	기호	참고
		용도 보기
니켈 주물	NC	수산화나트륨, 탄산나트륨 및 염화암모늄을 취급하는 제조장치의 밸브 · 펌프 등
니켈-구리합금 주물	NCuC	해수 및 염수, 중성염, 알칼리염 및 플루오르산을 취급하는 화학 제조 장치의 밸브 · 펌프 등
니켈-몰리브덴합금 주물	NMC	염소, 황산 인산, 아세트산 및 염화수소가스를 취급하는 제조 장치의 밸브 · 펌프 등
니켈-몰리브덴-크롬합금 주물	NMCrC	산화성산, 플루오르산, 포름산 무수아세트산, 해수 및 염수를 취급하는 제조 장치의 밸브 등
니켈-크롬-철합금 주물	NCrFC	질산, 지방산, 암모늄수 및 염화성 약품을 취급하는 화학 및 식품 제조 장치의 밸브 등

■ 화학 성분

단위 : %

종류	Ni	Cu	Fe	Mn	C	Si	S	Cr	P	Mo	V	W
니켈 주물	95.0 이상	1.25 이하	3.00 이하	1.50 이하	1.00 이하	2.00 이하	0.030 이하	–	0.030 이하	–	–	–
니켈-구리합금 주물	나머지	26.0~33.0	3.50 이하	1.50 이하	0.35 이하	1.25 이하	0.030 이하	–	0.030 이하	–	–	–
니켈-몰리브덴합금 주물	나머지	–	4.0~6.0	1.00 이하	0.12 이하	1.00 이하	0.030 이하	1.00 이하	0.040 이하	26.0~30.0	0.20~0.60	–
니켈-몰리브덴-크롬합금 주물	나머지	–	4.5~7.5	1.00 이하	0.12 이하	1.00 이하	0.030 이하	15.5~17.5	0.040 이하	16.0~18.0	0.20~0.40	3.75~5.25
니켈-크롬-철합금 주물	나머지	–	11.0 이하	1.50 이하	0.40 이하	3.00 이하	0.030 이하	14.0~17.0	0.030 이하	–	–	–

■ 기계적 성질

종류	질별	종류 및 질별의 기호	인장강도 N/mm^2	0.2% 항복 강도 N/mm^2	연신율 %
니켈 주물	주조한 그대로	NC-F	345 이상	125 이상	10 이상
니켈-구리합금 주물	주조한 그대로	NCuC-F	450 이상	170 이상	25 이상
니켈-몰리브덴합금 주물	용체화 처리 (1095℃ 이상에서 급냉)	NMC-S	525 이상	275 이상	6 이상
니켈-몰리브덴-크롬합금 주물	용체화 처리 (1175℃ 이상에서 급냉)	NMCrC-S	495 이상	275 이상	4 이상
니켈-크롬-철합금 주물	주조한 그대로	NCrFC-F	485 이상	195 이상	10 이상

9. 구리 및 구리합금 주물 KS D 6024 : 2009

■ 종류 및 기호

종류	기호 (구기호/ UNS No.)	합금계	주조법의 구분	참고	
				합금의 특징	용도 보기
구리 주물 1종	CAC101 (CuC1)	Cu계	사형 주조 금형 주조 원심 주조 정밀 주조	주조성이 좋다. 도전성, 열전도성 및 기계적 성질이 좋다.	송풍구, 대송풍구, 냉각판, 열풍 밸브, 전극 홀더, 일반 기계 부품 등
구리 주물 2종	CAC102 (CuC2)	Cu계		CAC101보다 도전성 및 열전도성이 좋다.	송풍구, 전기용 터미널, 분기 슬리브, 콘택트, 도체, 일반 전기 부품 등
구리 주물 3종	CAC103 (CuC3)	Cu계		구리 주물 중에서는 도전성 및 열전도성이 가장 좋다.	전로용 랜스 노즐, 전기용 터미널, 분기 슬리브, 통전 서포트, 도체, 일반 전기 부품 등
황동 주물 1종	CAC201 (YBsC1)	Cu-Zn계		납땜하기 쉽다.	플랜지류, 전기 부품, 장식용품 등
황동 주물 2종	CAC202 (YBsC2)	Cu-Zn계		황동 주물 중에서 비교적 주조가 용이하다.	전기 부품, 제기 부품, 일반 기계 부품 등
황동 주물 3종	CAC203 (YBsC3)	Cu-Zn계		CAC202보다도 기계적 성질이 좋다.	급배수 쇠붙이, 전기 부품, 건축용 쇠붙이, 일반기계 부품, 일용품, 잡화품 등
황동 주물 4종	CAC204 (C85200)	Cu-Zn계	사형 주조 금형 주조	기계적 성질이 좋다.	일반 기계 부품, 일용품, 잡화품 등
고력 황동 주물 1종	CAC301 (HBsC1)	Cu-Zn-Mn-Fe-Al계	사형 주조 금형 주조 원심 주조 정밀 주조	강도, 경도가 높고 내식성, 인성이 좋다.	선박용 프로펠러, 프로펠러 보닛, 베어링, 밸브 시트, 밸브봉, 베어링 유지기, 레버암, 기어, 선박용 의장품 등
고력 황동 주물 2종	CAC302 (HBsC2)	Cu-Zn-Mn-Fe-Al계		강도가 높고 내마모성이 좋다. 경도는 CAC301보다 높고 강성이 있다.	선박용 프로펠러, 베어링, 베어링 유지기, 슬리퍼, 엔드 플레이트, 밸브 시트, 밸브봉, 특수 실린더, 일반 기계 부품 등
고력 황동 주물 3종	CAC303 (HBsC3)	Cu-Zn-Al-Mn-Fe계		특히 강도, 경도가 높고 고하중의 경우에도 내마모성이 좋다.	저속 고하중의 미끄럼 부품, 대형 밸브, 스템, 부시, 웜 기어, 슬리퍼, 캠, 수압 실린더 부품 등
고력 황동 주물 4종	CAC304 (HBsC4)	Cu-Zn-Al-Mn-Fe계	사형 주조 금형 주조 원심 주조 정밀 주조	고력 황동 주물 중에서 특히 강도, 경도가 높고 고하중의 경우에도 내마모성이 좋다.	저속 고하중의 미끄럼 부품, 교량용 지지판, 베어링, 부시, 너트, 웜 기어, 내마모판 등

종류	기호 (구기호/ UNS No.)	합금계	주조법의 구분	참고	
				합금의 특징	용도 보기
청동 주물 1종	CAC401 (BC1)	Cu-Zn- Pb-Sn계	사형 주조 금형 주조 원심 주조 정밀 주조	용탕 흐름, 피삭성이 좋다.	베어링, 명판, 일반 기계 부품 등
청동 주물 2종	CAC402 (BC2)	Cu-Zn- Sn계		내압성, 내마모성, 내식성이 좋고 기계적 성질도 좋다.	베어링, 슬리브, 부시, 펌프 몸체, 임펠러, 밸브, 기어, 선박용 둥근 창, 전동기기 부품 등
청동 주물 3종	CAC403 (BC3)	Cu-Zn- Sn계	사형 주조 금형 주조 원심 주조 정밀 주조	내압성, 내마모성, 기계적 성질이 좋고 내식성이 CAC402보다도 좋다.	베어링, 슬리브, 부싱, 펌프, 몸체 임펠러, 밸브, 기어, 선박용 둥근 창, 전동기기 부품, 일반 기계 부품 등
청동 주물 6종	CAC406 (BC6)	Cu-Sn- Zn-Pb계		내압성, 내마모성, 피삭성, 주조성이 좋다.	밸브, 펌프 몸체, 임펠러, 급수 밸브, 베어링, 슬리브, 부싱, 일반 기계 부품, 경관 주물, 미술 주물 등
청동 주물 7종	CAC407 (BC7)	Cu-Sn- Zn-Pb계		기계적 성질이 CAC406보다 좋다.	베어링, 소형 펌프 부품, 밸브, 연료 펌프, 일반 기계 부품 등
청동 주물 8종(함연 단동)	CAC408 (C83800)	Cu-Sn- Pb-Zn계	사형 주조 금형 주조 원심 주조	내마모성, 피삭성이 좋다(일반용 쾌삭 청동).	저압 밸브, 파이프 연결구, 일반 기계 부품 등
청동 주물 9종	CAC409 (C92300)	Cu-Sn- Zn계	사형 주조 금형 주조 원심 주조	기계적 성질이 좋고, 가공성 및 완전성이 좋다.	포금용, 베어링 등
인청동 주물 2종 A	CAC502A (PBC2)	Cu-Sn- P계	사형 주조 원심 주조 정밀 주조	내식성, 내마모성이 좋다.	기어, 웜 기어, 베어링, 부싱, 슬리브, 임펠러, 일반 기계 부품 등
인청동 주물 2종 B	CAC502B (PBC2B)	Cu-Sn- P계	금형 주조 원심 주조(1)		
인청동 주물 3종 A	CAC503A	Cu-Sn- P계	사형 주조 원심 주조 정밀 주조	경도가 높고 내마모성이 좋다.	미끄럼 부품, 유압 실린더, 슬리브, 기어, 제지용 각종 롤러 등
인청동 주물 3종 B	CAC503B (PBC3B)	Cu-Sn- P계	금형 주조 원심 주조(1)	경도가 높고 내마모성이 좋다.	미끄럼 부품, 유압 실린더, 슬리브, 기어, 제지용 각종 롤러 등
납청동 주물 2종	CAC602 (LBC2)	Cu-Sn- Pb계	사형 주조 금형 주조 원심 주조 정밀 주조	내압성, 내마모성이 좋다.	중고속 · 고하중용 베어링, 실린더, 밸브 등
납청동 주물 3종	CAC603 (LBC3)	Cu-Sn- Pb계	사형 주조 금형 주조 원심 주조 정밀 주조	면압이 높은 베어링에 적합하고 친밀성이 좋다.	중고속 · 고하중용 베어링, 대형 엔진용 베어링
납청동 주물 4종	CAC604 (LBC4)	Cu-Sn- Pb계		CAC603보다 친밀성이 좋다.	중고속 · 중하중용 베어링, 차량용 베어링, 화이트 메탈의 뒤판 등
납청동 주물 5종	CAC605 (LBC5)	Cu-Sn- Pb계		납청동 주물 중에서 친밀성, 내소부성이 특히 좋다.	중고속 · 저하중용 베어링, 엔진용 베어링 등
납청동 주물 6종	CAC606 (C94300)	Cu-Sn- Pb계	사형 주조 금형 주조 원심 주조	불규칙한 운동 또는 불완전한 끼움으로 인하여 베어링 메탈이 다소 변형되지 않으면 안 될 곳에 사용되는 베어링 라이너용.	경하중 고속용 부싱, 베어링, 철도용 차량, 파쇄기, 콘베어링 등
납청동 주물 7종	CAC607 (C93200)	Cu-Sn- Pb-Zn계		강도, 경도 및 내충격성이 좋다.	일반 베어링, 병기용 부싱 및 연결구, 중하중용 정밀 베어링, 조립식 베어링 등
납청동 주물 8종	CAC608 (C93500)	Cu-Sn- Pb계		경하중 고속용	경하중 고속용 베어링, 일반 기계 부품 등

종류	기호 (구기호/ UNS No.)	합금계	주조법의 구분	참고	
				합금의 특징	용도 보기
알루미늄 청동 주물 1종	CAC701 (AlBC1)	Cu−Al− Fe− Ni−Mn계	사형 주조 금형 주조 원심 주조 정밀 주조	강도, 인성이 높고 굽힘에도 강하다. 내식성, 내열성, 내마모성, 저온 특성이 좋다.	내산 펌프, 베어링, 부싱, 기어, 밸브 시트, 플런저, 제지용 롤러 등
알루미늄 청동 주물 2종	CAC702 (AlBC2)	Cu−Al− Fe−Ni− Mn계		강도가 높고 내식성, 내마모성이 좋다.	선박용 소형 프로펠러, 베어링, 기어, 부싱, 밸브 시트, 임펠러, 볼트 너트, 안전 공구, 스테인리스강용 베어링 등
알루미늄 청동 주물 3종	CAC703 (AlBC3)	Cu−Al− Fe−Ni− Mn계		대형 주물에 적합하고 강도가 특히 높고 내식성, 내마모성이 좋다.	선박용 프로펠러, 임펠러, 밸브, 기어, 펌프 부품, 화학 공업용 기기 부품, 스테인리스강용 베어링, 식품 가공용 기계 부품 등
알루미늄 청동 주물 4종	CAC704 (AlBC4)	Cu−Al− Fe−Ni− Mn계		단순 모양의 대형 주물에 적합하고 강도가 특히 높고 내식성, 내마모성이 좋다.	선박용 프로펠러, 슬리브, 기어, 화학용 기기 부품 등
알루미늄 청동 주물 5종	CAC705 (C95500)	Cu−Al− Fe−Ni계	사형 주조 금형 주조 원심 주조	신뢰도가 높고 강도가 크며 경도는 망간 청동과 같으며, 내식성 및 내피로도가 우수하다. 고온에서도 내마모성이 좋다. 용접성이 좋지 않다.	중하중을 받는 총포 슬라이드 및 지지부, 기어, 부싱, 베어링, 프로펠러 날개 및 허브, 라이너 베어링 플레이트용 등
알루미늄 청동 주물 6종	CAC706 (C95300)	Cu−Al− Fe계		신뢰도가 높고 강도가 크며 경도는 망간 청동과 같으며, 내식성 및 내피로도가 우수하다. 고온에서도 내마모성이 좋다. 용접성이 좋지 않다.	중하중을 받는 총포 슬라이드 및 지지부, 기어, 부싱, 베어링, 프로펠러 날개 및 허브, 라이너 베어링 플레이트용 등
실리콘 청동 주물 1종	CAC801 (SzBC1)	Cu−Si− Zn계	사형 주조 금형 주조 원심 주조 정밀 주조	용탕 흐름이 좋다. 어닐링 취성이 적다. 강도가 높고 내식성이 좋다.	선박용 의장품, 베어링, 기어 등
실리콘 청동 주물 2종	CAC802 (SzBC2)	Cu−Si− Zn계		CAC801보다 강도가 높다.	선박용 의장품, 베어링, 기어, 보트용 프로펠러 등
실리콘 청동 주물 3종	CAC803 (SzBC3)	Cu−Si− Zn계		용탕 흐름이 좋다. 어닐링 취성이 적다. 강도가 높고 내식성이 좋다.	선박용 의장품, 베어링, 기어 등
실리콘 청동 주물 4종	CAC804 (C87610)	Cu−Si− Zn계	사형 주조 금형 주조	강도와 인성이 크고 내식성이 좋으며, 완전하고 균질한 주물이 필요한 곳에 사용	선박용 의장품, 베어링, 기어 등
실리콘 청동 주물 5종	CAC805	Cu−Si− Zn계	사형 주조 금형 주조 원심 주조 정밀 주조	납 용출량은 거의 없다. 유동성이 좋다. 강도, 연신율이 높고 내식성도 양호하다. 피삭성은 CAC406보다 낮다.	급수장치 기구류(수도미터, 밸브류, 이음류, 수전 밸브 등)
니켈 주석 청동 주물 1종	CAC901 (C94700)	Cu−Sn− Ni계 (88−5−0 −2−5)	사형 주조 금형 주조	강도가 크고 내염수성이 좋다.	팽창부 연결품, 관 이음쇠, 기어 볼트, 너트, 펌프 피스톤, 부싱, 베어링 등
니켈 주석 청동 주물 2종	CAC902 (C94800)	Cu−Sn− Ni계		CAC901보다 강도는 낮고 절삭성은 더 좋다.	팽창부 연결품, 관 이음쇠, 기어 볼트, 너트, 펌프 피스톤, 부싱, 베어링 등

종류	기호 (구기호/ UNS No.)	합금계	주조법의 구분	참고	
				합금의 특징	용도 보기
베릴륨 동 주물 3종	CAC903 (82000)	Cu-Be계	사형 주조 금형 주조	전기 전도도가 좋고 적당한 강도 및 경도가 좋다.	스위치 및 스위치 기어, 단로기, 전도 장치 등
베릴륨 청동 주물 4종	CAC904 (C82500)	Cu-Be계		높은 강도와 함께 우수한 내식성 및 내마모성이 좋다.	부싱, 캠, 베어링, 기어, 안전 공구 등
베릴륨 청동 주물 5종	CAC905 (C82600)	Cu-Be계		높은 경도와 최대의 강도	높은 경도와 최대의 강도가 요구되는 부품 등
베릴륨 청동 주물 6종	CAC906 (C82800)	Cu-Be계		높은 인장 강도 및 내력과 함께 최대의 경도	높은 인장 강도 및 내력과 함께 최대의 경도가 요구되는 부품 등

■ 화학 성분

단위 : %

구분	주요 성분										잔여 성분									
기호 (구기호)	Cu	Sn	Pb	Zn	Fe	Ni	P	Al	Mn	Si	Sn	Pb	Zn	Fe	Sb	Ni	P	Al	Mn	Si
CAC101 (CuC1)	99.5 이상	-	-	-	-	-	-	-	-	-	0.4	-	-	-	-	-	0.07	-	-	-
CAC102 (CuC2)	99.7 이상	-	-	-	-	-	-	-	-	-	0.2	-	-	-	-	-	0.07	-	-	-
CAC103 (CuC3)	99.9 이상	-	-	-	-	-	-	-	-	-	-	-	-	-	-	-	0.04	-	-	-

구분	주요 성분										잔여 성분											
기호 (구기호)	Cu	Sn	Pb	Zn	Fe	Ni	P	Al	Mn	Si	Sn	Pb	Zn	Fe	Sb	Ni	P	Al	Se	Mn	Si	Bi
CAC201 (YBsC1)	83.0~ 88.0	-	-	11.0~ 17.0	-	-	-	-	-	-	0.1	0.5 (2)	-	0.2	-	0.2	-	0.2	-	-	-	-
CAC202 (YBsC2)	65.0~ 70.0	-	0.5~ 3.0	24.0~ 34.0	-	-	-	-	-	-	1.0	-	-	0.8	-	1.0	-	0.5	-	-	-	-
CAC203 (YBsC3)	58.0~ 64.0	-	0.5~ 3.0	30.0~ 41.0	-	-	-	-	-	-	1.0	-	-	0.8	-	1.0	-	0.5	-	-	-	-
CAC204 (C85200)	70.0~ 74.0	0.7~ 2.0	1.5~ 3.8	20.0~ 27.0	-	-	-	-	-	-	-	-	-	0.6	0.20	1.0	0.02	0.005	-	-	0.05	-
CAC301 (HBsC1)	55.0~ 60.0	-	-	33.0~ 42.0	0.5~ 1.5	-	-	0.5~ 1.5	0.1~ 1.5	-	1.0	0.4	-	-	-	1.0	-	-	-	-	0.1	-
CAC302 (HBsC2)	55.0~ 60.0	-	-	30.0~ 42.0	0.5~ 2.0	-	-	0.5~ 2.0	0.1~ 3.5	-	1.0	0.4	-	-	-	1.0	-	-	-	-	0.1	-
CAC303 (HBsC3)	60.0~ 65.0	-	-	22.0~ 28.0	2.0~ 4.0	-	-	3.0~ 5.0	2.5~ 5.0	-	0.5	0.2	-	-	-	0.5	-	-	-	-	0.1	-
CAC304 (HBsC4)	60.0~ 65.0	-	-	22.0~ 28.0	2.0~ 4.0	-	-	5.0~ 7.5	2.5~ 5.0	-	0.2	0.2	-	-	-	0.5	-	-	-	-	0.1	-
CAC401 (BC1)	79.0~ 83.0	2.0~ 4.0	3.0~ 7.0	8.0~ 12.0	-	-	-	-	-	-	-	-	-	0.35	0.2	1.0	0.05 (3)	0.01	-	-	0.01	-
CAC402 (BC2)	86.0~ 90.0	7.0~ 9.0	-	3.0~ 5.0	-	-	-	-	-	-	-	1.0	-	0.2	0.2	1.0	0.05 (3)	0.01	-	-	0.01	-
CAC403 (BC3)	86.5~ 89.5	9.0~ 11.0	-	1.0~ 3.0	-	-	-	-	-	-	-	1.0	-	0.2	0.2	1.0	0.05 (3)	0.01	-	-	0.01	-

구분	주요 성분										잔여 성분											
기호 (구기호)	Cu	Sn	Pb	Zn	Fe	Ni	P	Al	Mn	Si	Sn	Pb	Zn	Fe	Sb	Ni	P	Al	Se	Mn	Si	Bi
CAC406 (BC6)	83.0~87.0	4.0~6.0	4.0~6.0	4.0~6.0	–	–	–	–	–	–	–	–	–	0.3	0.2	1.0	0.05 (3)	0.01	–	–	0.01	–
CAC407 (BC7)	86.0~96.0	5.0~7.0	1.0~3.0	3.0~5.0	–	–	–	–	–	–	–	–	–	0.2	0.2	1.0	0.05 (3)	0.01	–	–	0.01	–
CAC201 (YBsC1)	83.0~88.0	–	–	11.0~17.0	–	–	–	–	–	–	0.1	0.5(2)	–	0.2	–	0.2	–	0.2	–	–	–	–
CAC202 (YBsC2)	65.0~70.0	–	0.5~3.0	24.0~34.0	–	–	–	–	–	–	1.0	–	–	0.8	–	1.0	–	0.5	–	–	–	–
CAC203 (YBsC3)	58.0~64.0	–	0.5~3.0	30.0~41.0	–	–	–	–	–	–	1.0	–	–	0.8	–	1.0	–	0.5	–	–	–	–
CAC204 (C85200)	70.0~74.0	0.7~2.0	1.5~3.8	20.0~27.0	–	–	–	–	–	–	–	–	–	0.6	0.20	1.0	0.02	0.005	–	–	0.05	–
CAC301 (HBsC1)	55.0~60.0	–	–	33.0~42.0	0.5~1.5	–	–	0.5~1.5	0.1~1.5	–	1.0	0.4	–	–	–	1.0	–	–	–	–	0.1	–
CAC302 (HBsC2)	55.0~60.0	–	–	30.0~42.0	0.5~2.0	–	–	0.5~2.0	0.1~3.5	–	1.0	0.4	–	–	–	1.0	–	–	–	–	0.1	–
CAC303 (HBsC3)	60.0~65.0	–	–	22.0~28.0	2.0~4.0	–	–	3.0~5.0	2.5~5.0	–	0.5	0.2	–	–	–	0.5	–	–	–	–	0.1	–
CAC304 (HBsC4)	60.0~65.0	–	–	22.0~28.0	2.0~4.0	–	–	5.0~7.5	2.5~5.0	–	0.2	0.2	–	–	–	0.5	–	–	–	–	0.1	–
CAC401 (BC1)	79.0~83.0	2.0~4.0	3.0~7.0	8.0~12.0	–	–	–	–	–	–	–	–	–	0.35	0.2	1.0	0.05 (3)	0.01	–	–	0.01	–
CAC402 (BC2)	86.0~90.0	7.0~9.0	–	3.0~5.0	–	–	–	–	–	–	–	1.0	–	0.2	0.2	1.0	0.05 (3)	0.01	–	–	0.01	–
CAC403 (BC3)	86.5~89.5	9.0~11.0	–	1.0~3.0	–	–	–	–	–	–	–	1.0	–	0.2	0.2	1.0	0.05 (3)	0.01	–	–	0.01	–
CAC406 (BC6)	83.0~87.0	4.0~6.0	4.0~6.0	4.0~6.0	–	–	–	–	–	–	–	–	–	0.3	0.2	1.0	0.05 (3)	0.01	–	–	0.01	–
CAC407 (BC7)	86.0~96.0	5.0~7.0	1.0~3.0	3.0~5.0	–	–	–	–	–	–	–	–	–	0.2	0.2	1.0	0.05 (3)	0.01	–	–	0.01	–
CAC608 (C93500)	83.0~86.0	4.3~6.0	8.0~10.0	2.0	–	1.0	–	–	–	–	–	–	–	0.2	0.3	–	–	–	–	–	–	–
CAC701 (AlBC1)	85.0~90.0	–	–	–	1.0~3.0	0.1~1.0	–	8.0~10.0	0.1~1.0	–	0.1	0.1	0.5	–	–	–	–	–	–	–	–	–
CAC702 AlBC2)	80.0~88.0	–	–	–	2.5~5.0	1.0~3.0	–	8.0~10.5	0.1~1.5	–	0.1	0.1	0.5	–	–	–	–	–	–	–	–	–
CAC703 (AlBC3)	78.0~85.0	–	–	–	3.0~6.0	3.0~6.0	–	8.5~10.5	0.1~1.5	–	0.1	0.1	0.5	–	–	–	–	–	–	–	–	–
CAC704 (AlBC4)	71.0~84.0	–	–	–	2.0~5.0	1.0~4.0	–	6.0~9.0	7.0~15.0	–	0.1	0.1	0.5	–	–	–	–	–	–	–	–	–
CAC705 (C95500)	78.0 이상	–	–	–	3.0~5.0	3.0~5.5	–	10.0~11.5	–	–	–	–	–	–	–	–	–	–	–	3.5 이하	–	–
CAC706 (C95300)	86.0 이상	–	–	–	0.8~1.5	–	–	9.0~11.0	–	–	–	–	–	–	–	–	–	–	–	–	–	–
CAC801 (SzBC1)	84.0~88.0	–	–	9.0~11.0	–	–	–	–	–	3.5~4.5	–	0.1	–	–	–	–	–	0.5	–	–	–	–
CAC802 (SzBC2)	78.5~82.5	–	–	14.0~16.0	–	–	–	–	–	4.0~5.0	–	0.3	–	–	–	–	–	0.3	–	–	–	–
CAC803 (SzBC3)	80.0~84.0	–	–	13.0~15.0	–	–	–	–	–	3.2~4.2	–	0.2	–	0.3	–	–	–	0.3	–	0.2	–	–

구분	주요 성분										잔여 성분											
기호(구기호)	Cu	Sn	Pb	Zn	Fe	Ni	P	Al	Mn	Si	Sn	Pb	Zn	Fe	Sb	Ni	P	Al	Se	Mn	Si	Bi
CAC804 (C87610)	90.0 이상	–	0.20	3.0~5.0	–	–	–	–	–	3.0~5.0	–	–	–	0.2	–	–	–	–	–	0.25	–	–
CAC805	74.0~78.0	–	–	18.0~22.5	–	–	–	0.05~0.2	–	2.7~3.4	0.6	0.25 (2)	–	0.2	0.1	0.2	–	–	0.1	0.1	–	0.2
CAC901 (C94700)	85.0~90.0	4.5~6.0	0.1	1.0~2.5	–	4.5~6.0	–	–	–	–	–	–	–	0.25	0.15	–	0.05	0.005	–	0.2	0.005	–
CAC902 (C94800)	84.0~89.0	4.5~6.0	0.3~1.0	1.0~2.5	–	4.5~6.0	–	–	–	–	–	–	–	0.25	0.15	–	0.05	0.005	–	0.2	0.005	–

구분	주요 성분									잔여 성분											
기호(구기호)	Cu	Sn	Zn	Be	Co	Si	Ni	Bi	Se	Pb	Fe	Si	Zn	Cr	Pb	Al	Sn	Se	Sb	Ni	P
CAC903 (C82000)	나머지	–	–	0.45~0.80	2.40~2.70	–	0.20	–	–	–	0.10	0.15	0.10	0.10	0.02	0.10	0.10	–	–	–	–
CAC904 (C82500)	나머지	–	–	1.90~2.25	0.35~0.70	0.20~0.35	0.20	–	–	–	0.25	–	0.10	0.10	0.02	0.10	0.10	–	–	–	–
CAC905 (C82600)	나머지	–	–	2.25~2.55	0.35~0.65	0.20~0.35	0.20	–	–	–	0.25	–	0.10	0.10	0.02	0.10	0.10	–	–	–	–
CAC906 (C82800)	나머지	–	–	2.50~2.85	0.35~0.70	0.20~0.35	0.20	–	–	–	0.25	–	0.10	0.10	0.02	0.10	0.10	–	–	–	–

■ 기계적 성질 · 전기적 성질

기호(구기호)	도전율 시험	인장 시험		경도 시험	참고	
					인장 시험	경도 시험
	도전율 % IACS	인장 강도 N/mm^2	연신율 %	브리넬 경도 HBW	0.2% 항복 강도 N/mm^2	브리넬 경도 HBW
CAC101(CuC1)	50이상	175 이상	35 이상	35 이상(10/500)	–	–
CAC102(CuC2)	60이상	155 이상	35 이상	33 이상(10/500)	–	–
CAC103(CuC3)	80이상	135 이상	40 이상	30 이상(10/500)	–	–
CAC201(YBsC1)	–	145 이상	25 이상	–	–	–
CAC202(YBsC2)	–	195 이상	20 이상	–	–	–
CAC203(YBsC3)	–	245 이상	20 이상	–	–	–
CAC204(C85200)	–	241 이상	25 이상	–	83 이상	–
CAC301(HBsC1)	–	430 이상	20 이상	–	140 이상	90 이상 (10/1 000)
CAC302(HBsC2)	–	490 이상	18 이상	–	175 이상	100 이상 (10/1 000)
CAC303(HBsC3)	–	635 이상	15 이상	165 이상(10/3 000)	305 이상	–
CAC304(HBsC4)	–	755 이상	12 이상	200 이상(10/3 000)	410 이상	–
CAC401(BC1)	–	165 이상	15 이상	–	–	–
CAC402(BC2)	–	245 이상	20 이상	–	–	–

기호(구기호)	도전율 시험	인장 시험		경도 시험	참고	
					인장 시험	경도 시험
	도전율 % IACS	인장 강도 N/mm^2	연신율 %	브리넬 경도 HBW	0.2% 항복 강도 N/mm^2	브리넬 경도 HBW
CAC403(BC3)	–	245 이상	15 이상	–	–	–
CAC406(BC6)	–	195 이상	15 이상	–	–	–
CAC407(BC7)	–	215 이상	18 이상	–	–	–
CAC408(C83800)	–	207 이상	20 이상	–	90 이상	–
CAC409(C92300)	–	248 이상	18 이상	–	110 이상	–
CAC502A(PBC2)	–	195 이상	5 이상	60 이상(10/1 000)	120 이상	–
CAC502B(PBC2B)	–	295 이상	5 이상	80 이상(10/1 000)	145 이상	–
CAC503A	–	195 이상	1 이상	80 이상(10/1 000)	135 이상	–
CAC503B(PBC3B)	–	265 이상	3 이상	90 이상(10/1 000)	145 이상	–
CAC602(LBC2)	–	195 이상	10 이상	65 이상(10/500)	100 이상	–
CAC603(LBC3)	–	175 이상	7 이상	60 이상(10/500)	80 이상	–
CAC604(LBC4)	–	165 이상	5 이상	55 이상(10/500)	80 이상	–
CAC605(LBC5)	–	145 이상	5 이상	45 이상(10/500)	60 이상	–
CAC606(C94300)	–	165 이상	10 이상	–	–	38 이상(10/500)
CAC607(C93200)	–	207 이상	15 이상	–	97 이상	–
CAC608(C93500)	–	193 이상	15 이상	–	83 이상	–
CAC701(AlBC1)	–	440 이상	25 이상	80 이상(10/1 000)	–	–
CAC702(AlBC2)	–	490 이상	20 이상	120 이상(10/1 000)	–	–
CAC703(AlBC3)	–	590 이상	15 이상	150 이상(10/3 000)	245 이상	–
CAC704(AlBC4)	–	590 이상	15 이상	160 이상(10/3 000)	270 이상	–
CAC705(C95500)	–	620 이상	6 이상	–	275 이상	190 이상(10/3 000)
CAC705HT(C95500)	–	760 이상	5 이상	–	415 이상	200 이상(10/3 000)
CAC706(C95300)	–	450 이상	20 이상	–	170 이상	110 이상(10/3 000)
CAC706HT(C95300)	–	550 이상	12 이상	–	275 이상	160 이상(10/3 000)
CAC801(SzBC1)	–	345 이상	25 이상	–	–	–
CAC802(SzBC2)	–	440 이상	12 이상	–	–	–
CAC803(SzBC3)	–	390 이상	20 이상	–	–	–
CAC804(C87610)	–	310 이상	20 이상	–	124 이상	–
CAC805	–	300 이상	15 이상	–	–	–
CAC901(C94700)	–	310 이상	25 이상	–	138 이상	–
CAC901HT(C94700)	–	517 이상	5 이상	–	345 이상	–
CAC902(C94800)	–	276 이상	20 이상	–	138 이상	–
CAC903(C82000)	–	311 이상	15 이상	–	104 이상	–
CAC903HT(C82000)	–	621 이상	3 이상	–	483 이상	–
CAC904(C82500)	–	518 이상	15 이상	–	276 이상	–
CAC904HT(C82500)	–	1 035 이상	1 이상	–	828 이상	–
CAC905(C82600)	–	552 이상	10 이상	–	311 이상	–
CAC905HT(C82600)	–	1 139 이상	1 이상	–	1 070 이상	–
CAC906HT(C82800)	–	1 139 이상	1/2 이상	–	1 070 이상	–

10. 티타늄 및 티타늄 합금 주물 KS D 6026(폐지)

■ 종류 및 기호

종류	기호	특색 및 용도 예(참고)
2종	TC340	내식성, 특히 내해수성이 좋다. 화학 장치, 석유 정제 장치, 펄프 제지 공업 장치 등
3종	TC480	
12종	TC340Pd	내식성, 특히 내틈새 부식성이 좋다. 화학 장치, 석유 정제 장치, 펄프 제지 공업 장치 등
13종	TC480Pd	
60종	TAC6400	고강도로 내식성이 좋다. 화학 공업, 기계 공업, 수송기기 등의 구조재. 예를 들면 고압 반응조 장치, 고압 수송 장치, 레저용품 등

■ 화학 성분

종류	화학 성분 %									기타	
	H	O	N	Fe	C	Pd	Al	V	Ti	개개	합계
2종	0.015 이하	0.30 이하	0.05 이하	0.25 이하	0.10 이하	–	–	–	나머지	0.1 이하	0.4 이하
3종		0.40 이하	0.07 이하	0.30 이하		–	–	–			
12종		0.30 이하	0.05 이하	0.25 이하		0.12~0.25	–	–			
13종		0.40 이하	0.07 이하	0.30 이하		0.12~0.25	–	–			
60종		0.25 이하	0.05 이하	0.40 이하		–	5.50~6.75	3.50~4.50			

■ 기계적 성질

종류	인장 시험			경도 시험
	인장 강도 N/mm^2	항복 강도 N/mm^2	연신율 %	HBW10/3000 또는 HV30
2종	340 이상	215 이상	15 이상	110~210
3종	480 이상	345 이상	12 이상	150~235
12종	340 이상	215 이상	15 이상	110~210
13종	480 이상	345 이상	12 이상	150~235
60종	895 이상	825 이상	6 이상	365 이하

7-10 보통 치수 공차

1. 주철품의 보통 치수 공차 KS B 0250 : 2000(2015확인) 부속서 1

■ 적용 범위

모래형(정밀 주형 및 여기에 준한 것 제외)에 따른 회 주철품 및 구상 흑연 주철품의 길이 및 살두께의 주조한 대로의 치수의 보통 공차에 대하여 규정한다.

■ 길이의 허용차

단위 : mm

치수의 구분	회 주철품		구상 흑연 주철품	
	정밀급	보통급	정밀급	보통급
120 이하	±1	±1.5	±1.5	±2
120 초과 250 이하	±1.5	±2	±2	±2.5
250 초과 400 이하	±2	±3	±2.5	±3.5
400 초과 800 이하	±3	±4	±4	±5
800 초과 1600 이하	±4	±6	±5	±7
1600 초과 3150 이하	–	±10	–	±10

■ 살두께의 허용차

단위 : mm

치수의 구분	회 주철품		구상 흑연 주철품	
	정밀급	보통급	정밀급	보통급
10 이하	±1	±1.5	±1.2	±2
10 초과 18 이하	±1.5	±2	±1.5	±2.5
18 초과 30 이하	±2	±3	±2	±3
30 초과 50 이하	±2	±3.5	±2.5	±4

2. 주강품의 보통 치수 공차 KS B 0250 : 2000(2015확인) 부속서 2

■ 적용 범위

모래형에 따른 주강품의 길이와, 살두께가 주조된 대로의 치수의 보통 공차에 대하여 규정한다.

■ 길이의 허용차

단위 : mm

치수의 구분	등급		
	정밀급	중급	보통급
120 이하	±1.8	±2.8	±4.5
120 초과 315 이하	±2.5	±4	±6
315 초과 630 이하	±3.5	±5.5	±9
630 초과 1250 이하	±5	±8	±12
1250 초과 2500 이하	±9	±14	±22
2500 초과 5000 이하	–	±20	±35
5000 초과 10000 이하	–	–	±63

■ 살두께의 허용차

단위 : mm

치수의 구분	등급		
	정밀급	중급	보통급
18 이하	±1.4	±2.2	±3.5
18 초과 50 이하	±2	±3	±5
50 초과 120 이하	–	±4.5	±7
120 초과 250 이하	–	±5.5	±9
250 초과 400 이하	–	±7	±11
400 초과 630 이하	–	±9	±14
630 초과 1000 이하	–	–	±18

3. 알루미늄 합금 주물의 보통 치수 공차 KS B 0250 : 2000(2015확인) 부속서 3

■ 적용 범위

모래형(셀형 주물을 포함한다) 및 금형(저압 주조를 포함한다)에 따른 알루미늄합금 주물의 길이 및 살두께의 치수 보통 공차에 대하여 규정한다. 다만 로스트 확스법 등의 정밀 주형에 따른 주물에는 적용하지 않는다.

■ 길이의 허용차

단위 : mm

종류	호칭 치수의 구분	50 이하		50 초과 120 이하		120 초과 250 이하		250 초과 400 이하		400 초과 800 이하		800 초과 1600 이하		1600 초과 3150 이하		(참고)해당공차 등급	
		정밀급	보통급	정밀급	보통급	정밀급	보통급	정밀급	보통급	정밀급	보통급	정밀급	보통급	정밀급	보통급	정밀급	보통급
모래형 주물	틀 분할면을 포함하지 않은 부분	±0.5	±1.1	±0.7	±1.2	±0.9	±1.4	±1.1	±1.8	±1.6	±2.5	–	±4	–	±7	15	16
	틀 분할면을 포함하는 부분	±0.8	±1.5	±1.1	±1.8	±1.4	±2.2	±1.8	±2.8	±2.5	±4.0	–	±6	–	–	16	17
금형 주물	틀 분할면을 포함하지 않은 부분	±0.3	±0.5	±0.45	±0.7	±0.55	±0.9	±0.7	±1.1	±1.0	±1.6	–	–	–	–	14	15
	틀 분할면을 포함하는 부분	±0.5	±0.6	±0.7	±0.8	±0.9	±1.0	±1.1	±1.2	±1.6	±1.8	–	–	–	–	15	15

■ 살두께의 허용차

단위 : mm

종류	주물의 최대 길이	호칭 치수의 구분									
		6 이하		6 초과 10 이하		10 초과 18 이하		18 초과 30 이하		30 초과 50 이하	
		정밀급	보통급	정밀급	보통급	정밀급	보통급	정밀급	보통급	정밀급	보통급
모래형 주물	120 이하	±0.6	±1.2	±0.7	±1.4	±0.8	±1.6	±0.9	±1.8	–	–
	120 초과 250 이하	±0.7	±1.3	±0.8	±1.5	±0.9	±1.7	±1.0	±1.9	±1.2	±2.3
	250 초과 400 이하	±0.8	±1.4	±0.9	±1.6	±1.0	±1.8	±1.1	±2.0	±1.3	±2.4
	400 초과 800 이하	±1.0	±1.6	±1.1	±1.8	±1.2	±2.0	±1.3	±2.2	±1.5	±2.6
금형 주물	120 이하	±0.3	±0.7	±0.4	±0.9	±0.5	±1.1	±0.6	±1.3	–	–
	120 초과 250 이하	±0.4	±0.8	±0.5	±1.0	±0.6	±1.2	±0.7	±1.4	±0.9	±1.8
	250 초과 400 이하	±0.5	±0.9	±0.6	±1.1	±0.7	±1.3	±0.8	±1.5	±1.0	±1.9

4. 다이캐스팅의 보통 치수 공차 KS B 0250 : 2000(2015확인) 부속서 4

■ 적용 범위

아연합금 다이캐스팅, 알루미늄합금 다이캐스팅 등의 주조한 대로의 치수의 보통 공차에 대하여 규정한다.

■ 치수의 허용차

단위 : mm

치수의 구분	고정형 및 가동형으로 만드는 부분			가동 내부로 만드는 부분	
	틀 분할면과 평행 방향 l_1	틀 분할면과 직각 방향 l_2		l_3	
		틀 분할면과 직각 방향의 주물 투영 면적 cm^2		가동 내부의 이동 방향과 직각인 주물 부분의 투영 면적 cm^2	
		600 이하	600 초과 2400 이하	150 이하	150 초과 600 이하
30 이하	±0.25	±0.5	±0.6	±0.5	±0.6
30 초과 50 이하	±0.3	±0.5	±0.6	±0.5	±0.6
50 초과 80 이하	±0.35	±0.6	±0.6	±0.6	±0.6
80 초과 120 이하	±0.45	±0.7	±0.7	±0.7	±0.7
120 초과 180 이하	±0.5	±0.8	±0.8	±0.8	±0.8
180 초과 250 이하	±0.55	±0.9	±0.9	±0.9	±0.9
250 초과 315 이하	±0.6	±1	±1	±1	±1
315 초과 400 이하	±0.7	–	–	–	–
400 초과 500 이하	±0.8	–	–	–	–
500 초과 630 이하	±0.9	–	–	–	–
630 초과 800 이하	±1	–	–	–	–
800 초과 1000 이하	±1.1	–	–	–	–

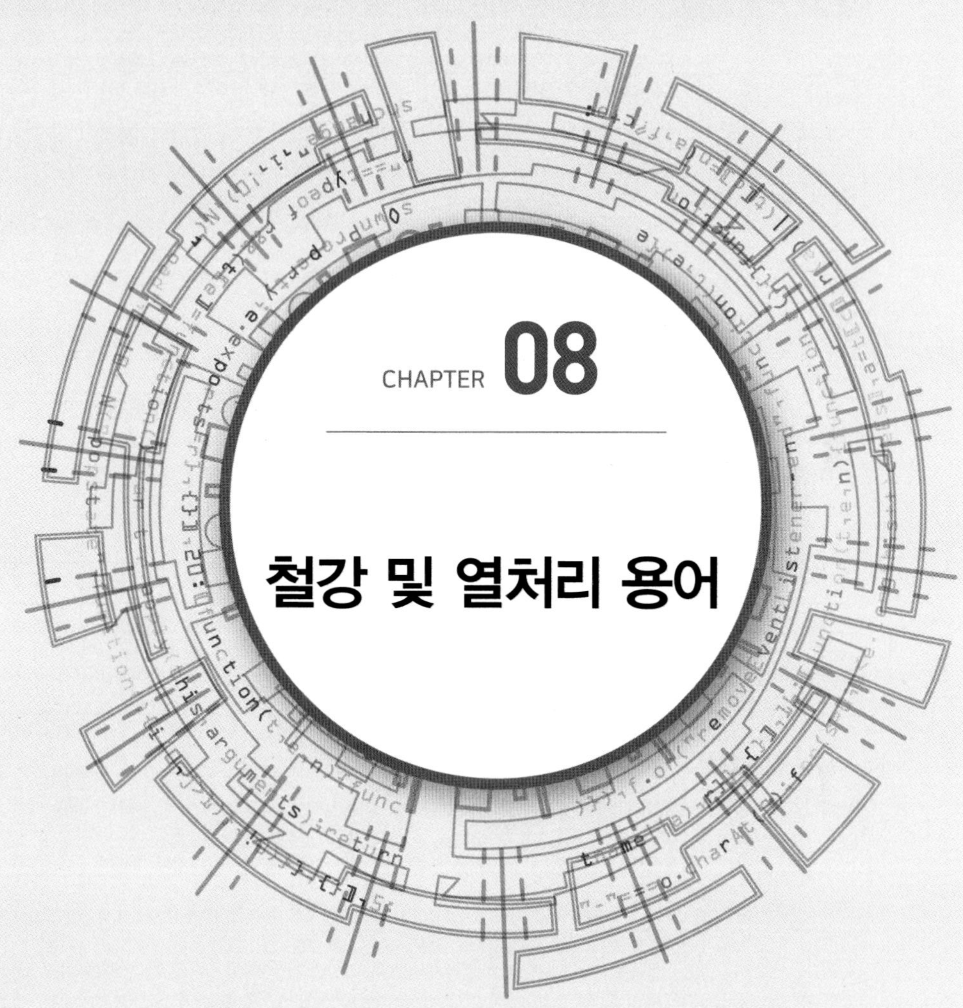

CHAPTER 08

철강 및 열처리 용어

8-1 강의 종류, 조강(粗鋼), 강편 용어 해설 KS D 0041 : 1985 (2017 확인)

<table>
<tr><th>용 어</th><th>뜻</th></tr>
<tr><td>순철 (pure iron)</td><td>탄소, 기타의 불순물 원소가 매우 적은 철. 불순물 원소의 한계에 대한 명확한 구분은 없으나, 탄소 함유량이 0.02% 정도까지를 순철이라고 부르고 있다. 전해철, 암코철, 카아보닐철, 환원철은 순철로서 취급되고 있다.</td></tr>
<tr><td>전해철 (electrolytic iron)</td><td>철염수용액의 전해로서 얻게되는 순철. 보통 함유되는 불순물 원소는 탄소 0.005% 이하, 규소 0.005% 이하, 망간 0.005% 이하, 인 0.004% 이하, 유황 0.005% 이하이다.</td></tr>
<tr><td>탄소강 (carbon steel)</td><td>철과 탄소의 합금으로서 탄소 함유량이 보통 0.02~약 2%의 범위의 강. 또한 소량의 규소, 망간, 인, 유황 등을 함유하는 것이 보통이다. 편의상 탄소 함유량 또는 경도(강도도 포함된다)에 따라서 탄소강은 다시 다음과 같이 분류되는 경우도 있다.
탄소 함유량에 따른 분류 : 저탄소강, 중탄소강, 고탄소강
경도에 따른 분류 : 극연강, 연강, 경강</td></tr>
<tr><td>합금강 (alloy steel)</td><td>강의 성질을 개선, 향상시키기 위하여 또는 소정의 성질을 구비시키기 위하여 합금 원소를 1종 또는 2종 이상 함유시킨 강.
합금원소의 함유량 기준은 ISO와는 약간 다르나, 일본, 관세 · 협력이사회(Customs Co-operation Council)의 분류에서는 화학성분이 다음의 값 이상의 강을 뜻한다.
단위 : %
<table>
<tr><th>합금원소</th><th>함유량</th><th>합금원소</th><th>함유량</th><th>합금원소</th><th>함유량</th></tr>
<tr><td>Al</td><td>0.3</td><td>Mn</td><td>1.65</td><td>W</td><td>0.3</td></tr>
<tr><td>B</td><td>0.0008</td><td>Mo</td><td>0.08</td><td>V</td><td>0.1</td></tr>
<tr><td>Cr</td><td>0.3</td><td>Ni</td><td>0.3</td><td>Zr</td><td>0.05</td></tr>
<tr><td>Co</td><td>0.3</td><td>Nb</td><td>0.06</td><td>기타</td><td>0.1</td></tr>
<tr><td>Cu</td><td>0.4</td><td>Si</td><td>0.6</td><td rowspan="2">(S, P, C, N은 제외)</td><td rowspan="2">–</td></tr>
<tr><td>Pb</td><td>0.4</td><td>Ti</td><td>0.05</td></tr>
</table>
편의상 합금원소 함유량의 다소에 따라서 고합금강 또는 저합금강이라 부르는 수도 있다.</td></tr>
<tr><td>초합금 (super alloy)</td><td>강의 내식성 또는 내열성을 개선하기 위하여, 합금원소를 다량으로 첨가하여, 철분이 약 50% 이하로 되어있는 합금</td></tr>
<tr><td>림드강 (rimmed steel)</td><td>주형내에서 용강 중의 산소와 탄소가 작용하여 일산화탄소를 발생하여, 용강이 특유한 비등교반운동(리밍액숀 이라 함)을 하면서 응고된 강철. 탈산제로서 페로망간, 소량의 알루미늄 등을 가하여 만든 강철.
표층부는 청정하지만 편석이 있다.</td></tr>
<tr><td>캐프드강
(capped steel)</td><td>미탈산의 용강을 주형에 주입한 후, 곧 탈산제를 가하든가 또는 주형에 뚜껑을 하여, 리밍액숀을 조기에 강제적으로 끝마치게 하여 가만히 응고시킨 강철.
전자를 화학적 캐프드강, 후자를 기계적 캐프드강이라 한다. 캐프드강은 표층부를 림드강과 같이 청정한 것으로 함과 아울러 내부를 세미킬드강처럼 편석이 적은 상태로 하고, 또한 기포에 의해서 수축공을 상쇄시키고자 한 것이다.</td></tr>
<tr><td>세미킬드강
(semi-killed steel)</td><td>탈산제로서 페로망간, 페로실리콘, 알루미늄 등의 적당량을 첨가하여 림드강과 킬드강의 중간 정도의 탈산을 시킨 강철.
응고 진행에 따라서 약간의 기포를 발생시켜 응고에 따른 수축공을 적게 한 것이다.</td></tr>
<tr><td>킬드강 (killed steel)</td><td>페로실리콘이나 알루미늄 등으로 충분히 탈산을 한 강철.
주형내에서의 응고진행 중에 일산화탄소를 발생하지 않고 가만히 응고하여, 비교적 균질하며 편석이 적고 기포도 없으나, 윗 부분 중심에 수축공이 생겨 실 수율은 좋지 않다. 킬드강은 또한 결정입도 또는 탈산제에 따라 다음과 같이 분류된다.
1. 결정입도에 의한 분류
조립 킬드강 : 오스테나이트 결정입도로서 입도번호 5미만의 킬드강을 말한다.
세립 킬드강 : 오스테나이트 결정입도로서 입도번호 5이상의 킬드강을 말한다.
2. 탈산제에 의한 분류
실리콘 킬드강, 알루미(늄) 킬드강, 실리콘 알루미(늄) 킬드강</td></tr>
<tr><td>조강(粗鋼, crude steel)</td><td>강괴(연주강편 또는 주편을 포함) 및 주강의 총칭. 통계 용어로서 쓰인다.</td></tr>
<tr><td>강괴 (steel ingots)</td><td>전로, 전기로 등의 제강로에서 정련한 강을 주형에 주입하여 응고시킨 것으로서 압연, 단조, 압출 등의 각 공정에 공급되는 소재.
연속 주조로서 제조되어 분괴공정을 생략하고 다음 공정에 공급되는 것은 연주강편 또는 주편이라고도 하지만, 이것도 강괴에 포함시킨다.</td></tr>
</table>

용 어	뜻
강편 (semi-finished products, slabs, blooms, billets, sheet bars)	강괴로부터 분괴압연기, 강편압연기 또는 열간 단조로서 제조되어 열간압연의 강판, 강대, 선재, 봉강, 형강, 평강 및 시임리스 강관과 주조품의 각 제조 공정에 공급되는 소재. 단면의 모양 및 치수에 따라서 슬래브, 블룸, 빌렛 또는 시트바아라고도 한다. [비고] 연주강편 또는 강편은 "강괴" 참조.
쉐이프트 블룸 (shaped blooms)	특히 대형의 형강, 쉬이트 파일 등의 소재로서 조압연된 특수 모양의 강편. 비임블랭크라고도 한다.
슬래브 (slabs)	단면이 장방형이며, 보통 두께가 50mm를 초과하고, 폭은 두께의 약 2배 이상의 강편, 강판 및 대강의 압연소재로서 사용된다.
블룸 (blooms)	단면이 거의 정방형 또는 긴 변이 짧은 변의 약 2배 이하의 장방형으로, 보통 한 변의 길이가 130mm를 초과하는 강편.
빌렛 (billets)	단면이 거의 정방향이며, 보통 한 변의 길이가 130mm 이하의 강편 또는 단면이 원형인 강편.
시트바 (sheet bars)	단면이 장방향이며, 보통 두께가 45mm 이하, 폭 250mm 정도의 좁고 긴 모양의 강편. 풀 오버(pull over)압연기로서 제조되는 강판의 소재로 사용된다.
주입 주강품 (steel castings as poured)	주형에 용강을 주입하여 응고시킨 형체 그대로의 것. 최종 제품 부분 이외에 탕구, 압탕, 주입구 등이 붙어 있다.
주방 주강품 (steel castings unmachined)	주입 주강품에서 주입구, 압탕 등 제품으로서의 불필요 부분을 제거하여 기계 가공 전의 상태에 있는 것. 주방 주강품은 그대로 출하 또는 자가용으로 되는 것도 있고, 또한 기계 가공을 시행하는 경우도 있다.
타방 단강품 (steel forgings unmachined)	강괴 또는 강편으로부터 소요의 모양으로 단조하여 기계 가공 전의 상태에 있는 것.

비고 탈산(deoxidation)

규소, 망간, 알루미늄 등의 원소를 첨가하여 용강 중에 함유되어 있는 산소를 제거하는 일. 강은 탈산의 정도에 따라서 킬드강, 세미킬드강, 캐프트강, 림드강으로 분류된다.

8-2 강재의 모양별, 제조 방법별 용어 해설

용 어	뜻
강재 (steel products)	압연, 단조, 인발 또는 주조 등의 각종 방법으로(요구되는) 소요의 모양으로 가공된 강철의 총칭. 강괴는 포함하지 않는다.
압연 강재 (rolled steels)	압연기로서 봉강, 선재, 형강, 강판, 강대, 평강 등의 모양으로 성형 가공한 강재
재생 강재 (rerolled steels)	재생용 강설 및 강재 제조 공정 중에 발생하는 강설의 재압연으로서 제조된 강재
봉강 (steel bars)	봉상으로 압연 또는 단조된 강철로서 소정의 길이로 절단된 강재. 단면의 모양은 원형, 정방형, 육각형, 장방형 등 및 특수한 모양을 가진 것(이형 봉강 등)이 있다. 또한 코일상으로 감긴 봉강 코일(바아인 코일)도 봉강에 포함시켜 부를 수도 있다.
원형강 (round bars)	봉상으로 압연 또는 단조된 강철로서 단면의 모양이 원형인 강재
각강 (square bars)	봉상으로 압연 또는 단조된 강철로서 단면의 모양이 정방형인 강재. 단면의 모서리를 둥글게 한 것도 있다.
육각강 (hexagonal bars)	봉상으로 압연 또는 단조된 강철로서 단면의 모양이 육각형인 강재
이형 봉강 (deformed bars)	봉상으로 압연된 강철로서, 콘크리트와의 부착력을 높이기 위하여 단면을 특수한 모양으로 한 강재. 강재 원주 표면에 마디, 기타의 돌기부를 붙인 것과 냉간 비틀림 가공으로 나사모양으로 한 것이 있다.
선재 (wire rods)	봉상으로 열간 압연된 강철로서 코일상으로 감긴 강재. 단면의 모양은 원형, 정방형, 육각형 및 특수한 모양을 갖는 이형 선재 등이 포함된다. 또한 용도에 따라 바아인 코일이라고도 한다.
코일로 된 선재 (bars in coil)	봉상으로 열간 압연된 강철로서 코일상으로 감긴 강재. 단면의 모양은 원형, 정방형, 육각형 등이 포함된다. 또한 용도에 따라 선재라고도 한다.
열간 압연 봉강 (hot rolled steel bars)	보통 약 800℃ 이상 (통상 A_3 변태점 이상)의 고온에서 압연된 봉강. 바안인 코일도 포함하여 부르는 수가 있다.
마봉강 (cold finished steel bars)	강재를 냉간 인발, 연삭, 절삭 또는 이들의 조합으로서 마무리한 봉강. 단면의 모양은 원형, 정방형, 육각형, 장방형 등이 있다.
선 (wires)	선재를 주로 하여 신선 등 냉간가공을 하여 코일상으로 감은 것. 단면의 모양은 원형, 정방형, 육각형, 장방형 및 이형이 있다.
형강 (sections)	ㄱ 형, ㄷ 형, I 형, H 형 등의 단면 모양으로 압연된 강재.
ㄱ 형강 (angles)	단면 모양이 ㄱ 형의 형강. 2변의 길이 및 두께가 각각 같든가 또는 다르든가에 따라서 등변 ㄱ 형강, 부등변 ㄱ 형강, 부등변 부등두께 ㄱ 형강이라 한다.
I 형강 (I sections)	단면 모양이 I 형인 형강
ㄷ 형강 (channels)	단면 모양이 ㄷ 형인 형강
구평형강 (球平形鋼, bulb flats)	평강의 한변 가장자리의 한쪽에 돌기를 붙인 모양의 단면을 가진 형강
H 형강 (H sections)	단면 모양이 H 형인 형강. 보통 유니버설 압연기에 의해 제조되며, 평행하는 각각의 2변이 동일 두께이고, 변의 안쪽면의 경사는 없다. 높이와 변의 관계에 따라 세폭(beam), 중폭(beam) 및 광폭(column)이라 한다.
T 형강 (T sections)	단면 모양이 T 형인 형강. 열간 압연에 의하여 직접 T형의 단면으로 마무리를 한 것과 H 형강의 웹(web)을 절단하여 T형의 단면으로 한 것이 있다. 두가지를 구별할 필요가 있을 경우에는, 후자를 CT형강이라고 한다.
시트 파일 (steel sheet pilings)	양 가장자리에 수밀성의 이음매를 가지며, 물 또는 토양 등의 구획벽을 구성하기 위하여 쓰이는 형강. 단면의 모양에 따라서 U형, Z형, 직선형, H형 시트파일이라 한다. 열간 압연에 의한 시트파일 외에 강관의 이음매 부재를 붙인 강관 시트파일 및 강판을 냉간가공한 간이 시트파일도 있다.
갱틀강 (mining beams)	I형강과 흡사한 단면을 가지고 있으나, 갱도의 지지와 보전에 쓰이기 위하여 토압의 편하중에 견딜 수 있도록 두껍게 되어 있는 형강. 보통 갱도의 단면에 맞추어서 아치형으로 구부려서 쓰인다.
강 샤시바 (steel sash bars)	철강제 창틀의 재료로 되는 형강. 압연에 의한 것 외에 강대를 가공한 경량형강도 쓰인다. 단면 모양의 종류는 매우 많지만, 모두가 벽안에 고정되며, 또한 창문을 지지할 수 있도록 만들어지고 있다.
경량 형강 (light gauge sections)	강판 또는 강대로부터 냉간성형법에 의해 홈형, Z형, ㄱ형, 리브홈형 등의 단면으로 성형된 형강. 또한 H형의 경우는 대강으로 연속적으로 용접하여 성형된다. 보통 간이 시트파일은 경량 형강에 포함시키지 않는다.

용 어	뜻
열간 압연 형강 (hot rolled steel sections)	보통 약 800℃ 이상(통상 A_3 변태점 이상)의 고온에서 압연된 형강
평강 (steel flats)	장방형[부분적으로 요철(凹凸)이 있는 것도 포함]의 단면에 4면이 모두 압연된 강재. 보통 폭이 두께의 2배 이상으로서, 폭의 최대는 두께에 따라 다르나 500mm 정도이다.
이형 평강 (異形平鋼, deformed steel flats, round edged steel flats)	평강의 서로 대하는 짧은 변이 평행이 아니 것. 서로 대하는 짧은 변이 양쪽 모두 원호(圓弧)모양의 것을 둥근모평강이라 한다.
열간 압연 평강 (hot rolled steel flats)	보통 약 800℃ 이상(통상 A_3 변태점 이상)의 고온에서 압연된 평강
강판 (steel plates, steel sheets)	평평하게 열간압연 또는 냉간압연된 강철로서, 평판상으로 절단된 강재. 강대로부터의 자른 판(切板)도 포함한다.
후강판 (steel plates)	열간압연으로 제조된 강판으로서 보통 두께 3.0mm 이상의 것. 특히 3.0mm 이상 6.0mm 미만의 것을 중판, 6.0mm 이상의 것을 후판(厚板)이라고 하는 경우도 있다.
박강판 (steel sheets)	열간 또는 냉간압연으로서 제조된 강판으로 보통 두께 3.0mm 미만의 것. 박판(薄板)이라고도 한다.
무늬 강판 (checkered plates, floor steel plates)	압연롤의 표면에 조작홈을 넣어서 강판의 한쪽면에, 미끄럼 방지 등의 모양을 규칙적으로 부각시킨 강판. 마루용 강판이라고도 한다.
강대 (steel, strip in coil, steel, sheet in coil, steel, plate in coil)	평평하게 열간압연 또는 냉간압연된 강철로서 코일상으로 감긴 강재
열간 압연 강판 (hot rolled steel plates sheet and strip in cut length)	보통 약 800℃ 이상(통상 A_3 변태점 이상)의 고온에서 압연된 강판
열간 압연 강대 (hot rolled steel plates sheet and strip in coil)	보통 약 800℃ 이상(통상 A_3 변태점 이상)의 고온에서 압연된 강대
냉간 압연 강판 (cold rolled steel plates sheet and strip in cut length)	냉간 압연기로서 압연된 강판
냉간 압연 강대 (cold rolled steel plates sheet and strip in coil)	냉간 압연기로서 압연된 강대
연마 특수 강대 (cold rolled special steel strip)	기계구조용 탄소강, 기계구조용 합금강, 공구강, 스프링강 등을 사용한 연마 강대. 연마 강대란 폭 600mm 미만의 냉간압연 강대 및 그로부터 전단된 강판의 총칭
강관 (steel tubes)	원통 모양으로 성형 가공된 강재. 이음매 없는 것과 용접 또는 단접된 것이 있다. [비고] 원심력 주조법으로서 제조된 원심력 주강관은 '원심력 주강품' 참조
이음매 없는 강관 (seamless steel tubes)	강괴 또는 강편으로부터 열간으로 압연, 압출, 밀어빼기로서 제조되든가 또는 천공한 다음 기계마무리로서 제조된 이음매가 없는 강관. 다만, 이음매 없는 강관을 냉간인발한 것을 냉간마무리 이음매 없는 강관이라 한다.
전기저항 용접 강관 (electric resistance welded steel tubes)	강대 또는 강판을 원통상으로 성형한 후, 전기저항 용접법으로서 이음매 부분을 용접하여 제조되며, 관의 길이 방향으로 평행한 1줄의 용접선을 가지고 있는 강관. 전기저항 용접강관을 열간조리개 압연한 것을 열간 마무리 전기저항 용접강관, 냉간인발한 것을 냉간 마무리 전기저항 용접강관이라고 한다.
서브머지드 아크 용접 강관 (submerged arc welded steel tubes)	강판 또는 강대를 원통상으로 성형한 후, 이음매부를 서브머지드 아크 용접법으로서 용접하여 제조된 강관. 관의 길이 방향으로 평행한 용접선을 갖는 경우를 직선이음매 용접강관, 나선상의 용접선을 갖는 경우를 나선이음매 용접강관이라고 한다.
자동 아크 용접 강관 (automatic arc welded steel tubes)	주로 스테인리스 강관을 대상으로 사용되는 용어로서, 강판 또는 강대를 원통상으로 성형한 후, 이음매부를 TIG 용접법, 플라즈마 아크 용접법 또는 MIG 용접법으로서 용접하여 제조된 강관
단접 강관 (butt-welded steel tubes)	강대를 가열하여 원통상으로 성형한 후 가열압접법에 따라 이음부를 압착하여 제조되며, 관의 길이 방향으로 평행한 1줄의 직선 이음매를 가지고 있는 강관
주강품 (steel-castings)	강철을 주형에 주입하여 필요한 모양의 제품으로 한 것
원심력 주강품 (centrifugal steel castings)	원심력 주조법으로서 제조된 주강품. 회전의 축 방향에 따라서 직립형과 수평형이 있으며, 주형으로서는 금형과 사형(砂型)이 있다.
셀몰드 주강품 (shell molded steel castings)	셀몰드 주조법으로서 제조된 주강품

용 어	뜻
정밀 주강품 (precision steel castings)	임베스트멘트법(로스트 왁스법), 쇼오프로세스 등으로서 제조된 치수정밀도가 극히 좋은 주강품
단강품 (steel forgings)	적당한 단련성형비를 주도록 강괴 또는 강편을 단련 성형하여, 보통 소정의 기계적 성질을 주기 위하여 열처리를 시행한 것.
형타 단조품 (型打鍛造品, closed die forgings)	소요의 모양을 새겨넣은 금형을 써서, 여기에 가열한 소재를 넣어서 가압하고, 소요의 모양으로 변형시켜 제조된 단강품. 금형의 정밀도에 따라 정밀 형타 단조와 보통 형타 단조로 구분된다.
자유 단조품 (open die forgins, flate die forgins)	특별한 금형을 쓰지 않고, 상하의 쇠판만으로서 적열 단조에 의해 제조된 단강품. 일반적으로 적열단조품 이라고도 한다. 자유 단조에는 해머 또는 프레스가 쓰인다.
중공 단조품 (中空鍛造品, hollow forgins)	강괴로부터 심금(心金)을 사용하여 천공, 밀어빼기를 한 소재 또는 중공 강괴를 써서 중공단련 또는 구멍 넓히기 단련으로서 중공 모양으로 단련 성형한 단조품
열간 단조품 (hot forgins)	재결정온도 이상의 적당한 온도에서 단련 성형한 단조품
온간 단조품 (溫間鍛造品, warm forgins)	보통 400℃ 이상으로 재결정온도 부근까지의 단련 성형한 단조품
냉간 단조품 (cold forgins)	냉간에서 단련 성형한 단조품
드로잉용 강판 (steel sheets for drawing)	자동차, 전기기계 부품, 차량, 건축부재, 기타 냉간 성형성을 중요시 하여 제조된 박강판
디프 드로잉용 강판 (steel sheets for deep drawing)	자동차, 전기기계 부품, 기타 냉간에서의 양호한 디프드로잉 가공성 및 드로잉 가공 후의 표면의 살거칠음 방지를 중요시하며 제조된 박강판
비시효성 디프드로잉용 강판 (non－ageing steel sheets for deep drawing)	보통 알루미늄 킬드처리 등에 의해서, 6개월 정도의 비시효성을 보증한 냉간압연 디프드로잉용 강판
고장력 냉연강판 (cold rolled high tensile strength steel sheets)	비교적 양호한 가공성을 유지하면서 인장강도를 높인 강판. 보통 인장강도 35kgf/mm2 (343 N/mm2)이상의 것을 말한다. 또한 항복점이 비교적 낮은 것도 있다.
법랑용 강판 (cold rolled carbon steel sheets for vitreous enameling)	법랑 입히기에 적당하도록 제조된 강판 또는 강대. 보통 탈탄강판이 쓰인다.
양철 원판 (black plates)	양철판에 적합하도록 제조된 저탄소강의 강판 또는 강대. 보통 MR, L 및 D 강종이 쓰인다.
아연도금 철판(용융 아연도금 강판, hot－dip zinc coated carbon steel sheets)	용융 아연도금을 시행한 강판 또는 강대. 판에는 평판과 파형판(콜류게이트판)이 있다. 표면은 보통 스팽글(spangle)이라고 불리우는 꽃과 같은 모양이 있는데 이것을 작게 한 것. 또는 지워버린 것도 있다. 또한 재가열하여 아연층을 충분히 철과 합금화 시킨 것(칼바닐)이 있다.
용융 알루미늄 도금 강판(강대, hot－dip aluminum－ coated carbon steel sheets)	용융 알루미늄 도금을 시행한 강판 또는 강대. 내열성, 내후성에 뛰어나다.
턴시트 (terne－coated carbon steel sheets)	주석 연(납) 합금도금을 한 강판 또는 강대
전기 아연도금 강판(강대, electrolytic zinc－coated carbon steel sheets)	양면 또는 한쪽면에 전기 아연도금을 시행한 강판 또는 강대
양철판 (석도금판, tinplate)	냉간 압연에 의해 제조된 양철원판에서 주석도금을 시행한 강판 또는 강대. 도금방법에 따라 전기도금 양철판과 열침지 양철판이 있다. 전기도금 양철판에는 1회 압연 제품과 2회 압연 제품이 있다.
틴후리강 (chromium plated tinfree steel)	냉간 압연으로서 제조한 양철 원판에 전해 크롬산 처리 등을 시행한 강판 또는 강대. 제품에는 1회 압연 제품과 2회 압연 제품이 있다.
착색 아연 철판 (precoated zinc－coated carbon steel sheets)	아연철판의 양면 또는 한쪽면에 내식성이 있는 착색도료를 도장하여 소착시킨 강판 또는 강대
염화비닐 피복 강판 (polyvinyl chloride－coated carbon steel sheets)	냉간 압연강판 또는 아연도 강판의 양면 또는 한쪽면에 염화비닐 수지를 도장 또는 피복한 강판
배관용 강관 (steel tubes for piping)	기체, 액체 등의 수송용 배관에 쓰이는 강관

용 어	뜻
라인 파이프 (line pipe)	유전, 정유소, 항만, 소비지 등 사이를 파이프라인으로 직결하여 천연가스, 고압도시가스, 석유 및 석유제품 등을 수송하는데 쓰이는 강관
열전달용 강관 (steel tutbs for boiler and heat exchanger)	보일러, 열 교환기 등 관의 내외에서 열의 수수를 행함을 목적으로 하는 곳에 쓰이는 강관
핀 붙임 강관 (fin steel tutbs)	열 교환을 효율적으로 하기 위하여 강관의 외주부에 1장 이상의 수직판을 가지고 있는 특수한 형체의 열전달용 강관. 보통 열간 압출법 또는 냉간 압신법으로 제조된다.
립 붙임 강관 (ribbed steel tutbs)	열 교환을 효율적으로 하기 위하여 강관의 내면에 립(ribb)을 붙인 열 전달용 강관. 립은 냉간압신법 등에 의해서 제조된다.
헤더용 강관 (steel tubes for header of boiler)	각종 보일러의 수벽용, 과열기용, 절탄기용의 헤더에 쓰이는 강관. 단조 또는 압연에 의해 제조된 대구경, 두꺼운 관이 쓰인다.
수도용 강관 (steel tubes for water service)	정수두 100m 이하의 수도급수관, 송수관 및 도수관에 사용되는 강관. 급수관에는 아연도금 또는 염화비닐, 타일에폭시, 폴리에틸렌 등의 피복을 시공한 강관. 송수관 및 도수관에는 아스팔트 또는 콜탈 에나멜 등의 외면 도복장을 시공한 강관이 쓰인다.
구조용 강관 (steel tubes for stractural purposes)	토목, 건축, 교량, 철탑 및 기계 부품용으로서 강도를 중시하여 제조된 강관
각형 강관(角形 鋼管, square steel tubes, rectangular steel tubes)	단면 모양이 각형(角形)인 구조용 강관
유정용 강관 (油井用鋼管, steel oil well casing, tubing and drill pipes)	유정 또는 가스정의 굴착, 원유 또는 천연가스의 채취 등에 쓰이는 케이싱, 튜빙, 드릴 파이프의 총칭. 케이싱이란 기름 또는 가스정호벽(井戸壁)의 붕괴를 방지하고, 또한 물 등의 물질의 침입을 막기 위하여 기름 또는 가스 정호 안에 장입하는 강관. 튜빙이란 유정호가 이루어진 후에 케이싱 안에 기름층까지 삽입되며, 펌프로서 기름을 지상까지 빨아 올리는 데에 쓰이는 강관을 말한다. 드릴파이프란 아래 쪽 끝에 붙어 있는 드릴에 지상으로 부터의 회전운동을 전달하든가 또는 굴착설의 배제, 드릴 냉각용의 흙물을 보내는 등의 용도에 쓰이는 강관을 말한다.
시추용 강관 (steel tubes for drilling)	온천, 정호 등의 시추용 보링 로드, 케이싱, 튜빙에 쓰이는 강관
고압가스 용기용 강관 (steel tubes for high pressure gas cylinder)	압축가스, 액화가스, 용해아세틸렌 등의 고압가스를 충전하는 강제 고압가스 용기에 쓰이는 강관
강제 전선관 (rigid steel conduits)	전기배선에서 전선을 보호 및 수장하기 위하여 쓰이는 강관
연강 선재 (low carbon steel wire rods)	탄소 함유량 0.25% 이하의 탄소강 선재. 철선(보통철선, 어닐링 철선, 아연도 철선, 못용 철선), 외장용 아연도 철선, 아연도 철연선 등의 제조에 쓰인다.
경강 선재 (high carbon steel wire rods)	탄소 함유량 0.24~0.86%의 탄소강 선재. 경강선, 오일템퍼선, PC경강선, 아연도강연선, 와이어 로프 등의 제조에 쓰인다.
피아노 선재 (piano wire rods)	통상, 탄소 함유량 0.60~0.95%의 양질인 고탄소 강선재. 피아노선, 오일템퍼선, PC강선, PC강연선, 와이어 로프 등의 제조에 쓰인다.
피복 아크 용접봉 심선용 선재 (wire rods for core wire of covered electrode)	주로 연강의 아크 용접에서 사용하는 용접봉의 심선 제조에 쓰이는 저탄소 강선재
냉간압조용 탄소강 선재 (carbon steel wire rods for cold heading and cold forging)	냉간 압조용 탄소강선의 제조에 쓰이는 탄소강 선재. 탄소 0.53% 이하 및 망간 1.65% 이하를 함유하며, 탈산의 방법에 따라서 림드강, 킬드강, 알루미킬드강 등이 있다.
철선 (low carbon steel wires)	연강선재를 사용하여 신선 등 냉간 가공으로 끝맺음 한 강선. 이것에 열처리를 시행한 것 및 아연도금을 시행한 것의 총칭. 못가시철선, 쇠그물 등의 제조에 쓰인다.
경강선 (hard drawn steel wires)	경강선재를 써서, 보통 열처리 후 신선 등의 냉간가공으로 끝맺음 된 강선. 스프링, 바늘, 스포크 등의 제조에 쓰인다.
피아노선 (piano wires)	피아노선재를 써서, 보통 파텐팅 후 신선 등의 냉간가공으로서 끝맺음 된 강선. 고급 스프링, 타이어 코드 등의 제조에 쓰인다.
피복 아크 용접봉 심선 (core wires for covered electrode)	피복 아크 용접봉 심선용 선재를 사용하여 신선 등 냉간가공으로 끝맺음 된 강선

용 어	뜻
냉간압조용 강선 (steel wires for cold heading and cold forging)	선재를 써서, 보통 냉간드로잉 또는 신선 등의 냉간가공 혹은 이들을 열처리와의 조합으로서 끝맺음한 강선. 사용하는 재료의 종류에 따라 냉간압조용 탄소강선 및 냉간압조용 스테인리스 강선 등이 있다. 냉간압조로서 볼트, 너트, 작은 나사, 태핑나사 등의 체결 부품 및 자동차, 전기기기 등의 각종 기계부품을 제조하는 경우에 쓰인다.
오일 템퍼선 (oil tempered wires for spring, oil hardened and tempered wires)	선재를 사용, 신선 등의 냉간가공 후 연속적으로 곧은 상태에서 오일 퀜칭, 템퍼링을 시행하며 끝맺음 한 강선. 사용하는 재료의 종류에 따라 탄소강 오일템퍼선, 크롬바나듐강 오일템퍼선, 실리콘크롬강 오일템퍼선, 실리콘망간강 오일템퍼선 등이 있다. 내연기관의 밸브스프링, 받침스프링(懸架스프링), 일반 스프링 등에 쓰인다.
PC 강선 (uncoated stress-relieved steel wire for prestressed concrete)	피아노 선재를 사용, 보통 파텐팅 후 신선 등의 냉간가공 및 블루잉 처리를 하여 끝맺음한 강선. 프리스트레스드 콘크리트에 쓰인다. 단면의 모양은 원형 및 이형(異形)이 있다.
PC 경강선 (hard drawn steel wires for prestre-ssed concrete)	경강 선재 또는 이와 동등 이상의 선재를 사용, 보통 열처리 후 신선 등 냉간가공을 하고, 블로잉을 시행하지 않고 끝맺음한 강선. 프리스트레스드 콘크리트 탱크, 관, 포올에 쓰인다. 단면의 모양은 원형 및 이형(異形)이 있다.
외장용 아연도금 철선 (zinc-coated low carbon steel wires for armouring cable)	연강 선재를 써서 신선 등 냉간가공을 하고, 또는 여기에다 열처리를 시행한 후 용융 아연도금 또는 전기 아연도금을 시행하여 끝맺음된 강선. 케이블의 외장용으로 쓰인다.
착색 도장 철선 (precoated color steel wires)	철선에 내식성이 있는 착색도료를 균일하게 도장하여 소착시켜서 끝맺음한 강선. 주로 능형 쇠그물에 쓰인다.
염화비닐 피복 철선 (polyvinyl chloride-coated color steel wires)	철선에 염화비닐을 주체로 한 수지를 피복해서 끝맺음한 강선. 주로 능형 쇠그물(菱形禁網)에 쓰인다.
용융 알루미늄 도금 철선 (hot-dip aluminum- coated steel wires)	연강 선재를 사용, 신선 등 냉간가공을 하고 또는 여기에다 열처리를 한 후 용융 알루미늄 도금을 시행하여 맺음한 강선. 주로 쇠그물에 쓰인다.
용융 알루미늄 도금 강선 (hot-dip aluminum-coated steel wires)	피아노 선재 또는 경강 선재를 사용, 보통 파텐팅 후 신선 등 냉간가공을 하고 용융 알루미늄 도금을 시행하여 끝맺음한 강선. 주로 토목, 건축, 전력에 쓰이는 선 및 연선.
구조용 강재 (steel for structural)	건축, 교량, 선박, 차량, 기타의 구조물용으로서 강도 및 필요에 따라 용접성을 중시하여 제조된 강재. [비고] 기계구조용 강재에 대해서는 '기계구조용 탄소강 강재' '기계구조용 합금강 강재' 를 참조
내후성 압연 강재 (rolled steels with improved atmospheric corrosion resistance)	저합금강으로서 대기 중에 있어서의 부식에 견딜 수 있는 성질을 함동강(含銅鋼) 보다도 증가시킨 압연강재
리벳용 압연 봉강 (rolled steel bars for rivet)	리벳 제조용으로서 강도, 업셋 단조성 및 치수 정밀도를 중시하여 제조된 열간압연 봉강
철근 콘크리트용 봉강 (steel bars for concrete reinforcement)	콘크리트 보강용으로서 강도 및 필요에 따라 용접성, 압접성을 중시하여서 제조된 봉강. 원형강, 이형봉강의 2종류가 있다.
PC 강봉 (steel bars for prestressed concrete)	탄소강, 저합금강, 스프링강 등을 사용하여 스트레칭, 냉간 드로잉, 열처리 중 이중에 어느 방법 또는 이들의 조합으로서 끝맺음 된 강봉. 프리스트레스트 콘크리트에 쓰인다. 단면의 모양은 원형 및 이형이 있다.
보일러용 강재 (steels for boilers)	보일러 및 압력용기용으로서 고온강도, 용접성을 중시하여 제조된 강재. 보통 보일러 및 압력용기의 주요 부분에 쓰인다.
압력용기용 강재 (steels for pressure vessels)	압력용기 및 고압설비용으로서 강도, 용접성 및 주로 상온에서의 인성을 중시하여 제조된 강재. 보통 압력용기의 주요 부분에 쓰인다.
저온용 강재 (steels for low temperature service)	저온하에서 쓰이는 용기설비 및 구조재로서 저온 인성 및 용접성을 중시하여 제조된 강재. 사용 용도에 따라 탄소강, 저합금강, 2.5% Ni강, 3.5% Ni강, 9% Ni 강, 오스테나이트계 스테인리스 강 등이 있다.
고장력강 (high tensile strength steels)	건축, 교량, 선박, 차량, 기타의 구조물 및 압력용기용으로서 보통 인장강도 50kgf/mm^2 (491 N/mm^2) 이상에서 용접성, 노치인성 및 가공성도 중시하여 제조된 강재. 자동차용 냉연강판에서는 인장강도 35kgf/mm^2 이상을 고장력강이라 한다.

용 어	뜻
조질 고장력강 (quenched and tempered high tensile strength steel)	퀜칭 및 템퍼링을 시행함으로서 고장력강으로서의 성질을 지니도록 한 강재
비조질 고장력강 (as rolled or normalized high tensile strength steels)	압연한 그대로 또는 노멀라이징 상태에서 고장력강으로서의 성질을 지닌 강재
레일 (rails)	철도 기타의 궤도 등에 쓰이는 강재. 일반용과 특수용으로 나누며, 또한 일반용은 보통 레일과 경레일로 구분한다. 특수용은 차량 이외의 크레인, 엘리베이터 등의 궤도로서 쓰인다. 지하철도 등에서 고가선(高架線) 대신에 쓰이는 레일을 제3레일이라고 한다. 보통 1m 당의 질량으로서 표시 및 호칭을 한다.
보통 레일 (railway rails)	주로 철도에 쓰이는 1m 당의 질량이 30kg 이상의 레일
경 레일 (light rails)	토목공사의 운반차, 광산 등에서의 경편 궤도에 쓰이는 1m 당의 질량이 30kg 미만의 레일
타이어 (tyres)	단조와 압연으로서 제조되는 철도차량용 차륜의 외주륜(外周輪)
압연 윤심 (壓延輪心, wrought steel wheel center)	단조와 압연으로서 제조되는 철도차량용 차륜의 중심부. 림과 보스를 원판으로 잇는 형의 것으로서 보스의 부분에는 차축을 감합시켜 고정되며, 림의 외주에는 타이어가 가열감합 된다.
압연 차륜 (wrought steel wheels)	단조와 압연으로서 제조되는 철도 차량용의 윤심과 타이어를 일체로 한 형태의 차륜. 일체압연차륜 이라고도 한다.
주강 차륜 (cast steel wheels)	주강으로서 제조되는 철도차량용 차륜의 윤심과 타이어를 일체로 한 형태의 차륜. 일체주강차륜 이라고도 한다.
주강 윤심 (cast wheel center)	주강으로서 제조되는 철도차량용 차륜의 윤심(輪心)
전자 강판 (電子鋼板) 전자 강대 (電子鋼帶)	철손값, 자속밀도, 투자율 등의 자기특성이 뛰어난 규소강판, 저탄소강판 및 순철의 총칭. 일반적으로 전자강판에는 강판 외에 강대를 포함시키는 경우도 있다. 보통 자극용강판은 포함되지 않는다.
규소 강판 (flat rolled silicon steel sheets and strip)	규소 함량이 0.5~6% 이며, 탄소 함유량이 극히 낮고 열간 또는 냉간압연으로서 제조되고 뛰어난 자기특성을 갖는 전자강판
방향성 규소강대 (grain-oriented magnetic steel sheets and strip)	규소강의 결정의 자화용이축(磁化容易軸)을 압연방향으로 배향(配向)시켜, 뛰어난 자기특성을 갖도록 한 냉간압연 규소강대. 전동기, 발전기, 변압기 기타의 전기기기에 쓰인다. 또한 배향성을 더욱 높여서 자기특성을 한층 더 향상시킨 것을 고배향성 규소강대라 한다.
무방향성 전자강대 (non-oriented magnetic steel sheets and strip)	자기 특성의 방향성을 부여하지 않은 전자 강대. 전동기, 발전기, 변압기 기타의 전기기기에 쓰인다.
세미프로세스 전자강대 (cold rolled magnetic steel strip delivered in the semi processed state)	전자 강대의 제조에 필요한 최종 열처리를 제조자가 시행하지 않고 강대의 사용자가 시행하여 소기의 자기특성을 얻는 전자강대
전자 연철봉 (電磁軟鐵棒, soft magnetic iron sheets)	순철 또는 순철에 가까운 것으로 제조되며, 주로 직류기기의 철심, 계철, 접극자 등에 쓰이는 봉강
전자 연철판 (soft magnetic iron sheets)	순철 또는 순철에 가까운 것으로 제조되며, 주로 직류기기의 철심, 계철, 접극자 등에 쓰이는 관
자극용 강판 (steel sheets for pole core)	항복점, 인장강도 및 자속밀도가 높은 열간압연 강판. 회전 전기 기계의 자극에 쓰인다.

8-3 열처리용 강 및 특수용도 강 강재의 용어 해설

용 어	뜻
기계구조용 탄소강재 (carbon steels for machine structural use)	보통 사용할 때에 단조, 절삭, 인발 등의 가공과 열처리를 시행하여 소기의 성질을 얻어 기계 부품으로 만들어지는 탄소강 강재
기계구조용 합금강재 (alloy steels for machine structural use)	보통 사용할 때에 단조, 절삭, 인발 등의 가공과 열처리를 시행하여 소기의 성질을 얻어 기계 부품으로 만들어지는 합금강 강재
H 강 (H steels)	죠미니식 일단 퀜칭 방법으로서 퀜칭 끝으로부터 일정거리에서의 경도의 상한, 하한 또는 범위를 보증한 강철
질화강 (steels for nitriding)	알루미늄, 크롬, 몰리브덴 등을 함유하며 질화처리하여 표면경화시킨 강철
침탄강 (steels for case hardening)	저탄소강 및 저탄소합금강으로서 주로 침탄 · 퀜칭에 의해 표면경화시킨 강철
강인강	퀜칭 · 템퍼링으로서 강도와 인성을 향상시켜서 쓰이는 강철
스테인리스 강 (stainless steel)	내식성을 향상시킬 목적으로 크롬 또는 크롬과 니켈을 함유시킨 합금강. 일반적으로는 크롬 함유량이 약 11% 이상의 강을 스테인리스강이라 하며, 주로 그 조직에 따라서 마텐사이트계, 페라이트계, 오스테나이트계, 오스테나이트 · 페라이트계 및 석출경화계의 5가지로 분류된다.
마르텐사이트계 스테인리스 강 (martensitic stainless steel)	퀜칭함으로서 마텐사이트 조직으로 되어 경화시킬 수가 있는 스테인리스강. 13% 크롬강이 그 대표적인 것이다.
페라이트계 스테인리스 강 (ferritic stainless steel)	열처리로서 경화하지 않고, 페라이트 조직을 나타내는 스테인리스강. 18% 크롬강이 대표적이다.
오스테나이트계 · 스테인리스 강 (austenitic stainless steel)	실온에서도 오스테나이트 조직을 나타내는 스테인리스강. 열처리로서 경화하지 않고 일반적으로 비자성이다. 18% 크롬 · 8% 니켈(18−8)강이 그 대표적인 것이다.
오스테나이트 · 페라이트계 스테인리스 강(austenitic−ferritic stainless steel)	오스테나이트와 페라이트의 2상 조직을 나타내는 스테인리스강
저탄소 스테인리스강 (low carbon stainless steel)	탄소 함유량을 0.030% 이하로 크롬탄화물의 석출에 의한 내식성의 열화를 개선한 스테인리스강
안정화 스테인리스강 (stabiliged stainless steel)	티탄 또는 나이오븀을 소량 첨가하여 크롬탄화물의 석출에 따른 내식성의 열화를 개선한 오스테나이트계 스테인리스강
석출경화계 스테인리스강 (precipitation hardening stainless steel)	알루미늄, 구리 등의 원소를 소량 첨가하고 열처리에 의해 이들 원소의 화합물 등을 석출시켜 경화하는 성질을 지니게 한 스테인리스강
쾌삭 스테인리스강 (free−cutting stainless steel)	인, 황, 세렌 등의 원소를 소량 첨가하여 피삭성을 개선한 스테인리스강
도장 스테인리스 강판 (pre−coated stainless steel sheets)	냉간압연 스테인리스 강판 또는 강대에 유기도료를 소착시켜서 끝맺음한 강판 또는 강대. 주로 건축물의 지붕, 외장, 내장 등에 쓰인다.
내열강 (heat resisting steels)	고온에서의 각종 환경에서 내산화성, 내고온부식성 또는 고온강도를 유지하는 합금강. 수% 이상의 크롬 외에 니켈, 코발트, 텅스텐 및 기타의 합금원소를 함유하는 수가 많다. 주로 그 조직에 따라 마텐사이트계, 페라이트계, 오스테나이트계 및 석출경화계의 4가지로 분류된다. 또한 합금원소의 총량이 약 50%를 넘는 경우는 일반적으로 초내열 합금 또는 내열합금 혹은 단순히 초합금이라 부른다.
마르텐사이트계 내열강 (martensitic heat resisting steels)	퀜칭하여 마텐사이트 조직으로 한 후 템퍼링하여 사용되는 내열강. 약 550℃ 이하에서 오스테나이트계 및 페라이트계와 비교하여 강도가 높은 특징이 있다.
페라이트계 내열강 (ferritic heat resisting steels)	페라이트 조직을 나타내는 내열강. 일반적으로 열 팽창계수가 작고, 열전도도가 크므로 열응력이 작으며 저온도에서의 크리프강도와 항복점이 높은 특징이 있다.

용 어	뜻
오스테나이트계 내열강 (austenitic heat resisting ateels)	오스테나이트 조직을 나타내는 내열강. 내고온 산화성과 높은 고온강도를 가지며, 일반적으로 인성이 높고 성형성, 용접성도 우수하다.
석출경화계 내열강 (precipitation hardening heat resisting steels)	석출 경화성을 부여하는 원소를 첨가하고 열처리로서 뛰어난 고온 강도를 나타내는 내열강
밸브강 (valve steels)	크롬 외에 규소, 니켈, 텅스텐 등을 주요 합금원소로 하며, 주로 내연기관용의 흡기밸브 및 배기밸브에 쓰이는 내열강
공구강 (tool steels)	금속 또는 비금속의 절삭, 소성가공 등의 각종 지그(jig) 및 공구로서 쓰이는 강철의 총칭. 용도가 넓고 요구성능이 다방면에 걸치므로 종류가 매우 많다. 일반적으로는 화학성분 및 성능을 고려하여 탄소공구강, 합금공구강, 고속도 공구강으로 분류된다.
탄소 공구강 (carbon tool steels)	0.6~1.5%의 탄소를 함유하고, 특별하게 합금원소를 첨가하지 않은 공구강
합금 공구강 (alloy tool steels)	탄소강에 망간, 니켈, 크롬, 몰리브덴, 텅스텐, 바나듐 등의 합금 원소를 1종 이상 첨가한 공구강. 탄소공구강에 대해서 경화성, 절삭성능, 내충격성, 내마모성, 불변형성, 내열성 등을 필요에 따라 개선한 강철이다.
고속도 공구강 (high speed tool steels)	고탄소강에 크롬, 몰리브덴, 텅스텐, 바나듐, 코발트 등의 합금 원소를 비교적 다량으로 첨가하고, 절삭공구 및 금형 등에 쓰이는 공구강. 특히 고속 절삭에 적합하며 마찰열에 의한 고온에 잘 견딘다. 일반적으로 함유 성분에 따라서 텅스텐계와 몰리브덴계로 나눈다.
중공강 (中空鋼, hollow drill steels)	주로 착암기용 로드에 쓰이는 속이 빈 봉강. 단면 모양은 원형, 6각형 등이며 각종은 주로 탄소공구강, 강인강, 침탄강(침탄열처리를 시공하여 사용)등이 사용된다.
스프링강 (spring steels)	탄소계, 실리콘 망간계, 망간 크롬계, 크롬 바나듐계 등의 강철로서 주로 열간에서 겹친 판스프링, 코일 스프링 등으로 성형하고 열처리를 시공하여 스프링 성능을 부여하는 강철. 넓은 뜻의 스프링강으로서는 피아노선, 경강선, 스테인리스 강선, 오일 템퍼선, 냉간압연 강대 등과 같이 냉간 가공 및 열처리로서 스프링 성능을 높혀서 그대로 선 스프링, 박판 스프링 등 소형 스프링으로 성형하는 강철도 포함한다.
쾌삭강 (free cutting steels)	인, 황, 납, 세렌, 테루륨, 칼슘 등을 단독 또는 복합으로 첨가하여 피삭성을 부여한 강철
베어링강 (bearing steels)	로울링 베어링의 강구, 로울러, 내륜, 외륜에 쓰이는 합금강. 고속으로 변동하는 반복 하중에 견디어내는 필요성에서 높은 피로강도와 내마멸성이 요구됨으로 강철의 청정도와 조직의 균일성을 중요시하여 제조된다. 일반적으로 고탄소저크롬강이 대표적인 강종이다.
자석강 (magnetic steels)	크롬, 알루미늄, 니켈, 코발트 등의 합금원소를 첨가한 합금강으로 퀜칭경화, 석출경화 등에 의해서 보자력과 잔류자속밀도가 높은 영구자석 특성을 지닌 강철
고망간강 (austentic high manganess steels)	일반적으로 망간 11% 이상을 주합금 성분으로 하고, 오스테나이트 조직을 나타내는 비자성의 합금강 냉간가공에 의한 경화가 크므로 내마멸성 부품에 쓰인다. 또한 비자성이라는 특성을 지니는 점에서 전자기부재에도 쓰인다.
비자성강 (non-manganess steels)	탄소, 망간, 니켈, 크롬, 질소 등을 주된 합금성분으로 하고, 오스테나이트 조직을 나타내는 비자성의 합금강. 조성적으로는 고망간계, 고니켈계 및 이들의 중간형의 3종으로 대별된다. 예컨대 발전기, 계전기 등의 전자기부재, 핵융합 설비 및 리니어모터 카의 부재 등에 쓰인다.
클래드강 (clad steels)	극연강, 연강, 저합금강 등을 모재로 하여 그 한쪽 면또는 양쪽면에 모재와는 다른 종류의 강철 또는 기타의 금속을 합판재로 하여, 열간압연, 용접, 폭착 등으로서 '클래드' 시킨 강재. 합판강재라고도 한다. 모재의 한쪽면에 합판재를 클래드 시킨 것을 일면 클래드강, 양면에 합판재를 클래드 시킨 것을 양면 클래드강이라고 한다.

8-4 재질 및 기타의 품질 용어 해설

용 어	뜻
용강 분석치(래들 분석치) (cast analysis, ladle analysis)	일반적으로 용강이 래들에서 주형으로 주입되어 응고할 때까지의 과정에서 채취된 분석시료에 대하여 시행한 분석치. 용강의 평균 화학 성분을 나타내며, 강재의 화학성분은 용강 분석치(또는 래들 분석치)로 나타낸다.
제품 분석치 (product analysis)	강재로부터 채취한 분석시료에 대해서 시행한 분석치
탄소 당량 (carbon equivalent)	탄소 이외의 원소의 영향력을 탄소량으로 환산한 것. 인장강도에 대한 탄소 당량, 용접부 최고 경도에 대한 탄소 당량 등이 잘 사용된다. 참고로 KS에서는 용접성에 관하여 다음 식을 채용하고 있다. 탄소 당량 % $= C + \frac{Mn}{6} + \frac{Si}{24} + \frac{Ni}{40} + \frac{Cr}{5} + \frac{Mo}{4} + \frac{V}{14}$
기계적 성질 (machanical properties)	인장강도, 항복점, 연신율, 단면수축률, 경도, 충격치, 피로강도, 크립 강도 등 기계적인 변형 및 파괴에 관계되는 성질
용접성 (weldability)	강재의 재질이 용접에 적합한지 어떤지의 정도
취성 (脆性, brittleness)	일반적으로 단단하고 취성(脆性)이며, 변형 등이 적은 성질. 보통 충격시험에서의 충격치의 대소 또는 파면의 상황에 따라 비교된다.
인성 (靭性, toughness)	질기고 세며, 충격파괴를 일으키기 어려운지 어떤지의 정도
가공성 (workability)	용도에 따른 각종 가공에 적합한지 어떤지의 정도
굽힘성 (bendability)	균열을 일으키는 일 없이 굽힐 수 있는 정도
성형성 (formability)	균열을 일으키는 일 없이 요구되는 형상으로 성형할 수 있는 정도
디프 드로잉성 (deep darwability)	다이스면 상의 소재가 다이스 구멍 안으로 조리개 가공을 당할 수 있는 정도. 그 정도에 따라서 드로잉성, 디프드로잉성, 초디프드로잉성으로 구별되어 불리운다.
복합 성형성 (combined formability)	디프드로잉, 전연(展延), 신장플랜지, 굴곡 등의 조합 성형을 시행할 수 있는 정도. 예컨대 조리개-신연 복합 성형성 등이 있다.
전연성 (punch stretchability)	평판 또는 이미 성형된 제품의 일부를 부풀게 하든가 튀어나오게 하여 소정의 형상치수로 성형할 수 있는 정도
비시효성 (non-ageing properties)	기계적 성질 및 가공성이 실용상 지장을 일으킬만한 경시변화를 안하는 성질. 일반적으로 디프드로잉용 냉간압연 강판에 대하여 요구되는 성질로서 통상적으로 가공할 때에 스트렛쳐 스트레인을 일으키지 않는 성질을 말한다.
인발 가공성 (drawability)	인발 가공할 때의 가공하기 쉬운 정도. 일반적으로 소정의 단면적으로 인발 가공할 때, 응력 균열이 없다든가 표면 성상이 좋은 것 등은 인발가공성이 좋다고 한다.
절삭성 (machinability)	절삭 가공할 때의 절삭되기 쉬운 정도. 절삭저항, 사용공구의 수명, 절삭 끝손질면의 정도, 절삭설의 형상과 처리의 난이성 등의 특징으로 나타낸다.
신선성 (rod drawability)	신선할 때의 신선되기 쉬운 정도. 일반적으로 $\frac{\text{원단면적} - \text{신선후의 단면적}}{\text{원단면적}} \times 100$ 의 대소 등으로 표시된다. 신선전 또는 중간에서 적당한 열처리를 시행할 경우에는 신선성이라고 말하며, 열처리의 시행 없이 신선할 경우에는 이를 생신선(生伸線)이라 하여 구분한다.
냉간 압조성 (冷間壓造性, cold headability)	냉간 압조할 때의 가공되기 쉬운 정도. 일반적으로 정해진 모양으로 냉간가공할 때 응력 균열이 없다든가 표면 성상이 좋은 것 등은 냉압성(冷壓性)이 좋다고 한다.
내식성 (corrosion resistance)	어떤 환경에 있어서의 부식 작용에 견디는 성질
내열성 (heat resisting properties)	고온에서 내산화성이 뛰어나며 또는 고온강도에 뛰어난 성질
내후성(耐候性, atomospheric corrosion resistance)	저합금강 등이 자연 환경의 대기속에서의 부식에 견디는 성질

용 어	뜻
내산화성 (oxidation resistance)	고온에서 산화에 견디는 성질
내크립성 (creep resistance)	고온에서 일정한 압력하에서 변형이 시간과 더불어 증가하는 현상을 고온 크립이라 하며, 이에 견디는 성질을 말한다.
내산성 (acid resisting properties)	산에 의한 부식작용에 견디는 성질
내해수성 (corrosion resistance in sea water)	해수와 접촉하는 환경에 있어서 부식작용에 견디는 성질
내마멸성 (wear resistance)	상대 운동하는 금속 면의 기계적 긁힘, 금속적 점착 등이 종합되어서 그 면이 소모되는 현상을 마멸이라 하며, 이에 견디는 성질을 말한다.
피로강도 (fatigue strength)	반복되는 응력으로서 생기는 파괴에 견디는 성질
열피로 (thermal fatigue strength)	온도변화의 반복에 기인하여 발생하는 열응력의 되풀이로서 생기는 파괴를 열피로라 하며 이에 견디는 성질을 말한다.
경화성 (hardenability)	철강을 퀜칭경화시켰을 경우의 경화 용이도, 즉 경화가 되는 깊이와 경도의 분포를 지배하는 성능. 경화성은 통상 경화가 되는 깊이의 대소로서 비교하는데 거기에는 경화성 시험방법(한쪽 끝 퀜칭 방법)을 사용하는 것이 편리하다(KS D 0206 참조). 이외에도 쉐화아드 P－F시험, SAC 경화성 시험 등이 있다.
자기 특성 (magnetic properties)	자성 재료가 자화되었을 경우에 그 재료가 나타내는 자기적인 여러 특성. 일반적으로는 철손, 자속밀도, 투자율, 보자력, 잔류자속 밀도 등을 들 수가 있다.
밀엣지 (mill edge)	강판, 강대의 가장자리의 일종으로서 압연으로 자연히 생긴 엣지 그대로 절단되어 있지 않은 것
캇엣지 (cut edge)	강판, 강대의 가장자리의 일종으로서 최종 공정에서 가장자리를 절단한 것. 절단의 방법에 따라서 트림드엣지(trimed edge), 스릿트 엣지(slite edge), 쉐아드 엣지(sheared edge) 등으로 구별하여 부르는 수가 있다.
표준 조질	냉간압연강판 및 강대의 조질 구분의 하나로서 어닐링 후 모양, 표면 끝손질, 기계적 성질 및 가공성을 용도에 따라 적당한 것으로 하기 위하여 약간의 냉간가공을 시공하여서 얻게 되는 것
경질 (full hard)	냉강압연강판 및 띠강의 조질 구분으로서 어닐링 후 조립성 이외의 가공성을 목적으로 하여, 경질 조정을 하기 위해 냉간압연을 시공하여 얻게 되는 것. 경도, 인장강도 등의 구분에 따라서 $\frac{1}{8}$ 경질, $\frac{1}{4}$ 경질(quarter hard), $\frac{1}{2}$ 경질(half hard), 경질(full hard)가 있다.
쇼트 블라스트 다듬질 (shot blasted surface)	강재의 표면 상태를 나타내며, 고속으로 쇼트를 투사하여 표면의 밀스케일, 녹 등을 제거한 것
산세 다듬질 (pickled surface)	강재의 표면 상태를 나타내며 황산, 염산 또는 기타의 산용액에 침지시켜서 표면의 스케일, 녹 등을 제거한 것
무광택 다듬질 (dull finish)	냉간압연강판 및 강대의 표면 상태를 나타내며, 냉간압연 롤의 표면을 균일하게 거칠게 하여 강판의 표면을 배표면살 모양의 무광택 상태로 끝손질한 것. 배살 끝손질 또는 무광택 끝손질이라고도 한다.
광택 다듬질 (bright finish)	냉간압연강판 및 강대의 표면 상태를 나타내며, 연마한 냉간압연 롤로서 압연하여, 강판의 표면을 평활하고 광택이 나는 상태로 끝손질 한 것
No.1 다듬질 (No.1 finish)	열간압연 스테인리스 강판 및 강대의 표면 끝손질 상태를 나타내며, 열간압연 후 열처리, 산세 또는 이에 준하는 처리를 시공하여 끝손질한 것
No.2 D 다듬질 (No.2D finish)	냉간압연 스테인리스 강판 및 강대의 표면 끝손질 상태를 나타내며, 냉간압연 후 열처리, 산세 또는 이에 준하는 처리를 시공하여 끝손질한 것. 또한 무광택 롤로서 최후에 살짝 냉간압연한 것도 이에 포함시킨다.
No.2 B 다듬질 (No.2B finish)	냉간압연 스테인리스 강판 및 강대의 표면 끝손질 상태를 나타내며, 열처리, 산세 또는 이에 준하는 처리를 시공한 후 적당한 광택이 있을 정도로 냉간압연하여 끝손질한 것
No.3 다듬질 (No.3 finish)	냉간압연 스테인리스 강판 및 강대의 표면 끝손질 상태를 나타내며, KS L 6001(연마재 입도)의 규정에 따른 100~120번 까지 연마하여 끝손질한 것
No.4 다듬질 (No.4 finish)	냉간압연 스테인리스 강판 및 강대의 표면 끝손질 상태를 나타내며 KS L 6001(연마재 입도)의 규정에 따른 150~180번 까지 연마하여 끝손질한 것
BA 다듬질 (bright annealed finish)	냉간압연 스테인리스 강판 및 강대의 표면 끝손질을 상태를 나타내며, 냉간압연 후 광휘열처리(光輝熱處理)를 시공하여 끝손질한 것

용 어	뜻
HL 다듬질 (hair line finish)	냉간압연 스테인리스 강판 및 강대의 표면 끝손질 상태를 나타내며, 적당한 입도의 연마재를 써서 연속된 연마줄무늬가 나도록 연마하여 끝손질한 것
주물 표면 (casting surface)	주방 상태의 표면. 흑피(黑皮)라고도 한다.
덧살 (pads)	주조성을 고려하여 주조시에 여분의 살을 붙여서 주입하고, 제품으로 될 때에는 제거되는 부분
단조비 (forging ratio)	단련 작업에 따른 변형 크기의 정도. 일반적으로는 단조 전의 단면적과 단조 종료 후에 단면적인 비에 작업 종류 기호를 붙여서 나타낸다.
단조 효과 (forging effect)	단조의 목적(성형과 재질 개선)의 하나인 재질의 강인화의 정도. 일반적으로는 단련성형비나 기계적 성질로 나타낸다.
표준 치수 (preferred size)	상용실적 및 표준수열 등을 고려하여 어느 정도 집약화한 강재의 치수.
규정 치수	표준치수와 동의어이나 보통 표준치수보다도 더욱 집약화된 치수. 또한 강관, 봉강, 형강 등은 길이에 대해서만 사용한다.
흠 제거 기준 (limited condition of surface imperfections to remove)	강재 표면에 존재하는 흠을 제거할 때의 깊이, 면적 등의 한도. 손질의 한도라고도 한다.
흠의 채용 한도 (allowable imperfections without repairing)	강재 표면에 존재하는 흠으로서 사용상 해롭지 않고 흠제거가 필요치 않은 흠의 크기, 갯수 등의 한도
잔존 흠의 채용 한도 (allowable limit of imperfections after repairing)	흠 제거 후의 강재에 존재하는 흠으로서 사용상 지장이 없는 흠의 크기, 갯수 등의 한도

8-5 철강제품의 열처리 용어 주요 부분 KS D 0049 2002 (2007)

용 어	뜻
가공열처리 (thermomechanical treatment)	열처리만으로는 얻을 수 없거나 재현할 수 없는 소재의 특정 성질을 얻기 위해 일정 온도 범위에서 최종 가공을 시행하는 성형 공정
가단화 (malleablizing)	백주철의 조직을 탈탄 또는 시멘타이트의 흑연화 처리로 변태시켜 인성이 큰 가단주철로 만들기 위한 열처리
가열 (heating)	철강재의 온도를 올리는 일 [비고] 온도는 하나 또는 그 이상의 단계를 거쳐 상승시킬 수 있다.
가열 곡선 (heating curve)	가열 함수를 그림으로 나타낸 것
가열 속도 (heating rate)	가열하는 동안 시간의 함수로서 온도의 변화 [비고] 특정 온도에 대응되는 순간적인 가열 속도와 한정된 온도 구간에서의 평균 가열 속도는 분명하게 구분하여야 한다.
가열 스케줄 (heating schedule)	목표로 하는 규정된 가열 함수
가열 시간 (heating time)	가열 함수에서 특정 두 온도 사이의 시간 간격
가열 함수 (heating function)	철강재를 가열하는 동안 가열의 시작부터 최고 온도가 될 때까지 강제의 한 지점의 시간에 따른 온도의 연속적인 변화
결정립 미세화 (grain refining)	철강재의 결정립을 미세하게 하고, 최종적으로는 그 크기가 균일하게 되도록 하는 열처리. 이 처리는 철강재를 A_{C3} 온도보다 약간 높은 온도로 가열한 후(과공석강에서는 A_{C1} 온도), 이 온도에서 오래 두지(균열화)않고 적절한 속도로 냉각시킴으로써 이루어진다.
결정립 조대화 (grain coarsening)	A_{C3} 온도 이상에서 결정립의 성장이 일어나도록 충분한 시간 동안 균열화 처리하는 어닐링
경화 깊이 (depth of hardening)	철강재의 표면에서 퀜칭 경화가 진행된 경계까지의 거리 [비고] 이때 경화 경계를 조직의 상태나 경도값으로 정해진다.
경화능 (hardenability)	마르텐사이트 변태나(와) 베이나이트로 변태하는 강재의 능력 [비고] 경화능은 종종 정해진 시험 조건에서 경화된 표면에서 내부로의 거리에 따른 경도 분포 곡선 [예를 들면 조미니(Jomminy)곡선]으로 평가된다.
경화 온도 (hardening temperature)	경화될 수 있는 철강재의 퀜칭 온도
공질화 (blank nitriding)	질화 매질을 사용하지 않고 질화 공정의 열 사이클을 그대로 수행하는 모사 질화 처리(simulation treatment) [비고] 이 처리는 질화 처리 공정의 열 사이클에 의한 조직학적 변화를 평가하기 위한 예비 조작이다.
공침탄 (blank carburizing)	침탄 매질을 사용하지 않고 침탄 공정의 열 사이클을 그대로 수행하는 모사 침탄 처리(simulation treatment) [비고] 이 처리는 침탄 처리 공정의 열 사이클에 의한 조직학적 변화를 평가하기 위한 예비 조작이다.
과열과 과균열 (overheating and oversoaking)	과도한 결정립 성장이 일어나는 온도 조건에서 가열하는 것 [비고] 온도가 주 요인이 되는 과열과 시간이 주 요인이 되는 과열은 분명하게 구별되어야 한다. 과열과 과균열된 철강재는 제품의 성질에 따라 적절한 열처리 또는 고온 가공으로 재처리될 수 있다.
과잉 침탄 (overcarburizing)	침탄 처리에서 표면 탄소 농도가 미리 정한 수준을 초과하는 침탄 [비고] 과다 표면 경화 깊이를 의미하기도 한다.
광휘 어닐링 (bright annealing)	철강재의 표면 산화를 방지하여 본래의 표면 상태가 유지될 수 있도록 특정 매질 속에서 처리하는 어닐링
구상화 (spheroidizing)	석출된 탄화물의 형태가 구상이 되도록 A_{C1} 온도 영역에서 가능하면 그 온도 상하로 변경하면서 장시간 유지(균열화)하여 구상화 처리가 되게 하는 어닐링
구상화 처리 (spheroidization)	판상 시멘타이트와 같은 탄화물을 안정한 형태인 구상으로 만드는 과정
균열화 (soaking)	온도를 일정하게 유지하는 열 사이클 과정 [비고] 온도를 일정하게 유지하는 부분, 예를 들어 노의 온도인지 제품의 표면 온도인지 제품의 단면 온도인지 또는 제품의 특정 부분 온도인지를 규정할 필요가 있다.

용 어	뜻
균일 가열 처리 (equalization)	철강재의 가열 과정에서 표면 온도가 내부 단면 전체의 온도와 균일하게 되도록 하는 가열의 두 번째 단계
균질화 (homogenizing)	편석으로 인한 다소간의 화학 조성의 불균질을 확산으로 해소하기 위해 고온에서 장시간 실시하는 어닐링 처리
글로 방전 질화 (glow discharge nitriding)	사용 억제
깊은 경화 (through-hardening)	철강재의 표면과 중심부의 경도에 차이가 없도록 경화 깊이를 크게 하는 퀜칭 경화
내부 산화 (internal oxidation)	표면에서 확산 침투된 산소에 의해 철강재의 표면 근처 특정 두께 범위에서 산화물이 형성되어 석출하는 현상
냉각 (cooling)	철강재의 온도가 낮아지는 현상 [참조] 퀜칭 [비고] 1. 냉각은 하나 이상의 단계로 시행될 수도 있다. 2. 냉각이 일어나는 매질은 공기, 물, 기름(油), 노 등으로 표기되어야 한다.
냉각 곡선 (cooling curve)	그림으로 나타낸 냉각 함수(온도와 시간)
냉각능 (quenching capacity)	특정 냉각 스케줄이 가능한 매질의 능력 [비고] 이 냉각능은 퀜칭 심화 지수로서 특성을 표시할 수 있다. 이 용어는 아직까지 정의되지 않았다.
냉각 속도 (cooling rate)	냉각되는 동안 시간의 함수로 나타낸 온도의 변화 [비고] 특정 온도에 대응하는 순간적인 냉각 속도와 한정된 온도 구간에서의 평균 냉각 속도는 구분되어야 한다.
냉각 스케줄 (cooling schedule)	목표로 하는 특정 냉각 함수
냉각 시간 (cooling time)	냉각 함수에서 특정한 두 온도 사이의 시간 간격 [비고] 두 온도는 반드시 정확하게 표기되어야 한다.
냉각 조건 (cooling conditions)	철강재에서 냉각이 일어날 때 매질의 성질과 온도, 상대적인 유동, 교반 등과 같은 구체적인 조건
냉각 함수 (cooling fundtion)	냉각이 시작될 때부터 끝날 때까지 철강재의 특정 부분이 일어나는 시간에 따른 연속적인 온도 변화
노멀라이징 (normalizing)	오스테나이트화 후 공기 중에서 냉각하는 열처리
노멀라이징 성형 (normalizing forming)	노멀라이징 처리한 것과 같은 역학적 성질을 갖도록 특정 온도 범위 안에서 소재의 최종 성형을 시행하는 성형 공정
단계 퀜칭 (step quenching)	적당한 온도의 매질 속에서 균열화하는 작업을 통하여 연속적인 냉각을 잠시 멈추게 하는 퀜칭 [비고] 이 용어는 중단 퀜칭으로 표기하여서는 안된다.
담금질 (quenching)	철강재를 공기 중에 두는 것보다 더 빠르게 냉각하는 작업으로 퀜칭이란 용어로 사용한다. [비고] 이 용어는 공냉(송풍 퀜칭), 수냉, 단계 퀜칭처럼 냉각 조건을 붙여 사용하는 것이 바람직하다.
뒤틀림 (distortion)	열처리 과정에서 일어나는 철강재의 치수와 모양의 변화
등가 지름 (equivalent diameter)	동일한 냉각 조건에서 중심부의 냉각 속도가 그 철강재의 최저 냉각 속도와 같은 동일 소재의 철강재(길이 ㅁ3d)의 지름(d) [비고] 여기서 등가 지름은 ISO 683-1의 열처리에서 규정된 것과 다르다.
등온 성형 (isoforming)	철강재를 오스테나이트에서 펄라이트로 변태하는 온도 구간에서 소성 가공하는 등온 가공 열처리
등온 어닐링 (isothermal annealing)	철강재를 오스테나이트화한 후 펄라이트 변태 온도 부근까지 냉각하고 그 온도에서 오스테나이트가 페라이트와 펄라이트, 또는 시멘타이트와 펄라이트로 완전하게 변태가 일어나도록 균열화 처리하는 어닐링
뜨임 (tempering)	철강재를 퀜칭 경화 후 또는 특정 수준의 성질을 얻기 위하여 A_{c1} 온도 이하의 특정 온도로 가열한 후 한두 번 균열화한 다음 적당한 속도로 냉각하는 별도의 열처리로 템퍼링이라는 용어로 사용한다. [비고] 보통 템퍼링은 경도를 감소시키지만 어떤 경우에는 도리어 경도가 증가할 수도 있다.(이차 경화 참조)
마르에이징 (maraging)	철강재에서 극저탄소 농도의 마르텐사이트로 용체화 처리 후 소정의 역학적 성질을 얻을 수 있도록 시효처리를 실시하는 석출 경화 처리

용 어	뜻
마르템퍼링 (martempering)	오스테나이트화 후 페라이트, 펄라이트 또는 베이나이트가 생성되지 않을 정도로 빠르게 M_S 온도보다 약간 높은 온도로 퀜칭하고, 이 온도에서 충분한 시간 동안 그러나 베이나이트가 생성되지 않을 정도의 시간 동안 균열화 처리하는 단계 퀜칭하는 열처리 [비고] 마르텐사이트가 실제로 전단면에 걸쳐 동시에 생성되는 최종 냉각은 통상 공기 중에서 수행된다.
매질 (medium)	열처리 공정에서 철강재 주위의 외부 환경 [비고] 매질은 고체, 액체 또는 기체가 될 수 있다. 매질은 열량적 성질(가열 매질, 냉각 매질 등)과 화학적 성질(산화 매질, 탈탄 매질 등)을 바탕으로 중요한 역할을 한다. 기체 상태의 매질은 보통 '분위기' 라는 용어로 표현된다.
밀폐(상자) 어닐링 (box annealing)	철강재 표면의 산화를 최소화하기 위해 밀폐된 상자 안에서 처리하는 어닐링
바나듐화 (vanadizing)	철강재 표면의 바나듐 농도를 높이기 위해 적용하는 열화학적 처리
발열성 분위기 (exothermic atmosphere)	철강재의 표면이 산화되지 않도록 발열 반응에 의해 생성된 노 내의 분위기
백층 (white layer)	사용 억제
버닝 (burning)	과열로 인해 결정립계에서 용융이 일어나면서 그로 인해 조직과 성질이 영구적으로 변하는 현상
베이킹 (baking)	철강재에서 조직의 변화가 일어나지 않도록 하면서 흡수된 수소를 제거하는 열처리 [비고] 이 처리는 주로 전기 도금이나 산세척 또는 용접 공정 후 수행된다.
변태 깊이 (depth of transformation)	철강재의 표면에서 일어난 퀜칭 경화가 일어난 경계까지의 거리 [비고] 변태 깊이는 일반적으로 경화 깊이로 측정된다.
변태 온도 (transformation temperature)	상의 변화가 일어나는 온도로 확장적인 의미로서 변태가 시작되고 끝나는 온도의 범위 [비고] 철강에서 나타나는 주요 변태 온도 Ae_1 : 평형 상태에서 오스테나이트가 존재하는 최저 온도 Ae_3 : 평형 상태에서 페라이트가 존재하는 최고 온도 Aem : 평형 상태에서 과공석강의 시멘타이트가 존재하는 최고 온도 Ac1 : 가열하는 동안 오스테나이트가 생성되기 시작하는 온도 Ac3 : 가열하는 동안 페라이트가 생성되기 시작하는 온도 Acm : 가열하는 동안 과공석강의 시멘타이트가 완전하게 고용 완료되는 온도 Ar1 : 냉각하는 동안 오스테나이트가 페라이트, 또는 페라이트와 시멘타이트로 변태 완료되는 온도 Ar3 : 냉각하는 동안 페라이트의 생성이 시작되는 온도 Arm : 과공석강을 냉각하는 동안 오스테나이트에서 시멘타이트가 생성되기 시작하는 온도 Ms : 냉각하는 동안 오스테나이트가 마르텐사이트로 변태하기 시작하는 온도 Mf : 냉각하는 동안 오스테나이트가 거의 대부분 마르텐사이트로 변태되는 온도 Mx : 냉각하는 동안 오스테나이트가 x%가 마르텐사이트로 변태되는 온도
복탄 (carbon restoration)	이전의 처리에서 탈탄된 표면층의 탄소 농도를 회복시키고자 시행하는 열화학적 처리
부분 경화 (local hardening)	철강재의 일부분에만 실시하는 퀜칭 경화
불꽃 경화 (flame hardening))	열원으로서 불꽃(화염)이 사용되는 표면 경화 처리
불림 (normalizing)	노멀라이징이라는 용어로 사용한다.
붕화 (boriding)	철강재의 표면에 붕화물을 생성시키기 위한 열화학적 처리 공정 [비고] 붕화물을 생성시키는 매질에 따라 고체 붕화, 페이스트 붕화 등으로 구분한다.
산질화 (oxynitriding)	산소가 어느 정도 추가된 매질에서 처리하는 질화
석출 경화 (precipitation hardening)	과포화된 고용체에서 하나 이상의 화합물이 석출되어 일어나는 철강재의 경화
석출 경화 처리 (precipitation hardening treatment)	용체화 처리 후 시효 처리를 수반하는 열처리
소둔 (annealing)	사용 억제, 어닐링의 일본식 한자어

용 어	뜻
소려 (tempering)	사용 억제, 템퍼링의 일본식 한자어
소입 (quenching)	사용 억제, 퀜칭의 일본식 한자어
소준 (normalizing)	사용 억제, 노멀라이징의 일본식 한자어
순간 가열 (impulse heating)	순간적인 열 에너지를 짧게 반복적으로 공급함으로써 철강재 일부분의 온도를 올리는 가열 방법 [비고] 열 에너지로는 콘덴서의 방전이나 레이저 또는 전자 빔 등, 다양한 것이 사용될 수 있다.
순간 경화 (impulse hardening)	순간적인 가열법을 이용하는 경화 처리 [비고] 이 경화는 통상 자기 퀜칭으로 이루어진다.
승온 시간 (heating-up time)	철강재의 특정 부분이 한 온도에서 다른 온도까지 올라가는 데 걸리는 시간
시간 온도 변태 곡선 (time-temperature-transformation diagram, TTT diagram)	대수로 표시된 시간과 온도를 축으로 하는 반-로그 좌표계에서 등온 조건에서 각 온도별로 오스테나이트 변태가 시작되고 끝나는 시간을 기록한 곡선 [비고] 1. 변태된 오스테나이트의 비율이 50%가 되는 시간도 보조 곡선으로 기록되어 있다. 2. 변태 생성물의 종류와 경도도 포함되어 있는 경우가 보통이다.
시멘테이션 (cementation)	철강재에 금속이나 준금속 원소를 침투시키고자 시행하는 열화학적 처리
시효 처리 (ageing treatment)	철강재가 필요한 성질을 가지도록 용체화 처리한 뒤에 적용하는 열처리 [참조] 오스테나이트 조질화 [비고] 이 처리는 가열한 뒤 정해진 하나 또는 두 온도에서 일정 시간 유지하는 균열화 처리 후 적절하게 냉각하는 공정으로 이루어진다.
실리코나이징 (siliconizing)	철강재 표면의 실리콘 농도를 높이는 열화학적 처리
심랭 처리 (sub-zero treating, deep freezing)	퀜칭 후 상온 이하의 온도로 냉각하여 균열화함으로써 잔류 오스테나이트를 마르텐사이트로 변태시키기 위해 시행하는 처리
아연화 (sheradizing)	철강재 표면의 아연 농도를 높이는 열화학적 처리
안정화 (stabilizing)	시간의 경과에도 철강재의 치수나 조직에 변화가 생기지 않도록 하기 위한 열처리 [비고] 일반적으로 이 처리는 나중에 일어날 바람직하지 않은 변화를 미리 일어나게 한다.
안정화 어닐링 (stabilizing annealing)	안정화시킨 오스테나이트 스테인리스 강에서 탄화물과 같은 화합물의 석출이나 구상화 처리를 목적으로 850℃ 부근에서 시행하는 어닐링
알루미나이징 (aluminizing)	철강 제품 표면의 알루미늄 농도를 증대시키는 열화학적 처리
어닐링 (annealing)	금속 재료를 적당한 온도로 가열하고, 그 온도에서 유지하는 균열화 처리를 한 뒤 천천히 냉각함으로써 냉각 후 상온에서의 조직이 평형 상태에 가깝도록 하는 열처리 [비고] 이 용어는 아주 광범위하게 사용되므로 처리하는 목적을 덧붙여 사용하는 것이 바람직하다(예를 들어 광휘 어닐링, 완전 어닐링, 연화 어닐링, 중간 어닐링, 등온 어닐링, 변태점 이하 어닐링).
연속 냉각 변태 곡선 (continuous-cooling-transformation, CCT diagram)	대수로 표시된 시간과 온도를 축으로 하는 반-로그 좌표계에서 여러 냉각 속도로 냉각할 때 냉각 함수 즉 오스테나이트가 변태를 시작하여 끝나는 온도를 기록한 곡선 [비고] 1. 보통 변태된 조직의 비율이 50%가 되는 온도에 해당되는 점들을 연결하는 보조 곡선도 기록되어 있으며, 변태상의 종류와 그 비율도 기록된다. 2. 각 냉각 곡선에 대해 상온까지 냉각된 후에 측정된 경도도 기록되어 있다. 3. 연속 냉각 변태 곡선은 주어진 냉각 시간을 변수로 하여 작성될 수 있다.
연질화 (nitrocaburizing)	질소의 농도를 제한하기 위해 비교적 저온에서 처리하는 염욕 또는 플라즈마 질화
연화 (softening, soft annealing)	철강재의 경도를 원하는 수준까지 낮추기 위해 시행하는 열처리
열균열 (thermal crack)	철강재에서 가열 또는 냉각으로 인해 즉각 또는 그 이후에 나타나는 파괴 현상 [비고] 보통 균열이란 용어는 가열 균열, 퀜칭 균열 등과 같이 균열이 나타난 조건을 붙여서 그 의미를 명확하게 하여야 한다.
열 사이클 (thermal cycle)	특정 열처리 과정에서 시간에 따른 온도의 변화
열처리 (heat treatment)	철강재의 전체 또는 일부에 열 사이클을 적용하여 그 성질과(또는) 조직을 변화시키는 일련의 작업 [비고] 철강재의 화학 조성은 이러한 작업 과정에서 변할 수도 있다. [참조] 열화학적 처리

용어	뜻
열화학적 처리 (thermochemical treatment)	매질과의 반응에 의해 모재의 조성에 변화가 일어날 수 있도록 적절한 온도에서 매질을 선택하여 시행하는 열처리
예열 (preheating)	철강재의 온도를 목표로 하는 최고 온도 이하의 특정 중간 온도로 올려 그 온도에서 얼마 동안 유지하는 작업
오스테나이트 조질화 (austenite conditioning)	철강재를 용체화처리 후 최종 시효 처리하기 전에 중간 온도에서 수행하는 열처리 [참조] 일차 경화
오스테나이트화 (austenitizing)	철강재의 조직이 오스테나이트가 되도록 가열, 유지하는 열처리 공정 [비고] 이 때 변태가 완전히 이루어지지 않았다면 부분(반) 오스테나이트화라고 한다.
오스테나이트화 온도 (austenitizing temperature)	철강재를 오스테나이트 조직으로 만들 때 가열하여 유지하는 최고 온도
오스템퍼링 (austempering)	철강재를 가열하여 오스테나이트화하여 오스테나이트 조직으로 만든 후, 페라이트나 펄라이트 조직이 생성되지 않도록 빠르게 Ms 온도 이상의 특정 온도로 급냉시킨 뒤, 그 온도에서 오스테나이트의 일부 또는 전부가 베이나이트로 변태되도록 균열화 처리하는 단계 퀜칭하는 열처리 [비고] 상온으로 냉각하는 최종 냉각 속도에는 아무런 제한이 없다.
오스포밍 (ausforming)	철강재가 마르텐사이트나 베이나이트로 변태하기 직전인 준안정 오스테나이트 상태에서 소성 가공하는 가공 열처리
완전 어닐링 (full annealing)	Ac_3 온도 이상에서 처리하는 어닐링
용체화 어닐링 (solution annealing)	오스테나이트 강을 고온으로 가열한 후 빠르게 냉각함으로써 상온에서도 오스테나이트 조직이 되도록 시행하는 열처리
용체화 처리 (solution treatment)	이전에 이미 석출된 성분들을 재용해하여 고용되도록 시행하는 열처리
유도 경화 (induction hardening)	유도 가열로서 이루어지는 표면 경화 처리
유효 경화 깊이 (effective case depth)	경도가 특정 임계값이 되는 곳까지 표면에서의 거리
유효 침탄 깊이 (effective case depth after carburizing)	철강재에서 침탄 후 표면에서 비커스 경도가 550HV 되는 곳까지의 거리(ISO 2639 참조) [비고] ISO 2639에 일반적인 시험 하중 외에 다른 하중이 규정되어 있다. 대개 4.9~49N의 하중을 사용하며 사전에 합의가 되면 경도의 한계값을 규정하기 위해서 로크웰 표층 경도 시험도 이용될 수 있다.
응력 제거 어닐링 (stress relieving)	적당한 온도로 가열하고 균열화한 후, 적절한 속도로 냉각함으로써 실질적인 조직의 변화없이 내부 응력을 줄이고자 시행하는 열처리
응력 제거 템퍼링 (stress relief tempering)	경도가 너무 낮아지지 않도록 하면서 탄화물이 석출하여 내부 응력이 감소되도록 하는 마르텐사이트 조직의 철강재를 보통 200℃ 이하의 온도에서 시행하는 템퍼링
이단 질화 (two-stage nitriding)	화합물 층의 두께를 줄이기 위해 공정 가운데 질화 조건[온도와(또는) 가스 조성]을 한 번 이상 바꾸는 질화
이온 질화 (ion nitriding)	사용 억제 [참조] 플라즈마 질화
이단 퀜칭 경화 처리 (double quench-hardening treatment)	일반적으로 서로 다른 두 온도에서 연속적으로 퀜칭 경화하는 열처리 [비고] 침탄재의 경우에는 1차는 즉각 퀜칭하고, 2차는 이보다 더 낮은 온도에서 퀜칭한다.
이차 경화 (secondary hardening)	퀜칭 경화 후 시행되는 템퍼링 처리에서 일어나는 철강재의 경화 [비고] 이 경화는 템퍼링 처리 중이나 그 후의 냉각 과정에서 화합물이 석출되거나 잔류 오스테나이트가 마르텐사이트나 베이나이트로 변태되기 때문에 일어난다.
일단 퀜칭 경화 처리 (single quench-hardening treatment)	침탄 처리 후 상온으로 천천히 냉각하는 한 단계만으로 이루어지는 경화 처리 [비고] 이 처리 후에 등온 어닐링이 시행되면, 이 때는 등온 처리 후 최종 시효 처리하기 전에 중간 온도에서 수행하는 열처리
열차 경화 (primary hardening)	철강재를 용체화 처리 후 최종 시효 처리하기 전에 중간 온도에서 수행하는 열처리
임계 냉각 속도 (critical cooling rate)	냉각 함수 가운데 임계값에 해당되는 냉각 속도

용 어	뜻
임계 냉각 함수 (critical cooling function)	완벽한 변태를 통해 바람직한 조직만을 얻을 수 있는 최소의 냉각 조건들에 해당하는 냉각 함수 [비고] 이 용어는 마르텐사이트 변태나 베이나이트 변태 등과 같이 어떤 변태인지를 밝혀야 그 의미가 명확하게 된다.
임계 온도 이하 어닐링 (sub-critical annealing)	Ac_1 보다 약간 낮은 온도에서 시행하는 어닐링
임계점 (critical points)	특정한 합금의 변태 온도
자기 퀜칭 (self-quenching)	가열된 철강재의 일부분에서 가열되지 않은 부분으로 열의 전달이 일어나 저절로 일어나는 퀜칭
자기 템퍼링 (auto tempering 또는 self-tempering)	퀜칭하는 동안 마르텐사이트 상태에서 강재가 가진 열에 의해 저절로 진행되는 템퍼링
작업 (operation)	열처리 사이클 중에서 구체적으로 시행하는 각각의 행위
잔류 오스테나이트의 불안정화 (destrabilization of retained austenite)	급냉되는 과정에서 변태되지 않았던 잔류 오스테나이트가 템퍼링 과정에서 마르텐사이트로의 변태가 일어나는 현상
잔류 오스테나이트의 안정화 (strabilization of retained austenite)	상온 이하의 온도로 냉각되는 동안 잔류 오스테나이트가 마르텐사이트로 변태될 가능성을 줄이거나 억제하는 현상 [비고] 이 현상은 저온 템퍼링이나 퀜칭 후 상온에서 방치하면 일어난다.
장입 시간 (floor-to-floor time)	철강재가 노에 장입된 후 반출될 때까지의 시간 간격
재결정화 (recrystallizing)	냉간 가공된 금속 재료에서 상에서의 변태 없이 핵의 생성과 성장을 통해 새로운 결정립이 생성되도록 시행하는 열처리
조미니 시험 (Jominy test)	철강 시험편을 오스테나이트화한 후 시험편의 한 쪽 끝에 물을 분사하여 퀜칭하는 표준 시험법 [비고] 급냉된 시험편의 끝에서부터 거리에 따른 경도 변화(조미니 고선)는 그 철강재의 경화능을 나타낸다(ISO 642).
중간 어닐링 (inter-critical annealing)	철강재의 Ac_1 과 Ac_3 온도 사이에서 처리하는 어닐링
중간 처리 (inter-critical treatment)	아공석강에서 Ac_1 과 Ac_3 구간 온도로 가열한 다음 균열화 처리 후 필요한 속도로 냉각하는 열처리
중단 퀜칭 (interrupted quenching)	퀜칭 매질 속에서 빠른 속도로 냉각하여 퀜칭하면서 철강재의 온도가 매질과 열평형 온도에 도달하기 전에 철강재를 끄집어내어 퀜칭을 중단하는 퀜칭 방법 [비고] 이 용어는 단계 퀜칭(step quenching)의 뜻으로 사용해서는 안된다.
중심부 조질 (core refining)	이차 퀜칭 경화 처리를 모재의 임계 온도 이상에서 시행하는 이단 퀜칭 경화 처리(침탄 제품)
증기 처리 (steam treatment)	과열된 수증기 중에서 시행하는 청염화 [참조] 청염화
직접 경화 처리 (direct-hardening treatment)	표면 경화 처리 후 직접 퀜칭에 의한 철강재의 경화 처리 [비고] 이 처리는 일반적으로 침탄 처리 후 수행되며, 필요하면 철강재의 경화에 가장 적당한 온도까지 냉각 후 실시하기로 한다. 이 처리에는 다음 두 종류가 있다. 1. 마르텐사이트 조직이 형성되는 직접 경화 처리 2. 베아나이트 조직이 형성되는 직접 경화 처리
직접 퀜칭 (direct quenching)	열간 압연이나 성형 후 또는 열화학적 처리 후 곧바로 시행하는 퀜칭
질화 (nitriding)	철강재 표면의 질소 농도를 높이는 열화학적 처리 [참조] 산질화 [비고] 질화에 사용되는 매질은 가스, 플라즈마 등으로 표시하여야 한다.
질화 깊이 (depth of nitriding)	철강재의 표면에서 질소 농도가 높아진 유효 질화층 경계까지의 거리 [참조] 유효 경화 깊이

용 어	뜻
질화 침탄 (nitrocarburizing)	철강재 표면의 질소와 탄소의 농도를 높여 결과적으로 화합물층이 형성 되도록 하는 열화학적 처리 [참조] 연질화 [비고] 1. 이 화합물층 안쪽에는 질소 농도가 높은 확산층이 있다. 2. 침탄 질화에 사용되는 매질은 염욕, 가스, 플라즈마 등으로 표시하여야 한다.
청염화 (blueing)	잘 연마된 철강재의 표면에 치밀하고 얇으며, 부착성이 강한 청색 산화물 피막이 형성되도록 산화성 매질 중의 특정 온도에서 수행하는 열처리 작업 [참조] 증기 처리
청화법 (cyaniding)	시안 화합물이 포함된 염욕에서 시행하는 침탄 질화
최대 달성 경도 (maximum achievable hardness)	이상적인 조건에서 철강재를 퀜칭 경화시켜 얻을 수 있는 경도의 최대값
침탄 (carburizing)	오스테나이트 상태의 철강재에서 표면에만 오스테나이트 중의 고용 탄소의 농도를 높이고자 시행하는 열화학적 처리 [비고] 1. 침탄된 철강재는 그 즉시 또는 이후에 급냉 퀜칭 처리가 뒤따른다. 2. 침탄에 이용된 가스나 고체 등의 매질은 반드시 표기되어야 한다.
침탄 경화 깊이 (cases depth)	침탄된 철강재의 표면에서 침탄 경계 지점까지의 거리, 즉 침탄층의 두께 [비고] 1. 여기서 침탄 경계는 규정되어야 한다. 예를 들면, 전 경화층 깊이에서 침탄 경계는 침탄되지 않은 모재의 탄소 농도와 일치하는 지점이다. 2. 경화층 깊이는 침탄 및 모든 표면 경화 공정에 사용된다.
침탄 질화 (carbonitriding)	철강재를 Ac_1 온도 이상으로 가열하여 표면에만 오스테나이트 중의 고용 탄소와 질소의 농도를 높이는 열화학적 처리 [참조] 청화법 (cyaniding) [비고] 1. 일반적으로 이 작업에서는 처리 후 즉시 급냉 퀜칭 처리가 뒤따른다. 2. 침탄 질화에 이용된 가스나 염욕 등의 매질은 반드시 표기되어야 한다.
퀜칭 (quenching)	철강재를 공기 중에 두는 것보다 더 빠르게 냉각하는 작업 [비고] 이 용어는 공냉(송풍 퀜칭), 수냉, 단계 퀜칭처럼 냉각 조건을 붙여 사용하는 것이 바람직하다.
퀜칭 경화 (quenching hardening)	철강재를 오스테나이트화한 후 오스테나이트가 거의 전부 마르텐사이트 또는 그 일부가 베이나이트로 변태되도록 하는 조건에서 냉각하여 얻어지는 경화
퀜칭 경화 처리 (quench-hardening treatment)	철강재를 오스테나이트화한 후 오스테나이트가 거의 전부 마르텐사이트 또는 그 일부가 베이나이트로 변태되도록 냉각하여 퀜칭 경화가 일어나도록 하는 열처리
퀜칭 경화층 (quench-hardened layer)	두께가 보통 퀜칭 경화 깊이로 정의되는 퀜칭에 의해 경화된 철강재의 표면층
퀜칭 온도 (quenching temperature)	퀜칭이 시작되는 온도 [참조] 경화 온도
크로마이징 (chromizing)	철강재 표면의 크롬 농도를 높이기 위해 적용하는 열화학적 처리 [비고] 크롬화된 철강재의 표면층에는 저탄소강에서는 순크롬이, 고탄소강에서는 크롬 탄화물이 존재한다.
탄소 농도 분포 (carbon profile)	표면에서의 거리에 따른 탄소 농도의 분포
탄소 질량 이동 계수 (carbon mass transfer coeffcient)	탄소 포텐셜과 철강재 표면의 탄소 농도 사이에 한 단위의 차이가 있을 때, 단위 시간, 단위 면적 당 침탄 매질에서 철강재로 이동하는 탄소의 질량
탄소 포텐셜 (carbon potential)	특정 조건 하에서 사용되는 침탄 매질(침탄제)과 평형 상태에 있는 순철 시료 표면의 탄소 농도
탄소 활동도 (carbon activity)	같은 온도에서 순탄소(흑연)의 증기압(참조 상태)과 주어진 상태(예를 들면 오스테나이트 중의 탄소 농도)의 탄소 증기압의 비 [비고] 이 처리는 침탄 처리 공정의 열 사이클을 확인하기 위한 예비 조작이다.

용 어	뜻
탈탄 (decarburization)	철강재의 표면층에서 일어나는 탄소 농도의 감소 [비고] 이 탈탄은 부분 탈탄과 완전 탈탄으로 구분될 수 있다. 이 두 형태의 탈탄을 합친 것은 전탈탄이라고 한다(ISO 3887 참조).
탈탄 깊이 (depth of decarburization)	철강재의 표면에서 탈탄 경계까지의 거리 [비고] 이 때 탈탄 경계는 탈탄의 형태에 따라 달라지며, 조직 상태나 경도 또는 농도가 변하지 않은 모재의 탄소 농도(ISO 3887 참조), 아니면 특정 탄소 농도로 규정될 수 있다.
탈탄화 (decarburizing)	철강재에서 탈탄이 일어나도록 시행하는 열화학적 처리
템퍼링 (tempering)	철강재를 퀜칭 경화 후 또는 특정 수준의 성질을 얻기 위하여 Ac_1 온도 이하의 특정 온도로 가열한 후 한두 번 균열화한 다음, 적당한 속도로 냉각하는 별도의 열처리 [비고] 보통 템퍼링은 경도를 감소시키지만, 어떤 경우에는 도리어 경도가 증가할 수도 있다(이차 경화 참조).
템퍼링 곡선 (tempering curve, tempering diagram)	정해진 템퍼링 시간에 대한 역학적 성질과 템퍼링 온도와의 관계를 나타낸 그림
템퍼 취성 (temper embrittlement)	특정 온도에서 균열화하거나 이 온도 부근에서 서서히 냉각하면 퀜칭 후 템퍼링된 강에서 취성이 나타나는 현상 [비고] 이 취성은 모재의 충격 강도 천이 곡선이(연성－취성 천이 온도가) 고온 쪽으로 이동됨으로써 드러난다. 이 취성은 550℃ 이상으로 재가열 후 빠르게 냉각하면 없어진다.
청열 취성(영구 템퍼 취성) (blue brittleness, irreversible temper embrittlement)	300℃ 온도 부근에서 일어나는 템퍼 취성
제거할 수 있는 템퍼 취성 (reversible temper embrittlement)	대략 450~550℃에서 일어나는 템퍼 취성
파텐팅 (patenting)	신선 또는 압연 작업에 적당한 조직이 되도록 오스테나이트화 후 적절하게 냉각 조건하는 열처리 [비고] 파텐팅에 사용하는 매질은 공기, 연욕 등으로 표시하여야 한다.
연속 파텐팅 (continuous patenting)	코일로 감지 않는 제품을 연속적으로 가열 및 냉각하여 처리하는 파텐팅
배치 파텐팅 (batch patenting)	열처리 과정에서 제품이 코일이나 다발 상태 그대로 취급하는 파텐팅
표면 경화 (case hardening)	침탄 또는 침탄 질화 후 퀜칭 경화시키는 처리 [비고] 질화나 질화 침탄 등도 표면 경화 공정으로 분류된다.
표면 경화 처리 (surface－hardening treatment)	표면을 가열한 후 퀜칭 경화하는 처리 [비고] 이 용어는 불꽃(화염), 유도, 전자빔, 레이저 등과 같은 가열 방법을 명시하여 사용한다.
표면 경화 후 유효 침탄 경화 깊이 (effective case depth after surface hardening)	표면에서부터 비커스 경도(HV)가, 철강재가 요구되는 표면 경도의 80%에 해당하는 곳까지의 거리(ISO 3754 참조) [비고] ISO 3754에 일반적인 시험 하중 외에 다른 하중이 규정되어 있다. 대개 4.9~49N의 하중을 사용하며, 사전에 합의가 되면 경도의 한계값을 규정하기 위해서 로크웰 표층 경도 시험도 이용될 수 있다.
풀림 (annealing)	[참조] 어닐링
플라스마 질화 (plasma nitriding)	플라스마 매질을 이용한 질화 글로 방전 질화(glow discharge nitriding) 사용 억제 이온 질화(ion nitriding) 사용 억제
한계 경화 단면 (limiting ruling section)	특정 열처리 방법을 이용하여 규정된 특성을 얻을 수 있는 봉상 재료의 최대 지름 또는 두께
화합물층 (compound layer)	열화합적 처리 과정에서 생성된 모재에 있는 특정 원소와 처리 과정에서 표면으로 침투된 원소로 구성된 화합물이 형성되어 있는 표면층 [예] 질화에서 형성된 화합물층은 질화물, 보론화에서는 보론 화합물, 고탄소강의 크롬화에서는 크롬 탄화물층이 형성된다. 백층(white layer)사용 억제 [비고] 백층이란 용어는 질화나 침탄 질화 처리된 철강재의 형성된 화합물층을 나타내는 데 사용되었다.

용 어	뜻
확산 촉진 침탄 (boost-diffuse carburizing)	카본 포텐셜이 서로 다른 두 단계 또는 그 이상의 연속적인 단계로 처리하는 침탄 방법
확산 처리 (diffusion treatment)	이전의 처리 과정(예를 들면 침탄, 보론화나 질화)에서 철강재 표면에 침투시킨 원소를 내부로 확산시키는 열처리 또는 그 작업
확산층 (diffusion zone)	열화학적 처리 과정에서 침투시킨 원소가 고용체나 일부는 석출물 형태로 존재하는 표면층 [비고] 1. 침투 원소의 농도는 내부로 갈수록 연속적으로 낮아진다. 2. 확산층에 존재하는 석출물은 질화물이나 탄화물 등이다.
황화 (sulfidizing)	화합물층에 임의로 유황 성분이 추가되도록 시행하는 질화 침탄 처리
회복 (recovery)	냉간 가공된 철강재의 물리적 성질 또는 역학적 성질을 별다른 조직의 변화없어도 어느 정도 원래대로 회복되도록 시행하는 열처리 [비고] 이 처리는 재결정 온도보다 낮은 온도에서 시행된다.
흑연화 (graphitizing)	탄소가 흑연 상태로 석출되도록(흑연화 처리) 주철이나 과공석강에 적용하는 열처리
흑연화 처리 (graphitization)	흑연 상태의 탄소 석출
흑염화 (blacking)	잘 연마된 철강재의 표면에 치밀하고 얇으며, 부착성이 강한 흑색 산화물 피막이 형성되도록 산화성 매질 중의 특정 온도에서 수행하는 작업
흡열성 분위기 (endothermic atmosphere)	철강재의 표면 탄소 농도를 낮추거나, 높이거나 또는 유지하기 위해서, 열처리 과정 중 탄소 포텐셜이 철강재의 탄소 농도에 적절하도록 흡열 반응에 의해 생성된 노 내의 분위기
CCT 곡선 (continuous-cooling-transformation diagram)	[참조] 연속 냉각 변태 곡선
TTT 곡선 (time-temperature-transformation diagram)	[참조] 시간 온도 변태 곡선

8-6 철강제품의 열처리 용어 보충 부분 (1/2) KS D 0049

용 어	뜻
가단 주철 (malleable cast iron)	가단화로 백주철을 변태시켜 만들어진 조직 백심(탈탄)가단주철 탈탄에 의해 제조된 가단 주철 흑심가단주철 흑연화 처리에 의해 제조된 가단 주철
감마철 (gamma iron)	911~1392℃에서 안정한 상태인 순철 [비고] 1. 감마 철의 결정 구조는 면심 입방체이다. 2. 감마 철은 자성체이다.
강 (steel)	주요 원소가 철로서 2% 이내의 탄소를 포함한 소재 [비고] 1. 탄화물 형성 원소가 많이 포함된 경우에는 탄소 농도의 최대 한도가 수정될 수 있다. 2. 열처리에 적합한 비합금강과 합금강의 명칭은 ISO 4948-1 과 ISO 4948-2에 규정되어 있다.
결정립 (grain)	다결정체를 구성하는 기본 결정
결정립계 (grain boundary)	서로 다른 방위를 가진 두 결정 사이의 계면
결정립 성장 (grain growth)	철강재를 Ac_3 온도 이상으로 가열함으로써 결정립의 크기가 커지는 현상
결정립 크기 (grain size)	단면 조직에 나타난 결정립의 크기 ISO 643 참조 [비고] 오스테나이트, 페라이트 등과 같이 결정립의 성질을 밝혀야 한다.
결정성 파면 (crystallinity)	소성 변형이나 전단의 흔적이 보이지 않을 조건에서 파괴된 시험편의 파면에 나타나는 결정립
고용체 (solid solution)	두 종류 이상의 원소에 의해 생성되는 균질이며 고체이고, 결정질인 상 [비고] 용질 원자가 용매 원자 자리에 치환되는 치환형 고용체와 용매 원자 사이에 침투하는 침입형 고용체로 구분된다.
공기 경화강 (air-hardening steel)	크기가 상당함에도 불구하고 공기 중에서 냉각하여도 마르텐사이트 조직이 얻어지는 경화능을 가진 철강재 자기 경화강(self-hardening steel) 사용 억제
공석 변태 (eutectoid transformation)	일정한 온도에서 오스테나이트가 펄라이트(페라이트+시멘타이트)로 바뀌는 가역 변태
과공석 강 (hypereutectoid steel)	탄소 성분이 공석 조성보다 많이 포함된 강
구성체 (constituent)	어떤 조직을 관찰할 때, 외관상 하나의 물체로 보여지는 단일 상 또는 상의 혼합물
금속간 화합물 (intermetallic compound)	화합물을 구성하는 순 금속 및 그들의 고용체와는 물리적 성질과 결정 구조가 다른 두 종류 이상의 금속으로 생성된 화합물
델타 철 (delta iron)	1392℃와 용융 온도 사이에서 안정한 상태인 순철 [비고] 1. 델타 철의 결정 구조는 알파 철과 마찬가지로 체심 입방체이다. 2. 델타 철은 상자성체이다.
띠모양(밴드) 조직 (banded structure)	단면 조직에서 고온 가공 방향과 나란하게 형성된 고온 가공 과정 중 편석된 영역에서 변태가 진행되었음을 나타내는 띠가 나타나는 조직
레데뷰라이트 (ledeburite)	오스테나이트와 시멘타이트로 된 공정 변태로 인해 생성된 철/탄소 합금의 조직
레데뷰라이트 강 (ledeburite steel)	레데뷰라이트 조직을 가지는 강

용 어	뜻
마르에이징 강 (maraging steel)	마르에이징 처리로서 얻을 수 있는 특성을 가지는 강
마르텐사이트 (martensite)	체심 정방체 구조를 가지는 준안정 고용체 [비고] 이것은 오스테나이트가 확산 기구가 아닌 방법으로 변태되어 형성된 것이다.
맥퀘이드 엔 결정립 크기 (McQuaid－Ehn grain size)	침탄 처리에서 생성된 오스테나이트 결정립의 크기로서 표준 시험 조건에서 측정된 값 [비고] 이 지수는 침탄된 철강재에서만 유효하다. ISO 643 참조
모상 (parent phase)	하나 이상의 새로운 상이 형성되기 이전의 상
미소 경도 (microhardness)	1.96N 이하의 하중으로 측정된 경도
베이나이트 (bainite)	펄라이트가 생성되는 온도와 마르텐사이트가 생성되기 시작하는 온도 사이에서 오스테나이트의 분해에 의해 생성된 준안정 구성체로서 페라이트 중에 탄화물이 미세하게 석출되어 있는 혼합체 [비고] 일반적으로 베이나이트는 상기 온도 범위에서 고온 쪽에서 생성되는 상부 베이나이트(upper bainite)와 저온 쪽에서 생성되는 하부 베이나이트(lower bainite)로 구분하는 것이 보통이다.
변태 범위 (transformation range, inter－critical range)	상의 변화가 진행되는 온도 범위
복합 탄화물 (carbide compound)	화학식으로는$(FeM)_2C$이며, 망간이나 크롬과 같은 합금 원소가 철을 일부분 치환한 시멘타이트
상 (phase)	한 시스템(계)에서 조직적으로 균일한 부분 [비고] 철강재에서 나타나는 상은 예를 들어 페라이트, 오스테나이트, 시멘타이트 등이다.
석출물의 합계 (coalescence of precipitate)	기지를 통한 구성 원자들의 확산에 의해 석출된 입자의 모양이 작은 크기의 입자는 사라지고, 큰 입자는 더 커지는 현상 [비고] 이 용어를 구상화와 비슷한 의미로 사용해서는 안된다.
시멘타이트 (cementite)	Fe_3C 조성의 철 탄화물
시효 (ageing)	상온 또는 상온에 가까운 온도에서 용질 원자의 확산이 일어나게 함으로써 철강재의 성질이 개선되는 현상
아공석 강 (hypoeutectoid steel)	탄소 성분이 공석 조성보다 적게 포함된 강
알파철 (alpha iron)	911℃ 이하의 온도에서 안정한 상태의 순철 [비고] 1. 결정 구조는 체심 입방체이다. 2. 768℃(큐리 온도) 이하에서는 강자성체이다.
예민화 (sensitization)	스테인리스 강에서 결정립계에 탄화물이 석출됨으로써 입계 부식에 대한 민감도가 증가하는 현상 [비고] 입계 부식에 대한 저항성을 연구하기 위하여 예민화 처리가 이용된다.(ISO 3651－2 참조).
오스테나이트 (austenite)	감마 철로서 한 종류 이상의 원소가 고용된 고용체
오스테나이트 강 (austenite steel)	용체와 어닐링 후 상온에서도 오스테나이트 조직을 가지는 철강재 [비고] 오스테나이트 주강(cast steel)에는 페라이트 성분이 약 20%까지도 포함될 수 있다.
워드만스테텐 조직 (Widmannstaetten structure)	모상인 고용체의 특정 결정면을 따라 새로운 상이 생성되어 만들어진 조직 [비고] 아공석 강에서는 이 조직이 펄라이트 조직 바탕에 페라이트가 침상으로 생성된 모양으로 관찰된다. 과공석 강에서는 시멘타이트가 침상 조직으로 관찰 된다.
이차 마르텐사이트 (secondary martensite)	이차 경화하는 동안 생성된 마르텐사이트
임계 지름 (critical diameter)	주어진 조건에서 퀜칭했을 때 그 중심부 조직의 50%가 마르텐사이트인 길이가 지름의 3배 이상이 되는 봉의 지름
입실론 탄화물 (epsilon carbide)	$Fe_{2-4}C$ 범위의 화학식을 가지는 철 탄화물
잔류 오스테나이트 (retained austenite)	퀜칭 경화 후 상온에서 변태되지 않고 남아 있는 오스테나이트

용 어	뜻
재열 현상 (recalescence)	냉각하는 동안 오스테나이트의 변태에 수반되는 잠열의 방출로 인해 발생하는 온도의 상승
저하중 경도 (low-load hardness)	1.96~49.1N의 하중으로 측정된 경도
주철 (cast iron)	철 중에 탄소가 2% 이상 포함된 철강재 [비고] 탄화물 형성 원소가 많이 포함된 경우에는 필요한 최소 탄소 농도가 바뀔 수도 있다.
준안정 (metastable)	평형 상태도에서 정의된 조건에서 벗어난 겉보기만 안정한 상태
질량 효과 (mass effect)	냉각 거동에서 물체의 크기가 미치는 영향
질소 농도 분포 (nitrogen profile)	표면에서 내부로의 거리에 따른 질소의 농도 변화
초석 구성체 (proeutectoid constituent)	공석 변태 이전에 오스테나이트가 분해되는 동안 생성된 구성체 [비고] 아공석 강에서 초석 구성체는 페라이트이고, 과공석 강에서의 초석 구성체는 탄화물이다.
침상 조직 (acicular structure)	조직 사진상에서 관찰할 때 외관상 바늘 모양으로 나타나는 조직
펄라이트 (pearlite)	오스테나이트의 공석 분해에 의해 생성된 페라이트와 판상 시멘타이트의 집합체
페라이트 (ferritel)	알파 철이나 델타 철에 하나 이상의 원소가 고용되어 있는 고용체
페라이트 강 (ferrite steel)	고체 상태의 모든 온도 범위에서 페라이트 구조가 안정한 강
합금 (alloy)	한 종류 이상의 다른 원소가 포함되고, 액체 상태에서는 그들이 완전히 용해되지만, 고체 상태에서는 그 원소들은 고용되거나 화합물을 형성하는 금속 소재
흑연 강 (graphitic steel)	일정량의 탄소를 의도적으로 흑연의 형태로 석출시킨 조직을 가진 강

CHAPTER 09

재료에 관한 KS와 관련 외국 규격과의 비교표

9-1 기계 구조용 탄소강 및 합금강 강재 관계

한국 공업 규격		국제 규격	외국 규격 관련 강재 종류					
규격 번호 명칭	KS 기호	ISO638/ 1,10,11	JIS	AISI SAE	BS 970Part1,3 BS EN 10083-1,2	DIN EN 10084 DIN EN 10083-1,2	NF A35-551 NF EN 10083-1,2	ГОСТ 4543
KS D 4051 기계 구조용 탄소강 강재	SM10C	C10	S10C	1010	040A10 045A10 045M10	C10E C10R	XC10	–
	SM12C	–	S12C	1012	040A12	–	XC12	–
	SM15C	C15E4 C15M2	S15C	1015	055M15	C15E C15R	–	–
	SM17C	–	S17C	1017	–	–	XC18	–
	SM20C	–	S20C	1020	070M20 C22 C22E C22R	C22 C22E C22R	C22 C22E C22R	–
	SM22C	–	S22C	1023	–	–	–	–
	SM25C	C25 C25E4 C25M2	S25C	1025	C25 C25E C25R	C25 C25E C25R	C25 C25E C25R	–
	SM28C	–	S28C	1029	–	–	–	25 Г
	SM30C	C30 C30E4 C30M2	S30C	1030	080A30 080M30 C30 C30E C30R	C30 C30E C30R	C30 C30E C30R	30 Г
	SM33C	–	S33C	–	–	–	–	30 Г
	SM35C	C35 C35E4 C35M2	S35C	1035	C35 C35E C35R	C35 C35E C35R	C35 C35E C35R	35 Г
	SM38C	–	S38C	1038	–	–	–	35 Г
	SM40C	C40 C40E4 C40M2	S40C	1039 1040	080M40 C40 C40E C40R	C40 C40E C40R	C40 C40E C40R	40 Г
	SM43C	–	S43C	1042 1043	080A42	–	–	40 Г
	SM45C	C45 C45E4 C45M2	S45C	1045 1046	C45 C45E C45R	C45 C45E C45R	C45 C45E C45R	45 Г
	SM48C	–	S48C	–	080A47	–	–	45 Г
	SM50C	C50 C50E4 C50M2	S50C	1049	080M50 C50 C50E C50R	C50 C50E C50R	C50 C50E C50R	50 Г
	SM53C	–	S53C	1050 1053	–	–	–	50 Г
	SM55C	C55 C55E4 C55M2	S55C	1055	070M55 C55 C55E C55R	C55 C55E C55R	C55 C55E C55R	–
	SM58C	C60 C60E4 C60M2	S58C	1059 1060	C60 C60E C60R	C60 C60E C60R	C60 C60E C60R	60 Г

한국 공업 규격		국제 규격	외국 규격 관련 강재 종류						
규격 번호 명칭	KS 기호	ISO638/ 1,10,11	JIS	AISI SAE	BS 970Part1,3 BS EN 10083-1,2	DIN EN 10084 DIN EN 10083-1,2	NF A35-551 NF EN 10083-1,2	ГОСТ 4543
KS D 4051 기계 구조용 탄소강 강재	SM09CK	–	S09CK	–	045A10 045M10	C10E	XC10	–
	SM15CK	–	S15CK	–	–	C15E	XC12	–
	SM20CK	–	S20CK	–	–	–	XC18	–
KS D 3867 기계 구조용 망가니즈 강재 및 망가니즈 크롬강 강재	SMn420	22Mn6	SMn420	1522	150M19	–	–	–
	SMn433	–	SMn433	1534	150M36	–	–	30Г2 35Г2
	SMn438	36Mn6	SMn438	1541	150M36	–	–	35Г2 40Г2
	SMn443	42Mn6	SMn443	1541	–	–	–	40Г2 45Г2
	SMnC420	–	SMnC420	–	–	–	–	–
	SMnC443	–	SMnC443	–	–	–	–	–
KS D 3756 알루미늄 크롬 몰리브덴강 강재	S Al Cr Mo 1 (표면 질화용)	41CrAlMo74	SACM645	–	–	–	–	–
KS D 3754 경화능 보증 구조용 강재(H강)	SMn420H	22Mn6	SMn420H	1522H	–	–	–	–
	SMn433H	–	SMn433H	–	–	–	–	–
	SMn438H	36Mn6	SMn438H	1541H	–	–	–	–
	SMn443H	42Mn6	SMn443H	1541H	–	–	–	–
	SMnC420H	–	SMnC420 H	–	–	–	–	–
	SMnC443H	–	SMnC443 H	–	–	–	–	–
	SCr415H	–	SCr415H	–	–	17Cr3 17CrS3	–	15X
	SCr420H	20Cr4 20CrS4	SCr420H	5120H	–	–	–	20X
	SCr430H	34Cr4 34CrS4	SCr430H	5130H 5132H	34Cr4 34CrS4	34Cr4 34CrS4	34Cr4 34CrS4	30X
	SCr435H	34Cr4 34CrS4 37Cr4 37CrS4	SCr435H	5135H	37Cr4 37CrS4	37Cr4 37CrS4	37Cr4 37CrS4	35X
	SCr440H	37Cr4 37CrS4 41Cr4 41CrS4	SCr440H	5140H	41Cr4 41CrS4	41Cr4 41CrS4	41Cr4 41CrS4	40X
	SCM415H	–	SCM415H	–	–	–	–	–
	SCM418H	18CrMo4 18CrMoS4	SCM418H	–	–	18CrMo4 18CrMoS4	–	–
	SCM420H	–	SCM420H	–	708H20	–	–	–
	SCM435H	34CrMo4 34CrMoS4	SCM435H	4135H 4137H	34CrMo4 34CrMoS4	34CrMo4 34CrMoS4	34CrMo4 34CrMoS4	–
	SCM440H	42CrMo4 42CrMoS4	SCM440H	4140H 4142H	42CrMo4 42CrMoS4	42CrMo4 42CrMoS4	42CrMo4 42CrMoS4	–
	SCM445H	–	SCM445H	4145H 4147H	–	–	–	–

한국 공업 규격		국제 규격	외국 규격 관련 강재 종류					
규격 번호 명칭	KS 기호	ISO638/ 1,10,11	JIS	AISI SAE	BS 970Part1,3 BS EN 10083-1,2	DIN EN 10084 DIN EN 10083-1,2	NF A35-551 NF EN 10083-1,2	ГОСТ 4543
KS D 3754 경화능 보증 구조용 강재(H강)	SCM822H	–	SCM822H	–	–	–	–	–
	SNC415H	–	SNC415H	–	–	–	–	–
	SNC631H	–	SNC631H	–	–	–	30NC11	–
	SNC815H	15NiCr13	SNC815H	–	655H13	15NiCr13	–	–
	SNCM220H	20NiCrMo2 20NiCrMoS2	SNCM220H	8617H 8620H 8622H	805H17 805H20 805H22	–	20NCD2	–
	SNCM420H	–	SNCM420H	4320H	–	–	–	–
KS D 3867 니켈 크롬강	SNC 236	–	SNC 236	–	–	–	–	40XH
	SNC 415	–	SNC 415	–	–	–	–	–
	SNC 631	–	SNC 631	–	–	–	–	30XH3A
	SNC 815	15NiCr13	SNC 815	–	655M13	15NiCr13	–	–
	SNC 836	–	SNC 836	–	–	–	–	–
KS D 3867 니켈 크롬 몰리브데넘강	SNCM 220	20NiCrMo2 20NiCrMoS2	SNCM 220	8615 8617 8620 8622	805A20 805M20 805A22 805M22	20NiCrMo2 20NiCrMoS2	20NCD2	–
	SNCM 240	41CrNiMo2 41CrNiMoS2	SNCM 240	8637 8640	–	–	–	–
	SNCM 415	–	SNCM 415	–	–	–	–	–
	SNCM 420	–	SNCM 420	4320	–	–	–	20XH20M (20XHM)
	SNCM 431	–	SNCM 431	–	–	–	–	–
	SNCM 439	–	SNCM 439	4340	–	–	–	–
	SNCM 447	–	SNCM 447	–	–	–	–	–
	SNCM 616	–	SNCM 616	–	–	–	–	–
	SNCM 625	–	SNCM 625	–	–	–	–	–
	SNCM 630	–	SNCM 630	–	–	–	–	–
	SNCM 815	–	SNCM 815	–	–	–	–	–
KS D 3867 크롬강	SCr 415	–	SCr 415	–	–	–	16MC5	15X 15XA
	SCr 420	20Cr4 20CrS4	SCr 420	5120	–	–	20MC5	20X
	SCr 430	34Cr4 34CrS4	SCr 430	5130 5132	34Cr4 34CrS4	34Cr4 34CrS4	34Cr4 34CrS4	30X
	SCr 435	34Cr4 34CrS4 37Cr4 37CrS4	SCr 435	5132	37Cr4 37CrS4	37Cr4 37CrS4	37Cr4 37CrS4	35X
	SCr 440	37Cr4 37CrS4 41Cr4 41CrS4	SCr 440	5140	530M40 41Cr4 41CrS4	41Cr4 41CrS4	41Cr4 41CrS4	40X
	SCr 445	–	SCr 445	–	–	–	–	45X

한국 공업 규격		국제 규격	외국 규격 관련 강재 종류					
규격 번호 명칭	KS 기호	ISO638/ 1,10,11	JIS	AISI SAE	BS 970Part1,3 BS EN 10083-1,2	DIN EN 10084 DIN EN 10083-1,2	NF A35-551 NF EN 10083-1,2	ГОСТ 4543
KS D 3867 크롬 몰리브 데넘강	SCM 415	-	SCM 415	-	-	-	-	-
	SCM 418	18CrMo4 18CrMoS4	SCM 418	-	-	-	18CrMo4 18CrMoS4	20XM
	SCM 420	-	SCM 420	-	708M20	-	-	20XM
	SCM 421	-	SCM 421	-	-	-	-	-
	SCM 430	-	SCM 430	4131	-	-	-	30XM 30XMA
	SCM 432	-	SCM 432	-	-	-	-	-
	SCM 435	34CrMo4 34CrMoS4	SCM 435	4137	34CrMo4 34CrMoS4	34CrMo4 34CrMoS4	34CrMo4 34CrMoS4	35XM
	SCM 440	42CrMo4 42CrMoS4	SCM 440	4140 4142	708M40 709M40 42CrMo4 42CrMoS4	42CrMo4 42CrMoS4	42CrMo4 42CrMoS4	-
	SCM 445	-	SCM 445	4145 4147	-	-	-	-
	SCM 822	-	SCM 822	-	-	-	-	-
KS D 3755 고온용 합금강 볼트재	SNB5	-	SNB5	501	-	-	-	-
	SNB7	42CrMo4 42CrMoS4	SNB7	4140 4142 4145	708M40 709M40 42CrMo4 42CrMoS4	42CrMo4 42CrMoS4	42CrMo4 42CrMoS4	-
	SNB16	-	SNB16	-	40CrMoV4-6	40CrMoV47	40CrMoV4-6	-
KS D 3723 특수용도 합금강 볼트용 봉강	SNB21-1~5	-	SNB21-1~5	-	40CrMoV4-6	40CrMoV47	40CrMoV4-6	-
	SNB22-1~5	42CrMo4 42CrMoS4	SNB22-1~5	4142	-	42CrMo4	-	-
	SNB23-1~5	-	SNB23-1~5	E4340H	-	-	-	-
	SNB24-1~5	-	SNB24-1~5	4340	-	-	-	-

9-2 스테인리스강 및 내열강 강재 관계

한국 공업 규격		국제 규격	외국 규격							유럽 규격	
규격 번호 명칭	KS 기호	ISO TR 15510 LNo.	일본	미국		영국	독일	프랑스	러시아	EN	
			JIS	UNS	AISI	BS	DIN	NF	ГОСТ	종류	번호
KS D 3698	STS 201	12	SUS 201	S20100	201	–	–	Z21CMN17–07Az	–	X12CrMnNiN17–7–5	1.4372
	STS 202	–	SUS 202	S20200	202	284S16	–	–			1.4372
	STS 301	5	SUS 301	S30100	301	301S21	X12CrNi17 7	Z11C N17–08			1.4319
	STS 301L	4	SUS 301L	–	–	–	X2CrNiN18–7				1.4318
	STS 301J1	–	SUS 301J1	–	–	–	X12CrNi17 7				–
	STS 302	–	SUS 302	S30200	302	302S25	–				–
	STS 302B	–	SUS 302B	S30215	302B		–				–
	STS 303	13	SUS 303	S30300	303	303S21	X10CrNiS18 9				1.4305
	STS 303Se	–	SUS 303Se	S30323	303Se	303S41	–				–
	STS 303Cu	–	SUS 303Cu	–	–	–	–				–
	STS 304	6	SUS 304	S30400	304	304S31	X5CrNi18 10				1.4301
	STS 304L	1	SUS 304L	S30403	304L	304S11	X2CrNi19 11				1.4307
	–	2	–	–	–	–	–	–	–	–	1.4307
	STS 304N1	10	SUS 304N1	S30451	304N	–	–	Z6CN19–09Az	–	X2CrNi18–9	1.4306
	STS 304N2	–	SUS 304N2	S30452	–	–		–			–
	STS 304LN	3	SUS 304LN	S30453	304LN		X2CrNiN18 10	Z3C N18–10Az			1.4311
	STS 304J1	–	SUS 304J1	–	–	–	–	–	–	–	–
	STS 304J2	–	SUS 304J2	–	–	–	–	–	–	–	–
	STS 304J3	–	SUS 304J3	–	–	–	–	–	–	–	–
	STS 305	8	SUS 305			305S19	X5CrNi18 12	Z8CN18–12	06X18H11	X4CrNi18–12	1.4303
	STS 305J1	–	SUS 305J1	–	–	–	–	–	–	–	–
	STS 309S	X6CrNi23–14	SUS 309S	S30908	309S	–	–	Z10CN24–13	–	–	–
	STS 310S	X6CrNi25–21	SUS 310S	S31008	310S	310S31	–	Z8CN25–20	10X23H18	X6CrNi25–20	–
	STS 315J1	–	–	–	–	–	–	–	–	–	–
	STS 315J2	–	–	–	–	–	–	–	–	–	–
	STS 316	26	SUS 316	S31600	316	316S31	X5CrNiMo17 12 2	Z7CND17–12–02	–	X4CrNiMo17–12–2	1.4401
	STS 316F	27	SUS 316F	–	–	–	X5CrNiMo17 13 3	Z6CND18–12–03	–	X4CrNiMo17–13–3	1.4436
	STS 316L	19	SUS 316L	S31603	316L	316S11	X2CrNiMo17 13 2	Z3CND17–12–02	–	X2CrNiMo17–12–2	1.4404
	–	20	–	–	–	–	X2CrNiMo17 4 3	Z3CND17–13–03	03X17H14M3	X2CrNiMo17–13–3	1.4432

한국 공업 규격		국제 규격	외국 규격							유럽 규격 EN	
규격 번호 명칭	KS 기호	ISO TR 15510 LNo.	일본	미국		영국	독일	프랑스	러시아		
			JIS	UNS	AISI	BS	DIN	NF	ГОСТ	종류	번호
KS D 3698	–	–	–	–	–	–	–	–	–	X2CrNiMo18-14-3	1.4435
	STS 316N	–	SUS 316N	S31651	316N	–	–	–	–	–	–
	STS 316LN	22	SUS 316LN	S31653	316LN	–	X2CrNiMo N17 12 2	Z3CND17-11Az	03X17H14M3	X2CrNiMoN17-11-2	1.4406
	–	23	–	–	–	–	X2CrNiMo N17 13 3	Z3CND17-12Az	–	X2CrNiMoN17-13-3	1.4429
	STS 316Ti	28	SUS 316Ti	S31635	–	–	X6CrNiMo Ti17 12 2	Z6CNDT17-12	08X17H13M2T	X6CrNiMoTi17-12-2	1.4571
	STS 316J1	–	SUS 316J1	–	–	–	–	–	–	–	–
	STS 316J1L	–	SUS 316J1L	–	–	–	–	–	–	–	–
	STS 317	–	SUS 317	S31700	317	317S16	–	–	–	–	–
	STS 317L	21	SUS 317L	S31703	317L	317S12	X2CrNiMo 18 16 4	Z3CND19-15-04	–	X2CrNiMo18-15-4	1.4438
	STS 317LN	24	SUS 317LN	S31753	–	–	–	Z3CND19-14Az	–	X2CrNiMoN18-12-4	1.4434
	STS 317J1	–	SUS 317J1	–	–	–	–	–	–	X2CrNiMoN17-13-5	1.4439
	STS 317J2	–	SUS 317J2	–	–	–	–	–	–	–	–
	STS 317J3L	–	SUS 317J3L	–	–	–	–	–	–	–	–
	STS 836L	–	SUS 836L	N08367	–	–	–	–	–	–	–
	STS 890L	31	SUS 890L	N08904	N08904	904S14	–	Z2NCDU25-20	–	X1CrNiMoCuN25-25-5	1.4539
	STS 321	15	SUS 321	S32100	321	321S31	X6CrNiTi18 10	Z6CNT18-10	08X18H10T	X6CrNiTi18 10	1.4541
	STS 347	17	SUS 347	S34700	347	347S31	Z6CrNiNb18 10	Z6CNNb18-10	08X18H126	X6CrNiNb18 10	1.4550
	STS 384	9	SUS 384	S38400	384	–	–	Z6CN18-16	–	–	–
	STS XM7	D26	SUS XM7	S30430	S04Cu	394S14	–	Z2CNU18-10	–	X3CrNiCu18-9-4	1.4587
	STS XM15J1	–	SUS XM15J1	S38100	–	–	–	Z15CNS20-12	–	X1CrNiSi18-15-4	1.4381
	STS 329J1	–	SUS 329J1	S32900	329	–	–	–	–	–	–
	STS 329J3L	33	SUS 329J3L	S39240	S31803	–	–	Z3CN D25-05Az	08X21H6M2T	X2CrNiMoN22-5-3	1.4462
	STS 329J4L	34	SUS 329J4L	S39275	S31269	–	–	Z3CN D25-07Az	–	X2CrNiMoCuN25-6-3	1.4507

한국 공업 규격		국제 규격	외국 규격 관련 강재 종류							유럽규격 EN	
규격 번호 명칭	KS	ISO TR 15510 L · No.	일본 JIS	미국 UNS	미국 AISI	영국 BS	독일 DIN	프랑스 NF	러시아 ГОСТ	종류	번호
KS D 3731 내열 강봉 KS D 3732 내열 강판	STS 405	40	SUS 405	S40500	405	405S17	X6CrAl13	Z8CA12	–	X6CrAl13	1.4002
	STS 410L	–	SUS 410L	–	–	–	–	Z3C14	–	–	–
	STS 429	–	SUS 429	S42900	429	–	–	–	–	–	–
	STS 430	41	SUS 430	S43000	430	430S17	X6Cr17	Z8C17	12X17	X6Cr17	1.4016
	STS 430F	42	SUS 430F	S43020	430F	–	X7CrMoS18	Z8CF17	–	X6CrMoS17	1.4105
	STS 430LX	44	SUS 430LX	S43035	–	–	X6CrTi17	Z4CT17	–	X3CrTi17	1.4510
	–	–	–	–	–	–	X6CrNb17	–	–	X2CrTi17	1.4520
	STS 430J1L	–	SUS 430J1L	–	–	–	–	Z4CNb17	–	X3CrNb17	1.4511
	STS 434	43	SUS 434	S43400	434	434S17	X6CrMo17 1	Z8CD17–01	–	X6CrMo17–1	1.4113
	STS 436L	–	SUS 436L	S43600	436	–	–	–	–	X1CrMoTi16–1	1.4513
	STS 436J1L	–	SUS 436J1L	–	–	–	–	–	–		–
	STS 444	46	SUS 444	S44400	444	–	–	Z3CDT18–02	–	X2CrMoTi18–2	1.4521
	STS 445J1	–	SUS 445J1	–	–	–	–	–	–	–	–
	STS 445J2	–	SUS 445J2	–	–	–	–	–	–	–	–
	STS 447J1	–	SUS 447J1	S44700	–	–	–	–	–	–	–
	STS XM27	–	SUS XM27	S44627	–	–	–	Z1CD26–01	–	–	–
	STS 403	–	SUS 403	S40300	403	–	–	–	–	–	–
	STS 410	48	SUS 410	S41000	410	410S21	X10Cr13	Z13C13	–	X12Cr13	1.4006
	STS 410S	39	SUS 410S	S41008	410S	403S17	X6Cr13	Z8C12	08X13	X6Cr13	1.4000
	STS 410F2	–	SUS 410F2	–	–	–	–	–	–	–	–
	STS 410J1	–	SUS 410J1	S41025	–	–	–	–	–	–	–
	STS 416	49	SUS 416	S41600	416	416S21	–	Z11CF13	–	X12CrS13	1.4005
	STS 420J1	50	SUS 420J1	S42000	420	420S29	X20Cr13	Z20C13	20X13	X20Cr13	1.4021
	STS 420J2	51	SUS 420J2	S42000	420	420S37	X30Cr13	Z33C13	30X13	X30Cr13	1.4028
	STS 420F	–	SUS 420F	S42020	420F	–	–	Z30CF13	–	X29CrS13	1.4029
	STS 420F2	–	SUS 420F2	–	–	–	–	–	–	–	–
	STS 429J1	–	SUS 429J1	–	–	–	–	–	–	–	–
	STS 431	57	SUS 431	S43100	431	431S29	X20CrNi17 2	Z15CN16–02	20X17H2	X19CrNi17 2	1.4057
	STS 440A	–	SUS 440A	S44002	440A	–	–	Z70C15	–	X70CrMo15	1.4109
	STS 440B	–	SUS 440B	S44003	440B	–	–	–	–	–	–
	STS 440C	–	SUS 440C	S44004	440C	–	–	Z100CD17	95X18	X105CrMo17	1.4125
	STS 440F	–	SUS 440F	S44020	S44020	–	–	–	–	–	–
	STS 630	58	SUS 630	S17400	S17400	–	–	Z6CNU17–04	–	X5CrNiCuNb16–4	1.4542
	STS 631	59	SUS 631	S17700	S17700	–	X7CrNiAl17 7	Z9CNA17–07	09X17H7I0	X7CrNiAl17–7	1.4568
	STS 632J1	–	SUS 632J1	–	–	–	–	–	45X14H1482M	–	–

한국 공업 규격		국제 규격	외국 규격 관련 강재 종류							유럽규격	
규격 번호 명칭	KS	ISO TR 15510 L · No.	일본	미국		영국	독일	프랑스	러시아	EN	
			JIS	UNS	AISI	BS	DIN	NF	┌O C T	종류	번호
KS D 3731 내열 강봉 KS D 3732 내열 강판	STR 31	–	SUH 31	–	–	331S42	–	Z35CNWS14 –14	–	–	–
	STR 35	X53CrMnNi21 4	SUH 35	–	–	349S52	–	Z52CMN21– 09Az	55X20 ┌9A H4	–	–
	STR 36	–	SUH 36	S63008	–	349S54	X53CNWS1 4–14	Z55CMN21– 09Az	–	–	–
	STR 37	–	SUH 37	S63017	–	381S34	–	–	–	–	–
	STR 38	–	SUH 38	–	–	–	–	–	–	–	–
	STR 309	–	SUH 309	S30900	309	309S24	–	Z15CN24–13	–	–	–
	STR 310	–	SUH 310	S31000	310	310S24	CrNi2520	Z15CN25–20	20X25H20C 2	–	–
	STR 330	–	SUH 330	N08330	N08330	–	–	Z12NCS35– 16	–	–	–
	STR 660	–	SUH 660	S66286	–	–	–	Z6NCTV25– 20	–	–	–
	STR 661	–	SUH 661	R30155	–	–	–	–	–	–	–
	STR 21	–	SUH 21	–	–	–	CrAl1205	–	–	–	–
	STR 409	37	SUH 409	S40900	409	409S19	X6CrTi12	Z6CT12	–	–	–
	STR 409L	36	SUH 409L	S65007	–	–	–	Z3CT12	–	X2CrTi12	1.4512
	STR 446	X15CrN26	SUH 446	–	446	–	–	Z12C25	15X28	–	–
	STR 1	X45CrSi9–3	SUH 1	–	–	401S45	X45CrSi9 3	Z45CS9	–	–	–
	STR 3	–	SUH 3	–	–	–	–	Z40CSD10	40X10C2M	–	–
	STR 4	–	SUH 4	–	–	443S65	–	Z80CSN20– 02	–	–	–
	STR 11	X50CrSi18–2	SUH 11	–	–	–	–	–	40X9C2	–	–
	STR 600	–	SUH 600	–	–	–	–	–	20X12BHM	–	–
	STR 610	–	SUH 616	S42200	–	–	–	–		–	–

9-3 공구강 강재 관계

한국 공업 규격		외국 규격 관련 강재 종류							
규격 번호 명칭	KS	ISO	JIS	AISI ASTM	BS	DIN VDEh	NF	ГОСТ
KS D 3751 탄소 공구강 강재	STC140 (구 STC1)	–	SK140 (구 SK1)	–	–	–	C140E3U	Y13
	STC120 (구 STC2)	C120U	SK120 (구 SK2)	W1–11 1/2	–	–	C120E3U	Y12
	STC105 (구 STC3)	C105U	SK105 (구 SK3)	W1–10	–	C105W1	C105E2U	Y11
	STC95 (구 STC4)	–	SK95 (구 SK4)	W1–9	–	–	C90E2U	Y10
	STC85 (구 STC5)	–	SK85 (구 SK5)	W1–8	–	C80W1	C90E2U C80E2U	Y8Г
	STC75 (구 STC6)	–	SK75 (구 SK6)	–	–	C80W1	C80E2U C70E2U	Y9
	STC65 (구 STC7)	–	SK65 (구 SK7)	–	–	C70W2	C70E2U	Y7
JIS G 4403 고속도 공구강 강재	SKH 2	HS18–0–1	SKH 2	T1	BT1	–	HS18–0–1	P18
	SKH 3	–	SKH 3	T4	BT4	S18–1–2–5	HS18–1–1–5	–
	SKH 4	–	SKH 4	T5	BT5	–	HS18–0–2–9	–
	SKH 10	–	SKH 10	T15	BT15	S12–1–4–5	HS12–1–5–5	–
	SKH 51	HS6–5–2	SKH 51	M2	BM2	S6–5–2	HS6–5–2	–
	SKH 52	HS6–6–2	SKH 52	M3–1	–	–	–	–
	SKH 53	HS6–5–3	SKH 53	M3–2	–	S6–5–3	HS6–5–3	–
	SKH 54	HS6–5–4	SKH 54	M4	BM4	–	HS6–5–4	–
	SKH 55	HS6–5–2–5	SKH 55	–	BM35	S6–5–2–5	HS6–5–2–5HC	P6M5K5
	SKH 56	–	SKH 56	M36	–	–	–	–
	SKH 57	HS10–4–3–10	SKH 57	–	BT42	S10–4–3–10	HS10–4–3–10	–
	SKH 58	HS2–9–2	SKH 58	M7	–	–	HS2–9–2	–
	SKH 59	HS2–9–1–8	SKH 59	M42	BM42	S2–10–1–8	HS2–9–1–8	–
KS D 3753 합금 공구강 강재	STS 11	–	SKS 11	F2	–	–	–	XB4
	STS 2	–	SKS 2	–	–	105WCr6	105WCr5	XBГ
	STS 21	–	SKS 21	–	–	–	–	–
	STS 5	–	SKS 5	–	–	–	–	–
	STS 51	–	SKS 51	L6	–	–	–	–
	STS 7	–	SKS 7	–	–	–	–	–
	STS 8	–	SKS 8	–	–	–	C140E3UCr4	13X
	STS 4	–	SKS 4	–	–	–	–	–
	STS 41	105V	SKS 41	–	–	–	–	–
	STS 43	–	SKS 43	W2–9 1/2	BW2	–	100V2	–
	STS 44	–	SKS 44	W2–8	–	–	–	–
	STS 3	–	SKS 3	–	–	–	–	9XBГ
	STS 31	–	SKS 31	–	–	105WCr6	105WCr5	XBГ

한국 공업 규격		외국 규격 관련 강재 종류							
규격 번호 명칭	KS	ISO	JIS	AISI ASTM	BS	DIN VDEh	NF	ГOCT
KS D 3753 합금 공구강 강재	STS 93	–	SKS 93	–	–	–	–	–
	STS 94	–	SKS 94	–	–	–	–	–
	STS 95	–	SKS 95	–	–	–	–	–
	STD 1	X210Cr12	SKD 1	D3	BD3	X210Cr12	X200Cr12	X12
	STD 11	–	SKD 11	D2	BD2	–	X160CrMoV12	–
	STD 12	X100CrMoV5	SKD 12	A2	BA2	–	X100CrMoV5	–
	STD 4	–	SKD 4	–	–	–	X32WCrV3	–
	STD 5	X30WCrV9-3	SKD 5	H21	BH21	–	X30WCrV9	–
	STD 6	X37CrMoV5-1	SKD 6	H11	BH11	X38CrMoV51	X38CrMoV5	4X5MϕC
	STD 61	X40CrMoV5-1	SKD 61	H13	BH13	X40CrMoV51	X40CrMoV5	4X5Mϕ1C
	STD 62	X35CrWMoV5	SKD 62	H12	BH12	–	X35CrWMoV5	3X3M3ϕ
	STD 7	32CrMoV12-28	SKD 7	H10	BH10	X32CrMoV33	32CrMoV12-8	–
	STD 8	38CrCoWV18-17-17	SKD 8	H19	BH19	–	–	–
	STF 3	–	SKT 3	–	–	–	55CrNiMoV4	–
	STF 4	55NiCrMoV7	SKT 4	–	BH224/5	55NiCrMoV6	55NiCrMoV7	5XHM

9-4 특수용도 강 관계

한국 공업 규격		외국 규격 관련 강재 종류						
규격 번호 명칭	KS	ISO	JIS	AISI ASE	BS	DIN	NF	┌OCT
KS D 3701 스프링 강재	–	–	SUP 3	1075 1078	–	–	–	75 80 85
	SPS 6	59Si7	SUP 6	–	–	–	60Si7	60C2
	SPS 7	59Si7	SUP 7	9260	–	–	60Si7	60C2 ┌
	SPS 9	55Cr3	SUP 9	5155	–	55Cr3	55Cr3	–
	SPS 9A	–	SUP 9A	5160	–	–	60Cr3	–
	SPS 10	51CrV4	SUP 10	6150	735A51 735H51	50CrV4	51CrV4	XφA50X ┌φA
	SPS 11A	60CrB3	SUP 11A	51B60	–	–	–	50X ┌P
	SPS 12	55SiCr63	SUP 12	9254	685A57 685H57	54SiCr6	54SiCr6	–
	SPS 13	60CrMo33	SUP 13	4161	705A60 705H60	–	60CrMo4	–
KS D 3567 황 및 황 복합 쾌삭 강재	SUM 11	–	SUM 11	1110	–	–	–	–
	SUM 12	–	SUM 12	1108	–	–	–	–
	SUM 21	9 S20	SUM 21	1212	–	–	–	–
	SUM 22	11SMn28	SUM 22	1213	(230M07)	9 SMn28	S250	–
	SUM 22L	11SMnPb28	SUM 22L	12L13	–	9 SMnPb28	S250Pb	–
	SUM 23	–	SUM 23	1215	–	–	–	–
	SUM 23L	–	SUM 23L	–	–	–	–	–
	SUM 24L	11SMnPb28	SUM 24L	12L14	–	9 SMnPb28	S300Pb	–
	SUM 25	12SMn35	SUM 25	–	–	9 SMn36	S300	–
	SUM 31	–	SUM 31	1117	–	15S10	–	–
	SUM 31L	–	SUM 31L	–	–	–	–	–
	SUM 32	–	SUM 32	–	210M15 210A15	–	(13MF4)	–
	SUM 41	–	SUM 41	1137	–	–	(35MF6)	–
	SUM 42	–	SUM 42	1141	–	–	(45MF6.1)	–
	SUM 43	44SMn28	SUM 43	1144	(226M44)	–	(45MF6.3)	–
KS D 3525 고탄소 크롬 베어링 강재	STB 1	–	SUJ 1	51100	–	–	–	–
	STB 2	B1 또는 100Cr6	SUJ 2	52100	–	100Cr6	100Cr6	Ⅲ X 15
	STB 3	B2 또는 100CrMnSi4-4	SUJ 3	ASTM A 485 Grade 1	–	–	–	–
	STB 4	–	SUJ 4	–	–	–	–	–
	STB 5	–	SUJ 5	–	–	–	–	–

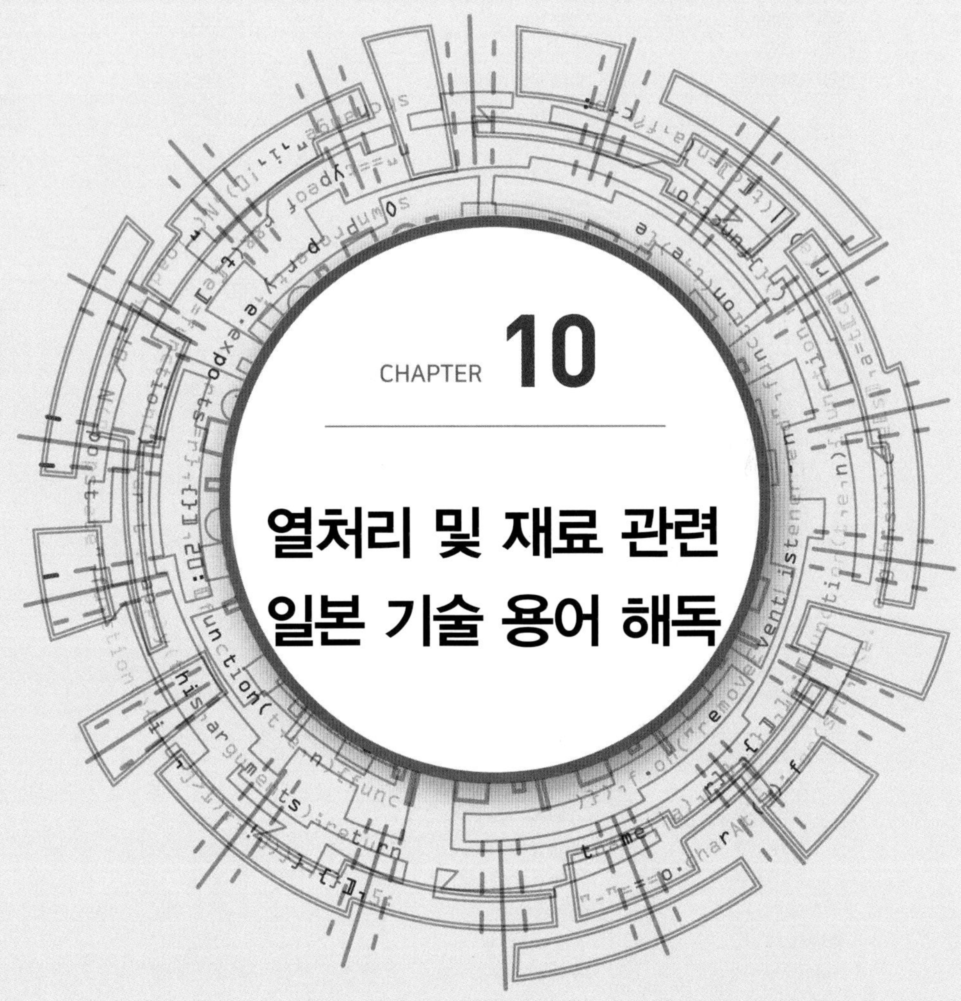

CHAPTER 10

열처리 및 재료 관련 일본 기술 용어 해독

일본어	영어	한국어
熱處理	heat treatment	열처리
眞空熱處理	vacuum heat treatment	진공 열처리
鹽浴熱處理	salt bath heat treatment	염욕 열처리
安定化熱處理	stabilizing	안정화 열처리
固溶化熱處理	solution treatment	고용화열처리
安定化燒なまし	stabilizing annealing	안정화 풀림
硬化	hardening	경화
軟化	sofeening	연화
脫炭	decarburization	탈탄
シーズニング	seasoning	시즈닝
バーニング	burning	버닝
フェライト	ferrite	페라이트
オーステナイト	austenite	오스테나이트
セメンタイト	cementite	시멘타이트
パーライト	pearlite	펄라이트
マルテンサイト	martensite	마텐사이트
トルースタイト	troostite	트루스타이트
ソルバイト	sorbite	솔바이트
ベイナイト	bainite	베이나이트
燒入れ(やきいれ)	quenching	담금질(소입)
燒鈍し(やきなまし)	annealing	풀림(소둔)
燒準し(やきならし)	normalizing	불림(소준)
燒戻し(やきもどし)	tempering	뜨임(소려)
浸炭燒入れ	carburizing heat treatment	침탄 열처리
高周波燒入れ	induction hardening	고주파 열처리
窒化燒入れ	nitriding	질화 열처리
炎燒入れ	flame hardening	화염경화
深冷處理(サブゼロ處理)	subzero treatment	서브제로 처리
ブリネル硬さ	brinell hardness	브리넬 경도
ロックウェル硬さ	rockweel hardness	로크웰 경도
ショア硬さ	shore hardness	쇼어 경도
ビッカース硬さ	vickers hardness	비커스 경도
赤熱ぜい性	red shortness	적열 취성
青熱ぜい性	blue shortness	청열 취성
低溫ぜい性	cold shortness	저온 취성
経年変形	secular distortion	경년 변형
変態	transformation	변태
変態点	critical points	변태점
固溶体	solid solution	고용체
共晶	eutectic	공정
共析	eutectoid	공석
析出	precipitation	석출
結晶粒度	grain size	결정립도
完全燒なまし	full annealing	완전 풀림

일본어	영어	한국어
軟化焼なまし	softening	연화 풀림
低溫焼なまし	low temperature annealing	저온 풀림
球状化焼なまし	spheroidizing	구상화 풀림
等溫焼なまし	isothermal annealing	등온 풀림
中間焼なまし	process annealing	중간 풀림
可鍛化焼なまし	malleablizing	가단화 풀림
黒鉛化焼なまし	graphitizing	흑연화 풀림
球状セメンタイト	globular cementite	구상 시멘타이트
焼入硬化	quenching hardening	퀜칭 경화
プレスクエンチ	press quenching	프레스 퀜칭
マルテンパ	martempering	마르템퍼링
サブゼロ	sub-zero treating	서브제로
オーステンパ	austempering	오스템퍼링
パテンチング	partenting	파텐팅
オイルテンパ	oil tempering	오일템퍼링
均質化	homogenizing	균질화
調質	thermal refining	조질
時效	ageing	시효
オースエージ	ausageing	오스에이징
マルエージ	maraging	마르에이징
ブルーイング	blueing	블루잉
時效硬化	age hardening	시효경화
析出硬化	precipitation hardening	석출경화
表面硬化處理	surface-hardening treatment	표면경화처리
高周波焼入れ	flame hardening	고주파 퀜칭
浸炭	carburizing	침탄
復炭	carbon restoration	복탄
眞空ガス浸炭	vacuum carburizing	진공가스 침탄
浸炭窒化	carbonitriding	침탄질화
窒化	nitriding	질화
二段窒化	two-stage nitriding	이단질화
眞空ガス窒化	vacuum nitriding	진공가스 질화
炭窒化	nitrocarburizing	탄질화
プラズマ窒化	plasma nitriding	플라즈마 질화
アルミナイジング	aluminizing	알루미나이징
ガルバナイジング	galvanizing	갈바나이징
クロマイジング	chromizing	크로마이징
シリコナイジング	siliconizing	실리코나이징
ボロナイジング	boronizing	보로나이징
バナダイジング	vanadizing	바나다이징
冷却	cooling	냉각
心部調質	core refining	심부조질
窒化深さ	depth of nitriding	질화깊이
過浸炭	overcarburizing	과침탄

일본어	영어	한국어
酸窒化	oxynitriding	산질화
熱サイクル	thermal cycle	열사이클
残留応力	residual stress	잔류응력
残留オーステナイト	residual austenite	잔류 오스테나이트
自硬性	property of self hardening	자경성
質量効果	mass effect	질량효과
双晶	twin	쌍정
第1段 黑鉛化	first stage graphitization	제1단 흑연화
第2段 黑鉛化	second stage graphitization	제2단 흑연화
炭化物	carbide	탄화물
電解浸炭	electrolytic carburizing	전해 침탄
電解熱處理	electrolytic heat treatment	전해 열처리
電解焼入れ	electrolytic hardening	전해경화
テンパカラー	temper colour	템퍼칼라
白鐵	white iron	백철
白鑄鐵	white iron	백주철
白点	flake, white spot	백점
部分焼入れ	selective hardening	부분 경화
雰囲氣熱處理	controlled atmosphere heat treatment	분위기 열처리
噴射焼入れ	spray hardening	분사 경화
片狀黑鉛	graphite flake	편상 흑연
炎焼入れ	flame hardening	화염 경화
冷却能	cooling power	냉각능
露点	dew point	영점
機械構造用炭素鋼材	Carbon steels for machine structural use	기계 구조용 탄소 강재
機械構造用合金鋼材	Low−alloyed steels for machine structural use	기계 구조용 합금 강재
ステンレス鋼	Stainless steel	스테인리스강
熱間壓延ステンレス鋼板	Hot−rolled stainless steel plate	열간압연 스테인리스 강판
冷間壓延ステンレス鋼板	Cold−rolled stainless steel plate	냉간압연 스테인리스 강판
炭素工具鋼鋼材	Carbon tool steels	탄소공구강 강재
高速度工具鋼鋼材	High speed tool steels	고속도공구강 강재
合金工具鋼鋼材	Alloy tool steels	합금공구강 강재
ばね鋼鋼材	spring steels	스프링강 강재
高炭素クロム軸受鋼鋼材	High carbon chromium bearing steels	고탄소크롬베어링강 강재
ねずみ鑄鐵品	Grey iron castings	회주철품
球狀黑鉛鑄鐵品	Spheroidal graphite iron castings	구상 흑연 주철품
ダクタイル鑄鐵管	Ductile iron pipes	덕타일 주철관
みがき棒鋼	Cold finished carbon and alloy steel bars	마봉강
中空鋼	hollow drill steels	중공강
炭素鋼	carbon steel	탄소강
合金鋼	alloy steel	합금강
リムド鋼	rimmed steel	림드강
セミキルド鋼	semi−killed steel	세미킬드강

일본어	영어	한국어
鑄鐵	cast iron	주철
溶鐵	liquid steel	용강
ピアナ線	Piano wires	피아노선
銅	Copper	동
銅合金	Copper alloy	동합금
青銅	copper－tin alloys ; bronze	청동
りん青銅	Phosphor bronze	인청동
黃銅	copper－zinc alloys ; brass	황동
高力黃銅	high strength brass	고력황동
洋白	nickel silver	양백
銅ブスバ	Copper bus bars	동 부스바
アルミニウム	Aluminium	알루미늄
マグネシヴム合金	Magnesium alloys	마그네슘합금
無酸素銅	oxygen－free copper	무산소동
タフピッチ銅	tough pitch copper	터프피치동
ジルコニウム銅	copper－zirconium alloys	지르코늄동
クロム銅	copper－chromium alloys	크롬동
チタン銅	copper－titanium alloys	티탄동
ロックウェル硬さ	rockwell hardness	로크웰 경도
ビッカース硬さ	vickers hardness	비커스 경도
引張强さ	tensile strength	인장강도
伸び	elongation	연신율
棒	rod/bar	봉
板	sheet	판
超合金	super alloy	초합금
鋼板	steel plates, steel sheets	강판
鋼管	steel tubes	강관
形鋼	sections	형강
角鋼	square bars	각강
平鋼	flat bars	평강
丸鋼	round bars	환강
異形平鋼	deformed steel flats	이형평강
六角鋼	hexagon bars	육각강
八角鋼	octagon bars	팔각강
遠心鑄鋼品	centrifugal steel castings	원심주강품
鍛鋼品	steel forgings	단강품
レール	rails	레일
硬質	full hard	경질

CHAPTER 11

배관용 강관

11-1 배관용 탄소 강관 KS D 3507 : 2008

■ 종류 및 기호

종류의 기호	구분	비고
SPP	흑관	아연 도금을 하지 않은 관
	백관	흑관에 아연 도금을 한 관

비고

도면, 대장 · 전표 등에 기호로 백관을 구분할 필요가 있을 경우에는 종류의 기호 끝에 -ZN을 부기한다.
다만, 제품의 표시에는 적용하지 않는다.

■ 화학성분

종류의 기호	화학 성분 (%)	
	P	S
SPP	0.040 이하	0.040 이하

■ 기계적 성질

종류의 기호	인장 시험		
	인장 강도 N/mm^2	연신율 (%)	
		11호 시험편 12호 시험편	5호 시험편
		세로방향	가로방향
SPP	294 이상	30 이상	25이상

■ 치수, 무게 및 치수의 허용차

호칭지름	바깥지름 mm	바깥지름의 허용차		두께 mm	두께의 허용차	소켓을 포함하지 않은 무게 kg/m
		테이퍼 나사관	기타 관			
6	10.5	±0.5 mm	±0.5 mm	2.0	+ 규정하지 않음 − 12.5%	0.419
8	13.8	±0.5 mm	±0.5 mm	2.35		0.664
10	17.3	±0.5 mm	±0.5 mm	2.35		0.866
15	21.7	±0.5 mm	±0.5 mm	2.65		1.25
20	27.2	±0.5 mm	±0.5 mm	2.65		1.60
25	34.0	±0.5 mm	±0.5 mm	3.25		2.45
32	42.7	±0.5 mm	±0.5 mm	3.25		3.16
40	48.6	±0.5 mm	±0.5 mm	3.25		3.63
50	60.5	±0.5 mm	±1 %	3.65		5.12
65	76.3	±0.7 mm	±1 %	3.65		6.34
80	89.1	±0.8 mm	±1 %	4.05		8.49
90	101.6	±0.8 mm	±1 %	4.05		9.74
100	114.3	±0.8 mm	±1 %	4.5		12.2
125	139.8	±0.8 mm	±1 %	4.85		16.1
150	165.2	±0.8 mm	±1 %	4.85		19.2

호칭지름	바깥지름 mm	바깥지름의 허용차		두께 mm	두께의 허용차	소켓을 포함하지 않은 무게 kg/m
		테이퍼 나사관	기타 관			
175	190.7	±0.9 mm	±1 %	5.3	+ 규정하지 않음 − 12.5%	24.2
200	216.3	±1.0 mm	±1 %	5.85		30.4
225	241.8	±1.2 mm	±1 %	6.2		36.0
250	267.4	±1.3 mm	±1 %	6.40		41.2
300	318.5	±1.5 mm	±1 %	7.00		53.8
350	355.6	−	±1 %	7.60		65.2
400	406.4	−	±1 %	7.9		77.6
450	457.2	−	±1 %	7.9		87.5
500	508.0	−	±1 %	7.9		97.4
550	558.8	−	±1 %	7.9		107.0
600	609.6	−				117.0

참고 배관용 탄소 강관 JIS G 3452 : 2010

■ 종류의 기호, 제조방법을 나타내는 기호 및 아연도금의 구분

종류의 기호	제조 방법을 나타내는 기호		제조 방법을 나타내는 기호의 표시	아연 도금 구분
	제조 방법	다듬질 방법		
SGP	전기저항용접 : E 단접 : B	열간가공 : H 냉간가공 : C 전기저항용접한 대로 : G	전기저항용접한 강-E-G 열간가공 전기저항용접강관-E-H 열간가공 전기저항용접강관-E-C 단접강관 : B	흑관 : 아연 도금을 하지 않은 관 백관 : 흑관에 아연 도금을 한 관

■ 치수, 치수의 허용차 및 단위 질량

호칭지름		바깥지름 mm	바깥지름의 허용차		두께 mm	두께의 허용차	소켓을 포함하지 않은 단위 질량 kg/m
A	B		테이퍼 나사관	기타 관			
6	1/8	10.5	±0.5 mm	±0.5 mm	2.0		0.419
8	1/4	13.8	±0.5 mm	±0.5 mm	2.3		0.652
10	3/8	17.3	±0.5 mm	±0.5 mm	2.3		0.851
15	1/2	21.7	±0.5 mm	±0.5 mm	2.8		1.31
20	3/4	27.2	±0.5 mm	±0.5 mm	2.8		1.68
25	1	34.0	±0.5 mm	±0.5 mm	3.2		2.43
32	1 1/4	42.7	±0.5 mm	±0.5 mm	3.5		3.38
40	1 1/2	48.6	±0.5 mm	±0.5 mm	3.5		3.89
50	2	60.5	±0.5 mm	±1 %	3.8		5.31
65	2 1/2	76.3	±0.7 mm	±1 %	4.2		7.47
80	3	89.1	±0.8 mm	±1 %	4.2		8.79
90	3 1/2	101.6	±0.8 mm	±1 %	4.2		10.1
100	4	114.3	±0.8 mm	±1 %	4.5		12.2
125	5	139.8	±0.8 mm	±1 %	4.5		15.0
150	6	165.2	±0.8 mm	±1.6 mm	5.0		19.8

호칭지름		바깥지름 mm	바깥지름의 허용차		두께 mm	두께의 허용차	소켓을 포함하지 않은 단위 질량 kg/m
A	B		테이퍼 나사관	기타 관			
175	7	190.7	±0.9 mm	±1.6 mm	5.3	+ 규정하지 않음 − 12.5%	24.2
200	8	216.3	±1.0 mm	±0.8 %	5.8		30.1
225	9	241.8	±1.2 mm	±0.8 %	6.2		36.0
250	10	267.4	±1.3 mm	±0.8 %	6.6		42.4
300	12	318.5	±1.5 mm	±0.8 %	6.9		53.0
350	14	355.6	−	±0.8 %	7.9		67.7
400	16	406.4	−	±0.8 %	7.9		77.6
450	18	457.2	−	±0.8 %	7.9		87.5
500	20	508.0	−	±0.8 %	7.9		97.4

11-2 압력 배관용 탄소 강관 KS D 3562 : 2009

■ 종류의 기호 및 화학 성분

종류의 기호	화학 성분 (%)				
	C	Si	Mn	P	S
SPPS 380	0.25 이하	0.35 이하	0.30~0.90	0.040 이하	0.040 이하
SPPS 420	0.30 이하	0.35 이하	0.30~1.00	0.040 이하	0.040 이하

■ 기계적 성질

종류의 기호	인장강도 N/mm^2	항복점 또는 항복강도 N/mm^2	연신율 (%)			
			11호 시험편 12호 시험편	5호 시험편	4호 시험편	4호 시험편
			세로 방향	가로 방향	가로 방향	세로 방향
SPPS 380	380 이상	220 이상	30 이상	25 이상	23 이상	28 이상
SPPS 420	420 이상	250 이상	25 이상	20 이상	19 이상	24 이상

■ 관의 바깥지름 및 두께의 허용차

구 분	바깥지름	허용차	두께의 허용차
열간가공 이음매 없는 강관	호칭지름 40 이하	±0.5 mm	4mm 미만 +0.6 mm −0.5 mm 4mm 이상 +15 % −12.5 %
	호칭지름 50 이상 호칭지름 125 이하	±1 %	
	호칭지름 150	±1.6 mm	
	호칭지름 200 이상	±0.8 %	
	단, 호칭지름 350 이상은 둘레 길이에 따를 수 있다. 이 경우의 허용차는 ±0.5 %로 한다.		
냉간가공 이음매 없는 강관 및 전기저항 용접 강관	호칭지름 25 이하	±0.3 mm	3mm 미만 ±0.3 mm 3mm 이상 ±10 %
	호칭지름 32 이상	±0.8 %	
	단, 호칭지름 350 이상은 둘레 길이에 따를 수 있다. 이 경우의 허용차는 ±0.5 %로 한다.		

■ 수압 시험 압력

단위 : MPa

스케줄 번호	10	20	30	40	60	80
시험 압력	2.0	3.5	5.0	6.0	9.0	12.0

■ 압력 배관용 탄소강 강관의 치수, 무게

호칭 지름 A	바깥 지름 mm	호칭 두께											
		스케줄 10		스케줄 20		스케줄 30		스케줄 40		스케줄 60		스케줄 80	
		두께 mm	무게 kg/m	두께 mm	무게 kg/m	두께 mm	무게 kg/m	두께 mm	무게 kg/m	두께 mm	무게 kg/m	두께 mm	무게 kg/m
6	10.5	–	–	–	–	–	–	1.7	0.369	2.2	0.450	2.4	0.479
8	13.8	–	–	–	–	–	–	2.2	0.629	2.4	0.675	3.0	0.799
10	17.3	–	–	–	–	–	–	2.3	0.851	2.8	1.00	3.2	1.11
15	21.7	–	–	–	–	–	–	2.8	1.31	3.2	1.46	3.7	1.64
20	27.2	–	–	–	–	–	–	2.9	1.74	3.4	2.00	3.9	2.24
25	34.0	–	–	–	–	–	–	3.4	2.57	3.9	2.89	4.5	3.27
32	42.7	–	–	–	–	–	–	3.6	3.47	4.5	4.24	4.9	4.57
40	48.6	–	–	–	–	–	–	3.7	4.10	4.5	4.89	5.1	5.47
50	60.5	–	–	3.2	4.52	–	–	3.9	5.44	4.9	6.72	5.5	7.46
65	76.3	–	–	4.5	7.97	–	–	5.2	9.12	6.0	10.4	7.0	12.0
80	89.1	–	–	4.5	9.39	–	–	5.5	11.3	6.6	13.4	7.6	15.3
90	101.6	–	–	4.5	10.8	–	–	5.7	13.5	7.0	16.3	8.1	18.7
100	114.3	–	–	4.9	13.2	–	–	6.0	16.0	7.1	18.8	8.6	22.4
125	139.8	–	–	5.1	16.9	–	–	6.6	21.7	8.1	26.3	9.5	30.5
150	165.2	–	–	5.5	21.7	–	–	7.1	27.7	9.3	35.8	11.0	41.8
200	216.3	–	–	6.4	33.1	7.0	36.1	8.2	42.1	10.3	52.3	12.7	63.8
250	267.4	–	–	6.4	41.2	7.8	49.9	9.3	59.2	12.7	79.8	15.1	93.9
300	318.5	–	–	6.4	49.3	8.4	64.2	10.3	78.3	14.3	107	17.4	129
350	355.6	6.4	55.1	7.9	67.7	9.5	81.1	11.1	94.3	15.1	127	19.0	158
400	406.4	6.4	63.1	7.9	77.6	9.5	93.0	12.7	123	16.7	160	21.4	203
450	457.2	6.4	71.1	7.9	87.5	11.1	122	14.3	156	19.0	205	23.8	254
500	508.0	6.4	79.2	9.5	117	12.7	155	15.1	184	20.6	248	26.2	311
550	558.8	6.4	87.2	9.5	129	12.7	171	15.9	213	–	–	–	–
600	609.6	6.4	95.2	9.5	141	14.3	228	–	–	–	–	–	–
650	660.4	7.9	103	12.7	203	–	–	–	–	–	–	–	–

비고

1. 관의 호칭방법은 호칭지름 및 호칭두께(스케줄 번호)에 따른다.
2. 무게의 수치는 1cm^{3}의 강을 7.85g으로 하여, 다음 식에 따라 계산하고 KS Q 5002에 따라 유효숫자 셋째 자리에서 끝맺음한다.

   W=0.024 66t(D−t)

   여기에서 W : 관의 무게 (kg/m)

   t : 관의 두께 (mm)

   D : 관의 바깥지름 (mm)
3. **굵은 선** 내의 치수는 자주 사용되는 품목을 표시한다.

참고 압력 배관용 탄소강 강관 JIS G 3454 : 2007

■ 종류의 기호, 제조방법을 나타내는 기호 및 아연도금의 구분

종류의 기호	제조 방법을 나타내는 기호			아연 도금 구분
	제조 방법	다듬질 방법	표시	
STPG 370 STPG 410	이음매 없음 : S 전기저항용접 : E	열간가공 : H 냉간가공 : C 전기저항용접한 대로 : G	열간가공 이음매 없는 강관 -S-H 냉간가공 이음매 없는 강관 -S-C 전기 저항 용접한 강관 -E-G 열간가공 전기 저항 용접 강관 -E-H 냉간가공 전기 저항 용접 강관 -E-H	흑관 : 아연도금을 하지 않은 관 백관 : 아연도금을 한 관

■ 압력 배관용 탄소강 강관의 치수 및 단위 질량

호칭지름		바깥 지름 mm	호칭 두께											
			스케줄 10		스케줄 20		스케줄 30		스케줄 40		스케줄 60		스케줄 80	
A	B		두께 mm	단위 질량 kg/m	두께 mm	단위 질량 kg/m	두께 mm	단위 질량 kg/m	두께 mm	단위 질량 kg/m	두께 mm	단위 질량 kg/m	두께 mm	단위 질량 kg/m
6	1/8	10.5	-	-	-	-	-	-	1.7	0.369	2.2	0.450	2.4	0.479
8	1/4	13.8	-	-	-	-	-	-	2.2	0.629	2.4	0.675	3.0	0.799
10	3/8	17.3	-	-	-	-	-	-	2.3	0.851	2.8	1.00	3.2	1.11
15	1/2	21.7	-	-	-	-	-	-	2.8	1.31	3.2	1.46	3.7	1.64
20	3/4	27.2	-	-	-	-	-	-	2.9	1.74	3.4	2.00	3.9	2.24
25	1	34.0	-	-	-	-	-	-	3.4	2.57	3.9	2.89	4.5	3.27
32	1 1/4	42.7	-	-	-	-	-	-	3.6	3.47	4.5	4.24	4.9	4.57
40	1 1/2	48.6	-	-	-	-	-	-	3.7	4.10	4.5	4.89	5.1	5.47
50	2	60.5	-	-	3.2	4.52	-	-	3.9	5.44	4.9	6.72	5.5	7.46
65	2 1/2	76.3	-	-	4.5	7.97	-	-	5.2	9.12	6.0	10.4	7.0	12.0
80	3	89.1	-	-	4.5	9.39	-	-	5.5	11.3	6.6	13.4	7.6	15.3
90	3 1/2	101.6	-	-	4.5	10.8	-	-	5.7	13.5	7.0	16.3	8.1	18.7
100	4	114.3	-	-	4.9	13.2	-	-	6.0	16.0	7.1	18.8	8.6	22.4
125	5	139.8	-	-	5.1	16.9	-	-	6.6	21.7	8.1	26.3	9.5	30.5
150	6	165.2	-	-	5.5	21.7	-	-	7.1	27.7	9.3	35.8	11.0	41.8
200	8	216.3	-	-	6.4	33.1	7.0	36.1	8.2	42.1	10.3	52.3	12.7	63.8
250	10	267.4	-	-	6.4	41.2	7.8	49.9	9.3	59.2	12.7	79.8	15.1	93.9
300	12	318.5	-	-	6.4	49.3	8.4	64.2	10.3	78.3	14.3	107	17.4	129
350	14	355.6	6.4	55.1	7.9	67.7	9.5	81.1	11.1	94.3	15.1	127	19.0	158
400	16	406.4	6.4	63.1	7.9	77.6	9.5	93.0	12.7	123	16.7	160	21.4	203
450	18	457.2	6.4	71.1	7.9	87.5	11.1	122	14.3	156	19.0	205	23.8	254
500	20	508.0	6.4	79.2	9.5	117	12.7	155	15.1	184	20.6	248	26.2	311
550	22	558.8	6.4	87.2	9.5	129	12.7	171	15.9	213	-	-	-	-
600	24	609.6	6.4	95.2	9.5	141	14.3	210	-	-	-	-	-	-
650	26	660.4	7.9	127	12.7	203	-	-	-	-	-	-	-	-

11-3 고압 배관용 탄소 강관 KS D 3564 : 2009

■ 종류의 기호 및 화학 성분

종류의 기호	화학 성분 (%)				
	C	Si	Mn	P	S
SPPH 380	0.25 이하	0.10~0.35	0.30~1.10	0.035 이하	0.035 이하
SPPH 420	0.30 이하	0.10~0.35	0.30~1.40	0.035 이하	0.035 이하
SPPH 490	0.33 이하	0.10~0.35	0.30~1.50	0.035 이하	0.035 이하

■ 기계적 성질

종류의 기호	인장강도 N/mm^2	항복점 또는 항복강도 N/mm^2	연신율 (%)			
			11호 시험편 12호 시험편	5호 시험편	4호 시험편	
			세로 방향	가로 방향	세로 방향	가로 방향
SPPH 380	380 이상	220 이상	30 이상	25 이상	28 이상	23 이상
SPPH 420	420 이상	250 이상	25 이상	20 이상	24 이상	19 이상
SPPH 490	490 이상	280 이상	25 이상	20 이상	22 이상	17 이상

■ 바깥지름, 두께 및 두께 편차의 허용차

구 분	바깥지름	허용차	두께	허용차	두께 편차의 허용차
열간가공 이음매 없는 강관	50 mm 미만	±0.5 mm	4 mm 미만	±0.5 mm	두께의 20% 이하
	50 mm 이상 160 mm 미만	±1 %	4 mm 이상	±12.5 %	
	160 mm 이상 200 mm 미만	±1.6 mm			
	200 mm 이상	±0.8 %			
	단, 호칭지름 350mm 이상은 둘레 길이에 따를 수 있다. 이 경우의 허용차는 ±0.5 %로 한다.				
냉간가공 이음매없는 강관	40 mm 미만	±0.3 mm	2 mm 미만	±0.2 mm	–
	40 mm 이상	±0.8 %	2 mm 이상	±10 %	
	단, 호칭지름 350 mm 이상은 둘레 길이에 따를 수 있다. 이 경우의 허용차는 ±0.5 %로 한다.				

■ 수압 시험 압력

단위 : MPa

스케줄 번호	40	60	80	100	120	140	160
시험 압력	6.0	9.0	12.0	15.0	18.0	20.0	20.0

■ 고압 배관용 탄소강 강관의 치수, 무게

호칭지름 A	바깥지름 mm	호칭 두께													
		스케줄 40		스케줄 60		스케줄 80		스케줄 100		스케줄 120		스케줄 140		스케줄 160	
		두께 mm	무게 kg/m	두께 mm	무게 kg/m	두께 mm	무게 kg/m	두께 mm	무게 kg/m	두께 mm	무게 kg/m	두께 mm	무게 kg/m	두께 mm	무게 kg/m
6	10.5	1.7	0.369	–	–	2.4	0.479	–	–	–	–	–	–	–	–
8	13.8	2.2	0.629	–	–	3.0	0.799	–	–	–	–	–	–	–	–
10	17.3	2.3	0.851	–	–	3.2	1.11	–	–	–	–	–	–	–	–
15	21.7	2.8	1.31	–	–	3.7	1.64	–	–	–	–	–	–	4.7	1.97
20	27.2	2.9	1.74	–	–	3.9	2.24	–	–	–	–	–	–	5.5	2.94
25	34.0	3.4	2.57	–	–	4.5	3.27	–	–	–	–	–	–	6.4	4.36
32	42.7	3.6	3.47	–	–	4.9	4.57	–	–	–	–	–	–	6.4	5.73
40	48.6	3.7	4.10	–	–	5.1	5.47	–	–	–	–	–	–	7.1	7.27
50	60.5	3.9	5.44	–	–	5.5	7.46	–	–	–	–	–	–	8.7	11.1
65	76.3	5.2	9.12	–	–	7.0	12.0	–	–	–	–	–	–	9.5	15.6
80	89.1	5.5	11.3	–	–	7.6	15.3	–	–	–	–	–	–	11.1	21.4
90	101.6	5.7	13.5	–	–	8.1	18.7	–	–	–	–	–	–	12.7	27.8
100	114.3	6.0	16.0	–	–	8.6	22.4	–	–	11.1	28.2	–	–	13.5	33.6
125	139.8	6.6	21.7	–	–	9.5	30.5	–	–	12.7	39.8	–	–	15.9	48.6
150	165.2	7.1	27.7	–	–	11.0	41.8	–	–	14.3	53.2	–	–	18.2	66.0
200	216.3	8.2	42.1	10.3	52.3	12.7	63.8	15.1	74.9	18.2	88.9	20.6	99.4	23.0	110
250	267.4	9.3	59.2	12.7	79.8	15.1	93.9	18.2	112	21.4	130	25.4	152	28.6	168
300	318.5	10.3	78.3	14.3	107	17.4	129	21.4	157	25.4	184	28.6	204	33.3	234
350	355.6	11.1	94.3	15.1	127	19.0	158	23.8	195	27.8	225	31.8	254	35.7	282
400	406.4	12.7	123	16.7	160	21.4	203	26.2	246	30.9	286	36.5	333	40.5	365
450	457.2	14.3	156	19.0	205	23.8	254	29.4	310	34.9	363	39.7	409	45.2	459
500	508.0	15.1	184	20.6	248	26.2	311	32.5	381	38.1	441	44.4	508	50.0	565
550	558.8	15.9	213	22.2	294	28.6	374	34.9	451	41.3	527	47.6	600	54.0	672
600	609.6	17.5	256	24.6	355	31.0	442	38.9	547	46.0	639	52.4	720	59.5	807
650	660.4	18.9	299	26.4	413	34.0	525	41.6	635	49.1	740	56.6	843	64.2	944

비고

1. 관의 호칭방법은 호칭지름 및 호칭두께(스케줄 번호 : Sch)에 따른다.
2. 무게의 수치는 1cm^{3}의 강을 7.85g으로 하여, 다음 식에 따라 계산하고 KS Q 5002에 따라 유효숫자 셋째 자리에서 끝맺음한다.

W＝0.024 66t(D−t)

여기에서 W : 관의 무게 (kg/m)

t : 관의 두께 (mm)

D : 관의 바깥지름 (mm)

11-4 상수도용 도복장 강관 KS D 3565 : 2009

■ 종류의 기호 및 화학 성분과 제조방법

종류의 기호	화학 성분 (%)			제조방법
	C	P	S	
STWW 290	–	0.040 이하	0.040 이하	단접 또는 전기 저항 용접
STWW 370	0.25 이하	0.040 이하	0.040 이하	전기 저항 용접
STWW 400	0.25 이하	0.040 이하	0.040 이하	전기 저항 용접 또는 아크 용접

■ 기계적 성질

종류의 기호	인장강도 N/mm²	항복점 또는 항복강도 N/mm²	연신율 (%)	
			11호 시험편 12호 시험편	1A호 시험편 5호 시험편
			세로 방향	가로 방향
STWW 290	294 이상	–	30 이상	25 이상
STWW 370	373 이상	216 이상	30 이상	25 이상
STWW 400	402 이상	226 이상	–	18 이상

■ 바깥지름, 두께 및 길이의 허용차

구 분	범 위	허용차
바깥지름	호칭지름 80 이상 200 미만	±0.1%
	호칭지름 200 이상 600 미만	±0.8 %
	호칭지름 600 이상 측정은 원둘레 길이에 따른다.	±0.5 %
두께	호칭지름 350 미만, 두께 4.2mm 이상	+15 % −8 %
	두께 7.5mm 미만 호칭지름 350 이상 두께 7.5mm 이상 12.5mm 미만	
	두께 12.5mm 이상	+15 % −1.0 mm
길이	+ 제한하지 않는다. 0	
벨 엔드 안지름	호칭지름 1600mm 이상 허용차를 포함한 원관의 바깥지름 +6.0 mm 이내	측정은 원둘레의 길이에 따른다.

■ 수압 시험 압력

단위 : MPa

시험 압력	종류의 기호			
	STWW 290	STWW 370	STWW 400 호칭 두께	
			A	B
	2.5	3.4	2.5	2.0

■ 바깥지름, 두께 및 무게

호칭 지름 A	바깥 지름 mm	종류의 기호							
		STWW 290		STWW 370		STWW 400			
		호칭 두께		호칭 두께		호칭 두께			
						A		B	
		두께 mm	무게 kg/m	두께 mm	무게 kg/m	두께 mm	무게 kg/m	두께 mm	무게 kg/m
80	89.1	4.2	8.79	4.5	9.39	–	–	–	–
100	114.3	4.5	12.2	4.9	13.2	–	–	–	–
125	139.8	4.5	15.0	5.1	16.9	–	–	–	–
150	165.2	5.0	19.8	5.5	21.7	–	–	–	–
200	216.3	5.8	30.1	6.4	33.1	–	–	–	–
250	267.4	6.6	42.4	6.4	41.2	–	–	–	–
300	318.5	6.9	53.0	6.4	49.3	–	–	–	–
350	355.6	–	–	–	–	6.0	51.7	–	–
400	406.4	–	–	–	–	6.0	59.2	–	–
450	457.2	–	–	–	–	6.0	66.8	–	–
500	508.0	–	–	–	–	6.0	74.3	–	–
600	609.6	–	–	–	–	6.0	89.3	–	–
700	711.2	–	–	–	–	7.0	122	6.0	104
800	812.8	–	–	–	–	8.0	159	7.0	139
900	914.4	–	–	–	–	8.0	179	7.0	157
1000	1016.0	–	–	–	–	9.0	223	8.0	199
1100	1117.6	–	–	–	–	10.0	273	8.0	219
1200	1219.2	–	–	–	–	11.0	328	9.0	269
1350	1371.6	–	–	–	–	12.0	402	10.0	336
1500	1524.0	–	–	–	–	14.0	521	11.0	410
1600	1625.6	–	–	–	–	15.0	596	12.0	477
1650	1676.4	–	–	–	–	15.0	615	12.0	493
1800	1828.8	–	–	–	–	16.0	715	13.0	582
1900	1930.4	–	–	–	–	17.0	802	14.0	662
2000	2032.0	–	–	–	–	18.0	894	15.0	746
2100	2133.6	–	–	–	–	19.0	991	16.0	836
2200	2235.2	–	–	–	–	20.0	1093	16.0	876
2300	2336.8	–	–	–	–	21.0	1199	17.0	973
2400	2438.4	–	–	–	–	22.0	1311	18.0	1074
2500	2540.0	–	–	–	–	23.0	1428	18.0	1119
2600	2641.6	–	–	–	–	24.0	1549	19.0	1229
2700	2743.2	–	–	–	–	25.0	1676	20.0	1343
2800	2844.8	–	–	–	–	26.0	1807	21.0	1462
2900	2946.4	–	–	–	–	27.0	1944	21.0	1515
3000	3048.0	–	–	–	–	29.0	2159	22.0	1642

비고

1. 무게의 수치는 1cm^{3}의 강을 7.85g으로 하고, 다음 식에 따라 계산하여 KS Q 5002에 따라 유효숫자 3자리로 끝맺음한다.

   W=0.024 66t(D−t)

   여기에서 W : 관의 무게 (kg/m)

   t : 관의 두께 (mm)

   D : 관의 바깥지름 (mm)

11-5 저온 배관용 탄소 강관 KS D 3569 : 2008

■ 종류의 기호 및 화학 성분

종류의 기호	화학 성분 (%)					
	C	Si	Mn	P	S	Ni
SPLT 390	0.25 이하	0.35 이하	1.35 이하	0.035 이하	0.035 이하	-
SPLT 460	0.18 이하	0.10~0.35	0.30~0.60	0.030 이하	0.030 이하	3.20~3.80
SPLT 700	0.13 이하	0.10~0.35	0.90 이하	0.030 이하	0.030 이하	8.50~9.50

■ 기계적 성질

종류의 기호	인장 시험					
	인장 강도 N/mm^2	항복점 N/mm^2	연신율			
			11호 시험편 12호 시험편	5호 시험편	4호 시험편	
			세로 방향	가로 방향	세로 방향	가로 방향
SPLT 390	390 이상	210 이상	35 이상	25 이상	30 이상	22 이상
SPLT 460	460 이상	250 이상	30 이상	20 이상	24 이상	16 이상
SPLT 700	700 이상	530 이상	21 이상	15 이상	16 이상	10 이상

■ 바깥지름 및 두께 허용차

구 분	바깥지름	허용차	두께	허용차	두께 편차의 허용차
열간가공 이음매없는 강관	50 mm 미만	±0.5 mm	4 mm 미만	±0.5 mm	두께의 20% 이하
	50 mm 이상 160 mm 미만	±1 %	4 mm 이상	±12.5 %	
	160 mm 이상 200 mm 미만	±1.6 mm			
	200 mm 이상	±0.8 %			
	단, 호칭지름 350 mm 이상은 둘레 길이에 따를 수 있다. 이 경우의 허용차는 ±0.5 %로 한다.				
냉간가공 이음매없는 강관 및 전기 저항 용접 강관	40 mm 미만	±0.3 mm	2 mm 미만	±0.2 mm	-
	40 mm 이상	±0.8 %	2 mm 이상	±10 %	
	단, 호칭지름 350 mm 이상은 둘레 길이에 따를 수 있다. 이 경우의 허용차는 ±0.5 %로 한다.				

■ 수압 시험 압력

단위 : MPa

스케줄 번호	10	20	30	40	60	80	100	120	140	160
시험 압력	2.0	3.5	5.0	6.0	9.0	12.0	15.0	18.0	20.0	20.0

■ 저온 배관용 탄소강 강관의 치수, 무게

호칭지름 A	바깥지름 mm	호칭 두께									
		스케줄 10		스케줄 20		스케줄 30		스케줄 40		스케줄 60	
		두께 mm	무게 kg/m	두께 mm	무게 kg/m	두께 mm	무게 kg/m	두께 mm	무게 kg/m	두께 mm	무게 kg/m
6	10.5	–	–	–	–	–	–	1.7	0.369	–	–
8	13.8	–	–	–	–	–	–	2.2	0.629	–	–
10	17.3	–	–	–	–	–	–	2.3	0.851	–	–
15	21.7	–	–	–	–	–	–	2.8	1.31	–	–
20	27.2	–	–	–	–	–	–	2.9	1.74	–	–
25	34.0	–	–	–	–	–	–	3.4	2.57	–	–
32	42.7	–	–	–	–	–	–	3.6	3.47	–	–
40	48.6	–	–	–	–	–	–	3.7	4.10	–	–
50	60.5	–	–	–	–	–	–	3.9	5.44	–	–
65	76.3	–	–	–	–	–	–	5.2	9.12	–	–
80	89.1	–	–	–	–	–	–	5.5	11.3	–	–
90	101.6	–	–	–	–	–	–	5.7	13.5	–	–
100	114.3	–	–	–	–	–	–	6.0	16.0	–	–
125	139.8	–	–	–	–	–	–	6.6	21.7	–	–
150	165.2	–	–	–	–	–	–	7.1	27.7	–	–
200	216.3	–	–	6.4	33.1	7.0	36.1	8.2	42.1	10.3	52.3
250	267.4	–	–	6.4	41.2	7.8	49.9	9.3	59.2	12.7	79.8
300	318.5	–	–	6.4	49.3	8.4	64.2	10.3	78.3	14.3	107
350	355.6	6.4	55.1	7.9	67.7	9.5	81.1	11.1	94.3	15.1	127
400	406.4	6.4	63.1	7.9	77.6	9.5	93.0	12.7	123	16.7	160
450	457.2	6.4	71.1	7.9	87.5	11.1	122	14.3	156	19.0	205
500	508.0	6.4	79.2	9.5	117	12.7	155	15.1	184	20.6	248
550	558.8	–	–	–	–	–	–	15.9	213	22.2	294
600	609.6	–	–	–	–	–	–	17.5	256	24.6	355
650	660.4	–	–	–	–	–	–	18.9	299	26.4	413

비고

1. 관의 호칭 방법은 호칭지름 및 호칭 두께(스케줄 번호 : Sch)에 따른다.
2. 무게 수치는 $1cm^3$의 강을 7.85g으로 하고, 다음 식에 따라 계산하여 KS Q 5002에 따라 유효숫자 3자리로 끝맺음한다.

W=0.024 66t(D−t)

여기에서 W : 관의 무게 (kg/m)

t : 관의 두께 (mm)

D : 관의 바깥지름 (mm)

■ 저온 배관용 탄소강 강관의 치수, 무게(계속)

호칭지름 A	바깥지름 mm	호칭 두께									
		스케줄 80		스케줄 100		스케줄 120		스케줄 140		스케줄 160	
		두께 mm	무게 kg/m	두께 mm	무게 kg/m	두께 mm	무게 kg/m	두께 mm	무게 kg/m	두께 mm	무게 kg/m
6	10.5	2.4	0.479	–	–	–	–	–	–	–	–
8	13.8	3.0	0.799	–	–	–	–	–	–	–	–
10	17.3	3.2	1.11	–	–	–	–	–	–	–	–
15	21.7	3.7	1.64	–	–	–	–	–	–	4.7	1.97
20	27.2	3.9	2.24	–	–	–	–	–	–	5.5	2.94
25	34.0	4.5	3.27	–	–	–	–	–	–	6.4	4.36
32	42.7	4.9	4.57	–	–	–	–	–	–	6.4	5.73
40	48.6	5.1	5.47	–	–	–	–	–	–	7.1	7.27
50	60.5	5.5	7.46	–	–	–	–	–	–	8.7	11.1
65	76.3	7.0	12.0	–	–	–	–	–	–	9.5	15.6
80	89.1	7.6	15.3	–	–	–	–	–	–	11.1	21.4
90	101.6	8.1	18.7	–	–	–	–	–	–	12.7	27.8
100	114.3	8.6	22.4	–	–	11.1	28.2	–	–	13.5	33.6
125	139.8	9.5	30.5	–	–	12.7	39.8	–	–	15.9	48.6
150	165.2	11.0	41.8	–	–	14.3	53.2	–	–	18.2	66.0
200	216.3	12.7	63.8	15.1	74.9	18.2	88.9	20.6	99.4	23.0	110
250	267.4	15.1	93.9	18.2	112	21.4	130	25.4	152	28.6	168
300	318.5	17.4	129	21.4	157	25.4	184	28.6	204	33.3	234
350	355.6	19.0	158	23.8	195	27.8	225	31.8	254	35.7	282
400	406.4	21.4	203	26.2	246	30.9	286	36.5	333	40.5	365
450	457.2	23.8	254	29.4	310	34.9	363	39.7	409	45.2	459
500	508.0	26.2	311	32.5	381	38.1	441	44.4	508	50.0	565
550	558.8	28.6	374	34.9	451	41.3	527	47.6	600	54.0	672
600	609.6	31.0	442	38.9	547	46.0	639	52.4	720	59.5	807
650	660.4	34.0	525	41.6	635	49.1	740	56.6	843	64.2	944

비고

1. 관의 호칭 방법은 호칭지름 및 호칭 두께(스케줄 번호 : Sch)에 따른다.
2. 무게 수치는 1cm^{3}의 강을 7.85g으로 하고, 다음 식에 따라 계산하여 KS Q 5002에 따라 유효숫자 3자리로 끝맺음한다.

W=0.024 66t(D−t)

여기에서 W : 관의 무게 (kg/m)

t : 관의 두께 (mm)

D : 관의 바깥지름 (mm)

11-6 고온 배관용 탄소 강관 KS D 3570 : 2008

■ 종류의 기호 및 화학 성분

종류의 기호	화학 성분 (%)				
	C	Si	Mn	P	S
SPHT 380	0.25 이하	0.10~0.35	0.30~0.90	0.035 이하	0.035 이하
SPHT 420	0.30 이하	0.10~0.35	0.30~1.00	0.035 이하	0.035 이하
SPHT 490	0.33 이하	0.10~0.35	0.30~1.00	0.035 이하	0.035 이하

■ 기계적 성질

종류의 기호	인장강도 N/mm2	항복점 또는 항복강도 N/mm2	연신율 (%)			
			11호 시험편 12호 시험편	5호 시험편	4호 시험편	
			세로 방향	가로 방향	세로 방향	가로 방향
SPHT 380	380 이상	220 이상	30 이상	25 이상	28 이상	23 이상
SPHT 420	420 이상	250 이상	25 이상	20 이상	24 이상	19 이상
SPHT 490	490 이상	280 이상	25 이상	20 이상	22 이상	17 이상

■ 바깥지름, 두께 및 두께 편차의 허용차

구 분	바깥지름	허용차	두께	허용차	두께 편차의 허용차
열간가공 이음매없는 강관	50 mm 미만	±0.5 mm	4 mm 미만	±0.5 mm	두께의 20% 이하
	50 mm 이상 160 mm 미만	±1 %	4 mm 이상	±12.5 %	
	160 mm 이상 200 mm 미만	±1.6 mm			
	200 mm 이상	±0.8 %			
	단, 호칭지름 350 mm 이상은 둘레 길이에 따를 수 있다. 이 경우의 허용차는 ±0.5 %로 한다.				
냉간가공 이음매없는 강관 및 전기 저항 용접 강관	40 mm 미만	±0.3 mm	2 mm 미만	±0.2 mm	–
	40 mm 이상	±0.8 %	2 mm 이상	±10 %	
	단, 호칭지름 350 mm 이상은 둘레 길이에 따를 수 있다. 이 경우의 허용차는 ±0.5 %로 한다.				

■ 수압 시험 압력

단위 : MPa

스케줄 번호	10	20	30	40	60	80	100	120	140	160
시험 압력	2.0	3.5	5.0	6.0	9.0	12.0	15.0	18.0	20.0	20.0

■ 고온 배관용 탄소강 강관의 치수, 무게

호칭지름 A	바깥지름 mm	호칭 두께									
		스케줄 10		스케줄 20		스케줄 30		스케줄 40		스케줄 60	
		두께 mm	무게 kg/m	두께 mm	무게 kg/m	두께 mm	무게 kg/m	두께 mm	무게 kg/m	두께 mm	무게 kg/m
6	10.5	–	–	–	–	–	–	1.7	0.369	–	–
8	13.8	–	–	–	–	–	–	2.2	0.629	–	–
10	17.3	–	–	–	–	–	–	2.3	0.851	–	–
15	21.7	–	–	–	–	–	–	2.8	1.31	–	–
20	27.2	–	–	–	–	–	–	2.9	1.74	–	–
25	34.0	–	–	–	–	–	–	3.4	2.57	–	–
32	42.7	–	–	–	–	–	–	3.6	3.47	–	–
40	48.6	–	–	–	–	–	–	3.7	4.10	–	–
50	60.5	–	–	–	–	–	–	3.9	5.44	–	–
65	76.3	–	–	–	–	–	–	5.2	9.12	–	–
80	89.1	–	–	–	–	–	–	5.5	11.3	–	–
90	101.6	–	–	–	–	–	–	5.7	13.5	–	–
100	114.3	–	–	–	–	–	–	6.0	16.0	–	–
125	139.8	–	–	–	–	–	–	6.6	21.7	–	–
150	165.2	–	–	–	–	–	–	7.1	27.7	–	–
200	216.3	–	–	6.4	33.1	7.0	36.1	8.2	42.1	10.3	52.3
250	267.4	–	–	6.4	41.2	7.8	49.9	9.3	59.2	12.7	79.8
300	318.5	–	–	6.4	49.3	8.4	64.2	10.3	78.3	14.3	107
350	355.6	6.4	55.1	7.9	67.7	9.5	81.1	11.1	94.3	15.1	127
400	406.4	6.4	63.1	7.9	77.6	9.5	93.0	12.7	123	16.7	160
450	457.2	6.4	71.1	7.9	87.5	11.1	122	14.3	156	19.0	205
500	508.0	6.4	79.2	9.5	117	12.7	155	15.1	184	20.6	248
550	558.8	–	–	–	–	–	–	15.9	213	22.2	294
600	609.6	–	–	–	–	–	–	17.5	256	24.6	355
650	660.4	–	–	–	–	–	–	18.9	299	26.4	413

비고

1. 관의 호칭 방법은 호칭지름 및 호칭 두께(스케줄 번호 : Sch)에 따른다.
2. 무게 수치는 1cm^{3}의 강을 7.85g으로 하고, 다음 식에 따라 계산하여 KS Q 5002에 따라 유효숫자 3자리로 끝맺음한다.

W=0.024 66t(D−t)

여기에서 W : 관의 무게 (kg/m)

t : 관의 두께 (mm)

D : 관의 바깥지름 (mm)

■ 고온 배관용 탄소강 강관의 치수, 무게(계속)

호칭지름 A	바깥지름 mm	호칭 두께									
		스케줄 80		스케줄 100		스케줄 120		스케줄 140		스케줄 160	
		두께 mm	무게 kg/m	두께 mm	무게 kg/m	두께 mm	무게 kg/m	두께 mm	무게 kg/m	두께 mm	무게 kg/m
6	10.5	2.4	0.479	–	–	–	–	–	–	–	–
8	13.8	3.0	0.799	–	–	–	–	–	–	–	–
10	17.3	3.2	1.11	–	–	–	–	–	–	–	–
15	21.7	3.7	1.64	–	–	–	–	–	–	4.7	1.97
20	27.2	3.9	2.24	–	–	–	–	–	–	5.5	2.94
25	34.0	4.5	3.27	–	–	–	–	–	–	6.4	4.36
32	42.7	4.9	4.57	–	–	–	–	–	–	6.4	5.73
40	48.6	5.1	5.47	–	–	–	–	–	–	7.1	7.27
50	60.5	5.5	7.46	–	–	–	–	–	–	8.7	11.1
65	76.3	7.0	12.0	–	–	–	–	–	–	9.5	15.6
80	89.1	7.6	15.3	–	–	–	–	–	–	11.1	21.4
90	101.6	8.1	18.7	–	–	–	–	–	–	12.7	27.8
100	114.3	8.6	22.4	–	–	11.1	28.2	–	–	13.5	33.6
125	139.8	9.5	30.5	–	–	12.7	39.8	–	–	15.9	48.6
150	165.2	11.0	41.8	–	–	14.3	53.2	–	–	18.2	66.0
200	216.3	12.7	63.8	15.1	74.9	18.2	88.9	20.6	99.4	23.0	110
250	267.4	15.1	93.9	18.2	112	21.4	130	25.4	152	28.6	168
300	318.5	17.4	129	21.4	157	25.4	184	28.6	204	33.3	234
350	355.6	19.0	158	23.8	195	27.8	225	31.8	254	35.7	282
400	406.4	21.4	203	26.2	246	30.9	286	36.5	333	40.5	365
450	457.2	23.8	254	29.4	310	34.9	363	39.7	409	45.2	459
500	508.0	26.2	311	32.5	381	38.1	441	44.4	508	50.0	565
550	558.8	28.6	374	34.9	451	41.3	527	47.6	600	54.0	672
600	609.6	31.0	442	38.9	547	46.0	639	52.4	720	59.5	807
650	660.4	34.0	525	41.6	635	49.1	740	56.6	843	64.2	944

비고

1. 관의 호칭 방법은 호칭지름 및 호칭 두께(스케줄 번호 : Sch)에 따른다.
2. 무게 수치는 1cm^{3}의 강을 7.85g으로 하고, 다음 식에 따라 계산하여 KS Q 5002에 따라 유효숫자 3자리로 끝맺음한다.

W=0.024 66t(D−t)

여기에서 W : 관의 무게 (kg/m)
t : 관의 두께 (mm)
D : 관의 바깥지름 (mm)

11-7 배관용 합금강 강관 KS D 3573 : 2009

■ 종류의 기호

종류의 기호	
몰리브데넘강 강관	SPA 12
	SPA 20
	SPA 22
크롬 · 몰리브데넘강 강관	SPA 23
	SPA 24
	SPA 25
	SPA 26

■ 화학 성분

종류의 기호	화학 성분 (%)						
	C	Si	Mn	P	S	Cr	Mo
SPA 12	0.10~0.20	0.10~0.50	0.30~0.80	0.035 이하	0.035 이하	–	0.45~0.65
SPA 20	0.10~0.20	0.10~0.50	0.30~0.60	0.035 이하	0.035 이하	0.50~0.80	0.40~0.65
SPA 22	0.15 이하	0.50 이하	0.30~0.60	0.035 이하	0.035 이하	0.80~1.25	0.45~0.65
SPA 23	0.15 이하	0.50~1.00	0.30~0.60	0.030 이하	0.030 이하	1.00~1.50	0.45~0.65
SPA 24	0.15 이하	0.50 이하	0.30~0.60	0.030 이하	0.030 이하	1.90~2.60	0.87~1.13
SPA 25	0.15 이하	0.50 이하	0.30~0.60	0.030 이하	0.030 이하	4.00~6.00	0.45~0.65
SPA 26	0.15 이하	0.25~1.00	0.30~0.60	0.030 이하	0.030 이하	8.00~10.00	0.90~1.10

■ 기계적 성질

종류의 기호	인장 강도 N/mm^2	항복점 또는 항복강도 N/mm^2	연신율 (%)			
			11호 시험편 12호 시험편	5호 시험편	4호 시험편	
			세로 방향	가로 방향	세로 방향	가로 방향
SPA 12	390 이상	210 이상	30 이상	25 이상	24 이상	19 이상
SPA 20	420 이상	210 이상	30 이상	25 이상	24 이상	19 이상
SPA 22	420 이상	210 이상	30 이상	25 이상	24 이상	19 이상
SPA 23	420 이상	210 이상	30 이상	25 이상	24 이상	19 이상
SPA 24	420 이상	210 이상	30 이상	25 이상	24 이상	19 이상
SPA 25	420 이상	210 이상	30 이상	25 이상	24 이상	19 이상
SPA 26	420 이상	210 이상	30 이상	25 이상	24 이상	19 이상

■ 바깥지름, 두께 및 두께 편차의 허용차

구 분	바깥지름	허용차	두께	허용차	두께 편차의 허용차
열간가공 이음매없는 강관	50 mm 미만	±0.5 mm	4 mm 미만	±0.5 mm	두께의 20% 이하
	50 mm 이상 160 mm 미만	±1 %	4 mm 이상	±12.5 %	
	160 mm 이상 200 mm 미만	±1.6 mm			
	200 mm 이상	±0.8 %			
	단, 호칭지름 350 mm 이상은 둘레 길이에 따를 수 있다. 이 경우의 허용차는 ±0.5 %로 한다.				
냉간가공 이음매없는 강관 및 전기 저항 용접 강관	40 mm 미만	±0.3 mm	2 mm 미만	±0.2 mm	–
	40 mm 이상	±0.8 %	2 mm 이상	±10 %	
	단, 호칭지름 350 mm 이상은 둘레 길이에 따를 수 있다. 이 경우의 허용차는 ±0.5 %로 한다.				

■ 수압 시험 압력

단위 : MPa

스케줄 번호	10	20	30	40	60	80	100	120	140	160
시험 압력	2.0	3.5	5.0	6.0	9.0	12.0	15.0	18.0	20.0	20.0

■ 배관용 합금강 강관의 치수, 무게

호칭지름 A	바깥지름 mm	호칭 두께									
		스케줄 10		스케줄 20		스케줄 30		스케줄 40		스케줄 60	
		두께 mm	무게 kg/m	두께 mm	무게 kg/m	두께 mm	무게 kg/m	두께 mm	무게 kg/m	두께 mm	무게 kg/m
6	10.5	–	–	–	–	–	–	1.7	0.369	–	–
8	13.8	–	–	–	–	–	–	2.2	0.629	–	–
10	17.3	–	–	–	–	–	–	2.3	0.851	–	–
15	21.7	–	–	–	–	–	–	2.8	1.31	–	–
20	27.2	–	–	–	–	–	–	2.9	1.74	–	–
25	34.0	–	–	–	–	–	–	3.4	2.57	–	–
32	42.7	–	–	–	–	–	–	3.6	3.47	–	–
40	48.6	–	–	–	–	–	–	3.7	4.10	–	–
50	60.5	–	–	–	–	–	–	3.9	5.44	–	–
65	76.3	–	–	–	–	–	–	5.2	9.12	–	–
80	89.1	–	–	–	–	–	–	5.5	11.3	–	–
90	101.6	–	–	–	–	–	–	5.7	13.5	–	–
100	114.3	–	–	–	–	–	–	6.0	16.0	–	–
125	139.8	–	–	–	–	–	–	6.6	21.7	–	–
150	165.2	–	–	–	–	–	–	7.1	27.7	–	–
200	216.3	–	–	6.4	33.1	7.0	36.1	8.2	42.1	10.3	52.3
250	267.4	–	–	6.4	41.2	7.8	49.9	9.3	59.2	12.7	79.8
300	318.5	–	–	6.4	49.3	8.4	64.2	10.3	78.3	14.3	107
350	355.6	6.4	55.1	7.9	67.7	9.5	81.1	11.1	94.3	15.1	127

호칭지름 A	바깥지름 mm	호칭 두께									
		스케줄 10		스케줄 20		스케줄 30		스케줄 40		스케줄 60	
		두께 mm	무게 kg/m	두께 mm	무게 kg/m	두께 mm	무게 kg/m	두께 mm	무게 kg/m	두께 mm	무게 kg/m
400	406.4	6.4	63.1	7.9	77.6	9.5	93.0	12.7	123	16.7	160
450	457.2	6.4	71.1	7.9	87.5	11.1	122	14.3	156	19.0	205
500	508.0	6.4	79.2	9.5	117	12.7	155	15.1	184	20.6	248
550	558.8	–	–	–	–	–	–	15.9	213	22.2	294
600	609.6	–	–	–	–	–	–	17.5	256	24.6	355
650	660.4	–	–	–	–	–	–	18.9	299	26.4	413

호칭지름 A	바깥지름 mm	호칭 두께									
		스케줄 80		스케줄 100		스케줄 120		스케줄 140		스케줄 160	
		두께 mm	무게 kg/m	두께 mm	무게 kg/m	두께 mm	무게 kg/m	두께 mm	무게 kg/m	두께 mm	무게 kg/m
6	10.5	2.4	0.479	–	–	–	–	–	–	–	–
8	13.8	3.0	0.799	–	–	–	–	–	–	–	–
10	17.3	3.2	1.11	–	–	–	–	–	–	–	–
15	21.7	3.7	1.64	–	–	–	–	–	–	4.7	1.97
20	27.2	3.9	2.24	–	–	–	–	–	–	5.5	2.94
25	34.0	4.5	3.27	–	–	–	–	–	–	6.4	4.36
32	42.7	4.9	4.57	–	–	–	–	–	–	6.4	5.73
40	48.6	5.1	5.47	–	–	–	–	–	–	7.1	7.27
50	60.5	5.5	7.46	–	–	–	–	–	–	8.7	11.1
65	76.3	7.0	12.0	–	–	–	–	–	–	9.5	15.6
80	89.1	7.6	15.3	–	–	–	–	–	–	11.1	21.4
90	101.6	8.1	18.7	–	–	–	–	–	–	12.7	27.8
100	114.3	8.6	22.4	–	–	11.1	28.2	–	–	13.5	33.6
125	139.8	9.5	30.5	–	–	12.7	39.8	–	–	15.9	48.6
150	165.2	11.0	41.8	–	–	14.3	53.2	–	–	18.2	66.0
200	216.3	12.7	63.8	15.1	74.9	18.2	88.9	20.6	99.4	23.0	110
250	267.4	15.1	93.9	18.2	112	21.4	130	25.4	152	28.6	168
300	318.5	17.4	129	21.4	157	25.4	184	28.6	204	33.3	234
350	355.6	19.0	158	23.8	195	27.8	225	31.8	254	35.7	282
400	406.4	21.4	203	26.2	246	30.9	286	36.5	333	40.5	365
450	457.2	23.8	254	29.4	310	34.9	363	39.7	409	45.2	459
500	508.0	26.2	311	32.5	381	38.1	441	44.4	508	50.0	565
550	558.8	28.6	374	34.9	451	41.3	527	47.6	600	54.0	672
600	609.6	31.0	442	38.9	547	46.0	639	52.4	720	59.5	807
650	660.4	34.0	525	41.6	635	49.1	740	56.6	843	64.2	944

비고

1. 관의 호칭 방법은 호칭지름 및 호칭 두께(스케줄 번호 : Sch)에 따른다.
2. 무게 수치는 $1cm^3$의 강을 7.85g으로 하고, 다음 식에 따라 계산하여 KS Q 5002에 따라 유효숫자 3자리로 끝맺음한다.

   W=0.024 66t(D−t)

   여기에서 W : 관의 무게 (kg/m)

   t : 관의 두께 (mm)

   D : 관의 바깥지름 (mm)

11-8 배관용 스테인리스 강관 KS D 3576 : 2011

■ 종류의 기호 및 열처리

분류	종류의 기호	고용화 열처리 ℃	분류	종류의 기호	고용화 열처리 ℃
오스테나이트계	STS304TP	1010 이상, 급냉	오스테나이트계	STS321HTP	냉간 가공 1095 이상, 급냉
	STS304HTP	1040 이상, 급냉			열간 가공 1050 이상, 급냉
	STS304LTP	1010 이상, 급냉		STS347TP	980 이상, 급냉
	STS309TP	1030 이상, 급냉		STS347HTP	냉간 가공 1095 이상, 급냉
	STS309STP	1030 이상, 급냉			열간 가공 1050 이상, 급냉
	STS310TP	1030 이상, 급냉		STS350TP	1150 이상, 급냉
	STS310STP	1030 이상, 급냉	오스테나이트·페라이트계	STS329J1TP	950 이상, 급냉
	STS316TP	1010 이상, 급냉		STS329J3LTP	950 이상, 급냉
	STS316HTP	1040 이상, 급냉		STS329J4LTP	950 이상, 급냉
				STS329LDTP	950 이상, 급냉
	STS316LTP	1010 이상, 급냉	페라이트계	STS405TP	어닐링 700 이상, 공냉 또는 서냉
	STS316TiTP	920 이상, 급냉		STS409LTP	어닐링 700 이상, 공냉 또는 서냉
	STS317TP	1010 이상, 급냉		STS430TP	어닐링 700 이상, 공냉 또는 서냉
	STS317LTP	1010 이상, 급냉		STS430LXTP	어닐링 700 이상, 공냉 또는 서냉
	STS836LTP	1030 이상, 급냉		STS430J1LTP	어닐링 720 이상, 공냉 또는 서냉
	STS890LTP	1030 이상, 급냉		STS436LTP	어닐링 720 이상, 공냉 또는 서냉
	STS321TP	920 이상, 급냉		STS444TP	어닐링 700 이상, 공냉 또는 서냉

비고

STS321TP, STS316TiTP 및 STS347TP에 대해서는 안정화 열처리를 지정할 수 있다. 이 경우의 열처리 온도는 850~930℃로 한다.
참고 : STS836LTP 및 STS890LTP는 각각 KS D 3706, KS D 3705 및 KS D 3698의 STS317J4L, STS317J5L에 상당한다.

■ 화학 성분

단위 : %

종류의 기호	C	Si	Mn	P	S	Ni	Cr	Mo	기타
ST304TP	0.08 이하	1.00 이하	2.00 이하	0.040 이하	0.030 이하	8.00~11.00	18.00~20.00	–	–
STS304HTP	0.04~0.10	0.75 이하	2.00 이하	0.040 이하	0.030 이하	8.00~11.00	18.00~20.00	–	–
STS304LTP	0.030 이하	1.00 이하	2.00 이하	0.040 이하	0.030 이하	9.00~13.00	18.00~20.00	–	–
STS309TP	0.15 이하	1.00 이하	2.00 이하	0.040 이하	0.030 이하	12.00~15.00	22.00~24.00	–	–
STS309STP	0.08 이하	1.00 이하	2.00 이하	0.040 이하	0.030 이하	12.00~15.00	22.00~24.00	–	–
STS310TP	0.15 이하	1.50 이하	2.00 이하	0.040 이하	0.030 이하	19.00~22.00	24.00~26.00	–	–
STS310STP	0.08 이하	1.50 이하	2.00 이하	0.040 이하	0.030 이하	19.00~22.00	24.00~26.00	–	–
STS316TP	0.08 이하	1.00 이하	2.00 이하	0.040 이하	0.030 이하	10.00~14.00	16.00~18.00	2.00~3.00	–
STS316HTP	0.04~0.10	0.75 이하	2.00 이하	0.030 이하	0.030 이하	11.00~14.00	16.00~18.00	2.00~3.00	–
STS316LTP	0.030 이하	1.00 이하	2.00 이하	0.040 이하	0.030 이하	12.00~16.00	16.00~18.00	2.00~3.00	–
STS316TiTP	0.08 이하	1.00 이하	2.00 이하	0.040 이하	0.030 이하	10.00~14.00	16.00~18.00	2.00~3.00	Ti5 × C% 이상
STS317TP	0.08 이하	1.00 이하	2.00 이하	0.040 이하	0.030 이하	11.00~15.00	18.00~20.00	3.00~4.00	–
STS317LTP	0.030 이하	1.00 이하	2.00 이하	0.040 이하	0.030 이하	11.00~15.00	18.00~20.00	3.00~4.00	–
STS836LTP	0.030 이하	1.00 이하	2.00 이하	0.040 이하	0.030 이하	24.00~26.00	19.00~24.00	5.00~7.00	N 0.25 이하
STS890LTP	0.020 이하	1.00 이하	2.00 이하	0.040 이하	0.030 이하	23.00~28.00	19.00~23.00	4.00~5.00	Cu 1.00~2.00

종류의 기호	C	Si	Mn	P	S	Ni	Cr	Mo	기타
STS321TP	0.08 이하	1.00 이하	2.00 이하	0.040 이하	0.030 이하	9.00~13.00	17.00~19.00	–	Ti5×C% 이상
STS321HTP	0.04~0.10	0.75 이하	2.00 이하	0.030 이하	0.030 이하	9.00~13.00	17.00~20.00	–	Ti4×C% 이상~0.60 이하
STS347TP	0.08 이하	1.00 이하	2.00 이하	0.040 이하	0.030 이하	9.00~13.00	17.00~19.00	–	Nb 10×C% 이상
STS347HTP	0.04~0.10	1.00 이하	2.00 이하	0.030 이하	0.030 이하	9.00~13.00	17.00~20.00	–	Nb 8×C~1.00
STS350TP	0.03 이하	1.00 이하	1.50 이하	0.035 이하	0.020 이하	20.0~23.0	22.00~24.00	6.0~6.8	N 0.21~0.32
STS329J1TP	0.08 이하	1.00 이하	1.50 이하	0.040 이하	0.030 이하	3.00~6.00	23.00~28.00	1.00~3.00	–
STS329J3LTP	0.030 이하	1.00 이하	1.50 이하	0.040 이하	0.030 이하	4.50~6.50	21.00~24.00	2.50~3.50	N 0.08~0.20
STS329J4LTP	0.030 이하	1.00 이하	1.50 이하	0.040 이하	0.030 이하	5.50~7.50	24.00~26.00	2.50~3.50	N 0.08~0.20
STS329LDTP	0.030 이하	1.00 이하	1.50 이하	0.040 이하	0.030 이하	2.00~4.00	19.00~22.00	1.00~2.00	N 0.14~0.20
STS405TP	0.08 이하	1.00 이하	1.00 이하	0.040 이하	0.030 이하	–	11.50~14.50	–	Al 0.10~0.30
STS409LTP	0.030 이하	1.00 이하	1.00 이하	0.040 이하	0.030 이하	–	10.50~11.75	–	Ti 6×C%~0.75
STS430TP	0.12 이하	0.75 이하	1.00 이하	0.040 이하	0.030 이하	–	16.00~18.00	–	–
STS430LXTP	0.030 이하	0.75 이하	1.00 이하	0.040 이하	0.030 이하	–	16.00~19.00	–	Ti또는 Nb0.10~1.00
STS430J1LTP	0.025 이하	1.00 이하	1.00 이하	0.040 이하	0.030 이하	–	16.00~20.00	–	N 0.025 이하 Nb 8 × (C% + N%) ~ 0.80 Cu 0.30~0.80
STS436LTP	0.025 이하	1.00 이하	1.00 이하	0.040 이하	0.030 이하	–	16.00~19.00	0.75~1.25	N 0.025 이하 Ti, Nb, Zr 또는 그것들의 조합 8 × (C% + N%) ~ 0.80
STS444TP	0.025 이하	1.00 이하	1.00 이하	0.040 이하	0.030 이하	–	17.00~20.00	1.75~2.50	N 0.025 이하 Ti, Nb, Zr 또는 그것들의 조합 8 × (C% + N%) ~ 0.80

■ 기계적 성질

종류의 기호	인장 강도 N/mm²	항복 강도 N/mm²	연신율 (%)			
			11호 시험편 12호 시험편	5호 시험편	4호 시험편	
			세로 방향	가로 방향	세로 방향	가로 방향
STS304TP	520 이상	205 이상	35 이상	25 이상	30 이상	22 이상
STS304HTP	520 이상	205 이상	35 이상	25 이상	30 이상	22 이상
STS304LTP	480 이상	175 이상	35 이상	25 이상	30 이상	22 이상
STS309TP	520 이상	205 이상	35 이상	25 이상	30 이상	22 이상
STS309STP	520 이상	205 이상	35 이상	25 이상	30 이상	22 이상
STS310TP	520 이상	205 이상	35 이상	25 이상	30 이상	22 이상
STS310STP	520 이상	205 이상	35 이상	25 이상	30 이상	22 이상
STS316TP	520 이상	205 이상	35 이상	25 이상	30 이상	22 이상
STS316HTP	520 이상	205 이상	35 이상	25 이상	30 이상	22 이상
STS316LTP	480 이상	175 이상	35 이상	25 이상	30 이상	22 이상
STS316TiTB	520 이상	205 이상	35 이상	25 이상	30 이상	22 이상
STS317TP	520 이상	205 이상	35 이상	25 이상	30 이상	22 이상
STS317LTP	480 이상	175 이상	35 이상	25 이상	30 이상	22 이상
STS836LTP	520 이상	205 이상	35 이상	25 이상	30 이상	22 이상
STS890LTP	490 이상	215 이상	35 이상	25 이상	30 이상	22 이상
STS321TP	520 이상	205 이상	35 이상	25 이상	30 이상	22 이상
STS321HTP	520 이상	205 이상	35 이상	25 이상	30 이상	22 이상
STS347TP	520 이상	205 이상	35 이상	25 이상	30 이상	22 이상
STS347HTP	520 이상	205 이상	35 이상	25 이상	30 이상	22 이상
STS350TP	674 이상	330 이상	40 이상	35 이상	35 이상	30 이상
STS329J1TP	590 이상	390 이상	18 이상	13 이상	14 이상	10 이상
STS329J3LTP	620 이상	450 이상	18 이상	13 이상	14 이상	10 이상
STS329J4LTP	620 이상	450 이상	18 이상	13 이상	14 이상	10 이상
STS329LDTP	620 이상	450 이상	25 이상	–	–	–
STS405TP	410 이상	205 이상	20 이상	14 이상	16 이상	11 이상
STS409LTP	360 이상	175 이상	20 이상	14 이상	16 이상	11 이상
STS430TP	410 이상	245 이상	20 이상	14 이상	16 이상	11 이상
STS430LXTP	360 이상	175 이상	20 이상	14 이상	16 이상	11 이상
STS430J1LTP	390 이상	205 이상	20 이상	14 이상	16 이상	11 이상
STS436LTP	410 이상	245 이상	20 이상	14 이상	16 이상	11 이상
STS444TP	410 이상	245 이상	20 이상	14 이상	16 이상	11 이상

■ 배관용 스테인리스 강관의 치수 및 두께

호칭지름	바깥지름 mm	호칭 두께															
		스케줄 5S								스케줄 10S							
		두께 mm	단위 무게 kg/m							두께 mm	단위 무게 kg/m						
			종 류								종 류						
			304 304H 304L 321 321H	309 309S 310 310S 316 316H 316L 316Ti 317 317L 347 347H	329J1 329J3L 329J4L	329LD 405 409L 444	430 430LX 430J1L 436L	836L	890L		304 304H 304L 321 321H	309 309S 310 310S 316 316H 316L 316Ti 317 317L 347 347H	329J1 329J3L 329J4L	329LD 405 409L 444	430 430LX 430J1L 436L	836L	890L
6	10.5	1.0	0.237	0.238	0.233	0.231	0.230	0.241	0.240	1.2	0.278	0.280	0.273	0.272	0.270	0.283	0.282
8	13.8	1.2	0.377	0.379	0.370	0.368	0.366	0.383	0.382	1.65	0.499	0.503	0.491	0.488	0.485	0.508	0.507
10	17.3	1.2	0.481	0.484	0.473	0.470	0.467	0.489	0.489	1.65	0.643	0.647	0.633	0.629	0.625	0.654	0.653
15	21.7	1.65	0.824	0.829	0.811	0.806	0.800	0.838	0.837	2.1	1.03	1.03	1.01	1.00	0.996	1.04	1.04
20	27.2	1.65	1.05	1.06	1.03	1.03	1.02	1.07	1.07	2.1	1.31	1.32	1.29	1.28	1.28	1.33	1.33
25	34.0	1.65	1.33	1.34	1.31	1.30	1.29	1.35	1.35	2.8	2.18	2.19	2.14	2.13	2.11	2.21	2.21
32	42.7	1.65	1.69	1.70	1.66	1.65	1.64	1.71	1.71	2.8	2.78	2.80	2.74	2.72	2.70	2.83	2.83
40	48.6	1.65	1.93	1.94	1.90	1.89	1.87	1.96	1.96	2.8	3.19	3.21	3.14	3.12	3.10	3.25	3.24
50	60.5	1.65	2.42	2.43	2.38	2.36	2.35	2.46	2.46	2.8	4.02	4.05	3.96	3.93	3.91	4.09	4.09
65	76.3	2.1	3.88	3.91	3.82	3.79	3.77	3.95	3.94	3.0	5.48	5.51	5.39	5.35	5.32	5.57	5.56
80	89.1	2.1	4.55	4.58	4.48	4.45	4.42	4.63	4.62	3.0	6.43	6.48	6.33	6.29	6.25	6.54	6.53
90	101.6	2.1	5.20	5.24	5.12	5.09	5.05	5.29	5.28	3.0	7.37	7.42	7.25	7.20	7.16	7.49	7.48
100	114.3	2.1	5.87	5.91	5.77	5.74	5.70	5.97	5.96	3.0	8.32	8.37	8.18	8.13	8.08	8.45	8.44
125	139.8	2.8	9.56	9.62	9.40	9.34	9.28	9.71	9.70	3.4	11.6	11.6	11.4	11.3	11.2	11.7	11.7
150	165.2	2.8	11.3	11.4	11.1	11.1	11.0	11.5	11.5	3.4	13.7	13.8	13.5	13.4	13.3	13.9	13.9
200	216.3	2.8	14.9	15.0	14.6	14.6	14.5	15.1	15.1	4.0	21.2	21.3	20.8	20.7	20.5	21.5	21.5
250	267.4	3.4	22.4	22.5	22.0	21.9	21.7	22.7	22.7	4.0	26.2	26.4	25.8	25.7	25.5	26.7	26.6
300	318.5	4.0	31.3	31.5	30.8	30.6	30.4	31.9	31.8	4.5	35.2	35.4	34.6	34.4	34.2	35.8	35.7
350	355.6	–	–	–	–	–	–	–	–	–	–	–	–	–	–	–	–
400	406.4	–	–	–	–	–	–	–	–	–	–	–	–	–	–	–	–
450	457.2	–	–	–	–	–	–	–	–	–	–	–	–	–	–	–	–
500	508.0	–	–	–	–	–	–	–	–	–	–	–	–	–	–	–	–
550	558.8	–	–	–	–	–	–	–	–	–	–	–	–	–	–	–	–
600	609.6	–	–	–	–	–	–	–	–	–	–	–	–	–	–	–	–
650	660.4	–	–	–	–	–	–	–	–	–	–	–	–	–	–	–	–

■ 배관용 스테인리스 강관의 치수 및 두께 (계속)

호칭지름	바깥지름 mm	호칭 두께															
		스케줄 20S								스케줄 40							
		두께 mm	단위 무게 kg/m							두께 mm	단위 무게 kg/m						
			종 류								종 류						
			304 304H 304L 321 321H	309 309S 310 310S 316 316H 316L 316Ti 317 317L 347 347H	329J1 329J3L 329J4L	329LD 405 409L 444	430 430LX 430J1L 436L	836L	890L		304 304H 304L 321 321H	309 309S 310 310S 316 316H 316L 316Ti 317 317L 347 347H	329J1 329J3L 329J4L	329LD 405 409L 444	430 430LX 430J1L 436L	836L	890L
6	10.5	1.5	0.336	0.338	0.331	0.329	0.327	0.342	0.341	1.7	0.373	0.375	0.367	0.364	0.362	0.378	0.378
8	13.8	2.0	0.588	0.592	0.578	0.575	0.571	0.598	0.597	2.2	0.636	0.640	0.625	0.621	0.617	0.646	0.645
10	17.3	2.0	0.762	0.767	0.750	0.745	0.740	0.775	0.774	2.3	0.859	0.865	0.845	0.840	0.835	0.874	0.873
15	21.7	2.5	1.20	1.20	1.18	1.17	1.16	1.22	1.21	2.8	1.32	1.33	1.30	1.29	1.28	1.34	1.34
20	27.2	2.5	1.54	1.55	1.51	1.50	1.49	1.56	1.56	2.9	1.76	1.77	1.73	1.72	1.70	1.78	1.78
25	34.0	3.0	2.32	2.33	2.28	2.26	2.25	2.35	2.35	3.4	2.59	2.61	2.55	2.53	2.51	2.63	2.63
32	42.7	3.0	2.97	2.99	2.92	2.90	2.88	3.02	3.01	3.6	3.51	3.53	3.45	3.43	3.40	3.56	3.56
40	48.6	3.0	3.41	3.43	3.35	3.33	3.31	3.46	3.46	3.7	4.14	4.16	4.07	4.05	4.02	4.21	4.20
50	60.5	3.5	4.97	5.00	4.89	4.86	4.83	5.05	5.05	3.9	5.50	5.53	5.41	5.38	5.34	5.59	5.58
65	76.3	3.5	6.35	6.39	6.24	6.20	6.16	6.45	6.44	5.2	9.21	9.27	9.06	9.00	8.94	9.36	9.35
80	89.1	4.0	8.48	8.53	8.34	8.29	8.23	8.62	8.61	5.5	11.5	11.5	11.3	11.2	11.1	11.6	11.6
90	101.6	4.0	9.72	9.79	9.56	9.51	9.44	9.88	9.87	5.7	13.6	13.7	13.4	13.3	13.2	13.8	13.8
100	114.3	4.0	11.0	11.1	10.8	10.7	10.7	11.2	11.2	6.0	16.2	16.3	15.9	15.8	15.7	16.5	16.4
125	139.8	5.0	16.8	16.9	16.5	16.4	16.3	17.1	17.0	6.6	21.9	22.0	21.5	21.4	21.3	22.3	22.2
150	165.2	5.0	20.0	20.1	19.6	19.5	19.4	20.3	20.3	7.1	28.0	28.1	27.5	27.3	27.2	28.4	28.4
200	216.3	6.5	34.0	34.2	33.4	33.2	33.0	34.5	34.5	8.2	42.5	42.8	41.8	41.6	41.3	43.2	43.2
250	267.4	6.5	42.2	42.5	41.5	41.3	41.0	42.9	42.9	9.3	59.8	60.2	58.8	58.4	58.1	60.8	60.7
300	318.5	6.5	50.5	50.8	49.7	49.4	49.1	51.3	51.3	10.3	79.1	79.6	77.8	77.3	76.8	80.4	80.3
350	355.6	–	–	–	–	–	–	–	–	11.1	95.3	95.9	93.7	93.1	92.5	96.8	96.7
400	406.4	–	–	–	–	–	–	–	–	12.7	125	125	122	122	121	127	126
450	457.2	–	–	–	–	–	–	–	–	14.3	158	159	155	154	153	160	160
500	508.0	–	–	–	–	–	–	–	–	15.1	185	187	182	181	180	188	188
550	558.8	–	–	–	–	–	–	–	–	15.9	215	216	211	210	209	219	218
600	609.6	–	–	–	–	–	–	–	–	17.5	258	260	254	252	251	262	262
650	660.4	–	–	–	–	–	–	–	–	18.9	302	304	297	295	293	307	307

■ 배관용 스테인리스 강관의 치수 및 두께 (계속)

호칭지름	바깥지름 mm	호칭 두께															
		스케줄 80								스케줄 120							
		두께 mm	단위 무게 kg/m							두께 mm	단위 무게 kg/m						
			종 류								종 류						
			304 304H 304L 321 321H	309 309S 310 310S 316 316H 316L 316Ti 317 317L 347 347H	329J1 329J3L 329J4L	329LD 405 409L 444	430 430LX 430J1L 436L	836L	890L		304 304H 304L 321 321H	309 309S 310 310S 316 316H 316L 316Ti 317 317L 347 347H	329J1 329J3L 329J4L	329LD 405 409L 444	430 430LX 430J1L 436L	836L	890L
6	10.5	2.4	0.484	0.487	0.476	0.473	0.470	0.492	0.492	–	–	–	–	–	–	–	–
8	13.8	3.0	0.807	0.812	0.794	0.789	0.784	0.820	0.819	–	–	–	–	–	–	–	–
10	17.3	3.2	1.12	1.13	1.11	1.10	1.09	1.14	1.14	–	–	–	–	–	–	–	–
15	21.7	3.7	1.66	1.67	1.63	1.62	1.61	1.69	1.68	–	–	–	–	–	–	–	–
20	27.2	3.9	2.26	2.28	2.23	2.21	2.20	2.30	2.30	–	–	–	–	–	–	–	–
25	34.0	4.5	3.31	3.33	3.25	3.23	3.21	3.36	3.36	–	–	–	–	–	–	–	–
32	42.7	4.9	4.61	4.64	4.54	4.51	4.48	4.69	4.68	–	–	–	–	–	–	–	–
40	48.6	5.1	5.53	5.56	5.44	5.40	5.37	5.62	5.61	–	–	–	–	–	–	–	–
50	60.5	5.5	7.54	7.58	7.41	7.37	7.32	7.66	7.65	–	–	–	–	–	–	–	–
65	76.3	7.0	12.1	12.2	11.9	11.8	11.7	12.3	12.3	–	–	–	–	–	–	–	–
80	89.1	7.6	15.4	15.5	15.2	15.1	15.0	15.7	15.7	–	–	–	–	–	–	–	–
90	101.6	8.1	18.9	19.0	18.6	18.4	18.3	19.2	19.2	–	–	–	–	–	–	–	–
100	114.3	8.6	22.6	22.8	22.3	22.1	22.0	23.0	23.0	11.1	28.5	28.7	28.1	27.9	27.7	29.0	29.0
125	139.8	9.5	30.8	31.0	30.3	30.1	29.9	31.3	31.3	12.7	40.2	40.5	39.5	39.3	39.0	40.9	40.8
150	165.2	11.0	42.3	42.5	41.6	41.3	41.0	42.9	42.9	14.3	53.8	54.1	52.9	52.5	52.2	54.6	54.6
200	216.3	12.7	64.4	64.8	63.4	63.0	62.5	65.5	65.4	18.2	89.8	90.4	88.3	87.8	87.2	91.3	91.2
250	267.4	15.1	94.9	95.5	93.3	92.8	92.2	96.5	96.3	21.4	131	132	129	128	127	133	133
300	318.5	17.4	131	131	128	128	127	133	133	25.4	185	187	182	181	180	189	188
350	355.6	19.0	159	160	157	156	155	162	162	27.8	227	228	223	222	220	231	230
400	406.4	21.4	205	207	202	201	199	209	208	30.9	289	291	284	283	281	294	293
450	457.2	23.8	257	259	253	251	250	261	261	34.9	367	369	361	359	357	373	373
500	508.0	26.2	314	316	309	307	305	320	319	38.1	446	449	439	436	433	453	453
550	558.8	28.6	378	380	372	369	367	384	383	41.3	532	536	524	520	517	541	541
600	609.6	31.0	447	450	439	437	434	454	454	46.0	646	650	635	631	627	656	656
650	660.4	34.0	531	534	522	519	515	539	539	49.1	748	752	735	731	726	760	759

■ 배관용 스테인리스 강관의 치수 및 두께 (계속)

호칭지름	바깥지름 mm	호칭 두께							
		스케줄 160							
		두께 mm	단위 무게 kg/m						
			종 류						
			304 304H 304L 321 321H	309 309S 310 310S 316 316H 316L 316Ti 317 317L 347 347H	329J1 329J3L 329J4L	329LD 405 409L 444	430 430LX 430J1L 436L	836L	890L
6	10.5	–	–	–	–	–	–	–	–
8	13.8	–	–	–	–	–	–	–	–
10	17.3	–	–	–	–	–	–	–	–
15	21.7	4.7	1.99	2.00	1.96	1.95	1.93	2.02	2.02
20	27.2	5.5	2.97	2.99	2.92	2.91	2.89	3.02	3.02
25	34.0	6.4	4.40	4.43	4.33	4.30	4.27	4.47	4.47
32	42.7	6.4	5.79	5.82	5.69	5.66	5.62	5.88	5.88
40	48.6	7.1	7.34	7.39	7.22	7.17	7.13	7.46	7.45
50	60.5	8.7	11.2	11.3	11.0	11.0	10.9	11.4	11.4
65	76.3	9.5	15.8	15.9	15.5	15.5	15.4	16.1	16.0
80	89.1	11.1	21.6	21.7	21.2	21.1	20.9	21.9	21.9
90	101.6	12.7	28.1	28.3	27.7	27.5	27.3	28.6	28.5
100	114.3	13.5	33.9	34.1	33.3	33.1	32.9	34.5	34.4
125	139.8	15.9	49.1	49.4	48.3	48.0	47.7	49.9	49.8
150	165.2	18.2	66.6	67.1	65.5	65.1	64.7	67.7	67.7
200	216.3	23.0	111	111	109	108	108	113	112
250	267.4	28.6	170	171	167	166	165	173	173
300	318.5	33.3	237	238	233	231	230	240	240
350	355.6	35.7	284	286	280	278	276	289	289
400	406.4	40.5	369	372	363	361	358	375	375
450	457.2	45.2	464	467	456	453	450	472	471
500	508.0	50.0	570	574	561	558	554	580	579
550	558.8	54.0	679	683	668	664	659	690	689
600	609.6	59.5	815	821	802	797	792	829	828
650	660.4	64.2	953	960	938	932	926	969	968

■ 용접 강관의 치수 무게

호칭지름	바깥지름 mm	두께 mm	단위 무게 kg/m 종류: 304 304H 304L 321 321H	309 309S 310 310S 316 316H 316L 316Ti 317 317L 347 347H	329J1 329J3L 329J4L	329LD 405 409L 444	430 430LX 430J1L 436L	836L	890L	두께 mm	단위 무게 kg/m 종류: 304 304H 304L 321 321H	309 309S 310 310S 316 316H 316L 316Ti 317 317L 347 347H	329J1 329J3L 329J4L	329LD 405 409L 444	430 430LX 430J1L 436L	836L	890L
6	10.5	2.0	0.423	0.426	0.417	0.414	0.411	0.430	0.430	2.5	0.498	0.501	0.490	0.487	0.484	0.506	0.506
8	13.8	1.5	0.460	0.463	0.452	0.449	0.446	0.467	0.467	2.5	0.704	0.708	0.692	0.688	0.683	0.715	0.714
10	17.3	2.0	0.762	0.767	0.750	0.745	0.740	0.775	0.774	2.5	0.922	0.928	0.907	0.901	0.895	0.937	0.936
15	21.7	1.5	0.755	0.760	0.742	0.738	0.733	0.767	0.766	2.0	0.981	0.988	0.965	0.959	0.943	0.987	0.986
20	27.2	1.5	0.960	0.966	0.944	0.939	0.933	0.976	0.975	2.0	1.26	1.26	1.23	1.23	1.22	1.28	1.27
25	34.0	2.0	1.59	1.60	1.57	1.56	1.55	1.62	1.62	2.5	1.96	1.97	1.93	1.92	1.90	1.99	1.99
32	42.7	2.0	2.03	2.04	1.99	1.98	1.97	2.06	2.06	3.0	2.97	2.99	2.92	2.90	2.88	3.02	3.01
40	48.6	2.0	2.32	2.34	2.28	2.27	2.25	2.36	2.36	3.0	3.41	3.43	3.35	3.33	3.31	3.46	3.46
50	60.5	2.0	2.91	2.93	2.87	2.85	2.83	2.96	2.96	3.0	4.30	4.32	4.23	4.20	4.17	4.37	4.36
65	76.3	2.0	3.70	3.73	3.64	3.62	3.59	3.76	3.76	5.0	8.88	8.94	8.73	8.68	8.62	9.03	9.02
80	89.1	2.0	4.34	4.37	4.27	4.24	4.21	4.41	4.41	8.0	16.2	16.3	15.9	15.8	15.7	16.4	16.4
90	101.6	2.5	6.17	6.21	6.07	6.03	5.99	6.27	6.27	6.0	14.3	14.4	14.1	14.0	13.8	14.5	14.5
100	114.3	2.5	6.96	7.01	6.85	6.81	6.76	7.08	7.07	9.0	23.6	23.8	23.2	23.1	22.9	24.0	24.0
125	139.8	3.0	10.2	10.3	10.1	9.99	9.93	10.4	10.4	3.5	11.9	12.0	11.7	11.6	11.5	12.1	12.1
150	165.2	3.0	12.1	12.2	11.9	11.8	11.8	12.3	12.3	3.5	14.1	14.2	13.9	13.8	13.7	14.3	14.3
200	216.3	3.0	15.9	16.0	15.7	15.6	15.5	16.2	16.2	8.0	41.5	41.8	40.8	40.6	40.3	42.2	42.1
250	267.4	3.5	23.0	23.2	22.6	22.5	19.2	20.1	20.1	10.0	64.1	64.5	63.1	62.7	62.3	65.2	65.1
300	318.5	10.0	76.8	77.3	75.6	75.1	74.6	78.1	78.0	18.0	135	136	133	132	131	137	137

■ 용접 강관의 치수 무게 (계속)

호칭지름	바깥지름 mm	두께 mm	단위 무게 kg/m 종류 304 304H 304L 321 321H	단위 무게 kg/m 종류 309 309S 310 310S 316 316H 316L 316Ti 317 317L 347 347H	단위 무게 kg/m 종류 329J1 329J3L 329J4L	단위 무게 kg/m 종류 329LD 405 409L 444	단위 무게 kg/m 종류 430 430LX 430J1L 436L	단위 무게 kg/m 종류 836L	단위 무게 kg/m 종류 890L	두께 mm	단위 무게 kg/m 종류 304 304H 304L 321 321H	단위 무게 kg/m 종류 309 309S 310 310S 316 316H 316L 316Ti 317 317L 347 347H	단위 무게 kg/m 종류 329J1 329J3L 329J4L	단위 무게 kg/m 종류 329LD 405 409L 444	단위 무게 kg/m 종류 430 430LX 430J1L 436L	단위 무게 kg/m 종류 836L	단위 무게 kg/m 종류 890L
6	10.5	–	–	–	–	–	–	–	–	–	–	–	–	–	–	–	–
8	13.8	–	–	–	–	–	–	–	–	–	–	–	–	–	–	–	–
10	17.3	3.5	1.20	1.21	1.18	1.18	1.17	1.22	1.22	–	–	–	–	–	–	–	–
15	21.7	3.0	1.40	1.41	1.38	1.37	1.36	1.42	1.42	3.5	1.59	1.60	1.56	1.55	1.54	1.61	1.61
20	27.2	3.0	1.81	1.82	1.78	1.77	1.76	1.84	1.84	4.0	2.31	2.33	2.27	2.26	2.24	2.35	2.35
25	34.0	3.5	2.66	2.68	2.62	2.60	2.58	2.70	2.70	–	–	–	–	–	–	–	–
32	42.7	3.5	3.42	3.44	3.36	3.34	3.32	3.47	3.47	5.0	4.70	4.73	4.62	4.59	4.56	4.77	4.77
40	48.6	4.0	4.44	4.47	4.37	4.34	4.32	4.52	4.51	5.0	5.43	5.47	5.34	5.31	5.27	5.52	5.51
50	60.5	4.0	5.63	5.67	5.54	5.50	5.47	5.72	5.72	–	–	–	–	–	–	–	–
65	76.3	–	–	–	–	–	–	–	–	–	–	–	–	–	–	–	–
80	89.1	–	–	–	–	–	–	–	–	–	–	–	–	–	–	–	–
90	101.6	8.0	18.7	18.8	18.3	18.3	18.1	19.0	18.9	–	–	–	–	–	–	–	–
100	114.3	–	–	–	–	–	–	–	–	–	–	–	–	–	–	–	–
125	139.8	7.0	23.2	23.3	22.8	22.6	22.5	23.5	23.5	10.0	32.3	32.5	31.8	31.6	31.4	32.9	32.8
150	165.2	7.0	27.6	27.8	27.1	27.0	26.8	28.0	28.0	12.0	45.8	46.1	45.0	44.8	44.5	46.5	46.5
200	216.3	13.0	65.8	66.3	64.8	64.4	63.9	66.9	66.8	–	–	–	–	–	–	–	–
250	267.4	15.0	94.3	94.9	92.8	92.2	91.6	95.9	95.7	–	–	–	–	–	–	–	–
300	318.5	–	–	–	–	–	–	–	–	–	–	–	–	–	–	–	–

■ 스테인리스 강관의 치수, 허용차 및 단위 길이당 무게

❶ 오스테나이트 스테인리스 강관의 단위 길이당 무게

바깥지름 mm 계열			두께 mm																				
			1.0	1.2	1.6	2.0	2.3	2.6	2.9	3.2	3.6	4.0	4.5	5.0	5.6	6.3	7.1	8.0	8.8	10.0	11.0	12.5	14.2
1	2	3	단위 길이 당 무게 kg/m																				
–	6	–	0.125	0.144	–	–	–	–	–	–	–	–	–	–	–	–	–	–	–	–	–	–	–
–	8	–	0.176	0.204	–	–	–	–	–	–	–	–	–	–	–	–	–	–	–	–	–	–	–
–	10	–	0.225	0.264	–	–	–	–	–	–	–	–	–	–	–	–	–	–	–	–	–	–	–
10.2	–	–	0.230	0.270	0.344	0.410	–	–	–	–	–	–	–	–	–	–	–	–	–	–	–	–	–
–	12	–	0.275	–	0.416	0.500	–	–	–	–	–	–	–	–	–	–	–	–	–	–	–	–	–
–	12.7	–	0.293	0.345	0.445	0.536	0.599	0.658	0.711	0.761	–	–	–	–	–	–	–	–	–	–	–	–	–
13.5	–	–	0.313	0.369	0.477	0.576	0.645	–	0.769	–	–	–	–	–	–	–	–	–	–	–	–	–	–
–	–	14	0.326	–	0.496	0.601	–	–	–	–	–	–	–	–	–	–	–	–	–	–	–	–	–
–	16	–	0.376	0.445	0.577	0.701	–	–	–	–	–	–	–	–	–	–	–	–	–	–	–	–	–
17.2	–	–	0.406	–	0.625	0.761	0.858	–	–	1.12	–	–	–	–	–	–	–	–	–	–	–	–	–
–	–	18	0.425	–	0.657	0.801	–	–	–	–	–	–	–	–	–	–	–	–	–	–	–	–	–
–	19	–	0.451	0.535	0.697	0.851	–	–	–	–	–	–	–	–	–	–	–	–	–	–	–	–	–
–	20	–	0.476	0.564	0.737	0.901	–	–	–	–	–	–	–	–	–	–	–	–	–	–	–	–	–
21.3	–	–	0.509	–	0.789	0.966	–	1.22	–	1.45	–	1.74	–	–	–	–	–	–	–	–	–	–	–
–	–	22	0.526	–	–	1.00	–	–	–	–	–	–	–	–	–	–	–	–	–	–	–	–	–
–	25	–	0.601	0.715	0.937	1.15	–	1.46	–	–	–	–	–	–	–	–	–	–	–	–	–	–	–
–	–	25.4	–	0.727	0.953	1.17	–	1.48	–	–	–	–	–	–	–	–	–	–	–	–	–	–	–
26.9	–	–	0.649	–	1.01	1.25	–	1.58	1.75	1.90	–	2.29	–	–	–	–	–	–	–	–	–	–	–
–	–	30	–	–	1.14	1.40	–	–	–	–	–	–	–	–	–	–	–	–	–	–	–	–	–
–	31.8	–	–	0.920	1.21	1.49	–	1.90	–	2.29	–	2.78	–	–	–	–	–	–	–	–	–	–	–
–	32	–	–	0.925	–	1.50	–	–	–	–	–	–	–	–	–	–	–	–	–	–	–	–	–
33.7	–	–	0.818	0.976	1.29	1.58	1.81	2.02	–	2.45	–	–	3.29	–	–	–	–	–	–	–	–	–	–
–	–	35	–	1.02	–	1.65	–	–	–	–	–	–	–	–	–	–	–	–	–	–	–	–	–
–	38	–	–	1.11	1.46	1.81	–	2.30	–	2.79	–	–	–	–	–	–	–	–	–	–	–	–	–
–	40	–	–	1.17	1.54	–	–	2.44	–	–	–	–	–	–	–	–	–	–	–	–	–	–	–
42.4	–	–	–	–	1.63	2.02	–	2.59	–	3.14	3.49	–	–	4.68	–	–	–	–	–	–	–	–	–
–	–	44.5	–	–	–	2.13	–	2.73	3.02	–	–	–	–	–	–	–	–	–	–	–	–	–	–
48.3	–	–	–	–	1.87	2.31	–	2.97	–	3.61	4.03	–	–	5.42	–	–	–	–	–	–	–	–	–
–	51	–	1.25	1.49	1.98	2.46	–	3.15	–	3.83	–	–	–	–	–	–	–	–	–	–	–	–	–
–	–	54	–	–	2.10	2.60	–	3.35	–	–	–	–	–	–	–	–	–	–	–	–	–	–	–
	57		–	–	2.22	2.75	–	–	3.93	–	–	–	–	–	–	–	–	–	–	–	–	–	–
60.3	–	–	–	–	2.35	2.92	3.34	3.76	4.17	4.58	5.11	5.63	–	–	7.66	–	–	–	–	–	–	–	–
–	63.5	–	–	–	2.48	3.08	–	3.96	–	4.83	–	–	–	–	–	–	–	–	–	–	–	–	–
–	70	–	–	–	2.74	3.40	–	–	4.87	–	–	–	–	–	–	–	–	–	–	–	–	–	–
76.1	–	–	–	–	2.98	3.70	4.25	4.78	5.32	–	6.54	7.22	–	8.90	–	–	12.3	–	–	–	–	–	–
–	–	82.5	–	–		4.03	–	–	–	6.35	–	–	–	–	–	–	–	–	–	–	–	–	–
88.9	–	–	–	–	3.49	4.35	4.98	5.61	6.24	6.86	7.68	8.51	–	–	11.7	–	–	16.2	–	–	–	–	–
–	101.6	–	–	–		4.98	–	–	7.17	–	–	9.77	–	–	13.5	–	–	18.8	–	–	–	–	–
114.3	–	–	–	–	4.52	5.62	–	7.27	8.09	–	9.98	–	12.4	–	–	17.1	–	–	23.2	–	–	–	–

❶ 오스테나이트 스테인리스 강관의 단위 길이당 무게 (계속)

바깥지름 mm 계열			두께 mm																				
			1.0	1.2	1.6	2.0	2.3	2.6	2.9	3.2	3.6	4.0	4.5	5.0	5.6	6.3	7.1	8.0	8.8	10.0	11.0	12.5	14.2
1	2	3	단위 길이 당 무게 kg/m																				
168.3	–	–	–	–	6.68	8.32	–	10.8	–	13.2	–	16.4	18.5	20.4	–	–	28.6	–	–	–	43.3	–	–
219.1	–	–	–	–	–	10.9	–	14.1	–	17.3	19.4	21.5	–	–	–	33.6	–	42.2	–	–	–	64.7	–
273	–	–	–	–	–	13.6	–	17.6	–	21.6	24.3	26.9	–	–	–	42.0	–	–	–	65.9	–	81.5	92.0
323.9	–	–	–	–	–	–	–	20.9	–	25.7	–	32.1	35.9	39.9	–	–	56.3	–	–	78.6	–	97.4	–
355.6	–	–	–	–	–	–	–	22.9	–	28.2	–	35.2	–	43.8	–	–	–	–	–	86.5	94.9	108	–
406.4	–	–	–	–	–	–	–	26.3	–	32.3	–	40.3	–	50.2	–	–	–	–	–	99.3	–	123	–
457	–	–	–	–	–	–	–	–	–	36.3	–	45.4	–	56.5	–	–	–	–	–	112	–	139	157
508	–	–	–	–	–	–	–	–	–	40.4	45.5	–	–	62.9	70.4	–	–	–	–	–	137	155	176
610	–	–	–	–	–	–	–	–	–	48.6	–	60.7	–	–	84.8	95.2	–	–	–	–	–	187	212
711	–	–	–	–	–	–	–	–	–	–	–	–	–	–	–	–	125	–	–	–		–	–
813	–	–	–	–	–	–	–	–	–	–	–	–	–	–	–	–	–	161	–	–	–	–	–
914	–	–	–	–	–	–	–	–	–	–	–	–	–	–	–	–	–	–	199	–	–	–	–
1016	–	–	–	–	–	–	–	–	–	–	–	–	–	–	–	–	–	–	–	252	–	–	–

❷ 페라이트 및 마르텐사이트 스테인리스 강관의 단위 길이당 무게

바깥지름 mm 계열			두께 mm																				
			1.0	1.2	1.6	2.0	2.3	2.6	2.9	3.2	3.6	4.0	4.5	5.0	5.6	6.3	7.1	8.0	8.8	10.0	11.0	12.5	14.2
1	2	3	단위 길이 당 무게 kg/m																				
–	6	–	0.121	0.140	–	–	–	–	–	–	–	–	–	–	–	–	–	–	–	–	–	–	–
–	8	–	0.170	0.198	–	–	–	–	–	–	–	–	–	–	–	–	–	–	–	–	–	–	–
–	10	–	0.219	0.256	–	–	–	–	–	–	–	–	–	–	–	–	–	–	–	–	–	–	–
10.2	–	–	0.224	0.262	0.334	0.398	–	–	–	–	–	–	–	–	–	–	–	–	–	–	–	–	–
–	12	–	0.267	–	0.404	0.486	–	–	–	–	–	–	–	–	–	–	–	–	–	–	–	–	–
–	12.7	–	0.285	0.335	0.431	0.520	0.581	0.638	0.690	0.739	–	–	–	–	–	–	–	–	–	–	–	–	–
13.5	–	–	0.303	0.359	0.463	0.558	0.625		0.747	–	–	–	–	–	–	–	–	–	–	–	–	–	–
–	–	14	0.316	–	0.482	0.583	–	–	–	–	–	–	–	–	–	–	–	–	–	–	–	–	–
–	16	–	0.364	0.431	0.559	0.681	–	–	–	–	–	–	–	–	–	–	–	–	–	–	–	–	–
17.2	–	–	0.394	–	0.607	0.739	0.832	–	–	1.08	–	–	–	–	–	–	–	–	–	–	–	–	–
–	–	18	0.413	–	0.637	0.777	–	–	–	–	–	–	–	–	–	–	–	–	–	–	–	–	–
–	19	–	0.437	0.519	0.677	0.825	–	–	–	–	–	–	–	–	–	–	–	–	–	–	–	–	–
–	20	–	0.462	0.548	0.715	0.875	–	–	–	–	–	–	–	–	–	–	–	–	–	–	–	–	–
21.3	–	–	0.493	–	0.765	0.938	–	1.18	–	1.41	–	1.68	–	–	–	–	–	–	–	–	–	–	–
–	–	22	0.510	–	–	0.971	–	–	–	–	–	–	–	–	–	–	–	–	–	–	–	–	–
–	25	–	0.583	0.693	0.909	1.11	–	1.42	–	–	–	–	–	–	–	–	–	–	–	–	–	–	–
–	–	25.4	–	0.705	0.925	1.13	–	1.44	–	–	–	–	–	–	–	–	–	–	–	–	–	–	–
26.9	–	–	0.629	–	0.983	1.21	–	1.54	1.69	1.84	–	2.23	–	–	–	–	–	–	–	–	–	–	–
–	–	30	–	–	1.10	1.36	–	–	–	–	–	–	–	–	–	–	–	–	–	–	–	–	–
–	31.8	–	–	0.892	1.17	1.45	–	–	–	–	–	–	–	–	–	–	–	–	–	–	–	–	–
–	32	–	–	0.897	–	1.46	–	–	–	–	–	–	–	–	–	–	–	–	–	–	–	–	–
33.7	–	–	0.794	0.948	1.25	1.54	1.75	1.96	–	2.37	–	–	3.19	–	–	–	–	–	–	–	–	–	–

❷ 페라이트 및 마르텐사이트 스테인리스 강관의 단위 길이당 무게 (계속)

바깥지름 mm 계열			두께 mm																				
			1.0	1.2	1.6	2.0	2.3	2.6	2.9	3.2	3.6	4.0	4.5	5.0	5.6	6.3	7.1	8.0	8.8	10.0	11.0	12.5	14.2
1	2	3	단위 길이 당 무게 kg/m																				
–	–	35	–	0.985	–	1.61	–	–	–	–	–	–	–	–	–	–	–	–	–	–	–	–	–
–	38	–	–	1.07	1.42	1.75	–	2.24	–	2.71	–	–	–	–	–	–	–	–	–	–	–	–	–
–	40	–	–	1.13	1.50	–	–	2.36	–	–	–	–	–	–	–	–	–	–	–	–	–	–	–
42.4	–	–	–	–	1.59	1.96	–	2.51	–	3.04	3.39	–	–	4.54	–	–	–	–	–	–	–	–	–
–	–	44.5	–	–	–	2.07	–	2.65	2.94	–	–	–	–	–	–	–	–	–	–	–	–	–	–
48.3	–	–	–	–	1.81	2.25	–	2.89	–	3.51	3.91	–	–	5.26	–	–	–	–	–	–	–	–	–
–	51	–	1.21	1.45	1.92	2.38	–	3.05	–	3.71	–	–	–	–	–	–	–	–	–	–	–	–	–
–	–	54	–	–	2.04	2.52	–	3.25	–	–	–	–	–	–	–	–	–	–	–	–	–	–	–
	57		–	–	2.16	2.67	–	–	3.81	–	–	–	–	–	–	–	–	–	–	–	–	–	–
60.3	–	–	–	–	2.29	2.84	3.24	3.64	4.05	4.44	4.95	5.47	–	–	7.44	–	–	–	–	–	–	–	–
–	63.5	–	–	–	2.40	2.98	–	3.84	–	4.69	–	–	–	–	–	–	–	–	–	–	–	–	–
–	70	–	–	–	2.66	3.30	–	–	4.73	–	–	–	–	–	–	–	–	–	–	–	–	–	–
76.1	–	–	–	–	2.90	3.60	4.13	4.64	5.16	–	6.34	7.00	–	8.64	–	–	11.9	–	–	–	–	–	–
–	–	82.5	–	–	–	3.91	–	–	–	6.17	–	–	–	–	–	–	–	–	–	–	–	–	–
88.9	–	–	–	–	3.39	4.23	4.84	5.45	6.06	6.66	7.46	8.25	–	–	11.3	–	–	15.8	–	–	–	–	–
–	101.6	–	–	–	–	4.84	–	–	6.95	–	–	9.49	–	–	13.1	–	–	18.2	–	–	–	–	–
114.3	–	–	–	–	4.38	5.46	–	7.05	7.85	–	9.68	–	12.0	–	–	16.5	–	–	22.6	–	–	–	–
139.7	–	–	–	–	5.37	6.69	–	8.66	–	10.6	–	13.2	–	16.4	–	20.4	22.9	–	–	31.5	–	–	–
168.3	–	–	–	–	6.48	8.08	–	10.4	–	12.8	–	16.0	17.9	19.8	–	–	27.8	–	–	–	42.1	–	–
219.1	–	–	–	–	–	10.5	–	13.7	–	16.7	18.8	20.9	–	–	–	32.6	–	41.0	–	–	–	62.7	–
273	–	–	–	–	–	13.2	–	17.0	–	21.0	23.5	26.1	–	–	–	40.8	–	–	–	63.9	–	79.1	89.2
323.9	–	–	–	–	–	–	–	20.3	–	24.9	–	31.1	34.9	38.7	–	–	54.7	–	–	76.2	–	94.6	–
355.6	–	–	–	–	–	–	–	22.3	–	27.4	–	34.2	–	42.6	–	–	–	–	–	83.9	92.1	108	–
406.4	–	–	–	–	–	–	–	25.5	–	31.3	–	39.1	–	48.8	–	–	–	–	–	96.3	–	119	–
457	–	–	–	–	–	–	–	–	–	35.3	–	44.0	–	54.9	–	–	–	–	–	108	–	135	153
508	–	–	–	–	–	–	–	–	–	39.2	44.1	–	–	61.1	68.4	–	–	–	–	–	133	151	170
610	–	–	–	–	–	–	–	–	–	47.2	–	58.9	–	–	82.2	92.4	–	–	–	–	–	181	206
711	–	–	–	–	–	–	–	–	–	–	–	–	–	–	–	–	121	–	–	–		–	–
813	–	–	–	–	–	–	–	–	–	–	–	–	–	–	–	–	–	157	–	–	–	–	–
914	–	–	–	–	–	–	–	–	–	–	–	–	–	–	–	–	–	–	193	–	–	–	–
1016	–	–	–	–	–	–	–	–	–	–	–	–	–	–	–	–	–	–	–	244	–	–	–

11-9 배관용 아크 용접 탄소강 강관 KS D 3583 : 2008

■ 종류의 기호 및 화학 성분

종류의 기호	화학 성분 (%)		
	C	P	S
SPW 400	0.25 이하	0.040 이하	0.040 이하

■ 기계적 성질

종류의 기호	인장 강도 N/mm^2	항복점 또는 항복 강도 N/mm^2	연신율 (%) 5호 시험편 가로방향
SPW 400	400 이상	225 이상	18 이상

■ 배관용 아크 용접 탄소강 강관의 치수 및 단위 무게

단위 : kg/m

호칭지름	바깥지름 mm	두께 mm												
		6.0	6.4	7.1	7.9	8.7	9.5	10.3	11.1	11.9	12.7	13.1	15.1	15.9
350	355.6	51.7	55.1	61.0	67.7	–	–	–	–	–	–	–	–	–
400	406.4	59.2	63.1	69.9	77.6	–	–	–	–	–	–	–	–	–
450	457.2	66.8	71.1	78.8	87.5	–	–	–	–	–	–	–	–	–
500	508.0	74.3	79.2	87.7	97.4	107	117	–	–	–	–	–	–	–
550	558.8	81.8	87.2	96.6	107	118	129	139	150	160	171	–	–	–
600	609.6	89.3	95.2	105	117	129	141	152	164	175	187	–	–	–
650	660.4	96.8	103	114	127	140	152	165	178	190	203	–	–	–
700	711.2	104	111	123	137	151	164	178	192	205	219	–	–	–
750	762.0	–	119	132	147	162	176	191	206	220	235	–	–	–
800	812.8	–	127	141	157	173	188	204	219	235	251	258	297	312
850	863.6	–	–	–	167	183	200	217	233	250	266	275	316	332
900	914.4	–	–	–	177	194	212	230	247	265	282	291	335	352
1000	1016.0	–	–	–	196	216	236	255	275	295	314	324	373	392
1100	1117.6	–	–	–	–	–	260	281	303	324	346	357	411	432
1200	1219.2	–	–	–	–	–	283	307	331	354	378	390	448	472
1350	1371.6	–	–	–	–	–	–	–	–	393	426	439	505	532
1500	1524.0	–	–	–	–	–	–	–	–	444	473	488	562	591
1600	1625.6	–	–	–	–	–	–	–	–	–	–	521	600	631
1800	1828.8	–	–	–	–	–	–	–	–	–	–	587	675	711
2000	2032.0	–	–	–	–	–	–	–	–	–	–	–	751	791

11-10 배관용 용접 대구경 스테인리스 강관 KS D 3588 : 2009

■ 고용화 열처리

분류	종류의 기호	고용화 열처리(℃)	분류	종류의 기호	고용화 열처리(℃)	분류	종류의 기호	고용화 열처리(℃)
오스테나이트계	STS304TPY	1010 이상, 급냉	오스테나이트계	STS316TPY	1010 이상, 급냉	오스테나이트계	STS321TPY	920 이상, 급냉
	STS304LTPY	1010 이상, 급냉		STS316LTPY	1010 이상, 급냉		STS347TPY	980 이상, 급냉
	STS309STPY	1030 이상, 급냉		STS317TPY	1030 이상, 급냉		STS350TPY	1150 이상, 급냉
	STS310STPY	1030 이상, 급냉		STS317LTPY	1030 이상, 급냉	오스테나이트 · 페라이트계	STS329J1TPY	950 이상, 급냉

■ 화학 성분

단위 : %

종류의 기호	C	Si	Mn	P	S	Ni	Cr	Mo	기타
STS 304	0.08 이하	1.00 이하	2.00 이하	0.045 이하	0.030 이하	8.00~10.50	18.00~20.00	-	-
STS 304L	0.030 이하	1.00 이하	2.00 이하	0.045 이하	0.030 이하	9.00~13.00	18.00~20.00	-	-
STS 309S	0.08 이하	1.00 이하	2.00 이하	0.045 이하	0.030 이하	12.00~15.00	22.00~24.00	-	-
STS 310S	0.08 이하	1.50 이하	2.00 이하	0.045 이하	0.030 이하	19.00~22.00	24.00~26.00	-	-
STS 316	0.08 이하	1.00 이하	2.00 이하	0.045 이하	0.030 이하	10.00~14.00	16.00~18.00	2.00~3.00	-
STS 316L	0.030 이하	1.00 이하	2.00 이하	0.045 이하	0.030 이하	12.00~15.00	16.00~18.00	2.00~3.00	-
STS 317	0.08 이하	1.00 이하	2.00 이하	0.045 이하	0.030 이하	11.00~15.00	18.00~20.00	3.00~4.00	-
STS 317L	0.030 이하	1.00 이하	2.00 이하	0.045 이하	0.030 이하	11.00~15.00	18.00~20.00	3.00~4.00	-
STS 321	0.08 이하	1.00 이하	2.00 이하	0.045 이하	0.030 이하	9.00~13.00	17.00~19.00	-	Ti5×C% 이상
STS 347	0.08 이하	1.00 이하	2.00 이하	0.045 이하	0.030 이하	9.00~13.00	17.00~19.00	-	Nb10×C% 이상
STS 329J1	0.08 이하	1.00 이하	1.50 이하	0.040 이하	0.030 이하	3.00~6.00	23.00~28.00	1.00~3.00	-
STS 350	0.030 이하	1.00 이하	1.50 이하	0.035 이하	0.020 이하	20.00~23.00	22.00~24.00	6.00~6.80	N0.21~0.32

■ 기계적 성질

종류의 기호	인장강도 N/mm2	항복강도 N/mm2	연신율 (%)	
			12호 시험편	5호 시험편
			세로 방향	가로 방향
STS304TPY	520 이상	205 이상	35 이상	25 이상
STS304LTPY	480 이상	175 이상	35 이상	25 이상
STS309STPY	520 이상	205 이상	35 이상	25 이상
STS310STPY	520 이상	205 이상	35 이상	25 이상
STS316TPY	520 이상	205 이상	35 이상	25 이상
STS316LTPY	480 이상	175 이상	35 이상	25 이상
STS317TPY	520 이상	205 이상	35 이상	25 이상
STS317LTPY	480 이상	175 이상	35 이상	25 이상
STS321TPY	520 이상	205 이상	35 이상	25 이상
STS347TPY	520 이상	205 이상	35 이상	25 이상
STS350TPY	674 이상	330 이상	40 이상	35 이상
STS329J1TPY	590 이상	390 이상	18 이상	13 이상

■ 배관용 용접 대구경 스테인리스 강관의 치수 및 무게

호칭지름	바깥지름 mm	호칭 두께								
		스케줄 5S					스케줄 10S			
		두께 mm	단위 무게 kg/m				두께	단위 무게 kg/m		
			STS304TPY STS304LTPY STS321TPY	STS309STPY STS310STPY STS316TPY STS316LTPY STS317TPY STS317LTPY STS347TPY	STS329J1TPY	STS350TPY		STS304TPY STS304LTPY STS321TPY	STS309STPY STS310STPY STS316TPY STS316LTPY STS317TPY STS317LTPY STS347TPY	STS329J1TPY	STS350TPY
150	165.2	2.8	11.3	11.4	11.1	11.6	3.4	13.7	13.8	13.5	14.0
200	216.3	2.8	14.9	15.0	14.6	15.2	4.0	21.2	21.3	20.8	21.6
250	267.4	3.4	22.4	22.5	22.0	22.8	4.0	26.2	26.4	25.8	26.8
300	318.5	4.0	31.3	31.5	30.8	32.0	4.5	35.2	35.4	34.6	35.9
350	355.6	4.0	35.0	35.3	34.5	35.8	5.0	43.7	43.9	42.9	44.6
400	406.4	4.5	45.1	45.3	44.3	46.0	5.0	50.0	50.3	49.2	51.1
450	457.2	4.5	50.7	51.1	49.9	51.8	5.0	56.3	56.7	55.4	57.5
500	508.0	5.0	62.6	63.1	61.6	64.0	5.5	68.8	69.3	67.7	70.3
550	558.8	5.0	69.0	69.4	67.8	70.4	5.5	75.8	76.3	74.6	77.4
600	609.6	5.5	82.8	83.3	81.4	84.5	6.5	97.7	98.3	96.0	99.7
650	660.4	5.5	89.7	90.3	88.2	91.6	8.0	130.0	131.0	128.0	133.0
700	711.2	5.5	96.7	97.3	95.1	98.7	8.0	140.0	141.0	138.0	143.0
750	762.0	6.5	122.0	123.0	120.0	125.0	8.0	150.0	151.0	148.0	153.0
800	812.8	–	–	–	–	–	8.0	160.0	161.0	158.0	164.0
850	863.6	–	–	–	–	–	8.0	171.0	172.0	168.0	174.0
900	914.4	–	–	–	–	–	8.0	181.0	182.0	178.0	184.0
1000	1016.0	–	–	–	–	–	9.5	238.0	240.0	234.0	243.0

■ 배관용 용접 대구경 스테인리스 강관의 치수 및 무게 (계속)

호칭지름	바깥지름 mm	호칭 두께									
		스케줄 20S					스케줄 40				
		두께 mm	단위 무게 kg/m				두께	단위 무게 kg/m			
			STS304TPY STS304LTPY STS321TPY	STS309STPY STS310STPY STS316TPY STS316LTPY STS317TPY STS317LTPY STS347TPY	STS329J1TPY	STS350TPY		STS304TPY STS304LTPY STS321TPY	STS309STPY STS310STPY STS316TPY STS316LTPY STS317TPY STS317LTPY STS347TPY	STS329J1TPY	STS350TPY
150	165.2	5.0	20.0	20.1	19.6	20.4	7.1	28.0	28.1	27.5	28.6
200	216.3	6.5	34.0	34.2	33.4	34.7	8.2	42.5	42.8	41.8	43.4
250	267.4	6.5	42.2	42.5	41.5	43.1	9.3	59.8	60.2	58.8	61.1
300	318.5	6.5	50.5	50.8	49.7	51.6	10.3	79.1	79.6	77.8	80.8
350	355.6	8.0	69.3	69.7	68.1	70.7	11.1	95.3	95.9	93.7	97.3
400	406.4	8.0	79.4	79.9	78.1	81.1	12.7	125.0	125.0	122.0	127.0
450	457.2	8.0	89.5	90.1	88.0	91.4	14.3	158.0	159.0	155.0	161.0
500	508.0	9.5	118.0	119.0	116.0	120.0	15.1	185.0	187.0	182.0	189.0
550	558.8	9.5	130.0	131.0	128.0	133.0	15.9	215.0	216.0	211.0	220.0
600	609.6	9.5	142.0	143.0	140.0	145.0	17.5	258.0	260.0	254.0	264.0
650	660.4	12.7	205.0	206.0	202.0	209.0	17.5	280.0	282.0	276.0	286.0
700	711.2	12.7	221.0	222.0	217.0	226.0	17.5	302.0	304.0	297.0	309.0
750	762.0	12.7	237.0	239.0	233.0	242.0	17.5	325.0	327.0	319.0	331.0
800	812.8	12.7	253.0	255.0	249.0	259.0	17.5	347.0	349.0	341.0	354.0
850	863.6	12.7	269.0	271.0	265.0	275.0	17.5	369.0	371.0	363.0	377.0
900	914.4	12.7	285.0	287.0	281.0	291.0	19.1	426.0	429.0	419.0	435.0
1000	1016.0	14.3	357.0	359.0	351.0	364.0	26.2	646.0	650.0	635.0	660.0

11-11 스테인리스 강 위생관 KS D 3585 : 2008

■ 종류의 기호 및 화학 성분

종류의 기호	화학 성분 (%)							
	C	Si	Mn	P	S	Ni	Cr	Mo
STS 304 TBS	0.08 이하	1.00 이하	2.00 이하	0.045 이하	0.030 이하	8.00~10.50	18.00~20.00	–
STS 304 LTBS	0.030 이하					9.00~13.00		
STS 316 TBS	0.08 이하					10.00~14.00	16.00~18.00	2.00~3.00
STS 316 LTBS	0.030 이하					12.00~16.00		

■ 기계적 성질

종류의 기호	인장강도 N/mm^2	연신율 (%)
STS 304 TBS	520 이상	35 이상
STS 304 LTBS	480 이상	
STS 316 TBS	520 이상	
STS 316 LTBS	480 이상	

■ 관의 치수와 바깥지름 및 두께 허용차

바깥지름 (mm)	두께 (mm)	길이 (m)	바깥지름의 허용차	두께 허용차
25.4	1.2	4 또는 6	±0.15	±10%
31.8	1.2		±0.16	
38.1	1.2		±0.19	
50.8	1.5		±0.25	
63.5	2.0		±0.25	
76.3	2.0		±0.25	
89.1	2.0		+0.30 −0.40	
101.6	2.0		+0.35 −0.40	
114.3	3.0		+0.40 −0.60	
139.8	3.0		+0.40 −0.80	
165.2	3.0		+0.40 −1.20	

■ 식품공업용 스테인리스 강관

바깥지름 (mm)	두께 (mm)	바깥지름 (mm)	두께 (mm)
12	1	76.1	1.6
12.7	1	88.9	2
17.2	1	101.6	2
21.3	1	114.3	2
25	1.2 : 1.6	139.7	2
33.7	1.2 : 1.6	168.3	2.6
38	1.2 : 1.6	219.1	2.6
40	1.2 : 1.6	273	2.6
51	1.2 : 1.6	323.9	2.6
63.5	1.6	355.6	2.6
70	1.6	406.4	3.2

■ 화학 성분

단위 : %

종류	C	Si	Mn	P	S	Cr	Mo	Ni
TS 47	≦0.07	≦1.00	≦2.00	≦0.045	≦0.030	17.00~19.00	–	8.00~12.00
TS 60	≦0.07	≦1.00	≦2.00	≦0.045	≦0.030	16.00~18.50	2.00~2.50	11.00~14.00
TS 61	≦0.07	≦1.00	≦2.00	≦0.045	≦0.030	16.00~18.50	2.50~3.00	11.00~14.50
TW 47	≦0.07	≦1.00	≦2.00	≦0.045	≦0.030	17.00~19.00	–	8.00~11.00
TW 60	≦0.07	≦1.00	≦2.00	≦0.045	≦0.030	16.00~18.50	2.00~2.50	10.50~14.00
TW 61	≦0.07	≦1.00	≦2.00	≦0.045	≦0.030	16.00~18.50	2.50~3.00	11.00~14.50

■ 기계적 성질(실온)

종류	하항복점 또는 0.2% 항복강도 N/mm^2	1.0% 항복강도 N/mm^2	인장강도 N/mm^2	연신율 N/mm^2
TS 47	195 이상	235 이상	490~690	30 이상
TS 60	205 이상	245 이상	510~710	30 이상
TS 61	205 이상	245 이상	510~710	30 이상
TW 47	195 이상	235 이상	510~710	30 이상
TW 60	205 이상	245 이상	510~710	30 이상
TW 61	205 이상	245 이상	490~690	30 이상

11-12 가열로용 강관 KS D 3587 : 1991 (2011 확인)

■ 종류의 기호

분류		종류의 기호	분류	종류의 기호
탄소강 강관		STF 410	오스테나이트계 스테인리스강 강관	STS 304 TF STS 304 HTF STS 309 TF STS 310 TF STS 316 TF STS 316 HTF STS 321 TF STS 321 HTF STS 347 TF STS 347 HTF
합금강 강관	몰리브덴강 강관	STFA 12	니켈-크롬-철 합금관	NCF 800 TF NCF 800 HTF
	크롬-몰리브덴강 강관	STFA 22 STFA 23 STFA 24 STFA 25 STFA 26		

■ 화학 성분

종류의 기호	화학 성분 (%)								
	C	Si	Mn	P	S	Ni	Cr	Mo	기타
STF 410	0.30 이하	0.10~0.35	0.30~1.00	0.035 이하	0.035 이하	-	-	-	-
STFA 12	0.10~0.20	0.10~0.50	0.30~0.80	0.035 이하	0.035 이하	-	-	0.45~0.65	-
STFA 22	0.15 이하	0.50 이하	0.30~0.60	0.035 이하	0.035 이하	-	0.80~1.25	0.45~0.65	-
STFA 23	0.15 이하	0.50~1.00	0.30~0.60	0.030 이하	0.030 이하	-	1.00~1.50	0.45~0.65	-
STFA 24	0.15 이하	0.50 이하	0.30~0.60	0.030 이하	0.030 이하	-	1.90~2.60	0.87~1.13	-
STFA 25	0.15 이하	0.50 이하	0.30~0.60	0.030 이하	0.030 이하	-	4.00~6.00	0.45~0.65	-
STFA 26	0.15 이하	0.25~1.00	0.30~0.60	0.030 이하	0.030 이하	-	8.00~10.00	0.90~1.10	-
STS 304 TF	0.08 이하	1.00 이하	2.00 이하	0.040 이하	0.030 이하	8.00~11.00	18.00~20.00	-	-
STS 304 HTF	0.04~0.10	0.75 이하	2.00 이하	0.040 이하	0.030 이하	8.00~11.00	18.00~20.00	-	-
STS 309 TF	0.15 이하	1.00 이하	2.00 이하	0.040 이하	0.030 이하	12.00~15.00	22.00~24.00	-	-
STS 310 TF	0.15 이하	1.50 이하	2.00 이하	0.040 이하	0.030 이하	19.00~22.00	24.00~26.00	-	-
STS 316 TF	0.08 이하	1.00 이하	2.00 이하	0.040 이하	0.030 이하	10.00~14.00	16.00~18.00	2.00~3.00	-
STS 316 HTF	0.04~0.10	0.75 이하	2.00 이하	0.030 이하	0.030 이하	11.00~14.00	16.00~18.00	2.00~3.00	-
STS 321 TF	0.08 이하	1.00 이하	2.00 이하	0.040 이하	0.030 이하	9.00~13.00	17.00~19.00	-	Ti5×C% 이상
STS 321 HTF	0.04~0.10	0.75 이하	2.00 이하	0.030 이하	0.030 이하	9.00~13.00	17.00~20.00	-	Ti4×C% ~0.60
STS 347 TF	0.08 이하	1.00 이하	2.00 이하	0.040 이하	0.030 이하	9.00~13.00	17.00~19.00	-	Nb10×C% 이상
STS 347 HTF	0.04~0.10	0.75 이하	2.00 이하	0.030 이하	0.030 이하	9.00~13.00	17.00~20.00	-	Nb8×C% ~1.00
NCF 800 TF	0.10 이하	1.00 이하	1.50 이하	0.030 이하	0.015 이하	30.00~35.00	19.00~23.00	-	Cu0.75 이하 Al0.15~0.60 Ti0.15~0.60
NCF 800 HTF	0.05~0.10	1.00 이하	1.50 이하	0.030 이하	0.015 이하	30.00~35.00	19.00~23.00	-	Cu0.75 이하 Al0.15~0.60 Ti0.15~0.60

■ 기계적 성질

종류의 기호	가공의 구분	인장강도 N/mm^2 {kgf/mm^2}	항복점 또는 내력 N/mm^2 {kgf/mm^2}	연신율 %			
				11호 시험편 12호 시험편	5호 시험편	4호 시험편	
				세로방향	가로방향	세로방향	가로방향
STF 410	–	410 이상 {42}	245 이상 {25}	25 이상	20 이상	24 이상	19 이상
STFA 12	–	380 이상 {39}	205 이상 {21}	30 이상	25 이상	24 이상	19 이상
STFA 22	–	410 이상 {42}	205 이상 {21}	30 이상	25 이상	24 이상	19 이상
STFA 23	–	410 이상 {42}	205 이상 {21}	30 이상	25 이상	24 이상	19 이상
STFA 24	–	410 이상 {42}	205 이상 {21}	30 이상	25 이상	24 이상	19 이상
STFA 25	–	410 이상 {42}	205 이상 {21}	30 이상	25 이상	24 이상	19 이상
STFA 26	–	410 이상 {42}	205 이상 {21}	30 이상	25 이상	24 이상	19 이상
STS 304 TF	–	520 이상 {53}	205 이상 {21}	35 이상	25 이상	30 이상	22 이상
STS 304 HTF	–	520 이상 {53}	205 이상 {21}	35 이상	25 이상	30 이상	22 이상
STS 309 TF	–	520 이상 {53}	205 이상 {21}	35 이상	25 이상	30 이상	22 이상
STS 310 TF	–	520 이상 {53}	205 이상 {21}	35 이상	25 이상	30 이상	22 이상
STS 316 TF	–	520 이상 {53}	205 이상 {21}	35 이상	25 이상	30 이상	22 이상
STS 316 HTF	–	520 이상 {53}	205 이상 {21}	35 이상	25 이상	30 이상	22 이상
STS 321 TF	–	520 이상 {53}	205 이상 {21}	35 이상	25 이상	30 이상	22 이상
STS 321 HTF	–	520 이상 {53}	205 이상 {21}	35 이상	25 이상	30 이상	22 이상
STS 347 TF	–	520 이상 {53}	205 이상 {21}	35 이상	25 이상	30 이상	22 이상
STS 347 HTF	–	520 이상 {53}	205 이상 {21}	35 이상	25 이상	30 이상	22 이상
NCF 800 TF	냉간가공	520 이상 {53}	205 이상 {21}	30 이상	–	–	–
	열간가공	450 이상 {46}	175 이상 {18}	30 이상	–	–	–
NCF 800 HTF	–	450 이상 {46}	175 이상 {18}	30 이상	–	–	–

11-13 일반 배관용 스테인리스 강관 KS D 3595 : 2010

■ 종류의 기호

종류의 기호	용도(참고)
STS 304 TPD	통상의 급수, 급탕, 배수, 냉온수 등의 배관용
STS 316 TPD	수질, 환경 등에서 STS 304보다 높은 내식성이 요구되는 경우

■ 인장 강도 및 연신율

종류의 기호	인장강도 N/mm²	연신율 (%)	
		11호 시험편, 12호 시험편	5호 시험편
		세로 방향	가로 방향
STS 304 TPD	520 이상	35 이상	25 이상
STS 316 TPD			

■ 용출 성능

시험 항목	판정 기준		시험 항목	판정 기준	
	급수 설비	일반 수도용 자재		급수 설비	일반 수도용 자재
맛	이상이 없을 것	이상이 없을 것	6가 크롬	0.05 mg/L 이하	0.005 mg/L 이하
냄새	이상이 없을 것	이상이 없을 것	구리	1.0 mg/L 이하	0.1 mg/L 이하
색도	5도 이하	0.5도 이하	납	0.01 mg/L 이하	0.001 mg/L 이하
탁도	0.5 NTU 이하	0.2 NTU 이하	셀레늄	0.01 mg/L 이하	0.001 mg/L 이하
비소	0.01 mg/L 이하	0.001 mg/L 이하	철	0.3 mg/L 이하	0.03 mg/L 이하
카드뮴	0.005 mg/L 이하	0.0005 mg/L 이하	수은	0.001 mg/L 이하	0.0001 mg/L 이하

■ 바깥지름, 두께, 치수 허용차 및 무게

단위 : mm

호칭 방법 Su	바깥지름	바깥지름 허용차		두께	두께의 허용차	단위 무게 (kg/m)	
		바깥지름	둘레 길이			STS 304 TPD	STS 316 TPD
8	9.52	0 −0.37	−	0.7	±0.12	0.154	0.155
10	12.70			0.8		0.237	0.239
13	15.88			0.8		0.301	0.303
20	22.22			1.0		0.529	0.532
25	28.58			1.0		0.687	0.691
30	34.0	±0.34	±0.20	1.2		0.980	0.986
40	42.7	±0.43		1.2		1.24	1.25
50	48.6	±0.49	±0.25	1.2		1.42	1.43
60	60.5	±0.60		1.5	±0.15	2.20	2.21
75	76.3	±1 %	±0.8 %	1.5		2.79	2.81
80	89.1			2.0	±0.30	4.34	4.37
100	114.3			2.0		5.59	5.63
125	139.8			2.0		6.87	6.91
150	165.2			3.0	±0.40	12.1	12.2
200	216.3			3.0		15.9	16.0
250	267.4			3.0		19.8	19.9
300	318.5			3.0		23.6	23.8

11-14 비닐하우스용 도금 강관 KS D 3760 : 2009

■ 종류의 기호

종 류		기 호
일반 농업용	아연도강관	SPVH
	55% 알루미늄-아연합금 도금 강관	SPVH-AZ
구조용	아연도강관	SPVHS
	55% 알루미늄-아연합금 도금 강관	SPVHS-AZ

■ 기계적 성질

종류의 기호	항복 강도 N/mm²	인장 강도 N/mm²	연신율 %
SPVH	205 이상	270 이상	20 이상
SPVHS	295 이상	400 이상	18 이상
SPVH-AZ	205 이상	275 이상	20 이상
SPVHS-AZ	295 이상	400 이상	18 이상

■ 치수, 무게 및 치수 허용차

단위 : kg/m

호칭명	바깥지름 mm	두께 mm					
		1.2	1.4	1.5	1.6	1.7	2.0
15	15.9	0.435	0.501	0.533	0.564	-	-
19	19.1	0.530	0.611	0.651	0.690	-	-
22	22.2	0.621	0.718	0.766	0.813	-	-
25	25.4	0.716	0.829	0.884	0.939	0.994	-
28	28.6	0.811	0.939	1.00	1.07	1.13	-
31	31.8	0.906	1.05	1.12	1.19	1.26	-
38	38.1	1.09	1.27	1.35	1.44	1.53	1.78
50	50.8	1.47	1.71	1.82	1.94	2.06	2.41

■ 관의 바깥지름 및 두께 치수 허용차

항 목		허용차 mm
바깥지름 mm		0.0~+0.5
두께	1.6 미만	0.0~+0.13
	1.6 이상	0.0~+0.17

11-15 자동차 배관용 금속관 KS R 2028 : 2004 (2009 확인)

■ 관의 종류 및 기호

기 호	종 류
2중권 강관	TDW
1중권 강관	TSW
기계 구조용 탄소 강관	STKM11A
이음매 없는 구리 및 구리합금 관	C1201T

■ 표면처리의 종류

종 류	기 호	표면처리의 종류 및 유무에 따른 구분				
		표면처리하지 않음	주석-납합금 도금	아연 도금 8㎛	아연 도금 13㎛	아연 도금 25㎛
2중권 강관	TDW	TDW-N	TDW-T	TDW-Z8	TDW-Z13	TDW-Z25
1중권 강관	TSW	TSW-N	TSW-T	TSW-Z8	TSW-Z13	TSW-Z25
기계 구조용 탄소 강관	STKM11A	STKM11A-N	STKM11A-T	STKM11A-Z8	STKM11A-Z13	STKM11A-Z25
이음매 없는 구리 및 구리합금 관	C1201T	C1201T	-	-	-	-

■ 화학 성분

종류	기호	화학 성분 (%)					
		C	Mn	P	S	Si	Cu
2중권 강관	TDW	0.12 이하	0.5 이하	0.040 이하	0.045 이하	-	-
1중권 강관	TSW						
기계 구조용 탄소 강관	STKM11A	0.12 이하	0.25~0.60	0.040 이하	0.040 이하	0.35 이하	-
이음매 없는 구리 및 구리합금 관	C1201T	-	-	0.004 이상 0.015 이하	-	-	99.9 이상

■ 기계적 성질

종류	기호	인장강도 kgf/mm^2	항복점 kgf/mm^2	신장률 (%) (11호 시험편)	경도
2중권 강관	TDW	30 이상	18 이상	25 이상	HR30T 65 이하
1중권 강관	TSW				
기계 구조용 탄소 강관	STKM11A	30 이상	-	25 이상	-
이음매 없는 구리 및 구리합금 관	C1201T	21 이상	-	40 이상	-

■ 관의 치수

단위 : mm

호칭지름	바깥지름		살두께				
			기준 치수				
	기준치수	허용차	2중권 강관	1중권 강관	기계 구조용 탄소 강관	이음매 없는 구리 및 구리합금 관	허용차
3.17	3.17	±0.1	0.7	0.7	0.7	0.8	±0.1
4.0	4.0		1.0	1.0	–	–	
4.76	4.76		0.7	0.7	0.7	0.8	
5.0	5.0		1.5	1.0	–	–	
6.35	6.35		0.7	0.7	0.7	0.8	
8	8		0.7	0.7	0.7	0.8	
10	10		0.7	0.7	0.7	1.0	
10	10		0.9	0.7	0.7	1.0	
12	12		0.9	0.9	0.9	1.0	
12	12		1.0	0.9	0.9	1.0	
12.7	12.7		–	0.9	0.9	1.0	
14	14		–	–	1.0	–	
15	15		1.0	1.0	1.0	1.0	
17.5	17.5		–	–	1.6	–	
18	18		1.0	1.0	1.0	1.0	
20	20		–	–	1.0	1.0	
21	21		–	–	1.5	–	
22	22		–	–	1.0	1.0	
25.4	25.4		–	–	1.6	–	
28	28		–	–	1.5	–	
28.6	28.6		–	–	1.2	–	

■ 관의 무게값

단위 : g/m

호칭지름	2중권 강관	1중권 강관	기계 구조용 탄소 강관	이음매 없는 구리 및 구리합금 관
3.17	43	43	43	53
4.0	74	74	–	–
4.76	71	70	70	89
5.0	130	99	–	–
6.35	99	98	98	124
8	128	126	126	196
10	163	161	161	251
10	202	–	–	–
12	–	246	246	307
12	247	–	–	–
12.7	–	262	262	327
14	–	–	313	–
15	346	345	345	391

호칭지름	2중권 강관	1중권 강관	기계 구조용 탄소 강관	이음매 없는 구리 및 구리합금 관
17.5	–	–	629	–
18	420	419	419	475
20	–	–	469	531
21	–	–	723	–
22	–	–	518	587
25.4	–	–	941	–
28	–	–	982	–
28.6	–	–	813	–

11-16 일반용수용 도복장강관 KS D 3626 : 2008

■ 종류의 기호 및 제조 방법

종류의 기호	제조방법
STWS 290	단접 또는 전기 저항 용접
STWS 370	전기 저항 용접
STWS 400	전기 저항 용접 또는 아크 용접

■ 화학 성분

종류의 기호	화학 성분 (%)		
	C	P	S
STWS 290	–	0.040 이하	0.040 이하
STWS 370	0.25 이하	0.040 이하	0.040 이하
STWS 400	0.25 이하	0.040 이하	0.040 이하

■ 기계적 성질

종류의 기호	인장강도 N/mm^2	항복점 또는 항복강도 N/mm^2	연신율 (%)	
			11호 시험편 12호 시험편	1A호 시험편 5호 시험편
			세로 방향	가로 방향
STWS 290	294 이상	–	30 이상	25 이상
STWS 370	373 이상	216 이상	30 이상	25 이상
STWS 400	402 이상	226 이상	–	18 이상

■ 바깥지름, 두께 및 무게

호칭지름 A	바깥지름 mm	종류의 기호							
		STWS 290		STWS 370		STWS 400			
						호칭 두께			
						A		B	
		두께 mm	무게 kg/m	두께 mm	무게 kg/m	두께 mm	무게 kg/m	두께 mm	무게 kg/m
80	89.1	4.2	8.79	4.5	9.39	–	–	–	–
100	114.3	4.5	12.2	4.9	13.2	–	–	–	–
125	139.8	4.5	15.0	5.1	16.9	–	–	–	–
150	165.2	5.0	19.8	5.5	21.7	–	–	–	–
200	216.3	5.8	30.1	6.4	33.1	–	–	–	–
250	267.4	6.6	42.4	6.4	41.2	–	–	–	–
300	318.5	6.9	53.0	6.4	49.3	–	–	–	–
350	355.6	–	–	–	–	6.0	51.7	–	–
400	406.4	–	–	–	–	6.0	59.2	–	–
450	457.2	–	–	–	–	6.0	66.8	–	–
500	508.0	–	–	–	–	6.0	74.3	–	–
600	609.6	–	–	–	–	6.0	89.3	–	–
700	711.2	–	–	–	–	7.0	122	6.0	104
800	812.8	–	–	–	–	8.0	159	7.0	139
900	914.4	–	–	–	–	8.0	179	7.0	157
1000	1016.0	–	–	–	–	9.0	223	8.0	199
1100	1117.6	–	–	–	–	10.0	273	8.0	219
1200	1219.2	–	–	–	–	11.0	328	9.0	269
1350	1371.6	–	–	–	–	12.0	402	10.0	336
1500	1524.0	–	–	–	–	14.0	521	11.0	410
1600	1625.6	–	–	–	–	15.0	596	12.0	477
1650	1676.4	–	–	–	–	15.0	615	12.0	493
1800	1828.8	–	–	–	–	16.0	715	13.0	582
1900	1930.4	–	–	–	–	17.0	802	14.0	662
2000	2032.0	–	–	–	–	18.0	894	15.0	746
2100	2133.6	–	–	–	–	19.0	991	16.0	836
2200	2235.2	–	–	–	–	20.0	1090	17.0	876
2300	2336.8	–	–	–	–	21.0	1200	18.0	973
2400	2438.4	–	–	–	–	22.0	1310	18.0	1070
2500	2540.0	–	–	–	–	23.0	1430	19.0	1120
2600	2641.6	–	–	–	–	24.0	1550	20.0	1230
2700	2743.2	–	–	–	–	25.0	1680	21.0	1340
2800	2844.8	–	–	–	–	26.0	1810	21.0	1460
2900	2946.9	–	–	–	–	27.0	1940	21.0	1520
3000	3048.0	–	–	–	–	29.0	2160	22.0	1640

11-17 일반용수용 도복장강관 이형관 KS D 3627 : 2009

■ 종류의 기호

종류의 기호	최고 허용 압력 MPa{kgf/cm²}
F 12	1.2 {12.5}
F 15	1.5 {15}
F 20	2.0 {20}

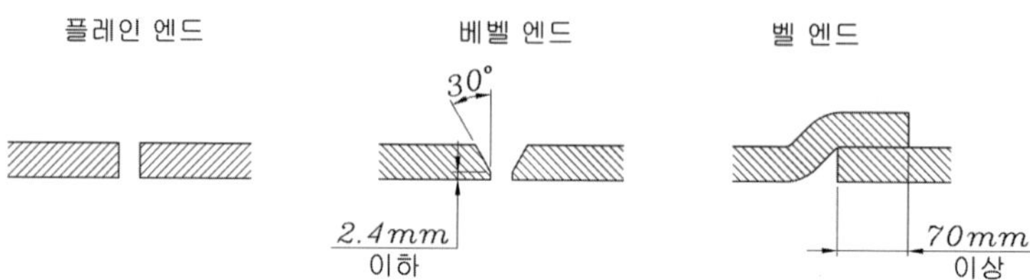

■ 바깥지름 및 두께의 허용차

구분	호칭지름	허용차	
바깥지름	80A 이상 200A 미만	±1%	
	2000A 이상 600A 미만	±0.8%	
	600A 이상	±0.5% (측정은 둘레길이에 따른다)	
두께	350A 미만	+15% −8%	
벨엔드 안지름	1600mm 미만	바깥지름 +5.0mm 이내	측정은 원둘레의 길이에 따른다.
	1600mm 이상	바깥지름 +6.0mm 이내	

■ 플랜지의 치수 허용차

단위 : mm

플랜지 부분		치수 구분	치수 허용차
바깥지름 D_5		300 이하	±1
		300 초과 600 이하	±1.5
		600 초과 1000 이하	±2
		1000 초과 1500 이하	±2.5
		1500을 초과하는 것	±3
볼트 구멍	중심원 지름 D_4	250 이하	±0.5
		250 초과 550 이하	±0.6
		550 초과 950 이하	±0.8
		950 초과 1350 이하	±1
		1350을 초과하는 것	±1.5
	구멍 피치	−	±0.5
	구멍지름 d^1	−	+1.5 0

플랜지 부분		치수 구분	치수 허용차
두께 K		20 이하	+1.5 0
		20 초과 50 이하	+2 0
		50 초과 100 이하	+3 0
허브의 높이 L		200 이하	+2 0
		200 초과 300 이하	+3 0
		300을 초과하는 것	+4 0
개스킷 홈	안지름 G_1	450 이하	+1.5 0
		450 초과 1600 이하	±1.5
		1600을 초과하는 것	±2
	나비 e	10 이하	+1 0
		10을 초과하는 것	+0.5 −1.0
	깊이 S	5 이하	+0.2 −0.5
		5 초과 10 이하	+0.2 −0.8
		10을 초과하는 것	+0.5 −0.8

■ 개스킷 각 부의 치수 허용차

단위 : mm

호칭지름 A	GF형 개스킷			RF형 개스킷		
	G_1' (%)	a, a_1	b, b_1	D_1	D_3	t
80A~200A	+1.0 0	±0.3	±0.3	+2.0 0	0 −2.0	+0.5 −0.3
250A~450A				+3.0 0	0 −3.0	
500A~700A	0 −1.0			+4.0 0	0 −4.0	
800A~1000A				+6.0 0	0 −5.0	
1100A~1500A				+7.0 0	0 −6.0	
1600A~3000A				+8.0 0	0 −7.0	

■ 관의 종류별 바깥지름 및 두께

단위 : mm

호칭지름 A	바깥지름	관의 종류 및 두께		
		F12	F15	F20
80	89.1	4.2	4.2	4.5
100	114.3	4.5	4.5	4.9
125	139.8	4.5	4.5	5.1
150	165.2	5.0	5.0	5.5
200	216.3	5.8	5.8	6.4
250	267.4	6.6	6.6	6.4
300	318.5	6.9	6.9	6.4
350	355.6	6.0	6.0	6.0
400	406.4	6.0	6.0	6.0
450	457.2	6.0	6.0	6.0
500	508.0	6.0	6.0	6.0
600	609.6	6.0	6.0	6.0
700	711.2	6.0	6.0	7.0
800	812.8	7.0	7.0	8.0
900	914.4	7.0	8.0	8.0
1000	1016.0	8.0	9.0	9.0
1100	1117.6	8.0	10.0	10.0
1200	1219.2	9.0	11.0	11.0
1350	1371.6	10.0	12.0	12.0
1500	1524.0	11.0	14.0	14.0
1600	1625.6	12.0	15.0	15.0
1650	1676.4	12.0	15.0	15.0
1800	1828.8	13.0	16.0	16.0
1900	1930.4	14.0	17.0	17.0
2000	2032.0	15.0	18.0	18.0
2100	2133.6	16.0	19.0	19.0
2200	2235.2	16.0	20.0	20.0
2300	2336.8	17.0	21.0	21.0
2400	2438.4	18.0	22.0	22.0
2500	2540.0	18.0	23.0	23.0
2600	2641.6	19.0	24.0	24.0
2700	2743.2	20.0	25.0	25.0
2800	2844.8	21.0	26.0	26.0
2900	2946.4	21.0	27.0	27.0
3000	3048.0	22.0	29.0	29.0

❶ 90° 곡관

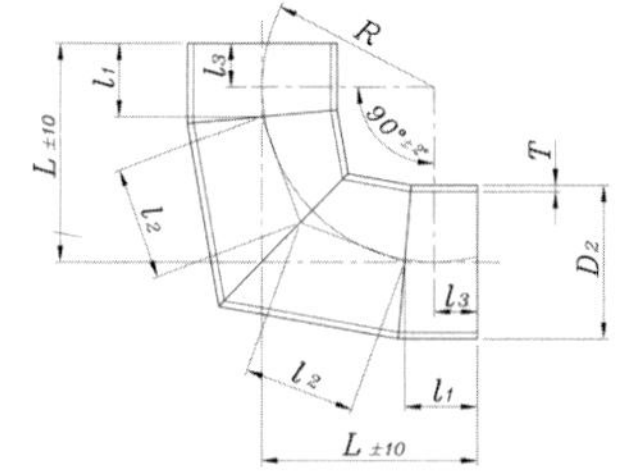

단위 : mm

호칭지름 A	바깥지름 D_2	F12	F15	F20	각부 치수					관심길이	참고 무게 (kg)		
		관두께			R	l_1	l_2	l_3	L				
		T	T	T							F12	F15	F20
80	89.1	4.2	4.2	4.5	230	231.6	123.2	170	400	709.6	6.24	6.24	6.66
100	114.3	4.5	4.5	4.9	230	231.6	123.2	170	400	709.6	8.66	8.66	9.37
125	139.8	4.5	4.5	5.1	230	231.6	123.2	170	400	709.6	10.6	10.6	12.0
150	165.2	5.0	5.0	5.5	250	267.0	134.0	200	450	802.0	15.9	15.9	17.4
200	216.3	5.8	5.8	6.4	310	273.1	166.2	190	500	878.6	26.4	26.4	29.1
250	267.4	6.6	6.6	6.4	360	286.5	193.0	190	550	959.0	40.7	40.7	39.5
300	318.5	6.9	6.9	6.4	410	299.9	219.8	190	600	1039.4	55.1	55.1	51.2
350	355.6	6.0	6.0	6.0	460	263.3	246.6	140	600	1019.8	52.7	52.7	52.7
400	406.4	6.0	6.0	6.0	510	276.7	273.4	140	650	1100.2	65.1	65.1	65.1
450	457.2	6.0	6.0	6.0	530	312.0	284.0	170	700	1192.0	79.6	79.6	79.6
500	508.0	6.0	6.0	6.0	560	290.1	300.2	140	700	1180.6	87.7	87.7	87.7
600	609.6	6.0	6.0	6.0	660	366.8	353.6	190	850	1440.8	129	129	129
700	711.2	6.0	6.0	7.0	790	371.7	423.4	160	950	1590.2	165	165	194
800	812.8	7.0	7.0	8.0	790	371.7	423.4	160	950	1590.2	221	221	253
900	914.4	7.0	7.0	8.0	860	420.4	460.8	190	1050	1762.4	277	316	316
1000	1016.0	8.0	8.0	9.0	910	433.8	487.6	190	1100	1842.8	367	411	411
1100	1117.6	8.0	8.0	10.0	910	433.8	487.6	190	1100	1842.8	404	503	503
1200	1219.2	9.0	9.0	11.0	970	439.9	519.8	180	1150	1919.4	516	630	630
1350	1371.6	10.0	10.0	12.0	1020	453.3	546.6	180	1200	1999.8	672	804	804
1500	1524.0	11.0	11.0	14.0	1070	466.7	573.4	180	1250	2080.2	853	1080	1080
1600	1625.6	12.0	12.0	15.0	1200	471.5	643.1	150	1350	2229.2	1060	1330	1330
1650	1676.4	12.0	12.0	15.0	1250	484.9	669.9	150	1400	2309.6	1140	1420	1420
1800	1828.8	13.0	13.0	16.0	1300	498.3	696.7	150	1450	2390.0	1390	1710	1710
1900	1930.4	14.0	14.0	17.0	1350	511.7	723.5	150	1500	2470.4	1640	1980	1980
2000	2032.0	15.0	15.0	18.0	1400	525.1	750.3	150	1550	2550.8	1900	2280	2280
2100	2133.6	16.0	16.0	190	1450	538.5	777.1	150	1600	2631.2	2200	2610	2610
2200	2235.2	16.0	16.0	20.0	1500	551.9	803.8	150	1650	2711.4	2380	2960	2960
2300	2336.8	17.0	17.0	21.0	1550	565.3	830.6	150	1700	2791.8	2720	3350	3350
2400	2438.4	18.0	18.0	22.0	1600	578.7	857.4	150	1750	2872.2	3080	3770	3770
2500	2540.0	18.0	18.0	23.0	1650	592.1	884.2	150	1800	2952.6	3300	4220	4220
2600	2641.6	19.0	19.0	24.0	1700	605.5	911.0	150	1850	3033.0	3730	4700	4700
2700	2743.2	20.0	20.0	25.0	1750	618.9	937.8	150	1900	3113.4	4180	5220	5220
2800	2844.8	21.0	21.0	26.0	1800	632.3	964.6	150	1950	3193.8	4670	5770	5770
2900	2946.4	21.0	21.0	27.0	1850	645.7	991.4	150	2000	3274.2	4960	6360	6360
3000	3048.0	22.0	22.0	29.0	1900	659.1	1018.2	150	2050	3354.6	5510	7240	7240

❷ 45° 곡관

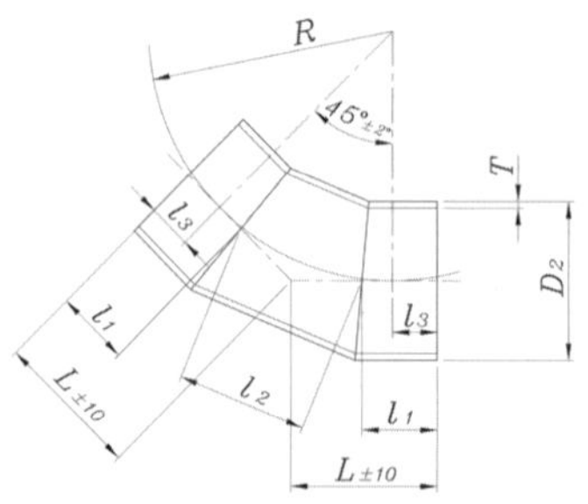

단위 : mm

호칭지름 A	바깥지름 D_2	F12	F15	F20	각부 치수					관심길이	참고 무게 (kg)		
		두께											
		T	T	T	R	l_1	l_2	l_3	L		F11	F15	F20
80	89.1	4.2	4.2	4.5	370	270.3	147.2	196.7	350	687.8	6.05	6.05	6.46
100	114.3	4.5	4.5	4.9	370	270.3	147.2	196.7	350	687.8	8.39	8.39	9.08
125	139.8	4.5	4.5	5.1	370	270.3	147.2	196.7	350	687.8	10.3	10.3	11.6
150	165.2	5.0	5.0	5.5	430	357.4	171.0	271.9	450	885.8	17.5	17.5	19.2
200	216.3	5.8	5.8	6.4	490	344.5	195.0	247.0	450	884.0	26.6	26.6	29.3
250	267.4	6.6	6.6	6.4	550	331.6	218.8	222.2	450	882.0	37.4	37.4	36.3
300	318.5	6.9	6.9	6.4	610	318.6	242.6	197.3	450	879.8	46.6	46.6	43.4
350	355.6	6.0	6.0	6.0	680	353.6	270.6	218.3	500	977.8	50.6	50.6	50.6
400	406.4	6.0	6.0	6.0	740	340.7	294.4	193.5	500	975.8	57.8	57.8	57.8
450	457.2	6.0	6.0	6.0	800	327.7	318.2	168.6	500	973.6	65.0	65.0	65.0
500	508.0	6.0	6.0	6.0	860	314.9	342.2	143.8	500	972.0	72.2	72.2	72.2
600	609.6	6.0	6.0	6.0	980	539.0	389.8	344.1	750	1467.8	131	131	131
700	711.2	6.0	6.0	7.0	1170	498.1	465.4	265.4	750	1461.6	152	152	178
800	812.8	7.0	7.0	8.0	1170	748.1	465.4	515.4	1000	1961.6	273	273	312
900	914.4	7.0	7.0	8.0	1290	722.4	513.2	465.7	1000	1958.0	307	350	350
1000	1016.0	8.0	8.0	9.0	1350	709.3	537.0	440.8	1000	1955.6	389	436	436
1100	1117.6	8.0	8.0	10.0	1350	709.3	537.0	440.8	1000	1955.6	428	534	534
1200	1219.2	9.0	9.0	11.0	1410	696.4	560.8	416.0	1000	1953.6	526	641	641
1350	1371.6	10.0	10.0	12.0	1470	683.5	584.8	391.1	1000	1951.8	656	785	785
1500	1524.0	11.0	11.0	14.0	1530	670.6	608.6	366.3	1000	1949.8	799	1020	1020
1600	1625.6	12.0	12.0	15.0	1680	638.3	668.3	304.1	1000	1944.9	928	1160	1160
1650	1676.4	12.0	12.0	15.0	1680	638.3	668.3	304.1	1000	1944.9	959	1200	1200
1800	1828.8	13.0	13.0	16.0	1680	638.3	668.3	304.1	1000	1944.9	1130	1390	1390
1900	1930.4	14.0	14.0	17.0	1800	612.5	716.1	254.4	1000	1941.1	1290	1560	1560
2000	2032.0	15.0	15.0	18.0	1800	612.5	716.1	254.4	1000	1941.1	1450	1740	1740
2100	2133.6	16.0	16.0	19.0	1920	636.6	763.8	254.7	1050	2037.0	1700	2020	2020
2200	2235.2	16.0	16.0	200	1920	363.6	763.8	254.7	1050	2037.0	1780	2230	2230
2300	2336.8	17.0	17.0	21.0	2040	660.8	811.6	255.0	1100	2133.2	2080	2560	2560
2400	2438.4	18.0	18.0	22.0	2040	660.8	811.6	255.0	1100	2133.2	2290	2800	2800
2500	2540.0	18.0	18.0	23.0	2160	685.0	859.3	255.3	1150	2229.3	2500	3180	3180
2600	2641.6	19.0	19.0	24.0	2160	685.0	859.3	255.3	1150	2229.3	2740	3450	3450
2700	2743.2	20.0	20.0	25.0	2160	685.0	859.3	255.3	1150	2229.3	2990	3740	3740
2800	2844.8	21.0	21.0	26.0	2280	709.1	907.0	255.6	1200	2325.2	3400	4200	4200
2900	2946.4	21.0	21.0	27.0	2280	709.1	907.0	255.6	1200	2325.2	3520	4520	4520
3000	3048.0	22.0	22.0	29.0	2400	733.3	954.8	255.9	1250	2421.4	3980	5230	5230

❶ $22\frac{1}{2}°$ 곡관

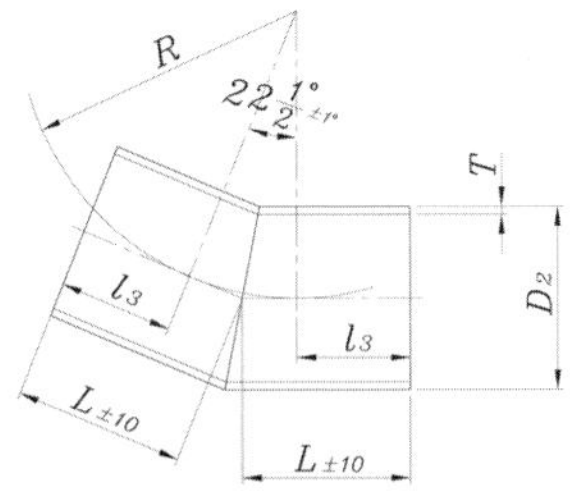

단위 : mm

호칭지름 A	바깥지름 D_2	F12	F15	F20	각부 치수			관심길이	참고 무게 (kg)		
		관 두께			R	l_3	L		F12	F15	F20
		T	T	T							
80	89.1	4.2	4.2	4.5	380	124.4	200	400	3.52	3.52	3.76
100	114.3	4.5	4.5	4.9	380	124.4	200	400	4.88	4.88	5.28
125	139.8	4.5	4.5	5.1	380	124.4	200	400	6.00	6.00	6.76
150	165.2	5.0	5.0	5.5	380	124.4	200	400	7.92	7.92	8.68
200	216.3	5.8	5.8	6.4	510	148.6	250	500	15.1	15.1	16.5
250	267.4	6.6	6.6	6.4	510	148.6	250	500	21.2	21.2	20.6
300	318.5	6.9	6.9	6.4	640	122.7	250	500	26.5	26.5	24.6
350	355.6	6.0	6.0	6.0	640	372.7	500	1000	51.7	51.7	51.7
400	406.4	6.0	6.0	6.0	770	346.8	500	1000	59.2	59.2	59.2
450	457.2	6.0	6.0	6.0	770	346.8	500	1000	66.8	66.8	66.8
500	508.0	6.0	6.0	6.0	890	323.0	500	1000	74.3	74.3	74.3
600	609.6	6.0	6.0	6.0	1020	547.1	750	1500	134	134	134
700	711.2	6.0	6.0	7.0	1150	521.3	750	1500	156	156	183
800	812.8	7.0	7.0	8.0	1150	771.3	1000	2000	278	278	318
900	914.4	7.0	8.0	8.0	1280	745.4	1000	2000	314	314	358
1000	1016.0	8.0	9.0	9.0	1410	719.5	1000	2000	398	398	446
1100	1117.6	8.0	10.0	10.0	1410	719.5	1000	2000	438	438	546
1200	1219.2	9.0	11.0	11.0	1410	719.5	1000	2000	538	538	656
1350	1371.6	10.0	12.0	12.0	1530	695.7	1000	2000	672	672	804
1500	1524.0	11.0	14.0	14.0	1530	695.7	1000	2000	820	820	1040
1600	1625.6	12.0	15.0	15.0	1750	651.9	1000	2000	954	954	1190
1650	1676.4	12.0	15.0	15.0	1750	651.9	1000	2000	986	986	1230
1800	1828.8	13.0	16.0	16.0	1750	651.9	1000	2000	1160	1160	1430
1900	1930.4	14.0	17.0	17.0	1750	651.9	1000	2000	1320	1320	1600
2000	2032.0	15.0	18.0	18.0	1750	651.9	1000	2000	1490	1490	1790
2100	2133.6	16.0	19.0	19.0	1950	612.1	1000	2000	1670	1670	1980
2200	2235.2	16.0	200	200	1950	612.1	1000	2000	1750	1750	2190
2300	2336.8	17.0	21.0	21.0	1950	612.1	1000	2000	1950	1950	2400
2400	2438.4	18.0	22.0	22.0	1950	612.1	1000	2000	2150	2150	2620
2500	2540.0	18.0	23.0	23.0	1950	612.1	1000	2000	2240	2240	2860
2600	2641.6	19.0	24.0	24.0	2150	572.3	1000	2000	2460	2460	3100
2700	2743.2	20.0	25.0	25.0	2150	572.3	1000	2000	2690	2690	3350
2800	2844.8	21.0	26.0	26.0	2150	572.3	1000	2000	2920	2920	3610
2900	2946.4	21.0	27.0	27.0	2150	572.3	1000	2000	3030	3030	3890
3000	3048.0	22.0	29.0	29.0	2150	572.3	1000	2000	3280	3280	4320

❹ $11\frac{1}{4}°$ 곡관

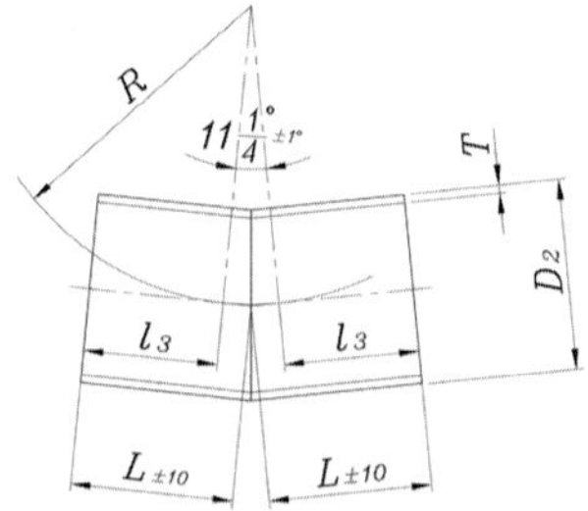

단위 : mm

호칭지름 A	바깥지름 D2	F12	F15	F20	각부 치수			관심길이	참고 무게(kg)		
		관 두께			R	l_3	L		F12	F15	F20
		T	T	T							
80	89.1	4.2	4.2	4.5	770	124.2	200	400	3.52	3.52	3.76
100	114.3	4.5	4.5	4.9	770	124.2	200	400	4.88	4.88	5.28
125	139.8	4.5	4.5	5.1	770	124.2	200	400	6.00	6.00	6.76
150	165.2	5.0	5.0	5.5	770	124.2	200	400	7.92	7.92	8.68
200	216.3	5.8	5.8	6.4	1030	148.6	250	500	15.1	15.1	16.5
250	267.4	6.6	6.6	6.4	1030	148.6	250	500	21.2	21.2	20.6
300	318.5	6.9	6.9	6.4	1290	122.9	250	500	26.5	26.5	24.6
350	355.6	6.0	6.0	6.0	1290	372.9	500	1000	51.7	51.7	51.7
400	406.4	6.0	6.0	6.0	1550	347.3	500	1000	59.2	59.2	59.2
450	457.2	6.0	6.0	6.0	1550	347.3	500	1000	66.8	66.8	66.8
500	508.0	6.0	6.0	6.0	1810	321.7	500	1000	74.3	74.3	74.3
600	609.6	6.0	6.0	6.0	2060	547.1	750	1500	134	134	134
700	711.2	6.0	6.0	7.0	2320	521.5	750	1500	156	156	183
800	812.8	7.0	7.0	8.0	2320	771.5	1000	2000	278	278	318
900	914.4	7.0	8.0	8.0	2580	745.9	1000	2000	314	358	358
1000	1016.0	8.0	9.0	9.0	2840	720.3	1000	2000	398	446	446
1100	1117.6	8.0	10.0	10.0	2840	720.3	1000	2000	438	546	546
1200	1219.2	9.0	11.0	11.0	2840	720.3	1000	2000	538	656	656
1350	1371.6	10.0	12.0	12.0	3100	694.7	1000	2000	672	804	804
1500	1524.0	11.0	14.0	14.0	3100	694.7	1000	2000	820	1040	1040
1600	1625.6	12.0	15.0	15.0	3530	652.3	1000	2000	954	1190	1190
1650	1676.4	12.0	15.0	15.0	3530	652.3	1000	2000	986	1230	1230
1800	1828.8	13.0	16.0	16.0	3530	652.3	1000	2000	1160	1430	1430
1900	1930.4	14.0	17.0	17.0	3530	652.3	1000	2000	1320	1600	1600
2000	2032.0	15.0	18.0	18.0	3530	652.3	1000	2000	1490	1790	1790
2100	2133.6	16.0	19.0	19.0	3950	611.0	1000	2000	1670	1980	1980
2200	2235.2	16.0	200	200	3950	611.0	1000	2000	1750	2190	2190
2300	2336.8	17.0	21.0	21.0	3950	611.0	1000	2000	1950	2400	2400
2400	2438.4	18.0	22.0	22.0	3950	611.0	1000	2000	2150	2620	2620
2500	2540.0	18.0	23.0	23.0	3950	611.0	1000	2000	2240	2860	2860
2600	2641.6	19.0	24.0	24.0	4400	566.6	1000	2000	2460	3100	3100
2700	2743.2	20.0	25.0	25.0	4400	566.6	1000	2000	2690	3350	3350
2800	2844.8	21.0	26.0	26.0	4400	566.6	1000	2000	2920	3610	3610
2900	2946.4	21.0	27.0	27.0	4400	566.6	1000	2000	3030	3890	3890
3000	3048.0	22.0	29.0	29.0	4400	566.6	1000	2000	3280	4320	4320

❺ $5\frac{5}{8}°$ 곡관

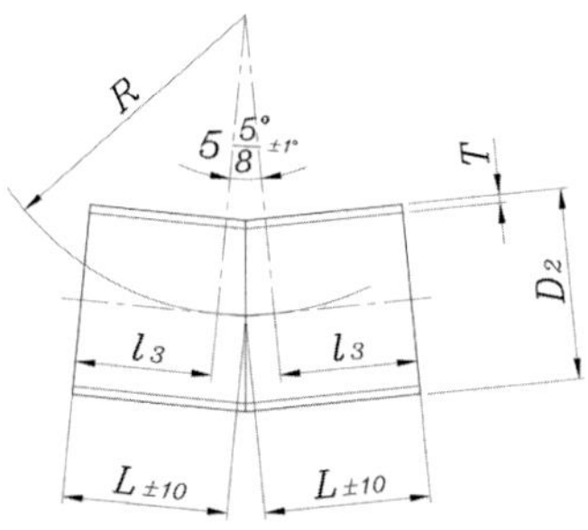

단위 : mm

호칭지름 A	바깥지름 D_2	F12	F15	F20	각부 치수			관심길이	참고 무게(kg)		
		관 두께			R	l_3	L		F12	F15	F20
		T	T	T							
1000	1016.0	8.0	9.0	9.0	5690	720.5	1000	2000	398	446	446
1100	1117.6	8.0	10.0	10.0	5690	720.5	1000	2000	438	546	546
1200	1219.2	9.0	11.0	11.0	5690	720.5	1000	2000	538	656	656
1350	1371.6	10.0	12.0	12.0	6210	694.9	1000	2000	672	804	804
1500	1524.0	11.0	14.0	14.0	6210	694.9	1000	2000	820	1040	1040
1600	1625.6	12.0	15.0	15.0	7080	652.2	1000	2000	954	1190	1190
1650	1676.4	12.0	15.0	15.0	7080	652.2	1000	2000	986	1230	1230
1800	1828.8	13.0	16.0	16.0	7080	652.2	1000	2000	1160	1430	1430
1900	1930.4	14.0	17.0	17.0	7080	652.2	1000	2000	1320	1600	1600
2000	2032.0	15.0	18.0	18.0	7080	652.2	1000	2000	1490	1790	1790
2100	2133.6	16.0	19.0	19.0	7920	610.9	1000	2000	1670	1980	1980
2200	2235.2	16.0	20.0	20.0	7920	610.9	1000	2000	1750	2190	2190
2300	2336.8	17.0	21.0	21.0	7920	610.9	1000	2000	1950	2400	2400
2400	2438.4	18.0	22.0	22.0	7920	610.9	1000	2000	2150	2610	2610
2500	2540.0	18.0	23.0	23.0	7920	610.9	1000	2000	2240	2860	2860
2600	2641.6	19.0	24.0	24.0	8820	566.7	1000	2000	2460	3100	3100
2700	2743.2	20.0	25.0	25.0	8820	566.7	1000	2000	2690	3350	3350
2800	2844.8	21.0	26.0	26.0	8820	566.7	1000	2000	2920	3610	3610
2900	2946.4	21.0	27.0	27.0	8820	566.7	1000	2000	3030	3890	3890
3000	3048.0	22.0	29.0	29.0	8820	566.7	1000	2000	3280	4320	4320

❻ T자 관 : F12

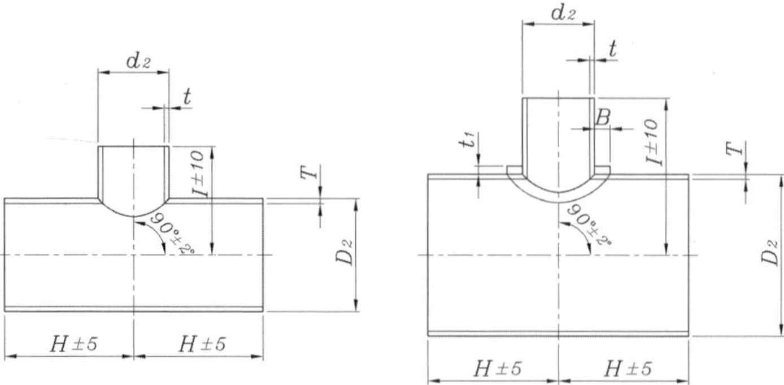

단위 : mm

호칭지름	바깥지름		관 두께		보강판		관 길이		참고 무게
A	D_2	d_2	T	t	t_1	B	H	I	(kg)
80×80	89.1	89.1	4.2	4.2	–	–	250	250	6.03
100×80	114.3	89.1	4.5	4.2	–	–	250	250	7.61
100×100	114.3	114.3	4.5	4.5	–	–	250	250	8.13
125×80	139.8	89.1	4.5	4.2	–	–	250	250	8.90
125×100	139.8	114.3	4.5	4.5	–	–	250	250	9.41
125×125	139.8	139.8	4.5	4.5	–	–	250	250	9.75
150×80	165.2	89.1	5.0	4.2	–	–	300	300	13.6
150×100	165.2	114.3	5.0	4.5	–	–	300	300	14.2
150×125	165.2	139.8	5.0	4.5	–	–	300	300	14.6
150×150	165.2	165.2	5.0	5.0	–	–	300	300	15.4
200×100	216.3	114.3	5.8	4.5	–	–	350	350	23.6
200×125	216.3	139.8	5.8	4.5	–	–	350	350	24.1
200×150	216.3	165.2	5.8	5.0	–	–	350	350	25.0
200×200	216.3	216.3	5.8	5.8	–	–	350	350	27.0
250×100	267.4	114.3	6.6	4.5	–	–	400	400	36.7
250×125	267.4	139.8	6.6	4.5	–	–	400	400	37.2
250×150	267.4	165.2	6.6	5.0	–	–	400	400	38.2
250×200	267.4	216.3	6.6	5.8	–	–	400	400	40.4
250×250	267.4	267.4	6.6	6.6	–	–	400	400	42.8
300×100	318.5	114.3	6.9	4.5	–	–	400	400	44.8
300×125	318.5	139.8	6.9	4.5	–	–	400	400	45.3
300×150	318.5	165.2	6.9	5.0	–	–	500	500	46.1
300×200	318.5	216.3	6.9	5.8	–	–	500	500	48.0
300×250	318.5	267.4	6.9	6.6	–	–	500	500	45.2
300×300	318.5	318.5	6.9	6.9	–	–	500	500	51.6
350×150	355.6	165.2	6.0	5.0	–	–	500	500	57.2
350×200	355.6	216.3	6.0	5.8	–	–	500	500	60.0
350×250	355.6	267.4	6.0	6.6	–	–	500	500	63.4
350×300	355.6	318.5	6.0	6.9	–	–	500	500	66.1
350×350	355.6	355.6	6.0	6.0	–	–	500	500	64.5

❻ T자 관 : F12 (계속)

단위 : mm

호칭지름	바깥지름		관 두께		보강판		관 길이		참고 무게
A	D_2	d_2	T	t	t_1	B	H	I	(kg)
400×150	406.4	165.2	6.0	5.0	–	–	500	500	64.2
400×200	406.4	216.3	6.0	5.8	–	–	500	500	66.7
400×250	406.4	267.4	6.0	6.6	–	–	500	500	69.7
400×300	406.4	318.5	6.0	6.9	–	–	500	500	72.2
400×350	406.4	355.6	6.0	6.0	–	–	500	500	70.9
400×400	406.4	406.4	6.0	6.0	–	–	500	500	71.7
450×150	457.2	165.2	6.0	5.0	–	–	500	500	71.2
450×200	457.2	216.3	6.0	5.8	–	–	500	500	73.5
450×250	457.2	267.4	6.0	6.6	–	–	500	500	76.2
450×300	457.2	318.5	6.0	6.9	–	–	500	500	78.3
450×350	457.2	355.6	6.0	6.0	–	–	500	500	77.1
450×400	457.2	406.4	6.0	6.0	–	–	500	500	78.1
450×450	457.2	457.2	6.0	6.0	–	–	500	500	78.5
500×200	508.0	216.3	6.0	5.8	–	–	500	500	80.2
500×250	508.0	267.4	6.0	6.6	–	–	500	500	82.5
500×300	508.0	318.5	6.0	6.9	–	–	500	500	84.4
500×350	508.0	355.6	6.0	6.0	–	–	500	500	83.2
500×400	508.0	406.4	6.0	6.0	–	–	500	500	84.0
500×450	508.0	547.2	6.0	6.0	–	–	500	500	84.7
500×500	508.0	508.0	6.0	6.0	–	–	500	500	84.6
600×200	609.6	216.3	6.0	5.8	–	–	750	500	138
600×250	609.6	267.4	6.0	6.6	–	–	750	500	140
600×300	609.6	318.5	6.0	6.9	–	–	750	500	141
600×350	609.6	355.6	6.0	6.0	–	–	750	500	140
600×400	609.6	406.4	6.0	6.0	–	–	750	500	141
600×450	609.6	457.2	6.0	6.0	–	–	750	500	141
600×500	609.6	508.0	6.0	6.0	–	–	750	500	141
600×600	609.6	609.6	6.0	6.0	–	–	750	500	140
700×250	711.2	267.4	7.0	6.6	–	–	750	600	165
700×300	711.2	318.5	7.0	6.9	–	–	750	600	165
700×350	711.2	355.6	7.0	6.0	–	–	750	600	165
700×400	711.2	406.4	7.0	6.0	–	–	750	600	166
700×450	711.2	457.2	7.0	6.0	–	–	750	600	167
700×500	711.2	508.0	7.0	6.0	–	–	750	600	167
700×600	711.2	609.6	7.0	6.0	–	–	750	600	168
700×700	711.2	711.2	7.0	7.0	–	–	750	600	167
800×300	812.8	318.5	7.0	6.9	–	–	1000	700	290
800×350	812.8	355.6	7.0	6.0	–	–	1000	700	288
800×400	812.8	406.4	7.0	6.0	–	–	1000	700	289
800×450	812.8	457.2	7.0	6.0	–	–	1000	700	290
800×500	812.8	508.0	7.0	6.0	–	–	1000	700	291

❻ T자 관 : F12 (계속)

단위 : mm

호칭지름	바깥지름		관 두께		보강판		관 길이		참고 무게
A	D_2	d_2	T	t	t_1	B	H	l	(kg)
800×600	812.8	609.6	7.0	6.0	–	–	1000	700	291
800×700	812.8	711.2	7.0	7.0	–	–	1000	700	290
800×800	812.8	812.8	7.0	8.0	–	–	1000	700	295
900×300	914.4	318.5	7.0	6.9	–	–	1000	700	322
900×350	914.4	355.6	7.0	6.0	–	–	1000	700	321
900×400	914.4	406.4	7.0	6.0	–	–	1000	700	321
900×450	914.4	457.2	7.0	6.0	–	–	1000	700	322
900×500	914.4	508.0	7.0	6.0	–	–	1000	700	322
900×600	914.4	609.6	7.0	6.0	–	–	1000	700	321
900×700	914.4	711.2	7.0	7.0	–	–	1000	700	320
900×800	914.4	812.8	7.0	8.0	–	–	1000	700	325
900×900	914.4	914.4	7.0	8.0	–	–	1000	700	321
1000×350	1016.0	355.6	8.0	6.0	–	–	1000	800	402
1000×400	1016.0	406.4	8.0	6.0	–	–	1000	800	408
1000×450	1016.0	457.2	8.0	6.0	–	–	1000	800	408
1000×500	1016.0	508.0	8.0	6.0	–	–	1000	800	408
1000×600	1016.0	609.6	8.0	6.0	–	–	1000	800	408
1000×700	1016.0	711.2	8.0	6.0	–	–	1000	800	406
1000×800	1016.0	812.8	8.0	7.0	–	–	1000	800	411
1000×900	1016.0	914.4	8.0	7.0	–	–	1000	800	409
1100×400	1117.6	406.4	8.0	6.0	–	–	1000	800	445
1100×450	1117.6	457.2	8.0	6.0	–	–	1000	800	444
1100×500	1117.6	508.0	8.0	6.0	–	–	1000	800	444
1100×600	1117.6	609.6	8.0	6.0	–	–	1000	800	443
1100×700	1117.6	711.2	8.0	6.0	–	–	1000	800	441
1100×800	1117.6	812.8	8.0	7.0	–	–	1000	800	444
1100×900	1117.6	914.4	8.0	7.0	–	–	1000	800	441
1100×1000	1117.6	1016.0	8.0	8.0	–	–	1000	800	446
1200×400	1219.2	406.4	9.0	6.0	–	–	1000	900	546
1200×450	1219.2	457.2	9.0	6.0	–	–	1000	900	546
1200×500	1219.2	508.0	9.0	6.0	–	–	1000	900	545
1200×600	1219.2	609.6	9.0	6.0	–	–	1000	900	544
1200×700	1219.2	711.2	9.0	6.0	–	–	1000	900	542
1200×800	1219.2	812.8	9.0	7.0	–	–	1000	900	545
1200×900	1219.2	914.4	9.0	7.0	–	–	1000	900	542
1200×1000	1219.2	1016.0	9.0	8.0	–	–	1000	900	548
1200×1100	1219.2	1117.6	9.0	8.0	–	–	1000	900	542
1350×450	1371.6	457.2	10.0	6.0	–	–	1250	1000	848
1350×500	1371.6	508.0	10.0	6.0	–	–	1250	1000	848
1350×600	1371.6	609.6	10.0	6.0	–	–	1250	1000	846
1350×700	1371.6	711.2	10.0	6.0	–	–	1250	1000	843

❻ T자 관 F12 (계속)

단위 : mm

호칭지름	바깥지름		관두께		보강판		관 길이		참고 무게
A	D_2	d_2	T	t	t_1	B	H	I	(kg)
1350×800	1371.6	812.8	10.0	7.0	–	–	1250	1000	847
1350×900	1371.6	914.4	10.0	7.0	–	–	1250	1000	842
1350×1000	1371.6	1016.0	10.0	8.0	–	–	1250	1000	847
1350×1100	1371.6	1117.6	10.0	8.0	–	–	1250	1000	843
1350×1200	1371.6	1219.2	10.0	9.0	–	–	1250	1000	848
1500×500	1524.0	508.0	11.0	6.0	–	–	1250	1000	1030
1500×600	1524.0	609.6	11.0	6.0	–	–	1250	1000	1020
1500×700	1524.0	711.2	11.0	6.0	–	–	1250	1000	1020
1500×800	1524.0	812.8	11.0	7.0	–	–	1250	1000	1010
1500×900	1524.0	914.4	11.0	7.0	–	–	1250	1000	995
1500×1000	1524.0	1016.0	11.0	8.0	–	–	1250	1000	1000
1500×1100	1524.0	1117.6	11.0	8.0	–	–	1250	1000	1000
1500×1200	1524.0	1219.2	11.0	9.0	–	–	1250	1000	1000
1500×1350	1524.0	1371.6	11.0	10.0	–	–	1250	1000	1000
1600×800	1625.6	812.8	12.0	7.0	6.0	70	1500	1200	1450
1600×900	1625.6	914.4	12.0	7.0	6.0	70	1500	1200	1410
1600×1000	1625.6	1016.0	12.0	8.0	6.0	70	1500	1200	1450
1600×1100	1625.6	1117.6	12.0	8.0	6.0	70	1500	1200	1450
1600×1200	1625.6	1219.2	12.0	9.0	6.0	70	1500	1200	1450
1650×800	1676.4	812.8	12.0	7.0	6.0	70	1500	1200	1490
1650×900	1676.4	914.4	12.0	8.0	6.0	70	1500	1200	1490
1650×1000	1676.4	1016.0	12.0	8.0	6.0	70	1500	1200	1490
1650×1100	1676.4	1117.6	12.0	9.0	6.0	70	1500	1200	1490
1650×1200	1676.4	1219.2	12.0	10.0	6.0	70	1500	1200	1490
1800×900	1828.8	914.4	13.0	7.0	6.0	70	1500	1400	1770
1800×1000	1828.8	1016.0	13.0	8.0	6.0	70	1500	1400	1780
1800×1100	1828.8	1117.6	13.0	8.0	6.0	70	1500	1400	1770
1800×1200	1828.8	1219.2	13.0	9.0	6.0	70	1500	1400	1780
1800×1350	1828.8	1371.6	13.0	10.0	6.0	70	1500	1400	1790
1900×1000	1930.4	1016.0	14.0	8.0	6.0	70	1500	1400	2000
1900×1100	1930.4	1117.6	14.0	8.0	6.0	70	1500	1400	1990
1900×1200	1930.4	1219.2	14.0	9.0	6.0	70	1500	1400	2000
1900×1350	1930.4	1371.6	14.0	10.0	6.0	70	1500	1400	2000
2000×1000	2032.0	1016.0	15.0	8.0	6.0	70	1500	1500	2260
2000×1100	2032.0	1117.6	15.0	8.0	6.0	70	1500	1500	2250
2000×1200	2032.0	1219.2	15.0	9.0	6.0	70	1500	1500	2260
2000×1350	2032.0	1371.6	15.0	10.0	6.0	70	1500	1500	2260
2000×1500	2032.0	1524.0	15.0	11.0	6.0	70	1500	1500	2260
2100×1100	2133.6	1117.6	16.0	8.0	6.0	100	1500	1500	2500
2100×1200	2133.6	1219.2	16.0	9.0	6.0	100	1500	1500	2510
2100×1350	2133.6	1371.6	16.0	10.0	6.0	100	1500	1500	2510

⑥ T자 관 : 12 (계속)

단위 : mm

호칭지름	바깥지름		관두께		보강판		관 길이		참고 무게
A	D_2	d_2	T	t	t_1	B	H	I	(kg)
2100×1500	2133.6	1524.0	16.0	11.0	6.0	100	1500	1500	2510
2200×1100	2235.2	1117.6	16.0	8.0	6.0	100	1500	1600	2630
2200×1200	2235.2	1219.2	16.0	9.0	6.0	100	1500	1600	2640
2200×1350	2235.2	1371.6	16.0	10.0	6.0	100	1500	1600	2640
2200×1500	2235.2	1524.0	16.0	11.0	6.0	100	1500	1600	2640
2200×1600	2235.2	1625.6	16.0	12.0	6.0	100	1500	1600	2650
2200×1650	2235.2	1676.4	16.0	12.0	6.0	100	1500	1600	2650
2300×1200	2336.8	1219.2	17.0	9.0	6.0	100	1500	1600	2910
2300×1350	2336.8	1371.6	17.0	10.0	6.0	100	1500	1600	2900
2300×1500	2336.8	1524.0	17.0	11.0	6.0	100	1500	1600	2900
2300×1600	2336.8	1625.6	17.0	12.0	6.0	100	1500	1600	2900
2300×1650	2336.8	1676.4	17.0	12.0	6.0	100	1500	1600	2890
2400×1200	2438.4	1219.2	18.0	9.0	9.0	100	1750	1700	3760
2400×1350	2438.4	1371.6	18.0	10.0	9.0	100	1750	1700	3760
2400×1500	2438.4	1524.0	18.0	11.0	9.0	100	1750	1700	3760
2400×1600	2438.4	1625.6	18.0	12.0	9.0	100	1750	1700	3760
2400×1650	2438.4	1676.4	18.0	12.0	9.0	100	1750	1700	3750
2400×1800	2438.4	1828.8	18.0	13.0	9.0	100	1750	1700	3760
2500×1200	2540.0	1219.2	18.0	9.0	9.0	100	1750	1700	3910
2500×1350	2540.0	1371.6	18.0	10.0	9.0	100	1750	1700	3900
2500×1500	2540.0	1524.0	18.0	11.0	9.0	100	1750	1700	3890
2500×1600	2540.0	1625.6	18.0	12.0	9.0	100	1750	1700	3900
2500×1650	2540.0	1676.4	18.0	12.0	9.0	100	1750	1700	3890
2500×1800	2540.0	1828.8	18.0	13.0	9.0	100	1750	1700	3880
2600×1350	2641.6	1371.6	19.0	10.0	12.0	125	1750	1750	4290
2600×1500	2641.6	1524.0	19.0	11.0	12.0	125	1750	1750	4290
2600×1600	2641.6	1625.6	19.0	12.0	12.0	125	1750	1750	4290
2600×1650	2641.6	1676.4	19.0	12.0	12.0	125	1750	1750	4280
2600×1800	2641.6	1828.8	19.0	13.0	12.0	125	1750	1750	4280
2600×1900	2641.6	1930.4	19.0	14.0	16.0	125	1750	1750	4310
2700×1350	2743.2	1371.6	20.0	10.0	16.0	125	1750	1750	4680
2700×1500	2743.2	1524.0	20.0	11.0	16.0	125	1750	1750	4670
2700×1600	2743.2	1625.6	20.0	12.0	16.0	125	1750	1750	4670
2700×1650	2743.2	1676.4	20.0	12.0	16.0	125	1750	1750	4660
2700×1800	2743.2	1828.8	20.0	13.0	16.0	125	1750	1750	4640
2700×1900	2743.2	1930.4	20.0	14.0	16.0	125	1750	1750	4650
2700×2000	2743.2	2032.0	20.0	15.0	16.0	125	1750	1750	4650
2800×1350	2844.8	1371.6	21.0	10.0	16.0	125	2000	1900	5850
2800×1500	2844.8	1524.0	21.0	11.0	16.0	125	2000	1900	5840
2800×1600	2844.8	1625.6	21.0	12.0	16.0	125	2000	1900	5850
2800×1650	2844.8	1676.4	21.0	12.0	16.0	125	2000	1900	5840

❻ T자 관 : 12 (계속)

단위 : mm

호칭지름 A	바깥지름		관두께		보강판		관 길이		참고 무게 (kg)
	D_2	d_2	T	t	t_1	B	H	I	
2800×1800	2844.8	1828.8	21.0	13.0	16.0	125	2000	1900	5830
2800×1900	2844.8	1930.4	21.0	14.0	16.0	125	2000	1900	5830
2800×2000	2844.8	2032.0	21.0	15.0	16.0	125	2000	1900	5850
2800×2100	2844.8	2133.6	21.0	16.0	16.0	125	2000	1900	5850
2900×1500	2946.4	1524.0	21.0	11.0	16.0	150	2000	1900	6050
2900×1600	2946.4	1625.6	21.0	12.0	16.0	150	2000	1900	6050
2900×1650	2946.4	1676.4	21.0	12.0	16.0	150	2000	1900	6040
2900×1800	2946.4	1828.8	27.0	16.0	16.0	150	2000	1900	6030
2900×1900	2946.4	1930.4	27.0	17.0	16.0	150	2000	1900	6030
2900×2000	2946.4	2032.0	27.0	18.0	16.0	150	2000	1900	6040
2900×2100	2946.4	2133.6	27.0	19.0	16.0	150	2000	1900	6050
3000×1500	3048.0	1524.0	29.0	14.0	16.0	150	2000	1900	6520
3000×1600	3048.0	1625.6	29.0	15.0	16.0	150	2000	1900	6520
3000×1650	3048.0	1676.4	29.0	15.0	16.0	150	2000	1900	6510
3000×1800	3048.0	1828.8	29.0	16.0	16.0	150	2000	1900	6490
3000×1900	3048.0	1930.4	29.0	17.0	16.0	150	2000	1900	6480
3000×2000	3048.0	2032.0	29.0	18.0	16.0	150	2000	1900	6470
3000×2100	3048.0	2133.6	29.0	19.0	16.0	150	2000	1900	6140
3000×2200	3048.0	2235.2	29.0	20.0	16.0	150	2000	1900	6450

❼ T자 관 : F15

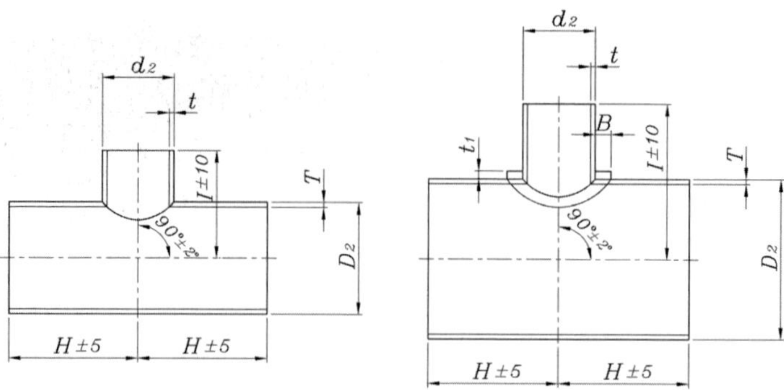

단위 : mm

호칭지름	바깥지름		관 두께		보강판		관 길이		참고
A	D_2	d_2	T	t	t_1	B	H	I	무게(kg)
80×80	89.1	89.1	4.2	4.2	–	–	250	250	6.03
100×80	114.3	89.1	4.5	4.2	–	–	250	250	7.61
100×100	114.3	114.3	4.5	4.5	–	–	250	250	8.13
125×80	139.8	89.1	4.5	4.2	–	–	250	250	8.90
125×100	139.8	114.3	4.5	4.5	–	–	250	250	9.41
125×125	139.8	139.8	4.5	4.5	–	–	250	250	9.75
150×80	165.2	89.1	5.0	4.2	–	–	300	300	13.6
150×100	165.2	114.3	5.0	4.5	–	–	300	300	14.2
150×125	165.2	139.8	5.0	4.5	–	–	300	300	14.6
150×150	165.2	165.2	5.0	5.0	–	–	300	300	15.4
200×100	216.3	114.3	5.8	4.5	–	–	350	350	23.6
200×125	216.3	139.8	5.8	4.5	–	–	350	350	24.1
200×150	216.3	165.2	5.8	5.0	–	–	350	350	25.0
200×200	216.3	216.3	5.8	5.8	–	–	350	350	27.0
250×100	267.4	114.3	6.6	4.5	–	–	400	400	36.7
250×125	267.4	139.8	6.6	4.5	–	–	400	400	37.2
250×150	267.4	165.2	6.6	5.0	–	–	400	400	38.2
250×200	267.4	216.3	6.6	5.8	–	–	400	400	40.4
250×250	267.4	267.4	6.6	6.6	–	–	400	400	42.8
300×100	318.5	114.3	6.9	4.5	–	–	400	400	44.8
300×125	318.5	139.8	6.9	4.5	–	–	400	400	45.3
300×150	318.5	165.2	6.9	5.0	–	–	400	400	46.1
300×200	318.5	216.3	6.9	5.8	–	–	400	400	48.0
300×250	318.5	267.4	6.9	6.6	–	–	400	400	45.0
300×300	318.5	318.5	6.9	6.9	–	–	400	400	51.6
350×150	355.6	165.2	6.0	5.0	–	–	500	500	57.2
350×200	355.6	216.3	6.0	5.8	–	–	500	500	60.0
350×250	355.6	267.4	6.0	6.6	–	–	500	500	63.4
350×300	355.6	318.5	6.0	6.9	–	–	500	500	66.1
350×350	355.6	355.6	6.0	6.0	–	–	500	500	64.5

❼ T자 관 : F15 (계속)

단위 : mm

호칭지름	바깥지름		관 두께		보강판		관 길이		참고
A	D_2	d_2	T	t	t_1	B	H	I	무게(kg)
400×150	406.4	165.2	6.0	5.0	–	–	500	500	64.2
400×200	406.4	216.3	6.0	5.8	–	–	500	500	66.7
400×250	406.4	267.4	6.0	6.6	–	–	500	500	69.7
400×300	406.4	318.5	6.0	6.9	–	–	500	500	72.2
400×350	406.4	355.6	6.0	6.0	–	–	500	500	70.9
400×400	406.4	406.4	6.0	6.0	–	–	500	500	71.7
450×150	457.2	165.2	6.0	5.0	–	–	500	500	71.2
450×200	457.2	216.3	6.0	5.8	–	–	500	500	73.5
450×250	457.2	267.4	6.0	6.6	–	–	500	500	76.2
450×300	457.2	318.5	6.0	6.9	–	–	500	500	78.3
450×350	457.2	355.6	6.0	6.0	–	–	500	500	77.1
450×400	457.2	406.4	6.0	6.0	–	–	500	500	78.1
450×450	457.2	457.2	6.0	6.0	–	–	500	500	78.5
500×200	508.0	216.3	6.0	5.8	–	–	500	500	80.2
500×250	508.0	267.4	6.0	6.6	–	–	500	500	82.5
500×300	508.0	318.5	6.0	6.9	–	–	500	500	84.4
500×350	508.0	355.6	6.0	6.0	–	–	500	500	83.2
500×400	508.0	406.4	6.0	6.0	–	–	500	500	84.0
500×450	508.0	457.2	6.0	6.0	–	–	500	500	84.7
500×500	508.0	508.0	6.0	6.0	–	–	500	500	84.6
600×200	609.6	216.3	6.0	5.8	–	–	750	600	138
600×250	609.6	267.4	6.0	6.6	–	–	750	600	140
600×300	609.6	318.5	6.0	6.9	–	–	750	600	141
600×350	609.6	355.6	6.0	6.0	–	–	750	600	141
600×400	609.6	406.4	6.0	6.0	–	–	750	600	140
600×450	609.6	457.2	6.0	6.0	–	–	750	600	141
600×500	609.6	508.0	6.0	6.0	–	–	750	600	141
600×600	609.6	609.6	6.0	7.0	–	–	750	600	140
700×250	711.2	267.4	6.0	6.6	6.0	70	750	600	168
700×300	711.2	318.5	6.0	6.9	6.0	70	750	600	170
700×350	711.2	355.6	6.0	6.0	6.0	70	750	600	170
700×400	711.2	406.4	6.0	6.0	6.0	70	750	600	171
700×450	711.2	457.2	6.0	6.0	6.0	70	750	600	172
700×500	711.2	508.0	6.0	6.0	6.0	70	750	600	173
700×600	711.2	609.6	6.0	6.0	6.0	70	750	600	175
700×700	711.2	711.2	6.0	7.0	6.0	70	750	600	177
800×300	812.8	318.5	7.0	6.9	6.0	70	1000	700	294
800×350	812.8	355.6	7.0	6.0	6.0	70	1000	700	293
800×400	812.8	406.4	7.0	6.0	6.0	70	1000	700	294
800×450	812.8	457.2	7.0	6.0	6.0	70	1000	700	296
800×500	812.8	508.0	7.0	6.0	6.0	70	1000	700	297

❼ T자 관 : F15 (계속)

단위 : mm

호칭지름	바깥지름		관 두께		보강판		관 길이		참고
A	D_2	d_2	T	t	t_1	B	H	I	무게(kg)
800×600	812.8	609.6	7.0	6.0	6.0	70	1000	700	298
800×700	812.8	711.2	7.0	7.0	6.0	70	1000	700	299
800×800	812.8	812.8	7.0	8.0	6.0	70	1000	700	307
900×300	914.4	318.5	8.0	6.9	6.0	70	1000	700	370
900×350	914.4	355.6	8.0	6.0	6.0	70	1000	700	369
900×400	914.4	406.4	8.0	6.0	6.0	70	1000	700	370
900×450	914.4	457.2	8.0	6.0	6.0	70	1000	700	370
900×500	914.4	508.0	8.0	6.0	6.0	70	1000	700	370
900×600	914.4	609.6	8.0	6.0	6.0	70	1000	700	370
900×700	914.4	711.2	8.0	7.0	6.0	70	1000	700	370
900×800	914.4	812.8	8.0	8.0	6.0	70	1000	700	374
900×900	914.4	914.4	8.0	8.0	6.0	70	1000	700	380
1000×350	1016.0	355.6	9.0	6.0	6.0	70	1000	800	455
1000×400	1016.0	406.4	9.0	6.0	6.0	70	1000	800	461
1000×450	1016.0	457.2	9.0	6.0	6.0	70	1000	800	461
1000×500	1016.0	508.0	9.0	6.0	6.0	70	1000	800	462
1000×600	1016.0	609.6	9.0	6.0	6.0	70	1000	800	462
1000×700	1016.0	711.2	9.0	7.0	6.0	70	1000	800	461
1000×800	1016.0	812.8	9.0	8.0	6.0	70	1000	800	466
1000×900	1016.0	914.4	9.0	8.0	6.0	70	1000	800	472
1100×400	1117.6	406.4	10.0	6.0	6.0	70	1000	800	556
1100×450	1117.6	457.2	10.0	6.0	6.0	70	1000	800	556
1100×500	1117.6	508.0	10.0	6.0	6.0	70	1000	800	556
1100×600	1117.6	609.6	10.0	6.0	6.0	70	1000	800	554
1100×700	1117.6	711.2	10.0	7.0	6.0	70	1000	800	551
1100×800	1117.6	812.8	10.0	8.0	6.0	70	1000	800	552
1100×900	1117.6	914.4	10.0	8.0	6.0	70	1000	800	556
1100×1000	1117.6	1016.0	10.0	9.0	6.0	70	1000	800	560
1200×400	1219.2	406.4	11.0	6.0	6.0	70	1000	900	667
1200×450	1219.2	457.2	11.0	6.0	6.0	70	1000	1000	667
1200×500	1219.2	508.0	11.0	6.0	6.0	70	1000	1000	666
1200×600	1219.2	609.6	11.0	6.0	6.0	70	1000	1000	665
1200×700	1219.2	711.2	11.0	7.0	6.0	70	1000	1000	662
1200×800	1219.2	812.8	11.0	8.0	6.0	70	1000	1000	664
1200×900	1219.2	914.4	11.0	8.0	6.0	70	1000	1000	668
1200×1000	1219.2	1016.0	11.0	9.0	6.0	70	1000	1000	673
1200×1100	1219.2	1117.6	11.0	10.0	6.0	70	1000	1000	678
1350×450	1371.6	457.2	12.0	6.0	6.0	70	1250	1000	1020
1350×500	1371.6	508.0	12.0	6.0	6.0	70	1250	1000	1020
1350×600	1371.6	609.6	12.0	6.0	6.0	70	1250	1000	1020
1350×700	1371.6	711.2	12.0	6.0	6.0	70	1250	1000	1010

❼ T자 관 : F15 (계속)

단위 : mm

호칭지름 A	바깥지름		판두께		보강판		관길이		참고무게 (kg)
	D_2	d_2	T	t	t_1	B	H	I	
1350×800	1371.6	812.8	12.0	7.0	6.0	70	1250	1000	1010
1350×900	1371.6	914.4	12.0	8.0	6.0	100	1250	1000	1020
1350×1000	1371.6	1016.0	12.0	9.0	6.0	100	1250	1000	1030
1350×1100	1371.6	1117.6	12.0	10.0	6.0	100	1250	1000	1030
1350×1200	1371.6	1219.2	12.0	11.0	6.0	100	1250	1000	1040
1500×500	1524.0	508.0	14.0	6.0	9.0	100	1250	1000	1310
1500×600	1524.0	609.6	14.0	6.0	9.0	100	1250	1000	1310
1500×700	1524.0	711.2	14.0	6.0	9.0	100	1250	1000	1300
1500×800	1524.0	812.8	14.0	7.0	9.0	100	1250	1000	1300
1500×900	1524.0	914.4	14.0	8.0	9.0	100	1250	1000	1300
1500×1000	1524.0	1016.0	14.0	9.0	9.0	100	1250	1000	1300
1500×1100	1524.0	1117.6	14.0	10.0	9.0	100	1250	1000	1300
1500×1200	1524.0	1219.2	14.0	11.0	12.0	100	1250	1000	1310
1500×1350	1524.0	1371.6	14.0	12.0	12.0	100	1250	1000	1310
1600×800	1625.6	812.8	15.0	7.0	9.0	100	1500	1200	1800
1600×900	1625.6	914.4	15.0	8.0	9.0	100	1500	1200	1810
1600×1000	1625.6	1016.0	15.0	9.0	9.0	100	1500	1200	1810
1600×1100	1625.6	1117.6	15.0	10.0	12.0	100	1500	1200	1830
1600×1200	1625.6	1219.2	15.0	11.0	12.0	100	1500	1200	1830
1650×800	1676.4	812.8	15.0	7.0	9.0	100	1500	1200	1860
1650×900	1676.4	914.4	15.0	8.0	12.0	100	1500	1200	1870
1650×1000	1676.4	1016.0	15.0	9.0	12.0	100	1500	1200	1870
1650×1100	1676.4	1117.6	15.0	10.0	12.0	100	1500	1200	1870
1650×1200	1676.4	1219.2	15.0	11.0	12.0	100	1500	1200	1880
1800×900	1828.8	914.4	16.0	8.0	12.0	100	1500	1400	2190
1800×1000	1828.8	1016.0	16.0	9.0	12.0	100	1500	1400	2190
1800×1100	1828.8	1117.6	16.0	10.0	12.0	125	1500	1400	2210
1800×1200	1828.8	1219.2	16.0	11.0	12.0	125	1500	1400	2220
1800×1350	1828.8	1371.6	16.0	12.0	12.0	150	1500	1400	2250
1900×1000	1930.4	1016.0	17.0	9.0	12.0	100	1500	1400	2430
1900×1100	1930.4	1117.6	17.0	10.0	12.0	125	1500	1400	2450
1900×1200	1930.4	1219.2	17.0	11.0	12.0	125	1500	1400	2460
1900×1350	1930.4	1371.6	17.0	12.0	12.0	150	1500	1400	2480
2000×1000	2032.0	1016.0	18.0	9.0	12.0	125	1500	1500	2720
2000×1100	2032.0	1117.6	18.0	10.0	12.0	125	1500	1500	2730
2000×1200	2032.0	1219.2	18.0	11.0	12.0	125	1500	1500	2780
2000×1350	2032.0	1371.6	18.0	12.0	12.0	150	1500	1500	2760
2000×1500	2032.0	1524.0	18.0	14.0	12.0	150	1500	1500	2790
2100×1100	2133.6	1117.6	19.0	10.0	12.0	125	1500	1500	3000
2100×1200	2133.6	1219.2	19.0	11.0	12.0	125	1500	1500	3000
2100×1350	2133.6	1371.6	19.0	12.0	12.0	150	1500	1500	3020

❼ T자 관 : F15 (계속)

단위 : mm

호칭지름 A	바깥지름		판두께		보강판		관길이		참고무게 (kg)
	D_2	d_2	T	t	t_1	B	H	I	
2100×1500	2133.6	1524.0	19.0	14.0	12.0	150	1500	1500	3040
2200×1100	2235.2	1117.6	20.0	10.0	12.0	125	1500	1600	3310
2200×1200	2235.2	1219.2	20.0	11.0	12.0	150	1500	1600	3320
2200×1350	2235.2	1371.6	20.0	12.0	12.0	150	1500	1600	3330
2200×1500	2235.2	1524.0	20.0	14.0	16.0	150	1500	1600	3380
2200×1600	2235.2	1625.6	20.0	15.0	16.0	150	1500	1600	3390
2200×1650	2235.2	1676.4	20.0	15.0	16.0	150	1500	1600	3380
2300×1200	2336.8	1219.2	21.0	11.0	12.0	150	1500	1600	3620
2300×1350	2336.8	1371.6	21.0	12.0	12.0	150	1500	1600	3610
2300×1500	2336.8	1524.0	21.0	14.0	16.0	150	1500	1600	3650
2300×1600	2336.8	1625.6	21.0	15.0	16.0	150	1500	1600	3660
2300×1650	2336.8	1676.4	21.0	15.0	16.0	150	1500	1600	3650
2400×1200	2438.4	1219.2	22.0	11.0	12.0	150	1500	1700	4620
2400×1350	2438.4	1371.6	22.0	12.0	12.0	150	1500	1700	4610
2400×1500	2438.4	1524.0	22.0	14.0	16.0	150	1500	1700	4660
2400×1600	2438.4	1625.6	22.0	15.0	16.0	150	1500	1700	4660
2400×1650	2438.4	1676.4	22.0	15.0	16.0	150	1500	1700	4650
2400×1800	2438.4	1828.8	22.0	16.0	16.0	150	1500	1700	4650
2500×1200	2540.0	1219.2	23.0	11.0	12.0	150	1750	1700	5000
2500×1350	2540.0	1371.6	23.0	12.0	16.0	150	1750	1700	5010
2500×1500	2540.0	1524.0	23.0	14.0	16.0	150	1750	1700	5020
2500×1600	2540.0	1625.6	23.0	15.0	16.0	150	1750	1700	5020
2500×1650	2540.0	1676.4	23.0	15.0	16.0	150	1750	1700	5010
2500×1800	2540.0	1828.8	23.0	16.0	16.0	150	1750	1700	5000
2600×1350	2641.6	1371.6	24.0	12.0	16.0	150	1750	1750	5420
2600×1500	2641.6	1524.0	24.0	14.0	16.0	150	1750	1750	5390
2600×1600	2641.6	1625.6	24.0	15.0	16.0	150	1750	1750	5420
2600×1650	2641.6	1676.4	24.0	15.0	16.0	150	1750	1750	5420
2600×1800	2641.6	1828.8	24.0	16.0	16.0	150	1750	1750	5410
2600×1900	2641.6	1930.4	24.0	17.0	19.0	150	1750	1750	5430

❽ 편락관

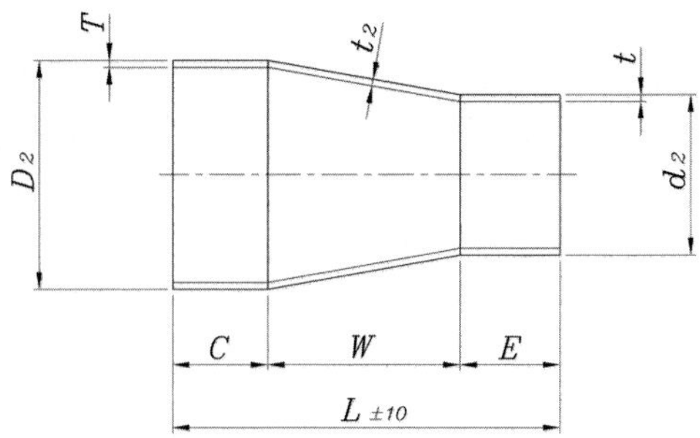

단위 : mm

호칭지름 A	바깥지름			관 두께									관 길이			참고 무게(kg)		
				F12			F15			F20								
	D_2	d_2	T	t	t_2	T	t	t_2	T	t	t_2	C	E	W	L	F12	F15	F20
100×80	114.3	89.1	4.5	4.2	4.5	4.5	4.2	4.5	4.9	4.5	6.0	200	200	300	700	7.44	7.44	8.04
125×80	139.8	89.1	4.5	4.2	4.5	4.5	4.2	4.5	5.1	4.5	6.0	200	200	300	700	8.44	8.44	9.42
125×100	139.8	114.3	4.5	4.5	4.5	4.5	4.5	4.5	5.1	4.9	6.0	200	200	300	700	9.52	9.52	10.4
150×100	165.2	114.3	5.0	4.5	6.0	5.0	4.5	6.0	5.5	4.9	6.0	200	200	300	700	11.4	11.4	12.5
150×125	165.2	139.8	5.0	4.5	6.0	5.0	4.5	6.0	5.5	5.1	6.0	200	200	300	700	12.4	12.4	13.7
200×100	216.3	114.3	5.8	4.5	6.0	5.8	4.5	6.0	6.4	4.9	6.0	200	200	300	700	15.4	15.4	16.9
200×125	216.3	139.8	5.8	4.5	6.0	5.8	4.5	6.0	6.4	5.1	6.0	200	200	300	700	16.5	16.5	16.2
200×150	216.3	165.2	5.8	5.0	6.0	5.8	5.0	6.0	6.4	5.5	6.0	200	200	300	700	18.0	18.0	20.0
250×100	267.4	114.3	6.6	4.5	6.0	6.6	4.5	6.0	6.4	4.9	6.0	200	200	400	800	23.2	23.2	22.8
250×125	267.4	139.8	6.6	4.5	6.0	6.6	4.5	6.0	6.4	5.1	6.0	200	200	400	800	24.5	24.5	24.8
250×150	267.4	165.2	6.6	5.0	6.0	6.6	5.0	6.0	6.4	5.5	6.0	200	200	400	800	26.3	26.3	26.0
250×200	267.4	216.3	6.6	5.8	6.0	6.6	5.8	6.0	6.4	6.4	6.0	200	200	400	800	29.9	29.9	29.8
300×100	318.5	114.3	6.9	4.5	6.0	6.9	4.5	6.0	6.4	4.9	6.0	200	200	400	800	27.8	27.8	26.2
300×125	318.5	139.8	6.9	4.5	6.0	6.9	4.5	6.0	6.4	5.1	6.0	200	200	400	800	29.7	29.7	27.7
300×150	318.5	165.2	6.9	5.0	6.0	6.9	5.0	6.0	6.4	5.5	6.0	200	200	400	800	30.9	30.9	29.3
300×200	318.5	216.3	6.9	5.8	6.0	6.9	5.8	6.0	6.4	6.4	6.0	200	200	400	800	34.5	34.5	33.1
300×250	318.5	267.4	6.9	6.6	6.0	6.9	6.6	6.0	6.4	6.4	6.0	200	200	400	800	38.6	38.6	36.2
350×150	355.6	165.2	6.0	5.0	6.0	6.0	5.0	6.0	6.0	5.5	6.0	200	200	400	800	29.8	29.8	30.2
350×200	355.6	216.3	6.0	5.8	6.0	6.0	5.8	6.0	6.0	6.4	6.0	200	200	400	800	33.2	33.2	33.8
350×250	355.6	267.4	6.0	6.6	6.0	6.0	6.6	6.0	6.0	6.4	6.0	200	200	400	800	37.0	37.0	36.8
350×300	355.6	318.5	6.0	6.9	6.0	6.0	6.9	6.0	6.0	6.4	6.0	200	200	400	800	40.5	40.5	39.8
400×150	406.4	165.2	6.0	5.0	6.0	6.0	5.0	6.0	6.0	5.5	6.0	200	200	500	900	37.1	37.1	37.5
400×200	406.4	216.3	6.0	5.8	6.0	6.0	5.8	6.0	6.0	6.4	6.0	200	200	500	900	40.9	40.9	41.5
400×250	406.4	267.4	6.0	6.6	6.0	6.0	6.6	6.0	6.0	6.4	6.0	200	200	500	900	45.0	45.0	44.8
400×300	406.4	318.5	6.0	6.9	6.0	6.0	6.9	6.0	6.0	6.4	6.0	200	200	500	900	48.9	48.9	49.2
400×350	406.4	355.6	6.0	6.0	6.0	6.0	6.0	6.0	6.0	6.0	6.0	200	200	500	900	50.7	50.7	50.0
450×200	457.2	216.3	6.0	5.8	6.0	6.0	5.8	6.0	6.0	6.4	6.0	200	200	500	900	44.6	44.6	45.1
450×250	457.2	267.4	6.0	6.6	6.0	6.0	6.6	6.0	6.0	6.4	6.0	200	200	500	900	48.7	48.7	48.4
450×300	457.2	318.5	6.0	6.9	6.0	6.0	6.9	6.0	6.0	6.4	6.0	200	200	500	900	52.5	52.5	51.7
450×350	457.2	355.6	6.0	6.0	6.0	6.0	6.0	6.0	6.0	6.0	6.0	200	200	500	900	53.5	53.5	53.5

⑧ 편락관 (계속)

단위 : mm

호칭지름 A	바깥지름		관 두께									관 길이				참고 무게(kg)		
			F12			F15			F20									
	D_2	d_2	T	t	t_2	T	t	t_2	T	t	t_2	C	E	W	L	F12	F15	F20
450×400	457.2	406.4	6.0	6.0	6.0	6.0	6.0	6.0	6.0	6.0	6.0	200	200	500	900	56.7	56.7	56.7
500×250	508.0	267.4	6.0	6.6	6.0	6.0	6.6	6.0	6.0	6.4	6.0	200	200	500	900	52.4	52.4	52.1
500×300	508.0	318.5	6.0	6.9	6.0	6.0	6.9	6.0	6.0	6.4	6.0	200	200	500	900	56.1	56.1	55.4
500×350	508.0	355.6	6.0	6.0	6.0	6.0	6.0	6.0	6.0	6.0	6.0	200	200	500	900	57.1	57.1	57.1
500×400	508.0	406.4	6.0	6.0	6.0	6.0	6.0	6.0	6.0	6.0	6.0	200	200	500	900	60.3	60.3	60.3
500×450	508.0	457.2	6.0	6.0	6.0	6.0	6.0	6.0	6.0	6.0	6.0	200	200	500	900	63.5	63.5	63.5
600×300	609.6	318.5	6.0	6.9	6.0	6.0	6.9	6.0	6.0	6.4	6.0	200	200	500	900	63.7	63.7	63.0
600×350	609.6	355.6	6.0	6.0	6.0	6.0	6.0	6.0	6.0	6.0	6.0	200	200	500	900	64.6	64.6	64.6
600×400	609.6	406.4	6.0	6.0	6.0	6.0	6.0	6.0	6.0	6.0	6.0	200	200	500	900	67.6	67.6	67.6
600×450	609.6	457.2	6.0	6.0	6.0	6.0	6.0	6.0	6.0	6.0	6.0	200	200	500	900	70.7	70.7	70.9
600×500	609.6	508.0	6.0	6.0	6.0	6.0	6.0	6.0	6.0	6.0	6.0	200	200	500	900	73.8	73.8	73.8
700×400	711.2	406.4	6.0	6.0	6.0	6.0	6.0	6.0	7.0	6.0	7.0	250	250	700	1200	99.5	99.5	113
700×450	711.2	457.2	6.0	6.0	6.0	6.0	6.0	6.0	7.0	6.0	7.0	250	250	700	1200	104	104	118
700×500	711.2	508.0	6.0	6.0	6.0	6.0	6.0	6.0	7.0	6.0	7.0	250	250	700	1200	108	108	123
700×600	711.2	609.6	6.0	6.0	6.0	6.0	6.0	6.0	7.0	6.0	7.0	250	250	700	1200	116	116	132
800×450	812.8	457.2	7.0	6.0	7.0	7.0	6.0	7.0	8.0	6.0	8.0	250	250	700	1200	130	130	146
800×500	812.8	508.0	7.0	6.0	7.0	7.0	6.0	7.0	8.0	6.0	8.0	250	250	700	1200	134	134	151
800×600	812.8	609.6	7.0	6.0	7.0	7.0	6.0	7.0	8.0	6.0	8.0	250	250	700	1200	143	143	160
800×700	812.8	711.2	7.0	6.0	7.0	7.0	6.0	7.0	8.0	7.0	8.0	250	250	700	1200	152	152	175
900×500	914.4	508.0	7.0	6.0	7.0	8.0	6.0	8.0	8.0	6.0	8.0	250	250	700	1200	146	165	165
900×600	914.4	609.6	7.0	6.0	7.0	8.0	6.0	8.0	8.0	6.0	8.0	250	250	700	1200	155	174	174
900×700	914.4	711.2	7.0	6.0	7.0	8.0	6.0	8.0	8.0	7.0	8.0	250	250	700	1200	164	183	187
900×800	914.4	812.8	7.0	7.0	7.0	8.0	7.0	8.0	8.0	8.0	8.0	250	250	700	1200	178	198	203
1000×500	1016.0	508.1	8.0	6.0	8.0	9.0	6.0	9.0	9.0	6.0	9.0	250	250	700	1200	179	199	199
1000×600	1016.0	609.6	8.0	6.0	8.0	9.0	6.0	9.0	9.0	6.0	9.0	250	250	700	1200	188	208	208
1000×700	1016.0	711.2	8.0	6.0	8.0	9.0	6.0	9.0	9.0	7.0	9.0	250	250	700	1200	197	218	222
1000×800	1016.0	812.8	8.0	7.0	8.0	9.0	7.0	9.0	9.0	8.0	9.0	250	250	700	1200	211	233	238
1000×900	1016.0	914.4	8.0	7.0	8.0	9.0	7.0	9.0	9.0	8.0	9.0	250	250	700	1200	221	250	250
1100×600	1117.6	609.6	8.0	6.0	8.0	10.0	6.0	10.0	10.0	6.0	10.0	250	250	800	1300	219	268	268
1100×700	1117.6	711.2	8.0	6.0	8.0	10.0	6.0	10.0	10.0	7.0	10.0	250	250	800	1300	229	279	283
1100×800	1117.6	812.8	8.0	7.0	8.0	10.0	7.0	10.0	10.0	8.0	10.0	250	250	800	1300	243	295	300
1100×900	1117.6	914.4	8.0	7.0	8.0	10.0	7.0	10.0	10.0	8.0	10.0	250	250	800	1300	254	313	313
1100×1000	1117.6	1016.0	8.0	8.0	8.0	10.0	8.0	10.0	10.0	9.0	10.0	250	250	800	1300	272	333	333
1200×700	1219.2	711.2	9.0	6.0	9.0	11.0	6.0	11.0	11.0	7.0	11.0	250	250	800	1300	272	326	330
1200×800	1219.2	812.8	9.0	7.0	9.0	11.0	7.0	11.0	11.0	8.0	11.0	250	250	800	1300	287	342	347
1200×900	1219.2	914.4	9.0	7.0	9.0	11.0	7.0	11.0	11.0	8.0	11.0	250	250	800	1300	298	360	360
1200×1000	1219.2	1016.0	9.0	8.0	9.0	11.0	8.0	11.0	11.0	9.0	11.0	250	250	800	1300	315	380	380
1200×1100	1219.2	1117.6	9.0	8.0	9.0	11.0	8.0	11.0	11.0	10.0	11.0	250	250	800	1300	328	402	402
1350×800	1371.6	812.8	10.0	7.0	10.0	12.0	7.0	12.0	12.0	8.0	12.0	250	250	800	1300	345	407	411
1350×900	1371.6	914.4	10.0	7.0	10.0	12.0	8.0	12.0	12.0	8.0	12.0	250	250	800	1300	356	428	424

❽ 편락관 (계속)

단위 : mm

호칭지름 A	바깥지름		관 두께									관 길이				참고 무게(kg)		
			F12			F15			F20									
	D_2	d_2	T	t	t_2	T	t	t_2	T	t	t_2	C	E	W	L	F12	F15	F20
1350×1000	1371.6	1016.0	10.0	8.0	10.0	12.0	9.0	12.0	12.0	9.0	12.0	250	250	800	1300	373	443	443
1350×1100	1371.6	1117.6	10.0	8.0	10.0	12.0	10.0	12.0	12.0	10.0	12.0	250	250	800	1300	385	465	465
1350×1200	1371.6	1219.2	10.0	9.0	10.0	12.0	11.0	12.0	12.0	11.0	12.0	250	250	800	1300	406	488	488
1500×900	1524.0	914.4	11.0	7.0	11.0	14.0	8.0	14.0	14.0	8.0	14.0	250	250	800	1300	424	532	532
1500×1000	1524.0	1016.0	11.0	8.0	11.0	14.0	9.0	14.0	14.0	9.0	14.0	250	250	800	1300	439	551	551
1500×1100	1524.0	1117.6	11.0	8.0	11.0	14.0	10.0	14.0	14.0	10.0	14.0	250	250	800	1300	451	571	571
1500×1200	1524.0	1219.2	11.0	9.0	11.0	11.0	9.0	11.0	14.0	11.0	14.0	250	250	800	1300	471	594	594
1500×1350	1524.0	1371.6	11.0	10.0	11.0	11.0	10.0	11.0	14.0	12.0	14.0	250	250	800	1300	500	629	629
1600×1000	1625.6	1016.0	12.0	8.0	12.0	12.0	8.0	12.0	15.0	9.0	15.0	300	300	900	1500	571	705	705
1600×1100	1625.6	1117.6	12.0	8.0	12.0	12.0	8.0	12.0	15.0	10.0	15.0	300	300	900	1500	585	730	730
1600×1200	1625.6	1219.2	12.0	9.0	12.0	12.0	9.0	12.0	15.0	11.0	15.0	300	300	900	1500	610	758	758
1600×1350	1625.6	1371.6	12.0	10.0	12.0	12.0	10.0	12.0	15.0	12.0	15.0	300	300	900	1500	644	799	799
1600×1500	1625.6	1524.0	12.0	11.0	12.0	12.0	11.0	12.0	15.0	14.0	15.0	300	300	900	1500	683	855	855
1650×1000	1676.4	1016.0	12.0	8.0	12.0	15.0	9.0	15.0	15.0	9.0	15.0	300	300	900	1500	586	724	724
1650×1100	1676.4	1117.6	12.0	8.0	12.0	15.0	10.0	15.0	15.0	10.0	15.0	300	300	900	1500	600	749	749
1650×1200	1676.4	1219.2	12.0	9.0	12.0	15.0	11.0	15.0	15.0	11.0	15.0	300	300	900	1500	623	775	775
1650×1350	1676.4	1371.6	12.0	10.0	12.0	15.0	12.0	15.0	15.0	12.0	15.0	300	300	900	1500	657	815	815
1650×1500	1676.4	1524.0	12.0	11.0	12.0	15.0	14.0	15.0	15.0	14.0	15.0	300	300	900	1500	696	871	871
1650×1600	1676.4	1625.6	12.0	12.0	12.0	15.0	15.0	15.0	15.0	15.0	15.0	300	300	900	1500	728	908	908
1800×1100	1828.8	1117.6	13.0	8.0	13.0	16.0	10.0	16.0	16.0	10.0	16.0	300	300	900	1500	694	853	853
1800×1200	1828.8	1219.2	13.0	9.0	13.0	16.0	11.0	16.0	16.0	11.0	16.0	300	300	900	1500	716	879	879
1800×1350	1828.8	1371.6	13.0	10.0	13.0	16.0	12.0	16.0	16.0	12.0	16.0	300	300	900	1500	748	916	916
1800×1500	1828.8	1524.0	13.0	11.0	13.0	16.0	14.0	16.0	16.0	14.0	16.0	300	300	900	1500	785	969	969
1800×1600	1828.8	1625.6	13.0	12.0	13.0	16.0	15.0	16.0	16.0	15.0	16.0	300	300	900	1500	816	1010	1010
1800×1650	1828.8	1676.4	13.0	12.0	13.0	16.0	15.0	16.0	16.0	15.0	16.0	300	300	900	1500	826	1020	1020
1900×1100	1930.4	1117.6	14.0	8.0	14.0	17.0	8.0	17.0	17.0	10.0	17.0	300	300	900	1500	779	947	947
1900×1200	1930.4	1219.2	14.0	9.0	14.0	17.0	9.0	17.0	17.0	11.0	17.0	300	300	900	1500	801	971	971
1900×1350	1930.4	1371.6	14.0	10.0	14.0	17.0	10.0	17.0	17.0	12.0	17.0	300	300	900	1500	832	1010	1010
1900×1500	1930.4	1524.0	14.0	11.0	14.0	17.0	11.0	17.0	17.0	14.0	17.0	300	300	900	1500	868	1060	1060
1900×1600	1930.4	1625.6	14.0	12.0	14.0	17.0	12.0	17.0	17.0	15.0	17.0	300	300	900	1500	898	1090	1090
1900×1650	1930.4	1676.4	14.0	12.0	14.0	17.0	12.0	17.0	17.0	15.0	17.0	300	300	900	1500	908	1110	1100
1900×1800	1930.4	1828.8	14.0	13.0	14.0	17.0	13.0	17.0	17.0	16.0	17.0	300	300	900	1500	954	1160	1160
2000×1200	2032.0	1219.2	15.0	9.0	15.0	18.0	9.0	18.0	18.0	11.0	18.0	300	300	900	1500	893	1070	1070
2000×1350	2032.0	1371.6	15.0	10.0	15.0	18.0	10.0	18.0	18.0	12.0	18.0	300	300	900	1500	923	1110	1110
2000×1500	2032.0	1524.0	15.0	11.0	15.0	18.0	11.0	18.0	18.0	14.0	18.0	300	300	900	1500	957	1160	1160
2000×1600	2032.0	1625.6	15.0	12.0	15.0	18.0	12.0	18.0	18.0	15.0	18.0	300	300	900	1500	986	1190	1190
2000×1650	2032.0	1676.4	15.0	12.0	15.0	18.0	12.0	18.0	18.0	15.0	18.0	300	300	900	1500	996	1200	1200
2000×1800	2032.0	1828.8	15.0	13.0	15.0	18.0	13.0	18.0	18.0	16.0	18.0	300	300	900	1500	1040	1250	1250
2000×1900	2032.0	1930.4	15.0	14.0	15.0	18.0	14.0	18.0	18.0	17.0	18.0	300	300	900	1500	1080	1290	1290
2100×1500	2133.6	1524.0	16.0	11.0	16.0	19.0	11.0	19.0	19.0	14.0	19.0	300	300	1000	1600	1120	1340	1340

❽ 편락관 (계속)

단위 : mm

호칭지름 A	바깥지름		관 두께									관 길이				참고 무게(kg)		
			F12			F15			F20									
	D_2	d_2	T	t	t_2	T	t	t_2	T	t	t_2	C	E	W	L	F12	F15	F20
2100×1600	2133.6	1625.6	16.0	12.0	16.0	19.0	12.0	19.0	19.0	15.0	19.0	300	300	1000	1600	1150	1380	1380
2100×1650	2133.6	1676.4	16.0	12.0	16.0	19.0	12.0	19.0	19.0	15.0	19.0	300	300	1000	1600	1160	1390	1390
2100×1800	2133.6	1828.8	16.0	13.0	16.0	19.0	13.0	19.0	19.0	16.0	19.0	300	300	1000	1600	1210	1440	1440
2100×1900	2133.6	1930.4	16.0	14.0	16.0	19.0	14.0	19.0	19.0	17.0	19.0	300	300	1000	1600	1250	1490	1490
2100×2000	2133.6	2032.0	16.0	15.0	16.0	19.0	15.0	19.0	19.0	18.0	19.0	300	300	1000	1600	1290	1530	1530
2200×1500	2235.2	1524.0	16.0	11.0	16.0	20.0	11.0	20.0	20.0	140	20.0	300	300	1000	1600	1170	1460	1460
2200×1600	2235.2	1625.6	16.0	12.0	16.0	20.0	12.0	20.0	20.0	15.0	20.0	300	300	1000	1600	1200	1490	1490
2200×1650	2235.2	1676.4	16.0	12.0	16.0	20.0	12.0	20.0	20.0	15.0	20.0	300	300	1000	1600	1210	1500	1500
2200×1800	2235.2	1828.8	16.0	13.0	16.0	20.0	13.0	20.0	20.0	16.0	20.0	300	300	1000	1600	1250	1560	1560
2200×1900	2235.2	1930.4	16.0	14.0	16.0	20.0	14.0	20.0	20.0	17.0	20.0	300	300	1000	1600	1290	1600	1600
2200×2000	2235.2	2032.0	16.0	15.0	16.0	20.0	15.0	20.0	20.0	18.0	20.0	300	300	1000	1600	1330	1640	1640
2200×2100	2235.2	2133.6	16.0	16.0	16.0	20.0	16.0	20.0	20.0	19.0	20.0	300	300	1000	1600	1370	1690	1690
2300×1600	2336.8	1625.6	17.0	12.0	17.0	21.0	12.0	21.0	21.0	15.0	21.0	300	300	1000	1600	1310	1620	1620
2300×1650	2336.8	1676.4	17.0	12.0	17.0	21.0	12.0	21.0	21.0	15.0	21.0	300	300	1000	1600	1320	1630	1630
2300×1800	2336.8	1828.8	17.0	13.0	17.0	21.0	13.0	21.0	21.0	16.0	21.0	300	300	1000	1600	1360	1680	1680
2300×1900	2336.8	1930.4	17.0	14.0	17.0	21.0	14.0	21.0	21.0	17.0	21.0	300	300	1000	1600	1390	1720	1720
2300×2000	2336.8	2032.0	17.0	15.0	17.0	21.0	15.0	21.0	21.0	18.0	21.0	300	300	1000	1600	1440	1760	1760
2300×2100	2336.8	2133.6	17.0	16.0	17.0	21.0	16.0	21.0	21.0	19.0	21.0	300	300	1000	1600	1480	1810	1810
2300×2200	2336.8	2235.2	17.0	16.0	17.0	21.0	16.0	21.0	21.0	20.0	21.0	300	300	1000	1600	1510	1860	1860
2400×1650	2438.4	1676.4	18.0	12.0	18.0	22.0	12.0	22.0	22.0	15.0	22.0	300	300	1000	1600	1440	1760	1760
2400×1800	2438.4	1828.8	18.0	13.0	18.0	22.0	13.0	22.0	22.0	16.0	22.0	300	300	1000	1600	1480	1810	1810
2400×1900	2438.4	1930.4	18.0	14.0	18.0	22.0	14.0	22.0	22.0	17.0	22.0	300	300	1000	1600	1510	1840	1840
2400×2000	2438.4	2032.0	18.0	15.0	18.0	22.0	15.0	22.0	22.0	18.0	22.0	300	300	1000	1600	1550	1890	1890
2400×2100	2438.4	2133.6	18.0	16.0	18.0	22.0	16.0	22.0	22.0	19.0	22.0	300	300	1000	1600	1590	1930	1930
2400×2200	2438.4	2235.2	18.0	16.0	18.0	22.0	16.0	22.0	22.0	20.0	22.0	300	300	1000	1600	1620	1980	1980
2400×2300	2438.4	2336.8	18.0	17.0	18.0	22.0	17.0	22.0	22.0	21.0	22.0	300	300	1000	1600	1670	2040	2040

❾ 나팔관

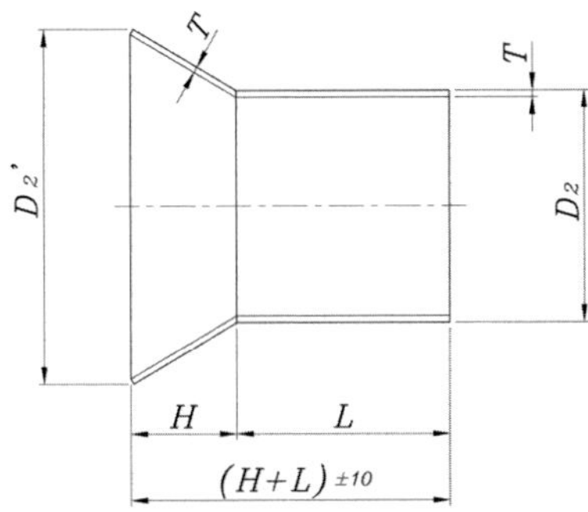

단위 : mm

호칭지름 A	바깥지름 D2	관 두께 T			각부 치수			참고 무게(kg)		
		F12	F15	F20	D2'	H	L	F12	F15	F20
80	89.1	4.2	4.2	4.5	180	75	425	4.92	4.92	5.26
100	114.3	4.5	4.5	4.9	210	75	425	6.73	6.73	7.31
125	139.8	4.5	4.5	5.1	230	75	425	8.13	8.13	9.18
150	165.2	5.0	5.0	5.5	280	100	400	11.0	11.0	12.1
200	216.3	5.8	5.8	6.4	330	100	400	16.4	16.4	18.1
250	267.4	6.6	6.6	6.4	380	100	400	22.9	22.9	22.2
300	318.5	6.9	6.9	6.4	490	150	600	43.5	43.5	40.4
350	355.6	6.0	6.0	6.0	530	150	600	42.3	42.3	42.3
400	406.4	6.0	6.0	6.0	580	150	600	48.0	48.0	48.0
450	457.2	6.0	6.0	6.0	690	200	550	56.2	56.2	56.2
500	508.0	6.0	6.0	6.0	740	200	550	62.0	62.0	62.0
600	609.6	6.0	6.0	6.0	840	200	550	73.7	73.7	73.7
700	711.2	6.0	6.0	7.0	1000	250	550	88.5	88.5	103
800	812.8	7.0	7.0	8.0	1100	250	500	117	117	133
900	914.4	7.0	8.0	8.0	1200	250	500	131	149	149
1000	1016.0	8.0	9.0	9.0	1300	250	500	165	185	185
1100	1117.6	8.0	10.0	10.0	1410	250	750	236	294	294
1200	1219.2	9.0	11.0	11.0	1510	250	750	288	352	352
1350	1371.6	10.0	12.0	12.0	1660	250	750	359	430	430
1500	1524.0	11.0	14.0	14.0	1810	250	750	437	555	555
1600	1625.6	12.0	15.0	15.0	1970	250	1200	756	943	943
1650	1676.4	12.0	15.0	15.0	2020	300	1200	779	972	972
1800	1828.8	13.0	16.0	16.0	2170	300	1200	918	1130	1130
1900	1930.4	14.0	17.0	17.0	2280	300	1200	1040	1270	1270
2000	2032.0	15.0	18.0	18.0	2380	300	1200	1180	1410	1410

⑩ 배수 T자관 : F12

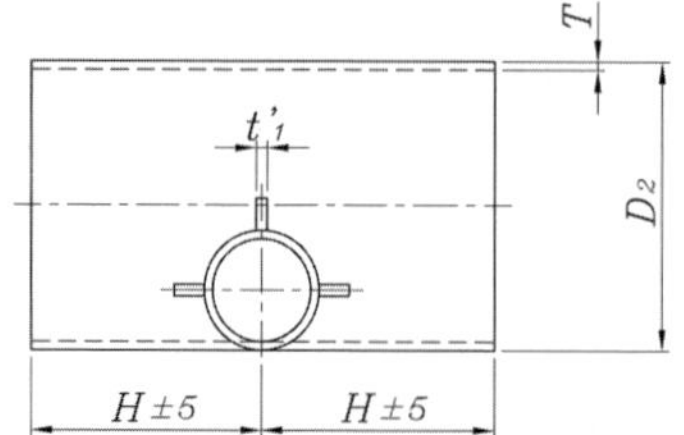

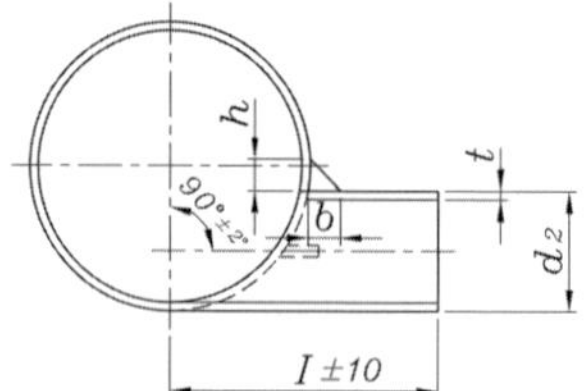

단위 : mm

호칭지름	바깥지름		관 두께		관 길이		리브			참고
A	D_2	d_2	T	t	H	I	t'_1	b	h	질량(kg)
200×80	216.3	89.1	5.8	4.2	350	250	–	–	–	22.3
250×80	267.4	89.1	6.6	4.2	400	250	–	–	–	35.0
300×80	318.5	89.1	6.9	4.2	400	300	6.0	60	50	44.0
350×80	355.6	89.1	6.0	4.2	500	350	6.0	70	50	53.8
400×150	406.4	165.2	6.0	5.0	500	350	6.0	70	50	62.7
450×200	457.2	216.3	6.0	5.8	500	400	6.0	80	60	72.8
500×200	508.0	216.3	6.0	5.8	500	450	6.0	80	60	81.3
600×200	609.6	216.3	6.0	5.8	750	500	6.0	80	60	142
700×250	711.2	267.4	6.0	6.6	750	550	6.0	100	80	168
800×200	812.8	216.3	7.0	5.8	1000	600	9.0	100	80	287
800×300	812.8	318.5	7.0	6.9	1000	600	9.0	100	80	292
900×250	914.4	267.4	7.0	6.6	1000	650	9.0	120	100	327
900×350	914.4	355.6	7.0	6.0	1000	650	9.0	120	100	327
1000×300	1016.0	318.5	8.0	6.9	1000	750	9.0	140	120	417
1000×400	1016.0	406.4	8.0	6.0	1000	750	9.0	140	120	415
1100×300	1117.6	318.5	8.0	6.9	1000	800	9.0	160	140	459
1100×400	1117.6	406.4	8.0	6.0	1000	800	9.0	160	140	457
1200×300	1219.2	318.5	9.0	6.9	1000	900	9.0	180	160	562
1200×400	1219.2	406.4	9.0	6.0	1000	900	9.0	180	160	560
1350×300	1371.6	318.5	10.0	6.9	1000	1000	9.0	200	180	700
1350×400	1371.6	406.4	10.0	6.0	1000	1000	9.0	200	180	697
1500×300	1524.0	318.5	11.0	6.9	1000	1100	9.0	220	200	852
1500×400	1524.0	406.4	11.0	6.0	1000	1100	9.0	220	200	849
1600×400	1625.6	406.4	12.0	6.0	1000	1150	9.0	220	200	983
1650×400	1676.4	406.4	12.0	6.0	1000	1150	9.0	220	200	1010
1800×400	1828.8	406.4	13.0	6.0	1000	1200	9.0	220	200	1190
1900×400	1930.4	406.4	14.0	6.0	1000	1200	9.0	220	200	1350
2000×400	2032.0	406.4	15.0	6.0	1000	1300	9.0	220	200	1520
2100×400	2133.6	406.4	16.0	6.0	1000	1350	9.0	220	200	1700
2200×400	2235.2	406.4	16.0	6.0	1000	1400	9.0	220	200	1780
2300×400	2336.8	406.4	17.0	6.0	1000	1450	9.0	220	200	1970
2400×400	2438.4	406.4	18.0	6.0	1000	1500	9.0	220	200	2180
2500×400	2540.0	406.4	18.0	6.0	1000	1550	9.0	220	200	2270
2600×400	2641.6	406.4	19.0	6.0	1000	1600	9.0	220	200	2490
2700×400	2743.2	406.4	20.0	6.0	1000	1650	9.0	220	200	2710
2800×400	2844.8	406.4	21.0	6.0	1000	1700	9.0	220	200	2950
2900×400	2946.4	406.4	21.0	6.0	1000	1800	9.0	220	200	3060
3000×400	3048.0	406.4	22.0	6.0	1000	1800	9.0	220	200	3310

⑪ 배수 T자관 : F15

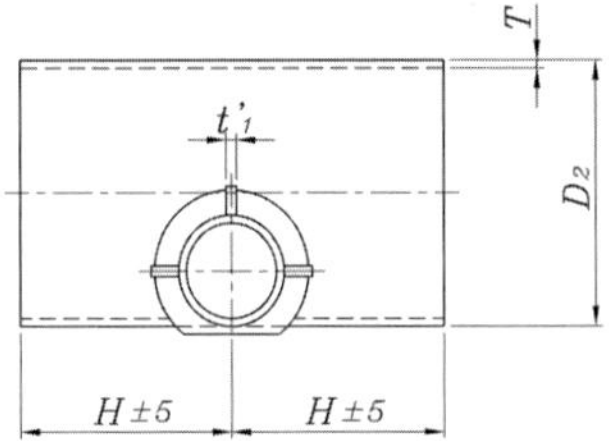

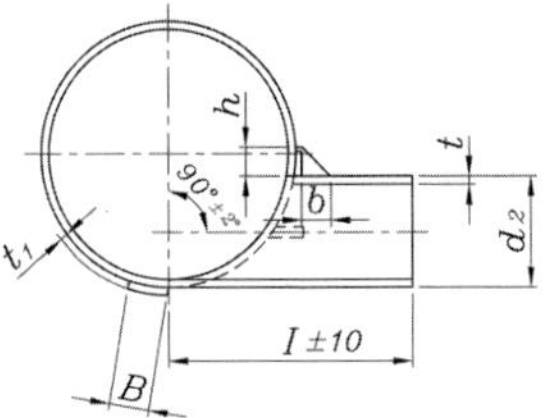

단위 : mm

호칭지름	바깥지름		관 두께		관 길이		보강판		리브			참고
A	D_2	d_2	T	t	H	I	t_1	B	t'_1	b	h	무게(kg)
200×80	216.3	89.1	5.8	4.2	350	250	–	–	–	–	–	22.3
250×80	267.4	89.1	6.6	4.2	400	250	–	–	–	–	–	33.0
300×80	318.5	89.1	6.9	4.2	400	300	–	–	6.0	60	50	44.0
350×80	355.6	89.1	6.0	4.2	500	350	–	–	6.0	70	50	53.8
400×150	406.4	165.2	6.0	5.0	500	350	–	–	6.0	70	50	62.7
450×200	457.2	216.3	6.0	5.8	500	400	–	–	6.0	80	60	72.8
500×200	508.0	216.3	6.0	5.8	500	450	–	–	6.0	80	60	81.3
600×200	609.6	216.3	6.0	5.8	750	500	–	–	6.0	80	60	142
700×250	711.2	267.4	6.0	6.6	750	550	6.0	70	6.0	100	80	178
800×200	812.8	216.3	7.0	5.8	1000	600	6.0	70	9.0	100	80	289
800×300	812.8	318.5	7.0	6.9	1000	600	6.0	70	9.0	100	80	295
900×250	914.4	267.4	8.0	6.6	1000	650	6.0	70	9.0	120	100	373
900×350	914.4	355.6	8.0	6.0	1000	650	6.0	70	9.0	120	100	373
1000×300	1016.0	318.5	9.0	6.9	1000	750	6.0	70	9.0	140	120	468
1000×400	1016.0	406.4	9.0	6.0	1000	750	6.0	70	9.0	140	120	466
1100×300	1117.6	318.5	10.0	6.9	1000	800	6.0	70	9.0	160	140	568
1100×400	1117.6	406.4	10.0	6.0	1000	800	6.0	70	9.0	160	140	566
1200×300	1219.2	318.5	11.0	6.9	1000	900	6.0	70	9.0	180	160	681
1200×400	1219.2	406.4	11.0	6.0	1000	900	6.0	70	9.0	180	160	679
1350×300	1371.6	318.5	12.0	6.9	1000	1000	6.0	70	9.0	200	180	833
1350×400	1371.6	406.4	12.0	6.0	1000	1000	6.0	70	9.0	200	180	831
1500×300	1524.0	318.5	14.0	6.9	1000	1100	6.0	70	9.0	220	200	1070
1500×400	1524.0	406.4	14.0	6.0	1000	1100	6.0	70	9.0	220	200	1070
1600×400	1625.6	406.4	15.0	6.0	1000	1150	6.0	70	9.0	220	200	1220
1650×400	1676.4	406.4	15.0	6.0	1000	1150	6.0	70	9.0	220	200	1260
1800×400	1828.8	406.4	16.0	6.0	1000	1200	6.0	70	9.0	220	200	1460
1900×400	1930.4	406.4	17.0	6.0	1000	1200	6.0	70	9.0	220	200	1630
2000×400	2032.0	406.4	18.0	6.0	1000	1300	6.0	70	9.0	220	200	1810
2100×400	2133.6	406.4	19.0	6.0	1000	1350	6.0	70	9.0	220	200	2010
2200×400	2235.2	406.4	20.0	6.0	1000	1400	6.0	70	9.0	220	200	2210
2300×400	2336.8	406.4	21.0	6.0	1000	1450	6.0	70	9.0	220	200	2420
2400×400	2438.4	406.4	22.0	6.0	1000	1500	6.0	70	9.0	220	200	2650
2500×400	2540.0	406.4	23.0	6.0	1000	1550	6.0	70	9.0	220	200	2880
2600×400	2641.6	406.4	24.0	6.0	1000	1600	6.0	70	9.0	220	200	3120

⑫ 배수 T자관 : F20

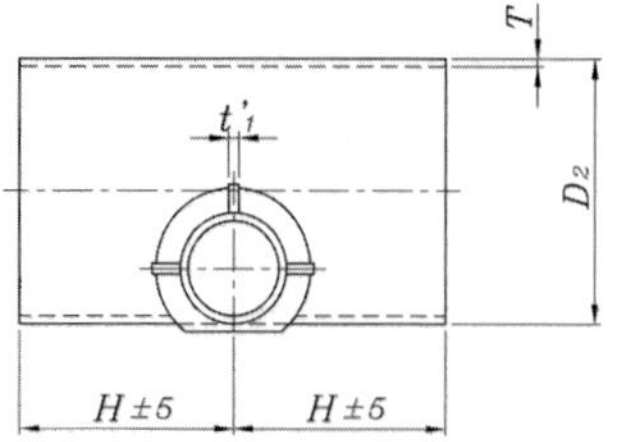

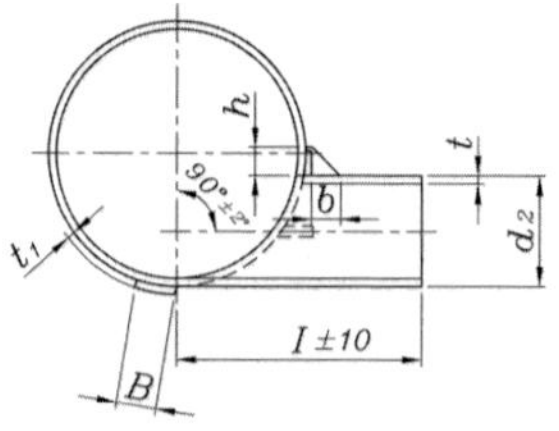

단위 : mm

호칭지름	바깥지름		관 두께		관 길이		보강판		리브			참고
A	D_2	d_2	T	t	H	I	t_1	B	t'_1	b	h	무게(kg)
200×80	216.3	89.1	6.4	4.5	350	250	–	–	–	–	–	24.5
250×80	267.4	89.1	6.4	4.5	400	250	–	–	–	–	–	34.3
300×80	318.5	89.1	6.4	4.5	400	300	–	–	6.0	60	50	41.1
350×80	355.6	89.1	6.0	4.5	500	350	–	–	6.0	70	50	53.9
400×150	406.4	165.2	6.0	5.5	500	350	–	–	6.0	70	50	63.1
450×200	457.2	216.3	6.0	6.4	500	400	–	–	6.0	80	60	73.5
500×200	508.0	216.3	6.0	6.4	500	450	–	–	6.0	80	60	84.1
600×200	609.6	216.3	6.0	6.4	750	500	6.0	70	6.0	80	60	144
700×250	711.2	267.4	7.0	6.4	750	550	6.0	70	6.0	100	80	195
800×200	812.8	216.3	8.0	6.4	1000	600	6.0	70	6.0	100	80	329
800×300	812.8	318.5	8.0	6.4	1000	600	6.0	70	9.0	100	80	333
900×250	914.4	267.4	8.0	6.4	1000	650	9.0	100	9.0	120	100	375
900×350	914.4	355.6	8.0	6.0	1000	650	9.0	100	9.0	120	100	376
1000×300	1016.0	318.5	9.0	6.4	1000	750	9.0	100	9.0	140	120	469
1000×400	1016.0	406.4	9.0	6.0	1000	750	12.0	100	9.0	140	120	472
1100×300	1117.6	318.5	10.0	6.4	1000	800	12.0	100	9.0	160	140	535
1100×400	1117.6	406.4	10.0	6.0	1000	800	12.0	100	9.0	160	140	571
1200×300	1219.2	318.5	11.0	6.4	1000	900	12.0	100	9.0	180	160	638
1200×400	1219.2	406.4	11.0	6.0	1000	900	12.0	100	9.0	180	160	684
1350×300	1371.6	318.5	12.0	6.4	1000	1000	12.0	100	9.0	200	180	836
1350×400	1371.6	406.4	12.0	6.0	1000	1000	12.0	125	9.0	200	180	839
1500×300	1524.0	318.5	14.0	6.4	1000	1100	12.0	125	9.0	220	200	1080
1500×400	1524.0	406.4	14.0	6.0	1000	1100	12.0	125	9.0	220	200	1080

⑬ 게이트 밸브 부관 A : F12

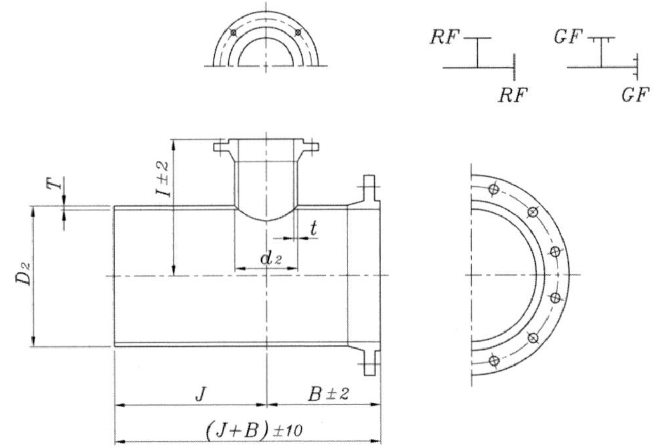

단위 : mm

호칭지름	바깥지름		관 두께		관 길이			참고 무게(kg)
A	D_2	d_2	T	t	B	I	J	
400×100	406.4	114.3	6.0	4.5	230	320	770	60.2
450×100	457.2	114.3	6.0	4.5	240	340	760	67.7
500×100	508.0	114.3	6.0	4.5	250	360	750	75.1
600×100	609.6	114.3	6.0	4.5	280	440	720	90.5
700×150	711.2	165.2	6.0	5.0	310	490	690	106
800×150	812.8	165.2	7.0	5.0	330	550	670	141
900×200	914.4	216.3	7.0	5.8	370	610	630	159
1000×200	1016.0	216.3	8.0	5.8	400	670	600	202
1100×200	1117.6	216.3	8.0	5.8	420	730	580	222
1200×250	1219.2	267.4	9.0	6.6	460	790	540	273
1350×250	1371.6	267.4	10.0	6.6	490	870	510	339
1500×300	1524.0	318.5	11.0	6.9	530	960	470	414
1600×300	1625.6	318.5	12.0	6.9	540	1010	1460	958
1650×300	1676.4	318.5	12.0	6.9	540	1030	1460	988
1800×350	1828.8	355.6	18.0	6.0	580	1120	1420	1170
2000×350	2032.0	355.6	15.0	6.0	590	1220	1410	1490
2100×400	2133.6	406.4	16.0	6.0	620	1280	1380	1670
2200×400	2235.2	406.4	16.0	6.0	630	1350	1370	1750
2300×450	2336.8	457.2	17.0	6.0	650	1380	1350	1940
2400×450	2438.4	457.2	18.0	6.0	670	1430	1330	2140
2500×450	2540.0	457.2	18.0	6.0	690	1480	1310	2230
2600×500	2641.6	508.0	19.0	6.0	710	1550	1290	2450
2700×500	2743.2	508.0	20.0	6.0	750	1600	1250	2670
2800×500	2844.8	508.0	21.0	6.0	790	1700	1210	2910
3000×500	3048.0	508.0	22.0	6.0	830	1800	1170	3270

⑭ 게이트 밸브 부관 A : F15

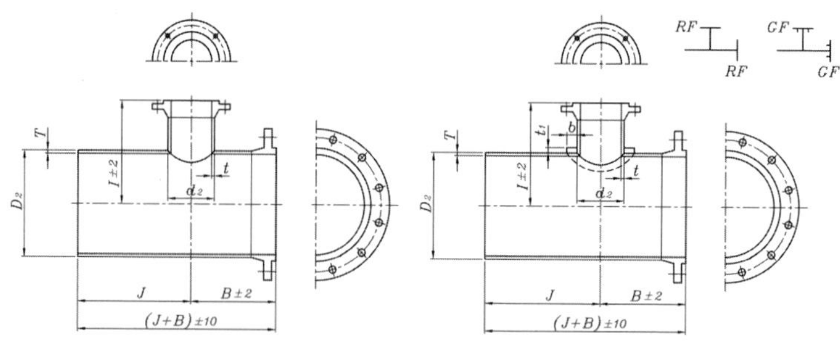

단위 : mm

호칭지름 A	바깥지름		관 두께		보강판		관 길이			참고 무게(kg)
	D_2	d_2	T	t	t_1	b	B	I	J	
400×100	406.4	114.3	6.0	4.5	–	–	230	320	770	60.2
450×100	457.2	114.3	6.0	4.5	–	–	240	340	760	67.7
500×100	508.0	114.3	6.0	4.5	–	–	250	360	750	75.1
600×100	609.6	114.3	6.0	4.5	–	–	280	440	720	90.5
700×150	711.2	165.2	6.0	5.0	–	–	310	490	690	106
800×150	812.8	165.2	7.0	5.0	–	–	330	550	670	141
900×200	914.4	216.3	8.0	5.8	–	–	370	610	630	181
1000×200	1016.0	216.3	9.0	5.8	–	–	400	670	600	226
1100×200	1117.6	216.3	10.0	5.8	–	–	420	730	580	276
1200×250	1219.2	267.4	11.0	6.6	–	–	460	790	540	331
1350×250	1371.6	267.4	12.0	6.6	–	–	490	870	510	405
1500×300	1524.0	318.5	14.0	6.9	–	–	530	960	470	523
1600×300	1625.6	318.5	15.0	6.9	6.0	70	540	1010	1460	1200
1650×300	1676.4	318.5	15.0	6.9	6.0	70	540	1030	1460	1230
1800×350	1828.8	355.6	16.0	6.0	6.0	70	580	1120	1420	1430
2000×350	2032.0	355.6	18.0	6.0	6.0	70	590	1220	1410	1790
2100×400	2133.6	406.4	19.0	6.0	6.0	70	620	1280	1380	1980
2200×400	2235.2	406.4	20.0	6.0	6.0	70	630	1350	1370	2180
2300×450	2336.8	457.2	21.0	6.0	6.0	70	650	1380	1350	2390
2400×450	2438.4	457.2	22.0	6.0	6.0	70	670	1430	1330	2610
2500×450	2540.0	457.2	23.0	6.0	6.0	70	690	1480	1310	2850
2600×500	2641.6	508.0	24.0	6.0	6.0	70	710	1550	1290	3080

⑮ 게이트 밸브 부관 A : F20

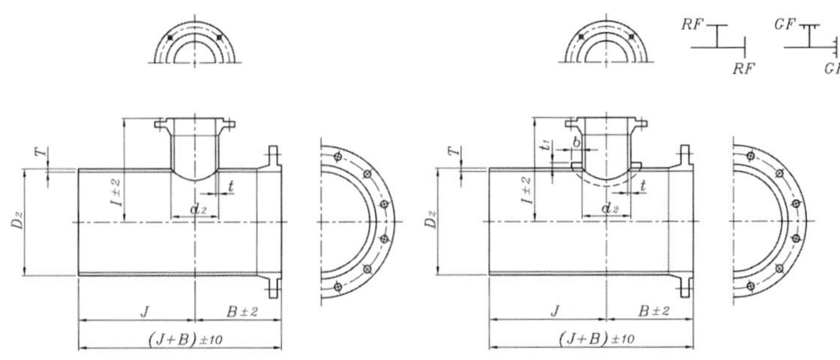

단위 : mm

호칭지름 A	바깥지름		관 두께		보강판		관 길이			참고 무게(kg)
	D_2	d_2	T	t	t_1	b	B	I	J	
400×100	406.4	114.3	6.0	4.9	–	–	330	320	670	60.3
450×100	457.2	114.3	6.0	4.9	–	–	340	340	660	67.8
500×100	508.0	114.3	6.0	4.9	6.0	70	350	360	650	77.1
600×100	609.6	114.3	6.0	4.9	6.0	70	380	440	620	92.6
700×150	711.2	165.2	7.0	5.5	6.0	70	410	490	590	126
800×150	812.8	165.2	8.0	5.5	6.0	70	430	550	570	163
900×200	914.4	216.3	8.0	6.4	6.0	70	470	610	530	185
1000×200	1016.0	216.3	9.0	6.4	6.0	70	500	670	500	229
1100×200	1117.6	216.3	10.0	6.4	6.0	100	520	730	480	281
1200×250	1219.2	267.4	11.0	6.4	9.0	100	560	790	440	339
1350×250	1371.6	267.4	12.0	6.4	9.0	100	590	870	410	413
1500×300	1524.0	318.5	14.0	6.4	12.0	100	630	960	370	535

⑯ 게이트 밸브 부관 B : F12

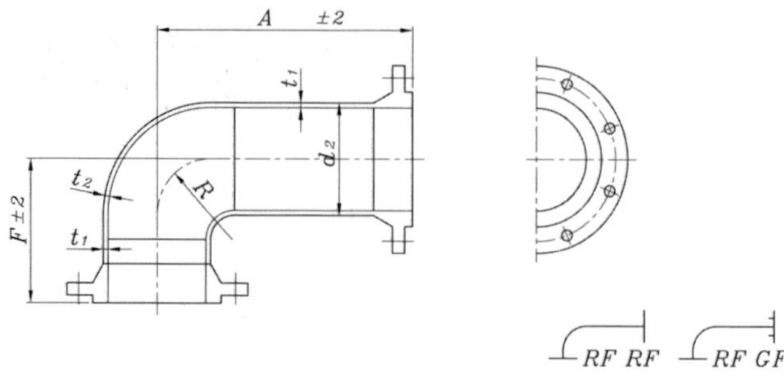

단위 : mm

호칭지름 A	바깥지름 d_2	관 두께 또는 각부 치수					참고 무게 (kg)
		t_1	t_2	A	F	R	
400×100	114.3	4.5	4.5	340	250.0	101.6	6.66
450×100	114.3	4.5	4.5	365	250.0	101.6	6.96
500×100	114.3	4.5	4.5	390	250.0	101.6	7.27
600×100	114.3	4.5	4.5	435	250.0	101.6	7.82
700×150	165.2	5.0	5.0	475	250.0	152.4	13.0
800×150	165.2	5.0	5.0	535	250.0	152.4	14.2
900×200	216.3	5.8	5.8	590	310.0	203.2	24.5
1000×200	216.3	5.8	5.8	635	310.0	203.2	25.8
1100×200	216.3	5.8	5.8	670	310.0	203.2	26.9
1200×250	267.4	6.6	6.6	680	314.0	254.0	39.5
1350×250	267.4	6.6	6.6	725	314.0	254.0	39.5
1500×300	318.5	6.9	6.9	780	374.8	304.8	54.3
1600×300	318.5	6.9	6.9	790	374.8	304.8	54.8
1650×300	318.5	6.9	6.9	790	374.8	304.8	54.8
1800×350	355.6	6.0	7.9	815	440.6	355.6	66.0
2000×350	355.6	6.0	7.9	825	440.6	355.6	66.5
2100×400	406.4	6.0	7.9	835	501.4	406.4	80.6
2200×400	406.4	6.0	7.9	845	501.4	406.4	81.2
2300×450	457.2	6.0	7.9	850	562.2	457.2	96.1
2400×450	457.2	6.0	7.9	870	562.2	457.2	97.4
2500×450	457.2	6.0	7.9	890	562.2	457.2	98.8
2600×500	508.0	6.0	7.9	895	613.0	508.0	114
2700×500	508.0	6.0	7.9	935	613.0	508.0	117
2800×500	508.0	6.0	7.9	975	613.0	508.0	120
3000×500	508.0	6.0	7.9	1015	613.0	508.0	123

⑰ 게이트 밸브 부관 B : F15

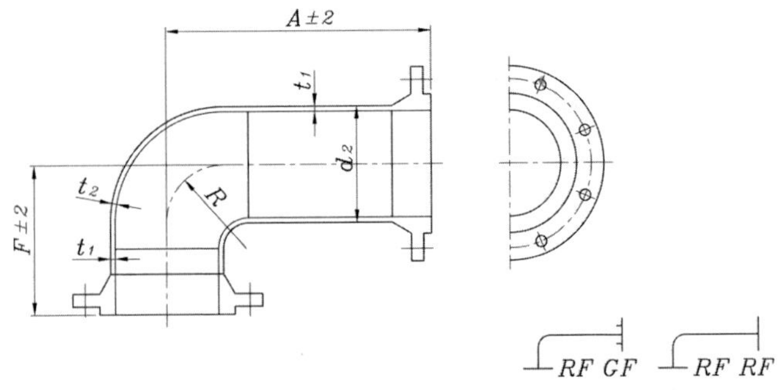

단위 : mm

호칭지름 A	바깥지름 d_2	관 두께 또는 각부 치수					참고 무게 (kg)
		t_1	t_2	A	F	R	
400×100	114.3	4.5	4.5	340	250.0	101.6	6.66
450×100	114.3	4.5	4.5	365	250.0	101.6	6.96
500×100	114.3	4.5	4.5	390	250.0	101.6	7.27
600×100	114.3	4.5	4.5	435	250.0	101.6	7.82
700×150	165.2	5.0	5.0	475	250.0	152.4	13.0
800×150	165.2	5.0	5.0	535	250.0	152.4	14.2
900×200	216.3	5.8	5.8	590	310.0	203.2	24.5
1000×200	216.3	5.8	5.8	635	310.0	203.2	25.8
1100×200	216.3	5.8	5.8	670	310.0	203.2	26.9
1200×250	267.4	6.6	6.6	680	324.0	254.0	38.0
1350×250	267.4	6.6	6.6	725	324.0	254.0	39.9
1500×300	318.5	6.9	6.9	780	379.8	304.8	54.6
1600×300	318.5	6.9	6.9	790	379.8	304.8	55.1
1650×300	318.5	6.9	6.9	790	379.8	304.8	55.1
1800×350	355.6	6.0	7.9	815	450.6	355.6	66.5
2000×350	355.6	6.0	7.9	825	450.6	355.6	67.0
2100×400	406.4	6.0	7.9	835	511.4	406.4	81.2
2200×400	406.4	6.0	7.9	845	511.4	406.4	81.8
2300×450	457.2	6.0	7.9	850	562.2	457.2	96.1
2400×450	457.2	6.0	7.9	870	562.2	457.2	97.4
2500×450	457.2	6.0	7.9	890	567.2	457.2	99.1
2600×500	508.0	6.0	7.9	895	618.0	508.0	115

⑱ 게이트 밸브 부관 B : F20

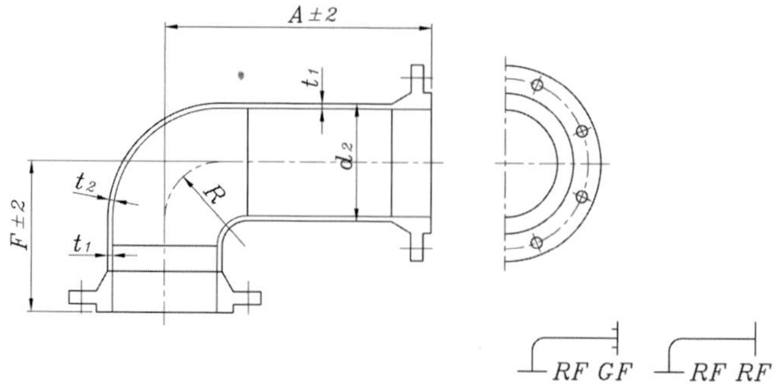

단위 : mm

호칭지름 A	바깥지름 d_2	관 두께 또는 각부 치수					참고 무게 (kg)
		t_1	t_2	A	F	R	
400×100	114.3	4.9	6.0	440	250.0	101.6	8.99
450×100	114.3	4.9	6.0	465	250.0	101.6	9.32
500×100	114.3	4.9	6.0	490	250.0	101.6	9.65
600×100	114.3	4.9	6.0	535	250.0	101.6	10.3
700×150	165.2	5.5	7.1	575	310.0	152.4	19.2
800×150	165.2	5.5	7.1	635	310.0	152.4	20.5
900×200	216.3	6.4	8.2	690	303.2	203.2	32.9
1000×200	216.3	6.4	8.2	735	303.2	203.2	34.4
1100×200	216.3	6.4	8.2	770	303.2	203.2	35.5
1200×250	267.4	6.4	9.3	780	359.0	254.0	49.6
1350×250	267.4	6.4	9.3	825	359.0	254.0	51.5
1500×300	318.5	6.4	10.3	880	414.8	304.8	71.2

⑲ 플랜지 붙이 T자 관 : F12

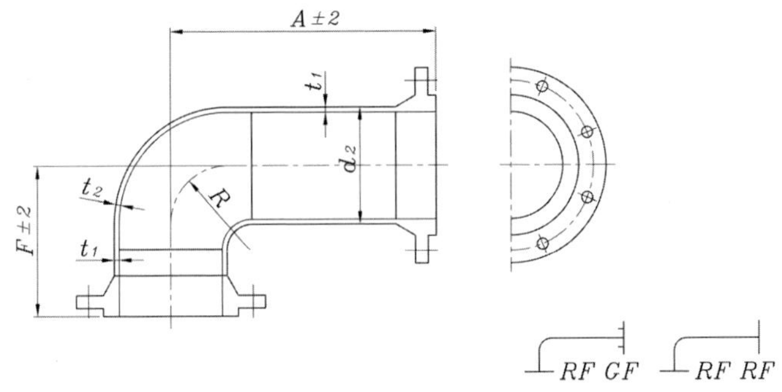

단위 : mm

호칭지름 A	바깥지름		관 두께		관 길이		보강판		참고
	D_2	d_2	T	t	H	I	t_1	B	무게(kg)
80×80	89.1	89.1	4.2	4.2	250	250	–	–	6.03
100×80	114.3	89.1	4.5	4.2	250	250	–	–	7.61
100×100	114.3	114.3	4.5	4.5	250	250	–	–	8.13
125×80	139.8	89.1	4.5	4.2	250	250	–	–	8.90
125×100	139.8	114.3	4.5	4.5	250	250	–	–	9.41
150×80	165.2	89.1	5.0	4.2	300	280	–	–	13.4
150×100	165.2	114.3	5.0	4.5	300	280	–	–	13.9
200×80	216.3	89.1	5.8	4.2	350	300	–	–	22.5
200×100	216.3	114.3	5.8	4.5	350	300	–	–	23.0
250×80	267.4	89.1	6.6	4.2	400	330	–	–	35.4
250×100	267.4	114.3	6.6	4.5	400	330	–	–	35.9
300×80	318.5	89.1	6.9	4.2	400	350	–	–	43.8
300×100	318.5	114.3	6.9	4.5	400	350	–	–	44.2
350×80	355.6	89.1	6.0	4.2	500	380	–	–	53.2
350×100	355.6	114.3	6.0	4.5	500	380	–	–	53.7
400×80	406.4	89.1	6.0	4.2	500	400	–	–	60.7
400×100	406.4	114.3	6.0	4.5	500	400	–	–	61.2
450×80	457.2	89.1	6.0	4.2	500	400	–	–	68.0
450×100	457.2	114.3	6.0	4.5	500	400	–	–	68.4
500×80	508.0	89.1	6.0	4.2	500	400	–	–	75.3
500×100	508.0	114.3	6.0	4.5	500	400	–	–	75.6
600×80	609.6	89.1	6.0	4.2	750	450	–	–	135
600×100	609.6	114.3	6.0	4.5	750	450	–	–	135
700×80	711.2	89.1	7.0	4.2	750	480	–	–	157
700×100	711.2	114.3	7.0	4.5	750	480	–	–	158

비고 1. d_2의 호칭지름 80~150A인 것은 소화전용 및 공기밸브용, 호칭지름 600A인 것은 맨홀용 관으로 한다.
2. d_2의 호칭지름 600A인 것을 공기밸브에 사용할 때는 공기밸브용 플랜지 뚜껑을 사용할 것.

⑲ 플랜지 붙이 T자 관 : F12 (계속)

단위 : mm

호칭지름	바깥지름		관 두께		관 길이		보강판		참고
A	D_2	d_2	T	t	H	I	t_1	B	무게(kg)
700×600	711.2	609.6	6.0	6.0	750	600	–	–	168
800×80	812.8	89.1	7.0	4.2	1000	520	–	–	279
800×100	812.8	114.3	7.0	4.5	1000	520	–	–	279
800×600	812.8	609.6	7.0	6.0	1000	700	–	–	291
900×100	914.4	114.3	7.0	4.5	1000	590	–	–	314
900×600	914.4	609.6	7.0	6.0	1000	700	–	–	321
1000×150	1016.0	165.2	8.0	5.0	1000	640	–	–	399
1000×600	1016.0	609.6	8.0	6.0	1000	800	–	–	408
1100×150	1117.6	165.2	8.0	5.0	1000	700	–	–	439
1100×600	1117.6	609.6	8.0	6.0	1000	800	–	–	443
1200×150	1219.2	165.2	9.0	5.0	1000	750	–	–	538
1200×600	1219.2	609.6	9.0	6.0	1000	900	–	–	544
1350×150	1371.6	165.2	10.0	5.0	1000	830	–	–	673
1350×600	1371.6	609.6	10.0	6.0	1000	1000	–	–	679
1500×150	1524.0	165.2	11.0	5.0	1000	910	–	–	822
1500×600	1524.0	609.6	11.0	6.0	1000	1000	–	–	818
1600×150	1625.6	165.2	12.0	5.0	1000	1070	–	–	958
1600×600	1625.6	609.6	12.0	6.0	1000	1070	6.0	70	959
1650×150	1676.4	165.2	12.0	5.0	1000	1120	–	–	989
1650×600	1676.4	609.6	12.0	6.0	1000	1120	6.0	70	991
1800×150	1828.8	165.2	13.0	5.0	1000	1170	–	–	1160
1800×600	1828.8	609.6	13.0	6.0	1000	1170	6.0	70	1170
1900×150	1930.4	165.2	14.0	5.0	1000	1250	–	–	1330
1900×600	1930.4	609.6	14.0	6.0	1000	1250	6.0	70	1320
2000×150	2032.0	165.2	15.0	5.0	1000	1280	–	–	1490
2000×600	2032.0	609.6	15.0	6.0	1000	1280	6.0	70	1490
2100×600	2133.6	609.6	16.0	6.0	1000	1340	9.0	100	1680
2200×600	2235.2	609.6	16.0	6.0	1000	1390	9.0	100	1760
2300×600	2336.8	609.6	17.0	6.0	1000	1440	9.0	100	1950
2400×600	2438.4	609.6	18.0	6.0	1000	1490	9.0	100	2150
2500×600	2540.0	609.6	18.0	6.0	1000	1540	9.0	100	2240
2600×600	2641.6	609.6	19.0	6.0	1000	1560	9.0	100	2450
2700×600	2743.2	609.6	20.0	6.0	1000	1640	9.0	100	2680
2800×600	2844.8	609.6	21.0	6.0	1000	1690	9.0	100	2920
2900×600	2946.4	609.6	21.0	6.0	1000	1800	9.0	100	3030
3000×600	3048.0	609.6	22.0	6.0	1000	1800	9.0	100	3270

⑳ 플랜지 붙이 T자 관 : F15

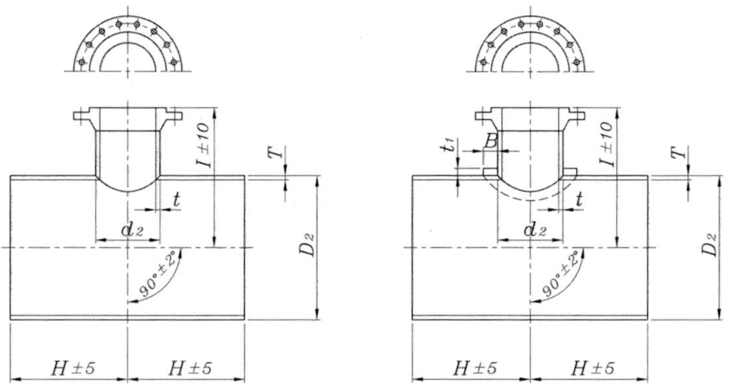

단위 : mm

호칭지름 A	바깥지름		관 두께		관 길이		보강판		참고 무게(kg)
	D_2	d_2	T	t	H	I	t_1	B	
80×80	89.1	89.1	4.2	4.2	250	250	–	–	6.03
100×80	114.3	89.1	4.5	4.2	250	250	–	–	7.61
100×100	114.3	114.3	4.5	4.5	250	250	–	–	8.13
125×80	139.8	89.1	4.5	4.2	250	250	–	–	8.90
125×100	139.8	114.3	4.5	4.5	250	250	–	–	9.41
150×80	165.2	89.1	5.0	4.2	300	280	–	–	13.4
150×100	165.2	114.3	5.0	4.5	300	280	–	–	13.9
200×80	216.3	89.1	5.8	4.2	350	300	–	–	22.5
200×100	216.3	114.3	6.6	4.5	350	300	–	–	23.0
250×80	267.4	89.1	6.6	4.2	400	330	–	–	35.4
250×100	267.4	114.3	6.9	4.5	400	330	–	–	35.9
300×80	318.5	89.1	6.9	4.2	400	350	–	–	43.8
300×100	318.5	114.3	6.0	4.5	400	350	–	–	44.2
350×80	355.6	89.1	6.0	4.2	500	380	–	–	53.2
350×100	355.6	114.3	6.0	4.5	500	380	–	–	53.7
400×80	406.4	89.1	6.0	4.2	500	400	–	–	60.7
400×100	406.4	114.3	6.0	4.5	500	400	–	–	61.2
450×80	457.2	89.1	6.0	4.2	500	400	–	–	68.0
450×100	457.2	114.3	6.0	4.5	500	400	–	–	68.4
500×80	508.0	89.1	6.0	4.2	500	400	–	–	75.3
500×100	508.0	114.3	6.0	4.5	500	400	–	–	75.6
600×80	609.6	89.1	6.0	4.2	750	450	–	–	135
600×100	609.6	114.3	6.0	4.5	750	450	–	–	135

비고 1. d_2의 호칭지름 80~150A인 것은 소화전용 및 공기밸브용, 호칭지름 600A인 것은 맨홀용 관으로 한다.
2. d_2의 호칭지름 600A인 것을 공기밸브에 사용할 때는 공기밸브용 플랜지 뚜껑을 사용할 것.

⑳ 플랜지 붙이 T자 관 : F15 (계속)

단위 : mm

호칭지름 A	바깥지름		관 두께		관 길이		보강판		참고 무게(kg)
	D_2	d_2	T	t	H	I	t_1	B	
700×80	711.2	89.1	6.0	4.2	750	480	–	–	157
700×100	711.2	114.3	6.0	4.5	750	480	–	–	158
700×600	711.2	609.6	6.0	6.0	750	600	6.0	70	175
800×80	812.8	89.1	7.0	4.2	1000	520	–	–	279
800×100	812.8	114.3	7.0	4.5	1000	520	–	–	279
800×600	812.8	609.6	8.0	6.0	1000	700	6.0	70	298
900×100	914.4	114.3	8.0	4.5	1000	590	–	–	359
900×600	914.4	609.6	9.0	6.0	1000	700	6.0	70	370
1000×150	1016.0	114.3	9.0	5.0	1000	640	–	–	448
1000×600	1016.0	165.2	9.0	6.0	1000	640	6.0	70	462
1100×150	1016.0	609.6	10.0	5.0	1000	800	–	–	547
1100×600	1117.6	165.2	10.0	6.0	1000	700	6.0	70	554
1200×150	1219.2	165.2	11.0	5.0	1000	750	–	–	656
1200×600	1219.2	609.6	12.0	6.0	1000	900	6.0	70	665
1350×150	1371.6	165.2	12.0	5.0	1000	830	–	–	806
1350×600	1371.6	609.6	14.0	6.0	1000	1000	6.0	70	814
1500×150	1524.0	165.2	14.0	5.0	1000	910	–	–	1040
1500×600	1524.0	609.6	15.0	6.0	1000	1000	9.0	100	1050
1600×150	1625.6	165.2	15.0	5.0	1000	1070	–	–	1190
1600×600	1625.6	609.6	15.0	6.0	1000	1070	9.0	100	1200
1650×150	1676.4	165.2	15.0	5.0	1000	1120	–	–	1230
1650×600	1676.4	609.6	15.0	6.0	1000	1120	9.0	100	1240
1800×150	1828.8	165.2	16.0	5.0	1000	1170	6.0	70	1440
1800×600	1828.8	609.6	16.0	6.0	1000	1170	9.0	100	1430
1900×150	1930.4	165.2	17.0	5.0	1000	1250	6.0	70	1610
1900×600	1930.4	609.6	17.0	6.0	1000	1250	9.0	100	1610
2000×150	2032.0	165.2	18.0	5.0	1000	1280	6.0	70	1790
2000×600	2032.0	609.6	18.0	6.0	1000	1280	9.0	100	1790
2100×600	2133.6	609.6	19.0	6.0	1000	1340	9.0	100	1980
2200×600	2235.2	609.6	20.0	6.0	1000	1390	9.0	100	2180
2300×600	2336.8	609.6	21.0	6.0	1000	1440	9.0	100	2390
2400×600	2438.4	609.6	22.0	6.0	1000	1490	9.0	100	2610
2500×600	2540.0	609.6	23.0	6.0	1000	1540	9.0	100	2840
2600×600	2641.6	609.6	24.0	6.0	1000	1560	9.0	100	3080

㉑ 플랜지 붙이 T자 관 : F20

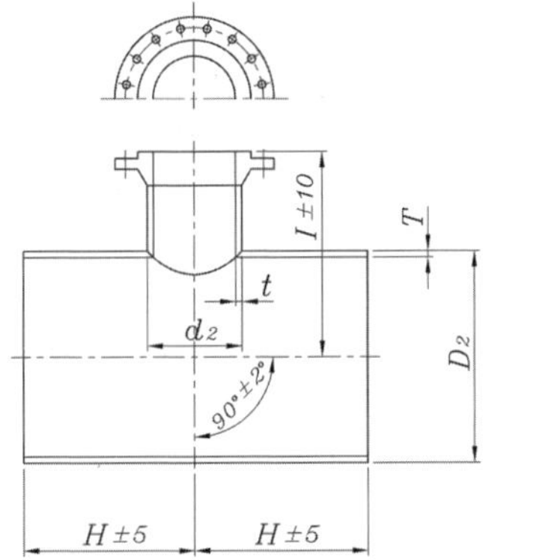

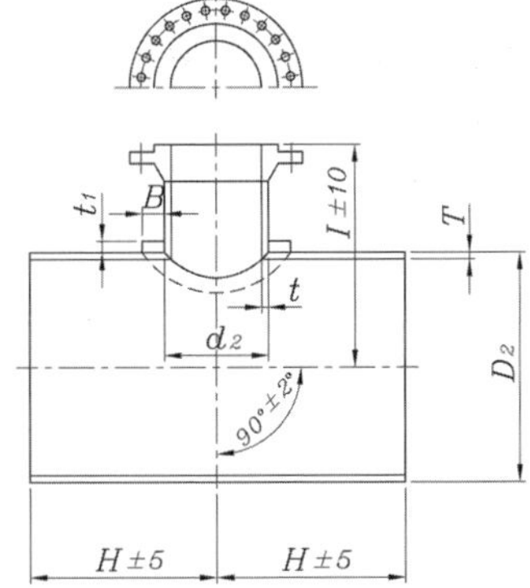

단위 : mm

호칭지름 A	바깥지름		관 두께		관 길이		보강판		참고 무게 (kg)
	D_2	d_2	T	t	H	I	t_1	B	
80×80	89.1	89.1	4.5	4.5	250	250	–	–	6.43
100×80	114.3	89.1	4.9	4.5	250	250	–	–	8.22
100×100	114.3	114.3	4.9	4.9	250	250	–	–	8.82
125×80	139.8	89.1	5.1	4.5	250	250	–	–	9.95
125×100	139.8	114.3	5.1	4.9	250	250	–	–	10.52
150×80	165.2	89.1	5.5	4.5	300	280	–	–	14.6
150×100	165.2	114.3	5.5	4.9	300	280	–	–	15.2
200×80	216.3	89.1	6.4	4.5	350	300	–	–	24.7
200×100	216.3	114.3	6.4	4.9	350	300	–	–	25.3
250×80	267.4	89.1	6.4	4.5	400	330	–	–	34.5
250×100	267.4	114.3	6.4	4.9	400	330	–	–	35.1
300×80	318.5	89.1	6.4	4.5	400	350	–	–	40.9
300×100	318.5	114.3	6.4	4.9	400	350	–	–	41.5
350×80	355.6	89.1	6.0	4.5	500	380	–	–	53.4
350×100	355.6	114.3	6.0	4.9	500	380	–	–	44.0
400×80	406.4	89.1	6.0	4.5	500	400	–	–	60.8
400×100	406.4	114.3	6.0	4.9	500	400	–	–	61.4

비고 1. d_2의 호칭지름 80~150A인 것은 소화전용 및 공기밸브용, 호칭지름 600A인 것은 맨홀용 관으로 한다.
2. d_2의 호칭지름 600A인 것을 공기밸브에 사용할 때는 공기밸브용 플랜지 뚜껑을 사용할 것.

㉑ 플랜지 붙이 T자 관 : F20 (계속)

단위 : mm

호칭지름	바깥지름		관 두께		관 길이		보강판		참고 무게
A	D_2	d_2	T	t	H	I	t_1	B	(kg)
450×80	457.2	89.1	6.0	4.5	500	400	–	–	68.1
450×100	457.2	114.3	6.0	4.9	500	400	–	–	68.6
500×80	508.0	89.1	6.0	4.5	500	400	6.0	70	75.4
500×100	508.0	114.3	6.0	4.9	500	400	6.0	70	75.7
600×80	609.6	89.1	6.0	4.5	750	450	6.0	70	135
600×100	609.6	114.3	6.0	4.9	750	450	6.0	70	135
700×80	711.2	89.1	7.0	4.5	750	480	6.0	70	183
700×100	711.2	114.3	7.0	4.9	750	480	6.0	70	183
800×80	812.8	89.1	8.0	4.5	1000	520	6.0	70	241
800×100	812.8	114.3	8.0	4.9	1000	520	6.0	70	318
800×600	812.8	609.6	8.0	6.0	1000	700	12.0	125	312
900×100	914.4	114.3	8.0	4.9	1000	590	6.0	70	362
900×600	914.4	609.6	8.0	6.0	1000	700	16.0	125	353
1000×150	1016.0	165.2	9.0	5.5	1000	640	6.0	70	452
1000×600	1016.0	609.6	9.0	6.0	1000	800	16.0	125	440
1100×150	1117.6	165.2	10.0	5.5	1000	700	6.0	70	552
1100×600	1117.6	609.6	10.0	6.0	1000	800	16.0	150	537
1200×150	1219.2	165.2	11.0	55	1000	750	9.0	70	660
1200×600	1219.2	609.6	11.0	6.0	1000	900	16.0	150	644
1350×150	1371.6	165.2	12.0	5.5	1000	830	9.0	70	810
1350×600	1371.6	609.6	12.0	6.0	1000	1000	16.0	175	792
1500×150	1524.0	165.2	14.0	5.5	1000	910	9.0	70	1050
1500×600	1524.0	609.6	14.0	6.0	1000	1000	16.0	175	1020

㉒ 플랜지 접합용 부품 6각 볼트, 너트

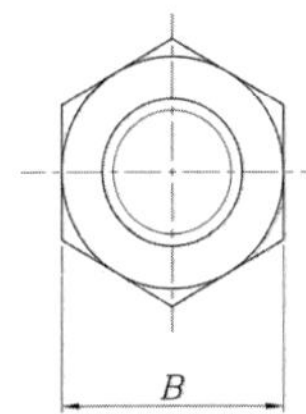

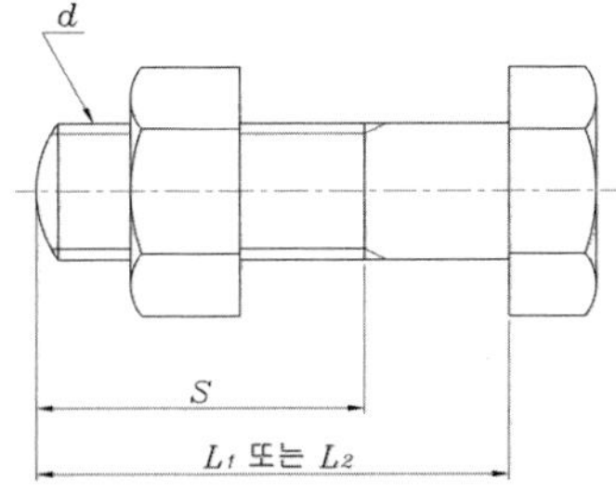

단위 : mm

호칭 지름	F12						F15					F20				
	호칭	각부치수				1	호칭	각부치수			1	호칭	각부치수			1
A	d	L_1	L_2	S	B	세트수	d	L_1	S	B	세트수	d	L_1	S	B	세트수
80	M16	75	75	38	24	4	M16	65	38	24	4	M20	75	46	30	8
100	M16	75	75	38	24	8	M16	65	38	24	8	M20	75	46	30	8
125	M16	75	75	38	24	8	M16	70	46	30	8	M22	80	50	32	8
150	M20	75	75	38	24	8	M20	75	46	30	8	M22	85	50	32	12
200	M20	80	80	38	24	8	M20	75	46	30	8	M22	85	50	32	12
250	M20	85	85	46	30	12	M20	80	50	32	12	M24	95	54	36	12
300	M20	85	90	46	30	12	M20	80	50	32	12	M24	95	54	36	16
350	M20	95	95	50	32	16	M20	85	50	32	16	M30	110	66	46	16
400	M24	95	95	50	32	16	M24	100	54	36	16	M30	130	72	46	16
450	M24	100	100	54	36	20	M24	100	54	36	20	M30	130	72	46	20
500	M24	100	110	54	36	20	M24	100	54	36	20	M30	130	72	46	20
600	M27	100	120	54	36	20	M27	110	66	46	20	M36	150	84	55	24
700	M27	110	130	66	46	24	M27	110	66	46	24	M39	160	90	60	24
800	M30	120	130	66	46	24	M30	120	66	46	24	M45	170	102	70	24
900	M30	120	140	66	46	28	M30	120	66	46	28	M45	180	102	70	28
1000	M33	130	150	72	46	28	M33	140	84	55	28	M52	200	116	80	28
1100	M33	130	150	72	46	32	M33	140	84	55	32	M52	210	116	80	32
1200	M33	140	160	72	46	32	M33	150	84	55	32	M52	210	116	80	32
1350	M36	150	170	84	55	36	M36	170	96	65	36	M56	230	137	85	32
1500	M36	150	180	84	55	36	M36	170	96	65	36	M56	240	137	85	36
1600	M36	160	–	84	55	40	M36	180	102	70	40	–	–	–	–	–
1650	M36	160	–	84	55	40	M36	180	102	70	40	–	–	–	–	–
1800	M45	170	–	84	55	44	M45	190	102	70	44	–	–	–	–	–
2000	M45	180	–	96	65	48	M45	190	102	70	48	–	–	–	–	–
2100	M45	190	–	96	65	48	M45	200	102	70	48	–	–	–	–	–
2200	M52	190	–	96	65	52	M52	220	129	80	52	–	–	–	–	–
2300	M52	190	–	96	65	52	M52	220	129	80	52	–	–	–	–	–
2400	M52	200	–	96	65	56	M52	220	129	80	56	–	–	–	–	–
2500	M52	220	–	121	75	56	M52	220	129	80	56	–	–	–	–	–
2600	M52	220	–	121	75	60	M52	220	129	80	60	–	–	–	–	–
2700	M52	220	–	121	75	60	–	–	–	–	–	–	–	–	–	–
2800	M52	220	–	121	75	64	–	–	–	–	–	–	–	–	–	–
3000	M52	240	–	121	75	64	–	–	–	–	–	–	–	–	–	–

비고 1. L_1 치수는 RF형-RF형 또는 RF형-GF형 플랜지를 접속할 경우에 사용한다.
2. L_2 치수는 RF형 또는 GF형 플랜지와 게이트 밸브를 접속할 경우에 사용한다.

㉓ 플랜지 접합용 부품 개스킷

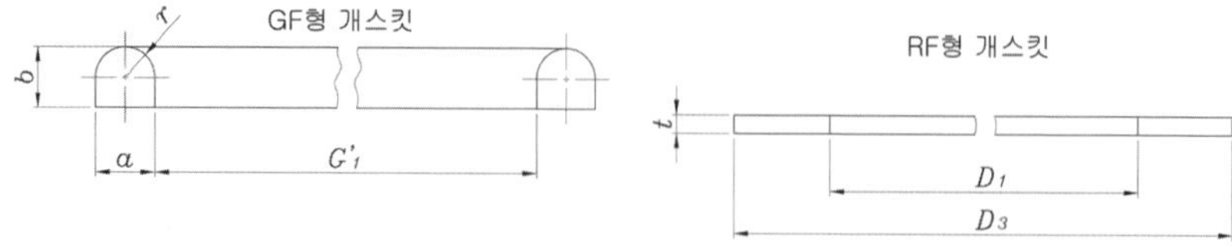

단위 : mm

호칭지름 A	각부 치수						
	GF 형 개스킷				RF 형 개스킷		
	G'_1	a	b	r	D_1	D_3	t
80	98	8	8	4	85	125	3
100	123	8	8	4	110	152	3
125	153	8	8	4	135	177	3
150	178	8	8	4	160	204	3
200	228	8	8	4	210	256	3
250	283	8	8	4	260	308	3
300	333	8	8	4	310	362	3
350	383	8	8	4	350	414	3
400	433	8	8	4	400	466	3
450	483	8	8	4	450	518	3
500	525	8	8	4	500	572	3
600	627	8	8	4	600	676	3
700	723	8	8	4	700	780	3
800	825	8	8	4	810	886	3
900	926	8	8	4	910	990	3
1000	1021	12	12	6	1010	1096	3
1100	1121	12	12	6	1110	1200	3
1200	1222	12	12	6	1210	1304	3
1350	1376	12	12	6	1360	1462	3
1500	1528	12	12	6	1510	1620	3
1600	1640	18	18	9	1610	1760	3
1650	1689	18	18	9	1660	1810	3
1800	1838	18	18	9	1810	1960	3
2000	2041	18	18	9	2015	2170	3
2100	2139	18	18	9	2115	2270	3
2200	2238	18	18	9	2215	2370	3
2300	2337	18	18	9	2315	2470	3
2400	2436	18	18	9	2415	2570	3
2500	2536	22	22	11	2515	2680	3
2600	2635	22	22	11	2615	2780	3
2700	2733	22	22	11	2715	2880	3
2800	2843	22	22	11	2820	3000	3
3000	3033	22	22	11	3020	3210	3

비고 1. 개스킷은 KS M 6613에 규정하는 SBR, CR 및 NBR을 사용한다.
RF형 개스킷은 Ⅲ류 스프링 경도 60을 사용하는데 노화 후의 신장변화율, 스프링 정도의 변화율 및 압축영구 변형은 규정하지 않는다.
GF형 개스킷은 IA류 스프링 경도 55를 사용하는데 CR 및 NBR에 대해서는 인장강도 1570N/cm²{160kg1/cm²} 이상으로 한다.
2. RF형 개스킷은 F12 플랜지용, GF형 개스킷은 F12~F20 플랜지용에 사용한다.

㉔ 관 플랜지 F12

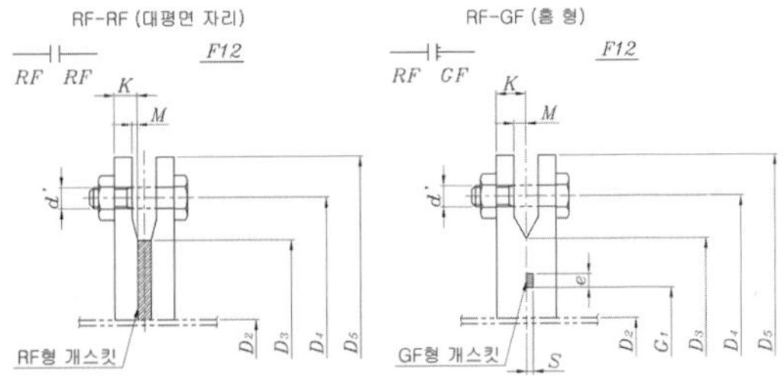

단위 : mm

호칭 지름 A	관 몸체		플랜지 치수					볼트			개스킷 홈			무게 (kg)	
	D_2	t	D_4	D_4	D_3	K	M	수	호칭	구멍 d'	G_1	e	s	RF형	GF형
80	89.1	4.2	211	160	133	18	2	4	M16	19	90	10	5	3.59	3.46
100	114.3	4.5	238	180	153	18	2	8	M16	19	115	10	5	4.14	3.99
125	139.8	4.5	263	210	183	20	2	8	M16	19	145	10	5	5.36	5.17
150	165.2	5.0	290	240	209	22	2	8	M20	23	170	10	5	6.69	6.46
200	216.3	5.8	342	295	264	22	2	8	M20	23	220	10	5	8.41	8.13
250	267.4	6.6	410	350	319	24	3	12	M20	23	275	10	5	12.2	11.9
300	318.5	6.9	464	400	367	24	3	12	M20	23	325	10	5	14.5	14.1
350	355.6	6.0	530	460	427	26	3	16	M20	23	375	10	5	21.7	21.3
400	406.4	6.0	582	515	477	26	3	16	M24	27	425	10	5	24.1	23.6
450	457.2	6.0	652	565	518	28	3	20	M24	27	475	10	5	32.2	31.6
500	508.0	6.0	706	620	582	28	3	20	M24	27	530	10	5	36.3	35.6
600	609.6	6.0	810	725	682	30	3	20	M27	30	630	10	5	46.1	45.3
700	711.2	6.0	928	840	797	32	3	24	M27	30	730	10	5	62.1	61.2
800	812.8	7.0	1034	950	904	34	3	24	M30	33	833	10	5	76.0	74.9
900	914.4	7.0	1156	1050	1004	36	3	28	M30	33	935	10	5	98.8	97.6
1000	1016.0	8.0	1262	1160	1111	38	3	28	M33	36	1032	16	8	117	114
1100	1117.6	8.0	1366	1270	1200	41	3	32	M33	36	1134	16	8	138	135
1200	1219.2	9.0	1470	1387	1304	43	3	32	M33	36	1236	16	8	160	156
1350	1371.6	10.0	1642	1552	1462	45	3	36	M36	40	1390	16	8	201	196
1500	1524.0	11.0	1800	1710	1620	48	3	36	M36	40	1544	16	8	244	239
1600	1625.6	12.0	1915	1820	1760	53	3	40	M36	40	1656	24	12	305	293
1650	1676.4	12.0	1950	1870	1770	53	3	40	M36	40	1708	24	12	292	280
1800	1828.8	13.0	2115	2020	1960	55	3	44	M45	49	1856	24	12	337	324
1900	1930.4	14.0	2220	2126	2066	58	4	44	M45	49	1958	24	12	378	364
2000	2032.0	15.0	2325	2230	2170	58	4	48	M45	49	2061	24	12	401	386
2100	2133.6	16.0	2440	2340	2240	59	4	48	M45	49	2161	24	12	448	432
2200	2235.2	16.0	2550	2440	2370	61	4	52	M52	56	2261	24	12	487	471
2300	2336.8	17.0	2655	2540	2440	62	4	52	M52	56	2361	24	12	522	505
2400	2438.4	18.0	2760	2650	2570	64	4	56	M52	56	2461	28	14	570	546
2500	2540.0	18.0	2860	2750	2670	68	5	56	M52	56	2562	28	14	624	599
2600	2641.6	19.0	2960	2850	2780	68	5	60	M52	56	2662	28	14	643	617
2700	2743.2	20.0	3080	2960	2850	71	5	60	M52	56	2762	28	14	740	713
2800	2844.8	21.0	3180	3070	3000	72	5	64	M52	56	2872	28	14	779	751
2900	2946.4	21.0	3292	3180	3104	74	5	64	M52	56	2972	28	14	861	832
3000	3048.0	22.0	3405	3290	3210	76	5	64	M52	56	3072	28	14	952	922

비고 1. 볼트 구멍의 배치는 관의 모든 축선을 수평으로 했을 경우에 그 플랜지면의 수직 중심선에 대하여 나눈다.
2. 주문자의 특별한 지정이 없는 한 RF-RF형의 조합으로 한다.
3. RF형(대평면 자리형) 플랜지의 개스킷 접촉면은 깊이 0.03~0.15mm의 톱니모양 홈을 지름방향 10mm당 10~20개가 되도록 가공한다.

㉕ 관 플랜지 F15

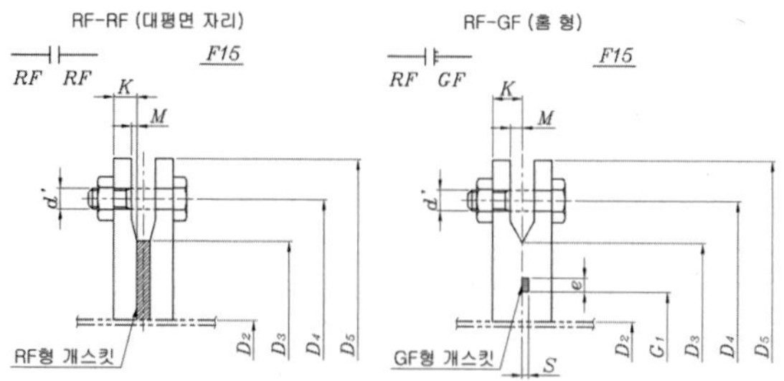

단위 : mm

호칭 지름 A	관 몸체		플랜지 치수					볼트			개스킷 홈			무게 (kg)	
	D_2	t	D■	D_4	D_3	K	M	수	호칭	구멍 d'	G_1	e	s	RF형	GF형
80	89.1	4.2	211	160	133	18	2	4	M16	19	90	10	5	3.59	3.46
100	114.3	4.5	238	180	153	18	2	8	M16	19	115	10	5	4.14	3.99
125	139.8	4.5	263	210	183	20	2	8	M16	19	145	10	5	5.36	5.17
150	165.2	5.0	290	240	209	22	2	8	M20	23	170	10	5	6.69	6.46
200	216.3	5.8	342	295	264	22	2	8	M20	23	220	10	5	8.41	8.13
250	267.4	6.6	410	350	319	24	3	12	M20	23	275	10	5	12.2	11.9
300	318.5	6.9	464	400	367	24	3	12	M20	23	325	10	5	7.81	7.46
350	355.6	6.0	530	460	427	26	3	16	M20	23	375	10	5	21.7	21.3
400	406.4	6.0	582	515	477	28	3	16	M24	27	425	10	5	26.1	25.6
450	457.2	6.0	652	565	518	30	3	20	M24	27	475	10	5	34.6	34.0
500	508.0	6.0	706	620	582	30	3	20	M24	27	530	10	5	39.1	38.4
600	609.6	6.0	810	725	682	34	3	20	M27	30	630	10	5	52.7	51.9
700	711.2	6.0	928	840	797	34	3	24	M27	30	730	10	5	66.2	65.3
800	812.8	7.0	1034	950	904	36	3	24	M30	33	833	10	5	80.7	79.7
900	914.4	8.0	1156	1050	1004	38	3	28	M30	33	935	10	5	105	103
1000	1016.0	9.0	1262	1160	1111	42	3	28	M33	36	1032	16	8	130	126
1100	1117.6	10.0	1366	1270	1200	43	3	32	M33	36	1134	16	8	145	142
1200	1219.2	11.0	1470	1387	1304	45	3	32	M33	36	1236	16	8	168	164
1350	1371.6	12.0	1642	1552	1462	51	3	36	M36	40	1390	16	8	229	224
1500	1524.0	14.0	1800	1710	1620	53	3	36	M36	40	1544	16	8	271	266
1600	1625.6	15.0	1915	1820	1760	58	3	40	M36	40	1656	24	12	334	322
1650	1676.4	15.0	1950	1870	1770	58	3	40	M36	40	1708	24	12	321	308
1800	1828.8	16.0	2115	2020	1960	59	3	44	M45	49	1856	24	12	362	349
1900	1930.4	17.0	2220	2126	2066	59	4	44	M45	49	1958	24	12	389	374
2000	2032.0	18.0	2325	2230	2170	62	4	48	M45	49	2061	24	12	430	415
2100	2133.6	19.0	2440	2340	2240	64	4	48	M45	49	2161	24	12	487	472
2200	2235.2	20.0	2550	2440	2370	68	4	52	M52	56	2261	24	12	545	529
2300	2336.8	21.0	2655	2540	2440	69	4	52	M52	56	2361	24	12	583	566
2400	2438.4	22.0	2760	2650	2570	70	4	56	M52	56	2461	28	14	625	601
2500	2540.0	23.0	2860	2750	2670	72	5	56	M52	56	2562	28	14	662	637
2600	2641.6	24.0	2960	2850	2780	72	5	60	M52	56	2662	28	14	682	656

비고 1. 볼트 구멍의 배치는 관의 모든 축선을 수평으로 했을 경우에 그 플랜지면의 수직 중심선에 대하여 나눈다.

2. 주문자의 특별한 지정이 없는 한 RF–RF형의 조합으로 한다.

3. RF형(대평면 자리형) 플랜지의 개스킷 접촉면은 깊이 0.03~0.15mm의 톱니모양 홈을 지름방향 10mm당 10~20개가 되도록 가공한다.

㉖ 플랜지 뚜껑

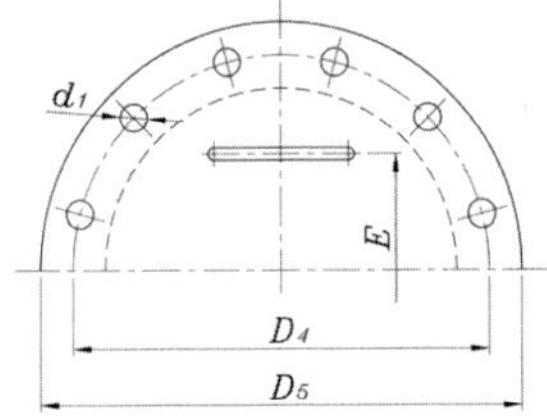

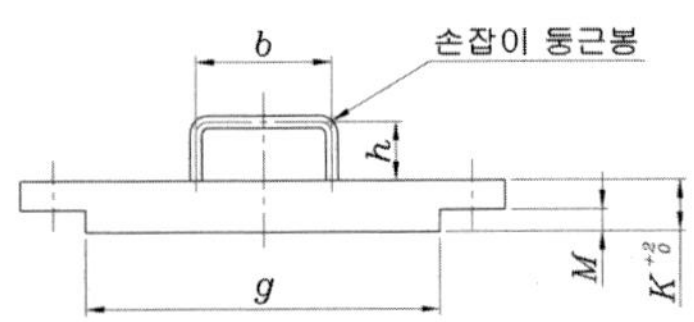

F12

단위 : mm

호칭지름	각부 치수						볼트		손잡이				참고 무게
A	D_5	D_4	g	M	K	d_1	호칭	수	둥근봉ø	E	b	h	(kg)
80	211	160	60	2	12	19	M16	4	9	–	100	50	2.80
100	238	180	85	2	12	19	M16	8	9	–	100	50	3.50
125	263	210	110	2	12	19	M16	8	9	–	100	50	4.33
150	290	240	135	2	12	23	M20	8	9	–	100	50	5.25
200	342	295	185	2	14	23	M20	8	9	200	100	70	9.00
250	410	350	235	2	16	23	M20	12	9	200	150	70	15.0
300	464	400	285	3	19	23	M20	12	16	200	150	70	22.8
350	530	460	325	3	21	23	M20	16	16	200	150	70	32.9
400	582	515	375	3	23	27	M24	16	16	300	150	70	43.8
450	652	565	425	3	26	27	M24	20	19	300	150	70	62.8
500	706	620	475	3	28	27	M24	20	19	350	150	70	80.0
600	810	725	580	3	33	30	M27	20	19	400	150	70	126
700	928	840	680	3	37	30	M27	24	19	450	150	70	186
800	1034	950	780	3	42	33	M30	24	22	500	200	100	264
900	1156	1050	880	3	47	33	M30	28	22	500	200	100	370
1000	1262	1160	980	3	51	36	M33	28	22	600	200	100	480

F15

단위 : mm

호칭지름	각부 치수						볼트		손잡이				참고 무게
A	D5	D4	g	M	K	d1	호칭	수	둥근봉ø	E	b	h	(kg)
80	185	160	60	2	13	19	M16	4	9	–	100	50	2.51
100	210	180	85	2	13	19	M16	8	9	–	100	50	3.12
125	250	210	110	2	14	19	M16	8	9	–	100	50	4.80
150	280	240	135	2	14	23	M20	8	9	–	100	50	5.95
200	330	295	185	2	16	23	M20	8	9	200	100	70	9.75
250	400	350	235	2	17	23	M20	12	9	200	150	70	15.2
300	445	400	285	3	19	23	M20	12	16	200	150	70	21.3
350	490	460	325	3	22	23	M20	16	16	200	150	70	30.0
400	560	515	375	3	25	27	M24	16	16	300	150	70	44.5
450	620	565	425	3	27	27	M24	20	19	300	150	70	59.4
500	675	620	475	3	30	27	M24	20	19	350	150	70	78.9
600	795	725	580	3	35	30	M27	20	19	400	150	70	129
700	905	840	680	3	40	30	M27	24	19	450	150	70	192
800	1020	950	780	3	45	33	M30	24	22	500	200	100	276
900	1120	1032	880	3	50	33	M30	28	22	500	200	100	371
1000	1235	1160	980	3	62	36	M33	28	22	600	200	100	561

비고 1. 호칭지름 80~150A의 손잡이는 플랜지 뚜껑의 중심에 부착할 것

F20

단위 : mm

호칭지름 A	각부 치수 D5	D4	g	M	K	d1	볼트 호칭	수	손잡이 둥근봉ø	E	b	h	참고 무게 (kg)
80	200	160	60	2	18	23	M20	8	9	–	100	50	3.81
100	225	185	85	2	18	23	M20	8	9	–	100	50	4.77
125	270	225	110	2	18	25	M22	8	9	–	100	50	6.95
150	305	260	135	2	22	25	M22	12	9	–	100	50	10.9
200	350	305	185	2	22	25	M22	12	9	200	100	70	14.8
250	430	380	235	2	23	27	M24	12	9	200	150	70	23.8
300	480	430	285	3	26	27	M24	16	16	200	150	70	33.4
350	540	480	325	3	28	33	M30	16	16	200	150	70	45.1
400	605	540	375	3	32	33	M30	16	16	300	150	70	65.8
450	675	605	425	3	36	33	M30	20	19	300	150	70	92.9
500	730	660	475	3	39	33	M30	20	19	350	150	70	119
600	845	770	580	3	45	39	M36	24	19	400	150	70	183

㉗ 공기 밸브용 플랜지 뚜껑

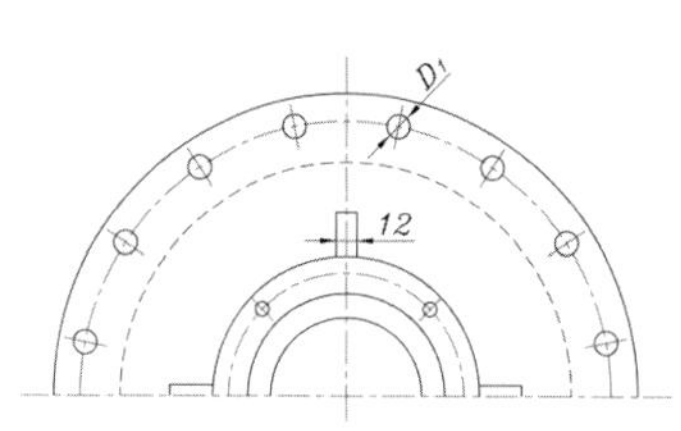

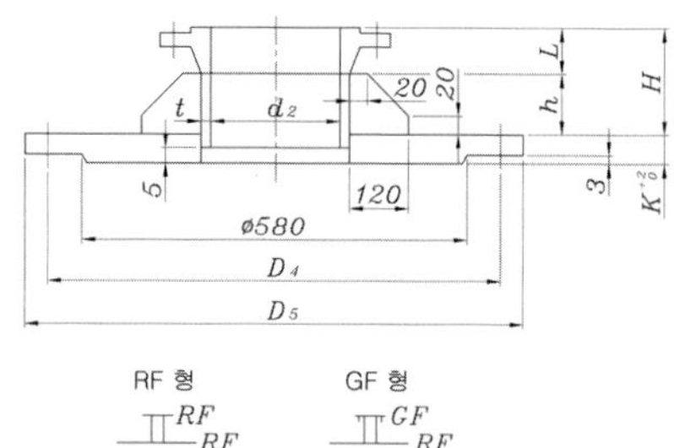

F12

단위 : mm

공기밸브 호칭지름	각부 치수 D5	D4	K	d2	t	H	L	h	d1	볼트 호칭	수	참고 무게(kg) RF 형	GF 형
80	810	725	30	89.1	4.2	150	40	110	30	M27	20	124	124
100				114.3	4.5	150	45	105				125	124
150				165.2	5.0	150	50	100				126	125
200				216.3	5.8	150	55	95				125	125

F15

단위 : mm

공기밸브 호칭지름	각부 치수 D5	D4	K	d2	t	H	L	h	d1	볼트 호칭	수	참고 무게(kg) GF 형
80	810	725	34	89.1	4.2	150	50	100	30	M27	20	140
100				114.3	4.5	150	55	95				140
150				165.2	5.0	150	60	90				140
200				216.3	5.8	150	60	90				140

F20

단위 : mm

공기밸브 호칭지름	각부 치수									볼트		참고 무게(kg)
	D_5	D_4	K	d_2	t	H	L	h	d_1	호칭	수	GF 형
80	845	770	45	89.1	4.5	150	60	90	39	M36	24	193
100				114.3	4.9	150	60	90				193
150				165.2	5.5	200	100	100				196
200				216.3	6.4	200	100	100				194

㉘ 덕타일 주철관 접속용 짧은 관

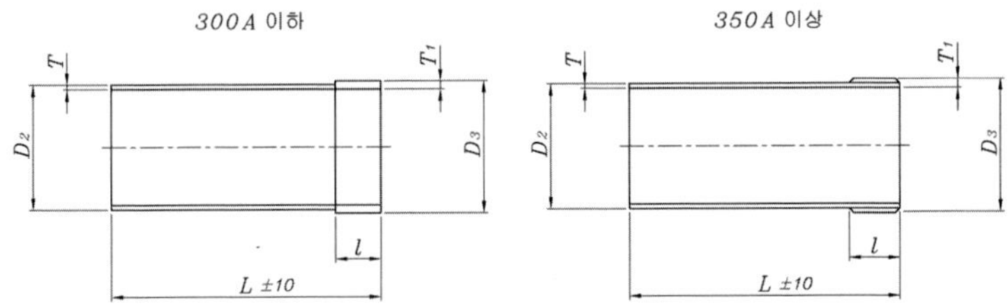

단위 : mm

호칭지름 A	접속 주철관 바깥지름	D_2	관 두께 T			각부 치수				참고 무게 (kg)		
			F12	F15	F20	D_3	T_1	L	l	F12	F15	F20
80	93.0	89.1	4.2	4.2	4.5	92.7	6	1000	150	9.40	9.40	9.90
100	118.0	114.3	4.5	4.5	4.9	117.3	6	1000	150	14.7	14.7	15.7
150	169.0	165.2	5.0	5.0	5.5	169.2	7	1000	150	24.0	24.0	25.9
200	220.0	216.3	5.8	5.8	6.4	218.7	7	1000	150	35.6	35.6	38.6
250	271.6	267.4	6.6	6.6	6.4	270.2	8	1000	150	50.2	50.2	49.0
300	322.8	318.5	6.9	6.9	6.4	322.7	9	1000	150	63.5	63.5	59.7
350	374.0	355.6	6.0	6.0	6.0	373.6	9	1000	200	67.9	67.9	67.9
400	425.6	406.4	6.0	6.0	6.0	424.4	9	1000	200	77.7	77.7	77.7
450	476.8	457.2	6.0	6.0	6.0	475.2	9	1000	200	87.5	87.5	87.5
500	528.0	508.0	6.0	6.0	6.0	528.0	10	1000	200	99.8	99.8	99.8
600	630.8	609.6	6.0	6.0	6.0	629.6	10	1500	200	165	165	165
700	733.0	711.2	6.0	6.0	7.0	733.2	11	1500	200	196	196	222
800	836.0	812.8	7.0	7.0	8.0	834.8	11	2000	200	323	323	362
900	939.0	914.4	7.0	8.0	8.0	938.4	12	2000	200	368	412	412
1000	1041.0	1016.0	8.0	9.0	9.0	1040.0	12	2000	250	474	523	523
1100	1144.0	1117.6	8.0	10.0	10.0	1143.6	13	2000	250	528	637	637
1200	1246.0	1219.2	9.0	11.0	11.0	1245.2	13	2000	250	636	754	754
1350	1400.0	1371.6	10.0	12.0	12.0	1399.6	14	2000	250	791	924	924
1500	1554.0	1524.0	11.0	14.0	14.0	1554.0	15	2000	250	963	1180	1180
1600	1650.0	1625.6	12.0	15.0	15.0	1649.6	12	2000	300	1100	1340	1340
1650	1701.0	1676.4	12.0	15.0	15.0	1700.4	12	2000	300	1130	1380	1380
1800	1848.0	1828.8	13.0	16.0	16.0	1848.8	10	2000	300	1300	1570	1570
2000	2061.0	2032.0	15.0	18.0	18.0	2062.0	15	2000	300	1720	2020	2020
2100	2164.0	2133.6	16.0	19.0	19.0	2163.6	15	2000	300	1910	2220	2220
2200	2280.0	2235.2	16.0	20.0	20.0	2279.2	20	2000	300	2120	2550	2550
2400	2458.0	2438.4	18.0	22.0	22.0	2458.4	10	2000	300	2330	2800	2800
2600	2684.0	2641.6	19.0	24.0	24.0	2683.6	21	2000	300	2870	3510	3510

11-18 배관용 이음매 없는 니켈－크롬－철합금 관 KS D 3758 (2008 확인)

■ 종류의 기호 및 열처리와 제조 방법 표시 기호

종류의 기호	열처리 ℃		제조 방법 표시 기호
	고용화 열처리	어닐링	
NCF 600 TP	–	900 이상 급냉	열간 가공 이음매 없는 관 : –S–H 냉간 가공 이음매 없는 관 : –S–C
NCF 625 TP	1090 이상 급냉	870 이상 급냉	
NCF 690 TP	–	900 이상 급냉	
NCF 800 TP	–	950 이상 급냉	
NCF 800 HTP	1100 이상 급냉	–	
NCF 825 TP	–	930 이상 급냉	

■ 화학 성분

종류의 기호	화학 성분 (%)												
	C	Si	Mn	P	S	Ni	Cr	Fe	Mo	Cu	Al	Ti	Nb+Ta
NCF 600 TP	0.15 이하	0.50 이하	1.00 이하	0.030 이하	0.015 이하	72.00 이상	14.00~17.00	6.00~10.00	–	0.50 이하	–	–	–
NCF 625 TP	0.10 이하	0.50 이하	0.50 이하	0.015 이하	0.015 이하	58.00 이상	20.00~23.00	5.00 이하	8.00~10.00	–	0.40 이하	0.40 이하	3.15~4.15
NCF 690 TP	0.05 이하	0.50 이하	0.50 이하	0.030 이하	0.015 이하	58.00 이상	27.00~31.00	7.00~11.00	–	0.50 이하	–	–	–
NCF 800 TP	0.10 이하	1.00 이하	1.50 이하	0.030 이하	0.015 이하	30.00~35.00	19.00~23.00	나머지	–	0.75 이하	0.15~0.60	0.15~0.60	–
NCF 800 HTP	0.05~0.10	1.00 이하	1.50 이하	0.030 이하	0.015 이하	30.00~35.00	19.00~23.00	나머지	–	0.75 이하	0.15~0.60	0.15~0.60	–
NCF 825 TP	0.05 이하	0.50 이하	1.00 이하	0.030 이하	0.015 이하	38.00~46.00	19.50~23.50	나머지	2.50~3.50	1.50~3.50	0.20 이하	0.60~1.20	–

■ 기계적 성질

종류의 기호	열처리	치수	인장 시험		
			인장강도 N/mm²	항복강도 N/mm²	연신율 %
NCF 600 TP	열간 가공 後 어닐링	바깥지름 127mm 이하	549 이상	206 이상	35 이상
		바깥지름 127mm 초과	520 이상	177 이상	35 이상
	냉간 가공 後 어닐링	바깥지름 127mm 이하	549 이상	245 이상	30 이상
		바깥지름 127mm 초과	549 이상	206 이상	30 이상
NCF 625 TP	열간 가공 後 어닐링	–	820 이상	410 이상	30 이상
	냉간 가공 後 어닐링	–	690 이상	275 이상	30 이상
NCF 690 TP	열간 가공 後 어닐링	바깥지름 127mm 이하	590 이상	205 이상	35 이상
		바깥지름 127mm 초과	520 이상	175 이상	35 이상
	냉간 가공 後 어닐링	바깥지름 127mm 이하	590 이상	245 이상	30 이상
		바깥지름 127mm 초과	590 이상	205 이상	30 이상
NCF 800 TP	열간 가공 後 어닐링	–	451 이상	177 이상	30 이상
	냉간 가공 後 어닐링	–	520 이상	206 이상	30 이상
NCF 800 HTP	열간 가공 後 또는 냉간 가공 後 어닐링	–	451 이상	177 이상	30 이상
NCF 825 TP	열간 가공 後 어닐링	–	520 이상	177 이상	30 이상
	냉간 가공 後 어닐링	–	579 이상	235 이상	30 이상

11-19 고온 고압용 원심력 주강관 KS D 4112 : 1995 (2010 확인)

■ 종류의 기호

종류의 기호	비 고
SCPH 1-CF	탄소강
SCPH 2-CF	탄소강
SCPH 11-CF	0.5% 몰리브덴강
SCPH 21-CF	1% 크롬 0.5% 몰리브덴강
SCPH 32-CF	2.5% 크롬 1% 몰리브덴강

■ 화학 성분

종류의 기호	화학 성분 (%)						
	C	Si	Mn	P	S	Cr	Mo
SCPH 1-CF	0.22 이하	0.60 이하	1.10 이하	0.040 이하	0.040 이하	–	–
SCPH 2-CF	0.30 이하	0.60 이하	1.10 이하	0.040 이하	0.040 이하	–	–
SCPH 11-CF	0.20 이하	0.60 이하	0.30~0.60	0.035 이하	0.035 이하	–	0.45~0.65
SCPH 21-CF	0.15 이하	0.60 이하	0.30~0.60	0.030 이하	0.030 이하	1.00~1.50	0.45~0.65
SCPH 32-CF	0.15 이하	0.60 이하	0.30~0.60	0.030 이하	0.030 이하	1.90~2.60	0.90~1.20

■ 불순물의 화학 성분

종류의 기호	화학 성분 (%)					
	Cu	Ni	Cr	Mo	W	합계량
SCPH 1-CF	0.50 이하	0.50 이하	0.25 이하	0.25 이하	–	1.00 이하
SCPH 2-CF	0.50 이하	0.50 이하	0.25 이하	0.25 이하	–	1.00 이하
SCPH 11-CF	0.50 이하	0.50 이하	0.35 이하	–	0.10 이하	1.00 이하
SCPH 21-CF	0.50 이하	0.50 이하	–	–	0.10 이하	1.00 이하
SCPH 32-CF	0.50 이하	0.50 이하	–	–	0.10 이하	1.00 이하

■ 기계적 성질

종류의 기호	항복점 또는 내구력 N/mm^2	인장강도 N/mm^2	연신율 %
SCPH 1-CF	245 이상	410 이상	21 이상
SCPH 2-CF	275 이상	480 이상	19 이상
SCPH 11-CF	205 이상	380 이상	19 이상
SCPH 21-CF	205 이상	410 이상	19 이상
SCPH 32-CF	205 이상	410 이상	19 이상

CHAPTER 12

구조용 강관

12-1 기계 구조용 탄소 강관 KS D 3517 : 2008

■ 종류 및 기호

종류		기호
11종	A	STKM 11 A
12종	A	STKM 12 A
	B	STKM 12 B
	C	STKM 12 C
13종	A	STKM 13 A
	B	STKM 13 B
	C	STKM 13 C
14종	A	STKM 14 A
	B	STKM 14 B
	C	STKM 14 C
15종	A	STKM 15 A
	C	STKM 15 C
16종	A	STKM 16 A
	C	STKM 16 C
17종	A	STKM 17 A
	C	STKM 17 C
18종	A	STKM 18 A
	B	STKM 18 B
	C	STKM 18 C
19종	A	STKM 19 A
	C	STKM 19 C
20종	A	STKM 20 A

■ 화학 성분

종류		기호	화학 성분 (%)					
			C	Si	Mn	P	S	Nb 또는 V
11종	A	STKM 11 A	0.12 이하	0.35 이하	0.60 이하	0.040 이하	0.040 이하	–
12종	A	STKM 12 A	0.20 이하	0.35 이하	0.60 이하	0.040 이하	0.040 이하	–
	B	STKM 12 B						
	C	STKM 12 C						
13종	A	STKM 13 A	0.25 이하	0.35 이하	0.30~0.90	0.040 이하	0.040 이하	–
	B	STKM 13 B						
	C	STKM 13 C						
14종	A	STKM 14 A	0.30 이하	0.35 이하	0.30~1.00	0.040 이하	0.040 이하	–
	B	STKM 14 B						
	C	STKM 14 C						
15종	A	STKM 15 A	0.25~0.35	0.35 이하	0.30~1.00	0.040 이하	0.040 이하	–
	C	STKM 15 C						

종류		기호	화학 성분 (%)					
			C	Si	Mn	P	S	Nb 또는 V
16종	A	STKM 16 A	0.35~0.45	0.40 이하	0.40~1.00	0.040 이하	0.040 이하	–
	C	STKM 16 C						
17종	A	STKM 17 A	0.45~0.55	0.40 이하	0.40~1.00	0.040 이하	0.040 이하	–
	C	STKM 17 C						
18종	A	STKM 18 A	0.18 이하	0.55 이하	1.50 이하	0.040 이하	0.040 이하	–
	B	STKM 18 B						
	C	STKM 18 C						
19종	A	STKM 19 A	0.25 이하	0.55 이하	1.50 이하	0.040 이하	0.040 이하	–
	C	STKM 19 C						
20종	A	STKM 20 A	0.25 이하	0.55 이하	1.60 이하	0.040 이하	0.040 이하	0.15 이하

■ 기계적 성질

종류		기호	인장강도 N/mm²	항복점 또는 항복 강도 N/mm²	연신율 (%)		편평성	굽힘성	
					4호 시험편 11호 시험편 12호 시험편 세로 방향	4호 시험편 5호 시험편 가로 방향	평판 사이의 거리(H) D는 관의 지름	굽힘 각도	안쪽 반지름 (D는 관의 지름)
11종	A	STKM 11 A	290 이상	–	35 이상	30 이상	1/2 D	180°	4 D
12종	A	STKM 12 A	340 이상	175 이상	35 이상	30 이상	2/3 D	90°	6 D
	B	STKM 12 B	390 이상	275 이상	25 이상	20 이상	2/3 D	90°	6 D
	C	STKM 12 C	470 이상	355 이상	20 이상	15 이상	–	–	–
13종	A	STKM 13 A	370 이상	215 이상	30 이상	25 이상	2/3 D	90°	6 D
	B	STKM 13 B	440 이상	305 이상	20 이상	15 이상	3/4 D	90°	6 D
	C	STKM 13 C	510 이상	380 이상	15 이상	10 이상	–	–	–
14종	A	STKM 14 A	410 이상	245 이상	25 이상	20 이상	3/4 D	90°	6 D
	B	STKM 14 B	500 이상	355 이상	15 이상	10 이상	7/8 D	90°	8 D
	C	STKM 14 C	550 이상	410 이상	15 이상	10 이상	–	–	–
15종	A	STKM 15 A	470 이상	275 이상	22 이상	17 이상	3/4 D	90°	6 D
	C	STKM 15 C	580 이상	430 이상	12 이상	7 이상	–	–	–
16종	A	STKM 16 A	510 이상	325 이상	20 이상	15 이상	7/8 D	90°	8 D
	C	STKM 16 C	620 이상	460 이상	12 이상	7 이상	–	–	–
17종	A	STKM 17 A	550 이상	345 이상	20 이상	15 이상	7/8 D	90°	8 D
	C	STKM 17 C	650 이상	480 이상	10 이상	5 이상	–	–	–
18종	A	STKM 18 A	440 이상	275 이상	25 이상	20 이상	7/8 D	90°	6 D
	B	STKM 18 B	490 이상	315 이상	23 이상	18 이상	7/8 D	90°	8 D
	C	STKM 18 C	510 이상	380 이상	15 이상	10 이상	–	–	–
19종	A	STKM 19 A	490 이상	315 이상	23 이상	18 이상	7/8 D	90°	6 D
	C	STKM 19 C	550 이상	410 이상	15 이상	10 이상	–	–	–
20종	A	STKM 20 A	540 이상	390 이상	23 이상	18 이상	7/8 D	90°	6 D

12-2 기계 구조용 스테인리스강 강관 KS D 3536 : 2008

■ 종류 및 기호와 열처리

<table>
<tr><th>분류</th><th>종류의 기호</th><th>열처리 ℃</th></tr>
<tr><td rowspan="7">오스테나이트계</td><td>STS 304 TKA</td><td rowspan="5">고용화 열처리
1 010 이상, 급냉
1 010 이상, 급냉
920 이상, 급냉
980 이상, 급냉
1 150 이상, 급냉</td></tr>
<tr><td>STS 316 TKA</td></tr>
<tr><td>STS 321 TKA</td></tr>
<tr><td>STS 347 TKA</td></tr>
<tr><td>STS 350 TKA</td></tr>
<tr><td>STS 304 TKC</td><td rowspan="2">제조한 그대로</td></tr>
<tr><td>STS 316 TKC</td></tr>
<tr><td rowspan="3">페라이트계</td><td>STS 430 TKA</td><td>어닐링 700 이상, 공냉 또는 서냉</td></tr>
<tr><td>STS 430 TKC</td><td rowspan="2">제조한 그대로</td></tr>
<tr><td>STS 439 TKC</td></tr>
<tr><td rowspan="4">마르텐사이트계</td><td>STS 410 TKA</td><td rowspan="3">어닐링
700 이상, 공냉 또는 서냉
700 이상, 공냉 또는 서냉
700 이상, 공냉 또는 서냉</td></tr>
<tr><td>STS 420 J1 TKA</td></tr>
<tr><td>STS 420 J2 TKA</td></tr>
<tr><td>STS 410 TKC</td><td>제조한 그대로</td></tr>
</table>

■ 화학성분

단위 : %

<table>
<tr><th>종류의 기호</th><th>C</th><th>Si</th><th>Mn</th><th>P</th><th>S</th><th>Ni</th><th>Cr</th><th>Mo</th><th>Ti</th><th>Nb</th></tr>
<tr><td>STS 304 TKA</td><td rowspan="6">0.08 이하</td><td rowspan="7">1.00 이하</td><td rowspan="6">2.00 이하</td><td rowspan="6">0.040 이하</td><td rowspan="6">0.030 이하</td><td rowspan="2">8.00~ 11.00</td><td rowspan="2">18.00~ 20.00</td><td rowspan="2">–</td><td rowspan="4">–</td><td rowspan="4">–</td></tr>
<tr><td>STS 304 TKC</td></tr>
<tr><td>STS 316 TKA</td><td rowspan="2">10.00~ 14.00</td><td rowspan="2">16.00~ 18.00</td><td rowspan="2">2.00~ 3.00</td></tr>
<tr><td>STS 316 TKC</td></tr>
<tr><td>STS 321 TKA</td><td rowspan="2">9.00~ 13.00</td><td rowspan="2">17.00~ 19.00</td><td rowspan="2">–</td><td>5×C% 이상</td><td></td></tr>
<tr><td>STS 347 TKA</td><td>–</td><td>10×C% 이상</td></tr>
<tr><td>STS 350 TKA</td><td>0.03 이하</td><td>1.50 이하</td><td>0.035 이하</td><td>0.02 이하</td><td>20.0~ 23.0</td><td>22.0~ 24.0</td><td>6.0~ 6.8</td><td rowspan="2">–</td><td rowspan="2">–</td></tr>
<tr><td>STS 430 TKA</td><td rowspan="2">0.12 이하</td><td rowspan="2">0.75 이하</td><td rowspan="7">1.00 이하</td><td rowspan="7">0.040 이하</td><td rowspan="7">0.030 이하</td><td rowspan="7">–</td><td>16.00~ 18.00</td><td rowspan="7">–</td></tr>
<tr><td>STS 430 TKC</td><td>17.00~ 20.00</td><td>–</td><td>–</td></tr>
<tr><td>STS 439 TKC</td><td>0.025 이하</td><td rowspan="5">1.00 이하</td><td>11.50~ 13.50</td><td rowspan="5">–</td><td rowspan="5">–</td></tr>
<tr><td>STS 410 TKA</td><td rowspan="2">0.15 이하</td><td rowspan="4">12.00~ 14.00</td></tr>
<tr><td>STS 410 TKC</td></tr>
<tr><td>STS 420 J1 TKA</td><td>0.16~ 0.25</td></tr>
<tr><td>STS 420 J2 TKA</td><td>0.26~ 0.40</td></tr>
</table>

■ 기계적 성질

<table>
<tr><th rowspan="3">종류의 기호</th><th rowspan="3">인장 강도
N/mm^2</th><th rowspan="3">항복 강도
N/mm^2</th><th colspan="3">연신율 (%)</th><th>편평성</th></tr>
<tr><th rowspan="2">11호 시험편
12호 시험편</th><th colspan="2">4호 시험편</th><th rowspan="2">평판 사이 거리
H
(D는 관의 바깥지름)</th></tr>
<tr><th>수직 방향</th><th>수평 방향</th></tr>
<tr><td>STS 304 TKA</td><td rowspan="4">520 이상</td><td rowspan="4">205 이상</td><td rowspan="4">35 이상</td><td rowspan="4">30 이상</td><td rowspan="4">22 이상</td><td rowspan="5">1/3D</td></tr>
<tr><td>STS 316 TKA</td></tr>
<tr><td>STS 321 TKA</td></tr>
<tr><td>STS 347 TKA</td></tr>
<tr><td>STS 350 TKA</td><td>330 이상</td><td>674 이상</td><td>40 이상</td><td>35 이상</td><td>30 이상</td></tr>
<tr><td>STS 304 TKC</td><td rowspan="2">520 이상</td><td rowspan="2">205 이상</td><td rowspan="2">35 이상</td><td rowspan="2">30 이상</td><td rowspan="2">22 이상</td><td rowspan="2">2/3D</td></tr>
<tr><td>STS 316 TKC</td></tr>
<tr><td>STS 430 TKA</td><td rowspan="2">410 이상</td><td rowspan="2">245 이상</td><td rowspan="4">20 이상</td><td rowspan="7">–</td><td rowspan="7">–</td><td>2/3D</td></tr>
<tr><td>STS 430 TKC</td><td>3/4D</td></tr>
<tr><td>STS 439 TKC</td><td>410 이상</td><td>205 이상</td><td>3/4D</td></tr>
<tr><td>STS 410 TKA</td><td>410 이상</td><td>205 이상</td><td>2/3D</td></tr>
<tr><td>STS 420 J1 TKA</td><td>470 이상</td><td>215 이상</td><td>19 이상</td><td rowspan="3">3/4D</td></tr>
<tr><td>STS 420 J2 TKA</td><td>540 이상</td><td>225 이상</td><td>18 이상</td></tr>
<tr><td>STS 410 TKC</td><td>410 이상</td><td>205 이상</td><td>20 이상</td></tr>
</table>

12-3 일반 구조용 탄소 강관 KS D 3566 : 2009

■ 화학성분

단위 : %

종류의 기호 (종래 기호)	C	Si	Mn	P	S
SGT275 (STK400)	0.25 이하	–	–	0.040 이하	0.040 이하
SGT355 (STK490, 500)	0.24 이하	0.40 이하	1.50 이하	0.040 이하	0.040 이하
SGT410 (STK540)	0.28 이하	0.40 이하	1.60~1.30	0.040 이하	0.040 이하
SGT450 (STK590)	0.30 이하	0.40 이하	2.00 이하	0.040 이하	0.040 이하
SGT550 (STK690)	0.30 이하	0.40 이하	2.00 이하	0.040 이하	0.040 이하

■ 기계적 성질

기계적 성질	인장 강도 M/mm^2	항복점 또는 항복 강도 M/mm^2	연신율 %		굽힘성 [a]		편평성	용접부 인장 강도 M/mm^2
			11호시험편 12호시험편	5호 시험편	굽힘 각도	안쪽 반지름 (D는 관의 바깥지름)	편판 사이의 거리(H) (D는 관의 바깥지름)	
			세로 방향	가로 방향				
제조법 구분	이음매 없음, 단접, 전기저항 용접, 아크 용접				이음매 없음, 단접, 전기저항 용접		이음매 없음, 단접, 전기 저항 용접	아크 용접
바깥지름 구분	전체 바깥지름	전체 바깥지름	40mm를 초과하는 것		50mm 이하		전체 바깥지름	350mm를 초과하는 것
SGT275 (STK400)	410 이상	275 이상	23 이상	18 이상	90°	6D	2/3*D*	400 이상
SGT355 (STK490, 500)	500 이상	355 이상	20 이상	16 이상	90°	6D	7/8*D*	500 이상
SGT410 (STK540)	540 이상	410 이상	20 이상	16 이상	90°	6D	7/8*D*	540 이상
SGT450 (STK590)	590 이상	450 이상	20 이상	16 이상	90°	6D	7/8*D*	590 이상
SGT550 (STK690)	690 이상	550 이상	20 이상	16 이상	90°	6D	7/8*D*	690 이상

■ 일반 구조용 탄소 강관의 치수 및 무게

바깥 지름 mm	두께 mm	단위 무게 kg/m	참 고			
			단면적 cm^2	단면 2차 모멘트 cm^4	단면 계수 cm^3	단면 2차 반지름 cm
21.7	2.0	0.972	1.238	0.607	0.560	0.700
27.2	2.0	1.24	1.583	1.26	0.930	0.890
	2.3	1.41	1.799	1.41	1.03	0.880
34.0	2.3	1.80	2.291	2.89	1.70	1.12
42.7	2.3	2.29	2.919	5.97	2.80	1.43
	2.5	2.48	3.157	6.40	3.00	1.42
48.6	2.3	2.63	3.345	8.99	3.70	1.64
	2.5	2.84	3.621	9.65	3.97	1.63
	2.8	3.16	4.029	10.6	4.36	1.62
	3.2	3.58	4.564	11.8	4.86	1.61
60.5	2.3	3.30	4.205	17.8	5.90	2.06
	3.2	4.52	5.760	23.7	7.84	2.03
	4.0	5.57	7.100	28.5	9.41	2.00

■ 일반 구조용 탄소 강관의 치수 및 무게 (계속)

바깥 지름 mm	두께 mm	단위 무게 kg/m	참 고			
			단면적 cm^2	단면 2차 모멘트 cm^4	단면 계수 cm^3	단면 2차 반지름 cm
76.3	2.8	5.08	6.465	43.7	11.5	2.60
	3.2	5.77	7.349	49.2	12.9	2.59
	4.0	7.13	9.085	59.5	15.6	2.58
89.1	2.8	5.96	7.591	70.7	15.9	3.05
	3.2	6.78	8.636	79.8	17.9	3.04
101.6	3.2	7.76	9.892	120	23.6	3.48
	4.0	9.63	12.26	146	28.8	3.45
	5.0	11.9	15.17	177	34.9	3.42
114.3	3.2	8.77	11.17	172	30.2	3.93
	3.5	9.58	12.18	187	32.7	3.92
	4.5	12.2	15.52	234	41.0	3.89
139.8	3.6	12.1	15.40	357	51.1	4.82
	4.0	13.4	17.07	394	56.3	4.80
	4.5	15.0	19.13	438	62.7	4.79
	6.0	19.8	25.22	566	80.9	4.74
165.2	4.5	17.8	22.72	734	88.9	5.68
	5.0	19.8	25.16	808	97.8	5.67
	6.0	23.6	30.01	952	115	5.63
	7.1	27.7	35.26	110×10	134	5.60
190.7	4.5	20.7	26.32	114×10	120	6.59
	5.3	24.2	30.87	133×10	139	6.56
	6.0	27.3	34.82	149×10	156	6.53
	7.0	31.7	40.40	171×10	179	6.50
	8.2	36.9	47.01	196×10	206	6.46
216.3	4.5	23.5	29.94	168×10	155	7.49
	5.8	30.1	38.36	213×10	197	7.45
	6.0	31.1	39.64	219×10	203	7.44
	7.0	36.1	46.03	252×10	233	7.40
	8.0	41.1	52.35	284×10	263	7.37
	8.2	42.1	53.61	291×10	269	7.36
267.4	6.0	38.7	49.27	421×10	315	9.24
	6.6	42.4	54.08	460×10	344	9.22
	7.0	45.0	57.26	486×10	363	9.21
	8.0	51.2	65.19	549×10	411	9.18
	9.0	57.3	73.06	611×10	457	9.14
	9.3	59.2	75.41	629×10	470	9.13
318.5	6.0	46.2	58.91	719×10	452	11.1
	6.9	53.0	67.55	820×10	515	11.0
	8.0	61.3	78.04	941×10	591	11.0
	9.0	68.7	87.51	105×10^2	659	10.9
	10.3	78.3	99.73	119×10^2	744	10.9

■ 일반 구조용 탄소 강관의 치수 및 무게 (계속)

바깥 지름 mm	두께 mm	단위 무게 kg/m	참 고			
			단면적 cm^2	단면 2차 모멘트 cm^4	단면 계수 cm^3	단면 2차 반지름 cm
355.6	6.4	55.1	70.21	107×10^2	602	12.3
	7.9	67.7	86.29	130×10^2	734	12.3
	9.0	76.9	98.00	147×10^2	828	12.3
	9.5	81.1	103.3	155×10^2	871	12.2
	12.0	102	129.5	191×10^2	108×10	12.2
	12.7	107	136.8	201×10^2	113×10	12.1
406.4	7.9	77.6	98.90	196×10^2	967	14.1
	9.0	88.2	112.4	222×10^2	109×10	14.1
	9.5	93.0	118.5	233×10^2	115×10	14.0
	12.0	117	148.7	289×10^2	142×10	14.0
	12.7	123	157.1	305×10^2	150×10	13.9
	16.0	154	196.2	374×10^2	184×10	13.8
	19.0	182	231.2	435×10^2	214×10	13.7
457.2	9.0	99.5	126.7	318×10^2	140×10	15.8
	9.5	105	133.6	335×10^2	147×10	15.8
	12.0	132	167.8	416×10^2	182×10	15.7
	12.7	139	177.3	438×10^2	192×10	15.7
	16.0	174	221.8	540×10^2	236×10	15.6
	19.0	205	261.6	629×10^2	275×10	15.5
500	9.0	109	138.8	418×10^2	167×10	17.4
	12.0	144	184.0	548×10^2	219×10	17.3
	14.0	168	213.8	632×10^2	253×10	17.2
508.0	7.9	97.4	124.1	388×10^2	153×10	17.7
	9.0	111	141.1	439×10^2	173×10	17.6
	9.5	117	148.8	462×10^2	182×10	17.6
	12.0	147	187.0	575×10^2	227×10	17.5
	12.7	155	197.6	606×10^2	239×10	17.5
	14.0	171	217.3	663×10^2	261×10	17.5
	16.0	194	247.3	749×10^2	295×10	17.4
	19.0	229	291.9	874×10^2	344×10	17.3
	22.0	264	335.9	994×10^2	391×10	17.2
558.8	9.0	122	155.5	588×10^2	210×10	19.4
	12.0	162	206.1	771×10^2	276×10	19.3
	16.0	214	272.8	101×10^3	360×10	19.2
	19.0	253	322.2	118×10^3	421×10	19.1
	22.0	291	371.0	134×10^3	479×10	19.0
600	9.0	131	167.1	730×10^2	243×10	20.9
	12.0	174	221.7	958×10^2	320×10	20.8
	14.0	202	257.7	111×10^3	369×10	20.7
	16.0	230	293.6	125×10^3	418×10	20.7
609.6	9.0	133	169.8	766×10^2	251×10	21.2
	9.5	141	179.1	806×10^2	265×10	21.2
	12.0	177	225.3	101×10^3	330×10	21.1
	12.7	187	238.2	106×10^3	348×10	21.1
	14.0	206	262.0	116×10^3	381×10	21.1
	16.0	234	298.4	132×10^3	431×10	21.0
	19.0	277	352.5	154×10^3	505×10	20.9
	22.0	319	406.1	176×10^3	576×10	20.8

■ 일반 구조용 탄소 강관의 치수 및 무게 (계속)

바깥 지름 mm	두께 mm	단위 무게 kg/m	참고			
			단면적 cm^2	단면 2차 모멘트 cm^4	단면 계수 cm^3	단면 2차 반지름 cm
700	9.0	153	195.4	117×10^3	333×10	24.4
	12.0	204	259.4	154×10^3	439×10	24.3
	14.0	237	301.7	178×10^3	507×10	24.3
	16.0	270	343.8	201×10^3	575×10	24.2
711.2	9.0	156	198.5	122×10^3	344×10	24.8
	12.0	207	263.6	161×10^3	453×10	24.7
	14.0	241	306.6	186×10^3	524×10	24.7
	16.0	274	349.4	211×10^3	594×10	24.6
	19.0	324	413.2	248×10^3	696×10	24.5
	22.0	374	476.3	283×10^3	796×10	24.4
812.8	9.0	178	227.3	184×10^3	452×10	28.4
	12.0	237	301.9	242×10^3	596×10	28.3
	14.0	276	351.3	280×10^3	690×10	28.2
	16.0	314	400.5	318×10^3	782×10	28.2
	19.0	372	473.8	373×10^3	919×10	28.1
	22.0	429	546.6	428×10^3	105×102	28.0
914.4	12.0	267	340.2	348×10^3	758×10	31.9
	14.0	311	396.0	401×10^3	878×10	31.8
	16.0	354	451.6	456×10^3	997×10	31.8
	19.0	420	534.5	536×10^3	117×102	31.7
	22.0	484	616.5	614×10^3	134×102	31.5
1016.0	12.0	297	378.5	477×10^3	939×10	35.5
	14.0	346	440.7	553×10^3	109×102	35.4
	16.0	395	502.7	628×10^3	124×102	35.4
	19.0	467	595.1	740×10^3	146×102	35.2
	22.0	539	687.0	849×10^3	167×102	35.2

12-4 일반 구조용 각형 강관 KS D 3568 : 2009

■ 종류의 기호 및 화학 성분

종류의 기호	화학 성분 (%)				
	C	Si	Mn	P	S
SPSR 400 (SPSR41)	0.25 이하	–	–	0.040 이하	0.040 이하
SPSR 490 (SPSR50)	0.18 이하	0.55 이하	1.50 이하	0.040 이하	0.040 이하
SPSR 540	0.23 이하	0.40 이하	1.50 이하	0.040 이하	0.040 이하
SPSR 590	0.30 이하	0.40 이하	2.00 이하	0.040 이하	0.040 이하

■ 기계적 성질

종류의 기호	인장 시험		
	인장 강도 N/mm^2	항복점 또는 항복 강도 N/mm^2	연신율(5호 시험편) %
SPSR 400	400 이상	245 이상	23 이상
SPSR 490	490 이상	325 이상	23 이상
SPSR 540	540 이상	390 이상	20 이상
SPSR 590	590 이상	440 이상	20 이상

■ 치수의 허용차

항목 및 치수의 구분		치수 및 각도의 허용차
변의 길이	100mm 이하	±1.5mm
	100mm 초과	±1.5%
각 변의 평판 부분의 요철	변의 길이 100mm 이하	0.5mm 이하
	변의 길이 100mm 초과	변의 길이 0.5% 이하
인접 평판 부분 사이의 각도		±1.5°
각 부의 치수 : s		3t 이하
길이		+ 제한 없음 0
휨		전체 길이의 0.3% 이하
두께	용접에 의해 제조한 관	3mm 미만 ±0.3mm
		3mm 이상 ±10%
	이음매 없는 관	4mm 미만 ±0.6mm
		4mm 이상 ±15%

비고

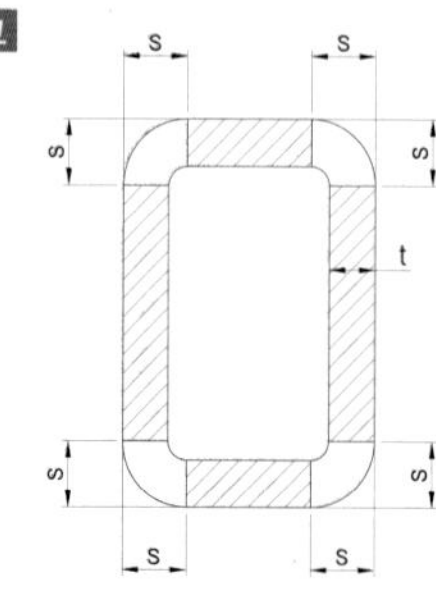

1. 평판 부분이란 그림에 표시한 빗금 부분을 말한다.
   t : 평판 부분의 두께
   s : 각 부의 치수
2. 각 부의 치수 허용차에 대해서는 주문자 · 제조자 사이의 협의에 따라 변경할 수 있다.
3. 휨의 허용차는 상하, 좌우 중의 큰 것에 적용한다.
4. 두께 허용차는 평판 부분에 대하여 적용한다.

■ 일반 구조용 각형 강관의 치수 및 무게

❶ 정사각형

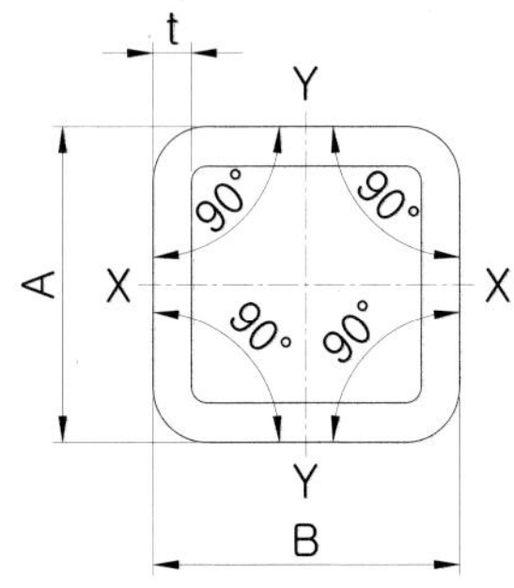

변의 길이 A×B mm	두께 t mm	무게 kg/m	참고			
			단면적 cm^2	단면의 2차 모멘트 I_x, I_y cm^4	단면 계수 Z_x, Z_y cm^3	단면의 2차 반지름 i_x, i_y cm
20×20	1.2	0.697	0.865	0.53	0.52	0.769
20×20	1.6	0.872	1.123	0.67	0.65	0.751
25×25	1.2	0.867	1.105	1.03	0.824	0.965
25×25	1.6	1.12	1.432	1.27	1.02	0.942
30×30	1.2	1.06	1.345	1.83	1.22	1.17
30×30	1.6	1.38	1.752	2.31	1.54	1.15
40×40	1.6	1.88	2.392	5.79	2.90	1.56
40×40	2.3	2.62	3.332	7.73	3.86	1.52
50×50	1.6	2.38	3.032	11.7	4.68	1.96
50×50	2.3	3.34	4.252	15.9	6.34	1.93
50×50	3.2	4.50	5.727	20.4	8.16	1.89
60×60	1.6	2.88	3.672	20.7	6.89	2.37
60×60	2.3	4.06	5.172	28.3	9.44	2.34
60×60	3.2	5.50	7.007	36.9	12.3	2.30
75×75	1.6	3.64	4.632	41.3	11.0	2.99
75×75	2.3	5.14	6.552	57.1	15.2	2.95
75×75	3.2	7.01	8.927	75.5	20.1	2.91
75×75	4.5	9.55	12.17	98.6	26.3	2.85
80×80	2.3	5.50	7.012	69.9	17.5	3.16
80×80	3.2	7.51	9.567	92.7	23.2	3.11
80×80	4.5	10.3	13.07	122	30.4	3.05
90×90	2.3	6.23	7.932	101	22.4	3.56
90×90	3.2	8.51	10.85	135	29.9	3.52
100×100	2.3	6.95	8.852	140	27.9	3.97
100×100	3.2	9.52	12.13	187	37.5	3.93
100×100	4.0	11.7	14.95	226	45.3	3.89
100×100	4.5	13.1	16.67	249	49.9	3.87
100×100	6.0	17.0	21.63	311	62.3	3.79
100×100	9.0	24.1	30.67	408	81.6	3.65
100×100	12.0	30.2	38.53	471	94.3	3.50
125×125	3.2	12.0	15.33	376	60.1	4.95
125×125	4.5	16.6	21.17	506	80.9	4.89
125×125	5.0	18.3	23.36	553	88.4	4.86
125×125	6.0	21.7	27.63	641	103	4.82
125×125	9.0	31.1	39.67	865	138	4.67
125×125	12.0	39.7	50.53	103×10	165	4.52

변의 길이 A×B mm	두께 t mm	무게 kg/m	참고			
			단면적 cm^2	단면의 2차 모멘트 I_x, I_y cm^4	단면 계수 Z_x, Z_y cm^3	단면의 2차 반지름 i_x, i_y cm
150×150	4.5	20.1	25.67	896	120	5.91
150×150	5.0	22.3	28.36	982	131	5.89
150×150	6.0	26.4	33.63	115×10	153	5.84
150×150	9.0	38.2	48.67	158×10	210	5.69
175×175	4.5	23.7	30.17	145×10	166	6.93
175×175	5.0	26.2	33.36	159×10	182	6.91
175×175	6.0	31.1	39.63	186×10	213	6.86
200×200	4.5	27.2	34.67	219×10	219	7.95
200×200	5.0	35.8	45.63	283×10	283	7.88
200×200	6.0	46.9	59.79	362×10	362	7.78
200×200	9.0	52.3	66.67	399×10	399	7.73
200×200	12.0	67.9	86.53	498×10	498	7.59
250×250	5.0	38.0	48.36	481×10	384	9.97
250×250	6.0	45.2	57.63	567×10	454	9.92
250×250	8.0	59.5	75.79	732×10	585	9.82
250×250	9.0	66.5	84.67	809×10	647	9.78
250×250	12.0	86.8	110.5	103×10^2	820	9.63
300×300	4.5	41.3	52.67	763×10	508	12.0
300×300	6.0	54.7	69.63	996×10	664	12.0
300×300	9.0	80.6	102.7	143×10^2	956	11.8
300×300	12.0	106	134.5	183×10^2	122×10	11.7
350×350	9.0	94.7	120.7	232×10^2	132×10	13.9
350×350	12.5	124	158.5	298×10^2	170×10	13.7

비고

무게의 수치는 $1cm^3$의 강을 7.85g으로 하고 다음 식에 따라 계산하여 KS Q 5002에 따라 유효 숫자 셋째 자리에서 끝맺음한 것이다.

$W = 0.0157t(A+B-3.287t)$

여기에서 W : 관의 무게(kg/m)

t : 관의 두께(mm)

A, B : 관의 변의 길이(mm)

❷ 직사각형

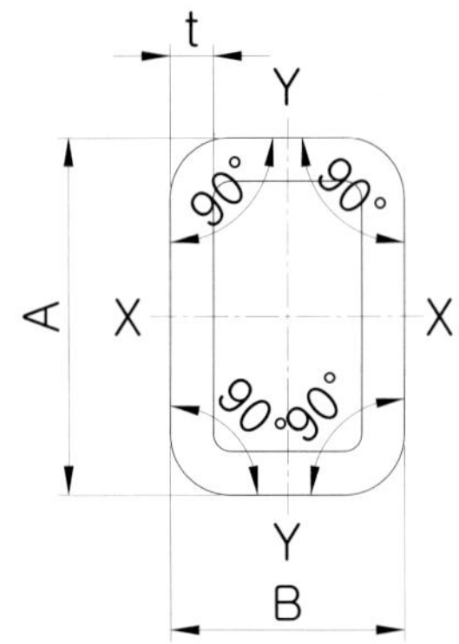

변의 길이 A×B mm	두께 t mm	무게 kg/m	참고						
			단면적 cm²	단면의 2차 모멘트		단면 계수		단면의 2차 반지름	
				I_x	I_y	Z_x	Z_y	i_x	i_y
				cm⁴		cm³		cm	
30×20	1.2	0.868	1.105	1.34	0.711	0.890	0.711	1.10	0.802
30×20	1.6	1.124	1.4317	1.66	0.879	1.11	0.879	1.80	0.784
40×20	1.2	1.053	1.3453	2.73	0.923	1.36	0.923	1.42	0.828
40×20	1.6	1.375	1.7517	3.43	1.15	1.72	1.15	1.40	0.810
50×20	1.6	1.63	2.072	6.08	1.42	2.43	1.42	1.71	0.829
50×20	2.3	2.25	2.872	8.00	1.83	3.20	1.83	1.67	0.798
50×30	1.6	1.88	2.392	7.96	3.60	3.18	2.40	1.82	1.23
50×30	2.3	2.62	3.332	10.6	4.76	4.25	3.17	1.79	1.20
60×30	1.6	2.13	2.712	2.5	4.25	4.16	2.83	2.15	1.25
60×30	2.3	2.98	3.792	16.8	5.65	5.61	3.76	2.11	1.22
60×30	3.2	3.99	5.087	21.4	7.08	7.15	4.72	2.05	1.18
75×20	1.6	2.25	2.872	17.6	2.10	4.69	2.10	2.47	0.855
75×20	2.3	3.16	4.022	23.7	2.73	6.31	2.73	2.43	0.824
75×45	1.6	2.88	3.672	28.4	12.9	7.56	5.75	2.78	1.88
75×45	2.3	4.06	5.172	38.9	17.6	10.4	7.82	2.74	1.84
75×45	3.2	5.50	7.007	50.8	22.8	13.5	10.1	2.69	1.80
80×40	1.6	2.88	3.672	30.7	10.5	7.68	5.26	2.89	1.69
80×40	2.3	4.06	5.172	42.1	14.3	10.5	7.14	2.85	1.66
80×40	3.2	5.50	7.007	54.9	18.4	13.7	9.21	2.80	1.62
90×45	2.3	4.60	5.862	61.0	20.8	13.6	9.22	3.23	1.88
90×45	3.2	6.25	7.967	80.2	27.0	17.8	12.0	3.17	1.84
100×20	1.6	2.88	3.672	38.1	2.78	7.61	2.78	3.22	0.870
100×20	2.3	4.06	5.172	51.9	3.64	10.4	3.64	3.17	0.839
100×40	1.6	3.38	4.312	53.5	12.9	10.7	6.44	3.52	1.73
100×40	2.3	4.78	6.092	73.9	17.5	14.8	8.77	3.48	1.70
100×40	4.2	8.32	10.60	120	27.6	24.0	10.6	3.36	1.61
100×50	1.6	3.64	4.632	61.3	21.1	12.3	8.43	3.64	2.13
100×50	2.3	5.14	6.552	84.8	29.0	17.0	11.6	3.60	2.10
100×50	3.2	7.01	8.927	112	38.0	22.5	15.2	3.55	2.06
100×50	4.5	9.55	12.17	147	48.9	29.3	19.5	3.47	2.00

변의 길이 A×B mm	두께 t mm	무게 kg/m	참고							
			단면적 cm^2	단면의 2차 모멘트		단면 계수		단면의 2차 반지름	
				I_x	I_y	Z_x	Z_y	i_x	i_y
				cm^4		cm^3		cm	
125×40	1.6	4.01	5.112	94.4	15.8	15.1	7.91	4.30	1.76
125×40	2.3	5.69	7.242	131	21.6	20.9	10.8	4.25	1.73
125×75	2.3	6.95	8.852	192	87.5	30.6	23.3	4.65	3.14
125×75	3.2	9.52	12.13	257	117	41.1	31.1	4.60	3.10
125×75	4.0	11.7	14.95	311	141	49.7	37.5	4.56	3.07
125×75	4.5	13.1	16.67	342	155	54.8	41.2	4.53	3.04
125×75	6.0	17.0	21.63	428	192	68.5	51.1	4.45	2.98
150×75	3.2	10.8	13.73	402	137	53.6	36.6	5.41	3.16
150×80	4.5	15.2	19.37	563	211	75.0	52.9	5.39	3.30
150×80	5.0	16.8	21.36	614	230	81.9	57.5	5.36	3.28
150×80	6.0	19.8	25.23	710	264	94.7	66.1	5.31	3.24
150×100	3.2	12.0	15.33	488	262	65.1	52.5	5.64	4.14
150×100	4.5	16.6	21.17	658	352	87.7	70.4	5.58	4.08
150×100	6.0	21.7	27.63	835	444		88.8	5.50	4.01
150×100	9.0	31.1	39.67	113×10	595		119	5.33	3.87
200×100	4.5	20.1	25.67	133×10	455	133	90.9	7.20	4.21
200×100	6.0	26.4	33.63	170×10	577	170	115	7.12	4.14
200×100	9.0	38.2	48.67	235×10	782	235	156	6.94	4.01
200×150	4.5	23.7	30.17	176×10	113×10	176	151	7.64	6.13
200×150	6.0	31.1	39.63	227×10	146×10	227	194	7.56	6.06
200×150	9.0	45.3	57.67	317×10	202×10	317	270	7.41	5.93
250×150	6.0	35.8	45.63	389×10	177×10	311	236	9.23	6.23
250×150	9.0	52.3	66.67	548×10	247×10	438	330	9.06	6.09
250×150	12.0	67.9	86.53	685×10	307×10	548	409	8.90	5.95
300×200	6.0	45.2	57.63	737×10	396×10	491	396	11.3	8.29
300×200	9.0	66.5	84.67	105×10^2	563×10	702	563	11.2	8.16
300×200	12.0	86.8	110.5	134×10^2	711×10	890	711	11.0	8.02
350×150	6.0	45.2	57.63	891×10	239×10	509	319	12.4	6.44
350×150	9.0	66.5	84.67	127×10^2	337×10	726	449	12.3	6.31
350×150	12.0	86.8	110.5	161×10^2	421×10	921	562	12.1	6.17
400×200	6.0	54.7	69.63	148×10^2	509×10	739	509	14.6	8.55
400×200	9.0	80.6	102.7	213×10^2	727×10	107×10	727	14.4	8.42
400×200	12.0	106	134.5	273×10^2	923×10	136×10	923	14.2	8.23

비고

무게의 수치는 $1cm^3$의 강을 7.85g으로 하고 다음 식에 따라 계산하여 KS Q 5002에 따라 유효 숫자 셋째 자리에서 끝맺음한 것이다.

$W=0.0157t(A+B-3.287t)$

여기에서 W : 관의 무게 (kg/m)

t : 관의 두께 (mm)

A, B : 관의 변의 길이 (mm)

• 열간 마무리 처리된 구조용 중공 형강

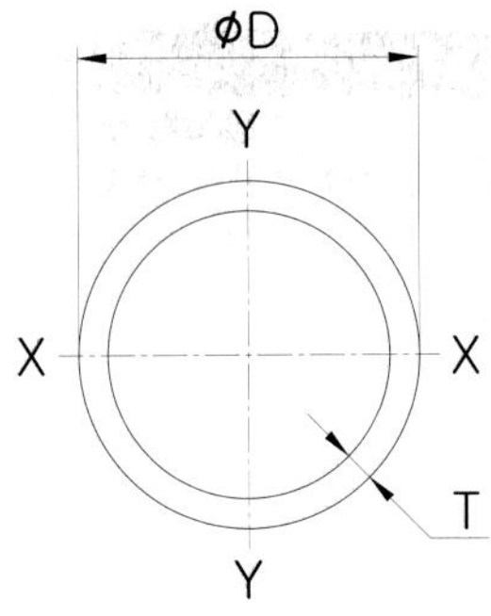

바깥지름	두께	단위 길이당 무게	단면적	단면의 2차 모멘트	회전 반지름	탄성 단면 정수	소성 단면 정수	비틀림 관성 정수	비틀림 계수 정수	단위 길이당 표면적	톤당 공칭 길이
D mm	T mm	M kg/m	A cm^2	I cm^4	i cm	W_{el} cm^3	W_{pl} cm^3	I_t cm^4	C_t cm^3	A_s m^2/m	m
21.3	2.3	1.08	1.37	0.629	0.677	0.590	0.834	1.26	1.18	0.0669	928
21.3	2.6	1.20	1.53	0.681	0.668	0.639	0.915	1.36	1.28	0.0669	834
21.3	3.2	1.43	1.82	0.768	0.650	0.722	1.06	1.54	1.44	0.0669	700
26.9	2.3	1.40	1.78	1.36	0.874	1.01	1.40	2.71	2.02	0.0845	717
26.9	2.6	1.56	1.98	1.48	0.864	1.10	1.54	2.96	2.20	0.0845	642
26.9	3.2	1.87	2.38	1.70	0.846	1.27	1.81	3.41	2.53	0.0845	535
33.7	2.6	1.99	2.54	3.09	1.10	1.84	2.52	6.19	3.67	0.106	501
33.7	3.2	2.41	3.07	3.60	1.08	2.14	2.99	7.21	4.28	0.106	415
33.7	4.0	2.93	3.73	4.19	1.06	2.49	3.55	8.38	4.97	0.106	341
42.4	2.6	2.55	3.25	6.46	1.41	3.05	4.12	12.9	6.10	0.133	392
42.4	3.2	3.09	3.94	7.62	1.39	3.59	4.93	15.2	7.19	0.133	323
42.4	4.0	3.79	4.83	8.99	1.36	4.24	5.92	18.0	8.48	0.133	264
48.3	2.6	2.93	3.73	9.78	1.62	4.05	5.44	19.6	8.10	0.152	341
48.3	3.2	3.56	4.53	11.6	1.60	4.80	6.52	23.2	9.59	0.152	281
48.3	4.0	4.37	5.57	13.8	1.57	5.70	7.87	27.5	11.4	0.152	229
48.3	5.0	5.34	6.80	16.2	1.54	6.69	9.42	32.3	13.4	0.152	187
60.3	2.6	3.70	4.71	19.7	2.04	6.52	8.66	39.3	13.0	0.189	270
60.3	3.2	4.51	5.74	23.5	2.02	7.78	10.4	46.9	15.6	0.189	222
60.3	4.0	5.55	7.07	28.2	2.00	9.34	12.7	56.3	18.7	0.189	180
60.3	5.0	6.82	8.69	33.5	1.96	11.1	15.3	67.0	22.2	0.189	147
76.1	2.6	4.71	6.00	40.6	2.60	10.7	14.1	81.2	21.3	0.239	212
76.1	3.2	5.75	7.33	48.8	2.58	12.8	17.0	97.6	25.6	0.239	174
76.1	4.0	7.11	9.06	59.1	2.55	15.5	20.8	118	31.0	0.239	141
76.1	5.0	8.77	11.2	70.9	2.52	18.6	25.3	142	37.3	0.239	114
88.9	3.2	6.76	8.62	79.2	3.03	17.8	23.5	158	35.6	0.279	148
88.9	4.0	8.38	10.7	96.3	3.00	21.7	28.9	193	43.3	0.279	119
88.9	5.0	10.3	13.2	116	2.97	26.2	35.2	233	52.4	0.279	96.7
88.9	6.0	12.3	15.6	135	2.94	30.4	41.3	270	60.7	0.279	81.5
88.9	6.3	12.8	16.3	140	2.93	31.5	43.1	280	63.1	0.279	77.9
101.6	3.2	7.77	9.89	120	3.48	23.6	31.0	240	47.2	0.319	129
101.6	4.0	9.63	12.3	146	3.45	28.8	38.1	293	57.6	0.319	104
101.6	5.0	11.9	15.2	177	3.42	34.9	46.7	355	69.9	0.319	84.0
101.6	6.0	14.1	18.0	207	3.39	40.7	54.9	413	81.4	0.319	70.7
101.6	6.3	14.8	18.9	215	3.38	42.3	57.3	430	84.7	0.319	67.5
101.6	8.0	18.5	23.5	260	3.32	51.1	70.3	519	102	0.319	54.2
101.6	10.0	22.6	28.8	305	3.26	60.1	84.2	611	120	0.319	44.3

바깥지름	두께	단위 길이당 무게	단면적	단면의 2차 모멘트	회전 반지름	탄성 단면 정수	소성 단면 정수	비틀림 관성 정수	비틀림 계수 정수	단위 길이당 표면적	톤당 공칭 길이
D mm	T mm	M kg/m	A cm^2	I cm^4	i cm	W_{el} cm^3	W_{pl} cm^3	I_t cm^4	C_t cm^3	A_s m^2/m	m
114.3	3.2	8.77	11.2	172	3.93	30.2	39.5	345	60.4	0.359	114
114.3	4.0	10.9	13.9	211	3.90	36.9	48.7	422	73.9	0.359	91.9
114.3	5.0	13.5	17.2	257	3.87	45.0	59.8	514	89.9	0.359	74.2
114.3	6.0	16.0	20.4	300	3.83	52.5	70.4	600	105	0.359	62.4
114.3	6.3	16.8	21.4	313	3.82	54.7	73.6	625	109	0.359	59.6
114.3	8.0	21.0	26.7	379	3.77	66.4	90.6	759	133	0.359	47.7
114.3	10.0	25.7	32.8	450	3.70	78.7	109	899	157	0.359	38.9
139.7	4.0	13.4	17.1	393	4.80	56.2	73.7	786	112	0.439	74.7
139.7	5.0	16.6	21.2	481	4.77	68.8	90.8	961	138	0.439	60.2
139.7	6.0	19.8	25.2	564	4.73	80.8	107	1129	162	0.439	50.5
139.7	6.3	20.7	26.4	589	4.72	84.3	112	1177	169	0.439	48.2
139.7	8.0	26.0	33.1	720	4.66	103	139	1441	206	0.439	38.5
139.7	10.0	32.0	40.7	862	4.60	123	169	1724	247	0.439	31.3
139.7	12.0	37.8	48.1	990	4.53	142	196	1980	283	0.439	26.5
139.7	12.5	39.2	50.0	1020	4.52	146	203	2040	292	0.439	25.5
168.3	4.0	16.2	20.6	697	5.81	82.8	108	1394	166	0.529	61.7
168.3	5.0	20.1	25.7	856	5.78	102	133	1712	203	0.529	49.7
168.3	6.0	24.0	30.6	1009	5.74	120	158	2017	240	0.529	41.6
168.3	6.3	25.2	32.1	1053	5.73	125	165	2107	250	0.529	39.7
168.3	8.0	31.6	40.3	1297	5.67	154	206	2595	308	0.529	31.6
168.3	10.0	39.0	49.7	1564	5.61	186	251	3128	372	0.529	25.6
168.3	12.0	46.3	58.9	1810	5.54	215	294	3620	430	0.529	21.6
168.3	12.5	48.0	61.2	1868	5.53	222	304	3737	444	0.529	20.8
177.8	5.0	21.3	27.1	1014	6.11	114	149	2028	228	0.559	46.9
177.8	6.0	25.4	32.4	1196	6.08	135	177	2392	269	0.559	39.3
177.8	6.3	26.6	33.9	1250	6.07	141	185	2499	281	0.559	37.5
177.8	8.0	33.5	42.7	1541	6.01	173	231	3083	347	0.559	29.9
177.8	10.0	41.4	52.7	1862	5.94	209	282	3724	419	0.559	24.2
177.8	12.0	49.1	62.5	2159	5.88	243	330	4318	486	0.559	20.4
177.8	12.5	51.0	64.9	2230	5.86	251	342	4460	502	0.559	19.6
193.7	5.0	23.3	29.6	1320	6.67	136	178	2640	273	0.609	43.0
193.7	6.0	27.8	35.4	1560	6.64	161	211	3119	322	0.609	36.0
193.7	6.3	29.1	37.1	1630	6.63	168	221	3260	337	0.609	34.3
193.7	8.0	36.6	46.7	2016	6.57	208	276	4031	416	0.609	27.3
193.7	10.0	45.3	57.7	2442	6.50	252	338	4883	504	0.609	22.1
193.7	12.0	53.8	68.5	2839	6.44	293	397	5678	586	0.609	18.6
193.7	12.5	55.9	71.2	2934	6.42	303	411	5869	606	0.609	17.9
193.7	16.0	70.1	89.3	3554	6.31	367	507	7109	734	0.609	14.3
219.1	5.0	26.4	33.6	1928	7.57	176	229	3856	352	0.688	37.9
219.1	6.0	31.5	40.2	2282	7.54	208	273	4564	417	0.688	31.7
219.1	6.3	33.1	42.1	2386	7.53	218	285	4772	436	0.688	30.2
219.1	8.0	41.6	53.1	2960	7.47	270	357	5919	540	0.688	24.0
219.1	10.0	51.6	65.7	3598	7.40	328	438	7197	657	0.688	19.4
219.1	12.0	61.3	78.1	4200	7.33	383	515	8400	767	0.688	16.3
219.1	12.5	63.7	81.1	4345	7.32	397	534	8689	793	0.688	15.7
219.1	16.0	80.1	102	5297	7.20	483	661	10590	967	0.688	12.5
219.1	20.0	98.2	125	6261	7.07	572	795	12520	1143	0.688	10.2
244.5	5.0	29.5	37.6	2699	8.47	221	287	5397	441	0.768	33.9
244.5	6.0	35.3	45.0	3199	8.43	262	341	6397	523	0.768	28.3
244.5	6.3	37.0	47.1	3346	8.42	274	358	6692	547	0.768	27.0
244.5	8.0	46.7	59.4	4160	8.37	340	448	8321	681	0.768	21.4
244.5	10.0	57.8	73.7	5073	8.30	415	550	10146	830	0.768	17.3
244.5	12.0	68.8	87.7	5938	8.23	486	649	11877	972	0.768	14.5
244.5	12.5	71.5	91.1	6147	8.21	503	673	12295	1006	0.768	14.0
244.5	16.0	90.2	115	7533	8.10	616	837	15066	1232	0.768	11.1
244.5	20.0	111	141	8957	7.97	733	1011	17914	1465	0.768	9.03
244.5	25.0	135	172	10517	7.81	860	1210	21034	1721	0.768	7.39

바깥지름	두께	단위 길이당 무게	단면적	단면의 2차 모멘트	회전 반지름	탄성 단면 정수	소성 단면 정수	비틀림 관성 정수	비틀림 계수 정수	단위 길이당 표면적	톤당 공칭 길이
D mm	T mm	M kg/m	A cm^2	I cm^4	i cm	W_{el} cm^3	W_{pl} cm^3	I_t cm^4	C_t cm^3	A_s m^2/m	m
273.0	5.0	33.0	42.1	3781	9.48	277	359	7562	554	0.858	30.3
273.0	6.0	39.5	50.3	4487	9.44	329	428	8974	657	0.858	25.3
273.0	6.3	41.4	52.8	4696	9.43	344	448	9392	688	0.858	24.1
273.0	8.0	52.3	66.6	5852	9.37	429	562	11703	857	0.858	19.1
273.0	10.0	64.9	82.6	7154	9.31	524	692	14308	1048	0.858	15.4
273.0	12.0	77.2	98.4	8396	9.24	615	818	16792	1230	0.858	12.9
273.0	12.5	80.3	102	8697	9.22	637	849	17395	1274	0.858	12.5
273.0	16.0	101	129	10707	9.10	784	1058	21414	1569	0.858	9.86
273.0	20.0	125	159	12798	8.97	938	1283	25597	1875	0.858	8.01
273.0	25.0	153	195	15217	8.81	1108	1543	30254	2216	0.858	6.54
323.9	5.0	39.3	50.1	6369	11.3	393	509	12739	787	1.02	25.4
323.9	6.0	47.0	59.9	7572	11.2	468	606	15145	935	1.02	21.3
323.9	6.3	49.3	62.9	7929	11.2	490	636	15858	979	1.02	20.3
323.9	8.0	62.3	79.4	9910	11.2	612	799	19820	1224	1.02	16.0
323.9	10.0	77.4	98.6	12158	11.1	751	986	24317	1501	1.02	12.9
323.9	12.0	92.3	118	14320	11.0	884	1168	28639	1768	1.02	10.8
323.9	12.5	96.0	122	14847	11.0	917	1213	29693	1833	1.02	10.4
323.9	16.0	121	155	18390	10.9	1136	1518	36780	2271	1.02	8.23
323.9	20.0	150	191	22139	10.8	1367	1850	44278	2734	1.02	6.67
323.9	25.0	184	235	26400	10.6	1630	2239	52800	3260	1.02	5.43
355.6	6.0	51.7	65.9	10071	12.4	566	733	20141	1133	1.12	19.3
355.6	6.3	54.3	69.1	10547	12.4	593	769	21094	1186	1.12	18.4
355.6	8.0	68.6	87.4	13201	12.3	742	967	26403	1485	1.12	14.6
355.6	10.0	85.2	109	16223	12.2	912	1195	32447	1825	1.12	11.7
355.6	12.0	102	130	19139	12.2	1076	1417	38279	2153	1.12	9.83
355.6	12.5	106	135	19852	12.1	1117	1472	39704	2233	1.12	9.45
355.6	16.0	134	171	24663	12.0	1387	1847	49326	2774	1.12	7.46
355.6	20.0	166	211	29792	11.9	1676	2255	59583	3351	1.12	6.04
355.6	25.0	204	260	35677	11.7	2007	2738	71353	4013	1.12	4.91
406.4	6.0	59.2	75.5	15128	14.2	745	962	30257	1489	1.28	16.9
406.4	6.3	62.2	79.2	15849	14.1	780	1009	31699	1560	1.28	16.1
406.4	8.0	78.6	100	19874	14.1	978	1270	39748	1956	1.28	12.7
406.4	10.0	97.8	125	24476	14.0	1205	1572	48952	2409	1.28	10.2
406.4	12.0	117	149	28937	14.0	1424	1867	57874	2848	1.28	8.57
406.4	12.5	121	155	30031	13.9	1478	1940	60061	2956	1.28	8.24
406.4	16.0	154	196	37449	13.8	1843	2440	74898	3686	1.28	6.49
406.4	20.0	191	243	45432	13.7	2236	2989	90864	4472	1.28	5.25
406.4	25.0	235	300	54702	13.5	2692	3642	109447	5384	1.28	4.25
406.4	30.0	278	355	63224	13.3	3111	4259	126447	6223	1.28	3.59
406.4	40.0	361	460	78186	13.0	3848	5391	156373	7696	1.28	2.77
457.0	6.0	66.7	85.0	21618	15.9	946	1220	43236	1892	1.44	15.0
457.0	6.3	70.0	89.2	22654	15.9	991	1280	45308	1983	1.44	14.3
457.0	8.0	88.6	113	28446	15.9	1245	1613	56893	2490	1.44	11.3
457.0	10.0	110	140	35091	15.8	1536	1998	70183	3071	1.44	9.07
457.0	12.0	132	168	41556	15.7	1819	2377	83113	3637	1.44	7.59
457.0	12.5	137	175	43145	15.7	1888	2470	86290	3776	1.44	7.30
457.0	16.0	174	222	53959	15.6	2361	3113	107919	4723	1.44	5.75
457.0	20.0	216	275	65681	15.5	2874	3822	131363	5749	1.44	4.64
457.0	25.0	266	339	79415	15.3	3475	4671	158830	6951	1.44	3.75
457.0	30.0	316	402	92173	15.1	4034	5479	184346	8068	1.44	3.17
457.0	40.0	411	524	114949	14.8	5031	6977	229898	10061	1.44	2.43
508.0	6.0	74.3	94.6	29812	17.7	1174	1512	59623	2347	1.60	13.5
508.0	6.3	77.9	99.3	31246	17.7	1230	1586	62493	2460	1.60	12.8
508.0	8.0	98.6	126	39280	17.7	1546	2000	78560	3093	1.60	10.1
508.0	10.0	123	156	48520	17.6	1910	2480	97040	3820	1.60	8.14
508.0	12.0	147	187	57536	17.5	2265	2953	115072	4530	1.60	6.81
508.0	12.5	153	195	59755	17.5	2353	3070	119511	4705	1.60	6.55
508.0	16.0	194	247	74909	17.4	2949	3874	149818	5898	1.60	5.15
508.0	20.0	241	307	91428	17.3	3600	4766	182856	7199	1.60	4.15
508.0	25.0	298	379	110918	17.1	4367	5837	221837	8734	1.60	3.36
508.0	30.0	354	451	129173	16.9	5086	6864	258346	10171	1.60	2.83
508.0	40.0	462	588	162188	16.6	6385	8782	324376	12771	1.60	2.17
508.0	50.0	565	719	190885	16.3	7515	10530	381770	15030	1.60	1.77

바깥지름	두께	단위 길이당 무게	단면적	단면의 2차 모멘트	회전 반지름	탄성 단면 정수	소성 단면 정수	비틀림 관성 정수	비틀림 계수 정수	단위 길이당 표면적	톤당 공칭 길이
D mm	T mm	M kg/m	A cm^2	I cm^4	i cm	W_{el} cm^3	W_{pl} cm^3	I_t cm^4	C_t cm^3	A_s m^2/m	m
610.0	6.0	89.4	114	51924	21.4	1702	2189	103847	3405	1.92	11.2
610.0	6.3	93.8	119	54439	21.3	1785	2296	108878	3570	1.92	10.7
610.0	8.0	119	151	68551	21.3	2248	2899	137103	4495	1.92	8.42
610.0	10.0	148	188	84847	21.2	2782	3600	169693	5564	1.92	6.76
610.0	12.0	177	225	100814	21.1	3305	4292	201627	6611	1.92	5.65
610.0	12.5	184	235	104755	21.1	3435	4463	209509	6869	1.92	5.43
610.0	16.0	234	299	131781	21.0	4321	5647	263563	8641	1.92	4.27
610.0	20.0	291	371	161490	20.9	5295	6965	322979	10589	1.92	3.44
610.0	25.0	361	459	196906	20.7	6456	8561	393813	12912	1.92	2.77
610.0	30.0	429	547	230476	20.5	7557	10101	460952	15113	1.92	2.33
610.0	40.0	562	716	292333	20.2	9585	13017	584666	19169	1.92	1.78
610.0	50.0	691	880	347570	19.9	11396	15722	695140	22791	1.92	1.45
711.0	6.0	104	133	82568	24.9	2323	165135	4645	4645	2.23	9.59
711.0	6.3	109	139	86586	24.9	2436	173172	4871	4871	2.23	9.13
711.0	8.0	139	177	109162	24.9	3071	218324	6141	6141	2.23	7.21
711.0	10.0	173	220	135301	24.8	3806	270603	7612	7612	2.23	5.78
711.0	12.0	207	264	160991	24.7	4529	321981	9057	9057	2.23	4.83
711.0	12.5	215	274	167343	24.7	4707	334686	9415	9415	2.23	4.64
711.0	16.0	274	349	211040	24.6	5936	422080	11873	11873	2.23	3.65
711.0	20.0	341	434	259351	24.4	7295	518702	14591	14591	2.23	2.93
711.0	25.0	423	539	317357	24.3	8927	634715	17854	17854	2.23	2.36
711.0	30.0	504	642	372790	24.1	10486	745580	20973	20973	2.23	1.98
711.0	40.0	662	843	476242	23.8	13396	952485	26793	26793	2.23	1.51
711.0	50.0	815	1038	570312	23.4	16043	1140623	32085	32085	2.23	1.23
711.0	60.0	963	1227	655583	23.1	18441	1311166	36882	36882	2.23	1.04
762.0	6.0	112	143	101813	26.7	2672	203626	5345	5345	2.39	8.94
762.0	6.3	117	150	106777	26.7	2803	213555	5605	5605	2.39	8.52
762.0	8.0	149	190	134683	26.7	3535	269366	7070	7070	2.39	6.72
762.0	10.0	185	236	167028	26.6	4384	334710	8768	8768	2.39	5.39
762.0	12.0	222	283	198855	26.5	5219	397710	10439	10439	2.39	4.51
762.0	12.5	231	294	206731	26.5	5426	413462	10852	10582	2.39	4.33
762.0	16.0	294	375	260973	26.4	6850	521947	13699	13699	2.39	3.40
762.0	20.0	366	466	321083	26.2	8427	642166	16855	16855	2.39	2.73
762.0	25.0	454	579	393461	26.1	10327	786922	20654	20654	2.39	2.20
762.0	30.0	542	690	462853	25.9	12148	925706	24297	24297	2.39	1.85
762.0	40.0	712	907	593011	25.6	15565	1186021	31129	31129	2.39	1.40
762.0	50.0	878	1118	712207	25.2	18693	142414	37386	37386	2.39	1.14
813.0	8.0	159	202	163901	28.5	4032	5184	327801	8064	2.55	6.30
813.0	10.0	198	252	203364	28.4	5003	6448	406728	10006	2.55	5.05
813.0	12.0	237	302	242235	28.3	5959	7700	484469	11918	2.55	4.22
813.0	12.5	247	314	251860	28.3	6196	8011	503721	12392	2.55	4.05
813.0	16.0	314	401	318222	28.2	7828	10165	636443	15657	2.55	3.18
813.0	20.0	391	498	391909	28.0	9641	12580	783819	19282	2.55	2.56
813.0	25.0	486	619	480856	27.9	11829	15529	961713	23658	2.55	2.06
813.0	30.0	579	738	566374	27.7	13933	18402	1132748	27866	2.55	1.73
914.0	8.0	179	228	233651	32.0	5113	6567	467303	10225	2.87	5.59
914.0	10.0	223	284	290147	32.0	6349	8172	580294	12698	2.87	4.49
914.0	12.0	267	340	345890	31.9	7569	9764	691779	15137	2.87	3.75
914.0	12.5	278	354	359708	31.9	7871	10159	719417	15742	2.87	3.60
914.0	16.0	354	451	455142	31.8	9959	12904	910284	19919	2.87	2.82
914.0	20.0	441	562	561461	31.6	12286	15987	1122922	24572	2.87	2.27
914.0	25.0	548	698	690317	31.4	15105	19763	1380634	30211	2.87	1.82
914.0	30.0	654	833	814775	31.3	17829	23453	1629550	35658	2.87	1.53
1016.0	8.0	199	253	321780	35.6	6334	8129	643560	12668	3.19	5.03
1016.0	10.0	248	316	399850	35.6	7871	10121	799699	15742	3.19	4.03
1016.0	12.0	297	378	476985	35.5	9389	12097	953969	18779	3.19	3.37
1016.0	12.5	309	394	496123	35.5	9766	12588	992246	19532	3.19	3.23
1016.0	16.0	395	503	628479	35.4	12372	16001	1256959	24743	3.19	2.53
1016.0	20.0	491	626	776324	35.2	15282	19843	1552648	30564	3.19	2.04
1016.0	25.0	611	778	956086	35.0	18821	24557	1912173	37641	3.19	1.64
1016.0	30.0	729	929	1130352	34.9	22251	29175	2260704	44502	3.19	1.37

바깥지름	두께	단위 길이당 무게	단면적	단면의 2차 모멘트	회전 반지름	탄성 단면 정수	소성 단면 정수	비틀림 관성 정수	비틀림 계수 정수	단위 길이당 표면적	톤당 공칭 길이
D mm	T mm	M kg/m	A cm^2	I cm^4	i cm	W_{el} cm^3	W_{pl} cm^3	I_t cm^4	C_t cm^3	A_s m^2/m	m
1067.0	10.0	261	332	463792	37.4	8693	11173	927585	17387	3.35	3.84
1067.0	12.0	312	398	553420	37.3	10373	13357	1106840	20747	3.35	3.20
1067.0	12.5	325	414	575666	37.3	10790	13900	1151332	21581	3.35	3.08
1067.0	16.0	415	528	729606	37.2	13676	17675	1459213	27352	3.35	2.41
1067.0	20.0	516	658	901755	37.0	16903	21927	1803509	33805	3.35	1.94
1067.0	25.0	642	818	1111355	36.9	20831	27149	2222711	41663	3.35	1.56
1067.0	30.0	767	977	1314864	36.7	24646	32270	2629727	49292	3.35	1.30
1168.0	10.0	286	364	609843	40.9	10443	13410	1219686	20885	3.67	3.50
1168.0	12.0	342	436	728050	40.9	12467	16037	1456101	24933	3.67	2.92
1168.0	12.5	356	454	757409	40.9	12969	16690	1514818	25939	3.67	2.81
1168.0	16.0	455	579	960774	40.7	16452	21235	1921547	32903	3.67	2.20
1168.0	20.0	566	721	1188632	40.6	20353	26361	2377264	40707	3.67	1.77
1168.0	25.0	705	898	1466717	40.4	25115	32666	2933434	50230	3.67	1.42
1219.0	10.0	298	380	694014	42.7	11387	14617	1388029	22773	3.83	3.35
1219.0	12.0	357	455	828716	42.7	13597	17483	1657433	27193	3.83	2.80
1219.0	12.5	372	474	862181	42.7	14146	18196	1724362	28291	3.83	2.69
1219.0	16.0	475	605	1094091	42.5	17951	23157	2188183	35901	3.83	2.11
1219.0	20.0	591	753	1354155	42.4	22217	28755	2708309	44435	3.83	1.69
1219.0	25.0	736	938	1671873	42.2	27430	35646	3343746	54860	3.83	1.36

•정사각형 중공 형강의 공칭 치수 및 단면 특성

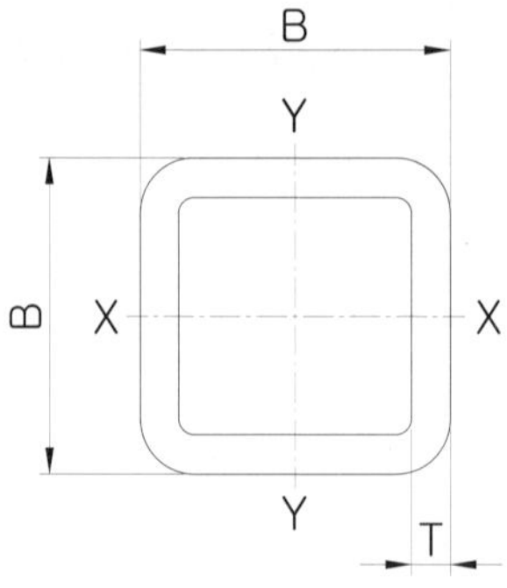

크기	두께	단위 길이당 무게	단면적	단면의 2차 모멘트	회전 반지름	탄성 단면 정수	소성 단면 정수	비틀림 관성 정수	비틀림 계수 정수	단위 길이당 표면적	톤당 공칭 길이
B mm	T mm	M kg/m	A cm^2	I cm^4	i cm	W_{el} cm^3	W_{pl} cm^3	I_t cm4	C_t cm^3	A_s m^2/m	m
20	2.0	1.10	1.40	0.739	0.727	0.739	0.930	1.22	1.07	0.0748	912
20	2.5	1.32	1.68	0.835	0.705	0.835	1.08	1.41	1.20	0.0736	757
25	2.0	1.41	1.80	1.56	0.932	1.25	1.53	2.52	1.81	0.0948	709
25	2.5	1.71	2.18	1.81	0.909	1.44	1.82	2.97	2.08	0.0936	584
25	3.0	2.00	2.54	2.00	0.886	1.60	2.06	3.35	2.30	0.0923	501
30	2.0	1.72	2.20	2.84	1.14	1.89	2.29	4.53	2.75	0.115	580
30	2.5	2.11	2.68	3.33	1.11	2.22	2.74	5.40	3.22	0.114	475
30	3.0	2.47	3.14	3.74	1.09	2.50	3.14	6.16	3.60	0.112	405
40	2.5	2.89	3.68	8.54	1.52	4.27	5.14	13.6	6.22	0.154	346
40	3.0	3.41	4.34	9.78	1.50	4.89	5.97	15.7	7.10	0.152	293
40	4.0	4.39	5.59	11.8	1.45	5.91	7.44	19.5	8.54	0.150	228
40	5.0	5.28	6.73	13.4	1.41	6.68	8.66	22.5	9.60	0.147	189
50	2.5	3.68	4.68	17.5	1.93	6.99	8.29	27.5	10.2	0.194	272
50	3.0	4.35	5.54	20.2	1.91	8.08	9.70	32.1	11.8	0.192	230
50	4.0	5.64	7.19	25.0	1.86	9.99	12.3	40.4	14.5	0.190	177
50	5.0	6.85	8.73	28.9	1.82	11.6	14.5	47.6	16.7	0.187	146
50	6.0	7.99	10.2	32.0	1.77	12.8	16.5	53.6	18.4	0.185	125
50	6.3	8.31	10.6	32.8	1.76	13.1	17.0	55.2	18.8	0.184	120
60	2.5	4.46	5.68	31.1	2.34	10.4	12.2	48.5	15.2	0.234	224
60	3.0	5.29	6.74	36.2	2.32	12.1	14.3	56.9	17.7	0.232	189
60	4.0	6.90	8.79	45.4	2.27	15.1	18.3	72.5	22.0	0.230	145
60	5.0	8.42	10.7	53.3	2.23	17.8	21.9	86.4	25.7	0.227	119
60	6.0	9.87	12.6	59.9	2.18	20.0	25.1	98.6	28.8	0.225	101
60	6.3	10.3	13.1	61.6	2.17	20.5	26.0	102	29.6	0.224	97.2
60	8.0	12.5	16.0	69.7	2.09	23.2	30.4	118	33.4	0.219	79.9
70	3.0	6.24	7.94	59.0	2.73	16.9	19.9	92.2	24.8	0.272	160
70	4.0	8.15	10.4	74.7	2.68	21.3	25.5	118	31.2	0.270	123
70	5.0	9.99	12.7	88.5	2.64	25.3	30.8	142	36.8	0.267	100
70	6.0	11.8	15.0	101	2.59	28.7	35.5	163	41.6	0.265	85.1
70	6.3	12.3	15.6	104	2.58	29.7	36.9	169	42.9	0.264	81.5
70	8.0	15.0	19.2	120	2.50	34.2	43.8	200	49.2	0.259	66.5
80	3.0	7.18	9.14	89.8	3.13	22.5	26.3	140	33.0	0.312	139
80	4.0	9.41	12.0	114	3.09	28.6	34.0	180	41.9	0.310	106
80	5.0	11.6	14.7	137	3.05	34.2	41.1	217	49.8	0.307	86.5
80	6.0	13.6	17.4	156	3.00	39.1	47.8	252	56.8	0.305	73.3
80	6.3	14.2	18.1	162	2.99	40.5	49.7	262	58.7	0.304	70.2
80	8.0	17.5	22.4	189	2.91	47.3	59.5	312	68.3	0.299	57.0

크기	두께	단위 길이당 무게	단면적	단면의 2차 모멘트	회전 반지름	탄성 단면 정수	소성 단면 정수	비틀림 관성 정수	비틀림 계수 정수	단위 길이당 표면적	톤당 공칭 길이
B mm	T mm	M kg/m	A cm^2	I cm^4	i cm	W_{el} cm^3	W_{pl} cm^3	I_t cm4	C_t cm^3	A_s m^2/m	 m
90	4.0	10.7	13.6	166	3.50	37.0	43.6	260	54.2	0.350	93.7
90	5.0	13.1	16.7	200	3.45	44.4	53.0	316	64.8	0.347	76.1
90	6.0	15.5	19.8	230	3.41	51.1	61.8	367	74.3	0.345	64.4
90	6.3	16.2	20.7	238	3.40	53.0	64.3	382	77.0	0.344	61.6
90	8.0	20.1	25.6	281	3.32	62.6	77.6	459	90.5	0.339	49.9
100	4.0	11.9	15.2	232	3.91	46.4	54.4	361	68.2	0.390	83.9
100	5.0	14.7	18.7	279	3.86	55.9	66.4	439	81.8	0.387	68.0
100	6.0	17.4	22.2	323	3.82	64.6	77.6	513	94.3	0.385	57.5
100	6.3	18.2	23.2	336	3.80	67.1	80.9	534	97.8	0.384	54.9
100	8.0	22.6	28.8	400	3.73	79.9	98.2	646	116	0.379	44.3
100	10.0	27.4	34.9	462	3.64	92.4	116	761	133	0.374	36.5
120	5.0	17.8	22.7	498	4.68	83.0	97.6	777	122	0.467	56.0
120	6.0	21.2	27.0	579	4.63	96.6	115	911	141	0.465	47.2
120	6.3	22.2	28.2	603	4.62	100	120	950	147	0.464	45.1
120	8.0	27.6	35.2	726	4.55	121	146	1160	176	0.459	36.2
120	10.0	33.7	42.9	852	4.46	142	175	1382	206	0.454	29.7
120	12.0	39.5	50.3	958	4.36	160	201	1578	230	0.449	25.3
120	12.5	40.9	52.1	982	4.34	164	207	1623	236	0.448	24.5
140	5.0	21.0	26.7	807	5.50	115	135	1253	170	0.547	47.7
140	6.0	24.9	31.8	944	5.45	135	159	1475	198	0.545	40.1
140	6.3	26.1	33.3	984	5.44	141	166	1540	206	0.544	38.3
140	8.0	32.6	41.6	1195	5.36	171	204	1892	249	0.539	30.7
140	10.0	40.0	50.9	1416	5.27	202	246	2272	294	0.534	25.0
140	12.0	47.0	59.9	1609	5.18	230	284	2616	333	0.529	21.3
140	12.5	48.7	62.1	1653	5.16	236	293	2696	342	0.528	20.5
150	5.0	22.6	28.7	1002	5.90	134	156	1550	197	0.587	44.3
150	6.0	26.8	34.2	1174	5.86	156	184	1828	230	0.585	37.3
150	6.3	28.1	35.8	1223	5.85	163	192	1909	240	0.584	35.6
150	8.0	35.1	44.8	1491	5.77	199	237	2351	291	0.579	28.5
150	10.0	43.1	54.9	1773	5.68	236	286	2832	344	0.574	23.2
150	12.0	50.8	64.7	2023	5.59	270	331	3272	391	0.569	19.7
150	12.5	52.7	67.1	2080	5.57	277	342	3375	402	0.568	19.0
150	16.0	65.2	83.0	2430	5.41	324	411	4026	467	0.559	15.3
160	5.0	24.1	30.7	1225	6.31	153	178	1892	226	0.627	41.5
160	6.0	28.7	36.6	1437	6.27	180	210	2233	264	0.625	34.8
160	6.3	30.1	38.3	1499	6.26	187	220	2333	275	0.624	33.3
160	8.0	37.6	48.0	1831	6.18	229	272	2880	335	0.619	26.6
160	10.0	46.3	58.9	2186	6.09	273	329	3478	398	0.614	21.6
160	12.0	54.6	69.5	2502	6.00	313	382	4028	454	0.609	18.3
160	12.5	56.6	72.1	2576	5.98	322	395	4158	467	0.608	17.7
160	16.0	70.2	89.4	3028	5.82	379	476	4988	546	0.599	14.2
180	5.0	27.3	34.7	1765	7.13	196	227	2718	290	0.707	36.7
180	6.0	32.5	41.4	2077	7.09	231	269	3215	340	0.705	30.8
180	6.3	34.0	43.3	2168	7.07	241	281	3361	355	0.704	29.4
180	8.0	42.7	54.4	2661	7.00	296	349	4162	434	0.699	23.4
180	10.0	52.5	66.9	3193	6.91	355	424	5048	518	0.694	19.0
180	12.0	62.1	79.1	3677	6.82	409	494	5873	595	0.689	16.1
180	12.5	64.4	82.1	3790	6.80	421	511	6070	613	0.688	15.5
180	16.0	80.2	102	4504	6.64	500	621	7343	724	0.679	12.5
200	5.0	30.4	38.7	2445	7.95	245	283	3756	362	0.787	32.9
200	6.0	36.2	46.2	2883	7.90	288	335	4449	426	0.785	27.6
200	6.3	38.0	48.4	3011	7.07	301	350	4653	444	0.784	26.3
200	8.0	47.7	60.8	3709	7.00	371	436	5778	545	0.779	21.0
200	10.0	58.8	74.9	4471	6.91	447	531	7031	655	0.744	17.0
200	12.0	69.6	88.7	5171	6.82	517	621	8208	754	0.769	14.4
200	12.5	72.3	92.1	5336	6.80	534	643	8491	778	0.768	13.8
200	16.0	90.3	115	6394	6.64	639	785	10340	927	0.759	11.1

크기	두께	단위 길이당 무게	단면적	단면의 2차 모멘트	회전 반지름	탄성 단면 정수	소성 단면 정수	비틀림 관성 정수	비틀림 계수 정수	단위 길이당 표면적	톤당 공칭 길이
B mm	T mm	M kg/m	A cm^2	I cm^4	i cm	W_{el} cm^3	W_{pl} cm^3	I_t cm4	C_t cm^3	A_s m^2/m	 m
220	6.0	40.0	51.0	3875	8.72	352	408	5963	521	0.865	25.0
220	6.3	41.9	53.4	4049	8.71	368	427	6240	544	0.864	23.8
220	8.0	52.7	67.2	5002	8.63	455	532	7765	669	0.859	19.0
220	10.0	65.1	82.9	6050	8.54	550	650	9473	807	0.854	15.4
220	12.0	77.2	98.3	7023	8.45	638	762	11091	933	0.849	13.0
220	12.5	80.1	102	7254	8.43	659	789	11481	963	0.848	12.5
220	16.0	100	128	8749	8.27	795	969	14054	1156	0.839	10.0
250	6.0	45.7	58.2	5752	9.94	460	531	8825	681	0.985	21.9
250	6.3	47.9	61.0	6014	9.93	481	556	9238	712	0.984	20.9
250	8.0	60.3	76.8	7455	9.86	596	694	11525	880	0.979	16.6
250	10.0	74.5	94.9	9055	9.77	724	851	14106	1065	0.974	13.4
250	12.0	88.5	113	10556	9.68	844	1000	16567	1237	0.969	11.3
250	12.5	91.9	117	10915	9.66	873	1037	17164	1279	0.968	10.9
250	16.0	115	147	13267	9.50	1061	1280	21138	1546	0.959	8.67
260	6.0	47.6	60.6	6491	10.4	499	576	9951	740	1.02	21.0
260	6.3	49.9	63.5	6788	10.3	522	603	10417	773	1.02	20.1
260	8.0	62.8	80.0	8423	10.3	648	753	13006	956	1.02	15.9
260	10.0	77.7	98.9	10242	10.2	788	924	15932	1159	1.01	12.9
260	12.0	92.2	117	11954	10.1	920	1087	18729	1348	1.01	10.8
260	12.5	95.8	122	12365	10.1	951	1127	19409	1394	1.01	10.4
260	16.0	120	153	15061	9.91	1159	1394	23942	1689	0.999	8.30
300	6.0	55.1	70.2	10080	12.0	672	772	15407	997	1.18	18.2
300	6.3	57.8	73.6	10547	12.0	703	809	16136	1043	1.18	17.3
300	8.0	72.8	92.8	13128	11.9	875	1013	20194	1294	1.18	13.7
300	10.0	90.2	115	16026	11.8	1068	1246	24807	1575	1.17	11.1
300	12.0	107	137	18777	11.7	1252	1470	29249	1840	1.17	9.32
300	12.5	112	142	19442	11.7	1296	1525	30333	1904	1.17	8.97
300	16.0	141	179	23850	11.5	1590	1895	37622	2325	1.16	7.12
350	8.0	85.4	109	21129	13.9	1207	1392	32384	1789	1.38	11.7
350	10.0	106	135	25884	13.9	1479	1715	39886	2185	1.37	9.44
350	12.0	126	161	30435	13.8	1739	2030	47154	2563	1.37	7.93
350	12.5	131	167	31541	13.7	1802	2107	48934	2654	1.37	7.62
350	16.0	166	211	38942	13.6	2225	2630	60990	3264	1.36	6.04
400	10.0	122	155	39128	15.9	1956	2260	60092	2895	1.57	8.22
400	12.0	145	185	46130	15.8	2306	2679	71181	3405	1.57	6.90
400	12.5	151	192	47839	15.8	2392	2782	73906	3530	1.57	6.63
400	16.0	191	243	59344	15.6	2967	3484	92442	4362	1.56	5.24
400	20.0	235	300	71535	15.4	3577	4247	112489	5237	1.55	4.25

• 직사각형 중공 형강의 공칭 치수 및 단면 특성

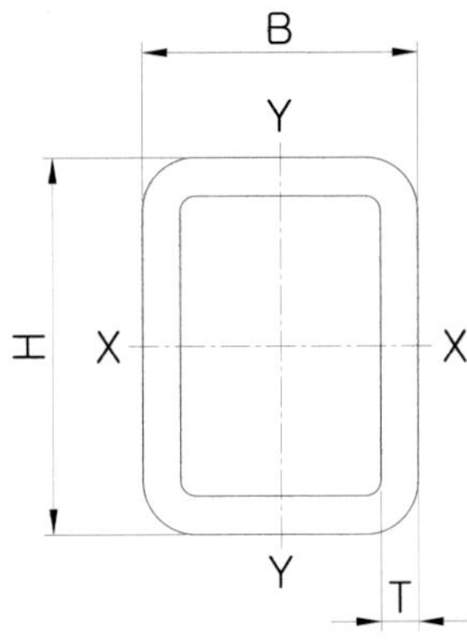

크기		두께	단위 길이당 무게	단면적	단면의 2차 모멘트		회전 반지름		탄성 단면 정수		소성 단면 정수		비틀림 관성 정수	비틀림 계수 정수	단위 길이당 표면적	톤당 공칭 길이
H×B mm		T mm	M kg/m	A cm^2	I_{XX} cm^4	I_{YY} cm^4	i_{XX} cm	i_{YY} cm	$W_{el,XX}$ cm^3	$W_{el,YY}$ cm^3	$W_{pl,XX}$ cm^3	$W_{pl,YY}$ cm^3	I_t cm^4	C_t cm^3	A_s m^2/m	m
50	25	2.5	2.69	3.43	10.4	3.39	1.74	0.994	4.16	2.71	5.33	3.22	8.42	4.61	0.144	371
50	25	3.0	3.17	4.04	11.9	3.83	1.72	0.973	4.76	3.06	6.18	3.71	9.64	5.20	0.142	315
50	30	2.5	2.89	3.68	11.8	5.22	1.79	1.19	4.73	3.48	5.92	4.11	11.7	5.73	0.154	346
50	30	3.0	3.41	4.34	13.6	5.94	1.77	1.17	5.43	3.96	6.88	4.76	13.5	6.51	0.152	293
50	30	4.0	4.39	5.59	16.5	7.08	1.72	1.13	6.60	4.72	8.59	5.88	16.6	7.77	0.150	228
50	30	5.0	5.28	6.73	18.7	7.89	1.67	1.08	7.49	5.26	10.0	6.80	19.0	8.67	0.147	189
60	40	2.5	3.68	4.68	22.8	12.1	2.21	1.60	7.61	6.03	9.32	7.02	25.1	9.73	0.194	272
60	40	3.0	4.35	5.54	26.5	13.9	2.18	1.58	8.82	6.95	10.9	8.19	29.2	11.2	0.192	230
60	40	4.0	5.64	7.19	32.8	17.0	2.14	1.54	10.9	8.52	13.8	10.3	36.7	13.7	0.190	177
60	40	5.0	6.85	8.73	38.1	19.5	2.09	1.50	12.7	9.77	16.4	12.2	43.0	15.7	0.187	146
60	40	6.0	7.99	10.2	42.3	21.4	2.04	1.45	14.1	10.7	18.6	13.7	48.2	17.3	0.185	125
60	40	6.3	8.31	10.6	43.4	21.9	2.02	1.44	14.5	11.0	19.2	14.2	49.5	17.6	0.184	120
80	40	3.0	5.29	6.74	54.2	18.0	2.84	1.63	13.6	9.00	17.1	10.4	43.8	15.3	0.232	189
80	40	4.0	6.90	8.79	68.2	22.2	2.79	1.59	17.1	11.1	21.8	13.2	55.2	18.9	0.230	145
80	40	5.0	8.42	10.7	80.3	25.7	2.74	1.55	20.1	12.9	26.1	15.7	65.1	21.9	0.227	119
80	40	6.0	9.87	12.6	90.5	28.5	2.68	1.50	22.6	14.2	30.0	17.8	73.4	24.2	0.225	101
80	40	6.3	10.3	13.1	93.3	29.2	2.67	1.49	23.3	14.6	31.1	18.4	75.6	24.8	0.224	97.2
80	40	8.0	12.5	16.0	106	32.1	2.58	1.42	26.5	16.1	36.5	21.2	85.8	27.4	0.219	79.9
90	50	3.0	6.24	7.94	84.4	33.5	3.26	2.05	18.8	13.4	23.2	15.3	76.5	22.4	0.272	160
90	50	4.0	8.15	10.4	107	41.9	3.21	2.01	23.8	16.8	29.8	19.6	97.5	28.0	0.270	123
90	50	5.0	9.99	12.7	127	49.2	3.16	1.97	28.3	19.7	36.0	23.5	116	32.9	0.267	100
90	50	6.0	11.8	15.0	145	55.4	3.11	1.92	32.2	22.1	41.6	27.0	133	37.0	0.265	85.1
90	50	6.3	12.3	15.6	150	57.0	3.10	1.91	33.3	22.8	43.2	28.0	138	38.1	0.264	81.5
90	50	8.0	15.0	19.2	174	64.6	3.01	1.84	38.6	25.8	51.4	32.9	160	43.2	0.259	66.5
100	50	3.0	6.71	8.54	110	36.8	3.58	2.08	21.9	14.7	27.3	16.8	88.4	25.0	0.292	149
100	50	4.0	8.78	11.2	140	46.2	3.53	2.03	27.9	18.5	35.2	21.5	113	31.4	0.290	114
100	50	5.0	10.8	13.7	167	54.3	3.48	1.99	33.3	21.7	42.6	25.8	135	36.9	0.287	92.8
100	50	6.0	12.7	16.2	190	61.2	3.43	1.95	38.1	24.5	49.4	29.7	154	41.6	0.285	78.8
100	50	6.3	13.3	16.9	197	63.0	3.42	1.93	39.4	25.2	51.3	30.8	160	42.9	0.284	75.4
100	50	8.0	16.3	20.8	230	71.7	3.33	1.86	46.0	28.7	61.4	36.3	186	48.9	0.279	61.4
100	60	3.0	7.18	9.14	124	55.7	3.68	2.47	24.7	18.6	30.2	21.2	121	30.7	0.312	139
100	60	4.0	9.41	12.0	158	70.5	3.63	2.43	31.6	23.5	39.1	27.3	156	38.7	0.310	106
100	60	5.0	11.6	14.7	189	83.6	3.58	2.38	37.8	27.9	47.4	32.9	188	45.9	0.307	86.5
100	60	6.0	13.6	17.4	217	95.0	3.53	2.34	43.4	31.7	55.1	38.1	216	52.1	0.305	73.3
100	60	6.3	14.2	18.1	225	98.1	3.52	2.33	45.0	32.7	57.3	39.5	224	53.8	0.304	70.2
100	60	8.0	17.5	22.4	264	113	3.44	2.25	52.8	37.8	68.7	47.1	265	62.2	0.299	57.0

크기		두께	단위 길이당 무게	단면적	단면의 2차 모멘트		회전 반지름		탄성 단면 정수		소성 단면 정수		비틀림 관성 정수	비틀림 계수 정수	단위 길이당 표면적	톤당 공칭 길이
H×B mm		T mm	M kg/m	A cm^2	I_{XX} cm^4	I_{YY} cm^4	i_{XX} cm	i_{YY} cm	$W_{el,XX}$ cm^3	$W_{el,YY}$ cm^3	$W_{pl,XX}$ cm^3	$W_{pl,YY}$ cm^3	I_t cm^4	C_t cm^3	A_s m^2/m	m
120	60	4.0	10.7	13.6	249	83.1	4.28	2.47	41.5	27.7	51.9	31.7	201	47.1	0.350	93.7
120	60	5.0	13.1	16.7	299	98.8	4.23	2.43	49.9	32.9	63.1	38.4	242	56.0	0.347	76.1
120	60	6.0	15.5	19.8	345	113	4.18	2.39	57.5	37.5	73.6	44.5	279	63.8	0.345	64.4
120	60	6.3	16.2	20.7	358	116	4.16	2.37	59.7	38.8	76.7	46.3	290	65.9	0.344	61.6
120	60	8.0	20.1	25.6	425	135	4.08	2.30	70.8	45.0	92.7	55.4	344	76.6	0.339	49.9
120	60	10.0	24.3	30.9	488	152	3.97	2.21	81.4	50.5	109	64.4	396	86.1	0.334	41.2
120	80	4.0	11.9	15.2	303	161	4.46	3.25	50.4	40.2	61.2	46.1	330	65.0	0.390	83.9
120	80	5.0	14.7	18.7	365	193	4.42	3.21	60.9	48.2	74.6	56.1	401	77.9	0.387	68.0
120	80	6.0	17.4	22.2	423	222	4.37	3.17	70.6	55.6	87.3	65.5	468	89.6	0.385	57.5
120	80	6.3	18.2	23.2	440	230	4.36	3.15	73.3	57.6	91.0	68.2	487	92.9	0.384	54.9
120	80	8.0	22.6	28.8	525	273	4.27	3.08	87.5	68.1	111	82.6	587	110	0.379	44.3
120	80	10.0	27.4	34.9	609	313	4.18	2.99	102	78.1	131	97.3	688	126	0.374	36.5
140	80	4.0	13.2	16.8	441	184	5.12	3.31	62.9	46.0	77.1	52.2	411	76.5	0.430	75.9
140	80	5.0	16.3	20.7	534	221	5.08	3.27	76.3	55.3	94.3	63.6	499	91.9	0.427	61.4
140	80	6.0	19.3	24.6	621	255	5.03	3.22	88.7	63.8	111	74.4	583	106	0.425	51.8
140	80	6.3	20.2	25.7	646	265	5.01	3.21	92.3	66.2	115	77.5	607	110	0.424	49.6
140	80	8.0	25.1	32.0	776	314	4.93	3.14	111	78.5	141	94.1	733	130	0.419	39.9
140	80	10.0	30.6	38.9	908	362	4.83	3.05	130	90.5	168	111	862	150	0.414	32.7
150	100	4.0	15.1	19.2	607	324	5.63	4.11	81.0	64.8	97.4	73.6	660	105	0.490	66.4
150	100	5.0	18.6	23.7	739	392	5.58	4.07	98.5	78.5	119	90.1	807	127	0.487	53.7
150	100	6.0	22.1	28.2	862	456	5.53	4.02	115	91.2	141	106	946	147	0.485	45.2
150	100	6.3	23.1	29.5	898	474	5.52	4.01	120	94.8	147	110	986	153	0.484	43.2
150	100	8.0	28.9	36.8	1087	569	5.44	3.94	145	114	180	135	1203	183	0.479	34.7
150	100	10.0	35.3	44.9	1282	665	5.34	3.85	171	133	216	161	1432	214	0.474	28.4
150	100	12.0	41.4	52.7	1450	745	5.25	3.76	193	149	249	185	1633	240	0.469	24.2
150	100	12.5	42.8	54.6	1488	763	5.22	3.74	198	153	256	190	1679	246	0.468	23.3
160	80	4.0	14.4	18.4	612	207	5.77	3.35	76.5	51.7	94.7	58.3	493	88.1	0.470	69.3
160	80	5.0	17.8	22.7	744	249	5.72	3.31	93.0	62.3	116	71.1	600	106	0.467	56.0
160	80	6.0	21.2	27.0	868	288	5.67	3.27	108	72.0	136	83.3	701	122	0.465	47.2
160	80	6.3	22.2	28.2	903	299	5.66	3.26	113	74.8	142	86.8	730	127	0.464	45.1
160	80	8.0	27.6	35.2	1091	356	5.57	3.18	136	89.0	175	106	883	151	0.459	36.2
160	80	10.0	33.7	42.9	1284	411	5.47	3.10	161	103	209	125	1041	175	0.454	29.7
160	80	12.0	39.5	50.3	1449	455	5.37	3.01	181	114	240	142	1175	194	0.499	25.3
160	80	12.5	40.9	52.1	1485	465	5.34	2.99	186	116	247	146	1204	198	0.448	24.5
180	100	4.0	16.9	21.6	945	379	6.61	4.19	105	75.9	128	85.2	852	127	0.550	59.0
180	100	5.0	21.0	26.7	1153	460	6.57	4.15	128	92.0	157	104	1042	154	0.547	47.7
180	100	6.0	24.9	31.8	1350	536	6.52	4.11	150	107	186	123	1224	179	0.545	40.1
180	100	6.3	26.1	33.3	1407	557	6.50	4.09	156	111	194	128	1277	186	0.544	38.3
180	100	8.0	32.6	41.6	1713	671	6.42	4.02	190	134	239	157	1560	224	0.539	30.7
180	100	10.0	40.0	50.9	2036	787	6.32	3.93	226	157	288	188	1862	263	0.534	25.0
180	100	12.0	47.0	59.9	2320	886	6.22	3.85	258	177	333	216	2130	296	0.529	21.3
180	100	12.5	48.7	62.1	2385	908	6.20	3.82	265	182	344	223	2191	303	0.528	20.5
200	100	4.0	18.2	23.2	1223	416	7.26	4.24	122	83.2	150	92.8	983	142	0.590	54.9
200	100	5.0	22.6	28.7	1495	505	7.21	4.19	149	101	185	114	1204	172	0.587	44.3
200	100	6.0	26.8	34.2	1754	589	7.16	4.15	175	118	218	134	1414	200	0.585	37.3
200	100	6.3	28.1	35.8	1829	613	7.15	4.14	183	123	228	140	1475	208	0.584	35.6
200	100	8.0	35.1	44.8	2234	739	7.06	4.06	223	148	282	172	1804	251	0.579	28.5
200	100	10.0	43.1	54.9	2664	869	6.96	3.98	266	174	341	206	2156	295	0.574	23.2
200	100	12.0	50.8	64.7	3047	979	6.86	3.89	305	196	395	237	2469	333	0.569	19.7
200	100	12.5	52.7	67.1	3136	1004	6.84	3.87	314	201	408	245	2541	341	0.568	19.0
200	100	16.0	65.2	83.0	3678	1147	6.66	3.72	368	229	491	290	2982	391	0.559	15.3
200	120	6.0	28.7	36.6	1980	892	7.36	4.94	198	149	242	169	1942	245	0.625	34.8
200	120	6.3	30.1	38.3	2065	929	7.34	4.92	207	155	253	177	2028	255	0.624	33.3
200	120	8.0	37.6	48.0	2529	1128	7.26	4.85	253	188	313	218	2495	310	0.619	26.6
200	120	10.0	46.3	58.9	3026	1337	7.17	4.76	303	223	379	263	3001	367	0.614	21.6
200	120	12.0	54.6	69.5	3472	1520	7.07	4.68	347	253	440	305	3461	417	0.609	18.3
200	120	12.5	56.6	72.1	3576	1562	7.04	4.66	358	260	455	314	3569	428	0.608	17.7

크기		두께	단위 길이당 무게	단면적	단면의 2차 모멘트		회전 반지름		탄성 단면 정수		소성 단면 정수		비틀림 관성 정수	비틀림 계수 정수	단위 길이당 표면적	톤당 공칭 길이
H×B mm		T mm	M kg/m	A cm^2	I_{XX} cm^4	I_{YY} cm^4	i_{XX} cm	i_{YY} cm	$W_{el,XX}$ cm^3	$W_{el,YY}$ cm^3	$W_{pl,XX}$ cm^3	$W_{pl,YY}$ cm^3	I_t cm^4	C_t cm^3	A_s m^2/m	m
250	150	6.0	36.2	46.2	3965	1796	9.27	6.24	317	239	385	270	3877	396	0.785	27.6
250	150	6.3	38.0	48.4	4143	1874	9.25	6.22	331	250	402	283	4054	413	0.784	26.3
250	150	8.0	47.7	60.8	5111	2298	9.17	6.15	409	306	501	350	5021	506	0.779	21.0
250	150	10.0	58.8	74.9	6174	2755	9.08	6.06	494	367	611	426	6090	605	0.774	17.0
250	150	12.0	69.6	88.7	7154	3168	8.98	5.98	572	422	715	497	7088	695	0.769	14.4
250	150	12.5	72.3	92.1	7387	3265	8.96	5.96	591	435	740	514	7326	717	0.768	13.8
250	150	16.0	90.3	115	8879	3873	8.79	5.80	710	516	906	625	8868	849	0.759	11.1
260	180	6.0	40.0	51.0	4942	2804	9.85	7.42	380	312	454	353	5554	502	0.865	25.0
260	180	6.3	41.9	53.4	5166	2929	9.83	7.40	397	325	475	369	5810	524	0.864	23.8
260	180	8.0	52.7	67.2	6390	3608	9.75	7.33	492	401	592	459	7221	644	0.859	19.0
260	180	10.0	65.1	82.9	7741	4351	9.66	7.24	595	483	724	560	8798	775	0.854	15.4
260	180	12.0	77.2	98.3	8999	5034	9.57	7.16	692	559	849	656	10285	895	0.849	13.0
260	180	12.5	80.1	102	9299	5196	9.54	7.13	715	577	879	679	10643	924	0.848	12.5
260	180	16.0	100	128	11245	6231	9.38	6.98	865	692	1081	831	12993	1106	0.839	10.0
300	200	6.0	45.7	58.2	7486	4013	11.3	8.31	499	401	596	451	8100	651	0.985	21.9
300	200	6.3	47.9	61.0	7829	4193	11.3	8.29	522	419	624	472	8476	681	0.984	20.9
300	200	8.0	60.3	76.8	9717	5184	11.3	8.22	648	518	779	589	10562	840	0.979	16.6
300	200	10.0	74.5	94.9	11819	6278	11.2	8.13	788	628	956	721	12908	1015	0.974	13.4
300	200	12.0	88.5	113	13797	7294	11.1	8.05	920	729	1124	847	15137	1178	0.969	11.3
300	200	12.5	91.9	117	14273	7537	11.0	8.02	952	754	1165	877	15677	1217	0.968	10.9
300	200	16.0	115	147	17390	9109	10.9	7.87	1159	911	1441	1080	19252	1468	0.959	8.67
350	250	6.0	55.1	70.2	12616	7538	13.4	10.4	721	603	852	677	14529	967	1.18	18.2
350	250	6.3	57.8	73.6	13203	7885	13.4	10.4	754	631	892	709	15215	1011	1.18	17.3
350	250	8.0	72.8	92.8	16449	9798	13.3	10.3	940	784	1118	888	19027	1254	1.18	13.7
350	250	10.0	90.2	115	20102	11937	13.2	10.2	1149	955	1375	1091	23354	1525	1.17	11.1
350	250	12.0	107	137	23577	13957	13.1	10.1	1347	1117	1624	1286	27513	1781	1.17	9.32
350	250	12.5	112	142	24419	14444	13.1	10.1	1395	1156	1685	1334	28526	1842	1.17	8.97
350	250	16.0	141	179	30011	17654	12.9	9.93	1715	1412	2095	1655	35325	2246	1.16	7.12
400	200	8.0	72.8	92.8	19562	6660	14.5	8.47	978	666	1203	743	15735	1135	1.18	13.7
400	200	10.0	90.2	115	23914	8084	14.4	8.39	1196	808	1480	911	19259	1376	1.17	11.1
400	200	12.0	107	137	28059	9418	14.3	8.30	1403	942	1748	1072	22622	1602	1.17	9.32
400	200	12.5	112	142	29063	9738	14.3	8.28	1453	974	1813	1111	23438	1656	1.17	8.97
400	200	16.0	141	179	35738	11824	14.1	8.13	1787	1182	2256	1374	28871	2010	1.16	7.12
450	250	8.0	85.4	109	30082	12142	16.6	10.6	1337	971	1622	1081	27083	1629	1.38	11.7
450	250	10.0	106	135	36895	14819	16.5	10.5	1640	1185	2000	1331	33284	1986	1.37	9.44
450	250	12.0	126	161	43434	17359	16.4	10.4	1930	1389	2367	1572	39260	2324	1.37	7.93
450	250	12.5	131	167	45026	17973	16.4	10.4	2001	1438	2458	1631	40719	2406	1.37	7.62
450	250	16.0	166	211	55705	22041	16.2	10.2	2476	1763	3070	2029	50545	2947	1.36	6.04
500	300	10.0	122	155	53762	24439	18.6	12.6	2150	1629	2595	1826	52450	2696	1.57	8.22
500	300	12.0	145	185	63446	28736	18.5	12.5	2538	1916	3077	2161	62039	3167	1.57	6.90
500	300	12.5	151	192	65813	29780	18.5	12.5	2633	1985	3196	2244	64389	3281	1.57	6.63
500	300	16.0	191	243	81783	36768	18.3	12.3	3271	2451	4005	2804	80329	4044	1.56	5.24
500	300	20.0	235	300	98777	44078	18.2	12.1	3951	2939	4885	3408	97447	4842	1.55	4.25

12-5 기계 구조용 합금강 강관 KS D 3574 : 2008

■ 종류의 기호

종류의 기호	참고	분류
	구 기호	
SCr 420 TK	–	크롬강
SCM 415 TK	–	크롬몰리브데넘강
SCM 418 TK	–	
SCM 420 TK	–	
SCM 430 TK	STKS 1 유사	
SCM 435 TK	STKS 3 유사	
SCM 440 TK	–	

■ 화학 성분

종류의 기호	화학 성분 (%)							
	구 기호 (참고)	C	Si	Mn	P	S	Cr	Mo
SCr 420 TK	–	0.18~0.23	0.15~0.35	0.60~0.85	0.030 이하	0.030 이하	0.90~1.20	–
SCM 415 TK	–	0.13~0.18	0.15~0.35	0.60~0.85	0.030 이하	0.030 이하	0.90~1.20	0.15~0.30
SCM 418 TK	–	0.16~0.21	0.15~0.35	0.60~0.85	0.030 이하	0.030 이하	0.90~1.20	0.15~0.30
SCM 420 TK	–	0.18~0.23	0.15~0.35	0.60~0.85	0.030 이하	0.030 이하	0.90~1.20	0.15~0.30
SCM 430 TK	STKS 1 유사	0.28~0.33	0.15~0.35	0.60~0.85	0.030 이하	0.030 이하	0.90~1.20	0.15~0.30
SCM 435 TK	STKS 3 유사	0.33~0.38	0.15~0.35	0.60~0.85	0.030 이하	0.030 이하	0.90~1.20	0.15~0.30
SCM 440 TK	–	0.38~0.43	0.15~0.35	0.60~0.85	0.030 이하	0.030 이하	0.90~1.20	0.15~0.30

■ 바깥지름의 허용차

구분	바깥지름	허용차
1호	50 mm 미만 50 mm 이상	±0.5 mm ±1 %
2호	50 mm 미만 50 mm 이상	±0.25 mm ±0.5 %
3호	25 mm 미만 25 mm 이상 40 mm 미만 40 mm 이상 50 mm 미만 50 mm 이상 60 mm 미만 60 mm 이상 70 mm 미만 70 mm 이상 80 mm 미만 80 mm 이상 90 mm 미만 90 mm 이상 100 mm 미만 100 mm 이상	±0.12 mm ±0.15 mm ±0.18 mm ±0.20 mm ±0.23 mm ±0.25 mm ±0.30 mm ±0.40 mm ±0.50 %
4호	13 mm 미만 13 mm 이상 25 mm 미만 25 mm 이상 40 mm 미만 40 mm 이상 65 mm 미만 65 mm 이상 90 mm 미만 90 mm 이상 140 mm 미만 140 mm 이상	±0.25 mm ±0.40 mm ±0.60 mm ±0.80 mm ±1.00 mm ±1.20 mm

■ 두께의 허용차

구분	바깥지름	허용차
1호	4 mm 미만	+0.6 mm −0.5 mm
	4 mm 이상	+15 % −12.5 %
2호	3 mm 미만	±0.3 mm
	3 mm 이상	±10 %
3호	2 mm 미만	±0.15 mm
	2 mm 이상	±8 %

12-6 자동차 구조용 전기 저항 용접 탄소강 강관 KS D 3598 : 2003

■ 종류의 기호

종류	기호	적요
G 종	STAM 30 GA	자동차 구조용 일반 부품에 사용하는 관
	STAM 30 GB	
	STAM 35 G	
	STAM 40 G	
	STAM 45 G	
	STAM 48 G	
	STAM 51 G	
H 종	STAM 45 H	자동차 구조용 가운데 특히 항복 강도를 중시한 부품에 사용하는 관
	STAM 48 H	
	STAM 51 H	
	STAM 55 H	

■ 화학 성분

종류의 기호	화학 성분 (%)				
	C	Si	Mn	P	S
STAM 30 GA STAM 30 GB	0.12 이하	0.35 이하	0.60 이하	0.035 이하	0.035 이하
STAM 35 G	0.20 이하	0.35 이하	0.60 이하	0.035 이하	0.035 이하
STAM 40 G	0.25 이하	0.35 이하	0.30~0.90	0.035 이하	0.035 이하
STAM 45 G STAM 45 H	0.25 이하	0.35 이하	0.30~0.90	0.035 이하	0.035 이하
STAM 48 G STAM 48 H	0.25 이하	0.35 이하	0.30~0.90	0.035 이하	0.035 이하
STAM 51 G STAM 51 H	0.30 이하	0.35 이하	0.30~1.00	0.035 이하	0.035 이하
STAM 55 H	0.30 이하	0.35 이하	0.30~1.00	0.035 이하	0.035 이하

■ 기계적 성질

종류	기호	인장 시험			압광 시험
		인장 강도 N/mm2	항복점 또는 항복 강도 N/mm2	연신율 (%) 11호 시험편 12호 시험편 세로 방향	눌러서 폈을 때 크기 (D는 관의 바깥지름)
G종	STAM 30 GA	294 이상	177 이상	40 이상	1.25 D
	STAM 30 GB	294 이상	177 이상	35 이상	1.20 D
	STAM 35 G	343 이상	196 이상	35 이상	1.20 D
	STAM 40 G	392 이상	235 이상	30 이상	1.20 D
	STAM 45 G	441 이상	304 이상	25 이상	1.15 D
	STAM 48 G	471 이상	324 이상	22 이상	1.15 D
	STAM 51 G	500 이상	353 이상	18 이상	1.15 D
H종	STAM 45 H	441 이상	353 이상	20 이상	1.15 D
	STAM 48 H	471 이상	412 이상	18 이상	1.10 D
	STAM 51 H	500 이상	431 이상	16 이상	1.10 D
	STAM 55 H	539 이상	481 이상	13 이상	1.05 D

■ 표준 치수 및 중량

중량 : kg/m

바깥지름 mm	두께 mm														
	1.0	1.2	1.6	2.0	2.3	2.6	2.8	2.9	3.2	3.4	3.5	4.0	4.5	5.0	6.0
15.9	–	0.435	0.564	0.686	–	–	–	–	–	–	–	–	–	–	–
17.3	–	–	–	0.755	0.851	–	–	–	–	–	–	–	–	–	–
19.1	0.446	0.530	0.690	0.843	0.953	–	–	–	–	–	–	–	–	–	–
22.2	0.523	0.621	0.813	0.996	1.13	–	–	–	–	–	–	–	–	–	–
25.4	–	0.716	0.939	1.15	–	1.50	–	1.61	–	–	–	–	–	–	–
28.6	–	0.811	1.07	1.31	–	1.67	–	–	–	–	–	–	–	–	–
31.8	0.760	0.906	1.19	1.47	1.67	–	–	–	2.26	–	–	–	–	–	–
34.0	–	–	1.28	–	1.80	–	–	–	2.43	–	–	2.97	–	–	–
35.0	–	1.00	1.32	1.63	–	–	2.22	2.32	–	–	–	–	–	–	–
38.1	0.915	1.09	1.44	1.78	2.03	–	–	–	–	–	–	–	–	–	–
42.7	–	1.23	1.62	2.01	2.29	2.57	–	–	3.12	–	3.38	–	–	4.65	
45.0	1.08	1.30	1.71	2.12	2.42	2.71	–	3.01	3.30	–	–	–	4.49	4.93	5.77
47.6	–	1.37	1.81	–	2.57	–	–	3.20	–	–	–	–	–	–	–
48.6	–	1.40	1.85	2.30	2.63	–	–	3.27	3.58	–	–	–	4.89	5.38	6.30
50.8	–	1.47	1.94	2.41	2.75	3.08	3.31	3.43	–	3.97	4.08	4.63	–	–	6.63
54.0	–	1.56	2.07	–	2.93	3.29	3.54	3.65	–	4.24	4.36	4.95	–	–	–
57.0	–	–	2.19	–	3.10	3.48	3.74	3.87	4.25	4.49	4.62	–	–	–	–
60.5	–	–	2.32	–	3.30	3.71	–	4.12	4.52	–	–	5.59	–	–	–
63.5	–	–	2.44	–	–	3.90	–	–	–	–	–	–	–	–	–
65.0	–	–	2.50	–	–	–	–	–	4.88	–	5.31	–	–	–	–
68.9	–	–	2.66	–	3.78	–	–	–	–	–	–	–	–	–	–
70.0	–	–	2.70	–	–	–	–	–	5.27	–	5.74	–	–	–	–
75.0	–	–	2.90	–	4.12	4.63	–	5.16	5.67	–	–	7.03	–	–	–
80.0	–	–	3.09	–	–	4.96	–	–	6.06	–	–	–	–	–	–
82.6	–	–	–	3.98	4.55	–	–	–	–	–	–	–	–	–	–
90.0	–	–	3.49	–	4.97	5.59	–	–	6.85	–	–	8.51	–	10.5	12.4
94.0	–	–	3.65	–	–	5.86	–	–	7.17	–	–	–	–	–	–
101.6	–	–	–	–	–	–	–	–	–	–	–	9.66	–	11.9	14.1

12-7 실린더 튜브용 탄소 강관 KS D 3618 : 1992 (2007 확인)

■ 종류 및 기호

종류의 기호	(참고) 종래기호
STC370	STC 38
STC 440	STC 45
STC 510 A	STC 52 A
STC 510 B	STC 52 B
STC 540	STC 55
STC 590 A	STC 60 A
STC 590 B	STC 60 B

■ 화학 성분

단위 : %

종류의 기호	C	Si	Mn	P	S	Nb 또는 V
STC 370	0.25 이하	0.35 이하	0.30~0.90	0.040 이하	0.040 이하	–
STC 440	0.25 이하	0.35 이하	0.30~0.90	0.040 이하	0.040 이하	–
STC 510 A	0.25 이하	0.35 이하	0.30~0.90	0.040 이하	0.040 이하	–
STC 510 B	0.18 이하	0.55 이하	1.50 이하	0.040 이하	0.040 이하	–
STC 540	0.25 이하	0.55 이하	1.60 이하	0.040 이하	0.040 이하	0.15 이하
STC 590 A	0.25 이하	0.35 이하	0.30~0.90	0.040 이하	0.040 이하	–
STC 590 B	0.25 이하	0.55 이하	1.50 이하	0.040 이하	0.040 이하	–

■ 기계적 성질

종류의 기호	인장강도 N/mm^2 (kgf/mm^2)	항복점 또는 내구력 N/mm^2 (kgf/mm^2)	연신율 % 11호 시험편 12호 시험편 세 로 방 향
STC 370	370{38} 이상	215{22} 이상	30 이상
STC 440	440{45} 이상	305{31} 이상	10 이상
STC 510 A	510{52} 이상	380{39} 이상	10 이상
STC 510 B	510{52} 이상	380{39} 이상	15 이상
STC 540	540{55} 이상	390{40} 이상	20 이상
STC 590 A	590{60} 이상	490{50} 이상	10 이상
STC 590 B	590{60} 이상	490{50} 이상	15 이상

■ 호닝용 냉간 마무리 강관의 권장 안지름

단위 : mm

32.0	40.0	50.0	60.0	63.0	65.0	70.0	80.0	90.0
100.0	110.0	125.0	140.0	150.0	160.0	180.0	200.0	

비고

________가 없는 안지름 치수는 KS B 6370(유압 실린더) 또는 KS B 6373(공기압 실린더)에 규정되어 있는 치수이다.

■ 관의 바깥지름 허용차

구분	바깥지름	허용차
열간 마무리 이음매 없는 강관	50mm 미만 50 mm 이상 125mm 미만 125 mm 이상	±0.5 mm ±1.0 % 단 최대치 1.0 mm ±0.8 %
냉간 마무리 이음매 없는 강관	50mm 미만 50 mm 이상	±0.25 mm ±0.5 %

■ 관의 안지름 허용차

구분	호칭 안지름 mm		허용차 mm	
	초과	이하	최대 허용차	최소 허용차
냉간 마무리 이음매 없는 강관 및 냉간 마무리 전기저항 용접 강관	–	50	−0.10	−0.30
	50	80	−0.10	−0.40
	80	120	−0.10	−0.50
	120	160	−0.10	−0.60
	160	180	−0.10	−0.80
	180	200	−0.10	−0.90

■ 관의 두께 허용차

구분	허용차
열간 마무리 이음매 없는 강관	±12.5 % 단, 최소치 0.5 mm
냉간 마무리 이음매 없는 강관	±10 % 단, 최소치 0.3 mm
냉간 마무리 전기저항 용접 강관	±8 % 단, 최소치 0.15 mm

■ 제조 방법 및 열처리

종류의 기호	제조 번호	열처리	용도
STC 370	열간 마무리 이음매 없음	제조한 그대로	절삭용
STC 440	냉간 마무리 전기저항 용접	냉간 드로잉 그대로 또는 응력제거 어닐링	호닝용
STC 510 A	냉간 마무리 이음매 없음	냉간 드로잉 그대로 또는 응력제거 어닐링	절삭용 및 호닝용
	냉간 마무리 전기저항 용접	냉간 드로잉 그대로 또는 응력제거 어닐링	호닝용
STC 510 B	냉간 마무리 이음매 없음	응력제거 어닐링	절삭용 및 호닝용
	냉간 마무리 전기저항 용접	응력제거 어닐링	호닝용
STC 540	열간 마무리 이음매 없음	제조한 그대로	절삭용
STC 590 A	냉간 마무리 이음매 없음	냉간 드로잉 그대로 또는 응력제거 어닐링	절삭용 및 호닝용
STC 590 B	냉간 마무리 이음매 없음	응력제거 어닐링	절삭용 및 호닝용

12-8 건축 구조용 단소 강관 KS D 3632 : 1998 (2003 확인)

■ 종류의 기호 및 화학 성분

단위 : %

종류의 기호	C	Si	Mn	P	S	N
SNT275E, SNT275A (STKN 400B)	0.25 이하	0.35 이하	1.40 이하	0.030 이하	0.015 이하	0.006 이하
SNT355E, SNT355A (STKN 490B)	0.22 이하	0.55 이하	1.60 이하	0.030 이하	0.015 이하	0.006 이하
SNT460E, SNT460A (STKN 570B)	0.18 이하	0.55 이하	1.60 이하	0.030 이하	0.015 이하	0.006 이하

■ 탄소 당량

$$\text{탄소 당량(\%)} = C + \frac{Mn}{6} + \frac{(Cr + Mo + V)}{5} + \frac{(Ni + Cu)}{15}$$

종류의 기호	탄소 당량 %
SNT275E, SNT275A (STKN 400B)	0.38 이하
SNT355E, SNT355A (STKN 490B)	0.44 이하
SNT460E, SNT460A (STKN 570B)	0.46 이하

■ 기계적 성질

종류의 기호	인장강도 N/mm²	두께 구분 mm	항복점 또는 내구력 N/mm²	두께 구분 mm	항복비 %	연신율 %	편평성 평판간의 거리(H) D는 바깥지름	샤르피 흡수 에너지 J	용접부 인장강도 N/mm²
							전기저항 용접, 단접, 이음매 없음		아크 용접
SNT275E SNT275A (STKN 400B)	400 이상 550 이하	12 미만	275 이상	12 미만	–	23 이상	2/3 D	27 이상 (0℃)	410 이상
		12 이상 40 이하	275 이상 395 이하	12 이상 40 이하	80 이하				
		40 초과 100 이하	255 이상 375 이하	40 초과 100 이하	80 이하				
SNT355E SNT355A (STKN 490B)	490 이상 640 이하	12 미만	355 이상	12 미만	–	23 이상	7/8D	27 이상 (0℃)	490 이상
		12 이상 40 이하	355 이상 475 이하	12 이상 40 이하	80 이하				
		40 초과 100 이하	335 이상 455 이하	40 초과 100 이하	80 이하				
SNT460E SNT460A (STKN 570B)	570 이상 740 이하	12 미만	460 이상	12 미만	85 이하	20 이상	7/8D	47 이상 (−5℃)	570 이상
		12 이상 40 이하	460 이상 630 이하	12 이상 40 이하					
		40 초과 100 이하	440 이상 610 이하	40 초과 100 이하	85 이하				

■ 건축 구조용 탄소 강관의 표준 치수 및 무게

바깥지름 mm	두께 mm	단위 질량 kg/m	참고			
			단면적 cm^2	단면 2차 모멘트 cm^4	단계 계수 cm^3	단면 2차 반지름 cm
60.5	3.2	4.52	5.760	23.7	7.84	2.03
	4.5	6.21	7.917	31.2	10.3	1.99
76.3	3.2	5.77	7.349	49.2	12.9	2.59
	4.5	7.97	10.15	65.7	17.2	2.54
89.1	3.2	6.78	8.636	79.8	17.9	3.04
	4.5	9.39	11.96	107	24.1	3.00
101.6	3.2	7.76	9.892	120	23.6	3.48
	4.5	10.8	13.73	162	31.9	3.44
114.3	3.2	8.77	11.17	172	30.2	3.93
	4.5	12.2	15.52	234	41.0	3.89
139.8	4.5	15.0	19.13	438	62.7	4.79
	6.0	19.8	25.22	566	80.9	4.74
165.2	4.5	17.8	22.72	734	88.9	5.68
	6.0	23.6	30.01	952	115	5.63
190.7	4.5	20.7	26.32	1140	120	6.59
	6.0	27.3	34.82	1490	156	6.53
	8.0	36.0	45.92	1920	201	6.47
216.3	6.0	31.1	39.64	2190	203	7.44
	8.0	41.1	52.35	2840	263	7.37
267.4	6.0	38.7	49.27	4210	315	9.24
	8.0	51.2	65.19	5490	411	9.18
	9.0	57.3	73.06	6110	457	9.14
318.5	6.0	46.2	58.90	7190	452	11.1
	8.0	61.3	78.04	9410	591	11.0
	9.0	68.7	87.51	10500	659	10.9
355.6	6.0	51.7	65.90	10100	566	12.4
	8.0	68.6	87.36	13200	742	12.3
	9.0	76.9	98.00	14700	828	12.3
	12.0	102	129.5	19100	1080	12.2
406.4	9.0	88.2	112.4	22200	1090	14.1
	12.0	117	148.7	28900	1420	14.0
	14.0	135	172.6	33300	1640	13.9
	16.0	154	196.2	37400	1840	13.8
	19.0	182	231.2	43500	2140	13.7
457.2	9.0	99.5	126.7	31800	1390	15.8
	12.0	132	167.8	41600	1820	15.7
	14.0	153	194.9	47900	2100	15.7
	16.0	174	221.8	54000	2360	15.6
	19.0	205	261.6	62900	2750	15.5

■ 건축 구조용 탄소 강관의 표준 치수 및 무게 (계속)

바깥지름 mm	두께 mm	단위 질량 kg/m	참고			
			단면적 cm^2	단면 2차 모멘트 cm^4	단계 계수 cm^3	단면 2차 반지름 cm
500.0	9.0	109	138.8	41800	1670	17.4
	12.0	144	184.0	54800	2190	17.3
	14.0	168	213.8	63200	2530	17.2
	16.0	191	243.3	71300	2850	17.1
	19.0	225	287.1	83200	3330	17.0
508.0	9.0	111	141.1	43900	1730	17.6
	12.0	147	187.0	57500	2270	17.5
	14.0	171	217.3	66300	2610	17.5
	16.0	194	247.3	74900	2950	17.4
	19.0	229	291.9	87400	3440	17.3
	22.0	264	335.9	99400	3910	17.2
558.8	9.0	122	155.5	58800	2100	19.4
	12.0	162	206.1	77100	2760	19.3
	14.0	188	239.6	89000	3180	19.3
	16.0	214	272.8	101000	3600	19.2
	19.0	253	322.2	118000	4210	19.1
	22.0	291	371.0	134000	4790	19.0
	25.0	329	419.2	150000	5360	18.9
600.0	9.0	131	167.1	73000	2430	20.9
	12.0	174	221.7	95800	3190	20.8
	14.0	202	257.7	111000	3690	20.7
	16.0	230	293.6	125000	4170	20.7
	19.0	272	346.8	146000	4880	20.6
	22.0	314	399.5	167000	5570	20.5
609.6	9.0	133	169.8	76600	2510	21.2
	12.0	177	225.3	101000	3300	21.1
	14.0	206	262.0	116000	3810	21.1
	16.0	234	298.4	132000	4310	21.0
	19.0	277	352.5	154000	5050	20.9
	22.0	319	406.1	176000	5760	20.8
660.4	12.0	192	244.4	129000	3890	22.9
	14.0	223	284.3	149000	4500	22.9
	16.0	254	323.9	168000	5090	22.8
	19.0	301	382.9	197000	5970	22.7
	22.0	346	441.2	225000	6820	22.6
700.0	12.0	204	259.4	154000	4390	24.3
	14.0	237	301.7	178000	5070	24.3
	16.0	270	343.8	201000	5750	24.2
	19.0	319	406.5	236000	6740	24.1
	22.0	368	468.6	270000	7700	24.0

■ 건축 구조용 탄소 강관의 표준 치수 및 무게 (계속)

바깥지름 mm	두께 mm	단위 질량 kg/m	참고			
			단면적 cm^2	단면 2차 모멘트 cm^4	단계 계수 cm^3	단면 2차 반지름 cm
711.2	12.0	207	263.6	161000	4530	24.7
	14.0	241	306.6	186000	5240	24.7
	16.0	274	349.4	211000	5940	24.6
	19.0	324	413.2	248000	6960	24.5
	22.0	374	476.3	283000	7960	24.4
812.8	12.0	237	301.9	242000	5960	28.3
	14.0	276	351.3	280000	6900	28.2
	16.0	314	400.5	318000	7820	28.2
	19.0	372	473.8	373000	9190	28.1
	22.0	429	546.6	428000	10500	28.0
914.4	14.0	311	396.0	401000	8780	31.8
	16.0	354	451.6	456000	9970	31.8
	19.0	420	534.5	536000	11700	31.7
	22.0	484	616.8	614000	13400	31.6
	25.0	548	698.5	691000	15100	31.5
1016.0	16.0	395	502.7	628000	12400	35.4
	19.0	467	595.1	740000	14600	35.3
	22.0	539	687.0	849000	16700	35.2
	25.0	611	778.3	956000	18800	35.0
	28.0	682	869.1	1060000	20900	34.9
1066.8	16.0	415	528.2	729000	13700	37.2
	19.0	491	625.4	859000	16100	37.1
	22.0	567	722.1	986000	18500	36.9
	25.0	642	818.2	1110000	20800	36.8
	28.0	717	913.8	1230000	23100	36.7
1117.6	16.0	435	553.7	840000	15000	39.0
	19.0	515	655.8	990000	17700	38.8
	22.0	594	757.2	1140000	20300	38.7
	25.0	674	858.1	1280000	22900	38.6
	28.0	752	958.5	1420000	25500	38.5
1168.4	19.0	539	686.1	1130000	19400	40.6
	22.0	622	792.3	1300000	22300	40.5
	25.0	705	898.0	1470000	25100	40.4
	28.0	787	1003	1630000	27900	40.3
	30.0	842	1073	1740000	29800	40.3
	32.0	897	1142	1850000	31600	40.2

■ 건축 구조용 탄소 강관의 표준 치수 및 무게 (계속)

바깥지름 mm	두께 mm	단위 질량 kg/m	참고			
			단면적 cm^2	단면 2차 모멘트 cm^4	단계 계수 cm^3	단면 2차 반지름 cm
1219.2	19.0	562	716.4	1290000	21200	42.4
	22.0	650	827.4	1480000	24300	42.3
	25.0	736	937.9	1670000	27400	42.2
	28.0	822	1048	1860000	30500	42.1
	30.0	880	1121	1980000	32500	42.1
	32.0	937	1194	2100000	34500	42.0
1270.0	19.0	586	746.7	1460000	23000	44.2
	22.0	677	862.6	1680000	26500	44.1
	25.0	768	977.8	1900000	29800	44.0
	28.0	858	1093	2110000	33200	43.9
	30.0	917	1169	2250000	35400	43.9
	32.0	977	1245	2390000	37600	43.8
1320.8	19.0	610	777.0	1650000	24900	46.0
	22.0	705	897.7	1890000	28700	45.9
	25.0	799	1018	2140000	32400	45.8
	28.0	893	1137	2380000	36000	45.7
	30.0	955	1217	2540000	38400	45.6
	32.0	1017	1296	2690000	40800	45.6
1371.6	22.0	732	932.8	2120000	31000	47.7
	25.0	830	1058	2400000	35000	47.6
	28.0	928	1182	2670000	38900	47.5
	30.0	993	1264	2850000	41500	47.4
	32.0	1057	1347	3020000	44100	47.4
	36.0	1186	1511	3370000	49100	47.2
1422.4	22.0	760	967.9	2370000	33400	49.5
	25.0	861	1098	2680000	37700	49.4
	28.0	963	1227	2980000	41900	49.3
	30.0	1030	1312	3180000	44700	49.2
	32.0	1097	1398	3380000	47500	49.2
	36.0	1231	1568	3770000	53000	49.0
	40.0	1364	1737	4150000	58400	48.9
1524.0	22.0	815	1038	2930000	38400	53.1
	25.0	924	1177	3310000	43400	53.0
	28.0	1033	1316	3680000	48300	52.9
	30.0	1105	1408	3930000	51600	52.8
	32.0	1177	1500	4180000	54800	52.8
	36.0	1321	1683	4660000	61200	52.6
1574.8	25.0	955	1217	3660000	46400	54.8
	28.0	1068	1361	4070000	51700	54.7
	30.0	1143	1456	4340000	55200	54.6
	32.0	1217	1551	4620000	58600	54.6
	36.0	1366	1740	5150000	65500	54.4
	40.0	1514	1929	5680000	72200	54.3

12-9 철탑용 고장력강 강관 KS D 3780 : 2006

■ 종류와 기호

종류와 기호	종래 기호(참고)	비고
STKT 540	STKT 55	–
STKT 590	STKT 60	세립 킬드강, 두께 25mm 이하

■ 화학 성분

단위 : %

종류와 기호	C	Si	Mn	P	S	Nb+V
STKT 540	0.23 이하	0.55 이하	1.50 이하	0.040 이하	0.040 이하	–
STKT 590	0.12 이하	0.40 이하	2.00 이하	0.030 이하	0.030 이하	0.15 이하

■ 기계적 성질

<table>
<tr><th rowspan="4">종류의 기호</th><th rowspan="2">인장 강도
N/mm²
(kgf/mm²)</th><th rowspan="2">항복점 또는
내구력
N/mm²
(kgf/mm²)</th><th colspan="2">연신율 %</th><th>편평성</th><th rowspan="2">용접부
인장 강도
N/mm²
(kgf/mm²)</th></tr>
<tr><th>11호 시험편
12호 시험편
세로 방향</th><th>5호 시험편
가로 방향</th><th>평판 간의 거리(H)
D는 관의 바깥지름</th></tr>
<tr><th colspan="4">전기 저항 용접, 아크 용접</th><th>전기 저항 용접</th><th>아크 용접</th></tr>
<tr><th>전바깥지름</th><th>전바깥지름</th><th colspan="2">40mm 초과</th><th>전바깥지름</th><th>350mm 초과</th></tr>
<tr><td>STKT 540</td><td>540(55) 이상</td><td>390(40) 이상</td><td>20 이상</td><td>16 이상</td><td>7/8 D</td><td>540(55) 이상</td></tr>
<tr><td>STKT 590</td><td>590~740(60–70)</td><td>440(45) 이상</td><td>20 이상</td><td>16 이상</td><td>3/4 D</td><td>590~740(60~70)</td></tr>
</table>

■ 바깥지름의 허용차

바깥지름 구분	허 용 차
50mm 미만	±0.5mm
50mm 이상	±1%

■ 두께의 허용차

두께 구분	허 용 차
4mm 미만	+0.6 mm −0.5mm
4mm 이상 12mm 미만	+15% −12.5%
12mm 이상	+15% −1.5mm

■ 철탑용 고장력강 강관의 치수 및 무게

바깥지름 mm	두께 mm	단위무게 kg/m	참고			
			단면적 cm^2	단면 2차 모멘트 cm^4	단면 계수 cm^3	단면 2차 반지름 cm
139.8	3.5	11.8	14.99	348	49.8	4.82
139.8	4.5	15.0	19.13	438	62.7	4.79
165.2	4.5	17.8	22.72	734	88.9	5.68
165.2	5.5	21.7	27.59	881	107	5.65
190.7	5.3	24.2	30.87	133×10	139	6.56
190.7	5.5	25.1	32.00	137×10	144	6.55
190.7	6.0	27.3	34.82	149×10	156	6.53
216.3	5.8	30.1	38.36	213×10	197	7.45
216.3	6.0	31.1	39.64	219×10	203	7.44
216.3	7.0	36.1	46.03	252×10	233	7.40
216.3	8.2	42.1	53.61	291×10	269	7.36
267.4	6.0	38.7	49.27	421×10	315	9.24
267.4	7.0	45.0	57.27	486×10	363	9.21
267.4	9.0	57.4	73.06	611×10	457	9.14
318.5	6.9	53.0	67.55	820×10	515	11.0
318.5	8.0	61.3	78.04	941×10	591	11.0
318.5	9.0	68.7	87.51	105×10^2	659	10.9
355.6	7.9	67.7	86.29	130×10^2	734	12.3
355.6	9.0	76.9	98.00	147×10^2	828	12.3
355.6	10.0	85.2	108.6	162×10^2	912	12.2
406.4	9.0	88.2	112.4	222×10^2	109×10	14.1
406.4	10.0	97.8	124.5	245×10^2	120×10	14.0
406.4	12.0	117	148.7	289×10^2	142×10	14.0
457.2	12.0	132	167.8	416×10^2	182×10	15.7
508.0	12.0	147	187.0	575×10^2	227×10	17.5
558.8	12.0	162	206.1	771×10^2	276×10	19.3
558.8	14.0	188	239.6	890×10^2	318×10	19.3
609.6	14.0	206	262.2	116×10^3	381×10	21.1
609.6	16.0	234	298.4	132×10^3	431×10	21.0
660.4	16.0	254	323.9	168×10^3	509×10	22.8
660.4	18.0	285	363.3	188×10^3	568×10	22.7
711.2	18.0	308	392.0	236×10^3	663×10	24.5
762.0	18.0	330	420.7	291×10^3	765×10	26.3
812.8	18.0	353	449.4	355×10^3	874×10	28.1
812.8	20.0	391	498.1	392×10^3	964×10	28.0
863.6	18.0	375	478.2	428×10^3	990×10	29.9
863.6	20.0	416	530.1	472×10^3	109×10^2	29.8

■ 철탑용 고장력강 강관의 치수 및 무게(계속)

바깥지름 mm	두께 mm	단위무게 kg/m	참고			
			단면적 cm^2	단면 2차 모멘트 cm^4	단면 계수 cm^3	단면 2차 반지름 cm
914.4	18.0	398	506.9	509×10^3	111×10^2	31.7
914.4	20.0	441	562.0	562×10^3	123×10^2	31.6
914.4	22.0	484	616.8	614×10^3	134×10^2	31.6
965.2	20.0	466	593.9	664×10^3	137×10^2	33.4
965.2	22.0	512	651.9	725×10^3	150×10^2	33.4
965.2	24.0	557	709.6	786×10^3	163×10^2	33.3
1016.0	20.0	491	625.8	776×10^3	153×10^2	35.2
1016.0	24.0	587	748.0	921×10^3	181×10^2	35.1
1066.8	20.0	516	657.7	901×10^3	169×10^2	37.0
1066.8	22.0	567	722.1	986×10^3	185×10^2	36.9
1066.8	24.0	617	786.3	107×10^4	200×10^2	36.9
1117.6	22.0	594	757.2	114×10^4	203×10^2	38.7
1117.6	24.0	647	824.6	123×10^4	221×10^2	38.7

비고

무게의 수치는 1㎤의 강을 7.85g으로 하고, 다음 식에 따라 계산하며 KS A 3251-1에 따라 유효 숫자 3자리에서 끝맺음한다. 다만, 1000kg/m를 초과할 경우에는 kg/m의 정수값에서 끝맺음한다.

$W = 0.02466t(D-t)$

여기에서 W : 관의 단위 무게 (kg/m)

t : 관의 두께 (mm)

D : 관의 바깥지름 (mm)

12-10 기계구조용 합금강 강재 KS D 3867 : 2007

■ 종류의 기호

종류의 기호	분류	종류의 기호	분류	종류의 기호	분류	종류의 기호	분류
SMn 420	망가니즈강	SCr 445	크롬강	SCM 440	크롬몰리브데넘강	SNCM 420	니켈크롬몰리브데넘강
SMn 433				SCM 445		SNCM 431	
SMn 438		SCM 415	크롬몰리브데넘강	SCM 822		SNCM 439	
SMn 443		SCM 418		SNC 236	니켈크롬강	SNCM 447	
SMnC 420	망가니즈크롬강	SCM 420		SNC 415		SNCM 616	
SMnC 443		SCM 421		SNC 631		SNCM 625	
SCr 415	크롬강	SCM 425		SNC 815		SNCM 630	
SCr 420		SCM 430		SNC 836		SNCM 815	
SCr 430		SCM 432		SNCM 220	니켈몰리브데넘강		
SCr 435		SCM 435		SNCM 240			
SCr 440				SNCM 415			

비고

SMn 420, SMnC 420, SCr 415, SCr 420, SCM 415, SCM 418, SCM 420, SCM 421, SCM 822, SNC 415, SNC 815, SNCM 220, SNCM 415, SNCM 420, SNCM 616 및 SNCM 815는 주로 표면 담금질용으로 사용한다.

■ 열간 압연 봉강 및 선재의 표준 치수

단위 : mm

원형강(지름)				각강(맞변거리)		6각강(맞변거리)		선재(지름)	
(10)	(24)	46	100	40	100	(12)	50	5.5	(17)
11	25	48	(105)	45	(105)	13	55	6	(18)
(12)	(26)	50	110	50	110	14	60	7	19
13	28	55	(115)	55	(115)	17	63	8	(20)
(14)	30	60	120	60	120	19	67	9	22
(15)	32	65	130	65	130	22	71	9.5	(24)
16	34	70	140	70	140	24	(75)	(10)	25
(17)	36	75	150	75	150	27	(77)	11	(26)
(18)	38	80	160	80	160	30	(81)	(12)	28
19	40	85	(170)	85	180	32	–	13	30
(20)	42	90	180	90	200	36	–	(14)	32
22	44	95	(190)	95	–	41	–	(15)	–
–	–	–	200	–	–	46	–	16	–

비고 ( )안의 치수는 될 수 있으면 사용하지 않는 것이 좋다.

■ 화학 성분

단위 : %

종류의 기호	C	Si	Mn	P	S	Ni	Cr	Mo
SMn 420	0.17~0.23	0.15~0.35	1.20~0.50	0.030 이하	0.030 이하	0.25 이하	0.35 이하	–
SMn 433	0.30~0.36	0.15~0.35	1.20~0.50	0.030 이하	0.030 이하	0.25 이하	0.35 이하	–
SMn 438	0.35~0.41	0.15~0.35	1.35~1.65	0.030 이하	0.030 이하	0.25 이하	0.35 이하	–
SMn 443	0.40~0.46	0.15~0.35	1.35~1.65	0.030 이하	0.030 이하	0.25 이하	0.35 이하	–
SMnC 420	0.17~0.23	0.15~0.35	1.20~1.50	0.030 이하	0.030 이하	0.25 이하	0.35~0.70	–
SMnC 443	0.40~0.46	0.15~0.35	1.35~1.65	0.030 이하	0.030 이하	0.25 이하	0.35~0.70	–
SCr 415	0.13~0.18	0.15~0.35	0.60~0.90	0.030 이하	0.030 이하	0.25 이하	0.90~1.20	–
SCr 420	0.18~0.23	0.15~0.35	0.60~0.90	0.030 이하	0.030 이하	0.25 이하	0.90~1.20	–
SCr 430	0.28~0.33	0.15~0.35	0.60~0.90	0.030 이하	0.030 이하	0.25 이하	0.90~1.20	–
SCr 435	0.33~0.38	0.15~0.35	0.60~0.90	0.030 이하	0.030 이하	0.25 이하	0.90~1.20	–
SCr 440	0.38~0.43	0.15~0.35	0.60~0.90	0.030 이하	0.030 이하	0.25 이하	0.90~1.20	–
SCr 445	0.43~0.48	0.15~0.35	0.60~0.90	0.030 이하	0.030 이하	0.25 이하	0.90~1.20	–
SCM 415	0.13~0.18	0.15~0.35	0.60~0.90	0.030 이하	0.030 이하	0.25 이하	0.90~1.20	0.15~0.25
SCM 418	0.16~0.21	0.15~0.35	0.60~0.90	0.030 이하	0.030 이하	0.25 이하	0.90~1.20	0.15~0.25
SCM 420	0.18~0.23	0.15~0.35	0.60~0.90	0.030 이하	0.030 이하	0.25 이하	0.90~1.20	0.15~0.25
SCM 421	0.17~0.23	0.15~0.35	0.70~1.00	0.030 이하	0.030 이하	0.25 이하	0.90~1.20	0.15~0.25
SCM 425	0.23~0.28	0.15~0.35	0.60~0.90	0.030 이하	0.030 이하	0.25 이하	0.90~1.20	0.15~0.30
SCM 430	0.28~0.33	0.15~0.35	0.60~0.90	0.030 이하	0.030 이하	0.25 이하	0.90~1.20	0.15~0.30
SCM 432	0.27~0.37	0.15~0.35	0.30~0.60	0.030 이하	0.030 이하	0.25 이하	1.00~1.50	0.15~0.30
SCM 435	0.33~0.38	0.15~0.35	0.60~0.90	0.030 이하	0.030 이하	0.25 이하	0.90~1.20	0.15~0.30
SCM 440	0.38~0.43	0.15~0.35	0.60~0.90	0.030 이하	0.030 이하	0.25 이하	0.90~1.20	0.15~0.30
SMC 445	0.43~0.48	0.15~0.35	0.60~0.90	0.030 이하	0.030 이하	0.25 이하	0.90~1.20	0.15~0.30
SCM 822	0.20~0.25	0.15~0.35	0.60~0.90	0.030 이하	0.030 이하	0.25 이하	0.90~1.20	0.15~0.45
SNC 236	0.32~0.40	0.15~0.35	0.50~0.80	0.030 이하	0.030 이하	1.00~1.50	0.50~0.90	–
SNC 415	0.12~0.18	0.15~0.35	0.35~0.65	0.030 이하	0.030 이하	2.00~2.50	0.20~0.50	–
SNC 631	0.27~0.35	0.15~0.35	0.35~0.65	0.030 이하	0.030 이하	2.50~3.00	0.60~1.00	–
SNC 815	0.12~0.18	0.15~0.35	0.35~0.65	0.030 이하	0.030 이하	3.00~3.50	0.60~1.00	–
SNC 836	0.32~0.40	0.15~0.35	0.35~0.65	0.030 이하	0.030 이하	3.00~3.50	0.60~1.00	–
SNCM 220	0.17~0.23	0.15~0.35	0.60~0.90	0.030 이하	0.030 이하	0.40~0.70	0.40~0.60	0.15~0.25
SNCM 240	0.38~0.43	0.15~0.35	0.70~1.00	0.030 이하	0.030 이하	0.40~0.70	0.40~0.60	0.15~0.30
SNCM 415	0.12~0.18	0.15~0.35	0.40~0.70	0.030 이하	0.030 이하	1.60~2.00	0.40~0.60	0.15~0.30
SNCM 420	0.17~0.23	0.15~0.35	0.40~0.70	0.030 이하	0.030 이하	1.60~2.00	0.40~0.60	0.15~0.30
SNCM 431	0.27~0.35	0.15~0.35	0.60~0.90	0.030 이하	0.030 이하	1.60~2.00	0.60~1.00	0.15~0.30
SNCM 439	0.36~0.43	0.15~0.35	0.60~0.90	0.030 이하	0.030 이하	1.60~2.00	0.60~1.00	0.15~0.30
SNCM 447	0.44~0.50	0.15~0.35	0.60~0.90	0.030 이하	0.030 이하	1.60~2.00	0.60~1.00	0.15~0.30
SNCM 616	0.13~0.20	0.15~0.35	0.80~1.20	0.030 이하	0.030 이하	2.80~3.20	1.40~1.80	0.40~0.60
SNCM 625	0.20~0.30	0.15~0.35	0.35~0.60	0.030 이하	0.030 이하	3.00~3.50	1.00~1.50	0.15~0.30
SNCM 630	0.25~0.35	0.15~0.35	0.35~0.60	0.030 이하	0.030 이하	2.50~3.50	2.50~3.50	0.30~0.70
SNCM 815	0.12~0.18	0.15~0.35	0.30~0.60	0.030 이하	0.030 이하	4.00~4.50	0.70~1.00	0.15~0.30

CHAPTER 13

열 전달용 강관

13-1 보일러 및 열 교환기용 탄소 강관 KS D 3563 : 1991 (2006 확인)

■ 종류의 기호

종류의 기호	종래 기호(참고)
STBH 340	STBH 35
STBH 410	STBH 42
STBH 510	STBH 52

■ 화학 성분

종류의 기호	화학 성분 (%)				
	C	Si	Mn	P	S
STBH 340	0.18 이하	0.35 이하	0.30~0.60	0.035 이하	0.035 이하
STBH 410	0.32 이하	0.35 이하	0.30~0.80	0.035 이하	0.035 이하
STBH 510	0.25 이하	0.35 이하	1.00~1.50	0.035 이하	0.035 이하

■ 기계적 성질

종류의 기호	인장강도 N/mm^2 {kgf/mm^2}	항복점 또는 내구력 N/mm^2 {kgf/mm^2}	신 장 률 (%)		
			바깥지름 20mm 이상	바깥지름 20mm 미만 10mm 이상	바깥지름 10mm 미만
			11호 시험편 12호 시험편	11호 시험편	11호 시험편
STBH 340	340{35} 이상	175{18} 이상	35 이상	30 이상	27 이상
STBH 410	410{42} 이상	255{26} 이상	25 이상	20 이상	17 이상
STBH 510	510{52} 이상	295{30} 이상	25 이상	20 이상	17 이상

■ 열처리

종류의 기호	열처리				
	열간가공 이음매 없는 강관	냉간가공 이음매 없는 강관	열간가공·냉간가공 이외의 전기저항 용접 강관	열간가공 전기저항 용접 강관	냉간가공 전기저항 용접 강관
STBH 340	제조한 그대로의 상태	저온 어닐링, 노멀라이징 또는 완전 어닐링	노멀라이징	제조한 그대로의 상태	노멀라이징
STBH 410	제조한 그대로의 상태	저온 어닐링, 노멀라이징 또는 완전 어닐링	노멀라이징	저온 어닐링	
STBH 510	노멀라이징				

■ 보일러 · 열 교환기용 탄소 강관의 치수 및 무게

단위 : kg/mm

바깥지름 mm	두께 mm																		
	1.2	1.6	2.0	2.3	2.6	2.9	3.2	3.5	4.0	4.5	5.0	5.5	6.0	6.5	7.0	8.0	9.5	11.0	12.5
15.9	0.435	0.564	0.686	0.771	0.853	0.930													
19.0	0.527	0.687	0.838	0.947	1.05	1.15													
21.7	0.607	0.793	0.972	1.10	1.22	1.34	1.46												
25.4	0.716	0.939	1.15	1.31	1.46	1.61	1.75	1.89											
27.2	0.769	1.01	1.24	1.41	1.58	1.74	1.89	2.05	2.29										
31.8	0.906	1.19	1.47	1.67	1.87	2.07	2.26	2.44	2.74	3.03									
34.0		1.28	1.58	1.80	2.01	2.22	2.43	2.63	2.96	3.27	3.58								
38.1		1.44	1.78	2.03	2.28	2.52	2.75	2.99	3.36	3.73	4.08	4.42							
42.7			2.01	2.29	2.57	2.85	3.12	3.38	3.82	4.24	4.65	5.05	5.43						
45.0			2.12	2.42	2.72	3.01	3.30	3.58	4.04	4.49	4.93	5.36	5.77	6.17					
48.6			2.30	2.63	2.95	3.27	3.58	3.89	4.40	4.89	5.38	5.85	6.30	6.75	7.18				
50.8			2.41	2.75	3.09	3.43	3.76	4.08	4.62	5.14	5.65	6.14	6.63	7.10	7.56	8.44	9.68	10.8	11.8
54.0			2.56	2.93	3.30	3.65	4.01	4.36	4.93	5.49	6.04	6.58	7.10	7.61	8.11	9.07	10.4	11.7	12.8
57.1			2.72	3.11	3.49	3.88	4.25	4.63	5.24	5.84	6.42	7.00	7.56	8.11	8.65	9.69	11.2	12.5	13.7
60.3			2.88	3.29	3.70	4.10	4.51	4.90	5.55	6.19	6.82	7.43	8.03	8.62	9.20	10.3	11.9	13.4	14.7
63.5				3.47	3.90	4.33	4.76	5.18	5.8	6.55	7.21	7.87	8.51	9.14	9.75	10.9	12.7	14.2	15.7
65.0				3.56	4.00	4.44	4.88	5.31	6.02	6.71	7.40	8.07	8.73	9.38	10.0	11.2	13.0	14.6	16.2
70.0				3.84	4.32	4.80	5.27	5.74	6.51	7.27	8.01	8.75	9.47	10.2	10.9	12.2	14.2	16.0	17.7
76.2				4.19	4.72	5.24	5.76	6.27	7.12	7.96	8.78	9.59	10.4	11.2	11.9	13.5	15.6	17.7	19.6
82.6							6.27	6.83	7.75	8.67	9.57	10.5	11.3	12.2	13.1	14.7	17.1	19.4	21.6
88.9							6.76	7.37	8.37	9.37	10.3	11.3	12.3	13.2	14.1	16.0	18.6	21.1	23.6
101.6								8.47	9.63	10.8	11.9	13.0	14.1	15.2	16.3	18.5	21.6	24.6	27.5
114.3									10.9	12.2	13.5	14.8	16.0	17.3	18.5	21.0	24.6	28.0	31.4
127.0									12.1	13.6	15.0	16.5	17.9	19.3	20.7	23.5	27.5	31.5	35.3
139.8												18.2	19.8	21.4	22.9	26.0	30.5	34.9	39.2

비고

무게의 수치는 $1cm^3$의 강을 7.85g으로 하고, 다음 식으로 계산하여 KS A 0021에 따라 유효숫자 3째 자리에서 끝맺음한다.

$W = 0.02466t(D-t)$

여기에서 W : 관의 단위 무게 (kg/m)

t : 관의 두께 (mm)

D : 관의 바깥지름 (mm)

13-2 저온 열 교환기용 강관 KS D 3571 : 2008

■ 종류의 기호 및 열처리

종류의 기호	분류	열처리
STLT 390	탄소강 강관	노멀라이징 또는 노멀라이징 후 템퍼링
STLT 460	니켈 강관	
STLT 700		2회 노멀라이징 후 템퍼링 또는 퀜칭 템퍼링

■ 화학 성분

종류의 기호	화학 성분 (%)					
	C	Si	Mn	P	S	Ni
STLT 390	0.25 이하	0.35 이하	1.35 이하	0.035 이하	0.035 이하	-
STLT 460	0.18 이하	0.10~0.35	0.30~0.60	0.030 이하	0.030 이하	3.20~3.80
STLT 700	0.13 이하	0.10~0.35	0.90 이하	0.030 이하	0.030 이하	8.50~9.50

■ 기계적 성질

종류의 기호	인장강도 N/mm^2	항복점 또는 항복강도 N/mm^2	연신율 (%)		
			바깥지름 20mm 이상	바깥지름 20mm 미만 10mm 이상	바깥지름 10mm 미만
			11호 시험편 12호 시험편	11호 시험편	11호 시험편
STLT 390	390 이상	210 이상	35 이상	30 이상	27 이상
STLT 460	460 이상	250 이상	30 이상	25 이상	22 이상
STLT 700	700 이상	530 이상	21 이상	16 이상	13 이상

■ 저온 열 교환기용 탄소 강관의 치수 및 무게

단위 : %

바깥지름 mm	두께 mm								
	1.2	1.6	2.0	2.3	2.9	3.5	4.5	5.5	6.5
15.9	0.435	0.564	0.686						
19.0		0.687	0.838	0.947					
25.4			1.15	1.31	1.61				
31.8				1.67	2.07	2.44			
38.1					2.52	2.99	3.73		
45.0						3.58	4.49	5.36	
50.8						4.08	5.14	6.14	7.10

13-3 보일러, 열 교환기용 합금강 강관 KS D 3572 : 2008

■ 종류의 기호 및 열처리

종류의 기호	분류	열처리
STHA 12	몰리브덴강 강관	저온 어닐링, 등온 어닐링, 완전 어닐링, 노멀라이징 또는 노멀라이징 후 템퍼링
STHA 13		
STHA 20	크롬 몰리브덴강 강관	저온 어닐링, 등온 어닐링, 완전 어닐링, 노멀라이징 후 템퍼링
STHA 22		
STHA 23		등온 어닐링, 완전 어닐링 또는 노멀라이징 후 템퍼링
STHA 24		
STHA 25		
STHA 26		

■ 화학 성분

종류의 기호	화학 성분 (%)						
	C	Si	Mn	P	S	Cr	Mo
STHA 12	0.10~0.20	0.10~0.50	0.30~0.80	0.035 이하	0.035 이하	–	0.45~0.65
STHA 13	0.15~0.25	0.10~0.50	0.30~0.80	0.035 이하	0.035 이하	–	0.45~0.65
STHA 20	0.10~0.20	0.10~0.50	0.30~0.60	0.035 이하	0.035 이하	0.50~0.80	0.40~0.65
STHA 22	0.15 이하	0.50 이하	0.30~0.60	0.035 이하	0.035 이하	0.80~1.25	0.45~0.65
STHA 23	0.15 이하	0.50~1.00	0.30~0.60	0.030 이하	0.030 이하	1.00~1.50	0.45~0.65
STHA 24	0.15 이하	0.50 이하	0.30~0.60	0.030 이하	0.030 이하	1.90~2.60	0.87~1.13
STHA 25	0.15 이하	0.50 이하	0.30~0.60	0.030 이하	0.030 이하	4.00~6.00	0.45~0.65
STHA 26	0.15 이하	0.25~1.00	0.30~0.60	0.030 이하	0.030 이하	8.00~10.00	0.90~1.10

■ 기계적 성질

종류의 기호	인장강도 N/mm^2	항복점 또는 항복강도 N/mm^2	연 신 율 (%)		
			바깥지름 20mm 이상	바깥지름 20mm 미만 10mm 이상	바깥지름 10mm 미만
			11호 시험편 12호 시험편	11호 시험편	11호 시험편
STHA 12	390 이상	210 이상	30 이상	25 이상	22 이상
STHA 13	420 이상	210 이상	30 이상	25 이상	22 이상
STHA 20	420 이상	210 이상	30 이상	25 이상	22 이상
STHA 22	420 이상	210 이상	30 이상	25 이상	22 이상
STHA 23	420 이상	210 이상	30 이상	25 이상	22 이상
STHA 24	420 이상	210 이상	30 이상	25 이상	22 이상
STHA 25	420 이상	210 이상	30 이상	25 이상	22 이상
STHA 26	420 이상	210 이상	30 이상	25 이상	22 이상

■ 보일러, 열 교환기용 합금 강관의 치수 및 무게

단위 : kg/m

바깥지름 mm	두께 mm																		
	1.2	1.6	2.0	2.3	2.6	2.9	3.2	3.5	4.0	4.5	5.0	5.5	6.0	6.5	7.0	8.0	9.5	11.0	12.5
15.9	0.435	0.564	0.686	0.771	0.853	0.930													
19.0		0.687	0.838	0.947	1.05	1.15													
21.7			0.972	1.10	1.22	1.34	1.46												
25.4			1.15	1.31	1.46	1.61	1.75	1.89											
27.2			1.24	1.41	1.58	1.74	1.89	2.05	2.29										
31.8				1.67	1.87	2.07	2.26	2.44	2.74	3.03									
34.0					2.01	2.22	2.43	2.63	2.96	3.27	3.58								
38.1					2.28	2.52	2.75	2.99	3.36	3.73	4.08	4.42							
42.7					2.57	2.85	3.12	3.38	3.82	4.24	4.65	5.05	5.43						
45.0					2.72	3.01	3.30	3.58	4.04	4.49	4.93	5.36	5.77	6.17					
48.6					2.95	3.27	3.58	3.89	4.40	4.89	5.38	5.85	6.30	6.75	7.18				
50.8					3.09	3.43	3.76	4.08	4.62	5.14	5.65	6.14	6.63	7.10	7.56	8.44	9.68	10.8	11.8
54.0					3.30	3.65	4.01	4.36	4.93	5.49	6.04	6.58	7.10	7.61	8.11	9.07	10.4	11.7	12.8
57.1						3.88	4.25	4.63	5.24	5.84	6.42	7.00	7.56	8.11	8.65	9.69	11.2	12.5	13.7
60.3						4.10	4.51	4.90	5.55	6.19	6.82	7.43	8.03	8.62	9.20	10.3	11.9	13.4	14.7
63.5						4.33	4.76	5.18	5.87	6.55	7.21	7.87	8.51	9.14	9.75	10.9	12.7	14.2	15.7
65.0						4.44	4.88	5.31	6.02	6.71	7.40	8.07	8.73	9.38	10.0	11.2	13.0	14.6	16.2
70.0						4.80	5.27	5.74	6.51	7.27	8.01	8.75	9.47	10.2	10.9	12.2	14.2	16.0	17.7
76.2							5.76	6.27	7.12	7.96	8.78	9.59	10.4	11.2	11.9	13.5	15.6	17.7	19.6
82.6							6.27	6.83	7.75	8.67	9.57	10.5	11.3	12.2	13.1	14.7	17.1	19.4	21.6
88.9							6.76	7.37	8.37	9.37	10.3	11.3	12.3	13.2	14.1	16.0	18.6	21.1	23.6
101.6								8.47	9.63	10.8	11.9	13.0	14.1	15.2	16.3	18.5	21.6	24.6	27.5
114.3									10.9	12.2	13.5	14.8	16.0	17.3	18.5	21.0	24.6	28.0	31.4
127.0									12.1	13.6	15.0	16.5	17.9	19.3	20.7	23.5	27.5	31.5	35.3
139.8												18.2	19.8	21.4	22.9	26.0	30.5	34.9	39.2

비고

무게의 수치는 $1cm^3$의 강을 7.85g으로 하고, 다음 식에 의하여 계산하여 KS A 3251-1에 따라 유효숫자 셋째자리에서 끝맺음한다.

$W = 0.02466t(D-t)$

여기에서 W : 관의 무게 (kg/m)

t : 관의 두께 (mm)

D : 관의 바깥지름 (mm)

13-4 보일러, 열 교환기용 스테인리스 강관 KS D 3577 : 2007

■ 종류의 기호

분류	종류의 기호	분류	종류의 기호	분류	종류의 기호
오스테나이트계 강관	STS 304 TB	오스테나이트계 강관	STS 317 TB	페라이트계 강관	STS 405 TB
	STS 304 HTB		STS 317 LTB		STS 409 TB
	STS 304 LTB		STS 321 TB		STS 410 TB
	STS 309 TB		STS 321 HTB		STS 410 TiTB
	STS 309 STB		STS 347 TB		STS 430 TB
	STS 310 TB		STS 347 HTB		STS 444 TB
	STS 310 STB		STS XM 15 J 1 TB		STS XM 8 TB
			STS 350 TB		STS XM 27 TB
	STS 316 TB	오스테나이트 · 페라이트계 강관	STS 329 J 1 TB		–
	STS 316 HTB		STS 329 J 2 LTB		–
	STS 316 LTB		STS 329 LD TB		–

■ 열처리

종류의 기호	열처리 ℃	
	어닐링	고용화 열처리
STS 304 TB	–	1010 이상 급냉
STS 304 HTB	–	1040 이상 급냉
STS 304 LTB	–	1010 이상 급냉
STS 309 TB	–	1030 이상 급냉
STS 309 STB	–	1030 이상 급냉
STS 310 TB	–	1030 이상 급냉
STS 310 STB	–	1030 이상 급냉
STS 316 TB	–	1010 이상 급냉
STS 316 HTB	–	1040 이상 급냉
STS 316 LTB	–	1010 이상 급냉
STS 317 TB	–	1010 이상 급냉
STS 317 LTB	–	1010 이상 급냉
STS 321 TB	–	920 이상 급냉
STS 321 HTB	–	냉간 가공 1095 이상 급냉
STS 347 TB	–	열간 가공 1050 이상 급냉
STS 347 HTB	–	980 이상 급냉
STS XM 15 J 1 TB	–	냉간 가공 1095 이상 급냉
STS 350 TB	–	열간 가공 1050 이상 급냉
STS 329 J 1 TB	–	950 이상 급냉
STS 329 J 2 LTB	–	950 이상 급냉
STS 329 LD TB	–	950 이상 급냉
STS 405 TB	700 이상 공냉 또는 서냉	–
STS 409 TB	700 이상 공냉 또는 서냉	–
STS 410 TB	700 이상 공냉 또는 서냉	–
STS 410 TiTB	700 이상 공냉 또는 서냉	–
STS 430 TB	700 이상 공냉 또는 서냉	–
STS 444 TB	700 이상 공냉 또는 서냉	–
STS XM 8 TB	700 이상 공냉 또는 서냉	–
STS XM 27 TB	700 이상 공냉 또는 서냉	–

■ 화학 성분

종류의 기호	화학 성분 (%)								
	C	Si	Mn	P	S	Ni	Cr	Mo	기타
STS 304 TB	0.08 이하	1.00 이하	2.00 이하	0.040 이하	0.030 이하	8.00~11.00	18.00~20.00	–	–
STS 304 HTB	0.04~0.10	0.75 이하	2.00 이하	0.040 이하	0.030 이하	8.00~11.00	18.00~20.00	–	–
STS 304 LTB	0.030 이하	1.00 이하	2.00 이하	0.040 이하	0.030 이하	9.00~13.00	18.00~20.00	–	–
STS 309 TB	0.15 이하	1.00 이하	2.00 이하	0.040 이하	0.030 이하	12.00~15.00	22.00~24.00	–	–
STS 309 STB	0.08 이하	1.00 이하	2.00 이하	0.040 이하	0.030 이하	12.00~15.00	22.00~24.00	–	–
STS 310TB	0.15 이하	1.50 이하	2.00 이하	0.040 이하	0.030 이하	19.00~22.00	24.00~26.00	–	–
STS 310 STB	0.08 이하	1.50 이하	2.00 이하	0.040 이하	0.030 이하	19.00~22.00	24.00~26.00	–	–
STS 316 TB	0.08 이하	1.00 이하	2.00 이하	0.040 이하	0.030 이하	10.00~14.00	16.00~18.00	2.00~3.00	–
STS 316 HTB	0.04~0.10	0.75 이하	2.00 이하	0.030 이하	0.030 이하	11.00~14.00	16.00~18.00	2.00~3.00	–
STS 316 LTB	0.030 이하	1.00 이하	2.00 이하	0.040 이하	0.030 이하	12.00~16.00	16.00~18.00	2.00~3.00	–
STS 317 TB	0.08 이하	1.00 이하	2.00 이하	0.040 이하	0.030 이하	11.00~15.00	18.00~20.00	3.00~4.00	–
STS 317 LTB	0.030 이하	1.00 이하	2.00 이하	0.040 이하	0.030 이하	11.00~15.00	18.00~20.00	3.00~4.00	–
STS 321 TB	0.08 이하	1.00 이하	2.00 이하	0.040 이하	0.030 이하	9.00~13.00	17.00~19.00	–	–
STS 321 HTB	0.04~0.10	0.75 이하	2.00 이하	0.030 이하	0.030 이하	9.00~13.00	17.00~20.00	–	Ti5×C% 이상
STS 347 TB	0.08 이하	1.00 이하	2.00 이하	0.040 이하	0.030 이하	9.00~13.00	17.00~20.00	–	Ti4×C%~0.60
STS 347 HTB	0.04~0.10	1.00 이하	2.00 이하	0.030 이하	0.030 이하	9.00~13.00	17.00~20.00	–	Nb10×C% 이상
STS XM 15 J 1 TB	0.08 이하	3.00~5.00	2.00 이하	0.045 이하	0.030 이하	11.50~15.00	15.00~20.00	–	Nb8×C%~1.00
STS 350 TB	0.03 이하	1.00 이하	1.50 이하	0.035 이하	0.020 이하	20.0~23.00	22.00~24.00	6.0~6.8	N 0.21~0.32
STS 329 J 1 TB	0.08 이하	1.00 이하	1.50 이하	0.040 이하	0.030 이하	3.00~6.00	23.00~28.00	1.00~3.00	–
STS 329 J 2 LTB	0.030 이하	1.00 이하	1.50 이하	0.040 이하	0.030 이하	4.50~7.50	21.00~26.00	2.50~4.00	N 0.08~0.30
STS 329 LD TB	0.030 이하	1.00 이하	1.50 이하	0.040 이하	0.030 이하	2.00~4.00	19.00~22.00	1.00~2.00	N 0.14~0.20
STS 405 TB	0.08 이하	1.00 이하	1.00 이하	0.040 이하	0.030 이하	–	11.50~14.50	–	Al 0.10~0.30
STS 409 TB	0.08 이하	1.00 이하	1.00 이하	0.040 이하	0.030 이하	–	10.50~11.75	–	Ti6×C%~0.75
STS 410 TB	0.15 이하	1.00 이하	1.00 이하	0.040 이하	0.030 이하	–	11.50~13.50	–	–
STS 410 TiTB	0.08 이하	1.00 이하	1.00 이하	0.040 이하	0.030 이하	–	11.50~13.50	–	Ti6×C%~0.75
STS 430 TB	0.12 이하	0.75 이하	1.00 이하	0.040 이하	0.030 이하	–	16.00~18.00	–	–
STS 444 TB	0.025 이하	1.00 이하	1.00 이하	0.040 이하	0.030 이하	–	17.00~20.00	1.75~2.50	N 0.025이하 Ti, Nb, Zr 또는 이들의 조합 8×(C%+N%)~0.80
STS XM 8 TB	0.08 이하	1.00 이하	1.00 이하	0.040 이하	0.030 이하	–	17.00~19.00	–	Ti12×C%~1.10
STS XM 27 TB	0.010 이하	0.40 이하	0.40 이하	0.030 이하	0.020 이하	–	25.00~27.50	0.75~1.50	N 0.015이하

■ 기계적 성질

종류의 기호	인장 시험				
	인장 강도 N/mm²	항복 강도 N/mm²	연신율 (%)		
			바깥지름 20mm 이상	바깥지름 20mm 미만 10mm 이상	바깥지름 10mm 미만
			11호 시험편 12호 시험편	11호 시험편	11호 시험편
STS 304 TB	520 이상	206 이상	35 이상	30 이상	27 이상
STS 304 HTB	520 이상	206 이상	35 이상	30 이상	27 이상
STS 304 LTB	481 이상	177 이상	35 이상	30 이상	27 이상
STS 309 TB	520 이상	206 이상	35 이상	30 이상	27 이상
STS 309 STB	520 이상	206 이상	35 이상	30 이상	27 이상
STS 310TB	520 이상	206 이상	35 이상	30 이상	27 이상
STS 310 STB	520 이상	206 이상	35 이상	30 이상	27 이상
STS 316 TB	520 이상	206 이상	35 이상	30 이상	27 이상
STS 316 HTB	520 이상	206 이상	35 이상	30 이상	27 이상
STS 316 LTB	481 이상	177 이상	35 이상	30 이상	27 이상
STS 317 TB	520 이상	206 이상	35 이상	30 이상	27 이상
STS 317 LTB	481 이상	177 이상	35 이상	30 이상	27 이상
STS 321 TB	520 이상	206 이상	35 이상	30 이상	27 이상
STS 321 HTB	520 이상	206 이상	35 이상	30 이상	27 이상
STS 347 TB	520 이상	206 이상	35 이상	30 이상	27 이상
STS 347 HTB	520 이상	206 이상	35 이상	30 이상	27 이상
STS XM 15 J 1 TB	520 이상	206 이상	35 이상	30 이상	27 이상
STS 350 TB	674 이상	330 이상	40 이상	35 이상	30 이상
STS 329 J 1 TB	588 이상	392 이상	18 이상	13 이상	10 이상
STS 329 J 2 LTB	618 이상	441 이상	18 이상	13 이상	10 이상
STS 329 LD TB	620 이상	450 이상	25 이상	–	–
STS 405 TB	412 이상	206 이상	20 이상	15 이상	12 이상
STS 409 TB	412 이상	206 이상	20 이상	15 이상	12 이상
STS 410 TB	412 이상	206 이상	20 이상	15 이상	12 이상
STS 410 TiTB	412 이상	206 이상	20 이상	15 이상	12 이상
STS 430 TB	412 이상	245 이상	20 이상	15 이상	12 이상
STS 444 TB	412 이상	245 이상	20 이상	15 이상	12 이상
STS XM 8 TB	412 이상	206 이상	20 이상	15 이상	12 이상
STS XM 27 TB	412 이상	245 이상	20 이상	15 이상	12 이상

■ STS 304 TB, STS 304 HTB, STS 304 LTB, STS 321 TB 및 STS 321 HTB의 치수 및 무게

단위 : kg/m

바깥지름 mm	두께 mm																		
	1.2	1.6	2.0	2.3	2.6	2.9	3.2	3.5	4.0	4.5	5.0	5.5	6.0	6.5	7.0	8.0	9.5	11.0	12.5
15.9	0.439	0.570	0.692	0.779	0.861	0.939													
19.0	0.532	0.693	0.847	0.957	1.06	1.16													
21.7	0.613	0.801	0.981	1.11	1.24	1.36	1.47												
25.4	0.723	0.949	1.17	1.32	1.48	1.63	1.77	1.91											
27.2	0.777	1.02	1.26	1.43	1.59	1.76	1.91	2.07	2.31										
31.8	0.915	1.20	1.48	1.69	1.89	2.09	2.28	2.47	2.77	3.06									
34.0		1.29	1.59	1.82	2.03	2.45	2.46	2.66	2.99	3.31	3.61								
38.1		1.45	1.80	2.05	2.30	2.54	2.78	3.02	3.40	3.77	4.12	4.47							
42.7			2.03	2.31	2.60	2.88	3.15	3.42	3.86	4.28	4.70	5.10	5.49						
45.0			2.14	2.45	2.75	3.04	3.33	3.62	4.09	4.54	4.98	5.41	5.83	6.23					
48.6			2.32	2.65	2.98	3.30	3.62	3.93	4.44	4.94	5.43	5.90	6.37	6.82	7.25				
50.8			2.43	2.78	3.12	3.46	3.79	4.12	4.66	5.19	5.70	6.21	6.70	7.17	7.64	8.53	9.77	10.9	11.9
54.0			2.59	2.96	3.33	3.69	4.05	4.40	4.98	5.55	6.10	6.64	7.17	7.69	8.20	9.17	10.5	11.8	12.9
57.1			2.75	3.14	3.53	3.92	4.30	4.67	5.29	5.90	6.49	7.07	7.64	8.19	8.74	9.78	11.3	12.6	13.9
60.3			2.90	3.32	3.74	4.15	4.55	4.95	5.61	6.25	6.89	7.51	8.12	8.71	9.29	10.4	12.0	13.5	14.9
63.5				3.51	3.94	4.38	4.81	5.23	5.93	6.61	7.29	7.95	8.59	9.23	9.85	11.1	12.8	14.4	15.9
65.0				3.59	4.04	4.49	4.93	5.36	6.08	6.78	7.47	8.15	8.82	9.47	10.1	11.4	13.1	14.8	16.3
70.0				3.88	4.37	4.85	5.32	5.80	6.58	7.34	8.10	8.84	9.57	10.3	11.0	12.4	14.3	16.2	17.9
76.2				4.23	4.77	5.30	5.82	6.34	7.19	8.04	8.87	9.69	10.5	11.3	12.1	13.6	15.8	17.9	19.8
82.6							6.33	6.90	7.83	8.75	9.67	10.6	11.4	12.3	13.2	14.9	17.3	19.6	21.8
88.9							6.83	7.45	8.46	9.46	10.4	11.4	12.4	13.3	14.3	16.1	18.8	21.3	23.8
101.6								8.55	9.72	10.9	12.0	13.2	14.3	15.4	16.5	18.7	21.8	24.8	27.7
114.3									11.0	12.3	13.6	14.9	16.2	17.5	18.7	21.2	24.8	28.3	31.7
127.0									12.3	13.7	15.2	16.6	18.1	19.5	20.9	23.7	27.8	31.8	35.7
139.8												18.4	20.0	21.6	23.2	26.3	30.8	35.3	39.6

비고

무게의 수치는 $1cm^3$의 강을 7.93g으로 하고, 다음 식에 의하여 계산하여 KS A 3251-1에 따라 유효숫자 셋째자리에서 끝맺음한다.

$W = 0.02491t(D-t)$

여기에서 W : 관의 무게 (kg/m)

t : 관의 두께 (mm)

D : 관의 바깥지름 (mm)

■ STS 309 TB, STS 309 STB, STS 310 TB, STS 310 STB, STS 316 TB, STS 316 HTB, STS 316 LTB, STS 317 TB, STS 317 LTB, STS 347 TB 및 STS 347 HTB의 치수 및 무게

단위 : kg/m

바깥지름 mm	두께 mm																		
	1.2	1.6	2.0	2.3	2.6	2.9	3.2	3.5	4.0	4.5	5.0	5.5	6.0	6.5	7.0	8.0	9.5	11.0	12.5
15.9	0.442	0.574	0.697	0.784	0.867	0.945													
19.0	0.535	0.698	0.852	0.963	1.07	1.17													
21.7	0.617	0.806	0.988	1.12	1.24	1.37	1.48												
25.4	0.728	0.955	1.17	1.33	1.49	1.64	1.78	1.92											
27.2	0.782	1.03	1.26	1.44	1.60	1.77	1.93	2.08	2.33										
31.8	0.921	1.21	1.49	1.70	1.90	2.10	2.29	2.48	2.79	3.08									
34.0		1.30	1.60	1.83	2.05	2.26	2.47	2.68	3.01	3.33	3.64								
38.1		1.46	1.81	2.06	2.31	2.56	2.80	3.04	3.42	3.79	4.15	4.50							
42.7			2.04	2.33	2.61	2.89	3.17	3.44	3.88	4.31	4.73	5.13	5.52						
45.0			2.16	2.46	2.76	3.06	3.35	3.64	4.11	4.57	5.01	5.45	5.87	6.27					
48.6			2.34	2.67	3.00	3.32	3.64	3.96	4.47	4.98	5.47	5.94	6.41	6.86	7.30				
50.8			2.45	2.80	3.14	3.48	3.82	4.15	4.69	5.22	5.74	6.25	6.74	7.22	7.69	8.58	9.84	11.0	12.0
54.0			2.61	2.98	3.35	3.72	4.08	4.43	5.01	5.58	6.14	6.69	7.22	7.74	8.25	9.23	10.6	11.9	13.0
57.1			2.76	3.16	3.55	3.94	4.32	4.70	5.32	5.93	6.53	7.11	7.69	8.25	8.79	9.85	11.3	12.7	14.0
60.3			2.92	3.34	3.76	4.17	4.58	4.98	5.65	6.30	6.93	7.56	8.17	8.77	9.35	10.5	12.1	13.6	15.0
63.5				3.53	3.97	4.41	4.84	5.26	5.97	6.66	7.33	8.00	8.65	9.29	9.92	11.1	12.9	14.5	16.0
65.0				3.62	4.07	4.51	4.96	5.40	6.12	6.83	7.52	8.20	8.87	9.53	10.2	11.4	13.2	14.9	16.5
70.0				3.90	4.39	4.88	5.36	5.84	6.62	7.39	8.15	8.89	9.63	10.3	11.1	12.4	14.4	16.3	18.0
76.2				4.26	4.80	5.33	5.86	6.38	7.24	8.09	8.92	9.75	10.6	11.4	12.1	13.7	15.9	18.0	20.0
82.6							6.37	6.94	7.88	8.81	9.73	10.6	11.5	12.4	13.3	15.0	17.4	19.7	22.0
88.9							6.88	7.49	8.51	9.52	10.5	11.5	12.5	13.4	14.4	16.2	18.9	21.5	23.9
101.6								8.61	9.79	11.0	12.1	13.3	14.4	15.5	16.6	18.8	21.9	25.0	27.9
114.3									11.1	12.4	13.7	15.0	16.3	17.6	18.8	21.3	25.0	28.5	31.9
127.0									12.3	13.8	15.3	16.8	18.2	19.6	21.1	23.9	28.0	32.0	35.9
139.8												18.5	20.1	21.7	23.3	26.4	31.0	35.5	39.9

비고

무게의 수치는 $1cm^3$의 강을 7.98g으로 하고, 다음 식에 의하여 계산하여 KS A 3251-1에 따라 유효숫자 셋째자리에서 끝맺음한다.

$W = 0.02507t(D-t)$

여기에서 W : 관의 무게 (kg/m)

t : 관의 두께 (mm)

D : 관의 바깥지름 (mm)

■ STS 329 J1 TB 및 STS 329 J2 LTB의 치수 및 무게

단위 : kg/m

바깥지름 mm	두께 mm																		
	1.2	1.6	2.0	2.3	2.6	2.9	3.2	3.5	4.0	4.5	5.0	5.5	6.0	6.5	7.0	8.0	9.5	11.0	12.5
15.9	0.432	0.561	0.681	0.766	0.847	0.924													
19.0	0.523	0.682	0.833	0.941	1.04	1.14													
21.7	0.603	0.788	0.965	1.09	1.22	1.34	1.45												
25.4	0.711	0.933	1.15	1.30	1.45	1.60	1.74	1.88											
27.2	0.764	1.00	1.23	1.40	1.57	1.73	1.88	2.03	2.27										
31.8	0.900	1.18	1.46	1.66	1.86	2.05	2.24	2.43	2.72	3.01									
34.0		1.27	1.57	1.79	2.00	2.21	2.41	2.62	2.94	3.25	3.55								
38.1		1.43	1.77	2.02	2.26	2.50	2.74	2.97	3.34	3.70	4.05	4.39							
42.7			1.99	2.28	2.55	2.83	3.10	3.36	3.79	4.21	4.62	5.01	5.39						
45.0			2.11	2.41	2.70	2.99	3.28	3.56	4.02	4.47	4.90	5.32	5.73	6.13					
48.6			2.28	2.61	2.93	3.25	3.56	3.87	4.37	4.86	5.34	5.81	6.26	6.70	7.13				
50.8			2.39	2.73	3.07	3.40	3.73	4.06	4.59	5.10	5.61	6.10	6.59	7.05	7.51	8.39	9.61	10.7	11.7
54.0			2.55	2.91	3.27	3.63	3.98	4.33	4.90	5.46	6.00	6.54	7.06	7.56	8.06	9.02	10.4	11.6	12.7
57.1			2.70	3.09	3.47	3.85	4.23	4.60	5.20	5.80	6.38	6.95	7.51	8.06	8.59	9.62	11.1	12.4	13.7
60.3			2.86	3.27	3.68	4.08	4.48	4.87	5.52	6.15	6.77	7.38	7.98	8.57	9.14	10.3	11.8	13.3	14.6
63.5				3.45	3.88	4.31	4.73	5.15	5.83	6.50	7.17	7.82	8.45	9.08	9.69	10.9	12.6	14.1	15.6
65.0				3.53	3.97	4.41	4.85	5.27	5.98	6.67	7.35	8.02	8.67	9.32	9.95	11.2	12.9	14.6	16.1
70.0				3.81	4.29	4.77	5.23	5.70	6.47	7.22	7.96	8.69	9.41	10.1	10.8	12.2	14.1	15.9	17.6
76.2				4.16	4.69	5.21	5.72	6.23	7.08	7.90	8.72	9.53	10.3	11.1	11.9	13.4	15.5	17.6	19.5
82.6							6.22	6.78	7.70	8.61	9.51	10.4	11.3	12.1	13.0	14.6	17.0	19.3	21.5
88.9							6.72	7.32	8.32	9.31	10.3	11.2	12.2	13.1	14.0	15.9	18.5	21.0	23.4
101.6								8.41	9.56	10.7	11.8	12.9	14.1	15.1	16.2	18.3	21.4	24.4	27.3
114.3									10.8	12.1	13.4	14.7	15.9	17.2	18.4	20.8	24.4	27.8	31.2
127.0									12.1	13.5	14.9	16.4	17.8	19.2	20.6	23.3	27.3	31.3	35.1
139.8												18.1	19.7	21.2	22.8	25.8	30.3	34.7	39.0

비고

무게의 수치는 $1cm^3$의 강을 7.80g으로 하고, 다음 식에 의하여 계산하여 KS A 3251-1에 따라 유효숫자 셋째자리에서 끝맺음한다.

$W = 0.02450t(D-t)$

여기에서 W : 관의 무게 (kg/m)

t : 관의 두께 (mm)

D : 관의 바깥지름 (mm)

■ STS 430 TB 및 STS XM 8 TB의 치수 및 무게

단위 : kg/m

바깥지름 mm	두께 mm 1.2	1.6	2.0	2.3	2.6	2.9	3.2	3.5	4.0	4.5	5.0	5.5	6.0	6.5	7.0	8.0	9.5	11.0	12.5
15.9	0.427	0.553	0.672	0.757	0.836	0.912													
19.0	0.517	0.673	0.822	0.929	1.03	1.13													
21.7	0.595	0.778	0.953	1.08	1.20	1.32	1.43												
25.4	0.702	0.921	1.13	1.29	1.43	1.58	1.72	1.85											
27.2	0.755	0.991	1.22	1.39	1.55	1.70	1.86	2.01	2.24										
31.8	0.888	1.17	1.44	1.64	1.84	2.03	2.21	2.40	2.69	2.97									
34.0		1.25	1.55	1.76	1.97	2.18	2.38	2.58	2.90	3.21	3.51								
38.1		1.41	1.75	1.99	2.23	2.47	2.70	2.93	3.30	3.66	4.00	4.33							
42.7			1.97	2.25	2.52	2.79	3.06	3.32	3.74	4.16	4.56	4.95	5.33						
45.0			2.08	2.38	2.67	2.95	3.24	3.51	3.97	4.41	4.84	5.26	5.66	6.05					
48.6			2.25	2.58	2.89	3.21	3.51	3.82	4.32	4.80	5.27	5.73	6.18	6.62	7.04				
50.8			2.36	2.70	3.03	3.36	3.68	4.00	4.53	5.04	5.54	6.03	6.50	6.97	7.42	8.28	9.49	10.6	11.6
54.0			2.52	2.88	3.23	3.58	3.93	4.28	4.84	5.39	5.93	6.45	6.97	7.47	7.96	8.90	10.2	11.4	12.5
57.1			2.67	3.05	3.42	3.80	4.17	4.54	5.14	5.73	6.30	6.87	7.42	7.96	8.48	9.50	10.9	12.3	13.5
60.3			2.82	3.23	3.63	4.03	4.42	4.81	5.45	6.07	6.69	7.29	7.88	8.46	9.03	10.1	11.7	13.1	14.5
63.5				3.40	3.83	4.25	4.67	5.08	5.76	6.42	7.08	7.72	8.35	8.96	9.57	10.7	12.4	14.0	15.4
65.0				3.49	3.92	4.36	4.78	5.21	5.90	6.59	7.26	7.92	8.56	9.20	9.82	11.0	12.8	14.4	15.9
70.0				3.77	4.24	4.71	5.17	5.63	6.39	7.13	7.86	8.58	9.29	9.98	10.7	12.0	13.9	15.7	17.4
76.2				4.11	4.63	5.14	5.65	6.16	6.99	7.80	8.61	9.41	10.3	11.0	11.7	13.2	15.3	17.3	19.3
82.6							6.15	6.70	7.61	8.50	9.39	10.3	11.1	12.0	12.8	14.4	16.8	19.1	21.2
88.9							6.63	7.23	8.21	9.19	10.1	11.1	12.0	13.0	13.9	15.7	18.2	20.7	23.1
101.6								8.31	9.44	10.6	11.7	12.8	13.9	15.0	16.0	18.1	21.2	24.1	26.9
114.3									10.7	12.0	13.2	14.5	15.7	16.0	18.2	20.6	24.1	27.5	30.8
127.0									11.9	13.3	14.8	16.2	17.6	18.0	20.3	23.0	27.0	30.9	34.6
139.8												17.9	19.4	21.0	22.5	25.5	29.9	34.3	38.5

비고

무게의 수치는 1cm³의 강을 7.70g으로 하고, 다음 식에 의하여 계산하여 KS A 3251-1에 따라 유효숫자 셋째자리에서 끝맺음한다.

$W = 0.02419t(D-t)$

여기에서 W : 관의 무게 (kg/m)

t : 관의 두께 (mm)

D : 관의 바깥지름 (mm)

■ STS 329 LD TB, STS 405 TB, STS 409 TB, STS 410 TB, STS 410 Ti TB, STS 444 TB 및 STS XM 15 J1 TB의 치수 및 무게

단위 : kg/m

바깥지름 mm	두께 mm																		
	1.2	1.6	2.0	2.3	2.6	2.9	3.2	3.5	4.0	4.5	5.0	5.5	6.0	6.5	7.0	8.0	9.5	11.0	12.5
15.9	0.430	0.557	0.677	0.762	0.842	0.918													
19.0	0.520	0.678	0.828	0.935	1.04	1.14													
21.7	0.599	0.783	0.960	1.09	1.21	1.33	1.44												
25.4	0.707	0.927	1.14	1.29	1.44	1.59	1.73	1.87											
27.2	0.760	0.997	1.23	1.39	1.56	1.72	1.87	2.02	2.26										
31.8	0.894	1.18	1.45	1.65	1.85	2.04	2.23	2.41	2.71	2.99									
34.0		1.26	1.56	1.78	1.99	2.20	2.40	2.60	2.92	3.23	3.53								
38.1		1.42	1.76	2.00	2.25	2.49	2.72	2.95	3.32	3.68	4.03	4.37							
42.7			1.98	2.26	2.54	2.81	3.08	3.34	3.77	4.19	4.59	4.98	5.36						
45.0			2.09	2.39	2.68	2.97	3.26	3.54	3.99	4.44	4.87	5.29	5.70	6.09					
48.6			2.27	2.59	2.91	3.23	3.53	3.84	4.34	4.83	5.31	5.77	6.22	6.66	7.09				
50.8			2.38	2.72	3.05	3.38	3.71	4.03	4.56	5.07	5.58	6.07	6.55	7.01	7.47	8.33	9.55	10.7	11.7
54.0			2.53	2.90	3.25	3.61	3.96	4.30	4.87	5.42	5.97	6.50	7.01	7.52	8.01	8.96	10.3	11.5	12.6
57.1			2.68	3.07	3.45	3.83	4.20	4.57	5.17	5.76	6.34	6.91	7.47	8.01	8.54	9.56	11.0	12.3	13.6
60.3			2.84	3.25	3.65	4.05	4.45	4.84	5.48	6.11	6.73	7.34	7.93	8.52	9.08	10.2	11.8	13.2	14.5
63.5				3.43	3.86	4.28	4.70	5.11	5.80	6.46	7.12	7.77	8.40	9.02	9.63	10.8	12.5	14.1	15.5
65.0				3.51	3.95	4.39	4.82	5.24	5.94	6.63	7.31	7.97	8.62	9.26	9.89	11.1	12.8	14.5	16.0
70.0				3.79	4.27	4.74	5.21	5.67	6.43	7.18	7.91	8.64	9.35	10.1	10.7	12.1	14.0	15.8	17.5
76.2				4.14	4.66	5.18	5.69	6.20	7.03	7.86	8.67	9.47	10.3	11.0	11.8	13.3	15.4	17.5	19.4
82.6							6.19	6.74	7.66	8.56	9.45	10.3	11.2	12.0	12.9	14.5	16.9	19.2	21.3
88.9							6.68	7.28	8.27	9.29	10.2	11.2	12.1	13.0	14.0	15.8	18.4	20.9	23.3
101.6								8.36	9.51	10.6	11.8	12.9	14.0	15.1	16.1	18.2	21.3	24.3	27.1
114.3									10.7	12.0	13.3	14.6	15.8	17.1	18.3	20.7	24.2	27.7	31.0
127.0									12.0	13.4	14.9	16.3	17.7	19.1	20.5	23.2	27.2	31.1	34.9
139.8												18.0	19.5	21.1	22.6	25.7	30.1	34.5	38.7

비고

무게의 수치는 $1cm^3$의 강을 7.75g으로 하고, 다음 식에 의하여 계산하여 KS A 3251-1에 따라 유효숫자 셋째자리에서 끝맺음한다.

$W = 0.02435t(D-t)$

여기에서 W : 관의 무게 (kg/m)

t : 관의 두께 (mm)

D : 관의 바깥지름 (mm)

■ STS XM 27TB의 치수 및 무게

단위 : kg/m

바깥지름 mm	두께 mm																		
	1.2	1.6	2.0	2.3	2.6	2.9	3.2	3.5	4.0	4.5	5.0	5.5	6.0	6.5	7.0	8.0	9.5	11.0	12.5
15.9	0.425	0.551	0.670	0.754	0.833	0.909													
19.0	0.515	0.671	0.819	0.926	1.03	1.13													
21.7	0.593	0.775	0.950	1.08	1.20	1.31	1.43												
25.4	0.700	0.918	1.13	1.28	1.43	1.57	1.71	1.85											
27.2	0.752	0.987	1.21	1.38	1.54	1.70	1.85	2.00	2.24										
31.8	0.885	1.16	1.44	1.64	1.83	2.02	2.21	2.39	2.68	2.96									
34.0		1.25	1.54	1.76	1.97	2.17	2.38	2.57	2.89	3.20	3.49								
38.1		1.41	1.74	1.98	2.22	2.46	2.69	2.92	3.39	3.64	3.99	4.32							
42.7			1.96	2.24	2.51	2.78	3.05	3.31	3.73	4.14	4.54	4.93	5.31						
45.0			2.07	2.37	2.66	2.94	3.22	3.50	3.95	4.39	4.82	5.24	5.64	6.03					
48.6			2.25	2.57	2.88	3.19	3.50	3.80	4.30	4.78	5.25	5.71	6.16	6.59	7.02				
50.8			2.35	2.69	3.02	3.35	3.67	3.99	4.51	5.02	5.52	6.00	6.48	6.94	7.39	8.25	9.46	10.6	11.5
54.0			2.51	2.87	3.22	3.57	3.92	4.26	4.82	5.37	5.90	6.43	6.94	7.44	7.93	8.87	10.2	11.4	12.5
57.1			2.66	3.04	3.41	3.79	4.16	4.52	5.12	5.70	6.28	6.84	7.39	7.93	8.45	9.47	10.9	12.2	13.4
60.3			2.81	3.21	3.62	4.01	4.40	4.79	5.43	6.05	6.66	7.26	7.85	8.43	8.99	10.1	11.6	13.1	14.4
63.5				3.39	3.82	4.24	4.65	5.06	5.74	6.40	7.05	7.69	8.31	8.93	9.53	10.7	12.4	13.9	15.4
65.0				3.48	3.91	4.34	4.77	5.19	5.88	6.56	7.23	7.89	8.53	9.16	9.78	11.0	12.7	14.3	15.8
70.0				3.75	4.22	4.69	5.15	5.61	6.36	7.10	7.83	8.55	9.25	9.95	10.6	12.0	13.9	15.6	17.3
76.2				4.10	4.61	5.12	5.63	6.13	6.96	7.78	8.58	9.37	10.2	0.9	11.7	13.1	15.3	17.3	19.2
82.6							6.12	6.67	7.58	8.47	9.35	10.2	11.1	11.9	12.8	14.4	16.7	19.0	21.1
88.9							6.61	7.20	8.18	9.15	10.1	11.1	12.0	12.9	13.8	15.6	18.2	20.7	23.0
101.6								8.27	9.41	10.5	11.6	12.7	13.8	14.9	16.0	18.0	21.1	24.0	26.8
114.3									10.6	11.9	13.2	14.4	15.7	16.9	18.1	20.5	24.0	27.4	30.7
127.0									11.9	13.3	14.7	16.1	17.5	18.9	20.2	22.9	26.9	30.8	34.5
139.8												17.8	19.3	20.9	22.4	25.4	29.8	34.1	38.3

비고

무게의 수치는 1cm^{3}의 강을 7.67g으로 하고, 다음 식에 의하여 계산하여 KS A 3251-1에 따라 유효숫자 셋째자리에서 끝맺음한다.

W=0.02410t(D-t)

여기에서 W : 관의 무게 (kg/m)

t : 관의 두께 (mm)

D : 관의 바깥지름 (mm)

■ STS 350 TB의 치수 및 무게

단위 : kg/m

바깥지름 mm	두께 mm																		
	1.2	1.6	2.0	2.3	2.6	2.9	3.2	3.5	4.0	4.5	5.0	5.5	6.0	6.5	7.0	8.0	9.5	11.0	12.5
15.9	0.449	0.582	0.707	0.796	0.880	0.959													
19.0	0.543	0.708	0.865	0.977	1.08	1.19													
21.7	0.626	0.818	1.00	1.14	1.26	1.39	1.51												
25.4	0.739	0.969	1.19	1.35	1.51	1.66	1.81	1.95											
27.2	0.794	1.04	1.28	1.46	1.63	1.79	1.95	2.11	2.36										
31.8	0.934	1.23	1.52	1.73	1.93	2.13	2.33	2.52	2.83	3.13									
34.0		1.32	1.63	1.85	2.08	2.29	2.51	2.72	3.05	3.38	3.69								
38.1		1.49	1.84	2.09	2.35	2.60	2.84	3.08	3.47	3.85	4.21	4.56							
42.7			2.07	2.36	2.65	2.94	3.22	3.49	3.94	4.37	4.80	5.21	5.60						
45.0			2.19	2.50	2.80	3.11	3.40	3.70	4.17	4.64	5.09	5.53	5.95	6.37					
48.6			2.37	2.71	3.04	3.37	3.70	4.02	4.54	5.05	5.55	6.03	6.50	6.96	7.41				
50.8			2.48	2.84	3.19	3.53	3.88	4.21	4.76	5.30	5.83	6.34	6.84	7.33	7.80	8.71	9.98	11.1	12.2
54.0			2.65	3.03	3.40	3.77	4.14	4.50	5.09	5.67	6.23	6.79	7.33	7.85	8.37	9.36	10.8	12.0	13.2
57.1			2.80	3.21	3.60	4.00	4.39	4.77	5.40	6.02	6.63	7.22	7.80	8.37	8.92	9.99	11.5	12.9	14.2
60.3			2.97	3.39	3.82	4.23	4.65	5.06	5.73	6.39	7.03	7.67	8.29	8.90	9.49	10.6	12.3	13.8	15.2
63.5				3.58	4.03	4.47	4.91	5.34	6.05	6.75	7.44	8.12	8.78	9.43	10.1	11.3	13.1	14.7	16.2
65.0				3.67	4.13	4.58	5.03	5.48	6.21	6.93	7.63	8.33	9.01	9.67	10.3	11.6	13.4	15.1	16.7
70.0				3.96	4.46	4.95	5.44	5.92	6.72	7.50	8.27	9.02	9.77	10.5	11.2	12.6	14.6	16.5	18.3
76.2				4.32	4.87	5.41	5.94	6.47	7.35	8.21	9.06	9.89	10.7	11.5	12.3	13.9	16.1	18.2	20.3
82.6							6.46	7.04	8.00	8.94	9.87	10.8	11.7	12.6	13.5	15.2	17.7	20.0	22.3
88.9							6.98	7.60	8.64	9.66	10.7	11.7	12.7	13.6	14.6	16.5	19.2	21.8	24.3
101.6								8.73	9.93	11.1	12.3	13.4	14.6	15.7	16.8	19.0	22.3	25.4	28.3
114.3									11.2	12.6	13.9	15.2	16.5	17.8	19.1	21.6	25.3	28.9	32.4
127.0									12.5	14.0	15.5	17.0	18.5	19.9	21.4	24.2	28.4	32.5	36.4
139.8												18.8	20.4	22.0	23.6	26.8	31.5	36.0	40.5

비고

무게의 수치는 $1cm^3$의 강을 7.67g으로 하고, 다음 식에 의하여 계산하여 KS A 3251-1에 따라 유효숫자 셋째자리에서 끝맺음한다.

W=0.02410t(D-t)

여기에서 W : 관의 무게 (kg/m)

t : 관의 두께 (mm)

D : 관의 바깥지름 (mm)

13-5 가열로용 강관 KS D 3587 : 1991 (2006 확인)

■ 종류의 기호

분류		종류의 기호	분류	종류의 기호
탄소강 강관		STF 410	오스테나이트계 스테인리스 강관	STS 304 TF STS 304HTF STS 309 TF STS 310 TF STS 316 TF STS 316HTF STS 321 TF STS 321HTF STS 347 TF STS 347HTF
합금강 강관	몰리브덴강 강관	STFA 12	니켈-크롬-철 합금관	NCF 800 TF NCF 800HTF
	크롬-몰리브덴강 강관	STFA 22 STFA 23 STFA 24 STFA 25 STFA 26		

■ 화학 성분

종류의 기호	화학 성분 (%)								
	C	Si	Mn	P	S	Ni	Cr	Mo	기타
STF 410	0.03 이하	0.10~0.35	0.30~1.00	0.035 이하	0.035 이하	–	–	–	–
STFA 12	0.10~0.20	0.10~0.50	0.30~0.80	0.035 이하	0.035 이하	–	–	0.45~0.65	–
STFA 22	0.15 이하	0.50 이하	0.30~0.60	0.035 이하	0.035 이하	–	0.80~1.25	0.45~0.65	–
STFA 23	0.15 이하	0.50~1.00	0.30~0.60	0.030 이하	0.030 이하	–	1.00~1.50	0.45~0.65	–
STFA 24	0.15 이하	0.50 이하	0.30~0.60	0.030 이하	0.030 이하	–	1.90~2.60	0.87~1.13	–
STFA 25	0.15 이하	0.50 이하	0.30~0.60	0.030 이하	0.030 이하	–	4.00~6.00	0.45~0.65	–
STFA 26	0.15 이하	0.25~1.00	0.30~0.60	0.030 이하	0.030 이하	–	8.00~10.00	0.90~1.10	–
STS 304 TF	0.08 이하	1.00 이하	2.00 이하	0.040 이하	0.030 이하	8.00~11.00	18.00~20.00	–	–
STS 304HTF	0.04~0.10	0.75 이하	2.00 이하	0.040 이하	0.030 이하	8.00~11.00	18.00~20.00	–	–
STS 309 TF	0.15 이하	1.00 이하	2.00 이하	0.040 이하	0.030 이하	12.00~15.00	22.00~24.00	–	–
STS 310 TF	0.15 이하	1.50 이하	2.00 이하	0.040 이하	0.030 이하	19.00~22.00	24.00~26.00	–	–
STS 316 TF	0.08 이하	1.00 이하	2.00 이하	0.040 이하	0.030 이하	10.00~14.00	16.00~18.00	2.00~3.00	–
STS 316HTF	0.04~0.10	0.75 이하	2.00 이하	0.030 이하	0.030 이하	11.00~14.00	16.00~18.00	2.00~3.00	–
STS 321 TF	0.08 이하	1.00 이하	2.00 이하	0.040 이하	0.030 이하	9.00~13.00	17.00~19.00	–	Ti5×C% 이상
STS 321HTF	0.04~0.10	0.75 이하	2.00 이하	0.030 이하	0.030 이하	9.00~13.00	17.00~19.00	–	Ti4×C% ~0.60
STS 347 TF	0.08 이하	1.00 이하	2.00 이하	0.040 이하	0.030 이하	9.00~13.00	17.00~19.00	–	Nb10×C% 이상
STS 347HTF	0.04~0.10	0.75 이하	2.00 이하	0.030 이하	0.030 이하	9.00~13.00	17.00~20.00	–	Nb8×C% ~1.00
NCF 800 TF	0.10 이하	1.00 이하	1.50 이하	0.030 이하	0.015 이하	30.00~35.00	19.00~23.00	–	Cu 0.75 이하 Al 0.15~0.60 Ti 0.15~0.60
NCF 800HTF	0.05~0.10	1.00 이하	1.50 이하	0.030 이하	0.015 이하	30.00~35.00	19.00~23.00	–	Cu 0.75 이하 Al 0.15~0.60 Ti 0.15~0.60

■ 기계적 성질

종류의 기호	가공의 구분	인장 강도 N/mm^2 {kgf/mm^2}	항복점 또는 내력 N/mm^2 {kgf/mm^2}	연신율 (%)			
				11호 시험편 12호 시험편	5호 시험편	4호 시험편	
				세로 방향	가로 방향	세로 방향	가로 방향
STF 410	–	410 이상 (42)	245 이상 (25)	25 이상	20 이상	24 이상	19 이상
STFA 12	–	380 이상 (39)	205 이상 (21)	30 이상	25 이상	24 이상	19 이상
STFA 22	–	410 이상 (42)	205 이상 (21)	30 이상	25 이상	24 이상	19 이상
STFA 23	–	410 이상 (42)	205 이상 (21)	30 이상	25 이상	24 이상	19 이상
STFA 24	–	410 이상 (42)	205 이상 (21)	30 이상	25 이상	24 이상	19 이상
STFA 25	–	410 이상 (42)	205 이상 (21)	30 이상	25 이상	24 이상	19 이상
STFA 26	–	410 이상 (42)	205 이상 (21)	30 이상	25 이상	24 이상	19 이상
STS 304 TF	–	520 이상 (53)	205 이상 (21)	35 이상	25 이상	30 이상	22 이상
STS 304HTF	–	520 이상 (53)	205 이상 (21)	35 이상	25 이상	30 이상	22 이상
STS 309 TF	–	520 이상 (53)	205 이상 (21)	35 이상	25 이상	30 이상	22 이상
STS 310 TF	–	520 이상 (53)	205 이상 (21)	35 이상	25 이상	30 이상	22 이상
STS 316 TF	–	520 이상 (53)	205 이상 (21)	35 이상	25 이상	30 이상	22 이상
STS 316HTF	–	520 이상 (53)	205 이상 (21)	35 이상	25 이상	30 이상	22 이상
STS 321 TF	–	520 이상 (53)	205 이상 (21)	35 이상	25 이상	30 이상	22 이상
STS 321HTF	–	520 이상 (53)	205 이상 (21)	35 이상	25 이상	30 이상	22 이상
STS 347 TF	–	520 이상 (53)	205 이상 (21)	35 이상	25 이상	30 이상	22 이상
STS 347HTF	–	520 이상 (53)	205 이상 (21)	35 이상	25 이상	30 이상	22 이상
NCF 800 TF	냉간 가공	520 이상 (53)	205 이상 (21)	30 이상	–	–	–
	열간 가공	450 이상 (46)	175 이상 (18)	30 이상	–	–	–
NCF 800HTF	–	450 이상 (46)	175 이상 (18)	30 이상	–	–	–

■ 탄소강 강관 및 합금강 강관의 열처리

종류의 기호	열처리	
STF 410	열간 가공 이음매 없는 강관	제조한 그대로 다만, 필요에 따라 저온 어닐링 또는 노멀라이징을 할 수 있다.
	냉간 가공 이음매 없는 강관	저온 어닐링 또는 노멀라이징
STFA 12	저온 어닐링, 등온 어닐링, 완전 어닐링, 노멀라이징 또는 노멀라이징 후 템퍼링	
STFA 22	저온 어닐링, 등온 어닐링, 완전 어닐링 또는 노멀라이징 후 템퍼링	
STFA 23 STFA 24 STFA 25 STFA 26	등온 어닐링, 완전 어닐링 또는 노멀라이징 후 템퍼링	

비고 STFA 23, STFA 24, STFA 25 및 STFA 26의 템퍼링 온도는 650℃ 이상으로 한다.

■ 오스테나이트계 스테인리스강 강관 및 니켈–크롬–철 합금관의 열처리

종류의 기호	고용화 열처리 ℃	어닐링 ℃
STS 304 TF	1010 이상 급냉	–
STS 304HTF	1040 이상 급냉	–
STS 309 TF	1030 이상 급냉	–
STS 310 TF	1030 이상 급냉	–
STS 316 TF	1010 이상 급냉	–
STS 316HTF	1040 이상 급냉	–
STS 321 TF	920 이상 급냉	–
STS 321HTF	냉간 가공 1095 이상 급냉 열간 가공 1050 이상 급냉	–
STS 347 TF	980 이상 급냉	–
STS 347HTF	냉간 가공 1095 이상 급냉 열간 가공 1050 이상 급냉	–
NCF 800 TF	–	950 이상 급냉
NCF 800HTF	1100 이상 급냉	–

비고 STS 321 TF 및 STS 347 TF에 대해서는 안정화 열처리를 지정할 수 있다. 이 경우의 열처리 온도는 850~930℃로 한다.

■ 탄소강, 합금강 및 니켈-크롬-철 합금 가열로용 강관의 치수 및 무게

단위 : kg/m

호칭지름		바깥지름 mm	두께 mm																	
A	B		4.0	4.5	5.0	5.5	6.0	6.5	7.0	8.0	9.5	11.0	12.5	14.0	16.0	18.0	20.0	22.0	25.0	28.0
50	2	60.5	5.57	6.21	6.84	7.46	8.06	8.66	9.24	10.4	11.9									
65	2 1/2	76.3		7.97	8.79	9.60	10.4	11.2	12.0	13.5	15.6									
80	3	89.1		9.39	10.4	11.3	12.3	13.2	14.2	16.0	18.6	21.2								
90	3 1/2	101.6		10.8	11.9	13.0	14.1	15.2	16.3	18.5	21.6	24.6	27.5							
100	4	114.3			13.5	14.8	16.0	17.3	18.5	21.0	24.6	28.0	31.4	34.6						
125	5	139.8			16.6	18.2	19.8	21.4	22.9	26.0	30.5	34.9	39.2	43.4	48.8					
150	6	165.2				21.7	23.6	25.4	27.3	31.0	36.5	41.8	47.1	52.2	58.9	65.3				
200	8	216.3						33.6	36.1	41.1	48.4	55.7	62.8	69.8	79.0	88.0	96.8	105		
250	10	267.4						41.8	45.0	51.2	60.4	69.6	78.0	87.5	99.2	111	122	133	149	165

■ 스테인리스강 가열로용 강관의 치수 및 무게

단위 : kg/m

호칭지름		바깥지름 mm	종 류	두께 mm																	
A	B			4.0	4.5	5.0	5.5	6.0	6.5	7.0	8.0	9.5	11.0	12.5	14.0	16.0	18.0	20.0	22.0	25.0	28.0
50	2	60.5	STS 304 TF, STS 304 HTF STS 321 TF, STS 321 HTF	5.63	6.28	6.91	7.54	8.15	8.74	9.33	10.5	12.1									
			상기 이외	5.67	6.32	7.00	7.58	8.20	8.80	9.39	10.5	12.1									
65	2 1/2	76.3	STS 304 TF, STS 304 HTF STS 321 TF, STS 321 HTF		8.05	8.88	9.70	10.5	11.3	12.1	13.6	15.8									
			상기 이외		8.10	8.94	9.76	10.5	11.3	12.1	13.7	15.9									
80	3	89.1	STS 304 TF, STS 304 HTF STS 321 TF, STS 321 HTF		9.48	10.5	11.5	12.4	13.4	14.3	16.2	18.8	21.4								
			상기 이외		9.54	10.5	11.5	12.5	13.5	14.4	16.3	19.0	21.5								
90	3 1/2	101.6	STS 304 TF, STS 304 HTF STS 321 TF, STS 321 HTF		10.9	12.0	13.2	14.3	15.4	16.5	18.7	21.8	24.8	27.7							
			상기 이외		11.0	12.1	13.3	14.4	15.5	16.6	18.8	21.9	25.0	27.9							
100	4	114.3	STS 304 TF, STS 304 HTF STS 321 TF, STS 321 HTF			13.6	14.9	16.2	17.5	18.7	21.2	24.8	28.3	31.7	35.0						
			상기 이외			13.7	15.0	16.3	17.6	18.8	21.3	25.0	28.5	31.9	35.2						
125	5	139.8	STS 304 TF, STS 304 HTF STS 321 TF, STS 321 HTF			16.8	18.4	20.0	21.6	23.2	26.3	30.8	35.3	39.6	43.9	49.3					
			상기 이외			17.0	18.5	20.1	21.7	23.3	26.4	31.0	35.5	39.9	44.2	49.5					
150	6	165.2	STS 304 TF, STS 304 HTF STS 321 TF, STS 321 HTF				21.9	23.8	25.7	27.6	31.3	36.8	42.3	47.5	52.7	59.5	66.0				
			상기 이외				22.0	23.9	25.9	27.8	31.5	37.1	42.5	47.9	53.1	59.8	66.4				
200	8	216.3	STS 304 TF, STS 304 HTF STS 321 TF, STS 321 HTF						34.0	36.5	41.5	48.9	56.3	63.5	70.6	79.8	88.9	97.8	106		
			상기 이외						34.2	36.7	41.8	49.3	56.6	63.9	71.0	80.3	89.5	98.4	107		
250	10	267.4	STS 304 TF, STS 304 HTF STS 321 TF, STS 321 HTF						42.2	45.4	51.7	61.0	70.3	79.4	88.4	100	112	123	134	151	167
			상기 이외						42.5	45.7	52.0	61.4	70.7	79.9	88.9	101	113	124	135	152	168

13-6 배관용 및 열 교환기용 티타늄, 팔라듐 합금관 KS D 3759 : 2008

■ 종류 및 기호

종류	제조 방법	마무리 방법	기호	특색 및 용도 보기
1종	이음매 없는 관	열간 압출	TTP 28 Pd E	내식성, 특히 틈새 내식성이 좋다. 화학 장치, 석유 정제 장치, 펄프 제지 공업 장치 등에 사용된다. 비고 기호 중 TTP는 배관용이고, ( )의 TTH는 열 교환기용 기호이다.
		냉간 인발	TTP 28 Pd D (TTH 28 Pd D)	
	용접관	용접한 대로	TTP 28 Pd W (TTH 28 Pd W)	
		냉간 이발	TTP 28 Pd WD (TTH 28 Pd WD)	
2종	이음매 없는 관	열간 압출	TTP 35 Pd E	
		냉간 인발	TTP 35 Pd D (TTH 35 Pd D)	
	용접관	용접한 대로	TTP 35 Pd W (TTH 35 Pd W)	
		냉간 이발	TTP 35 Pd WD (TTH 35 Pd WD)	
3종	이음매 없는 관	열간 압출	TTP 49 Pd E	
		냉간 인발	TTP 49 Pd D (TTH 49 Pd D)	
	용접관	용접한 대로	TTP 49 Pd W (TTH 49 Pd W)	
		냉간 이발	TTP 49 Pd WD (TTH 49 Pd WD)	

■ 화학 성분

종류	화학 성분 (%)					
	H	O	N	Fe	Pd	Ti
1종	0.015 이하	0.15 이하	0.05 이하	0.20 이하	0.12~0.25	나머지
2종	0.015 이하	0.20 이하	0.05 이하	0.25 이하	0.12~0.25	나머지
3종	0.015 이하	0.30 이하	0.07 이하	0.30 이하	0.12~0.25	나머지

■ 일반 배관용 이음매 없는 관의 기계적 성질

종류	바깥지름 mm	두께 mm	인장 시험	
			인장 강도 N/mm^2	연신율 %
1종	10 이상 80 이하	1 이상 10 이하	280~420	27 이상
2종	10 이상 80 이하	1 이상 10 이하	350~520	23 이상
3종	10 이상 80 이하	1 이상 10 이하	490~620	18 이상

■ 일반 배관용 용접관의 기계적 성질

종류	바깥지름 mm	두께 mm	인장 시험	
			인장 강도 N/mm^2	연신율 %
1종	10 이상 150 이하	1 이상 10 미만	280~420	27 이상
2종	10 이상 150 이하	1 이상 10 미만	350~520	23 이상
3종	10 이상 150 이하	1 이상 10 미만	490~620	18 이상

■ 열 교환기용 이음매 없는 관의 기계적 성질

종류	바깥지름 mm	두께 mm	인장 시험	
			인장 강도 N/mm^2	연신율 %
1종	10 이상 60 이하	1 이상 5 이하	280~420	27 이상
2종	10 이상 60 이하	1 이상 5 이하	350~520	23 이상
3종	10 이상 60 이하	1 이상 5 이하	490~620	18 이상

■ 열 교환기용 용접관의 기계적 성질

종류	바깥지름 mm	두께 mm	인장 시험	
			인장 강도 N/mm^2	연신율 %
1종	10 이상 60 이하	0.5 이상 3 미만	280~420	27 이상
2종	10 이상 60 이하	0.5 이상 3 미만	350~520	23 이상
3종	10 이상 60 이하	0.5 이상 3 미만	490~620	18 이상

CHAPTER 14

특수 용도 강관 및 합금관

14-1 강제 전선관 KS C 8401 : 2005

■ 후강 전선관의 치수, 무게 및 유효 나사부의 길이와 바깥지름 및 무게의 허용차

호칭 방법	바깥지름 mm	바깥지름의 허용차 mm	두께 mm	무게 kg/m	유효 나사부의 길이 (mm)	
					최대	최소
G 12	–	–	–	–	–	–
G 16	21.0	±0.3	2.3	1.06	19	16
G 21	–	–	–	–	–	–
G 22	26.5	±0.3	2.3	1.37	22	19
G 27	–	–	–	–	–	–
G 28	33.3	±0.3	2.5	1.90	25	22
G 35	–	–	–	–	–	–
G 36	41.9	±0.3	2.5	2.43	28	25
G 41	–	–	–	–	–	–
G 42	47.8	±0.3	2.5	2.79	28	25
G 53	–	–	–	–	–	–
G 54	59.6	±0.3	2.8	3.92	32	28
G 63	–	–	–	–	–	–
G 70	75.2	±0.3	2.8	5.00	36	32
G 78	–	–	–	–	–	–
G 82	87.9	±0.3	2.8	5.88	40	36
G 91	–	–	–	–	–	–
G 92	100.7	±0.4	3.5	8.39	42	36
G 103	–	–	–	–	–	–
G 104	113.4	±0.4	3.5	9.48	45	39
G 129	–	–	–	–	–	–
G 155	–	–	–	–	–	–

■ 박강 전선관의 치수, 무게 및 유효 나사부의 길이와 바깥지름 및 무게의 허용차

호칭 방법	바깥지름 mm	바깥지름의 허용차 mm	두께 mm	무게 kg/m	유효 나사부의 길이 (mm)	
					최대	최소
C 19	19.1	±0.2	1.6	0.690	14	12
C 25	25.4	±0.2	1.6	0.939	17	15
C 31	31.8	±0.2	1.6	1.19	19	17
C 39	38.1	±0.2	1.6	1.44	21	19
C 51	50.8	±0.2	1.6	1.94	24	22
C 63	63.5	±0.35	2.0	3.03	27	25
C 75	76.2	±0.35	2.0	3.66	30	28

■ 나사없는 전선관의 치수 및 무게와 바깥지름 및 무게의 허용차

호칭 방법	바깥지름 (mm)	바깥지름의 허용차 (mm)	두께 (mm)	무게 (kg/m)
E 19	19.1	±0.15	1.2	0.530
E 25	25.4	±0.15	1.2	0.716
E 31	31.8	±0.15	1.4	1.05
E 39	38.1	±0.15	1.4	1.27
E 51	50.8	±0.15	1.4	1.71
E 63	63.5	±0.25	1.6	2.44
E 75	76.2	±0.25	1.8	3.30

14-2 고압 가스 용기용 이음매 없는 강관 KS D 3575 : 2003

■ 종류의 기호 및 분류

종류의 기호	분류
STHG 11 STHG 12	망간강 강관
STHG 21 STHG 22	크롬몰리브덴강 강관
STHG 31	니켈크롬몰리브덴강 강관

■ 화학 성분

단위 : %

종류의 기호	C	Si	Mn	P	S	Ni	Cr	Mo
STHG 11	0.50 이하	0.15~0.35	1.80 이하	0.035 이하	0.035 이하	–	–	–
STHG 12	0.30~0.41	0.15~0.35	1.35~1.70	0.030 이하	0.030 이하	–	–	–
STHG 21	0.25~0.35	0.15~0.35	0.40~0.90	0.030 이하	0.030 이하	0.25 이하	0.80~1.20	0.15~0.30
STHG 22	0.33~0.38	0.15~0.35	0.40~0.90	0.030 이하	0.030 이하	0.25 이하	0.80~1.20	0.15~0.30
STHG 31	0.35~0.40	0.10~0.50	1.20~1.50	0.030 이하	0.030 이하	0.50~1.00	0.30~0.60	0.15~0.25

■ 관의 바깥지름, 두께, 살몰림 및 길이의 허용차

바깥지름의 허용차	두께의 허용차	살몰림의 허용차	길이의 허용차
±1%	+30%	평균 두께의 20% 이하	+30 0 mm

■ 제조 방법을 표시하는 기호

구 분	기 호
열간 다듬질 이음매 없는 강관	–S –H
냉간 다듬질 이음매 없는 강관	–S –C

14-3 열 교환기용 이음매 없는 니켈–크롬–철합금 관 KS D 3757 : 2003

■ 종류의 기호 및 화학 성분

단위 : %

종류의 기호	C	Si	Mn	P	S	Ni	Cr	Fe	Mo	Cu	Al	Ti	Nb+Ta
NCF 600 TB	0.15 이하	0.50 이하	1.00 이하	0.030 이하	0.015 이하	72.00 이상	14.00~17.00	6.00~10.00	–	0.50 이하	–	–	–
NCF 625 TB	0.10 이하	0.50 이하	0.50 이하	0.015 이하	0.015 이하	58.00 이상	20.00~23.00	5.00 이하	8.00~10.00	–	0.40 이하	0.40 이하	0.40 이하
NCF 690 TB	0.05 이하	0.50 이하	0.50 이하	0.030 이하	0.015 이하	58.00 이상	27.00~31.00	7.00~11.00	–	0.50 이하	–	–	–
NCF 800 TB	0.10 이하	1.00 이하	1.50 이하	0.030 이하	0.015 이하	30.00~35.00	19.00~23.00	나머지	–	0.75 이하	0.15~0.60	0.15~0.60	–
NCF 800 HTB	0.05~0.10	1.00 이하	1.50 이하	0.030 이하	0.015 이하	30.00~35.00	19.00~23.00	나머지	–	0.75 이하	0.15~0.60	0.15~0.60	–
NCF 825 TB	0.05 이하	0.50 이하	1.00 이하	0.030 이하	0.015 이하	33.00~45.00	19.50~23.50	나머지	2.50~3.50	1.50~3.00	0.20 이하	0.60~1.20	–

■ 기계적 성질

종류의 기호	열처리	인장강도 N/mm^2	항복 강도 N/mm^2	연신율 %
NCF 600 TB	어닐링	550 이상	245 이상	30 이상
NCF 625 TB	어닐링	820 이상	410 이상	30 이상
	고용화 열처리	690 이상	275 이상	30 이상
NCF 690 TB	어닐링	590 이상	245 이상	30 이상
NCF 800 TB	어닐링	520 이상	205 이상	30 이상
NCF 800 HTB	고용화 열처리	450 이상	175 이상	30 이상
NCF 825 TB	어닐링	580 이상	235 이상	30 이상

■ 열처리

종류의 기호	열처리 ℃	
	고용화 열처리	어닐링
NCF 600 TB	–	900 이상 급냉
NCF 625 TB	1090 이상 급냉	870 이상 급냉
NCF 690 TB	–	900 이상 급냉
NCF 800 TB	–	950 이상 급냉
NCF 800 HTB	1100 이상 급냉	–
NCF 825 TB	–	930 이상 급냉

14-4 배관용 이음매 없는 니켈-크롬-철합금 관 KS D 3758 : 2003

■ 종류의 기호 및 열처리

종류의 기호	열처리 ℃	
	고용화 열처리	어닐링
NCF 600 TP	-	900 이상 급냉
NCF 625 TP	1090 이상 급냉	870 이상 급냉
NCF 690 TP	-	900 이상 급냉
NCF 800 TP	-	950 이상 급냉
NCF 800 HTP	1100 이상 급냉	-
NCF 825 TP	-	930 이상 급냉

■ 화학 성분

단위 : %

종류의 기호	C	Si	Mn	P	S	Ni	Cr	Fe	Mo	Cu	Al	Ti	Nb+Ta
NCF 600 TP	0.15 이하	0.50 이하	1.00 이하	0.030 이하	0.015 이하	72.00 이상	14.00~17.00	6.00~10.00	-	0.50 이하	-	-	-
NCF 625 TP	0.10 이하	0.50 이하	0.50 이하	0.015 이하	0.015 이하	58.00 이상	20.00~23.00	5.00 이하	8.00~10.00	-	0.40 이하	0.40 이하	3.15~4.15
NCF 690 TP	0.05 이하	0.50 이하	0.50 이하	0.030 이하	0.015 이하	58.00 이상	27.00~31.00	7.00~11.00	-	0.50 이하	-	-	-
NCF 800 TP	0.10 이하	1.00 이하	1.50 이하	0.030 이하	0.015 이하	30.00~35.00	19.00~23.00	나머지	-	0.75 이하	0.15~0.60	0.15~0.60	-
NCF 800 HTP	0.05~0.10	1.00 이하	1.50 이하	0.030 이하	0.015 이하	30.00~35.00	19.00~23.00	나머지	-	0.75 이하	0.15~0.60	0.15~0.60	-
NCF 825 TP	0.05 이하	0.50 이하	1.00 이하	0.030 이하	0.015 이하	38.00~46.00	19.50~23.50	나머지	2.50~3.50	1.50~3.00	0.20 이하	0.60~1.20	-

■ 기계적 성질

종류의 기호	열처리	치수	인장시험		
			인장강도 N/mm^2	항복 강도 N/mm^2	연신율 %
NCF 600 TP	열간 가공 후 어닐링	바깥지름 127mm 이하	549 이상	206 이상	35 이상
		바깥지름 127mm 초과	520 이상	177 이상	35 이상
	냉간 가공 후 어닐링	바깥지름 127mm 이하	549 이상	245 이상	30 이상
		바깥지름 127mm 초과	549 이상	206 이상	30 이상
NCF 625 TP	열간 가공 후 어닐링	–	820 이상	410 이상	30 이상
	냉간 가공 후 어닐링	–	690 이상	275 이상	30 이상
NCF 690 TP	열간 가공 후 어닐링	바깥지름 127mm 이하	590 이상	205 이상	35 이상
		바깥지름 127mm 초과	520 이상	175 이상	35 이상
	냉간 가공 후 어닐링	바깥지름 127mm 이하	590 이상	245 이상	30 이상
		바깥지름 127mm 초과	590 이상	205 이상	30 이상
NCF 800 TP	열간 가공 후 어닐링	–	451 이상	177 이상	30 이상
	냉간 가공 후 어닐링	–	520 이상	206 이상	30 이상
NCF 800 HTP	열간 가공 후 또는 냉간 가공 후 어닐링	–	451 이상	177 이상	30 이상
NCF 825 TP	열간 가공 후 어닐링	–	520 이상	177 이상	30 이상
	냉간 가공 후 어닐링	–	579 이상	235 이상	30 이상

■ 제조 방법을 표시하는 기호

구 분	기 호
열간가공 이음매 없는 관	–S –H
냉간가공 이음매 없는 관	–S –C

14-5 시추용 이음매 없는 강관 KS E 3114 : 2006

■ 종류의 기호

종류의 기호 신 단위	종래 단위 (참고)	적용
STM-C 540	STM-C 55	케이싱 튜브용, 코어 튜브용
STM-C 640	STM-C 65	
STM-R 590	STM-R 60	보링 로드용
STM-R 690	STM-R 70	
STM-R 780	STM-R 80	
STM-R 830	STM-R 85	

■ 화학 성분

화학 성분 (%)	
P	S
0.040 이하	0.040 이하

■ 기계적 성질

종류의 기호	인장강도 N/mm^2	항복점 또는 내력 N/mm^2	신장율 (%)
			11호, 12호 시험편
STM-C 540	540 이상	–	18 이상
STM-C 640	640 이상	–	16 이상
STM-R 590	590 이상	375 이상	18 이상
STM-R 690	690 이상	440 이상	16 이상
STM-R 780	780 이상	520 이상	15 이상
STM-R 830	830 이상	590 이상	10 이상

■ 바깥지름, 두께 및 무게(케이싱 튜브용)

호칭지름	바깥지름 (mm)	안지름 (mm)	두께 (mm)	단위 무게 (kg/m)
43	43	37	3.0	2.96
53	53	47	3.0	3.70
63	63	57	3.0	4.44
73	73	67	3.0	5.18
83	83	77	3.0	5.92
97	97	90	3.5	8.07
112	112	105	3.5	9.36
127	127	118	4.5	13.6
142	142	133	4.5	15.3

■ 바깥지름, 두께 및 무게(코어 튜브용)

호칭지름	바깥지름 (mm)	안지름 (mm)	두께 (mm)	단위 무게 (kg/m)
34	34	26.5	3.75	2.88
44	44	34.5	4.75	4.60
54	54	44.5	4.75	5.77
64	64	54.5	4.75	6.94
74	74	64.5	4.75	8.11
84	84	74.5	4.75	9.28
99	99	88.5	5.25	12.1
114	114	103.5	5.25	14.1
129	129	118.5	5.25	16.0
144	144	133.5	5.25	18.0
180	180	168	6.00	25.7

■ 바깥지름, 두께 및 무게(보링 로드용)

호칭지름	바깥지름 (mm)	안지름 (mm)	두께 (mm)	단위 무게 (kg/m)
33.5	33.5	23	5.25	3.66
40.5	40.5	31	4.75	4.19
42	42	32	5.0	4.56
50	50	37	6.5	6.97

■ 바깥지름의 허용차(보링 로드용)

구 분	바깥지름의 허용차 %
1호	50mm 미만 ±0.5mm 50mm 이상 ±1%
2호	40mm 미만 ±0.2mm 40mm 이상 ±0.5%

■ 두께의 허용차(보링 로드용)

구 분	바깥지름의 허용차 %
1호	±10
2호	±8

■ 길이의 허용차

구 분	길이의 허용차 mm
길이 6m 이하	+10 0
길이 6m를 초과하는 것	+15 0

■ 내통 게이지

호칭지름	내통 게이지	
	바깥지름 mm	길이 mm
43 이상 83 이하	관의 안지름 −1.0	300

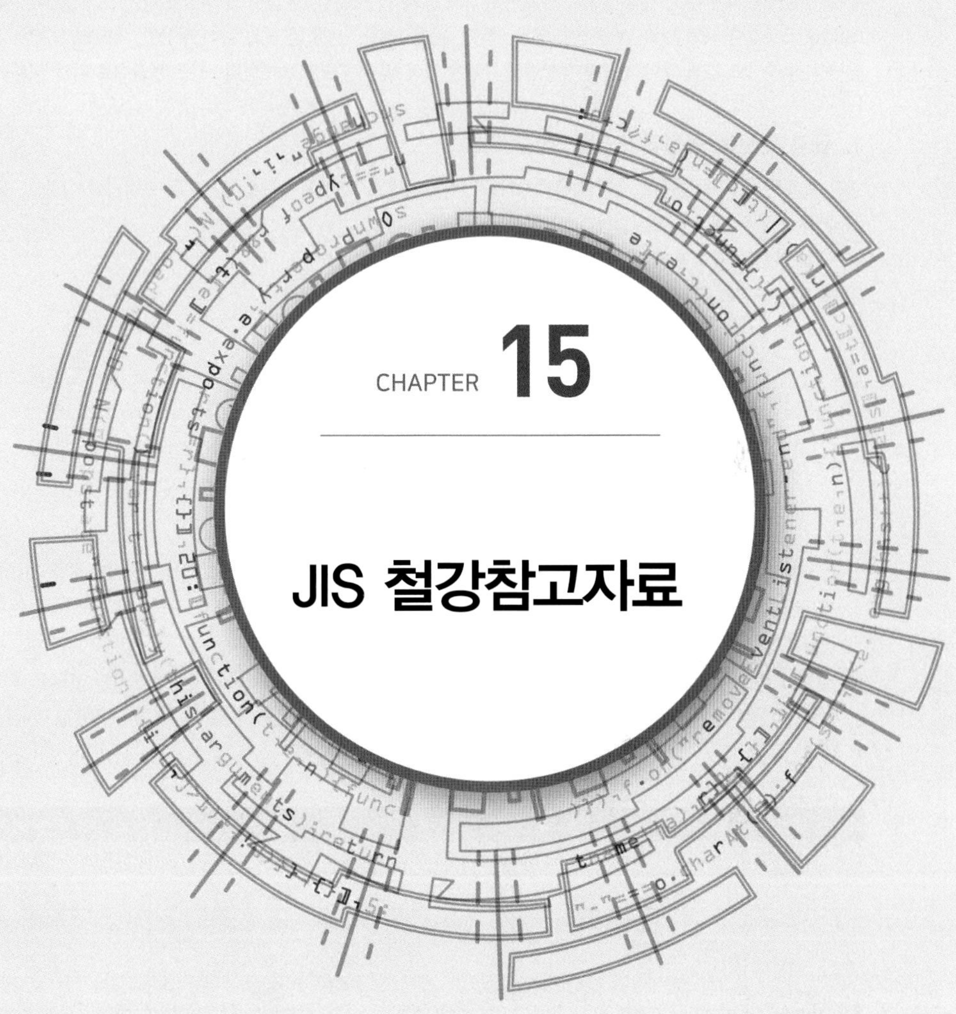

CHAPTER 15

JIS 철강참고자료

15-1 철강 기호 보는 법

철강 재료의 규격은 우선 철과 강으로 크게 구분하고 다시 철은 순철, 합금철 및 주철로 강은 보통강, 특수강 및 주단강(鑄鍛鋼)으로 분류하고 있다. 보통강은 봉강, 형강, 원판, 박판, 선재 및 선과 같이 형상별, 용도별로 특수강은 강인강, 공구강, 특수 용도강과 같이 성질과 형상별로 강관은 강종 및 용도별로 스테인리스강은 형상별로 각각 세분화되어 있다.

1. 규격 본문에 규정되어 있는 철강 기호

철강 기호는 위의 서술대로 규격 분류에 따라서, 원칙적으로 아래의 3가지 부분으로 구성되어 있다.

① 처음 부분은 재질을 표시한다.

② 다음 부분은 규격명 또는 제품명을 표시한다.

③ 마지막 부분은 종류를 표시한다.

예

S	S	400
(1)	(2)	(3)

S	UP	6
(1)	(2)	(3)

(1)은 영어 또는 로마자의 머리문자, 또는 원소 기호를 사용하여 재질을 표시하고 있는 것으로 철강 재료는 S (Steel : 강) 또는 F (Ferrum : 철)의 기호로 시작되는 것이 대부분이다.

[예외] SiMn (실리콘망간), MCr (금속 크롬) 등의 합금철류

(2)는 영어 또는 로마자의 머리문자를 사용하여 판, 봉, 관, 선, 주조품 등의 제품 형상별 종류나 용도를 표시한 기호를 조합하여 제품명을 표시하는 것으로 S 또는 F의 다음에 오는 기호는 아래와 같이 그룹을 표시하는 기호가 붙는 것이 많다.

기호	의미	일본어	한글 용어
P	Plate	薄板	박판
U	Use	特殊用度	특수용도
W	Wire	線材, 線	선재, 선
T	Tube	管	관
C	Casting	鑄物	주물
K	Kogu	工具	공구
F	Forging	鍛造	단조

[예외]

① 구조용 합금강의 그룹(예를 들면 니켈크롬강)은 SNC와 같이 첨가 원소의 부가 기호를 붙인다.

② 보통강 강재 중 봉강, 후판(厚板, 예를 들면 보일러용 강재)는 SB와 같이 용도를 표시하는 영어의 머리문자를 붙인다.

(3)은 재료의 종류 번호의 숫자, 최저 인장강도 또는 내력(통상 3자리 숫자)을 표시한다. 단 기계구조용강의 경우에는 주요 합금 원소량 코드(Code)와 탄소량과의 조합으로 표시한다.

예

1 : 1종
A : A종 또는 A호
430 : Code 4. 탄소량의 대표 값 30
2A : 2종 A 그룹
400 : 인장강도 또는 내력

비고 철강 재료의 종류 기호 이외에 형상이나 제조 방법 등을 기호화하는 경우에는 종류 기호에 이어서 다음의 부호 또는 기호를 붙여 표시한다.

예

SM570Q : 용접 구조용 압연 강재로 퀜칭, 템퍼링(소입, 소려)을 실시한 것
STB340-S-H : 열간 다듬질 이음매 없는 보일러, 열교환기용 탄소강 강관으로 인장강도의 규격 하한치 340 N/mm^2

(a) 형상을 표시하는 부가 기호

기호	의미	일본어	한글 해석
W	Wire	線	선
WR	Wire Rod	線材	선재
CP	Cold Plate	冷延板	냉연판
HP	Hot Plate	熱延板	열연판
HA	Hot Angle	熱延山形鋼	열연산형강
CD	Coated Double	両内面塗装	양면도장
CS	Cold Strip	冷延帶	냉연띠
HS	Hot Strip	熱延帶	열연띠
TB	Boiler and Heat Exchange Tube	熱伝達用官	열전달용관
TP	Pipes	配管用官	배관용관
CA	Cold Angle	冷間仕上山形鋼	냉간가공산형강

(b) 제조 방법을 표시하는 부가 기호

기호	의미	일본어	한글 해석
-R	Aluminium steel	リムド相当鋼	림드 상당강 (림드강 포함)
-A	Aluminium killed steel	アルミキルド鋼	알루미늄 킬드강
-K	killed steel	キルド鋼	킬드강
-S-H	Seamless Hot	熱間仕上継目無鋼管	열간가공 이음매 없는 강관
-S-C	Seamless Cold	冷間仕上継目無鋼管	냉간가공 이음매 없는 강관
-E	Electric resistance Welding	電氣抵抗溶接鋼管	전기 저항 용접 강관
-E-H	Electric resistance Welding Hot	熱間仕上電氣抵抗溶接鋼管	열간가공 전기 저항 용접 강관
-E-C	Electric resistance Welding Cold	冷間仕上電氣抵抗溶接鋼管	냉간가공 전기 저항 용접 강관
-E-G	Electric resistance Welding General	電氣抵抗溶接ままの鋼管	전기 저항 용접 그대로의 강관
-B	Butt Welding	鍛接鋼管	단접강관

기호	의미	일본어	한글 해석
-B-C	Butt Welding Cold	冷間仕上鍛接鋼管	냉간가공 단접강관
-A	Arc Welding	アーク溶接鋼管	아크 용접 강관
-A-C	Arc Welding Cold	冷間仕上アーク溶接鋼管	냉간 가공 아크 용접 강관
-D9	Drawing	冷間引抜き(9は許容差の等級9級)	냉간인발(9는 허용차의 등급)
-RCH	Rod by Cold Heading	冷間壓造用線材	냉간 압조용 선재
-WCH	Wire by Cold Heading	冷間壓造用線	냉간 압조용 선
-T8	Cutting	切削 (8は許容差の等級 8級)	절삭 (8는 허용차의 8등급)
-G7	Grinding	研削 (7は許容差の等級 7級)	연삭 (7은 허용차의 7등급)
-CSP	Cold Strip Spring	ばね用冷間壓延鋼帶	스프링용 냉간압연강대
-M	MIGAKI	特殊みがき帶鋼	특수 연마 강대

(c) 열처리를 표시하는 기호

기호	의미	일본어	한글 해석
R	as-rolled	壓延のまま	압연한 대로
A	annealing	燒なまし	풀림(소둔, 야끼나마시)
N	normalizing	燒ならし	불림(소준, 야끼나라시)
Q	quenching and tempering	燒入燒戻し	담금질(소입), 뜨임(야끼모도시)
NT	normalizing and tempering	燒ならし燒戻し	불림, 뜨임
T	tempering	燒戻し	뜨임(소려, 야끼모도시)
TMC	thermo-mechanical control process	熱加工制御	열 가공 제어
P	low temperature annealing	低溫燒なまし	저온 풀림
TN	test piece normalizing	試驗片に燒ならし	시험편에 불림
TNT	test piece normalizing and tempering	試驗片に燒ならし燒戻し	시험편에 불림, 뜨임
SR	stress relief annealing	試驗片に溶接後熱處理に相当する熱處理	시험편에 용접 후 열처리에 상당하는 열처리
S	solution treatment	固溶化熱處理	고용화 열처리
TH×××	H : 시효처리, T : 변태처리	析出高加熱處理	석출 고가열처리
RH×××	R : Sub-zero 처리, × : 화씨온도		

(d) 엄격한 치수허용차를 표시하는 기호

기호	의미	일본어	한글 해석
ET :	Extra Thickness	厚さ許容差 (ステンレス鋼帶, ばね用冷間壓延鋼帶)	두께 허용차 (스테인리스 강대, 스프링용 냉간압연 강대)
EW :	Extra width	幅許容差 (ステンレス鋼帶)	폭 허용차 (스테인리스 강대)

15-2 철강 기호의 분류별 일람표

분류	규격 명칭	기호	해설
합금철	페로보론	FB	F : Ferro, B : Boron
	페로크롬	FCr	F : Ferro, Cr : Chromium
	페로망간	FMn	F : Ferro, Mn : Manganese
	페로몰리브덴	FMo	F : Ferro, Mo : Molybdenum
	페로니오브	FNb	F : Ferro, Nb : Niobium
	페로니켈	FNi	F : Ferro, Ni : Nickel
	페로인	FP	F : Ferro, P : Phosphorus
	페로실리콘	FSi	F : Ferro, Si : Silicon
	페로티타늄	FTi	F : Ferro, Ti : Titanium
	페로바나듐	FV	F : Ferro, V : Vanadium
	페로텅스텐	FW	F : Ferro, W : Wolfram
	칼슘실리콘	CaSi	Ca : Calcium, Si : Silicon
	금속크롬	MCr	M : Metallic, Cr : Chromium
	금속망간	MMn	M : Metallic, Mn : Manganese
	금속규소	MSi	M : Metallic, Si : Silicon
	실리콘망간	SiMn	Si : Silicon, Mn : Manganese
	실리콘크롬	SiCr	Si : Silicon, Cr : Chromium
구조용강	자동차 구조용 열간압연 강판 및 강대	SAPH	S : Steel, A : Automobile, P : Press, H : Hot
	체인용 봉강	SBC	S : Steel, B : Bar, C : Chain
	교량(橋梁)용고항복점 강판	SBHS	S : Steel, B : Bridge, H : High performance, S : Structure
	PC 강봉	SBPR	S : Steel, B : Bar, P : Prestressed, R : Round
	세경이형(細徑異形) PC 강봉	SBPDN	S : Steel, B : Bar, P : Prestressed, D: Deformed, N: Normal relaxation
		SBPDL	S : Steel, B : Bar, P : Prestressed, D: Deformed, L : Low relaxation
	철기 플레이트	SDP	S : Steel, D : Deck, P : Plate
	연마봉강용 일반강재	SGD	S : Steel, G : General D : Drawn
	철탑용 고장력강 강재	SH-P	S : Steel, H : High strength, P : Plate
		SH-S	S : Steel, H : High strength, S : Section
	용접구조용 고항복점 강판	SHY	S : Steel, H : High Yield, Y : 용접
		SHY-N	S : Steel, H : High Yield, Y : 용접, N : Nickel
		SHY-NS	S : Steel, H : High Yield, Y : 용접, N : Nickel, S : Special
		SHY-NS-F	S : Steel, H : High Yield, Y : 용접, N : Nickel, S : Special, F : Fine
	용접구조용 압연강재	SM	S : Steel, M : Marine
	용접구조용 내후성 열간압연 강재	SMA	S : Steel, M : Marine, A : Atmospheric
	건축구조용 압연강재	SN	S : Steel, N : New structure
	건축구조용 압연봉강	SNR	S : Steel, N : New structure, R : Round bar
	고내후성 압연강재	SPA-H	S : Steel, P : Plate, A : Atmospheric, H : Hot
		SPA-C	S : Steel, P : Plate, A : Atmospheric, C : Cold
	철근 콘크리트용 봉강	SR	S : Steel, R : Round
		SD	S : Steel, D : Deformed
	철근 콘크리트용 재생봉강	SRR	S : Steel, R : Round, R : Reroll
		SDR	S : Steel, D : Deformed, R : Reroll

분류	규격 명칭	기호	해설
구조용강	철근 콘크리트용 재생강재	SRB	S : Steel, R : Rerolled, B : Bar
	일반 구조용 압연 강재	SS	S : Steel, S : Structure
	일반 구조용 경량 형강	SSC	S : Steel, S : Structure, C : Cold Forming
	리벳용 봉강	SV	S : Steel, V : Rivet
	일반 구조용 용접 경량 H형강	SWH	S : Steel, W : Weld, H : H형
압력용기강	보일러 및 압력 용기용 탄소강 및 몰리브덴강 강판	SB	S : Steel, B : Boiler
		SB-M	S : Steel, B : Boiler, M : Molybdenum
	보일러 및 압력 용기용 망간몰리브덴강 및 망간몰리브덴니켈강 강판	SBV	S : Steel, B : Boiler, V : Vessel
	고온 압력 용기용 고강도 크롬몰리브덴강 강판	SCMQ	S : Steel, C : Chromium, M : Molybdenum, Q : Quenched
	보일러 및 압력 용기용 크롬몰리브덴강 강판	SCMV	S : Steel, C : Chromium, M : Molybdenum, V : Vessel
	중, 상온 압력 용기용 고강도강 강판	SEV	S : Steel, E : Elevated Temperature, V : Vessel
	고압 가스 용기용 강판 및 강대	SG	S : Steel, G : Gas Cylinder
	중, 상온 압력용기용 탄소강 강판	SGV	S : Steel, G : General, V : Vessel
	저온 압력 용기용 탄소강 강판	SLA	S : Steel, L : Low Temperature, A : Al killed
	저온 압력 용기용 니켈강 강판	SL-N	S : Steel, L : Low Temperature, N : Nickel
	압력 용기용 강판	SPV	S : Steel, P : Pressure, V : Vessel
	압력 용기용 조질형 망간몰리브덴강 및 망간몰리브덴니켈강 강판	SQV	S : Steel, Q : Quenched, V : Vessel
박강판, 강대	냉간압연강판 및 강대	SPCC	S : Steel, P : Plate, C : Cold, C : Commercial
		SPCCT	S : Steel, P : Plate, C : Cold, C : Commercial, T : Test
		SPCD	S : Steel, P : Plate, C : Cold, D : 드로잉용
		SPCE	S : Steel, P : Plate, C : Cold, E : 딥드로잉용
		SPCF	S : Steel, P : Plate, C : Cold, F : 비시효 딥드로잉
		SPCG	S : Steel, P : Plate, C : Cold, G : 비시효 초(超) 딥드로잉
	열간압연 연강판 및 강대	SPHC	S : Steel, P : Plate, H : Hot, C : Commercial
		SPHD	S : Steel, P : Plate, H : Hot, D :
		SPHE	S : Steel, P : Plate, H : Hot, E :
		SPHF	S : Steel, P : Plate, H : Hot, F :용(특수킬드처리)
	강관용 열간압연 탄소강 강대	SPHT	S : Steel, P : Plate, H : Hot, T : Tube
	법랑용 탈탄 강판 및 강대	SPP	S : Steel, P : Plate, P : Porcelain
	자동차용 가공성 냉간압연 고장력 강판 및 강대	SPFC	S : Steel, P : Plate, F : Formability, C : Cold
		SPFCY	S : Steel, P : Plate, F : Formability, C : Cold, Y : Yield
	자동차용 가공성 열간압연 고장력 강판 및 강대	SPFH	S : Steel, P : Plate, F : Formability, H : Hot
		SPFHY	S : Steel, P : Plate, F : Formability, H : Hot, Y : Yield
	연마 특수대강	S××CM	S : Steel, ×× : 탄소량, C : Carbon, M : 연마
		SK-M	S : Steel, K : 공구강, M : 연마
		SKS-M	S : Steel, K : 공구강, S : Special, M : 연마
		SCr-M	S : Steel, Cr : Chromium, M : 연마
		SNC-M	S : Steel, N : Nickel, Cr : Chromium, M : 연마

분류	규격 명칭	기호	해설
박강판, 강대	연마 특수대강	SNCM-M	S : Steel, N : Nickel, Cr : Chromium, M : 연마
		SCM-M	S : Steel, Cr : Chromium, M : 연마
		SUP-M	S : Steel, U : Use, P : Spring, M : 연마
		SMn-M	S : Steel, Mn : Manganese, M : 연마
도금 강판, 도장 강판	용융 알루미늄 도금 강판 및 강대	SA-C	S : Steel, A : Aluminium, C : Commercial
		SA-D	S : Steel, A : Aluminium, D : Drawn
		SA-E	S : Steel, A : Aluminium, E : Deep Drawn
	전기 아연도금 강판 및 강대	SEHC	S : Steel, E : Electrolytic, H : Hot, C : Commercial
		SEHD	S : Steel, E : Electrolytic, H : Hot, D : Drawn
		SEHE	S : Steel, E : Electrolytic, H : Hot, E : Deep Drawn
		SEFH××	S : Steel, E : Electrolytic, F : Formability, H : Hot, ×× : 인장강도
		SE××	S : Steel, E : Electrolytic, ×× : 인장강도
		SEPH××	S : Steel, E : Electrolytic, P : Plte, H : Hot, ×× : 인장강도
		SECC	S : Steel, E : Electrolytic, C : Cold, C : Commercial
		SECD	S : Steel, E : Electrolytic, C : Cold, D : Drawn
		SECE	S : Steel, E : Electrolytic, C : Cold, E : Deep Drawn
		SEFC××	S : Steel, E : Electrolytic, F : Formability, C : Cold, ×× : 인장강도
	함석 및 비함석 원판	SPB	S : Steel, P : Plate, B : Black
		SPTE	S : Steel, P : Plate, T : Tin, E : Electric
		SPTH	S : Steel, P : Plate, T : Tin, H : Hot-Dip
	틴 프리 강	SPTFS	S : Steel, P : Plate, T : Tin, F : Free, S : Steel
	용융 아연도금 강판 및 강대	SGHC	S : Steel, G : Galvanized, H : Hot, C : Commercial
		SGCC	S : Steel, G : Galvanized, C : Cold, C : Commercial
		SGCH	S : Steel, G : Galvanized, C : Cold, H : Hard
		SGCD	S : Steel, G : Galvanized, C : Cold, D : Drawn
		SGH××	S : Steel, G : Galvanized, H : Hot, ×× : 인장강도
		SGC××	S : Steel, G : Galvanized, C : Cold, ×× : 인장강도
	용융 아연 5% 알루미늄 합금 도금 강판 및 강대	SZAHC	S : Steel, Z : Zinc, A : Aluminium, H : Hot, C : Commercial
		SZAH××	S : Steel, Z : Zinc, A : Aluminium, H : Hot, ×× : 인장강도
		SZACC	S : Steel, Z : Zinc, A : Aluminium, C : Cold, C : Commercial
		SZACH	S : Steel, Z : Zinc, A : Aluminium, C : Cold, H : Hand
		SZACD	S : Steel, Z : Zinc, A : Aluminium, C : Cold, D : Drawn
		SZAC××	S : Steel, Z : Zinc, A : Aluminium, C : Cold, ×× : 인장강도
	용융 55% 알루미늄 아연 합금 도금 강판 및 강대	SGLHC	S : Steel, G : Galvanized, L : Aluminium, H : Hot, C : Commercial
		SGLH××	S : Steel, G : Galvanized, L : Aluminium, H : Hot, ×× : 인장강도
		SGLCC	S : Steel, G : Galvanized, L : Aluminium, C : Cold, C : Commercial
		SGLCD	S : Steel, G : Galvanized, L : Aluminium, C : Cold, D : Drawn
		SGLCDD	S : Steel, G : Galvanized, L : Aluminium, C : Cold, D : Deep, D : Drawn
		SGLC××	S : Steel, G : Galvanized, L : Aluminium, C : Cold, ×× : 인장강도
	도장 용융 아연 5% 알루미늄 합금 도금 강판 및 강대	CZACC	C : Color, Z : Zinc, A : Aluminium, C : Cold, C : Commercial
		CZACH	C : Color, Z : Zinc, A : Aluminium, C : Cold, H : Hard
		CZACD	C : Color, Z : Zinc, A : Aluminium, C : Cold, D : Drawn
		CZAC××	C : Color, Z : Zinc, A : Aluminium, C : Cold, ×× : 인장강도

분류	규격 명칭	기호	해설
	도장 용융 55% 알루미늄 아연 합금 도금 강판 및 강대	CGLCC	C : Color, G : Galvanized, L : Aluminium, C : Cold, C : Commercial
		CGLCD	C : Color, G : Galvanized, L : Aluminium, C : Cold, D : Drawn
		CGLC××	C : Color, G : Galvanized, L : Aluminium, C : Cold, ×× : 인장강도
	도장 용융 아연 도금 강판 및 강대	CGCC	C : Color, G : Galvanized, C : Cold, C : Commercial
		CGCH	C : Color, G : Galvanized, C : Cold, H : Hard
		CGCD1	C : Color, G : Galvanized, C : Cold, D : Drawn
		CGC××	C : Color, G : Galvanized, C : Cold, ×× : 인장강도
선재	경강 선재	SWRH	S : Steel, W : Wire, R : Rod, H : Hard
	연강 선재	SWRM	S : Steel, W : Wire, R : Rod, M : Mild
	피아노 선재	SWRS	S : Steel, W : Wire, R : Rod, S : Spring
	피복 아크 용접봉 심선용 선재	SWRY	S : Steel, W : Wire, R : Rod, Y : 용접
	냉간 압조용 탄소강-제1부 : 선재	SWRCH	S : Steel, W : Wire, R : Rod, C : Cold, H : Heading
	냉간 압조용 보론강 제1부 : 선재	SWRCHB	S : Steel, W : Wire, R : Rod, C : Cold, H : Heading, B : Boron
	냉간 압조용 합금강 선재-제1부 : 선재	SMn-RCH	S : Steel, Mn : Manganese
		SMnC-RCH	S : Steel, Mn : Manganese, C : Chromium
		SCr-RCH	S : Steel, C : Chromium
		SCM-RCH	S : Steel, C : Chromium, M : Molybdenum
		SNC-RCH	S : Steel, N : Nickel, C : Chromium
		SNCM-RCH	S : Steel, N : Nickel, C : Chromium, M : Molybdenum, RCH ; R : Rod, C : Cold, H : Heading
선	경강 선재	SW	S : Steel, W : Wire
	연강 선재	SWM	S : Steel, W : Wire, M : Mild
	피아노 선재	SWP	S : Steel, W : Wire, P : Pinano
	피복 아크 용접봉 심선용 선재	SWY	S : Steel, W : Wire, Y : 용접
	냉간 압조용 탄소강-제2부 : 선	SWCH	S : Steel, W : Wire, C : Cold, H : Heading
	냉간 압조용 보론강-제2부 : 선	SWCHB	S : Steel, W : Wire, C : Cold, H : HeadingM B : Boron
	냉간 압조용 합금강-제2부 : 선	SMn-WCH	S : Steel, Mn : Manganese
		SMnC-WCH	S : Steel, Mn : Manganese, C : Chromium
		SCr-WCH	S : Steel, Cr : Chromium
		SCM-WCH	S : Steel, C : Chromium, M : Molybdenum
		SNCM-WCH	S : Steel, N : Nickel, C : Chromium, M : Molybdenum, WCH ; W : Wire, C : Cold, H : Heading
	아연 도금 강선	SWGF	S : Steel, W : Wire, G : Galvanized, F : Finished
		SWGD	S : Steel, W : Wire, G : Galvanized, D : Drawing
	용융 알루미늄 도금 철선 및 강선	SWMA	S : Steel, W : Wire, M : Mild, A : Aluminium
		SWHA	S : Steel, W : Wire, H : Hard, A : Aluminium
	도색 도장 아연 도금 철선	SWMCGS	S : Steel, W : Wire, M : Mild, C : Color, G : Galvanized, S : Soft
		SWMCGH	S : Steel, W : Wire, M : Mild, C : Color, G : Galvanized, H : Hard
	아연 도금 철선	SWMGS	S : Steel, W : Wire, M : Mild, G : Galvanized, S : Soft
		SWMGH	S : Steel, W : Wire, M : Mild, G : Galvanized, H : Hard
	합성수지 피복 철선	SWMV	S : Steel, W : Wire, M : Mild, V : Vinyl
		SWME	S : Steel, W : Wire, M : Mild, E : Polyethylenel

분류	규격 명칭	기호	해설
선	PC 강선 및 PC 강연선	SWPR	S : Steel, W : Wire, P : Prestressed, R : Round
		SWPD	S : Steel, W : Wire, P : Prestressed, D : Deformed
	PC 경강선	SWCR	S : Steel, W : Wire, C : Concrete, R : Round
		SWCD	S : Steel, W : Wire, C : Concrete, D : Deformed
	스프링용 오일 템퍼선	SWO	S : Steel, W : Wire, O : Oil Temper
		SWOSM	S : Steel, W : Wire, O : Oil Temper, S : Silicon, M : Manganese
	밸브 스프링용 오일 템퍼선	SWO-V	S : Steel, W : Wire, O : Oil Temper, V : Valve
		SWOCV-V	S : Steel, W : Wire, O : Oil Temper, C : Chromium, V : Vanadium, V : Valve
		SWOSC-V	S : Steel, W : Wire, O : Oil Temper, S : Silicon, C : Chromium, V : Valve
강관	기계구조용 합금강 강관	SCr-TK	S : Steel, C : Chromium, T : Tube, K : 구조
		SCM-TK	S : Steel, C : Chromium, M : Molybdenum, T : Tube, K : 구조
	자동차 구조용 전기저항 용접 탄소강 강관	STAM××G	S : Steel, T : Tube, A : Automobile, M : Machine, ×× : 인장강도, G : General purposes
		STAM××H	S : Steel, T : Tube, A : Automobile, M : Machine, ×× : 인장강도, H : High Yield Strength, Yield Ratio
	배관용 탄소강 강관	SGP	S : Steel, G : Gas, P : Pipe
	수배관용 아연도금 강관	SGPW	S : Steel, G : Gas, P : Pipe, W : Water
	보일러, 열교환기용 탄소강 강관	STB	S : Steel, T : Tube, B : Boiler
	보일러, 열교환기용 합금강 강관	STBA	S : Steel, T : Tube, B : Boiler, A : Alloy
	저온 열교환기용 강관	STBL	S : Steel, T : Tube, B : Boiler, L : Low Temperature
	실린더 튜브용 탄소강 강관	STC	S : Steel, T : Tube, C : Cylinder
	가열로용 강관	STF	S : Steel, T : Tube, F : Fired Heater
		STFA	S : Steel, T : Tube, F : Fired Heater, Alloy
		SUS-TF	S : Steel, U : Use, S : Stainless, T : Tube, F : Fired Heater
		NCF-TF	N : Nickel, C : Chromium, F : Ferrum, T : Tube, F : Fired Heater
	고압 가스 용기용 이음매 없는 강관	STH	S : Steel, T : Tube, H : High Pressure
	일반 구조용 탄소 강관	STK	S : Steel, T : Tube, K : 구조
	기계 구조용 탄소 강관	STKM	S : Steel, T : Tube, K : 구조, M : Machine
	건축 구조용 탄소 강관	STKN	S : Steel, T : Tube, K : 구조, N : New (structure)
	일반 구조용 각형 강관	STKR	S : Steel, T : Tube, K : 구조, R : Rectangular
	철탑용 고장력 강관	STKT	S : Steel, T : Tube, K : 구조, T : Tower
	시추용 이음매 없는 강관	STM-C	S : Steel, T : Tube, M : Mining, C : Core or Casing
		STM-R	S : Steel, T : Tube, M : Mining, R : Boring Rod
	배관용 합금강 강관	STPA	S : Steel, T : Tube, P : Pipe, A : Alloy
	압력 배관용 탄소강 강관	STPG	S : Steel, T : Tube, P : Pipe, G : General
	저온 배관용 강관	STPL	S : Steel, T : Tube, P : Pipe, L : Low Temperature
	배관용 아크 용접 탄소강 강관	STPY	S : Steel, T : Tube, P : Pipe, Y : 용접
	고압 배관용 탄소강 강관	STS	S : Steel, T : Tube, S : Special Pressure
	물 수송용 도복장 강관	STW	S : Steel, T : Tube, W : Water
	보일러, 열교환기용 스테인리스 강관	SUS-TB	S : Steel, U : Use, S : Stainless, T : Tube, B : Boiler

분류	규격 명칭	기호	해설
강관	기계 구조용 스테인리스 강관	SUS-TK	S : Steel, U : Use, S : Stainless, T : Tube, K : 구조
	스테인리스강 위생관	SUS-TBS	S : Steel, U : Use, S : Stainless, TB : Tube, S : Sanitary
	배관용 용접 대구경 스테인리스 강관	SUS-TPY	S : Steel, U : Use, S : Stainless, TB : Tube, P : Pipe, Y : 용접
	배관용 스테인리스 강관	SUS-TP	S : Steel, U : Use, S : Stainless, TB : Tube, P : Pipe
	일반 배관용 스테인리스 강관	SUS-TPD	S : Steel, U : Use, S : Stainless, TB : Tube, P : Pipe, D : Domestic
	코루게이트 파이프 및 코루게이트 섹션	SCP-R	S : Steel, C : Corrugate, P : Pipe, R : Round
		SCP-RS	S : Steel, C : Corrugate, P : Pipe, R : Round, S : Spiral
		SCP-E	S : Steel, C : Corrugate, P : Pipe, E : Elongation
		SCP-P	S : Steel, C : Corrugate, P : Pipe, P : Pipe Arch
		SCP-A	S : Steel, C : Corrugate, P : Pipe, A : Arch
기계구조용	기계 구조용 탄소강 강재	S××C	S : Steel, ×× : 탄소량, C : Carbon
	기계 구조용 합금강 강재	SCM	S : Steel, C : Chromium, M : Molybdenum
		SCr	S : Steel, Cr : Chromium
		SNC	S : Steel, N : Nickel, C : Chromium
		SNCM	S : Steel, N : Nickel, C : Chromium, M : Molybdenum
		SMn	S : Steel, Mn : Manganese
		SMnC	S : Steel, Mn : Manganese, C : Chromium
		SACM	S : Steel, A : Aluminium, C : Chromium, M : Molybdenum
	고온용 합금강 볼트재	SNB	S : Steel, N : Nickel, B : Bolt
	특수용도 합금강 볼트용 봉강	SNB	S : Steel, N : Nickel, B : Bolt
공구강	탄소 공구강 강재	SK	S : Steel, K : 공구
	고속도 공구강 강재	SKH	S : Steel, K : 공구, H : High Speed
	합금 공구강 강재	SKS	S : Steel, K : 공구, S : Special
		SKD	S : Steel, K : 공구, D : Dies
		SKT	S : Steel, K : 공구, T : 단조
특수 용도강	유황 및 유황 복합 쾌삭강 강재	SUM	S : Steel, U : Use, M : Machinability
	고탄소 크롬 베어링강 강재	SUJ	S : Steel, U : Use, J : 軸受(베어링)
	스프링강 강재	SUP	S : Steel, U : Use, P : Spring
	스프링용 냉간압연 강대	S××C-CSP	S××C : SC 재, C : Cold, S : Strip, P : Spring
		SK○-CSP	SK○ : SK 재, C : Cold, S : Strip, P : Spring
		SUP-CSP	SUP ○○: SUP 재, C : Cold, S : Strip, P : Spring
스테인리스강	스테인리스 강봉	SUS-B	S : Steel, U : Use, S : Stainless, B : Bar
	냉간가공 스테인리스 강봉	SUS-CB	S : Steel, U : Use, S : Stainless, C : Cold, B : Bar
	열간압연 스테인리스 강판 및 강대	SUS-HP	S : Steel, U : Use, S : Stainless, H : Hot, P : Plate
		SUS-HS	S : Steel, U : Use, S : Stainless, H : Hot, S : Stripe
	열간압연 스테인리스 강판 및 강대	SUS-CP	S : Steel, U : Use, S : Stainless, C : Cold, P : Plate
		SUS-CS	S : Steel, U : Use, S : Stainless, C : Cold, S : Strip
	스프링용 스테인리스 강판 및 강대	SUS-CSP	S : Steel, U : Use, S : Stainless, C : Cold, S : Strip, Spring
	스테인리스강 선재	SUS-WR	S : Steel, U : Use, S : Stainless, W : Wire, R : Rod
	용접용 스테인리스 강선재	SUS-Y	S : Steel, U : Use, S : Stainless, Y : 용접
	스테인리스 강선	SUS-W	S : Steel, U : Use, S : Stainless, W : Wire
	스프링용 스테인리스 강선	SUS-WP	S : Steel, U : Use, S : Stainless, W : Wire, P : Spring

분류	규격 명칭	기호	해설
스테인리스강	냉간압조용 스테인리스 강선	SUS-WS	S : Steel, U : Use, S : Stainless, W : Wire, S : Screw
	열간 압연 스테인리스강 등변산형강	SUS-HA	S : Steel, U : Use, S : Stainless, H : Hot, A : Angle
	냉간 성형 스테인리스강 등변산형강	SUS-CA	S : Steel, U : Use, S : Stainless, C : Cold Forging, A : Angle
	스테인리스강 단강품용 강편	SUS-FB	S : Steel, U : Use, S : Stainless, F : Forging, B : Billet
	도장 스테인리스 강판	SUS-C	S : Steel, U : Use, S : Stainless, C : Coating
		SUS-CD	S : Steel, U : Use, S : Stainless, C : Coating, D : Double
내열강	내열강 봉	SUH-B	S : Steel, U : Use, H : Heat resisting, B : Bar
		SUH-CB	S : Steel, U : Use, H : Heat resisting, C : Cold, B : Bar
	내열강 판	SUH-HP	S : Steel, U : Use, H : Heat resisting, H : Hot, P : Plate
		SUH-CP	S : Steel, U : Use, H : Heat resisting, C : Cold, P : Plate
		SUH-HS	S : Steel, U : Use, H : Heat resisting, H : Hot, S : Strip
		SUH-CS	S : Steel, U : Use, H : Heat resisting, C : Cold, S : Strip
초합금	내식 내열 초합금 봉	NCF-B	N : Nickel, C : Chromium, F : Ferrum, B : Bar
	내식 내열 초합금 판	NCF-P	N : Nickel, C : Chromium, F : Ferrum, P : Plate
	배관용 이음매 없는 니켈크롬 철합금관	NCF-TP	N : Nickel, C : Chromium, F : Ferrum, T : Tube, P : Pipe
	열교환기용 이음매 없는 니켈크롬 철합금	NCF-TB	N : Nickel, C : Chromium, F : Ferrum, T : Tube, B : Boiler
단강	탄소강 단강품	SF	S : Steel, F : Forging
	탄소강 단강품용 강편	SFB	S : Steel, F : Forging, B : Bloom
	압력 용기용 탄소강 단강품	SFVC	S : Steel, F : Forging, V : Vessel, C : Carbon
	고온 압력용기용 합금강 단강품	SFVA	S : Steel, F : Forging, V : Vessel, A : Alloy
	압력 용기용 조질형 합금강 단강품	SFVQ	S : Steel, F : Forging, V : Vessel, Q : Quenched
	고온 압력용기용 고강도 크롬몰리브덴강 단강품	SFVCM	S : Steel, F : Forging, V : Vessel, C : Chromium, M : Molybdenum
	압력용기용 스테인리스강 단강품	SUSF	S : Steel, U : Use, S : Stainless, F : Forging
	저온 압력용기용 단강품	SFL	S : Steel, F : Forging, L : Low-Temperature
	크롬몰리브덴강 단강품	SFCM	S : Steel, F : Forging, C : Chromium, M : Molybdenum
	니켈크롬몰리브덴강 단강품	SFNCM	S : Steel, F : Forging, N : Nickel, C : Chromium, M : Molybdenum
	철탑 플랜지용 고장력강 단강품	SFT	S : Steel, F : Forging, T ; Tower Flanges
주철	회주철품	FC	F : Ferrum, C : Casting
	오스테나이트 구상흑연 주철품	FCA	F : Ferrum, C : Casting, A : Austenitic
		FCDA	F : Ferrum, C : Casting, D : Ductile, A : Austenitic
	구상흑연 주철품	FCD	F : Ferrum, C : Casting, D : Ductile
	덕타일 주철관	DPF	D : Ductile, P : Pipe, F : Fixed
		D-	D : Ductile, - : 관압(官壓)의 종류
	덕타일 주철 이형관	DF	D : Ductile, F : Fittings
	철(합금)계 저열 팽창 주조품	SCLE	S : Steel, C : Casting, L : Low Thermal, E : Expansive
		FCLE	F : Ferrum, C : Casting, L : Low Thermal, E : Expansive
	가단 주철품	FCMB	F : Ferrum, C : Casting, M : Malleable, B : Black
		FCMW	F : Ferrum, C : Casting, M : Malleable, W : White
		FCMP	F : Ferrum, C : Casting, M : Malleable, P : Pearlite

분류	규격 명칭	기호	해설
주강	탄소강 주강품	SC	S : Steel, C : Casting
	용접 구조용 주강품	SCW	S : Steel, C : Casting, W : Weld
	용접 구조용 원심력 주강관	SCW-CF	S : Steel, C : Casting, W : Weld, CF : Centrifugal
	구조용 고장력 탄소강 및 저합금강 주강품	SCC	S : Steel, C : Casting, C : Carbon
		SCMn	S : Steel, C : Casting, Mn Manganese
		SCSiMn	S : Steel, C : Casting, Si : Silicon, Mn Manganese
		SCMnCr	S : Steel, C : Casting, Mn : Manganese, Cr : Chromium
		SCMnM	S : Steel, C : Casting, Mn : Manganese, M : Manganese
		SCCrM	S : Steel, C : Casting, Cr : Chromium, M : Molybdenum
		SCMnCrM	S : Steel, C : Casting, Mn : Manganese, Cr : Chromium, M : Molybdenum
		SCNCrM	S : Steel, C : Casting, N : Nickel, Cr : Chromium, M : Molybdenum
	스테인리스강 주강품	SCS	S : Steel, C : Casting, S : Stainless
	내열강 주강품	SCH	S : Steel, C : Casting, H : Heat-Resisting
	고망간강 주강품	SCMnH	S : Steel, C : Casting, Mn : Manganese, H : High Temperature
	고온 고압용 주강품	SCPH	S : Steel, C : Casting, P : Pressure, H : High Temperature
	고온 고압용 원심력 주강관	SCPH-CF	S : Steel, C : Casting, P : Pressure, H : High Temperature, CF : Centrifugal
	저온 고압용 주강품	SCPL	S : Steel, C : Casting, P : Pressure, L : Low Temperature
강재, 파일	H형강 말뚝	SHK	S : Steel, H : H형, K : 말뚝(piles)
	강관 말뚝	SKK	S : Steel, K : 강관, K : 말뚝(piles)
	강관 시트 파일	SKY	S : Steel, K : 강관, Y : 시트 파일
	열간 압연강 시트 파일	SY	S : Steel, Y : 시트 파일
	용접용 열간 압연강 시트 파일	SYW	S : Steel, Y : 시트 파일, W : Weldable
전기재료	영구 자석 재료	MC	M : Magnet, C : Casting
		MP	M : Magnet, P : Powder
	전자연철(電磁軟鐵)	SUY	S : Steel, U : Use, Y : Yoke
	무방향성 전자강대	○○A××××	○○ : 호칭 두께의 100배 값, A : Anisotropy ×××× : 주파수 50Hz, 최대자속밀도 1.5T일 때의 철손값의 100배 값(보증값)
	방향성 전자강대	○○G×××	○○ : 호칭 두께의 100배 값, G : Grain, P : Permeability, ×××× : 주파수 50Hz, 최대자속밀도 1.7T일 때의 철손값의 100배 값(보증값)
		○○P×××	
	전극용 강판 및 강대	PCYH	P : Pole, C : Core, Y : Yield, H : Hot Rolled
		PCYC	P : Pole, C : Core, Y : Yield, C : Cold Rolled

15-3 JIS 기계구조용강 종류의 기호 체계

1. 적용범위

주로 기계구조용 탄소강 강재 및 구조용 합금강 강재에 있어서 종류의 기호에 대해서 규정한다.

참고 1. 대상이 되는 현행 JIS

JIS G 4051, G 4052, G 4053

2. 기호의 구성

2-1. 기호의 순위

종류의 기호는 강을 표시하는 기호, 주요 금속 원소 기호, 주요 합금 원소량 Code, 탄소량의 대표값 및 추가기호로 구성하고 그 구성 순위는 다음과 같이 한다.

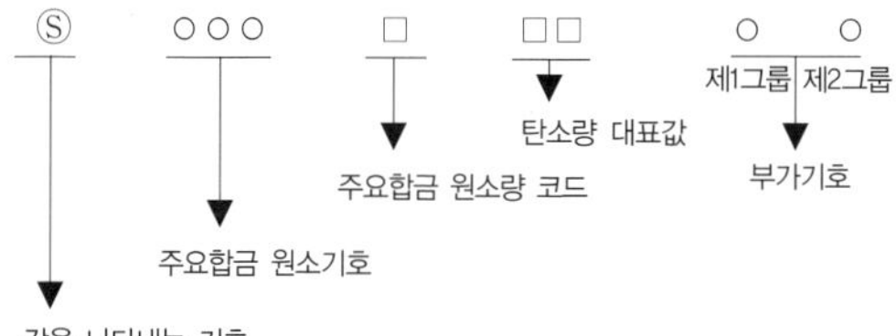

비고 ○는 영문, □는 숫자

2-2. 주요 합금 원소 기호

(1) 본 기호는 주요 합금 원소의 조합을 표시하는 것이다.

(2) 사용하는 문자는 영문으로 하고, 소문자가 사용되지 않는 경우는 대문자로 변경해도 좋다.

(3) 각 합금 원소의 기호는 아래 표와 같이 한다.

■ 각 합금 원소의 기호

원소명	기호	
	단일의 경우	복합의 경우
망간	Mn	Mn
크롬	Cr	C
몰리브덴	Mo	M
니켈	Ni	N
알루미늄	Al	A
보론	Bo	B

(4) 강을 표시하는 기호와 주요 합금 원소 기호와 조합시킨 기호는 다음 표와 같이 한다.

■ 주요 합금 원소 기호

구분	기호	구분	기호
탄소강	S××C	크롬강	SCr
보론강	SBo	크롬보론강	SCrB
망간강	SMn	크롬몰리브덴강	SCM
망간보론강	SMnB	니켈크롬강	SNC
망간크롬강	SMnC	니켈크롬몰리브덴강	SNCM
망간크롬보론강	SMnCB	알루미늄크롬몰리브덴강	SACM

비고 S는 강을 나타내는 기호

2-3. 주요 합금 원소량 코드(Code)

(1) 본 코드는 주요 합금 원소의 양을 구별하는 것으로 탄소강을 제외하고 전부 이용한다.

(2) 사용하는 문자는 1자리의 숫자로 한다.

(3) 본 코드와 합금 원소 함유량과의 대응은 다음 표에 의한다.

(4) 경화성 보증강(H강), 특수 원소 첨가강 등으로 주요 합금 원소 함유량의 규격이 기본강(基本鋼)과 다른 경우에도 기본 강과 동일한 코드를 채용한다.

2-4. 탄소량의 대표 값

① 본 기호는 탄소 함유량을 대표하는 것이다.

② 사용하는 문자는 숫자로 한다.

③ 본 대표 값은 규정된 탄소량의 중간 값을 100배 한 수치를 이용한다.

이때,

(a) 100배 값이 정수값이 되지 않는 경우는 단수를 잘라 정수로 한다.

(b) 100배 값이 9 이하일 때는 제 1위는 0 으로 한다.

(c) 주요 합금 원소 기호, 주요 합금 원소량 코드 및 탄소량의 대표 값을 동일하게 하는 2종류가 생기는 경우에는 이것을 구분하기 위해 합금 원소 함유량이 많은 쪽의 탄소량 대표 값에 1을 더한다.

④ 경화성 보증강에서 탄소량의 규정이 기본강(基本鋼)과 다른 경우에도 기본 강과 동일하게 탄소량의 대표값을 채용한다.

■ 주요 합금 원소 코드와 원소 함유량과의 대비

주요합금 원소량 코드	망간강	망간크롬강		크롬강	크롬몰리브덴강 알루미늄크롬몰리브덴강		니켈크롬강		니켈크롬몰리브덴강		
	Mn	Mn	Cr	Cr	Cr	Mo	Ni	Cr	Ni	Cr	Mo
1	–	–	–	–	0.30 이상 0.80 미만	0.15 미만	–	–	–	–	–
2	1.00 이상 1.30 미만	1.00 이상 1.30 미만	0.30 이상 0.90 미만	0.30 이상 0.80 미만	0.30 이상 0.80 미만	0.15 이상 0.30 미만	1.00 이상 2.00 미만	0.25 이상 1.25 미만	0.20 이상 0.70 미만	0.20 이상 1.00 미만	0.15 이상 0.40 미만
3	–	–	–	–	0.80 이상 1.40 미만	0.15 미만	–	–	–	–	–
4	1.30 이상 1.60 미만	1.30 이상 1.60 미만	0.30 이상 0.90 미만	0.80 이상 1.40 미만	0.80 이상 1.40 미만	0.15 이상 0.30 미만	2.00 이상 2.50 미만	0.25 이상 1.25 미만	0.70 이상 2.00 미만	0.40 이상 1.50 미만	0.15 이상 0.40 미만
5	–	1.30 이상 1.60 미만	0.90 이상	–	1.40 이상	0.15 미만	–	–	–	–	–
6	1.60 이상	1.60 이상	0.30 이상 0.90 미만	1.40 이상 2.00 미만	1.40 이상	0.15 이상 0.30 미만	2.50 이상 3.00 미만	0.25 이상 1.25 미만	2.00 이상 3.50 미만	1.00 이상	0.15 이상 1.00 미만
8	–	–	–	2.00 이상	0.80 이상 1.40 미만	0.30 이상 0.60 미만	3.00 이상	0.25 이상 1.25 미만	3.50 이상	0.70 이상 1.50 미만	0.15 이상 0.40 미만

⑤ 아래 표에 탄소량의 대표값의 표시 예를 나타낸다.

■ 탄소량의 대표값의 표시 예

구분	규정 탄소량 범위		중간값×100	표시예	비고
③ (a)항의 예	S12C	0.10~0.15	12.5	12	–
③ (b)항의 예	S09CK	0.07~0.12	9.5	9 → 09	–
③ (c)항의 예	SCM420	0.18~0.23	20.5	20 → 20	–
	SCM421	0.17~0.23	20	20 → 21	Mn이 높기 때문
④항의 예	SMn433H	0.29~0.36	32.5	32 → 33	기본강에 포함
	SMn433	0.30~0.36	33	33	기본강

2-5 부가 기호

(1) 부가 기호는 제1 그룹과 제2 그룹으로 구성하고, 사용하는 문자는 영문으로 한다.

(2) 제1 그룹 본 기호는 기본강에 특수한 원소를 첨가한 경우에 이용한다.

예 피삭성 개선을 위한 특별 원소 첨가강

구분	부가 기호
납(鉛) 첨가강	L
유황(硫黃) 첨가강	S
칼슘 첨가강	U

비고 복합 첨가의 경우에는 표기의 기호를 조합시킨다.

(3) 제2 그룹 본 기호는 화학 성분 이외에 특별한 특성을 보증하는 경우에 이용한다.

예 특별한 특성을 보증하는 강

구분	부가 기호
경화능 보증강 (H강)	H
표면경화용 탄소강	K

15-4 JIS 철강 기호의 변경

1. 적용범위

1991년 (平成 3年) 1월 1일부터 철강 JIS의 SI 단위화에 따라 종류의 기호가 변경된 규격을 기재하였다. 아직 기계구조용 탄소강, 합금강, 스테인리스강, 내열강, 공구강, 중공강, 스프링강, 쾌삭강, 베어링강 규격은 변경하지 않았다.

규격	신 기호	구 기호
G 3101 일반구조용 압연강재	SS 300 SS 400 SS 490 SS 540	SS34 SS41 SS50 SS55
G 3103 보일러 및 압력용기용 탄소강 및 몰리브덴강 강판	SB 410 SB 450 SB 480 SB 450 M SB 480 M	SB 42 SB 46 SB 49 SB 46 M SB 49 M
G 3105 체인용 원형강	SBC 300 SBC 490 SBC 690	SBC 31 SBC 50 SBC 70
G 3106 용접구조용 압연강재	SM 400 A SM 400 B SM 400 C SM 490 A SM 490 B SM 490 C SM 490 YA SM 490 YB SM 520 B SM 520 C SM 570	SM 41 A SM 41 B SM 41 C SM 50 A SM 50 B SM 50 C SM 50 YA SM 50 YB SM 53 B SM 53 C SM 58
G 3109 PC 강봉	SBPR 785/1030 SBPR 930/1080 SBPR 930/1180 SBPR 1080/1230 SBPR 930/1080 SBPR 1080/1230	SBPR 80/105 SBPR 95/110 SBPR 95/120 SBPR 110/125 SBPR 95/110 SBPR 110/125
G 3111 재생강재	SRB 330 SRB 380 SRB 480	SRB 34 SRB 39 SRB 49
G 3112 철근 콘크리트용 봉강	SR 235 SR 295 SD 295 A SD 295 B SD 345 SD 390 SD 490	SR 24 SR 30 SD 30 A SD 30 B SD 35 SD 40 SD 50
G 3113 자동차구조용 열간압연 강판 및 강대	SAPH 310 SAPH 370 SAPH 400 SAPH 440	SAPH 32 SAPH 38 SAPH 41 SAPH 45

규격	신 기호	구 기호
G 3114 용접 구조용 내후성 열간 압연강재	SMA 400 AW SMA 400 AP SMA 400 BW SMA 400 BP SMA 400 CW SMA 400 CP SMA 490 AW SMA 490 AP SMA 490 BW SMA 490 BP SMA 490 CW SMA 490 CP SMA 570 W SMA 570 P	SMA 41 AW SMA 41 AP SMA 41 BW SMA 41 BP SMA 41 CW SMA 41 CP SMA 50 AW SMA 50 AP SMA 50 BW SMA 50 BP SMA 50 CW SMA 50 CP SMA 58 W SMA 58 P
G 3115 압력용기용 강판	SPV 235 SPV 315 SPV 355 SPV 410 SPV 450 SPV 490	SPV 24 SPV 32 SPV 36 SPV 42 SPV 46 SPV 50
G 3116 고압가스 용기용 강판 및 강대	SG 255 SG 295 SG 325 SG 365	SG 26 SG 30 SG 33 SG 37
G 3117 철근 콘크리트용 재생봉강	SRR 235 SRR 295 SDR 235 SDR 295 SDR 345	SRR 24 SRR 30 SDR 24 SDR 30 SDR 35
G 3118 중·상온 압력용기용 탄소강 강판	SGV 410 SGV 450 SGV 480	SGV 42 SGV 46 SGV 49
G 3123 연마봉강	SGD 290-D SGD 400-D	SGD 30-D SGD 41-D
G 3124 중·상온 압력용기용 고강도강 강판	SEV 245 SEV 295 SEV 345	SEV 25 SEV 30 SEV 35
G 3126 저온 압력용기용 탄소강 강판	SLA 235 A SLA 235 B SLA 325 A SLA 325 B SLA 365 SLA 410	SLA 24 A SLA 24 B SLA 33 A SLA 33 B SLA 37 SLA 42
G 3127 저온 압력용기용 니켈강 강판	SL2N 255 SL3N 255 SL3N 275 SL3N 440 SL5N 590 SL9N 520 SL9N 590	SL2N 26 SL3N 26 SL3N 28 SL3N 45 SL5N 60 SL9N 53 SL9N 60
G 3128 용접구조용 고항복점 강판	SHY 685 SHY 685 N SHY 685 NS	SHY 70 SHY 70 N SHY 70 NS
G 3129 철탑용 고장력강 강재	SH 590 P SH 590 S	SH 60 P SH 60 S
G 3134 자동차용 가공성 열간압연 고장력 강판 및 강대	SPFH 490 SPFH 540 SPFH 590 SPFH 540 Y SPFH 590 Y	SPFH 50 SPFH 55 SPFH 60 SPFH 55 Y SPFH 60 Y

규격	신 기호	구 기호
G 3135 자동차용 가공성 냉간압연 고장력 강판 및 강대	SPFC 340 SPFC 370 SPFC 390 SPFC 440 SPFC 490 SPFC 540 SPFC 590 SPFC 490 Y SPFC 540 Y SPFC 590 Y SPFC 780 Y SPFC 980 Y SPFC 340 H	SPFC 35 SPFC 38 SPFC 40 SPFC 45 SPFC 50 SPFC 55 SPFC 60 SPFC 50 Y SPFC 55 Y SPFC 60 Y SPFC 80 Y SPFC 100 Y SPFC 35 H
G 3201 탄소강 단강품	SF 340 A SF 390 A SF 440 A SF 490 A SF 540 A SF 540 B SF 590 A SF 590 B SF 640 B	SF 35 A SF 40 A SF 45 A SF 50 A SF 55 A SF 55 B SF 60 A SF 60 B SF 65 B
G 3221 크롬 몰리브덴강 단강품	SFCM 590 S SFCM 590 R SFCM 590 D SFCM 640 S SFCM 640 R SFCM 640 D SFCM 690 S SFCM 690 R SFCM 690 D SFCM 740 S SFCM 740 R SFCM 740 D SFCM 780 S SFCM 780 R SFCM 780 D SFCM 830 S SFCM 830 R SFCM 830 D SFCM 880 S SFCM 880 R SFCM 880 D SFCM 930 S SFCM 930 R SFCM 930 D SFCM 980 S SFCM 980 R SFCM 980 D	SFCM 60 S SFCM 60 R SFCM 60 D SFCM 65 S SFCM 65 R SFCM 65 D SFCM 70 S SFCM 70 R SFCM 70 D SFCM 75 S SFCM 75 R SFCM 75 D SFCM 80 S SFCM 80 R SFCM 80 D SFCM 85 S SFCM 85 R SFCM 85 D SFCM 90 S SFCM 90 R SFCM 90 D SFCM 95 S SFCM 95 R SFCM 95 D SFCM 100 S SFCM 100 R SFCM 100 D
G 3222 니켈 크롬 몰리브덴강 단강품	SFNCM 690 S SFNCM 690 R SFNCM 690 D SFNCM 740 S SFNCM 740 R SFNCM 740 D SFNCM 780 S SFNCM 780 R SFNCM 780 D SFNCM 830 S SFNCM 830 R SFNCM 830 D SFNCM 880 S SFNCM 880 R SFNCM 880 D SFNCM 930 S	SFNCM 70 S SFNCM 70 R SFNCM 70 D SFNCM 75 S SFNCM 75 R SFNCM 75 D SFNCM 80 S SFNCM 80 R SFNCM 80 D SFNCM 85 S SFNCM 85 R SFNCM 85 D SFNCM 90 S SFNCM 90 R SFNCM 90 D SFNCM 95 S

규격	신 기호	구 기호
G 3222 니켈 크롬 몰리브덴강 단강품	SFNCM 930 R SFNCM 930 D SFNCM 980 S SFNCM 980 R SFNCM 980 D SFNCM 1030 S SFNCM 1030 R SFNCM 1030 D SFNCM 1080 S SFNCM 1080 R SFNCM 1080 D	SFNCM 95 R SFNCM 95 D SFNCM 100 S SFNCM 100 R SFNCM 100 D SFNCM 105 S SFNCM 105 R SFNCM 105 D SFNCM 110 S SFNCM 110 R SFNCM 110 D
G 3223 철탑 콘크리트용 고장력강 단강품	SFT 590	SFT 60
G 3302 용융 아연도금 강판 및 강대	SGH 340 SGH 400 SGH 440 SGH 490 SGH 540 SGC 340 SGC 400 SGC 440 SGC 490 SGC 570	SGH 35 SGH 41 SGH 45 SGH 50 SGH 55 SGC 35 SGC 41 SGC 45 SGC 50 SGC 58
G 3312 도장용융 아연도금 강판 및 강대	CGC 340 CGC 400 CGC 440 CGC 490 CGC 570	CGC 35 CGC 41 CGC 45 CGC 50 CGC 58
G 3350 일반구조용 경량형강	SSC 400	SSC 41
G 3353 일반구조용 용접 경량 H형강	SWH 400 SWH 400 L	SWH 41 SWH 41 L
G 3443 물 수송용 도복장 강관	STW 290 STW 370 STW 400	STW 30 STW 38 STW 41
G 3444 일반구조용 탄소강 강관	STK 290 STK 400 STK 490 STK 500 STK 540	STK 30 STK 41 STK 50 STK 51 STK 55
G 3454 압력배관용 탄소강 강관	STPG 370 STPG 410	STPG 38 STPG 42
G 3455 고압배관용 탄소강 강관	STS 370 STS 410 STS 480	STS 38 STS 42 STS 49
G 3456 고온배관용 탄소강 강관	STPT 370 STPT 410 STPT 480	STPT 38 STPT 42 STPT 49
G 3457 배관용 아크 용접 탄소강 강관	STPY 400	STPY 41
G 3460 저온 배관용 강관	STPL 380 STPL 450 STPL 690	STPL 39 STPL 46 STPL 70
G 3461 보일러·열교환기용 탄소강 강관	STB 340 STB 410 STB 510	STB 35 STB 42 STB 52
G 3464 저온 열교환기용 강관	STBL 380 STBL 450 STBL 690	STBL 39 STBL 46 STBL 70

규격	신 기호	구 기호
G 3465 시추용 이음매없는 강관	STM-C 540 STM-C 640 STM-R 590 STM-R 690 STM-R 780 STM-R 830	STM-C 55 STM-C 65 STM-R 60 STM-R 70 STM-R 80 STM-R 85
G 3466 일반구조용 각형 강관	STKR 400 STKR 490	STKR 41 STKR 50
G 3467 가열로용 강관	STF 410	STF 42
G 3472 자동차 구조용 전기저항 용접 탄소강 강관	STAM 290 GA STAM 290 GB STAM 340 G STAM 390 G STAM 440 G STAM 440 H STAM 470 G STAM 470 H STAM 500 G STAM 500 H STAM 540 G	STAM 30 GA STAM 30 GB STAM 35 G STAM 40 G STAM 45 G STAM 45 H STAM 48 G STAM 48 H STAM 51 G STAM 51 H STAM 55 H
G 3473 실린더 튜브용 탄소강 강관	STC 370 STC 440 STC 510 A STC 510 B STC 540 STC 590 A STC 590 B	STC 38 STC 45 STC 52 A STC 52 B STC 55 STC 60 A STC 60 B
G 3474 철탑용 고장력 강관	STKT 590	STKT 60
G 5101 탄소강 주강품	SC 360 SC 410 SC 450 SC 480	SC 37 SC 42 SC 46 SC 49
G 5102 용접구조용 주강품	SCW 410 SCW 450 SCW 480 SCW 550 SCW 620	SCW 42 SCW 46 SCW 49 SCW 56 SCW 63
G 5201 용접구조용 원심력 주강관	SCW 410-CF SCW 480-CF SCW 490-CF SCW 520-CF SCW 570-CF	SCW 42-CF SCW 49-CF SCW 50-CF SCW 53-CF SCW 58-CF
G 5501 회주철품	FC 100 FC 150 FC 200 FC 250 FC 300 FC 350	FC 10 FC 15 FC 20 FC 25 FC 30 FC 35
G 5502 구상흑연 주철품	FCD 370 FCD 400 FCD 450 FCD 500 FCD 600 FCD 700 FCD 800	FCD 37 FCD 40 FCD 45 FCD 50 FCD 60 FCD 70 FCD 80
G 5525 강관말뚝	SKK 400 SKK 490	SKK 41 SKK 50
G 5526 H형강 말뚝	SHK 400 SHK 490 M	SHK 41 SHK 50 M
G 5528 열간 압연강 시트 파일	SY 295 SY 390	SY 30 SY 40
G 5530 강관 시트 파일	SKY 400 SKY 490	SKY 41 SKY 50

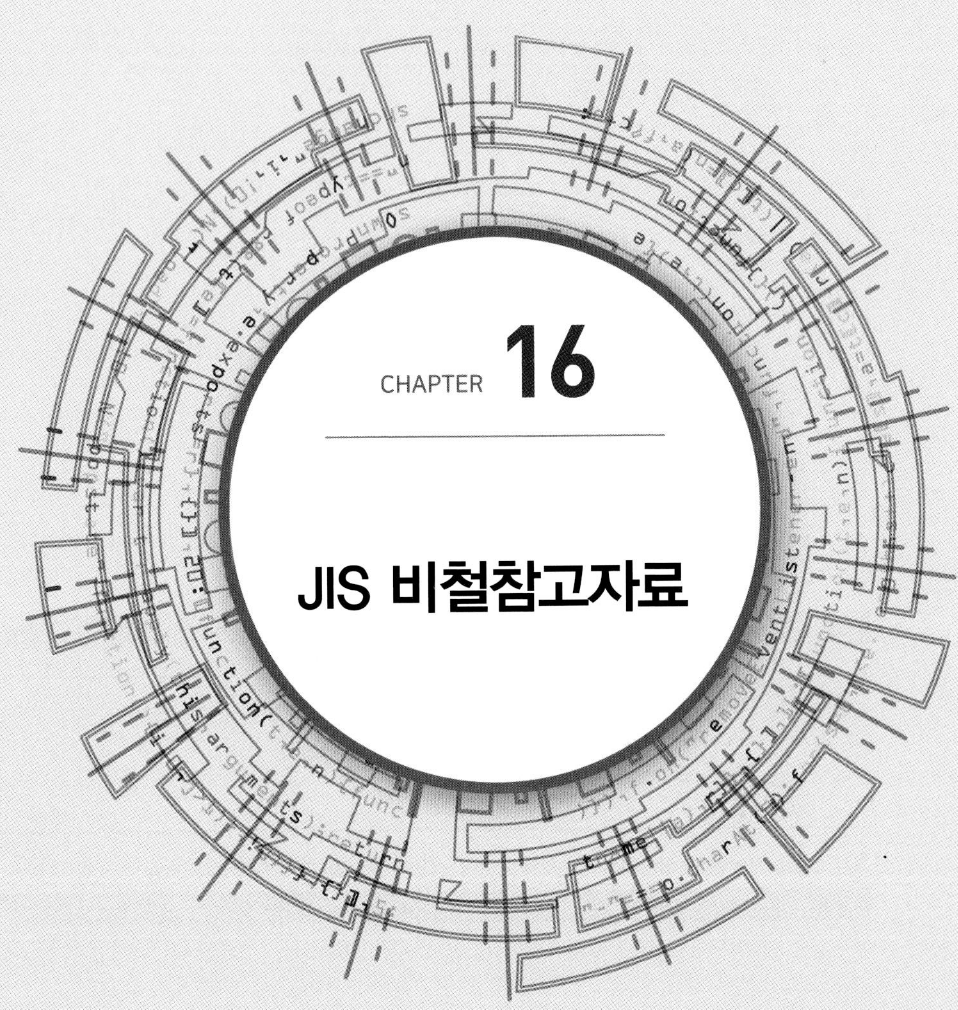

CHAPTER 16

JIS 비철참고자료

16-1 비철금속 기호의 표시법(JIS)

1. 신동품

신동품의 재질기호는 C와 4개의 숫자로 표시한다.

1위	2위	3위	4위	5위
C	X	X	X	X

제 1위 동 및 동합금을 나타내는 기호 C

제 2위 주요 첨가 원소에 따른 합금의 총칭을 표시한다.

1 : Cu · 고Cu계 합금
2 : Cu-Zn계 합금
3 : Cu-Zn-Pb계 합금
4 : Cu-Zn-Sn계 합금
5 : Cu-Sn계 합금 · Cu-Sn-Pb계 합금
6 : Cu-Al계 합금 · Cu-Si계 합금 · 특수 Cu-Zn계 합금
7 : Cu-Ni계 합금 · Cu-Ni-Zn계 합금

제 2위 · 제 3위 · 제 4위 CDA(Copper Development Association)의 합금 기호

제 5위 1부터 9까지에서는 그 개량 합금에 사용한다.

4개의 숫자에 이어지는 1~3개의 로마자가 붙어있는데 이것은 재료의 형상을 나타내는 기호이다.

도전용(導電用)의 것은 이들 기호의 뒤에 C를 붙인다.

기호	의미	기호	의미
P (PS)	판, 원판 (판, 원판 특수급)	BE	압출봉
R (RS)	띠 (띠 특수급)	BD	인발봉
PP	인쇄용판	BF	단조봉
B	봉	T (TS)	관 (관 특수급)
BB	부스바	TW (TWS)	용접관 (용접관 특수급)
W	선	V	압력용기

또한 질별을 표시할 때에는 위의 금속기호의 뒤에 -를 넣어 질별기호 (열처리기호 등도 포함)를 붙인다.

기호	의미	기호	의미
F	제조한 그대로	SH	특경질(特硬質) 스프링질
O	연질(軟質)	ESH	특경질(特硬質) 특수 스프링질
OL	경연질(경軟質)	SSH	특경질(特硬質) 초특수 스프링질
1/4H	1/4경질(硬質)	OM	mill-hardend재 *연질
1/2H	1/2경질(硬質)	HM	mill-hardend재 경질
3/4H	3/4경질(硬質)	EHM	mill-hardend재 특경질
H	경질(硬質)	SR	응력제거(応力除去)
EH	특경질(特硬質) H와 S의 중간	–	–

[주] mill-hardend재 : 제조자 측에서 적당한 냉간가공과 시효 효과 처리를 하여 규정된 기계적 성질을 부여한 재료

2. 알루미늄 전신재

알루미늄 전신재의 재질기호는 A와 4개의 숫자로 표시한다.

1위	2위	3위	4위	5위
A	X	X	X	X

제 1위 알루미늄 및 알루미늄합금을 나타내는 기호 A로 일본의 독자 접두어

제 2위~제 5위까지의 4개의 숫자는 ISO에도 사용되고 있는 국제 등록 합금번호이다.

제 2위 순수 알루미늄에 대해서는 숫자 1, 알루미늄 합금에 대해서는 주요 첨가원소에 따라 숫자 2부터 8까지 다음 구분에 의해 사용된다.

1 : 알루미늄 순도 99.00% 이상의 순수 알루미늄
2 : Al–Cu–Mg계 합금
3 : Al–Mn계 합금
4 : Al–Si계 합금
5 : Al–Mg계 합금
6 : Al–Mg–Si–(Cu)계 합금
7 : Al–Zn–Mg–(Cu)계 합금
8 : 상기 이외 계통의 합금

제 3위 숫자 0~9를 사용하여 다음에 이어서 제 4위 및 제 5위의 숫자가 동일한 경우에는 0은 기본합금을 표시하고, 1부터 9까지는 그 개량형 합금에 이용되는 (예를 들면 2024의 개량형 합금을 2124, 2224, 2324로 표시한다)일본 독자의 합금으로, 한편 국제 등록되어 있지 않은 합금에 대해서는 N으로 한다.

예 A 7N01

제 4위 및 제 5위 순수 알루미늄은 알루미늄의 순도 소수점 이하 2자리 수, 합금에 대해서는 구 알코아의 호칭방법을 원칙으로 붙이지만 특별한 의미는 없다. 제 6위에 A, B …… 의 붙인 합금도 있다. 예를 들면 A 2014 A는 A 2014에 거의 가까운 합금이라는 것을 의미한다. 일본 독자의 합금에 대해서는 합금 계열별, 특정 순서로 01부터 99까지의 번호를 붙인다.

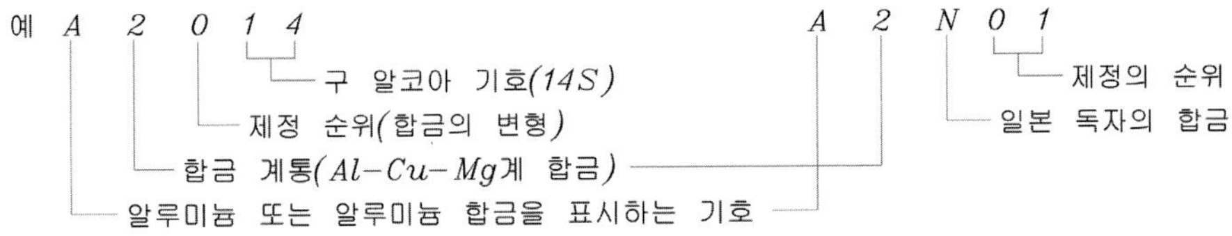

4자리의 숫자에 이어서 1~3개의 로마자가 붙지만, 그것은 아래 표와 같이 제조 공정 또는 제품 형상을 표시하는 기호이다. 이상의 기호 뒤에 –를 넣어 질별기호 (JIS H0001)을 붙인다.

기호	의미	기호	의미
P (PS)	판, 띠, 원판 (특수급 판, 띠, 원판)	TWA	아크 용접관
PC	합판	S (SS)	압출형재 (특수급 압출형재)
BE (BES)	압출봉 (특수급 압출봉)	FD	형타단조품(型打鍛造品)
BD (BDS)	인발봉 (특수급 인발봉)	FH	자유단조품(自由鍛造品)
W (WS)	인발	H	박(箔)
TE (TES)	압출 이음매 없는 관(특수급)	BY	용가봉(溶加棒)
TD (TDS)	인발 이음매 없는 관(특수급)	WY	용접와이어
TW (TWS)	용접관 (특수급 용접관)	–	–

3. 동 및 동합금 주물 및 동합금 연속 주조 주물

동 및 동합금 주물의 기호는 CAC와 4자리의 숫자로 표시하고, 동합금 연속 주조 주물은 그 끝에 C를 붙인다.

동 및 동합금 주물

```
      1위  2위  3위
CAC   [X]  [O]  [X]
```

동합금 연속주조 주물

```
CAC   [X]  [O]  [X]   C
```

CAC는 Copper Alloy Castings 의 머리문자이다.

제 1위 합금종류를 표시한다.

1 : 동주물
2 : 황동주물
3 : 고력황동주물
4 : 청동주물
5 : 인청동주물
6 : 연청동주물
7 : 알루미늄 청동주물
8 : 청동주물

제 2위 예비 (전부 0이다)
제 3위 합금종류 중의 분류를 표시한다. (구 기호의 종류를 나타내는 숫자와 동일)
끝의 C는 Continuous casting의 머리문자로 연속주물인 것을 나타낸다.
예 CAC 406　청동주물 6종 (구 기호 BC 6)
CAC 406 C　청동연속주물 6종 (구 기호 BC 6C)

4. 기타

신동품, 알루미늄 전신재를 제외한 그 외의 금속기호는 JIS에서는 원칙으로서 다음의 3가지의 부분으로 구성된 금속기호를 사용하고 있다.

① 처음 부분은 재질

② 다음 부분은 제품명을 표시

③ 마지막 부분은 종류를 표시

예 MP1 – H 14 마그네슘 합금판
(1) (2) (3) (질별기호)

(1)~(3)에 대해 해설하면 (1)의 기호문자는 영어 또는 로마자의 머리 문자 또는 화학 원소 기호를 사용하여 재질을 표시한다.

예

기호	명칭	영문	기호	명칭	영문
A	알루미늄	Aluminium	HBs	고력황동	High Strength Brass
B	청동	Bronze	MCr	금속크롬	Metallic Cr
C	동	Copper	M	마그네슘	Magnesium
DCu	인탈산동	Deoxidized Copper	PB	인청동	Phosphor Bronze

(2)에는 영어 또는 로마자의 머리문자를 사용해서 판, 띠, 관, 봉, 선 등의 제품의 형상별 종류나 용도를 표시하는 기호를 조합하여 제품명을 표시한다.

기호	명칭	영문	기호	명칭	영문
B	봉	Bar	T	관	Tube
C	주조품	Casting	TW	용접관	Welded Tube
DC 또는 D	다이캐스트 주물	Die Casting	TW	수도용관	Water Tube
F	단조품	Forging	W	선	Wire
P	판	Plate	BR	리벳재	Bar Rivet
PP	인쇄용판	Printing Plate	H	박	Haku
R	띠	Ribbon	S	형재	Shape
단, 가공법을 명시하는 경우에는 상기의 기호 끝에 다음의 기호를 붙이는 경우가 있다.					
D	냉간인발	Drawing	E	열간압출	Extrusion

(3)에는 재료의 종류기호의 숫자를 배열하고 종류를 표시한다.

예

1 : 1종
2S : 2종 특수급 (Special)
3A : 3종A

금속기호는 원칙으로서 상기의 3가지에 의해 구성되지만, 위의 일반적인 표시방법에 다르지 않는 것, 예를 들면 기호가 중복되는 것이나 주성분 또는 대표적 특성치를 표시하고 싶은 것 등은 특별한 표시방법을 따른다. 또 질별을 표시할 때에는 상기의 금속기호 뒤에 –를 넣고 질별기호(열처리기호 등을 포함)을 붙이고 있다.

예

기호	의미
–O	연질(軟質)
–OL	경연질(軽軟質)
–1/2H	반경질(半硬質)
–H	경질(硬質)
EH	특경질(特硬質)
SH	스프링질(ばね質)
ESH	특스프링질(特ばね質)
–F	제조한 그대로
–S	용체화처리재
–AH	시효처리재
–TH	용체화처리 후 시효처리재
–SR	응력제거재

16-2 비철금속 기호의 분류별 일람표

분류	규격 명칭	기호	해설
지금(地金)	니켈地金	N	N : Nickel
	형강	C ×××× CB C ×××× CC	C : Copper, CB : Cast Billet
	마그네슘地金	MI	M : Magnesium, I : Ingot
	스폰지티탄	TS-×××M TS-×××S	T : Titanium, S : Sponge, M : 마그네슘 환원법 T : Titanium, S : Sponge, S : 나트륨 환원법
	주물용 동합금地金	CACIn	C : Copper, A : Alloy, C : Casting, In : Ingot
	주물용 알루미늄합금地金	AC × .1, .2	A : Aluminium, C : Casting, ×× : 종류 .1 : 보통 순도의 지금, .2 : 고순도 베이스의 지금
	다이캐스트용 알루미늄합금地金	AD × .1, .2	A : Aluminium, D : Die Casting, × : 종류 .1 : 보통 순도의 지금, .2 : 고순도 베이스의 지금
	주물용 마그네슘합금地金	MCI	M : Magnesium, C : Casting, I : Ingot
	다이캐스트용 마그네슘합금地金	MD	M : Magnesium, D : Die Casting
	인청동地金	PCu ×	P : Phosphor, Cu : Copper, × : 등급
	동 및 동합금 판 및 띠	C ×××× P	C : Copper, P : Plate
		C ×××× PS	C : Copper, P : Plate, S : Special
		C ×××× PP	C : Copper, P : Plate, P : Printing
		C ×××× R	C : Copper, R : Ribbon
		C ×××× RS	C : Copper, R : Ribbon, S : Special
		Cu*	C : Copper *함유성분
	인청동 및 양백의 판 및 띠	C ×××× P	C : Copper, P : Plate
		C ×××× R	C : Copper, R : Ribbon
		Cu*	C : Copper *함유성분
	스프링용 베릴륨강, 티탄강 인청동 및 양백의 판 및 띠	C ×××× P	C : Copper, P : Plate
		C ×××× R	C : Copper, R : Ribbon
		Cu*	C : Copper *함유성분
	동 부스바	C ×××× BB	C : Copper, B : Bus, B : Bar
	동 및 동합금봉	C ×××× BD	C : Copper, B : Bar, D : Draw
		C ×××× BDC	C : Copper, B : Bar, D : Draw, C : Conduction
		C ×××× BDS	C : Copper, B : Bar, D : Draw, S : Special
		C ×××× BDV	C : Copper, B : Bar, D : Draw, V : Vessel
		C ×××× BE	C : Copper, B : Bar, E : Extruded
		C ×××× BEC	C : Copper, B : Bar, E : Extruded, C : Conduction
		C ×××× BF	C : Copper, B : Bar, F : Forged
		C ×××× BFC	C : Copper, B : Bar, F : Forged, C : Conduction
		Cu*	C : Copper *함유성분
	동 및 동합금선	C ×××× W	C : Copper, W : Wire
		Cu*	C : Copper *함유성분
	베릴륨동, 인청동 및 양백의 봉 및 선	C ×××× B	C : Copper, B : Bar
		C ×××× W	C : Copper, W : Wire
		Cu*	C : Copper *함유성분
	동 및 동합금의 이음매 없는 관	C ×××× T	C : Copper, T : Tube
		C ×××× TS	C : Copper, T : Tube, S : Special

분류	규격 명칭	기호	해설
지금(地金)	동 및 동합금 관이음	× T	× : 종류, T : Tees
		× EA, B, C	× : 종류, E : Elbow, A, B, C : 접합부
	전자 부품용 무산소 동의 판, 띠, 이음매 없는 관, 봉 및 선	C ×××× TW	C : Copper, T : Tube, W : Welded
		C ×××× TWS	C : Copper, T : Tube, W : Welded, S : Special
		C ×××× P	C : Copper, P : Plate
		C ×××× R	C : Copper, R : Ribbon
		C ×××× BD	C : Copper, B : Bar, D : Draw
		C ×××× BE	C : Copper, B : Bar, E : Extruded
		C ×××× W	C : Copper, W : Wire
		C ×××× T	C : Copper, T : Tube
		C ×××× TS	C : Copper, T : Tube, S : Special
알루미늄 및 알루미늄합금 전신재	알루미늄 및 알루미늄합금의 판 및 띠	A ×××× P	A : Aluminium, ×××× : 종류, P : Plate, S : Sheet and Strip
		A ×××× PS	A : Aluminium, ×××× : 종류, PS : Plate of Special class
		A ×××× PC	A : Aluminium, ×××× : 종류, PC : Clad Plate
	알루미늄 및 알루미늄합금의 봉 및 선	A ×××× BE	A : Aluminium, ×××× : 종류, E : Extruded Bar
		A ×××× BES	BES : Extruded Bar Special class
		A ×××× BD	A : Aluminium, ×××× : 종류, BD : Drawn Bar
		A ×××× BDS	BDS : Drawn Bar of Special class
		A ×××× W	A : Aluminium, ×××× : 종류, W : Drawn Wire
		A ×××× WS	WS : Drawn Wire of Special class
	알루미늄 및 알루미늄합금의 이음매 없는 관	A ×××× TE	A : Aluminium, ×××× : 종류, TE : Extruded Tube
		A ×××× TES	TES : Extruded Tube of Special class
		A ×××× TD	A : Aluminium, ×××× : 종류, TD : Drawn Tube
		A ×××× TDS	TDS : Drawn Tube of Special class
	알루미늄 및 알루미늄 합금 용접관	A ×××× TW	TW : Welded Tube
		A ×××× TWS	TWS : Welded Tube of Special class
		BA ×× TW	B : Brazing sheet, A : Aluminium, ×× : 종류 TW : Welded Tube
		BA ×× TWS	TWS : Welded Tube of Special class
		A ×××× TWA	A : Aluminium, ×××× : 종류, TWA : Arc Welded Tube
	알루미늄 및 알루미늄 합금의 압출 형재	A ×××× S	A : Aluminium, ×××× : 종류, S : extruded Shape
	알루미늄 및 알루미늄 합금 단조품	A ×××× FD	A : Aluminium, ×××× : 종류, FD : Die Forging
		A ×××× FH	A : Aluminium, ×××× : 종류, FH : Hand Forging
	알루미늄 및 알루미늄 합금 박	A ×××× H	A : Aluminium, ×××× : 종류, H : Haku
	알루미늄 및 알루미늄 합금 용접봉과 와이어	A ××××-BY	A : Aluminium, ×××× : 종류, B : Bar (Rod), Y : Yousetsu
		A ××××-WY	A : Aluminium, ×××× : 종류, W : Wire, Y : Yousetsu
	알루미늄 및 알루미늄 합금 땜납 및 브레이징 시트	BA ×××× P	B : Braging filler metal, A : Aluminium, ×××× : 종류, P : Plate and strip
		BA ×××× B	B : Bar (Rod)
		BA ×××× W	W : Wire
		BAS ××× P	BAS : Braging Aluminium Sheet, ××× : 종류, P : Plate and strip
마그네슘 합금 전신재	마그네슘 합금 판	MP ×	M : Magnesium, P : Plate, × : 종류
	마그네슘 합금의 이음매 없는 관	MT ×	M : Magnesium, T : Tube, × : 종류
	마그네슘 합금 봉	MB ×	M : Magnesium, B : Bar, × : 종류
	마그네슘 합금 압출 형재	MS ×	M : Magnesium, S : Shape, × : 종류

분류	규격 명칭	기호	해설
납 재료	DM 납판	PbP-DM	Pb : Lead, P : Plate, DM : Direct Method
	납 및 납합금 판	PbP-×	Pb : Lead, P : Plate, × : 종류
		HPbP ×	H : Hard, Pb : Lead, P : Plate, × : 종류
		TPbP	T : Tellurium, Pb : Lead, P : Plate
	일반 공업용 납 및 납 합금관	PbT-×	Pb : Lead, T : Tube, × : 종류
		TPbT	T : Tellurium, Pb : Lead, T : Tube
		HPbT ×	H : Hard, Pb : Lead, T : Tube, × : 종류
	수도용 폴리에틸렌 복합 납관	PEPb ×	PE : Polythlene, Pb : Lead, × : 종류
텅스텐-몰리브덴 재료	조명 및 전자기기용 텅스텐 선	VWW	V : Vacuum Tube, W : Tungsten, W : Wire
	조명 및 전자기기용 텅스텐 봉	VWB	V : Vacuum Tube, W : Tungsten, B : Bar
	조명 및 전자기기용 토륨 텅스텐 선 및 봉	VTWW	V : Vacuum Tube, TW : Thoriated Tungsten, W : Wire
		VTWB	V : Vacuum Tube, TW : Thoriated Tungsten, B : Bar
	조명 및 전자기기용 텅스텐-몰리브덴 합금 선	VWMW	V : Vacuum Tube, WM : Tungsten-Molybdenum Alloy, W : Wire
	조명 및 전자기기용 몰리브덴 선	VMW	V : Vacuum Tube, M : Molybdenum, W : Wire
	조명 및 전자기기용 몰리브덴 봉	VMB	V : Vacuum Tube, M : Molybdenum, B : Bar
	조명 및 전자기기용 몰리브덴 판	VMP	V : Vacuum Tube, M : Molybdenum, P : Plate
니켈 재료	전자관용 니켈 판 및 띠	VNiP	V : Vacuum, Ni : Nickel, P : Plate
		VNiR	V : Vacuum, Ni : Nickel, R : Ribbon
	전자관 음극용 니켈 판 및 띠	VCNiP	V : Vacuum, C : Cathode, Ni : Nickel, P : Plate
		VCNiR	V : Vacuum, C : Cathode, Ni : Nickel, R : Ribbon
	전자관용 니켈 봉 및 선	VNiB	V : Vacuum, Ni : Nickel, B : Bar
		VNiW	V : Vacuum, Ni : Nickel, W : Wire
	전자관 음극용 이음매 없는 니켈 관	VCNiT	V : Vacuum, C : Cathode, Ni : Nickel, T : Tube
	듀멧선	DW	D : Dumet, W : Wire
	니켈 및 니켈합금 판 및 띠	Ni ××	Ni : Nickel, ×× : 수치
		Ni ××-LC	Ni : Nickel, ×× : 수치, LC : Low Carbon
		NiCu ××	Ni : Nickel, Cu : Copper, ×× : 수치
		NiCu ××-LC	Ni : Nickel, Cu : Copper, ×× : 수치, LC : Low Carbon
		NiMo×Fe×	Ni : Nickel, Mo : Molybdenum, × : 수치, Fe : Iron, × : 수치
		NiCr×Fe×Mo ×Cu×Nb	Ni : Nickel, Cr : Chromium, × : 수치, Fe : Iron, × : 수치, Mo : Molybdenum, × : 수치
	니켈 및 니켈 합금 이음매 없는 관	Ni ××	Ni : Nickel, ×× : 수치
		Ni ××-LC	Ni : Nickel, ×× : 수치, LC : Low Carbon
		NiCu ××	Ni : Nickel, Cu : Copper, ×× : 수치
		NiCu ××-LC	Ni : Nickel, Cu : Copper, ×× : 수치, LC : Low Carbon
		NiMo×Fe×	Ni : Nickel, Mo : Molybdenum, × : 수치, Fe : Iron, × : 수치
		NiCr×Fe×Mo ×Cu×Nb	Ni : Nickel, Cr : Chromium, × : 수치, Fe : Iron, × : 수치, Molybdenum, × : 수치, Cu : Copper, × : 수치, Nb : Niobium
	니켈 및 니켈 합금의 선과 인발소재	Ni ××	Ni : Nickel, ×× : 수치
		NiCu ××	Ni : Nickel, Cu : Copper, ×× : 수치
		NiMo×Fe×	Ni : Nickel, Mo : Molybdenum, × : 수치, Fe : Iron, × : 수치
		NiCr×Fe×Mo ×Cu×Nb	Ni : Nickel, Cr : Chromium, × : 수치, Fe : Iron, × : 수치, Molybdenum, × : 수치, Cu : Copper, × : 수치, Nb : Niobium

분류	규격 명칭	기호	해설
티탄 전신재	티탄 및 티탄 합금의 판 및 띠	TP××H	T : Titanium, P : Plate, H : Hot
		TP××C	T : Titanium, P : Plate, C : Cold
		TR××H	T : Titanium, R : Ribbon, H : Hot
		TR××C	T : Titanium, R : Ribbon, C : Cold
		TAP××H	T : Titanium Alloy, P : Plate, H : Hot
		TAP××EH	T : Titanium Alloy, P : Plate, E : Extra Low Interstitials, .H : Hot
		TAP××C	T : Titanium Alloy, P : Plate, C : Cold
		TAR××H	T : Titanium Alloy, R : Ribbon, H : Hot
		TAR××C	T : Titanium Alloy, R : Ribbon, C : Cold
		TAP××FH	T : Titanium Alloy, P : Plate, F : Free cutting(쾌삭성을 나타냄), H : Hot
	티탄 및 티탄 합금 봉	TB××H	T : Titanium, B : Bar, H : Hot
		TB××C	T : Titanium, B : Bar, C : Cold
		Pd, NPRC, Ta, PCo, RNTW	주요 합금원소를 나타냄. NPRC : Ni, Pd, Ru, Cr PCo : Pd, Co RN : Ru, Ni T : Titanium, W : Wire
	티탄 및 티탄 합금 선	Pd, NPRC, Ta, PCo, RN, TAW××F	주요 합금원소를 나타냄. NPRC : Ni, Pd, Ru, Cr PCo : Pd, Co RN : Ru, Ni TA : Titanium Alloy, W : Wire, F : Free cutting(쾌삭성)을 나타낸다.
	티탄 및 티탄 합금의 이음매 없는 관	TTP××H	T : Titanium, T : Tube, P : Piping, H : Hot
		TTP××C	T : Titanium, T : Tube, P : Piping, C : Cold
		Pd, NPRC, Ta, PCo, RN	주요 합금원소를 나타냄. NPRC : Ni, Pd, Ru, Cr PCo : Pd, Co RN : Ru, Ni
	티탄 및 티탄 합금의 용접관	TTP××W	T : Titanium, T : Tube, P : Piping, W : Welded
		TTP××WC	T : Titanium, T : Tube, P : Piping, WC : Welded and Cold
		Pd, NPRC, Ta, PCo, RN	주요 합금원소를 나타냄. NPRC : Ni, Pd, Ru, Cr PCo : Pd, Co RN : Ru, Ni
	열교환기용 티탄 관 및 티탄 합금 관	TTH××C	T : Titanium, T : Tube, H : Heat Exchanger, C : Cold
		TTH××W	T : Titanium, T : Tube, H : Heat Exchanger, W : Welded
		TTH××WC	T : Titanium, T : Tube, H : Heat Exchanger, WC : Welded and Cold
		Pd, NPRC, Ta, PCo, RN	주요 합금원소를 나타냄. NPRC : Ni, Pd, Ru, Cr PCo : Pd, Co RN : Ru, Ni
	티탄 및 티탄 합금의 단조품	TF××	T : Titanium, F : Forging
		TAF××	T : Titanium Alloy, F : Forging
		Pd, NPRC, Ta, PCo, RN, TAF××F	주요 합금원소를 나타냄. NPRC : Ni, Pd, Ru, Cr PCo : Pd, Co RN : Ru, Ni TA : Titanium Alloy, F : Forging, F : Free cutting(쾌삭성)을 나타낸다.
	티탄 및 티탄 합금 주물	TC××	T : Titanium, C : Casting
		TAC××	T : Titanium Alloy, C : Casting
		Pd	합금원소를 나타냄.

분류	규격 명칭	기호	해설
탄탈럼 전신재	탄탈럼 전신재	TaP	Ta :Tantalum, P : Plate
		TaR	Ta :Tantalum, R : Ribbon
		TaH	Ta :Tantalum, H : Haku
		TaB	Ta :Tantalum, B : Bar
		TaW	Ta :Tantalum, W : Wire
주물	동 및 동합금 주물	CAC×××	CAC : Copper Alloy Castings
	동합금 연속 주조 주물	CAC×××C	CAC : Copper Alloy Castings, C : 제조법
	알루미늄 합금 주물	AC×× Al−x	A : Aluminium, C : Casting, ×× : 종류 Al : Aluminium, x : 함유성분(ISO를 · 채용한 합금)
	마그네슘 합금 주물	MC×	M : Maganesium, C : Casting, ×× : 종류
	아연 합금 다이캐스트	ZDC×	Z : Zinc, DC : Die Casting, × : 종류
	알루미늄 합금 다이캐스트	ADC× Al−x	A : Aluminium, DC : Die Casting, × : 종류 Al : Aluminium, x : 함유성분(ISO를 · 채용한 합금)
	마그네슘 합금 다이캐스트	MDC×	M : Maganesium, DC : Die Casting, × : 종류
	화이트 메탈	WJ×	W : White, J : Bearing(軸受), × : 종류
	니켈 및 니켈합금 주물	NC	N : Nickel, C : Casting
		NCuC	N : Nickel, Cu : Copper, C : Casting
		NMC	N : Nickel, M : Molybdenum, C : Casting
		NMCrC	N : Nickel, M : Molybdenum, Cr : Chromium, C : Casting
		NCrFC	N : Nickel, Cr : Chromium, F : Iron, C : Casting
	경연 주물	HPbC	H : Hard, Pb : Lead, C : Casting
	티탄 및 티탄합금 주물	TC×(Pd)	T : Titanium, C : Casting, Pd : Palladium
전기재료	전열용 합금선 및 띠	NCHW×	N : Nickel, C : Chromium, H : Heating, W : Wire, × : 종별
		NCHRW×	N : Nickel, C : Chromium, H : Heating, RW : Rolled Wire, × : 종별
		FCHW×	F : Ferrous, C : Chromium, H : Heating, W : Wire, × : 종별
		FCHRW×	F : Ferrous, C : Chromium, H : Heating, RW : Rolled Wire, × : 종별
	전기저항용 동 니켈선 조, 띠 및 판	CNW×	C : Copper, N : Nickel, W : Wire, × : 등급
		CNRW	C : Copper, N : Nickel, RW : Rolled Wire
		CNR	C : Copper, N : Nickel, R : Ribbon
		CNP	C : Copper, N : Nickel, P : Plate
	전기저항용 동 망간선, 봉 및 판	CMW×	C : Copper, M : Manganese, W : Wire, × : 등급
		CMB	C : Copper, M : Manganese, B : Bar
		CMP	C : Copper, M : Manganese, P : Plate
	전기저항용 니켈산화 피복선	OCNW	O : Oxide, C : Copper, N : Nickel, W : Wire
	전기용 바이메탈	TM	T : Thermostat, M : Metal
	일반 전기저항용 선, 띠 및 판	GFC×W, R, P	G : General, F : Ferrous, C : Chromiun, × : 종류, W : Wire, R : Ribbon, P : Plate
		GNC×W, R, P	G : General, N : Nickel, C : Chromiun, × : 종류, W : Wire, R : Ribbon, P : Plate
		GSU×W	G : General, SU : Stainless, × : 종류, W : Wire
		GCM×W, P	G : General, SU : Stainless, × : 종류, W : Wire, P : Plate
		GCN×W, R, P	G : General, SU : Stainless, × : 종류, W : Wire, R : Ribbon, P : Plate
		GNA×W	G : General, N : Nickel, A : Aluminium, × : 종류, W : Wire
		GN×W	G : General, N : Nickel, × : 종류, W : Wire
	정류자편	CMB	CM : Commutator, B : Bar
	통신기기용 접점 재료	CP	C : Contact, P : Point

16-3 전신재용 알루미늄 및 알루미늄합금의 국제 합금 기호

아래 표에 나타낸 것과 같이 22개국, 24단체의 협정에 따라 전신재용 알루미늄 및 알루미늄합금의 국제기호화가 채택되었다. 이 국제 합금 기호는 A.A(Aluminium Association) 관리 아래 각국의 국가규격 또는 그에 준하는 합금을 등록제도에 따라서 4매의 숫자로 표시한 것이다.

국가명	단체명
ARGENTINA	Instituto Argentino Normalizacion (IRAM)
AUSTRALIA	Australian Aluminium Council Ltd.
AUSTRIA	Austrian Non-Ferrous Metals Federation
BELGIUM	The European Association of Aerospace Industries-Standardization (AECMA)
	European Aluminium Association (EAA)
	Aluminium Center Belgium
BRAZIL	Associacao Brasileira Association (ABAL)
CANADA	Aluminium Association of Canada
FRANCE	Federation des Minerais Mineraux Industriels et Metaux Non Ferreux
GERMANY	Gesamtverband Der Deutschen Aluminium-industrie e.V.
ITALY	Assomet Associazione Nazionale Industrie Metalli Non Ferrosi
JAPAN	Japan Aluminium Association
MEXICO	Instituto Mexicano del Alumino
NETHERLANDS	VNMI-Association for the Dutch Metallurgic Industry
PEOPLES REPUBLIC of CHINA	China Nonferrous Metals Techno-Economic Research Insititute
POLAND	Insititute of Non-Ferrous Metals
REPUBLIC OF SOUTH AFRICA	Aluminium Federation of South Africa
ROMANIA	S.C.Alprom S.A.
RUSSIA	All-Russian Insititute of Aviation Meterials (VIAM)
SPAIN	Centro Nacional de Investigaciones Metalurgicas (CENIM)
SWEDEN	Swedish Aluminium Association
SWITZERLAND	Aluminium-Verband Schweiz
UNITED KINGDOM	Aluminium Federation Ltd.
USA	The Aluminium Association Inc.

[주] 개별 국가 합금 성분에 대해서는 A.A의 홈페이지(http://www.aluminum.org)에 기재되어 있는 'Teal Sheets' 자료를 참조

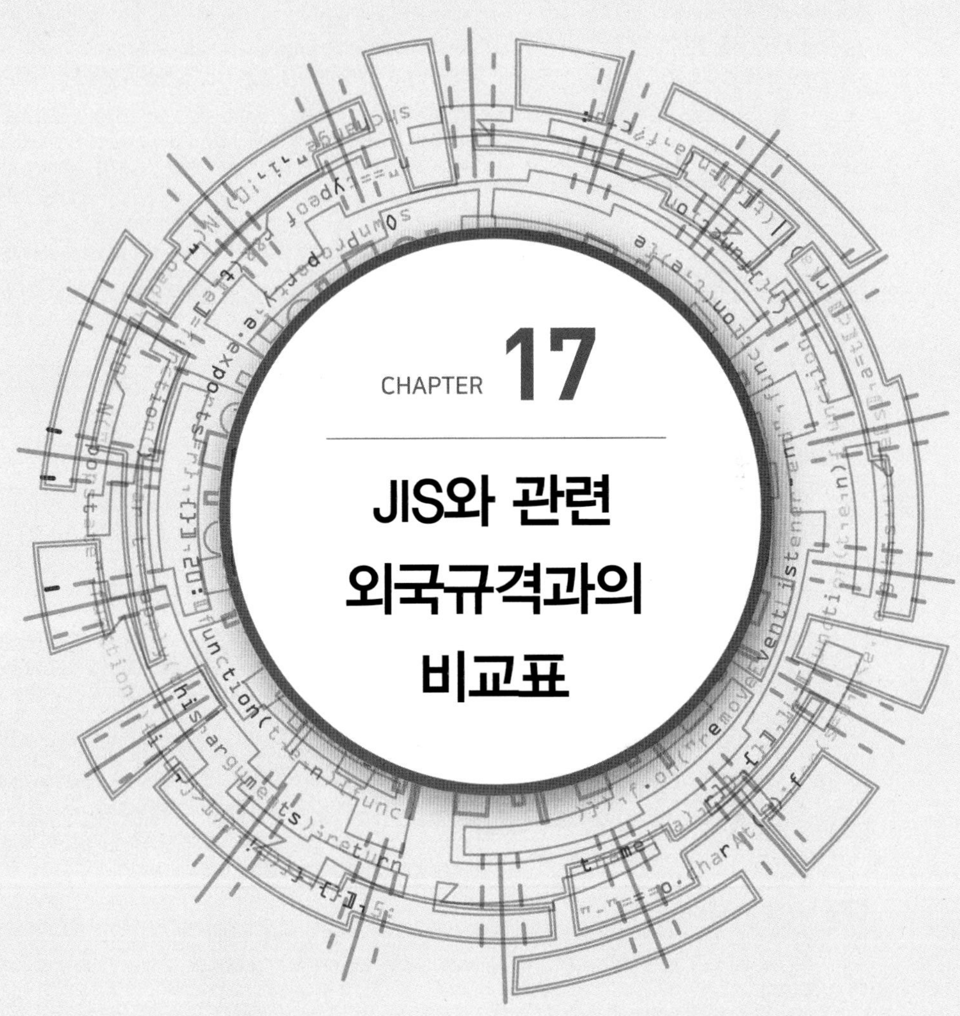

CHAPTER 17

JIS와 관련 외국규격과의 비교표

■ 본표에 나오는 외국규격 부호의 간략한 해설

외국 규격		
ANSI	American National Standards Institute	**미국규격협회**로 한국의 KS, 일본의 JIS에 상응하는 것으로서 미국내의 공업규격을 제정 관리하고 있다. 미국의 각종 전문단체에서 제정한 규격 중 ANSI 전문위원회에서 미국 전체에 중요성이 있다고 생각되는 규격을 ANSI로 제정하고 있다. 독자적인 분류기호와 규격번호를 부여하고 있는 것과 단체규격을 ANSI규격으로서 승인하고 있는 것이 있다.
ASTM	American Society for Testing and Material	**미국재료시험협회**가 제정발행하고 있는 Manual book으로 주로 공업재료규격과 이것들의 시험방법규격에 관한 기준을 정하는 기관이다. ASTM의 Manual book으로 분류되어 있고 철강부문은 그 중의 volume 01.01~01.08로, 규격번호 앞의 A, B, E 등의 문자는 각각 아래와 같은 규격의 종류를 표시한다. A : 철강관계, B : 비철관계, E : 일반시험방법. 번호 뒤의 숫자는 규격의 제정연도를 표시한다.
AISI	American Iron and Steel Instiute	**미국철강협회**가 제정하고 Steel Produdts Manual으로서 수록되어 있다.
SAE	Society of Automotive Engineers	**미국 자동차기술자협회**가 제정하고 있는 단체규격으로 자동차 관계의 각종 재료, 부품 등에 대해서 규정하고 있다.
BS*	British Sandards Institution	**영국규격협회**에 의해 제정 공표되고 있는 것으로 British Sandard로 호칭되고 있다.
DIN*	Deutsches Institut fur Normung	**독일규격위원회**에 의해 발행되고 있는 독일 규격으로 Deutsche Industrie-Normen의 머리문자를 따서 DIN이라고 한다.
VDEh	Verein Deutscher Eisenhuttenleute	**독일철강협회**가 제정하는 철강재료에 관한 규격으로 철강재료, 철강기술공급조건 및 시험 등으로 분류되어 있다.
NF*	Normes Francaises	**프랑스 국가규격**으로 Association Francaisede Normalisation-AFNOR(프랑스 규격협회)이 발행하고 있다. JIS와 동일 사양, 각 부문별로 분류되어 있고 금속재료의 분류기호는 'A'이다.
IS	Indian Standards Institution	이 규격은 **인도규격협회**가 제정한 규격이다.
ΓOCT		이 규격은 구 **소련의 국가규격**으로 소련표준화위원회에 의해 제정되는 것으로 영문약자로 GOST라고 한다.
ISO	International Organization for Standardization	이 규격은 **국제규격**으로서 ISO는 **국제표준화기구**(International Organization for Standardization)의 약칭이다. 규격은 각 TC(Technical Committee, 전문위원회)마다 검토하고 있지만 규격번호는 TC와 관계없다.
EN	European Standards	European Standards의 약자로 CEN(구주표준화위원회)위 발행 규격이다. BS/EN, DIN/EN, NF/EN 등으로 채용되고 있다.

비고 *EN으로 통합되었다.

[주] 1. BS, DIN, IS, ΓOCT, ISO에 대해서는 부문에 관계없이 규격의 제정 순으로 일련번호가 붙어 있다.
2. BS, DIN, IS, ΓOCT, ISO는 하나의 규격이 복수의 파트로 나누어져 있는 것이 있고, 그 경우에는 규격번호-파트(예 ISO 4950-2)와 같이 표시한다.

17-1 원재료 관계

일본공업규격			관련 외국규격		
규격번호	규격명칭	재료기호	규격번호	규격명칭	재료기호 · 등급 · 종류
JIS G 2301	페로망간	FMnH 0, 1 FMnH 0, 2 FMnL 0, 1	ASTM A 99:03	페로망간	표준 A, B, C 중탄소 A, B, C, D 질화 중탄소 저탄소 A, B
			ISO 5446 : 80	페로망간	FeMn 75 C 80 VHP HP, MP, LP, VLP
JIS G 2302	페로실리콘	FSi 1, 2, 3, 6	ASTM A : 100 : 07	페로실리콘	제강용 C, D, E, F, G 주물용 C1, C2, E1, F1, G1
			ISO 5445 : 80	페로실리콘	FeSi 10, 15, 25, 45, 50, 65, 75Al1, 75Al1.5, 75Al2, 75Al3, 90Al1, 90Al3
JIS G 2303	페로크롬	FCrH 0~5 FCrM 3,4 FCrL 1~4	ASTM A 101 : 04	페로크롬	고탄소 A, B, C 저탄소 A, B, C, D 진공저탄소 E, G 질소입
			ISO 5448 : 81	페로크롬	FeCr50, 60, 70, 80, 90 A, B, C
JIS G 2304	실리콘망간	SiMn 0~3	ASTM A 483 : 10	실리콘망간	A, B, C
			ISO 5447 : 80	페로실리콘망간	FeMnSi12, 18, 18LP, 22HP, 22MP, 22LP, 23HP, 23MP, 23LP, 28, 28LP, 30HP, 30LP, 30ELP
JIS G 2306	페로텅스텐	FW1	ASTM A 144 : 04	페로텅스텐	A, B, C, D
			ISO 5450 : 80	페로텅스텐	FeW80, 80 LC
JIS G 2307	페로몰리브덴	FMoH, FMoL	ASTM A 132 : 04	페로몰리브덴	
			ISO 5452 : 80	페로몰리브덴	FeMo60, 60Cu1, 60Cu1.5, 70, 70Cu1, 70Cu1.5
JIS G 2308	페로바나듐	FV 1, 2	ASTM A 102 : 04	페로바나듐	
			ISO 5451 : 80	페로바나듐	FeV40, 60, 80, 80Al2, 80Al4
JIS G 2309	페로티탄	FTiL 0, 1, 3	ASTM A 324 : 08	페로티탄	A, B, C, D
			ISO 5454 : 80	페로티탄	FeTi30Al6, 30Al10, 40Al6, 40Al8, 40Al10, 70, 70Al2, 70Al5
JIS G 2310	페로인	FP1	–	–	–
JIS G 2311	금속 망간	MMnE	ASTM A 601 : 10	전해금속망간	A, B, C, D, E, F
JIS G 2312	금속 규소	MSi 1, 2	–	–	–
JIS G 2313	금속 크롬	MCr	ASTM A 481 : 05	금속 크롬	A, B
			ISO 10387 : 94	금속 크롬	RECr99.6, ECr99.2, RACr99, ACr98.5, ACr98
JIS G 2314	칼슘실리콘	CaSi 1, 2	ASTM A 495 : 06	칼슘실리콘합금	칼슘실리콘 칼슘망간실리콘 칼슘실리콘베릴륨 칼슘실리콘철

일본공업규격			관련 외국규격		
규격번호	규격명칭	재료기호	규격번호	규격명칭	재료기호 · 등급 · 종류
JIS G 2315	실리코크롬	SiCr	ASTM A 482 : 11	페로크롬실리콘	A, B
			ISO 5449 : 80	페로실리코크롬	FeCrSi15, 22, 23, 26, 33, 40, 45, 50, 50LC, 55, 48, 48LP
JIS G 2316	페로니켈	FNiH 1, 2	–	–	–
		FNiL 1, 2	–	–	–
JIS G 2318	페로보론	FBH 1, 2	ASTM A 323 : 05	페로보론	A1, A2, B1, B2, C1, C2
		FBL 1, 2	ISO 10386 : 94	페로보론	FeB12Al, 12C, 17Al, 17C, 22Al, 22C
JIS G 2319	페로니오브	FNb 1, 2	ASTM A 550 : 06	페로코로븀	저합금강용 합금강 및 스테인리스강용 고순도용
			ISO 5453 : 80	페로니오브	FeNb65, 60Ta1Al3Sn, 60Ta1Al3.5, 60Ta1A16, 60Ta5Al2, 60Ta5Al6, 60Ta5Al6Sn

17-2 주물 및 단강 관계

일본공업규격			관련 외국규격		
규격번호	규격명칭	재료기호	규격번호	규격명칭	재료기호 · 등급 · 종류
JIS G 5101	탄소강 주강품	SC360, 410, 450, 480	ASTM A 27/A27 M : 10	일반용 탄소강 주강품	Grade U-60-30, 60-30, 65-35, 70-36
			BS EN 10293 : 08	일반 공업용 주강품	GS200, GE240
			ISO 3755 : 91	일반 공업용 주강품	Grade 200-400, 230-450, 270-480
			NF EN 10293 : 08	일반 공업용 주강품(구조용 탄소강 및 저합금강 주강품)	GE230, GE280, GE320
JIS G 5102	용접구조용 주강품	SCW 410, 450, 480, 550, 620	ASTM A 216/A 216 M : 08	고온용 용접용 주강품	Grade WCA, WCB, WCC
			BS EN 10293 : 08	일반 공업용 주강품	GS 240
			ISO 3755 : 91	일반 공업용 주강품	Grade 200-400W, 230-450W, 270-480W, 340-550W
			NF EN 10293 : 08	일반 공업용 주강품(구조용 탄소강 및 저합금강 주강품)	GE230, GE280
JIS G 5111	구조용 고장력 탄소강 및 저합금강 주강품	SCC 3A, 3B, 5A, 5B SCMn 1A, 1B, 2A, 2B, 3A, 3B, 5A, 5B SCSiMn 2A, 2B SCMnCr 2A, 2B, 3A, 3B, 4A, 4B SCMnM 3A, 3B SCCrM 1A, 1B, 3A, 3B SCMnCrM 2A, 2B, 3A, 3B SCNCrM 2A, 2B	ASTM A 148/A 148 M : 08	구조용 고장력 주강품	Grade 80-40, 90-60, 105-85, 115-95, 130-115
			BS EN 10293 : 08	일반 공업용 주강품(일반 용도용 주강품)	GS200, GE240 G17Mn5, G20Mn5
			NF EN 10293 : 08	일반 공업용 주강품(구조용 탄소강 및 저합금강 주강품)	GE300, G28Mn6, G26CrMo4, G34CrMo4, G32NiCrMo8-5-4, G30NiCrMo14

일본공업규격			관련 외국규격		
규격번호	규격명칭	재료기호	규격번호	규격명칭	재료기호 · 등급 · 종류
JIS G 5121	스텐인레스 강 주강품	SCS 1, 1X, 2, 2A, 3, 3X, 4, 5, 6, 6X, 10, 11, 12, 13, 13A, 13X, 14, 14A, 14X, 14XNb, 15, 16, 16A, 16AX, 16AXN, 17, 18, 19, 19A, 20, 21, 21X, 22, 23, 24, 31, 32, 33, 34, 35, 35N, 36, 36N	ASTM A 743/A 743 M : 06	일반 용도용 내식성 Fe-Cr 및 Fe-Cr-Ni 합금 주조품	Grade CA-15, CA-15M, CF-20, CF-8, CK-20, CH-20, CF-8M, CF-3M, CN-7M, CF-8C
			ASTM A 744/A744 M : 10	과용도용 내식성 Fe-Cr-Ni 합금주조품	Grade CF-3M, CF-8, CF-8M, CF-8C, CN-7M
			ASTM A 351/A 351 M : 06	고온용 오스테나이트계 주강품	Grade CF8, CF8M, CF3M, CH20, CF8C, CN7M
			DIN EN 10213 : 08	압력용강 주강품	GX5CrNi19-10, GX5CrNiMo19-11-2, GX5CrNiNb19-11
			ISO 11972 : 98		GX12Cr12, GX8CrNiMo12 1, GX4CrNi12 4, GX5CrNi19 9, GX5CrNiMo19 11 2, GX6CrNiMoNb19 11 2, GX2CrNiMo19 11 2
			ISO 11972 : 98	일반용 내식주강	GX2CrNiMoN19 11 2, GX6CrNiNb19 10
			BS EN 10293 : 08	일반공업용 주강품	GX3CrNi13-4, GX4CrNi13-4, GX4CrNi16-4, G20NiMoCr4, G32NiCrMo8-5-4, G17NiCrMo13-6, G30NiCrMo14, GX4CrNiMo16-5-1
			NF EN 10283 : 10 BS EN 10283 : 10	내식 주강품	GX4CrNi13-4, GX4CrNiMo16-5-1, GX4CrNiMo16-5-2, GX12Cr12, GX7CrNiMo12-1, GX4NiCrMo30-20-4, GX5CrNi19-10, GX5CrNiMo19-11-2
			ASTM A 747/A 747 M : 07	석출경화형 스테인리스강 주강품	CB7Cu-1, CB 7Cu-2
JIS G 5122	내열강 및 내열합금 주조품	SCH 1, 1X, 2, 2X1, 2X2, 3, 4, 5, 6, 11, 11X, 12, 12X, 13, 13A, 13X, 15, 15X, 16, 17, 18, 19, 20, 20X, 20XNb, 21, 22, 22X, 23, 24, 24X, 24XNb, 31, 32, 33, 34, 41, 42, 43, 44, 45, 46, 47	ASTM A 297/A 297 M : 10	일반용 내열 Fe-Cr계 및 Fe-Cr-Ni계 합금강 주강품	Grade HC, HD, HF, HH, HT, HE, HI, HN, HU, HL, HP, HK, HW, HX
			ASTM A 351/A 351 M : 10	고온용 오스테나이트계 주강품	HT30, HK30, HK40
			ASTM A 447/A 447 M : 10	고온용 Cr-Ni-Fe 합금강 주강품(25-12급)	Type I, II
			ASTM A 608/A 608 M : 06	고온고압용 Cr-Ni 원심력 주강관	Grade HC30, HD50, HE35, HF30, HH30, HK30, HK40, HL30, HL40, HN40, HT50, HU50, HI35
			BS EN 10295 : 02	일반 공업용 내열주강	GX40CrNiSiNb24-24, GX30CrSi7, GX40NiCrNb45-35, GX50NiCrCoW35-25-15-5

일본공업규격			관련 외국규격		
규격번호	규격명칭	재료기호	규격번호	규격명칭	재료기호 · 등급 · 종류
JIS G 5122 (계속)			ISO 11973 : 99	일반용 내열주강 및 내열합금	GX40CrSi13, GX40CrSi24, GX40CrSi28, GX30CrSi7, GX40CrSi17, GX130CrSi29, GX40CrNiSi27-4, GX40CrNiSi22-10, GX40CrNiSi25-12, GX40CrNiSi35-17, GX40CrNiSi38-19, GX40CrNiSi25-20, GX40CrNiSi35-26
JIS G 5131	고망간강 주강품	SCMnH1, 2, GX100Mn13(SCMnH2X1), GX120Mn13(SCMnH2X2), SCMnH3, GX120Mn17(SCMnH4), SCMnH11, GX120MnCr13-2(SCMnH11X), GX120MnCr17-2(SCMnH12), SCMnH21, GX120MnMo7-1(SCMnH31), GX110MnMo13-1(SCMnH32), GX90MnMo14(SCMnH33), GX120MnNi13-3(SCMnH41)	ASTM A 128/ A 128 M : 93 (07)	오스테나이트계 망간강 주강품	Grade A, B-1, B-2, B-3, C
			ISO 13521 : 99	오스테나이트망간 주강	GX120MnMo7-1, GX120MnNi13-3, GX100Mn13a, GX110MnMo13-1, GX120MnCr13-2, GX90MnMo14, GX120Mn13a, GX120Mn17a, GX120MnCr17-2
JIS G 5151	고온고압용 주강품	SCPH 1, 2, 11, 21, 22, 23, 32, 61	ASTM A 356/A 356 M : 07	스팀터빈용 두께 탄소강 및 저합금강 주강품	Grade 1, 2, 6, 8
			ASTM A 216/A 216 M : 08	고온용의 용접에 적합한 탄소강 주강품	Grade WCA, WCB, WCC
			ASTM A 217/A 217 M : 10	고온고압 부품용 합금강 주강품	Grade WC1, WC6, WC9, C5
			BS EN 10293 : 08	일반 공업용 주강품(고온용 크롬몰리브덴강 주강품)	G17CrMo5-5, G17CrMo9-10, G26CrMo4, G34CrMo4, G42CrMo4
			NF EN 10213-2 : 08	일반 공업용 주강품(고온 고압용 주강품)	G20Mo5, G17CrMo5-5, G17CrMoV5-10, G17CrMo9-10, GX15CrMo5, GP240GH, GP280GH

일본공업규격			관련 외국규격		
규격번호	규격명칭	재료기호	규격번호	규격명칭	재료기호 · 등급 · 종류
JIS G 5152	저온고압용 주강품	SCPL 1, 11, 21, 31	ASTM A 352/A 352 M : 06	저온고압부품용 페라이트계 및 마르텐사이트계 주강품	Grade LCB, LC1, LC2, LC3
			BS EN 10293 : 08	일반 공업용 주강품(저온용 페라이트계 주강품)	G20M05, G9Ni14, GX9Ni5
			NF A 32-053 : 92	저온용도용 주강품	FB-M, FC1-M, FC2-M, FC3-M
			NF EN 10213-2 : 08	고온고압용 주강품(저온고압용 주강품)	GP280GH, G20Mo5
JIS G 5201	용접구조용 원심력 주강관	SCW 410-CF, 480-CF, 490-CF, 520-CF, 570-CF	BS EN 10293 : 08	일반 공업용 주강품(원심력 계)	G10MnMoV6-3
JIS G 5202	고온고압용 원심력 주강관	SCPH 1-CF, 2-CF, 11-CF, 21-CF, 32-CF	ASTM A 426/A 426 M : 10	고온용 페라이트계 원심력 주조관	Grade CP1, CP11, CP12, CP22
			BS EN 10293 : 08	일반공업용 주강품	G17CrMo5-5 G17CrMo9-10
JIS G 7821	일반 산업기계용 탄소강 주강품	200~400, 200~400W, 230~450, 230~450W, 270~480, 270~480W, 340~550, 340~550W	ISO 3755 : 91	일반공업용 주강품	Grade 200-400, 200-400W, 230-450, 230-450W, 270-480W, 270-480, 340-550, 340-550W
JIS G 5502	구상흑연주철품	FCD 350-22, 350-22L, 400-18, 400-18L, 400-18A, 400-18AL, 400-15, 400-15A, 450-10, 500-7, 500-7A, 600-3, 600-3A, 700-2, 800-2	ASTM A 536 : 84 (09)	덕타일 주철품	Grade 60-40-18, 65-45-12, 50-55-06, 100-70-03, 120-90-02
			BS EN 1563 : 97 DIN EN 1563 : 05 NF EN 1563 : 97	구상흑연주철품	EN-GJS-350-22-LT, EN-GJS-350-22-RT, EN-GJS-350-22, EN-GJS-400-18-LT, EN-GJS-400-18-RT, EN-GJS-400-18, EN-GJS-400-15, EN-GJS-450-10, EN-GJS-500-7, EN-GJS-600-3, EN-GJS-700-2, EN-GJS-800-2, EN-GJS-900-2
			ГОСТ 7293 : 85	강인 주철품	BЧ 35, 40, 45, 50, 60, 70, 80
			ISO 1083 : 04	구상흑연주철-분류법	350-22, 400-18, 400-15, 450-10, 500-7, 550-5, 600-3, 700-2, 800-2, 900-2
JIS G 5503	오스템퍼 구상흑연주철품	FCAD 900-4, 900-8, 1000-5, 1200-2, 1400-1	BS EN 1564 : 97 DIN EN 1564 : 97	오스템퍼 구상흑연주철품	EN-GJS-800-8, EN-GJS-1000-5, EN-GJS-1200-2, EN-GJS-1400-1

일본공업규격			관련 외국규격		
규격번호	규격명칭	재료기호	규격번호	규격명칭	재료기호 · 등급 · 종류
JIS G 5510	오스테나이트 주철품	FCA-NiMn13-7 NiCuCr15 6 2, NiCuCr15 6 3, NiCr20 2, NiCr20 3, NiSiCr20 5 3, NiCr30 3, NiSiCr30 5 5, Ni35, FCDA-NiMn13 7, NiCr20 2, NiCrNb20 2, NiCr20 3, NiSiCr20 5 2, Ni22, NiMn23 4, NiCr30 1, NiCr30 3, NiSiCr30 5 2, NiSiCr30 5 5, Ni35, NiCr35 3, NiSiCr35 5 2	ASTM A 436 : 84 (11)	오스테나이트 회주철품	Type 1, 1b, 2, 2b, 3, 4, 5, 6
			ASTM A 439 : 83 (09)	오스테나이트 덕타일 주철품	Type D-2, D-2B, D-2C, D-3, D-3A, D-4, D-5, D-5B, D-5S
			ASTM A 571/A 571 M : 01 (11)	저온압력용기부품용 오스테나이트 덕타일 주철품	Class 1, 2, 3, 4
			ISO 2892 : 07	오스테나이트 주철품	ISO 2892/JLA/XNi13Mn7, ISO 2892/JLA/XNi15Cu6Cr2, ISO 2892/JSA/XNi13Mn7, ISO 2892/JSA/XNi20Cr2, ISO 2892/JSA/XNi20Cr2Nb ISO 2892/JSA/XNi22, ISO 2892/JSA/XNi23Mn4, ISO 2892/JSA/XNi30Cr3, ISO 2892/JSA/XNi30Si5Cr5, ISO 2892/JSA/XNi35, ISO 2892/JSA/XNi35Cr3, ISO 2892/JSA/XNi35Si5Cr2
			NF A 32-301 : 92*	오스테나이트 주철품	FGL Ni13Mn7, Ni15Cu6Cr2, Ni15Cu6Cr3, Ni20Cr2, Ni20Cr3, Ni20Si5Cr3, Ni30Cr3, Ni30Si5Cr5, Ni35 FGS Ni13Mn7, Ni20Cr2, Ni20Cr2Nb0.15, Ni20Cr3, Ni20Si5Cr2, Ni22, Ni23Mn4, Ni30Cr1, Ni30Cr3, Ni30Si5Cr2, Ni30Si5Cr5, Ni35, Ni35Cr3, Ni35Si5Cr2
JIS G 3201	탄소강 단강품	SF 340A, 390A, 440A,490A, 540A, 590A, 540B, 590B, 640B	ASTM A 105/A 105 M : 10	배관용 탄소강 단강품	
			ASTM A 668/A 668 M : 04 (09)	일반 공업용 탄소강 및 합금강 단강품	Class A, B, C, D, E, F
			DIN EN 10222-4 : 01	압력용기용 단강품	P285NH, P285QH, P355NH, P355QH
			BS EN 10250-2 : 00	일반 구조용 단강품	C22, C25, C30, C35, C40, C45, C50, C55, C60
			NF EN 10222-2 : 00	압력용기용 단강품	P245GH, P280GH, P305GH
JIS G 3202	압력용기용 탄소강 단강품	SFVC 1, 2A, 2B	ASTM A 105/A 105 M : 10	배관용 탄소강 단강품	
			ASTM A 181/A 181 M : 06	일반 배관용 탄소강 단강품	Class 60, 70
			ASTM A 266/A 266 M : 03a (08)	압력용기용 탄소강 단강품	Grade 1, 2, 3, 4
			ASTM A 508/A 508 M : 05b (10)	압력용기용 소입소려 진공처리 탄소강 및 합금강 단강품	Grade 1, 1A

[주] * NF A32-301 NF EN 13835

일본공업규격			관련 외국규격		
규격번호	규격명칭	재료기호	규격번호	규격명칭	재료기호 · 등급 · 종류
JIS G 3202 (계속)	압력용기용 탄소강 단강품	SFVC 1, 2A, 2B	ASTM A 541/A 541 M : 05	압력용기용 소입소려 탄소강 및 합금강 단강품	Grade 1, 1A
			BS EN 10222-4 : 01	압력용기용 단강품	P285NH, P285QH, P355NH, P355QH
			NF EN 10250-2 : 00	압력용기용 C, C-Mn강 단강품	C22, C25, C30, C35, C40, C45, C50, C55, C60
JIS G 3203	고온 압력용기용 합금강 단강품	SFVA F1, F2, F12, F11A, F11B, F22A, F22B, F21A, F21B, F5A, F5B, F5C, F5D, F9	ASTM A 182/A 182 M : 10	고온용 단조 또는 압연합금강 파이프 플랜지, 단조이음, 밸브 및 부품류	F1, F2, F5, F5a, F9, F11 Class 1, F11 Class2, F11 Class 3, F12 Class1, F12 Class 2, F21, F22 Class 1, F22 Class3
			ASTM A 336/A 336 M : 10	고온압력부품용 합금강 단강품	F1, F9, F11 Class1, F11 Class2, F11 Class3, F12, F5, F5A, F21 Class1, F21 Class3, F22 Class1, F22 Class3
			NF EN 10222-2 : 00	압력용기용강 단강품(고압용)	13CrMo4-5, 11CrMo9-10, X16CrMo5-1
JIS G 3204	압력용기용 조질형 합금강 단강품	SFVQ 1A, 1B, 2A, 2B, 3	ASTM A 508/A 508 M : 05b (10)	압력용기용 소입소려 진공처리 탄소강 및 합금강 단강품	Grade 2 Class 1, Grade 2 Class 2, Grade 3 Class 1, Grade 3 Class 2, Grade 4N Class 3
			ASTM A 541/A 541 M : 05	압력용기용 소입소려 탄소강 및 합금강 단강품	Grade 2 Class 1, Grade 2 Class 2, Grade 3 Class 1, Grade 3 Class 2, Grade 4N Class 3
JIS G 3205	저온 압력용기용 단강품	SFL 1, 2, 3	ASTM A 350/A 350 M : 07	배관용 노치인성 시험부 탄소강 및 저합금강 단강품	LF1, LF2, LF3
			BS EN 10222 DIN EN 10222 98~00 NF EN 10222	압력용기용 단강품 압력용기용 단강품 압력용기용 단강품	Part 1~3 Part 1~3 Part 1~3
JIS G 3206	고온 압력용기용 고강도 크롬몰리브덴강 단강품	SFVCM F22B, SFVCM F22V, SFVCM F3V	ASTM A 182/A 182 M : 10	고온용 단조 또는 압연합금강 파이프 플랜지, 단조 이음, 밸브 및 부품류	F22V, F3V
			ASTM A 336/A 336 M : 10	고온압력 부품용 합금강 단강품	F22V, F3V
			ASTM A 508/A 508 M : 05b(10)	압력용기용 소입소려 진공처리 탄소강 및 합금강 단강품	Grade 22 Class 3, Grade 3V
			ASTM A 541/A 541 M : 05	압력용기용 소입소려 탄소강 및 합금강 단강품	Grade 22 Class 3, Grade 22V, Grade 3V

일본공업규격			관련 외국규격		
규격번호	규격명칭	재료기호	규격번호	규격명칭	재료기호 · 등급 · 종류
JIS G 3214	압력용기용 스테인리스강 단강품	SUS F304, F304H, F304L, F304N F304LN, F310, F316, F316H, F316L, F316N, F316LN, F317, F317L, F321, F321H, F347, F347H, 410-A, F410-B, 410-C, F410-D, F6B, F6NM, F630	ASTM A 182/A 182 M : 10	고온용 단조 또는 압연합금강 파이프 플랜지, 단조 이음, 밸브 및 부품류	F304, F304H, F304L, F304N, F304LN, F310, F316, F316H, F316L, F316N, F316LN, F317, F317L, F321, F321H, F347, F347H, F6a, F6b, F6NM
			ASTM A 336/A 336 M : 10	고온압력 부품용 합금강 단강품	F6
			ASTM A 705/A 705 M : 95 (09)	석출경화계 스테인리스강 및 내열강 단강품	630
			BS EN 10222 : (00)	압력용기용 마르텐사이트, 오스테나이트 및 오스테나이트 · 페라이트계 스테인리스강 단강품	Part 5
			NF EN 10222 : (00)	압력용기용 마르텐사이트, 오스테나이트 및 오스테나이트 · 페라이트계 스테인리스강 단강품	Part 5
			DIN EN 10222 : (00)	압력용기용 마르텐사이트, 오스테나이트 및 오스테나이트 · 페라이트계 스테인리스강 단강품	Part 5
JIS G 3221	크롬몰리브덴강 단강품	SFCM 590S, 640S, 690S, 740S, 780S, 830S, 880S, 930S, 980S, 590R, 640R, 690R, 740R, 780R, 830R, 880R, 930R, 980R, 590D, 640D, 690D, 740D, 780D, 830D, 880D, 930D, 980D	ASTM A 290/A 290 M : 05 (10)	감속기어용 링용 탄소강 및 합금강 단강품	Grade 3
			ASTM A 291/A 291 M : 05 (10)	감속기어용 피니언, 기어용 탄소강 및 합금강 단강품	Grade 3
			ASTM A 668/A 668 M : 04	일반공업용 탄소강 및 합금강 단강품	Class G, H, J, K, L
JIS G 3222	니켈크롬몰리브덴강 단강품	SFNCM 690S, 740S, 780S, 830S, 880S, 930S, 980S, 1030S, 1080S, SFNCM 690R, 740R, 780R, 830R, 880R, 930R, 980R, 1030R, 1080R SFNCM 690D, 740D, 780D, 830D, 880D, 930D, 980D, 1030D, 1080D	ASTM A 290/A 290 M : 05 (10)	감속기어용 링용 탄소강 및 합금강 단강품	Grade 4
			ASTM A 291/A 291 M : 05 (10)	감속기어용 피니언, 기어용 탄소강 및 합금강 단강품	Grade 3A, Grade 4 to 7 Class E, F, G, H
			ASTM A 668/A 668 M : 04 (09)	일반공업용 탄소강 및 합금강 단강품	Class J, K, L, M

17-3 기계구조용 탄소강 및 합금강 관계

일본공업규격		외국규격 관련 강종					
규격번호 및 명칭	기호	ISO 683-1,10,114	AISI SAE	BS EN 10277-1~5 BS EN 10084 BS/EN 10083-1,2,3	DIN EN 10084 DIN EN 10083-1,2,3	NF EN 10084 NF EN 10083-1,2,3	ГОСТ 4543
JIS G 4051 기계구조용 탄소강 강재	S10C	C10	1010	C10E C10R	C10E C10R	C10E C10R	–
	S12C	–	1012	–	–	–	–
	S15C	C15E4 C15M2	1015	C15E C15R	C15E C15R	C15E C15R	–
	S17C	–	1017	–	–	–	–
	S20C	–	1020	C22E C22R	C22 C22E C22R	C22 C22E C22R	–
	S22C	–	1023	–	–	–	–
	S25C	C25 C25E4 C25M2	1025	–	–	–	–
	S28C	–	1029	–	–	–	25Г
	S30C	C30 C30E4 C30M2	1030	–	–	–	30Г
	S33C	–	–	–	–	–	30Г
	S35C	C35 C35E4 C35M2	1035	C35 C35E C35R	C35 C35E C35R	C35 C35E C35R	35Г
	S38C	–	1038	–	–	–	35Г
	S40C	C40 C40E4 C40M2	1039 1040	C40 C40E C40R	C40 C40E C40R	C40 C40E C40R	40Г
	S43C	–	1042 1043	–	–	–	40Г
	S45C	C45 C45E4 C45M2	1045 1046	C45 C45E C45R	C45 C45E C45R	C45 C45E C45R	45Г
	S48C	–	–	–	–	–	45Г
	S50C	C50 C50E4 C50M2	1049	C50E C50R	C50E C50R	C50E C50R	50Г
	S53C	–	1050 1053	–	–	–	50Г
	S55C	C55 C55E4 C55M2	1055	C55 C55E C55R	C55 C55E C55R	C55 C55E C55R	–
	S58C	C60 C60E4 C60M2	1059 1060	C60 C60E C60R	C60 C60E C60R	C60 C60E C60R	60Г
	S09CK	–	–	C10E	C10E	C10E	–
	S15CK	–	–	C15E	C15E	C15E	–
	S20CK	–	–	–	–	XC18	–

일본공업규격		외국규격 관련 강종					
규격번호 및 명칭	기호	ISO 683-1,10,114	AISI SAE	BS EN 10277-1~5 BS EN 10084 BS/EN 10083-1,2,3	DIN EN 10084 DIN EN 10083-1,2,3	NF EN 10084 NF EN 10083-1,2,3	ГOCT 4543
JIS G 4053 기계구조용 합금강 강재	SNC236	–	–	–	–	–	40XH
	SNC415	–	–	–	–	–	–
	SNC631	–	–	–	–	–	30XH3A
	SNC815	15NiCr13	–	15NiCr13	15NiCr13	15NiCr13	–
	SNC836	–	–	–	–	–	–
	SNCM220	20NiCrMo2 20NiCrMoS2	8615 8617 8620 8622	20NiCrMo2-2 20NiCrMoS2-2	20NiCrMo2-2 20NiCrMoS2-2	20NiCrMo2-2 20NiCrMoS2-2	–
	SNCM240	41NiCrMo2 41NiCrMoS2	8637 8640	–	–	–	–
	SNCM415	–	–	–	–	–	–
	SNCM420	–	4320	–	–	–	20XH2M (20XHM)
	SNCM431	–	–	–	–	–	
	SNCM439	–	4340	–	–	–	–
	SNCM447	–	–	–	–	–	–
	SNCM616	–	–	–	–	–	–
	SNCM625	–	–	–	–	–	–
	SNCM630	–	–	–	–	–	–
	SNCM815	–	–	–	–	–	–
	SACM645	41CrAlMo7 4	–	–	–	–	–
	SCr415	–	–	17Cr3 17CrS3	17Cr3 17CrS3	17Cr3 17CrS3	15X 15XA
	SCr420	20Cr4 20CrS4	5120	–	–	–	20X
	SCr430	34Cr4 34CrS4	5130 5132	34Cr4 34CrS4	34Cr4 34CrS4	34Cr4 34CrS4	30X
	SCr435	34Cr4 34CrS4 37Cr4 37CrS4	5132	37Cr4 37CrS4	37Cr4 37CrS4	37Cr4 37CrS4	35X
	SCr440	37Cr4 37CrS4 41Cr4 41CrS4	5140	530M40 41Cr4 41CrS4	41Cr4 41CrS4	41Cr4 41CrS4	40X
	SCr445	–	–	–	–	–	45X
	SCM415	–	–	–	–	–	–
	SCM418	18CrMo4 18CrMoS4	–	18CrMo4 18CrMoS4	18CrMo4 18CrMoS4	18CrMo4 18CrMoS4	20XM
	SCM420	–	–	–	–	–	20XM
	SCM421	–	–	–	–	–	–
	SCM425	25CrMo4	–	25CrMo4	25CrMo4	25CrMo4	
	SCM430	–	4130	–	–	–	30XM 30XMA
	SCM432	–	–	–	–	–	–
	SCM435	34CrMo4 34CrMoS4	4137	34CrMo4 34CrMoS4	34CrMo4 34CrMoS4	34CrMo4 34CrMoS4	35XM
	SCM440	42CrMo4 42CrMoS4	4140 4142	42CrMo4 42CrMoS4	42CrMo4 42CrMoS4	42CrMo4 42CrMoS4	–
	SCM445	–	4145 4147	–	–	–	–

일본공업규격		외국규격 관련 강종					
규격번호 및 명칭	기호	ISO 683-1,10,114	AISI SAE	BS EN 10277-1~5 BS EN 10084 BS/EN 10083-1,2,3	DIN EN 10084 DIN EN 10083-1,2,3	NF EN 10084 NF EN 10083-1,2,3	ГOCT 4543
JIS G 4053 (계속)	SCM822	–	–	–	–	–	–
	SMn420	22Mn6	1522	–	–	–	–
	SMn433	–	1536	–	–	–	30Г2 35Г2
	SMn438	36Mn6	1541	–	–	–	35Г2 40Г2
	SMn443	42Mn6	1541	–	–	–	40Г2 45Г2
	SMnC420	–	–	–	–	–	–
	SMnC443	–	–	–	–	–	–
	SACM645	41CrAlMo74	–	–	–	–	–
JIS G 4052 소입성을 보증한 구조용강 강재(H강)	SMn420H	22Mn6H	1522H	–	–	–	–
	SMn433H	–	–	–	–	–	–
	SMn438H	36Mn6H	1541H	–	–	–	–
	SMn443H	42Mn6H	1541H	–	–	–	–
	SMnC420H	–	–	–	–	–	–
	SMnC443H	–	–	–	–	–	–
	SCr415H	–	–	17Cr3 17CrS3	17Cr3 17CrS3	17Cr3 17CrS3	15X
	SCr420H	20Cr4H 20CrS4	5120H	–	–	–	20X
	SCr430H	34Cr4 34CrS4	5130H 5132H	34Cr4 34CrS4	34Cr4 34CrS4	34Cr4 34CrS4	30X
	SCr435H	34Cr4 34CrS4 37Cr4 37CrS4	5135H	37Cr4 37CrS4	37Cr4 37CrS4	37Cr4 37CrS4	35X
	SCr440H	37Cr4 37CrS4 41Cr4 41CrS4	5140H	41Cr4 41CrS4	41Cr4 41CrS4	41Cr4 41CrS4	40X
	SCM415H	–	–	–	–	–	–
	SCM418H	18CrMo4 18CrMoS4	–	18CrMo4 18CrMoS4	18CrMo4 18CrMoS4	18CrMo4 18CrMoS4	–
	SCM420H	–	–	–	–	–	–
	SCM425H	25CrMo4	–	25CrMo4	25CrMo4	25CrMo4	–
	SCM435H	34CrMo4 34CrMoS4	4135H 4137H	34CrMo4 34CrMoS4	34CrMo4 34CrMoS4	34CrMo4 34CrMoS4	–
	SCM440H	42CrMo4 42CrMoS4	4140H 4142H	42CrMo4 42CrMoS4	42CrMo4 42CrMoS4	42CrMo4 42CrMoS4	–
	SCM445H	–	4145H 4147H	–	–	–	–
	SCM822H	–	–	–	–	–	–
	SNC415H	–	–	–	–	–	–
	SNC631H	–	–	–	–	–	–
	SNC815H	15NiCr13	–	15NiCr13	15NiCr13	15NiCr13	–

일본공업규격		외국규격 관련 강종					
규격번호 및 명칭	기호	ISO 683-1,10,11 4	AISI SAE	BS EN 10277-1~5 BS EN 10084 BS/EN 10083-1,2,3	DIN EN 10084 DIN EN 10083-1,2,3	NF EN 10084 NF EN 10083-1,2,3	ГОСТ 4543
JIS G 4052 (계속)	SNCM220	20NiCrMo2 20NiCrMoS2	8617H 8620H 8622H	20NiCrMo2-2 20NiCrMoS2-2	20NiCrMo2-2 20NiCrMoS2-2	20NiCrMo2-2 20NiCrMoS2-2	-
	SNCM420H	-	4320H	-	-	-	-
JIS G 4107 고온용 합금강 볼트재	SNB5	-	501	-	-	-	-
	SNB7	42CrMo4 42CrMoS4	4140 4142 4145	42CrMo4	42CrMo4	42CrMo4	-
	SNB16	-	-	40CrMoV4-6[1]	40CrMoV47[2]	40CrMoV4-6[3]	-
JIS G 4108 특수용도 합금강 볼트용 봉강	SNB21-1~5	-	-	40CrMoV4-6[1]	40CrMoV47[2]	40CrMoV4-6[3]	-
	SNB22-1~5	42CrMo4 42CrMoS4	4142H	-	42CrMo4[2]	-	-
	SNB23-1~5	-	E 4340H	-	-	-	-
	SNB24-1~5	-	4340	-	-	-	-

[주] 1) BS EN 10269
2) DIN EN 10269
3) NF EN 10269
4) ISO 683-1, 10, 11은 JIS G 7501, G 7502, G7503으로 번역 JIS가 발행되어 있다.

17-4 스테인리스강 · 내열강 관계

• 스테인리스강 : JIS G 4303~G 4309, JIS G 4313~G 4315, JIS G 4317~G 4320, JIS G 4321~G 4322

일본공업규격		ISO 15510		EN	외국 규격						
					미국		영국	프랑스	독일	러시아	중국
분류	종류의 기호	ISO NO.	기호	번호	UNS	AISI	BS	NF	DIN	ГОСТ	GB
오스테나이트계	SUS201	4372-201-00-I	X12CrMnNiN17-7-5	1.4372	S20100	201		Z12CMN17-07Az			S35350
	SUS202	4372-202-00-I	X12CrMnNiN18-9-5	1.4373	S20200	202	284S16			12X17Г9AH4	S35450
	SUS301	4319-301-00-I	X5CrNi17-7	1.4319 1.4310	S30100	301	301S21	Z11CN17-08	X12CrNi17-7	07X16H6	S30110
	SUS301L	4318-301-53-I	X2CrNiN18-7	1.4318	S30153	–			X2CrNiN18-7		S30153
	SUS301J1	–	–	–	–	–			X12CrNi17-7		*
	SUS302	4325-302-00-E	X9CrNi18-9	1.4325	S30200	302	302S25	Z12CN18-09		12X18H9	S30120
	SUS302B	4326-302-15-I	X12CrNiSi18-9-3	(1.4326)	S30215	302B					S30240
	SUS303	4305-303-00-I	X10CrNiS18-9	1.4305	S30300	303	303S21	Z8CNF18-09	X10CrNiS18-9		S30317
	SUS303Se	4625-303-23-X	X12CrNiSe18-9	(1.4625)	S30323	303Se	303S41			12X18H10E	S30327
	SUS303Cu	4667-303-76-J	X12CrNiCuS18-9-3	(1.4667)	–						–
	SUS304	4301-304-00-I	X5CrNi18-10	1.4301	S30400	304	304S31	Z7CN18-09	X5CrNi18-10	08X18H10	S30408
	SUS304Cu	4649-304-76-J	X6CrNi18-10	(1.4649)	–						S30488
	SUS304L	4307-304-03-I	X2CrNi18-9	1.4307	S30403	304L					S30403
		4306-304-03-I	X2CrNi19-11	1.4306	S30403	304L	304S11	Z3CN19-11	X2CrNi19-11	03X18H11	S30403
		4650-304-75-E	X2CrNiCu19-10	1.4650	–						S30403
	SUS304N1	4315-304-51-1	X5CrNiN19-9	1.4315	S30451	304N		Z7CN19-09Az			S30458
	SUS304N2	–	–	–	S30452	–					*
	SUS304LN	4311-304-53-I	X2CrNiN18-9	1.4311	S30453	304LN		Z3CN18-10Az	X2CrNiN18-10		S30453
	SUS304J1	4567-304-76-I	X6CrNiCu17-8-2	1.4567	–						S30480
	SUS304J2	4617-201-76-J	X6CrNiMnCu17-8-4-2	(1.4617)	–						–
	SUS304J3	4567-304-98-X	X6CrNiCu18-9-2	1.4567	S30431	–					S30480
	SUS305	4303-305-00-I	X6CrNi18-12	1.4303	S30500	305	305S19	Z8CN18-12	X5CrNiN18-12	06X18H11	S30510
	SUS305J1	–	–	*	–	–					*
	SUS309S	4950-309-08-E	X6CrNi23-13	1.4950	S30908	309S		Z10CN24-13			S30908
	SUS310S	4951-310-08-I	X6CrNi25-20	1.4951	S31008	310S	310S31	Z8CN25-20		10X23H18	S31008
		4845-310-08-E	X8CrNi25-21	1.4845	S31008	310S					S31008
	SUS312L	4547-312-54-I	X1CrNiMoCuN20-18-7	1.4547	S31254	–					S31252
	SUS315J1	4660-315-77-I	X6CrNiCuSiMo19-10-3-2	(1.4660)	–						–
	SUS315J2	4648-315-77-I	X6CrNiSiCuMo19-13-3-3-1	(1.4648)	–						–
	SUS316	4401-316-00-I	X5CrNiMo17-12-2	1.4401	S31600	316	316S31	Z7CND17-12-02	X5CrNiMo17-12-2		S31608
		4436-316-00-I	X3CrNiMo17-12-3	1.4436	S31600	316		Z6CND18-12-03	X5CrNiMo17-13-3		S31608
	SUS316F	4494-316-74-J	X6CrNiMoS17-12-3	(1.4494)	–						–
	SUS316L	4404-316-03-I	X2CrNiMo17-12-2	1.4404	S31603	316L	316S11	Z3CND17-12-02	X2CrNiMo17-13-2		S31603
		4432-316-03-I	X2CrNiMo17-12-3	1.4432	S31603	316L		Z3CND17-12-03	X2CrNiMo17-14-3	03X17H14M3	S31603
		4436-316-91-I	X2CrNiMo18-14-3	1.4435	S31603	316L					S31603

일본공업규격		ISO 15510		EN	외국 규격						
					미국		영국	프랑스	독일	러시아	중국
분류	종류의 기호	ISO NO.	기호	번호	UNS	AISI	BS	NF	DIN	ГОСТ	GB
오스테나이트계	SUS316N	4495-316-51-J	X6CrNiMoN17-12-3	(1.4495)	S31651	316N					S31658
	SUS316LN	4406-316-53-I	X2CrNiMoN17-11-2	1.4406	S31653	316LN		Z3CND17-11-Az	X2CrNiMoN17-12-2		S31653
		4429-316-53-I	X2CrNiMoN17-12-3	1.4429	S31653	316LN		Z3CND17-12-Az	X2CrNiMoN17-13-3		S31653
	SUS316Ti	4571-316-35-I	X6CrNiMoTi17-12-2	1.4571	S31653	–		Z6CNDT17-2	X6CrNiMoTi17-12-2	08X17H13M2T	S31668
	SUS316J1	4465-316-76-J	X6CrNiMoCu18-12-2-2	(1.4665)	–						–
	SUS316J1L	4647-316-75-X	X2CrNiMoCu18-14-2-2	(1.4647)	–						S31683
	SUS317	4445-317-00-U	X6CrNiMo19-13-4	(1.4445)	S31700	317	317S16				S31708
	SUS317L	4438-317-03-I	X2CrNiMo19-14-4	1.4438	S31703	317L	317S12	Z3CND19-15-04	X2CrNiMo18-16-4		S31703
	SUS317LN	4434-317-53-I	X2CrNiMoN18-12-4	1.4434	S31753	–		Z3CND19-14-Az			S31753
	SUS317J1	4476-317-92-X	X3CrNiMo18-16-5	(1.4476	–						S31794
	SUS317J2	4496-309-51-J	X4CrNiMoN25-14-1	(1.4496)	–						–
	SUS836L	4478-083-67-U	X2NiCrMoN25-21-7	(1.4478)	N08367	–					–
	SUS890L	4539-089-04-I	X1NiCrMoCu25-20-5	1.4539	N08904	–	904S14	Z2NCDU25-20			S39042
	SUS321	4541-321-00-I	X6CrNiTi18-10	1.4541	S32100	321	321S31	Z6CNT18-10	X6CrNiTi18-10	08X18H10T	S32168
		17	X7CrNiTi18-10	1.4541	S32109	–					*
	SUS347	4550-347-00-I	X6CrNiNb18-10	1.4550	S34700	347	347S31	Z6CNNb18-10	XCrNiNb18-10	08X18H12Б	S34778
		20	X7CrNiNb18-10	1.4912	S34709	–					*
	SUS384	4389-384-00-I	X3NiCr18-16	(1.4389)	S38400	384		Z6CN18-16			S38408
	SUSXM7	4567-304-30-I	X3CrNiCu18-9-4	1.4567	S30430	S30430	394S17	Z2CNU18-10			S30488
	SUSXM15J1	4884-305-00-X	X6CrNiSi18-13-4	(1.4884)	S30500						S38148
오스테나이트·페라이트계	SUS329J1	4480-329-00-U	X6CrNiMo26-4-2	(1.4480)	S32900	329					–
	SUS329J3L	4462-318-03-I	X2CrNiMoN22-5-3	1.4462	S32205	–		Z2CNDU22-05Az		08X21H6M2T	S22053
	SUS329J4L	4481-312-60-J	X2CrNiMoN25-7-3	(1.4481)	S31260	–		Z3CNDU25-07Az			S22583
페라이트계	SUS405	4002-405-00-I	X6CrAl13	1.4002	S40500	405	405S17	Z8CA12	X6CrAl13		S11348
	SUS410L	4030-410-90-X	X2Cr12	(1.4030)	–			Z3C14			S11203
	SUS429	4012-429-00-X	X10Cr15	(1.4012)	S42900	429					S11510
	SUS430	4016-430-00-I	X6Cr17	1.4016	S43000	430	430S17	Z8C17	X6Cr17	12X17	S11710
	SUS430F	4004-430-20-I	X7CrS17	(1.4004)	S43020	430F		Z8CF17	X7CrS18		S11717
오스테나이트계	SUS430LX	4520-430-70-I	X2CrTi17	1.4520	–						–
		4509-439-40-X	X2CrTiNb18	1.4509	S43940						S11873
		4510-430-35-I	X3CrTi17	1.4510	S43035	439		Z4CT17	X6CtTi17		S11863
		4511-430-71-I	X3CrNb17	1.4511	–			Z4CNb17	X6CrNb17		–
	SUS430J1L	4664-430-75-J	X2CrCuTi18	(1.4664)	–						–
	SUS434	4113-434-00-I	X6CrMo17-1	1.4113	S43400	434	434S17	Z8CD17-01	X6CrMo17-1		S11790
	SUS436L	4513-436-00-J	X2CrMoNbTi18-1	(1.4513)	S43600	436					S11862
	SUS436J1L	4609-436-77-J	X2CrMo19	(1.4609)	–						–
	SUS443J1	–	–	–	–						*
	SUS444	4521-444-00-I	X2CrMoTi18-2	1.4521	S44400	444		Z3CDT18-02			S11972
	SUS445J1	–	–	–	–						*
	SUS445J2	–	–	–	–						*
	SUSXM27	4131-446-92-C	X1CrMo26-1	(1.4131)	S44627	–		Z1CD26-01			S12791

일본공업규격		ISO 15510		EN	외국 규격						
					미국		영국	프랑스	독일	러시아	중국
분류	종류의 기호	ISO NO.	기호	번호	UNS	AISI	BS	NF	DIN	ΓOCT	GB
마르텐사이트계	SUS403	–	–	*	S40300	403					*
	SUS410	4006-410-00-I	X12Cr13	1.4006	S41000	410	410S21	Z13C13	X10Cr13		S41010
		4024-410-09-E	X15Cr13	1.4024	–						–
	SUS410S	4000-410-08-I	X6Cr13	1.4000	S41008	–	403S17	Z8C12	X6Cr13	08X13	S41008
	SUS410F2	4642-416-72-J	X13CrPb13	(1.4642)	–						–
	SUS410J1	4119-410-92-C	X13CrMo13	(1.4119)	–	–					S45710
	SUS416	4005-416-00-I	X12CrS13	1.4005	S41600	416	416S21	Z11CF13			S41617
	SUS420J1	4021-420-00-I	X20Cr13	1.4021	S42000	420	420S29	Z20C13	X20Cr13	20X13	S42020
	SUS420J2	4028-420-00-I	X30Cr13	1.4028	S42000	420	420S30	Z33C13	X30Xr13	30X13	S42030
	SUS420F	4029-420-20-I	X33CrS13	1.4029	S42020	420F		Z30CF13			S42037
	SUS420F2	4643-420-72-J	X33CrPb13	(1.4643)	–						–
	SUS431	4057-431-00-X	X17CrNi16-2	1.4057	S43100	431	431S29	Z15CN16-02	X20CrNi17-2	20X17H2	S43120
	SUS440A	4040-440-02-X	X68Cr17	(1.4040)	S44002	440A		Z70C15			S44070
	SUS440B	4041-440-03-X	X85Cr17	(1.4041)	S44003	440B					S44080
	SUS440C	4023-440-04-I	X110Cr17	(1.4023)	S44004	440C		Z100CD17		95X18	S44096
	SUS440F	4025-440-74-X	X110CrS17	(1.4025)	–	–					S44097
석출경화계	SUS630	4542-174-00-I	X5CrNiCuNb16-4	1.4542	S17400	S17400		Z6CNU17-04			S51740
	SUS631	4568-177-00-I	X7CrNiAl17-7	1.4568	S17700	S17700		Z9CNA17-07	X7CrNiAl17-7	09X17H7IO	S51700
	SUS631J1	–	–	–	–						*
	SUS632J2	–	–	–	–						*

•내열강 : JIS G 4311~G 4312 (SUS 기호의 것은 뺌)

일본공업규격		ISO 15510		EN	외국 규격						
					미국		영국	프랑스	독일	러시아	중국
분류	종류의 기호	ISO NO.	기호	번호	UNS	AISI	BS	NF	DIN	ГОСТ	GB
오스테나이트계	SUH31	4867-316-77-J	X40CrNiWSi15-14-3-2	(1.4867)	–		331S42	Z35CNWS14-14		45X14H14B2M	–
	SUH35	4890-202-09-X	X53CrMnNiN21-9-4	(1.4890)	–	–	349S52	Z52CMN21-09Az			S35650
	SUH36	–		*	*		349S54	Z55CMN21-09Az	X53CrMnNi21-9	55X20Г9AH4	*
	SUH37	4824-308-09-J	X20CrNiN22-11	(1.4824)	–	–					S30850
	SUH38	4879-317-77-J	X30CrNiMoPB20-11-2	(1.4879)	–						–
	SUH309	4833-309-08-I	X18CrNi23-13	1.4833	S30908	309	309S24	Z15CN24-13			S30908
	SUH310	4845-310-09-X	X23CrNi25-21	1.4845	S31008	310	310S24	Z15CN25-20	CrNi25-20	20X25H20C2	S31020
	SUH330	4864-083-77-X	X13NiCr35-16	1.4864	–	–		Z12NCS35-16			S33010
	SUH660	4980-662-86-X	X6NiCrTiMoVB25-15-2	1.4980	(S66286)	–		Z6NCTV25-20			S51525
	SUH661	4971-314-79-I	X12CrNiCoMoWMnNNb21-20-3-3-2	1.4971	–	–					–
페라이트계	SUH21	–	–	*	*				CrAl12-05		*
	SUH409	63	X6CrTi12	*	S40900	409	409S19	Z6CT12	X6CrTi12		*
	SUH409L	4720-409-00-I	X2CrTi12	1.4720	S40900	409		Z3CT12			S11163
	SUH446	4749-446-00-I	X15CrN26	1.4749	S44600	446		Z12C25		15X28	S12550
마르텐사이트계	SUH1	–	–	1.4718	S65007	–	401S45	Z45CS9	X45CrSi9-3		*
	SUH3	–	–	1.4731	*			Z40CSD10		40X10C2M	*
	SUH4	4766-440-77-X	X80CSiNi20-2	(1.4766)	–		443S65	Z80CSN20-02			S48380
	SUH11	–	–	*	*					40X9C2	*
	SUH600	4916-600-77-J	X18CrMnMoNbVN12	(1.4916)	–					20X12BHMБФP	S46250
	SUH616	4929-422-00-I	X23CrMoWMnNiV12-1-1	(1.4929)	S42200	422					S47220

비고 1. ISO, EN 및 GB는 ISO 15510 : 2010에 의한다. ( )부의 EN은 ISO NO.를 붙이기 위해 설정한 기호이다.
2. 미국 규격은 UNS 등록번호와 AISI 강재 Manual을 참조하였다.
3. ( )부를 제외한 유럽규격은 EN 10088-1 : 2005에 따른다.
4. 유럽 각국의 규격 BS, DIN 및 NF는 EN 10088-2 (판 · 대), 10088-3 (봉 · 선)으로 통합되었다. 참고로서 구 명칭을 기재하였다.
5. ГOCT 규격은 5632에 따른다.
6. –는 해당 없고, *는 미확인.

17-5 공구강 관계

일본공업규격		외국 규격 관련 강종				
규격번호 및 명칭	기호	ISO	AISI ASTM	BS	DIN VDEh	NF
JIS G 4401 탄소 공구강 강재	SK140	–	–	–	–	–
	SK120	C120U	W1–11 1/2	–	–	–
	SK105	C105U	W1–10	–	–	–
	SK95	–	W1–9	–	–	–
	SK90	C90U	–	–	–	–
	SK85	–	W1–8	–	–	–
	SK80	C80U	–	–	–	–
	SK75	–	–	–	–	–
	SK70	C70U	–	–	–	–
	SK65	–	–	–	–	–
	SK60	–	–	–	–	–
JIS G 4403 고속도 공구강 강재	SKH 2	HS18–0–1	T1	–	–	–
	SKH 3	–	T4	–	–	–
	SKH 4	–	T5	–	–	–
	SKH 10	–	T15	–	–	–
	SKH 40	HS6–5–3–8	–	–	–	–
	SKH 50	HS1–8–1	–	–	–	–
	SKH 51	HS6–5–2	M2	–	–	–
	SKH 52	HS6–6–2	M3–1	–	–	–
	SKH 53	HS6–5–3	M3–2	–	–	–
	SKH 54	HS6–5–4	M4	–	–	–
	SKH 55	HS6–5–2–5	–	–	–	–
	SKH 56	–	M36	–	–	–
	SKH 57	HS10–4–3–10	–	–	–	–
	SKH 58	HS2–9–2	M7	–	–	–
	SKH 59	HS2–9–1–8	M42	–	–	–
JIS G 4404 합금 공구강 강재	SKS 11	–	F2	–	–	–
	SKS 2	–	–	–	–	–
	SKS 21	–	–	–	–	–
	SKS 5	–	–	–	–	–
	SKS 51	–	L6	–	–	–
	SKS 7	–	–	–	–	–
	SKS 81	–	–	–	–	–
	SKS 8	–	–	–	–	–
	SKS 4	–	–	–	–	–
	SKS 41	–	–	–	–	–
	SKS 43	105V	W2–9 1/2	–	–	–
	SKS 3	–	W2–8 1/2	–	–	–
	SKS 31	–	–	–	–	–
	SKS 93	–	–	–	–	–
	SKS 94	–	–	–	–	–

일본공업규격		외국 규격 관련 강종				
규격번호 및 명칭	기호	ISO	AISI ASTM	BS	DIN VDEh	NF
JIS G 4404 합금 공구강 강재	SKS 95	–	–	–	–	–
	SKD 1	X210Cr12	D3	–	–	–
	SKD 2	X210CrW12	–	–	–	–
	SKD 10	X153CrMoV12	–	–	–	–
	SKD 11	–	D2	–	–	–
	SKD 12	X100CrMoV5	A2	–	–	–
	SKD 4	–	–	–	–	–
	SKD 5	X30WCrV9-3	H21	–	–	–
	SKD 6	–	H11	–	–	–
	SKD 61	X40CrMoV5-1	H13	–	–	–
	SKD 62	X35CrWMoV5	H12	–	–	–
	SKD 7	32CrMoV12-28	H10	–	–	–
	SKD 8	38CrCoWV18-17-17	H19	–	–	–
	SKT 3	–	–	–	–	–
	SKT 4	55NiCrMoV7	–	–	–	–
	SKT 6	45NiCrMo16	–	–	–	–

17-6 특수용도강 관계

일본공업규격		외국 규격 관련 강종				
규격번호 및 명칭	기호	ISO	AISI ASTM	BS	DIN	NF
JIS G 4801 스프링강 강재	SUP 6	60Si8	–	–	–	–
	SUP 7	60Si8	9260	–	–	–
	SUP 9	55Cr3	5155	–	–	–
	SUP 9A	60Cr3	5160	–	–	–
	SUP 10	51CrV4	6150	–	–	–
	SUP 11A	60Cr3	51B60	–	–	–
	SUP 12	55SiCr6-3	–	–	–	–
	SUP 13	60CrMo3-3	4161	–	–	–
JIS G 4804 유황 및 유황복합 쾌삭강 강재	SUM 21	9S20	1212	–	–	–
	SUM 22	11SMn28	1213	–	–	–
	SUM 22L	11SMnPb28	–	–	–	–
	SUM 23	–	1215	–	–	–
	SUM 23L	–	–	–	–	–
	SUM 24L	11SMnPb28	12L14	–	–	–
	SUM 25	12SMn35	–	–	–	–
	SUM 31	–	1117	–	–	–
	SUM 31L	–	–	–	–	–
	SUM 32	–	–	–	–	–
	SUM 41	–	1137	–	–	–
	SUM 42	–	1141	–	–	–
	SUM 43	44SMn28	1144	–	–	–
JIS G 4805 고탄소 크롬 베어링강 강재	SUJ 2	B1	52100	–	–	–
	SUJ 3	B2	ASTM A 485 Grade 1	–	–	–
	SUJ 4	–	–	–	–	–
	SUJ 5	–	–	–	–	–

17-7 봉강, 형강, 강판 관계

일본 공업 규격			관련 외국 규격		
규격 번호	규격 명칭	재료 기호	규격 번호	규격 명칭	재료기호, 등급, 종류
JIS G 3101	일반구조용 압연강재	SS330,400,490,540	ASTM A 36/ A 36 M : 08	구조용 탄소강 강재	
JIS G 3106	용접구조용 압연강재	SM400A,400B,400C,490A,490B,490C,490YA,490YB,520B,520C,570	ASTM A 283/ A 283 M : 03	저, 중강도탄소강강판	A,B,C,D
JIS G 3136	건축구조용 압연강재	SN400A,400B,400C,490B,490C	ASTM A 529/ A 529 M : 05	구조용고강도C-Mn강	50,55
			ASTM A 572/ A 572 M : 07	구조용고강도저합금Nb-V강	42,50,55,60,65
			ASTM A 573/ A 573 M : 05	구조용인성개량탄소강강판	58,65,70
			ASTM A 633/ A 633 M : 01	구조용소둔저합금고강도강판	A,C,D,E
			ASTM A 678/ A 678 M : 05	구조용소입소려고강도탄소강강판	A,B,C,D
			ASTM A 656/ 656 M : 10	열간압연양가공성구조용고강도저합금강강판	Type3,7,8 ×(50,60,70,80)
			ASTM A 709/ A 709 M : 11	구조용강재	36,50,50S
			ASTM A 992/ A 992 M : 11	구조용형강	
			ASTM A 1011/ A 1011 M : 10	구조용양가공성고강도저합금탄소강열연강판및강대	CS,A,B,C,D DS A,B SS30,33,36,40,45,50,55,60,70,80 HSLAS45,50,55,60,65,70 HSLAS-F50,60,70,80 UHSS90,100
			ASTM A 1026 : 03	건축용합금강형강	50,65
			ASTM A 1043/ A 1043 M : 05	건축용저항복비구조용강	36,50
			BS EN 10025-2 : 04 DIN EN 10025-2 : 05 NF EN 10025-2 : 05	비합금구조용강	S235JR,S235J0,S235J2,S275JR,S275J0,S275J2,S355JR,S355J0,S355J2,S355K2,S350J0
			BS EN 10025-3 : 04 DIN EN 10025-3 : 05 NF EN 10025-3 : 05	용접세립구조용강 (소둔 및 소둔압연재)	S275N,S275NL,S355N,S355NL,S420N,S420NL,S460N,S460NL
			BS EN 10025-4 : 04 DIN EN 10025-4 : 05 NF EN 10025-4 : 05	용접세립구조용강 (열가공압연재)	S275M,S275ML,S355M,S355ML,S420M,S420ML,S460M,S460ML
			ISO 630 : 95	구조용강재	E185,235,275,355
			ISO 4950-2 : 95	고항복강도강판 (소둔 또는 CR)	E355,460
			ISO 4950-3 : 95	고항복고강도강판 (소입소려)	E460,550,690

일본 공업 규격			관련 외국 규격		
규격 번호	규격 명칭	재료 기호	규격 번호	규격 명칭	재료기호, 등급, 종류
JIS G 3101 JIS G 3106 JIS G 3136 (계속)			ISO 4951-2 : 01	고항복강도봉강 및 형강 (소둔, CR 또는 압연재)	E355,E420,E460
			ISO 4951-3 : 01	고항복강도봉강 및 형강 (열가공제어압연재)	E355,E420,E460
			ISO 4995 : 08	구조용열연박판	HR235,275,355
			ISO 4996 : 07	구조용고항복강도열연박판	HS355,390,420,460,490
			ISO 6316 : 08	구조용열간압연강대	HR235,275,355
			ISO 24314 : 06	내진용건축용강재	S235S,S325S, S345S,S460S
JIS G 3128	용접구조용고항 복점강판	SHY685, 685N, 685NS	ASTM A 514/ A 514 M : 05	용접성조질고항복점 합금강강판	A,B,E,F,H,P,Q,S
			ASTM A 517/ A 517 M : 10	압력용기용저합금소입소려 고강도강강판	A,B,E,F,H,P,Q,S
			BS EN 10025-6 : 04 DIN EN 10025-6 : 05 NF EN 10025-6 : 05	고항복점구조용강판	S460,S460QL, S460QL1,S500Q, S500QL,S500QL1, S550Q,S550QL, S550QL1,S620Q, S690Q,S690QL, S690QL1,S890Q, S890QL,S890QL1, S960Q,S960QL,
			ISO 4950-3 : 95	고항복강도강판	E690
			ISO 9328-6 : 11	압력용강판제품용 접성고항복세립강	P690Q,P690QH, P690QL1,P690QH2
JIS G 3114	용접구조용내후 성열간압연강재	SMA400AW, 400AP,400BW, 400BP,400CW, 400CP,490AW, 490AP,490BW, 490BP,490CW, 490CP,570W, 570P	ASTM A 588/ A 588 M : 10	내후성고강도저합금 구조용강재 (하한항복점50ksi)	A,B,K
JIS G 3140	교량용고항복점 강판	SBHS500,500W,700,700 W	ASTM A 709/ A 709 M : 11	교량구조용강재	50W,HPS50W, HPS70W,HPS100W
JIS G 7101	내후성구조용강 (ISO사양)	FE235W, FE355W	ASTM A 852/ A 852 M : 03	구조용소입소려저합금강강판 (하한내력70ksi, 두께상한4in)	70
JIS G 7102	구조용내후성열 간압연강판및강 대(ISO사양)	HSA235W,245W,355W1, 355W2,365W	BS EN 10025-5 : 04 DIN EN 10025-5 : 05 NF EN 10025-5 : 04	열간압연내후성구조용강	S235J0W,S235J2W,S355J0WP, S355J2WP S355J0W,S355J2W,S355K2W
			ISO 4952 : 06	내후성구조용강	Fe235W,Fe355W
			ISO 5952 : 11	내후성구조용열연박판	HSA235W, HSA245W, HSA355W1, HSA355W2, HSA365W
JIS G 3125	고내후성압연 강재	SPA-H, SPA-C	ASTM A 242/ A 242 M : 04	고강도저합금구조용강재	
			ISO 4952 : 06	내후성구조용강	Fe355W1A, 1D
			ISO 5952 : 11	내후성구조용열연박판	HSA355W1

일본 공업 규격			관련 외국 규격		
규격 번호	규격 명칭	재료 기호	규격 번호	규격 명칭	재료기호, 등급, 종류
JIS G 3103	보일러및압력용기용탄소강 및 몰리브덴강 강판	SB410,450,480, 450M,480M	ASTM A 204/ A 204 M : 03	압력용기용Mo강판	A,B,C
JIS G 3115	압력용기용강판	SPV235,315,355,410, 450,490	ASTM A 285/ A 285 M : 03	압력용기용 저,중항장력탄소강판	A,B,C
JIS G 3116	고압가스용기용 강판 및 강대	SG255,295,325,365	ASTM A 414/ A 414 M : 10	압력용기용탄소강박판강판	A,B,C,D,E,F,G,H
JIS G 3118	중,상온압력용기용 탄소강강판	SGV410,450,480	ASTM A 515/ A 515 M : 10	중,고온압력용기용 탄소강강판	60,65,70
JIS G 3124	중,상온압력용기용 고강도강강판	SEV245,295,345	ASTM A 516/ A 516 M : 10	상온,저온압력용기용탄소 강강판	55,60,65,70
			ASTM A 612/ A 612 M : 03	상온,저온압력용기용고강 도탄소강강판	A,B,C
			ASTM A 662/ A 662 M : 03	중저온용압력용기용C-Mn -Si강강판	
			BS EN 10028-2 : 09 DIN EN 10028-2 : 09 NF EN 10028-2 : 09	고온용압력용기용강판비합 금및합금	P235GH,P265GH, P295GH,P355GH, 16Mo3
			BS EN 10028-3 : 09 DIN EN 10028-3 : 09 NF EN 10028-3 : 09	압력용기용강판용 접성세립강(N)	P275NH,P355N, NH,P460NH
			BS EN 10028-5 : 09 DIN EN 10028-5 : 09 NF EN 10028-5 : 09	압력용기용강판용 접성세립강(TMR)	P355M,P420M, P460M
			BS EN 10028-6 : 09 DIN EN 10028-6 : 09 NF EN 10028-6 : 09	압력용기용강판용 접성세립강(QT)	P355Q,QH, P460Q,QH, P500Q,QH P690Q,QH
			ISO 9328-2 : 11	압력용강판제품 고온특성을 갖는 비합금강 및 합금강	PT410GH, PT450GH, PT480GH
			ISO 9328-3 : 11	압력용강판제품소둔된 가용접세립강	PT400N,PT400NH, PT490N,PT490NH, PT520N,PT520NH
			ISO 9328-5 : 11	압력용강판제품 열가공제어압연된 가용접세립강	PT520M,PT520ML1, PT550M,PT550ML1
			ISO 9328-6 : 11	압력용강판제품 소입 및 소려된 가용접세립강	PT490Q(...QH), PT520Q(...QH), PT550Q(...QH), PT570Q(...QH), PT610Q(...QH)
			ISO 4978 : 83	용접가스용기용강판	1, 2, 3, 4
JIS G 3119	보일러및압력용기용 망간몰리브덴강 및 망간몰리브덴 니켈강 강판	SBV1A, 1B, 2, 3	ASTM A 302/ A 302 M : 03	압력용기용Mn-Mo, Mn-Mo-Ni 합금강강판	A, B, C, D
			ASTM A 387/ A 387 M : 11	압력용기용 Cr-Mo 합금강판	2, 12, 11, 22, 22L, 21, 21L, 5, 9, 91
			ASTM A 533/ A 533 M : 09e1	압력용기용Mn-Mo, Mn-Mo-Ni 소입소려 합금강강판	Type A, B, C, D×(1, 2, 3)

일본 공업 규격			관련 외국 규격		
규격 번호	규격 명칭	재료 기호	규격 번호	규격 명칭	재료기호, 등급, 종류
JIS G 3120	압력용기용 조질형 망간몰리브덴강 및 망간몰리브덴니켈강 강판	SQV1A, 1B, 2A, 2B, 3A, 3B	ASTM A 734/ A 734 M : 87a	압력용기용 소입소려 고강도 저합금강 강판	A, B
JIS G 4109	보일러 및 압력용기용 크롬몰리브덴강 강판	SCMV1, 2, 3, 4, 5, 6	BS EN 10028-2 : 09 DIN EN 10028-2 : 09 NF EN 10028-2 : 09	압력용기용강판 비합금 및 합금	13CrMo4-5 13CrMoSi5-5 10CrMo9-10 12CrMo9-10 13CrMoV9-10 12CrMoV12-10 X12CrMo5
			ISO 9328-2 : 11	압력용 강판제품 비합금 및 저합금강	14CrMo4-5+NT1, +NT2 14CrMoSi5-6+NT1, +TN2 13CrMo9-10+N1, NT2 19MnMo4-5 19MnMo5-5 19MnMoNi5-5
JIS G 4110	고온압력용기용 고강도 크롬모리브덴강 및 크롬몰리브덴바나듐강 강판	SCMQ4E, SCMQ4V, SCMQ5V	ASTM A 542/ A 542 M : 09	압력용기용 소입소려 Cr-Mo, Cr-Mo-V 합금강 강판	Type A, B, C, D, E×(1, 2, 3, 4, 4a)
			ASTM A 832/ A 832 M : 10	압력용기용 Cr-Mo-V강 강판	21V, 22V, 23V
JIS G 3126	저온압력용기용 탄소강 강판	SLA235A, SLA235B, SLA325A, SLA325B, SLA365, SLA410	ASTM A 516/ A 516 M : 10 ASTM A 537/ A 537 M : 08 ASTM A 662/ A 662 M : 03 ASTM A 841/ A 841 M : 03a ISO 9328-3 : 11 ISO 9328-5 : 11 ISO 9328-6 : 11	상온 및 저온용 압력용기용 탄소강 강판 압력용기용 열처리 C-Mn-Si강 강판 상온·저온용 압력용기용 C-Mn-Si강 강판 압력용기용 TMCP강 압력용 강판제품-용접성세립강 압력용 강판제품 열가공제어압연한 가용접세립강 압력용 강판제품 소입소려 가용접 세립강	55, 60, 65, 70 1, 2, 3 A, B, C A, B, C, D, E, F PT400NL1 PT440NL1 PT440ML1, 3 PT490ML1, 3 PT520ML1, 3 PT440QL2, PT490QL2, PT520QL2,
JIS G 3127	저온압력용기용 니켈강 강판	SL2N255, SL3N255, SL3N275, SL3N440, SL5N590, SL9N520, SL9N590	ASTM A 203/ A 203 M : 97e1	압력용기용 Ni 합금강판	A, B, D, E, F
			ASTM A 353/ A 353 M : 09	압력용기용 2회 소준 소려 9%Ni 합금강판	I, II
			ASTM A 553/ A 553 M : 10	압력용기용 소입소려 8%Ni 및 9% Ni합금강판	
			ASTM A 844/ A 844 M : 09	압력용기용 직접소입 9% Ni 합금강판	
			BS EN 10028-4 : 09 DIN EN 10028-4 : 09 NF EN 10028-4 : 09	저온용 니켈합금강	12Ni14, X12Ni5, X8Ni9, X7Ni9
			ISO 9328-4 : 11	압력용 강판제품-저온용 니켈합금강	14Ni9, 13Ni14+NT, +QT, 14Ni14, X9Ni5, X9Ni+NT, +QT
JIS G 3104 (구 규격)	리벳용 원형강	SV330, 400	ASTM A 31 : 04	압력용기용 리벳강재	A, B

일본 공업 규격			관련 외국 규격		
규격 번호	규격 명칭	재료 기호	규격 번호	규격 명칭	재료기호, 등급, 종류
JIS G 3109 JIS G 7311	PC 강봉 PC강재-제5부 : 후가공이 있는 또는 후가공이 없는 열간압연강봉 (ISO사양)	SBPR785/1030, SBPR930/1080, SBPR930/1180, SBPR1080/1230, SBPD785/1030 SBPD930/1080 SBPD930/1180 SBPD1080/1230	ASTM A722/ A 722 M : 07	비피복고강도 PC강봉	
			BS 4486 : 80	열간고강도합금 PC강봉	
			ISO 6934-5 : 91	열간압연 PC강봉	
JIS G 3112	철근 콘크리트용 봉강	SR235, 295 SD295A, 295B, 345, 390, 490	ASTM A 615/ A 615 M : 09b	콘크리트 보강용 탄소강 봉강 및 이형봉강	40, 60, 75, 80
			ASTM A 706/ A 706 M : 09b	콘크리트 보강용 저합금 봉강 및 이형봉강	60, 80
JIS G 7103	철근 콘크리트용강 -제1부 : 환강 (ISO 사양)	PB240, 300	BS 4449 : 05	콘크리트 보강용 열간압연 봉강	250, 460
			ISO 6935-1 : 07	철근 콘크리트용 봉강	
JIS G 7104	철근 콘크리트용강 -제2부 : 이형봉강 (ISO 사양)	RB300, 400, 500, 400W, 500W	DIN 488-1 : 09	철근 콘크리트용 봉강	BSt420S, BSt500S
			NF A 35-015 : 07 (구 규격) NF A 35-016-1 : 07 (구 규격)	콘크리트 보강용 환강 콘크리트 보강용 고부착성 봉강	FeE235 FeE500-2 FeE500-3
			ISO 6935-2 : 07	철근 콘크리트용 이형봉강	
JIS G 3191	열간압연봉강과 바인코일의 형상, 치수 및 중량 그 허용차		ASTM A6/ A 6M : 11 NF A 45-001 : 94 (구 규격) BS EN 10060 : 03 DIN EN 10060 : 04 NF EN 10060 : 04 ISO 1035-1 : 80 ISO 1035-4 : 82	열간구조용 강, 봉, 강판, 형강, 판의 일반 요구 일반용 봉강-압연공차 일반용 열간압연환강-치수, 허용차 열간압연봉강-치수 열간압연봉강-허용차	
JIS G 3192	열간압연형강의 형상, 치수, 질량 및 그 허용차		ASTM A 6/ A 6M : 11	열간구조용 강, 봉, 강판, 형강, 판의 일반 요구	
			BS EN 10034 : 93 DIN EN : 10034 : 94 NF EN 10034 : 93	구조용 I급 및 H형강-치수, 형상 허용차	I, H
			BS 4-1 : 05	열간압연 구조용 형강	
			BS EN 10067 : 97 DIN EN : 10067 : 96 NF EN 10067 : 96	구형 형강-치수, 중량, 허용차	
			DIN 1025-1 : 09	열간압연 세폭 I형강-치수, 중량, 허용차	I
			DIN 1025-2 : 95	열간압연 광폭 플랜지 H형강-치수, 중량, 허용차	IPB, IB
			DIN 1025-3 : 94	열간압연 경량 H형강-치수, 중량, 허용차	IPB/

일본 공업 규격			관련 외국 규격		
규격 번호	규격 명칭	재료 기호	규격 번호	규격 명칭	재료기호, 등급, 종류
JIS G 3192	열간압연형강의 형상, 치수, 질량 및 그 허용차		DIN 1025-4 : 94	열간압연 중량 H형강-치수, 중량, 허용차	IPBv
			DIN 1025-5 : 94	열간압연 중폭 플랜지 H형강-치수, 중량, 허용차	IPE
			DIN 1026-1 : 09	열간압연 홈 형강-치수, 중량, 허용차	U
			BS EN 10056-1 : 99 DIN EN 10056-1 : 98 NF EN 10056-1 : 98	구조용 등변, 부등변 산 형강(치수)	
			BS EN 10056-2 : 93 DIN EN 10056-2 : 94 NF EN 10056-2 : 94	구조용 등변, 부등변 산 형강(형상, 치수허용차)	
			NF A 45-209 : 83 (구 규격)	I형강-치수	
			ISO 657-1 : 89	열간압연 등변 산 형강-치수	
			ISO 657-2 : 89	열간압연 부등변 산 형강-치수	
			ISO 657-5 : 76	열간압연 등변, 부등변 산 형강-허용차	
			ISO 657-11 : 80	열간압연 홈 형강-치수	
			ISO 657-15 : 80	열간압연 홈 형강-치수	
			ISO 657-18 : 80	선박용 열간압연 L형강-치수, 허용차	
			ISO 657-19 : 80	열간압연 구형 형강-치수, 허용차	
			ISO 657-21 : 83	열간압연형강-높이와 변이 같은 T형강-치수	
JIS G 3193	열간압연강판 및 강대의 형상, 치수, 질량 및 그 허용차		ASTM A 6/ A 6M : 11	열간구조용 강, 봉, 강판, 형강, 판의 일반 요구	
			BS EN 10029 : 10 DIN EN 10029 : 10 NF EN 10029 : 10	3mm 이상의 열연강판의 치수, 형상, 질량 허용차	
			ISO 7452 : 02	열간압연구조용강판-치수형상의 허용차	
JIS G 3194	열간압연평강의 형상, 치수, 질량 및 그 허용차		BS EN 10058 : 03 DIN EN 10058 : 04 NF EN 10058 : 04	일반용 열간압연평강-치수, 허용차	
			ISO 1035-3 : 80	열간압연평강-치수	
JIS G 3199	강판, 평강 및 형강의 두께 방향 특성	Z15, Z25, Z35	ASTM A 770/ A 770 M : 03	강판의 두께방향 인장시험	A, B, C, D, E, F
			BS EN 10164 : 04 DIN EN 10164 : 05 NF EN 10164 : 05	표면에 수직방향의 특성 개선 강재	Z15, Z25, Z35
			ISO 7778 : 83	강판 및 평강의 두께 방향 특성	Z15, Z25, Z35
JIS G 3350	일반구조용 경량 형강	SSC400	BS EN 10162 : 03 DIN EN 10162 : 03 NF EN 10162 : 03	냉간성형 형강, 기술안건, 치수허용차	

일본 공업 규격			관련 외국 규격		
규격 번호	규격 명칭	재료 기호	규격 번호	규격 명칭	재료기호, 등급, 종류
JIS G 3353	일반구조용 용접 경량 H형강	SWH400 SWH400L	ASTM A 769 A 769 M : 05	구조용 고강도 전기저항용접 탄소강 형강	36, 40, 45, 45W, 50, 50W, 60, 80
JIS A 5528	열간압연강판	SY295, 390	ASTM A 328 A 328 M : 07	강시트파일	
JIS A 5523	용접용 열간압연 강판	SYW295 SYW390	BS EN 10248-2 : 96 DIN EN 10248-2 : 95 NF EN 10248-2 : 95	강시판, 치수 및 허용차	
JIS E 1101	보통 레일 및 분기기류용 특수 레일	30A, 37A, 40N, 50N, 60, 50S, 70S, 80S	ASTM A1 : 00 BS 11 : 85 ISO 5003 : 80	탄소강 T형 레일 궤도용 레일 비합금강제 궤도용 및 분기용 평저 레일	

17-8 박판 관계

일본 공업 규격			관련 외국 규격		
규격 번호	규격 명칭	재료 기호	규격 번호	규격 명칭	재료기호, 등급, 종류
JIS G 3131	열간압연 연강판 및 강대	SPHC, SPHD, SPHE, SPHF	ASTM A 1011/ A 1011 M : 10	탄소강, 구조용강, 고장력강 및 가공성 개선형 고장력 열간압연강판 및 강대	CS Type A, B, C, D DE Type A, B
			BS 1449 : 1.1 : 91	탄소강 · 탄소망간강 박판	
			1.8 : 91	가공용 열연폭 박강판	HS1, 2, 3, 4, 14, 15
			1.14 : 91	열처리용 일반용열연폭 박강판	HS4, 10, 12, 17, 20, 22, 30, 40, 50, 60, 70, 80, 95
			BS EN 10048 : 97 DIN EN : 10048 : 96 NF EN 10048 : 96	열연폭강대-치수 · 형상허용차	
			BS EN 10149-2 : 96 DIN EN : 10149-2 : 11 NF EN 10149-2 : 95	냉간성형용 고항복점 열연강판-TMCP강	S315MC 외
			BS EN 10149-3 : 96 DIN EN : 10149-3 : 11 NF EN 10149-3 : 95	냉간성형용 고항복점 열연강판-소준, NR강	S260NC 외
			BS EN 10051 : 10 DIN EN : 10051 : 11 NF EN 10051 : 11	비합금 · 합금강 연속 열연강판-치수 · 형상허용차	
			BS EN 10111 : 08 DIN EN : 10111 : 08 NF EN 10111 : 08	냉간성형용 연속 열간압연 저탄소강 시트, 스트랩	DD11, 12, 13, 14
			NF A 36-102 : 93	합금 · 비합금 연속 열간압연 강판	
			ISO 3573 : 08	일반 · 드로잉용 열간압연 탄소강판	HR1, 2, 3, 4
			ISO 6317 : 08	일반 · 드로잉용 열간압연 탄소강 TM트랩	HR1, 2, 3, 4

일본 공업 규격			관련 외국 규격		
규격 번호	규격 명칭	재료 기호	규격 번호	규격 명칭	재료기호, 등급, 종류
JIS G 3141	냉간압연 강판 및 강대	SPCC, SPCD, SPCE, SPCF, SPCG	ASTM A 109/ A 109 M : 08	냉간압연 탄소강 스트랩	Temper No.1, 2, 3, 4, 5
			ASTM A 1008/ A 1008 M : 11	탄소강, 구조용강, 고장력강 및 가공성 개선형 고장력강, 냉간압연강관	CS Type A, B, C DS Type A, B DDS, EDDS
			BS 1449 : 1.1 : 91	탄소강 · 탄소망간강 박판	
			BS EN 10130 : 06 DIN EN : 10130 : 07 NF EN 10130 : 07	가공용 냉연 저탄소강 박판	FeP01, 03, 04, 05, 06
			BS EN 10131 : 06 DIN EN : 10131 : 06 NF EN 10131 : 06	가공용 저탄소 · 고항복점 냉연박판–치수 · 형상의 허용차	
			BS EN 10132 : 00 DIN EN : 10132 : 00 NF EN 10132 : 00	열처리용 협폭 냉간압연 강대	
			BS EN 10139 : 98 DIN EN : 10139 : 97 NF EN 10139 : 97	냉간성형용 협폭 냉간압연 연강대	DC01, 03, 04, 05, 06
			BS EN 10140 : 06 DIN EN : 10140 : 06 NF EN 10140 : 06	냉연 협폭 강판–치수 · 형상허용차	
			ISO 3574 : 08	일반용 드로잉용 냉간압연 탄소강판	CR1, 2, 3, 4, 5
			ISO 5954 : 07	경도 보증 냉간압연 탄소강판	CRH–50, 60, 70, CRH
JIS G 3133	법랑용 탈탄 강판 및 강대	SPPC, SPPD, SPPE	ASTM A 424 : 09a	법랑용 강판	I, II, III
			ISO 5001 : 07	법랑용 냉간압연 탄소강판	VE01, VE02, V03, V04, V05
			BS EN 10209 : 96 DIN EN : 10209 : 10 NF EN 10209 : 96	법랑용 저탄소 냉간압연 강판	
JIS G 3302	용융 아연도금 강판 및 강대	SGHC, SGH340, 400, 440, 490, 540, SGCC, SGCH, SGCD1, 2, 3, 4, SGC340, 400, 440, 490, 570	ASTM A 653/ A 653 M : 10	용융아연 · 아연–철합금 도금 강판	SS(230, 255, 275, 340–1, 2, 3, 550) HSLAS A (340, 410, 480, 550) HSLAS B (340, 410, 480, 550)
			ASTM A 924/ A 924 M : 10a	용융 금속도금 강판용 : 일반필요안건	
			BS EN 10142 : 00	가공용 연속식 용융 아연도금 저탄소강 박판	DX51D, 52D, 53D, 54D
			BS EN 10143 : 06 DIN EN 10143 : 06 NF EN 10143 : 06	연속식 용융 금속도금 박판–치수 · 형상 허용차	
			BS EN 10147 : 00	구조용 연속식 용융 언연도금 박판	S220GD, 250GD, 280GD, 320GD, 350GD, 550GD
			DIN 59231 : 03	아연도금기판, 타일판	
			ISO 3575 : 11	일반용, 드로잉용 연속식 용융 아연도금 탄소강판	01, 02, 03, 04, 05, 06
			ISO 4998 : 11	구조용 연속식 용융 아연도금 탄소강판	220, 250, 280, 320, 350, 550

일본 공업 규격			관련 외국 규격		
규격 번호	규격 명칭	재료 기호	규격 번호	규격 명칭	재료기호, 등급, 종류
JIS G 3317	용융아연-5% 알루미늄 합금 도금 강판 및 강대	SZAHC, SZAH340, 400, 490, 540, SZACC, SZACH, SZACD1, 2, 3, 4, SZAC340, 400, 440, 490, 570	ASTM A 875/ A 875 M : 10	용융 아연-5% 알루미늄 합금 도금 강판	SS(230, 255, 275, 340-1, -2, -3, 550) HSLAS A(340, 410, 480, 550) HSLAS B(340, 410, 480, 550)
			ASTM A 924/ A 924 M : 10a	용융 금속도금 강판용 : 일반 필요 안건	
			BS EN 10214 : 95	연속 용융 아연-알루미늄(ZA)도금 강판 및 강대	
			ISO 14788 : 11	연속 용융 아연-5% 알루미늄합금도금 강판 및 강대	01, 02, 03, 04, 05 220, 250, 280, 320, 350, 550
JIS G 3312	도장 용융 아연 도금 강판 및 강대	CGCC, CGCH, CGCD1, 2, 3, CGC340, 400, 440, 490, 570	ASTM A 755/ A 755 M : 03 ASTM A 924/ A 924 M : 10a	건축외판용 코일 도장 용융 금속도금 강판 용융 금속도금 강판용 : 일반 필요 안건	
JIS G 3318	도장 용융 아연-5% 알루미늄합금 도금 강판 및 강대	CZACC, CZACH, CZACD1, 2, 3, CZAC349, 400, 440, 490, 570	ASTM A 755/ A 755 M : 03 ASTM A 924/ A 924 M : 10a	건축외판용 코일 도장 용융 금속도금 강판 용융 금속도금 강판용 : 일반 필요 안건	
JIS G 3313	전기아연도금 강판 및 강대	SEHC, SEHD, SEHE, SEFH490, 540, 590, 540Y, 590Y, SE330, 400, 490, 540, SEPH310, 370, 400, 440, SECC, SECD, SECE, SECF, SECG, SEFC340, 370, 390, 440, 490, 540, 590, 490Y, 540Y, 590Y, 780Y, 980Y, 340H	ASTM A 879/ A 879 M : 06	전기아연도금강판	
			BS EN 10152 : 09 DIN EN 10152 : 09 NF EN 10152 : 09	전기아연도금 냉연 박강판	DC01, 03, 04, 05, 06+ZE
			ISO 5002 : 08	일반용 · 드로잉용 전기아연도금 탄소강판	HR1, 2, 3, 4 CR1, 2, 3, 4, 5
JIS G 3303	함석 및 함석 원판	SPB, SPTE, SP TH	ASTM A 624/ A 624 M : 03 ASTM A 625/ A 625 M : 08 ASTM A 626/ A 626 M : 03 ASTM A 650/ A 650 M : 03	1회 압연 전기도금 합석판 1회 압연 함석 원판 2회 압연 전기도금 합석판 2회 압연 함석 원판	
			BS EN 10202 : 01	전기 도금 함석	T50, 52, 57, 61, 65 DR550, 620, 660
			BS EN 10205 : 92 DIN EN 10205 : 92 NF EN 10205 : 92	함석 원판	T50, 52, 57, 61, 65 DR550, 620, 660
			ISO 5950 : 08	연속 전기 양도금 냉연 탄소강판(일반용 · 드로잉용)	SN56, 112, 168, 224
JIS G 7121	냉간압연 전기도금 함석(ISO 사양)		ISO 11949 : 95	냉간압연 전기도금 함석	TH50+SE52, 55, 57, 61, 65 (1회 압연) T550+SE580, 620, 660, 690 (2회 압연)

일본 공업 규격			관련 외국 규격		
규격 번호	규격 명칭	재료 기호	규격 번호	규격 명칭	재료기호, 등급, 종류
JIS G 7123	함석 또는 전해크롬/크롬산화물 도금 강판 제조용 냉간압연 원판 코일 (ISO 사양)		ISO 11951 : 95	함석 또는 틴프리 스틸용 냉간압연 원판	TH50, 52, 55, 57, 61, 65 (1회 압연) T550, 580, 620, 660, 690 (2회 압연)
JIS G 3314	용융 알루미늄도금 강판 및 강대	SA1C, SA1D, SA1E, SA1F, SA2C	ASTM A 463/ A 463 M : 10	용융 알루미늄도금 강판	SS(230, 255, 275, 340-1, 2 ,3, 550) HSLAS · HSLAS-F(340, 410, 480, 550)
JIS G 7124	일반 및 드로잉용 연속용융 알루미늄/실리콘 도금 냉간압연 탄소강 강판 (ISO 사양)		ISO 5000 : 11	일반용 · 드로잉용 연속용융 알루미늄-실리콘 도금 냉연 강판	01, 02, 03, 04
			BS EN 10154 : 02	연속식 용융 알루미늄-실리콘(AS)도금 강판	
JIS G 3315	틴 프리 스틸	SPTFS	ASTM A 657/ A 657 M : 03	1회, 2회 압연 전기크롬도금 강판	
			BS EN 10202 : 01 DIN EN 10202 : 01 NF EN 10202 : 02	전기크롬도금 박강판	TS230, 245, 260, 275, 290, 550 TH415, 435, 520, 550, 580, 620
JIS G 7122	냉간압연 전해크롬/크롬산화물도금 강판 (ISO 사양)		ISO 11950 : 95	냉간압연 전해크롬/산화크롬도금 강판	TS50+CE52, 55, 57, 61, 65 (1회 압연) T550+CE580, 620, 660, 690 (2회 압연)
JIS G 3321	용융 55% 알루미늄-아연 도금 강판 및 강대	SGLHC, SGLH400, 440, 490, 540, SGLCC, SGLCD, SGLCDD, SGLC400, 440, 490, 570	ASTM A 792/ A 792 M : 10	용융 55% 알루미늄-아연합금도금 강판	SS(230, 255, 275, 340-1 · 2 · 4, 550-1 · 2)
			BS EN 10215 : 95	연속 용융 알루미늄-아연(AZ)합금도금 강판 및 강대	
			ISO 9364 : 06	일반용, 드로잉용, 구조용 연속용융 알루미늄-아연도금 강판	01, 02, 03
JIS G 3322	도장 용융 55% 알루미늄-아연 합금도금 강판 및 강대	CGLCC, CGLCD, CGLCDD, CGLC400, 440, 490, 570	ASTM A 755/ A 755 M : 03	건축외판용 코일 도장용융 금속도금 강판	
			ASTM A 755/ A 755 M : 03	용융 금속도금 강판용 : 일반 필요 안건	

17-9 강관 관계

일본 공업 규격			관련 외국 규격		
규격 번호	규격 명칭	재료 기호	규격 번호	규격 명칭	재료기호, 등급, 종류
JIS G 3447	스테인리스강 위생관	SUS304TBS, SUS304LTBS, SUS316TBS SUS316LTBS	ASTM A 270 : 10	위생 이음매 없는 용접 오스테나이트 및 페라이트/오스테나이트 스테인리스강 강관	TP304, TP304L, TP316, TP316L, 2003, 2205, 2507
JIS G 3452	배관용 탄소강 강관	SGP	ASTM A 53/ A 53 M : 07	배관용 용접 및 이음매없는 강관(흑관, 백관)	A, B
			BS EN 10255 : 04(07) DIN EN 10255 : 07 NF EN 10255 : 07	용접 및 나사 시공에 적합한 탄소강 강관	S195T
			DIN 1615 : 84	특별 규정이 없는 용접 탄소강 강관	St33
			ISO 65 : 81	나사부 강관	TS.0, TW.0
			ISO 559 : 91	물 · 배수 · 가스용 강관	ST320, ST360, ST410, ST430, ST500
JIS G 3454	압력배관용 탄소강 강관	STPG370, 410	ASTM A 135/ A 135 M : 09	배관용 전기저항 용접강관	A, B
			ASTM A 53/ A 53 M : 07	배관용 용접 및 이음매없는 강관(흑관, 백관)	A, B
			BS EN 10216-1 : 02(04) DIN EN 10216-1 : 04 NF EN 10216-1 : 02(04)	상온압력 배관용 이음매없는 탄소강 강관	P235TR1, P265TR1
			BS EN 10217-1 : 02(05) DIN EN 10217-1 : 05 NF EN 10217-1 : 02(05)	상온압력 배관용 이음매없는 탄소강 강관	
			BS EN 10208-1 : 09 DIN EN 10208-1 : 09 NF EN 10208-1 : 09	특별규정부 이음매없는 용접탄소강 강관	L235GA, L245GA, L290GA, L360GA
			DIN 2442 : 63	공칭압력 1~100kg/㎠용 나사부 이음매없는 강관	St35, St37-2
			ISO 9329-1 : 89	상온압력 배관용 이음매없는 탄소강 강관	TS360, TS410, TS430, TS500
			ISO 9330-1 : 90	상온압력 배관용 용접 탄소강 강관	TW320, TW360, TW410, TW430, TW500
JIS G 3455	고압 배관용 탄소강 강관	STS370, 410, 480	BS EN 10217-1 : 02(05) DIN EN 10217-1 : 05 NF EN 10217-1 : 02(05)	상온압력 배관용 용접 탄소강 강관	P235TR1, P265TR1
			BS EN 10216-1 : 02(04) DIN EN 10216-1 : 04 NF EN 10216-1 : 02(04)	상온압력 배관용 이음매 없는 탄소강 강관	
			ISO 9329-1 : 89	상온압력 배관용 이음매 없는 탄소강 강관	TS360, TS410, TS430, TS500
JIS G 3456	고온 배관용 탄소강 강관	STPT370, 410, 480	ASTM A 106/ A 106 M : 08	고온 배관용 이음매없는 탄소강 강관	B, C
			BS EN 10216-2 : 02(07) DIN EN 10216-2 : 07 NF EN 10216-2 : 07	고온 압력 배관용 이음매없는 탄소강 및 합금강 강관	P235GH, P265 GH
			BS EN 10217-2 : 02(05) DIN EN 10217-2 : 05 NF EN 10217-2 : 02(05)	고온 압력 배관용 전기용접 탄소강 및 합금강 강관	

<table>
<tr><th colspan="3">일본 공업 규격</th><th colspan="3">관련 외국 규격</th></tr>
<tr><th>규격 번호</th><th>규격 명칭</th><th>재료 기호</th><th>규격 번호</th><th>규격 명칭</th><th>재료기호, 등급, 종류</th></tr>
<tr><td rowspan="5">JIS G 3457</td><td rowspan="5">배관용 아크 용접 탄소강 강관</td><td rowspan="5">STPY400</td><td>ASTM A 134 : 96(05)</td><td>배관용 전기용접 · 아크용접 강관(16″ 이상)</td><td></td></tr>
<tr><td>ASTM A 139/
A 139 M : 04(10)</td><td>배관용 전기용접 · 아크용접 강관(4″ 이상)</td><td>B, C, D, E</td></tr>
<tr><td>BS EN 10208-1 : 09
DIN EN 10208-1 : 09
NF EN 10208-1 : 09</td><td>특별규정부 이음매없는 용접 탄소강 강관</td><td>L235GA, L245GA, L290GA, L360GA</td></tr>
<tr><td>BS EN 10216-1 : 02(04)
DIN EN 10216-1 : 04
NF EN 10216-1 : 02(04)</td><td>상온압력 배관용 이음매없는 탄소강 강관</td><td>P235TR1, P265TR1</td></tr>
<tr><td>ISO 559 : 91</td><td>물 · 배수 · 가스용 강관</td><td>ST360, ST410, ST430, ST500</td></tr>
<tr><td rowspan="4">JIS G 3458</td><td rowspan="4">배관용 합금강 강관</td><td rowspan="4">STPA12, 20, 22, 23, 24, 25, 26</td><td>ASTM A 335/
A 335 M : 10a</td><td>고온 배관용 이음매없는 페라이트 합금강 강관</td><td>P1, P2, P5, P5b, P5, P9, P11, P12, P15, P21, P22, P23, P24, P36, P91, P92, P122, P911</td></tr>
<tr><td>BS EN 10216-2 : 02(07)
DIN EN 10216-2 : 07
NF EN 10216-2 : 07</td><td>고온 압력 배관용 이음매없는 탄소강 및 합금강 강관</td><td>20MnNb6, 16Mo3, 8MoB5-4, 14MoV6-3, 10CrMo5-5, 13CrMo4-5, 10CrMo9-10, 11CrMo9-10, 25CrMo4, 20CrMoV13-5-5 15NiCuMoNb5-6-4, X11CrMo5+1, X11CrMo5+NT1, X11CrMo5+NT2, X11CrMo9-1+1, X11CrMo9-1+NT, X11CrMoVNb9-1, X20CrMoV11-1</td></tr>
<tr><td>BS 3604-2 : 91(05)</td><td>고온 압력 배관용 아크 용접 페라이트 합금강 강관</td><td>620, 621, 622</td></tr>
<tr><td>BS EN 10217-2 : 02(05)
DIN EN 10217-2 : 05
NF EN 10217-2 : 05</td><td>고온 압력 배관용 전기용접 탄소강 및 합금강 강관</td><td>16Mo3</td></tr>
<tr><td>JIS G 3459</td><td>배관용 스테인리스 강관</td><td>SUS304TP, 304HTP, 304LTP, 309TP, 309STP, 310TP, 310STP, 315J1TP, 315J2TP, 316TP, 316HTP, 316LTP, 316TiTP 317TP, 317LTP, 836LTP, 890LTP 321TP, 321HTP, 347TP, 347HTP, 329J1TP, 329J3LTP,</td><td>ASTM A 312/
A 312 M : 09</td><td>배관용 이음매없는 용접 오스테나이트 스테인리스강 강관</td><td>TP201, TP201LN, TP304, TP304H, TP304L, TP304N, TP304LN, TP309S, TP309H, TP309Cb, TP309HCb, TP310H, TP310HCb, TP310H, TP316H, TP316L, TP316N, TP316LN, TP316Ti, TP317, TP317L, TP321, TP321H, TP347, TP347H, TP347LN, TP348, TP348H, TPXM-10, TPXM-11 TPXM-15, TPXM-19 TPXM-29, S20400 S30415, S30600, S30615, S30815, S31035, S31050, S31053, S31002, S31254, S31272,</td></tr>
</table>

일본 공업 규격			관련 외국 규격		
규격 번호	규격 명칭	재료 기호	규격 번호	규격 명칭	재료기호, 등급, 종류
JIS G 3459 (계속)	배관용 스테인리스 강관	SUS304TP, 304HTP, 304LTP, 309TP, 309STP, 310TP, 310STP, 315J1TP, 315J2TP, 316TP, 316HTP, 316LTP, 316TiTP 317TP, 317LTP, 836LTP, 890LTP 321TP, 321HTP, 347TP, 347HTP, 329J1TP, 329J3LTP, 329J4LTP, 405TP 409LTP, 430TP, 430LXTP, 430J1LTP, 436LTP, 444TP	ASTM A 312/ A 312 M : 09	배관용 이음매없는 용접 오스테나이트 스테인리스강 강관	S31277, S31725, S31726, S31727, S32615, S32654, S33228, S34565, S35045, S35315, S38815, N08367, N08904, N08926
			ASTM A 358/ A 358 M : 08	고온 배관용 및 일반용 전기용접 오스테나이트 Cr-Ni 스테인리스강 강관	304, 304L, 304N, 304LN, 304H, 309Cb, 309S, 310Cb, 310S, 316, 316L, 317, 317L, 321, 321H, 347, 347H, 348, XM-19, XM-29, S20400, S30415, S30600, S30815, S31254, S31266, S31725, S31726, S32050, S32654, N08020, N08810, N08926
			ASTM A 376/ A 376 M : 06	고온 배관용 이음매없는 오스테나이트강 강관 (Central-Station)	TP304, TP304H, TP304N, TP304LN, TP316, TP316H, TP316N, TP316LN, TP321, TP321H, TP347, TP347H, TP348, 16-8-2H, S31725, S31726, S34565
			ASTM A 790/ A 790 M : 09a	배관용 이음매없는 용접 페라이트/오스테나이트 스테인리스강 강관	S31200, S31260, S31500, S31803, S32003, S32101, S32202, S32205, S32304, S32506, S32520, S32550, S32707, S32750, S32760, S32808, S32900, S32906, S32950, S33207, S39274, S39277
			BS EN 10216-5 : 04(08) DIN EN 10216-5 : 04 NF EN 10216-5 : 05	압력배관용 이음매없는 스테인리스강 강관	(공통 Grade만 기재) X1NiCrMoCu25-20-5, X1CrNiMoCuN20-18-7, X2CrNi18-9, X2CrNi19-11, X2CrNiMo17-12-2, X2CrNiMo17-12-3, X2CrNiMo18-14-3, X2CrNiN23-4, X2CrNiMoN22-5-3, X2CrNiMoN17-13-5, X3CrNiMo17-13-3, X5CrNi18-10, X5CrNiMo17-12-2, X6CrNiTi18-10, X6CrNiMoTi17-12-2
			BS EN 10217-7 : 05 DIN EN 10217-7 : 05 NF EN 10217-7 : 05	압력배관용 용접 스테인리스강 강관	
			BS EN 10296-2 : 05(07) DIN EN 10296-2 : 06(07) NF EN 10296-2 : 06	기계 및 일반구조용 용접 스테인리스강 강관	
			BS EN 10297-2 : 05(07) DIN EN 10297-2 : 06(07) NF EN 10297-2 : 06	기계 및 일반구조용 이음매없는 스테인리스강 강관	
			BS EN 10312-2 : 02(05) DIN EN 10312-2 : 05 NF EN 10312-2 : 03(05)	일반 배관용 용접 스테인리스강 강관	

일본 공업 규격			관련 외국 규격		
규격 번호	규격 명칭	재료 기호	규격 번호	규격 명칭	재료기호, 등급, 종류
JIS G 3460	저온 배관용 강관	STPL380, 450, 690	ASTM A 333/ A 333 M : 10	저온 배관용 이음매없는 용접 탄소강 및 합금강 강관	1, 3, 4, 6, 7, 8, 9, 10, 11
			BS EN 10216-4 : 02(04) DIN EN 10216-4 : 04(09) NF EN 10216-4 : 02(04)	저온 압력 배관용 이음매없는 탄소강 및 합금강 강관	P215NL, P255QL, P265NL, 26CrMo4-2, 11MnNi5-3, 13MnNi6-3, 12Ni14, X12Ni5, X10Ni9
			BS EN 10217-4 : 02(05) DIN EN 10217-4 : 05 NF EN 10217-4 : 02(05)	저온 압력 배관용 전기용접 탄소강 강관	P215NL, P265NL
			ISO 9329-3 : 97	저온 압력 배관용 이음매없는 탄소강 및 합금강 강관	(공통 Grade만 기재) PL21, PL23, PL25, PL26, 11MnNi5-3, 13MnNi6-3, 12Ni14, X12Ni5
			ISO 9330-3 : 97	저온 압력 배관용 용접 탄소강 및 합금강 강관	
JIS G 3468	배관용 용접 대경 스테인리스 강관	SUS304TPY, 304LTPY, 309TPY, 310STPY, 315J1TPY, 315J2TPY, 316TPY, 316LTPY, 317TPY, 317LTPY, 321TPY, 347TPY, 329J1TPY, 329J3LTPY, 329J4LTPY	ASTM A 358/ A 358 M : 08	고온 배관용 및 일반용 전기용접 오스테나이트 Cr-Ni 스테인리스 강관	304, 304L, 304N, 304LN, 304H, 309Cb, 309S, 310Cb, 310S, 316, 316L, 316N, 316LN, 316H, 317, 317L, 321, 321H, 347, 347H, 348, XM-19, XM-29, S20400, S30415, S30600, S30815, S31254, S31266, S31725, S31726, S32050, S32654, N08020, N08367, N08800, N08810, N08926
			ASTM A 409/ A 409 M : 09	내식내열용 용접대경 오스테나이트 Cr-Ni강 강관	TP201, TP201LN, TP304, TP304L, TP309Cb, TP309S, TP310Cb, TP310S, TP316, TP316L, TP317, TP321, TP347, TP348, S20400, S24565, S30815, S31254, S31725, S31726, S31727, N08367
			BS EN 10217-7 : 05 DIN EN 10217-7 : 05 NF EN 10217-7 : 05	압력 배관용 용접 스테인리스강 강관	(공통 Grade만 기재) X1NiCrMoCu25-20-5, X1CrNiMoCuN20-18-7, X2CrNi18-9, X2CrNi19-11, X2CrNiMo17-12-2, X2CrNiMo17-12-3, X2CrNiMo18-14-3, X2CrNiMoN17-13-5, X2CrNiN23-4, X2CrNiMoN22-5-3, X3CrNiMo17-13-3, X5CrNi18-10, X5CrNiTi18-10, X6CrNiMoTi17-12-2
			BS EN 10217-7 : 05 DIN EN 10217-7 : 05 NF EN 10217-7 : 05	기계 및 일반구조용 용접 스테인리스강 강관	
			BS EN 10217-7 : 05 DIN EN 10217-7 : 05 NF EN 10217-7 : 05	일반 배관용 용접 스테인리스강 강관	

일본 공업 규격			관련 외국 규격		
규격 번호	규격 명칭	재료 기호	규격 번호	규격 명칭	재료기호, 등급, 종류
JIS G 3468 (계속)			ASTM A 409/ A 409 M : 09	내식내열용 용접대경 오스테나이트 Cr-Ni강 강관	TP201, TP201LN, TP304, TP304L, TP309Cb, TP309S, TP310Cb, TP310S, TP316, TP316L, TP317, TP321, TP347, TP348, S20400, S24565, S30815, S31254, S31725, S31726, S31727, N08367
			BS EN 10217-7 : 05 DIN EN 10217-7 : 05 NF EN 10217-7 : 05	압력 배관용 용접 스테인리스강 강관	(공통 Grade만 기재) X1NiCrMoCu25-20-5, X1CrNiMoCuN20-18-7, X2CrNi18-9, X2CrNi19-11, X2CrNiMo17-12-2, X2CrNiMo17-12-3, X2CrNiMo18-14-3, X2CrNiMoN17-13-5, X2CrNiN23-4, X2CrNiMoN22-5-3, X3CrNiMo17-13-3, X5CrNi18-10, X5CrNiTi18-10, X6CrNiMoTi17-12-2
			BS EN 10217-7 : 05 DIN EN 10217-7 : 05 NF EN 10217-7 : 05	기계 및 일반구조용 용접 스테인리스강 강관	
			BS EN 10217-7 : 05 DIN EN 10217-7 : 05 NF EN 10217-7 : 05	일반 배관용 용접 스테인리스강 강관	
JIS G 3461	보일러 · 열교 환기용 탄소강 강관	STB340, 410, 510	ASTM A 178/ A 178 M : 02(07)	보일러용 및 과열기용 전기저항 용접 탄소강 및 C-Mn강 강관	A, C, D
			ASTM A 179/ A 179 M : 90a(05)	열교환기 및 콘덴서용 냉간 다듬질 이음매없는 저탄소강 강관	
			ASTM A 192/ A 192 M : 02(07)	고압 보일러용 이음매없는 탄소강 강관	
			ASTM A 210/ A 210 M : 02(07)	보일러 및 과열기용 이음매없는 중탄소강 강관	A-1, C
			ASTM A 214/ A 214 M : 96(05)	열교환기 및 콘덴서용 전기저항 용접 탄소강 강관	
			BS EN 10216-2 : 02(07) DIN EN 10216-2 : 07 NF EN 10216-2 : 07	고온 압력 배관용 이음매없는 탄소강 및 합금강 강관	P235GH, P265GH
			BS EN 10217-2 : 02(05) DIN EN 10217-2 : 05 NF EN 10217-2 : 02(05)	고온 압력 배관용 전기용접 탄소강 및 합금강 강관	P235GH, P265GH
JIS G 3462	보일러 · 열교 환기용 합금강 강관	STBA12, 13, 20, 22, 23, 24, 25, 26	ASTM A 209/ A 209 M : 03(07)	보일러 및 과열기용 이음매없는 C-Mo합금강 강관	T1, T1a, T1b

일본 공업 규격			관련 외국 규격		
규격 번호	규격 명칭	재료 기호	규격 번호	규격 명칭	재료기호, 등급, 종류
JIS G 3462 (계속)	보일러 · 열교환기용 합금강 강관	STBA12, 13, 20, 22, 23, 24, 25, 26	ASTM A 213/ A 213 M : 10	보일러, 과열기 및 열교환기용 이음매없는 페라이트 및 오스테나이트 합금강 강관	T1, T1a, T1b T2, T5, T5b, T5c, T9, T11, T12, T17, T21, T22, T23, T24, T36, T91, T92, T122, T911, TP201, TP202, TP304, TP304L, TP304H, TP304Cb, TP304LN, TP309S, TP309H, TP309Cb, TP309HCb, TP309LMoN, TP310S, TP310H, TP310HCbN, TP310MoCbN, TP310MoLN, TP316, TP316L, TP316H, TP316Ti, TP316N, TP317, TP317L, TP317LM, TP317LMN, TP321, TP321H, TP347, TP347H, TP347HFG, TP347LN, TP347W, TP348, TP348H, TP444, XM-15, XM-19, S21500, S25700, S30432, S30434, S30615, S30815, S31002, S31035, S31060, S31254, S31272, S31277, S32050, S32615, S33228, S34565, S35045, S38815, N08925, N08926
			ASTM A 250/ A 250 M : 05(09)	보일러 및 과열기용 전기저항용접 페라이트 C-Mo 및 Cr-Mo 합금강 강관	T1, T1a, T1b, T2, T11, T12, T22
			ASTM A 423/ A 423 M : 09	이음매없는 전기용접 저합금강 강관	1, 2, 3
			BS EN 10216-2 : 02(07) DIN EN 10216-2 : 07 NF EN 10216-2 : 07	고온 압력 배관용 이음매없는 탄소강 및 합금강 강관	20MnNb6, 16Mo3, 8MoB5-4, 14MoV6-3, 10CrMo5-5, 13CrMo4-5, 10CrMo9-10, 11CrMo9-10, 25CrMo4, 20CrMoV13-5-5, 15NiCuMoNb5-6-4, X11CrMo5+1, X11CrMo5+NT1, X11CrMo5+NT2, X11CrMo9-1+1, X11CrMo9-1+NT, X11CrMoVNb9-1, X20CrMoV11-1
			BS EN 10217-2 : 02(05) DIN EN 10217-2 : 05 NF EN 10217-2 : 02(05)	고온 압력 배관용 전기용접 탄소강 및 합금강 강관	16Mo3

일본 공업 규격			관련 외국 규격		
규격 번호	규격 명칭	재료 기호	규격 번호	규격 명칭	재료기호, 등급, 종류
JIS G 3463	보일러 · 열교환기용 스테인리스강 강관	SUS304TB, 304HTB, 304LTB, 309TB, 309STB, 310TB, 310STB, 312LTB, 316TB, 316HTB, 316LTB, 316TiTB, 317TB, 317LTB, 836LTB, 890LTB, 321TB, 321HTB, 347TB, 347HTB, XM15J1TB 329J1TB, 329J3LTB, 329J4LTB, 405TB, 409TB, 409LTB, 410TB, 410TiTB, 430TB, 430LXTB, 430J1LTB, 436LTB, 444TB, XM8TB, XM27TB	ASTM A 312/ A 312 M : 10	배관용 이음매없는 용접 오스테나이트 스테인리스강 강관	TP201, TP201LN, TP304, TP304H, TP304L, TP304N, TP309H, TP309Cb, TP309HCb, TP310S, TP310Cb, TP310H, TP310HCb, TP316, TP316H, TP316L, TP316N, TP316LN, TP316Ti, TP317, TP317L, TP321, TP321H, TP347, TP347H, TP347LN, TP348, TP348H, TPXM-10, TPXM-11 TPXM-15, TPXM-19, TPXM-29, S20400, S30415, S30600, S30615, S30815, S31035, S31050, S31053, S31002, S31254, S31272, S31277, S31725, S31726, S31727, S32615, S32654, S33228, S34565, S35045, S35315, S38815, N08367, N08904, N08926
			ASTM A 249/ A 249 M : 08	보일러 · 과열기, 열교환기 및 콘덴서용 용접 오스테나이트 스테인리스강 강관	TP201, TP202, TP304, TP304L, TP304H, TP304N, TP304LN, TP305, TP309S, TP309H, TP309Cb, TP309HCb, TP310S, TP310H, TP310Cb, TP310HCb, TP316, TP316L, TP316LN, TP317, TP317L, TP321, TP321H, TP347, TP347H, TP348, TP348H, TPXM-15, TPXM-19 TPXM-29, S30415, S30615, S30815, S31050, S31254, S31277, S31725, S31726, S32050, S32053, S32654, S33228, S34565, S35045, S38815 N08367, N08904 N08926

일본 공업 규격			관련 외국 규격		
규격 번호	규격 명칭	재료 기호	규격 번호	규격 명칭	재료기호, 등급, 종류
JIS G 3463 (계속)	보일러 · 열교환기용 스테인리스강 강관	SUS304TB, 304HTB, 304LTB, 309TB, 309STB, 310TB, 310STB, 312LTB, 316TB, 316HTB, 316LTB, 316TiTB, 317TB, 317LTB, 836LTB, 890LTB, 321TB, 321HTB, 347TB, 347HTB, XM15J1TB 329J1TB, 329J3LTB, 329J4LTB, 405TB, 409TB, 409LTB, 410TB, 410TiTB, 430TB, 430LXTB, 430J1LTB, 436LTB, 444TB, XM8TB, XM27TB	ASTM A 268/ A 268 M : 10	일반용 이음매없는 용접 페라이트 및 마르텐사이트 스테인리스강 강관	TP405, TP409, TP410, TP429, TP430, TP430Ti, TP439, TP443, TP446-1, TP446-2, TP468, TPXM-27, TPXM-33 18Cr-2Mo, 29-4, 29-4-2, 26-3-3, 25-4-4, 28-2-3.5, S40800, S40977, S41500, S42035, S43932, S43940, S44735
			ASTM A 269 : 10	일반용 이음매없는 용접 오스테나이트 스테인리스강 강관	TP304, TP304L, TP304LN, TP316, TP316L, TP316LN, TP317, TP347, TP348, TPXM-10, TPXM-11, TPXM-15, TPXM-19, TPXM-29, S24565, S30600, S31254, S31725, S31726, S32654, S35045, N08367, N08904 N08926
			ASTM A 789/ A 789 M : 10	일반용 이음매없는 용접 페라이트/오스테나이트강 강관	S31200, S31260, S31500, S31803, S32001, S32003, S32101, S32202, S32205, S32304, S32506, S32520, S32550, S32707, S32750, S32760, S32808, S32900, S32906, S32950, S33207, S39274, S39277
			BS EN 10216-2 : 02(07) DIN EN 10216-2 : 07 NF EN 10216-2 : 07	고온 압력 배관용 이음매없는 탄소강 및 합금강 강관	20MnNb6, 16Mo3, 8MoB5-4, 14MoV6-3, 10CrMo5-5, 13CrMo4-5, 10CrMo9-10, 11CrMo9-10, 25CrMo4, 20CrMoV13-5-5, 15NiCuMoNb5-6-4, X11CrMo5+1, X11CrMo5+NT1, X11CrMo5+NT2, X11CrMo9-1+1, X11CrMo9-1+NT, X11CrMoVNb9-1, X20CrMoV11-1
			BS EN 10217-2 : 02(05) DIN EN 10217-2 : 05 NF EN 10217-2 : 02(05)	고온 압력 배관용 전기용접 탄소강 및 합금강 강관	16Mo3

일본 공업 규격			관련 외국 규격		
규격 번호	규격 명칭	재료 기호	규격 번호	규격 명칭	재료기호, 등급, 종류
JIS G 3463 (계속)			BS EN 10216-5 : 04(08) DIN EN 10216-5 : 04 NF EN 10216-5 : 05	압력 배관용 이음매없는 스테인리스강 강관	(공통 Grade만 기재) X1NiCrMoCu25-20-5, X1CrNiMoCuN20-18-7, X2CrNi18-9, X2CrNi19-11, X2CrNiMo17-12-2, X2CrNiMo18-14-3, X2CrNiN23-4, X2CrNiMoN22-5-3, X2CrNiMoN17-13-5, X3CrNiMo17-13-3, X5CrNi18-10, X5CrNiMo17-12-2, X6CrNiTi18-10, X2CrNiMoTi17-12-2
			BS EN 10217-7 : 05 DIN EN 10217-7 : 05 NF EN 10217-7 : 05	압력 배관용 용접 스테인리스강 강관	
			BS EN 10296-2 : 05(07) DIN EN 10296-2 : 06(07) NF EN 10296-2 : 06	기계 및 일반 구조용 용접 스테인리스강 강관	
			BS EN 10297-2 : 05(07) DIN EN 10297-2 : 06(07) NF EN 10297-2 : 06	기계 및 일반 구조용 이음매없는 스테인리스강 강관	
			BS EN 10312 : 02(05) DIN EN 10312 : 05 NF EN 10312 : 03(05)	일반 배관용 용접 스테인리스강 강관	
JIS G 3464	저온 열교환기용 강관	STBL380, 450, 690	ASTM A 334/ A 334 M : 04a(10)	저온용 이음매없는 용접 탄소강 및 합금강 강관	1, 3, 6, 7, 8, 9, 11
			BS EN 10216-4 : 02(04) DIN EN 10216-4 : 04(09) NF EN 10216-4 : 02(09)	저온 압력 배관용 이음매없는 탄소강 및 합금강 강관	P215NL, P255비, P265NL, 26CrMo4-2, 11MnNi5-3, 13MnNi6-3, 12Ni14, X12Ni5, X10Ni9
			BS EN 10217-4 : 02(05) DIN EN 10217-4 : 05 NF EN 10217-4 : 02(05)	저온 압력 배관용 전기용접 탄소강 강관	P215NL, P265NL
JIS G 3467	가열로용 강관	STF410 STFA12, 22, 23, 24, 25, 26 SUS304TF, 304HTF, 309TF, 310TF, 316TF 316HTF, 321TF, 321HTF, 347TF, 347HTF, NCF800TF NCF800HTF	ASTM A 192/ A 192 M : 02(07) ASTM A 209/ A 209 M : 03(07)	고압 보일러용 이음매없는 탄소강 강관 보일러 및 과열기용 이음매없는 C-Mo 합금강 강관	T1, T1a, T1b
JIS G 3441	기계구조용 합금강 강관	SCr420TK, SCM415TK, 418TK, 420TK, 430TK, 435TK, 440TK	ASTM A 519 : 06	기계구조용 이음매없는 탄소강 및 합금강 강관	합금강 1330~94B40까지 100 강종
			BS EN 10305-1 : 10 DIN EN 10305-1 : 10 NF EN 10305-1 : 10	냉간 다듬질 이음매없는 강관	E215, E235, E355
JIS G 3444	일반구조용 탄소강 강관	STK290, 400, 490, 500, 540	ASTM A 500/ A 500 M : 07	구조용 냉간 다듬질 용접 및 이음매없는 탄소강 환강 및 각관	A, B, C, D
			ASTM A 501 : 07	구조용 열간다듬질 용접 및 이음매없는 탄소강 강관	
			BS EN 39 : 01 DIN EN 39 : 01 NF EN 39 : 01	금속제족장관	S235GT
			ISO 2937 : 74	기계구조용 평단 이음매없는 강관	TS1, TS4, TS9, TS18, C35

일본 공업 규격			관련 외국 규격		
규격 번호	규격 명칭	재료 기호	규격 번호	규격 명칭	재료기호, 등급, 종류
JIS G 3445	기계구조용 탄소강 강관	STKM11~20 (A, B, C)	ASTM A 512 : 06	기계구조용 냉간 다듬질 단접 탄소강 강관	MT1010, MT1015, MTX1015, MT1020, MTX1020, 1008, 1010, 1012, 1015, 1016, 1018, 1019, 1020, 1021, 1025, 1026, 1030, 1035, 1110, 1115, 1117
JIS G 3446	기계구조용 스테인리스강 강관	SUS304TKA, TKC SUS316TKA, TKC SUS321TKA SUS347TKA SUS430TKA, TKC SUS410TKA, TKC SUS420J1TKA SUS420J2TKA	ASTM A 511 : 08	기계구조용 이음매없는 스테인리스강 강관	M302, MT303, MT303Se, MT304, MT304L, MT305, MT309S, MT310S, MT316, MT316L, MT317, MT321, MT347, MT403, MT410, MT414, MT416Se, MT431, MT440A, MT405, MT429, MT430, MT443, MT446-1, MT446-2, 29-4, 29-4-2
JIS G 3466	일반 구조용 각형 강관	STKR400, 490	ASTM A 500/ A 500 M : 07	구조용 냉간 다듬질 용접 및 이음매없는 탄소강 환관 및 각관	A, B, C, D
			BS EN 10025-1 : 04 DIN EN 10025-1 : 05 NF EN 10025-1 : 05	열간압연 구조용 강(일반)	Part2~6의 Grade
			BS EN 10025-2 : 04 DIN EN 10025-2 : 05 NF EN 10025-2 : 05	열간압연 구조용 강(탄소강)	S185, S235JR, S235J0, S235J2, S275JR, S275J0, S275J2, S355JR, S355K2, S450J0, E295, E335, E360
JIS G 3472	자동차구조용 전기저항 용접 탄소강 강관	STAM290GA, 290GB, 340G, 390G, 440G, 470G, 500G, 440H, 470H, 500H, 540H	ASTM A 513 : 08	기계구조용 전기저항 용접 탄소강 및 합금강 강관	MT1010, MT1015, MTX1015, MT1020, MTX1020, 1008, 1010, 1012, 1015, 1016, 1017, 1018, 1019, 1020, 1021, 1022, 1023, 1024, 1025, 1026, 1027, 1030, 1033, 1035, 1040, 1050, 1060, 1340, 1524
JIS G 3473	실린더 튜브용 탄소강 강관	STC370, 440, 510A, 510B, 540, 590A, 590B	ASTM A 519 : 06	기계구조용 이음매없는 탄소강 및 합금강 강관	MT1010, MT1015, MTX1015, MT1020, MTX1020, 1008, 1010, 1012, 1015, 1016, 1017, 1018, 1019, 1020, 1021, 1022, 1025, 1026, 1030, 1035, 1040, 1045, 1050, 1518, 1524, 1541

일본 공업 규격			관련 외국 규격		
규격 번호	규격 명칭	재료 기호	규격 번호	규격 명칭	재료기호, 등급, 종류
JIS G 3476	석유 및 천연가스 산업-파이프라인 운송 시스템용 강관	A25, A25P, A, B, X24, X46, X52, X56, X60, X65, X70, BR, X42R, BN, X42N, X46N, X52N, X56N, X60N, BQ, X42Q, X46Q, X52Q, X56Q, X60Q, X65Q, X70Q, X80Q, BM, X42M, X46M, X52M, X56M, X60M, X65M, X70M, X80M, X90M, X100M, X120M	API 5L : 07	라인 파이프	A25, A25P, A, B, X24, X46, X52, X56, X60, X65, X70, BR, X42R, BN, X42N, X46N, X52N, X56N, X60N, BQ, X42Q, X46Q, X52Q, X56Q, X60Q, X65Q, X70Q, X80Q, BM, X42M, X46M, X52M, X56M, X60M, X65M, X70M, X80M, X90M, X100M, X120M
JIS G 4903	배관용 이음매없는 니켈크롬 철합금관	NCF600TP NCF625TP NCF690TP NCF800TP NCF800HTP NCF825TP	ASTM B 167 : 08	이음매없는 Ni-Cr-Fe합금 및 Ni-Cr-Co-Mo합금관	N06025, N06045, N06600, N06601, N06603, N06617, N06690, N06693, N06696
			ASTM B 407 : 08a	이음매없는 Ni-Fe-Cr 합금관	N06811, N08120, N08800, N08801, N08810, N08811, N08890
			ASTM B 423 : 09	이음매없는 Ni-Fe-Cr-Mo-Cu합금관	N08825, N08221
JIS G 4904	열교환기용 이음매없는 니켈크롬철합금관	NCF600TB, NCF625TB, NCF690TB, NCF800TB, NCF800HTB, NCF825TB	ASTM B 163 : 08	콘덴서, 열교환기용 이음매없는 니켈 및 니켈합금관	N02200, N02201, N04400, N06600, N06601, N06603, N06025, N06045, N06096, N06690, N08120, N08800, N08801, N08810, N08811, N08825
			ASTM B 167 : 08 ASTM B 407 : 08a ASTM B 423 : 09	위표 G 4903의 란과 동일	위표 G 4903의 란과 동일
JIS A 5525	강관 파일	SKK400, 490	ASTM A 252 : 98 (07)		1, 2, 3
JIS C 8305	강제전선관	G16~104, C19~75, E19~75	BS 31 : 40 (99)	전기배선용 강제전선관 및 접속철물	A(박강), B(후강)

비고 ANSI, BS, DIN 및 ISO에 의한 상기 용도의 강관의 표준치수 규격으로서 다음의 것이 있다.

ANSI/ASME B36.10M : 1985 용접 및 이음매없는 강관
ANSI/ASME B36.19M : 1985 스테인리스 강관
BS 3600 : 1997 이음매없는 강관 및 용접강관의 치수 및 중량
DIN 2448 : 1981 이음매없는 강관 ; 치수 및 중량
DIN 2458 : 1981 용접강관 ; 치수 및 중량
ISO 4200 : 1991 용접 및 이음매없는 강관 ; 치수 및 단위길이당의 질량
ISO 1127 : 1992 스테인리스 강관 ; 치수 및 단위길이당의 질량
ISO 1129 : 1980 보일러 · 열교환기용 강관 ; 치수 및 단위길이당의 질량

17-10 선 및 선제품 관계

일본 공업 규격			관련 외국 규격	
규격 번호	규격 명칭	재료 기호	규격 번호	규격 명칭
JIS G 3521	경강선	SW-A, SW-B, SW-C	ASTM A 227/A227 M : 06 ASTM A 407 : 07 ASTM A 510 : 08 ASTM A 510 M : 08 ASTM A 679/A679 M : 06 BS 2453 : 73(05) BS EN 10264-1~3 : 02 BS 4637 : 70 (05) BS 4638 : 70 (05) DIN EN 10264-1 : 02 BS EN 10270-1 : 01 DIN EN 10270-1 : 01 ISO 2232 : 90 ISO 6984 : 90	기계 스프링용 경인강선 코일 스프링용 경인강선 일반용 탄소강선재 및 강선 일반용 탄소강선재 및 강선(Metal계) 기계 스프링용 고항장력 경인강선 스포크용 강선 와이어 로프용 강선 베드 및 시트용 코일 스프링용 탄소강선 지그재그 및 각형 스프링용 탄소강선 와이어 로프용 강선 스프링용 냉간인발 탄소강선 스프링용 냉간인발 탄소강선 와이어 로프용 냉간인발 비합금 강선 광산권상 와이어로프용 비합금 강선
JIS G 3522	피아노선	SWP-A, SWP-B, SWP-V	ASTM A 228/A228 M : 07 DIN EN 10218-2 : 08 DIN EN 10270-1 : 01 DIN EN 12166 : 11	뮤직 · 스프링용 강선 기계 스프링용 냉간인발 탄소강선 스프링용 강선(치수 · 중량) 스프링용 냉간인발 탄소강선
JIS G 3525	와이어로프		ASTM A 603 : 98 (09) BS EN 12385-4 : 08 DIN EN 10264-2 : 02 ISO 2232 : 90 ISO 2408 : 04 ISO 3108 : 74 ISO 4101 : 83 ISO 4344 : 04 ISO 6894 : 90	구조용 아연도금 와이어로프 일반 공업 및 굴삭용 와이어로프 와이어로프용 강선 와이어로프용 냉간인발 비합금 강선 일반용 와이어로프 사양 및 특성 일반용 와이어로프 실제 절단하중의 측정 엘리베이터 로프용 냉간인발 강선 리프트용 강선 광산권상 와이어로프용 비합금 강선
JIS G 3532	철선	SWM-B, SWM-F, SWM-N, SWM-A, SWM-P, SWM-C, SWM-R, SWM-I	ASTM A 82/A 82 M : 07 ASTM A 510 : 08 ASTM A 510 M : 08 ASTM A 641/A641 M : 09 ASTM A 817 : 07 ASTM A 824 : 01 (07) BS EN 10244-2 : 09 BS 1052 : 80 (05) BS 4102 : 98 (05) DIN EN 10244-2 : 09	콘크리트 보강용 냉간인발 강선 일반용 탄소강선재 및 강선 일반용 탄소강선재 및 강선(Metal계) 아연도금 탄소강선(Metal계) 마름모형 금망용 금속도금 강선(Al, Zn, Al-Zn) 마름모형 금망용 금속도금 마르셀 · 텐션 강선(Al, Zn, Al-Zn) 아연 또는 아연합금도금 강선 일반용 연강선 펜스용 강선 아연 또는 아연합금도금 강선
JIS G 3533	Barbed 와이어	BWGS-1~7	ASTM A 121 : 07 BS EN 10223 : 98	Barbed 와이어(아연도금) 펜스용 강선
JIS G 3536	PC 강선 및 PC 강연선	SWPR1AN, L SWPR1BN, L SWPD1N, L SWPR2N, L SWPD3N, L SWPR7AN, L SWPR7BN, L SWPR19N, L	ASTM A 416/A 416 M : 10 ASTM A 421/A 421 M : 10 ASTM A 779/A 779 M : 10 BS 5896 : 80 DIN 1045-1 : 08	Prestressed 콘크리트용 7본 강연선 Prestressed 콘크리트용 강선 Prestressed 콘크리트용 응력제거 7본 강연선 고강도 Prestressed 콘크리트용 강선 Prestressed 콘크리트
JIS G 3537	아연도금 강연선		ASTM A 363 : 03 (09) ASTM A 474 : 03 (09) ASTM A 586 : 04a (09) BS 183 : 72 (05)	가공지선용 아연도금 강연선 아연도금 강연선 구조용 아연도금 강연선 일반용 아연도금 강연선

비고 ( )안의 숫자는 확인연도를 나타낸다.

일본 공업 규격			관련 외국 규격	
규격 번호	규격 명칭	재료 기호	규격 번호	규격 명칭
JIS G 3538	PC 강연선	SWCR, SWCD	ASTM A 648 : 11 ASTM A 821/A 821 M : 10 BS 5896 : 80	Prestressed 콘크리트관용 경인강선 Prestressed 콘크리트 탱크용 고항장력 경인강선 고강도 Prestressed 콘크리트용 강선
JIS G 3507-2	냉간압조용 탄소강-제2부:선	SWCH	DIN EN 10263-1 : 02 DIN EN 10263-2 : 02 DIN EN 10263-3 : 02 DIN EN 10263-4 : 02 ISO 4954 : 93	냉간압조 및 냉간압출용 강/일반요구안건 냉간압조 및 냉간압출용 강/비열처리 볼트용 강 냉간압조 및 냉간압출용 강/기소강 냉간압조 및 냉간압출용 강/소입소려강 냉간압조 및 냉간압출용 강
JIS G 3543	합성수지피복철선	SWMV-B SWMV-A SWMV-GS 2, 3, 4, 5, 6, 7 SWMV-GH 2, 3, 4	ASTM F 668 : 11 BS EN 10223 : 98	염화비닐피복 마름모형 철망(Zn 또는 Al도금) 펜스용 강선
JIS G 3544	용융 알루미늄도금 철선 및 강선	SWMA-A, SWMA-B, SWHA-1, SWHA-2, SWHA-3	ASTM A 121 : 07 ASTM A 474 : 03 (08) ASTM A 491 : 11 ASTM A 809 : 08 ASTM A 817 : 07 ASTM A 824 : 01 (07) ASTM F 668 : 11	금속도금 탄소강 Barbed 와이어 알루미늄도금 철(강)연선 알루미늄도금 마름모형 철망 알루미늄도금 철(강)선 마름모형 철망용 금속도금 강선(Al, Zn, Al-Zn) 마름모형 철망용 금속도금 마르셀 · 텐션 강선(Al, Zn, Al-Zn) 염화비닐피복 마름모형 철망(Zn 또는 Al도금)
JIS G 3551	용접철망 및 철근격자	WFP, WFC, WFR, WFI, WFP-D, WFC-D, WFR-D, WFI-D	ASTM A 185/185 M : 07 BS 4483 : 05	콘크리트 보강용 용접 철망 콘크리트 보강용 철망
JIS G 3552	마름모형 철망	Z-GS 2~7, Z-GH 2~4, C-GS 2~7, C-GH 2~4, V-GS 2~4, V-GH 2, 3	ASTM A 392 : 11a ASTM F 668 : 11	아연도금 마름모형 철망 염화비닐피복 마름모형 철망(Zn 또는 Al도금)
JIS G 3560	스프링용 오일 템퍼선	SWO-A, SWO-B, SWOSM-A SWOSM-B SWOSM-C SWOSC-D	ASTM A 2291 A 229M : 99(05) BS EN 10270-2 : 1 DIN EN 10270-2 : 1	기계용 스프링용 오일 템퍼 선 스프링용 오일 조질 템퍼 강선
JIS G 3561	밸브 스프링용 오일 템퍼선	SWO-V SWOV-V SWOSC-V	ASTM A 230/A 230 M : 05 BS EN 10270-2 : 1 ASTM A 231/A 231 M : 10 ASTM A 232/A 232 M : 05 ASTM A 401/A 401 M : 10	밸브 스프링용 오일 템퍼 탄소강선 스프링용 오일 조질 템퍼 강선 스프링용 Cr-V 합금강선 밸브 스프링용 Cr-V 합금강선 스프링용 Cr-Si 합금강선

비고 (   )안의 숫자는 확인연도를 표시한다.

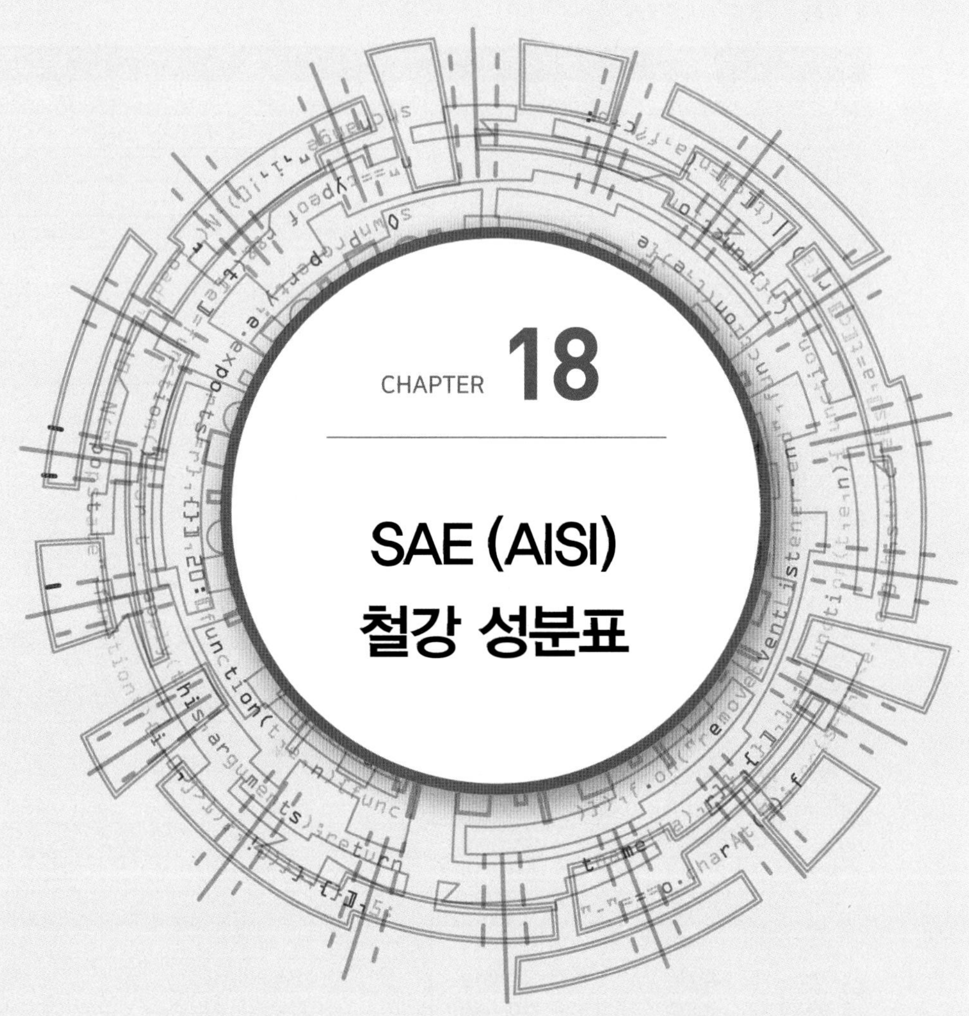

CHAPTER 18

SAE (AISI) 철강 성분표

[주] SAE (Society of Automotive Engineers)규격에서는 철강의 대부분에 번호를 붙여 표시하고 있지만 다음 표는 그의 개략이다. 단 AISI (American Iron and Steel Institute)에서는 ASE (No.)로 동일기호(No.)로 있어도 주요성분을 반드시 일치하지 않는다. 또 각항의 비고로 AISI에 대해 있지만 이것들도 단지 화학성분에 대해 있어 Si의 함유량 및 용도 등은 AISI Manual을 참조할 것

1. SAE J 402 JUL2005

SAE 기호	UNS	새로운 호칭명	강 종	참조 SAE Jxxx
			탄소강	
10XX	G10XX0	G 10XX-000-0000	유황 비첨가 탄소강 Mn 최대 1.00%	403 및 1249
11XX	G11XX0	G 11XX-000-0000	유황 쾌삭강	403 및 1249
12XX	G12XX0	G 12XX-000-0000	인 및 유황 쾌삭강	403 및 1249
15XX	G15XX0	G 15XX-000-0000	유황 비첨가 탄소강 Mn 최대 1.00% 초과	403 및 1249
			합금강	
13XX	G13XX0	G 13XX-000-0000	망간강	404 및 1249
23XX	G23XX0	G 23XX-000-0000	니켈강	1249
25XX	G25XX0	G 25XX-000-0000	니켈강	1249
31XX	G31XX0	G 31XX-000-0000	니켈크롬강	1249
32XX	G32XX0	G 32XX-000-0000	니켈크롬강	1249
33XX	G33XX0	G 33XX-000-0000	니켈크롬강	1249
34XX	G34XX0	G 34XX-000-0000	니켈크롬강	1249
40XX	G40XX0	G 40XX-000-0000	몰리브덴강	404 및 1249
41XX	G41XX0	G 41XX-000-0000	크롬몰리브덴강	404 및 1249
43XX	G43XX0	G 43XX-000-0000	니켈크롬몰리브덴강	404 및 1249
44XX	G44XX0	G 44XX-000-0000	몰리브덴강	404 및 1249
46XX	G46XX0	G 46XX-000-0000	니켈몰리브덴강	404 및 1249
47XX	G47XX0	G 47XX-000-0000	니켈크롬몰리브덴강	404
48XX	G48XX0	G 48XX-000-0000	니켈몰리브덴강	404 및 1249
50XX	G50XX0	G 50XX-000-0000	크롬강	404 및 1249
51XX	G51XX0	G 51XX-000-0000	크롬강	404 및 1249
52XX	G52XX0	G 52XX-000-0000	크롬강	404
61XX	G61XX0	G 61XX-000-0000	크롬바나듐강	404 및 1249
71XX	G71XX0	G 71XX-000-0000	텅스텐크롬강	1249
72XX	G72XX0	G 72XX-000-0000	텅스텐크롬강	1249
81XX	G81XX0	G 81XX-000-0000	니켈크롬몰리브덴강	404
86XX	G86XX0	G 86XX-000-0000	니켈크롬몰리브덴강	404 및 1249
87XX	G87XX0	G 87XX-000-0000	니켈크롬몰리브덴강	404 및 1249
88XX	G88XX0	G 88XX-000-0000	니켈크롬몰리브덴강	404
92XX	G92XX0	G 92XX-000-0000	실리콘망간강	404
93XX	G93XX0	G 93XX-000-0000	니켈크롬몰리브덴강	404 및 1249
94XX	G94XX0	G 94XX-000-0000	니켈크롬몰리브덴강	404 및 1249
97XX	G97XX0	G 97XX-000-0000	니켈크롬몰리브덴강	1249
98XX	G98XX0	G 98XX-000-0000	니켈크롬몰리브덴강	1249

2. SAE J 403 DEC09 탄소강의 화학성분 (용강분석치)

[표-1] 탄소강

이 표는 단조용 반성품(半成品), 열간압연봉, 냉간사상봉(仕上棒), 선재, 구조용 형강, 후판, 띠(帶), 박판(薄板), 용접관, 이음매없는 관에 적용된다.

UNS No.	SAE No.	화학성분 (용강분석 %)			
		C	Mn	P 최대	S 최대
G10020	1002	0.02~0.04	0.35 최대	0.030	0.050
G10030	1003	0.02~0.06	0.35 최대	0.030	0.050
G10040	1004	0.02~0.08	0.35 최대	0.030	0.050
G10050	1005	0.06 최대	0.35 최대	0.030	0.050
G10060	1006	0.08 최대	0.25~0.40	0.030	0.050
G10070	1007	0.02~0.10	0.50 최대	0.030	0.050
G10080	1008	0.10 최대	0.30~0.50	0.030	0.050
G10090	1009	0.15 최대	0.60 최대	0.030	0.050
G10100	1010	0.08~0.13	0.30~0.60	0.030	0.050
G10120	1012	0.10~0.15	0.30~0.60	0.030	0.050
G10130	1013	0.11~0.16	0.30~0.60	0.030	0.050
G10150	1015	0.13~0.18	0.30~0.60	0.030	0.050
G10160	1016	0.13~0.18	0.60~0.90	0.030	0.050
G10170	1017	0.15~0.20	0.30~0.60	0.030	0.050
G10180	1018	0.15~0.20	0.60~0.90	0.030	0.050
G10190	1019	0.15~0.20	0.70~1.00	0.030	0.050
G10200	1020	0.18~0.23	0.30~0.60	0.030	0.050
G10210	1021	0.18~0.23	0.60~0.90	0.030	0.050
G10220	1022	0.18~0.23	0.70~1.00	0.030	0.050
G10230	1023	0.02~0.25	0.30~0.60	0.030	0.050
G10250	1025	0.22~0.28	0.30~0.60	0.030	0.050
G10260	1026	0.22~0.28	0.60~0.90	0.030	0.050
G10290	1029	0.25~0.31	0.60~0.90	0.030	0.050
G10300	1030	0.28~0.34	0.60~0.90	0.030	0.050
G10330	1033	0.30~0.36	0.70~1.00	0.030	0.050
G10350	1035	0.32~0.38	0.60~0.90	0.030	0.050
G10370	1037	0.32~0.38	0.70~1.00	0.030	0.050
G10380	1038	0.35~0.42	0.60~0.90	0.030	0.050
G10390	1039	0.37~0.44	0.70~1.00	0.030	0.050
G10400	1040	0.37~0.44	0.60~0.90	0.030	0.050
G10420	1042	0.40~0.47	0.60~0.90	0.030	0.050
G10430	1043	0.40~0.47	0.70~1.00	0.030	0.050
G10440	1044	0.43~0.50	0.30~0.60	0.030	0.050
G10450	1045	0.43~0.50	0.60~0.90	0.030	0.050
G10460	1046	0.43~0.50	0.70~1.00	0.030	0.050
G10490	1049	0.46~0.53	0.60~0.90	0.030	0.050
G10500	1050	0.48~0.55	0.60~0.90	0.030	0.050
G10530	1053	0.48~0.55	0.70~1.00	0.030	0.050

UNS No.	SAE No.	화학성분 (용강분석 %)			
		C	Mn	P 최대	S 최대
G10550	1055	0.50~0.60	0.60~0.90	0.030	0.050
G10600	1060	0.55~0.65	0.60~0.90	0.030	0.050
G10650	1065	0.60~0.70	0.60~0.90	0.030	0.050
G10700	1070	0.65~0.75	0.60~0.90	0.030	0.050
G10740	1074	0.70~0.80	0.50~0.80	0.030	0.050
G10750	1075	0.70~0.80	0.40~0.70	0.030	0.050
G10780	1078	0.72~0.85	0.30~0.60	0.030	0.050
G10800	1080	0.75~0.88	0.60~0.90	0.030	0.050
G10840	1084	0.80~0.93	0.60~0.90	0.030	0.050
G10850	1085	0.80~0.93	0.70~1.00	0.030	0.050
G10860	1086	0.80~0.93	0.30~0.50	0.030	0.050
G10900	1090	0.85~0.98	0.60~0.90	0.030	0.050
G10950	1095	0.90~1.03	0.30~0.50	0.030	0.050

2. 불순물 원소 : 특별한 제품에 대해서는 불순물 원소를 구입자/공급자가 협정해야 한다.

가이드로서 이하의 값을 지시하든지 규정이 없는 경우에는 옵션 B를 적용한다.

[주1] 판제품의 옵션 A는 1060까지 적용하고 보다 높은 탄소강은 구입자/공급자의 협정에 의한다.
[주2] 옵션 D는 규정값은 아니지만 보고해야 한다.

옵션	Cu	Ni	Cr	Mo
A	0.20 최대	0.20 최대	0.15 최대	0.06 최대
B	0.35 최대	0.25 최대	0.20 최대	0.06 최대
C	0.40 최대	0.40 최대	0.30 최대	0.12 최대
D	……	……	……	……

3. 주석(注釋)

〈Pb〉 탄소강은 절삭성 향상을 위해 Pb를 0.15~0.35% 첨가해도 좋다. 이러한 강은 종류번호의 2번째와 3번째의 사이에 'L'을 삽입하는 것으로 식별한다. (예 '10L45')
UNS 표시기호도 마지막 행을 Pb 표시하는 '4'와 변경하는 것에 의해 수정한다. (예 'G10454')

〈B〉 탈산 탄소강(細粒)은 소입성의 향상을 위해 브론을 첨가해도 좋다.
이러한 강은 0.0005~0.03% 브론의 범위에서 생산한다.
이러한 강은 'B'를 강종번호의 2번째와 3번째에 삽입하는 것에 의해 식별한다. (예 '10B46')
UNS 표시기호도 마지막 행을 B를 표시하는 '1'로 변경하는 것에 의해 수정한다. (예 'G10461')

〈Cu〉 Cu가 요구되는 경우 통상 0.20% 최소가 규정된다.

〈Mn〉 구조용 형강, 판, 스트랩, 시트 및 용접관에 적용되는 G10060과 G10080에 대해서 Mn은 0.45% 최대 또는 0.50% 최대가 하한없음으로 규정된다.

〈Si〉 봉강과 반제품 : Si의 범위 또는 한도가 요구되는 경우 이하가 통상 이용될 수 있다.
0.10% 최대, 0.10~0.20%, 0.15~0.35%, 0.20~0.40%, 0.30~0.60%
선재 : Si가 요구되는 경우 S 무첨가강에 대해서 통상은 이하가 이용될 수 있다.
0.10% 최대, 0.07~0.15%, 0.10~0.20%, 0.15~0.35%, 0.20~0.40%, 0.30~0.60%

4. 극저(極底)탄소강에서 IF (Interstitial free stabilized) 강

5. 극저(極底)탄소강에서 IF (Interstitial free stabilized) 강 또는 IF (Interstitial free stabilized) 강이 아니어도 좋다.

표 2 고망간 탄소강

이 표는 단조용 반성품(半成品), 열간압연봉, 냉간사상봉(仕上棒), 선재, 구조용 형강, 후판, 띠(帶), 박판(薄板), 용접관, 이음매없는 관에 적용된다.

UNS No.	SAE No.	화학 성분 (%)			
		C	Mn	P 최대	S 최대
G 15150	1515	0.13~0.18	1.10~1.40	0.030	0.050
G 15210	1521	0.18~0.23	1.10~1.40	0.030	0.050
G 15220	1522	0.18~0.24	1.10~1.40	0.030	0.050
G 15240	1524	0.19~0.25	1.35~1.65	0.030	0.050
G 15260	1526	0.22~0.29	1.10~1.40	0.030	0.050
G 15270	1527	0.22~0.29	1.20~1.50	0.030	0.050
G 15360	1536	0.30~0.37	1.20~1.50	0.030	0.050
G 15410	1541	0.36~0.44	1.35~1.65	0.030	0.050
G 15470	1547	0.43~0.51	1.35~1.65	0.030	0.050
G 15480	1548	0.44~0.52	1.10~1.40	0.030	0.050
G 15520	1552	0.47~0.55	1.20~1.50	0.030	0.050
G 15660	1566	0.60~0.71	0.85~1.15	0.030	0.050

1. 표 2의 P, S는 규정값이다. 그 외의 값으로 하는 경우는 협정해야 한다. 대표적인 값으로서 판제품에서는 P≦0.030, S≦0.035, 조강제품에서는 P≦0.040, S≦0.050이다.
2. 불순물 원소 : 특별한 제품에 대해서는 불순물 원소를 구입자/공급자가 협정해야 한다.
   가이드로서 이하의 값을 표시하지만 규정이 없는 경우는 옵션 B를 적용한다.

[주1] 판제품의 옵션 A는 1060 까지 적용하고 보다 높은 탄소강은 구입자/공급자의 협정에 의한다.
[주2] 옵션 D는 규정값은 아니지만 보고해야 한다.

옵션	Cu	Ni	Cr	Mo
A	0.20 최대	0.20 최대	0.15 최대	0.06 최대
B	0.35 최대	0.25 최대	0.20 최대	0.06 최대
C	0.40 최대	0.40 최대	0.30 최대	0.12 최대
D	……	……	……	……

3. 주석

〈Pb〉 탄소강은 절삭성 향상을 위해 Pb를 0.15~0.35% 첨가해도 좋다. 이러한 강은 종류번호의 2번째와 3번째의 사이에 'L'을 삽입하는 것으로 식별한다. (예 '10L45')
UNS 표시기호도 마지막 행을 Pb 표시하는 '4'와 변경하는 것에 의해 수정한다. (예 'G10454')

〈C〉 탈산 탄소강(細粒)은 소입성의 향상을 위해 브론을 첨가해도 좋다.

이러한 강은 0.0005~0.03% 브론의 범위에서 생산한다.

이러한 강은 'B'를 강종번호의 2번째와 3번째에 삽입하는 것에 의해 식별한다. (예 '10B46')

UNS 표시기호도 마지막 행을 B를 표시하는 '1'로 변경하는 것에 의해 수정한다. (예 'G10461')

〈Cu〉 Cu가 요구되는 경우 통상 0.20% 최소가 규정된다.

〈Mn〉 구조용 형강, 판, 스트랩, 시트 및 용접관에 적용되는 G10060과 G10080에 대해서 Mn은 0.45% 최대 또는 0.50% 최대가 하한없음으로 규정된다.

〈Si〉 봉강과 반제품 : Si의 범위 또는 한도가 요구되는 경우 이하가 통상 이용될 수 있다.

0.10% 최대, 0.10~0.20%, 0.15~0.35%, 0.20~0.40%, 0.30~0.60%

선재 : Si가 요구되는 경우 S 무첨가강에 대해서 통상은 이하가 이용될 수 있다.

0.10% 최대, 0.07~0.15%, 0.10~0.20%, 0.15~0.35%, 0.20~0.40%, 0.30~0.60%

표 3A 유황쾌삭강

이 표는 단조용 반성품(半成品), 열간압연봉, 냉간사상봉(仕上棒), 선재, 이음매없는 관에 적용된다.

UNS No.	SAE No.	화학 성분 (%)				
		C	Mn	P 최대	S 최대	V 최대
G 11170	1117	0.14~0.20	1.00~1.30	0.030	0.08~0.13	–
G 11180	1118	0.14~0.20	1.30~1.60	0.030	0.08~0.13	–
G 11260	1126	0.23~0.29	0.70~1.00	0.030	0.08~0.13	–
G 11320	1132	0.27~0.34	1.35~1.85	0.030	0.08~0.13	–
G 11370	1137	0.32~0.39	1.35~1.65	0.030	0.08~0.13	–
G 11380	1138	0.34~0.40	0.70~1.00	0.030	0.08~0.13	–
G 11400	1140	0.37~0.44	0.70~1.00	0.030	0.08~0.13	–
G 11410	1141	0.37~0.45	1.35~1.65	0.030	0.08~0.13	–
G 11411	11V41	0.37~0.45	1.35~1.65	0.030	0.08~0.13	0.04~0.08
G 11440	1144	0.40~0.48	1.35~1.65	0.030	0.24~0.33	–
G 11460	1146	0.42~0.49	0.70~1.00	0.030	0.08~0.13	–
G 11510	1151	0.48~0.55	0.70~0.90	0.030	0.08~0.13	–

표 3B 인·유황쾌삭강

이 표는 단조용 반성품(半成品), 열간압연봉, 냉간사상봉(仕上棒), 선재, 이음매없는 관에 적용된다.

UNS No.	SAE No.	화학 성분 (%)				
		C 최대	Mn	P	S	Pb
G 12120	1212	0.13	0.70~1.00	0.07~0.12	0.16~0.23	–
G 12130	1213	0.13	0.70~1.00	0.07~0.12	0.24~0.33	–
G 12150	1215	0.09	0.75~1.05	0.04~0.09	0.26~0.35	–
G 12144	12L14	0.15	0.85~1.15	0.04~0.09	0.26~0.35	0.15~0.35

1. 불순물 원소 : 특별한 제품에 대해서는 불순물 원소를 구입자/공급자가 협정해야 한다.
   가이드로서 이하의 값을 표시하지만 규정이 없는 경우는 옵션 B를 적용한다.

[주1] 판제품의 옵션 A는 1060 까지 적용하고 보다 높은 탄소강은 구입자/공급자의 협정에 의한다.

[주2] 옵션 D는 규정값은 아니지만 보고해야 한다.

옵션	Cu	Ni	Cr	Mo
A	0.20 최대	0.20 최대	0.15 최대	0.06 최대
B	0.35 최대	0.25 최대	0.20 최대	0.06 최대
C	0.40 최대	0.40 최대	0.30 최대	0.12 최대
D	……	……	……	……

2. 주석

〈Pb〉 탄소강은 절삭성 향상을 위해 Pb를 0.15~0.35% 첨가해도 좋다. 이러한 강은 종류번호의 2번째와 3번째의 사이에 'L'을 삽입하는 것으로 식별한다. (예 '10L45')
UNS 표시기호도 마지막 행을 Pb 표시하는 '4'와 변경하는 것에 의해 수정한다. (예 'G10454')

〈Si〉 12XX 시리즈에서는 절삭성에 악영향을 끼치는 Si는 규정하지 않는다.

표 4 탄소강의 성분 : 단조용 반제품, 열간 · 냉간다듬질 봉강, 선재, 심레스튜브

성분	범위한도 %		
	규정원소의 최대값	범위	최소값
C[1]			0.01
	C≦0.25	0.05	
	0.25<C≦0.40	0.06	
	0.40<C≦0.55	0.07	
	0.55<C≦0.80	0.10	
	0.80<C	0.13	
Mn			0.35
	Mn≦0.40	0.15	
	0.40<Mn≦0.50	0.20	
	0.50<Mn≦1.65	0.30	
P			
	0.40<P≦0.08	0.03	
	0.08<P≦0.13	0.05	
S			0.035
	0.05<S≦0.09	0.03	
	0.09<S≦0.15	0.05	
	0.15<S≦0.23	0.07	
	0.23<S≦0.35	0.09	
Si[2] 봉강			
	Si≦0.15	0.08	
	0.15<Si≦0.20	0.10	
	0.20<Si≦0.30	0.15	
	0.30<Si≦0.60	0.20	
선재	Si가 요구되는 경우는 아래의 범위와 한도가 사용된다. 0.10 최대 0.07~0.15 0.10~0.20 0.15~0.35 0.20~0.40 0.30~0.60		
Cu	규정된 경우는 0.20% 이상		
Pb[3]	요구되는 경우 통상 0.15~0.35%		
B	브론처리세립강은 0.0005~0.003%		

1. 상기의 C 범위는 Mn의 최대값이 1.10%를 초과하지 않는 때에 적용한다.
   Mn의 상한이 1.10%를 초과하는 경우는 통상 상기 C 범위에 0.01을 더한다.
2. P, S 첨가강은 Si는 그 절삭성에 악영향으로 통상은 규정하지 않는다.
3. Pb는 0.15~0.35%의 범위에서 보고한다. Pb는 통상 주형이나 과(鍋)로의 주입류에 첨가된다.

표 5 탄소강의 성분 : 구조용 형강, 판, 스트랩, 박판, 용접관

성분	범위 한도 %		
	규정 원소의 최대값	범위	최소값
C[1]			0.08(2)
	C≦0.15	0.05	
	0.15<C≦0.30	0.06	
	0.30<C≦0.40	0.07	
	0.40<C≦0.60	0.08	
	0.60<C≦0.80	0.11	
	0.80<C≦1.35	0.14	
Mn			0.40
	Mn≦0.50	0.20	
	0.50<Mn≦1.15	0.30	
	1.15<Mn≦1.65	0.35	
P			0.04
	P≦0.08	0.03	
	0.08<P≦0.15	0.05	
S			0.05
	S≦0.08	0.03	
	0.08<S≦0.15	0.05	
	0.15<S≦0.23	0.07	
	0.23<S≦0.33	0.10	
Si			0.10
	Si≦0.15	0.08	
	0.15<Si≦0.30	0.15	
	0.30<Si≦0.60	0.30	
Cu	요구되는 경우는 0.20% 이상		

1. 상기의 C 범위는 Mn의 최대값이 1.00%를 초과하지 않는 때에 적용한다.
   Mn의 상한이 1.00%를 초과하는 경우는 통상 상기 C 범위에 0.01을 더한다.
2. 구조용 형강, 판에 대해서는 0.12% 최대

표 6 추가 보고 원소

표 번호	추가 원소
1, 2, 3A, 3B	C, Mn, P, S, Si(1), Al, Cu(1), Ni(1), Cr(1), Mo(1), Nb(Cb)(2), Ti(2), V(2), B, N

1. 분석치가 0.02% 미만인 경우는 <0.02%로 보고해도 좋다.
2. 이러한 원소의 양이 0.008% 미만에 있으면 <0.008%로 보고해도 좋다.
3. 고객으로부터 규정된 경우 As, Sb는 보고할 것

3. SAE J 404 JAN09 합금강의 화학성분 (용강분석치)

a. 합금강

UNS No.	SAE No.	화학성분[1] %								
		C	Mn	P	S	Si[4]	Ni	Cr	Mo	V
G 13300	1330	0.28~0.33	1.60~1.80	0.030	0.040	0.15~0.35	–	–	–	–
G 13350	1335	0.33~0.38	1.60~1.90	0.030	0.040	0.15~0.35	–	–	–	–
G 13400	1340	0.38~0.43	1.60~1.90	0.030	0.040	0.15~0.35	–	–	–	–
G 13450	1345	0.43~0.48	1.60~1.90	0.030	0.040	0.15~0.35	–	–	–	–
G 40230	4023	0.20~0.25	0.70~0.90	0.030	0.040	0.15~0.35	–	–	0.20~0.30	–
G 40270	4027	0.25~0.30	0.70~0.90	0.030	0.040	0.15~0.35	–	–	0.20~0.30	–
G 40370	4037	0.35~0.40	0.70~0.90	0.030	0.040	0.15~0.35	–	–	0.20~0.30	–
G 40470	4047	0.45~0.50	0.70~0.90	0.030	0.040	0.15~0.35	–	–	0.20~0.30	–
G 41180	4118	0.18~0.23	0.70~0.90	0.030	0.040	0.15~0.35	–	0.40~0.60	0.08~0.15	–
G 41200	4120	0.18~0.23	0.90~1.20	0.030	0.040	0.15~0.35	–	0.40~0.60	0.13~0.20	–
G 41300	4130	0.28~0.33	0.40~0.60	0.030	0.040	0.15~0.35	–	0.80~1.10	0.15~0.25	–
G 41350	4135	0.33~0.38	0.70~0.90	0.030	0.040	0.15~0.35	–	0.80~1.10	0.15~0.25	–
G 41370	4137	0.35~0.40	0.70~0.90	0.030	0.040	0.15~0.35	–	0.80~1.10	0.15~0.25	–
G 41400	4140	0.33~0.43	0.75~1.00	0.030	0.040	0.15~0.35	–	0.80~1.10	0.15~0.25	–
G 41420	4142	0.40~0.45	0.75~1.00	0.030	0.040	0.15~0.35	–	0.80~1.10	0.15~0.25	–
G 41450	4145	0.43~0.48	0.75~1.00	0.030	0.040	0.15~0.35	–	0.80~1.10	0.15~0.25	–
G 41500	4150	0.48~0.53	0.75~1.00	0.030	0.040	0.15~0.35	–	0.80~1.10	0.15~0.25	–
G 43200	4320	0.17~0.22	0.45~0.65	0.030	0.040	0.15~0.35	1.65~2.00	0.40~0.60	0.20~0.30	–
G 43400	4340	0.38~0.43	0.60~0.80	0.030	0.040	0.15~0.35	1.65~2.00	0.70~0.90	0.20~0.30	–
G 43406	E4340[2]	0.38~0.43	0.65~0.85	0.025	0.025	0.15~0.35	1.65~2.00	0.70~0.90	0.20~0.30	–
G 46150	4615	0.13~0.18	0.45~0.65	0.030	0.040	0.15~0.35	1.65~2.00	–	0.20~0.30	–
G 46170	4617	0.16~0.21	0.40~0.65	0.030	0.040	0.15~0.35	1.65~2.00	–	0.20~0.30	–
G 46200	4620	0.17~0.22	0.45~0.65	0.030	0.040	0.15~0.35	1.65~2.00	–	0.20~0.30	–
G 48200	4820	0.18~0.23	0.50~0.70	0.030	0.040	0.15~0.35	3.25~3.75	–	0.20~0.30	–
G 50461	50B46[3]	0.44~0.49	0.75~1.00	0.030	0.040	0.15~0.35	0.20~0.35	0.20~0.35	–	–
G 51150	5115	0.13~0.18	0.70~0.90	0.030	0.040	0.15~0.35	–	0.70~0.90	–	–
G 51200	5120	0.17~0.22	0.70~0.90	0.030	0.040	0.15~0.35	–	0.70~0.90	–	–
G 51300	5130	0.28~0.33	0.70~0.90	0.030	0.040	0.15~0.35	–	0.80~1.10	–	–
G 51320	5132	0.30~0.35	0.60~0.80	0.030	0.040	0.15~0.35	–	0.75~1.00	–	–
G 51400	5140	0.38~0.43	0.70~0.90	0.030	0.040	0.15~0.35	–	0.70~0.90	–	–
G 51500	5150	0.48~0.53	0.70~0.90	0.030	0.040	0.15~0.35	–	0.70~0.90	–	–
G 51600	5160	0.56~0.64	0.75~1.00	0.030	0.040	0.15~0.35	–	0.70~0.90	–	–
G 51601	51B60[3]	0.56~0.64	0.75~1.00	0.030	0.040	0.15~0.35	–	0.70~0.90	–	–
G 52985	52100	0.93~1.05	0.25~0.45	0.025	0.025	0.15~0.35	–	1.35~1.60	–	–
G 52986	E52100[2]	0.98~1.10	0.25~0.45	0.025	0.025	0.15~0.35	–	1.30~1.60	–	–
G 61500	6150	0.48~0.53	0.70~0.90	0.030	0.040	0.15~0.35	–	0.80~1.10	–	0.15 이상
G 86150	8615	0.13~0.18	0.70~0.90	0.030	0.040	0.15~0.35	0.40~0.70	0.40~0.60	0.15~0.25	–
G 86170	8617	0.15~0.20	0.70~0.90	0.030	0.040	0.15~0.35	0.40~0.70	0.40~0.60	0.15~0.25	–
G 86200	8620	0.18~0.23	0.70~0.90	0.030	0.040	0.15~0.35	0.40~0.70	0.40~0.60	0.15~0.25	–
G 86220	8622	0.20~0.25	0.70~0.90	0.030	0.040	0.15~0.35	0.40~0.70	0.40~0.60	0.15~0.25	–
G 86250	8625	0.23~0.28	0.70~0.90	0.030	0.040	0.15~0.35	0.40~0.70	0.40~0.60	0.15~0.25	–
G 86270	8627	0.25~0.30	0.70~0.90	0.030	0.040	0.15~0.35	0.40~0.70	0.40~0.60	0.15~0.25	–

UNS No.	SAE No.	화학성분[1] %								
		C	Mn	P	S	Si[4]	Ni	Cr	Mo	V
G 86300	8630	0.28~0.33	0.70~0.90	0.030	0.040	0.15~0.35	0.40~0.70	0.40~0.60	0.15~0.25	–
G 86370	8637	0.38~0.43	0.75~1.00	0.030	0.040	0.15~0.35	0.40~0.70	0.40~0.60	0.15~0.25	–
G 86400	8640	0.38~0.43	0.75~1.00	0.030	0.040	0.15~0.35	0.40~0.70	0.40~0.60	0.15~0.25	–
G 86450	8645	0.43~0.48	0.75~1.00	0.030	0.040	0.15~0.35	0.40~0.70	0.40~0.60	0.15~0.25	–
G 86550	8655	0.51~0.59	0.75~1.00	0.030	0.040	0.15~0.35	0.40~0.70	0.40~0.60	0.15~0.25	–
G 87200	8720	0.18~0.23	0.70~0.90	0.030	0.040	0.15~0.35	0.40~0.70	0.40~0.60	0.20~0.30	–
G 87400	8740	0.40~0.45	0.75~1.00	0.030	0.040	0.15~0.35	0.40~0.70	0.40~0.60	0.15~0.25	–
G 88220	8822	0.200.25	0.75~1.00	0.030	0.040	0.15~0.35	0.40~0.70	0.40~0.60	0.30~0.40	–
G 92540	9254	0.51~0.59	0.60~0.80	0.030	0.040	1.20~1.60	–	0.60~0.80	–	–
G 92590	9259	0.56~0.64	0.75~1.00	0.030	0.040	0.70~1.10	–	0.45~0.65	–	–
G 92600	9260	0.56~0.64	0.75~1.00	0.030	0.040	1.80~2.20	–	–	–	–

[주] (1) 성분변동은 SAE J409의 표 3 참조
불순물 원소의 허용량 Cu≦0.35%, Ni≦0.25%, Cr≦0.20%, Mo≦0.06%
(2) 전기로강
(3) 브론 함유량은 0.0005~0.003%
(4) 협정에 따라 다른 범위도 가능
(5) 납합금강은 절삭성 향상을 위해 0.15~0.35% 납을 첨가할 수가 있다. 이런 강의 식별은 기호숫자의 2번째와 3번째와의 사이에 'L'을 넣어 51L40과 같이 표시한다.
(6) 표 1의 P, S의 값은 기본값을 표시하고 있다. 협정에 따라 다른 값도 가능하다. 판제품에서 전형적인 값은 P≦0.030, S≦0.035 이고, ASTME의 장척(長尺)제품은 P≦0.040, S≦0.050 이다.
(7) 보고해야 할 원소

C, Mn, P, Si[1], Al[2], Cu[1], Ni[1], Cr[1], Mo[1], Nb(Cd)[2], Ti[2], V[2], B N
1. 이들 원소의 값이 0.02% 미만이면 '<0.02%'로 보고해도 좋다.
2. 이들 원소의 값이 0.008% 미만이면 '<0.008%'로 보고해도 좋다.
3. 구입자가 규정한 경우는 As와 Sb로 보고한다.

4. SAE J1268 MAY95 H강(탄소강 및 합금강)의 화학성분

탄소강 및 탄소보론강의 H강

UNS No.	SAE No.	화학 성분 (%)					상당 AISI No.
		C	Mn	Si	P[2]	S[2]	
H 10380	1038 H	0.34~0.43	0.50~1.00	0.15~0.35	0.040 이하	0.050 이하	1038 H
H 10450	1045 H	0.42~0.51	0.50~1.00	0.15~0.35	0.040 이하	0.050 이하	1045 H
H 15220	1522 H	0.17~0.25	1.00~1.50	0.15~0.35	0.040 이하	0.050 이하	1522 H
H 15240	1524 H	0.18~0.26	1.25~1.75	0.15~0.35	0.040 이하	0.050 이하	1524 H
H 15260	1526 H	0.21~0.30	1.00~1.50	0.15~0.35	0.040 이하	0.050 이하	1526 H
H 15410	1541 H	0.35~0.45	1.25~1.75	0.15~0.35	0.040 이하	0.050 이하	1541 H
H 15211	15B21H[1]	0.17~0.24	0.70~1.20	0.15~0.35	0.040 이하	0.050 이하	15B21H[1]
H 15281	15B28H[1]	0.25~0.34	1.00~1.50	0.15~0.35	0.040 이하	0.050 이하	15B28H[1]
H 15301	15B30H[1]	0.27~0.35	0.70~1.20	0.15~0.35	0.040 이하	0.050 이하	15B30H[1]
H 15351	15B35H[1]	0.31~0.39	0.70~1.20	0.15~0.35	0.040 이하	0.050 이하	15B35H[1]
H 15371	15B37H[1]	0.30~0.39	1.00~1.50	0.15~0.35	0.040 이하	0.050 이하	15B37H[1]
H 15411	15B41H[1]	0.35~0.45	1.25~1.75	0.15~0.35	0.040 이하	0.050 이하	15B41H[1]
H 15481	15B48H[1]	0.43~0.53	1.00~1.50	0.15~0.35	0.040 이하	0.050 이하	15B48H[1]
H 15621	15B62H[1]	0.54~0.67	1.00~1.50	0.40~0.60	0.040 이하	0.050 이하	15B62H[1]

[주] (1) B 0.0005~0.003% (2) 전기로의 경우 P.S 최대치 0.025%로 강종명의 앞에 E를 붙인다.

CHAPTER 19

철강재료기호 신구 대조표

■ 제강용선(製鋼用銑) [G 2201] 폐지 (→—)

1976	1960	1953	1950
1종 1호	1종 1호	1종 1호	1호
1종 2호	1종 2호	1종 2호	2호
폐 지	2종 1호	2종 1호	저인선 G 2203 특호
폐 지	2종 2호	2종 2호	저인선 G 2203-50 1호
3종 1호 A B	3종 1호 2호	3종	
		4종 1호	저탄소선 G 2205-50 갑
		4 종 2호	저탄소선 G 2205-50 을
			저인선 G 2203-50 2호

■ 주물용선 [G 2202] 폐지 (→—)

1976	1960	1953	1950
1종 1호 A	1종 1호 A	1종 1호 A	1호 갑
1종 1호 B	1종 1호 B	1종 1호 B	
1종 1호 C	1종 1호 C	1종 1호 C	1호 을
1종 1호 D	1종 1호 D	1종 1호 D	
1종 2호	1종 2호	1종 2호	2호
2종 1호 A	2종 갑 1호	2종 갑 1호	가단주철용선 G 2204-50 1호 갑
2종 1호 B	2종 갑 2호	2종 갑 2호	가단주철용선 G 2204-50 2호 갑
2종 1호 C	2종 을 1호	2종 을 1호	가단주철용선 G 2204-50 1호 을
2종 1호 D	2종 을 2호	2종 을 2호	가단주철용선 G 2204-50 2호 을
2종 1호 E	2종 병 1호	2종 병	
2종 2호	2종 병 2호	2종 병	
3종 1호 A	3종 1호 A		
3종 1호 B	3종 1호 B		
3종 1호 C	3종 1호 C		
3종 1호 D	3종 1호 D		
3종 2호	3종 2호		

■ 페로망간 [G 2301 : 1998]

1978	1964	1956	1953	1950
FMnH0	FMnH0	FMnH0	FMnH0	FMnH0
FMnH1	FMnH1	FMnH1	FMnH1	FMnH1
폐 지	FMnH2	FMnH2 FMnH3	FMnH2 FMnH3	FMnH2 FMnH3
FMnM0	FMnM0	FMnM0 FMnM1		
FMnM2	FMnM2	FMnM2 FMnM3	FMnM1 FMnM2	FMnM1 FMnM2
FMnL0	FMnL0	FMnL0		
FMnL1	FMnL1	FMnL1	FMnL2 FMnL1	FMnL1

■ 페로실리콘 [G 2302 : 1998]

1978	1960	1953	1950
FSi1	FSi1	FSi1	FSi1
FSi2	FSi2	FSi2	FSi2
FSi3	FSi3	FSi3	FSi3
폐 지	FSi4	FSi4 FSi5	FSi4 FSi5
FSi6	FSi6	FSi6	

■ 페로크롬 [G 2303 : 1998]

1978	1969	1964	1956	1953	1950
FCrH0					
FCrH1	FCrH1	FCrH1	FCrH1		
FCrH2	FCrH2	FCrH2	FCrH2	FCrH2	
FCrH3	FCrH3	FCrH3	FCrH3	FCrH1	FCrH1
FCrH4	–	FCrH4			
–	–	–	FCrM1		
–	–	–	FCrM2	FCrM	
FCrM3	FCrM3	FCrM3			
FCrM4	FCrM4	FCrM4			
FCrL1	FCrL1	FCrL1	FCrL1		FCrL1
FCrL2	FCrL2	FCrL2	FCrL2		
FCrL3	FCrL3	FCrL3	FCrL3		
FCrL4	FCrL4	FCrL4	FCrL4	FCrL	

■ 실리콘망간 [G 2304 : 1998]

1956	1953	1950
SiMn0	SiMn1	SiMn1
SiMn1	SiMn2	SiMn2
SiMn2		
SiMn3	SiMn3 SiMn4	SiMn3 SiMn4

■ 페로텅스텐 [G 2306 : 1998]

1964	1956	1953	1950
		FW0	FW0
FW1	FW1	FW1	FW1
	FW2	FW2	FW2

• 페로몰리브덴 [G 2307 : 1998]

1956	1953	1950
FMoH	FMo2	FMo2
FMoL	FMo1	FMo1

■ 페로바나듐 [G 2308 : 1998]

1960	1953	1950
FV1	FV1	FV1
FV2	FV2	FV2

■ 페로티탄 [G 2309 : 1998]

1969	1960	1953	1950
		FTiH1	FTiH1
폐 지	FTiH1	FTiH2	FTiH2
FTiL0			
FTiL1	FTiL1	FTiL1 FTiL2	FTiL1
FTiL3	FTiL3	FTiL3 FTiL4	FTiL2 FTiL3

■ 페로호스호르 [G 2310 : 1986]

1964	1950
FP1	FP1
–	FP2

■ 금속망간 [G 2311 : 1986]

1964	1956	1953	1950
MMnE	MMnE	MMn1	MMn1
	MMnD	MMn2	MMn2

■ 칼슘실리콘 [G 2314 : 1986]

1964	1956	1953	1950
CaSi1	CaSi1	CaSi1	
CaSi2	CaSi2	CaSi2	CaSi
–	CaSi3		

■ 실리콘크롬 [G 2315 : 1998] SiCr○

1960	1953
	SiCr1
SiCr	SiCr2

■ 페로니켈 [G 2316 : 2000]

1978	1956	1953
FNiH1	FNiH	FNi3
FNiH2		
폐 지	FNiM1	
폐 지	FNiM2	FNi2
FNiL1	FNiL1	FNi0
FNiL2	FNiL2	
폐 지	FNiL3	FNi1

■ 페로니오브 [G 2319 : 1998]

1969	1961
FNb1	FNb
FNb2	

■ 일반구조용압연강재 [G 3101 : 2010] SS○○

1991	1966	1964	1959
SS330	SS34	철근콘크리트용 봉강	SS34
SS400	SS41		SS41
SS490	SS50		SS50
		SR24	SS39
		SR30	SS49
SS540	SS55		

■ 보일러 및 압력용기용 탄소강 및 몰리브덴강 강판 [G 3103 : 2007]

1991	1977	1966	1953
			판 SB35A
	폐 지	판 SB35	SB35B
SB410	SB42	SB42	SB42B SB42C SB46A
SB450	SB46	SB46	SB46B SB46C
SB480	SB49	SB49	
SB450M	SB46M	SB46M	
SB480M	SB49M 폐 지	SB49M SB56M ↓ G 3119 SBV1B	
			판 SB42K
	폐 지	봉 SB42	봉 SB42
	폐 지	봉 SB46	봉 SB46

■ 리벳용 원형강 [G 3104] 폐지

2011	1991	1976	1953
폐 지	SV330	SV34	SV34
폐 지	SV400	SV41	SV41A
–	–	폐 지	SV41B
–	–	폐 지	SV39

■ 체인용 원형강 [G 3105 : 2004]

1991	1976	1953
–	폐 지	SBC
SBC300	SBC31	
SBC490	SBC50	
SBC690	SBC70	

■ 용접구조용압연강재 [G 3106 : 2008]

1991	1966	1959	1952
SM400A	SM41A	SM41A	SM41W
SM400B	SM41B	SM41B	
SM400C	SM41C	SM41C	
SM490A	SM50A	SM50A	
SM490B	SM50B	SM50B	
SM490C	SM50C	SM50C	
			SM41 SMF41 SMF41W
SM490YA	SM50YA		
SM490YB	SM50YB		
SM520B	SM53B		
SM520C	SM53C		
SM570	SM58		

■ 재생강재 [G 3111 : 2005]

2005	1987*	1976	1956
SRB330	SRB34 (SRB330)	SRB34	SRB34
SRB380	SRB39 (SRB380)	SRB39	SRB39
SRB480	SRB49 (SRB480)	SRB49	SRB49

[주] * 1991년 1월 1일부터 ( ) 안의 기호(SI단위)로 대체한다.

■ 철근 콘크리트용 봉강 [G 3112 : 2010]

1991	1985	1975	1964	1959
SR235	SR24	SR24	SR24	SS39
SR295	SR30	SR30	SR30	SS49
–	폐 지	SD24	SD24	SSD39
SD295A	SD30A	SD30	SD30	SSD49
SD345	SD35	SD35	SD35	–
SD390	SD40	SD40	SD40	–
SD490	SD50	SD50	SD50	–
–	폐 지	폐 지	SDC40	–
–	폐 지	폐 지	SDC50	–
SD295B	SD30B			

■ 용접 구조용 내후성 열간압연강재 [G 3114 : 2008]

1991	1983	1968
SMA400AW, SMA400AP	SMA41AW, SMA41AP	SMA41A
SMA400BW, SMA400BP	SMA41BW, SMA41BP	SMA41B
SMA400CW, SMA400CP	SMA41CW, SMA41CP	SMA41C
SMA490AW, SMA490AP	SMA50AW, SMA50AP	SMA50A
SMA490BW, SMA490BP	SMA50BW, SMA50BP	SMA50B
SMA490CW, SMA490CP	SMA50CW, SMA50CP	SMA50C
SMA570W, SMA570P	SMA58W, SMA58P	SMA58

■ 압력용기용 강판 [G 3115 : 2010]

2000	1990*	1968
SPV235	SPV24(SPV235)	SPV24
SPV315	SPV32(SPV315)	SPV32
SPV355	SPV36(SPV355)	SPV36
SPV410	SPV42(SPV410)	
SPV450	SPV46(SPV450)	SPV46
SPV490	SPV50(SPV490)	SPV50

[주] * 1991년 1월 1일부터 ( ) 안의 기호(SI단위)로 대체한다.

■ 고압가스용기용 강판 및 강대 [G 3116 : 2010]

2000	1990*	1987	1977	1973	1968
SG255	SG26(SG255)	SG26	SG26	SG26	SG26
SG295	SG30(SG295)	SG30	SG30	SG30	SG30
SG325	SG33(SG325)	SG33	SG33	SG33	SG33
SG365	SG37(SG365)	SG37	SG37	SG37	SG37

■ 철근 콘크리트용 재생봉강 [G 3117 : 1987]

1991	1984	1975	1969
SRR235	SRR24	SRR24	SRR24
–	폐 지	SRR40	SRR40
SRR295	SRR30		
SDR235	SDR24		
SDR295	SDR30	SDR24	
SDR345	SDR35		

■ 중 · 상온 압력용기용 탄소강 강판 [G 3118 : 2010]

2000	1987*	1977	1973	1970
SGV410	SGV42(SGV410)	SGV42	SGV42	SGV42
SGV450	SGV46(SGV450)	SGV46	SGV46	SGV46
SGV480	SGV49(SGV480)	SGV49	SGV49	SGV49

■ 보일러 및 압력용기용 망간몰리브덴강 및 망간몰리브덴니켈강 강판 [G 3119 : 2007]

1970
SBV1A
SBV1B
SBV2
SBV3

■ 연마봉강 [G 3123 : 2004]

1979	1955	볼트너트용 냉간인발봉강 G 3121-51	축용 연마봉강 G 3122-52
–	S○○C-D	S○○C-D	S○○C-D
–	SUM○○-D	SUM○○-D	SUM○○-D
SGD○○	DSS○○B-D	SS○○B-D	SS○○B-D

■ 열간압연 연강판 및 강대 [G 3131 : 2010/추보1 : 2011]

2005	1967	탄소강대강 G 3307-1957	열간압연박강판 G 3301-1956
SPHC	SPHC	SPH2	SPN1~5
SPHD	SPHD	SPH1	
SPHE	SPHE		
SPHF	–		

■ 저온압력용기용 탄소강 강판 [G 3126 : 2009]

2000	1990*	1972
SLA235A	SLA24A(SLA235A)	SLA24A
SLA235B	SLA24B(SLA235B)	SLA24B
SLA325A	SLA33A(SLA325A)	SLA33A
SLA325B	SLA33B(SLA325B)	SLA33B
SLA365	SLA37(SLA365)	SLA37
SLA410	SLA42(SLA410)	

[주] * 1991년 1월 1일부터 ( ) 안의 기호(SI단위)로 대체한다.

■ 건축구조용 압연강재 [G 3136 : 2005]

1994
SN400A
SN400B
SN400C
SN490B
SN490C

■ 건축구조용 압연봉강 [G 3138 : 2005]

1996
SNR400A
SNR400B
SNR490B

■ 교량용 고항복점 강판 [G 3140 : 2011]

2011	2008
SBHS400	
SBHS400W	
SBHS500	SBHS500
SBHS500W	SBHS500W
SBHS700	SBHS700
SBHS700W	SBHS700W

■ 냉간압연강판 및 강대 [G 3141 : 2011]

2005	1973	1969	냉간압연강판 G 3310 1956	연마대강 G 3308 1957
SPCC	SPCC	SPCC SPCCT	SPC1	
SPCD	SPCD	SPCD SPCE	SPC2	
SPCE	SPCE	SPCE SPCEN	SPC3	
SPCF		SPCCS		
SPCG		SPCDS		SPMB
		SPCC8		
		SPCCA		SPMA
		SPCDA		
		SPCC4		SPMC
		SPCC2		SPMD
		SPCC1		SPME

■ 열간압연박강판 [G 3301] 폐지 (→G 3131)

1956	탄소강박판 G 3301 1952	탄소강박판 G 3301 1951
SPN1	SP1	SP10C
SPN2	SP2A	SP12CA
SPN3	SP3	SP12CB
SPN4	SP4	
SPN5	SP2B	

■ 용융아연도금 강판 및 강대 [G 3302 : 2010]

2007	1994	1987	아연철판 G 3302 : 67, 70, 79		
			1979	1970	1967
SGHC	SGHC	SGHC	SPGC PSGC	SPG 1(H) SPG 2C(H)	SPG 1 SPG 1
SGCC	SGCC	SGCC	SPGH SPGC	SPG 3C(H) SPG 2L	SPG 2 SPG 4
SGCH	SGCH	SGCH	SPGH SPGC	SPG 3L	SPG 1
SGCD 1	SGCD 1	SGCD 1	SPG D	SPG 2D	SPG 2
SGCD 2	SGCD 2	SGCD 2	SPG DD		
SGCD 3	SGCD 3	SGCD 3			
SGCD 4					
SGH 340	SGH 340	SGH 35			
SGC 340	SGC 340	SGC 35			
SGH 400	SGH 400	SGH 41	SPG S	SPG 2S	SPG 3
SGC 400	SGC 400	SGC 41	SPG S	SPG 3S	
SGH 440	SGH 440	SGH 45			
SGC 440	SGC 440	SGC 45			
SGH 490	SGH 490	SGH 50			
SGC 490	SGC 490	SGC 50			
SGH 540	SGH 540	SGH 55			
–	SGC 570	SGC 55			
SGC 570					

■ 함석 및 함석원판 [G 3303 : 2008]

1969	1959	1952
SPTH	SPTH-C SPTH-N	SPT
SPTE	SPTE-C	
SPB		

■ 탄소강대강 [G 3307] 폐지 (→G 3131)

1957	대강 G 3307 1953	대강 G 3307 1950
SPH1		
SPH2	SPH1A	SPH1A
SPH3	SPH2A	SPH2A
SPH4		
SPH5		SPH3
SPH6	SPH2B	SPH2B
SPH7		
SPH8		
	SPH1B	SPH1B
	SPH1C	

■ 연마대강 [G 3308] 폐지 (→G 3141)

1957	1953	1950
SPMA	SPMA	SPM1A
SPMB	SPMB	SPM1B
SPMC	SPMC	SPM1C
SPMD	SPMD	SPM1D
SPME	SPME	
		SPM2A SPM2B SPM2C SPM2D SPM3A SPM3B

■ 냉간압연강판 [G 3310] 폐지 (→G 3141)

1956	고급사상강판 G 3305 1953	고급사상강판 G 3305 1950
SPC1	SPK3 냉간압연박강판 G 3306-54	SPK3
	SPR	
SPC2	SPK2	SPK2
SPC3	SPK1	SPK1

■ 도장용융아연도금 강판 및 강대 [G 3312 : 2008]

2008	2005	1987	1970	1968
CGCC	CGCC	CGCC	SCG 1	SGG A
CGCH	CGCH	CGCH		SGG B
–	CGCD	CGCD1		SCGC
CGCD1				
CGCD2				
CGCD3				
CGC340	CGC340	CGC340	SCG 2	–
CGC400	CGC400	CGC400	–	–
CGC440	CGC440	CGC440		
CGC490	CGC490	CGC490		
CGC570	CGC570	CGC570		

■ 연마특수대강 [G 3311 : 2010]

2004	1998	1988	1968	1952
S30CM	S30CM	S30CM	S30CM	SK, SKS, SKU
S35CM	S35CM	S35CM	S35CM	
S45CM	S45CM	S45CM	S45CM	
S50CM	S50CM	S50CM	S50CM	
S55CM	S55CM	S55CM	S55CM	
S60CM	S60CM	S60CM	S60CM	
S65CM	S65CM	S65CM	S65CM	
S70CM	S70CM	S70CM	S70CM	
S75CM	S75CM	S75CM	S75CM	
	–	–	S85CM	
SK120M	SK2M	SK2M	SK2M	
SK105M	SK3M	SK3M	SK3M	
SK95M	SK4M	SK4M	SK4M	
SK85M	SK5M	SK5M	SK5M	
SK75M	SK6M	SK6M	SK6M	
SK65M	SK7M	SK7M	SK7M	
	–	–	SKS11M	
SKS2M	SKS2M	SKS2M	SKS2M	
SKS7M	SKS7M	SKS7M	SKS7M	
SKS5M	SKS5M	SKS5M	SKS5M	
SKS51M	SKS51M	SKS51M	SKS51M	
SKS81M	SKS81M			
SKS95M	SKS95M	SKS95M	–	
SNC631M	SNC631M	SNC631M	SNC2M	
SNC836M	SNC836M	SNC836M	SNC3M	
SNC415M	SNC415M	SNC415M	SNC21M	
SNCM220M	SNCM220M	SNCM220M	SNCM21M	
SNCM415M	SNCM415M	SNCM415M	SNCM22M	
	–	–	SCM1M	
SCM430M	SCM430M	SCM430M	SCM2M	
SCM435M	SCM435M	SCM435M	SCM3M	
SCM440M	SCM440M	SCM440M	SCM4M	
SCM415M	SCM415M	SCM415M	SCM21M	
		SCM6M		
SUP6M	SUP6M	SUP6M	SUP6M	
SUP9M	SUP9M	SUP9M	SUP9M	
SUP10M	SUP10M	SUP10M	SUP10M	
SCr420M	SCr420M	SCr420M		
SCr435M	SCr435M	SCr435M		
SCr440M	SCr440M	SCr440M		
SMn438M	SMn438M	SMn438M		
SMn443M	SMn443M	SMn443M		

■ 전기아연도금 강판 및 강대 [G 3313 : 2010]

2005	1990	1971
SEHC	SEHC	SEHC
SECC	SECC	SECC
SEHD	SEHD	SEHD
SECD	SECD	SECD
SEHE	SEHE	SEHE
SECE	SECE	SECE
SECF	SECF	
SECG	SECG	
SEFH490	SEFH490	
SEFH540	SEFH540	
SEFH590	SEFH590	
SEFC390	SEFC390	
SEFC440	SEFC440	
SEFC490	SEFC490	
SEFC540	SEFC540	
SEFC590	SEFC590	
SEFH540Y	SEFH540Y	
SEFH590Y	SEFH590Y	
SEFC340	SEFC340	
SEFC370	SEFC370	
SE330	SE330	
SE400	SE400	
SE490	SE490	
SE540	SE540	
SEPH310	SEPH310	
SEPH370	SEPH370	
SEPH400	SEPH400	
SEPH440	SEPH440	
SEFC490Y	SEFC490Y	
SEFC540Y	SEFC540Y	
SEFC590Y	SEFC590Y	
SEFC780Y	SEFC780Y	
SEFC980Y	SEFC980Y	
SEFC340H	SEFC340H	

■ 용융아연-5% 알루미늄합금도금 강판 및 강대 [G 3317 : 2010]

2007	1994	1990
SZAHC	SZAHC	SZAHC
SZAH340	SZAH340	SZAH35
SZAH400	SZAH400	SZAH41
SZAH440	SZAH440	SZAH45
SZAH490	SZAH490	SZAH50

2007	1994	1990
SZAH540	SZAH540	SZAH55
SZACC	SZACC	SZACC
SZACH	SZACH	SZACH
SZACD1	SZACD1	SZACD1
SZACD2	SZACD2	SZACD2
SZACD3	SZACD3	SZACD3
SZACD4		
SZAC340	SZAC340	SZAC35
SZAC400	SZAC400	SZAC41
SZAC440	SZAC440	SZAC45
SZAC490	SZAC490	SZAC50
SZAC570	SZAC570	SZAC58

■ 도장용용아연-5% 알루미늄합금도금 강판 및 강대 [G 3318 : 2008]

2008	2005	1994*	1990
CZACC	CZACC		CZACC
CZACH	CZACH		CZACH
–	CZACD		CZACD1
CZACD1			
CZACD2			
CZACD3			
CZAC340	CZAC340	CZAC35(CZAC340)	CZAC35
CZAC400	CZAC400	CZAC41(CZAC400)	CZAC41
CZAC440	CZAC440	CZAC45(CZAC440)	CZAC45
CZAC490	CZAC490	CZAC50(CZAC490)	CZAC50
CZAC570	CZAC570	CZAC58(CZAC570)	CZAC58

[주] * 1991년 1월 1일부터 ( ) 안의 기호(SI단위)로 대체한다.

■ 용융55% 알루미늄아연합금 도금 강판 및 강대 [G 3321 : 2010]

2005	1998
SGLHC	SGLHC
SGLH400	SGLH400
SGLH440	SGLH440
SGLH490	SGLH490
SGLH540	SGLH540
SGLCC	SGLCC
SGLCD	SGLCD
SGLCDD	
SGLC400	SGLC400
SGLC440	SGLC440
SGLC490	SGLC490
SGLC570	SGLC570

■ 도장용용55% 알루미늄아연합금 도금 강판 및 강대 [G 3322 : 2008]

2008	1998
CGLCC	CGLCC
CGLCD	CGLCD
CGLCDD	
CGLC400	CGLC400
CGLC440	CGLC440
CGLC490	CGLC490
CGLC570	CGLC570

■ 일반구조용 경량형강 [G 3350 : 2009]

2005	1987*	1977	1973	1970	1965	1961	1957
SSC400	SSC41 (SSC400)	SSC41	SSC41	SSC41	SSC41	SSC41	–

[주] * 1991년 1월 1일부터 ( ) 안의 기호(SI단위)로 대체한다.

■ 고압가스 용기용 이음매없는 강관 [G 3429 : 2006]

1988	1952
STH11	STH38
STH12	STH55
STH21	STH67
STH22	
STH31	

■ 보일러용 강관 [G 3436] 폐지 (→G 3461~3463)

1958	1955	1951
STB33	STB33	STB33
STB35	STB35	STB35
STB42A	STB42A	
STB38	STB38	STB38
STB39	STB39	
STB42B	STB42B	STB42
STB42C	STB42C	
STB42D	STB42D	
STB42E		
STB42G		
STB42H		
STB52A		
STB52C		
STB52D		
STB52E		

■ 화학공업용 강관 [G 3438] 폐지 (→G 3459, 3461~3463)

1958	1955	화학공업용 강관 G 3426 1951
STC28	STC28	STC28
STC30	STC30	STC30
STC42B	STC42B	STC42
STC42E	STC42E	STC48
STC42F	STC42F	
STC52A	STC52A	STC52A
	STC52B	STC52B
STC52C	STC52C	STC52C
STC52D	STC52D	STC52D
STC52E	STC52E	
STC52F		
STC52G		
STC49A		
STC49C		

■ 기계구조용 합금강 강관 [G 3441 : 2004]

2004	1982	1974	1966
		STKS1A	STKS1A
		STKS1B	STKS1B
SCM430TK	SCM430TK	STKS1C	STKS1C
		STKS1D	STKS1D
		STKS1E	STKS1E
		STKS2A	STKS2A
		STKS2B	STKS2B
		STKS2C	STKS2C
		STKS2D	STKS2D
		STKS2E	STKS2E
		STKS3A	STKS3A
		STKS3B	STKS3B
SCM435TK	SCM435TK	STKS3C	STKS3C
		STKS3D	STKS3D
		STKS3E	STKS3E
		STKS4A	STKS4A
		STKS4B	STKS4B
		STKS4C	STKS4C
		STKS4D	STKS4D
		STKS4E	STKS4E
			STKS5A
			STKS5B
			STKS6
SCr420TK	SCr420TK		STKS7A

2004	1982	1974	1966
SCM415TK	SCM415TK		STKS7B
SCM418TK	SCM418TK	구조용 스테인리스강 강관 참조	STKS8A
SCM420TK	SCM420TK		STKS8B
SCM440TK	SCM440TK		STKS9A
			STKS9B
			STKS10A
			STKS10B

■ 물 운송용 도복장 강관 [G 3443] 폐지 (→G 3443-1)

수도용 도복장 강관				수도용 이음매없는 강관 (G 3430-52) STW 수도용 전파용접강관 (G 3431-55)
1991	1987	1968	1957	
STW290	STW30	STPW		
STW370	STW38			
STW400	STW41			

■ 일반구조용 탄소강 강관 [G 3444 : 2010]

1994	1974	1966	1961	구조용 탄소강 강관 G 3440 1956	가스관 G 3427 1951
STK290	STK30	STK30	STK34	STK34	SGP
STK400	STK41	STK41	STK41	STK41	SGP
STK500	STK51	STK51	STK51	STK51	
STK490	STK50	STK50	STK50		
STK540	STK55				

■ 기계구조용 탄소강 강관 [G 3445 : 2010]

1983	1966 1961	기계구조용 탄소강 강관 G 3440 1956	일반용 강관 G 3421 1951	자전차용 강관 G3428 1951
			ST28A	
			ST28B	
STKM11A	STKM30	STK30	ST30A	STJA
STKM12A			ST30B	
STKM12B	STKM40	STK40	ST30C	STJB
STKM12C				
STKM13A	STKM38	STK38	ST38	
STKM13B	STKM45	STK45		STJA
STKM13C				
STKM14A	STKM44	STK44	ST44	
STKM14B	STKM51	STK51		
STKM14C				
STKM15A	STKM48	STK48	ST48	
STKM15C				
STKM16A	STKM55	STK55	ST58	

1983	1966 1961	기계구조용 탄소강 강관 G 3440 1956	일반용 강관 G 3421 1951	자전차용 강관 G3428 1951
STKM16C				
STKM17A	STKM62	STK62		
STKM17C				
STKM18A				
STKM18B	STKM50			
STKM18C				
STKM19A				
STKM19C				
STKM20A				

■ 기계구조용 스테인리스강 강관 [G 3446 : 2004]

1982	1974	1966
SUS410TKA	SUS410TKA	STKS5A
–	SUS410TKB	STKS5B
SUS430TKA	SUS430TK	STKS6
SUS304TKA	SUS304TKA	STKS7A
–	SUS304TKB	STKS7B
SUS316TKA	SUS316TKA	STKS8A
–	SUS316TKB	STKS8B
SUS321TKA	SUS321TKA	STKS9A
–	SUS321TKB	STKS9B
SUS347TKA	SUS347TKA	STKS10A
–	SUS347TKB	STKS10B
SUS304TKC		
SUS316TKC		
SUS420J1TKA		
SUS420J2TKA		
SUS410TKC		
SUS430TKC		

■ 배관용 탄소강 강관 [G 3452 : 2010]

1962	가스관(배관용 강관) G 3432 1955	가스관 G 3437 1951
SGP	SGP	SGP

■ 압력배관용 탄소강 강관 [G 3454 : 2007]

1991	1968	1962	1958	압력배관용 강관 G 3433 1955
	삭제	STPG35	STP30A	STP30A
	삭제	STPG35	STP35	STP35
STPG370	STPG38	STPG38	STP38	STP38
STPG410	STPG42	STPG42	STP42	STP42
		삭제	STP30B	STP30B
		삭제	STP49	

■ 고압배관용 탄소강 강관 [G 3455 : 2005]

1991	1978	특수 고압 배관용 강관 G 3434 1962	1958, 1955	고압용 강관 G 3422 1951
	폐지	STS35	STS35	STP35
STS370	STS38	STS38	STS38	STP38
STS410	STS42	STS42	STS42	STP44
STS480	STS49	STS49	STS49(1958)	

■ 고온배관용 탄소강 강관 [G 3456 : 2010]

1991	1968	1962	압력배관용 강관 G 3433 1958
	삭제	STPT35	STP35
STPT370	STPT38	STPT38	STP38
STPT410	STPT42	STPT42	STP42
STPT480	STPT49	STPT49	STP49

■ 배관용 아크용접 탄소강 강관 [G 3457 : 2005]

2005	1988*	1984	1978	1976	1973	1968	1965	1962
STPY400	STPY41 (STPY400)	STPY41	STPY41	STPY41	STPY41	STPY41	STPY41	STPY41

[주] * 1991년 1월 1일부터 ( ) 안의 기호(SI단위)로 대체한다.

■ 배관용 합금강 강관 [G 3458 : 2005]

1978	1968	1962	고온고압배관용 강관 G 3435 1958	1955	고온고압용 강관 G 3423 1951
	삭제	STPA11	STT38	STT38	STT38
STPA12	STPA12	STPA12	STT39	STT39	
STPA20					
	삭제	STPA21	STT42B	STT42B	STT42
STPA22	STPA22	STPA22	STT42C	STT42C	
STPA24	STPA24	STPA24	STT42D	STT42D	
STPA25	STPA25	STPA25	STT42E	STT42E	STT48
STPA23	STPA23	STPA23	STT42G		
STPA26	STPA26	STPA26	STT42H		

■ 저온 배관용 강관 [G 3460 : 2006]

1991	1978	1962
STPL380	STPL39	STPL39
STPL450	STPL46	STPL46
STPL690	STPL70	※

■ 보일러 · 열교환기용 탄소강 강관 [G 3461 : 2005/추보 1 : 2011]

1991	1984	1978	1962	보일러용 강관 G 3436 1958	화학공업용 강관 G 3438 1958
–	–	폐지	STB30		STC28
–	폐지	STB33	STB33	STB33	
STB340	STB35	STB35	STB35	STB35	
STB410	STB42	STB42	STB42	STB42A	
STB510	STB52	STB52	※		

■ 배관용 스테인리스 강관 [G 3459 : 2004]

2004	1997	1984	1973	1968	1962	고온고압배관용 강관 G 3435 1958	화학공업용 강관 G 3438 1958
SUS304TP	SUS304TP	SUS304TP	SUS304TP	SUS27TP	SUS27TP	STT52A	STC49A
SUS304HTP	SUS304HTP	SUS304HTP	SUS304HTP	SUS27HTP			
SUS304LTP	SUS304LTP	SUS304LTP	SUS304LTP	SUS28TP	SUS28TP		
SUS309TP	SUS309TP	SUS309TP					
SUS309STP	SUS309STP	SUS309STP	SUS309STP	SUS41TP	SUS41TP		STC52G
SUS310TP	SUS310TP	SUS310TP					
SUS310STP	SUS310STP	SUS310STP	SUS310STP	SUS42TP	SUS42TP		
SUS315J1TP							
SUS315J2TP							
SUS316TP	SUS316TP	SUS316TP	SUS316TP	SUS32TP	SUS32TP	STT52C	STC49C
SUS316HTP	SUS316HTP	SUS316HTP	SUS316HTP	SUS32HTP			
SUS316LTP	SUS316LTP	SUS316LTP	SUS316LTP	SUS33TP	SUS33TP		STC52F
SUS316TiTP	SUS316TiTP						
SUS317TP	SUS317TP	SUS317TP					
SUS317LTP	SUS317LTP	SUS317LTP					
SUS321TP	SUS321TP	SUS321TP	SUS321TP	SUS29TP	SUS29TP	STT52D	
SUS321HTP	SUS321HTP	SUS321HTP	SUS321HTP	SUS29HTP			
SUS329J1TP	SUS329J1TP	SUS329J1TP	SUS329J1TP	※			
SUS329J3LTP	SUS329J3LTP	SUS329J2LTP					
SUS329J4LTP	SUS329J4LTP						
SUS347HTP	SUS347TP	SUS347TP	SUS347TP	SUS43TP	SUS43TP	STT52E	
	SUS347HTP	SUS347HTP	SUS347HTP	SUS43HTP			
SUS405TP	SUS405TP	SUS405TP					
SUS409LTP	SUS409LTP						
SUS430TP	SUS430TP						
SUS430LXTP	SUS430LXTP						
SUS430J1LTP	SUS430J1LTP						
SUS436LTP	SUS436LTP						
SUS444TP	SUS444TP						
SUS836LTP	SUS836LTP						
SUS890LTP	SUS890LTP						

■ 보일러 · 열교환기용 스테인리스강 강관 [G 3463 : 2006/추보 1 : 2011]

1994	1984	1973	1968	1962	보일러용 강관 G 3436 1958	화학공업용 강관 G 3438 1958
SUS304TB	SUS304TB	SUS304TB	SUS27TB	SUS27TB	STB52A	
SUS304HTB	SUS304HTB	SUS304HTB	SUS27HTB			
SUS304LTB	SUS304LTB	SUS304LTB	SUS28TB	SUS28TB		STC 49A
SUS309TB	SUS309TB					
SUS309STB	SUS309STB	SUS309STB	SUS41TB	SUS41TB		STC 52F
SUS310TB	SUS310TB					
SUS310STB	SUS310STB	SUS310STB	SUS42TB	SUS42TB		STC 52G
SUS312LTB						
SUS316TB	SUS316TB	SUS316TB	SUS32TB	SUS32TB	STB52C	
SUS316HTB	SUS316HTB	SUS316HTB	SUS32HTB			
SUS316LTB	SUS316LTB	SUS316LTB	SUS33TB	SUS33TB		STC 49C
SUS316TiTB						
SUS317TB	SUS317TB					
SUS317LTB	SUS317LTB					
SUS836LTB						
SUS890LTB						
SUS321TB	SUS321TB	SUS321TB	SUS29TB	SUS29TB	STB52D	
SUS321HTB	SUS321HTB	SUS321HTB	SUS29HTB			
SUS347TB	SUS347TB	SUS347TB	SUS43TB	SUS43TB	STB52E	
SUS347HTB	SUS347HTB	SUS347HTB	SUS43HTB			
SUSXM15J1TB	SUSXM15J1TB					
SUS329J1TB	SUS329J1TB	SUS329J1TB				
SUS329J3LTB						
SUS329J4LTB						
SUS405TB	SUS405TB					
SUS409TB	SUS409TB					
SUS409LTB						
SUS410TB	SUS410TB	SUS410TB	SUS51TB	SUS21TB		
SUS410TiTB	SUS410TiTB					
SUS430TB	SUS430TB	SUS430TB	SUS24TB	SUS24TB		
SUS430LXTB						
SUS430J1LTB						
SUS436LTB						
SUS444TB	SUS444TB					
SUSXM8TB	SUSXM8TB					
SUSXM27TB	SUSXM27TB					
	SUS329J2LTB					

■ 보일러 · 열교환기용 합금강 강관 [G 3462 : 2009/추보 1 : 2011]

1973	1968	1962	1958	1958
	삭제	STBA11	STB38	
STBA12	STBA12	STBA12	STB39	
STBA13				
STBA20				
	삭제	STBA21	STB42B	STC42B
STBA22	STBA22	STBA22	STB42C	
STBA23	STBA23	STBA23	STB42G	
STBA24	STBA24	STBA24	STB42D	STC42E
STBA25	STBA25	STBA25	STB42E	
STBA26	STBA26	STBA26	STB42H	

■ 저온 열교환기용 강관 [G 3464 : 2006/추보 1 : 2011]

1991	1978	1962
STBL380	STBL39	STBL39
STBL450	STBL46	STBL46
STBL690	STBL70	

■ 시추용 이음매없는 강관 [G 3465 : 2006]

1991	1982	1962
STM-C540	STM-C55	STM-C55
STM-C640	STM-C65	STM-C65
STM-R590	STM-R60	STM-R60
STM-R690	STM-R70	STM-R70
STM-R780	STM-R80	STM-R80
STM-R830	STM-R85	

■ 가열로용 강관 [G 3467 : 2006/추보 1 : 2011]

1991	1984	1978
	폐지	STF38
STF410	STF42	STF42
STFA12	STFA12	STFA12
STFA22	STFA22	STFA22
STFA23	STFA23	STFA23
STFA24	STFA24	STFA24
STFA25	STFA25	STFA25
STFA26	STFA26	STFA26
SUS304TF	SUS304TF	SUS304TF
SUS304HTF	SUS304HTF	SUS304HTF
SUS309TF	SUS309TF	SUS309STF
SUS310TF	SUS310TF	SUS310STF

1991	1984	1978
SUS316TF	SUS316TF	SUS316TF
SUS316HTF	SUS316HTF	SUS316HTF
SUS321TF	SUS321TF	SUS321TF
SUS321HTF	SUS321HTF	SUS321HTF
SUS347TF	SUS347TF	SUS347TF
SUS347HTF	SUS347HTF	SUS347HTF
NCF800TF	NCF800TF	CF2TF
NCF800HTF	NCF800HTF	NCF2HTF

■ 배관용 용접 대경 스테인리스강관 [G 3468 : 2011]

2004	1994	1984	1978
SUS304TPY	SUS304TPY	SUS304TPY	SUS304TPY
SUS304LTPY	SUS304LTPY	SUS304LTPY	SUS304LTPY
SUS309STPY	SUS309STPY	SUS309STPY	SUS309STPY
SUS310STPY	SUS310STPY	SUS310STPY	SUS310STPY
SUS315J1TPY			
SUS315J2TPY			
SUS316TPY	SUS316TPY	SUS316TPY	SUS316TPY
SUS316LTPY	SUS316LTPY	SUS316LTPY	
SUS317TPY	SUS317TPY	SUS317TPY	
SUS317LTPY	SUS317LTPY	SUS317LTPY	
SUS321TPY	SUS321TPY	SUS321TPY	
SUS329J1TPY	SUS329J1TPY	SUS329J1TPY	
SUS329J3LTPY			
SUS329J4LTPY			
SUS347TPY	SUS347TPY	SUS347TPY	

■ 실린더튜브용 탄소강 강관 [G 3473 : 2007]

1991	1983	1977	기계구조용 탄소강 강관 G 3445
STC370	STC38	STKM13A	
STC440	STC45	STKM13B	
STC510A	STC52A	STKM13C	
STC510B	STC52B	STKM18C	
STC540	STC55	–	
STC590A	STC60A	–	
STC590B	STC60B	–	

■ 파이프라인 운송 시스템용 강관 [G 3476 : 2011]

2011	2011
L175 또는 A25	L290Q 또는 X42Q
L175P 또는 A25P	L320Q 또는 X46Q
L210 또는 A	L360Q 또는 X52Q
L245 또는 B	L390Q 또는 X56Q
L290 또는 X42	L415Q 또는 X60Q
L320 또는 X46	L450Q 또는 X65Q
L360 또는 X52	L485Q 또는 X70Q
L390 또는 X56	L555Q 또는 X80Q
L415 또는 X60	L245M 또는 BM
L450 또는 X65	L290M 또는 X42M
L485 또는 X70	L320M 또는 X46M
L245R 또는 BR	L360M 또는 X52M
L290 또는 X42R	L390M 또는 X56M
L245N 또는 BN	L415M 또는 X60M
L290N 또는 X42N	L450M 또는 X65M
L320N 또는 X46N	L485M 또는 X70M
L360N 또는 X52N	L555M 또는 X80M
L390N 또는 X56N	L625M 또는 X90M
L415N 또는 X60N	L690M 또는 X100M
L245Q 또는 BQ	L830M 또는 X120M

■ 피아노선재 [G 3502 : 2004]

1971	1956	1951
SWRS62(A · B)	SWRS4	SWRP4
SWRS67(A · B)		
SWRS72(A · B)	A SWRS1 B	SWRP1 –
SWRS75(A · B)	A SWRS2 B	SWRP2 –
SWRS77(A · B) SWRS80(A · B) SWRS82(A · B)		
SWRS87(A · B) SWRS92(A · B)	A SWRS3 B	SWRP3 –

■ 피복 아크 용접봉 심선용 선재 [G 3503 : 2006]

1980	1957	1954	피복전파용접봉 심선용 선재 및 심선 G 3523 1950
SWRY11	SWRY11	SWRY11	SWRY1
–	SWRY12	SWRY12	SWRY2
SWRY21	SWRY21	SWRY21	
–	SWRY22	SWRY22	SWRY3

■ 연강선재 [G 3505 : 2004]

1971	1956	1953
SWRM6 SWRM8	SWRM1 SWRM2	SWR1 SWR2
SWRM10 SWRM12	SWRM3	SWR3A
SWRM15	SWRM4	SWR3B
SWRM17 SWRM20 SWRM22		

■ 경강선재 [G 3506 : 2004]

1996	1971	1956	1953
SWRH27 SWRH32	SWRH27 SWRH32	SWRH1	SWR4
SWRH37 SWRH42(A · B)	SWRH27 SWRH42(A · B)	SWRH2	SWR5
SWRH47(A · B)	SWRH47(A · B)	SWRH3	SWR6
SWRH52(A · B)	SWRH52(A · B)	SWRH7	SWR10
SWRH57(A · B)	SWRH57(A · B)	A SWRH4 B	SWR7 –
SWRH62(A · B)	SWRH62(A · B)		
SWRH67(A · B) SWRH72(A · B)	SWRH67(A · B) SWRH72(A · B)	A SWRH5 B	SWR8 –
SWRH77(A · B) SWRH82(A · B)	SWRH77(A · B) SWRH82(A · B)	A SWRH6 B	SWR9 –

■ 냉간압조용 탄소강 선재 [G 3507] 폐지 (→G 3507-1)

1991, 1980, 1976
SWRCH6R
SWRCH8R
SWRCH10R
SWRCH12R
SWRCH15R
SWRCH17R
SWRCH6A
SWRCH8A
SWRCH10A
SWRCH12A
SWRCH15A
SWRCH16A
SWRCH18A
SWRCH19A
SWRCH20A
SWRCH22A
SWRCH10K
SWRCH12K
SWRCH15K
SWRCH16K
SWRCH17K
SWRCH18K
SWRCH20K
SWRCH22K
SWRCH24K
SWRCH25K
SWRCH27K
SWRCH30K
SWRCH33K
SWRCH35K
SWRCH38K
SWRCH40K
SWRCH41K
SWRCH43K
SWRCH45K
SWRCH48K
SWRCH50K

■ 냉간압조용 탄소강-제 1부 : 선재 [G 3507-1 : 2005]

2005
SWRCH6R
SWRCH8R
SWRCH10R
SWRCH12R
SWRCH15R
SWRCH17R
SWRCH6A
SWRCH8A
SWRCH10A
SWRCH12A
SWRCH15A
SWRCH16A
SWRCH18A
SWRCH19A
SWRCH20A
SWRCH22A
SWRCH25A
SWRCH10K
SWRCH15K
SWRCH16K
SWRCH17K
SWRCH18K
SWRCH20K
SWRCH22K
SWRCH24K
SWRCH25K
SWRCH27K
SWRCH30K
SWRCH33K
SWRCH35K
SWRCH38K
SWRCH40K
SWRCH41K
SWRCH43K
SWRCH45K
SWRCH48K
SWRCH50K

■ 냉간압조용 탄소강-제 2부 : 선 [G 3507-2 : 2005]

2005
SWCH6R
SWCH8R
SWCH10R
SWCH12R
SWCH15R
SWCH17R
SWCH6A
SWCH8A
SWCH10A
SWCH12A
SWCH15A
SWCH16A
SWCH18A
SWCH19A
SWCH20A
SWCH22A
SWCH25A
SWCH10K
SWCH15K
SWCH16K
SWCH17K
SWCH18K
SWCH20K
SWCH22K
SWCH24K
SWCH25K
SWCH27K
SWCH30K
SWCH33K
SWCH35K
SWCH38K
SWCH40K
SWCH41K
SWCH43K
SWCH45K
SWCH48K
SWCH50K

■ 냉간압조용 브론강-제 1부 : 선재 [G 3508-1 : 2005]

2005
SWRCHB223
SWRCHB237
SWRCHB320
SWRCHB323
SWRCHB331
SWRCHB334
SWRCHB420
SWRCHB526
SWRCHB620
SWRCHB623
SWRCHB726
SWRCHB734

■ 냉간압조용 브론강-제 2부 : 선 [G 3508-2 : 2005]

2005
SWCHB223
SWCHB237
SWCHB320
SWCHB323
SWCHB331
SWCHB334
SWCHB420
SWCHB526
SWCHB620
SWCHB623
SWCHB726
SWCHB734

■ 경강선 [G 3521 : 1991]

1958	경인강선 G 3521 1953
SW-A	SW2
SW-B	SW3
SW-C	SW4
	SW1

■ 피아노선 [G3522 : 1991]

1957	1951
SWP-A	SWP3
SWP-B	SWP4
SWP-C	
	SWP5
	SWP1
	SWP2

■ 피복 아크 용접봉용 심선 [G 3523 : 1980/추보 1 : 2008]

1980	1957	1954	피복전파용접봉심선용 강재 및 심선 G 3523 1950
SWY11	SWY11	SWY11	SWY1
–	SWY12	SWY12	SWY2
SWY21	SWY21	SWY21	
–	SWY22	SWY22	SWY3

■ 와이어로프 [G 3525 : 2006]

1998	1995	1988	1973	1964		1959		
6×7	6×7	6×7	6×7	(1호)	6×7	(1호)	6×7	(1호)
		6×12	6×12	(2호)	6×12	(2호)	6×12	(2호)
6×19	6×19	6×19	6×19	(3호)	6×19	(3호)	6×19	(3호)
6×24	6×24	6×24	6×24	(4호)	6×24	(4호)	6×24	(4호)
	6×30	6×30	6×30	(5호)	6×30	(5호)	6×30	(5호)
6×37	6×37	6×37	6×37	(6호)	6×37	(6호)	6×37	(6호)
	6×61	6×61	6×61	(7호)	6×61	(7호)	6×61	(7호)
					6×F(△+7)	(8호)	6×F(△+7)	(8호)
	6×F{(3×2+3)+7}	6×F{(3×2+3)+7}	6×F{(3×2+3)+7}	(8호)	6×F{(3×2+3)+7}	(8호)		
					6×F(△+12+12)	(9호)	6×F(△+12+12)	(9호)
	6×F{(3×2+3)+12+12}	6×F{(3×2+3)+12+12}	6×F{(3×2+3)+12+12}	(9호)	6×F{(3×2+3)+12+12}	(9호)		
6×S(19)	6×S(19)	6×S(19)	6×S(19)	(10호)	6×S(19)	(10호)	6×S(19)	(10호)
6×W(19)	6×W(19)	6×W(19)	6×W(19)	(11호)	6×W(19)	(11호)	6×W(19)	(11호)
6×Fi(25)	6×Fi(25)	6×Fi(25)	6×Fi(25)	(12호)	6×Fi(19+6)	(12호)	6×Fi(19+6)	(12호)
6×Fi(29)	6×Fi(29)	6×Fi(29)	6×Fi(29)	(13호)	6×Fi(22+7)	(13호)	6×Fi(22+7)	(13호)
IWRC6×Fi(25)	IWRC6×Fi(25)	IWRC6×Fi(25)	7×7+6×Fi(25)	(14호)	7×7+6×Fi(19+6)	(14호)	7×7+6×Fi(19+6)	(14호)
8×S(19)	8×S(19)	8×S(19)	8×S(19)	(15호)	8×S(19)	(15호)	8×S(19)	(15호)
8×W(19)	8×W(19)	8×W(19)	8×W(19)	(16호)	8×W(19)	(16호)	8×W(19)	(16호)
8×Fi(25)	8×Fi(25)	8×Fi(25)	8×Fi(25)	(17호)	8×Fi(19+6)	(17호)	8×Fi(19+6)	(17호)
IWRC6×Fi(29)	IWRC6×Fi(29)	IWRC6×Fi(29)	7×7+6×Fi(29)	(18호)				
6×WS(26)	6×WS(26)	6×WS(26)	6×WS(26)	(19호)				
6×WS(31)	6×WS(31)	6×WS(31)	6×WS(31)	(20호)				

1998	1995	1988	1973	1964		1959		
6×WS(36)	6×WS(36)	6×WS(36)	6×WS(36)	(21호)				
6×WS(41)	6×WS(41)	6×WS(41)	6×WS(41)	(22호)				
	6×SeS(37)	6×SeS(37)	6×SeS(37)	(23호)				
IWRC6×S(19)	IWRC6×S(19)	IWRC6×S(19)						
IWRC6×W(19)	IWRC6×W(19)	IWRC6×W(19)						
IWRC6×WS(26)	IWRC6×WS(26)	IWRC6×WS(26)						
IWRC6×WS(31)	IWRC6×WSS(31)	IWRC6×WSS(31)						
IWRC6×WS(36)	IWRC6×WS(36)	IWRC6×WS(36)						
IWRC6×WS(41)	IWRC6×WS(41)	IWRC6×WS(41)						
19×7	IWRC6×SeS(37)	IWRC6×SeS(37)						
	18×7	18×7						
	19×7	19×7						
	34×7	34×7						
	35×7	35×7						

■ 철선 [G 3532 : 2000]

2000	1993	1962	1958	1954
SWM-B	SWM-B	SWM-B	SWM-B	기호 없음
SWM-F	SWM-F			
SWM-N	SWM-N	SWM-N	SWM-N	
SWM-A	SWM-A	SWM-A	SWM-A	
SWM-P	SWM-P			
SWM-C	SWM-C			
SWM-R	SWM-R			
SWM-I	SWM-I			
		SWM-G1	SWM-G1	
		SWM-G2	SWM-G2	
		SWM-G3	SWM-G3	
		SWM-G4	SWM-G4	

■ PC 강선 및 PC강연선 [G 3536 : 2008]

1994	1984	1981	1970
SWPR1AN, SWPR1AL	SWPR1	SWPR1	SWPR1
SWPR1BN, SWPR1BL	SWPD1	SWPD1	SWPD1
SWPD1N, SWPD1L	SWPR2	SWPR2	SWPR2
SWPR2N, SWPR2L	SWPR7A	SWPR7A	SWPR7A
SWPD3N, SWPD3L	SWPR7B	SWPR7B	SWPR7B
SWPR7AN, SWPR7AL	SWPR19	SWPR19	
SWPR7BN, SWPR7BL	SWPD3		
SWPR19N, SWPR19L			

■ 착색도장아연도금철선 [G 3542 : 1993/추보 1 : 2008]

1993	착색도장철선 G 3542 1988, 1983
폐지	SWMC-B
폐지	SWMC-A
SWMCG S2	
SWMCG S3	
SWMCG S4	
SWMCG S5	SWMC-G4
SWMCG S6	
SWMCG S7	
SWMCGH2	
SWMCGH3	SWMC-G1
SWMCGH4	SWMC-G3

■ 합성수지피복철선 [G 3543 : 2005/추보 1 : 2008]

2005	염화비닐피복철선 G 3543 : 83, 88, 93, 88		
	1999	1993	1988, 1983
SWMV-B	SWMV-B	SWMV-B	SWMV-B
SWMV-A	SWMV-A	SWMV-A	SWMV-A
SWMV-G S2	SWMV-G S2	SWMV-G S2	SWMV-G 1
SWMV-G S3	SWMV-G S3	SWMV-G S3	SWMV-G 3
SWMV-G S4	SWMV-G S4	SWMV-G S4	SWMV-G 4
SWMV-G S5	SWMV-G S5		
SWMV-G S6	SWMV-G S6		
SWMV-G S7	SWMV-G S7		
SWMV-GH2	SWMV-GH2	SWMV-GH2	
SWMV-GH3	SWMV-GH3	SWMV-GH3	
SWMV-GH4	SWMV-GH4		
SWME-G S2			
SWME-G S3			
SWME-G S4			
SWME-GH2			
SWME-GH3			
SWME-GH4			

■ 용해 알루미늄도금 철선 및 강선 [G 3544 : 1993/추보 1 : 2008]

1993	1988, 1984
SWMA-A	SWMAL-A
SWMA-B	SWMAL-B
SWHA-1	SWHAL-1
SWHA-2	SWHAL-2
SWHA-3	SWHAL-3

■ 스테인리스 클래드강 [G 3601 : 2002]

1989	1982	1977
압연 클래드강 R1, R2	R1, R2	R1, R2
폭착 클래드강 B1, B2	B1, B2	B1, B2
폭착 압연 클래드강 BR1, BR2	BR1, BR2	–
육성(肉盛) 압연 클래드강 WR1, WR2	WR1, WR2	–
주입 압연 클래드강 ER1, ER2	ER1, ER2	–
육성(肉盛) 클래드강 W1, W2	W1, W2	W1, W2
확산 압연 클래드강 DR1, DR2	–	–
육성(肉盛) 클래드강 D1, D2	–	–

■ 니켈 및 니켈합금 클래드강 [G 3602 : 2004]

1986	1980
압연 클래드강 R1, R2	R1, R2
폭착 클래드강 BR1, BR2	–
확산 압연 클래드강 DR1, DR2	–
육성(肉盛) 압연 클래드강 WR1, WR2	–
주입 압연 클래드강 ER1, ER2	–
폭착 클래드강 B1, B2	B1, B2
확산 압연 클래드강 D1, D2	–
육성(肉盛) 클래드강 W1, W2	W1, W2

■ 티탄 클래드강 [G 3603 : 2005]

1982	1986	1980
압연 클래드강 R1, R2	압연 클래드강 R1, R2	–
폭착 압연 클래드강 BR1, BR2	폭착 압연 클래드강 BR1, BR2	BR1, BR2
	주입 압연 클래드강 ER1, ER2	–
폭착 클래드강 B1, B2	폭착 클래드강 B1, B2	B1, B2

■ 동 및 동합금 클래드강 [G 3604 : 2004]

1986	1980
압연 클래드강 R1, R2	R1, R2
폭착 압연 클래드강 BR1, BR2	–
확산 압연 클래드강 DR1, DR2	–
육성(肉盛) 압연 클래드강 WR1, WR2	–
주입 압연 클래드강 ER1, ER2	–
폭착 클래드강 B1, B2	B1, B2
확산 압연 클래드강 D1, D2	–
육성(肉盛) 클래드강 W1, W2	W1, W2

■ 기계구조용 탄소강 강재 [G 4051 : 2009]

1979	1965	1956	1953	1950
S10C	S10C	S10C	S10C	S10C
S12C	S12C			
S15C	S15C	S15C	S15C	S15C
S17C	S17C			
S20C	S20C	S20C	S20C	S20C
S22C	S22C			
S25C	S25C	S25C	S25C	S25C
S28C	S28C			
S30C	S30C	S30C	S30C	S30C
S33C	S33C			
S35C	S35C	S35C	S35C	S35C
S38C	S38C			
S40C	S40C	S40C	S40C	S40C
S43C	S43C			
S45C	S45C	S45C	S45C	S45C
S48C	S48C			
S50C	S50C	S50C	S50C	S50C
S53C	S53C			
S55C	S55C	S55C	S55C	S55C
S58C	S58C			
S09CK	S9CK	S9CK	S9CK	G 4201-50
S15CK	S15CK	S15CK	S15CK	SH50
S20CK	S20CK	–	–	–

[주] 1950, 53, 56의 기호는 기계구조용 탄소강 (G 3102)

■ 소입성을 보증한 구조용강 강재 (H강) [G 4052 : 2008]

2003	1979	1968	1965
SMn420H	SMn420H	SMn21H	–
SMn433H	SMn433H	SMn1H	–
SMn438H	SMn438H	SMn2H	–
SMn443H	SMn443H	SMn3H	–
SMnC420H	SMnC420H	SMnC21H	–
SMnC443H	SMnC443H	SMnC3H	–
SCr415H	SCr415H	SCr21H	SCr21H
SCr420H	SCr420H	SCr22H	SCr22H
SCr430H	SCr430H	SCr2H	SCr2H
SCr435H	SCr435H	SCr3H	SCr3H
SCr440H	SCr440H	SCr4H	SCr4H
SCM415H	SCM415H	SCM21H	SCM21H
SCM418H	SCM418H	–	–
SCM420H	SCM420H	SCM22H	SCM22H
SCM425H			
SCM435H	SCM435H	SCM3H	SCM3H

2003	1979	1968	1965
SCr440H	SCr440H	SCr4H	SCr4H
SCM415H	SCM415H	SCM21H	SCM21H
SCM418H	SCM418H	–	–
SCM420H	SCM420H	SCM22H	SCM22H
SCM425H			
SCM435H	SCM435H	SCM3H	SCM3H
SCM440H	SCM440H	SCM4H	SCM4H
SCM445H	SCM445H	SCM5H	SCM5H
SCM822H	SCM822H	SCM24H	SCM24H
SNC415H	SNC415H	SNC21H	SNC21H
SNC631H	SNC631H	SNC21H	SNC21H
SNC815H	SNC815H	SNC22H	SNC22H
SNCM220H	SNCM220H	SNCM21H	SNCM21H
SNCM420H	SNCM420H	SNCM23H	SNCM23H

■ 니켈크롬강 강재 [G 4102] 폐지 (→G 4053)

1979	1965	1953	1950
SNC236	SNC1	SNC1	SNC1
SNC631	SNC2	SNC2	SNC2
SNC836	SNC3	SNC3	SNC3 G 4201-50
SNC415	SNC21	SNC21	SH80A G 4201-50
SNC815	SNC22	SNC22	SH100

■ 니켈크롬몰리브덴강 강재 [G 4103]

1979	1965	1953	1950
SNCM431	SNCM1	SNCM1	SNCM1
SNCM625	SNCM2	SNCM2	SNCM2
SNCM630	SNCM5	SNCM5	
SNCM240	SNCM6	SNCM6	
폐지	SNCM7	SNCM7	
SNCM439	SNCM8	SNCM8	SNCM3A
SNCM447	SNCM9	SNCM9	
SNCM220	SNCM21	SNCM21	
SNCM415	SNCM22	SNCM22	
SNCM420	SNCM23	SNCM23	G 4201-50
SNCM815	SNCM25	SNCM25	SH110
SNCM616	SNCM26		
	–	SNCM24	SNCM4B
			SNCM3B
			SNCM4A

■ 크롬강 강재 [G 4104] 폐지 (→G 4053)

1979	1965	1956	1953	1950
	–	SCr1	SCr1	SCr80
SCr430	SCr2	SCr2	SCr2	SCr75
SCr435	SCr3	SCr3	SCr3	SCr85
SCr440	SCr4	SCr4	SCr4	SCr90
SCr445	SCr5	SCr5	SCr5	SCr95 G 4201-50
SCr415	SCr21	SCr21	SCr21	SH80B
SCr420	SCr22	SCr22	SCr22	SH80A

■ 크롬몰리브덴강 강재 [G 4105] 폐지 (→G 4053)

2003	1979	1965	1956	1953	1950
SCM432	SCM432	SCM1	SCM1	SCM1	SCMo90
SCM430	SCM430	SCM2	SCM2	SCM2	SCMo85
SCM435	SCM435	SCM3	SCM3	SCM3	SCMo95
SCM440	SCM440	SCM4	SCM4	SCM4	SCMo100
SCM445	SCM445	SCM5	SCM5	SCM5	SCMo105 G 4201-50
SCM415	SCM415	SCM21	SCM21	SCM21	SH85 G 4201-50
SCM420	SCM420	SCM22	SCM22	SCM22	SH95
SCM421	SCM421	SCM23	SCM23	SCM23	
SCM822	SCM822	SCM24			
SCM418	SCM418	–			
SCM425					

■ 기계구조용 망간강 강재 및 망간크롬강 강재 [G 4106] 폐지 (→G 4053)

강종	2003	1979	1968
SMn	SMn420	SMn420	SMn1
	SMn433	SMn433	SMn2
	SMn438	SMn438	SMn3
	SMn443	SMn443	
SMnC	SMnC420	SMnC420	SMnC3
	SMnC433	SMnC433	SMnC21

■ 보일러 및 압력용기용 크롬몰리브덴강 강판 [G 4109 : 2008]

1974
SCMV1
SCMV2
SCMV3
SCMV4
SCMV5
SCMV6

■ 고온압력용기용 고강도 크롬몰리브덴강 및 크롬몰리브덴바나듐강 강판 [G 4110 : 2008]

1993
SCMQ4E
SCMQ4V
SCMQ5V

■ 알루미늄크롬몰리브덴강 강재 [G 4202] 폐지 (→G 4053)

2005
SACM645

스테인리스강봉 [G 4303 : 2005]
열간압연 스테인리스 강판 및 강대 [G 4304 : 2005/추보 1 : 2010]
냉간압연 스테인리스 강판 및 강대 [G 4305 : 2005/추보 1 : 2010]
스테인리스강 선재 [G 4308 : 1998/추보 1 : 2007]
내열강봉 [G 4311 : 1991/추보 1 : 2007]
내열강판 [G 4312 : 1991]
스프링용 스테인리스강대 [G 4313 : 1996]
(1968년 以降)

구분	2010	2005	1999	1991	1984	1981	1977	1972	1968
오스테나이트계	SUS201	SUS201	SUS201	SUS201	SUS201	SUS201	SUS201	SUS201	–
	SUS202	SUS202	SUS202	SUS202	SUS202	SUS202	SUS202	SUS202	–
	SUS301	SUS301	SUS301	SUS301	SUS301	SUS301	SUS301	SUS301	SUS39
	SUS301L	SUS301L	SUS301L	SUS301L	–	–	–	–	–
	SUS301J1	SUS301J1	SUS301J1	SUS301J1	SUS301J1	SUS301J1	–	–	–
	SUS302	SUS302	SUS302	SUS302	SUS302	SUS302	SUS302	SUS302	SUS40
	SUS302B	SUS302B	SUS302B	SUS302B	SUS302B	SUS302B	–	–	–
	SUS303	SUS303	SUS303	SUS303	SUS303	SUS303	SUS303	SUS303	SUS60
	SUS303Se	SUS303Se	SUS303Se	SUS303Se	SUS303Se	SUS303Se	SUS303Se	SUS303Se	–
	SUS303Cu	SUS303Cu	SUS303Cu	1998 신설	1998 신설	–	–	–	–
	SUS304	SUS304	SUS304	SUS304	SUS304	SUS304	SUS304	SUS304	SUS27
	SUS304Cu	SUS304Cu	–	–	–	–	–	–	–
	SUS304J1	SUS304J1	SUS304J1	SUS304J1	SUS304J1	SUS304J1	–	–	–
	SUS304J2	SUS304J2	SUS304J2	SUS304J2	SUS304J2	SUS304J2	–	–	–
	SUS304J3	SUS304J3	SUS304J3	SUS304J3	SUS304J3	SUS304J3	–	–	–
	SUS304L	SUS304L	SUS304L	SUS304L	SUS304L	SUS304L	SUS304L	SUS304L	SUS28
	SUS304N1	SUS304N1	SUS304N1	SUS304N1	SUS304N1	SUS304N1	–	–	–
	SUS304N2	SUS304N2	SUS304N2	SUS304N2	SUS304N2	SUS304N2	–	–	–
	SUS304LN	SUS304LN	SUS304LN	SUS304LN	SUS304LN	SUS304LN	–	–	–
	SUS305	SUS305	SUS305	SUS305	SUS305	SUS305	SUS305	SUS305	–
	SUS305J1	SUS305J1	SUS305J1	SUS305J1	SUS305J1	SUS305J1	SUS305J1	SUS305J1	–
	–	–	–	–	–	폐지	SUS308	SUS308	–

구분	2010	2005	1999	1991	1984	1981	1977	1972	1968
오스테나이트계	SUS309S	SUS309S	SUS309S	SUS309S	SUS309S	SUS309S	SUS309S	SUS309S	SUS41
	SUS310S	SUS310S	SUS310S	SUS310S	SUS310S	SUS310S	SUS310S	SUS310S	SUS42
	SUS312L	SUS312L	–	–	–	–	–	–	–
	SUS315J1	SUS315J1	SUS315J1	–	–	–	–	–	–
	SUS315J2	SUS315J2	SUS315J2	–	–	–	–	–	–
	SUS316	SUS316	SUS316	SUS316	SUS316	SUS316	SUS316	SUS316	SUS32
	SUS316F	SUS316F	SUS316F	1998 신설	–	–	–	–	–
	SUS316L	SUS316L	SUS316L	SUS316L	SUS316L	SUS316L	SUS316L	SUS316L	SUS33
	SUS316N	SUS316N	SUS316N	SUS316N	SUS316N	SUS316N	–	–	–
	SUS316LN	SUS316LN	SUS316LN	SUS316LN	SUS316LN	SUS316LN	–	–	–
	SUS316J1	SUS316J1	SUS316J1	SUS316J1	SUS316J1	SUS316J1	SUS316J1	SUS316J1	SUS35
	SUS316J1L	SUS316J1L	SUS316J1L	SUS316J1L	SUS316J1L	SUS316J1L	SUS316J1L	SUS316J1 L	SUS36
	SUS316Ti	SUS316Ti	SUS316Ti	SUS316Ti	–	–	–	–	–
	SUS317	SUS317	SUS317	SUS317	SUS317	SUS317	SUS317	SUS317	–
	SUS317L	SUS317L	SUS317L	SUS317L	SUS317L	SUS317L	SUS317L	SUS317L	–
	SUS317LN	SUS317LN	SUS317LN	SUS317LN	–	–	–	–	–
	SUS317J1	SUS317J1	SUS317J1	SUS317J1	–	–	–	–	–
	SUS317J2	SUS317J2	SUS317J2	SUS317J2	–	–	–	–	–
	–	폐지	SUS317J3L	SUS317J3L	–	–	–	–	–
	SUS836L	SUS836L	SUS836L (1998 기호변경)	SUS317J4L	–	–	–	–	–
	SUS890L	SUS890L	SUS890L (1998 기호변경)	SUS317J5L	–	–	–	–	–
	SUS321	SUS321	SUS321	SUS321	SUS321	SUS321	SUS321	SUS321	SUS29
	SUS347	SUS347	SUS347	SUS347	SUS347	SUS347	SUS347	SUS347	SUS43
	SUS384	SUS384	SUS384	SUS384	SUS384	SUS384	SUS384	SUS384	–
	–	–	–	–	–	폐지	SUS385	SUS385	–
	SUSXM7	SUSXM7	SUSXM7	SUSXM7	SUSXM7	SUSXM7	SUSXM7	–	–
	SUSXM15J1	SUSXM15J1	SUSXM15J1	SUSXM15J1	SUSXM15J1	SUSXM15J1	SUSXM15J1	–	–
	SUH31	SUH31	SUH31	SUH31	SUH31	SUH31	SUH31	SUH31	SUH31
	SUH35	SUH35	SUH35	SUH35	SUH35	SUH35	SUH35	–	–
	SUH36	SUH36	SUH36	SUH36	SUH36	SUH36	SUH36	–	–
	SUH37	SUH37	SUH37	SUH37	SUH37	SUH37	SUH37	–	–
	SUH38	SUH38	SUH38	SUH38	SUH38	SUH38	SUH38	–	–
	SUH309	SUH309	SUH309	SUH309	SUH309	SUH309	SUH309	SUH309	SUH32
	SUH310	SUH310	SUH310	SUH310	SUH310	SUH310	SUH310	SUH310	SUH33
	SUH330	SUH330	SUH330	SUH330	SUH330	SUH330	SUH330	SUH330	SUH34
	SUH660	SUH660	SUH660	SUH660	SUH660	SUH660	SUH660	–	–
	SUH661	SUH661	SUH661	SUH661	SUH661	SUH661	SUH661	SUH661	–
오스테나이트·페라이트계	SUS329J1	SUS329J1	SUS329J1	SUS329J1	SUS329J1	SUS329J1	SUS329J1	SUS329J1	–
	–	–	–	폐지	SUS329J2L	–	–	–	–
	SUS329J3L	SUS329J3L	SUS329J3L	SUS329J3L	–	–	–	–	–
	SUS329J4L	SUS329J4L	SUS329J4L	SUS329J4L	–	–	–	–	–

구분	2010	2005	1999	1991	1984	1981	1977	1972	1968
페라이트계	SUS405	SUS405	SUS405	SUS405	SUS405	SUS405	SUS405	SUS405	SUS38
	SUS410L	SUS410L	SUS410L	SUS410L	SUS410L	SUS410L	–	–	–
	SUS429	SUS429	SUS429	SUS429	SUS429	SUS429	SUS429	SUS429	–
	SUS430	SUS430	SUS430	SUS430	SUS430	SUS430	SUS430	SUS430	SUS24
	SUS430J1L	SUS430J1L	SUS430J1L	SUS430J1L	–	–	–	–	–
	SUS430F	SUS430F	SUS430F	SUS430F	SUS430F	SUS430F	SUS430F	SUS430F	–
	SUS430LX	SUS430LX	SUS430LX	SUS430LX	SUS430LX	SUS430LX	–	–	–
	SUS434	SUS434	SUS434	SUS434	SUS434	SUS434	SUS434	SUS434	–
	SUS436J1L	SUS436J1L	SUS436J1L	SUS436J1L	–	–	–	–	–
	SUS436L	SUS436L	SUS436L	SUS436L	SUS436L	SUS436L	–	–	–
	SUS443J1	–	–	–	–	–	–	–	–
	SUS444	SUS444	SUS444	SUS444	SUS444	SUS444	–	–	–
	SUS445J1	SUS445J1	SUS445J1	–	–	–	–	–	–
	SUS445J2	SUS445J2	SUS445J2	–	–	–	–	–	–
	SUS447J1	SUS447J1	SUS447J1	SUS447J1	SUS447J1	SUS447J1	–	–	–
	SUSXM27	SUSXM27	SUSXM27	SUSXM27	SUSXM27	SUSXM27	–	–	–
	SUH21	SUH21	SUH21	SUH21	SUH21	SUH21	SUH21	–	–
	SUH409	SUH409	SUH409	SUH409	SUH409	SUH409	SUH409	–	–
	SUH409L	SUH409L	SUH409L	SUH409L	–	–	–	–	–
	SUH446	SUH446	SUH446	SUH446	SUH446	SUH446	SUH446	SUH446	SUH6
마르텐사이트계	SUS403	SUS403	SUS403	SUS403	SUS403	SUS403	SUS403	SUS403	SUS50
	SUS410	SUS410	SUS410	SUS410	SUS410	SUS410	SUS410	SUS410	SUS51
	SUS410S	SUS410S	SUS410S	SUS410S	SUS410S	SUS410S	SUS410S	–	–
	SUS410J1	SUS410J1	SUS410J1	SUS410J1	SUS410J1	SUS410J1	SUS410J1	SUS410J1	SUS37
	SUS410F2	SUS410F2	SUS410F2	SUS410F2	–	–	–	–	–
	SUS416	SUS416	SUS416	SUS416	SUS416	SUS416	SUS416	SUS416	SUS54
	SUS420J1	SUS420J1	SUS420J1	SUS420J1	SUS420J1	SUS420J1	SUS420J1	SUS420J1	SUS52
	SUS420J2	SUS420J2	SUS420J2	SUS420J2	SUS420J2	SUS420J2	SUS420J2	SUS420J2	SUS53
	SUS420F	SUS420F	SUS420F	SUS420F	SUS420F	SUS420F	SUS420F	SUS420F	–
	SUS420F2	SUS420F2	SUS420F2	–	–	–	–	–	–
	–	폐지	SUS429J1	SUS429J1	SUS429J1	SUS429J1	–	–	–
	SUS431	SUS431	SUS431	SUS431	SUS431	SUS431	SUS431	SUS431	SUS44
	SUS440A	SUS440A	SUS440A	SUS440A	SUS440A	SUS440A	SUS440A	SUS440A	–
	SUS440B	SUS440B	SUS440B	SUS440B	SUS440B	SUS440B	SUS440B	SUS440B	–
	SUS440C	SUS440C	SUS440C	SUS440C	SUS440C	SUS440C	SUS440C	SUS440C	SUS57
	SUS440F	SUS440F	SUS440F	SUS440F	SUS440F	SUS440F	SUS440F	SUS440F	–
	SUH1	SUH1	SUH1	SUH1	SUH1	SUH1	SUH1	SUH1	SUH1
	SUH3	SUH3	SUH3	SUH3	SUH3	SUH3	SUH3	SUH3	SUH3
	SUH4	SUH4	SUH4	SUH4	SUH4	SUH4	SUH4	SUH4	SUH4
	SUH11	SUH11	SUH11	SUH11	SUH11	SUH11	SUH11	–	–
	SUH600	SUH600	SUH600	SUH600	SUH600	SUH600	SUH600	SUH600	–
	SUH616	SUH616	SUH616	SUH616	SUH616	SUH616	SUH616	SUH616	–
석출경화계	SUS630	SUS630	SUS630	SUS630	SUS630	SUS630	SUS630	SUS630	SUS80
	SUS631	SUS631	SUS631	SUS631	SUS631	SUS631	SUS631	SUS631	–
	SUS631J1	SUS631J1	SUS631J1	SUS631J1	SUS631J1	SUS631J1	SUS631J1	SUS631J1	–
	SUS632J1	–	–	–	–	–	–	–	–

■ 탄소공구강 강재 [G 4401 : 2009]

2000	1983	1972	1965	1956	1953	1950
SK140	SK1	SK1	SK1	SK1	SK1	SK1
SK120	SK2	SK2	SK2	SK2	SK2	SK2
SK105	SK3	SK3	SK3	SK3	SK3	SK3
SK95	SK4	SK4	SK4	SK4	SK4	SK4
SK90						
SK85	SK5	SK5	SK5	SK5	SK5	SK5
SK80	–					
SK75	SK6	SK6	SK6	SK6	SK6	SK6
SK70						
SK65	SK7	SK7	SK7	SK7	SK7	SK7
SK60			–			

■ 고속도공구강 강재 [G 4403 : 2006]

2000	1983	1968	1956	1953	1950
SKH2	SKH2	SKH2	SKH2	SKH2	SKH2
SKH3	SKH3	SKH3	SKH3	SKH3	SKH3
SKH4	SKH4	SKH4A	SKH4A	SKH4A	SKH4A
–	폐지	SKH4B	SKH4B	SKH4B	SKH4B
–	폐지	SKH5	SKH5	SKH5	SKH5
SKH40	–	폐지	SKH6	SKH6	SKH6
SKH50	–	폐지	SKH8		
SKH51	SKH51	SKH9	SKH9		
SKH10	SKH10	SKH10	–	SKH7	SKH7
SKH52	SKH52	SKH52	–		SKH1
SKH53	SKH53	SKH53	–		
SKH54	SKH54	SKH54	–		
SKH55	SKH55	SKH55	–		
SKH56	SKH56	SKH56	–		
SKH57	SKH57	SKH57	–		
SKH58	SKH58	–			
SKH59	SKH59	–			

■ 합금공구강 강재 [G 4404 : 2006]

2000	1983	1972	1956	특수공구강 G 4402 SKS 다이스강 G 4407 SKD	
				1954	1951
–	폐지	SKS1	SKS1	SKS1	SKS1
SKS11	SKS11	SKS11	SKS11	–	–
SKS2	SKS2	SKS2	SKS2	SKS2	SKS2
SKS21	SKS21	SKS21	SKS21	–	–
SKS5	SKS5	SKS5	SKS5	SKS5A	SKS5A
SKS51	SKS51	SKS51	SKS51	SKS5B	SKS5B

2000	1983	1972	1956	특수공구강 G 4402 SKS 다이스강 G 4407 SKD	
				1954	1951
SKS7	SKS7	SKS7	SKS7	SKS7	SKS7
SKS81					
SKS8	SKS8	SKS8	SKS8	SKS8	–
SKS4	SKS4	SKS4	SKS4	SKS4	SKS4
SKS41	SKS41	SKS41	SKS41	–	–
–	폐지	SKS42	SKS42	–	–
SKS43	SKS43	SKS43	SKS43	–	–
SKS44	SKS44	SKS44	SKS44	–	–
SKS3	SKS3	SKS3	SKS3	SKS3	SKS3
SKS31	SKS31	SKS31	SKS31	–	–
SKS93	SKS93	SKS93	–	–	–
SKS94	SKS94	SKS94	–	–	–
SKS95	SKS95	SKS95	–	–	–
SKD1	SKD1	SKD1	SKD1	SKD1	SKD1
SKD11	SKD11	SKD11	SKD11	–	–
SKD12	SKD12	SKD12	SKD12	–	–
SKD2	폐지	SKD2	SKD2	SKD2	SKD2
SKD4	SKD4	SKD4	SKD4	SKD4	–
SKD5	SKD5	SKD5	SKD5	SKD5	–
SKD6	SKD6	SKD6	SKD6	–	–
SKD61	SKD61	SKD61	SKD61	–	–
SKD62	SKD62	SKD62	–	–	–
SKD7	SKD7	–	–	–	–
SKD8	SKD8	–	–	–	–
SKD10					
–	–	–	SKT1	–	–
–	폐지	SKT2	SKT2		
SKT3	SKT3	SKT3	SKT3		
SKT4	SKT4	SKT4	SKT4		
–	폐지	SKT5	SKT5		
SKT6	폐지	SKT6	SKT6	SKS6	SKS
				SKD3	SKD3

■ 중공강 강재 [G 4410] 폐지 (→—)

1970	1962	1958
–	–	SKC1
–	–	SKC2
SKC3	SKC3	–
SKC11	SKC11	SKC11
SKC24	SKC22	SKC21
	SKC23	
SKC31	–	–

■ 스프링강 강재 [G 4801 : 2011] SUP○○

2005	1984	1977	1959	1950
–	–	–	폐지	SUP1
–	–	–	폐지	SUP2
폐지	SUP3	SUP3	SUP3	SUP3
–	폐지	SUP4	SUP4	SUP4
–	–	–	폐지	SUP5
SUP6	SUP6	SUP6	SUP6	SUP6
SUP7	SUP7	SUP7	SUP7	SUP7
–	–	–	폐지	SUP8
SUP9	SUP9	SUP9	SUP9	
SUP9A	SUP9A	SUP9A		
SUP10	SUP10	SUP10	SUP10	
–	–	폐지		
SUP11A	SUP11A	SUP11A		
SUP12	SUP12			
SUP13	SUP13			

■ 유황 및 유황복합 쾌삭강 강재 [G 4804 : 2008]

2008	1983	1970	1952
–	–	폐지	SUM1A
–	–	폐지	SUM1B
SUM32	SUM32	SUM32	SUM2
–	–	폐지	SUM3
–	–	폐지	SUM4
–	–	폐지	SUM5
–	SUM11	SUM11	–
–	SUM12	SUM12	–
SUM21	SUM21	SUM21	–
SUM22	SUM22	SUM22	–
SUM22L	SUM22L	SUM22L	–
SUM23	SUM23	SUM23	–
SUM23L	SUM23L	SUM23L	–
SUM24L	SUM24L	SUM24L	–
SUM31	SUM31	SUM31	–
SUM31L	SUM31L	SUM31L	–
SUM41	SUM41	SUM41	–
SUM42	SUM42	SUM42	–
SUM43	SUM43	SUM43	–
SUM25	SUM25	–	–

■ 고탄소 크롬베어링강 강재 [G 4805 : 2008]

2008	1970	1950
폐지	SUJ1	SUJ1
SUJ2	SUJ2	SUJ2
SUJ3	SUJ3	SUJ3
SUJ4	SUJ4	–
SUJ5	SUJ5	–

■ 내식내열초합금봉 [G 4901 : 1999/추보 1 : 2008]

1999	1991	1981	1977	1970
NCF600	NCF600B	NCF600B	NCF1B	NCF1B
NCF601	NCF601B	NCF601B		
NCF625	NCF625B			
NCF690	NCF690B			
NCF718	NCF718B			
NCF750	NCF750B	NCF750B	NCF3B	
NCF751	NCF751B	NCF751B		
NCF800	NCF800B	NCF800B	NCF2B	NCF2B
NCF800H	NCF800HB	NCF800HB		
NCF825	NCF825B	NCF825B		
NCF80A	NCF80AB	NCF80AB		

■ 내식내열초합금판 [G 4902 : 1991]

1991	1981	1977	1970
NCF600P	NCF600P	NCF1P	NCF1P
NCF800P	NCF800P	NCF2P	NCF2P
NCF750P	NCF750P	NCF3P	
NCF601P	NCF601P	–	
NCF625P			
NCF690P			
NCF718P			
NCF751P	NCF751P	–	
NCF800HP	NCF800HP	–	
NCF825P	NCF825B	–	
NCF80AP	NCF80AB	–	

■ 배관용 이음매없는 니켈크롬 철합금관 [G 4903 : 2008]

1991	1981	1977	1970
NCF600TP	NCF600TP	NCF1TP	NCF1P
NCF625TP			
NCF690TP			
NCF800TP	NCF800TP	NCF2TP	NCF2P
NCF800HTP	NCF800HTP	NCF2HTP	
NCF825TP	–		

■ 열교환기용 이음매없는 니켈크롬 철합금관 [G 4904 : 2008]

1991	1981	1977	1970
NCF600TB	NCF600TB	NCF1TB	NCF1TB
NCF800TB	NCF800TB	NCF2TB	NCF2TB
NCF800HTB	NCF800HTB	NCF2HTB	
NCF825TB	NCF825TB	–	
NCF625TB			
NCF690TB			

■ 구조용 고장력 탄소강 및 저합금강 주강품 [G 5111 : 1991]

1969	1960	구조용 합금 주강품 1956
SCC3		
SCC5		
SCMn1	SCA1	SCA1
SCMn2	SCA2	SCA2
SCMn3	SCA3	
SCMn5	–	
SCMnCr2	SCA21	SCA21
SCMnCr3	SCA22	SCA22
SCMnCr4	SCA23	SCA23
SCSiMn2	SCA31	SCA31
	SCA41	SCA41
	SCA51	SCA51
	SCA52	SCA52
SCMnM3		
SCCrM1		
SCCrM3		
SCMnCrM2		
SCMnCrM3		
SCNCrM2		

■ 스테인리스강 주강품 [G 5121 : 2003]

2003	1980	1969	1960	1956
SCS1	SCS1	SCS1	SCS1	SCS1
SCS1X				
SCS2	SCS2	SCS2	SCS2	SCS2
SCS2A				
SCS3	SCS3			
SCS3X	SCS4			
SCS4	SCS5			
SCS5	SCS6			
SCS6				
SCS6X				
SCS10	SCS10			
SCS11	SCS11	SCS11	SCS11	SCS11
SCS12	SCS12	SCS12	SCS12	SCS12
SCS13	SCS13	SCS13	SCS13	SCS13
SCS13A	SCS13A			
SCS13X				
SCS14	SCS14			
SCS14A	SCS14A			
SCS14X				
SCS14XNb				
SCS15	SCS15	SCS15	SCS15	SCS15
SCS16	SCS16	SCS16	SCS16	
SCS16A	SCS16A			
SCS16AX				
SCSAXN				
SCS17	SCS17	SCS17	SCS17	
SCS18	SCS18	SCS18	SCS18	
SCS19	SCS19	SCS19		
SCS19A	SCS19A			
SCS20	SCS20	SCS20		
SCS21	SCS21	SCS21		
SCS21X				
SCS22	SCS22	SCS22		
SCS23	SCS23	SCS23		
SCS24	SCS24	SCS24		
SCS31				
SCS32				
SCS33				
SCS34				
SCS35				
SCS35N				
SCS36				
SCS36N				

■ 내열강 및 내열합금 주조품 [G 5122 : 2003]

2003	내열강 주강품 G 5122 : 56, 60, 69, 80			
	1980	1969	1960	1956
SCH1	SCH1	SCH1	SCH1	SCH1
SCH1X				
SCH2	SCH2	SCH2	SCH2	SCH2
SCH2X1				
SCH2X2				
SCH3	SCH3	SCH3		
SCH4				
SCH5				
SCH6				
SCH11	SCH11	SCH11	SCH11	SCH11
SCH11X				
SCH12	SCH12	SCH12	SCH12	SCH12
SCH12X				
SCH13	SCH13	SCH13	SCH13	SCH13
SCH13A	SCH13A			
SCH13X				
SCH15	SCH15	SCH15		
SCH15X				
SCH16	SCH16	SCH16	SCH15	
SCH17	SCH17	SCH17		
SCH18	SCH18	SCH18		
SCH19	SCH19	SCH19		
SCH20	SCH20	SCH20		
SCH20X				
SCH20XNb				
SCH21	SCH21	SCH21	SCH14	
SCH22	SCH22	SCH22		
SCH22X				
SCH23	SCH23			
SCH24	SCH24			
SCH24X				
SCH24XNb				
SCH31				
SCH32				
SCH33				
SCH34				
SCH41				
SCH42				
SCH43				
SCH44				
SCH45				
SCH46				
SCH47				

■ 고망간강 주강품 [G 5131 : 2008]

2008	1969	1956
SCMnH1	SCMnH1	SCMnH1
SCMnH2	SCMnH2	SCMnH2
SCMnH2X1		
SCMnH2X2		
SCMnH3	SCMnH3	
SCMnH4		
SCMnH11	SCMnH11	
SCMnH11X		
SCMnH12		
SCMnH21	SCMnH21	
SCMnH31		
SCMnH32		
SCMnH33		
SCMnH41		

■ 용접구조용 원심력 주강관 [G 5201 : 1991]

1991	1989	1969
SCW410-CF	SCW42-CF	SCW42-CF
SCW480-CF	SCW49-CF	SCW49-CF
SCW490-CF	SCW50-CF	SCW50-CF
SCW520-CF	SCW53-CF	SCW53-CF
SCW570-CF	SCW58-CF	

■ 회주철품 [G 5501 : 1995]

1989	1956	주철품 G 5501 1954
FC100	FC10	FC10
FC150	FC15	FC15
FC200	FC20	FC19
FC250	FC25	FC23
FC300	FC30	FC27
FC350	FC35	

■ 구상흑연주철품 [G 5502 : 2001/추보 1 : 2007]

1995	1989	1982	1971	1961
FCD350-22	FCD370	FCD37		
FCD350-22L				
FCD400-18	FCD400	FCD40	FCD40	FCD40
FCD400-18L				
FCD400-15				
FCD450-10	FCD450	FCD45	FCD45	FCD45
FCD500-7	FCD500	FCD50	FCD50	–
FCD600-3	FCD600	FCD60	FCD60	FCD55
FCD700-2	FCD700	FCD70	FCD70	FCD70
FCD800-2	FCD800	FCD80		
FCD400-18A				
FCD400-18AL				
FCD400-15A				
FCD500-7A				
FCD600-3A				

■ 덕타일 주철관 [G 5526 : 1998]

■ 덕타일 주철 이형관 [G 5527 : 1998]

1982	1977
직관 D1, D1.5, D2, D2.5, D3, D3.5, D4, D4.5, DPF	직관 D 水1 D 水2 D 水3
이형관 DF	이형관 D 水

■ 흑심 가단 주철품 [G 5702] 폐지 (→G 5705)

1960	가단주철품 G 5701 1952
FCMB28	FCMB28
FCMB32	FCMB32
FCMB35	FCMB35
FCMB38	

■ 백심 가단 주철품 [G 5703] 폐지 (→G 5705)

1969	1960	가단주철품 G 5701 1952
FCMW34	FCMW34	FCMW34
FCMW38	FCMW36	FCMW36

■ 펄라이트 가단 주철품[G 5704] 폐지 (→G 5705)

1969	1960
	FCMP40
FCMP45	
FCMP50	FCMP50
FCMP55	
FCMP60	FCMP60
FCMP70	

■ 가단주철품 [G 5705 : 2000]

2000
FCMW34-04
FCMW35-04
FCMW38-07
FCMW38-12
FCMW40-05
FCMW45-07
FCMB27-05
FCMB30-06
FCMB31-08
FCMB32-12
FCMB34-10
FCMB35-10S
FCMP44-06
FCMP49-04
FCMP50-05
FCMP54-03
FCMP55-04
FCMP59-03
FCMP60-03
FCMP65-02
FCMP70-02
FCMP80-01

■ 압력용기용 탄소강 단강품 [G 3202 : 1988/추보 1 : 2008]

1982	압력용기용 조질형 탄소강 및 저합금강 단강품 G 3211 1970	압력용기용 조질형 진공처리 탄소강 및 저합금강 단강품 G 3212 1970
SFVC1	–	–
SFVC2A	–	–
SFVC2B	SFV1	SFVV1

■ 고온 압력용기용 합금강 단강품 [G 3203 : 1988/추보 1 : 2008]

1982	고온 압력용기 부품용 합금강 단강품 G 3213 1974
SFVAF1	SFHV12B
SFVAF2	SFHV13B
SFVAF12	SFHV22B
SFVAF11A	SFHV23B
SFVAF11B	–
SFVAF22A	–
SFVAF22B	SFHV24B
SFVAF21A	–
SFVAF21B	–
SFVAF5A	–
SFVAF5B	SFHV25
SFVAF5C	–
SFVAF5D	–
SFVAF9	SFHV26B

■ 압력용기용 조질형 합금강 단강품 [G 3204 : 1998/追補 1 : 2008]

1982	압력용기용 조질형 탄소강 및 저합금강 단강품 G 3211 1970	압력용기용 조질형 진공처리 탄소강 및 저합금강 단강품 G 3212 1970
SFVQ1A	SFV3	SFVV3
SFVQ1B	–	–
SFVQ2A	SFV2	SFVV2
SFVQ2B	–	–
SFVQ3	–	–

■ 압력용기용 스테인리스강 단강품 [G 3214 : 1991/追補 1 : 2009]

	1991	1984	1974
오스테나이트계		SUSF304	SUSF304
		SUSF304H	SUSF304H
		SUSF304L	SUSF304L
	SUSF304N		
	SUSF304LN		
		SUSF310	SUSF310
		SUSF316	SUSF316
		SUSF316H	SUSF316H
		SUSF316L	SUSF316L
	SUSF316N		
	SUSF316LN		
	SUSF317		
	SUSF317L		

	1991	1984	1974
오스테나이트계		SUSF321	SUSF321
		SUSF321H	SUSF321H
		SUSF347	SUSF347
		SUSF347H	SUSF347H
마르텐사이트계		SUSF410	
		SUSF6B	
		SUSF6NM	
석출경화계	SUSF630		

[C 부문]

■ 영구자석재료 [C 2502 : 1998]

1989	1975	1966	1954
–	–	MFA	SUG
MCA	MCA	MCA	MCA
MCC	MCB	MCB	MCB
MPR	MPA	MPA	MR
MPB	MPB	MPB	
MPS			
MBF			
MBR			

■ 전자연철봉 [C 2503] 폐지 (→C 2504)

1966	1954
SUYB0	
SUYB1	SUYB1
SUYB2	SUYB2
SUYB3	SUYB3

■ 전자연철 [C 2504 : 2000]

2000	1966	1954
SUY0	SUYP0	
SUY1	SUYP1	SUYP1
SUY2	SUYP2	SUYP2
SUY3	SUYP3	SUYP3
A12		
A20		
A60		
A80		
A120		
A240		

■ 전기 바인드용 주석도금 피아노선 [C 2506] 폐지 (→—)

1974	1953
SWPE	SWPE-1
	SWPE-2

■ 전자강대 시험 방법 [C 2550 : 2000]

1991	1970
PCYH 250, 300, 350, 400, 450, 500, 550, 600, 650, 700	P40
PCYC 250, 300, 350, 400, 450, 500	P50

■ 열간압연 규소 강판 [C 2551] 폐지 (→—)

1961	규소강판 C 2501 1955
S23F	B
	C
S18F	D
S14F	T145
	T135
S12F	T125
	T115
S10F	T105
	T95
S09F	T90

■ 무방향성 전자강대 [C 2552 : 2000]

2000	1986	1978	1963
35A210			
35A230	35A230		
35A250	35A250	S09	
35A270	35A270	S10	
35A300	35A300	S12	S12
35A360	35A360	S14	S14
35A440	35A440	S18	S18
50A230			
50A250			
50A270	50A270		
50A290	50A290	S09	
50A310	50A310	S10	
50A350	50A350	S12	S12
50A400	50A400	S14	S14
50A470	50A470	S18	S18
50A600	50A600	S20/S23	S20/S23

2000	1986	1978	1963
50A700	50A700		
50A800	50A800	(S30)	
50A1000	50A1000	(S40)	
50A1300	50A1300	(S50)	
65A800	65A800	S23	S23
65A1000	65A1000	(S30)	
65A1300	65A1300	(S40)	
65A1600	65A1600	(S50)	

■ 방향성 전자강대 [C 2553 : 2000]

2000	1986	1975	1970	1964
23R				
23P				
23G				
27R				
27P	27P	–		
27G	27G	–		
		–	G15	G15
		G13	G13	G13
30P	30P	–		
30G	30G	G12	G12	G12
	35G	G11	G11	G11
		G10	G10	G10
		G09	G09	–
35P		–		

■ 소형 전동기용 자성강대 [C 2554] 폐지 (→C 2552)

1978	1963	1975	1970
S09		S30	–
S10		S40	S40
S12	S12	S50	S50
S14	S14	S60	–
S18	S18		
S20	S20		
S23	S23		

[A 부문]

■ 강관 말뚝 [A 5525 : 2009]

1994	1983	1963
SKK400	SKK41	STK41-K
SKK490	SKK50	STK50-K

■ H형강 말뚝 [A 5526 : 2011]

2005	1994	1988*	1983	1971	1963
SHK400	SHK400	SHK41 (SHK400)	SHK41	SS41	SS41-K
	SHK400M	SHK41M (SHK400M)	SHK41M	삭제	SM41-K
SHK490M	SHK490M	SHK50M (SHK490M)	SHK50M	SM41	
				SM50	
				SM50Y	

[주] 1991년 1월 1일부터 ( )의 기호(SI 단위)로 대체되었다.

■ 열간압연강 시트판 [A 5528 : 2006]

2000	1983	1967
–	–	SY24
SY295	SY30	SY30
SY390	SY40	SY40

■ 용접용 열간압연 시트판 [A 5523 : 2006]

2000
SYW295
SYW390

■ 강관 시트판 [A 5530 : 2010]

1994	1983	강 시트판 1967
SKY400	SKY41	SY24
SKY490	SKY50	SY30
–		SY40

■ 철도 차량용 탄소강 일체압연차륜 [E 5402] 폐지 (→E 5402–1, –2)

1989	1976	1967
1종 SSW	1종 SSW	1종 SSW
1종 SSW	1종 SSW	1종 SSW
1종 SSW	1종 SSW	1종 SSW
2종 SSW	2종 SSW	2종 SSW
2종 SSW	2종 SSW	2종 SSW
2종 SSW	2종 SSW	2종 SSW
2종 SSW	2종 SSW	2종 SSW
2종 SSW	2종 SSW	2종 SSW
2종 SSW	2종 SSW	2종 SSW

■ 철도 차량용-일체차륜-제 1부 : 품질요구 (E5402-1 : 2005)

2005		1998	
압연 또는 단조차륜용	주조차량용	압연 또는 단조차륜용	주조차량용
		1종 SSW-R1	
		1종 SSW-R2	
		1종 SSW-R3	
		2종 SSW-Q1S	
		2종 SSW-Q2S	
		2종 SSW-Q3S	
		2종 SSW-Q1R	
		2종 SSW-Q2R	
		2종 SSW-Q3R	
C44GC-N-A	GC44GC-N-A	C44GC-N-A	GC44GC-N-A
C44GC-N-B	GC44GC-N-B	C44GC-N-B	GC44GC-N-B
C44GC-T-A	GC44GC-T-A	C44GC-T-A	GC44GC-T-A
C44GC-T-B	GC44GC-T-B	C44GC-T-B	GC44GC-T-B
C48GC-N-A	GC48GC-N-A	C48GC-N-A	GC48GC-N-A
C48GC-N-B	GC48GC-N-B	C48GC-N-B	GC48GC-N-B
C48GC-T-A	GC48GC-T-A	C48GC-T-A	GC48GC-T-A
C48GC-T-B	GC48GC-T-B	C48GC-T-B	GC48GC-T-B
C51GC-N-A	GC51GC-N-A	C51GC-N-A	GC51GC-N-A
C51GC-N-B	GC51GC-N-B	C51GC-N-B	GC51GC-N-B
C51GC-T-A	GC51GC-T-A	C51GC-T-A	GC51GC-T-A
C51GC-T-B	GC51GC-T-B	C51GC-T-B	GC51GC-T-B
C55GC-N-A	GC55GC-N-A	C55GC-N-A	GC55GC-N-A
C55GC-N-B	GC55GC-N-B	C55GC-N-B	GC55GC-N-B
C55GC-T-A	GC55GC-T-A	C55GC-T-A	GC55GC-T-A
C55GC-T-B	GC55GC-T-B	C55GC-T-B	GC55GC-T-B
C64GC-N-A	GC64GC-N-A	C64GC-N-A	GC64GC-N-A
C64GC-N-B	GC64GC-N-B	C64GC-N-B	GC64GC-N-B
C64GC-T-A	GC64GC-T-A	C64GC-T-A	GC64GC-T-A
C64GC-T-B	GC64GC-T-B	C64GC-T-B	GC64GC-T-B
–	–	C68GC-N-A	GC68GC-N-A
–	–	C68GC-N-B	GC68GC-N-B
–	–	C68GC-T-A	GC68GC-T-A
–	–	C68GC-T-B	GC68GC-T-B
C74GC-N-A	GC74GC-N-A		
C74GC-N-B	GC74GC-N-B		
C74GC-T-A	GC74GC-T-A		
C74GC-T-B	GC74GC-T-B		

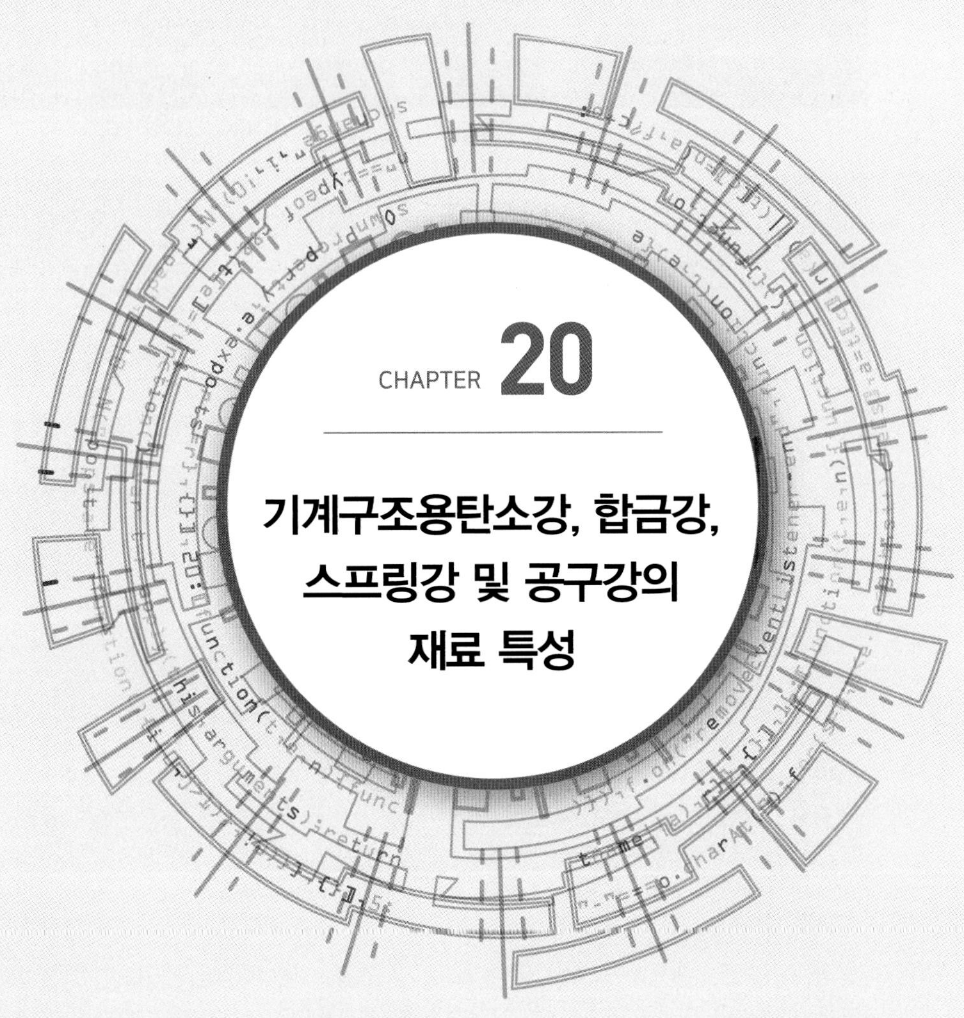

CHAPTER 20

기계구조용탄소강, 합금강, 스프링강 및 공구강의 재료 특성

20-1 탄소량 구분에 따른 표준 기계적 성질과 질량 효과 : 기계 구조용 탄소강 강재[JIS G 4051]

구분	기호	주요 화학성분 %		변태온도 ℃		열처리 ℃			
		C	Mn	Ac	Ar	노멀라이징 (N)	어닐링 (A)	퀜칭 (H)	템퍼링 (H)
0.05C~ 0.15C	S10C	0.08~0.13	0.30~0.60	720~880	850~780	900~950 공냉	약 900 로냉	–	–
	S09C K	0.07~0.12	0.30~0.60	720~880	850~780	900~950 공냉	약 900 로냉	1차 880~920 유(수)냉 2차 750~880 수냉	150~200 공냉
0.10C~ 0.20C	S12C S15C	0.10~0.15 0.13~0.18	0.30~0.60 0.30~0.60	720~880	845~770	880~930 공냉	약 880 로냉	–	–
	S15CK	0.13~0.18	0.30~0.60	720~880	845~770	880~930 공냉	약 880 로냉	1차 870~920 유(수)냉 2차 750~880 수냉	150~200 공냉
0.15C~ 0.25C	S17C S20C	0.15~0.20 0.18~0.23	0.30~0.60 0.30~0.60	720~845	815~730	870~920 공냉	약 860 로냉	–	–
	S20CK	0.18~0.23	0.30~0.60	720~845	815~730	870~920 공냉	약 860 로냉	1차 870~920 유(수)냉 2차 750~880 수냉	150~200 공냉
0.20C~ 0.30C	S22C S25C	0.20~0.25 0.22~0.28	0.30~0.60 0.30~0.60	720~840	780~730	860~910 공냉	약 850 로냉	–	–
0.25C~ 0.35C	S28C S30C	0.25~0.31 0.27~0.33	0.60~0.90 0.60~0.90	720~815	780~720	850~900 공냉	약 840 로냉	850~900 수냉	550~650 급냉
0.30C~ 0.40C	S33C S35C	0.30~0.36 0.32~0.38	0.60~0.90 0.60~0.90	720~800	770~710	840~890 공냉	약 830 로냉	840~890 수냉	550~650 급냉
0.35C~ 0.45C	S38C S40C	0.35~0.41 0.37~0.43	0.60~0.90 0.60~0.90	720~790	760~700	830~880 공냉	약 820 로냉	830~880 수냉	550~650 급냉
0.40C~ 0.50C	S43C S45C	0.40~0.46 0.42~0.48	0.60~0.90 0.60~0.90	720~780	750~680	820~870 공냉	약 810 로냉	820~870 수냉	550~650 급냉
0.45C~ 0.55C	S48C S50C	0.45~0.51 0.47~0.53	0.60~0.90 0.60~0.90	720~770	740~680	810~860 공냉	약 800 로냉	810~860 수냉	550~650 급냉
0.50C~ 0.60C	S53C S55C	0.50~0.56 0.52~0.58	0.60~0.90 0.60~0.90	720~765	740~680	800~850 공냉	약 790 로냉	800~850 수냉	550~650 급냉
0.55C~ 0.65C	S58C	0.55~0.61	0.60~0.90	720~760	730~680	800~850 공냉	약 790 로냉	800~850 수냉	550~650 급냉

구분	기호	기계적 성질							
		열처리	항복점 N/mm^2	인장강도 N/mm^2	연신율 %	수축율 %	샤르피 충격치 J/cm2	경도 HBW	유효직경 mm
0.05C~ 0.15C	S10C	N	205 이상	310 이상	33 이상	–	–	109~156	–
		A	–	–	–	–	–	109~149	–
	S09C K	A	–	–	–	–	–	109~149	–
		H	245 이상	390 이상	23 이상	55 이상	137 이상	121~179	–
0.10C~ 0.20C	S12C S15C	N	235 이상	370 이상	30 이상	–	–	111~167	–
		A	–	–	–	–	–	111~149	–
	S15CK	A	–	–	–	–	–	111~149	–
		H	345 이상	490 이상	20 이상	50 이상	118 이상	143~245	–
0.15C~ 0.25C	S17C S20C	N	245 이상	400 이상	28 이상	–	–	116~174	–
		A	–	–	–	–	–	114~153	–
	S20CK	A	–	–	–	–	–	114~153	–
		H	390 이상	540 이상	18 이상	45 이상	98 이상	159~241	–
0.20C~ 0.30C	S22C S25C	N	265 이상	440 이상	27 이상	–	–	123~183	–
		A	–	–	–	–	–	126~156	–
0.25C~ 0.35C	S28C S30C	N	280 이상	475 이상	25 이상	–	–	137~197	–
		A	–	–	–	–	–	126~156	–
		H	335 이상	540 이상	23 이상	57 이상	108 이상	152~212	30
0.30C~ 0.40C	S33C S35C	N	305 이상	510 이상	23 이상	–	–	149~207	–
		A	–	–	–	–	–	126~163	–
		H	390 이상	570 이상	22 이상	55 이상	98 이상	167~235	32
0.35C~ 0.45C	S38C S40C	N	325 이상	540 이상	22 이상	–	–	156~217	–
		A	–	–	–	–	–	131~163	–
		H	440 이상	610 이상	20 이상	50 이상	88 이상	179~255	35
0.40C~ 0.50C	S43C S45C	N	345 이상	570 이상	20 이상	–	–	167~229	–
		A	–	–	–	–	–	137~170	
		H	490 이상	690 이상	17 이상	45 이상	78 이상	201~269	37
0.45C~ 0.55C	S48C S50C	N	365 이상	610 이상	18 이상	–	–	179~235	–
		A	–	–	–	–	–	143~187	–
		H	540 이상	740 이상	15 이상	40 이상	69 이상	212~277	40
0.50C~ 0.60C	S53C S55C	N	390 이상	650 이상	15 이상	–	–	183~255	
		A	–	–	–	–	–	149~192	
		H	590 이상	780 이상	14 이상	35 이상	59 이상	229~285	42
0.55C~ 0.65C	S58C	N	390 이상	650 이상	15 이상	–	–	183~255	–
		A	–	–	–	–	–	149~192	–
		H	590 이상	780 이상	14 이상	35 이상	59 이상	229~285	42

20-2 표준 공시재의 기계적 성질 : 기계 구조용 합금강 강재 [JIS G 4053]

종류의 기호	열처리 ℃		인장시험 (4호 시험편)				충격시험 (U노치 시험편)	경도시험
	퀜칭	템퍼링	항복점 N/mm²	인장강도 N/mm²	연신율 %	수축율 %	충격치 (샤르피) J/cm²	경도 HBW
SNC 236	820~880 유냉	550~650 급냉	590 이상	740 이상	22 이상	50 이상	118 이상	217~277
SNC 415	1차 850~900 유냉 2차 740~790 수냉 또는 780~830 유냉	150~200 급냉	–	780 이상	17 이상	45 이상	88 이상	235~341
SNC 631	820~880 유냉	550~650 급냉	685 이상	830 이상	18 이상	50 이상	118 이상	248~302
SNC 815	1차 830~880 유냉 2차 750~800 유냉	150~200 공냉	–	980 이상	12 이상	45 이상	78 이상	285~388
SNC 836	820~880 유냉	550~650 급냉	785 이상	930 이상	15 이상	45 이상	78 이상	269~321
SNCM 220	1차 850~900 유냉 2차 800~850 유냉	150~200 급냉	–	830 이상	17 이상	40 이상	59 이상	248~341
SNCM 240	820~870 유냉	580~680 급냉	785 이상	880 이상	17 이상	50 이상	69 이상	255~311
SNCM 415	1차 850~900 유냉 2차 770~820 유냉	150~200 공냉	–	880 이상	16 이상	45 이상	69 이상	255~341
SNCM 420	1차 850~900 유냉 2차 770~820 유냉	150~200 공냉	–	980 이상	15 이상	40 이상	69 이상	293~375
SNCM 431	820~870 유냉	580~680 급냉	685 이상	830 이상	20 이상	55 이상	98 이상	248~302
SNCM 439	820~870 유냉	580~680 급냉	885 이상	980 이상	16 이상	45 이상	69 이상	293~352
SNCM 447	820~870 유냉	580~680 급냉	930 이상	1030 이상	14 이상	40 이상	59 이상	302~368
SNCM 616	1차 850~900 공냉 (유냉) 2차 770~830 공냉 (유냉)	100~200 공냉	–	1180 이상	14 이상	40 이상	78 이상	341~415
SNCM 625	820~870 유냉	570~670 급냉	835 이상	930 이상	18 이상	50 이상	78 이상	269~321
SNCM 630	850~950 공냉 (유냉)	550~650 급냉	885 이상	1080 이상	15 이상	45 이상	78 이상	302~352
SNCM 815	1차 830~880 유냉 2차 750~800 유냉	150~200 공냉	–	1080 이상	12 이상	40 이상	69 이상	311~375
SCr 415	1차 850~900 유냉 2차 800~850 유냉 (수냉)또는 925 유지 후 850~900 유냉	150~200 공냉	–	780 이상	15 이상	40 이상	59 이상	217~302
SCr 420	1차 850~900 유냉 2차 800~850 유냉 또는 925 유지 후 850~900 유냉	150~200 공냉	–	830 이상	14 이상	35 이상	49 이상	235~321
SCr 430	830~880 유냉	520~620 급냉	635 이상	780 이상	18 이상	55 이상	88 이상	229~293
SCr 435	830~880 유냉	520~620 급냉	735 이상	880 이상	15 이상	50 이상	69 이상	255~321
SCr 440	830~880 유냉	520~620 급냉	785 이상	930 이상	13 이상	45 이상	59 이상	269~331
SCr 445	830~880 유냉	520~620 급냉	835 이상	980 이상	12 이상	40 이상	49 이상	285~352
SCM 415	1차 850~900 유냉 2차 800~850 유냉 또는 925 유지 후 850~900 유냉	150~200 공냉	–	830 이상	16 이상	40 이상	69 이상	235~321

종류의 기호	열처리 ℃		인장시험 (4호 시험편)				충격시험 (U노치 시험편)	경도시험
	퀜칭	템퍼링	항복점 N/mm²	인장강도 N/mm²	연신율 %	수축율 %	충격치 (샤르피) J/cm²	경도 HBW
SCM 418	1차 850~900 유냉 2차 800~850 유냉 또는 925 유지 후 850~900 유냉	150~200 공냉	–	880 이상	15 이상	40 이상	69 이상	248~331
SCM 420	1차 850~900 유냉 2차 800~850 유냉 또는 925 유지 후 850~900 유냉	150~200 공냉	–	930 이상	14 이상	40 이상	59 이상	262~352
SCM 421	1차 850~900 유냉 2차 800~850 유냉 또는 925 유지 후 850~900 유냉	150~200 공냉	–	980 이상	14 이상	35 이상	59 이상	285~375
SCM 430	830~880 유냉	530~630 급냉	685 이상	830 이상	18 이상	55 이상	108 이상	241~302
SCM 432	830~880 유냉	530~630 급냉	735 이상	880 이상	16 이상	50 이상	88 이상	255~321
SCM 435	830~880 유냉	530~630 급냉	785 이상	930 이상	15 이상	50 이상	78 이상	269~331
SCM 440	830~880 유냉	530~630 급냉	835 이상	980 이상	12 이상	45 이상	59 이상	285~352
SCM 445	830~880 유냉	530~630 급냉	885 이상	1030 이상	12 이상	40 이상	39 이상	302~363
SCM 822	1차 850~900 유냉 2차 800~850 유냉 또는 925 유지 후 850~900 유냉	150~200 공냉	–	1030 이상	12 이상	30 이상	59 이상	302~415
SMn 420	1차 850~900 유냉 2차 780~830 유냉	150~200 공냉	–	690 이상	14 이상	30 이상	49 이상	201~311
SMn 433	830~880 수냉	550~650 급냉	540 이상	690 이상	20 이상	55 이상	98 이상	201~277
SMn 438	830~880 유냉	550~650 급냉	590 이상	740 이상	18 이상	50 이상	78 이상	212~285
SMn 443	830~880 유냉	550~650 급냉	635 이상	780 이상	17 이상	45 이상	78 이상	229~302
SMnC 420	1차 850~900 유냉 2차 780~830 유냉	150~200 공냉	–	830 이상	13 이상	30 이상	49 이상	235~321
SMnC 433	830~880 유냉	550~650 급냉	785 이상	930 이상	13 이상	40 이상	49 이상	269~321
SACM 645	880~930 유냉	680~720 급냉	685 이상	830 이상	15 이상	50 이상	98 이상	241~302

20-3 인장시험편에 열처리를 실시한 스프링강 강재의 기계적 성질 [JIS G 4801]

기호	열처리 ℃		내력 0.2% N/mm²	인장강도 N/mm²	연신율 %	수축율 %	경도 HBW
	퀜칭	템퍼링			4호 시험편 또는 5호 시험편[1]	4호 시험편	
SUP 6	830~860 유냉	480~530	1080 이상	1230 이상	9 이상	20 이상	363~429
SUP 7	830~860 유냉	490~540	1080 이상	1230 이상	9 이상	20 이상	363~429
SUP 9	830~860 유냉	460~510	1080 이상	1230 이상	9 이상	20 이상	363~429
SUP 9A	830~860 유냉	460~520	1080 이상	1230 이상	9 이상	20 이상	363~429
SUP 10	830~860 유냉	470~540	1080 이상	1230 이상	10 이상	30 이상	363~429
SUP 11A	830~860 유냉	460~520	1080 이상	1230 이상	9 이상	20 이상	363~429
SUP 12	830~860 유냉	510~570	1080 이상	1230 이상	9 이상	20 이상	363~429
SUP 13	830~860 유냉	510~570	1080 이상	1230 이상	10 이상	30 이상	363~429

[주] [1] 5호 시험편은 종래 사용 7호 시험편이 2004년 12월 31일에 폐지되었기 때문에 고쳐 두었다.

비고 1. 기계적성질 검사에 의한 공시재의 채용법은 JIS G 0404의 7.6의 B항을 따른다. 이 경우 시험편은 공시재로부터 JIS Z 2201에 규정하는 4호 시험편 또는 5호 시험편으로 다듬질한 후 상기에 표시하는 온도범위 내의 적당한 온도를 선정하고 열처리를 실시한 것을 사용한다. 경도시험편은 인장시험편의 일부를 이용한다.

2. 인장시험에 의한 시험편은 4호 시험편을 이용한다. 단 평강에는 5호 시험편을 이용해도 좋다.

20-3 시험편의 퀜칭템퍼링 경도 : 탄소공구강 강재 [JIS G 4401]

종류의 기호	열처리 온도 ℃		퀜칭템퍼링 경도 HRC
	퀜칭	템퍼링	
SK140	780 수냉	180 공냉	63 이상
SK120	780 수냉	180 공냉	62 이상
SK105	780 수냉	180 공냉	61 이상
SK95	780 수냉	180 공냉	61 이상
SK90	780 수냉	180 공냉	60 이상
SK85	780 수냉	180 공냉	59 이상
SK80	790 수냉	180 공냉	58 이상
SK75	790 수냉	180 공냉	57 이상
SK70	800 수냉	180 공냉	57 이상
SK65	800 수냉	180 공냉	56 이상
SK60	810 수냉	180 공냉	55 이상

비고 1. 시험편은 공시재를 15mm 각(角) 또는 약 15mm 환(丸) × 길이 약 20mm로 기계가공하고, 상기에 표시하는 온도로 퀜칭템퍼링을 시행한 것을 이용한다.(공시재의 두께 또는 지름이 15mm 이하인 경우의 시험편은 각각 두께 × 약 15mm × 길이 약 20mm 또는 지름 × 길이 약 20mm의 치수로 한다) 아직 풀림처리를 시행하지 않은 강재에서 공시재를 채취하는 경우에는 그 퀜칭템퍼링 경도 시험편에 규정의 풀림처리를 실시한 다음 상기에 표시하는 온도로 퀜칭템퍼링을 실시한다.

2. 시험편의 열처리온도의 허용범위는 퀜칭처리, 템퍼링처리도±10℃로 한다.

CHAPTER 21

표면처리와 도금

21-1 전기 아연 도금 KS D 8304

■ 적용범위

이 표준은 철 및 강의 바탕 위에 방식을 목적으로 한 유효면의 전기 아연 도금에 대하여 규정한다.

■ 용어와 정의

광택 크로메이트 피막

아연에 대하여 방식 피막을 생성시킴과 동시에, 화학 연마 작용을 이용하여 도금에 광택을 주는 크로메이트 피막

비고

처리법으로는 방식 피막의 생성과 화학 연마 작용이 주로 일어나게 하는 크로메이트 처리액을 사용하는 방법과, 방식 피막을 생성시킨 후 알칼리액으로 처리하여 광택면을 얻는 방법이 있다.

유색 크로메이트 피막

방식 목적으로 사용하는 유색의 두꺼운 방식용 크로메이트 피막

비고

피막의 주성분인 3가 6가 산화크롬수화물($xCr_2O_3 \cdot yCrO_3 \cdot zH_2O$)의 조성 비율에 따라 색조가 여러 가지로 변화한다.

표면의 간섭 무늬

비교적 얇은 크로메이트 피막의 경우, 도금 위에 남아 있는 얇은 투명 피막의 표면에 빛이 닿았을 때 피막의 표면 및 도금 표면에서 반사광이 서로 간섭하여 생긴 무지개빛 무늬 모양

표면색의 분산

피막 조성의 변화에 생기는 유색 크로메이트 피막의 색조 분산으로, 이 때 피막 조성의 변화는 크로메이트 처리를 위한 욕(浴)의 조성 및 조작 조건 등에 따라 발생한다.

비고

동일 제품의 로트에서나 각 제품에서도 색조에 차이가 생긴다. 또한 동일한 표면에서도 균일한 색조를 얻기 어려우며 색상에 얼룩이 생긴다.

흰색 부식 생성률

크로메이트 피막이 파괴되어 아연이 부식 환경에 노출될 때 생기는 염기성 탄산아연 등의 흰색 화합물

■ 도금의 종류, 등급 및 기호

도금의 종류	등급	도금의 최소 두께 μm	기호
1종A	1급	2	Ep-Fe/Zn2 또는 Ep-Fe/Zn[1]
	2급	5	Ep-Fe/Zn5 또는 Ep-Fe/Zn[2]
	3급	8	Ep-Fe/Zn8 또는 Ep-Fe/Zn[3]
	4급	13	Ep-Fe/Zn13 또는 Ep-Fe/Zn[4]
	5급	20	Ep-Fe/Zn20 또는 Ep-Fe/Zn[5]
	6급	25	Ep-Fe/Zn25 또는 Ep-Fe/Zn[6]

도금의 종류	등급	도금의 최소 두께 ㎛	기호
1종B	1급	2	Ep−Fe/Zn2/CM1 또는 Ep−Fe/Zn[1−C−1]
	2급	5	Ep−Fe/Zn5/CM1 또는 Ep−Fe/Zn[2−C−1]
	3급	8	Ep−Fe/Zn8/CM1 또는 Ep−Fe/Zn[3−C−1]
	4급	13	Ep−Fe/Zn13/CM1 또는 Ep−Fe/Zn[4−C−1]
	5급	20	Ep−Fe/Zn20/CM1 또는 Ep−Fe/Zn[5−C−1]
	6급	25	Ep−Fe/Zn25/CM1 또는 Ep−Fe/Zn[6−C−1]
2종	1급	2	Ep−Fe/Zn2/CM2 또는 Ep−Fe/Zn[1−C−2]
	2급	5	Ep−Fe/Zn5/CM2 또는 Ep−Fe/Zn[2−C−2]
	3급	8	Ep−Fe/Zn8/CM2 또는 Ep−Fe/Zn[3−C−2]
	4급	13	Ep−Fe/Zn13/CM2 또는 Ep−Fe/Zn[4−C−2]
	5급	20	Ep−Fe/Zn20/CM2 또는 Ep−Fe/Zn[5−C−2]
	6급	25	Ep−Fe/Zn25/CM2 또는 Ep−Fe/Zn[6−C−2]
3종	1급	2	Ep−Fe/Zn2/CM3 또는 Ep−Fe/Zn[1−C−3]
	2급	5	Ep−Fe/Zn5/CM3 또는 Ep−Fe/Zn[2−C−3]
	3급	8	Ep−Fe/Zn8/CM3 또는 Ep−Fe/Zn[3−C−3]
	4급	13	Ep−Fe/Zn13/CM3 또는 Ep−Fe/Zn[4−C−3]
	5급	20	Ep−Fe/Zn20/CM3 또는 Ep−Fe/Zn[5−C−3]
	6급	25	Ep−Fe/Zn25/CM3 또는 Ep−Fe/Zn[6−C−3]

비고

1. 1종A는 도금한 채로 질산 침적한 것
2. 1종B는 광택 크로메이트 처리한 것
3. 2종은 유색 크로메이트 처리한 것
4. 3종은 인산염 처리한 것
5. 도금 최소 두께는 크로메이트 피막을 포함하지 않은 것의 두께

21-2 용융 아연 도금 KS D 8308

■ 적용범위

이 표준은 철강 제품의 방식을 목적으로 한 것으로서, 아연 철판 및 아연 도금 철 · 강 선류를 제외한 아연 도금의 유효면에 대하여 규정한다.

■ 도금 종류

종 류		기 호
1종	A	HDZ A
	B	HDZ B
2종	35	HDZ 35
	40	HDZ 40
	45	HDZ 45
	50	HDZ 50
	55	HDZ 55
	61	HDZ 61

■ 품질

종류	기호	부착량	황산동 시험 횟수	적용 보기 (참고)
1종	HDZ A	–	4회	두께 5mm 이하의 강재 · 강제품, 강관류, 지름 12mm 이상의 볼트 · 너트 및 두께 2.3mm를 초과하는 와셔류
	HDZ B	–	5회	두께 5mm를 초과하는 강재 · 강제품, 강관류 및 주 단조품류
2종	HDZ 35	350 이상	–	두께 1mm 이상 2mm 이하의 강재 · 강제품, 지름 12mm 이상의 볼트 · 너트 및 두께 2.3mm를 초과하는 와셔류
	HDZ 40	400 이상	–	두께 2mm 초과 3mm 이하의 강재 · 강제품, 강관류 및 주 단조품류
	HDZ 45	450 이상	–	두께 3mm 초과 5mm 이하의 강재 · 강제품, 강관류 및 주 단조품
	HDZ 50	500 이상	–	두께 5mm를 초과하는 강재 · 강제품, 강관류 및 주 단조품류
	HDZ 55	550 이상	–	과혹한 부식 환경하에서 사용되는 강재 · 강제품 및 주 단조품류
	HDZ 61	610 이상	–	과혹한 부식 환경하에서 사용되는 두께 5mm 이상의 강재 · 강제품 및 주 단조품류

비고 1. HDZ55의 도금이 요구되는 것은, 소지의 두께 3.2mm 이상의 것이어야 한다. 3.2mm 미만의 경우는 사전에 주문자와 제조자 사이의 협의에 따른다.
2. 표 가운데 적용 보기의 란에 표시한 두께 및 지름은 호칭 치수에 따른다.

21-3 니켈 및 니켈-크롬 도금 KS D 8302

■ 적용범위

이 표준은 철강, 구리, 구리합금, 아연합금 및 플라스틱 소지상에 방식 및 장식을 목적으로 한 니켈, 구리-니켈, 니켈-크롬 및 구리-니켈-크롬 도금의 유효면에 대하여 규정한다.

■ 도금의 종류 및 등급

소지	종류	등급	기호	도금 두께	
				니켈	크롬
철강	1종	1급	SN1	10 이상	
		2급	SN2	15 이상	
		3급	SN3	20 이상	
		4급	SN4	25 이상	
	2종	1급	SNC1	10 이상	0.1 이상
		2급	SNC2	15 이상	0.1 이상
		3급	SNC3	20 이상	0.1 이상
		4급	SNC4	25 이상	0.1 이상
		5급	SNC5	30 이상	0.1 이상
		6급	SNC6	35 이상	0.1 이상

소지	종류	등급	기호	도금 두께	
				니켈	크롬
구리 및 구리합금	1종	1급 2급	BN1 BN2	5 이상 10 이상	
	2종	1급 2급	BNC1 BNC2	5 이상 10 이상	0.1 이상 0.1 이상
아연합금		1급 2급 3급 4급 5급	ZNC1 ZNC2 ZNC3 ZNC4 ZNC5	10 이상 15 이상 20 이상 25 이상 30 이상	0.25 이상 0.25 이상 0.25 이상 0.25 이상 0.25 이상
플라스틱		1급 2급 3급	PNC1 PNC2 PNC3	7 이상 12 이상 20 이상	0.25 이상 0.25 이상 0.25 이상

비고

1. 1종은 최종 도금이 니켈이며, 2종은 최종 도금이 크롬이다.
2. 철강, 구리 및 구리합금 소지상의 도금은 니켈 도금의 두께를 나타낸다.
3. 아연 및 아연합금 소지에 대해서는 구리 도금의 최저 두께를 5㎛ 이상으로 한다.
4. 플라스틱 소지에 대하여 하지 도금으로 구리를 사용할 때는 15㎛ 이상으로 한다.

21-4 공업용 크롬 도금 KS D 0212

■ 적용범위

이 표준은 하지 도금 처리 유무에 관계없이 공업적 목적을 위한 철계 및 비철계 금속의 전기 크롬 도금에 대한 요구사항을 규정한다. 도금 표기는 공업 목적으로 사용되는 크롬의 두께를 규정하는 방법을 제공한다.

■ 크롬의 다른 형태에 대한 기호

크롬의 형태	기 호
일반 경질 크롬 도금	hr
혼합 산용액에서의 경질 크롬	hm
이중 크롬	dc
크롬의 특별한 형태	sp

■ 크롬의 다른 형태에 대한 기호

니켈의 형태(ISO 4526 참조)	기 호
무황	sf
황 포함	sc
와트	w
황산니켈	su

■ 공업용 크롬 도금 두께

두께 (μm)	적 용
2~10	마찰 감소 및 약한 내마모성을 위한 경우
10~30	적당한 내마모성을 위한 경우
30~60	부착 내마모성을 위한 경우
60~120	엄격한 내마모성을 위한 경우
120~150	엄격한 내마모성, 내마멸성, 내식성을 위한 경우
>250	보수를 위한 경우

■ 공업용 크롬 도금 두께

구분	용도	도금 두께의 보기
롤	고분자 화합물용	30
	제지용(캘린더류)	
	방직용	20
	철강 가공용	50
	비철금속 가공용	30
금형	플라스틱 성형용	10
	일반 타발 및 성형용	
	유리 성형용	50
	의약품, 식품용	10
	단조용	30
	요업용	50
실린더 및 라이너	유압 · 공기압 기기용	20
	수압 기기용	30
	가솔린 엔진용	50
	디젤 및 가스 엔진용	100
피스톤 및 피스톤 로드	유압 · 공기압 기기용	20
	수압 기기용	30
	펌프용	20
	일반 기계용	
	디젤 및 가스 엔진용	100
	가솔린 엔진용	5
피스톤 링	가솔린 엔진용	50
	디젤 엔진용	100
공구	절삭용	3
	계측용	
축 및 저널	일반 기계용 축	30
	내연 기관용 축	50
	일반용 저널	
기타 기계 부품	방직기용 부품	20
	엔진 밸브	5
	일반 기계 부품	20

구분	용도	도금 두께의 보기
사진 및 인쇄 용품	철판 사진	5
	필름 가공용	10
	인쇄용 롤 및 판	2

21-5 전기 주석 도금 KS D 8330

■ 적용범위

이 표준은 금속 제품 위의 순수한 전기 주석 도금에 대한 요구 조건들을 규정한다. 그 도금은 도금한 그대로는 무광택이거나 광택이고 전기 도금 후에 유동 용해되기도 한다.

다음 사항에는 적용되지 않는다.

a) 선가공 부품

b) 주석이 도금된 구리선

c) 조립되지 않은 형태인 판, 대, 선 위의 도금 또는 그것들로부터 만들어진 제품 위의 도금

d) 코일 스프링 위의 도금

e) 화학적 방법으로 실시된 도금(침지, 자가 촉매 또는 무전해)

f) 1000MPa보다 큰 인장 강도(혹은 유사한 강도)를 가진 강철의 전기 도금. 왜냐 하면 그러한 강철들은 수소 취성의 영향을 받기가 쉽기 때문이다.

■ 용어와 정의

유효 표면

사용상 또는 외관상 주요한 표면으로 도금이 되었거나 도금이 될 제품 부위

유동 용해, 융해, 유동 광택화, 재유동

광택도 또는 개선된 땜납 기능과 같은 바람직한 특성을 높이기 위해 도금을 녹이는 과정

■ 사용 조건 및 도금 두께

사용 조건 번호	구리 소지 재료		기타 금속 소지 재료	
	(부분적) 분류 코드	최소 두께 μm	(부분적) 분류 코드	최소 두께 μm
4	Sn 30	30	Sn 30	30
3	Sn 15	15	Sn20	20
2	Sn 8	10	Sn 12	12
1	Sn 5	5	Sn 5	5

■ 강의 열처리

전기 도금 전 응력 제거

냉간 가공한 철강 제품은(190~220)℃에서 1시간 열처리하여 전기 도금 전에 응력을 제거해야 한다. 침탄, 화염 경화 또는 유도 경화 처리와 연마된 철강의 특성은 이 처리에 의해 손상되므로 더 낮은 온도, 즉 (130~150)℃에서 5시간 이상 응력 제거 처리를 실시해야 한다.

전기 도금 후의 수소 취성 제거

주석을 통한 수소의 확산이 매우 느리기 때문에 전기 도금 후의 수소 취성 제거를 위한 열처리는 실용성이 없다.

21-6 전기 카드뮴 도금 KS D 0231

■ 적용범위

이 표준은 철 및 강 소재 위에 방식을 목적으로 한 유효면(용도상 중요한 표면)의 전기 도금(방식을 목적으로 크로메이트 피막을 입히는 경우에는 KS D 8350에 따른다)에 대하여 규정한다.

■ 도금의 등급 및 기호

등 급	도금의 최소 두께 ㎛	기 호
1급	2	Ep-Fe/Cd2 또는 Ep-Fe/Cd[1]
2급	5	Ep-Fe/Cd5 또는 Ep-Fe/Cd[2]
3급	8	Ep-Fe/Cd8 또는 Ep-Fe/Cd[3]
4급	12	Ep-Fe/Cd12 또는 Ep-Fe/Cd[4]
5급	20	Ep-Fe/Cd20 또는 Ep-Fe/Cd[5]
6급	25	Ep-Fe/Cd25 또는 Ep-Fe/Cd[6]

■ 도금 전 강 소재의 응력 제거 열처리 조건

최대 인장 강도	열처리 온도	시간
MPa	℃	h
인장 강도 ≤1050	-	-
1050<인장 강도≤1450	190~220	1
1450<인장 강도≤1800	190~220	18
1800<인장 강도	190~220	24

■ 도금 후 수소 취성 제거 열처리 조건

최대 인장 강도	열처리 온도	시간
MPa	℃	h
인장 강도 ≤1050	-	-
1050<인장 강도≤1450	190~220	8
1450<인장 강도≤1800	190~220	18
1800<인장 강도	190~220	24

21-7 장식용 금 및 금합금 도금 KS D 8336

■ 적용범위

이 규격은 금속 및 비금속 바탕 위에 장식용 목적으로 한 유효면 두께 0.3㎛ 이상인 금 및 금합금 전기 도금에 대하여 규정한다.

비고

1. 장식용 목적이란 주로 시계, 장신구, 신변 잡화 등에 사용하기 위한 것으로 겉모양, 내마모성 등이 중요시 되는 도금을 말한다.
2. 유효면은 용도상 중요한 표면을 말한다.

■ 용어의 정의범위

금 도금

금 함유율이 99.9% 이상인 전기 도금, 일반적으로 연질 도금이다.

금합금 도금

금 함유율이 58.5% 이상 99.9% 미만인 전기 도금, 도금의 경도는 금 도금에 비해 일반적으로 높다.

다층 도금

금 함유율이 다른 도금을 2층 이상 겹쳐서 하는 도금

■ 도금의 최소 두께에 따른 분류

도금의 최소 두께 ㎛
0.3, 0.5, 1.0, 2.0, 3.0, 5.0, 10.0, 20.0, 30.0, 40.0

■ 도금의 호칭방법

[보기 1] 황동 바탕, 광택 니켈 하지 도금 위에 두께 5㎛ 이상의 장식용 금 도금

Ep−Cu/Ni b, D−Au 5

기호	설명
Ep	전기 도금을 나타내는 기호
Cu	바탕의 종류(황동 바탕)를 나타내는 기호
Ni	도금의 종류(니켈 하지 도금)를 나타내는 기호
b	도금의 타입(광택 도금)을 나타내는 기호
D−Au	도금의 종류(장식용 금 도금)를 나타내는 기호
5	도금의 최소 두께 (5㎛)를 나타내는 기호

[보기 2] 아연 다이캐스팅합금 바탕, 두께 10㎛ 의 구리 하지 도금 및 두께 5㎛ 이상의 광택 니켈 하지 도금 위에 두께 0.5㎛ 이상의 장식용 금 도금, 투명 우레탄 도장 마무리

Ep−Zn/Cu 10, Ni 5 b, D−Au 0.5/PA

기호	설명
Ep	전기 도금을 나타내는 기호
Zn	바탕의 종류(아연합금 다이캐스팅)를 나타내는 기호
Cu	도금의 종류(구리 하지 도금)를 나타내는 기호
10	도금의 두께 (10㎛)를 나타내는 기호
Ni	도금의 종류(키켈 하지 도금)를 나타내는 기호
5	도금의 두께 (5㎛)를 나타내는 기호
b	도금의 타입(광택 도금)을 나타내는 기호
D−Au	도금의 종류(장식용 금 도금)를 나타내는 기호
0.5	도금의 최소 두께 (2㎛)를 나타내는 기호
PA	후처리(투명 우레탄 도장 마무리)를 나타내는 기호

21-8 공업용 은 도금 KS D 8339

■ 적용범위

이 규격은 금속 및 비금속 바탕 위에 공업용 목적으로 실시한 유효면 두께 0.5㎛ 이상의 은 전기 도금에 대하여 규정한다.

■ 도금의 최소 두께에 따른 분류

도금의 최소 두께 ㎛
0.5, 1.0, 3.0, 5.0, 10.0, 20.0, 30.0, 50.0, 100.0

■ 도금의 호칭방법

[보기 1] 황동 바탕, 광택 니켈 하지 도금 위에 두께 5㎛ 이상의 공업용 광택 은 도금

Ep−Cu/Ni b, E−Ag 5 b

기호	설명
Ep	전기 도금을 표시하는 기호
Cu	바탕의 종류(황동 바탕)를 표시하는 기호
Ni	도금의 종류(니켈 하지 도금)를 표시하는 기호
b	도금의 타입(광택 도금)을 표시하는 기호
E−Ag	도금의 종류(공업용 은 도금)를 표시하는 기호
5	도금의 최소 두께 (5㎛)를 표시하는 기호
b	도금의 타입(광택 도금)을 표시하는 기호

[보기 2] 황동 바탕 위에 두께 20㎛ 이상의 공업용 은 도금, 변색 방지 크로메이트 처리

Ep-Cu/E-Ag 5/AT

기호	설명
Ep	전기 도금을 표시하는 기호
Cu	바탕의 종류(황동 바탕)를 표시하는 기호
E-Ag	도금의 종류(공업용 은 도금)를 표시하는 기호
5	도금의 최소 두께 (5㎛)를 표시하는 기호
AT	후처리(변색 방지 크로메이트 처리)를 표시하는 기호

[보기 3] 아연 다이캐스팅합금 바탕, 두께 10㎛의 구리 하지 도금 및 두께 5㎛ 의 광택 니켈하지 도금 위에 두께 5㎛ 이상의 공업용 광택 은 도금

Ep-Zn/Cu 10 Ni 5 b, E-Ag 5 b

기호	설명
Ep	전기 도금을 표시하는 기호
Zn	바탕의 종류(아연합금 다이캐스팅)를 표시하는 기호
Cu	도금의 종류(구리 하지 도금)를 표시하는 기호
10	도금의 두께 (10㎛)를 나타내는 기호
Ni	도금의 종류(니켈 하지 도금)를 표시하는 기호
5	도금의 두께 (5㎛)를 표시하는 기호
b	도금의 타입(광택 도금)을 표시하는 기호
E-Ag	도금의 종류(공업용 은 도금)를 표시하는 기호
5	도금의 최소 두께 (5㎛)를 표시하는 기호
b	도금의 타입(광택 도금)을 표시하는 기호

21-9 용융 알루미늄 도금 KS D 8309

■ 적용범위

이 규격은 철강 제품에 내후성, 내식성 및 내열성을 향상시킬 목적으로 시행한 용융 알루미늄 도금의 유효면에 대하여 규정한다.

비고 1. 철강 제품은 박강판, 선류, 스테인리스강 및 내열강은 제외한다.
2. KS D 2304의 3종 또는 이와 동등 이상의 순도를 가지는 알루미늄 지금을 사용하며 다른 원소를 가하지 않은 도금욕에 의한 도금을 말한다.
3. 유효면이란 실용상 중요한 표면을 말한다.

■ 용어와 정의

무도금 도금층이 국부적으로 없고, 소재면이 노출되어 있는 상태

버닝 알루미늄층이 없고, 소재와 알루미늄으로 된 합금층이 노출되어 있는 상태

핀홀 바늘끝 크기만큼의 도금층이 없는 상태

■ 도금의 종류 및 기호와 도금 두께 및 부착량

종류	기호	도금 두께 μm	부착량 g/m^2	비고
용융 알루미늄 도금 1종	HDA 1	60 이상	110 이상	내후성을 목적으로 하는 것
용융 알루미늄 도금 2종	HDA 2	70 이상	120 이상	내식성을 목적으로 하는 것
용융 알루미늄 도금 3종	HDA 3	합금층 두께 50 이상		내열성을 목적으로 하는 것
	HDA 3-D	합금층 두께 70 이상		

[주]
1. 도금 두께는 알루미늄층 두께와 합금층 두께의 합계로 한다.
2. 용융 알루미늄 도금 2종에 대해서는 알루미늄층 두께는 원칙적으로 10μm 이상으로 한다.
   다만, 살 두께 또는 특수 모양의 제품에 대해서는 주문자와 제조자 사이의 협의에 따라 알루미늄층 두께를 정할 수 있다.
3. 특히 지정이 있는 경우에는 가열 확산 처리를 할 수 있다. 가열 확산 처리를 나타내는 기호는 D로 한다.

21-10 전기 도금 용어 KS D 8317

■ 전기도금 용어와 정의

a) 일반

번호	용어	뜻	대응 영어
1001	pH	수소 이온 농도의 역수의 대수. 도금 공장에서는 용액의 산도 또는 알칼리도를 표시하는 데 사용된다.	power Hydrogen
1002	거시 균일 전착성	제품 전 표면에 걸쳐 피막 두께가 균일하게 도금되는 전기 도금 용액 능력. 균일 전착성, 미소 균일 전착성과 비교할 것. [비고] 미소 균일 전착성이 양호하다고 거시 균일 전착성이 양호한 것은 아님	macrothowing power
1003	경질 피막	일반적인 양극 산화 알루미늄 피막보다 더 큰 내마모성과 겉보기 비중 또는 두꺼운 양극 산화 피막	hard-coating
1004	공업용 크롬 도금	주로 내마모성을 부여할 목적으로 시행된 비교적 두꺼운 크롬 도금. 경질 크롬 도금이라고도 한다.	electroplated coatings of chromium for engineering purpose
1005	귀금속	일반적인 수소 전극과 비교하여 높은 전극 전위를 가지는 금속(반대는 천한 금속) [비고1] 극 전위에 대한 합의가 없으므로 귀한, 천한이라는 용어가 명료하기 때문에 더 잘 이용한다. [비고2] 일반적으로 더 귀한 금속은 적게 귀한 금속에 비하여 화학적인 침식이나 부식에 대한 저항성이 우수하다. 표면 산화층 형성과 같은 간섭 효과로 인해서 금속 자체의 전지 전위로만 부식 거동을 예측하는 것은 오류를 범할 수 있다.	noble metal
1006	균일성	단일 배치 내에서나 여러 배치 내에서 도금 제품의 유효면 전체에서 동일한 외관 특성을 가진 것. 적용한 피막 종류에 따라 정도의 차이가 있다.	uniformity
1007	균일 전착성	두께가 균일한 도금을 입힐 수 있는 도금욕의 능력	throwing power
1008	금속 분포율	하나의 음극에서 2개의 특정 부위에 도금된 금속 피막의 두께비(균일 전착성 비교)	metal distribution ratio
1009	금속 용사	열용사를 금속에 응용한 것	metal spraying
1010	금속 클래딩	기계적 가공 공정을 이용하여 금속 위에 다른 금속을 피복하는 것	metal cladding
1011	기계적 피막처리	금속 표면을 도금할 목적으로 적당한 화학 약품 및 미세한 금속 분말(아연 더스트 등)을 단단하고 작은 구형 물체(유리 볼)와 혼합하여 회전시켜서 표면을 금속으로 피복시키는 공정 [비고] 피닝 도금, 기계적 갈바나이징, 기계적 충돌 도금 등의 용어는 추천하지 않는다.	mechanical coating
1012	노출 털기	다색상 효과를 얻기 위하여 기계적인 방법으로 착색된 금속 표면의 일부분을 선택적으로 제거하는 것	relieving

번호	용어	뜻	대응 영어
1013	다공성 크롬 도금	도금 전 소지 표면을 거칠게 하여 크롬 도금을 하든가, 도금 후 그 표면을 부식시켜서 다공성으로 하여, 기름 함유성을 증대시켜 주기 위해 실시하는 크롬 도금	porous chromium coatings
1014	다층 도금	연속적으로 두 가지 이상의 금속층을 도금한 것으로, 서로 다른 금속이나 특성이 다른 동일한 종류의 금속을 석출시킨 도금	multilayer deposits
1015	더미 약전극	낮은 전류 밀도로 전해하여 전기 도금 용액 내의 불순물을 제거하는 데 사용되는 음극	dummy, dummy cathode
1016	도금욕	도금액이 도금조 내에 들어 있는 상태	plating bath
1017	디버링 귀따기	기계적인 방법, 전기 화학적인 방법 및 화학적인 방법으로 예리한 모서리를 제거하는 것	deburring
1018	맨드릴	전주에서 쓰이는 음극 형태, 몰드 또는 매트릭스	mandrel, mold type
1019	메탈라이징	비금속이나 비전도성 물질의 표면에 금속 피막을 형성하는 기술 [비고] 금속 소재에 금속 피막을 석출하는 것이나 금속 용사와의 동의어로 사용하는 것은 권유하지 않는다.	metallizing
1020	물리 증착법(PVD)	일반적으로 고진공에서 단일 원소나 화합물을 연속적으로 증발 농축시켜 피막을 형성하는 증착 공정. 스퍼터링 및 이온 플레이팅 참조	physical vapor deposition(PVD)
1021	미소 균열 크롬 도금	미세한 균열을 균일하게 분포시키기 위해 시행한 크롬 도금. 내식성 향상의 목적에 이용된다.	microcracked cromium coatings
1022	미소 균일 전착성	일정 조건하에서 구멍이나 좁은 틈에도 충분히 도금이 잘 되도록 할 수 있는 도금욕의 능력. 일명 마이크로스로잉 파워라고도 한다.	microthrowing power
1023	미소 다공성 크롬 도금	미세한 구멍이 균일하게 분포된 크롬 도금. 내식성 향상의 목적에 이용된다.	miroporous chromium coatings
1024	미소 불연속	전기 도금 피막에 있는 미소 균열이나 미소 가공	microdiscontinuity
1025	민감화	〈비전도성 소지 위의 전기 도금〉 소지 표면에 환원제를 흡착시키는 것	sensitization
1026	밀 스케일	어떤 금속을 열처리하거나 고온 가공할 경우에 형성되는 두꺼운 산화층	mill scale
1027	법랑 처리	약 425 이상 온도에서 용융시켜서 유리질 무기 피막을 금속 표면에 피목하는 공정	porcelain enamel, vitreous enameling
1028	별 뿌리기	금속 피막 표면이 매우 미세하게 거친 형태	stardusting
1029	보조극	균일 전착성, 피복력을 개선하기 위하여 사용되는 보조 음극 또는 보조 양극	auxiliary electrode
1030	보호물	양극이나 음극에서 전류 분포를 변화시키는 비전도성 물체	shield
1031	보조 양극	전착시 원하는 두께 분포를 얻기 위하여 적용하는 보조 양극	auxiliary anode
1032	보조 음극	제품 부위에 전류를 분산시키기 위하여 설치하는 보조 음극으로, 이를 설치하지 않을 경우 과도한 전류 밀도가 발생함	auxiliary cathode, robber, thief

번호	용어	뜻	대응 영어
1033	보호 처리	비전도성 물체의 영향에 의해 양극이나 음극의 정상적인 전류가 변화하는 것	shield
1034	복합 도금	섬유 상태나 입자 상태 등의 분산 상태와 금속이 동시에 복합적으로 석출된 도금	composite platings, composite coatings
1035	부동태	화학적 또는 전기 화학적 반응이나, 용해가 정지되는 특수한 표면 상태	passivity
1036	부동태화	전기 도금 피막이나 금속 표면이 부동태로 되는 것	passivating
1037	분리 전지	음극액과 양극액을 물리적으로 분리하는 격막을 가지고 있는 전극	divided cell
1038	분산 도금	이종 금속이나 비금속 매트릭스에 다른 재료 입자나 섬유가 포함된 피막. 복합 도금과 비교	dispersion coating
1039	비활성 양극 불용성 양극	전해질 용액에 용해되지 않는 양극. 전해 처리시 소모되지 않는다.	inert anode, insoluble anode
1040	석출 범위	전기 도금 범위(1091) 참조	deposition range
1041	소지	전착 피막이 형성되는 재료로 하지와 구분할 것. 그 위에 피막이 석출하는 물질	basis material
1042	소지	직접 피막이 형성되는 것. 단일 피막이거나 처음 피복되는 피막의 경우에는 기지와 동일하다. 연속적인 피막 형성시에는 중간 피막을 소지라고 한다.	substrate
1043	수지상	전기 도금시 가장자리나 높은 전류 밀도가 걸린 영역의 음극에 나뭇가지 모양이나 불규칙한 형상을 가진 것	tree dendrites
1044	수막 파괴	표면 오염에 의해 불균일한 젖음이 표면에서 발생하여 물 피막이 불연속으로 된 것	water break
1045	셰라다이징	경우에 따라서는 비활성 재료를 사용하여 공기 중에서 아연 분진 혼합물을 가열하여 여러 소지 금속에 아연/철 합금의 피막을 형성하는 것	sherardizing
1046	스케일	일종의 녹으로 얇은 필름보다 두껍게 부착된 산화피막	scale
1047	스폴링 박리	열팽창이나 수축이 서로 상이하여 표면 피막의 일부가 조각이나 파편이 되는 현상	spalling
1048	스트라이크 처리	높은 전류 밀도로 짧은 시간에 하는 전기 도금 과정	strike
1049	스트라이크	다른 도금을 이어서 하기 전의 얇은 금속 피막으로 된 막 또는 얇은 금속막을 석출하는 용액	strike
1050	스퍼터링	아르곤과 같은 높은 에너지를 가진 비활설 가스 이온을 충돌시켜서 생긴 운동 에너지 변화로 고체 또는 액체 표면으로 물질이 방출되는 공정(이온원은 이온 빔이나 플라스마를 이용한다)	sputtering
1051	양극막	a) 양극과 접촉된 용액층. 용액 전체 조성과는 그 조성이 다르다. b) 양극 금속의 산화나 반응 생성물을 포함하는 양극 자체의 최외곽층	anode film

번호	용어	뜻	대응 영어
1052	양극액	분리된 전지에서 격막의 양극부에 있는 전해질	anolyte
1053	양극	금속이 전기 화학적으로 용해되는 극. 불용성의 경우에는 음이온이 방전되는 극	anode
1054	양이온	정으로 대전한 이온(+)	cathion
1055	양극 부식	전기 도금 셀에서 전기 화학적인 반응에 의해 양극 재료가 용해되거나 금속이 점진적으로 용해되거나 산화된 것 [비고] 무전류 상태에서 전해질의 화학 작용에 으한 양극의 용해는 부식이라고 하지 않고 단지 용해라고 한다.	anode corrosion
1056	양극 산화	양극 처리, 양극에서 금속 표면을 보호, 장식 및 특수한 기능을 가진 피막으로 변화시키는 전해 산화 공정	anodic oxidation
1057	양극 산화 피막	전해 산화 반응에 의해 금속 표면을 개질시켜 만든 기능성 및 장식용 산화 피막(1056 참조)	anode oxidation coating
1058	양극 찌꺼기	금속을 양극으로 하여 전해했을 때, 전기 화학적으로 용해되지 않는 찌꺼기	anode slime
1059	양극 피막	희생 피막, 소지 금속에 비하여 다소 귀한 금속이 아닌 금속 피막 [비고] 양극 피막은 소지 금속에 열린 가공이나 피막 결함이 발생할 경우, 음극 보호 효과가 있다.	anodic coating
1060	양극성 전극	전원 공급 장치에 직접 연결되지 않은 전극으로, 용액 내의 양극과 음극 사이에 설치되어 양극 옆과 제일 가까이 있는 것은 음극이 되고, 음극에 가장 가까이 있는 것은 양극화됨	bipolar electrode
1061	얼룩	전기 도금한 표면이나 그 밖의 처리한 표면에 점이나 결함이 퍼진 모양	spotting out
1062	열용사	소지에 가열하여 연해진 금속이나 용융 금속을 용사원(총)으로 분사하여 피막을 형성하는 것	thermal spraying
1063	열린 기공	소지나 하지 도금까지 확장된 불연속 균열이나 기공	open porosity, porosity
1064	오렌지 필	오렌지 껍질의 요철과 같은 마감 처리	orange peel
1065	욕전압	도금욕 중에서 양극과 음극 사이에 형성되는 전압	bath voltage, tank voltage
1066	용융 침지 금속피막 처리(용융 도금)	용융 금속 속에 소지를 침지하여 금속 피막을 얻는 것 [비고] 전통적인 용어로 '갈바나이징'은 용융된 아연 욕조에 침지하여 아연 피막을 얻는 공정으로, '열간 침지'가 선행되어야 한다. '아연 갈바나이징'은 '용융 침지 금속 피막'에 사용할 수 없다.	hot dip metal coating
1067	위스커	〈전기 도금〉 단결정 금속 섬유 성장물로 미세한 구조를 가지나 수 센티미터까지 성장할 수도 있음	whiskers
1068	음극막	음극과 접촉된 용액층으로 전체 용액과 다른 조성을 가짐	cathode film

번호	용어	뜻	대응 영어
1069	음극액	음극에 인접한 전해액 격막으로 분리된 전지에서 격막의 음극부에 접한 전해액	catholyte
1070	음극	금속 또는 수소가 전기 화학적으로 석출되는 극	cathode
1071	음이온	부로 대전한 이온(−)	anion
1072	음극 효율	특정 음극 반응에서의 전류 효율	cathode efficiency
1073	응집	큰 입자로 뭉쳐져서 침전이 일어날 정도로 크기가 커지는 것	flocculate
1074	응력 제거	전기 도금, 무전해 도금 또는 소지 금속에 있는 잔류 응력을 감소시키기 위하여 하는 열처리	stress relief
1075	이온 교환	고체의 실질적인 구조 변경없이 고상과 액상 사이에서 이온이 상호 교환되는 현상	ion exchange
1076	이온 플레이팅	소지 표면이나 증착막이 높은 에너지를 가진 입자(일반적으로 가스 이온)에 노출되어 계면 부위에서 충분한 반응이 일어나도록 허거나 피막 특성을 변화시키는 공정을 나타내는 일반적인 용어	ion plating
1077	이중 피막	a) 니켈과 같이 서로 다른 특성을 갖는 동일한 전기 도금 금속으로 된 2개의 피막층을 갖는 것 b) 더 높은 내식성을 부여하기 위하여 서로 다른 2종 재료 피막층을 형성한 것(일반적으로 금속 피막에 페인트 처리한 것)	duplex coating
1078	인성	재료의 파괴없이 소성 변화하는 능력	ductility
1079	일차 전류 분포	분극이 없는 상태에서 기하학적인 형상을 고려한 전극 표면 전체에 걸쳐 나타내는 전류 분포	primary current distribution
1080	임계 전류 밀도	〈전기 도금〉 그 이상 또는 이하에서 원하지 않거나 다른 반응이 일어나는 전류 밀도	critical current density
1081	자동 도금	전자동 : 도금시 전극이 도금조 및 세척조를 자동 이동하여 하는 도금 반자동 : 전극이 한 도금조 내에서만 자동 이송하여 하는 도금	automatic plating
1082	자동 장치	전기 도금시 컨베이어, 이송 장치로 세척, 양극 산화, 도금 등 작업 공정을 자동적으로 작동할 수 있도록 한 기계 장치	automatic machine
1083	자연 발생 거칠기	전기 도금 공정시 불용성 고체가 위로 향한 표면애 부분적으로 부착되어 표면이 거친 상태	shelf roughness
1084	장벽층	알루미늄 양극 산화에서 금속 표면에 가장 인접해서 형성된 얇고 기공이 없는 반전도성인 알루미늄 산화층. 다공성 구조인 주 양극 산화 피막과 구분이 된다.	barrier layer
1085	전주	전착에 의한 금속 제품을 제조하거나 복제하는 것	electroforming
1086	전착	전해에 의해 전극 위에 금속이나 합금을 석출시키는 공정	electrodeposition
1087	전 시안화물	기본적인 CN기 또는 알칼리 시안화물로 표시되는 전체 시안화물. 단순 또는 착이온 형태로 존재한다. 용액의 유리 시안화물 양과 복합 신안화물 양의 합으로 나타낸다.	total cyanide

번호	용어	뜻	대응 영어
1088	전처리	도금 공정에 있어서 물품을 도금욕에 넣기 전에 실시하는 여러 공정	pretreatment
1089	전해액	산, 염기 또는 염의 수용액과 같이 물질의 이동에 따라 전류가 흐르는 전도성 매질	electrolytic solution
1090	전기 도금	표면에 소지와 다른 치수나 특성을 부여하기 위하여 전극 위에 밀착성이 있는 금속 피막을 전착하는 것 [비고] '도금'이란 용어는 단독으로는 사용할 수 없고 전기와 같이 사용되어야 한다.	lectroplating
1091	전기 도금 범위	전기 도금이 양호하게 형성되는 전류 밀도 범위	lectroplating range
1902	전기 화학적 가공	전류가 집적되어 우선적으로 금속이 떨어져 나오도록 적합한 모양을 가진 기구(음극)나, 제품 사이의 일정 간격에서 전해액을 통하여 직류 전류가 통전되도록 만든 금속 제품(양극)의 형태로 형성하는 것	electrochemical machining, ECM, electrochemical milling
1093	전류 농도	전해액의 단위 부피당 전류의 세기	current concentration
1094	전류 밀도	전극 표면이나 전극 면적 내에서의 전류값 일반적으로 A/㎡ 로 나타냄	current density
1095	전류 효율	공정에서 전기 분해에 관한 페러데이 법칙에 따른 전류와 공정에 효과적으로 활용되는 전류의 비. 백분율로 나타낸다.	current efficiency
1096	전압 효율	일정한 전기 화학 공정에서 전압에 대한 평형 반응 전위의 비. 백분율로 나타낸다.	voltage efficiency
1097	전착 응력	전착 금속에 생기는 인장 또는 압축 응력	stress in electrodeposits
1098	제품	전기 도금되거나 마감 처리되는 재료	work
1099	중첩 교류	교류 성분이 직류 도금 전류에 중첩되는 전류 형태	superimposed a－c
1100	천한 금속	귀금속의 반대	base metal
1101	청동화(청동 색칠)	색상 변화를 주기 위하여 구리나 구리합금(구리나 구리 합금 전기 도금 피막)에 화학적인 마감 처리를 하는 것	bronzing
1102	측정 영역	여러 규정에 따라 시험하는 표면 영역	measurement area
1103	침지 도금	치환 반응에 의하여 물체의 표면에 금속 피막을 형성시키는 것	immersion plating
1104	컨디셔닝	일반적인 의미로 표면을 도금 가능한 상태로 적절히 전환한 것 [비고] 유럽의 경우 비전도성 소지에 쓰인다.	conditioning
1105	탈막	하지 도금이나 소지 금속으로부터 피막을 제거하는 용액이나 과정	strip
1106	탈분극	전극의 분극을 감소시키는 것	depolarization
1107	탈취성	수소 취성 제거(5024 참조)	de－embrittlement
1108	탈막 처리	하지 도금이나 소지 금속으로부터 피막을 제거하는 공정	strip
1109	탈이온화	이온 교환에 의해 용액 내 이온을 제거하는 것	deionization

번호	용어	뜻	대응 영어
1110	평활 작용	소지의 미세한 요철이나 연마 자국 등을 평활하게 하는 전기 도금욕의 능력. 일명 레벨링이라고도 하고 평활 작용이라고도 한다.	levelling
1111	폐수 처리	폐수 중의 오염 물질을 제거하고, 배출 기준에 맞는 수질로 하여 배출하기 위한 처리	waste water treatment, effluent treatment
1112	표류 전류	가열선이나 도금조와 같이 정해진 회로가 아닌 부분으로 흐르는 전류	stray current
1113	표면 처리	표면을 개질하기 위하여 시행하는 처리 [비고] 금속 피막을 제외한 한정적인 의미로 이용된다.	surface treatment
1114	피복력	특정 도금 조건하에서 구멍이나 움푹 파인 곳에 금속을 도금할 수 있는 전기 도금 용액의 능력(균일 전착성과 혼동하지 말 것)	covering power
1115	하링-블룸 전지	비전도성 사각 박스로 전극 사이의 전위차, 전극 분극 및 균일 전착성을 좋게 하기 위하여 주 전극과 보조 전극을 배열한 것	Haring-Blum cell
1116	하지, 소지	직접 전착되는 소지. 다만 도금의 경우, 하지는 같은 뜻이다. 다층 도금의 경우, 중간 도금층을 하지라고 부른다.	substrate
1117	한계 전류 밀도	a) 음극 : 최적의 전기 도금이 일어나는 최대 전류 밀도 b) 양극 : 과분극 없이 양극 작용이 일어나는 시점에서의 최대 전류 밀도	limited current density
1118	합금 도금	전기 도금법에 의한 2종류 또는 그 이상의 금속 또는 금속과 비금속의 합금 피막	alloy platings, electroplated coatings of alloy
1119	핵생성	〈비전도성 소지 위의 전기 도금〉 소지 표면에 촉매 재료가 흡수되어 전착이 시작되는 자리 역할을 하는 도금 전단계	nucleation
1120	헐셀	넓은 전류 밀도 범위에 걸쳐서 음극이나 양극 효과를 관찰할 수 있도록 전극을 배열한 비전도성 물질로 된 사다리꼴 모양의 박스	Hull cell
1121	활성화	표면의 부동태를 파괴할 목적으로 하는 처리	activation
1122	후 핵생성	〈비전도성 재료의 전기 도금〉 촉매제가 최종 형태로 변환하는 단계. 즉 자기 촉매 도금의 바로 전단계 [비고] 가속 단계를 나타내는 용어	post-nucleation
1123	흑산화 처리 흑색 처리	고온의 산화염이나 염용액 또는 혼합 산 알칼리 용액에 침지하여 행하는 금속 표면 처리	black oxide, black finishing, blackening

b) 연마와 전처리

번호	용어	뜻	대응 영어
2001	가스 발생	전해 공정에서 하나 이상의 전극에서 가스를 방출하는 것	gassing
2002	광택 처리	높은 반사율을 내기 위하여 표면을 평활하고 균일하게 마무리하는 것	bright finish
2003	광택 침지	금속 표면을 여러 가지 조성의 용액 속에 단시간 침지시켜 광택면이 되도록 하는 것	bright dipping
2004	광택 침지액	금속 표면에 광택을 내기 위하여 사용하는 용액. 화학 광택 처리와 구분할 것	bright dip
2005	구슬 블라스팅	습식이나 건식 상태로 금속 표면에 작은 구형 유리구슬이나 세라믹스 구슬을 분사하는 공정	bead blasting
2006	그릿 블라스팅	불규칙한 가단주철이나 강편을 이용하여 연마 블라스팅하는 것 [비고 1] 독일의 경우, 실리콘 카바이드나 산화알루미늄 재질로 된 모양이 비슷한 비금속 입자를 사용한다. [비고 2] 대부분 국가에서는 건강과 안전성을 고려하여 모래를 블라스팅 재료로 사용하는 것이 금지되어 있다.	grit blasting
2007	기계적 연마	고속 회전하는 이음매 없는 벨트나 휠 표면에 부착된 연마제로 금속의 표면을 평활하게 하는 것	polishing, mechanical
2008	드라이아이스 블라스팅	금속 표면에 고상 드라이아이스(고상 CO_2)를 블라스팅하는 것	dry ice blasting
2009	래핑	최적의 표면 마감이나 치수 정밀도를 유지하기 위하여 연마제를 첨가하거나 첨가하지 않고 두 면을 문지르는 것	lapping
2010	리니싱	연마제가 부착도니 유연성이 있는 이음매 없는 벨트를 사용하여 표면을 평탄하게 직접 연마하는 것	linishing
2011	마무리 처리	a) 소지 금속이나 피막의 외관 광택 처리, 무광택 처리, 매트 처리 및 새틴 처리와 구분할 것 b) 광택, 무광택, 매트 새틴 모양을 나타내기 위하여 처리하는 것	finish
2012	매트 연마 무광택 처리	무방향성의 무광택면으로 연마하는 것	matt finish
2013	모핑	미세한 입자를 액상에 부유시키거나 오일, 봉상 또는 페이스형 연마제를 묻힌 유연성이 있는 휠을 회전시켜 표면을 평활하게 하는 공정. 표면에 줄무늬를 남기지 않고 거울면 광택이나 반광택 상태로 연마한다. 연삭, 연마, 기계적 연마와 비교	mopping, buffing
2014	배럴 버니싱	회전하는 용기에 금속이나 세라믹 볼을 넣고 연마제를 첨가하지 않은 상태로 제품을 회전하여 표면을 평활하게 하는 것	barrel burnishing
2015	배럴 버니싱	연마 처리법의 한 방법이며, 표면층을 제거하지 않고 압력을 가하여 문질러 표면을 평활하게 하는 방법. 일명 버니싱 연마라고도 한다.	barrel burnishing
2016	배럴 연마	표면 마무리를 향상하기 위하여 연마 볼이나 연마제를 첨가하거나 하지 않은 상태로 배럴 내에서 작업하는 것	tumbling barrelling, barrel finish
2017	배럴 작업	물품을 회전 용기 속에 넣고 회전시키면서 기계적 · 화학적 또는 전해 처리하는 방법. 배럴 버니싱(barrel burnishing), 배럴 연마법(barrel polishing), 배럴 탈지법(barrel cleaning) 및 배럴 도금법(barrel plating)등이 있다.	barrel processing

번호	용어	뜻	대응 영어
2018	버니싱	표면층을 제거하는 방법이 아니라 마찰에 의해 표면을 평활하게 하는 것	burnishing
2019	버프 연마	헝겊 등 적당한 물질로 만든 연마 바퀴를 버퍼라 하며, 그 표면에 에머리나 유성 연마제를 붙여서 연마하는 방법	buffing
2020	버프 표면 속도	버퍼가 회전할 때 1분간의 표면 속도	surface speed
2021	벨트 연마법	연마제를 부착한 연마 벨트를 사용하여 연마하는 방법	belt sanding
2022	보빙	기계적 연마(2007 참조)	bobbing
2023	분사 세척	세정액을 분사하여 세척하는 것	spray cleaning
2024	붓 전해 연마	음극인 붓이나 패드에 용액을 적셔서 연마할 표면(양극) 위로 이동하면서 전해 연마하는 방법	brush electropolishing
2025	블라스팅	단단한 금속이나 광물, 합성 레진, 식물성 입자, 물 등을 고속으로 제품에 분사하여 표면을 쇼트 피닝하거나 연마나 세척을 하는 공정	blasting
2026	산세법	산 종류의 수용액에 침지하여 녹이나 스케일을 제거하는 방법	pickling
2027	산 세척법	산 용액에 탈지 산세를 겸한 것	acid cleaning
2028	산 침지	금속을 산 종류의 수용액에 침지하여 비교적 단시간에 그 표면을 화학적으로 처리하는 것	acid dipping
2029	새틴 연마	다음 특성을 가진 광택 표면 마무리(거울면과 같지 않음) 1) 방향성을 가진 미세한 조직(일반적인 기계적 방법으로 제작) 2) 무방향성 조직	satin finish
2030	색상 연마	고광택을 내기 위하여 금속 표면을 광택 연마하는 것	color buffing
2031	세척	표면으로부터 기름, 그 밖의 오염된 것을 제거하여 표면을 깨끗이 하는 것	cleaning
2032	센시타이저 액티베이터법 (민감화 활성품)	Sn^2를 함유한 액에 침지시켰다 꺼내어 Pd^2 또는 Ag^2를 함유하는 액에 침지하여 화학 도금의 반응을 촉진시키는 방법	sensitizer activator process
2033	숏 블라스팅	단단한 각형 입자의 연마 작용으로 표면을 개량화 하는 것. 연마 블라스팅과 구별할 것	shot blasting
2034	스멋	산세 및 알칼리 탈지 후 표면에 남아 있는 검은색의 물질	smut
2035	습식 블라스팅	미세한 입자로 된 연마제를 함유하고 있는 물 또는 이에 적합한 부식 억제제를 함유하고 있는 것을 금속 제품에 분사시켜서 세척함과 동시에 균일하게 거칠기 마무리를 하는 것	wet blasting, wet abrasive blasting, vapor blasting
2036	알칼리 탈지	알칼리 용액에 의한 탈지	alkali cleaning
2037	액체 호닝	습식 블라스법과 같다.	liquid honing
2038	양극 세척	양극에서 제품이 세척되는 전해 세척	anodic cleaning
2039	어닐링	일정 온도로 가열하여 성형에 의해 생긴 왜곡(변형, 비틀어짐)을 제거하는 것	annealing

번호	용어	뜻	대응 영어
2040	에칭	금속 또는 비금속 표면을 화학적 또는 전기 화학적으로 부식시키는 것. 수지류 소재 위에 도금하는 경우, 산화제가 함유된 용액에 수지를 침지하고, 표면을 거칠게 하는 동시에 화학적 변화를 일으키게 하는 것	etching, etch
2041	에칭액	표면을 제거하거나 선택적으로 재료를 녹여내기 위하여 사용하는 용액	etchants
2042	에멀션 탈지	유화액을 사용하여 피도금물을 탈지하는 것	emulsion cleaning
2043	연삭	연마 공정의 전단계로 유연성이 있거나 딱딱한 지지대에 연마재를 넣거나 결합시켜서 재료를 연마하는 것	grinding
2044	연마 블라스팅	제품에 직접 고속으로 연마제를 분사하여 표면을 처리하거나 세척하는 공정	abrasive blasting
2045	염색	〈양극 처리〉 봉공 처리되지 않은 피막을 염료 용액 내에 침지하여 색상을 나타내는 것. 착색 양극 산화 처리제와 구분할 것	dyeing
2046	예비 에칭	에칭 처리가 잘 되도록 하기 위해 미리 가공물을 유기 용제에 침지시키는 것	pre-etching
2047	용제 탈지	유기 용제를 사용하여 금속 표면의 유지 등을 제거하는 방법	solvent cleaning, solvent degreasing
2048	유리 구슬 블라스팅	구슬 블라스팅(2005) 참조	glass bead blasting
2049	유화 용제 세척	용제와 표면 활성제가 반응하여 유화 작용을 일으켜 물로 오염물질을 세척하는 것	emulsifiable solevent cleaning
2050	음극 세척	음극에서 제품이 세척되는 전해 세척	cathodic cleaning
2051	이액 세척	유기 용제를 수용액 층으로 된 세척 방법으로 용제와 유화 작용에 의해 세척하는 것	diphase cleaning
2052	입상화(입자 형성)처리	마무리 처리(2011) 참조	graining
2053	자연 발생 양극 처리	유기산이 함유된 전해액을 사용하여 양극 산화 처리 공정 중에 색상이 견고한 산화 피막을 만드는 알루미늄 합금을 양극 산화 처리하는 공정	integral color anodizing
2054	전처리	도금 공정에 있어서 물품을 도금욕 중에 넣기 전에 행하는 여러 공정	pretreatment
2055	전해 연마	금속 표면을 특정 용액 중에서 양극으로 용해시켜 평활한 광택을 얻는 방법	electrolytic polishing
2056	전해 연마	적당한 용액 내에서 금속 표면을 양극으로 하여 광택도 또는 평활도를 향상시키는 것	electropolishing
2057	전해 착색	양극 산화 용액에서 금속염과 협력하여 색견뢰도가 높은 산화 피막을 만들기 위해서 금속 용액에서 착색 양극 산화 피막을 만드는 전해 공정	electrolytic coloring, electrolytic(2-step)color anodizing
2058	전해 탈지	알칼리 용액 중에서 소지를 양극이나 음극으로 하여 전해해서 표면으로부터 유지나 더러움을 제거하는 방법. 음극법, 양극법 또는 PR법	electrolytic cleaning

번호	용어	뜻	대응 영어
2059	전해 착색 양극처리	금속 색상 산화 피막 형성이 가능한 금속염 용액내에서 양극 처리 용액과 금속염의 용액 속에서 양극 산화 용액 중에 있는 금속염의 작용으로 색상이 견고한 산화 피막을 만드는 착색 양극 산화 피막 생성 전해 공정	electrolytic(2－step)color anodizing
2060	증기 탈지	세척할 제품에 용제 증기를 응축시켜 기름 등을 제거하는 것	vapor degreasing
2061	진동 마감	제품과 연마제를 동시에 통에 넣고 진동을 주어 위따기를 하거나 표면을 처리하는 것	vibratory finishing
2062	착색	적당한 화학 반응이나 전기 화학적인 반응을 통하여 금속 표면이나 전기 도금한 피막에 원하는 색상을 착색하는 것	coloring
2063	착색 양극 처리	〈알루미늄 양극 처리〉 피막 형성 과정이나 형성시킨 후 염료, 안료, 착색 화합물을 사용하여 색상을 가진 피막을 형성하는 것	color anodizing
2064	초음파 세척	화학적인 방법에 초음파 에너지를 이용하여 세척하는 것	ultrasonic cleaning
2065	침액 세척	일반적으로 알칼리 용액을 사용하여 전류를 사용하지 않고 침지하여 세척하는 것	soak cleaning
2066	침지 세척	침액 세척(2065 참조)	immersion cleaning
2067	캐털라이저 액셀러레이터법(촉매 활성화 공정)	Sn^2와 Pd^2의 혼합에 의해 생간 팔라듐 콜로이드액에 침지시켰다 꺼내어, 염산 용액에 침지시킴으로써 화학 도금의 반응을 촉진시키는 것	catalyzer－accelerator process
2068	컷 와이어 블라스팅	일정 길이의 금속선을 절단하거나 쇼트 상태로 하여 블라스팅하는 것. 연마 블라스팅과 구분할 것	cut wire blasting
2069	탈지	표면의 기름 등을 제거하는 것으로 세척과 구분할 것	degreasing
2070	화학 광택	금속 표면을 광택 마감 처리하는 공정. 광택 침지와 구분할 것 [비고] 화학 연마와 혼동하지 말 것	chemical brightening
2071	화학 연마	금속 표면을 여러 가지 조성의 용액 중에 단시간 침지하여 평활한 광택면을 얻는 연마	chemical polishing
2072	화학적 가공	금속이 선택적으로 제거될 수 있도록 마스킹 처리 등을 하여 부식액에 침적하여 제품의 형상을 만드는 것	chemical milling
2073	활성화	표면의 부동태를 파괴시키는 것을 목적으로 하는 처리	activation
2074	회전 연마	물품을 회전 용기 속에서 연마하는 것	tumbling
2075	흐름 광택	주석 및 주석합금 또는 납 합금과 같이 피막층이 녹은 후 응고하여 광책을 내는 것	flow brightening

c) 도금 공정 및 조작

번호	용어	뜻	대응 영어
3001	2중 니켈 도금	제1층에 황을 함유하지 않은 무광택 또는 반광택 니켈 도금을 하고, 그 위에 황을 함유하는 광택 니켈 도금을 실시하는 도금법	duplex nickel plating
3002	PR 도금	전류의 방향을 주기적으로 바꾸면서 전해하는 것	periodic reverse current plating
3003	산업용 크롬 도금	내마모성을 목적으로 하는 비교적 두꺼운 크롬 도금 또는 경질 크롬 도금	industrial chromium plating
3004	광택 균일 전착성	특정 도금 조건이나 전기 도금 용액의 불균일 형상의 음극에 균일하게 광택 도금할 수 있는 능력의 척도	bright throwing power
3005	광택 전기 도금	전기 도금된 상태에서 경면 반사가 일어날 정도의 높은 광택도를 가진 전기 도금층을 만드는 공정	bright electroplating
3006	광택 전기 도금 범위	특정한 작업 조건하에서 전기 도금 용액으로 광택 도금이 가능한 전류 밀도 범위	bright electroplating range
3007	다공성 크롬 도금	미리 표면에 조악한 크롬 도금을 한 후, 에칭에 의하여 다공성으로 만들어 오일의 함유성을 부여한 크롬 도금	porous chromium plating
3008	다층 도금(복합)	2종 이상의 금속과 비금속 개재물을 부착시킨 도금	composite plating
3009	덧살 붙임 도금	치수 표준 부족을 보완하기 위하여 실시하는 도금법	salvage plating electro sizing
3010	도금 방지제	도금되는 것을 방지하기 위해 사용하는 재료	stop-off material
3011	무광택 연마	빛의 반사나 확산이 없는 마감 처리. 매트 연마와 구분할 것	dull finish
3012	묻어 나감	도금조 내의 도금액이 피도금 물체나 다른 것에 묻어서 도금조 밖으로 유출되는 것	drag-out
3013	묻어 들어감	도금조 밖의 액이 피도금 물체나 다른 것에 묻어서 도금조에 들어오는 것	drag-in
3014	배럴 도금	전기 도금에서 회전, 진동 또는 움직이는 용기 안에서 제품에 전착하는 공정	barrel electroplating
3015	베이킹, 소성	소재의 응력 제거 또는 도금층의 수소 제거를 목적으로 실시하는 열처리	baking
3016	변환 전류 전기 도금	음극 전류 밀도를 주기적으로 변화시켜 전기 도금하는 방법. 펄스 도금, 전류 반전 전기 도금과 비교	modulated current electroplating
3017	붓도금	도금액을 붓이나 스펀지에 흡수시켜 이것을 양극으로 하고, 음극으로 된 물체의 표면을 쓸어주면서 도금하는 것	brush plating
3018	붓도금	도금액을 붓이나 스펀지에 흡수시켜 이것을 양극으로 하고, 음극인 물품 표면에 도금하는 방법	brush sponge plating, brush electroplating
3019	새틴 마무리	액체 호닝, 와이어 호일 등에 의해 표면을 거칠게 하는 도금 방법	satin finish
3020	스트라이크	정상 전류 밀도보다 높은 전류 밀도에서 짧은 시간 도금하는 것. 여기에 사용하는 도금욕을 스트라이크욕이라 한다.	striking

번호	용어	뜻	대응 영어
3021	약전해 처리	도금욕에 있는 금속 불순물을 제거하는 전해 처리	electrolytic purification work－out, dummy plating
3022	양극 산화 피막의 봉공 처리	침투법이나 화학 반응법 및 그 밖의 메커니즘을 이용하여 양극 산화 처리 후에 하는 공정. 얼룩이나 부식에 대한 저항성을 증가시키고 피막 내에 착색된 색상의 내구성을 향상시키며, 그 밖의 특성을 향상시킨다.	sealing of anodic oxide coating
3023	욕관리	도금욕의 상태를 정상으로 유지하기에 필요한 욕의 관리	bath control
3024	원 랙 방식 (하나의 걸이 방식)	수지 위에 도금할 때, 전처리와 도금 공정 사이에서 걸이를 바꾸지 않고, 계속 사용하는 방식	one－rack system
3025	유리 시안화물	도금욕 속의 금속 성분을 시안화물 착염으로 형성되는 데 필요한 양 이상의 시안화물	free cyanide
3026	유리 시안화물	용액 중에서 금속과 착이온을 만들지 않는 시안화 이온 또는 그에 대등한 알칼리 시안화물의 참농도 또는 실제 농도 용액 중에 포함된 금속과 착물을 만드는 데 필요한 양 이상으로 용액 중에 존재하는 유리 시안화물 또는 알칼리 시안화물의 계산된 농도 규정된 시험방법으로 측정된 유리 시안화물의 농도	free cyanide
3027	인산염 처리	인산염을 함유하는 수용액(보통 플루오르화물을 함유함)에서 화학적으로 피막을 생성시키는 것	phosphating
3028	인산화성 피막	진인산염이나 진인산을 시약으로 사용하여 금속 표면에 불용성 인산염 피막을 형성한 것. 화성 처리와 비교	phosphate conversion coating
3029	자기 촉매 도금	석출되는 금속 또는 합금의 촉매 작용에 의해 조절이 가능한 화학적 환원에 의해 금속 피막이 형성되는 것	autocatalytic plating
3030	전주	전기 도금법에 의한 금속 제품의 제조, 보수 또는 복제법	electroforming
3031	전 시안화물	도금욕 중에 금속과의 착염으로 존재하는 시안화물과 유리된 상태로 존재하는 시안 이온을 합친 전체 시안화물의 양	total cyanide
3032	전기 도금	금속 또는 비금속 표면에 금속을 전기 화학적으로 석출(전착)시키는 표면처리. 도금법이라고도 한다.	electroplating
3033	접촉 도금	석출될 금속 화합물이 함유된 용액 내에서 도금할 제품을 침지하여 다른 금속과 접촉시켜서 내부 전류원을 이용하여 금속을 도금하는 것	contact plating
3034	정지 도금	전기 도금할 부품을 개별적으로 음극에 부착하여 도금하는 공정. 배럴 도금과 구분할 것	vat plating(USA, still plating)
3035	중첩 전류 도금	직류 전류에 서지, 파형, 펄스 또는 교류 등의 맥류를 중첩시켜 주기적으로 전류를 조정하면서 도금하는 것	superimposed current electroplating

번호	용어	뜻	대응 영어
3036	침지 도금	예를 들면 Fe+Cu → Cu+Fe와 같이 용액에서 금속을 다른 금속으로 치환하는 치환 반응에 의해 금속 피막이 생성되는 것	immersion coating
3037	크로메이트 화성 피막	크로메이트에 의해 얻는 피막. 화성 처리와 구분할 것	chromate conversion coating
3038	크로메이트 화성 피막의 봉공	내식성 등을 향상시키기 위하여 화성 피막에 막을 형성시키지 않고 봉공 처리하거나 무기물로 봉공 처리하는 것	sealing of chromate conversion coating
3039	크로메이트 처리	크롬산 또는 중크롬산염을 주성분으로 하는 용액 중에 침지하여 방식 피막을 생산하는 방법. 주로 아연과 카드뮴 도금의 후처리에 사용한다.	chromate treatment
3040	펄스 도금	전류를 자주 차단하거나 주기적으로 증감시켜 전기 도금하는 방법	pulse plating
3041	플래시	최종 도금으로 활용하는 매우 얇은 도금 [비고] 이 용어는 최종 피막에만 이용한다. 중간 피막에는 스트라이크 도금을 사용한다.	flash, flash plate
3042	헤어 라인 가공	기계적 방법에 의해서 표면에 방향성이 있는 줄무늬를 만들어 주는 연마법	hair line finish
3043	화성 처리	소지 금속 화합물이 함유된 표면층을 형성하는 화학적 또는 전기 화학 처리(화성 피막이라고도 함) [보기] 강에 인산염 피막 또는 산화 피막, 알루미늄이나 아연에 크로메이트 피막(일종의 부동태 피막이라고 함) [비고] 양극 산화는 위의 용어에 잘 일치하나 일반적인 화성 피막이라고 하지는 않음	conversion treatment
3044	화학 도금 (무전해 도금)	금속 또는 비금속 표면에 금속을 화학적으로 환원석출시키는 표면처리	chemical plating (electroless plating)
3045	화학 증착법 (CVD)	소재 위에 응축된 증기를 환원시키는 가스나 열이 유입되어 화학 반응에 의해 피막이 형성되는 것	chemical vapor deposition(CVD)
3046	확산 처리	소지의 표면으로 비금속이나 다른 금속을 확산시켜 표면층(확산층)을 형성하는 공정(일종의 확산 피막이라고 함) 〈전기 도금〉 확산 처리는 둘 이상 서로 다른 여러 피막층으로부터 합금 피막층을 형성하는 것 [비고] 수소를 제거하기 위하여 전기 도금 후의 후열처리 공정은 일반적으로 확산 처리라고 하지 않음	diffusion treatment
3047	활성탄 처리	도금욕 중의 유기 불순물을 흡착 제거하기 위하여 활성탄을 사용하는 처리	active carbon treatment

d) 재료 및 설비

번호	용어	뜻	대응 영어
4001	걸이	도금하는 물품을 받치거나 전류를 통하는 데 사용되는 지그	plating rack, rack, jig
4002	격막	양극 부분과 음극 부분을 분리하는 다공성 또는 투과성 막	diaphragm
4003	계면 활성제	표면 장력을 감소시켜 잘 적시도록 하든가, 또는 유화 분산 등의 목적으로 사용되는 물질	surface active agent
4004	광택제	광택 도금이 일어날 수 있도록 전기 도금 용액이나 자기 촉매 도금액에 첨가하는 첨가제	brightener
4005	극봉	전해조에 고정된 도전부를 말하며, 버스바에서 양극 · 음극으로 전류를 통해주는 금속으로 된 봉	bar(anode or cathode)
4006	도금 방지제	전극(음극, 양극, 걸이)의 특정 부위를 방지하는 재료	stopping off
4007	레지스트	a) 음극 일부분이나 도금 걸이 일부가 비전도성 표면이 되도록 하는 재료 b) 화학적이거나 전기 화학적인 공정에서 금속의 반응을 억제하기 위하여 금속 제품의 일부 표면을 처리하는 재료	resist
4008	버프	헝겊 또는 그 밖의 적합한 재료로 만든 연마 바퀴	buff
4009	버스바	양극과 음극 봉에 전류를 이송하는 단단한 전도체	busbar
4010	복염	수용성 용액에서는 단일염과 같이 반응하나 화학 양론적인 특성으로 함께 결정화되는 2개의 염으로 된 화합물	double salt
4011	분극제	분극을 증가시키거나 분극이 잘 일어나도록 하는 공정이나 재료	polarizer
4012	분산제	액상 내에서 입자를 안정적으로 부유시키는 물질	dispersing agent
4013	비이온 세정제	콜로이달 특성을 가진 전기적으로 중성 분자의 응집제를 만드는 세정제	non−ionic detergent
4014	산화제	자신은 환원되면서 산화를 일으키는 화합물	oxidizing agent
4015	양극 주머니	양극 슬라임이 물품에 영향을 주지 않도록 양극을 격리하는 주머니	anode bag
4016	양이온 세정제	콜로이달 특성을 가진 음으로 하전된 이온 응집제를 만드는 세정제	anionic detergent
4017	억제제	화학 반응이나 전기 화학 반응을 방해하는 물질	inhibitor
4018	에머리 버프	헝겊으로 만든 버프에 에머리 분말이나 용융 알루미나 등 연마제를 부착시킨 것	emery wheel
4019	여과 조제	여과포의 눈금이 막히는 것을 방지하고, 여과 면적을 넓히려고 사용하는 화학적으로 비활성이며 불용성 물질	filter aid
4020	완충제	용액 내에 산도(pH)변화를 억제하기 위하여 첨가하는 혼합물이나 화합물. 각 완충제는 특정 범위의 산도를 가진다.	buffers
4021	유화제	유화가 일어나거나 유화제의 안정성을 향상시키는 물질	emulsifying agent
4022	유성 연마제	연마 분말과 지방산, 광유 및 금속 비누의 혼합물로 되어 있는 연마제	oil type buffing compound
4023	음이온 세정제	콜로이달 특성을 가진 양으로 하전된 이온 응집제를 만드는 세정제	cationic detergent

번호	용어	뜻	대응 영어
4024	자동 도금 장치	탈지와 도금 공정을 기계화하여 자동적으로 행하는 눈금장치	automatic electroplating machine
4025	전도성 염	전기 전도도를 높이기 위하여 전해액에 첨가하는 염. 착염과 비교	conducting salt
4026	접촉제(습윤제)	액체의 표면 장력을 감소시켜 주는 물질로 고체 표면에 잘 분산된다.	wetting agent
4027	착염	단일 분자비를 가진 2개의 독립된 염이 결정화된 화합물 [비고] 수용액에서 착염은 단일 염 성분과는 아주 다른 반응을 일으키는 이온으로(착이온)분리한다. [비고] 착염화 청산은 칼륨[$KAg(CN)_2$] 착이온화 규프로시아나이드 이온[$Cu(CN)_3$]^2	complex salt
4028	착화제	금속 이온과 결합해서 착이온을 형성하는 화합물	complexing agent
4029	첨가제	일반적으로 용액의 특성을 개선하거나 용액으로부터 얻은 피막의 특성을 개선하기 위하여 용액에 소량 첨가하는 물질	addition agent
4030	킬레이트제	금속 이온에 배위하며, 환상 구조를 갖는 착화합물(킬레이트 화합물)을 만드는 화학 물질	chelating agent
4031	탈극제	전극의 분극을 감소시키는 재료	depolarizer
4032	피팅 방지제	전착시 가스에 의한 피팅을 방지하기 위한 첨가제	anti－pitting agent

e) 시험 및 검사

번호	용어	뜻	대응 영어
5001	갈라짐	피막 표면에서 방향도 일정하지 않고 불규칙하게 깨어지는 것	crack, cracking
5002	강구 압입 시험	도금면에 강구를 눌러서 눌린 흔적 주위의 변화로부터 도금의 밀착성을 측정하는 시험	steel ball indentation test
5003	거친 도금	도금욕 중의 고체 부유물이 도금층에 들어와 생긴 작은 돌기가 많은 도금	rough surface rough deposit
5004	겉모양 시험	도금 표면의 결함 유무를 육안으로 조사하는 시험	visual test
5005	구름 낀 도금	광택 도금에 있어서 도금 조건이 나쁘거나 불순물 때문에 광택이 흐려진 것	cloudy surface
5006	굽힘 시험	피도금물을 굽혀서 도금 밀착성을 조사하는 시험	bending rate
5007	균열	피막 내부가 미세하게 갈라져 연결된 것	crazing
5008	노듈	과대한 전류로 인해 모서리 및 음극에 생긴 돌기형의 도금	nodule surface
5009	다공률	다공성 크롬 도금면의 일정 면적 내에 틈 또는 구멍이 존재하는 면적의 비율을 백분율(%)로 나타내는 것	porosity rate
5010	도금 유효면	도금 검사의 대상이 되는 면. 용도상으로 중요한 도금면을 말하며, 뒷면이나 그리 중요하지 않은 곳은 제외된다.	significant surface

번호	용어	뜻	대응 영어
5011	레이팅 넘버	부식 면적과 유효 면적의 비율에 의해서 부식 정도를 나타내는 평가 방법. 10~0으로 구분되어 있다.	rating number
5012	무도금	도금이 안 된 상태. 저전류 밀도 부분 등에 생기기 쉽다.	bare spot, void, uncovered
5013	밀착성	소지나 관련된 면에서 피막층을 분리하는 데 소요되는 힘	adhesion
5014	박리	도금층이 소지로부터 떨어지는 것	peeling
5015	박리 시험	도금 피막의 일정한 폭을 수직으로 벗기면서 소지와의 밀착력을 구하는 시험	peeling test
5016	변색	환경 등에 따라 도금면이 본래의 색상을 잃는 현상	tarnishing, tarnish
5017	별 모양 부식	부식 시험 등으로 발생된 별 모양의 부식 결함	crow's feet, star-shaped defect
5018	부풂	소지와 피막층 사이에 밀착력을 감소시키는 피막층에 있는 돔 형태의 결함	blister
5019	분사 시험	부식성 용액을 도금면에 분사시켜, 도금층이 용해되는 시간으로부터 도금의 두께를 측정하는 시험	zet test
5020	블룸	표면이 가시적으로 부풀어 오르거나 발포 현상이 일어난 것	bloom
5021	블루잉(청열법)	대기 중에서나 산화 용액에 침적하여 가열시켜서 강에 매우 얇은 청색 산화막을 형성하는 것	blueing
5022	수막 파괴	표면이 오염되어 있어서, 물 피막이 균일하지 않고 연속되지 않은 상태로 나타나는 현상	water break
5023	수소 취성	〈표면 기술〉 수소 원자 흡수에 의해 금속이나 합금에서 발생하는 취성의 한 형태. 전기 도금, 무전해 도금, 음극 세척 및 산세 공정에서 발생한다. 수소 취성은 내부 잔류 응력이나 외부에서 부하하는 하중에 의해 인성이 감소하거나 취성 파괴, 지연 파괴가 일어난다.	hydrogen embrittlement
5024	수소 취성 제거	수소 원자 유입에 의한 취성 민감도를 감소하기 위하여 표면 마감 처리 후 금속을 처리하는 것. 전기도금의 경우 열처리를 한다. 응력 제거와 비교할 것	hydrogen embrittlement relief
5025	수지상 도금	피도금 물체에 생기는 줄무늬 또는 불규칙한 돌기물	trees dendrite
5026	아세트산 염수 분무 시험	염화나트륨과 아세트산의 혼합 용액이 분무되는 속에 시료를 노출시켜 내식성을 조사하는 시험	acetic acid salt spray test(ASS test)
5027	아황산 가스	습기 아황산 가스가 함유된 분위기 속에 시료를 폭로시켜 내식성을 조사하는 시험	sulfur dioxide test, SO_2 test
5028	압출 시험	도금층의 뒷면에 구멍을 뚫어, 압출봉으로 도금층을 파괴해서 도금의 밀착성을 조사하는 방법	push out test
5029	얼룩점	소지의 미세한 구멍에 산세액, 도금액 등이 잔류하여 생긴 오염	stain spots
5030	열 사이클 시험	시료를 지정된 2종류 이상의 온도로 상온과 교대로 유지시키면서 시험하여 도금의 밀착성을 조사하는 시험	thermo cycle test
5031	염수 분무 시험	도금의 내식성을 조사하기 위하여 시료를 일정 조건의 식염수 분무 중에서 부식 상태를 조사하는 시험	salt spray test

번호	용어	뜻	대응 영어
5032	와전류식 두께 측정법	장치와 시료 사이에 와전류를 통정하며, 피막의 두께에 따라 와전량이 변화하는 것을 측정하여 두께를 구하는 것	eddy current method for measuring thickness
5033	우윳빛 도금	크롬 도금의 경우, 전류 밀도가 낮거나 도금욕의 온도가 높은 경우에 생기는 광택도가 낮은 금속 도금	milky surface
5034	위스커	단결정의 금속 섬유 성장물. 저장 중 또는 사용 중 자연적인 발생, 도금 처리 중에 발생될 때도 있다(주석 도금 등에서 발생되기 쉽다)	whiskers
5035	유공도 시험	도금층의 핀홀의 유무를 조사하는 것	porosity test
5036	육안 검사	외관적으로 도금 밀착성의 양, 불량과 피트 및 타는 도금 등의 결함 유무를 검사하는 것	visual test
5037	자력식 두께 측정법	자력이 자성 소지 금속 위의 비자성 피막 두께에 의해 변화하는 것을 측정하여 두께를 구하는 방법	magnetic method for measuring thickness
5038	잔금	부식 시험에 있어서, 자연적으로 발생한 미세한 망상 모양의 균열	praze
5039	적하 시험	부식성 용액을 도금면에 적하하여 도금층이 용해되는 시간으로부터 도금 두께를 측정하는 시험	drop test
5040	전해식 두께 측정법	특정한 전해액으로 도금면을 양극 전해하여 도금층을 용해 제거하는 데 필요한 시간으로부터 도금 두께를 구하는 시험	coulometric thickness test
5041	중성 염수 분무 시험	식염수의 분무 중에 시료를 폭로시켜 내식성을 조사하는 시험	neutral salt spray test
5042	캐스 시험(구리 촉진 아세트산 염수 분무 시험)	염화나트륨, 아세트산 및 염화철구리 혼합 용액이 분무되는 속에 시료를 폭로시켜 내식성을 조사하는 시험	CASS test, copper−accelerated acetic acid salt spray test
5043	코로드코트 시험	부식성 약품을 함유한 페이스트(죽과 같은 상태)를 시료에 발라서, 일정 온도 및 습도로 유지하여 내식성을 조사하는 시험	corrodkote test
5044	탄도금	계속된 전기 도금 공정에서 과도 전류나 접촉 면적이 불안정하여 비전도성 소지에서 자기 촉매 도금층이 임의로 제거된 것	thickness burnt deposits, burnt deposits, burn−off
5045	페록실 시험	시험지를 페로시안화칼륨, 페리시안화칼륨 및 염화나트륨의 혼합액에 침지하여, 그 시험지를 도금면에 붙여서 도금의 핀홀을 조사하는 시험	ferroxyl test
5046	피트	부식이나 전기 도금 작업시 금속 표면에 형성하여 분산된 기공이나 파인 것	pit
5047	피닝, 쇼트 피닝	장식 목적이나 표면에 압축 응력을 부여하기 위하여 강한 강구나 세라믹스 구 같은 작고 단단한 구형물을 표면에 분사하는 공정	peening, shot peening
5048	핀홀	도금 표면에서 소지나 하지 도금층까지의 가는 구멍	pore, pinhole
5049	형광 X선식 두께 측정법	시료에 X선을 쬐어주면 소지 및 피막으로부터 특유한 형광 X선이 방사되는데, 이 형광 X선 강도를 측정하여 두께를 구하는 방법	X−ray spectrometic method for measuring thickness
5050	β선식 두께 측정법	시료에 β선을 쬐어서 후방 산란되는 β선 강도가 피막의 두께에 따라서 변화하는 것을 측정하여 두께를 구하는 방법	beta back−scatter method for measuring